PREFACE 머리말

산업현장의 예상치 못한 사고와 재해 그리고 각종 재난으로부터 안전을 지키는 일은 누구 한 사람의 힘으로 해낼 수 있는 일이 아닙니다. 국가를 비롯하여 사업주, 관리자, 근로자 한 사람 한 사람 그리고 국민 모두의 관심과 참여 및 노력이 필요한 일이라 할 수 있습니다.

여러 가지 문제점에도 불구하고 중대재해처벌법이 2021년 제정되어 시행된 것은 근로자와 국민의 안전을 위해서는 긍정적인 부분이 크다고 생각합니다.
아울러 2년간의 유예기간을 두었던 50인 미만 사업장에도 2024년부터 확대적용됨에 따라 산업현장뿐만 아니라 대한민국 전체가 안전에 대한 새로운 인식의 전환이 시작되었다고 볼 수 있겠습니다.
이제는 근로자뿐만 아니라 국민 모두가 위험을 감지할 수 있는 지식과 능력을 갖출 수 있어야 합니다. 특히나 산업현장에서 주도적으로 안전을 이끌어 가야 할 산업안전(산업)기사의 역할이 더욱 중요해짐에 따라 현실적으로 그 수요 또한 급격히 증가하고 있습니다.

필자는 이러한 상황을 감안하여 38년 동안의 강의 경험과 유능하신 전문가들의 자료를 참고하여 산업안전(산업)기사 자격증 시험을 준비하는 모든 수험생들이 빠르고 쉽게 합격할 수 있는 필수 내용으로 본 교재를 구성하였습니다.
나름대로 오랜 준비기간동안 세심한 주의를 기울여 집필하였으나 전문적이고 방대한 분량의 산업안전이론을 완벽하게 정리하기에는 부족함이 있을 것입니다.
따라서, 산업안전을 위해 애쓰고 노력하는 현장의 선·후배 안전관리자 및 보다 나은 안전관리를 위해 끊임없이 연구하고 수고하는 여러 교수님들의 아낌없는 지도와 편달을 바랍니다. 또한 앞으로도 항상 수험생의 입장에서 생각하고 고민하여 부족한 부분들은 수정·보완해 나갈 것을 약속합니다.
출판의 기회를 주신 박문각 출판과 편집자들께 마음 깊이 감사드리며, 처음부터 끝까지 이 길을 시작하시고 인도 하신 분이 여호와 하나님이심을 고백하며, 모든 영광을 임마누엘의 하나님께 돌립니다.

김용원 편저

GUIDE 산업안전산업기사 시험정보

▌산업안전산업기사란?

- **자격명**: 산업안전산업기사
- **관련부처**: 고용노동부
- **시행처**: 한국산업인력공단
- **관련학과**: 대학 및 전문대학의 안전공학, 산업안전공학, 보건안전학 관련학과
- **직무내용**: 제조 및 서비스업 등 각 산업현장에 배속되어 산업재해 예방계획의 수립에 관한 사항을 수행하며, 작업환경의 점검 및 개선에 관한 사항, 유해 및 위험방지에 관한 사항, 사고사례 분석 및 개선에 관한 사항, 근로자의 안전교육 및 훈련에 관한 업무 수행

▌시험과목

구분		내용
시험과목	필기	1. 산업재해 예방 및 안전보건교육 2. 인간공학 및 위험성 평가·관리 3. 기계·기구 및 설비 안전 관리 4. 전기 및 화학설비 안전 관리 5. 건설공사 안전 관리
	실기	산업안전관리 실무

▌시험방법 및 합격기준

구분			내용
검정방법	필기	문제형식	객관식 4지 택일형
		문항수	100문항(과목당 20문항)
		시험시간	2시간 30분(과목당 30분)
	실기	문제형식	복합형(필답형, 작업형)
		시험시간	필답형 1시간 / 작업형 1시간
합격기준	필기		100점을 만점으로 하여 과목당 40점 이상, 전과목 평균 60점 이상
	실기		100점을 만점으로 하여 60점 이상

산업안전산업기사 합격률

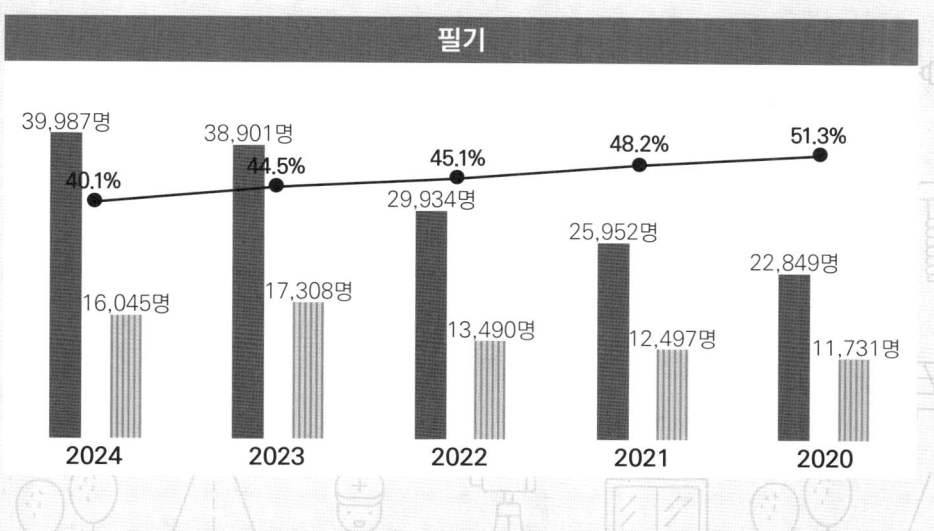

필기

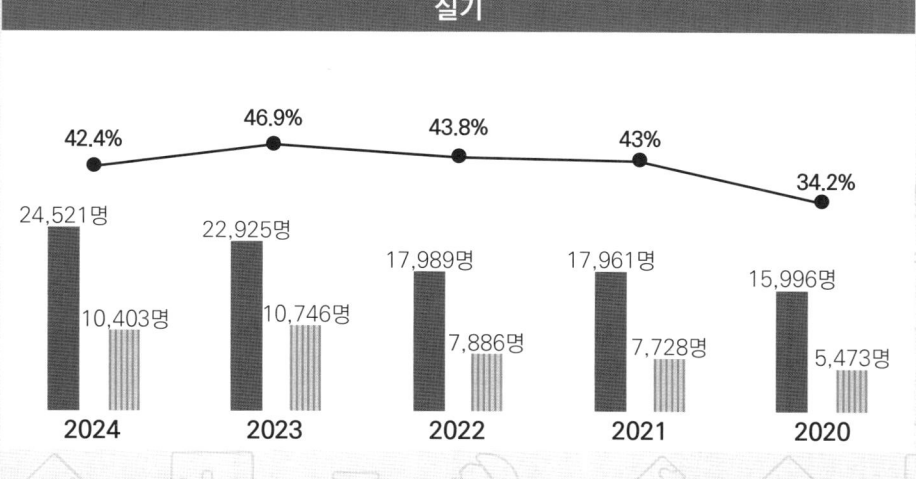

실기

GUIDE 산업안전산업기사 필기 출제기준

직무분야	안전관리	중직무분야	안전관리	자격종목	산업안전산업기사	적용기간	2025.01.01.~2026.12.31.
필기검정방법	객관식	문제수	100			시험시간	2시간 30분

필기과목명	주요항목	세부항목
산업재해 예방 및 안전보건교육	1. 산업재해예방 계획수립	1. 안전관리 / 2. 안전보건관리 체제 및 운용
	2. 안전보호구 관리	1. 보호구 및 안전장구 관리
	3. 산업안전심리	1. 산업심리와 심리검사 / 2. 직업적성과 배치 3. 인간의 특성과 안전과의 관계
	4. 인간의 행동과학	1. 조직과 인간행동 / 2. 재해 빈발성 및 행동과학 / 3. 집단관리와 리더십 4. 생체리듬과 피로
	5. 안전보건교육의 내용 및 방법	1. 교육의 필요성과 목적 / 2. 교육방법 / 3. 교육실시 방법 4. 안전보건교육계획 수립 및 실시 / 5. 교육내용
	6. 산업안전 관계법규	1. 산업안전보건법령
인간공학 및 위험성 평가·관리	1. 안전과 인간공학	1. 인간공학의 정의 / 2. 인간-기계체계 3. 체계설계와 인간요소 / 4 인간요소와 휴먼에러
	2. 위험성 파악·결정	1. 위험성 평가 / 2. 시스템 위험성 추정 및 결정
	3. 위험성 감소대책 수립·실행	1. 위험성 감소대책 수립 및 실행
	4. 근골격계질환 예방관리	1. 근골격계 유해요인 / 2. 인간공학적 유해요인 평가 / 3. 근골격계 유해요인 관리
	5. 유해요인 관리	1. 물리적 유해요인 관리 / 2. 화학적 유해요인 관리 / 3. 생물학적 유해요인 관리
	6. 작업환경 관리	1. 인체계측 및 체계제어 / 2. 신체활동의 생리학적 측정법 / 3. 작업 공간 및 작업자세 4. 작업측정 / 5. 작업환경과 인간공학 / 6. 중량물 취급 작업

기계·기구 및 설비 안전 관리	1. 기계안전시설 관리	1. 안전시설 관리 계획하기 / 2. 안전시설 설치하기 / 3. 안전시설 유지·관리하기
	2. 기계분야산업재해 조사	1. 재해조사
	3. 기계설비 위험요인 분석	1. 공작기계의 안전 / 2. 프레스 및 전단기의 안전 3. 기타 산업용 기계 기구 / 4. 운반기계 및 양중기
	4. 기계안전점검	1. 안전점검계획 수립 / 2. 안전점검 실행 / 3. 안전점검 평가
	5. 기계설비 유지·관리	1. 기계설비 위험요인 대책 제시 / 2. 기계설비 유지·관리
전기 및 화학설비 안전 관리	1. 전기작업 안전관리	1. 전기작업의 위험성 파악 / 2. 전기작업 안전 수행 / 3. 전기설비 및 기기
	2. 감전재해 및 방지대책	1. 감전재해 예방 및 조치 / 2. 감전재해의 요인 / 3. 절연용 안전장구
	3. 정전기 장·재해 관리	1. 정전기 위험요소 파악 / 2. 정전기 위험요소 제거
	4. 전기 방폭 관리	1. 전기방폭설비 / 2. 전기방폭 사고예방 및 대응
	5. 전기설비 위험요인 관리	1. 전기설비 위험요인 파악 / 2. 전기설비 위험요인 점검 및 개선
	6. 화재·폭발 검토	1. 화재·폭발 이론 및 발생 이해 / 2. 소화 원리 이해 / 3. 폭발방지대책 수립
	7. 화학물질 안전관리 실행	1. 화학물질(위험물, 유해화학물질) 확인 2. 화학물질(위험물, 유해화학물질) 유해 위험성 확인 3. 화학물질 취급설비 개념 확인
	8. 화공 안전운전·점검	1. 안전점검계획 수립 / 2. 설비 및 공정 안전 / 3. 안전점검 평가
건설공사 안전 관리	1. 건설현장 안전점검	1. 안전점검 계획 수립 / 2. 안전점검 고려사항
	2. 건설현장 유해·위험요인관리	1. 건설공사 유해·위험요인 확인
	3. 건설업 산업안전보건관리비 관리	1. 건설업 산업안전보건관리비 규정
	4. 건설현장 안전시설 관리	1. 안전시설 설치 및 관리 / 2. 건설공구 및 기계
	5. 비계·거푸집 가시설 위험방지	1. 건설 가시설물 설치 및 관리
	6. 공사 및 작업 종류별 안전	1. 양중 및 해체 공사 / 2. 콘크리트 및 PC 공사 / 3. 운반 및 하역작업

GUIDE 구성과 특징

✅ 합격비법 손글씨 핵심요약

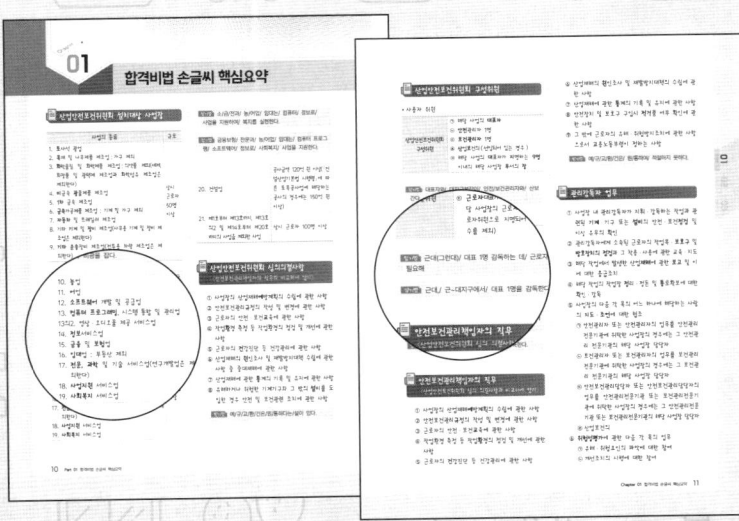

Point 1
꼭 알아야 할 중요한 핵심이론만 눈이 편한 손글씨로 정리

Point 2
문장을 읽기만 해도 암기내용이 머리에 쏙쏙 들어오는 '암기법' 수록

✅ 7개년 공개기출 및 CBT 기출복원문제(2018년 ~ 2024년)

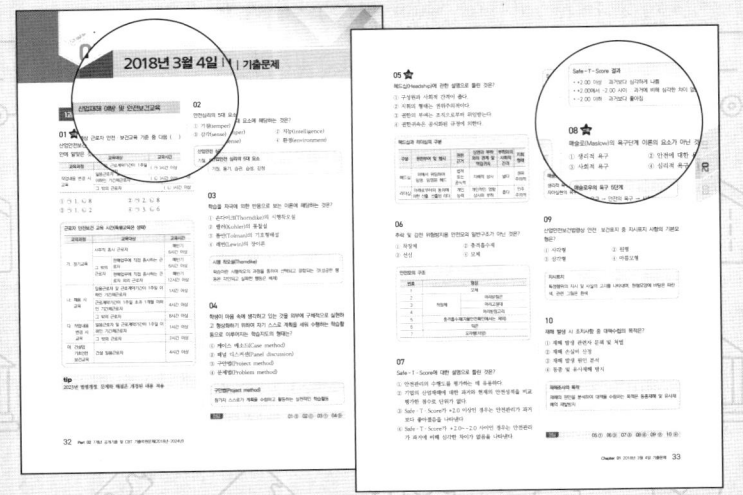

Point 1
7개년 공개기출 및 CBT 기출복원문제로 기출경향을 파악하고 빈출 표시를 통해 문제적응력 향상

Point 2
문제 해결을 위한 포인트만 콕 집어 쉽고 명확한 해설로 문제 해결 스킬 향상

✅ 최신 CBT 기출복원문제(2025년 1회 · 2회 · 3회)

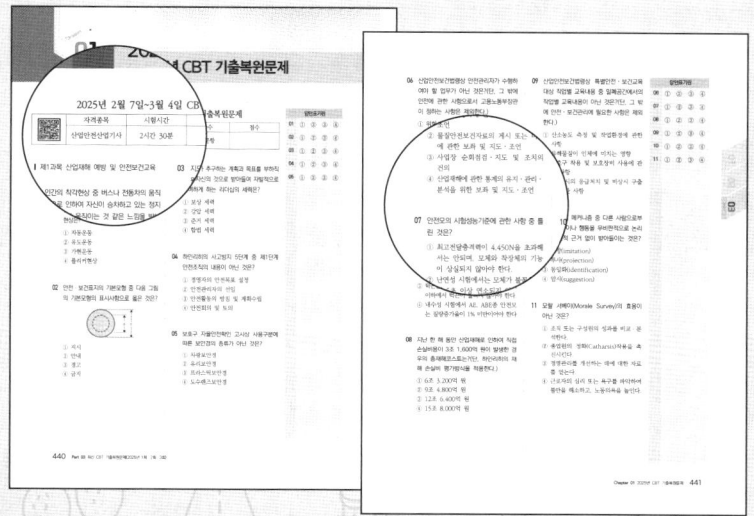

Point 1
2025년 1회·2회·3회 CBT 기출복원문제 풀이로 최신 출제경향 파악

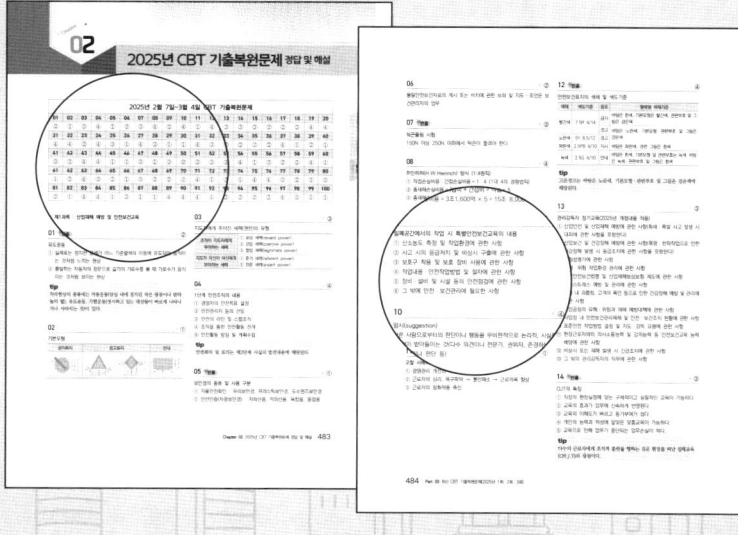

Point 2
핵심만 정확하게 찍어주는 해설로 문제 해결력 향상

CONTENTS 목차

Study check 표 활용법
스스로 학습 계획을 세워서 체크하는 과정을 통해 학습자의 학습능률을 향상시키기 위해 구성하였습니다.
각 단원의 학습을 완료할 때마다 날짜를 기입하고 체크하여, 자신만의 3회독 플래너를 완성시켜보세요.

PART 01 합격비법 손글씨 핵심요약

		Study Day		
		1st	2nd	3rd
합격비법 손글씨 핵심요약	10			

PART 02 7개년 공개기출 및 CBT 기출복원문제(2018년~2024년)

			Study Day						Study Day		
			1st	2nd	3rd				1st	2nd	3rd
01	2018년 3월 4일 기출문제	32				11	2021년 8월 8일~8월 18일 CBT 기출복원문제	233			
02	2018년 4월 28일 기출문제	51				12	2022년 3월 2일~3월 17일 CBT 기출복원문제	255			
03	2018년 8월 19일 기출문제	71				13	2022년 4월 17일~4월 30일 CBT 기출복원문제	275			
04	2019년 3월 3일 기출문제	90				14	2022년 7월 2일~7월 22일 CBT 기출복원문제	295			
05	2019년 4월 27일 기출문제	110				15	2023년 3월 1일~3월 15일 CBT 기출복원문제	315			
06	2019년 8월 4일 기출문제	130				16	2023년 5월 13일~6월 4일 CBT 기출복원문제	335			
07	2020년 6월 6일 기출문제	150				17	2023년 7월 8일~7월 23일 CBT 기출복원문제	355			
08	2020년 8월 22일 기출문제	171				18	2024년 2월 15일~3월 7일 CBT 기출복원문제	375			
09	2021년 3월 2일~3월 12일 CBT 기출복원문제	191				19	2024년 5월 9일~5월 28일 CBT 기출복원문제	396			
10	2021년 5월 9일~5월 19일 CBT 기출복원문제	212				20	2024년 7월 5일~7월 27일 CBT 기출복원문제	418			

PART 03 최신 CBT 기출복원문제(2025년 1회·2회·3회)

		Study Day		
		1st	2nd	3rd
01	2025년 CBT 기출복원문제	440			
02	2025년 CBT 기출복원문제 정답 및 해설	483			

PART 01

합격비법
손글씨 핵심요약

합격비법 손글씨 핵심요약

산업안전보건위원회 설치대상 사업장

사업의 종류	규모
1. 토사석 광업 2. 목재 및 나무제품 제조업 : 가구 제외 3. 화학물질 및 화학제품 제조업 : 의약품 제외(세제, 화장품 및 광택제 제조업과 화학섬유 제조업은 제외한다) 4. 비금속 광물제품 제조업 5. 1차 금속 제조업 6. 금속가공제품 제조업 : 기계 및 가구 제외 7. 자동차 및 트레일러 제조업 8. 기타 기계 및 장비 제조업(사무용 기계 및 장비 제조업은 제외한다) 9. 기타 운송장비 제조업(전투용 차량 제조업은 제외한다)	상시 근로자 50명 이상

암기법1 화/목/금/토에/ 자/비로 가는/ 기장은/ 1차로/ 기타 운송한다.

암기법2 화/목/토에/ 금속/ 자동차로/ 기타 운송하는/ 기장이/ 1차로/ 비광을 잡다.

10. 농업 11. 어업 12. 소프트웨어 개발 및 공급업 13. 컴퓨터 프로그래밍, 시스템 통합 및 관리업 13의2. 영상·오디오물 제공 서비스업 14. 정보서비스업 15. 금융 및 보험업 16. 임대업 : 부동산 제외 17. 전문, 과학 및 기술 서비스업(연구개발업은 제외한다) 18. 사업지원 서비스업 19. 사회복지 서비스업	상시 근로자 300명 이상

암기법1 소/금/전과/ 농/어업/ 임대는/ 컴퓨터/ 정보로/ 사업을 지원하여/ 복지를 실현한다.

암기법2 금융보험/ 전문과/ 농/어업/ 임대는/ 컴퓨터 프로그램/ 소프트웨어/ 정보로/ 사회복지/ 사업을 지원한다.

20. 건설업	공사금액 120억 원 이상(「건설산업기본법 시행령」에 따른 토목공사업에 해당하는 공사의 경우에는 150억 원 이상)
21. 제1호부터 제13호까지, 제13호의2 및 제14호부터 제20호까지의 사업을 제외한 사업	상시 근로자 100명 이상

산업안전보건위원회 심의의결사항
〈안전보건관리책임자의 직무와 비교하여 암기〉

① 사업장의 산업재해예방계획의 수립에 관한 사항
② 안전보건관리규정의 작성 및 변경에 관한 사항
③ 근로자의 안전·보건교육에 관한 사항
④ 작업환경 측정 등 작업환경의 점검 및 개선에 관한 사항
⑤ 근로자의 건강진단 등 건강관리에 관한 사항
⑥ 산업재해의 원인조사 및 재발방지대책 수립에 관한 사항 중 중대재해에 관한 사항
⑦ 산업재해에 관한 통계의 기록 및 유지에 관한 사항
⑧ 유해하거나 위험한 기계기구와 그 밖의 설비를 도입한 경우 안전 및 보건관련 조치에 관한 사항

암기법 예/규/교/환/건은/원/통하다는/설이 있다.

산업안전보건위원회 구성위원

① 사용자 위원

산업안전보건위원회 구성위원	㉠ 해당 사업의 **대표자** ㉡ **안전**관리자 1명 ㉢ **보건**관리자 1명 ㉣ **산업보건의** (선임되어 있는 경우) ㉤ 해당 사업의 **대표자**가 지명하는 **9명** 이내의 해당 사업장 부서의 **장**

암기법 대표자와/ 대지구부장이/ 안전/보건관리자와/ 산보간다.

② 근로자 위원

산업안전보건위원회 구성위원	㉠ **근로자대표** ㉡ **근로자대표**가 지명하는 **1명** 이상의 명예산업안전**감독관**(위촉되어 있는 사업장의 경우) ㉢ **근로자대표**가 지명하는 **9명** 이내의 해당 사업장의 근로자 (명예감독관이 근로자위원으로 지명되어 있는 경우 그 수를 제외)

암기법1 근대(그런대)/ 대표 1명 감독하는 데/ 근로자 9명이 필요해

암기법2 근대,/ 근~대지구에서/ 대표 1명을 감독한다.

안전보건관리책임자의 직무
〈산업안전보건위원회 심의 의결사항과 비교하여 암기〉

① 사업장의 산업재해예방계획의 수립에 관한 사항
② 안전보건관리**규정**의 작성 및 변경에 관한 사항
③ 근로자의 안전·보건**교육**에 관한 사항
④ 작업**환경** 측정 등 작업환경의 점검 및 개선에 관한 사항
⑤ 근로자의 **건강진단** 등 건강관리에 관한 사항

⑥ 산업재해의 **원인**조사 및 재발방지대책의 수립에 관한 사항
⑦ 산업재해에 관한 **통계**의 기록 및 유지에 관한 사항
⑧ 안전장치 및 보호구 구입시 **적격품** 여부 확인에 관한 사항
⑨ 그 밖에 근로자의 유해·위험방지조치에 관한 사항으로서 **고용노동부령**이 정하는 사항

암기법 예/규/교/환/건은/ 원/통하여/ 적절하지 못하다.

관리감독자 업무

① 사업장 내 관리감독자가 지휘·감독하는 작업과 관련된 **기계**·기구 또는 **설비**의 안전·보건**점검** 및 이상 유무의 확인
② 관리감독자에게 소속된 근로자의 작업복·**보호구** 및 **방호장치의 점검**과 그 착용·사용에 관한 교육·지도
③ 해당 작업에서 발생한 산업**재해**에 관한 **보고** 및 이에 대한 **응급**조치
④ 해당 작업의 작업장 **정리**·정돈 및 **통로확보**에 대한 확인·감독
⑤ 사업장의 다음 각 목의 어느 하나에 해당하는 사람의 **지도·조언**에 대한 협조
　㉠ 안전관리자 또는 안전관리자의 업무를 안전관리전문기관에 위탁한 사업장의 경우에는 그 안전관리 전문기관의 해당 사업장 담당자
　㉡ 보건관리자 또는 보건관리자의 업무를 보건관리전문기관에 위탁한 사업장의 경우에는 그 보건관리 전문기관의 해당 사업장 담당자
　㉢ 안전보건관리담당자 또는 안전보건관리담당자의 업무를 안전관리전문기관 또는 보건관리전문기관에 위탁한 사업장의 경우에는 그 안전관리전문기관 또는 보건관리전문기관의 해당 사업장 담당자
　㉣ 산업보건의
⑥ **위험성평가**에 관한 다음 각 목의 업무
　㉠ 유해·위험요인의 파악에 대한 **참여**
　㉡ 개선조치의 시행에 대한 **참여**

⑦ 그 밖에 해당 작업의 안전 및 보건에 관한 사항으로서 **고용노동부령**으로 정하는 사항

암기법 지도조언에/ 정통한 자를/ 고용하여/ 기계설비 점검 및/ 보호구 방호장치 점검 후/ 위험을 평가하여/ 재해보고에 응하라.

안전관리자의 업무

① 산업안전보건위원회 또는 안전·보건에 관한 **노사**협의체에서 심의·의결한 업무와 해당 사업장의 안전 보건관리규정 및 취업규칙에서 정한 업무
② 안전**인**증대상 기계 등과 **자**율안전확인대상 기계 등 구입 시 적격품의 선정에 관한 보좌 및 지도·조언
③ **위험**성평가에 관한 보좌 및 지도·조언
④ 해당 사업장 안전**교육**계획의 수립 및 안전교육 실시에 관한 보좌 및 지도·조언
⑤ 사업장 **순회**점검·지도 및 **조치**의 건의
⑥ 산업재해 발생의 **원인** 조사·분석 및 재발 방지를 위한 기술적 보좌 및 지도·조언
⑦ 산업재해에 관한 **통계**의 유지·관리·분석을 위한 보좌 및 지도·조언
⑧ 법 또는 법에 따른 **명령**으로 정한 안전에 관한 사항의 이행에 관한 보좌 및 지도·조언
⑨ 업무수행 내용의 **기록**·유지
⑩ 그 밖에 안전에 관한 사항으로서 고용노동부장관이 정하는 사항

암기법 위험한/ 노사(안보)교육은/ 원/통하나/ 인자하게/ 명령하여/ 순조롭게/ (내용을)기록하였다.

안전관리자 증원 교체임명 대상사업장

① 해당 사업장의 **연간**재해율이 같은 업종의 **평균**재해율의 **2배** 이상인 경우
② **중**대재해가 연간 2건 이상 발생한 경우(해당사업장의 전년도 사망만인율이 같은 업종의 평균 사망만인율 이하인 경우는 제외)
③ **관리**자가 **질병**이나 그 밖의 사유로 3개월 이상 직무를 수행할 수 없게 된 경우
④ **화**학적 인자로 인한 직업성**질병**자가 연간 3명 이상 발생한 경우

암기법 중2들은/ 연평균 2배 이상/ 질병으로 삼/삼하다. (중2들의 연평균이 삼삼하다.)

안전보건총괄책임자 지정 대상 사업장

① 관계수급인에게 고용된 근로자를 포함한 상시 근로자가 100명(**선**박 및 **보**트 건조업, **1차** 금속제조업 및 **토**사석 **광**업의 경우에는 50명) 이상인 사업
② 관계수급인의 공사금액을 포함한 해당 공사의 총공사금액이 20억 원 이상인 **건설**업

암기법 (50명 이상과 건설업) 토요일 광내고/ 1차로/ 선보러가니/ 건설하는 이씨가 나왔더라.

안전보건총괄 책임자의 직무

① **위험성**평가의 실시에 관한 사항
② 산업재해가 발생할 급박한 위험이 있거나, 중대재해가 발생하였을 때에는 즉시 **작업의 중지**
③ 도급 시 **산업재해예방조치**
④ 안전보건**관리비**의 관계 수급인 간의 사용에 관한 협의조정 및 그 집행의 감독
⑤ 안전 **인증** 대상 기계, 기구 등과 **자**율안전확인대상 기계, 기구 등의 사용 여부 확인

암기법 위험한/ 작업은 중지하고/ 산재예방한 후/ 관리비는/ 인자하게 사용하라

안전보건관리규정 작성 대상 사업장
〈산업안전보건위원회, 안전보건관리책임자와 동일〉

사업의 종류	규모
1. **농**업 2. **어**업 3. **소**프트웨어 개발 및 공급업 4. **컴**퓨터 프로그래밍, 시스템 통합 및 관리업 4의2. 영상·오디오물 제공 서비스업 5. **정보**서비스업 6. **금**융 및 보험업 7. **임**대업 : 부동산 제외 8. **전**문, 과학 및 기술 서비스업(연구개발업은 제외한다) 9. **사**업지원 서비스업 10. 사회복지 서비스업	상시 근로자 300명 이상을 사용하는 사업장
11. 제1호부터 제4호까지, 제4호의2 및 제5호부터 제10호까지의 사업을 제외한 사업	상시 근로자 100명 이상을 사용하는 사업장

암기법1 소/금/전과 /농/어업/임대는 컴퓨터/ 정보로/ 사업을 지원하여/ 복지를 실현한다.

암기법2 금융보험/전문과/ 농/어업/임대는/ 컴퓨터 프로그램/ 소프트웨어/ 정보로/ 사회복지/사업을 지원한다.

안전보건 관리규정에 포함되어야 할 내용

① 안전 및 보건관리**조직**과 그 직무에 관한 사항
② 안전보건**교육**에 관한 사항
③ **안전** 및 **보건**에 관한 관리조직과 그 직무에 관한 사항
④ 사고조사 및 **대책수립**에 관한 사항
⑤ 그 밖에 안전·보건에 관한 사항

암기법 안전/보건은/ 조/교가/ 대책을 수립한다.

안전보건개선계획 수립 대상 사업장

① **산**업 재해율이 같은 업종의 규모별 **평균** 산업 **재해**율보다 **높**은 사업장
② 사업주가 **안전**조치 또는 보건조치를 이행하지 아니하여 **중대**재해가 발생한 사업장
③ **직**업성 질병자가 연간 2명 이상 발생한 사업장
④ **유해인자**의 **노출**기준을 초과한 사업장

암기법 산평재가 높은/ 안전중대는/ 유해인자를 / 직투한다.

안전보건개선계획에 포함되어야 할 사항

① **시**설
② **안전**·**보건관리**체제
③ **안전**·**보건교육**
④ 산업재해예방 및 작업환경 **개선**을 위하여 필요한 사항

암기법1 교/관이/ 개/시

암기법2 안전보건관리를 위해서는/ 교육/시설의/ 개선이 필요하다.

안전보건개선계획서의 작성내용 중 개선계획의 중점 개선 계획 내용

중점 개선 계획 : **시**설, 기계**장**치, **원료 재료**, 작업**방**법, 작업**환경**

암기법 원료재료가 없어/ 시/방/ 환/장 하겠네.

안전보건진단을 받아 안전보건개선계획을 수립해야 하는 사업장

① **산업재해율**이 같은 업종 **평균산업재해율**의 2배 이상인 사업장
② 사업주가 필요한 **안전**조치 또는 보건조치를 이행하지 아니하여 **중대재해**가 발생한 사업장
③ **직업**성 질병자가 연간 2명 이상(상시근로자 1천명 이상 사업장의 경우 3명 이상) 발생한 사업장
④ 그 밖에 작업환경불량, 화재·폭발 또는 누출사고 등으로 **사업장 주변**까지 **피해**가 확산된 사업장으로서 고용노동부령으로 정하는 사업장

암기법 안전 중대는/ 산평재가 둘이(두 배)라서/ 사주의 피를/ 직투하더라.

사업장의 산업재해 발생건수 등 공표대상 사업장

① 산업재해로 인한 **사망자**(사망재해자)가 연간 **2명** 이상 발생한 사업장
② 사망**만인율**(연간 상시근로자 1만명당 발생하는 사망재해자 수의 비율)이 규모별 같은 업종의 평균 사망만인율 이상인 사업장
③ **중대산업사고**가 발생한 사업장
④ 산업재해 발생 사실을 **은폐**한 사업장
⑤ 산업재해의 발생에 관한 **보고**를 최근 **3년** 이내 **2회** 이상 하지 않은 사업장

암기법 사망자가 둘인/ 중대사고를/ 은폐하면/ 만인이/ 보삼을 두 번한다.

산업재해발생 시 기록보존해야 할 사항

① 사업장의 **개요** 및 근로자의 **인적사항**
② 재해발생의 일시 및 **장소**
③ 재해발생의 **원인** 및 과정
④ 재해 **재발**방지 계획

암기법 개인적으로/ 장/원은/ 재발 (하지마..)

중대재해 발생 시 보고사항

① 발생**개요** 및 **피해** 상황
② **조치** 및 **전망**
③ 그 밖의 **중요한 사항**

암기법 개피 보고/ 조진/ 중사

재해발생 시 조치사항

산업재해 **발생** - **긴급처리** - 재해**조사** - **원인강구** - 대책수립 - 대책실시계획 - **실시** - **평가**

암기법 발이/긴~/ 조놈의/ 원/수가/ 실/실 거리며/ 평가한다.

하인리히의 도미노 이론 (하인리히의 사고 연쇄성 이론)

사회적 환경 및 유전적 요인 - **개인적 결함** - **불안전한 행동 및 불안전 상태** - **사고** - **재해**

암기법 사유가/ 개인에게 있으면/ 불안하니 사고/나재

버드의 최신 도미노(연쇄성) 이론

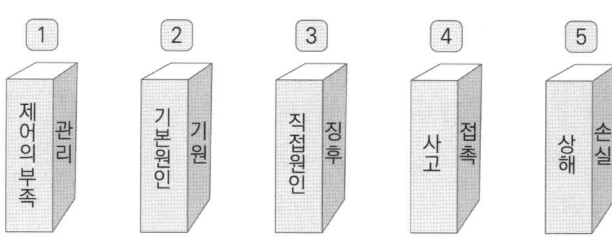

▲ 최신의 재해 연쇄(Frank E. Bird Jr)

암기법1 제/기를/ 직접/ 사면/ 상한다

암기법2 관/기의/ 징후는/ 접촉하는/ 손에 있다.

아담스의 사고요인과 관리 시스템 (아담스의 도미노 이론)

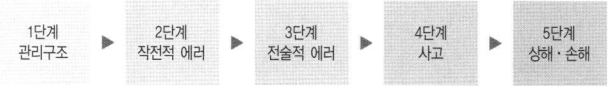

암기법1 관에서 하는/ 작/전은/ 사/상자가 많다

암기법1 관에서 하는/ 작/전은 술로 인해/ 사/상자를 낸다.

재해의 본질적 특성(사고의 본질적 특성)

① **사**고의 시간성
② **우**연성 중의 법칙성
③ **필**연성 중의 우연성
④ 사고의 **재**현 불가능성

암기법1 사/필/우/재

암기법2 (사고의 본질을 따지다 보면) 필(히)/ 사/우/재

하인리히의 재해예방 5단계 (하인리히의 사고예방의 기본원리)

① 제1단계 : 안전관리**조**직
② 제2단계 : **사**실의 발견
③ 제3단계 : 평가 및 **분**석
④ 제4단계 : **시**정책의 **선**정
⑤ 제5단계 : 시정책의 **적**용

암기법 조/사하는/ 분의/ 시선은/ 적에게

무재해로 인정되는 경우

① 업무수행 중의 사고 중 **천**재지변 또는 돌발적인 사고로 인한 **구**조행위 또는 긴급피난 중 발생한 사고
② **출·퇴근** 도중에 발생한 재해
③ **운동**경기 등 각종 행사 중 발생한 재해
④ 특수한 장소에서의 사고 중 **천**재지변 또는 돌발적인 사고 우려가 많은 장소에서 **사회**통념상 인정되는 업무수행 중 발생한 사고
⑤ **제3자**의 행위에 의한 업무상 재해
⑥ 업무상 질병에 대한 구체적인 인정기준 중 **뇌**혈관질환 또는 **심장**질환에 의한 재해
⑦ 업무**시간 외**에 발생한 재해. 다만, 사업주가 제공한 사업장 내의 시설물에서 발생한 재해 또는 작업개시 전의 작업준비 및 작업종료 후의 정리정돈 과정에서 발생한 재해는 제외한다.
⑧ **도로**에서 발생한 사업장 밖의 교통사고, 소속 사업장을 벗어난 출장 및 외부기관으로 위탁교육 중 발생한 사고, **회식** 중의 사고, 전염병 등 사업주의 법 위반으로 인한 것이 아니라고 인정되는 재해

암기법 천둘을 구긴/ 천사가/ 출퇴근할 때/ 도로에서 회식한/ 제삼자는/ 시간 외에/ 뇌와 심장/ 운동한다.

브레인 스토밍(BS 4원칙)

① 비판금지 ② 자유분방 ③ 대량발언 ④ 수정발언

암기법 비/자(가)/ 대/수(나)

STOP 기법 안전관찰 사이클

암기법1 결/정했으면/ 관에서/ 조치한 것을(하고)/ 보고하라

암기법2 결/정했으면/ 관찰하여/ 조치한 다음/ 보고하라

재해사례 연구순서

① 전제조건 : **재해상황 파악**
② 제1단계 : **사실의 확인**
③ 제2단계 : **문제점** 발견
④ 제3단계 : **근본적** 문제점의 결정
⑤ 제4단계 : **대책의 수립**

암기법 재/사에 관한/ 문제는/ 근본적인/ 대책이 필요해

안전인증 대상 기계 등(기계 또는 설비)

① 프레스 ② **전단기** 및 **절**곡기 ③ 크레인
④ 리프트 ⑤ **압**력용기 ⑥ 롤러기
⑦ **사**출성형기 ⑧ **고소** 작업대 ⑨ 곤돌라

암기법1 전단기/로/ 절단하니/ 압/프(아퍼)!!/ 크/리/곤 (그리곤)/ 사/고 발생

암기법2 전단하니 곡소리 나게/ 압/퍼/ 크/리/곤/ 사/고/ 로 운다

안전인증 대상 기계 등(방호장치)

① 프레스 및 **전**단기 방호장치
② **양**중기용 **과**부하방지장치
③ **보**일러 압력방출용 **안**전밸브
④ **압**력용기 압력방출용 **안**전밸브
⑤ **압**력용기 압력방출용 **파**열판
⑥ **절**연용 방호구 및 **활**선작업용 기구
⑦ **방**폭구조 **전**기기계·기구 및 부품
⑧ **추락·낙하** 및 붕괴 등의 위험방지 및 보호에 필요한 (가)설기자재로서 고용노동부장관이 정하여 고시하는 것
⑨ 충돌·협착 등의 위험방지에 필요한 **산업용 로봇** 방호장치로서 고용노동부 장관이 정하여 고시하는 것

암기법1 퓨(프)전방에서/ 추락(낙하)하는/ 양과부가/ 방에서 전기 끄고/ 산에 있는/ 절에서 활동하니/ 보안/압에서는 안압/파

암기법2 가/방 들고/ 산에 있는/ 절에서 활동하는/ 프전/ 양과부가/ 보안/압에서는 안/압파

안전인증 대상 기계 등(보호구)

① 추락 및 **감전** 위험방지용 안전모
② **안전화**
③ **안전장갑**
④ **방진마스크**
⑤ **방독마스크**
⑥ **송기마스크**
⑦ **전동식 호흡**보호구
⑧ **보호복**
⑨ **안전대**
⑩ **차광** 및 비산물 위험방지용 보안경
⑪ **용접용** 보안면
⑫ **방음용 귀**마개 또는 귀덮개

암기법1 추감모 쓴/ 용안을/ 보호하기 위해/ 차광 안경 끼고/ 화/장/대에서/ 전동호흡으로/ 방마다/ 방귀/ 방/송하더라

암기법2 추감모는/ 안전한 장갑 끼고/ 대/화해.../ 용안을/ 보호하기 위해/ 차비로 안경끼고/ 전동호흡하라고/ 방마다/방귀/ 방/송 함

자율안전확인대상 기계 또는 설비

① **연**삭기 또는 연마기(휴대형은 제외)
② **산**업용 로봇
③ **혼**합기
④ **파**쇄기 또는 분쇄기
⑤ **식**품가공용기계(파쇄·절단·혼합·제면기만 해당)
⑥ **컨**베이어
⑦ **자**동차 정비용 리프트
⑧ **공**작기계(선반, 드릴기, 평삭·형삭기, 밀링만 해당)
⑨ 고정형 **목**재가공용 기계(둥근톱, 대패, 루타기, 띠톱, 모떼기 기계만 해당)
⑩ **인**쇄기

암기법 산에 간/ 연/인이/ 컨/ 자/식/ 파/혼/공/고를 목재에 남김

자율안전확인대상 방호장치

① **아**세틸렌 용접장치용 또는 **가**스집합 용접장치용 안전기
② **교**류아크 용접기용 자동전격 방지기
③ **롤**러기 급정지장치
④ **연**삭기 덮개
⑤ **목**재가공용 둥근톱 반발예방장치와 날접촉 예방장치
⑥ **동**력식 수동대패용 칼날 접촉방지장치
⑦ 추락·낙하 및 붕괴 등의 위험방지 및 보호에 필요한 **가**설기자재(안전인증대상기계기구에 해당되는 사항 제외)로서 고용노동부장관이 정하여 고시하는 것

암기법1 (기계이름만) - 아가/목/동이 교/가/로/ 연을 날린다.

암기법2 (기계이름과 방호장치 함께) -교자동에서/ 연하게 덮은/ 동력칼을 /목을 향해 반듯하게 날린/ 아가의 안전을 위해 /추가로/ 롤러를 급정지했다.

자율안전확인대상 보호구

① **안**전모(안전인증대상기계기구에 해당되는 사항 제외)
② **보**안경(안전인증대상기계기구에 해당되는 사항 제외)
③ **보**안면(안전인증대상기계기구에 해당되는 사항 제외)

암기법 안보면 자율이다.

프레스의 작업시작 전 점검 사항

① **클**러치 및 브레이크의 기능
② **크**랭크축·플라이휠·슬라이드·연결봉 및 연결나사의 풀림유무
③ **1**행정 1정지기구·급정지장치 및 비상정지장치의 기능
④ **슬**라이드 또는 칼날에 의한 위험방지 기구의 기능
⑤ **프**레스의 금형 및 고정볼트 상태
⑥ **방**호장치의 기능
⑦ **전**단기의 칼날 및 테이블의 상태

암기법 방/일/ 전단지는/ 슬/프다 크/클

산업용로봇의 작업시작 전 점검 사항

① **외**부전선의 피복 또는 외장의 손상 유무
② **매니**퓰레이터(manipulator) 작동의 이상 유무
③ **제**동장치 및 비상정지장치의 기능

암기법 외/제/매니아

공기압축기의 작업시작 전 점검 사항

① **공기**저장 압력용기의 외관상태
② **드레**인 밸브의 조작 및 배수
③ **압**력방출장치의 기능
④ **언**로드밸브의 기능
⑤ **윤활**유의 상태
⑥ **회전**부의 덮개 또는 울
⑦ 그 밖의 **연결**부위의 이상 유무

암기법 드러운/ 공기는/ 언제/ 회전하나/ 윤기나는/ (압)방으로/ 연결해

크레인 작업 시 작업시작 전 점검 사항

① **권**과방지장치 · 브레이크 · 클러치 및 운전장치의 기능
② **주**행로의 상측 및 트롤리가 횡행하는 레일의 상태
③ **와**이어로프가 통하고 있는 곳의 상태

암기법 와이프가/ 권하는 (운전은)/ (안전한) 주행로로 가라

이동식크레인 작업 시 작업시작 전 점검 사항

① **권**과방지장치나 그 밖의 경보장치의 기능
② **브레**이크 · 클러치 및 조정장치의 기능
③ **와**이어로프가 통하고 있는 곳 및 작업장소의 **지반**상태

암기법1 와이프가 지발/ 권하는 (경보)/브레이크를 조정하라

암기법2 와이프가/ 권하는/ 브레이크

지게차 작업 시 작업시작 전 점검 사항

① **제**동장치 및 **조**종장치 기능의 이상 유무
② **하**역장치 및 유압장치 기능의 이상 유무
③ **바퀴**의 이상 유무
④ **전**조등 · **후**미등 · **방**향지시기 및 경보장치 기능의 이상 유무

암기법1 지게에는.. 전후방의/ 바퀴를/ 제조/하라

암기법2 바퀴/ 제동/전/ 하역

구내운반차 작업 시 작업시작 전 점검 사항

① **제**동장치 및 **조**종장치 기능의 이상 유무
② **하**역장치 및 유압장치 기능의 이상 유무
③ **바퀴**의 이상 유무
④ **전**조등 · **후**미등 · **방**향지시기 및 경음기 기능의 이상 유무
⑤ **충전**장치를 포함한 홀더 등의 결합상태의 이상 유무

암기법 구운(구내운반차) 것은 전후방의/ 바퀴를/ 제조하여/ 충전/하라

고소작업대 작업 시 작업시작 전 점검 사항

① **비상**정지 및 비상하강방지장치 기능의 이상 유무
② **과부**하방지장치의 작동유무(와이어로프 또는 체인 구동방식의 경우)
③ **아웃**트리거 또는 바퀴의 이상 유무
④ 작업면의 **기울기** 또는 요철 유무
⑤ **활**선작업용 장치의 경우 홈·균열·파손 등 그 밖의 손상 유무

암기법 활/ 기울기가/ 비상하면/ 과부는/ 아웃

컨베이어 작업 시 작업시작 전 점검 사항

① **원동기** 및 **풀리**기능의 이상 유무
② **이탈** 등의 방지장치기능의 이상 유무
③ **비상**정지장치 기능의 이상 유무
④ **원동기**·회전축·기어 및 풀리 등의 덮개 또는 울 등의 이상 유무

암기법 원동기가 풀려/ 이탈하면/ 비상/ 원동기를 울려라

중량물 취급 작업 시 작업시작 전 점검 사항

① **중량물** 취급의 올바른 자세 및 복장
② **위험물**이 날아 흩어짐에 따른 보호구의 착용
③ **카바**이드·생석회(산화칼슘) 등과 같이 온도상승이나 습기에 의하여 위험성이 존재하는 중량물의 취급방법
④ 그 밖에 **하**역운반기계 등의 적절한 사용방법

암기법 위험물의/ 중량을/ 카바/하라

안전검사 대상 유해 위험기계

① **프**레스
② **전**단기
③ **크**레인(정격하중 2톤 미만 제외)
④ **리**프트
⑤ **압**력용기
⑥ **곤**돌라
⑦ **국**소배기장치(이동식 제외)
⑧ **원**심기(산업용만 해당)
⑨ **롤**러기(밀폐형 구조제외)
⑩ **사**출성형기[형 체결력 294킬로뉴튼(kN) 미만 제외]
⑪ **고**소작업대(화물자동차 또는 특수자동차에 탑재한 것으로 한정)
⑫ **컨**베이어
⑬ **산**업용 로봇
⑭ **혼**합기
⑮ **파**쇄기 또는 분쇄기

암기법 전/국의/ 큰(컨)/ 산을/ 크/리/곤하니/ 압/프/원/ 로들이/ 파/혼하는/ 사/고를 당한다.

안전교육의 지도원칙(안전교육의 지도 8원칙)

① 피교육자 중심 교육(**상**대방의 입장에서)
② **동**기부여를 중요하게
③ **쉬**운 부분에서 어려운 부분으로 진행
④ **반**복에 의한 습관화 진행
⑤ **인**상의 강화(사실적·구체적인 진행)
⑥ **오**관(감각기관)의 활용
⑦ **기**능적인 이해(Functional understanding)
⑧ **한**번에 한가지씩 교육(교육의 성과는 양보다 질을 중시)

암기법 상/동(동상)에서/ 쉬하는거 보고/ 반/한/ 인/오/기

📋 TWI 관리감독자 교육의 내용

① Job Method Training(J. M. T) : 작업**방**법훈련(작업개선법)
② Job Instruction Training(J. I. T) : 작업**지**도훈련(작업지도법)
③ Job Relations Training(J. R. T) : **인간**관계훈련(부하통솔법)
④ Job Safety Training(J. S. T) : 작업**안전**훈련(안전관리법)

암기법 MIRS(미러서) 방에서/ 지도 그리는/ 인간은/ 안전훈련이 필요해

M	I	R	S
방에서	지도 그리는	인간은	안전훈련이 필요해

📋 근로자 정기안전보건 교육 내용

① 산업**안전** 및 **산업**재해 예방에 관한 사항(화재·폭발사고 발생 시 대피에 관한 사항을 포함)
② 산업**보건** 및 건강**장**해 예방에 관한 사항(폭염·한파 작업으로 인한 건강장해 발생 시 응급조치에 관한 사항을 포함)
③ **위험**성 평가에 관한 사항
④ **건강**증진 및 **질병** 예방에 관한 사항
⑤ 유해·위험 작업**환경** 관리에 관한 사항
⑥ 산업안전보건**법령** 및 산업재해**보상**보험 제도에 관한 사항
⑦ **직무스트레스** 예방 및 관리에 관한 사항
⑧ 직장 내 **괴롭힘**, 고객의 **폭언** 등으로 인한 건강장해 예방 및 관리에 관한 사항

암기법 위험하여/ 건질만한/ 환경이 아니라서/ /법으로 보상한다고 /보장해줘도 /안산다고/ 괴롭히고 폭언하니/ 스트레스다

📋 관리감독자 정기안전보건 교육 내용

① 산업**안전** 및 **산업**재해 예방에 관한 사항(화재·폭발사고 발생 시 대피에 관한 사항을 포함)
② 산업**보건** 및 건강**장**해 예방에 관한 사항(폭염·한파 작업으로 인한 건강장해 발생 시 응급조치에 관한 사항을 포함)
③ **위험**성평가에 관한 사항
④ 유해·위험 작업**환경** 관리에 관한 사항
⑤ 산업안전보건**법령** 및 산업재해**보상**보험 제도에 관한 사항
⑥ **직무스트레스** 예방 및 관리에 관한 사항
⑦ 직장 내 **괴롭힘**, 고객의 **폭언** 등으로 인한 건강장해 예방 및 관리에 관한 사항
⑧ 작업공정의 유해·위험과 **재**해 예방대책에 관한 사항
⑨ 사업장 내 안전보건관리체제 및 안전·보건조치 **현황**에 관한 사항
⑩ 표준안전 작업방법 결정 및 **지도**·감독 요령에 관한 사항
⑪ 현장근로자와의 의사소통능력 및 강의능력 등 안전보건**교육** 능력 배양에 관한 사항
⑫ 비상시 또는 재해 발생 시 **긴급조치**에 관한 사항
⑬ 그 밖의 관리**감독**자의 **직무**에 관한 사항

암기법 위험을 /법으로 보상한다고 /보장해줘도 /안산다고/ 괴롭히고 폭언하니/ 스트레스인데/ 표지환경이/ 감독직무이면/ 긴급조치/ 현황보고/ 교육은/ 공재해 달라/

📋 근로자 채용 시 및 작업내용 변경 시 교육 내용

① 산업**안전** 및 **산업**재해 예방에 관한 사항(화재·폭발사고 발생 시 대피에 관한 사항을 포함)
② 산업**보건** 및 건강**장**해 예방에 관한 사항(폭염·한파 작업으로 인한 건강장해 발생 시 응급조치에 관한 사항을 포함)
③ **위험성** 평가에 관한 사항

④ 산업안전보건법령 및 산업재해보상보험 제도에 관한 사항
⑤ 직무스트레스 예방 및 관리에 관한 사항
⑥ 직장 내 괴롭힘, 고객의 폭언 등으로 인한 건강장해 예방 및 관리에 관한 사항
⑦ 기계·기구의 위험성과 작업의 순서 및 동선에 관한 사항
⑧ 작업 개시 전 점검에 관한 사항
⑨ 정리정돈 및 청소에 관한 사항
⑩ 사고 발생 시 긴급조치에 관한 사항
⑪ 물질안전보건자료에 관한 사항

암기법 기계 위의/ 위험한/ 물건을/ 긴급히/ 정리하고/ 개점하여/ 법으로 보상하고/ 보장한다해도/ 안산다고 하니/ 괴롭히고 폭언하여/ 스트레스다

시스템의 수명주기(단계)

구상(concept) → 정의(definition) → 개발(development) → 생산(production) → 배치 및 운용(deployment) → 폐기(disposal)

암기법 구/정/개발은/ 생산에서/ 배운 후/ 폐기한다

안전사고요인(정신적 요소)

① 안전의식의 부족
② 주의력의 부족
③ 방심(放心) 및 공상(空想)
④ 개성적 결함 요소
⑤ 판단력의 부족 또는 그릇된 판단
⑥ 정신력에 영향을 주는 생리적 현상

암기법 방/정맞은/ 안/주가/ 개/판이네

산업안전 심리의 5대요소

① 동기 ② 기질 ③ 감정 ④ 습성 ⑤ 습관

암기법 동(겨울)절기의/ 감/기는/ 습/습한데서 생김

유해 위험 기계기구 등의 방호조치 (유해 위험 기계기구 방호조치 기준)

예초기	원심기	지게차	금속 절단기	공기 압축기	포장기계
날접촉 예방장치	회전체 접촉 예방장치	헤드가드, 백레스트, 전조등, 후미등, 안전벨트	날접촉 예방장치	압력 방출장치	구동부 방호 연동장치

암기법1 예/금으로/ 지/원한다고/ 공/포하니/ 날 /회전하면/ 헤드백이 (전후 안전하게)/날 /압방으로/ 구동한데

암기법2 예/금으로/ 지/원한다고/ 공/포하니/ 날 /회전하면/ 헤드백이 (전후 안전하게)/날 /압/구정으로 데려간데

프레스 등을 사용하는 작업의 관리감독자 유해위험 방지 업무

① 프레스 등 및 그 방호장치를 점검하는 일
② 프레스 등 및 그 방호장치에 이상이 발견되면 즉시 필요한 조치를 하는 일
③ 프레스 등 및 그 방호장치에 전환스위치를 설치했을 때 그 전환스위치의 열쇠를 관리하는 일
④ 금형의 부착·해체 또는 조정작업을 직접 지휘하는 일

암기법 금/전 /방이/ 이상하다

크레인을 사용하는 작업의 관리감독자 유해위험 방지업무

① 작업방법과 근로자 배치를 결정하고 그 작업을 지휘하는 일
② 재료의 결함유무 또는 기구 및 공구의 기능을 점검하고 불량품을 제거하는 일
③ 작업중 안전대 또는 안전모의 착용상황을 감시하는 일

암기법 방배지는/ 재기 불량으로/ 대모감이다

석면해체 제거작업(관리감독자 업무)

① 근로자가 석면분진을 들이마시거나 석면분진에 오염되지 않도록 작업방법을 정하고 지휘하는 업무
② 작업장에 설치되어 있는 석면분진 포집장치, 음압기 등의 장비의 이상 유무를 점검하고 필요한 조치를 하는 업무
③ 근로자의 보호구 착용 상황을 점검하는 업무

암기법 장비와/ 보호구에 대한/ 작업방법을 정하라

밀폐공간에서의 작업 특별안전보건교육 내용

① 산소농도 측정 및 작업환경에 관한 사항
② 사고 시의 응급처치 및 비상시 구출에 관한 사항
③ 보호구 착용 및 보호 장비 사용에 관한 사항
④ 작업내용·안전작업방법 및 절차에 관한 사항
⑤ 장비·설비 및 시설 등의 안전점검에 관한 사항
⑥ 그 밖에 안전·보건관리에 필요한 사항

암기법 밀폐공간은 /산소농도 측정 /장비를 점검하고 / 사고 시/ 절차에 따라 /보호구 착용하라

밀폐된 장소에서 하는 용접작업의 특별안전보건교육 내용

① 작업순서·안전작업 방법 및 수칙에 관한 사항
② 환기설비에 관한 사항
③ 전격방지 및 보호구 착용에 관한 사항
④ 질식 시 응급조치에 관한 사항
⑤ 작업환경점검에 관한 사항
⑥ 그 밖에 안전·보건 관리에 필요한 사항

암기법 밀폐된 장소에서 용접할 때는/ 질식/ 환경을/ 순방하고/ 전격적으로/ 환기하라

석면해체 제거작업 특별안전보건교육 내용

① 석면의 특성과 위험성
② 석면해체·제거의 작업방법에 관한 사항
③ 장비 및 보호구 사용에 관한 사항
④ 그 밖에 안전·보건관리에 필요한 사항

암기법 장비의/ 특성에 따라/ 해체 작업하라

하버드 학파의 교수법 5단계

1단계	2단계	3단계	4단계	5단계
준비시킨다 preparation	교시한다 presentation	연합한다 association	총괄시킨다 generalization	응용시킨다 application

암기법 준비된/ 교사(교시)가/ 연합하면/ 총으로/ 응한다.

교시법 4단계

1단계	2단계	3단계	4단계
준비단계 preparation	일을 하여 보이는 단계 presentation	일을 시켜 보이는 단계 performance	보습지도의 단계 follow-up

암기법1 준비/ 하여/ 시켜/ 보지(보습지도)

암기법2 준비/ 하여/ 시켜 보이는/ 보습지도

맥그리거의 X 이론의 관리처방

① **권**위주의적 리더십의 확보
② **경**제적 보상체계의 강화
③ **세**밀(면밀)한 감독과 엄격한 통제
④ **상**부책임제도의 강화(경영자의 간섭)
⑤ **설**득, 보상, 벌, 통제에 의한 관리

암기법 X라고 하면 상/경하여/ 권/세있는 자를/ 설득한다.

맥그리거의 Y 이론의 관리처방

① 분권화와 권한의 위임
② 민주적 리더십의 확립
③ 직무확장
④ 비공식적 조직의 활용
⑤ 목표에 의한 관리
⑥ 자체 평가제도의 활성화
⑦ 조직목표달성을 위한 자율적인 통제

암기법1 자체/조직의/ 목표는/ 민/비의/ 직/분(을 되찾는것)

암기법2 민/비의/ 직/분을 위해/ 목숨걸고/ 자체/조직

허즈버그의 두 가지 요인이론(위생요인)

① **조**직의 정책과 방침
② **작**업조건
③ **대**인관계
④ **임**금, 신분, 지위
⑤ **감**독 등

암기법 조직/ 작업에 앞장선/ 대/감이/ 임신이라

허즈버그의 두 가지 요인이론(동기유발 요인)

① **직**무상의 성취
② **인**정
③ **성**장 또는 발전
④ **책**임의 증대
⑤ **직무내용**자체(보람된 직무) 등

암기법 책임있는(자가)/ 직무의/ 내용을/ 인정하면/ 성장한다.

데이비스의 동기부여 이론

인간의 성과×물적인 성과 = **경영**의 성과
① **지**식(knowledge) × **기**능(skill) = **능**력(ability)
② **상**황(situation) × **태**도(attitude) = **동기**유발 (motivation)
③ **능**력(ability) × **동**기유발(motivation) = **인간**의 성과(human performance)

암기법 인/물/경영에서/.. 지/기/능 실코/.. 상/태가/ 동하면/.. 능/동적인/ 인간이 되라

운전위치 이탈 시 운전자 준수 사항 (차량계 하역운반기계, 차량계 건설기계)

① **포크, 버킷, 디퍼** 등의 장치를 가장 **낮은** 위치 또는 **지면**에 내려 둘 것
② **원**동기를 **정**지시키고 브레이크를 확실히 거는 등 차량계 하역운반기계 등, 차량계 건설기계의 갑작스러운 이동을 **방**지하기 위한 조치를 할 것
③ 운전석을 이탈하는 경우에는 **시동키**를 운전대에서 **분리**시킬 것. 다만, 운전석에 잠금장치를 하는 등 운전자가 아닌 사람이 운전하지 못하도록 조치한 경우에는 그러하지 아니하다.

> **암기법** 포버디는 낮은 지면으로/ 원정가니 이방은 /시동키를 분리하라

재해 누발자 유형

① **미**숙성 누발자
② **상**황성 누발자
③ **습**관성 누발자
④ **소**질성 누발자

> **암기법** 상/습적인/ 미/소

재해 누발자 유형(상황성 누발자의 요인)

① 작업**자체**가 어렵기 때문
② 기계설비의 **결함** 존재
③ **주위** 환경 상 주의력 집중 곤란
④ 심신에 **근심** 걱정이 있기 때문

> **암기법1** 자체/결함은/ 주위의/ 근심 때문...

> **암기법2** 주위의/ 근심으로/ 자체/ 결함 발생

프레스 방호장치의 종류

① **양**수조작식　　② **수**인식
③ **가**드식(게이트가드식)　④ **손**쳐내기식
⑤ **감**응형(광전자식)

> **암기법1** 양/손잡는/ 게이는/ 수/감 된다.(광/수는/ 양/손잡이/ 게이)

> **암기법2** 수/감되면/ 양/손을/ 가드로...

원동기 회전축 기어 풀리 플라이휠 등의 위험부위

① **덮**개　　　　② **울**
③ **슬**라이브　　④ **건**널다리

> **암기법** 덮어서/ 울 때/ 슬쩍/ 건너가라

직접접촉에 위한 감전방지 대책

① 충전부가 노출되지 않도록 **폐쇄형** 외함이 있는 구조로 할 것
② 충전부에 충분한 절연효과가 있는 방호망이나 **절연덮개**를 설치할 것
③ 충전부는 내구성이 있는 절연물로 **완전히** 덮어 감쌀 것
④ **발**전소·**변**전소 및 개폐소 등 구획되어 있는 장소로서 **관계근로자**가 아닌 사람의 출입이 금지되는 장소에 충전부를 설치하고, **위험표시** 등의 방법으로 방호를 강화할 것
⑤ **전**주 위 및 **철**탑 위 등 격리되어 있는 장소로서 **관계근로자**가 아닌 사람이 접근할 우려가 없는 장소에 충전부를 설치할 것

> **암기법** 전철 관계자는/ 발이 변하는 관계로 위험하니/ 절연덮개로/ 완전히 덮어/ 폐쇄하라

간접접촉에 의한 감전방지 대책

① **보호**절연
② **안전전압** 이하의 기기 사용
③ **접지**
④ **누전차단기**의 설치
⑤ **비접지식** 전로의 채용
⑥ **이중절연구조**

> 암기법 안전전압을/ 이중으로/ 보호하기 위해/ 비/누로/ 접지

안전인증 방독마스크에 안전인증의 표시에 따른 표시 외에 추가로 표시해야 할 사항

① **파**과곡선도
② **사**용시간 기록카드
③ 정화통의 **외부측**면의 표시 색
④ **사**용상의 주의사항

> 암기법 외측의/ 사주로/ 사기치면 (결국)/ 파국(곡)에 이른다.

안전모의 성능기준

① 내**관통**성   ② **충격흡수**성
③ 내**전압**성   ④ 내**수**성
⑤ **난연**성   ⑥ 턱끈풀림

> 암기법 전압의/ 충격으로/ 턱이/ 관통되는/ 수/ 난

공정안전보고서 제출대상 (다음 사업장의 보유설비)

① **원**유정제 처리업
② **기**타 석유정제물 재처리업
③ **석**유화학계 기초화학물질 제조업 또는 합성수지 및 기타 플라스틱 물질 제조업
④ 질소화합물, **질소**, 인산 및 칼리질 화학비료 제조업 중 질소질 비료 제조
⑤ **복**합비료 및 기타 화학비료 제조업 중 복합비료 제조(단순혼합 또는 배합에 의한 경우는 제외)
⑥ 화학살균 **살충제** 및 농업용 약제 제조업(**농약원제 제조만 해당**)
⑦ **화약** 및 불꽃제품 제조업

> 암기법 복을/ 기/원하는/ 화/석이/ 살충제 먹고/ 질 수 없데

공정안전보고서 내용(포함사항)

① **공정** 안전 **자료**
② **공정** 위험성 **평가**서
③ 안전 **운전** 계획
④ **비상** 조치 계획

> 암기법1 비상/운전에 대한/ 공자의/ 평가

> 암기법2 운전/자/ 비/평

항타기 항발기의 조립·해체 시 점검사항

① **본체 연결부의 풀림** 또는 손상의 유무
② 권상용 **와이어로프**·드럼 및 도르래의 **부착상태**의 이상 유무
③ 권상장치의 브레이크 및 **쐐기장치** 기능의 이상 유무
④ 권상기 **설치상태**의 이상 유무
⑤ 리더(leader)의 **버팀** 방법 및 고정상태의 이상 유무
⑥ **본체**·부속장치 및 **부속품의 강도**가 적합한지 여부
⑦ 본체·부속장치 및 부속품에 심한 **손상**·**마모**·변형 또는 부식이 있는지 여부

> **암기법** 본체 부속품 강도가/ 손상, 마모되어/ 본체 연결부가 풀려/ 권상하니 와이프도 드러누워 부상이라고/ 쐐기를 박아/ 버티도록/ 설치하였다.

양중기 와이어로프의 안전계수

근로자가 탑승하는 운반구를 지지하는 달기와이어로프 또는 달기체인의 경우	10 이상
화물의 하중을 직접 지지하는 경우 달기와이어로프 또는 달기체인의 경우	5 이상
훅, 샤클, 클램프, 리프팅 빔의 경우	3 이상
그 밖의 경우	4 이상

근로자	화물	밖으로	훅
10	5	4	3

> **암기법** 근로자가 화물을 밖으로 훅~던지니 열받아 오 네 삼(상)!!

와이어로프의 사용제한 조건

① **이음매**가 있는 것
② **와이어로프**의 한 꼬임(스트랜드)에서 끊어진 소선(필러선 제외)의 수가 10퍼센트 이상인 것
③ **지름**의 **감소**가 공칭지름의 7퍼센트를 초과하는 것
④ **꼬인** 것
⑤ **심**하게 변형되거나 부식된 것
⑥ **열**과 전기충격에 의해 손상된 것

> **암기법** 이 음매하는/ 와이프의 소가 열받으면/ 지가 먼저 공치자고/ 열나게/ 꼬/심

달기체인의 사용제한 조건

① 달기체인의 길이가 달기체인이 제조된 때의 **길이**의 5퍼센트를 초과한 것
② 링의 단면지름이 달기체인이 제조된 때의 해당 링의 **지름**의 10퍼센트를 초과하여 감소한 것
③ 균열이 있거나 **심**하게 변형된 것

> **암기법** 길로 오면/ 지열이/ 심하게 생김

양중기 방호장치의 종류

① **과부하방지장치**
② **권과방지장치**
③ **비상정지장치** 및 **제동장치**
④ 그 밖의 방호장치(승강기의 **파이널 리미트 스위치**, 속도조절기, **출입문** 인터록 등)

> **암기법** 과부하 걸린/ 제비가/ 권하는/ 파리는/ 출입문으로/ 속히 오라

정전기 발생현상(대전의 종류)

① **마찰**대전 ② **박리**대전 ③ **유동**대전 ④ **분출**대전
⑤ **충돌**대전 ⑥ **유도**대전 ⑦ **비말**대전

> **암기법** 마/박을/ 충돌하여/ 분/유를/ 유도하니/ 비참하다

자동전격방지기의 설치 방법 (교류아크 용접기)

① **직각**으로 부착할 것(부득이할 경우 직각에서 20°를 넘지 않을 것)
② 용접기의 이동·진동·충격으로 이완되지 않도록 **이완 방지** 조치를 취할 것
③ 전방 장치의 작동 상태를 알기 위한 **표시**등은 보기 쉬운 곳에 설치할 것
④ 전방 장치의 작동 상태를 실험하기 위한 **테스트** 스위치는 조작하기 쉬운 곳에 설치할 것

> **암기법** 이방에 대한/ 테스트는/ 직각으로(즉각)/ 표시하라

굴착면의 높이가 2미터 이상이 되는 지반의 굴착작업

사전조사 내용	작업계획서 내용
① **형상**·지질 및 지층의 상태 ② **균열**·함수(含水)·용수 및 동결의 유무 또는 상태 ③ **매설**물 등의 유무 또는 상태 ④ **지반**의 지하수위 상태	① **굴착**방법 및 순서, 토사 반출 방법 ② **필요**한 인원 및 장비 사용계획 ③ **매설**물 등에 대한 이설·보호대책 ④ **사업**장 내 연락방법 및 신호방법 ⑤ **흙막이** 지보공 설치방법 및 계측계획 ⑥ **작업**지휘자의 배치계획 ⑦ 그 밖에 안전·보건에 관련된 사항

> **암기법1** (사전조사 내용) - 형/균/매/지.. (형상이 있는/ 균은/ 지반에/ 매설하라)

> **암기법2** (작업계획서 내용) - 매/사에/ 흙으로 된/ 굴착/ 작업이/ 필요해!

히빙 방지대책(흙막이 굴착 시 주의사항에서)

① 흙막이 **근입**깊이를 깊게
② **표토제거** 하중감소
③ **지반**개량
④ 굴착면 **하중**증가
⑤ **어스**앵커설치 등

> **암기법** 표토제거하고/ 어스/ 근입/하/지

보일링 방지대책(흙막이 굴착 시 주의사항에서)

① Filter 및 **차**수벽설치
② 흙막이 **근입**깊이를 깊게(불투수층까지)
③ **약**액주입 등의 굴착면 고결
④ **지**하수위저하
⑤ **압**성토 공법 등

> **암기법** 근육/지/압후에는/ 필히/ 약/차를 마시세요

토석붕괴의 외적 원인

① 사면, 법면의 경사 및 **기울기**의 증가
② 절토 및 성토 **높**이의 증가
③ 공사에 의한 진동 및 **반**복 하중의 증가
④ 지표수 및 지하수의 침투에 의한 **토**사 중량의 증가
⑤ 지진, 차량, **구**조물의 하중작용
⑥ 토사 및 암석의 **혼**합층두께

암기법 혼/기 (놓치고)/ 구/토하는/ 높은/ 반

Tip 토석붕괴의 내적 원인 ① **절토** 사면의 토질·암질 ② **성토** 사면의 토질구성 및 분포 ③ 토석의 **강도** 저하

암기법 성토(탄)/절/ 강도(저하)...

방독마스크의 종류 및 정화통 외부 측면 표시색(시험가스)

종류	정화통외부측면 표시색
유기화합물용	갈색
할로겐용	회색
황화수소용	회색
시안화수소용	회색
아황산용	노란색
암모니아용	녹색

암기법 아황이 노하니/ 유기로 갈아(서)/ 암니로 녹이고/ 할로황시는 몽땅 회쳐먹자

유해위험방지계획서 제출 대상사업장(건설업)

① 다음 각목의 어느 하나에 해당하는 건축물 또는 시설 등의 건설, 개조 또는 해체공사
  ㉠ **지상** 높이가 31미터 이상인 건축물 또는 인공구조물
  ㉡ 연면적 3만제곱미터 이상인 건축물
  ㉢ 연면적 5천제곱미터 이상인 시설로서 다음의 어느 하나에 해당하는 시설
    ㉮ 문화 및 집회시설
    ㉯ 판매시설, 운수시설
    ㉰ 종교시설
    ㉱ 의료시설 중 종합병원
    ㉲ 숙박시설 중 관광숙박시설 ㉳ 지하도 상가 ㉴ 냉동, 냉장 창고시설
② 최대 지간 길이가 **50**미터 이상인 **다리**의 건설 등 공사
③ **연면적 5천 제곱 미터 이상인 냉동, 냉장창고 시설**의 설비공사 및 단열공사
④ **다목적댐, 발전용댐**, 저수용량 **2천만톤** 이상의 **용수** 전용댐 및 지방 상수도 전용댐의 건설 등 공사
⑤ **터널**의 건설등 공사
⑥ 깊이 10미터 이상인 **굴착** 공사

암기법 지상에서 **삼일절** 집회를 하니(삼일운동하니)/ 다리로 **오십시오**/ 연오천은 냉냉하나/ 다발용 **댐**이 있어 **천만다행이니**/ 터널의/ 굴이 **열**릴 것이요

유해위험 방지 계획서 제출 시 첨부서류(건설업)

① **공사개요** 및 **안전보건** 관리계획
② 작업공사종류별 **유해·위험** 방지계획

암기법 공개된/ 안보는/ 공유하자

화재 종류(화재급수)별 소화기 표시색

① A급(일반화재) : 백색
② B급(유류화재) : 황색
③ C급(전기화재) : 청색
④ D급(금속화재) : 없음

암기법1 뱁새가/ 황새 잡으러/ 청와대로 갔더니/ 없더라

암기법2 백수가/ 황금 찾으러/ 청와대로 갔더니/ 없더라

보링(Boring)의 종류

① 오거(Auger) 보링
② 수세식 보링
③ 회전식 보링
④ 충격식 보링

암기법 오/수에/ 회/충

연약지반 개량공법(사질토)

① 동다짐 공법
② 전기 충격 공법
③ 다짐 모래 말뚝 공법(vibro composer, sand compaction pile)
④ 진동 다짐 공법(vibro floatation)
⑤ 폭파 다짐 공법
⑥ 약액 주입 공법

암기법 모래에는…..// 동/전으로/ 다/진/ 폭/약

Tip 점성토

①	②
배수공법	Deep well 공법
	Well point 공법
탈수공법	sand drain 공법
	pack drain 공법
	paper drain 공법
압밀(재하)공법	Preloading 공법
	압성토 공법(sur charge)
	사면 선단 재하 공법
치환공법	굴착 치환
	미끄럼 치환
	폭파 치환
기타공법	동치 환공법
	고결 공법(생석회 말뚝, 동결, 소결) 등

암기법1 (동치미/ 먹고) 배/탈나서/ 압퍼니/ 치료해 → '동치미 먹고'는 기타공법

암기법2 디프/웰에서 // 샌드/팩으로/페니 // 프리하게/ 압/사하고 // 굴에서/ 미끄러져/폭발(굴미폭)

비계의 점검 보수(작업시작 전 점검사항)

① 비, 눈 그 밖의 기상 상태의 악화로 작업을 중지시킨 후 그 비계에서 작업할 경우
② 비계를 조립, 해체하거나 변경한 후에 그 비계에서 작업을 하는 경우

[작업 시작전 점검사항]
① **발판재료**의 손상여부 및 부착 또는 **걸림** 상태
② 당해 비계의 **연결부** 또는 접속부의 **풀림** 상태
③ 연결재료 및 **연결철물**의 손상 또는 **부식** 상태
④ **손잡이**의 **탈락**여부
⑤ **기둥**의 침하·변형·변위 또는 **흔들림** 상태
⑥ **로프**의 부착상태 및 매단장치의 **흔들림** 상태

암기법1 연결철물이 부식한 곳에/ 발이 걸려/ 연결부가 풀리니/ 로프가 흔들리고/ 기둥이 흔들려/ 손잡이가 탈락
① **발**판재료의 손상여부 및 부착 또는 걸림 상태
② 당해 비계의 **연결**부 또는 접속부의 풀림 상태
③ 연결재료 및 연결**철**물의 손상 또는 **부**식 상태
④ **손잡이**의 탈락여부
⑤ **기둥**의 침하·변형·변위 또는 흔들림 상태
⑥ **로프**의 부착상태 및 매단장치의 흔들림 상태

암기법2 손/발/로/ 연/기하는/ 철부지

방진 마스크의 구비조건

① **여**과 효율이 좋을 것
② **흡**배기 저항이 낮을 것
③ **사**용적이 적을 것
④ **중**량이 가벼울 것
⑤ **시**야가 넓을 것
⑥ **안**면 밀착성이 좋을 것
⑦ **피**부 접촉 부위의 고무질이 좋을 것

암기법 시/중/피/흡/안/사/여(시중에서 피흡입한건 안사여)

타워 크레인 작업계획서 작성(설치 조립 해체 작업)

① 타워크레인의 **종**류 및 형식
② **설치**·조립 및 해체순서
③ 작업도구·장비·가설설비 및 **방호** 설비
④ 작업인원의 구성 및 작업근로자의 **역할** 범위
⑤ 타워크레인의 지지 규정에 의한 **지지방법**

암기법1 지/역/ 종/방/설
① 타워크레인의 **종류** 및 **형식**
② **설치**·조립 및 **해체**순서
③ 작업**도구**·장비·가설설비 및 **방호** 설비
④ 작업인원의 **구성** 및 작업근로자의 역할 범위
⑤ 타워크레인의 **지지** 규정에 의한 **지지방법**

암기법2 종형의/ 구역을/ 지지할테니/ 도방을/ 설치해

지보공 조립 및 설치 시 점검사항(붕괴 등의 방지를 위한 점검사항)

흙막이 지보공	① 부재의 손상·변형·부식·변위 및 **탈락**의 유무와 상태 ② 버팀대의 **긴압**의 정도 ③ 부재의 **접속**부·부착부 및 교차부의 상태 ④ **침하**의 정도
터널 지보공	① 부재의 손상·변형·부식·변위 **탈락**의 유무 및 상태 ② 부재의 **긴압** 정도 ③ 부재의 **접속**부 및 교차부의 상태 ④ 기둥**침하**의 유무 및 상태

암기법 접속에/ 탈락하니/ 긴급히/ 침하 하더라(접속 탈락 긴급 침하)

중량물 취급 시 작업지휘자 준수사항

차량계 하역 운반기계 등에 단위화물의 무게가 100킬로그램 이상인 화물을 싣는 작업 또는 내리는 작업을 하는 경우에 해당 작업의 지휘자가 준수하여야 하는 사항
① 작업순서 및 그 순서마다의 **작업방법**을 정하고 작업을 지휘할 것
② 기구와 공구를 점검하고 **불량품**을 제거할 것
③ 해당 작업을 하는 장소에 관계 근로자가 아닌 사람이 **출입**하는 것을 **금지**시킬 것
④ 로프 **풀기** 작업 또는 덮개 **벗기**기 작업은 적재함의 화물이 떨어질 위험이 없음을 확인한 후에 하도록 할 것

암기법 풀고 벗기는/ 작업방법이/ 불량하면/ 출입금지

PART 02

7개년 공개기출 및 CBT 기출복원문제
(2018년~2024년)

2018년 3월 4일 | 기출문제

1과목 산업재해 예방 및 안전보건교육

01 ⭐

산업안전보건법령상 근로자 안전·보건교육 기준 중 다음 ( ) 안에 알맞은 것은?

교육과정	교육대상	교육시간
작업내용 변경 시 교육	일용근로자 및 근로계약기간이 1주일 이하인 기간제근로자	(㉠)시간 이상
	그 밖의 근로자	(㉡)시간 이상

① ㉠ 1, ㉡ 8
② ㉠ 2, ㉡ 8
③ ㉠ 1, ㉡ 2
④ ㉠ 3, ㉡ 6

근로자 안전보건 교육 시간(특별교육은 생략)			
교육과정		교육대상	교육시간
가. 정기교육		사무직 종사 근로자	매반기 6시간 이상
	그 밖의 근로자	판매업무에 직접 종사하는 근로자	매반기 6시간 이상
		판매업무에 직접 종사하는 근로자 외의 근로자	매반기 12시간 이상
나. 채용 시 교육		일용근로자 및 근로계약기간이 1주일 이하인 기간제근로자	1시간 이상
		근로계약기간이 1주일 초과 1개월 이하인 기간제근로자	4시간 이상
		그 밖의 근로자	8시간 이상
다. 작업내용 변경 시 교육		일용근로자 및 근로계약기간이 1주일 이하인 기간제근로자	1시간 이상
		그 밖의 근로자	2시간 이상
마. 건설업 기초안전·보건교육		건설 일용근로자	4시간 이상

tip
2023년 법령개정. 문제와 해설은 개정된 내용 적용

02

안전심리의 5대 요소에 해당하는 것은?

① 기질(temper)
② 지능(intelligence)
③ 감각(sense)
④ 환경(environment)

> **산업안전 심리의 5대 요소**
> 기질, 동기, 습관, 습성, 감정

03

학습을 자극에 의한 반응으로 보는 이론에 해당하는 것은?

① 손다이크(Thorndike)의 시행착오설
② 쾰러(Kohler)의 통찰설
③ 톨만(Tolman)의 기호형태설
④ 레빈(Lewin)의 장이론

> **시행 착오설(Thorndike)**
> 학습이란 시행착오의 과정을 통하여 선택되고 결합되는 것(성공한 행동은 각인되고 실패한 행동은 배제)

04

학생이 마음 속에 생각하고 있는 것을 외부에 구체적으로 실현하고 형상화하기 위하여 자기 스스로 계획을 세워 수행하는 학습활동으로 이루어지는 학습지도의 형태는?

① 케이스 메소드(Case method)
② 패널 디스커션(Panel discussion)
③ 구안법(Project method)
④ 문제법(Problem method)

> **구안법(Project method)**
> 참가자 스스로가 계획을 수립하고 활동하는 실천적인 학습활동

정답 01 ③ 02 ① 03 ① 04 ③

05 ⭐빈출

헤드십(Headship)에 관한 설명으로 틀린 것은?

① 구성원과 사회적 간격이 좁다.
② 지휘의 형태는 권위주의적이다.
③ 권한의 부여는 조직으로부터 위임받는다.
④ 권한귀속은 공식화된 규정에 의한다.

헤드십과 리더십의 구분

구분	권한부여 및 행사	권한 근거	상관과 부하와의 관계 및 책임귀속	부하와의 사회적 간격	지휘 형태
헤드십	위에서 위임하여 임명. 임명된 헤드	법적 또는 공식적	지배적 상사	넓다	권위주의적
리더십	아래로부터의 동의에 의한 선출. 선출된 리더	개인 능력	개인적인 영향 상사와 부하	좁다	민주주의적

06

추락 및 감전 위험방지용 안전모의 일반구조가 아닌 것은?

① 착장체   ② 충격흡수재
③ 선심   ④ 모체

안전모의 구조

번호	명칭	
1	모체	
2	착장체	머리받침끈
3		머리고정대
4		머리받침고리
5	충격흡수재(자율안전확인에서는 제외)	
6	턱끈	
7	모자챙(차양)	

07

Safe-T-Score에 대한 설명으로 틀린 것은?

① 안전관리의 수행도를 평가하는 데 유용하다.
② 기업의 산업재해에 대한 과거와 현재의 안전성적을 비교 평가한 점수로 단위가 없다.
③ Safe-T-Score가 +2.0 이상인 경우는 안전관리가 과거보다 좋아졌음을 나타낸다.
④ Safe-T-Score가 +2.0~-2.0 사이인 경우는 안전관리가 과거에 비해 심각한 차이가 없음을 나타낸다.

Safe-T-Score 결과

- +2.00 이상 : 과거보다 심각하게 나쁨
- +2.00에서 -2.00 사이 : 과거에 비해 심각한 차이 없음
- -2.00 이하 : 과거보다 좋아짐

08 ⭐빈출

매슬로(Maslow)의 욕구단계 이론의 요소가 아닌 것은?

① 생리적 욕구   ② 안전에 대한 욕구
③ 사회적 욕구   ④ 심리적 욕구

매슬로우의 욕구 5단계

생리적 욕구 → 안전의 욕구 → 사회적 욕구 → 인정받으려는 욕구 → 자아실현의 욕구

09

산업안전보건법령상 안전·보건표지 중 지시표지 사항의 기본모형은?

① 사각형   ② 원형
③ 삼각형   ④ 마름모형

지시표지

특정행위의 지시 및 사실의 고지를 나타내며, 원형모양에 바탕은 파란색, 관련 그림은 흰색

10

재해 발생 시 조치사항 중 대책수립의 목적은?

① 재해 발생 관련자 문책 및 처벌
② 재해 손실비 산정
③ 재해 발생 원인 분석
④ 동종 및 유사재해 방지

재해조사의 목적

재해의 원인을 분석하여 대책을 수립하는 목적은 동종재해 및 유사재해의 재발방지

정답 05 ① 06 ③ 07 ③ 08 ④ 09 ② 10 ④

11

기업 내 정형교육 중 대상으로 하는 계층이 한정되어 있지 않고, 한 번 훈련을 받은 관리자는 그 부하인 감독자에 대해 지도원이 될 수 있는 교육방법은?

① TWI(Training Within Industry)
② MTP(Management Training Program)
③ CCS(Civil Communication Section)
④ ATT(American Telephone & Telegram Co)

ATT(American Telephone & Telegram Co)
① 교육대상자 : 대상계층이 한정되어 있지 않다. ② 훈련을 먼저 받은 자는 직급에 관계 없이 훈련을 받지 않은 자에 대해 지도원이 될 수 있다.

12

부하의 행동에 영향을 주는 리더십 중 조언, 설명, 보상조건 등의 제시를 통한 적극적인 방법은?

① 강요   ② 모범
③ 제언   ④ 설득

조언, 설명, 보상조건 등을 제시함으로써 행동에 영향을 주는 리더십 방법은 설득에 해당된다.

13

사고예방대책의 기본원리 5단계 중 제4단계의 내용으로 틀린 것은?

① 인사 조정   ② 작업 분석
③ 기술의 개선   ④ 교육 및 훈련의 개선

4단계 시정책의 선정	
시정책의 선정	• 인사 및 배치 조정 • 기술적인 개선 • 교육 및 훈련의 개선 • 안전행정의 개선 • 규정 및 수칙의 개선 • 이행독려의 체제 강화

14

주의(Attention)의 특성 중 여러 종류의 자극을 받을 때 소수의 특정한 것에만 반응하는 것은?

① 선택성   ② 방향성
③ 단속성   ④ 변동성

주의의 특성	
선택성	동시에 두 개 이상의 방향에 집중하지 못하고 소수의 특정한 것에 한하여 선택한다.
변동성	고도의 주의는 장시간 지속할 수 없고 주기적으로 부주의 리듬이 존재한다.
방향성	한 지점에 주의를 집중하면 주변 다른 곳의 주의는 약해진다.(주시점만 인지)

15

재해예방의 4원칙이 아닌 것은?

① 원인계기의 원칙   ② 예방가능의 원칙
③ 사실보존의 원칙   ④ 손실우연의 원칙

하인리히의 재해예방의 4원칙	
손실우연의 원칙	사고에 의해서 생기는 상해의 종류 및 정도는 우연적이라는 원칙
예방가능의 원칙	재해는 원칙적으로 예방이 가능하다는 원칙
원인계기의 원칙	재해의 발생은 직접원인으로만 일어나는 것이 아니라 간접원인이 연계되어 일어난다는 원칙
대책선정의 원칙	원인의 정확한 분석에 의해 가장 타당한 재해예방 대책이 선정되어야 한다는 원칙

정답 11 ④ 12 ④ 13 ② 14 ① 15 ③

16
산업안전보건법령상 관리감독자의 업무의 내용이 아닌 것은?

① 해당 작업에 관련되는 기계·기구 또는 설비의 안전·보건 점검 및 이상 유무의 확인
② 해당 사업장 산업보건의 지도·조언에 대한 협조
③ 위험성평가를 위한 업무에 기인하는 유해·위험요인의 파악 및 그 결과에 따라 개선조치의 시행
④ 작성된 물질안전보건자료의 게시 또는 비치에 관한 보좌 및 조언·지도관리감독자의 업무내용

> **관리감독자의 업무내용**
> ① 사업장 내 관리감독자가 지휘·감독하는 작업과 관련된 기계·기구 또는 설비의 안전·보건점검 및 이상 유무의 확인
> ② 관리감독자에게 소속된 근로자의 작업복·보호구 및 방호장치의 점검과 그 착용·사용에 관한 교육·지도
> ③ 해당 작업에서 발생한 산업재해에 관한 보고 및 이에 대한 응급조치
> ④ 해당 작업의 작업장 정리·정돈 및 통로확보에 대한 확인·감독
> ⑤ 사업장의 다음 각 목의 어느 하나에 해당하는 사람의 지도·조언에 대한 협조
> ㉠ 안전관리자 또는 안전관리자의 업무를 안전관리전문기관에 위탁한 사업장의 경우에는 그 안전관리전문기관의 해당 사업장 담당자
> ㉡ 보건관리자 또는 보건관리자의 업무를 보건관리전문기관에 위탁한 사업장의 경우에는 그 보건관리전문기관의 해당 사업장 담당자
> ㉢ 안전보건관리담당자 또는 안전보건관리담당자의 업무를 안전관리전문기관 또는 보건관리전문기관에 위탁한 사업장의 경우에는 그 안전관리전문기관 또는 보건관리전문기관의 해당 사업장 담당자
> ㉣ 산업보건의
> ⑥ 위험성평가에 관한 다음 각 목의 업무
> ㉠ 유해·위험요인의 파악에 대한 참여
> ㉡ 개선조치의 시행에 대한 참여
> ⑦ 그 밖에 해당 작업의 안전보건에 관한 사항으로서 고용노동부령으로 정하는 사항

17
400명의 근로자가 종사하는 공장에서 휴업일수 127일, 중대재해 1건이 발생한 경우 강도율은? (단, 1일 8시간으로 연 300일 근무조건으로 한다.)

① 10 ② 0.1
③ 1.0 ④ 0.01

> 강도율 $= \dfrac{\text{근로손실일수}}{\text{연간총근로시간수}} \times 1,000$
> $= \dfrac{127 \times \dfrac{300}{365}}{400 \times 8 \times 300} \times 1,000 = 0.1$

18
시행 착오설에 의한 학습법칙이 아닌 것은?

① 효과의 법칙 ② 준비성의 법칙
③ 연습의 법칙 ④ 일관성의 법칙

> **시행 착오설에 의한 학습법칙**
> ① 연습의 법칙 ② 효과의 법칙 ③ 준비성의 법칙

19
산업안전보건법령상 건설현장에서 사용하는 크레인, 리프트 및 곤돌라의 안전검사의 주기로 옳은 것은? (단, 이동식 크레인, 이삿짐 운반용 리프트는 제외한다.)

① 최초로 설치한 날부터 6개월마다
② 최초로 설치한 날부터 1년마다
③ 최초로 설치한 날부터 2년마다
④ 최초로 설치한 날부터 3년마다

> **크레인, 리프트 및 곤돌라의 검사주기**
> 사업장에 설치가 끝난 날부터 3년 이내에 최초 안전검사를 실시하되, 그 이후부터 2년마다(건설현장에서 사용하는 것은 최초로 설치한 날부터 6개월마다)

20
위험예지훈련 4R 방식 중 각 라운드(Round)별 내용 연결이 옳은 것은?

① 1R - 목표설정 ② 2R - 본질추구
③ 3R - 현상파악 ④ 4R - 대책수립

> **위험예지훈련의 4라운드 진행법**
> ① 1라운드 : 현상파악 ② 2라운드 : 본질추구
> ③ 3라운드 : 대책수립 ④ 4라운드 : 목표설정

정답 16 ④ 17 ② 18 ④ 19 ① 20 ②

2과목 인간공학 및 위험성 평가·관리

21 ⭐빈출

시각적 표시장치를 사용하는 것이 청각적 표시장치를 사용하는 것보다 좋은 경우는?

① 메시지가 후에 참고되지 않을 때
② 메시지가 공간적인 위치를 다룰 때
③ 메시지가 시간적인 사건을 다룰 때
④ 사람의 일이 연속적인 움직임을 요구할 때

시각적 표시장치와 청각적 표시장치의 비교	
시각장치 사용	청각장치 사용
1. 메시지가 복잡하다. 2. 메시지가 길다. 3. 메시지가 후에 재참조된다. 4. 메시지가 공간적인 위치를 다룬다. 5. 메시지가 즉각적인 행동을 요구하지 않는다. 6. 수신자의 청각 계통이 과부하 상태일 때 7. 직무상 수신자가 한곳에 머무르는 경우	1. 메시지가 간단하다. 2. 메시지가 짧다. 3. 메시지가 후에 재참조되지 않는다. 4. 메시지가 시간적인 사상을 다룬다. 5. 메시지가 즉각적인 행동을 요구한다. 6. 수신자의 시각 계통이 과부하 상태일 때 7. 직무상 수신자가 자주 움직이는 경우

22

체계분석 및 설계에 있어서 인간공학의 가치와 가장 거리가 먼 것은?

① 성능의 향상
② 인력 이용률의 감소
③ 사용자의 수용도 향상
④ 사고 및 오용으로부터의 손실 감소

체계 설계과정에서의 인간공학의 가치
① 성능의 향상
② 생산 및 정비유지의 경제성 증대
③ 훈련 비용의 절감
④ 인력의 이용률의 향상
⑤ 사용자의 수용도 향상
⑥ 사고 및 오용으로부터의 손실 감소

23

휘도(luminance)의 척도 단위(unit)가 아닌 것은?

① fc
② fL
③ mL
④ cd/m²

휘도의 단위	
Lambert(L)	완전발산 또는 반사하는 표면이 1cm 거리에서 표준 촛불로 조명될 때의 조도와 같은 휘도
millilambert(mL)	1L의 1/1,000로서, 1foot-Lambert와 비슷한 값을 갖는다.
foot-Lambert(fL)	완전발산 또는 반사하는 표면이 1fc로 조명될 때의 조도와 같은 휘도
nit(cd/m²)	완전 발산 또는 반사하는 평면이 πlux로 조명될 때의 조도와 같은 휘도

24

신체 반응의 척도 중 생리적 스트레스의 척도로 신체적 변화의 측정 대상에 해당하지 않는 것은?

① 혈압
② 부정맥
③ 혈액성분
④ 심박수

신체적 변화의 측정 대상은 혈압, 부정맥, 심박수의 변화 등이 있다.

25

안전성의 관점에서 시스템을 분석 평가하는 접근방법과 거리가 먼 것은?

① "이런 일은 금지한다."의 개인 판단에 따른 주관적인 방법
② "어떻게 하면 무슨 일이 발생할 것인가?"의 연역적인 방법
③ "어떤 일은 하면 안 된다."라는 점검표를 사용하는 직관적인 방법
④ "어떤 일이 발생하였을 때 어떻게 처리하여야 안전한가?"의 귀납적인 방법

개인차가 발생할 수 있는 주관적인 방법은 시스템 분석평가 방법으로 적절하지 못하다.

정답 21 ② 22 ② 23 ① 24 ③ 25 ①

26
다음의 연산표에 해당하는 논리연산은?

입력		출력
X_1	X_2	
0	0	0
0	1	1
1	0	1
1	1	0

① XOR ② AND
③ NOT ④ OR

> **XOR 게이트 회로**
> ① 배타적 OR 게이트라고도 부르며, 2입력 중 어느 하나가 1일 때 출력이 1이 되는 게이트
> ② 입력이 같으면 출력은 0이고 입력이 다르면 1이 된다.

27
항공기 위치 표시장치의 설계원칙에 있어, 다음 〈보기〉의 설명에 해당하는 것은?

―[보기]―
항공기의 경우 일반적으로 이동 부분의 영상은 고정된 눈금이나 좌표계에 나타내는 것이 바람직하다.

① 통합 ② 양립적 이동
③ 추종표시 ④ 표시의 현실성

> **양립적 이동(Principle of Compatibility Motion)**
> 항공기의 경우, 일반적으로 이동 부분의 영상은 고정된 눈금이나 좌표계에 나타내는 것이 바람직함

28 ★빈출
근골격계 질환의 인간공학적 주요 위험요인과 가장 거리가 먼 것은?

① 과도한 힘 ② 부적절한 자세
③ 고온의 환경 ④ 단순 반복작업

> **근골격계 질환의 원인**
> ① 부적절한 작업자세 ② 무리한 반복작업 ③ 과도한 힘
> ④ 부족한 휴식시간 ⑤ 신체적 압박

29 ★빈출
산업현장에서 사용하는 생산설비의 경우 안전장치가 부착되어 있으나 생산성을 위해 제거하고 사용하는 경우가 있다. 이러한 경우를 대비하여 설계 시 안전장치를 제거하면 작동이 안 되는 구조를 채택하고 있다. 이러한 구조는 무엇인가?

① Fail Safe ② Fool Proof
③ Lock Out ④ Tamper Proof

> **Tamper proof**
> 부정하게 조작하거나 안전장치를 고의로 제거하는데 따른 위험을 예방하도록 설계하는 개념을 말한다.

30
FTA의 활용 및 기대효과가 아닌 것은?

① 시스템의 결함 진단
② 사고원인 규명의 간편화
③ 사고원인 분석의 정량화
④ 시스템의 결함 비용 분석

> **결함수 분석법의 활용 및 기대효과**
> ① 사고원인 규명의 간편화 ② 사고원인 분석의 일반화
> ③ 사고원인 분석의 정량화 ④ 노력, 시간의 절감
> ⑤ 시스템의 결함 진단 ⑥ 안전점검표 작성

31 ★빈출
인간공학적 부품배치의 원칙에 해당하지 않는 것은?

① 신뢰성의 원칙 ② 사용순서의 원칙
③ 중요성의 원칙 ④ 사용빈도의 원칙

> **부품배치의 원칙**
>
> | | | |
> |---|---|---|
> | 중요성의 원칙 | 목표달성에 긴요한 정도에 따른 우선순위 | 위치결정 |
> | 사용빈도의 원칙 | 사용되는 빈도에 따른 우선순위 | |
> | 기능별 배치의 원칙 | 기능적으로 관련된 부품들을 모아서 배치 | 배치결정 |
> | 사용순서의 원칙 | 순서적으로 사용되는 장치들을 순서에 맞게 배치 | |

정답 26① 27② 28③ 29④ 30④ 31①

32
시스템안전프로그램계획(SSPP)에서 "완성해야 할 시스템 안전업무"에 속하지 않는 것은?

① 정성 해석
② 운용 해석
③ 경제성 분석
④ 프로그램 심사의 참가

> 수행해야 하는 시스템 안전 업무활동
> ① 정성적 분석
> ② 정량적 분석
> ③ 운용 해석
> ④ 설계 심사의 참가 등

33
선형 조정장치를 16cm 옮겼을 때, 선형 표시장치가 4cm 움직였다면, C/R비는 얼마인가?

① 0.2
② 2.5
③ 4.0
④ 5.3

> 통제표시비(선형 조정장치)
> $\dfrac{C}{D} = \dfrac{\text{통제기기의 변위량}}{\text{표시계기 지침의 변위량}} = \dfrac{16\text{cm}}{4\text{cm}} = 4$

34
자연습구온도가 20℃이고, 흑구온도가 30℃일 때, 실내의 습구흑구온도지수(WBGT ; Wet Bulb Globe Temperature)는 얼마인가?

① 20℃
② 23℃
③ 25℃
④ 30℃

> 습구흑구온도지수(옥내)
> WBGT(℃) = 0.7 × 자연습구온도 + 0.3 × 흑구온도
> = (0.7 × 20) + (0.3 × 30) = 23℃

35
소음을 방지하기 위한 대책으로 틀린 것은?

① 소음원 통제
② 차폐장치 사용
③ 소음원 격리
④ 연속 소음 노출

> 소음관리(소음통제 방법)
> ① 소음원의 제거 - 가장 적극적인 대책
> ② 소음원의 통제 - 안전설계, 정비 및 주유, 고무 받침대 부착, 소음기 사용 등
> ③ 소음의 격리 - 씌우개(enclosure), 방이나 장벽을 이용
> ④ 차음 장치 및 흡음재 사용
> ⑤ 보호구 착용 등

36
산업안전 분야에서의 인간공학을 위한 제반 언급사항으로 관계가 먼 것은?

① 안전관리자와의 의사소통 원활화
② 인간과오 방지를 위한 구체적 대책
③ 인간행동특성 자료의 정량화 및 축적
④ 인간-기계 체계의 설계 개선을 위한 기금의 축적

> 재정과 관련된 기금의 축적은 인간공학을 위한 제반 언급사항과는 관련성이 적다.

37
시스템 안전을 위한 업무 수행 요건이 아닌 것은?

① 안전활동의 계획 및 관리
② 다른 시스템 프로그램과 분리 및 배제
③ 시스템 안전에 필요한 사람의 동일성 식별
④ 시스템 안전에 대한 프로그램 해석 및 평가

> 시스템 안전을 위한 업무의 수행 요건
> ① 시스템 안전에 필요한 사항의 식별
> ② 안전활동의 계획·조직 및 구성
> ③ 다른 시스템 프로그램과의 조정 및 협의
> ④ 시스템 안전에 대한 프로그램의 해석 검토 및 평가

정답 32 ③ 33 ③ 34 ② 35 ④ 36 ④ 37 ②

38

컷셋과 최소 패스셋을 정의한 것으로 옳은 것은?

① 컷셋은 시스템 고장을 유발시키는 필요 최소한의 고장들의 집합이며, 최소 패스셋은 시스템의 신뢰성을 표시한다.
② 컷셋은 시스템 고장을 유발시키는 필요 최소한의 고장들의 집합이며, 최소 패스셋은 시스템의 불신뢰도를 표시한다.
③ 컷셋은 그 속에 포함되어 있는 모든 기본사상이 일어났을 때 톱 사상을 일으키는 기본사상의 집합이며, 최소 패스셋은 시스템의 신뢰성을 표시한다.
④ 컷셋은 그 속에 포함되어 있는 모든 기본사상이 일어났을 때 톱 사상을 일으키는 기본사상의 집합이며, 최소 패스셋은 시스템의 성공을 유발하는 기본사상의 집합이다.

미니멀 컷셋과 미니멀 패스셋
① 미니멀 컷셋 : 정상사상을 발생시키는 기본사상의 집합으로 그 안에 포함되는 모든 기본사상이 발생할 때 정상사상을 발생시킬 수 있는 기본사상의 집합을 컷셋이라하며, 컷셋의 집합 중에서 정상사상을 일으키기 위하여 필요한 최소한의 컷셋을 미니멀 컷셋이라 한다. (시스템의 위험성 또는 안전성을 나타냄)
② 미니멀 패스셋 : 그 안에 포함되는 모든 기본사상이 일어나지 않을 때 처음으로 정상사상이 일어나지 않는 기본사상의 집합인 패스셋에서 필요 최소한의 것을 미니멀 패스셋이라 한다(시스템의 신뢰성을 나타냄)

39

인체 측정치의 응용원칙과 거리가 먼 것은?

① 극단치를 고려한 설계
② 조절 범위를 고려한 설계
③ 평균치를 기준으로 한 설계
④ 기능적 치수를 이용한 설계

인체 계측 자료의 응용 원칙
① 극단적인 사람을 위한 설계(최대치수와 최소치수의 설정) : 극단치 설계(인체 측정 특성의 극단에 속하는 사람을 대상으로 설계하면 거의 모든 사람을 수용가능)
② 조절 범위 : 장비나 설비의 설계에 있어 때로는 여러 사람이 사용 가능하도록 조절식으로 하는 것이 바람직한 경우도 있다.
③ 평균치를 기준으로 한 설계 : 특정 장비나 설비의 경우, 최대 집단치나 최소 집단치 또는 조절식으로 설계하기가 부적절하거나 불가능할 때

40

10시간 설비 가동 시 설비 고장으로 1시간 정지하였다면 설비고장 강도율은 얼마인가?

① 0.1%
② 9%
③ 10%
④ 11%

설비고장 강도율 = $\dfrac{\text{설비고장정지시간}}{\text{설비가동시간(부하시간)}} \times 100$

= $\dfrac{1}{10} \times 100 = 10\%$

3과목 기계·기구 및 설비 안전 관리

41

500rpm으로 회전하는 연삭기의 숫돌지름이 200mm일 때 원주속도(m/min)는?

① 628
② 62.8
③ 314
④ 31.4

숫돌의 원주속도
원주속도 = $\dfrac{\pi DN}{1,000} = \dfrac{\pi \times 200 \times 500}{1,000} = 314$(m/min)

42

기계의 운동 형태에 따른 위험점의 분류에서 고정부분과 회전하는 동작부분이 함께 만드는 위험점으로 교반기의 날개와 하우스 등에서 발생하는 위험점을 무엇이라 하는가?

① 끼임점
② 절단점
③ 물림점
④ 회전말림점

끼임점(Shear-point): 고정부분과 회전 또는 직선운동부분에 의해 형성
① 연삭 숫돌과 작업대
② 반복동작되는 링크 기구
③ 교반기의 교반날개와 몸체 사이

정답 38 ③ 39 ④ 40 ③ 41 ③ 42 ①

43

컨베이어 작업시작 전 점검해야 할 사항으로 거리가 먼 것은?

① 원동기 및 풀리 기능의 이상 유무
② 이탈 등의 방지장치 기능의 이상 유무
③ 비상정지장치의 이상 유무
④ 자동전격방지장치의 이상 유무

> **컨베이어의 작업시작 전 점검사항**
> ① 원동기 및 풀리 기능의 이상 유무
> ② 이탈 등의 방지장치 기능의 이상 유무
> ③ 비상정지장치 기능의 이상 유무
> ④ 원동기·회전축·기어 및 풀리 등의 덮개 또는 울 등의 이상 유무

44 빈출

아세틸렌 용접장치에서 아세틸렌 발생기실 설치 위치 기준으로 옳은 것은?

① 건물 지하층에 설치하고 화기 사용설비로부터 3미터 초과 장소에 설치
② 건물 지하층에 설치하고 화기 사용설비로부터 1.5미터 초과 장소에 설치
③ 건물 최상층에 설치하고 화기 사용설비로부터 3미터 초과 장소에 설치
④ 건물 최상층에 설치하고 화기 사용설비로부터 1.5미터 초과 장소에 설치

> **발생기실의 설치 장소**
> ① 전용의 발생기 실내에 설치
> ② 건물의 최상층에 위치, 화기를 사용하는 설비로부터 3m를 초과하는 장소에 설치
> ③ 옥외에 설치할 경우 그 개구부를 다른 건축물로부터 1.5m 이상 떨어지도록 할 것

45

기계설비 방호에서 가드의 설치조건으로 옳지 않은 것은?

① 충분한 강도를 유지할 것
② 구조가 단순하고 위험점 방호가 확실할 것
③ 개구부(틈새)의 간격은 임의로 조정이 가능할 것
④ 작업, 점검, 주유 시 장애가 없을 것

> **가드의 설치기준**
> ① 충분한 강도를 유지할 것
> ② 구조가 단순하고 조정이 용이할 것
> ③ 작업, 점검, 주유 시 등 장애가 없을 것
> ④ 위험점 방호가 확실할 것
> ⑤ 개구부 등 간격(틈새)이 적정할 것

46

완전 회전식 클러치 기구가 있는 양수 조작식 방호장치에서 확동 클러치의 봉합개소가 4개, 분당 행정수가 200SPM일 때, 방호장치의 최소 안전거리는 몇 mm 이상이어야 하는가?

① 80 ② 120
③ 240 ④ 360

> **양수기동식의 안전거리**
> $D_m = 1.6 T_m$
> $T_m = (\frac{1}{\text{클러치 맞물림 개소수}} + \frac{1}{2}) \times \frac{60,000}{\text{매분행정수}}(ms)$
> $= (\frac{1}{4} + \frac{1}{2}) \times \frac{60,000}{200} = 225(ms)$
> $D_m = 1.6 \times 225 = 360(mm)$

47 빈출

목재가공용 둥근톱의 두께가 3mm일 때, 분할날의 두께는 몇 mm 이상이어야 하는가?

① 3.3mm 이상 ② 3.6mm 이상
③ 4.5mm 이상 ④ 4.8mm 이상

> **분할날의 두께**
> ① 톱날 두께의 1.1배 이상이고, 톱날의 치진폭 이하이어야 한다.
> ② 3mm × 1.1 = 3.3mm 이상

정답 43 ④ 44 ③ 45 ③ 46 ④ 47 ①

48
산업안전보건법령에 따라 타워크레인의 운전 작업을 중지해야 되는 순간풍속의 기준은?

① 초당 10m를 초과하는 경우
② 초당 15m를 초과하는 경우
③ 초당 30m를 초과하는 경우
④ 초당 35m를 초과하는 경우

> **강풍 시 타워크레인의 작업제한**
> ① 순간풍속이 매초당 10미터 초과 : 타워크레인의 설치·수리·점검 또는 해체작업 중지
> ② 순간풍속이 매초당 15미터 초과 : 타워크레인의 운전작업 중지

49
탁상용 연삭기에서 숫돌을 안전하게 설치하기 위한 방법으로 옳지 않은 것은?

① 숫돌바퀴 구멍은 축 지름보다 0.1mm 정도 작은 것을 선정하여 설치한다.
② 설치 전에는 육안 및 목재 해머로 숫돌의 흠, 균열을 점검한 후 설치한다.
③ 축의 턱에 내측 플랜지, 압지 또는 고무판, 숫돌 순으로 끼운 후 외측에 압지 또는 고무판, 플랜지, 너트 순으로 조인다.
④ 가공물 받침대는 숫돌의 중심에 맞추어 연삭기에 견고히 고정한다.

> 숫돌바퀴 구멍은 축 지름보다 0.1 mm 정도 큰 것을 선정하여 설치한다.

50
다음 중 근로자에게 위험을 미칠 우려가 있을 때 덮개 또는 울을 설치해야 하는 위치와 가장 거리가 먼 것은?

① 연삭기 또는 평삭기의 테이블, 형삭기 램 등의 행정 끝
② 선반으로부터 돌출하여 회전하고 있는 가공물 부근
③ 과열에 따른 과열이 예상되는 보일러의 버너 연소실
④ 띠톱기계의 위험한 톱날(절단부분 제외) 부위

> **덮개 또는 울 등을 설치해야 하는 경우**
> ① 연삭기 또는 평삭기의 테이블, 형삭기램 등의 행정끝이 위험을 미칠 경우
> ② 선반 등으로부터 돌출하여 회전하고 있는 가공물이 위험을 미칠 경우
> ③ 띠톱기계(목재가공용 띠톱기계 제외)의 절단에 필요한 톱날부위외의 위험한 톱날부위

51
산업안전보건법령상 차량계 하역운반기계를 이용한 화물적재 시의 준수해야 할 사항으로 틀린 것은?

① 최대적재량의 10% 이상 초과하지 않도록 적재한다.
② 운전자의 시야를 가리지 않도록 적재한다.
③ 붕괴, 낙하 방지를 위해 화물에 로프를 거는 등 필요 조치를 한다.
④ 편하중이 생기지 않도록 적재한다.

> **차량계 하역운반기계의 화물적재 시 조치**
> ① 하중이 한쪽으로 치우치지 않도록 적재할 것
> ② 구내운반차 또는 화물자동차의 경우 화물의 붕괴 또는 낙하에 의한 위험을 방지하기 위하여 화물에 로프를 거는 등 필요한 조치를 할 것
> ③ 운전자의 시야를 가리지 않도록 화물을 적재할 것

52
롤러기의 급정지장치 중 복부 조작식과 무릎 조작식의 조작부 위치 기준은? (단, 밑면과의 상대거리를 나타낸다.)

	복부 조작식	무릎 조작식
①	0.5~0.7[m]	0.2~0.4[m]
②	0.8~1.1[m]	0.4~0.6[m]
③	0.8~1.1[m]	0.6~0.8[m]
④	1.1~1.4[m]	0.8~1.0[m]

> **조작부의 종류별 설치 위치**
>
> | 조작부의 종류 | 설치 위치 |
> |---|---|
> | 손조작식 | 밑면에서 1.8m 이내 |
> | 복부조작식 | 밑면에서 0.8m 이상 1.1m 이내 |
> | 무릎조작식 | 밑면에서 0.4m 이상 0.6m 이내 |

정답 48 ② 49 ① 50 ③ 51 ① 52 ②

53

양수 조작식 방호장치에서 2개의 누름버튼 간의 거리는 300mm 이상으로 정하고 있는데 이 거리의 기준은?

① 2개의 누름버튼 간의 중심거리
② 2개의 누름버튼 간의 외측거리
③ 2개의 누름버튼 간의 내측거리
④ 2개의 누름버튼 간의 평균 이동거리

> 양수 조작식 방호장치는 각 누름버튼 상호 간 내측거리는 300mm 이상이어야 한다.

54

다음 중 프레스에 사용되는 광전자식 방호장치의 일반구조에 관한 설명으로 틀린 것은?

① 방호장치의 감지기능은 규정한 검출영역 전체에 걸쳐 유효하여야 한다.
② 슬라이드 하강 중 정전 또는 방호장치의 이상 시에는 1회 동작 후 정지할 수 있는 구조이어야 한다.
③ 정상동작표시램프는 녹색, 위험표시램프는 붉은색으로 하며, 쉽게 근로자가 볼 수 있는 곳에 설치해야 한다.
④ 방호장치의 정상작동 중에 감지가 이루어지거나 전원 공급이 중단되는 경우 적어도 두 개 이상의 독립된 출력신호 개폐장치가 꺼진 상태로 돼야 한다.

> 광전자식 방호장치의 일반구조
> 슬라이드 하강 중 정전 또는 방호장치의 이상 시에 정지할 수 있는 구조이어야 한다.

55

보일러수에 불순물이 많이 포함되어 있을 경우, 보일러수의 비등과 함께 수면부위에 거품을 형성하여 수위가 불안정하게 되는 현상은?

① 프라이밍(Priming)
② 포밍(Foaming)
③ 캐리오버(Carry over)
④ 위터해머(Water hammer)

> 포밍(Foaming)
> 보일러수에 불순물이 많이 포함되었을 경우 보일러수의 비등과 함께 수면부위에 거품층이 형성되어 수위가 불안정하게 되는 현상

56

다음 중 연삭기의 사용상 안전대책으로 적절하지 않은 것은?

① 방호장치로 덮개를 설치한다.
② 숫돌 교체 후 1분 정도 시운전을 실시한다.
③ 숫돌의 최고사용회전속도를 초과하여 사용하지 않는다.
④ 숫돌 측면을 사용하는 것을 목적으로 하는 연삭숫돌을 제외하고는 측면 연삭을 하지 않도록 한다.

> 작업 시작하기 전 1분 이상, 연삭숫돌을 교체한 후 3분 이상 시운전

57

다음 중 드릴 작업 시 가장 안전한 행동에 해당하는 것은?

① 장갑을 끼고 옷소매가 긴 작업복을 입고 작업한다.
② 작업 중에 브러시로 칩을 털어낸다.
③ 가공할 구멍 지름이 클 경우 작은 구멍을 먼저 뚫고 그 위에 큰 구멍을 뚫는다.
④ 드릴을 먼저 회전시킨 상태에서 공작물을 고정한다.

> 드릴 작업 시 안전대책
> ① 일감은 견고히 고정, 손으로 잡고 하는 작업금지
> ② 드릴 끼운 후 척 렌치는 반드시 빼둘 것
> ③ 장갑 착용 금지 및 칩은 브러시로 제거
> ④ 이동식 전기 드릴은 반드시 접지해야 하며, 회전 중 이동금지
> ⑤ 큰 구멍은 작은 구멍을 뚫은 후 작업
> ⑥ 구멍이 거의 다 뚫렸을 때 일감이 드릴과 함께 회전하기 쉬우므로 주의

정답 53 ③ 54 ② 55 ② 56 ② 57 ③

58
다음 중 산업안전보건법령에 따라 비파괴 검사를 실시해야 하는 고속회전체의 기준은?

① 회전축 중량 1톤 초과, 원주속도 120m/s 이상
② 회전축 중량 1톤 초과, 원주속도 100m/s 이상
③ 회전축 중량 0.7톤 초과, 원주속도 120m/s 이상
④ 회전축 중량 0.7톤 초과, 원주속도 100m/s 이상

고속회전체의 위험방지

고속회전체(원심분리기 등의 회전체로 원주속도가 매초당 25m 초과)의 회전시험 시 파괴로 인한 위험방지	전용의 견고한 시설물 내부 또는 견고한 장벽 등으로 격리된 장소에서 실시
고속회전체의 회전시험 시 미리 비파괴검사 실시하는 대상	회전축의 중량이 1톤 초과하고 원주속도가 매초당 120m 이상인 것

59
지게차의 안전장치에 해당하지 않는 것은?

① 후사경 ② 헤드가드
③ 백레스트 ④ 권과방지장치

지게차의 안전장치
① 헤드가드 ② 백레스트 ③ 전조등 ④ 후미등 ⑤ 안전벨트

60
다음 중 접근반응형 방호장치에 해당되는 것은?

① 양수조작식 방호장치
② 손쳐내기식 방호장치
③ 덮개식 방호장치
④ 광전자식 방호장치

접근 반응형 방호장치
① 위험 범위 내로 신체가 접근할 경우 이를 감지하여 즉시 기계의 작동을 정지시키거나 전원이 차단되도록 하는 방법
② 프레스의 광전자식

4과목 전기 및 화학설비 안전 관리

61
저압 옥내직류 전기설비를 전로보호장치의 확실한 동작의 확보와 이상전압 및 대지전압의 억제를 위하여 접지를 하여야 하나 직류 2선식으로 시설할 때, 접지를 생략할 수 있는 경우로 옳지 않은 것은?

① 접지 검출기를 설치하고, 특정구역 내의 산업용 기계기구에만 공급하는 경우
② 사용전압이 110V 이상인 경우
③ 최대전류 30mA 이하의 직류화재경보 회로
④ 교류계통으로부터 공급을 받는 정류기에서 인출되는 직류계통

저압 옥내직류 전기설비의 접지 중 직류 2선식 시설 시 접지 생략 가능한 경우
① 사용전압이 60V 이하인 경우
② 접지검출기를 설치하고 특정 구역 내의 산업용 기계 기구에만 공급하는 경우
③ 교류계통으로부터 공급을 받는 정류기에서 인출되는 직류계통
④ 최대전류 30mA 이하의 직류화재경보 회로

62
감전에 의한 전격위험을 결정하는 주된 인자와 거리가 먼 것은?

① 통전저항 ② 통전전류의 크기
③ 통전경로 ④ 통전시간

감전위험 인자

1차적 위험요소	① 통전전류의 크기 ③ 통전경로	② 통전시간 ④ 전원의 종류
2차적 위험요소	① 인체의 조건 ② 통전전압 ③ 계절	

정답 58 ① 59 ④ 60 ④ 61 ② 62 ①

63

폭발위험장소를 분류할 때 가스 폭발 위험장소의 종류에 해당하지 않는 것은?

① 0종 장소 ② 1종 장소
③ 2종 장소 ④ 3종 장소

가스 폭발 위험장소의 분류

분류	적요
0종 장소	인화성 액체의 증기 또는 가연성 가스에 의한 폭발위험이 지속적으로 또는 장기간 존재하는 장소
1종 장소	정상 작동상태에서 인화성 액체의 증기 또는 가연성 가스에 의한 폭발 위험 분위기가 존재하기 쉬운 장소
2종 장소	정상 작동상태에서 인화성 액체의 증기 또는 가연성 가스에 의한 폭발 위험 분위기가 존재할 우려가 없으나, 존재할 경우 그 빈도가 아주 적고 단기간만 존재할 수 있는 장소

64

다음 중 정전기 재해의 방지대책으로 가장 적절한 것은?

① 절연도가 높은 플라스틱을 사용한다.
② 대전하기 쉬운 금속은 접지를 실시한다.
③ 작업장 내의 온도를 낮게 해서 방전을 촉진시킨다.
④ (+), (-)전하의 이동을 방해하기 위하여 주위의 습도를 낮춘다.

정전기 발생 방지책

① 접지(도체의 대전방지)
② 가습(공기 중의 상대습도를 60~70% 정도 유지)
③ 대전방지제 사용
④ 배관 내에 액체의 유속제한 및 정체시간 확보
⑤ 제전장치(제전기) 사용
⑥ 도전성 재료 사용
⑦ 보호구 착용 등

65

전로의 과전류로 인한 재해를 방지하기 위한 방법으로 과전류 차단장치를 설치할 때에 대한 설명으로 틀린 것은?

① 과전류 차단장치로는 차단기·퓨즈 또는 보호계전기 등이 있다.
② 차단기·퓨즈는 계통에서 발생하는 최대 과전류에 대하여 충분하게 차단할 수 있는 성능을 가져야 한다.
③ 과전류 차단장치는 반드시 접지선에 병렬로 연결하여 과전류 발생 시 전로를 자동으로 차단하도록 설치하여야 한다.
④ 과전류 차단장치가 전기계통상에서 상호 협조·보완되어 과전류를 효과적으로 차단하도록 하여야 한다.

과전류 차단장치의 설치기준

① 과전류 차단장치는 반드시 접지선이 아닌 전로에 직렬로 연결하여 과전류 발생시 전로를 자동으로 차단하도록 설치할 것
② 차단기·퓨즈는 계통에서 발생하는 최대 과전류에 대하여 충분하게 차단할 수 있는 성능을 가질 것
③ 과전류 차단장치가 전기계통상에서 상호 협조·보완되어 과전류를 효과적으로 차단하도록 할 것

66

인체의 저항이 500Ω 이고, 440V 회로에 누전차단기(ELB)를 설치할 경우 다음 중 가장 적당한 누전차단기는?

① 30mA 이하, 0.1초 이하에 작동
② 30mA 이하, 0.03초 이하에 작동
③ 15mA 이하, 0.1초 이하에 작동
④ 15mA 이하, 0.03초 이하에 작동

누전차단기 접속 시 준수사항

① 전기기계·기구에 접속되어 있는 누전차단기는 정격감도전류가 30 밀리암페어 이하이고 작동시간은 0.03초 이내일 것
② 다만, 정격전부하전류가 50암페어 이상인 전기기계·기구에 접속되는 누전차단기는 오작동을 방지하기 위하여 정격감도전류는 200 밀리암페어 이하로, 작동시간은 0.1초 이내로 할 수 있다.

67

다음 중 통전경로별 위험도가 가장 높은 경로는?

① 왼손-등 ② 오른손-가슴
③ 왼손-가슴 ④ 오른손-양발

통전경로별 위험도

통전경로	위험도	통전경로	위험도
왼손 - 가슴	1.5	왼손 - 등	0.7
오른손 - 가슴	1.3	한손 또는 양손 - 앉아 있는 자리	0.7
왼손 - 한발 또는 양발	1.0	왼손 - 오른손	0.4
양손 - 양발	1.0	오른손 - 등	0.3
오른손 - 한발 또는 양발	0.8		

정답 63 ④ 64 ② 65 ③ 66 ② 67 ③

68
정전기 발생 종류가 아닌 것은?

① 박리 ② 마찰
③ 분출 ④ 방전

대전의 종류
① 마찰대전 ② 박리대전 ③ 유동대전 ④ 분출대전
⑤ 충돌대전 ⑥ 교반대전 ⑦ 파괴대전 등

69 ★
다음 중 방폭구조의 종류와 기호를 올바르게 나타낸 것은?

① 안전증방폭구조 : e   ② 몰드방폭구조 : n
③ 충전방폭구조 : p   ④ 압력방폭구조 : o

방폭구조의 기호

종류	내압	압력	유입	안전증	몰드	충전	비점화	본질안전	특수
기호	d	p	o	e	m	q	n	i	s

70
일반적으로 변압기 중성점 접지 접지저항 값은 몇 [Ω] 이하로 하여야 하는가?

① 10 ② 100
③ $\dfrac{150}{1선지락전류}$ ④ $\dfrac{400}{1선지락전류}$

변압기의 중성점 접지저항 값은 일반적으로 변압기의 고압·특고압측 전로 1선지락전류로 150을 나눈 값과 같은 저항 값 이하로 한다.

71
다음 중 분진폭발의 가능성이 가장 낮은 물질은?

① 소맥분 ② 마그네슘
③ 질석가루 ④ 석탄

팽창질석은 금속화재의 소화에 사용된다.

72
인화성 가스, 불활성 가스 및 산소를 사용하여 금속의 용접·용단 또는 가열작업을 하는 경우 가스 등의 누출 또는 방출로 인한 폭발·화재 또는 화상을 예방하기 위하여 준수해야 할 사항으로 옳지 않은 것은?

① 가스 등의 호스와 취관(吹管)은 손상·마모 등에 의하여 가스 등이 누출할 우려가 없는 것을 사용할 것
② 비상상황을 제외하고는 가스 등의 공급구의 밸브나 콕을 절대 잠그지 말 것
③ 용단작업을 하는 경우에는 취관으로부터 산소의 과잉방출로 인한 화상을 예방하기 위하여 근로자가 조절밸브를 서서히 조작하도록 주지시킬 것
④ 가스 등의 취관 및 호스의 상호 접촉부분은 호스밴드, 호스클립 등 조임기구를 사용하여 가스 등이 누출되지 않도록 할 것

작업을 중단하거나 마치고 작업장소를 떠날 경우에는 가스 등의 공급구의 밸브나 콕을 잠글 것

73
산업안전보건기준에 관한 규칙상 섭씨 몇 ℃ 이상인 상태에서 운전되는 설비는 특수화학설비에 해당하는가? (단, 규칙에서 정한 위험물질의 기준량 이상을 제조하거나 취급하는 설비인 경우이다.)

① 150℃ ② 250℃
③ 350℃ ④ 450℃

계측장치 설치 대상 특수화학설비
① 발열반응이 일어나는 반응장치
② 증류·정류·증발·추출 등 분리를 행하는 장치
③ 가열시켜주는 물질의 온도가 가열되는 위험물질의 분해온도 또는 발화점보다 높은 상태에서 운전되는 설비
④ 반응폭주 등 이상화학반응에 의하여 위험물질이 발생할 우려가 있는 설비
⑤ 온도가 섭씨 350° 이상이거나 게이지압력이 10kg/cm² 이상인 상태에서 운전되는 설비
⑥ 가열로 또는 가열기

정답 68 ④ 69 ① 70 ③ 71 ③ 72 ② 73 ③

74
점화원 없이 발화를 일으키는 최저온도를 무엇이라 하는가?

① 착화점
② 연소점
③ 용융점
④ 기화점

> **착화점의 정의**
> 외부에서의 직접적인 점화원 없이 열의 축적에 의하여 발화되는 최저의 온도

75
배관용 부품에 있어 사용되는 용도가 다른 것은?

① 엘보(elbow)
② 티이(T)
③ 크로스(cross)
④ 밸브(valve)

> **피팅류(Fittings)**
>
> | | |
> |---|---|
> | 관로의 방향을 바꿀 때 | 엘보우(elbow), Y지관(Y-branch), 티(tee), 십자(cross) |
> | 유로를 차단할 때 | 플러그(plug), 캡(cap), 밸브(valve) |
> | 유량 조절 | 밸브(valve) |

76
에틸에테르(폭발하한값 1.9vol%)와 에틸알코올(폭발하한값 4.3vol%)이 4 : 1로 혼합된 증기의 폭발하한계(vol%)는 약 얼마인가?(단, 혼합증기는 에틸에테르가 80%, 에틸알코올이 20%로 구성되고, 르샤틀리에 법칙을 이용한다.)

① 2.14vol%
② 3.14vol%
③ 4.14vol%
④ 5.14vol%

> **르샤틀리에의 법칙(혼합가스의 폭발범위 계산)**
> $$\frac{100}{L} = \frac{V_1}{L_1} + \frac{V_2}{L_2} = \frac{80}{1.9} = \frac{20}{4.3} = 46.76$$
> 그러므로 L = 2.138vol%

77
다음 중 산업안전보건기준에 관한 규칙에서 규정하는 급성 독성 물질에 해당되지 않는 것은?

① 쥐에 대한 경구투입실험에 의하여 실험동물의 50%를 사망시킬 수 있는 물질의 양이 kg당 300mg - (체중) 이하인 화학물질
② 쥐에 대한 경피흡수실험에 의하여 실험동물의 50%를 사망시킬 수 있는 물질의 양이 kg당 1,000mg - (체중) 이하인 화학물질
③ 토끼에 대한 경피흡수실험에 의하여 실험동물의 50%를 사망시킬 수 있는 물질의 양이 kg당 1,000mg - (체중) 이하인 화학물질
④ 쥐에 대한 4시간 동안의 흡입실험에 의하여 실험동물의 50%를 사망시킬 수 있는 가스의 농도가 3,000ppm 이상인 화학물질

> **급성 독성물질**
> 쥐에 대한 4시간 동안의 흡입실험에 의하여 실험동물의 50퍼센트를 사망시킬 수 있는 물질의 농도, 즉 가스 LC50(쥐, 4시간 흡입)이 2,500ppm 이하인 화학물질, 증기 LC50(쥐, 4시간 흡입)이 10 이하인 화학물질, 분진 또는 미스트 1 이하인 화학물질

78
연소의 3요소 중 1가지에 해당하는 요소가 아닌 것은?

① 메탄
② 공기
③ 정전기 방전
④ 이산화탄소

> **연소의 3요소**
> ① 가연물(메탄) ② 점화원(정전기 방전) ③ 산소 공급원(공기)

79
다음 물질이 물과 반응하였을 때 가스가 발생한다. 위험도 값이 가장 큰 가스를 발생하는 물질은?

① 칼륨
② 수소화나트륨
③ 탄화칼슘
④ 트리에틸알루미늄

> **탄화칼슘(CaC$_2$)**
> ① 탄화칼슘(CaC$_2$)은 칼슘카바이드라고도 불리며, 물과 반응하여 아세틸렌 기체를 생성한다.
> ② $CaC_2 + 2H_2O \rightarrow Ca(OH)_2 + C_2H_2$

정답 74 ① 75 ④ 76 ① 77 ④ 78 ④ 79 ③

80

다음 중 화재의 분류에서 전기화재에 해당하는 것은?

① A급 화재
② B급 화재
③ C급 화재
④ D급 화재

> **화재의 분류**
> ① A급 : 일반화재
> ② B급 : 유류화재
> ③ C급 : 전기화재
> ④ D급 : 금속화재

5과목 건설공사 안전 관리

81

작업의자형 달비계를 설치하는 경우 근로자 추락위험을 방지하기 위한 조치사항에 해당하는 것은?

① 달비계에 안전난간을 설치할 것
② 근로자에게 안전대를 착용하도록 하고 근로자가 착용한 안전줄을 달비계의 구명줄에 체결하도록 할 것
③ 근로자의 추락을 방지하기 위한 수직보호망을 설치할 것
④ 달비계에 추락방지를 위한 방호선반을 설치할 것

> **작업의자형 달비계의 추락위험을 방지하기 위한 조치**
> ① 달비계에 구명줄을 설치할 것
> ② 근로자에게 안전대를 착용하도록 하고 근로자가 착용한 안전줄을 달비계의 구명줄에 체결하도록 할 것

82

다음은 비계발판용 목재재료의 강도상의 결점에 대한 조사기준이다. ( ) 안에 들어갈 내용으로 옳은 것은?

> 발판의 폭과 동일한 길이 내에 있는 결점치수의 총합이 발판폭의 ( )를 초과하지 않을 것

① 1/2
② 1/3
③ 1/4
④ 1/6

> **재료의 강도상 결점기준**
> 발판의 폭과 동일한 길이 내에 있는 결점치수 총합이 발판폭의 1/4 초과금지

83

사질토 지반에서 보일링(boiling) 현상에 의한 위험성이 예상될 경우의 대책으로 옳지 않은 것은?

① 흙막이 말뚝의 밑둥넣기를 깊게 한다.
② 굴착 저면보다 깊은 지반을 불투수로 개량한다.
③ 굴착 밑 투수층에 만든 피트(pit)를 제거한다.
④ 흙막이벽 주위에서 배수시설을 통해 수두차를 적게 한다.

> **보일링(Boiling)현상**
>
> | 정의 | 방지대책 |
> |---|---|
> | 투수성이 좋은 사질지반의 흙막이 저면에서 수두차로 인한 상향의 침투압이 발생 유효 응력이 감소하여 전단강도가 상실되는 현상으로 지하수가 모래와 같이 솟아오르는 현상 | ① Filter 및 차수벽설치
② 흙막이 근입깊이를 깊게(불투수층까지)
③ 약액 주입 등의 굴착면 고결
④ 지하수위 저하(웰포인트공법 등)
⑤ 압성토 공법 등 |

84

유해·위험 방지계획서 제출 시 첨부서류의 항목이 아닌 것은?

① 보호장비 폐기계획
② 공사개요서
③ 산업안전보건관리비 사용계획
④ 전체공정표

> **제출 시 첨부서류**
> (1) 공사개요 및 안전보건관리계획
> ① 공사개요서
> ② 공사현장의 주변현황 및 주변과의 관계를 나타내는 도면(매설물 현황 포함)
> ③ 전체공정표
> ④ 산업안전보건관리비 사용계획서
> ⑤ 안전관리 조직표
> ⑥ 재해발생 위험 시 연락 및 대피방법
> (2) 작업공사 종류별 유해·위험방지계획

정답 80 ③ 81 ② 82 ③ 83 ③ 84 ①

85

다음 중 쇼벨계 굴착기계에 속하지 않는 것은?

① 파워쇼벨(power shovel)
② 크램쉘(clam shell)
③ 스크레이퍼(scraper)
④ 드래그라인(dragline)

> **스크레이퍼**
> ① 굴착기계로서 굴착, 적재·운반·사토·고르기 작업을 일관되게 연속으로 작업
> ② 운동장이나 활주로와 같이 넓은 구역의 토공작업에 적당
> ③ 스크레이퍼(scraper)는 Dozer(도저)계 굴착기계에 해당된다.

86

잠함 또는 우물통의 내부에서 근로자가 굴착작업을 하는 경우의 준수사항으로 옳지 않은 것은?

① 산소결핍 우려가 있는 경우에는 산소의 농도를 측정하는 사람을 지명하여 측정하도록 할 것
② 근로자가 안전하게 오르내리기 위한 설비를 설치할 것
③ 굴착깊이가 20m를 초과하는 경우에는 해당 작업장소와 외부와의 연락을 위한 통신설비 등을 설치할 것
④ 잠함 또는 우물통의 급격한 침하에 의한 위험을 방지하기 위하여 바닥으로부터 천장 또는 보까지의 높이는 2m 이내로 할 것

> **잠함 또는 우물통의 급격한 침하로 인한 위험방지**
> ① 침하관계도에 따라 굴착방법 및 재하량 등을 정할 것
> ② 바닥으로부터 천장 또는 보까지의 높이는 1.8미터 이상으로 할 것

87

재료비가 30억 원, 직접노무비가 50억 원인 건설공사의 예정가격상 안전관리비로 옳은 것은?(단, 건축공사에 해당되며 계상기준은 2.37%임)

① 56,400,000원
② 94,000,000원
③ 150,400,000원
④ 189,600,000원

> **대상액이 5억 원 미만 또는 50억 원 이상일 경우**
> ① 계상기준 = 대상액 × 계상기준표의 비율
> ② 대상액이 80억 원(30억 + 50억)이므로,
> ③ 안전관리비 = 80억 원 × 0.0237 = 189,600,000원

tip
2025년 법령개정. 문제와 해설은 개정된 내용 적용

88

철골용접 작업자의 전격 방지를 위한 주의사항으로 옳지 않은 것은?

① 보호구와 복장을 구비하고, 기름기가 묻었거나 젖은 것은 착용하지 않을 것
② 작업 중지의 경우에는 스위치를 떼어 놓을 것
③ 개로 전압이 높은 교류 용접기를 사용할 것
④ 좁은 장소에서의 작업에서는 신체를 노출시키지 않을 것

> **교류아크용접기**
> 교류아크용접기의 자동전격방지기는 아크발생을 중지하였을 때 지동시간이 1.0초 이내에 2차 무부하 전압을 25V 이하로 감압시켜 안전을 유지할 수 있어야 한다. 따라서 개로전압이 낮은 용접기를 사용하여야 안전하다.

89

근로자의 추락 등의 위험을 방지하기 위하여 안전난간을 설치하는 경우 안전난간은 구조적으로 가장 취약한 지점에서 가장 취약한 방향으로 작용하는 얼마 이상의 하중에 견딜 수 있는 튼튼한 구조이어야 하는가?

① 50kg
② 100kg
③ 150kg
④ 200kg

> 안전난간은 구조적으로 가장 취약한 지점에서 가장 취약한 방향으로 작용하는 100킬로그램 이상의 하중에 견딜 수 있는 튼튼한 구조일 것

정답 85 ③ 86 ④ 87 ④ 88 ③ 89 ②

90
흙의 연경도(Consistency)에서 반고체 상태와 소성 상태의 한계를 무엇이라 하는가?

① 액성한계 ② 소성한계
③ 수축한계 ④ 반수축한계

> **흙의 연경도**
> ① 수축한계 : 고체상태에서 반고체상태로 넘어가는 순간의 함수비
> ② 소성한계 : 반고체 상태에서 소성상태로 넘어갈 때의 함수비
> ③ 액성한계 : 소성상태에서 액체상태로 넘어가는 순간의 함수비
>
>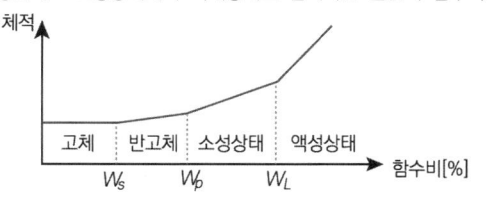
>
> 여기서, W_S: 수축한계, W_P : 소성한계, W_L : 액성한계
> 〈atterberg 한계〉

91 ★
철골작업을 중지하여야 하는 풍속과 강우량 기준으로 옳은 것은?

① 풍속 10m/sec 이상, 강우량 1mm/h 이상
② 풍속 5m/sec 이상, 강우량 1mm/h 이상
③ 풍속 10m/sec 이상, 강우량 2mm/h 이상
④ 풍속 5m/sec 이상, 강우량 2mm/h 이상

> **철골작업 안전기준(작업의 제한)**
> ① 풍속 : 초당 10m 이상인 경우
> ② 강우량 : 시간당 1mm 이상인 경우
> ③ 강설량 : 시간당 1cm 이상인 경우

92
굴착작업 시 근로자의 위험을 방지하기 위하여 해당 작업, 작업장에 대한 사전 조사를 실시하여야 하는데 이 사전 조사 항목에 포함되지 않는 것은?

① 지반의 지하수위 상태
② 형상 · 지질 및 지층의 상태
③ 굴착기의 이상 유무
④ 매설물 등의 유무 또는 상태

> **굴착작업 시 지반 조사사항**
>
> | 목적 | 지반붕괴 또는 매설물의 손괴로 위험 예상 시 굴착시기 및 작업순서의 결정을 위하여 실시하는 사전조사 |
> |---|---|
> | 조사사항 | ① 형상 · 지질 및 지층의 상태
② 균열 · 함수 · 용수 및 동결의 유무 또는 상태
③ 매설물 등의 유무 또는 상태
④ 지반의 지하수위 상태 |

93
발파공사 암질 변화구간 및 이상 암질 출현 시 적용하는 암질 판별방법과 거리가 먼 것은?

① RQD ② RMR 분류
③ 탄성파 속도 ④ 하중계(Load cell)

> **발파 시 암질 판별 기준**
> ① R.Q.D(%) ② 탄성파 속도(m/sec) ③ R.M.R
> ④ 일축압축강도(kgf/cm²) ⑤ 진동치 속도(cm/sec)

94
화물을 적재하는 경우 준수하여야 할 사항으로 옳지 않은 것은?

① 침하 우려가 없는 튼튼한 기반 위에 적재할 것
② 화물의 압력 정도와 관계없이 건물의 벽이나 칸막이 등을 이용하여 화물을 기대어 적재할 것
③ 하중이 한쪽으로 치우치지 않도록 쌓을 것
④ 불안정할 정도로 높이 쌓아 올리지 말 것

> **화물의 적재 시 준수사항**
> ① 침하의 우려가 없는 튼튼한 기반 위에 적재할 것
> ② 건물의 칸막이나 벽 등이 화물의 압력에 견딜 만큼의 강도를 지니지 아니한 경우에는 칸막이나 벽에 기대어 적재하지 않도록 할 것
> ③ 불안정할 정도로 높이 쌓아 올리지 말 것
> ④ 하중이 한쪽으로 치우치지 않도록 쌓을 것

정답 90 ② 91 ① 92 ③ 93 ④ 94 ②

95

지반 종류에 따른 굴착면의 기울기 기준으로 옳지 않은 것은?

① 모래 - 1 : 1.8
② 연암 - 1 : 0.5
③ 풍화암 - 1 : 1.0
④ 그 밖의 흙 - 1 : 1.2

굴착면 기울기 기준

지반의 종류	모래	연암 및 풍화암	경암	그 밖의 흙
굴착면의 기울기	1 : 1.8	1 : 1.0	1 : 0.5	1 : 1.2

tip
2023년 법령개정. 문제와 해설은 개정된 내용 적용

96

근로자가 지붕 위에서 작업을 할 때 추락하거나 넘어질 위험이 있는 경우 해야 하는 조치사항 중 틀린 것은?

① 지붕의 가장자리에 안전난간을 설치할 것
② 채광창(skylight)에는 견고한 구조의 덮개를 설치할 것
③ 안전난간 설치가 곤란한 경우에는 수직보호망을 설치할 것
④ 슬레이트 등 강도가 약한 재료로 덮은 지붕에는 폭 30센티미터 이상의 발판을 설치할 것

작업환경 등을 고려하여 안전난간 설치가 곤란한 경우에는 추락방호망을 설치해야 한다.

97

층고가 높은 슬래브 거푸집 하부에 적용하는 무지주 공법이 아닌 것은?

① 보우빔(bow beam)
② 철근 일체형 데크플레이트(deck plate)
③ 페코빔(peco beam)
④ 솔저시스템(soldier system)

솔저시스템은 긴결재를 사용하지 않고 바닥에 선매립된 앙카볼트를 이용하여 합벽거푸집을 지지하는 트러스형 강재 지지대이다

98

도심지에서 주변에 주요 시설물이 있을 때 침하와 변위를 적게 할 수 있는 가장 적당한 흙막이 공법은?

① 동결 공법
② 샌드드레인 공법
③ 지하연속벽 공법
④ 뉴매틱케이슨 공법

지중 연속벽(Slurry wall) 공법

① 굴착면의 붕괴를 막고 지하수의 침입 차단을 위해 벤토나이트 현탁액 주입
② 지중에 연속된 철근 콘크리트 벽체를 형성하는 공법
③ 진동과 소음이 적어서 도심지 공사에 적합
④ 대부분의 지반조건에 적용가능하며, 높은 차수성 및 벽체의 강성이 큼
⑤ 영구 구조물로 이용가능하며, 임의의 형상이나 치수의 시공가능

99

다음은 산업안전보건법령에 따른 작업장에서의 투하설비 등에 관한 사항이다. 빈칸에 들어갈 내용으로 옳은 것은?

사업주는 높이가 (　) 이상인 장소로부터 물체를 투하하는 경우 적당한 투하설비를 설치하거나 감시인을 배치하는 등 위험을 방지하기 위하여 필요한 조치를 하여야 한다.

① 2m
② 3m
③ 5m
④ 10m

물체의 낙하에 의한 위험방지
① 대상 : 높이 3m 이상인 장소에서 물체 투하 시
② 조치사항 : 투하설비 설치, 감시인 배치

100

토사 붕괴의 내적 요인이 아닌 것은?

① 사면, 법면의 경사 증가
② 절토사면의 토질구성 이상
③ 성토사면의 토질구성 이상
④ 토석의 강도 저하

토석붕괴의 원인

외적요인	내적요인
① 사면 · 법면의 경사 및 기울기의 증가	
② 절토 및 성토 높이의 증가	① 절토사면의 토질 · 암질
③ 진동 및 반복하중의 증가	② 성토사면의 토질
④ 지하수 침투에 의한 토사중량의 증가	③ 토석의 강도 저하
⑤ 구조물의 하중 증가	

정답 95 ② 96 ③ 97 ④ 98 ③ 99 ② 100 ①

2018년 4월 28일 | 기출문제

1과목 산업재해 예방 및 안전보건교육

01
안전모의 시험성능기준 항목이 아닌 것은?
① 내관통성
② 충격흡수성
③ 내구성
④ 난연성

안전모의 성능기준

항목	시험성능기준
내관통성	AE, ABE종 안전모는 관통거리가 9.5mm 이하이고, AB종 안전모는 관통거리가 11.1mm 이하이어야 한다.
충격 흡수성	최고전달충격력이 4,450N을 초과해서는 안되며, 모체와 착장체의 기능이 상실되지 않아야 한다.
내전압성	AE, ABE종 안전모는 교류 20kW에서 1분간 절연파괴 없이 견뎌야 하고, 이때 누설되는 충전전류는 10mA 이하이어야 한다.
내수성	AE, ABE종 안전모는 질량증가율이 1% 미만이어야 한다.
난연성	모체가 불꽃을 내며 5초 이상 연소되지 않아야 한다.
턱끈풀림	150N 이상 250N 이하에서 턱끈이 풀려야 한다.

02
안전교육 방법 중 TWI의 교육과정이 아닌 것은?
① 작업지도훈련
② 인간관계훈련
③ 정책수립훈련
④ 작업방법훈련

TWI(Training with industry)교육과정
① Job Method Training(J. M. T) : 작업방법훈련(작업개선법)
② Job Instruction Training(J. I. T) : 작업지도훈련(작업지도법)
③ Job Relations Training(J. R. T) : 인간관계훈련(부하통솔법)
④ Job Safety Training(J. S. T) : 작업안전훈련(안전관리법)

03
재해율 중 재직 근로자 1,000명당 1년간 발생하는 재해자 수를 나타내는 것은?
① 연천인율
② 도수율
③ 강도율
④ 종합재해지수

연천인율
① 근로자 1,000명당 연간 발생하는 재해자 수를 나타낸다.
② 공식 : 연천인율 $= \dfrac{\text{연간재해자수}}{\text{연평균근로자수}} \times 1000$

04
모랄 서베이(Morale Survey)의 효용이 아닌 것은?
① 조직 또는 구성원의 성과를 비교·분석한다.
② 종업원의 정화(Catharsis)작용을 촉진시킨다.
③ 경영관리를 개선하는 자료를 얻는다.
④ 근로자의 심리 또는 욕구를 파악하여 불만을 해소하고, 노동의욕을 높인다.

모랄 서베이의 기대효과
① 경영관리 개선의 자료수집
② 근로자의 심리, 욕구파악 → 불만 해소 → 근로의욕 향상
③ 근로자의 정화작용 촉진

정답 01 ③ 02 ③ 03 ① 04 ①

05

내전압용 절연장갑의 성능기준상 최대사용전압에 따른 절연장갑의 구분 중 00등급의 색상으로 옳은 것은?

① 노란색 ② 흰색
③ 녹색 ④ 갈색

내전압용 절연장갑의 등급 및 표시

등급	최대사용전압		등급별 색상
	교류(V, 실효값)	직류(V)	
00	500	750	갈색
0	1,000	1,500	빨강색
1	7,500	11,250	흰색
2	17,000	25,500	노랑색
3	26,500	39,750	녹색
4	36,000	54,000	등색

06

착오의 요인 중 인지과정의 착오에 해당하지 않는 것은?

① 정서불안정 ② 감각차단현상
③ 정보부족 ④ 생리·심리적 능력의 한계

인지과정 착오

생리적,심리적 능력의 한계 (정보수용능력의 한계)	착시현상 등
정보량 저장의 한계	처리가능한 정보량 : 6bits/sec
감각차단 현상(감성 차단)	정보량 부족으로 유사한 자극 반복 (계기비행, 단독비행 등)
심리적 요인	정서불안정, 불안, 공포 등

07 ⭐

산업안전보건법령상 안전·보건표지의 색채, 색도기준 및 용도 중 다음 ( ) 안에 들어갈 알맞은 것은?

색채	색도기준	용도	사용례
( )	5Y 8.5/12	경고	화학물질 취급 장소에서의 유해·위험 경고 이외의 위험 경고, 주의표지 또는 기계방호물

① 파란색 ② 노란색
③ 빨간색 ④ 검은색

안전·보건표지의 색도기준 및 사용례

색채	색도기준	용도	사용례
빨간색	7.5R 4/14	금지	정지신호, 소화설비 및 그 장소, 유해행위의 금지
		경고	화학물질 취급장소에서의 유해·위험 경고
노란색	5Y 8.5/12	경고	화학물질 취급장소에서의 유해·위험 경고 이외의 위험경고, 주의표지 또는 기계 방호물
파란색	2.5PB 4/10	지시	특정행위의 지시 및 사실의 고지
녹색	2.5G 4/10	안내	비상구 및 피난소, 사람 또는 차량의 통행표지

08

안전교육 훈련의 기법 중 하버드 학파의 5단계 교수법을 순서대로 나열한 것으로 옳은 것은?

① 총괄 → 연합 → 준비 → 교시 → 응용
② 준비 → 교시 → 연합 → 총괄 → 응용
③ 교시 → 준비 → 연합 → 응용 → 총괄
④ 응용 → 연합 → 교시 → 준비 → 총괄

하버드 학파의 5단계 교수법

1단계	2단계	3단계	4단계	5단계
준비시킨다 preparation	교시한다 presentation	연합한다 association	총괄시킨다 generalization	응용시킨다 application

09

보호구 안전인증 고시에 따른 안전화의 정의 중 다음 ( ) 안에 들어갈 내용으로 알맞은 것은?

경작업용 안전화란 (㉠)[mm]의 낙하높이에서 시험했을 때 충격과 (㉡ ±0.1)[kN]의 압축하중에서 시험했을 때 압박에 대하여 보호해 줄 수 있는 선심을 부착하여, 착용자를 보호하기 위한 안전화를 말한다.

① ㉠ 500, ㉡ 10.0 ② ㉠ 250, ㉡ 10.0
③ ㉠ 500, ㉡ 4.4 ④ ㉠ 250, ㉡ 4.4

안전화의 등급

작업 구분	내충격성 및 내압박성 시험방법
중작업용	1,000mm의 낙하높이, (15.0±0.1)kN의 압축하중 시험
보통작업용	500mm의 낙하높이, (10.0±0.1)kN의 압축하중 시험
경작업용	250mm의 낙하높이, (4.4±0.1)kN의 압축하중 시험

정답 05 ④ 06 ③ 07 ② 08 ② 09 ④

10

산업재해에 있어 인명이나 물적 등 일체의 피해가 없는 사고를 무엇이라고 하는가?

① Near Accident
② Good Accident
③ True Accident
④ Original Accident

> **용어설명**
> ① 재해(loss, injury) : 사고의 결과로 발생하는 인명의 상해나 재산상의 손실을 가져올 수 있는 계획되지 않거나 예상하지 못한 사건
> ② 아차사고(무재해사고, near miss, near accident) : 인명상해나 물적손실 등 일체의 피해가 없는 사고

11

산업안전보건법령상 안전관리자가 수행하여야 할 업무가 아닌 것은?(단, 그 밖에 안전에 관한 사항으로서 고용노동부장관이 정하는 사항은 제외한다.)

① 위험성 평가에 관한 보좌 및 조언·지도
② 물질안전보건자료의 게시 또는 비치에 관한 보좌 및 조언·지도
③ 사업장 순회점검·지도 및 조치의 건의
④ 산업재해에 관한 통계의 유지·관리·분석을 위한 보좌 및 조언·지도

> 물질안전보건자료의 게시 또는 비치에 관한 보좌 및 조언·지도는 보건관리자의 업무

12

근로자가 작업대 위에서 전기공사 작업 중 감전에 의하여 지면으로 떨어져 다리에 골절상해를 입은 경우의 기인물과 가해물로 옳은 것은?

① 기인물 - 작업대, 가해물 - 지면
② 기인물 - 전기, 가해물 - 지면
③ 기인물 - 지면, 가해물 - 전기
④ 기인물 - 작업대, 가해물 - 전기

> **기인물과 가해물**
> ① 기인물 : 재해발생의 주원인이며 재해를 가져오게 한 근원이 되는 기계, 장치, 물(物) 또는 환경 등(불안전상태)
> ② 가해물 : 직접 사람에게 접촉하여 피해를 주는 기계, 장치, 물(物) 또는 환경 등

13

지난 한 해 동안 산업재해로 인하여 직접손실비용이 3조 1,600억 원이 발생한 경우의 총 재해코스트는?(단, 하인리히의 재해손실비 평가방식을 적용한다.)

① 6조 3,200억 원
② 9조 4,800억 원
③ 12조 6,400억 원
④ 15조 8,000억 원

> **하인리히(H.W.Heinrich) 방식 (1:4원칙)**
> ① 직접손실비용 : 간접손실비용 = 1 : 4 (1대 4의 경험법칙)
> ② 총재해손실비용 = 직접비 + 간접비 = 직접비 × 5
> ③ 총재해손실비용 = 3조1,600억 × 5 = 15조 8,000억

14

산업안전보건법령상 특별안전·보건교육 대상 작업별 교육내용 중 밀폐공간에서의 작업별 교육내용이 아닌 것은?(단, 그 밖에 안전·보건관리에 필요한 사항은 제외한다.)

① 산소농도 측정 및 작업환경에 관한 사항
② 유해물질이 인체에 미치는 영향
③ 보호구 착용 및 사용방법에 관한 사항
④ 사고 시의 응급처치 및 비상시 구출에 관한 사항

> **밀폐공간에서의 작업 시 특별안전보건교육의 내용**
> ① 산소농도 측정 및 작업환경에 관한 사항
> ② 사고 시의 응급처치 및 비상시 구출에 관한 사항
> ③ 보호구 착용 및 보호 장비 사용에 관한 사항
> ④ 작업내용·안전작업방법 및 절차에 관한 사항
> ⑤ 장비·설비 및 시설 등의 안전점검에 관한 사항
> ⑥ 그 밖에 안전·보건 관리에 필요한 사항

15

인간관계의 메커니즘 중 다른 사람으로부터의 판단이나 행동을 무비판적으로 논리적, 사실적 근거 없이 받아들이는 것은?

① 모방(imitation)
② 투사(projection)
③ 동일화(identification)
④ 암시(suggestion)

> **암시(suggestion)**
> 다른 사람으로부터의 판단이나 행동을 무비판적으로 논리적, 사실적 근거 없이 받아들이는 것(다수 의견이나 전문가, 권위자, 존경하는 자 등의 행동이나 판단 등)

정답 10 ① 11 ② 12 ② 13 ④ 14 ② 15 ④

16

점검시기에 의한 안전점검의 분류에 해당하지 않는 것은?

① 성능점검　　② 정기점검
③ 임시점검　　④ 특별점검

> **점검주기(시기)에 의한 구분**
> ① 수시점검(일상점검)　② 정기점검　③ 임시점검　④ 특별점검

17 ⭐빈출

매슬로(Maslow)의 욕구단계 이론 중 제5단계 욕구로 옳은 것은?

① 안전에 대한 욕구
② 자아실현의 욕구
③ 사회적(애정적) 욕구
④ 존경과 긍지에 대한 욕구

> **매슬로(Maslow)의 욕구단계 이론**
> 생리적 욕구 → 안전욕구 → 사회적 욕구 → 존경의 욕구 → 자아실현의 욕구

18

부주의 현상 중 의식의 우회에 대한 예방대책으로 옳은 것은?

① 안전교육　　② 표준작업제도 도입
③ 상담　　　　④ 적성배치

> **부주의 발생원인 및 대책**
> ① 경험 부족 및 미숙련 - 안전교육
> ② 소질적 조건 - 적성배치
> ③ 작업환경조건 불량 - 환경정비
> ④ 작업강도 - 작업량, 시간, 속도 등의 조절

19 ⭐빈출

산업안전보건법령상 근로자 안전보건교육 중 채용 시 교육 및 작업내용 변경 시 교육 사항으로 옳은 것은?

① 물질안전보건자료에 관한 사항
② 건강증진 및 질병 예방에 관한 사항
③ 유해·위험 작업환경 관리에 관한 사항
④ 표준안전작업방법 및 지도 요령에 관한 사항

> **근로자 채용 시 교육 및 작업내용 변경 시 교육내용**
> ① 물질안전보건자료에 관한 사항
> ② 기계·기구의 위험성과 작업의 순서 및 동선에 관한 사항
> ③ 정리정돈 및 청소에 관한 사항
> ④ 작업 개시 전 점검에 관한 사항
> ⑤ 사고 발생 시 긴급조치에 관한 사항
> ⑥ 산업보건 및 건강장해 예방에 관한 사항
> ⑦ 직무스트레스 예방 및 관리에 관한 사항
> ⑧ 위험성 평가에 관한 사항
> ⑨ 산업안전보건법령 및 산업재해보상보험 제도에 관한 사항
> ⑩ 산업안전 및 산업재해 예방에 관한 사항(화재·폭발 사고 발생 시 대피에 관한 사항을 포함)
> ⑪ 직장 내 괴롭힘, 고객의 폭언 등으로 인한 건강장해 예방 및 관리에 관한 사항

tip
2025년 법령개정. 문제와 해설은 개정된 내용 적용

20

파블로프(Pavlov)의 조건반사설에 의한 학습이론의 원리에 해당되지 않는 것은?

① 일관성의 원리　　② 시간의 원리
③ 강도의 원리　　　④ 준비성의 원리

> **조건반사(반응)설(pavlov)**
> ① 일관성의 원리　② 강도의 원리
> ③ 시간의 원리　　④ 계속성의 원리

정답　16 ①　17 ②　18 ③　19 ①　20 ④

2과목 인간공학 및 위험성 평가·관리

21
그림과 같은 시스템에서 전체 시스템의 신뢰도는 얼마인가? (단, 네모 안의 숫자는 각 부품의 신뢰도이다.)

① 0.4104
② 0.4617
③ 0.6314
④ 0.6804

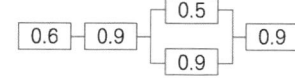

신뢰도 계산
$R_s = 0.6 \times 0.9 \{1-(1-0.5)(1-0.9)\} \times 0.9 = 0.4617$

22 ★빈출
건습지수로서 습구온도와 건구온도의 가중평균치를 나타내는 Oxford 지수의 공식으로 맞는 것은?

① WD = 0.65WB + 0.35DB
② WD = 0.75WB + 0.25DB
③ WD = 0.85WB + 0.15DB
④ WD = 0.95WB + 0.05DB

Oxford 지수
① 습건(WD) 지수라고도 부르며, 습구온도(W)와 건구온도(D)의 가중평균치로 정의
② WD = 85W + 0.15D

23
시스템의 정의에 포함되는 조건 중 틀린 것은?

① 제약된 조건 없이 수행
② 요소의 집합에 의해 구성
③ 시스템 상호 간에 관계를 유지
④ 어떤 목적을 위하여 작용하는 집합체

시스템이란(체계의 특성)
① 여러 개의 요소, 또는 요소의 집합에 의해 구성되고(집합성)
② 그것이 서로 상호관계를 가지면서(관련성)
③ 정해진 조건 하에서
④ 어떤 목적을 달성하기 위해 작용하는 집합체(목적 추구성)

24
체계분석 및 설계에 있어서 인간공학적 노력의 효능을 산정하는 척도의 기준에 포함되지 않는 것은?

① 성능의 향상
② 훈련비용의 절감
③ 인력 이용률의 저하
④ 생산 및 보전의 경제성 향상

체계 설계과정에서의 인간공학의 가치
① 성능의 향상
② 생산 및 정비유지의 경제성 증대
③ 훈련비용의 절감
④ 인력의 이용률의 향상
⑤ 사용자의 수용도 향상
⑥ 사고 및 오용으로부터의 손실 감소

25
인간의 기대하는 바와 자극 또는 반응들이 일치하는 관계를 무엇이라 하는가?

① 관련성
② 반응성
③ 양립성
④ 자극성

양립성(Compatibility)
인간의 기대와 모순되지 않아야 하는 것을 말하며, 공간적, 운동, 개념적, 양식 양립성이 있다.

26 ★빈출
FTA에서 어떤 고장이나 실수를 일으키지 않으면 정상사상(Top event)은 일어나지 않는다고 하는 것으로 시스템의 신뢰성을 표시하는 것은?

① Cut set
② Minimal cut set
③ Free event
④ Minimal path set

패스셋과 미니멀 패스셋
① 그 안에 포함되는 모든 기본사상이 일어나지 않을 때 처음으로 정상사상이 일어나지 않는 기본사상의 집합인 패스셋에서 필요 최소한의 것을 미니멀 패스셋이라 한다(시스템의 신뢰성을 나타냄)
② 패스셋은 정상사상이 발생하지 않는 즉, 시스템이 고장나지 않는 사상의 집합이다.

정답 21 ② 22 ③ 23 ① 24 ③ 25 ③ 26 ④

27

반경 10cm인 조종구(ball control)를 30° 움직였을 때, 표시장치가 2cm 이동하였다면 통제표시비(C/R비)는 약 얼마인가?

① 1.3
② 2.6
③ 5.2
④ 7.8

> 통제 표시비(조종-반응 비율)
> $$C/D비 = \frac{(30/360) \times 2\pi \times 10}{2} = 2.618$$

28

결함수 분석법에서 일정 조합 안에 포함되어 있는 기본사상들이 모두 발생하지 않으면 틀림없이 정상사상(top event)이 발생되지 않는 조합을 무엇이라고 하는가?

① 컷셋(cut set)
② 패스셋(path set)
③ 결함수셋(fault tree set)
④ 부울대수(boolean algebra)

> 패스셋과 미니멀 패스셋
> 그 안에 포함되는 모든 기본사상이 일어나지 않을 때 처음으로 정상사상이 일어나지 않는 기본사상의 집합인 패스셋에서 필요 최소한의 것을 미니멀 패스셋이라 한다(시스템의 신뢰성을 나타냄).

29

인간의 눈에서 빛이 가장 먼저 접촉하는 부분은?

① 각막
② 망막
③ 초자체
④ 수정체

> 눈의 구조 및 기능
>
> | 각막 | 최초로 빛이 통과하는 곳, 눈을 보호 |
> |---|---|
> | 홍채 | 동공의 크기를 조절해 빛의 양 조절 |
> | 모양체 | 수정체의 두께를 변화시켜 원근 조절 |

30 빈출

FT도에 사용되는 기호 중 "전이기호"를 나타내는 기호는?

① 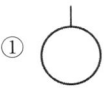 ② 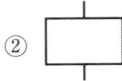 ③ 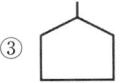 ④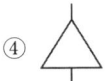

> 전이기호
>
> | | 이행(전이) 기호 (IN) | FT도상에서 다른 부분에의 이행 또는 연결을 나타냄. 삼각형 정상의 선은 정보의 전입 루트를 뜻한다. |
> |---|---|---|
> | | 이행(전이) 기호 (OUT) | 위와 같다. 삼각형의 옆선은 정보의 전출을 뜻한다. |

31

인체에서 뼈의 주요 기능으로 볼 수 없는 것은?

① 대사작용
② 신체의 지지
③ 조혈작용
④ 장기의 보호

> 신체 골격구조(뼈의 주요 기능)
> ① 신체 중요 부분의 보호
> ② 신체의 지지 및 형상 유지
> ③ 신체활동 수행
> ④ 골수에서 혈구세포를 만드는 조혈기능
> ⑤ 칼슘, 인 등의 무기질 저장 및 공급기능

32

작업기억(Working memory)에서 일어나는 정보 코드화에 속하지 않는 것은?

① 의미 코드화
② 음성 코드화
③ 시각 코드화
④ 다차원 코드화

> 작업기억
> 현재 주의를 기울여 의식하고 있는 기억으로 감각기관을 통해 입력된 정보를 단기적으로 기억하며 능동적으로 이해하고 조작하는 과정을 말한다.

정답 27 ② 28 ② 29 ① 30 ④ 31 ① 32 ④

33

휴먼 에러의 배후 요소 중 작업방법, 작업순서, 작업정보, 작업환경과 가장 관련이 깊은 것은?

① Man
② Machine
③ Media
④ Management

> 산업재해의 기본원인 4M 중 작업적 요인(Media)
> ① 작업의 내용, 방법, 정보 등의 작업방법적 요인
> ② 작업을 실시하는 장소에 관한 작업환경적 요인

34

소음성 난청 유소견자로 판정하는 구분을 나타내는 것은?

① A
② C
③ D_1
④ D_2

> 소음성 난청 판정기준
> ① A : 정상청력, 경미한 이상소견이 있는자
> ② C : 요관찰자
> ③ D_1 : 직업병 유소견자
> ④ D_2 : 일반질병 유소견자

35

설비의 위험을 예방하기 위한 안전성 평가 단계 중 가장 마지막에 해당하는 것은?

① 재평가
② 정성적 평가
③ 안전대책
④ 정량적 평가

> 안전성 평가의 기본원칙(5단계)
> ① 제 1단계 : 관계자료의 작성준비
> ② 제 2단계 : 정성적 평가
> ③ 제 3단계 : 정량적 평가
> ④ 제 4단계 : 안전대책
> ⑤ 제 5단계 : 재평가

tip
재평가를 재해정도에 의한 재평가와 FTA에 의한 재평가로 분류하여 6단계로 구분하는 경우도 있음

36

Chapanis의 위험수준에 의한 위험발생률 분석에 대한 설명으로 옳은 것은?

① 자주 발생하는(frequent) > 10^{-3}/day
② 자주 발생하는(frequent) > 10^{-5}/day
③ 거의 발생하지 않는(remote) > 10^{-6}/day
④ 극히 발생하지 않는(impossible) > 10^{-8}/day

> 발생이 불가능하거나 전혀 발생하지 않는(impossible) > 10^{-8}/day.

37

윤활관리시스템에서 준수해야 하는 4가지 원칙이 아닌 것은?

① 적정량 준수
② 다양한 윤활제의 혼합
③ 올바른 윤활법의 선택
④ 윤활기간의 올바른 준수

> 윤활의 4원칙
> ① 적량의 규정
> ② 기계가 필요로 하는 윤활유를 선정
> ③ 올바른 윤활법의 채용
> ④ 윤활기간의 올바른 준수

38

인간공학적인 의자설계를 위한 일반적 원칙으로 적절하지 않은 것은?

① 척추의 허리 부분은 요부전만을 유지한다.
② 허리 강화를 위하여 쿠션은 설치하지 않는다.
③ 좌판의 앞 모서리 부분은 5cm 정도 낮아야 한다.
④ 좌판과 등받이 사이의 각도는 90~105°를 유지하도록 한다.

> 의자 쿠션의 두께는 4~5cm 정도로 하고 탄력성과 통기성이 좋은 것을 사용

정답 33 ③ 34 ③ 35 ① 36 ④ 37 ② 38 ②

39
단위 면적당 표면을 떠나는 빛의 양을 설명한 것으로 맞는 것은?

① 휘도
② 조도
③ 광도
④ 반사율

> 휘도(luminance)는 단위 면적당 표면에서 반사 또는 방출되는 광량

40 ⭐
정보를 전송하기 위해 청각적 표시장치를 사용해야 효과적인 경우는?

① 전언이 복잡할 경우
② 전언이 후에 재참조될 경우
③ 전언이 공간적인 위치를 다룰 경우
④ 전언이 즉각적인 행동을 요구할 경우

청각 장치와 시각 장치의 비교

청각 장치 사용	시각 장치 사용
① 전언이 간단하다.	① 전언이 복잡하다.
② 전언이 짧다.	② 전언이 길다.
③ 전언이 후에 재참조되지 않는다.	③ 전언이 후에 재참조된다.
④ 수신자가 시각계통이 과부하상태일 때	④ 수신자의 청각 계통이 과부하 상태일 때
⑤ 전언이 즉각적인 행동을 요구한다(긴급할 때)	⑤ 전언이 즉각적인 행동을 요구하지 않는다.
⑥ 전언이 시간적 사상을 다룬다.	⑥ 전언이 공간적인 위치를 다룬다.

3과목 기계·기구 및 설비 안전 관리

41 ⭐
산업안전보건법령에서 규정하는 양중기에 속하지 않는 것은?

① 호이스트
② 이동식 크레인
③ 곤돌라
④ 체인블록

> **양중기의 종류**
> ① 크레인(호이스트 포함)
> ② 이동식 크레인
> ③ 리프트(이삿짐운반용리프트는 적재하중이 0.1톤 이상인 것으로 한정)
> ④ 곤돌라
> ⑤ 승강기

42
산업용 로봇에 사용되는 안전매트에 요구되는 일반 구조 및 표시에 관한 설명으로 옳지 않은 것은?

① 단선경보장치가 부착되어 있어야 한다.
② 감응시간을 조절하는 장치는 부착되어 있지 않아야 한다.
③ 자율 안전 확인의 표시 외에 작동하중, 감응시간, 복귀신호의 자동 또는 수동여부, 대소인공용 여부를 추가로 표시해야 한다.
④ 감응도 조절장치가 있는 경우 봉인되어 있지 않아야 한다.

> **안전매트의 일반구조**
> ① 단선경보장치가 부착되어 있어야 한다.
> ② 감응시간을 조절하는 장치는 부착되어 있지 않아야 한다.
> ③ 감응도 조절장치가 있는 경우 봉인되어 있어야 한다.

43
금형 작업의 안전과 관련하여 금형 부품 조립 시의 주의사항으로 틀린 것은?

① 맞춤 핀을 조립할 때에는 헐거운 끼워 맞춤으로 한다.
② 파일럿 핀, 직경이 작은 펀치, 핀 게이지 등의 삽입부품은 빠질 위험이 있으므로 플랜지를 설치하는 등 이탈 방지대책을 세워둔다.
③ 쿠션 핀을 사용할 경우에는 상승 시 누름판의 이탈방지를 위하여 단붙임한 나사로 견고히 조여야 한다.
④ 가이드 포스트, 샹크는 확실하게 고정한다.

> 맞춤 핀을 사용할 때에는 억지 끼워 맞춤으로 한다. 상형에 사용할 때에는 낙하방지의 대책을 세워둔다.

44
선반 작업 시 주의사항으로 틀린 것은?

① 회전 중에 가공품을 직접 만지지 않는다.
② 공작물의 설치가 끝나면 척에서 렌치류는 곧바로 제거한다.
③ 칩(chip)이 비산할 때는 보안경을 쓰고 방호판을 설치하여 사용한다.
④ 돌리개는 적정 크기의 것을 선택하고, 심압대 스핀들은 가능한 길게 나오도록 한다.

> **선반 작업 시 안전기준**
> ① 가공물 조립 시 반드시 스위치 차단 후 바이트 충분히 연 다음 실시
> ② 가공물장착 후에는 척 렌치를 바로 벗겨 놓는다.
> ③ 무게가 편중된 가공물은 균형추 부착
> ④ 바이트 설치는 반드시 기계 정지 후 실시
> ⑤ 돌리개는 적당한 것을 선택하고, 심압대 스핀들은 지나치게 길게 나오지 않도록 한다.

45
다음 중 기계 고장률의 기본 모형이 아닌 것은?

① 초기 고장   ② 우발 고장
③ 영구 고장   ④ 마모 고장

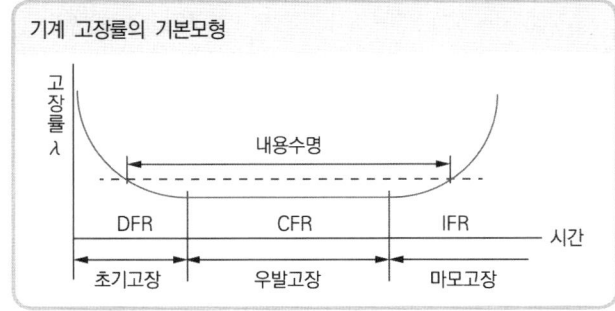

46
연삭숫돌의 덮개 재료 선정 시 최고속도에 따라 허용되는 덮개 두께가 달라지는데, 동일한 최고속도에서 가장 얇은 판을 쓸 수 있는 덮개의 재료로 다음 중 가장 적절한 것은?

① 회주철   ② 압연강판
③ 가단주철   ④ 탄소강주강품

> **연삭숫돌의 덮개 재료**
> ① 회주철은 압연강판 두께의 값에 4를 곱한 값 이상
> ② 가단주철은 압연강판 두께의 값에 2를 곱한 값 이상
> ③ 탄소강주강품은 압연강판 두께에 1.6을 곱한 값 이상

47
프레스의 양수조작식 방호장치에서 누름버튼의 상호 간 내측거리는 몇 mm 이상이어야 하는가?

① 200   ② 300
③ 400   ④ 500

> 누름버튼의 상호간 내측거리는 300mm 이상이어야 하며, 누름버튼을 양손으로 동시에 조작하지 않으면 작동시킬 수 없는 구조이어야 한다.

48
와이어로프의 절단하중이 11,160[N]이고, 한 줄로 물건을 매달고자 할 때 안전계수를 6으로 하면 몇 [N] 이하의 물건을 매달 수 있는가?

① 1,860   ② 3,720
③ 5,580   ④ 66,960

> **와이어로프의 안전하중**
> ① 안전계수 = $\dfrac{\text{파단하중}}{\text{안전하중}}$
> ② 안전하중 = $\dfrac{11,160}{6}$ = 1,860[N]

정답 44 ④ 45 ③ 46 ② 47 ② 48 ①

49

산업안전보건법령상 지게차의 헤드가드에 관한 다음 사항에서 ( )에 알맞은 내용은?

> 1. 강도는 지게차 최대하중의 (㉠)배 값(4톤을 넘는 값에 대해서는 4톤으로 한다)의 등분포정하중에 견딜 수 있을 것
> 2. 상부틀의 각 개구의 폭 또는 길이가 (㉡)cm 미만일 것

① ㉠ : 2   ㉡ : 10
② ㉠ : 2   ㉡ : 16
③ ㉠ : 3   ㉡ : 10
④ ㉠ : 3   ㉡ : 16

> **헤드가드**
> ① 강도는 지게차 최대하중의 2배 값(4톤을 넘는 값에 대해서는 4톤으로 한다)의 등분포정하중에 견딜 수 있을 것
> ② 상부틀의 각 개구의 폭 또는 길이가 16cm 미만일 것
> ③ 운전자가 앉아서 조작하거나 서서 조작하는 지게차의 헤드가드는 「산업표준화법」에 따른 한국산업표준에서 정하는 높이 기준 이상일 것

50

작업자의 신체 움직임을 감지하여 프레스의 작동을 급정지시키는 광전자식 안전장치를 부착한 프레스가 있다. 안전거리가 32cm라면 급정지에 소요되는 시간은 최대 몇 초 이내이어야 하는가? (단, 급정지에 소요되는 시간은 손이 광선을 차단한 순간부터 급정지기구가 작동하여 하강하는 슬라이드가 정지할 때까지의 시간을 의미한다.)

① 0.1초
② 0.2초
③ 0.5초
④ 1초

> **광전자식 안전장치의 안전거리(단위에 주의)**
> ① 안전거리(mm) = 1,600 × 급정지소요시간
> ② 그러므로, 320mm = 1,600 × 급정지소요시간
> 급정지소요시간(초) = $\frac{320}{1,600}$ = 0.2(초)

51 ★빈출

위험한 작업점과 작업자 사이의 위험을 차단시키는 격리형 방호장치가 아닌 것은?

① 접촉 반응형 방호장치
② 완전 차단형 방호장치
③ 덮개형 방호장치
④ 안전방책

> **격리형 방호장치**
> ① 완전 차단형   ② 덮개형   ③ 안전울타리(방책)

52

동력프레스를 분류하는 데 있어서 그 종류에 속하지 않는 것은?

① 크랭크 프레스
② 토글 프레스
③ 마찰 프레스
④ 터릿 프레스

> **동력프레스의 종류**
> ① 크랭크 프레스(crank press)
> ② 토글 프레스(toggle press)
> ③ 마찰 프레스(friction press)
> ④ 액압 프레스(hydraulic press)

53 ★빈출

선반에서 절삭가공 중 발생하는 연속적인 칩을 자동적으로 끊어주는 역할을 하는 것은?

① 칩 브레이커
② 방진구
③ 보안경
④ 커버

> **칩 브레이커**
> 선반작업에서 길게 형성되는 절삭 칩을 바이트를 사용하여 절단해주는 장치

54

구멍이 있거나 노치(notch) 등이 있는 재료에 외력이 작용할 때 가장 현저하게 나타나는 현상은?

① 가공경화
② 피로
③ 응력집중
④ 크리프(creep)

> **응력집중**
> 응력의 국부적인 집중현상으로 인하여 물체에 외력을 가할 때 재료에 구멍이나 노치 등이 있을 경우, 예리하게 도려진 밑부분에는 평활한 부분에 비해 국부적으로 매우 큰 응력이 발생한다.

정답 49 ② 50 ② 51 ① 52 ④ 53 ① 54 ③

55 ⭐

근로자의 추락 등에 의한 위험을 방지하기 위하여 안전난간을 설치하는 경우, 이에 관한 구조 및 설치요건으로 틀린 것은?

① 상부난간대, 중간난간대, 발끝막이판 및 난간기둥으로 구성할 것
② 발끝막이판은 바닥면 등으로부터 5[cm] 이상의 높이를 유지할 것
③ 난간대는 지름 2.7[cm] 이상의 금속제 파이프나 그 이상의 강도를 가진 재료일 것
④ 안전난간은 구조적으로 가장 취약한 지점에서 가장 취약한 방향으로 작용하는 100[kg] 이상의 하중에 견딜 수 있을 것

> **발끝막이판**
> 바닥면 등으로부터 10센티미터 이상의 높이를 유지할 것(물체가 떨어지거나 날아올 위험이 없거나 그 위험을 방지할 수 있는 망을 설치하는 등 필요한 예방조치를 한 장소 제외)

56

휴대용 연삭기 덮개의 노출각도 기준은?

① 60° 이내
② 90° 이내
③ 150° 이내
④ 180° 이내

> **연삭기 덮개의 설치방법**
> ① 탁상용 연삭기의 노출각도는 80° 이내로 하되, 숫돌의 주축에서 수평면 위로 이루는 원주 각도는 65° 이상이 되지 않도록 하여야 한다.
> ② 연삭숫돌의 상부를 사용하는 것을 목적으로 하는 연삭기는 60° 이내로 한다.
> ③ 휴대용 연삭기는 180° 이내로 한다.
> ④ 원통형 연삭기는 180° 이내로 하되, 숫돌의 주축에서 수평면 위로 이루는 원주각도는 65° 이상이 되지 않도록 하여야 한다.
> ⑤ 절단 및 평면 연삭기는 150° 이내로 하되, 숫돌의 주축에서 수평면 밑으로 이루는 덮개의 각도는 15° 이상이 되도록 하여야 한다.

57

제철공장에서는 주괴(ingot)를 운반하는데 주로 컨베이어를 사용하고 있다. 이 컨베이어에 대한 방호조치의 설명으로 옳지 않은 것은?

① 근로자의 신체 일부가 말려드는 등 근로자에게 위험을 미칠 우려가 있을 때 및 비상시에는 즉시 컨베이어의 운전을 정지시킬 수 있는 장치를 설치하여야 한다.
② 화물의 낙하로 인하여 근로자에게 위험을 미칠 우려가 있는 때에는 컨베이어에 덮개 또는 울을 설치하는 등 낙하 방지를 위한 조치를 하여야 한다.
③ 수평상태로만 사용하는 컨베이어의 경우 정전, 전압 강하 등에 의한 화물 또는 운반구의 이탈 및 역주행을 방지하는 장치를 갖추어야 한다.
④ 운전 중인 컨베이어 위로 근로자를 넘어가도록 하는 때에는 근로자의 위험을 방지하기 위하여 건널다리를 설치하는 등 필요한 조치를 하여야 한다.

> **역전방지장치**
> 컨베이어·이송용 롤러 등을 사용하는 경우에 정전·전압강하 등에 의한 화물 또는 운반구의 이탈 및 역주행을 방지하는 장치로 경사부가 있는 컨베이어에서 사용

58 ⭐

목재가공용 둥근톱에서 둥근톱의 두께가 4mm일 때 분할날의 두께는 몇 mm 이상이어야 하는가?

① 4.0
② 4.2
③ 4.4
④ 4.8

> **분할날의 두께**
> ① 톱날 두께의 1.1배 이상이고, 톱날의 치진폭 이하이어야 한다.
> ② 4mm × 1.1 = 4.4mm 이상

정답 55 ② 56 ④ 57 ③ 58 ③

59

롤러기에서 손조작식 급정지장치의 조작부 설치위치로 옳은 것은?(단, 위치는 급정지장치의 조작부의 중심점을 기준으로 한다.)

① 밑면으로부터 0.4[m] 이상, 0.6[m] 이내
② 밑면으로부터 0.8[m] 이상, 1.1[m] 이내
③ 밑면으로부터 0.8[m] 이내
④ 밑면으로부터 1.8[m] 이내

급정지장치 조작부의 종류	위치	비고
손조작식	밑면에서 1.8m 이내	위치는 급정지장치 조작부의 중심점을 기준으로 한다.
복부조작식	밑면에서 0.8m 이상 1.1m 이내	
무릎조작식	밑면에서 0.4m 이상 0.6m 이내	

60

보일러수에 유지류, 고형물 등의 부유물로 인한 거품이 발생하여 수위를 판단하지 못하는 현상은?

① 프라이밍(Priming)
② 캐리오버(Carry over)
③ 포밍(Foaming)
④ 워터해머(Water hammer)

포밍(foaming)
보일러수에 불순물이 많이 포함되었을 경우, 보일러수의 비등과 함께 수면부위에 거품층을 형성하여 수위가 불안정하게 되는 현상

4과목 전기 및 화학설비 안전 관리

61

폭발위험장소의 분류 중 1종 장소에 해당하는 것은?

① 폭발성 가스 분위기가 연속적, 장기간 또는 빈번하게 존재하는 장소
② 폭발성 가스 분위기가 정상작동 중 조성되지 않거나 조성된다 하더라도 짧은 기간에만 존재할 수 있는 장소
③ 폭발성 가스 분위기가 정상작동 중 주기적 또는 빈번하게 생성되는 장소
④ 폭발성 가스 분위기가 장기간 또는 거의 조성되지 않는 장소

1종 장소
정상 작동상태에서 인화성 액체의 증기 또는 가연성 가스에 의한 폭발 위험 분위기가 존재하기 쉬운 장소(맨홀·벤트·피트 등의 주위)

62

인체저항을 5,000[Ω]으로 가정하면 심실세동을 일으키는 전류에서의 전기에너지는? (단, 심실세동전류는 $I = \dfrac{165}{\sqrt{T}}$ [mA]이며 통전시간 T는 1초이고 전원은 교류정현파이다.)

① 33[J]
② 130[J]
③ 136[J]
④ 142[J]

전기에너지의 계산
$$Q = \left(\dfrac{165}{\sqrt{T}} \times 10^{-3}\right)^2 \times 5{,}000 \times 1 = 136.125\,(J)$$

63

전선 간에 가해지는 전압이 어떤 값 이상으로 되면 전선 주위의 전기장이 강하게 되어 전선 표면의 공기가 국부적으로 절연이 파괴되어 빛과 소리를 내는 것은?

① 표피 작용
② 페란티 효과
③ 코로나 현상
④ 근접 현상

코로나의 현상 및 영향
① 코로나 현상 : 전선에 가해지는 전압이 어떤 값 이상으로 되면 전선 표면의 공기 절연이 부분적으로 파괴되어 엷은 빛이나 소리를 내는 현상
② 코로나의 영향 : 통신선의 유도 장애, 라디오나 텔레비전의 잡음 등에 나쁜 영향을 줌

정답 59 ④ 60 ③ 61 ③ 62 ③ 63 ③

64

누전에 의한 감전 위험을 방지하기 위하여 반드시 접지를 하여야만 하는 부분에 해당되지 않는 것은?

① 절연대 위 등과 같이 감전 위험이 없는 장소에서 사용하는 전기 기계·기구의 금속체
② 전기 기계·기구의 금속제 외함, 금속제 외피 및 철대
③ 전기를 사용하지 아니하는 설비 중 전동식 양중기의 프레임과 궤도에 해당하는 금속체
④ 코드와 플러그를 접속하여 사용하는 휴대형 전동 기계·기구의 노출된 비충전 금속제

> **접지를 하지 않아도 되는 안전한 부분**
> ① 「전기용품 및 생활용품 안전관리법」이 적용되는 이중절연 또는 이와 같은 수준 이상으로 보호되는 구조로 된 전기기계·기구
> ② 절연대 위 등과 같이 감전 위험이 없는 장소에서 사용하는 전기기계·기구
> ③ 비접지방식의 전로에 접속하여 사용되는 전기기계·기구

65 ⭐빈출

정전기 발생에 영향을 주는 요인이 아닌 것은?

① 물체의 특성   ② 물체의 표면상태
③ 접촉면적 및 압력   ④ 응집속도

> **정전기 발생의 영향 요인**
> ① 물체의 특성 ② 물체의 표면상태 ③ 물체의 이력
> ④ 접촉면적 및 압력 ⑤ 분리속도 등

66 ⭐빈출

전기기계·기구에 대하여 누전에 의한 감전위험을 방지하기 위하여 누전차단기를 전기기계·기구에 접속할 때 준수하여야 할 사항으로 옳은 것은?

① 누전차단기는 정격감도전류가 60[mA] 이하이고 작동시간은 0.1초 이내일 것
② 누전차단기는 정격감도전류가 50[mA] 이하이고 작동시간은 0.08초 이내일 것
③ 누전차단기는 정격감도전류가 40[mA] 이하이고 작동시간은 0.06초 이내일 것
④ 누전차단기는 정격감도전류가 30[mA] 이하이고 작동시간은 0.03초 이내일 것

> **누전차단기**
> 전기기계·기구에 접속되는 경우 정격감도전류가 30mA 이하이고, 작동시간은 0.03초 이내이어야 한다.

67

방폭구조의 종류 중 방진방폭구조를 나타내는 표시로 옳은 것은?

① DDP   ② tD
③ XDP   ④ DP

> "방진방폭구조 tD"란 분진층이나 분진운의 점화를 방지하기 위하여 용기로 보호하는 전기기기에 적용되는 분진침투방지, 표면온도제한 등의 방법을 말한다.

68

고압 또는 특고압의 기계기구·모선 등을 옥외에 시설하는 발전소·변전소·개폐소 또는 이에 준하는 곳에는 구내에 취급자 이외의 자가 들어가지 못하도록 하기 위한 시설의 기준에 대한 설명으로 틀린 것은?

① 울타리·담 등의 높이는 1.5m 이상으로 시설하여야 한다.
② 출입구에는 출입금지의 표시를 하여야 한다.
③ 출입구에는 자물쇠장치 기타 적당한 장치를 하여야 한다.
④ 지표면과 울타리·담 등의 하단 사이의 간격은 15cm 이하로 하여야 한다.

> **울타리, 담 등의 시설(고압 및 특고압 충전부분)**
> 울타리·담 등의 높이는 2m 이상으로 하고 지표면과 울타리·담 등의 하단사이의 간격은 15cm 이하로 할 것

정답 64 ① 65 ④ 66 ④ 67 ② 68 ①

69

전기기계 · 기구의 조작 부분을 점검하거나 보수하는 경우에는 근로자가 안전하게 작업할 수 있도록 전기기계 · 기구로부터 최소 몇 cm 이상의 작업공간 폭을 확보하여야 하는가? (단, 작업공간을 확보하는 것이 곤란하여 절연용 보호구를 착용하도록 한 경우 제외)

① 60cm
② 70cm
③ 80cm
④ 90cm

> **전기기계 · 기구의 조작 시 등의 안전조치**
> ① 전기기계 · 기구의 조작부분에 대한 점검 또는 보수를 하는 때에 근로자가 안전하게 작업할 수 있도록 전기기계 · 기구로부터 폭 70센티미터 이상의 작업공간을 확보하여야 한다.
> ② 다만, 작업공간을 확보하는 것이 곤란하여 근로자에게 절연용 보호구를 착용하도록 한 경우에는 그러하지 아니하다.

70

과전류차단기로 시설하는 퓨즈 중 고압전로에 사용하는 비포장 퓨즈에 대한 설명으로 옳은 것은?

① 정격전류의 1.25배의 전류에 견디고 또한 2배의 전류로 2분 안에 용단되는 것이어야 한다.
② 정격전류의 1.25배의 전류에 견디고 또한 2배의 전류로 4분 안에 용단되는 것이어야 한다.
③ 정격전류의 2배의 전류에 견디고 또한 2배의 전류로 2분 안에 용단되는 것이어야 한다.
④ 정격전류의 2배의 전류에 견디고 또한 2배의 전류로 4분 안에 용단되는 것이어야 한다.

> **과전류 차단기용 퓨즈(고압 전로에 사용하는 퓨즈)**
>
> | 포장 퓨즈 | 비포장 퓨즈 |
> | --- | --- |
> | ㉠ 정격전류의 1.3배의 전류에 견딜 것
㉡ 2배의 전류로 120분 안에 용단되는 것 | ㉠ 정격전류의 1.25배의 전류에 견딜 것
㉡ 2배의 전류로 2분 안에 용단되는 것
* 비포장 퓨즈는 고리퓨즈를 사용 |

71

다음 중 물리적 공정에 해당되는 것은?

① 유화중합
② 축합중합
③ 산화
④ 증류

> 용액을 가열하여 얻고자 하는 물질의 끓는점에 도달하면 기체가 발생하는데 이를 다시 냉각하여 액체로 분리해내는 조작을 증류라 하며, 증류는 물리적 공정에 해당된다.

72

산화성 액체 중 질산의 성질에 관한 설명으로 옳지 않은 것은?

① 피부 및 의복을 부식하는 성질이 있다.
② 쉽게 연소하는 가연성 물질이므로 화기에 극도로 주의한다.
③ 위험물 유출 시 건조사를 뿌리거나 중화제로 중화한다.
④ 물과 반응하면 발열반응을 일으키므로 물과의 접촉을 피한다.

> 질산은 산화성 액체에 해당하는 위험물로 조연성 물질에 해당된다.

73

최소 착화에너지가 0.25[mJ], 극간 정전용량이 10[pF]인 부탄가스 버너를 점화시키기 위해서 최소 얼마 이상의 전압을 인가하여야 하는가?

① 0.52×10^2[V]
② 0.74×10^3[V]
③ 7.07×10^3[V]
④ 5.03×10^5[V]

> **정전기 에너지**
>
> $W = \dfrac{1}{2}QV = \dfrac{1}{2}CV^2 = \dfrac{1}{2}\dfrac{Q^2}{C}$ (J) 이므로
>
> $V = \sqrt{\dfrac{0.25 \times 10^{-3} \times 2}{10 \times 10^{-12}}} = 7{,}071.06 = 7.07 \times 10^3$ (V)

74

다음 중 유류화재의 종류에 해당하는 것은?

① A급
② B급
③ C급
④ D급

> **화재의 종류**
> ① A급화재 : 일반화재
> ② B급화재 : 유류화재
> ③ C급화재 : 전기화재
> ④ D급화재 : 금속화재

정답 69 ② 70 ① 71 ④ 72 ② 73 ③ 74 ②

75

다음 중 가연성 가스의 폭발범위에 관한 설명으로 틀린 것은?

① 상한과 하한이 있다.
② 압력과 무관하다.
③ 공기와 혼합된 가연성 가스의 체적 농도로 표시된다.
④ 가연성 가스의 종류에 따라 다른 값을 갖는다.

> 가스의 압력이 높아지면 하한값은 큰 변화가 없으나 상한값은 높아진다.

76

산업안전보건법령상 관리대상 유해물질의 운반 및 저장 방법으로 적절하지 않은 것은?

① 저장장소에는 관계 근로자가 아닌 사람의 출입을 금지하는 표시를 한다.
② 저장장소에서 관리대상 유해물질의 증기가 실외로 배출되지 않도록 적절한 조치를 한다.
③ 관리대상 유해물질을 저장할 때 일정한 장소를 지정하여 저장하여야 한다.
④ 물질이 새거나 발산될 우려가 없는 뚜껑 또는 마개가 있는 튼튼한 용기를 사용한다.

> **관리대상 유해물질의 운반 및 저장**
> (1) 사업주는 관리대상 유해물질을 운반하거나 저장하는 경우에 그 물질이 새거나 발산될 우려가 없는 뚜껑 또는 마개가 있는 튼튼한 용기를 사용하거나 단단하게 포장을 하여야 하며, 그 저장장소에는 다음 각 호의 조치를 하여야 한다.
> ① 관계 근로자가 아닌 사람의 출입을 금지하는 표시를 할 것
> ② 관리대상 유해물질의 증기를 실외로 배출시키는 설비를 설치할 것
> (2) 사업주는 관리대상 유해물질을 저장할 경우에 일정한 장소를 지정하여 저장하여야 한다.

77

어떤 물질 내에서 반응전파속도가 음속보다 빠르게 진행되고 이로 인해 발생된 충격파가 반응을 일으키고 유지하는 발열반응을 무엇이라 하는가?

① 점화(Ignition)
② 폭연(Deflagration)
③ 폭발(Explosion)
④ 폭굉(Detonation)

> **폭굉과 폭굉파**
> ① 폭굉이란 폭발 범위 내의 특정 농도 범위에서 연소속도가 폭발에 비해 수백 내지 수천 배에 달하는 현상
> ② 폭굉파는 진행속도가 1,000~3,500m/s에 달하는 경우
> ③ 폭굉파의 전파속도는 음속을 앞지르기 때문에 그 진행전면에 충격파가 형성되어 파괴 작용을 동반

78

산업안전보건법령상의 위험물을 저장·취급하는 화학설비 및 그 부속설비를 설치하는 경우 폭발이나 화재에 따른 피해를 줄이기 위하여 단위공정시설 및 설비로부터 다른 단위공정시설 및 설비 사이의 안전거리는 얼마로 하여야 하는가?

① 설비의 안쪽 면으로부터 10[m] 이상
② 설비의 바깥쪽 면으로부터 10[m] 이상
③ 설비의 안쪽 면으로부터 5[m] 이상
④ 설비의 바깥 면으로부터 5[m] 이상

> **위험물 저장 취급 화학설비의 안전거리**
>
> | 구분 | 안전거리 |
> | --- | --- |
> | 단위공정시설 및 설비로부터 다른 단위공정시설 및 설비의 사이 | 설비의 외면으로부터 10미터 이상 |
> | 플레어스택으로부터 단위공정시설 및 설비, 위험물 저장탱크 또는 위험물 하역설비의 사이 | 플레어스택으로부터 반경 20미터 이상 |
> | 위험물 저장탱크로부터 단위공정시설 및 설비, 보일러 또는 가열로의 사이 | 저장탱크의 외면으로부터 20미터 이상 |
> | 사무실·연구실·실험실·정비실 또는 식당으로부터 단위공정시설 및 설비, 위험물 저장탱크, 위험물 하역설비, 보일러 또는 가열로의 사이 | 사무실 등의 외면으로부터 20미터 이상 |

정답 75 ② 76 ② 77 ④ 78 ②

79
다음 중 산업안전보건법령상 위험물의 종류에서 인화성 가스에 해당하지 않는 것은?

① 수소
② 질산에스테르
③ 아세틸렌
④ 메탄

> 질산에스테르는 위험물의 종류 중 폭발성 물질 및 유기과산화물에 해당한다.

80
산소용기의 압력계가 100kgf/cm²일 때 약 몇 psia인가?(단, 대기압은 표준대기압이다.)

① 1,465
② 1,455
③ 1,438
④ 1,423

> 1kgf/cm² = 14.223393psi
> 100kgf/cm² × 14.223393 = 1,422.339 + 14.7 = 1,437.039psia

5과목 건설공사 안전 관리

81 빈출
달비계에 사용이 불가한 와이어로프의 기준으로 옳지 않은 것은?

① 이음매가 없는 것
② 지름의 감소가 공칭지름의 7%를 초과하는 것
③ 심하게 변형되거나 부식된 것
④ 와이어로프의 한 꼬임에서 끊어진 소선(素線)의 수가 10% 이상인 것

> 와이어로프의 사용제한 조건
> ① 이음매가 있는 것
> ② 와이어로프의 한 꼬임(스트랜드)에서 끊어진 소선(필러선 제외)의 수가 10% 이상인 것
> ③ 지름의 감소가 공칭지름의 7%를 초과하는 것
> ④ 꼬인 것
> ⑤ 심하게 변형되거나 부식된 것
> ⑥ 열과 전기충격에 의해 손상된 것

82 빈출
다음은 산업안전보건기준에 관한 규칙 중 가설통로의 구조에 관한 사항이다. ( ) 안에 들어갈 내용으로 옳은 것은?

> 수직갱에 가설된 통로의 길이가 15m 이상인 경우에는 10[m] 이내마다 ( )을/를 설치할 것

① 손잡이
② 계단참
③ 클램프
④ 버팀대

> 수직갱에 가설된 통로의 길이가 15m 이상인 경우에는 10m 이내마다 계단참을 설치할 것

83
다음 중 구조물의 해체작업을 위한 기계·기구가 아닌 것은?

① 쇄석기
② 데릭
③ 압쇄기
④ 철제 해머

> 데릭
> (1) 구조 : 동력을 이용하여 물건을 달아 올리는 기계장치로서 마스트 또는 붐, 달아 올리는 기구와 기타 부속물로 구성
> (2) 종류 : ① 가이데릭 ② 진폴데릭 ③ 스티프레그 데릭 등

84 빈출
강풍 시 타워크레인의 설치·수리·점검 또는 해체작업을 중지하여야 하는 순간풍속 기준으로 옳은 것은?

① 순간풍속이 초당 10m를 초과하는 경우
② 순간풍속이 초당 15m를 초과하는 경우
③ 순간풍속이 초당 20m를 초과하는 경우
④ 순간풍속이 초당 30m를 초과하는 경우

> 강풍 시 타워크레인의 작업제한
> ① 순간풍속이 매초당 10미터 초과 : 타워크레인의 설치·수리·점검 또는 해체작업 중지
> ② 순간풍속이 매초당 15미터 초과 : 타워크레인의 운전작업 중지

정답 79 ② 80 ③ 81 ① 82 ② 83 ② 84 ①

85

근로자의 추락 위험이 있는 장소에서 발생하는 추락재해의 원인으로 볼 수 없는 것은?

① 안전대를 부착하지 않았다.
② 덮개를 설치하지 않았다.
③ 투하설비를 설치하지 않았다.
④ 안전난간을 설치하지 않았다.

> **물체낙하에 의한 위험방지**
> ① 대상 : 높이 3m 이상인 장소에서 물체 투하 시
> ② 조치사항 : ㉠ 투하설비 설치 ㉡ 감시인 배치

86

기상상태의 악화로 비계에서의 작업을 중지시킨 후 그 비계에서 작업을 다시 시작하기 전에 점검해야 할 사항에 해당하지 않는 것은?

① 기둥의 침하·변형·변위 또는 흔들림 상태
② 손잡이의 탈락 여부
③ 격벽의 설치 여부
④ 발판재료의 손상 여부 및 부착 또는 걸림 상태

> **비계의 점검 보수**
>
> | 점검 보수 시기 | ① 비, 눈 등 기상상태 불안정으로 작업 중지시킨 후 그 비계에서 작업할 경우
② 비계를 조립, 해체, 변경한 후 그 비계에서 작업할 경우 |
> |---|---|
> | 비계공사의 작업 시작 전 점검사항 | ① 발판재료의 손상여부 및 부착 또는 걸림 상태
② 해당 비계의 연결부 또는 접속부의 풀림 상태
③ 연결재료 및 연결철물의 손상 또는 부식 상태
④ 손잡이의 탈락 여부
⑤ 기둥의 침하·변형·변위 또는 흔들림 상태
⑥ 로프의 부착상태 및 매단 장치의 흔들림 상태 |

87

사다리식 통로 등을 설치하는 경우 발판과 벽과의 사이는 최소 얼마 이상의 간격을 유지하여야 하는가?

① 5cm
② 10cm
③ 15cm
④ 20cm

> **사다리식 통로의 구조**
> ① 발판과 벽과의 사이는 15센티미터 이상의 간격을 유지할 것
> ② 폭은 30센티미터 이상으로 할 것
> ③ 사다리의 상단은 걸쳐놓은 지점으로부터 60센티미터 이상 올라가도록 할 것
> ④ 사다리식 통로의 길이가 10미터 이상인 경우에는 5미터 이내마다 계단참을 설치할 것
> ⑤ 사다리식 통로의 기울기는 75도 이하로 할 것. 다만, 고정식 사다리식 통로의 기울기는 90도 이하로 하고, 그 높이가 7미터 이상인 경우에는 다음 각 목의 구분에 따른 조치를 할 것
> 　가. 등받이울이 있어도 근로자 이동에 지장이 없는 경우: 바닥으로부터 높이가 2.5미터 되는 지점부터 등받이울을 설치할 것
> 　나. 등받이울이 있으면 근로자가 이동이 곤란한 경우: 한국산업표준에서 정하는 기준에 적합한 개인용 추락 방지 시스템을 설치하고 근로자로 하여금 한국산업표준에서 정하는 기준에 적합한 전신안전대를 사용하도록 할 것

tip
2024년 개정된 법령 적용

88

드럼에 다수의 돌기를 붙여 놓은 기계로 점토층의 내부를 다지는 데 적합한 것은?

① 탠덤 롤러
② 타이어 롤러
③ 진동 롤러
④ 탬핑 롤러

> **탬핑 롤러(Tamping Roller)**
> ① 롤러 표면에 돌기를 만들어 부착, 땅 깊숙이 다짐 가능
> ② 토립자를 이동 혼합하여 함수비 조절용이(간극수압제거)
> ③ 고함수비의 점성토 지반에 효과적, 유효다짐 깊이가 깊다.
> ④ 흙덩어리(풍화암 등)의 파쇄 효과 및 맞물림 효과가 크다.

정답　85 ③　86 ③　87 ③　88 ④

89

산업안전보건법령에 따른 중량물을 취급하는 작업을 하는 경우의 작업계획서 내용에 포함되지 않는 사항은?

① 추락위험을 예방할 수 있는 안전대책
② 낙하위험을 예방할 수 있는 안전대책
③ 전도위험을 예방할 수 있는 안전대책
④ 위험물 누출위험을 예방할 수 있는 안전대책

> **중량물 취급작업 시 작업계획서**
> ① 추락위험을 예방할 수 있는 안전대책
> ② 낙하위험을 예방할 수 있는 안전대책
> ③ 전도위험을 예방할 수 있는 안전대책
> ④ 협착위험을 예방할 수 있는 안전대책
> ⑤ 붕괴위험을 예방할 수 있는 안전대책

90

산업안전보건관리비 계상을 위한 대상액이 56억 원인 건축공사의 산업안전보건관리비는 얼마인가?

① 104,160천 원
② 132,720천 원
③ 144,800천 원
④ 150,400천 원

구분 공사 종류	대상액 5억 원 미만 적용비 율(%)	대상액 5억 원 이상 50억 원 미만		대상액 50억 원 이상 적용비율 (%)	보건 관리자 선임대상 건설공사 적용비율 (%)
		적용 비율(%)	기초액		
건축 공사	3.11%	2.28%	4,325,000원	2.37%	2.64%
토목 공사	3.15%	2.53%	3,300,000원	2.60%	2.73%
중건설 공사	3.64%	3.05%	2,975,000원	3.11%	3.39%
특수건설 공사	2.07%	1.59%	2,450,000원	1.64%	1.78%

① 건축 공사 : 50억 원 이상 : 2.37%
② 56억 × 0.0237 = 132,720천 원

tip
2025년 법령개정. 문제와 해설은 개정된 내용 적용

91

콘크리트 구조물에 적용하는 해체작업 공법의 종류가 아닌 것은?

① 연삭 공법
② 발파 공법
③ 오픈 컷 공법
④ 유압 공법

> **개착식 굴착공법(open cut 공법)**
> ① 경사면 open cut 공법
> ② 흙막이 open cut 공법 : 자립식, 타이로드 앵커식(어스앵커), 버팀대식

92

콘크리트 타설작업 시 거푸집에 작용하는 연직하중이 아닌 것은?

① 콘크리트의 측압
② 거푸집의 중량
③ 굳지 않은 콘크리트의 중량
④ 작업원의 작업하중

> **거푸집 동바리의 하중(설계기준)**
>
> | 구분 | 내용 |
> |---|---|
> | 연직방향 하중 | 거푸집, 동바리, 콘크리트, 철근, 작업원, 타설용기계기구, 가설설비 등의 중량 및 충격하중 |
> | 횡방향 하중 | 작업할 때의 진동, 충격, 시공차 등에 기인되는 횡방향 하중 이외에 필요에 따라 풍압, 유수압, 지진 등 |
> | 콘크리트 측압 | 굳지 않은 콘크리트의 측압 |

93

거푸집 공사에 관한 설명으로 옳지 않은 것은?

① 거푸집 조립 시 거푸집이 이동하지 않도록 비계 또는 기타 공작물과 직접 연결한다.
② 거푸집 치수를 정확하게 하여 시멘트 모르타르가 새지 않도록 한다.
③ 거푸집 해체가 쉽게 가능하도록 박리제 사용 등의 조치를 한다.
④ 측압에 대한 안전성을 고려한다.

> 거푸집은 긴결철물 등 연결재를 사용하여 견고하게 고정해야 하며, 비계 등 가설구조물과 직접 연결해서는 안 된다.

정답 89 ④ 90 ② 91 ③ 92 ① 93 ①

94

개착식 굴착공사에서 버팀보 공법을 적용하여 굴착할 때 지반붕괴를 방지하기 위하여 사용하는 계측장치로 거리가 먼 것은?

① 지하수위계
② 경사계
③ 변형률계
④ 록볼트 응력계

> 록볼트 응력계는 터널굴착에 사용되는 계측장치

95 ★빈출

다음 중 유해·위험방지 계획서 제출 대상 공사에 해당하는 것은?

① 지상높이가 25m인 건축물 건설공사
② 최대 지간길이가 45m인 교량건설공사
③ 깊이가 8m인 굴착공사
④ 제방 높이가 50m인 다목적댐 건설공사

> **유해위험 방지계획서를 제출해야 될 대상 건설업**
> ① 다음 각목의 어느 하나에 해당하는 건축물 또는 시설 등의 건설, 개조 또는 해체공사
>   ㉠ 지상 높이가 31미터 이상인 건축물 또는 인공구조물
>   ㉡ 연면적 3만 제곱미터 이상인 건축물
>   ㉢ 연면적 5천 제곱미터 이상인 시설로서 다음의 어느 하나에 해당하는 시설
>   ㉮ 문화 및 집회시설   ㉯ 판매시설, 운수시설
>   ㉰ 종교시설   ㉱ 의료시설 중 종합병원
>   ㉲ 숙박시설 중 관광숙박시설 ㉳ 지하도 상가
>   ㉴ 냉동, 냉장 창고시설
> ② 최대 지간 길이가 50미터 이상인 다리의 건설 등 공사
> ③ 연면적 5천 제곱미터 이상인 냉동, 냉장창고 시설의 설비공사 및 단열공사
> ④ 다목적댐, 발전용댐, 저수용량 2천만톤 이상의 용수전용댐 및 지방 상수도 전용댐의 건설 등 공사
> ⑤ 터널의 건설 등 공사
> ⑥ 깊이 10미터 이상인 굴착공사

96

차량계 하역운반기계 등을 사용하는 작업을 할 때, 그 기계가 넘어지거나 굴러떨어짐으로써 근로자에게 위험을 미칠 우려가 있는 경우에 이를 방지하기 위한 조치사항과 거리가 먼 것은?

① 유도자 배치
② 지반의 부동침하 방지
③ 상단 부분의 안정을 위하여 버팀줄 설치
④ 갓길 붕괴 방지

> **차량계 하역운반기계의 전도 등의 방지조치**
> ① 유도자 배치 ② 부동침하 방지조치 ③ 갓길의 붕괴방지조치

97 ★빈출

추락재해 방지용 방망의 신품에 대한 인장강도는 얼마인가? (단, 그물코의 크기가 10cm이며, 매듭 없는 방망)

① 220kg
② 240kg
③ 260kg
④ 280kg

안전망 인장강도

그물코의 크기 (단위 : 센티미터)	방망의 종류(단위 : 킬로그램)			
	매듭 없는 방망		매듭 방망	
	신품	폐기시	신품	폐기시
10	240	150	200	135
5			110	60

정답 94 ④ 95 ④ 96 ③ 97 ②

98

발파작업에 종사하는 근로자가 준수하여야 할 사항으로 옳지 않은 것은?

① 장전구는 마찰·충격·정전기 등에 의한 폭발의 위험이 없는 안전한 것을 사용할 것
② 발파공의 충진재료는 점토·모래 등 발화성 또는 인화성의 위험이 없는 재료를 사용할 것
③ 얼어붙은 다이너마이트는 화기에 접근시키거나 그 밖의 고열물에 직접 접촉시켜 단시간 안에 융해시킬 수 있도록 할 것
④ 전기뇌관에 의한 발파의 경우 점화하기 전에 화약류를 장전한 장소로부터 30[m] 이상 떨어진 안전한 장소에서 전선에 대하여 저항측정 및 도통시험을 할 것

> 얼어서 굳어진 다이나마이트는 섭씨 50도 이하의 온탕을 바깥통으로 사용한 융해기 또는 섭씨 30도 이하의 온도를 유지하는 실내에서 누그러뜨려야 하며 직접 난로·증기관 그 밖의 높은 열원에 접근시키지 아니하도록 할 것

99 빈출

다음은 산업안전보건법령에 따른 근로자의 추락위험 방지를 위한 추락방호망의 설치기준이다. ( ) 안에 들어갈 내용으로 옳은 것은?

> 추락방호망은 수평으로 설치하고, 망의 처짐은 짧은 변 길이의 ( ) 이상이 되도록 할 것

① 10%
② 12%
③ 15%
④ 18%

> **추락방호망의 설치기준**
> ① 추락방호망의 설치위치는 가능하면 작업면으로부터 가까운 지점에 설치하여야 하며, 작업면으로부터 망의 설치지점까지의 수직거리는 10미터를 초과하지 아니할 것
> ② 추락방호망은 수평으로 설치하고, 망의 처짐은 짧은 변 길이의 12퍼센트 이상이 되도록 할 것
> ③ 건축물 등의 바깥쪽으로 설치하는 경우 망의 내민 길이는 벽면으로부터 3미터 이상 되도록 할 것. 다만, 그물코가 20밀리미터 이하인 망을 사용한 경우에는 낙하물에 의한 위험방지에 따른 낙하물방지망을 설치한 것으로 본다.

100

동바리 유형에 따른 동바리 조립 시의 안전조치 사항으로 옳지 않은 것은?

① 동바리로 사용하는 강관틀의 경우 강관틀과 강관틀 사이에 교차가새를 설치할 것
② 동바리로 사용하는 파이프 서포트를 이어서 사용하는 경우에는 3개 이상의 볼트 또는 전용철물을 사용하여 이을 것
③ 시스템 동바리의 경우 수평재는 수직재와 직각으로 설치해야 하며, 흔들리지 않도록 견고하게 설치할 것
④ 동바리로 사용하는 조립강주의 경우 높이가 4미터를 초과하는 경우에는 높이 4미터 이내마다 수평연결재를 2개 방향으로 설치하고 수평연결재의 변위를 방지할 것

> 동바리로 사용하는 파이프 서포트를 이어서 사용하는 경우에는 4개 이상의 볼트 또는 전용철물을 사용하여 이을 것

정답 98 ③ 99 ② 100 ②

2018년 8월 19일 | 기출문제

1과목 산업재해 예방 및 안전보건교육

01

사고예방대책의 기본원리 5단계 중 사실의 발견 단계에 해당하는 것은?

① 작업환경 측정 ② 안전성 진단, 평가
③ 점검, 검사 및 조사실시 ④ 안전관리 계획수립

> 2단계 사실의 확인
> ① 안전사고 및 활동기록의 검토 ② 작업분석 및 불안전요소 발견
> ③ 안전점검 및 사고조사 ④ 관찰 및 보고서의 연구
> ⑤ 안전토의 및 회의 ⑥ 근로자의 건의 및 여론조사

02 ⭐빈출

재해예방의 4원칙에 해당하지 않는 것은?

① 손실연계의 원칙 ② 대책선정의 원칙
③ 예방가능의 원칙 ④ 원인계기의 원칙

> 재해예방의 4원칙
> ① 손실우연의 원칙 ② 예방가능의 원칙 ③ 원인계기의 원칙
> ④ 대책선정의 원칙

03

산업스트레스의 요인 중 직무특성과 관련된 요인으로 볼 수 없는 것은?

① 조직구조 ② 작업속도
③ 근무시간 ④ 업무의 반복성

> 산업스트레스의 요인
> ① 직무특성 : 작업속도, 근무시간, 업무의 반복성, 복잡성, 위험성, 단조로움 등
> ② 스트레스는 신체적, 정신적 건강뿐만 아니라 결근, 전직, 직무불만족, 직무 성과와도 관련되어 직무몰입 및 생산성 감소 등의 부정적인 반응을 초래

04

산업심리의 5대 요소에 해당되지 않는 것은?

① 동기 ② 지능
③ 감정 ④ 습관

> 산업안전 심리의 5대 요소
> ① 기질 ② 동기 ③ 습관 ④ 습성 ⑤ 감정

05

사업장의 도수율이 10.83이고, 강도율 7.92일 경우 종합재해지수(FSI)는?

① 4.63 ② 6.42
③ 9.26 ④ 12.84

> 종합재해지수(FSI)
> ① 재해의 빈도의 다소와 상해의 정도의 강약을 종합하여 나타내는 방식으로 직장과 기업의 성적지표로 사용
> ② $FSI = \sqrt{도수율(FR) \times 강도율(SR)} = \sqrt{10.83 \times 7.92} = 9.26$

06

리더십(Leadership)의 특성으로 볼 수 없는 것은?

① 민주주의적 지휘 형태
② 부하와의 넓은 사회적 간격
③ 밑으로부터의 동의에 의한 권한 부여
④ 개인적 영향에 의한 부하와의 관계 유지

> 부하와의 사회적 간격은 헤드십은 넓고 리더십은 좁다.

정답 01 ③ 02 ① 03 ① 04 ② 05 ③ 06 ②

07

매슬로(A.H.Maslow) 욕구단계 이론의 각 단계별 내용으로 틀린 것은?

① 1단계 : 자아실현의 욕구
② 2단계 : 안전에 대한 욕구
③ 3단계 : 사회적(애정적) 욕구
④ 4단계 : 존경과 긍지에 대한 욕구

> 매슬로우의 욕구 5단계
> 생리적 욕구 → 안전의 욕구 → 사회적 욕구 → 인정받으려는 욕구 → 자아실현의 욕구

08

산업안전보건법령에 따른 근로자 안전보건교육 중 채용 시 교육 내용이 아닌 것은?

① 사고 발생 시 긴급조치에 관한 사항
② 유해·위험 작업환경 관리에 관한 사항
③ 산업보건 및 건강장해 예방에 관한 사항
④ 기계·기구의 위험성과 작업의 순서 및 동선에 관한 사항

> 근로자 채용 시 교육 및 작업내용 변경 시 교육내용
> ① 물질안전보건자료에 관한 사항
> ② 기계·기구의 위험성과 작업의 순서 및 동선에 관한 사항
> ③ 정리정돈 및 청소에 관한 사항
> ④ 작업 개시 전 점검에 관한 사항
> ⑤ 사고 발생 시 긴급조치에 관한 사항
> ⑥ 산업보건 및 건강장해 예방에 관한 사항
> ⑦ 직무스트레스 예방 및 관리에 관한 사항
> ⑧ 위험성 평가에 관한 사항
> ⑨ 산업안전보건법령 및 산업재해보상보험 제도에 관한 사항
> ⑩ 산업안전 및 산업재해 예방에 관한 사항(화재·폭발 사고 발생 시 대피에 관한 사항을 포함)
> ⑪ 직장 내 괴롭힘, 고객의 폭언 등으로 인한 건강장해 예방 및 관리에 관한 사항

tip
2025년 법령개정. 문제와 해설은 개정된 내용 적용

09

피로에 의한 정신적 증상과 가장 관련이 깊은 것은?

① 주의력이 감소 또는 경감된다.
② 작업의 효과나 작업량이 감퇴 및 저하된다.
③ 작업에 대한 몸의 자세가 흐트러지고 지치게 된다.
④ 작업에 대하여 무감각·무표정·경련 등이 일어난다.

> 주의력 감소 또는 경감은 피로에 의한 정신적 증상과 관련된 사항

10

산업안전보건법령에 따른 안전·보건표지에 사용하는 색채기준 중 비상구 및 피난소, 사람 또는 차량의 통행표지의 안내용도로 사용하는 색채는?

① 빨간색
② 녹색
③ 노란색
④ 파란색

> 녹색 표지
>
> | 녹색 | 2.5G 4/10 | 안내 | 비상구 및 피난소, 사람 또는 차량의 통행표지 | 바탕은 흰색, 기본모형 및 관련부호는 녹색, 바탕은 녹색, 관련부호 및 그림은 흰색 |

11

일반적으로 교육이란 "인간행동의 계획적 변화"로 정의할 수 있다. 여기서 "인간의 행동"이 의미하는 것은?

① 신념과 태도
② 외현적 행동만 포함
③ 내현적 행동만 포함
④ 내현적, 외현적 행동 모두 포함

> "인간행동의 계획적 변화"란 정의에서 '행동'은 바깥으로 드러나는 외현적 행동뿐만 아니라 사고력, 태도, 가치관, 자아개념 등과 같은 내면적 특성도 포함한다.

정답 07① 08② 09① 10② 11④

12

OFF JT의 설명으로 틀린 것은?

① 다수의 근로자에게 조직적 훈련이 가능하다.
② 훈련에만 전념하게 된다.
③ 효과가 곧 업무에 나타나며 훈련의 좋고 나쁨에 따라 개선이 쉽다.
④ 교육훈련목표에 대해 집단적 노력이 흐트러질 수 있다.

Off. J. T의 특징

① 한 번에 다수의 대상자를 일괄적, 조직적으로 교육할 수 있다.
② 전문분야의 우수한 강사진을 초빙할 수 있다.
③ 교육 기자재 및 특별교재 또는 시설을 유효하게 활용할 수 있다.
④ 다른 분야 및 타 직장의 사람들과 지식이나 경험의 교환이 가능하다.
⑤ 업무와 분리되어 면학에 전념하는 것이 가능하다.
⑥ 법규, 원리, 원칙, 개념, 이론 등의 교육에 적합하다.

13

산업안전보건법령에 따른 안전검사 대상 유해·위험 기계등의 검사 주기 기준 중 다음 ( ) 안에 들어갈 내용으로 알맞은 것은?

크레인(이동식 크레인은 제외), 리프트(이삿짐 운반용 리프트는 제외) 및 곤돌라는 사업장에 설치가 끝난 날부터 3년 이내에 최초 안전검사를 실시하되, 그 이후부터 (㉠)년마다(건설현장에서 사용하는 것은 최초로 설치한 날부터 (㉡)개월마다)

① ㉠ 1, ㉡ 4　　② ㉠ 1, ㉡ 6
③ ㉠ 2, ㉡ 4　　④ ㉠ 2, ㉡ 6

크레인, 리프트, 곤돌라의 안전검사의 주기

사업장에 설치가 끝난 날부터 3년 이내에 최초 안전검사를 실시하되, 그 이후부터 2년마다(건설현장에서 사용하는 것은 최초로 설치한 날부터 6개월마다)

14

보호구 안전인증 고시에 따른 방독마스크 중 할로겐용 정화통 외부 측면의 표시 색으로 옳은 것은?

① 갈색　　② 회색
③ 녹색　　④ 노랑색

방독마스크 종류

종류	시험가스	정화통외부측면 표시색
유기화합물용	시클로헥산(C_6H_{12})	갈색
	디메틸에테르(CH_3OCH_3)	
	이소부탄(C_4H_{10})	
할로겐용	염소가스 또는 증기(Cl_2)	회색
황화수소용	황화수소가스(H_2S)	회색
시안화수소용	시안화수소가스(HCN)	회색
아황산용	아황산가스(SO_2)	노란색
암모니아용	암모니아가스(NH_3)	녹색

15

직접 사람에게 접촉되어 위해를 가한 물체를 무엇이라 하는가?

① 낙하물　　② 비래물
③ 기인물　　④ 가해물

기인물과 가해물

① 기인물 : 재해 발생의 주원인이며 재해를 가져오게 한 근원이 되는 기계, 장치, 물(物) 또는 환경 등(불안전상태)
② 가해물 : 직접 사람에게 접촉하여 피해를 주는 기계, 장치, 물(物) 또는 환경 등

16

산업재해보상보험법에 따른 산업재해로 인한 보상비가 아닌 것은?

① 교통비　　② 장례비
③ 휴업급여　　④ 유족급여

산업재해로 인한 보상비

요양급여, 휴업급여, 장해급여, 간병급여, 유족급여, 직업재활급여, 장례비 등

정답　　12 ③　13 ④　14 ②　15 ④　16 ①

17

기업 내 교육방법 중 작업의 개선 방법 및 사람을 다루는 방법, 작업을 가르치는 방법 등을 주된 교육내용으로 하는 것은?

① CCS(Civil Commination Section)
② MTP(Management Training Program)
③ TWI(Traning Within Industry)
④ ATT(American Telephone & Telegram Co)

> **TWI(관리감독자 교육) 교육과정**
> ① Job Method Training(J. M. T) : 작업방법훈련(작업개선법)
> ② Job Instruction Training(J. I. T) : 작업지도훈련(작업지도법)
> ③ Job Relations Training(J. R. T) : 인간관계훈련(부하통솔법)
> ④ Job Safety Training(J. S. T) : 작업안전훈련(안전관리법)

18 ★빈출

다음 중 교육의 3요소에 해당되지 않는 것은?

① 교육의 주체
② 교육의 기간
③ 교육의 매개체
④ 교육의 객채

> **교육의 3대 요소**
> ① 교육의 주체 : 강사
> ② 교육의 객체 : 학습자, 수강자(교육대상)
> ③ 교육의 매개체 : 교재(교육내용)

19

산업안전보건법령에 따른 최소 상시 근로자 50명 이상 규모에 산업안전보건위원회를 설치·운영하여야 할 사업의 종류가 아닌 것은?

① 토사석 광업
② 1차 금속 제조업
③ 자동차 및 트레일러 제조업
④ 정보서비스업

> **상시근로자 50명 이상 규모 대상사업**
> ① 토사석 광업
> ② 목재 및 나무제품 제조업 ; 가구 제외
> ③ 화학물질 및 화학제품 제조업 ; 의약품 제외
> ④ 비금속 광물제품 제조업
> ⑤ 1차 금속 제조업
> ⑥ 금속가공제품 제조업 ; 기계 및 가구 제외
> ⑦ 자동차 및 트레일러 제조업
> ⑧ 기타 및 장비 제조업
> ⑨ 기타 운송장비 제조업

20

위험예지훈련의 방법으로 적절하지 않은 것은?

① 반복 훈련한다.
② 사전에 준비한다.
③ 자신의 작업으로 실시한다.
④ 단위 인원수를 많게 한다.

> **위험 예지 훈련의 진행**
> 직장이나 작업상황 속의 잠재 위험요인을 → 상황을 묘사한 도해나 현물을 이용 → 직접 재현해 봄으로써 → 직장 소집단별로 생각하고 토론하여 합의한 뒤 → 위험 포인트나 주된 실시 항목을 지적 확인하여 → 행동하기 전에 위험요인을 제거하고 해결하는 훈련 → 이것을 습관화하기 위해 매일 실시

2과목 인간공학 및 위험성 평가·관리

21

체계 설계 과정 중 기본설계 단계의 주요활동으로 볼 수 없는 것은?

① 작업설계
② 체계의 정의
③ 기능의 할당
④ 인간 성능 요건 명세

> **기본 설계**
> ① 기능할당(인간, 하드웨어, 소프트웨어)
> ② 인간 성능 요건 명세
> ③ 직무분석(job analysis)
> ④ 작업설계(인간의 가치기준) 시 고려할 사항

정답 17 ③ 18 ② 19 ④ 20 ④ 21 ②

22

정보입력에 사용되는 표시장치 중 청각장치보다 시각장치를 사용하는 것이 더 유리한 경우는?

① 정보의 내용이 긴 경우
② 수신자가 직무상 자주 이동하는 경우
③ 정보의 내용이 즉각적인 행동을 요구하는 경우
④ 정보를 나중에 다시 확인하지 않아도 되는 경우

청각장치와 시각장치의 비교	
청각장치 사용	시각장치 사용
① 전언이 간단하다. ② 전언이 짧다. ③ 전언이 후에 재참조되지 않는다. ④ 전언이 시간적 사상을 다룬다. ⑤ 전언이 즉각적인 행동을 요구한다. (긴급할 때) ⑥ 수신장소가 너무 밝거나 암조응 유지 필요시 ⑦ 직무상 수신자가 자주 움직일 때	① 전언이 복잡하다. ② 전언이 길다. ③ 전언이 후에 재참조된다. ④ 전언이 공간적인 위치를 다룬다. ⑤ 전언이 즉각적인 행동을 요구하지 않는다. ⑥ 수신장소가 너무 시끄러울 때 ⑦ 직무상 수신자가 한곳에 머물 때

23

FTA 도표에서 사용하는 논리기호 중 기본사상을 나타내는 기호는?

① 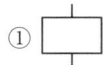　② 　③ 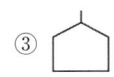　④

논리기호 및 사상기호			
번호	기호	명칭	설명
1		결함사상 (사상기호)	개별적인 결함사상
2		기본사상 (사상기호)	더 이상 전개되지 않는 기본인 사상 또는 발생 확률이 단독으로 얻어지는 낮은 레벨의 기본적인 사상
3		생략사상 (최후사상)	정보부족, 해석기술의 불충분 등으로 더 이상 전개할 수 없는 사상. 작업진행에 따라 해석이 가능할 때는 다시 속행한다.
4		통상사상 (사상기호)	통상발생이 예상되는 사상(예상되는 원인)

24

조도가 250럭스인 책상 위에 짙은 색 종이 A와 B가 있다. 종이 A의 반사율은 20%이고, 종이 B의 반사율은 15%이다. 종이 A에는 반사율 80%의 색으로, 종이 B에는 반사율 60%의 색으로 같은 글자를 각각 썼을 때의 설명으로 맞는 것은? (단, 두 글자의 크기, 색, 재질 등은 동일하다.)

① 두 종이에 쓴 글자는 동일한 수준으로 보인다.
② 어느 종이에 쓰인 글자가 더 잘 보이는지 알 수 없다.
③ A 종이에 쓴 글자가 B 종이에 쓴 글자보다 눈에 더 잘 보인다.
④ B 종이에 쓴 글자가 A 종이에 쓴 글자보다 더 잘 보인다.

대비
① 대비(%) = $\dfrac{배경의광도(L_b) - 표적의광도(L_t)}{배경의광도(L_b)} \times 100$
② A종이의 대비 = $\dfrac{20 - 80}{20} \times 100 = -300\%$
③ B종이의 대비 = $\dfrac{15 - 60}{15} \times 100 = -300\%$
④ 대비값이 같으므로 두 종이에 쓴 글자는 동일한 수준으로 보인다.

25

검사공정의 작업자가 제품의 완성도에 대한 검사를 하고 있다. 어느 날 10,000개의 제품에 대한 검사를 실시하여 200개의 부적합품을 발견하였으나, 이 로트에는 실제로 500개의 부적합품이 있었다. 이때 인간과오확률(Human Error Probability)은 얼마인가?

① 0.02　　② 0.03
③ 0.04　　④ 0.05

휴먼에러확률(HEP)
HEP = $\dfrac{인간오류의\ 수}{전체오류발생\ 기회의\ 수} = \dfrac{300}{10,000} = 0.03$

정답　22 ①　23 ②　24 ①　25 ②

26

제품의 설계단계에서 고유 신뢰성을 증대시키기 위하여 일반적으로 많이 사용되는 방법이 아닌 것은?

① 병렬 및 대기 리던던시의 활용
② 부품과 조립품의 단순화 및 표준화
③ 제조부문과 납품업자에 대한 부품규격의 명세제시
④ 부품의 전기적, 기계적, 열적 및 기타 작동조건의 경감

> **고유 신뢰성 설계기술(신뢰성 증가방법)**
> ① 리던던시 설계(중복설계)
> ② 디레이팅(표준부품이 제품의 구성부품으로 사용될 경우 부하의 정격값에 여유를 두는 설계)
> ③ 부품의 단순화와 표준화
> ④ 최적재료의 선정
> ⑤ 내환경성 설계
> ⑥ 인간공학적 설계와 보전성 설계(Fail safe와 Fool proof)

27

작업장의 실효온도에 영향을 주는 인자 중 가장 관계가 먼 것은?

① 온도　　② 체온
③ 습도　　④ 공기유동

> **실효온도[체감온도, 감각온도(Effective Temperature)]**
> (1) 영향인자 : ① 온도　② 습도　③ 공기의 유동(기류)
> (2) ET는 영향인자들이 인체에 미치는 열효과를 하나의 수치로 통합한 경험적 감각지수

28

인간-기계 시스템에 관련된 정의로 틀린 것은?

① 시스템이란 전체 목표를 달성하기 위한 유기적인 결합체이다.
② 인간-기계 시스템이란 인간과 물리적 요소가 주어진 입력에 대해 원하는 출력을 내도록 결합되어 상호작용하는 집합체이다.
③ 수동 시스템은 입력된 정보를 근거로 자신의 신체적 에너지를 사용하여 수공구나 보조기구에 힘을 가하여 작업을 제어하는 시스템이다.
④ 자동화 시스템은 기계에 의해 동력과 몇몇 다른 기능들이 제공되며, 인간이 원하는 반응을 얻기 위해 기계의 제어장치를 사용하여 제어기능을 수행하는 시스템이다.

> **자동화 시스템**
> ① 감지, 정보처리 및 의사결정 행동을 포함한 모든 임무 수행(완전하게 프로그램 되어야 함)
> ② 대부분 폐회로 체계이며, 신뢰성이 완전하지 못하여 감시, 경계, 프로그램 작성 및 수정, 계획수립, 정비유지 등의 보전은 인간이 담당

29

통제표시비를 설계할 때 고려해야 할 5가지 요소에 해당하지 않는 것은?

① 공차　　② 조작시간
③ 일치성　④ 목측거리

> **조종-반응비율(통제표시비) 설계 시 고려사항**
>
> | | |
> |---|---|
> | 계기의 크기 | 계기의 조절시간이 짧게 소요되는 사이즈 선택, 너무 작으면 오차발생이 증대되므로 상대적으로 고려 |
> | 공차 | 짧은 주행시간 내에 공차의 인정범위를 초과하지 않는 계기 마련 |
> | 목측거리 | 눈의 가시거리가 길면 길수록 조절의 정확도는 감소하며 시간이 증가 |
> | 조작시간 | 조작시간의 지연은 직접적으로 조종반응비가 가장 크게 작용 (필요할 경우 통제비 감소조치) |
> | 방향성 | 조종기기의 조작방향과 표시기기의 운동방향이 일치하지 않으면 작업자의 혼란초래(조작의 정확성 감소) |

30 ★빈출

결함수 분석(FTA) 결과 다음과 같은 패스셋을 구하였다. X4가 중복사상인 경우 최소 패스셋(Minimal path sets)으로 맞는 것은?

{X2, X3, X4},　　{X1, X3, X4},　　{X3, X4}

① {X3, X4}　　② {X1, X3, X4}
③ {X2, X3, X4}　④ {X2, X3, X4} 와 {X3, X4}

> 최소 패스셋(Minimal path sets)은 중복된 사상과 중복된 컷을 제거하면 {X3, X4}가 된다.

정답 26 ③　27 ②　28 ④　29 ③　30 ①

31

인간실수의 주원인에 해당하는 것은?

① 기술수준　　　② 경험수준
③ 훈련수준　　　④ 인간 고유의 변화성

> 인간은 실수를 일으키는 사고(Accident) 발생의 잠재요인을 내재하고 있으며, 기능적 특성에 해당하는 인간 변화성(Human Variability)으로 인해 실수하는 원인이 되며 산업 재해에 영향을 미치게된다.

32

통신에서 잡음 중의 일부를 제거하기 위해 필터(Filter)를 사용하였다면 어느 것의 성능을 향상시키는 것인가?

① 신호의 양립성　　　② 신호의 산란성
③ 신호의 표준성　　　④ 신호의 검출성

> **신호의 검출**
> 통신계통에서는 잡음 중의 일부를 여파해 버림으로써 신호의 검출성(detectability)을 높일 수 있다. 이는 여파기(filter)를 사용함으로써 신호와 나머지 잡음을 증폭하므로 신호 대 잡음비를 높일 수 있고 따라서 신호를 좀 더 쉽게 파악할 수 있다.

33 ★빈출

청각적 자극제시와 이에 대한 음성응답과업에서 갖는 양립성에 해당하는 것은?

① 개념적 양립성　　　② 운동 양립성
③ 공간적 양립성　　　④ 양식 양립성

> **양식 양립성**
> 음성과업에서는 청각제시와 음성응답, 공간과업에서는 시각제시와 수동응답이 일반적인 연구결과이다.

34

작업공간에서 부품배치의 원칙에 따라 레이아웃을 개선하려 할 때, 부품배치의 원칙에 해당하지 않는 것은?

① 편리성의 원칙　　　② 사용 빈도의 원칙
③ 사용 순서의 원칙　　　④ 기능별 배치의 원칙

> **부품배치의 원칙**
> ① 중요성의 원칙　② 사용 빈도의 원칙　③ 기능별 배치의 원칙
> ④ 사용 순서의 원칙

35

시스템에 영향을 미치는 모든 요소의 고장을 형태별로 분석하여 그 영향을 검토하는 분석기법은?

① FTA　　　② CHECK LIST
③ FMEA　　　④ DECISION TREE

> **고장형과 영향 분석 (Failure Mode and Effect Analysis)**
> 시스템 안전 분석에 이용되는 전형적인 정성적 귀납적 분석방법으로 시스템에 영향을 미치는 전체요소의 고장을 형태별로 분석하여 그 영향을 검토하는 것(각 요소의 1형식 고장이 시스템의 1영향에 대응)

36

시력 손상에 가장 크게 영향을 미치는 전신진동의 주파수는?

① 5Hz 미만　　　② 5~10Hz
③ 10~25Hz　　　④ 25Hz 초과

> **전신진동이 성능에 끼치는 영향**
> ① 진동은 진폭에 비례하여 시력 손상(10-25Hz의 경우 가장 극심)
> ② 진동은 진폭에 비례하여 추적능력을 손상(5Hz 이하의 낮은 진동수에서 가장 극심)

37 ★빈출

화학 설비의 안전성을 평가하는 방법 5단계 중 제 3단계에 해당하는 것은?

① 안전대책　　　② 정량적 평가
③ 관계자료 검토　　　④ 정성적 평가

> **안전성 평가의 기본원칙(5단계)**
> ① 제1단계 : 관계자료의 정비검토　② 제2단계 : 정성적 평가
> ③ 제3단계 : 정량적 평가　　　　　④ 제4단계 : 안전대책
> ⑤ 제5단계 : 재평가

> **tip**
> 재평가를 재해 정보에 의한 재평가와 FTA에 의한 재평가로 구분하여 6단계로 분류하기도 함

정답　31 ④　32 ④　33 ④　34 ①　35 ③　36 ③　37 ②

38

사후 보전에 필요한 평균 수리시간을 나타내는 것은?

① MDT ② MTTF
③ MTBF ④ MTTR

> **평균수리시간(mean time to repair : MTTR)**
> 기기 또는 시스템의 장애가 발생한 시점부터 수리가 끝나 가동이 가능하게 된 시점까지의 평균 시간
> $MTTR = \dfrac{1}{평균수리율(\mu)}$ 이므로,
> $MTTR = \dfrac{\sum_{i=1}^{n} t_i}{n}$

39

러닝벨트 위를 일정한 속도로 걷는 사람의 배기가스를 5분간 수집한 표본을 가스성분분석기로 조사한 결과, 산소 16%, 이산화탄소 4%로 나타났다. 배기가스 전량을 가스미터에 통과시킨 결과, 배기량이 90리터였다면 분당 산소 소비량과 에너지(에너지소비량)는 약 얼마인가?

① 0.95리터/분 - 4.75kcal/분
② 0.96리터/분 - 4.80kcal/분
③ 0.97리터/분 - 4.85kcal/분
④ 0.98리터/분 - 4.90kcal/분

> **작업 시 평균에너지 소비량**
> ① $V_1 = \dfrac{(100 - 16\% - 4\%)}{79} \times 18 = 18.23$
> ② 산소소비량 = (21% × 18.23) − (16% × 18) = 0.948
> ③ 1 liter의 산소소비 = 5kcal이므로
> ④ 에너지 가(價) = 5 × 0.95 = 4.75kcal/분

40

톱사상 T를 일으키는 컷셋에 해당하는 것은?

① {A}
② {A, B}
③ {A, B, C}
④ {B, C}

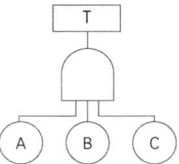

> **미니멀 컷셋**
> 정상사상을 발생시키는 기본사상의 집합으로 그 안에 포함되는 모든 기본사상이 발생할 때 정상사상을 발생시킬 수 있는 기본사상의 집합을 컷셋이라 하며, 컷셋의 집합중에서 정상사상을 일으키기 위하여 필요한 최소한의 컷셋을 미니멀 컷셋이라 한다.(시스템의 위험성 또는 안전성을 나타냄)

3과목 기계·기구 및 설비 안전 관리

41

〈보기〉는 기계설비의 안전화 중 기능의 안전화와 구조의 안전화를 위해 고려해야 할 사항을 열거한 것이다. 〈보기〉 중 기능의 안전화를 위해 고려해야 할 사항에 속하는 것은?

[보기]
㉠ 재료의 결함 ㉡ 가공상의 잘못
㉢ 정전 시의 오동작 ㉣ 설계의 잘못

① ㉠ ② ㉡
③ ㉢ ④ ㉣

> **기능상의 안전화**
> (1) 적절한 조치가 필요한 이상상태 : 전압의 강하, 정전 시 오동작, 단락스위치나 릴레이 고장 시 오동작, 사용압력 고장시 오동작, 밸브계통의 고장에 의한 오동작 등
> (2) 소극적 대책 : ① 이상 시 기계 급정지 ② 안전 장치 작동
> (3) 적극적 대책
> ① 전기회로 개선 오동작 방지
> ② 정상기능 찾도록 완전한 회로 설계
> ③ 페일 세이프

42

탁상용 연삭기에서 일반적으로 플랜지의 지름은 숫돌 지름의 얼마 이상이 적정한가?

① $\dfrac{1}{2}$ ② $\dfrac{1}{3}$
③ $\dfrac{1}{5}$ ④ $\dfrac{1}{10}$

> **플랜지의 직경**
> 플랜지의 직경은 숫돌직경의 1/3 이상인 것을 사용하며, 양쪽을 모두 같은 크기로 할 것

정답 38 ④ 39 ① 40 ③ 41 ③ 42 ②

43

공작기계인 밀링작업의 안전사항이 아닌 것은?

① 사용 전에는 기계 기구를 점검하고 시운전을 한다.
② 칩을 제거할 때는 칩 브레이커로 제거한다.
③ 회전하는 커터에 손을 대지 않는다.
④ 커터의 제거·설치 시에는 반드시 스위치를 차단하고 한다.

칩 브레이커
길게 형성되는 절삭 칩을 바이트를 사용하여 절단해주는 선반의 방호장치

44

다음 중 욕조 형태를 갖는 일반적인 기계 고장 곡선에서의 기본적인 3가지 고장 유형에 해당하지 않는 것은?

① 피로고장 ② 우발고장
③ 초기고장 ④ 마모고장

기계 고장률의 기본모형	
초기 고장	감소형(DFR : Decreasing Failure Rate) 디버깅기간, 번인 기간
우발 고장	일정형(CFR : Constant Failure Rate) 내용 수명
마모 고장	증가형(IFR : Increasing Failure Rate) 정기진단(검사)

45 ★

산업안전보건법령에 따른 안전난간의 구조 및 설치요건에 대한 설명으로 옳은 것은?

① 상부 난간대, 중간 난간대, 발끝막이판 및 난간기둥으로 구성하여야 한다.
② 발끝막이판은 바닥면 등으로부터 5cm이하의 높이를 유지하여야 한다.
③ 난간대는 지름 1.5cm 이상의 금속제 파이프를 사용하여야 한다.
④ 안전난간은 가장 취약한 지점에서 가장 취약한 방향으로 작용하는 70킬로그램 이상의 하중에 견딜 수 있어야 한다.

안전난간의 설치기준	
구성	상부난간대·중간난간대·발끝막이판 및 난간기둥으로 구성
상부난간대	바닥면·발판 또는 경사로의 표면으로부터 90센티미터 이상 지점에 설치하고, 상부 난간대를 120센티미터 이하에 설치하는 경우에는 중간 난간대는 상부 난간대와 바닥면 등의 중간에 설치하여야 하며, 120센티미터 이상 지점에 설치하는 경우에는 중간 난간대를 2단 이상으로 균등하게 설치하고 난간의 상하 간격은 60센티미터 이하가 되도록 할 것
발끝막이판	바닥면등으로부터 10센티미터 이상의 높이를 유지할 것
난간대	지름 2.7센티미터 이상의 금속제파이프나 그 이상의 강도가 있는 재료일 것
하중	안전난간은 구조적으로 가장 취약한 지점에서 가장 취약한 방향으로 작용하는 100킬로그램 이상의 하중에 견딜 수 있는 튼튼한 구조일 것

46

보일러의 안전한 가동을 위하여 압력방출장치를 2개 설치한 경우에 작동방법으로 옳은 것은?

① 최고 사용압력 이하에서 2개가 동시 작동
② 최고 사용압력 이하에서 1개가 작동되고 다른 것은 최고 사용압력 1.05배 이하에서 작동
③ 최고 사용압력 이하에서 1개가 작동되고 다른 것은 최고 사용압력 1.1배 이하에서 작동
④ 최고 사용압력의 1.1배 이하에서 2개가 동시 작동

압력방출장치
① 보일러 규격에 맞는 압력방출장치를 최고 사용압력 이하에서 작동되도록 1개 또는 2개 이상 설치
② 2개 이상 설치된 경우 최고 사용압력 이하에서 1개가 작동되고, 다른 압력방출장치는 최고 사용압력 1.05배 이하에서 작동되도록 부착

47

크레인에서 훅걸이용 와이어로프 등이 훅으로부터 벗겨지는 것을 방지하기 위해 사용하는 방호장치는?

① 덮개 ② 권과방지장치
③ 비상정지장치 ④ 해지장치

해지장치
훅걸이용 와이어로프 등이 훅으로부터 벗겨지는 것을 방지하기 위한 장치

정답 43 ② 44 ① 45 ① 46 ② 47 ④

48

프레스 및 전단기에서 양수조작식 방호장치 누름버튼의 상호 간 최소 내측거리로 옳은 것은?

① 100mm ② 150mm
③ 250mm ④ 300mm

양수조작식
① 누름버튼의 상호간 내측거리는 300mm 이상
② 누름버튼(레버 포함)은 매립형의 구조

49

다음 중 드릴링 작업에 있어서 공작물을 고정하는 방법으로 가장 적절하지 않은 것은?

① 작은 공작물은 바이스로 고정한다.
② 작고 길쭉한 공작물은 플라이어로 고정한다.
③ 대량 생산과 정밀도를 요구할 때는 지그로 고정한다.
④ 공작물이 크고 복잡할 때는 볼트와 고정구로 고정한다.

일감 고정 방법
① 바이스 – 일감이 작을 때
② 볼트와 고정구 – 일감이 크고 복잡할 때
③ 지그(jig) – 대량생산과 정밀도를 요구할 때

50

이동식 크레인과 관련된 용어의 설명 중 옳지 않는 것은?

① "정격하중"이라 함은 이동식크레인의 지브나 붐의 경사각 및 길이에 따라 부하할 수 있는 최대 하중에서 인양기구(훅, 그래브 등)의 무게를 뺀 하중을 말한다.
② "정격 총하중"이라 함은 최대 하중(붐 길이 및 작업반경에 따라 결정)과 부가하중(훅과 그 이외의 인양 도구들의 무게)를 합한 하중을 말한다.
③ "작업반경"이라 함은 이동식크레인의 선회 중심선으로부터 훅의 중심선까지의 수평거리를 말하며, 최대 작업반경은 이동식크레인으로 작업이 가능한 최대치를 말한다.
④ "파단하중"이라 함은 줄걸이 용구 1개를 가지고 안전율을 고려하여 수직으로 매달 수 있는 최대 무게를 말한다.

"파단하중"이란 1줄의 와이어로프슬링에 대한 인장시험 시 와이어로프 슬링이 파단될 때까지의 최대하중을 말한다.

51

프레스 금형의 설치 및 조정 시 슬라이드 불시하강을 방지하기 위하여 설치해야 하는 것은?

① 인터록 ② 클러치
③ 게이트 가드 ④ 안전블록

안전블록
프레스 등의 금형을 부착, 해체, 조정작업 시 슬라이드의 불시하강 방지를 위해 설치

52

프레스 방호장치 중 가드식 방호장치의 구조 및 선정조건에 대한 설명으로 옳지 않은 것은?

① 미동(Inching) 행정에서는 작업자 안전을 위해 가드를 개방할 수 없는 구조로 한다.
② 1행정, 1정지 기구를 갖춘 프레스에 사용한다.
③ 가드 폭이 400mm 이하일 때는 가드 측면을 방호하는 가드를 부착하여 사용한다.
④ 가드 높이는 프레스에 부착되는 금형 높이 이상(최소 180mm)으로 한다.

가드식 방호장치
미동(Inching) 행정에서는 가드를 개방할 수 있는 것이 작업성에 좋다.

53

다음은 지게차의 헤드가드에 관한 기준이다. ( ) 안에 들어갈 내용으로 옳은 것은?

지게차 사용 시 화물 낙하 위험의 방호조치 사항으로 헤드가드를 갖추어야 한다. 그 강도는 지게차 최대하중의 ( ) 값의 등분포정하중(等分布靜荷重)에 견딜 수 있어야 한다. 단, 그 값이 4톤을 넘는 것에 대하여서는 4톤으로 한다.

① 2배 ② 3배
③ 4배 ④ 5배

강도는 지게차의 최대하중의 2배의 값(그 값이 4톤을 넘는 것에 대하여서는 4톤으로 한다)의 등분포정하중에 견딜 수 있는 것일 것

정답 48 ④ 49 ② 50 ④ 51 ④ 52 ① 53 ①

54

다음 중 보일러의 폭발사고 예방을 위한 장치로 가장 거리가 먼 것은?

① 압력제한 스위치 ② 압력방출장치
③ 고저 수위 조정장치 ④ 화염검출기

> **고저 수위 조정장치**
> ① 고저 수위 지점을 알리는 경보등·경보음 장치 등을 설치 – 동작상태 쉽게 감시
> ② 자동으로 급수 또는 단수 되도록 설치
> ③ 플로우트식, 전극식, 차압식 등

55 ★

산업안전보건법령상 회전 중인 연삭숫돌 지름이 최소 얼마 이상인 경우로서 근로자에게 위험을 미칠 우려가 있는 경우 해당 부위에 덮개를 설치하여야 하는가?

① 3cm 이상 ② 5cm 이상
③ 10cm 이상 ④ 20cm 이상

> **연삭숫돌의 안전기준**
> ① 덮개의 설치 기준 : 직경이 5cm 이상인 연삭숫돌
> ② 작업 시작하기 전 1분 이상, 연삭 숫돌을 교체한 후 3분 이상 시운전
> ③ 연삭숫돌의 최고 사용회전속도 초과 사용금지

56

프레스 작업 시 금형의 파손을 방지하기 위한 조치 내용 중 틀린 것은?

① 금형 맞춤핀은 억지 끼워맞춤으로 한다.
② 쿠션 핀을 사용할 경우에는 상승 시 누름판의 이탈 방지를 위하여 단붙임한 나사로 견고히 조여야 한다.
③ 금형에 사용하는 스프링은 인장형을 사용한다.
④ 스프링 등의 파손에 의해 부품이 비산될 우려가 있는 부분에는 덮개를 설치한다.

> **금형의 파손에 따른 위험방지방법**
> ① 금형의 조립에 이용하는 볼트 및 너트는 스프링워셔, 조립너트 등에 의해 이완방지를 할 것
> ② 금형은 그 하중중심이 원칙적으로 프레스 기계의 하중중심에 맞는 것으로 할 것
> ③ 캠 기타 충격이 반복해서 가해지는 부품에는 완충장치를 할 것
> ④ 금형에서 사용하는 스프링은 압축형으로 할 것
> ⑤ 스프링의 파손에 의해 부품이 튀어나올 우려가 있는 장소에는 덮개 등을 설치할 것

57

산업용 로봇에 지워지지 않는 방법으로 반드시 표시해야 하는 항목이 있는데 다음 중 이에 속하지 않는 것은?

① 제조자의 이름과 주소, 모델 번호 및 제조일련번호, 제조연월
② 머니퓰레이터 회전반경
③ 중량
④ 이동 및 설치를 위한 인양 지점

> **산업용 로봇 표시사항**
> ① 제조자의 이름과 주소, 모델 번호 및 제조일련번호, 제조연월
> ② 중량
> ③ 전기 또는 유·공압시스템에 대한 공급사양
> ④ 이동 및 설치를 위한 인양 지점
> ⑤ 부하 능력

58

급정지기구가 있는 1행정 프레스의 광전자식 방호장치에서 광선에 신체의 일부가 감지된 후부터 급정지 기구의 작동 시까지의 시간이 40ms이고, 급정지기구의 작동 직후로부터 프레스기가 정지될 때까지의 시간이 20ms라면 안전거리는 몇 mm 이상이어야 하는가?

① 60 ② 76
③ 80 ④ 96

> **광전자식 방호장치의 안전거리**
> 설치거리(mm) = $1.6(T_1 + T_2) = 1.6(40 + 20) = 96mm$

정답 54 ③ 55 ② 56 ③ 57 ② 58 ④

59

롤러의 위험점 전방에 개구 간격 16.5mm인 가드를 설치하고자 한다면, 개구부에서 위험점까지의 거리는 몇 mm 이상이어야 하는가? (단, 위험점이 전동체는 아니다.)

① 70
② 80
③ 90
④ 100

> **롤러기 가드의 개구부 간격**
> ① 공식 : ILO 기준(프레스 및 전단기의 작업점이나 롤러기의 맞물림 점)
> $Y = 6 + 0.15X$
> X : 가드와 위험점간의 거리(안전 거리)[mm] 단, $X < 160$
> Y : 가드 개구부 간격(안전 거리)[mm] 단, $X \geq 160$이면 $Y = 30$
> ② 계산 : 거리$(X) = \dfrac{16.5 - 6}{0.15} = 70$(mm)

60

산업안전보건법령에 따라 컨베이어의 작업 시작 전 점검사항 중 틀린 것은?

① 원동기 및 풀리 기능의 이상 유무
② 이탈 등의 방지 장치 기능의 이상 유무
③ 과부하 방지장치 기능의 이상 유무
④ 원동기, 회전축, 기어 및 풀리 등의 덮개 또는 울 등의 이상 유무

> **컨베이어의 작업시작 전 점검사항**
> ① 원동기 및 풀리 기능의 이상 유무
> ② 이탈 등의 방지 장치 기능의 이상 유무
> ③ 비상정지 장치 기능의 이상 유무
> ④ 원동기·회전축·기어 및 풀리 등의 덮개 또는 울 등의 이상 유무

4과목 전기 및 화학설비 안전 관리

61

작업장에서 꽂음 접속기를 설치 또는 사용하는 때에 작업자의 감전 위험을 방지하기 위하여 필요한 준수사항으로 틀린 것은?

① 서로 다른 전압의 꽂음 접속기는 상호 접속되는 구조의 것을 사용할 것
② 습윤한 장소에 사용되는 꽂음 접속기는 방수형 등 해당 장소에 적합한 것을 사용할 것
③ 꽂음 접속기를 접속시킬 경우 땀 등으로 젖은 손으로 취급하지 않도록 할 것
④ 꽂음 접속기에 잠금장치가 있는 때에는 접속 후 잠그고 사용할 것

> **꽂음 접속기의 설치 및 사용 시 준수사항**
> ① 서로 다른 전압의 꽂음 접속기는 서로 접속되지 아니한 구조의 것을 사용할 것
> ② 습윤한 장소에 사용되는 꽂음 접속기는 방수형 등 그 장소에 적합한 것을 사용할 것
> ③ 근로자가 해당 꽂음 접속기를 접속시킬 경우에는 땀 등으로 젖은 손으로 취급하지 않도록 할 것
> ④ 해당 꽂음 접속기에 잠금장치가 있는 경우에는 접속 후 잠그고 사용할 것

62

전기 기계·기구에 누전에 의한 감전 위험을 방지하기 위하여 설치한 누전차단기에 의한 감전방지의 사항으로 틀린 것은?

① 정격감도전류가 30mA 이하이고 작동시간은 3초 이내일 것
② 분기회로 또는 전기기계·기구마다 누전차단기를 접속할 것
③ 파손이나 감전 사고를 방지할 수 있는 장소에 접속할 것
④ 지락보호전용 기능만 있는 누전차단기는 과전류를 차단하는 퓨즈나 차단기 등과 조합하여 접속할 것

> **누전차단기 접속 시 준수사항**
> ① 전기기계·기구에 접속되어 있는 누전차단기는 정격감도전류가 30 밀리암페어 이하이고 작동시간은 0.03초 이내일 것
> ② 다만, 정격전부하전류가 50암페어 이상인 전기기계·기구에 접속되는 누전차단기는 오작동을 방지하기 위하여 정격감도전류는 200 밀리암페어 이하로, 작동시간은 0.1초 이내로 할 수 있다.

정답 59 ① 60 ③ 61 ① 62 ①

63

페인트를 스프레이로 뿌려 도장작업을 하는 작업 중 발생할 수 있는 정전기 대전으로만 이루어진 것은?

① 유동대전, 충돌대전
② 유동대전, 마찰대전
③ 분출대전, 충돌대전
④ 분출대전, 유동대전

> **정전기 대전현상**
> ① 충돌대전 : 분체류와 같은 입자 상호간이나 입자와 고체와의 충돌에 의해 빠른 접촉 또는 분리가 행하여짐으로써 정전기가 발생되는 현상
> ② 분출대전 : 분체류, 액체류, 기체류가 단면적이 작은 분출구를 통해 공기 중으로 분출될 때 분출하는 물질과 분출구의 마찰로 인해 정전기가 발생되는 현상

64 빈출

정전기에 의한 재해 방지대책으로 틀린 것은?

① 대전방지제 등을 사용한다.
② 공기 중의 습기를 제거한다.
③ 금속 등의 도체를 접지시킨다.
④ 배관 내 액체가 흐를 경우 유속을 제한한다.

> **정전기 발생 방지책**
> ① 접지(도체의 대전방지)
> ② 가습(공기 중의 상대습도를 60~70% 정도 유지)
> ③ 대전방지제 사용
> ④ 배관 내에 액체의 유속제한 및 정체시간 확보
> ⑤ 제전장치(제전기) 사용
> ⑥ 도전성 재료 사용
> ⑦ 보호구 착용 등

65

폭발위험장소 중 1종 장소에 해당하는 것은?

① 폭발성 가스 분위기가 연속적, 장기간 또는 빈번하게 존재하는 장소
② 폭발성 가스 분위기가 정상작동 중 주기적 또는 빈번하게 생성되는 장소
③ 폭발성 가스 분위기가 정상작동 중 조성되지 않거나 조성된다 하더라도 짧은 기간에만 존재할 수 있는 장소
④ 전기설비를 제조, 설치 및 사용함에 있어 특별한 주의를 요하는 정도의 폭발성 가스 분위기가 조성될 우려가 없는 장소

> **가스폭발 위험장소의 위험장소의 분류**
>
> | 분류 | 적요 | 예 |
> |---|---|---|
> | 0종 장소 | 인화성 액체의 증기 또는 가연성 가스에 의한 폭발위험이 지속적으로 또는 장기간 존재하는 장소 | 용기·장치·배관 등의 내부 등(Zone 0) |
> | 1종 장소 | 정상 작동상태에서 인화성 액체의 증기 또는 가연성 가스에 의한 폭발위험 분위기가 존재하기 쉬운 장소 | 맨홀·벤트·피트 등의 주위(Zone 1) |
> | 2종 장소 | 정상작동상태에서 인화성 액체의 증기 또는 가연성 가스에 의한 폭발위험 분위기가 존재할 우려가 없으나, 존재할 경우 그 빈도가 아주 적고 단기간만 존재할 수 있는 장소 | 개스킷·패킹 등의 주위 (Zone 2) |

66

누설전류로 인해 화재가 발생될 수 있는 누전화재의 3요소에 해당하지 않는 것은?

① 누전점
② 인입점
③ 접지점
④ 출화점

> **전기누전으로 인한 화재의 조사사항**
> ① 누전점 : 전류가 유입된 것으로 예상되는 곳
> ② 발화점 : 발화된 곳으로 예상되는 장소
> ③ 접지점 : 접지의 위치 및 저항값의 적정성

67 빈출

전기사용장소의 사용전압이 600V인 저압전로의 전선 상호 간 및 전로와 대지 사이의 절연저항은 얼마 이상이어야 하는가?

① $0.1M\Omega$
② $0.3M\Omega$
③ $0.5M\Omega$
④ $1.0M\Omega$

> **저압전로의 절연성능**
>
> | 전로의 사용전압(V) | DC 시험전압 (V) | 절연저항(MΩ 이상) |
> |---|---|---|
> | SELV 및 PELV | 250 | 0.5 |
> | FELV, 500V 이하 | 500 | 1.0 |
> | 500V 초과 | 1,000 | 1.0 |
>
> [주] 특별저압(Extra Low Voltage : 2차 전압이 AC 50V, DC 120V 이하)으로 SELV(비접지회로구성) 및 PELV(접지회로 구성)은 1차와 2차가 전기적으로 절연된 회로, FELV는 1차와 2차가 전기적으로 절연되지 않은 회로

정답 63 ③ 64 ② 65 ② 66 ② 67 ④

68

다음 중 전압의 분류가 잘못된 것은?

① 1,000V 이하인 교류전압 : 저압
② 1,500V 이하인 직류전압 : 저압
③ 1,000V 초과 7kV 이하인 교류전압 : 고압
④ 10kV를 초과하는 직류전압 : 초고압

전압의 구분			
전원의 종류	저압	고압	특고압
교류[AC]	1,000V 이하	1,000V 초과 7,000V 이하	7,000V 초과
직류[DC]	1,500V 이하	1,500V 초과 7,000V 이하	

69 ⭐빈출

방폭구조 중 전폐구조를 하고 있으며, 외부의 폭발성 가스가 내부로 침입하여 내부에서 폭발하더라도 용기는 그 압력에 견디고, 내부의 폭발로 인하여 외부의 폭발성 가스에 착화될 우려가 없도록 만들어진 구조는?

① 안전증방폭구조　　② 본질안전방폭구조
③ 유입방폭구조　　　④ 내압방폭구조

내압방폭구조(d)
① 용기내부에서 폭발성 가스 또는 증기가 폭발하였을 때 용기가 그 압력에 견디며 또한 접합면, 개구부 등을 통하여 외부의 폭발성 가스증기에 인화되지 않도록 한 구조
② 전폐형으로 내부에서의 가스 등의 폭발압력에 견디고 그 주위의 폭발 분위기 하의 가스 등에 점화되지 않도록 하는 방폭구조
③ 폭발 후에는 크레아런스가 있어 고온의 가스를 서서히 방출시켜 냉각

70

피뢰기의 제한전압이 800kV이고, 충격절연강도가 1,000kV라면, 보호여유도는?

① 12%　　② 25%
③ 39%　　④ 43%

피뢰침의 보호 여유도
여유도(%) = $\frac{1000-800}{800} \times 100 = 25(\%)$

71

최소 점화에너지(MIE)와 온도, 압력 관계를 옳게 설명한 것은?

① 압력, 온도에 모두 비례한다.
② 압력, 온도에 모두 반비례한다.
③ 압력에 비례하고, 온도에 반비례한다.
④ 압력에 반비례하고, 온도에 비례한다.

최소발화에너지(MIE)의 변화 요인
① 압력이나 온도의 증가에 따라 감소하며, 공기 중에서보다 산소 중에서 더 감소함
② 분진의 MIE는 일반적으로 가연성가스보다 큰 에너지 준위를 가짐

72 ⭐빈출

폭발범위가 1.8~8.5vol%인 가스의 위험도를 구하면 얼마인가?

① 0.8　　② 3.7
③ 5.7　　④ 6.7

위험도(H) = $\frac{UFL(연소상한값) - LFL(연소하한값)}{LFL(연소하한값)}$
　　　　= $\frac{8.5 - 1.8}{1.8} = 3.72$

73

공정별로 폭발을 분류할 때 물리적 폭발이 아닌 것은?

① 분해 폭발　　② 탱크의 감압 폭발
③ 수증기 폭발　　④ 고압용기의 폭발

분해폭발은 화학반응이 관여하는 화학적 특성 변화에 의한 화학적 폭발에 해당된다.

정답 68 ④　69 ④　70 ②　71 ②　72 ②　73 ①

74

사업주가 금속의 용접·용단 또는 가열에 사용되는 가스 등의 용기를 취급하는 경우에 준수하여야 하는 사항으로 틀린 것은?

① 용기의 온도를 섭씨 40도 이하로 유지할 것
② 전도의 위험이 없도록 할 것
③ 밸브의 개폐는 빠르게 할 것
④ 용해아세틸렌의 용기는 세워 둘 것

> 밸브의 개폐는 서서히 해야 한다.

75

관로의 크기를 변경하고자 할 때 사용하는 관부속품은?

① 밸브(Valve)
② 엘보(Elbow)
③ 부싱(Bushing)
④ 플랜지(Flange)

피팅류(Fittings)의 종류	
두 개의 관을 연결할 때	플랜지(flange), 유니온(union), 카플링(coupling), 니플(nipple), 소켓(socket)
관로의 방향을 바꿀 때	엘보우(elbow), Y지관(Y-branch), 티(tee), 십자(cross)
관로의 크기를 바꿀 때	축소관(reducer), 부싱(bushing)

76

산업안전보건기준에 관한 규칙상 (   ) 안에 들어갈 내용으로 알맞은 것은?

> 사업주는 급성 독성물질이 지속적으로 외부에 유출될 수 있는 화학설비 및 그 부속설비에 파열판과 안전밸브를 직렬로 설치하고 그 사이에는 (   )를 설치하여야 한다.

① 온도지시계 또는 과열방지장치
② 압력지시계 또는 자동경보장치
③ 유량지시계 또는 유속지시계
④ 액위지시계 또는 과압방지장치

안전밸브의 설치방법	
파열판 및 안전밸브의 직렬 설치	급성 독성물질이 지속적으로 외부에 유출될 수 있는 화학설비 및 그 부속설비에 직렬로 설치하고 그 사이에는 압력지시계 또는 자동경보장치 설치
파열판과 안전밸브를 병렬로 반응기 상부에 설치	반응폭주 현상이 발생했을 때 반응기 내부 과압을 분출하고자 할 경우

77

다음 물질 중 가연성 가스가 아닌 것은?

① 수소
② 메탄
③ 프로판
④ 염소

> 수소, 아세틸렌, 에틸렌, 메탄, 에탄, 프로판, 부탄 등은 인화성(가연성) 가스에 해당되며, 염소가스는 독성가스에 해당된다.

78

산업안전보건기준에 관한 규칙에서 정한 위험물질의 종류에서 인화성 액체에 해당하지 않는 것은?

① 적린
② 에틸에테르
③ 산화프로필렌
④ 아세톤

> 에틸에테르, 산화프로필렌, 아세톤은 인화성 액체이며, 적린은 칼륨, 나트륨 등과 함께 인화성 고체에 해당되는 위험물

정답 74 ③ 75 ③ 76 ② 77 ④ 78 ①

79

산업안전보건법령상 공정안전보고서의 내용 중 공정안전자료에 포함되지 않는 것은?

① 유해·위험설비의 목록 및 사양
② 폭발위험장소 구분도 및 전기단선도
③ 안전운전지침서
④ 각종 건물·설비의 배치도

> **공정안전자료의 세부내용**
> ① 취급·저장하고 있거나 취급·저장하고자 하는 유해·위험물질의 종류 및 수량
> ② 유해·위험물질에 대한 물질안전보건자료
> ③ 유해하거나 위험한 설비의 목록 및 사양
> ④ 유해하거나 위험한 설비의 운전방법을 알 수 있는 공정도면
> ⑤ 각종 건물·설비의 배치도
> ⑥ 폭발위험장소 구분도 및 전기단선도
> ⑦ 위험설비의 안전설계·제작 및 설치관련 지침서

80 빈출

황린의 저장 및 취급방법으로 옳은 것은?

① 강산화제를 첨가하여 중화된 상태로 저장한다.
② 물속에 저장한다.
③ 자연 발화하므로 건조한 상태로 저장한다.
④ 강알칼리 용액 속에 저장한다.

> 자연 발화성 물질인 황린(P_4)은 물에 녹지 않으므로 pH9 정도의 물속에 저장

5과목 건설공사 안전 관리

81

콘크리트 타설 시 거푸집의 측압에 영향을 미치는 인자들에 관한 설명으로 옳지 않은 것은?

① 슬럼프가 클수록 측압은 크다.
② 거푸집의 강성이 클수록 측압은 크다.
③ 철근량이 많을수록 측압은 작다.
④ 타설 속도가 느릴수록 측압은 크다.

> **측압이 커지는 조건**
> ① 타설 속도가 빠를수록
> ② 콘크리트 슬럼프치가 클수록
> ③ 다짐이 충분할수록
> ④ 철골, 철근량이 적을수록
> ⑤ 콘크리트 시공연도가 좋을수록
> ⑥ 외기의 온도가 낮을수록 등

82 빈출

굴착면의 기울기 기준으로 옳지 않은 것은?

① 풍화암 - 1 : 1.0
② 경암 - 1 : 0.5
③ 연암 - 1 : 0.3
④ 모래 - 1 : 1.8

> **굴착면 기울기 기준**
>
> | 지반의 종류 | 모래 | 연암 및 풍화암 | 경암 | 그 밖의 흙 |
> |---|---|---|---|---|
> | 굴착면의 기울기 | 1 : 1.8 | 1 : 1.0 | 1 : 0.5 | 1 : 1.2 |

83 빈출

차량계 하역운반기계의 운전자가 운전위치를 이탈하는 경우의 조치사항으로 부적절한 것은?

① 포크 및 버킷을 가장 높은 위치에 두어 근로자 통행을 방해하지 않도록 하였다.
② 원동기를 정지시키고 브레이크를 걸었다.
③ 시동키를 운전대에서 분리시켰다.
④ 경사지에서 갑작스런 주행이 되지 않도록 하였다.

> **운전위치 이탈 시의 조치**
> ① 포크, 버킷, 디퍼 등의 장치를 가장 낮은 위치 또는 지면에 내려둘 것
> ② 원동기를 정지시키고 브레이크를 확실히 거는 등 차량계 하역운반기계 등, 차량계 건설기계의 갑작스러운 이동을 방지하기 위한 조치를 할 것
> ③ 운전석을 이탈하는 경우에는 시동키를 운전대에서 분리시킬 것

정답 79 ③ 80 ② 81 ④ 82 ③ 83 ①

84

작업으로 인하여 물체가 떨어지거나 날아올 위험이 있는 경우에 조치 및 준수하여야 할 사항으로 옳지 않은 것은?

① 낙하물 방지망, 수직보호망 또는 방호선반 등을 설치한다.
② 낙하물 방지망의 내민 길이는 벽면으로부터 2m 이상으로 한다.
③ 낙하물 방지망의 수평면과의 각도는 20° 이상 30° 이하를 유지한다.
④ 낙하물 방지망의 높이는 15m 이내마다 설치한다.

> 낙하물방지망 또는 방호선반 설치 시 준수사항
> ① 설치높이는 10m 이내마다 설치하고, 내민 길이는 벽면으로부터 2m 이상으로 할 것
> ② 수평면과의 각도는 20도 이상 30도 이하를 유지할 것

85

건설업 산업안전보건관리비 항목으로 사용가능한 내역은?

① 경비원, 청소원 및 폐자재처리원의 인건비
② 외부인 출입금지, 공사장 경계표시를 위한 가설울타리 설치 및 해체비용
③ 원활한 공사수행을 위하여 사업장 주변 교통정리를 하는 신호자의 인건비
④ 해열제, 소화제 등 구급약품 및 구급용구 등의 구입비용

> 법에서 규정하거나 그에 준하여 필요로 하는 각종 근로자의 건강관리에 소요되는 비용 및 작업의 특성에 따라 근로자 건강보호를 위해 소요되는 비용은 근로자의 건강관리비 등에 해당하는 산업안전보건관리비로 사용가능하다.

86

산업안전보건법령에 따라 안전관리자와 보건관리자의 직무를 분류할 때 안전관리자의 직무에 해당되지 않는 것은?

① 산업재해에 관한 통계의 유지·관리·분석을 위한 보좌 및 조언·지도
② 산업재해 발생의 원인 조사·분석 및 재발방지를 위한 기술적 보좌 및 조언·지도
③ 해당 사업장 안전교육계획의 수립 및 안전교육 실시에 관한 보좌 및 조언·지도
④ 국소 배기장치 등에 관한 설비의 점검과 작업방법의 공학적 개선에 관한 보좌 및 조언·지도

> 작업장 내에서 사용되는 전체 환기 장치 및 국소 배기장치 등에 관한 설비의 점검과 작업방법의 공학적 개선에 관한 보좌 및 조언·지도는 보건관리자의 업무에 해당되는 내용

87

추락에 의한 위험방지를 위해 해당 장소에서 조치해야 할 사항과 거리가 먼 것은?

① 추락방호망 설치
② 안전난간 설치
③ 덮개 설치
④ 투하설비 설치

> 물체낙하에 의한 위험방지
> ① 대상 : 높이 3m 이상인 장소에서 물체 투하 시
> ② 조치사항 : ㉠ 투하설비 설치 ㉡ 감시인 배치

88

산업안전보건법령에서는 터널건설작업을 하는 경우에 해당 터널 내부의 화기와 아크를 사용하는 장소에는 필히 무엇을 설치하도록 규정하고 있는가?

① 소화설비
② 대피설비
③ 충전설비
④ 차단설비

> 사업주는 터널건설작업을 하는 경우에는 해당 터널 내부의 화기나 아크를 사용하는 장소 또는 배전반, 변압기, 차단기 등을 설치하는 장소에 소화설비를 설치하여야 한다.

89

항타기 또는 항발기의 권상용 와이어로프의 안전계수 기준으로 옳은 것은?

① 3 이상
② 5 이상
③ 8 이상
④ 10 이상

> 권상용 와이어로프의 안전계수
> 항타기 또는 항발기의 권상용 와이어로프의 안전계수는 5 이상

정답 84 ④ 85 ④ 86 ④ 87 ④ 88 ① 89 ②

90

높이 2m를 초과하는 말비계를 조립하여 사용하는 경우 작업발판의 최소 폭 기준으로 옳은 것은?

① 20cm 이상
② 30cm 이상
③ 40cm 이상
④ 50cm 이상

> **말비계의 조립 시 준수사항**
> ① 지주부재의 하단에는 미끄럼 방지장치를 하고, 양측 끝부분에 올라서서 작업하지 아니하도록 할 것
> ② 지주부재와 수평면과의 기울기를 75도 이하로 하고, 지주부재와 지주부재 사이를 고정시키는 보조부재를 설치할 것
> ③ 말비계의 높이가 2미터를 초과할 경우에는 작업발판의 폭을 40cm 이상으로 할 것

91

산업안전보건법령에 따른 가설통로의 구조에 관한 설치기준으로 옳지 않은 것은?

① 경사가 25°를 초과하는 경우에는 미끄러지지 아니하는 구조로 할 것
② 경사는 30° 이하로 할 것
③ 수직갱에 가설된 통로의 길이가 15m 이상인 경우에는 10m 이내마다 계단참을 설치할 것
④ 건설공사에 사용하는 높이 8m 이상인 비계다리에는 7m 이내마다 계단참을 설치할 것

> 경사가 15도를 초과하는 경우에는 미끄러지지 아니하는 구조로 할 것

92

비탈면 붕괴를 방지하기 위한 방법으로 옳지 않은 것은?

① 비탈면 상부의 토사 제거
② 지하 배수공 시공
③ 비탈면 하부의 성토
④ 비탈면 내부 수압의 증가 유도

> **붕괴 예방대책**
> ① 적절한 경사면 기울기 계획
> ② 지표수 또는 지하수위의 관리를 위한 표면 배수공 및 수평배수공 설치
> ③ 비탈면 상부의 토사(활동성 토석)의 제거 및 하단 성토
> ④ 경사면 하단부 : 압성토 등 보강공법으로 활동에 대한 저항대책 강구 등

93

철골 작업 시 위험방지를 위하여 철골 작업을 중지하여야 하는 기준으로 옳은 것은?

① 강설량이 시간당 1mm 이상인 경우
② 강우량이 시간당 1mm 이상인 경우
③ 풍속이 초당 20m 이상인 경우
④ 풍속이 시간당 200m 이상인 경우

> **철골작업 안전기준(작업의 제한)**
> ① 풍속 : 초당 10m 이상인 경우
> ② 강우량 : 시간당 1mm 이상인 경우
> ③ 강설량 : 시간당 1cm 이상인 경우

94

발파작업에 종사하는 근로자가 준수해야 할 사항으로 옳지 않은 것은?

① 얼어 붙은 다이너마이트는 화기에 접근시키거나 그 밖의 고열물에 직접 접촉시키는 등 위험한 방법으로 융해되지 않도록 할 것
② 발파공의 충진재료는 점토·모래 등의 사용을 금할 것
③ 장전구(裝塡具)는 마찰·충격·정전기 등에 의한 폭발의 위험이 없는 안전한 것을 사용할 것
④ 전기뇌관에 의한 발파의 경우 점화하기 전에 화약류를 장전한 장소로부터 30m 이상 떨어진 안전한 장소에서 전선에 대하여 저항측정 및 도통(導通)시험을 할 것

> 발파공의 충진재료는 점토·모래등 발화성 또는 인화성의 위험이 없는 재료를 사용할 것

95

유해·위험 방지계획서 작성 대상 공사의 기준으로 옳지 않은 것은?

① 지상높이 31m 이상인 건축물 공사
② 저수용량 1천만 톤 이상인 용수 전용 댐
③ 최대 지간길이 50m 이상인 교량 건설 등 공사
④ 깊이 10m 이상인 굴착공사

> 다목적댐·발전용댐 및 저수용량 2천만톤 이상의 용수전용댐·지방상수도 전용댐 건설 등의 공사

정답 90 ③ 91 ① 92 ④ 93 ② 94 ② 95 ②

96
앞쪽에 한 개의 조향륜 롤러와 뒤축에 두 개의 롤러가 배치된 것으로(2축 3륜), 하층 노반다지기, 아스팔트 포장에 주로 쓰이는 장비의 이름은?

① 머캐덤 롤러　　② 탬핑 롤러
③ 페이 로더　　　④ 래머

> 머캐덤 롤러(MacadamRoller)는 3륜으로 구성, 쇄석기층 및 자갈층 다짐에 효과적

97
거푸집 동바리에 작용하는 횡하중이 아닌 것은?

① 콘크리트 측압　② 풍하중
③ 자중　　　　　④ 지진하중

> 거푸집 동바리의 하중
> ① 연직방향 하중 : 거푸집, 동바리, 콘크리트, 철근, 작업원, 타설용기 계기구, 가설설비 등의 중량(자중) 및 충격하중
> ② 횡방향 하중 : 작업할 때의 진동, 충격, 시공차 등에 기인되는 횡방향 하중 이외에 필요에 따라 풍압, 유수압, 지진 등

98
점토공사 중 발생하는 비탈면 붕괴의 원인과 거리가 먼 것은?

① 함수비 고정으로 인한 균일한 흙의 단위중량
② 건조로 인하여 점성토의 점착력 상실
③ 점성토의 수축이나 팽창으로 균열 발생
④ 공사진행으로 비탈면의 높이와 기울기 증가

> 함수비 고정으로 인한 균일한 흙의 단위중량은 붕괴위험이 감소한다.

99
달비계의 최대 적재하중을 정하는 경우 달기 와이어로프의 최대하중이 50kg일 때 안전계수에 의한 와이어로프의 절단하중은 얼마인가?

① 1,000kg　　② 700kg
③ 500kg　　　④ 300kg

> 와이어로프의 절단하중
> ① 안전계수 = $\frac{절단하중}{최대하중}$
> ② 달기와이어로프의 안전계수는 10이므로
> 　절단하중 = 최대하중 × 안전계수 = 50kg × 10 = 500kg

100
안전난간의 구조 및 설치요건과 관련하여 발끝막이판은 바닥면으로부터 얼마 이상의 높이를 유지하여야 하는가?

① 10cm 이상　　② 15cm 이상
③ 20cm 이상　　④ 30cm 이상

> 발끝막이판(폭목)
> 바닥면 등으로부터 10센티미터 이상의 높이를 유지할 것

정답 　96 ①　97 ③　98 ①　99 ③　100 ①

2019년 3월 3일 | 기출문제

1과목 산업재해 예방 및 안전보건교육

01

다음 중 스트레스(Stress)에 관한 설명으로 가장 적절한 것은?

① 스트레스는 나쁜 일에서만 발생한다.
② 스트레스는 부정적인 측면만 가지고 있다.
③ 스트레스는 직무몰입과 생산성 감소의 직접적인 원인이 된다.
④ 스트레스 상황에 직면하는 기회가 많을수록 스트레스 발생 가능성은 낮아진다.

> **산업스트레스의 요인**
> ① 직무특성 : 작업속도, 근무시간, 업무의 반복성, 복잡성, 위험성, 단조로움 등
> ② 스트레스는 신체적, 정신적 건강뿐만 아니라 결근, 전직, 직무불만족, 직무 성과와도 관련되어 직무몰입 및 생산성 감소 등의 부정적인 반응을 초래

02

누전차단장치 등과 같은 안전장치를 정해진 순서에 따라 작동시키고 동작상황의 양부를 확인하는 점검은?

① 외관점검　　② 작동점검
③ 기술점검　　④ 종합점검

> **안전점검(점검방법에 의한)**
> | | |
> |---|---|
> | 외관점검 (육안 검사) | 기기의 적정한 배치, 부착상태, 변형, 균열, 손상, 부식, 마모, 볼트의 풀림 등의 유무를 외관의 감각기관인 시각 및 촉감 등으로 조사하고 점검기준에 의해 양부를 확인 |
> | 기능점검 | 간단한 조작을 행하여 봄으로써 대상 기기에 대한 기능의 양부확인 |
> | 작동점검 | 방호장치나 누전차단기 등을 정하여진 순서에 의해 작동시켜 그 결과를 관찰하여 상황의 양부 확인 |
> | 종합점검 | 정해진 기준에 따라서 측정검사를 실시하고 정해진 조건 하에서 운전시험을 실시하여 기계설비의 종합적인 기능 판단 |

03

재해사례연구에 관한 설명으로 틀린 것은?

① 재해사례연구는 주관적이며 정확성이 있어야 한다.
② 문제점과 재해요인의 분석은 과학적이고, 신뢰성이 있어야 한다.
③ 재해사례를 과제로 하여 그 사고와 배경을 체계적으로 파악한다.
④ 재해요인을 규명하여 분석하고 그에 대한 대책을 세운다.

> 주관적이 아니라 객관적이어야 하며, 육하원칙에 의해 표현한다.

04

객관적인 위험을 자기 나름대로 판정해서 의지결정을 하고 행동에 옮기는 인간의 심리특성은?

① 세이프 테이킹(safe taking)
② 액션 테이킹(action taking)
③ 리스크 테이킹(risk taking)
④ 휴먼 테이킹(human taking)

> **리스크 테이킹(risk taking)**
> ① 객관적인 위험을 자기 편리한 대로 판단하여 의지결정을 하고 행동에 옮기는 현상
> ② 안전태도가 양호한 자는 risk taking 정도가 적다.
> ③ 안전태도 수준이 같은 경우 작업의 달성 동기, 성격, 일의 능률, 적성배치, 심리상태 등 각종요인의 영향으로 risk taking의 정도는 변한다.

정답 　01 ③　02 ②　03 ①　04 ③

05

안전교육의 3단계에서 생활지도, 작업동작지도 등을 통한 안전의 습관화를 위한 교육은?

① 지식교육　　② 기능교육
③ 태도교육　　④ 인성교육

태도교육의 특징
① 생활지도, 작업동작지도, 안전의 습관화 및 일체감
② 자아실현욕구의 충족기회 제공
③ 상사와 부하의 목표설정을 위한 대화(대인관계)
④ 작업자의 능력을 약간 초월하는 구체적이고 정량적인 목표설정
⑤ 신규 채용 시에도 태도교육에 중점

06

모랄 서베이(Morale Survey)의 효용이 아닌 것은?

① 조직 또는 구성원의 성과를 비교·분석한다.
② 종업원의 정화(Catharsis)작용을 촉진시킨다.
③ 경영관리를 개선하는 데에 대한 자료를 얻는다.
④ 근로자의 심리 또는 욕구를 파악하여 불만을 해소하고, 노동의욕을 높인다.

모랄 서베이의 기대효과
① 경영관리 개선의 자료수집
② 근로자의 심리, 욕구파악 → 불만해소 → 근로의욕 향상
③ 근로자의 정화작용 촉진

07 ★빈출

산업안전보건법상 안전·보건 표지에서 기본모형의 색상이 빨강이 아닌 것은?

① 산화성물질 경고　　② 화기금지
③ 탑승금지　　　　　④ 고온 경고

안전표지의 색채 및 색도기준

색채	색도기준	용도	형태별 색채기준
빨간색	7.5R 4/14	금지	바탕은 흰색, 기본모형은 빨간색, 관련부호 및 그림은 검은색
		경고	바탕은 노란색, 기본모형·관련부호 및 그림은 검은색 (주1)
노란색	5Y 8.5/12	경고	
파란색	2.5PB 4/10	지시	바탕은 파란색, 관련 그림은 흰색
녹색	2.5G 4/10	안내	바탕은 흰색, 기본모형 및 관련부호는 녹색, 바탕은 녹색, 관련부호 및 그림은 흰색

tip
고온경고는 바탕은 노란색, 기본모형·관련부호 및 그림은 검은색에 해당된다.

08

인간의 적응기제(適應機制)에 포함되지 않는 것은?

① 갈등(conflict)　　② 억압(repression)
③ 공격(aggression)　④ 합리화(rationalization)

대표적인 적응의 기제
① 억압 : 현실적으로 받아들이기 곤란한 충동이나 욕망 등(사회적으로 승인되지 않는 성적욕구나 공격적인 욕구 등)을 무의식적으로 억누르는 기제(예 : 근친상간)
② 반동 형성 : 억압된 욕구나 충동에 대처하기 위해 정반대의 행동을 하는 기제
③ 공격 : 욕구를 저지하거나 방해하는 장애물에 대하여 공격(욕설, 비난, 야유 등)
④ 합리화 : 자신이 무의식적으로 저지른 행동에 대해 그럴듯한 이유를 붙여 설명하는 일종의 자기변명으로 자신의 행동을 정당화하여 자신이 받을 수 있는 상처를 완화시킴
⑤ 투사 : 받아들일 수 없는 충동이나 욕망 또는 실패 등을 타인의 탓으로 돌리는 행위

정답　05 ③　06 ①　07 ④　08 ①

09

OJT(On the Job Training)의 특징이 아닌 것은?

① 훈련에 필요한 업무의 계속성이 끊어지지 않는다.
② 교육효과가 업무에 신속히 반영된다.
③ 다수의 근로자들을 대상으로 동시에 조직적 훈련이 가능하다.
④ 개개인에게 적절한 지도훈련이 가능하다.

OJT의 특징
① 직장의 현장실정에 맞는 구체적이고 실질적인 교육이 가능하다.
② 교육의 효과가 업무에 신속하게 반영된다.
③ 교육의 이해도가 빠르고 동기부여가 쉽다.
④ 개인의 능력과 적성에 알맞은 맞춤교육이 가능하다.
⑤ 교육으로 인해 업무가 중단되는 업무손실이 적다.

tip
다수의 근로자에게 조직적 훈련을 행하는 것은 현장을 떠난 집체교육(Off.J.T)의 장점이다.

10

하인리히의 재해구성비율에 따라 경상사고가 87건 발생하였다면 무상해 사고는 몇 건이 발생하였겠는가?

① 300건   ② 600건
③ 900건   ④ 1,200건

하인리히의 재해구성비율(1 : 29 : 300)
① 한 사람의 중상자가 발생하면 동일한 원인으로 29명의 경상자가 생기고 부상을 입지 않은 무상해사고가 300번 발생한다는 이론
② 무상해 사고 = $\frac{87}{29} \times 300 = 900$건

11

안전을 위한 동기부여로 틀린 것은?

① 기능을 숙달시킨다.
② 경쟁과 협동을 유도한다.
③ 상벌제도를 합리적으로 시행한다.
④ 안전 목표를 명확히 설정하여 주지시킨다.

동기부여(Motivation) 방법
① 안전의 근본이념을 인식시킨다.
② 안전 목표를 명확히 설정한다.
③ 결과의 가치를 알려준다.
④ 상과 벌을 준다.
⑤ 경쟁과 협동을 유도한다.
⑥ 동기 유발의 최적수준을 유지하도록 한다.

12

재해예방의 4원칙에 해당하지 않는 것은?

① 예방가능의 원칙   ② 손실우연의 원칙
③ 원인계기의 원칙   ④ 선취해결의 원칙

재해예방의 4원칙
① 손실우연의 원칙   ② 예방가능의 원칙   ③ 원인계기의 원칙
④ 대책선정의 원칙

13

산업안전보건법상 직업병 유소견자가 발생하거나 다수 발생할 우려가 있는 경우에 실시하는 건강진단은?

① 특별 건강진단   ② 일반 건강진단
③ 임시 건강진단   ④ 채용 시 건강진단

임시 건강진단
다음에 해당하는 경우 특수건강진단 대상 유해인자 또는 그 밖의 유해인자에 의한 중독 여부, 질병에 걸렸는지의 여부, 또는 질병의 발생원인 등을 확인하기 위하여 실시하는 진단
① 같은 부서에 근무하는 근로자 또는 같은 유해인자에 노출되는 근로자에게 유사한 질병의 자각 및 타각증상이 발생한 경우
② 직업병유소견자가 발생하거나 여러 명이 발생할 우려가 있는 경우
③ 그 밖에 지방노동관서의 장이 필요하다고 판단하는 경우

정답 09 ③   10 ③   11 ①   12 ④   13 ③

14

재해발생 형태별 분류 중 물건이 주체가 되어 사람이 상해를 입는 경우에 해당되는 것은?

① 추락
② 전도
③ 충돌
④ 낙하·비래

재해발생 형태별 분류
① 추락 : 사람이 건축물, 비계, 기계, 사다리, 계단, 경사면, 나무 등에서 떨어지는 것
② 전도 : 사람이 평면상으로 넘어졌을 때를 말함(미끄러짐 포함)
③ 낙하·비래 : 물건이 주체가 되어 사람이 맞은 경우
④ 붕괴·도괴 : 적재물, 비계, 건축물이 무너진 경우
⑤ 협착 : 물건에 끼워진·말려든 상태

15

위험예지훈련 중 TBM(Tool Box Meeting)에 관한 설명으로 틀린 것은?

① 작업 장소에서 원형의 형태를 만들어 실시한다.
② 통상 작업시작 전·후 10분 정도 시간으로 미팅한다.
③ 토의는 다수인(30인)이 함께 수행한다.
④ 근로자 모두가 말하고 스스로 생각하고 "이렇게 하자"라고 합의한 내용이 되어야 한다.

T.B.M(Tool Box Meeting)
(1) 즉시 즉응법이라고도 하며 현장에서 그때그때 주어진 상황에 즉응하여 실시하는 위험예지활동으로 단시간 미팅훈련이다.
(2) 진행과정
  ① 시기-조회, 오전, 정오, 오후, 작업교체 및 종료 시에 시행한다.
  ② 10분 정도의 시간으로 10명 이하의 소수인원으로 편성한다. (5~7인 최적인원)
  ③ 주제를 정해두고 자료를 준비하는 등 리더는 사전에 진행과정에 대해 연구해둔다.

16

하버드 학파의 5단계 교수법에 해당되지 않는 것은?

① 교시(Presentation)
② 연합(Association)
③ 추론(Reasoning)
④ 총괄(Generalization)

하버드 학파의 5단계 교수법
준비 → 교시 → 연합 → 총괄 → 응용

tip
추론은 존 듀이(J. Dewey)의 사고과정에 해당되는 내용

17

산업안전보건법령상 특별안전·보건 교육의 대상 작업에 해당하지 않는 것은?

① 석면해체·제거작업
② 밀폐된 장소에서 하는 용접작업
③ 화학설비 취급품의 검수·확인 작업
④ 2m 이상의 콘크리트 인공구조물의 해체 작업

화학설비에 관한 사항으로는 화학설비의 탱크 내 작업, 화학설비 중 반응기, 교반기, 추출기의 사용 및 세척작업 등에 관한 사항이 특별안전·보건 교육의 대상 작업에 해당된다.

18 ★

주의(Attention)의 특징 중 여러 종류의 자극을 자각할 때, 소수의 특정한 것에 한하여 주의가 집중되는 것은?

① 선택성
② 방향성
③ 변동성
④ 검출성

주의의 특성

선택성	동시에 두 개 이상의 방향에 집중하지 못하고 소수의 특정한 것에 한하여 선택한다.
변동성	고도의 주의는 장시간 지속할 수 없고 주기적으로 부주의 리듬이 존재한다.
방향성	한 지점에 주의를 집중하면 주변 다른 곳의 주의는 약해진다(주시점만 인지).

정답 14 ④ 15 ③ 16 ③ 17 ③ 18 ①

19

제조업자는 제조물의 결함으로 인하여 생명·신체 또는 재산에 손해를 입은 자에게 그 손해를 배상하여야 하는데 이를 무엇이라 하는가? (단, 당해 제조물에 대해서만 발생한 손해는 제외한다.)

① 입증 책임
② 담보 책임
③ 연대 책임
④ 제조물 책임

> **제조물 책임법의 목적**
> 제조물 결함으로 인한 손해 → 제조업자 등의 손해배상 책임규정 → 피해자 보호 도모 → 국민생활 안전 향상 → 국민경제의 건전한 발전에 기여

20 ★

방독마스크의 정화통 색상으로 틀린 것은?

① 유기화합물용 - 갈색
② 할로겐용 - 회색
③ 황화수소용 - 회색
④ 암모니아용 - 노란색

> 암모니아용은 녹색이며, 노란색은 아황산용에 해당된다.

2과목 인간공학 및 위험성 평가·관리

21

인간-기계 시스템에서의 신뢰도 유지 방안으로 가장 거리가 먼 것은?

① Lock system
② Fail-safe system
③ Fool-proof system
④ Risk assessment system

> **Risk Assessment(Safety Assessment)**
> 손실방지를 위한 관리활동으로 기업경영은 생산 활동을 둘러싸고 있는 모든 Risk를 제거하여 이익을 얻는 것을 말하며 이러한 활동을 Risk Assessment라 한다.

22

작업장에서 구성요소를 배치하는 인간공학적 원칙과 가장 거리가 먼 것은?

① 중요도의 원칙
② 선입선출의 원칙
③ 기능성의 원칙
④ 사용빈도의 원칙

> **부품배치의 원칙**
> ① 중요성의 원칙 ② 사용빈도의 원칙 ③ 기능별 배치의 원칙
> ④ 사용 순서의 원칙

23

다음 중 연마작업장의 가장 소극적인 소음대책은?

① 음향 처리제를 사용할 것
② 방음 보호 용구를 착용할 것
③ 덮개를 씌우거나 창문을 닫을 것
④ 소음원으로부터 적절하게 배치할 것

> **소음관리(소음통제 방법)**
> ① 소음원의 제거 → 가장 적극적인 대책
> ② 소음원의 통제
> ③ 소음의 격리
> ④ 차음 장치 및 흡음재 사용
> ⑤ 음향 처리제 사용
> ⑥ 적절한 배치(lay out)

> **tip**
> 보호구 착용은 가장 소극적인 대책이며 최후의 수단에 해당된다.

24

통제표시비(control/display ratio)를 설계할 때 고려하는 요소에 관한 설명으로 틀린 것은?

① 통제표시비가 낮다는 것은 민감한 장치라는 것을 의미한다.
② 목시거리(目示距離)가 길면 길수록 조절의 정확도는 떨어진다.
③ 짧은 주행 시간 내에 공차의 인정범위를 초과하지 않는 계기를 마련한다.
④ 계기의 조절시간이 짧게 소요되도록 계기의 크기(size)는 항상 작게 설계한다.

> 계기의 크기는 계기의 조절시간이 짧게 소요되는 사이즈 선택하되, 너무 작으면 오차발생이 증대되므로 상대적으로 고려하여야 한다.

정답 19 ④ 20 ④ 21 ④ 22 ② 23 ② 24 ④

25

전통적인 인간-기계(Man-Machine) 체계의 대표적 유형과 거리가 먼 것은?

① 수동체계
② 기계화체계
③ 자동체계
④ 인공지능체계

> **인간 기계 시스템의 유형 및 기능**
>
> | 수동 시스템 | 인간의 신체적인 힘을 동력원으로 사용하여 작업통제 |
> |---|---|
> | 기계 시스템 | 반자동시스템, 동력은 기계가 제공, 조정장치를 사용한 통제는 인간이 담당 |
> | 자동 시스템 | 감지, 정보처리 및 의사결정 행동을 포함한 모든 임무 수행. 신뢰성이 완전하지 못하여 감시, 프로그램 작성 및 수정, 정비유지 등은 인간이 담당 |

26

어떤 결함수의 쌍대결함수를 구하고 컷셋을 찾아내어 결함(사고)을 예방할 수 있는 최소의 조합을 의미하는 것은?

① 최대 컷셋
② 최소 컷셋
③ 최대 패스셋
④ 최소 패스셋

> **미니멀 패스셋**
> ① 쌍대 FT란 원래 FT의 이론곱은 이론합으로 이론합은 이론곱으로 치환해 모든 사상은 그것들이 일어나지 않는 경우에 대해 생각한 FT이다.
> ② 쌍대 FT에서 미니멀 컷을 구하면 그것은 원래 FT의 미니멀 패스가 된다.

27

자동차나 항공기의 앞 유리 혹은 차양판 등에 정보를 중첩 투사하는 표시장치는?

① CRT
② LCD
③ HUD
④ LED

> **헤드업 표시(HUD : Head-up display)**
> 정보를 방풍유리나 헬멧의 차양판 등을 통하여 외부와 중첩시켜서 표시하는 장치

28

FT도에 사용되는 기호 중 입력신호가 생긴 후, 일정시간이 지속된 후에 출력이 생기는 것을 나타내는 것은?

① OR 게이트
② 위험지속기호
③ 억제 게이트
④ 배타적 OR 게이트

> **위험지속기호**
> 입력사상이 생겨 어떤 일정한 시간이 지속했을 때 출력이 발생한다. 만약 지속되지 않으면 출력은 발생하지 않는다.

29

동전 던지기에서 앞면이 나올 확률 P(앞) = 0.6이고, 뒷면이 나올 확률 P(뒤)=0.4일 때, 앞면과 뒷면이 나올 사건의 정보량을 각각 맞게 나타낸 것은?

① 앞면 : 0.10bit, 뒷면 : 1.00bit
② 앞면 : 0.74bit, 뒷면 : 1.32bit
③ 앞면 : 1.32bit, 뒷면 : 0.74bit
④ 앞면 : 2.00bit, 뒷면 : 1.00bit

> 정보량(실현확률을 P라고 하면) $H = \log_2 \frac{1}{P}$
>
> ① 앞면 : $\log_2 \frac{1}{0.6} = 0.737$bit
>
> ② 뒷면 : $\log_2 \frac{1}{0.4} = 1.322$bit

정답 25 ④ 26 ④ 27 ③ 28 ② 29 ②

30

다음 그림 중 형상 암호화된 조정장치에서 단회전용 조종 장치로 가장 적절한 것은?

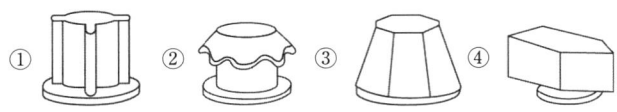

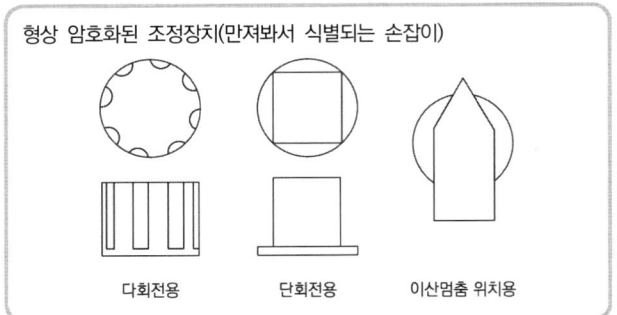

31 ★

다음 FTA 그림에서 a, b, c의 부품 고장률이 각각 0.01일 때, 최소 컷셋(minimal cut sets)과 신뢰도로 옳은 것은?

① {a, b}, R(t) = 99.99%
② {a, b, c}, R(t) = 98.99%
③ {a, c}
   {a, b}, R(t) = 96.99%
④ {a, c}
   {a, b, c}, R(t) = 96.99%

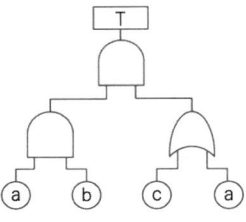

> **최소 컷셋과 신뢰도**
> (1) FT도에서 최소 컷셋을 구하면,
>   T → (a, b, c) → (a, b)
>   (a, b, a)
> (2) T의 발생확률 T = (0.01 × 0.01) = 0.0001
> (3) 시스템의 신뢰도는 1 − 0.0001 = 0.9999 = 99.99%

32

화학설비의 안전성 평가 과정에서 제 3단계인 정량적 평가 항목에 해당되는 것은?

① 목록
② 공정계통도
③ 화학설비용량
④ 건조물의 도면

> **정량적 평가 항목**
> ① 각 구성요소의 물질 ② 화학설비의 용량
> ③ 온도 ④ 압력 ⑤ 조작

33

신뢰성과 보전성을 효과적으로 개선하기 위해 작성하는 보전기록 자료로서 가장 거리가 먼 것은?

① 자재관리표
② MTBF 분석표
③ 설비이력카드
④ 고장원인 대책표

> MTBF분석표, 설비이력카드, 고장원인 대책표 등이 있다.

34

체내에서 유기물을 합성하거나 분해하는 데는 반드시 에너지의 전환이 뒤따른다. 이것을 무엇이라 하는가?

① 에너지 변환
② 에너지 합성
③ 에너지 대사
④ 에너지 소비

> **에너지 대사**
> 체내에서 유기물을 합성하거나 분해하기 위해서는 반드시 에너지의 전환이 필요한데 이것을 에너지 대사라 하며, 생물체 내에서 일어나고 있는 에너지의 방출, 전환, 저장 및 이용의 모든 과정을 말한다.

35

일반적인 수공구의 설계원칙으로 볼 수 없는 것은?

① 손목을 곧게 유지한다.
② 반복적인 손가락 동작을 피한다.
③ 사용이 용이한 검지만 주로 사용한다.
④ 손잡이는 접촉면적을 가능하면 크게 한다.

> **수공구 설계원칙**
> ① 손목을 곧게 펼 수 있도록 : 손목이 팔과 일직선일 때 가장 이상적
> ② 손가락으로 지나친 반복 동작을 하지 않도록 : 검지의 지나친 사용은 '방아쇠 손가락' 증세 유발
> ③ 손바닥 면에 압력이 가해지지 않도록(접촉면적을 크게) : 신경과 혈관에 장애(무감각증, 떨림 현상)

정답 30 ① 31 ① 32 ③ 33 ① 34 ③ 35 ③

36
인간-기계시스템에 대한 평가에서 평가 척도나 기준(criteria)으로서 관심의 대상이 되는 변수는?

① 독립변수 ② 종속변수
③ 확률변수 ④ 통제변수

연구에 사용되는 변수	
독립변수	관찰하고자 하는 현상의 원인에 해당하는 변수(실험변수)
종속변수	평가척도나 기준으로서 관심의 대상이 되는 변수(기준)
통제변수	종속변수에 영향을 미칠 수 있지만 독립변수에 포함되지 않는 변수

37
암호체계 사용상의 일반적인 지침에 해당하지 않는 것은?

① 암호의 검출성 ② 부호의 양립성
③ 암호의 표준화 ④ 암호의 단일 차원화

암호체계 사용상의 일반적 지침
① 암호의 검출성 ② 암호의 변별성
③ 부호의 양립성 ④ 부호의 의미
⑤ 암호의 표준화 ⑥ 다차원 암호의 사용

38
위험조정을 위해 필요한 기술은 조직형태에 따라 다양하며 4가지로 분류하였을 때 이에 속하지 않는 것은?

① 전가(transfer) ② 보류(retention)
③ 계속(continuation) ④ 감축(reduction)

위험의 처리기술
① 회피(avoidance) ② 감축(reduction)
③ 보류(retention) ④ 전가(transfer)

39
광원으로부터의 직사 휘광을 줄이기 위한 방법으로 적절하지 않은 것은?

① 휘광원 주위를 어둡게 한다.
② 가리개, 갓, 차양 등을 사용한다.
③ 광원을 시선에서 멀리 위치시킨다.
④ 광원의 수는 늘리고 휘도는 줄인다.

광원으로부터의 직사휘광 처리
① 광원의 휘도를 줄이고 수를 늘린다.
② 광원을 시선에서 멀리 위치시킨다.
③ 휘광원 주위를 밝게 하여 광도비를 줄인다.
④ 가리개(shield), 갓(hood), 혹은 차양(visor)을 사용한다.

40
다음의 설명에서 ( ) 안의 내용을 맞게 나열한 것은?

> 40phon은 (㉠)sone을 나타내며, 이는 (㉡)dB의 (㉢)Hz 순음의 크기를 나타낸다.

① ㉠ 1, ㉡ 40, ㉢ 1000
② ㉠ 1, ㉡ 32, ㉢ 1000
③ ㉠ 2, ㉡ 40, ㉢ 2000
④ ㉠ 2, ㉡ 32, ㉢ 2000

Sone에 의한 음량
① 다른 음의 상대적인 주관적 크기 비교
② 40dB의 1000Hz 순음의 크기(=40Phon)를 1sone
③ 기준음보다 10배 크게 들리는 음은 10sone의 음량

정답 36 ② 37 ④ 38 ③ 39 ① 40 ①

3과목 기계·기구 및 설비 안전 관리

41 ⭐

다음과 같은 작업조건일 경우 와이어로프의 안전율은?

> 작업대에서 사용된 와이어로프 1줄의 파단 하중이 100kN, 인양하중이 40kN, 로프의 줄 수가 2줄

① 2
② 2.5
③ 4
④ 5

> **와이어로프의 안전율**
>
> 안전율(S) = $\dfrac{\text{로프의 가닥수}(N) \times \text{로프의 파단하중}(P)}{\text{안전하중(최대사용하중, }W\text{)}}$
>
> $= \dfrac{2 \times 100}{40} = 5$

42

프레스기에 사용하는 양수조작식 방호장치의 일반구조에 관한 설명 중 틀린 것은?

① 1행정 1정지 기구에 사용할 수 있어야 한다.
② 누름버튼을 양 손으로 동시에 조작하지 않으면 작동시킬 수 없는 구조이어야 한다.
③ 양쪽 버튼의 작동시간 차이는 최대 0.5초 이내일 때 프레스가 동작되도록 해야 한다.
④ 방호장치는 사용전원전압의 ±50%의 변동에 대하여 정상적으로 작동되어야 한다.

> **양수조작식 방호장치**
>
> 방호장치는 릴레이, 리미트 스위치 등의 전기부품의 고장, 전원전압의 변동 및 정전에 의해 슬라이드가 불시에 동작하지 않아야 하며, 사용전원전압의 ±(100분의 20)의 변동에 대하여 정상으로 작동되어야 한다.

43 ⭐

산업안전보건법령에 따라 아세틸렌 발생기실에 설치해야 할 배기통은 얼마 이상의 단면적을 가져야 하는가?

① 바닥면적의 $\dfrac{1}{16}$
② 바닥면적의 $\dfrac{1}{20}$
③ 바닥면적의 $\dfrac{1}{24}$
④ 바닥면적의 $\dfrac{1}{30}$

> **발생기실의 구조**
>
> ① 벽은 불연성의 재료로 하고 철근콘크리트 기타 이와 동등 이상의 강도를 가진 구조로 할 것
> ② 지붕 및 천장에는 얇은 철판이나 가벼운 불연성 재료를 사용할 것
> ③ 바닥면적의 16분의 1 이상의 단면적을 가진 배기통을 옥상으로 돌출시키고 그 개구부를 창 또는 출입구로부터 1.5m 이상 떨어지도록 할 것
> ④ 출입구의 문은 불연성 재료로 하고 두께 1.5mm 이상의 철판 기타 이와 동등 이상의 강도를 가진 구조로 할 것
> ⑤ 벽과 발생기 사이에는 발생기의 조정 또는 카바이드 공급 등의 작업을 방해하지 아니하도록 간격을 확보할 것

44

피복 아크 용접 작업 시 생기는 결함에 대한 설명 중 틀린 것은?

① 스패터(spatter) : 용융된 금속의 작은 입자가 튀어나와 모재에 묻어있는 것
② 언더컷(under cut) : 전류가 과대하고 용접속도가 너무 빠르며, 아크를 짧게 유지하기 어려운 경우 모재 및 용접부의 일부가 녹아서 발생하는 홈 또는 오목하게 생긴 부분
③ 크레이터(crater) : 용착금속 속에 남아있는 가스로 인하여 생긴 구멍
④ 오버랩(overlap) : 용접봉의 운행이 불량하거나 용접봉의 용융 온도가 모재보다 낮을 때 과잉 용착금속이 남아있는 부분

> **용접부의 결함**
>
> | 종류 | 상태 |
> | --- | --- |
> | 언더컷(under cut) | 용착금속이 채워지지 않고 홈으로 남게 된 부분 |
> | 오버랩(over lap) | 용융된 금속이 모재 위에 겹쳐지는 상태 |
> | 블로홀(blow hole) | 용착금속에 방출가스로 인해 생긴 기포나 작은 틈 |
> | 피트(pit) | 용접부위에 생기는 작은 구멍이나 미세한 갈라짐 |
> | 크레이터(crater) | 용접 중에 아크를 중단시키면 중단된 부분이 오목하거나 납작하게 파진 모습으로 남게 되는 것 |
> | 스패터(spatter) | 용융된 금속의 작은 입자가 튀어나와 모재에 묻어있는 것 |

정답 41 ④ 42 ④ 43 ① 44 ③

45

프레스 작업 중 작업자의 신체일부가 위험한 작업점으로 들어가면 자동적으로 정지되는 기능이 있는데, 이러한 안전 대책을 무엇이라 하는가?

① 풀 프루프(fool proof)
② 페일 세이프(fail safe)
③ 인터록(inter lock)
④ 리미트 스위치(limit switch)

fail safe와 fool proof
① fail safe : 기계 또는 설비에 이상이나 오동작이 발생하여도 안전사고를 발생시키지 않도록 2중 또는 3중으로 통제를 가하도록 한 체계
② fool proof : 사용자가 비록 잘못된 조작을 하더라도 이로 인해 전체의 고장이 발생되지 아니하도록 하는 설계방법

46

다음 중 기계설비에 의해 형성되는 위험점이 아닌 것은?

① 회전 말림점
② 접선 분리점
③ 협착점
④ 끼임점

기계 설비에 의해 형성되는 위험점

협착점	왕복 운동하는 운동부와 고정부 사이에 형성(작업점이라 부르기도 함)
끼임점	고정부분과 회전 또는 직선운동부분에 의해 형성
절단점	회전운동부분 자체와 운동하는 기계 자체에 의해 형성
물림점	회전하는 두 개의 회전축에 의해 형성(회전체가 서로 반대 방향으로 회전하는 경우)
접선 물림점	회전하는 부분이 접선방향으로 물려 들어가면서 형성
회전 말림점	회전체의 불규칙 부위와 돌기 회전 부위에 의해 형성

47

안전계수 5인 로프의 절단하중이 4000N이라면 이 로프는 몇 N 이하의 하중을 매달아야 하는가?

① 50
② 800
③ 1000
④ 1600

와이어로프의 안전율
① 안전율(S) = $\frac{로프의 파단하중}{최대사용하중}$ = 5
② 최대사용하중 = $\frac{4,000}{5}$ = 800

48

프레스의 방호장치 중 확동식 클러치가 적용된 프레스에 한해서만 적용 가능한 방호장치로만 나열된 것은? (단, 방호장치는 한 가지 종류만 사용한다고 가정한다.)

① 광전자식, 수인식
② 양수조작식, 손쳐내기식
③ 광전자식, 양수조작식
④ 손쳐내기식, 수인식

손쳐내기식, 수인식
① 확동식 클러치를 갖는 크랭크 프레스기에 적합
② SPM 100 이하 프레스에 사용 가능

49

선반 작업에 대한 안전수칙으로 틀린 것은?

① 척 핸들은 항상 척에 끼워 둔다.
② 베드 위에 공구를 올려놓지 않아야 한다.
③ 바이트를 교환할 때는 기계를 정지시키고 한다.
④ 일감의 길이가 외경과 비교하여 매우 길 때는 방진구를 사용한다.

선반 작업 시 안전기준
① 가공물 조립 시 반드시 스위치 차단 후 바이트를 충분히 연 다음 실시
② 가공물 장착 후에는 척 렌치를 바로 벗겨 놓기
③ 무게가 편중된 가공물은 균형추 부착
④ 바이트 설치는 반드시 기계 정지 후 실시
⑤ 바이트는 짧게 장치하고 일감의 길이가 직경의 12배 이상일 때 방진구 사용

정답 45 ① 46 ② 47 ② 48 ④ 49 ①

50

컨베이어 역전방지장치의 형식 중 전기식 장치에 해당하는 것은?

① 라쳇 브레이크
② 밴드 브레이크
③ 롤러 브레이크
④ 슬러스트 브레이크

> **역전 방지장치 및 브레이크**
> ① 기계적인 것 : 라쳇식, 롤러식, 밴드식, 웜기어 등
> ② 전기적인 것 : 전기 브레이크, 슬러스트 브레이크 등

51

가스 용접에서 역화의 원인으로 볼 수 없는 것은?

① 토치 성능이 부실한 경우
② 취관이 작업 소재에 너무 가까이 있는 경우
③ 산소 공급량이 부족한 경우
④ 토치 팁에 이물질이 묻은 경우

> **아세틸렌 용접장치의 역화원인**
> ① 압력 조정기 고장
> ② 산소공급이 과다할 경우
> ③ 토치 팁에 이물질이 묻었을 때
> ④ 과열되었을 경우
> ⑤ 토치의 성능이 불량할 때

52 ★빈출

양중기에 사용 가능한 와이어로프에 해당하는 것은?

① 와이어로프의 한 꼬임에서 끊어진 소선의 수가 10% 초과한 것
② 심하게 변형 또는 부식된 것
③ 지름의 감소가 공칭지름의 7% 이내인 것
④ 이음매가 있는 것

> **와이어로프의 사용제한 조건**
> ① 이음매가 있는 것
> ② 와이어로프의 한 꼬임(스트랜드)에서 끊어진 소선(필러선 제외)의 수가 10% 이상인 것
> ③ 지름의 감소가 공칭지름의 7%를 초과하는 것
> ④ 꼬인 것
> ⑤ 심하게 변형되거나 부식된 것
> ⑥ 열과 전기충격에 의해 손상된 것

53

롤러기에서 앞면 롤러의 지름이 200mm, 회전속도가 30rpm인 롤러의 무부하 동작에서의 급정지거리로 옳은 것은?

① 66mm 이내
② 84mm 이내
③ 209mm 이내
④ 248mm 이내

> **롤러의 급정지거리**
> ① 표면속도(V) = $\dfrac{\pi \times 200 \times 30}{1,000}$ × 18.84m/분
> 따라서 30m/분 미만이므로 급정지거리는 앞면 롤러 원주의 1/3 이내에 해당된다.
> ② 앞면 롤러 원주 : 200 × 3.14 = 628mm
> ③ 급정지거리 : 628 × $\dfrac{1}{3}$ = 209.333mm

54

다음 중 선반(lathe)의 방호장치에 해당하는 것은?

① 슬라이드(slide)
② 심압대(tail stock)
③ 주축대(head stock)
④ 척 가드(chuck guard)

> **선반의 방호장치**
> ① 실드(Shield)
> ② 척 커버(Chuck Cover)
> ③ 칩 브레이커
> ④ 급정지 브레이크

55 ★빈출

위험기계에 조작자의 신체부위가 의도적으로 위험점 밖에 있도록 하는 방호장치는?

① 덮개형 방호장치
② 차단형 방호장치
③ 위치제한형 방호장치
④ 접근반응형 방호장치

> **위치제한형 방호장치**
> 기계의 조작장치를 일정거리 이상 떨어지게 설치하여 작업자의 신체부위가 위험 범위 밖에 있도록 하는 방법(프레스의 양수조작식 방호장치)

정답 50 ④ 51 ③ 52 ③ 53 ③ 54 ④ 55 ③

56

공장설비의 배치 계획에서 고려할 사항이 아닌 것은?

① 작업의 흐름에 따라 기계 배치
② 기계설비의 주변 공간 최소화
③ 공장 내 안전통로 설정
④ 기계설비의 보수점검 용이성을 고려한 배치

> **기계설비의 배치(layout)**
> ① 작업의 흐름에 따라 기계 배치
> ② 기계설비 주위에 충분한 운전 공간, 보수점검 공간 확보
> ③ 공장 내외는 안전한 통로를 두고, 통로는 선을 그어 작업장과 명확히 구별
> ④ 기계 설비를 통로 측에 설치할 수 없을 경우에는 작업자가 통로 쪽으로 등을 향하여 일하지 않도록 배치
> ⑤ 기계설비의 설치에 있어서 기계설비의 사용 중 필요한 보수, 점검이 용이하도록 배치

57

정(chisel) 작업의 일반적인 안전수칙으로 틀린 것은?

① 따내기 및 칩이 튀는 가공에서는 보안경을 착용하여야 한다.
② 절단 작업 시 절단된 끝이 튀는 것을 조심하여야 한다.
③ 작업을 시작할 때는 가급적 정을 세게 타격하고 점차 힘을 줄여간다.
④ 담금질 된 철강 재료는 정 가공을 하지 않는 것이 좋다

> **정 작업 안전수칙**
> ① 정 작업을 할 때에는 반드시 보안경을 착용해야 한다.
> ② 정으로는 담금질 된 재료를 절대로 가공할 수 없다.
> ③ 자르기 시작할 때와 끝날 무렵에는 되도록 세게 치지 않도록 한다.
> ④ 철강재를 정으로 절단할 때는 철편이 튀는 것에 주의한다.

58

다음 중 취급운반 시 준수해야 할 원칙으로 틀린 것은?

① 연속 운반으로 할 것
② 직선 운반으로 할 것
③ 운반 작업을 집중화시킬 것
④ 생산을 최소로 하도록 운반할 것

> **취급운반의 원칙**
>
> | 구분 | 조건 및 원칙 |
> |---|---|
> | 3조건 | ① 운반거리를 단축할 것
② 운반 하역을 기계화 할 것
③ 손이 많이 가지 않는(힘들이지 않는) 운반 하역 방식으로 할 것 |
> | 5원칙 | ① 운반은 직선으로 할 것
② 계속적으로(연속) 운반을 할 것
③ 운반 하역 작업을 집중화 할 것
④ 생산을 향상시킬 수 있는(최대로 하는) 운반 하역 방법을 고려할 것
⑤ 최대한 수작업을 생략하여 힘들이지 않는 방법을 고려할 것 |

59

산업안전보건법령에 따라 압력용기에 설치하는 안전밸브의 설치 및 작동에 관한 설명으로 틀린 것은?

① 다단형 압축기에는 각 단별로 안전밸브 등을 설치하여야 한다.
② 안전밸브는 이를 통하여 보호하려는 설비의 최저사용압력 이하에서 작동되도록 설정하여야 한다.
③ 화학공정 유체와 안전밸브의 디스크 또는 시트가 직접 접촉될 수 있도록 설치된 경우에는 2년마다 1회 이상 국가교정기관에서 교정을 받은 압력계를 이용하여 검사한 후 납으로 봉인하여 사용한다.
④ 공정안전보고서 이행상태 평가결과가 우수한 사업자의 안전밸브의 경우 검사주기는 4년마다 1회 이상이다.

> **압력용기의 방호장치(안전밸브 설치)**
> (1) 과압으로 인한 폭발 방지를 위해 설치
> (2) 다단형 압축기 또는 직렬로 접속된 공기압축기 - 각 단 또는 각 공기압축기별로 안전밸브 등을 설치
> (3) 안전밸브는 설비의 최고사용압력 이전에 작동되도록 설정
> (4) 안전밸브의 검사주기(압력계를 이용하여 설정압력에서 안전밸브가 적정하게 작동하는지 검사 후 납으로 봉인하여 사용)
>   ① 화학공정 유체와 안전밸브의 디스크 또는 시트가 직접접촉이 가능하도록 설치된 경우 : 2년마다 1회 이상
>   ② 안전밸브 전단에 파열판이 설치된 경우 : 3년마다 1회 이상
>   ③ 공정안전보고서 이행상태 평가결과가 우수한 사업장의 안전밸브의 경우 : 4년마다 1회 이상

tip
2024년 법령개정 내용 적용

정답 56 ② 57 ③ 58 ④ 59 ②

60

금형 조정 작업 시 슬라이드가 갑자기 작동하는 것으로부터 근로자를 보호하기 위하여 가장 필요한 안전장치는?

① 안전블록
② 클러치
③ 안전 1행정 스위치
④ 광전자식 방호장치

> **안전블록**
> 프레스 등의 금형을 부착·해체 또는 조정작업을 하는 때에는 근로자의 신체의 일부가 위험 한계 내에 들어갈 때에 슬라이드가 갑자기 작동함으로써 발생하는 근로자의 위험을 방지하기 위하여 안전블록을 사용하는 등 필요한 조치를 하여야 한다.

4과목 전기 및 화학설비 안전 관리

61

인체가 전격을 당했을 경우 통전시간이 1초라면 심실 세동을 일으키는 전류값(mA)은? (단, 심실 세동 전류값은 Dalziel의 관계식을 이용한다.)

① 100
② 165
③ 180
④ 215

> **심실 세동 전류**
> $$I = \frac{165}{\sqrt{T}}(\text{mA}) = \frac{165}{\sqrt{1}} = 165(\text{mA})$$

62

활선작업 시 사용하는 안전장구가 아닌 것은?

① 절연용 보호구
② 절연용 방호구
③ 활선 작업용 기구
④ 절연저항 측정기구

> **고압 활선 작업 시 안전장구**
> ① 절연용 보호구 착용
> ② 절연용 방호구 설치
> ③ 활선 작업용 기구 사용
> ④ 활선 작업용 장치 사용

63

계통 전체에 대해 별도의 중성선 또는 PE 도체를 사용하고, 배전계통에서 PE 도체를 추가로 접지할 수 있는 TN 계통은?

① TN-C
② TN-T
③ TN-S
④ TN-C-S

> **TN 계통**
> ① TN-S 계통은 계통 전체에 대해 별도의 중성선 또는 PE 도체를 사용한다. 배전계통에서 PE 도체를 추가로 접지할 수 있다.
> ② TN-C 계통은 그 계통 전체에 대해 중성선과 보호도체의 기능을 동일도체로 겸용한 PEN 도체를 사용한다. 배전계통에서 PEN 도체를 추가로 접지할 수 있다.
> ③ TN-C-S 계통은 계통의 일부분에서 PEN 도체를 사용하거나, 중성선과 별도의 PE 도체를 사용하는 방식이 있다. 배전계통에서 PEN 도체와 PE 도체를 추가로 접지할 수 있다.

64

다음 정의에 해당하는 방폭구조는?

> 전기기기의 과도한 온도 상승, 아크 또는 불꽃 발생의 위험을 방지하기 위하여 추가적인 안전조치를 통한 안전도를 증가시킨 방폭구조를 말한다.

① 내압방폭구조
② 유입방폭구조
③ 안전증방폭구조
④ 본질안전방폭구조

> **안전증방폭구조(e)**
> ① 정상 운전중에 폭발성 가스 또는 증기에 점화원이 될 전기 불꽃, 아크 또는 고온부분 등의 발생을 방지하기 위하여 기계적, 전기적 구조상 또는 온도상승에 대해서 특히 안전도를 증가시킨 구조
> ② 코일의 절연성능 강화 및 표면온도상승을 더욱 낮게 설계하거나 공극 및 연면거리를 크게 하여 안전도 증가

정답 60 ① 61 ② 62 ④ 63 ③ 64 ③

65
건설현장에서 사용하는 임시배선의 안전대책으로 거리가 먼 것은?

① 모든 전기기기의 외함은 접지시켜야 한다.
② 임시배선은 다심케이블을 사용하지 않아도 된다.
③ 배선은 반드시 분전반 또는 배전반에서 인출해야 한다.
④ 지상 등에서 금속관으로 방호할 때는 그 금속관을 접지해야 한다.

임시배선에 대한 안전대책
① 모든 배선은 반드시 분전반, 배전반에서 인출
② 전기 사용 용량에 적합한 전선, 케이블 선정
③ 임시배선은 다심 케이블 사용
④ 전선, 케이블은 피복이 손상되지 않도록 배선 또는 보호조치 등

66
전기화재의 원인을 직접원인과 간접원인으로 구분할 때, 직접원인과 거리가 먼 것은?

① 애자의 오손   ② 과전류
③ 누전   ④ 절연열화

전기화재의 원인
① 누전 ② 단락 ③ 과전류 ④ 스파크 ⑤ 접촉부 과열
⑥ 절연열화에 의한 발열 ⑦ 지락 ⑧ 낙뢰 ⑨ 정전기 스파크 등

67
정상운전 중의 전기설비가 점화원으로 작용하지 않는 것은?

① 변압기 권선   ② 개폐기 접점
③ 직류 전동기의 정류자   ③ 권선형 전동기의 슬립링

전기설비의 점화원

구분	현재적 점화원	잠재적 점화원
개념	정상적인 운전 상태에서 점화원이 될 수 있는 것	정상적인 상태에서는 안전하지만 이상 상태에서 점화원이 될 수 있는 것
종류	① 직류전동기의 정류자 ② 개폐기, 차단기의 접점 ③ 유도전동기의 슬립링 ④ 이동형 전열기 등	① 전기적 광원 ② 케이블, 배선 ③ 전동기의 권선 ④ 마그네트 코일 등

68
정전기 제거방법으로 가장 거리가 먼 것은?

① 설비 주위를 가습한다.
② 설비의 금속 부분을 접지한다.
③ 설비의 주변에 적외선을 조사한다.
④ 정전기 발생 방지 도장을 실시한다.

정전기에 의한 재해 방지대책
① 접지 : 접지에 의한 정전기 완화가 가능한 표면저항은 ~(Ω)
② 유속의 제한 : 액체의 비산 방지 및 초기 배관 내 유속 제한
③ 보호구 착용 : 대전 방지 작업화(정전화), 정전작업복 착용, 손목 띠 착용 등
④ 대전방지제 : 섬유 등에 흡습성과 이온성을 부여하여 도전성을 증가하여 대전 방지
⑤ 가습 : 공기 중의 상대습도를 60~70% 정도 유지하기 위해 가습 방법을 사용
⑥ 제전기의 사용 등

69
근로자가 활선작업용 기구를 사용하여 작업할 경우 근로자의 신체 등과 충전전로 사이의 사용전압별 접근한계거리가 틀린 것은?

① 15kV 초과 37kV 이하 : 80cm
② 37kV 초과 88kV 이하 : 110cm
③ 121kV 초과 145kV 이하 : 150cm
④ 242kV 초과 362kV 이하 : 380cm

충전전로에서의 전기 작업

충전전로의 선간전압 (단위 : 킬로볼트)	충전전로에 대한 접근한계거리 (단위 : 센티미터)
...	...
15 초과 37 이하	90
37 초과 88 이하	110
88 초과 121 이하	130
121 초과 145 이하	150
145 초과 169 이하	170
169 초과 242 이하	230
242 초과 362 이하	380
362 초과 550 이하	550
550 초과 800 이하	790

정답 65 ② 66 ① 67 ① 68 ③ 69 ①

70

정전기의 발생에 영향을 주는 요인과 가장 거리가 먼 것은?

① 박리속도
② 물체의 표면상태
③ 접촉면적 및 압력
④ 외부공기의 풍속

정전기 발생의 영향 요인
① 물체의 특성
② 물체의 표면상태
③ 물체의 이력
④ 접촉면적 및 압력
⑤ 분리(박리)속도 등

71

건조설비의 사용에 있어 500~800℃ 범위의 온도에 가열된 스테인리스강에서 주로 일어나며, 탄화크롬이 형성되었을 때 결정경계면의 크롬함유량이 감소하여 발생되는 부식형태는?

① 전면부식
② 층상부식
③ 입계부식
④ 격간부식

입계부식
부식이 결정립계에 따라 진행하는 형태의 국부부식으로 내부로 깊게 진행되면서 결정립자가 떨어지게 된다. 용접가공 시 열영향부, 부적정한 열처리 과정, 고온에서의 노출 시 주로 발생된다.

72

다음 중 분진 폭발의 발생 위험성을 낮추는 방법으로 적절하지 않은 것은?

① 주변의 점화원을 제거한다.
② 분진이 날리지 않도록 한다.
③ 분진과 그 주변의 온도를 낮춘다.
④ 분진 입자의 표면적을 크게 한다.

분진 폭발
① 분진 폭발의 과정 : 분진의 퇴적 → 비산하여 분진운 생성 → 분산 → 점화원 → 폭발
② 방지대책으로는 폭발한 농도 이하로 관리하고 착화원의 제거 및 격리 등
③ 입자의 표면적이 클수록 폭발의 위험성은 높아진다.

73

다음 중 가연성가스가 아닌 것은?

① 이산화탄소
② 수소
③ 메탄
④ 아세틸렌

수소, 아세틸렌, 에틸렌, 메탄, 에탄, 프로판, 부탄 등은 인화성(가연성) 가스에 해당되며, 이산화탄소는 불활성 기체로 더 이상 산소와 반응하지 않는다.

74

유해·위험물질 취급 시 보호구로서 구비조건이 아닌 것은?

① 방호성능이 충분할 것
② 재료의 품질이 양호할 것
③ 작업에 방해가 되지 않을 것
④ 외관이 화려할 것

보호구의 구비조건(보기 ①, ②, ③ 외에)
① 착용 시 작업이 용이할 것
② 구조와 끝마무리가 양호할 것(충분한 강도와 내구성 및 표면 가공이 우수)
③ 외관 및 전체적인 디자인이 양호할 것

75

다음 중 벤젠(C_6H_6)이 공기 중에서 연소될 때의 이론혼합비(화학양론조성)는?

① 0.72vol%
② 1.22vol%
③ 2.72vol%
④ 3.22vol%

완전연소 조성농도(화학양론농도)

$$Cst = \frac{100}{1+4.773\left(n+\frac{m-f-2\lambda}{4}\right)} = \frac{100}{1+4.773\left(6+\frac{6}{4}\right)}$$
$$= 2.72 vol\%$$

여기서 n : 탄소, m : 수소, f : 할로겐 원소의 원자 수, λ : 산소의 원자 수

정답 70 ④ 71 ③ 72 ④ 73 ① 74 ④ 75 ③

76
알루미늄 금속분말에 대한 설명으로 틀린 것은?

① 분진폭발의 위험성이 있다.
② 연소 시 열을 발생한다.
③ 분진폭발을 방지하기 위해 물속에 저장한다.
④ 염산과 반응하여 수소가스를 발생한다.

> 수분은 분진폭발의 영향인자로 분진의 부유성을 억제하며, 마그네슘, 알루미늄 등은 물과 반응하여 수소기체를 발생하여 위험성을 증대시킨다.

77
공기 중에 3ppm의 디메틸아민(demethylamine, TLV-TWA : 10ppm)과 20ppm의 시클로헥산올(cyclohexanol, TLV-TWA : 50ppm)이 있고, 10ppm의 산화프로필렌(propyleneoxide, TLV-TWA : 20ppm)이 존재한다면 혼합 TLV-TWA는 몇 ppm인가?

① 12.5 ② 22.5
③ 27.5 ④ 32.5

> **혼합물의 노출기준 및 허용농도**
> ① 노출기준(허용기준)
> $$\frac{C_1}{T_1} + \frac{C_2}{T_2} + \frac{C_3}{T_3} = \frac{3}{10} + \frac{20}{50} + \frac{10}{20} = 1.2$$
> ② 혼합물의 허용농도는
> $$\frac{33}{1.2} = 27.5\text{ppm}$$

78 ★
다음은 산업안전보건법령상 파열판 및 안전밸브의 직렬설치에 관한 내용이다. ( )에 알맞은 용어는?

> 사업주는 급성 독성물질이 지속적으로 외부에 유출될 수 있는 화학설비 및 그 부속설비에 파열판과 안전밸브를 직렬로 설치하고 그 사이에는 압력지시계 또는 ( )을(를) 설치하여야 한다.

① 자동경보장치 ② 차단장치
③ 플레어헤드 ④ 콕

> **안전밸브의 설치방법**
>
> | | |
> |---|---|
> | 파열판 및 안전밸브의 직렬 설치 | 급성 독성물질이 지속적으로 외부에 유출될 수 있는 화학설비 및 그 부속설비에 직렬로 설치하고 그 사이에는 압력지시계 또는 자동경보장치 설치 |
> | 파열판과 안전밸브를 병렬로 반응기 상부에 설치 | 반응폭주 현상이 발생했을 때 반응기 내부 과압을 분출하고자 할 경우 |

79
위험물안전관리법령상 칼륨에 의한 화재에 적응성이 있는 것은?

① 건조사(마른모래) ② 포소화기
③ 이산화탄소소화기 ④ 할로겐 화합물소화기

> **금속화재(D급화재)**
> ① 금속화재는 금속의 열전도에 따른 화재나 금속분에 의한 분진의 폭발 등
> ② 철분, 마그네슘, 칼륨, 금속분류에 의한 화재로 일반적으로 건조사(피복에 의한 질식효과)에 의한 소화방법 사용

80
산업안전보건법령상 용해아세틸렌의 가스집합용접장치의 배관 및 부속기구에는 구리나 구리 함유량이 몇 퍼센트 이상인 합금을 사용할 수 없는가?

① 40 ② 50
③ 60 ④ 70

> 용해 아세틸렌을 사용하는 가스집합 용접장치의 배관 및 부속기구는 구리나 구리 함유량이 70퍼센트 이상인 합금을 사용해서는 아니 된다.

5과목　건설공사 안전 관리

81
지반조사의 방법 중 지반을 강관으로 천공하고 토사를 채취 후 여러 가지 시험을 시행하여 지반의 토질 분포, 흙의 층상과 구성 등을 알 수 있는 것은?

① 보링
② 표준관입시험
③ 베인테스트
④ 평판재하시험

> **보링(Boring)**
> 강관을 이용하여 지반을 천공한 후 토사를 채취하여 토층의 구성 상태를 분석하기 위한 지반조사 방법으로, 로터리(회전)식 보링, 충격식 보링, 수세식 보링, 오거식 보링 등이 있다

82
핸드 브레이커 취급 시 안전에 관한 유의사항으로 옳지 않은 것은?

① 기본적으로 현장 정리가 잘되어 있어야 한다.
② 작업 자세는 항상 하향 45° 방향으로 유지하여야 한다.
③ 작업 전 기계에 대한 점검을 철저히 한다.
④ 호스의 교차 및 꼬임여부를 점검하여야 한다.

> **핸드브레이커 준수사항**
> ① 끌의 부러짐을 방지하기 위하여 작업 자세는 하향 수직방향으로 유지하도록 하여야 한다.
> ② 기계는 항상 점검하고, 호스의 꼬임·교차 및 손상 여부를 점검하여야 한다

83 ★빈출
강관틀비계의 높이가 20m를 초과하는 경우 주틀 간의 간격은 최대 얼마 이하로 사용해야 하는가?

① 1.0m
② 1.5m
③ 1.8m
④ 2.0m

> **강관틀비계**
> ① 전체높이 40m 초과 금지 및 주틀 간 교차 가새. 최상층 및 5층 이내마다 수평재 설치
> ② 높이 20m 초과하거나 중량물의 적재를 수반하는 작업의 경우 주틀 간의 간격 1.8m 이하
> ③ 길이가 띠장 방향으로 4m 이하이고 높이가 10m를 초과하는 경우 10m 이내마다 띠장 방향으로 버팀기둥 설치

84
흙막이 가시설의 버팀대(Strut)의 변형을 측정하는 계측기에 해당하는 것은?

① Water level meter
② Strain gauge
③ Piezometer
④ Load cell

> **계측장치**
> ① 변형계(strain gauge) : 흙막이 버팀대의 변형 정도를 파악하는 기기
> ② 하중계(load cell) : 흙막이 버팀대에 작용하는 토압, 어스 앵커의 인장력 등을 측정하는 기기

85 ★빈출
사다리식 통로 등을 설치하는 경우 준수해야 할 기준으로 옳지 않은 것은?

① 접이식 사다리 기둥은 사용 시 접혀지거나 펼쳐지지 않도록 철물 등을 사용하여 견고하게 조치할 것
② 발판과 벽과의 사이는 25cm 이상의 간격을 유지할 것
③ 폭은 30cm 이상으로 할 것
④ 사다리식 통로의 길이가 10m 이상인 경우에는 5m 이내마다 계단참을 설치할 것

> 발판과 벽과의 사이는 15센티미터 이상의 간격을 유지할 것

86
굴착이 곤란한 경우 발파가 어려운 암석의 파쇄굴착 또는 암석 제거에 적합한 장비는?

① 리퍼
② 스크레이퍼
③ 롤러
④ 드래그라인

> **Ripper(리퍼) dozer**
> 후미에 ripper 장착, 연암, 풍화암, 포장도로의 노반 파쇄, 제거 및 압토 작업

정답　81 ①　82 ②　83 ③　84 ②　85 ②　86 ①

87
철골공사에서 용접작업을 실시함에 있어 전격예방을 위한 안전조치 중 옳지 않은 것은?

① 전격방지를 위해 자동전격방지기를 설치한다.
② 우천, 강설 시에는 야외작업을 중단한다.
③ 개로 전압이 낮은 교류 용접기는 사용하지 않는다.
④ 절연 홀더(Holder)를 사용한다.

> **교류아크용접기**
> 교류아크용접기의 자동전격방지기는 아크발생을 중지하였을 때 지동시간이 1.0초 이내에 2차 무부하 전압을 25V 이하로 감압시켜 안전을 유지할 수 있어야 한다. 따라서 개로전압이 낮은 용접기를 사용하여야 안전하다.

88 빈출
타워크레인의 운전작업을 중지하여야 하는 순간풍속기준으로 옳은 것은?

① 초당 10m 초과
② 초당 12m 초과
③ 초당 15m 초과
④ 초당 20m 초과

> **타워크레인의 작업제한**
> ① 순간풍속이 매초당 10미터 초과 : 타워크레인의 설치·수리·점검 또는 해체작업 중지
> ② 순간풍속이 매초당 15미터 초과 : 타워크레인의 운전작업 중지

89
유한사면에서 사면기울기가 비교적 완만한 점성토에서 주로 발생되는 사면파괴의 형태는?

① 저부파괴
② 사면선단파괴
③ 사면 내 파괴
④ 국부전단파괴

> **유한사면의 원호활동의 종류**
>
> | | |
> |---|---|
> | 사면선(선단)파괴 | 경사가 급하고 비점착성 토질 |
> | 사면저부(바닥면)파괴 | 경사가 완만하고 점착성인 경우, 사면의 하부에 암반 또는 굳은 지층이 있을 경우 |
> | 사면 내 파괴 | 견고한 지층이 얕게 있는 경우 |

90 빈출
말비계를 조립하여 사용하는 경우의 준수사항으로 옳지 않은 것은?

① 지주부재의 하단에는 미끄럼 방지장치를 할 것
② 지주부재와 수평면과의 기울기는 85°이하로 할 것
③ 말비계의 높이가 2m를 초과할 경우에는 작업발판의 폭을 40cm 이상으로 할 것
④ 지주부재와 지주부재 사이를 고정시키는 보조부재를 설치할 것

> **말비계의 조립 시 준수사항**
> ① 지주부재의 하단에는 미끄럼 방지장치를 하고, 양측 끝부분에 올라서서 작업하지 아니하도록 할 것
> ② 지주부재와 수평면과의 기울기를 75도 이하로 하고, 지주부재와 지주부재 사이를 고정시키는 보조부재를 설치할 것
> ③ 말비계의 높이가 2미터를 초과할 경우에는 작업발판의 폭을 40cm 이상으로 할 것

91
화물을 적재하는 경우에 준수하여야 하는 사항으로 옳지 않은 것은?

① 침하 우려가 없는 튼튼한 기반 위에 적재할 것
② 건물의 칸막이나 벽 등이 화물의 압력에 견딜 만큼의 강도를 지니지 아니한 경우에는 칸막이나 벽에 기대어 적재하지 않도록 할 것
③ 불안정할 정도로 높이 쌓아 올리지 말 것
④ 편하중이 발생하도록 쌓아 적재효율을 높일 것

> **화물 적재 시 준수사항(보기 ①, ②, ③ 외에)**
> 편하중이 생기지 아니하도록 적재할 것

정답 87 ③ 88 ③ 89 ① 90 ② 91 ④

92

흙막이 지보공을 설치하였을 때 정기적으로 점검하고 이상을 발견하면 즉시 보수하여야 하는 사항으로 거리가 먼 것은?

① 부재의 손상 변형, 부식, 변위 및 탈락의 유무와 상태
② 부재의 접속부, 부착부 및 교차부의 상태
③ 침하의 정도
④ 발판의 지지 상태

> **흙막이 지보공 조립 및 설치 시 점검사항**
> ① 부재의 손상·변형·부식·변위 및 탈락의 유무와 상태
> ② 버팀대의 긴압의 정도
> ③ 부재의 접속부·부착부 및 교차부의 상태
> ④ 침하의 정도

93

중량물의 취급작업 시 근로자의 위험을 방지하기 위하여 사전에 작성하여야 하는 작업계획서 내용에 해당되지 않는 것은?

① 추락 위험을 예방할 수 있는 안전대책
② 낙하 위험을 예방할 수 있는 안전대책
③ 전도 위험을 예방할 수 있는 안전대책
④ 침수 위험을 예방할 수 있는 안전대책

> **중량물 취급작업 시 작업계획서(보기 ①, ②, ③ 외에)**
> ① 협착 위험을 예방할 수 있는 안전대책
> ② 붕괴 위험을 예방할 수 있는 안전대책

94

건설업의 산업안전보건관리비 사용기준에 해당되지 않는 것은?

① 안전시설비
② 안전관리자·보건관리자의 임금
③ 환경보전비
④ 안전보건진단비

> **산업안전보건관리비의 사용기준**
> ① 안전관리자·보건관리자의 임금 등
> ② 안전시설비 등
> ③ 보호구 등
> ④ 안전보건진단비 등
> ⑤ 안전보건교육비 등
> ⑥ 근로자 건강장해예방비 등
> ⑦ 건설재해예방전문지도기관의 지도에 대한 대가로 지급하는 비용 등

95

추락방지용 방망을 구성하는 그물코의 모양과 크기로 옳은 것은?

① 원형 또는 사각으로서 그 크기는 10cm 이하이어야 한다.
② 원형 또는 사각으로서 그 크기는 20cm 이하이어야 한다.
③ 사각 또는 마름모로서 그 크기는 10cm 이하이어야 한다.
④ 사각 또는 마름모로서 그 크기는 20cm 이하이어야 한다.

> **방망의 구조 및 치수(추락재해 방지설비)**
>
> | 구성 | 방망사, 테두리로프, 달기로프, 재봉사(필요에 따라 생략가능) |
> |---|---|
> | 방망사 | 그물코는 사각 또는 마름모 형상, 한 변의 길이(매듭의 중심 긴 거리)는 10cm 이하 |
> | 달기로프 | 길이는 2m 이상(다만, 1개의 지지점에 2개의 달기로프로 체결하는 경우 각각의 길이는 1m 이상) |

96

추락방지망의 달기로프를 지지점에 부착할 때 지지점의 간격이 1.5m인 경우 지지점의 강도는 최소 얼마 이상이어야 하는가?

① 200kg   ② 300kg
③ 400kg   ④ 500kg

> **추락방지망의 지지점 강도**
> ① F = 200B 여기서, F : 외력(킬로그램), B : 지지점 간격(미터)
> ② 지지점의 간격이 1.5m인 경우
>   F = 200 × 1.5 = 300kg

정답 92 ④ 93 ④ 94 ③ 95 ③ 96 ②

97 ⭐

가설통로를 설치하는 경우 준수해야 할 기준으로 옳지 않은 것은?

① 경사는 45° 이하로 할 것
② 경사가 15°를 초과하는 경우에는 미끄러지지 아니하는 구조로 할 것
③ 추락할 위험이 있는 장소에는 안전난간을 설치할 것
④ 수직갱에 가설된 통로의 길이가 15m 이상인 경우에는 10m 이내마다 계단참을 설치할 것

> **가설 통로의 구조(보기 ②, ③, ④ 외에)**
> ① 견고한 구조로 할 것
> ② 경사는 30도 이하로 할 것
> ③ 건설공사에 사용하는 높이 8m 이상인 비계다리에는 7m 이내마다 계단참을 설치할 것

98 ⭐

철골작업을 중지하여야 하는 제한 기준에 해당되지 않는 것은?

① 풍속이 초당 10m 이상인 경우
② 강우량이 시간당 1mm 이상인 경우
③ 강설량이 시간당 1cm 이상인 경우
④ 소음이 65dB 이상인 경우

> **철골작업 안전기준(작업의 제한)**
> ① 풍속 : 초당 10m 이상인 경우
> ② 강우량 : 시간당 1mm 이상인 경우
> ③ 강설량 : 시간당 1cm 이상인 경우

99 ⭐

유해위험방지계획서를 제출해야 하는 공사의 기준으로 옳지 않은 것은?

① 최대 지간길이 30m 이상인 교량 건설 등 공사
② 깊이 10m 이상인 굴착공사
③ 터널 건설 등의 공사
④ 다목적댐, 발전용 댐 및 저수용량 2천만 톤 이상의 용수전용 댐, 지방상수도 전용 댐 건설 등의 공사

> **유해위험 방지계획서 제출 대상**
> ① 다음 각목의 어느 하나에 해당하는 건축물 또는 시설 등의 건설, 개조 또는 해체공사
>   ㉠ 지상 높이가 31미터 이상인 건축물 또는 인공구조물
>   ㉡ 연면적 3만 제곱미터 이상인 건축물
>   ㉢ 연면적 5천 제곱미터 이상인 시설로서 다음의 어느 하나에 해당하는 시설
>   ㉮ 문화 및 집회시설 ㉯ 판매시설, 운수시설 ㉰ 종교시설
>   ㉱ 의료시설 중 종합병원 ㉲ 숙박시설 중 관광숙박시설
>   ㉳ 지하도 상가 ㉴ 냉동, 냉장 창고시설
> ② 최대 지간 길이가 50미터 이상인 다리의 건설 등 공사
> ③ 연면적 5천 제곱미터 이상인 냉동, 냉장창고 시설의 설비공사 및 단열공사
> ④ 다목적댐, 발전용댐, 저수용량 2천만톤 이상의 용수전용댐 및 지방상수도 전용댐의 건설 등 공사
> ⑤ 터널의 건설등 공사
> ⑥ 깊이 10미터 이상인 굴착공사

100

콘크리트 타설용 거푸집에 작용하는 외력 중 연직방향 하중이 아닌 것은?

① 고정하중 ② 충격하중
③ 작업하중 ④ 풍하중

> **거푸집 동바리의 하중**
> ① 연직방향하중 : 거푸집, 동바리, 콘크리트, 철근, 작업원, 타설용기계 기구, 가설 설비 등의 중량(자중) 및 충격하중
> ② 횡방향 하중 : 작업할 때의 진동, 충격, 시공차 등에 기인되는 횡방향 하중 이외에 필요에 따라 풍압, 유수압, 지진 등
> ③ 그 밖의 콘크리트 측압, 특수하중, 기타 하중 등

정답 97 ① 98 ④ 99 ① 100 ④

2019년 4월 27일 | 기출문제

1과목 산업재해 예방 및 안전보건교육

01

산업안전보건법령상 산업재해 조사표에 기록되어야 할 내용으로 옳지 않은 것은?

① 사업장 정보   ② 재해정보
③ 재해발생개요 및 원인   ④ 안전교육 계획

> 안전교육 계획이 아니라 재발방지 계획이 포함되어야 한다.

02

다음 중 작업표준의 구비조건으로 옳지 않은 것은?

① 작업의 실정에 적합할 것
② 생산성과 품질의 특성에 적합할 것
③ 표현은 추상적으로 나타낼 것
④ 다른 규정 등에 위배되지 않을 것

> 작업표준의 구비조건
> ① 작업의 표준설정은 실정에 적합할 것
> ② 무리, 불균형, 낭비가 없는 좋은 작업의 표준일 것
> ③ 표현은 구체적으로 나타낼 것
> ④ 생산성과 품질의 특성에 적합할 것
> ⑤ 이상시 조치기준에 관하여 설정할 것
> ⑥ 다른 규정 등에 위배되지 않을 것

03

French와 Raven이 제시한 리더가 가지고 있는 세력의 유형이 아닌 것은?

① 전문세력(expert power)
② 보상세력(reward power)
③ 위임세력(entrust power)
④ 합법세력(legitimate power)

> 지도자에게 주어진 세력(권한)의 유형
>
> | 조직이 지도자에게 부여하는 세력 | 보상세력(reward power)
강압세력(coercive power)
합법세력(legitimate power) |
> |---|---|
> | 지도자 자신이 자신에게 부여하는 세력 | 준거세력(referent power)
전문세력(expert power) |

04 ★

레빈(Lewin)은 인간행동과 인간의 조건 및 환경조건의 관계를 다음과 같이 표시하였다. 이 때 'f'의 의미는?

$$B = f(P \cdot E)$$

① 행동   ② 조명
③ 지능   ④ 함수

> 레윈(K. Lewin)의 행동법칙
> $B = f(P \cdot E)$
> B : Behavior(인간의 행동)
> f : Function(함수관계) $P \cdot E$에 영향을 줄 수 있는 조건
> P : Person(개체 : 연령, 경험, 심신상태, 성격, 지능 등)
> E : Environment(심리적 환경-인간관계, 작업환경, 설비적 결함 등)

정답 01 ④ 02 ③ 03 ③ 04 ④

05

다음 중 산업재해 통계에 관한 설명으로 적절하지 않은 것은?

① 산업재해 통계는 구체적으로 표시되어야 한다.
② 산업재해 통계는 안전 활동을 추진하기 위한 기초자료이다.
③ 산업재해 통계만을 기반으로 해당 사업장의 안전수준을 추측한다.
④ 산업재해 통계의 목적은 기업에서 발생한 산업재해에 대하여 효과적인 대책을 강구하기 위함이다.

> **산업재해 통계**
> ① 이용 및 활용가치가 없는 산업재해 통계는 그 작성에 따른 시간과 경비의 낭비임을 인지하여야 한다.
> ② 산업재해 통계를 기반으로 안전조건이나, 상태를 추측해서는 안 된다
> ③ 산업재해 통계 그 자체보다는 재해 통계에 나타난 경향과 성질의 활용을 중요시해야 된다.

06 빈출

매슬로우(Maslow)의 욕구단계 이론 중 제 2단계의 욕구에 해당하는 것은?

① 사회적 욕구
② 안전에 대한 욕구
③ 자아실현의 욕구
④ 존경과 긍지에 대한 욕구

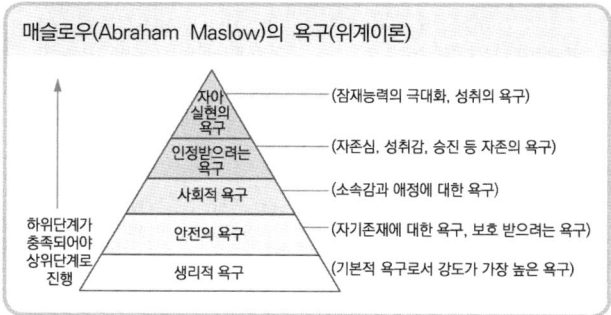

07

특성에 따른 안전교육의 3단계에 포함되지 않는 것은?

① 태도교육 ② 지식교육
③ 직무교육 ④ 기능교육

> **안전보건 교육의 단계별 교육과정**
> ① 제1단계 : 지식교육   ② 제2단계 : 기능교육
> ③ 제3단계 : 태도교육

08

안전지식교육 실시 4단계에서 지식을 실제의 상황에 맞추어 문제를 해결해 보고 그 수법을 이해시키는 단계로 옳은 것은?

① 도입 ② 제시
③ 적용 ④ 확인

> **지식교육의 4단계(기본모델)**
>
> | 단계 | 구분 | 내용 |
> |---|---|---|
> | 제1단계 | 도입 | 학습자의 동기부여 및 마음의 안정 |
> | 제2단계 | 제시 | 강의순서대로 진행하며 설명. 교재를 통해 듣고 말하는 단계(확실한 이해) |
> | 제3단계 | 적용 | 지식을 실제상황에 맞추어 문제해결. 상호학습 및 토의 등으로 이해력 향상 |
> | 제4단계 | 확인 | 잘못된 이해를 수정하고, 요점을 정리하여 복습 |

09 빈출

산업안전보건법령상 다음 그림에 해당하는 안전·보건표지의 종류로 옳은 것은?

① 부식성물질 경고
② 산화성물질 경고
③ 인화성물질 경고
④ 폭발성물질 경고

> **경고표지**
>
> | 인화성물질 경고 | 산화성물질 경고 | 폭발성물질 경고 | 부식성물질 경고 |
> |---|---|---|---|

정답 05 ③ 06 ② 07 ③ 08 ③ 09 ③

10 ⭐

산업안전보건법령상 안전검사 대상 유해·위험기계의 종류에 포함되지 않는 것은?

① 전단기 ② 리프트
③ 곤돌라 ④ 교류아크용접기

안전검사 대상 유해·위험기계
① 프레스 ② 전단기
③ 크레인(정격하중 2톤 미만 제외) ④ 리프트
⑤ 압력용기 ⑥ 곤돌라
⑦ 국소배기장치(이동식 제외) ⑧ 원심기(산업용에 한정)
⑨ 롤러기(밀폐형 구조제외)
⑩ 사출성형기[형 체결력 294킬로뉴튼(kN) 미만 제외]
⑪ 고소작업대(화물자동차 또는 특수자동차에 탑재한 것으로 한정)
⑫ 컨베이어 ⑬ 산업용 로봇
⑭ 혼합기 ⑮ 파쇄기 또는 분쇄기

tip
법령개정으로 ⑭, ⑮ 내용이 추가되었으며, 2026년 6월 26일부터 시행

11

산업안전보건법령상 특별안전·보건교육 대상 작업별 교육내용 중 밀폐공간에서의 작업 시 교육내용에 포함되지 않는 것은? (단, 그 밖에 안전·보건관리에 필요한 사항은 제외한다.)

① 산소농도측정 및 작업환경에 관한 사항
② 유해물질이 인체에 미치는 영향
③ 보호구 착용 및 사용방법에 관한 사항
④ 사고 시의 응급처치 및 비상시 구출에 관한 사항

밀폐공간에서의 작업 시 특별안전보건교육의 내용
① 산소농도 측정 및 작업환경에 관한 사항
② 사고 시의 응급처치 및 비상시 구출에 관한 사항
③ 보호구 착용 및 보호 장비 사용에 관한 사항
④ 작업내용·안전작업방법 및 절차에 관한 사항
⑤ 장비·설비 및 시설 등의 안전점검에 관한 사항
⑥ 그 밖에 안전·보건 관리에 필요한 사항

12

다음 중 안전 태도 교육의 원칙으로 적절하지 않은 것은?

① 청취 위주의 대화를 한다.
② 이해하고 납득한다.
③ 항상 모범을 보인다.
④ 지적과 처벌 위주로 한다.

태도 교육의 기본 과정

청취 → 이해납득 → 모범(시범) → 평가(권장)

13

주의의 수준에서 중간 수준에 포함되지 않는 것은?

① 다른 곳에 주의를 기울이고 있을 때
② 가시 시야 내 부분
③ 수면 중
④ 일상과 같은 조건일 경우

의식 수준의 단계

단계 (phase)	의식 상태	생리적 상태
제 0 단계	무의식, 실신	수면, 뇌발작
제 I 단계	의식 흐림(subnormal), 의식 몽롱함	단조로움, 피로, 졸음, 술취함
제 II 단계	이완상태(relaxed) 정상(normal), 느긋한 기분	안정 기거, 휴식 시, 정례 작업 시(정상작업 시) 일반적으로 일을 시작할 때 안정된 행동
제 III 단계	상쾌한 상태(clear) 정상(normal), 분명한 의식	판단을 동반한 행동, 적극활동 시 가장 좋은 의식수준상태. 긴급 이상 상태를 의식할 때
제 IV 단계	과긴장 상태 (hypernormal, excited)	긴급방위반응. 당황해서 panic (감정흥분 시 당황한 상태)

정답 10 ④ 11 ② 12 ④ 13 ③

14 ⭐

다음 중 위험예지훈련 4라운드의 순서가 올바르게 나열된 것은?

① 현상파악 → 본질추구 → 대책수립 → 목표설정
② 현상파악 → 대책수립 → 본질추구 → 목표설정
③ 현상파악 → 본질추구 → 목표설정 → 대책수립
④ 현상파악 → 목표설정 → 본질추구 → 대책수립

위험예지훈련의 4라운드 진행법
① 1라운드 : 현상파악
② 2라운드 : 본질추구
③ 3라운드 : 대책수립
④ 4라운드 : 목표설정

15 ⭐

산업안전보건법령상 안전모의 종류(기호) 중 사용 구분에서 "물체의 낙하 또는 비래 및 추락에 의한 위험을 방지 또는 경감하고, 머리 부위 감전에 의한 위험을 방지하기 위한 것"으로 옳은 것은?

① A
② AB
③ AE
④ ABE

추락 및 감전 위험방지용 안전모의 종류

종류(기호)	사용구분
AB	물체의 낙하 또는 비래 및 추락에 의한 위험을 방지 또는 경감시키기 위한 것
AE	물체의 낙하 또는 비래에 의한 위험을 방지 또는 경감하고, 머리 부위 감전에 의한 위험을 방지하기 위한 것
ABE	물체의 낙하 또는 비래 및 추락에 의한 위험을 방지 또는 경감하고, 머리 부위 감전에 의한 위험을 방지하기 위한 것

16

산업안전보건법령상 상시 근로자 수의 산출내역에 따라, 연간 국내공사 실적액이 50억 원이고 건설업평균임금이 250만원이며, 노무비율은 0.06인 사업장의 상시 근로자수는?

① 10인
② 30인
③ 33인
④ 75인

건설업체의 환산 재해율

$$\text{상시근로자수} = \frac{\text{연간국내공사실적액} \times \text{노무비율}}{\text{건설업월평균임금} \times 12}$$

$$= \frac{50억 \times 0.06}{250만 \times 12} = 10인$$

17 ⭐

다음 중 무재해운동의 기본이념 3원칙에 포함되지 않는 것은?

① 무의 원칙
② 선취의 원칙
③ 참가의 원칙
④ 라인화의 원칙

무재해운동의 3대 원칙

무의 원칙	모든 잠재위험요인을 적극적으로 사전에 발견하고 파악·해결함으로써 산업재해의 근원적인 요소들을 없앤다는 것을 의미한다.
선취의 원칙	사업장 내에서 행동하기 전에 잠재위험요인을 발견하고 파악·해결하여 재해를 예방하는 것을 의미한다.
참가의 원칙	잠재위험요인을 발견하고 파악·해결하기 위하여 전원이 일치 협력하여 각자의 위치에서 적극적으로 문제해결을 하겠다는 것을 의미한다.

18

다음 중 산업심리의 5대 요소에 해당하지 않는 것은?

① 적성
② 감정
③ 기질
④ 동기

산업안전 심리의 5대 요소 : 기질, 동기, 습관, 습성, 감정

19

적응기제(Adjustment Mechanism)의 유형에서 "동일화(identification)"의 사례에 해당하는 것은?

① 운동시합에 진 선수가 컨디션이 좋지 않았다고 한다.
② 결혼에 실패한 사람이 고아들에게 정열을 쏟고 있다.
③ 아버지의 성공을 자신의 성공인 것처럼 자랑하며 거만한 태도를 보인다.
④ 동생이 태어난 후 초등학교에 입학한 큰 아이가 손가락을 빨기 시작했다.

동일화

무의식적으로 다른 사람을 닮아가는 현상으로 특히 자신에게 위협적인 대상이나 자신의 이상형과 자신을 동일시함으로써 열등감을 이겨내고 만족감을 느낌

정답 14① 15④ 16① 17④ 18① 19③

20
하인리히의 재해발생 원인 도미노이론에서 사고의 직접원인으로 옳은 것은?

① 통제의 부족
② 관리 구조의 부적절
③ 불안전한 행동과 상태
④ 유전과 환경적 영향

> **하인리히의 사고 연쇄반응 이론(도미노 이론)**
> 사회적 환경 및 유전적 요인 → 개인적 결함 → 불안전 행동 및 불안전 상태 → 사고 → 재해

2과목 인간공학 및 위험성 평가·관리

21
다음의 FT도에서 몇 개의 미니멀패스셋(minimal path sets)이 존재하는가?

① 1개
② 2개
③ 3개
④ 4개

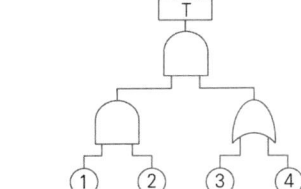

> **미니멀 패스셋(minimal path sets)**
> $T \to \begin{matrix} T_1 \\ T_2 \end{matrix} \to \begin{matrix} ① \\ ② \\ T_2 \end{matrix} \to \begin{matrix} (①) \\ (②) \\ (③④) \end{matrix}$

22
다음 중 생리적 스트레스를 전기적으로 측정하는 방법으로 옳지 않은 것은?

① 뇌전도(EEG)
② 근전도(EMG)
③ 전기 피부 반응(GSR)
④ 안구 반응(EOG)

> **안구 반응(EOG)**
> 안구 주변에 전극을 부착하여 안구운동에 의한 전위차를 측정하는 것으로 눈의 움직임을 통하여 상태를 파악하는 방법

23
FTA에서 모든 기본사상이 일어났을 때 톱(top)사상을 일으키는 기본사상의 집합을 무엇이라 하는가?

① 컷셋(Cut set)
② 최소 컷셋(Minimal Cut set)
③ 패스셋(Path set)
④ 최소 패스셋(Minimal Path set)

> **컷셋과 미니멀 컷셋**
> 정상사상을 발생시키는 기본사상의 집합으로 그 안에 포함되는 모든 기본사상이 발생할 때 정상사상을 발생시킬 수 있는 기본사상의 집합을 컷셋이라 하며, 컷셋의 집합 중에서 정상사상을 일으키기 위하여 필요한 최소한의 컷셋을 미니멀 컷셋이라 한다.

24
정보를 전송하기 위해 청각적 표시장치를 이용하는 것이 바람직한 경우로 적합한 것은?

① 전언이 복잡한 경우
② 전언이 이후에 재참조되는 경우
③ 전언이 공간적인 사건을 다루는 경우
④ 전언이 즉각적인 행동을 요구하는 경우

> **청각 장치와 시각 장치의 비교**
>
> | 청각 장치 사용 | 시각 장치 사용 |
> | --- | --- |
> | ① 전언이 간단하다. | ① 전언이 복잡하다. |
> | ② 전언이 짧다. | ② 전언이 길다. |
> | ③ 전언이 후에 재참조되지 않는다. | ③ 전언이 후에 재참조된다. |
> | ④ 수신자가 시각계통이 과부하상태일 때 | ④ 수신자의 청각 계통이 과부하 상태일 때 |
> | ⑤ 전언이 즉각적인 행동을 요구한다(긴급할 때) | ⑤ 전언이 즉각적인 행동을 요구하지 않는다. |

정답 20 ③ 21 ③ 22 ④ 23 ① 24 ④

25
위팔은 자연스럽게 수직으로 늘어뜨린 채 아래팔만을 편하게 뻗어 작업할 수 있는 범위는?

① 정상작업역 ② 최대작업역
③ 최소작업역 ④ 작업포락면

> **수평작업대**
> ① 정상작업역 : 위팔을 자연스럽게 수직으로 늘어뜨리고, 아래팔만으로 편하게 뻗어 파악할 수 있는 영역
> ② 최대작업역 : 아래팔과 위팔을 모두 곧게 펴서 파악할 수 있는 영역

26
고장형태 및 영향분석(FMEA : Failure Mode and Effect Analysis)에서 치명도 해석을 포함시킨 분석 방법으로 옳은 것은?

① CA   ② ETA
③ FMETA   ④ FMECA

> **FMECA**
> FMEA를 실시한 결과 고장 등급이 높은 고장모드가 시스템이나 기기의 고장에 어느 정도로 기여하는가를 정량적으로 계산하고, 고장모드가 시스템이나 기기에 미치는 영향을 정량적으로 평가하는 방법 (FMEA에 치명도 해석을 포함시킨 것을 FMECA라고 한다.)

27 ★
조종장치를 통한 인간의 통제 아래 기계가 동력원을 제공하는 시스템의 형태로 옳은 것은?

① 기계화 시스템   ② 수동 시스템
③ 자동화 시스템   ④ 컴퓨터 시스템

> **인간 기계 시스템의 유형**
> | 수동 시스템 | 인간의 신체적인 힘을 동력원으로 사용하여 작업통제(동력원 및 제어 : 인간, 수공구나 기타 보조물로 구성) : 다양성 있는 체계로 능력을 최대한 활용하는 시스템 |
> | 기계 시스템 | ① 반자동시스템, 변화가 적은 기능들을 수행하도록 설계(고도로 통합된 부품들로 구성되며 융통성이 없는 체계) ② 동력은 기계가 제공, 조정장치를 사용한 통제는 인간이 담당 |
> | 자동 시스템 | ① 감지, 정보처리 및 의사결정 행동을 포함한 모든 임무 수행 (완전하게 프로그램 되어야 함) ② 대부분 폐회로 체계이며, 신뢰성이 완전하지 못하여 감시, 프로그램 작성 및 수정, 정비유지 등은 인간이 담당 |

28
일반적으로 인체에 가해지는 온·습도 및 기류 등의 외적변수를 종합적으로 평가하는 데에는 "불쾌지수"라는 지표가 이용된다. 불쾌지수의 계산식이 다음과 같은 경우, 건구온도와 습구온도의 단위로 옳은 것은?

$$\text{불쾌지수} = 0.72 \times (\text{건구온도} + \text{습구온도}) + 40.6$$

① 실효온도   ② 화씨온도
③ 절대온도   ④ 섭씨온도

> **불쾌지수에 관련된 사항**
> ① 섭씨 = (건구온도 + 습구온도) × 0.72 + 40.6
> ② 화씨 = (건구온도 + 습구온도) × 0.4 + 15

29
음의 강약을 나타내는 기본 단위는?

① dB   ② pont
③ hertz   ④ diopter

> 데시벨(dB) : 벨(bel)의 1/10이며, 음압수준을 나타내는 단위

30 ★
FT도에 사용되는 논리기호 중 AND 게이트에 해당하는 것은?

① 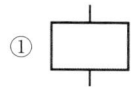 ②   ③  ④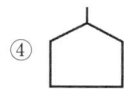

> **논리기호**
> | AND게이트 | OR 게이트 | 결함사상 | 통상사상 |
> |---|---|---|---|

정답 25 ① 26 ④ 27 ① 28 ④ 29 ① 30 ③

31

서서 하는 작업의 작업대 높이에 대한 설명으로 옳지 않은 것은?

① 정밀작업의 경우 팔꿈치 높이보다 약간 높게 한다.
② 경작업의 경우 팔꿈치 높이보다 약간 낮게 한다.
③ 중작업의 경우 경작업의 작업대 높이보다 약간 낮게 한다.
④ 작업대의 높이는 기준을 지켜야 하므로 높낮이가 조절되어서는 안 된다.

> **작업대 높이**
> 작업대 높이는 팔꿈치 각도가 90도를 이루는 자세로 작업할 수 있도록 조절하고 근로자와 작업면의 각도 등을 적절히 조절할 수 있도록 한다.

32

체계 설계 과정의 주요 단계 중 가장 먼저 실시되어야 하는 것은?

① 기본설계 ② 계면설계
③ 체계의 정의 ④ 목표 및 성능 명세 결정

> **체계 설계 과정의 주요단계**
> ① 1단계 : 목표 및 성능 명세 결정
> ② 2단계 : 시스템(체계)의 정의
> ③ 3단계 : 기본설계
> ④ 4단계 : 인터페이스(계면)설계
> ⑤ 5단계 : 촉진물 설계
> ⑥ 6단계 : 시험 및 평가

33

작업장 내부의 추천반사율이 가장 낮아야 하는 곳은?

① 벽 ② 천장
③ 바닥 ④ 가구

> **추천반사율**
>
> | 바닥 | 가구, 사무용기기, 책상 | 창문 발(blind), 벽 | 천장 |
> |---|---|---|---|
> | 20 ~ 40% | 25 ~ 45% | 40 ~ 60% | 80 ~ 90% |

34

인간의 정보처리 기능 중 그 용량이 7개 내외로 작아, 순간적 망각 등 인적 오류의 원인이 되는 것은?

① 지각 ② 작업 기억
③ 주의력 ④ 감각보관

> **작업 기억**
> ① 현재 주의를 기울여 의식하고 있는 기억으로 감각기관을 통해 입력된 정보를 단기적으로 기억하며 능동적으로 이해하고 조작하는 과정을 말한다.
> ② 밀러(Miller)는 작업 기억의 용량에 대해 어느 한 순간에 오직 7개(±2)의 항목만이 즉시 기억으로 유지된다는 매직넘버를 제시하였다.

35

예비위험분석(PHA)에 대한 설명으로 옳은 것은?

① 관련된 과거 안전점검결과의 조사에 적절하다.
② 안전관련 법규 조항의 준수를 위한 조사방법이다.
③ 시스템 고유의 위험성을 파악하고 예상되는 재해의 위험수준을 결정한다.
④ 초기 단계에서 시스템 내의 위험요소가 어떠한 위험상태에 있는가를 정성적으로 평가하는 것이다.

> **PHA(예비위험분석)**
> 시스템 안전 프로그램에 있어서 최초단계(구상단계)의 분석으로, 시스템 내의 위험한 요소가 얼마나 위험한 상태에 있는가를 정성적으로 평가하는 방법

36

그림과 같은 시스템의 신뢰도로 옳은 것은? (단, 그림의 숫자는 각 부품의 신뢰도이다.)

① 0.6261 ② 0.7371
③ 0.8481 ④ 0.9591

> **신뢰도 계산**
> $R = 0.9 \times [1-(1-0.7)(1-0.7)] \times 0.9 = 0.7371$

정답 31 ④ 32 ④ 33 ③ 34 ② 35 ④ 36 ②

37

인간오류의 분류 중 원인에 의한 분류의 하나로 작업자 자신으로부터 발생하는 에러로 옳은 것은?

① Command error ② Secondary error
③ Primary error ④ Third error

원인의 레벨적 분류	
Primary error	작업자 자신으로부터 발생한 에러(안전교육으로 예방)
Secondary error	작업형태, 작업조건 중에서 다른 문제가 발생하여 필요한 직무나 절차를 수행할 수 없는 에러
Command error	작업자가 움직이려 해도 필요한 물건, 정보, 에너지 등이 공급되지 않아서 작업자가 움직일 수 없는 상황에서 발생한 에러

38

신뢰성과 보전성 개선을 목적으로 하는 효과적인 보전기록 자료에 해당하지 않는 것은?

① 설비이력카드 ② 자재관리표
③ MTBF분석표 ④ 고장원인대책표

> 자재관리표는 효과적인 자재의 관리와 사용을 위해 필요한 것이므로 보전성 개선과는 거리가 멀다.

39

인간의 시각특성을 설명한 것으로 옳은 것은?

① 적응은 수정체의 두께가 얇아져 근거리의 물체를 볼 수 있게 되는 것이다.
② 시야는 수정체의 두께 조절로 이루어진다.
③ 망막은 카메라의 렌즈에 해당된다.
④ 암조응에 걸리는 시간은 명조응보다 길다.

> 암조응(Dark Adaptation)
> ① 밝은 곳에서 어두운 곳으로 갈 때 : 원추세포의 감수성 상실, 간상세포에 의해 물체 식별
> ② 완전 암조응 : 보통 30~40분 소요(명조응은 수초 내지 1~2분)

40

레버를 10 움직이면 표시장치는 1cm 이동하는 조종 장치가 있다. 레버의 길이가 20cm라고 하면 이 조종 장치의 통제표시비(C/D 비)는 약 얼마인가?

① 1.27 ② 2.38
③ 3.49 ④ 4.51

> 조종 - 표시장치 이동비율(C/D비)
> $$C/D비 = \frac{(a/360) \times 2\pi L}{표시장치의 이동거리} = \frac{(10/360) \times 2 \times \pi \times 20}{1} = 3.491$$

3과목 기계·기구 및 설비 안전 관리

41

지게차 헤드가드의 안전기준에 관한 설명으로 맞는 것은?

① 상부 틀의 각 개구의 폭 또는 길이가 20cm 이상일 것
② 강도는 지게차의 최대하중의 2배 값(4톤을 넘는 값에 대해서는 4톤으로 한다.)의 등분포정하중에 견딜 수 있을 것
③ 운전자가 서서 조작하는 방식의 지게차의 경우에는 운전석의 바닥면에서 헤드가드의 상부틀 하면까지의 높이가 2.5m 이상일 것
④ 운전자가 앉아서 조작하는 방식의 지게차의 경우에는 운전자의 좌석 윗면에서 헤드가드의 상부틀 아랫면까지의 높이가 1.8m 이상일 것

> 지게차의 헤드가드 설치기준
> ① 강도는 지게차의 최대하중의 2배의 값(그 값이 4톤을 넘는 것에 대하여서는 4톤으로 한다)의 등분포정하중에 견딜 수 있는 것일 것
> ② 상부 틀의 각 개구의 폭 또는 길이가 16cm 미만일 것
> ③ 운전자가 앉아서 조작하거나 서서 조작하는 지게차의 헤드가드는 한국산업표준에서 정하는 높이 기준 이상일 것

정답 37 ③ 38 ② 39 ④ 40 ③ 41 ②

42

프레스에 금형 조정 작업 시 슬라이드가 갑자기 작동함으로써 근로자에게 발생할 우려가 있는 위험을 방지하기 위하여 사용하는 것은?

① 안전 블록
② 비상정지장치
③ 감응식 안전장치
④ 양수조작식 안전장치

안전블록
프레스 등의 금형을 부착·해체 또는 조정작업을 하는 때에는 근로자의 신체의 일부가 위험 한계 내에 들어갈 때에 슬라이드가 갑자기 작동함으로써 발생하는 근로자의 위험을 방지하기 위하여 안전블록을 사용하는 등 필요한 조치를 하여야 한다.

43 빈출

양수 조작식 방호장치에서 양쪽 누름버튼 간의 내측 거리는 몇 mm 이상이어야 하는가?

① 100
② 200
③ 300
④ 400

양수 조작식 방호장치 설치방법
① 정상동작표시등은 녹색, 위험표시등은 붉은색으로 하며, 쉽게 근로자가 볼 수 있는 곳에 설치
② 누름버튼을 양손으로 동시에 조작하지 않으면 작동시킬 수 없는 구조이어야 하며, 양쪽버튼의 작동시간 차이는 최대 0.5초 이내일 때 프레스가 동작
③ 누름버튼의 상호간 내측거리는 300mm 이상

44 빈출

프레스 작업 시 왕복 운동하는 부분과 고정 부분 사이에서 형성되는 위험점은?

① 물림점
② 협착점
③ 절단점
④ 회전말림점

협착점(Squeeze-point)
(1) 정의 : 왕복 운동하는 운동부와 고정부 사이에 형성
(2) 종류
 ① 프레스 금형 조립부위
 ② 전단기의 누름판 및 칼날부위
 ③ 선반 및 평삭기의 베드 끝 부위

45

선반에서 냉각재 등에 의한 생물학적 위험을 방지하기 위한 방법으로 틀린 것은?

① 냉각재가 기계에 잔류되지 않고 중력에 의해 수집탱크로 배유되도록 해야 한다.
② 냉각재 저장탱크에는 외부 이물질의 유입을 방지하기 위한 덮개를 설치해야 한다.
③ 특별한 경우를 제외하고는 정상 운전 시 전체 냉각재가 계통 내에서 순환되고 냉각재 탱크에 체류하지 않아야 한다.
④ 배출용 배관의 지름은 대형 이물질이 들어가지 않도록 작아야 하고, 지면과 수평이 되도록 제작해야 한다.

냉각재 등에 의한 생물학적 위험 방지
① 정상 운전 시 전체 냉각재가 계통 내에서 순환되고 냉각재 탱크에 체류하지 않을 것
② 냉각재가 기계에 잔류되지 않고 중력에 의해 수집탱크로 배유되도록 할 것
③ 배출용 배관의 직경은 슬러지의 체류를 최소화할 수 있을 정도의 충분한 크기이고 적정한 기울기를 부여할 것
④ 냉각재 저장탱크에는 외부 이물질의 유입을 방지하기 위한 덮개를 설치할 것
⑤ 필터장치가 구비되어 있을 것. 등

46 빈출

"가"와 "나"에 들어갈 내용으로 옳은 것은?

순간풍속이 (가)를 초과하는 경우에는 타워크레인의 설치, 수리, 점검 또는 해체작업을 중지하여야 하며, 순간풍속이 (나)를 초과하는 경우에는 타워크레인의 운전작업을 중지하여야 한다.

① 가. 10m/s, 나. 15m/s
② 가. 10m/s, 나. 25m/s
③ 가. 20m/s, 나. 35m/s
④ 가. 20m/s, 나. 45m/s

강풍 시 타워크레인의 작업제한
① 순간풍속이 매초당 10미터 초과 : 타워크레인의 설치·수리·점검 또는 해체 작업 중지
② 순간풍속이 매초당 15미터 초과 : 타워크레인의 운전 작업 중지

정답 42 ① 43 ③ 44 ② 45 ④ 46 ①

47

크레인 작업 시 300kg의 질량을 10m/s²의 가속도로 감아올릴 때 로프에 걸리는 총 하중은 약 몇 N인가? (단, 중력가속도는 9.81m/s²로 한다.)

① 2,943
② 3,000
③ 5,943
④ 8,886

와이어로프에 걸리는 총 하중 계산

① 동하중(W_2) = $\dfrac{W_1}{g} \times a = \dfrac{300}{9.81} \times 10 = 305.81\text{kg}$

② 총하중(W) = 정하중(W_1) + 동하중(W_2) = 300 + 305.81 = 605.81

③ $605.81\text{kgf} \times 9.81\text{m/s}^2 = 5,942.99\text{N}$

---

48 ★

롤러기의 급정지를 위한 방호장치를 설치하고자 한다. 앞면 롤러의 지름이 30cm이고, 회전수가 30rpm일 때 요구되는 급정지거리의 기준은?

① 급정지거리가 앞면 롤러 원주의 1/3 이상일 것
② 급정지거리가 앞면 롤러 원주의 1/3 이내일 것
③ 급정지거리가 앞면 롤러 원주의 1/2.5 이상일 것
④ 급정지거리가 앞면 롤러 원주의 1/2.5 이내일 것

롤러의 급정지거리

① 표면속도(V) = $\dfrac{\pi \times 300 \times 30}{1,000} = 28.27\text{m/분}$

② 30m/분 미만이므로 급정지거리는 앞면 롤러 원주의 1/3 이내에 해당된다.

49

프레스의 작업 시작 전 점검사항으로 거리가 먼 것은?

① 클러치 및 브레이크의 기능
② 금형 및 고정 볼트 상태
③ 전단기(勢斷機)의 칼날 및 테이블의 상태
④ 언로드 밸브의 기능

프레스의 작업 시작 전 점검사항

① 클러치 및 브레이크의 기능
② 크랭크축·플라이휠·슬라이드·연결봉 및 연결 나사의 풀림 유무
③ 1행정 1정지 기구·급정지장치 및 비상정지장치의 기능
④ 슬라이드 또는 칼날에 의한 위험방지 기구의 기능
⑤ 프레스의 금형 및 고정 볼트 상태
⑥ 방호장치의 기능
⑦ 전단기의 칼날 및 테이블의 상태

50

드릴 작업 시 올바른 작업안전수칙이 아닌 것은?

① 구멍을 뚫을 때 관통된 것을 확인하기 위해 손으로 만져서는 안 된다.
② 드릴을 끼운 후에 척 렌치(chuck wrench)를 부착한 상태에서 드릴 작업을 한다.
③ 작업모를 착용하고 옷소매가 긴 작업복은 입지 않는다.
④ 보호 안경을 쓰거나 안전덮개를 설치한다.

드릴 작업 시 안전대책

① 일감은 견고히 고정, 손으로 잡고 하는 작업금지
② 드릴을 끼운 후 척 렌치는 반드시 빼둘 것
③ 장갑 착용 금지 및 칩은 브러시로 제거
④ 구멍 뚫기 작업 시 손으로 관통 확인 금지
⑤ 구멍이 관통된 후에는 기계 정지 후 손으로 돌려서 드릴을 뺄 것

51

근로자에게 위험을 미칠 우려가 있는 원동기, 축이음, 풀리 등에 설치하여야 하는 것은?

① 덮개
② 압력계
③ 통풍장치
④ 과압방지기

회전부의 덮개 또는 울 설치

원동기, 축이음, 벨트, 풀리의 회전부위 등 근로자에게 위험을 미칠 우려가 있는 부위

정답 47 ③ 48 ② 49 ④ 50 ② 51 ①

52 ⭐

다음 중 연삭기를 이용한 작업의 안전대책으로 가장 옳은 것은?

① 연삭숫돌의 최고 원주 속도 이상으로 사용하여야 한다.
② 운전 중 연삭숫돌의 균열 확인을 위해 수시로 충격을 가해 본다.
③ 정밀한 작업을 위해서는 연삭기의 덮개를 벗기고 숫돌의 정면에 서서 작업한다.
④ 작업시작 전에는 1분 이상 시운전을 하고 숫돌의 교체 시에는 3분 이상 시운전을 한다.

연삭숫돌의 안전기준
① 덮개의 설치 기준 : 직경이 5cm 이상인 연삭숫돌
② 작업 시작하기 전 1분 이상, 연삭숫돌을 교체한 후 3분 이상 시운전
③ 시운전에 사용하는 연삭숫돌은 작업 시작 전 결함유무 확인 후 사용
④ 삭숫돌의 최고 사용회전속도 초과 사용금지
⑤ 측면을 사용하는 것을 목적으로 하는 연삭숫돌 이외의 연삭숫돌은 측면 사용금지

53

산업용 로봇의 작동범위에서 그 로봇에 관하여 교시 등의 작업을 하는 경우 작업시작 전 점검사항에 해당하지 않는 것은? (단, 로봇의 동력원을 차단하고 행하는 것을 제외한다.)

① 회전부의 덮개 또는 울 부착 여부
② 제동장치 및 비상정지장치의 기능
③ 외부전선의 피복 또는 외장의 손상 유무
④ 매니퓰레이터(manipulator) 작동의 이상 유무

산업용 로봇의 작업시작 전 점검사항
① 외부전선의 피복 또는 외장의 손상 유무
② 매니퓰레이터(manipulator) 작동의 이상 유무
③ 제동장치 및 비상정지장치의 기능

54

기계설비의 안전화를 크게 외관의 안전화, 기능의 안전화, 구조적 안전화로 구분할 때, 기능의 안전화에 해당되는 것은?

① 안전율의 확보
② 위험부위 덮개 설치
③ 기계 외관에 안전 색채 사용
④ 전압 강하 시 기계의 자동 정지

기능상의 안전화
(1) 적절한 조치가 필요한 이상상태 : 전압의 강하, 정전 시 오동작, 단락 스위치나 릴레이 고장 시 오동작, 사용압력 고장 시 오동작, 밸브 계통의 고장에 의한 오동작 등
(2) 소극적 대책
  ① 이상 시 기계 급정지
  ② 안전장치 작동
(3) 적극적 대책
  ① 전기회로 개선 오동작 방지
  ② 정상기능 찾도록 완전한 회로 설계
  ③ 페일 세이프

55

기계장치의 안전설계를 위해 적용하는 안전율 계산식은?

① 안전하중 ÷ 설계하중
② 최대사용하중 ÷ 극한강도
③ 극한강도 ÷ 최대설계응력
④ 극한강도 ÷ 파단하중

안전율의 산정 방법

$$\text{안전율} = \frac{\text{기초강도}}{\text{허용응력}} = \frac{\text{최대응력}}{\text{허용응력}} = \frac{\text{파괴하중}}{\text{최대사용하중}} = \frac{\text{극한강도}}{\text{최대설계응력}} = \frac{\text{파단하중}}{\text{안전하중}}$$

56

컨베이어(conveyer)의 역전방지장치 형식이 아닌 것은?

① 램식 ② 라쳇식
③ 롤러식 ④ 전기 브레이크식

역전방지장치 및 브레이크
① 기계적인 것 : 라쳇식, 롤러식, 밴드식, 웜기어 등
② 전기적인 것 : 전기 브레이크, 슬러스트 브레이크 등

정답 52 ④ 53 ① 54 ④ 55 ③ 56 ①

57
프레스 가공품의 이송방법으로 2차 가공용 송급배출장치가 아닌 것은?

① 다이얼 피더(dial feeder)
② 롤 피더(roll feeder)
③ 푸셔 피더(pusher feeder)
④ 트랜스퍼 피더(transfer feeder)

> **송급장치**
> ① 1차 가공용 송급장치 : 롤 피더(Roll feeder)
> ② 2차 가공용 송급장치 : 슈트, 푸셔 피더(Pusher feeder), 다이얼 피더(Dial feeder), 트랜스퍼 피더(Transfer feeder) 등
> ③ 슬라이딩 다이(Sliding die)

58 ★빈출
압력용기에서 안전밸브를 2개 설치한 경우 그 설치방법으로 옳은 것은? (단, 해당하는 압력용기가 외부화재에 대한 대비가 필요한 경우로 한정한다.)

① 1개는 최고사용압력 이하에서 작동하고 다른 1개는 최고사용압력의 1.1배 이하에서 작동하도록 한다.
② 1개는 최고사용압력 이하에서 작동하고 다른 1개는 최고사용압력의 1.2배 이하에서 작동하도록 한다.
③ 1개는 최고사용압력의 1.05배 이하에서 작동하고 다른 1개는 최고사용압력의 1.1배 이하에서 작동하도록 한다.
④ 1개는 최고사용압력의 1.05배 이하에서 작동하고 다른 1개는 최고사용압력의 1.2배 이하에서 작동하도록 한다.

> 안전밸브는 보호하려는 설비의 최고사용압력 이하에서 작동되도록 하여야 한다. 다만, 안전밸브 등이 2개 이상 설치된 경우에 1개는 최고사용압력의 1.05배(외부화재를 대비한 경우에는 1.1배) 이하에서 작동되도록 설치할 수 있다.

59
사고 체인의 5요소에 해당하지 않는 것은?

① 함정(trap)
② 충격(impact)
③ 접촉(contact)
④ 결함(flaw)

> 위험의 5요소 : 함정(trap), 충격, 접촉, 얽힘 또는 말림, 튀어나옴

60
범용 수동 선반의 방호조치에 대한 설명으로 틀린 것은?

① 대형 선반의 후면 칩 가드는 새들의 전체 길이를 방호할 수 있어야 한다.
② 척 가드의 폭은 공작물의 가공작업에 방해되지 않는 범위에서 척 전체 길이를 방호해야 한다.
③ 수동조작을 위한 제어장치는 정확한 제어를 위해 조작 스위치를 돌출형으로 제작해야 한다.
④ 스핀들 부위를 통한 기어박스에 접촉될 위험이 있는 경우에는 해당부위에 잠금장치가 구비된 가드를 설치하고 스핀들 회전과 연동회로를 구성해야 한다.

> **범용 수동 선반의 방호조치(보기 외에)**
> ① 수동조작을 위한 제어장치에는 매입형 스위치의 사용 등 불시접촉에 의한 기동을 방지하기 위한 조치를 해야 한다.
> ② 척 가드의 개방 시 스핀들의 작동이 정지되도록 연동회로를 구성할 것
> ③ 가드의 폭은 새들 폭 이상일 것
> ④ 전면 칩 가드는 심압대가 베드 끝단부에 위치하고 있고 공작물 고정 장치에서 심압대까지 가드를 연장시킬 수 없는 경우에는 부착위치를 조정할 수 있을 것
> ⑤ 심압대에는 베드 끝단부에서의 이탈을 방지하기 위한 조치를 해야 한다.

4과목 전기 및 화학설비 안전 관리

61
전폐형 방폭구조가 아닌 것은?

① 압력방폭구조
② 내압방폭구조
③ 유입방폭구조
④ 안전증방폭구조

> **안전증방폭구조**
> 기계적, 전기적 구조상 또는 온도상승에 대해서 특히 안전도를 증가시킨 구조로 전폐형과는 개념이 다른 구조

정답 57 ② 58 ① 59 ④ 60 ③ 61 ④

62

혼촉방지판이 부착된 변압기를 설치하고 혼촉방지판을 접지시켰다. 이러한 변압기를 사용하는 주요 이유는?

① 2차 측의 전류를 감소시킬 수 있기 때문에
② 누전전류를 감소시킬 수 있기 때문에
③ 2차 측에 비접지 방식을 채택하면 감전 시 위험을 감소시킬 수 있기 때문에
④ 전력의 손실을 감소시킬 수 있기 때문에

> 고압 또는 특고압과 저압을 결합한 변압기의 저압측 중성점에서는 고저압의 혼촉에 의한 위험을 예방하기 위하여 접지공사를 한다. 그러나 저압을 비접지로 하는 것이 감전 시 위험을 감소시킬 수 있는 등 유리한 경우가 있으므로 고압 또는 특고압과 저압의 권선사이에 혼촉 방지판을 마련하여 이것을 접지하면 저압측을 비접지식으로 사용할 수 있다.

63

산업안전보건법상 전기기계·기구의 누전에 의한 감전 위험을 방지하기 위하여 접지를 하여야 하는 사항으로 틀린 것은?

① 전기기계·기구의 금속제 내부 충전부
② 전기기계·기구의 금속제 외함
③ 전기기계·기구의 금속제 외피
④ 전기기계·기구의 금속제 철대

> 접지를 해야 하는 대상 부분
> ① 전기기계·기구의 금속제 외함, 금속제 외피 및 철대
> ② 고정 설치되거나 고정배선에 접속된 전기기계·기구의 노출된 비충전 금속체 중 충전될 우려가 있는 해당하는 비충전 금속체
> ③ 전기를 사용하지 아니하는 설비 중 해당하는 금속체

64 빈출

인체가 현저히 젖어있는 상태 또는 금속성의 전기·기계 장치나 구조물에 인체의 일부가 상시 접촉되어 있는 상태에서의 허용접촉전압으로 옳은 것은?

① 2.5V 이하
② 25V 이하
③ 50V 이하
④ 75V 이하

허용 접촉전압

종별	접촉 상태	허용접촉전압
제1종	• 인체의 대부분이 수중에 있는 경우	2.5V 이하
제2종	• 인체가 현저하게 젖어있는 경우 • 금속성의 전기기계장치나 구조물에 인체의 일부가 상시 접촉되어 있는 경우	25V 이하
제3종	• 제1종, 제2종 이외의 경우로 통상의 인체상태에 있어서 접촉전압이 가해지면 위험성이 높은 경우	50V 이하
제4종	• 제1종, 제2종 이외의 경우로 통상의 인체상태에 있어서 접촉전압이 가해지더라도 위험성이 낮은 경우 • 접촉전압이 가해질 우려가 없는 경우	제한없음

65 빈출

방폭구조의 명칭과 표기기호가 잘못 연결된 것은?

① 안전증방폭구조 : e
② 유입(油入)방폭구조 : o
③ 내압(耐壓)방폭구조 : p
④ 본질안전방폭구조 : ia 또는 ib

방폭구조의 기호

종류	내압	압력	유입	안전증	몰드	충전	비점화	본질안전	특수
기호	d	p	o	e	m	q	n	i	s

66

변압기 전로의 1선 지락전류가 6A일 때 변압기 중성점 접지공사의 접지저항 값은? (단, 자동전로차단장치는 설치되지 않았다.)

① 10Ω
② 15Ω
③ 20Ω
④ 25Ω

> 변압기 중성점 접지공사의 접지저항
> 접지저항 $= \dfrac{150}{1선지락전류(A)}(\Omega) = \dfrac{150}{6} = 25(\Omega)$

정답 62 ③ 63 ① 64 ② 65 ③ 66 ④

67 ⭐빈출

아크 용접 작업 시 감전재해 방지에 쓰이지 않는 것은?

① 보호면
② 절연장갑
③ 절연용접봉 홀더
④ 자동전격방지장치

> **아크 용접 작업 시 감전방지대책**
> ① 자동전격방지기 설치
> ② 용접봉 절연홀더를 규격품으로 사용
> ③ 아크에 견디는 적정 케이블 사용
> ④ 용접기 외함을 접지하고 누전차단기 설치
> ⑤ 절연장갑 착용 등

68

파이프 등에 유체가 흐를 때 발생하는 유동대전에 가장 큰 영향을 미치는 요인은?

① 유체의 이동거리
② 유체의 점도
③ 유체의 속도
④ 유체의 양

> **유동대전**
> ① 액체류를 파이프 등으로 수송할 때 액체류가 파이프 등과 접촉하여 두 물질의 경계에 전기 2중층이 형성되어 정전기가 발생한다.
> ② 액체류의 유동속도가 정전기 발생에 큰 영향을 준다.

69 ⭐빈출

정전기 발생의 원인에 해당되지 않는 것은?

① 마찰
② 냉장
③ 박리
④ 충돌

> **정전기 발생현상**
>
> | | |
> |---|---|
> | 마찰대전 | 두 물질이 접촉과 분리과정이 반복되면서 마찰을 일으킬 때 전하분리가 생기면서 정전기가 발생 |
> | 박리대전 | 상호 밀착해 있던 물체가 떨어지면서 전하 분리가 생겨 정전기가 발생 |
> | 유동대전 | 액체류를 파이프 등으로 수송할 때 액체류가 파이프 등과 접촉하여 두 물질의 경계에 전기 2중층이 형성되어 정전기가 발생 |
> | 분출대전 | 분체류, 액체류, 기체류가 단면적이 작은 개구부를 통해 분출할 때 분출물질과 개구부의 마찰로 인하여 정전기가 발생 |
> | 충돌대전 | 분체류에 의한 입자끼리 또는 입자와 고정된 고체의 충돌, 접촉, 분리 등에 의해 정전기가 발생 |

70

충전전로의 선간전압이 121kV 초과 145kV 이하의 활선 작업 시 충전전로에 대한 접근한계거리(cm)는?

① 130
② 150
③ 170
④ 230

> **충전전로에서의 전기 작업**
>
> | 충전전로의 선간전압
(단위 : 킬로볼트) | 충전전로에 대한 접근한계거리
(단위 : 센티미터) |
> |---|---|
> | 0.3 이하 | 접촉금지 |
> | 0.3 초과 0.75 이하 | 30 |
> | 0.75 초과 2 이하 | 45 |
> | 2 초과 15 이하 | 60 |
> | 15 초과 37 이하 | 90 |
> | 37 초과 88 이하 | 110 |
> | 88 초과 121 이하 | 130 |
> | 121 초과 145 이하 | 150 |
> | 145 초과 169 이하 | 170 |
> | 169 초과 242 이하 | 230 |

71

아세틸렌(C_2H_2)의 공기 중 완전연소 조성농도(Cst)는 약 얼마인가?

① 6.7vol%
② 7.0vol%
③ 7.4vol%
④ 7.7vol%

> $$Cst = \frac{100}{1+4.773\left(n+\frac{m-f-2\lambda}{4}\right)} = \frac{100}{1+4.773\left(2+\frac{2}{4}\right)}$$
> $$= 7.73 \text{vol}\%$$

72

다음 중 폭굉(detonation) 현상에 있어서 폭굉파의 진행 전면에 형성되는 것은?

① 증발열
② 충격파
③ 역화
④ 화염의 대류

> **폭굉과 폭굉파**
> ① 폭굉이란 폭발 범위 내의 특정 농도 범위에서 연소 속도가 폭발에 비해 수백 내지 수천 배에 달하는 현상
> ② 폭굉파는 진행 속도가 1,000~3,500m/s에 달하는 경우
> ③ 폭굉파의 전파 속도는 음속을 앞지르기 때문에 그 진행전면에 충격파가 형성되어 파괴 작용을 동반

정답 67 ① 68 ③ 69 ② 70 ② 71 ④ 72 ②

73

위험물안전관리법령상 제4류 위험물(인화성 액체)이 갖는 일반 성질로 가장 거리가 먼 것은?

① 증기는 대부분 공기보다 무겁다.
② 대부분 물보다 가볍고 물에 잘 녹는다.
③ 대부분 유기화합물이다.
④ 발생증기는 연소하기 쉽다.

제4류 위험물(인화성 액체)
① 가연성 물질로 인화성 증기를 발생하는 액체위험물, 인화되기 매우 쉽고 착화온도가 낮은 것은 위험(증기는 공기와 약간만 혼합해도 연소의 우려)
② 점화원이나 고온체의 접근을 피하고, 증기발생을 억제해야 한다.
③ 증기는 공기보다 무겁고, 물보다 가벼우며, 물에 녹기 어렵다.

74 빈출

다음 중 분진폭발에 대한 설명으로 틀린 것은?

① 일반적으로 입자의 크기가 클수록 위험이 더 크다.
② 산소의 농도는 분진폭발 위험에 영향을 주는 요인이다.
③ 주위 공기의 난류확산은 위험을 증가시킨다.
④ 가스폭발에 비하여 불완전 연소를 일으키기 쉽다.

입자의 직경
평균 입자의 직경이 작고 밀도가 작은 것일수록 비표면적은 크게 되고 표면에너지도 크게 되어 위험성이 크다.

75 빈출

산업안전보건기준에 관한 규칙에 따라 폭발성 물질을 저장·취급하는 화학설비 및 그 부속설비를 설치할 때 단위공정시설 및 설비로부터 다른 단위공정시설 및 설비 사이의 안전거리는 설비 바깥 면으로부터 몇 m 이상 두어야 하는가? (단, 원칙적인 경우에 한한다.)

① 3
② 5
③ 10
④ 20

위험물 저장 취급 화학설비(안전거리)	
구분	안전거리
단위공정시설 및 설비로부터 다른 단위공정시설 및 설비의 사이	설비의 외면으로부터 10미터 이상
플레어스택으로부터 단위공정시설 및 설비, 위험물질 저장탱크 또는 위험물질 하역설비의 사이	플레어스택으로부터 반경 20미터 이상
위험물질 저장탱크로부터 단위공정시설 및 설비, 보일러 또는 가열로의 사이	저장탱크의 외면으로부터 20미터 이상
사무실·연구실·실험실·정비실 또는 식당으로부터 단위공정시설 및 설비, 위험물질 저장탱크, 위험물질 하역설비, 보일러 또는 가열로의 사이	사무실 등의 외면으로부터 20미터 이상

76

다음 중 가연성 가스가 아닌 것으로만 나열된 것은?

① 일산화탄소, 프로판
② 이산화탄소, 프로판
③ 일산화탄소, 산소
④ 산소, 이산화탄소

수소, 아세틸렌, 에틸렌, 메탄, 에탄, 프로판, 부탄 등은 인화성(가연성) 가스에 해당되며, 이산화탄소는 불활성기체, 산소는 조연성 가스에 해당된다.

77

산업안전보건기준에 관한 규칙에서 부식성 염기류에 해당하는 것은?

① 농도 30퍼센트인 과염소산
② 농도 30퍼센트인 아세틸렌
③ 농도 40퍼센트인 디아조화합물
④ 농도 40퍼센트인 수산화나트륨

부식성 물질	
산류	① 농도가 20퍼센트 이상인 염산, 황산, 질산, 기타 이와 동등 이상의 부식성을 가지는 물질 ② 농도가 60퍼센트 이상인 인산, 아세트산, 불산, 기타 이와 동등 이상의 부식성을 가지는 물질
염기류	농도가 40퍼센트 이상인 수산화나트륨, 수산화칼륨, 기타 이와 동등 이상의 부식성을 가지는 염기류

정답 73 ② 74 ① 75 ③ 76 ④ 77 ④

78

다음은 산업안전보건기준에 관한 규칙에서 정한 부식방지와 관련한 내용이다. (   )에 해당하지 않는 것은?

> 사업주는 화학설비 또는 그 배관(화학설비 또는 그 배관의 밸브나 콕은 제외한다) 중 위험물 또는 인화점이 섭씨 60도 이상인 물질이 접촉하는 부분에 대해서는 위험물질 등에 의하여 그 부분이 부식되어 폭발·화재 또는 누출되는 것을 방지하기 위하여 위험물질 등의 (   )·(   )·(   ) 등에 따라 부식이 잘 되지 않는 재료를 사용하거나 도장(塗裝) 등의 조치를 하여야 한다.

① 종류
② 온도
③ 농도
④ 색상

> **화학설비 또는 그 배관의 부식방지**
> 위험물 또는 인화점이 섭씨 60도 이상인 물질이 접촉하는 부분에 대해서는 위험물질 등에 의하여 그 부분이 부식되어 폭발·화재 또는 누출되는 것을 방지하기 위하여 위험물질 등의 종류·온도·농도 등에 따라 부식이 잘 되지 않는 재료를 사용하거나 도장(塗裝) 등의 조치를 하여야 한다.

79

나트륨은 물과 반응할 때 위험성이 매우 크다. 그 이유로 적합한 것은?

① 물과 반응하여 지연성 가스 및 산소를 발생시키기 때문이다.
② 물과 반응하여 맹독성 가스를 발생시키기 때문이다.
③ 물과 발열반응을 일으키면서 가연성 가스를 발생시키기 때문이다.
④ 물과 반응하여 격렬한 흡열반응을 일으키기 때문이다.

> 칼륨(K), 나트륨(Na) 등은 금수성 물질에 해당되는 위험물(알칼리금속)로 물과 반응하면 수소가 발생한다. 이때 많은 반응열이 발생하며, 발생한 수소와 공기 중의 산소가 반응해서 폭발이 일어나게 된다.

80

메탄올의 연소반응이 다음과 같을 때 최소산소농도(MOC)는 약 얼마인가? (단, 메탄올의 연소하한값(L)은 6.7vol%이다.)

$$CH_3OH + 1.5O_2 \rightarrow CO_2 + 2H_2O$$

① 1.5vol%
② 6.7vol%
③ 10vol%
④ 15vol%

> **MOC(최소산소농도)**
> ① 실험 데이터가 불충분할 경우(대부분의 탄화수소)
>   LFL × 산소의 양론계수(연소반응식)
> ② 6.7 × 1.5 = 10.05%

5과목   건설공사 안전 관리

81

가설구조물이 갖추어야 할 구비요건과 가장 거리가 먼 것은?

① 영구성
② 경제성
③ 작업성
④ 안전성

> **가설구조물의 구비요건**
>
> | | |
> |---|---|
> | 안전성 | 파괴 및 도괴 등에 대한 충분한 강도를 가질 것 |
> | 작업성(시공성) | 넓은 작업발판 및 공간 확보, 안전한 작업 자세 유지 |
> | 경제성 | 가설, 철거비 및 가공비 등 |

82

말비계를 조립하여 사용하는 경우에 준수해야 하는 사항으로 옳지 않은 것은?

① 지주부재의 하단에는 미끄럼 방지장치를 한다.
② 근로자는 양측 끝부분에 올라서서 작업하도록 한다.
③ 지주부재와 수평면의 기울기를 75° 이하로 한다.
④ 말비계의 높이가 2m를 초과하는 경우에는 작업발판의 폭을 40cm 이상으로 한다.

> **말비계의 조립 시 준수사항**
> ① 지주부재의 하단에는 미끄럼 방지장치를 하고, 양측 끝부분에 올라서서 작업하지 아니하도록 할 것
> ② 지주부재와 수평면과의 기울기를 75도 이하로 하고, 지주부재와 지주부재 사이를 고정시키는 보조부재를 설치할 것
> ③ 말비계의 높이가 2미터를 초과할 경우에는 작업발판의 폭을 40cm 이상으로 할 것

정답   78 ④   79 ③   80 ③   81 ①   82 ②

83

차량계 하역 운반기계에 화물을 적재할 때의 준수사항과 거리가 먼 것은?

① 하중이 한쪽으로 치우치지 않도록 적재할 것
② 구내운반차 또는 화물자동차의 경우 화물의 붕괴 또는 낙하에 의한 위험을 방지하기 위하여 화물에 로프를 거는 등 필요한 조치를 할 것
③ 운전자의 시야를 가리지 않도록 화물을 적재할 것
④ 제동장치 및 조정장치 기능의 이상 유무를 점검할 것

> **차량계 하역 운반기계의 화물적재 시 조치**
> ① 하중이 한쪽으로 치우치지 않도록 적재할 것
> ② 구내운반차 또는 화물자동차의 경우 화물의 붕괴 또는 낙하에 의한 위험을 방지하기 위하여 화물에 로프를 거는 등 필요한 조치를 할 것
> ③ 운전자의 시야를 가리지 않도록 화물을 적재할 것

84

콘크리트를 타설할 때 안전상 유의하여야 할 사항으로 옳지 않은 것은?

① 콘크리트를 치는 도중에는 거푸집, 지보공 등의 이상 유무를 확인한다.
② 진동기 사용 시 지나친 진동은 거푸집 도괴의 원인이 될 수 있으므로 적절히 사용해야 한다.
③ 최상부의 슬래브는 되도록 이어붓기를 하고 여러 번에 나누어 콘크리트를 타설한다.
④ 타워에 연결되어 있는 슈트의 접속이 확실한지 확인한다.

> **콘크리트 타설 시 주의사항**
> ① 친 콘크리트를 거푸집 안에서 횡방향으로 이동금지
> ② 한 구획 내의 콘크리트는 치기가 완료될 때까지 연속해서 타설
> ③ 최상부의 슬래브는 이어붓기를 피하고 동시에 전체를 타설 등

85

무한궤도식 장비와 타이어식(차륜식) 장비의 차이점에 관한 설명으로 옳은 것은?

① 무한궤도식은 기동성이 좋다.
② 타이어식은 승차감과 주행성이 좋다.
③ 무한궤도식은 경사지반에서의 작업에 부적당하다.
④ 타이어식은 땅을 다지는 데 효과적이다.

> **주행 방법에 의한 분류**
> ① 무한궤도식 : 경사지 또는 연약 지반에 유리
> ② 차륜식 : 속도 개선 효과가 증대

86

철근콘크리트 공사 시 활용되는 거푸집의 필요조건이 아닌 것은?

① 콘크리트의 하중에 대해 뒤틀림이 없는 강도를 갖출 것
② 콘크리트 내 수분 등에 대한 물 빠짐이 원활한 구조를 갖출 것
③ 최소한의 재료로 여러 번 사용할 수 있는 전용성을 가질 것
④ 거푸집은 조립·해체·운반이 용이하도록 할 것

> **거푸집의 필요조건**
> ① 가공 용이, 치수 정확
> ② 수밀성 확보, 내수성 유지
> ③ 경제성, 전용성
> ④ 외력에 강하고, 청소, 보수 용이 등

87

근로자가 추락하거나 넘어질 위험이 있는 장소에서 추락방호망의 설치 기준으로 옳지 않은 것은?

① 망의 처짐은 짧은 변 길이의 10% 이상이 되도록 할 것
② 추락방호망은 수평으로 설치할 것
③ 건축물 등의 바깥쪽으로 설치하는 경우 추락방호망의 내민 길이는 벽면으로부터 3m 이상 되도록 할 것
④ 추락방호망의 설치위치는 가능하면 작업면으로부터 가까운 지점에 설치하여야 하며, 작업면으로부터 망의 설치지점까지의 수직거리는 10m를 초과하지 아니할 것

> **추락방호망의 설치기준**
> ① 추락방호망의 설치위치는 가능하면 작업면으로부터 가까운 지점에 설치하여야 하며, 작업면으로부터 망의 설치지점까지의 수직거리는 10미터를 초과하지 아니할 것
> ② 추락방호망은 수평으로 설치하고, 망의 처짐은 짧은 변 길이의 12퍼센트 이상이 되도록 할 것
> ③ 건축물 등의 바깥쪽으로 설치하는 경우 망의 내민 길이는 벽면으로부터 3미터 이상 되도록 할 것

정답 83 ④ 84 ③ 85 ② 86 ② 87 ①

88 ⭐

공사현장에서 낙하물방지망 또는 방호선반을 설치할 때 설치높이 및 벽면으로부터 내민 길이 기준으로 옳은 것은?

① 설치높이 : 10m 이내마다, 내민 길이 2m 이상
② 설치높이 : 15m 이내마다, 내민 길이 2m 이상
③ 설치높이 : 10m 이내마다, 내민 길이 3m 이상
④ 설치높이 : 15m 이내마다, 내민 길이 3m 이상

> **낙하물방지망 또는 방호선반**
> ① 설치높이는 10m 이내마다 설치하고, 내민 길이는 벽면으로부터 2m 이상으로 할 것
> ② 수평면과의 각도는 20도 이상 30도 이하를 유지할 것

89 ⭐

다음 중 유해·위험방지계획서 작성 및 제출 대상에 해당되는 공사는?

① 지상높이가 20m인 건축물의 해체공사
② 깊이 9.5m인 굴착공사
③ 최대 지간거리가 50m인 교량건설공사
④ 저수용량 1천만 톤인 용수전용 댐

> **유해위험 방지계획서를 제출해야 될 건설공사**
> ① 다음 각목의 어느 하나에 해당하는 건축물 또는 시설 등의 건설, 개조 또는 해체공사
>   ㉠ 지상 높이가 31미터 이상인 건축물 또는 인공구조물
>   ㉡ 연면적 3만 제곱미터 이상인 건축물
>   ㉢ 연면적 5천 제곱미터 이상인 시설로서 다음의 어느 하나에 해당하는 시설
>   ㉮ 문화 및 집회시설   ㉯ 판매시설, 운수시설   ㉰ 종교시설
>   ㉱ 의료시설 중 종합병원   ㉲ 숙박시설 중 관광숙박시설
>   ㉳ 지하도 상가   ㉴ 냉동, 냉장 창고시설
> ② 최대 지간 길이가 50미터 이상인 다리의 건설 등 공사
> ③ 연면적 5천 제곱미터 이상인 냉동, 냉장창고 시설의 설비공사 및 단열공사
> ④ 다목적댐, 발전용댐, 저수용량 2천만톤 이상의 용수전용댐 및 지방상수도 전용댐의 건설 등 공사
> ⑤ 터널의 건설 등 공사
> ⑥ 깊이 10미터 이상인 굴착공사

90

굴착면 붕괴의 원인과 가장 거리가 먼 것은?

① 사면경사의 증가
② 성토 높이의 감소
③ 공사에 의한 진동하중의 증가
④ 굴착높이의 증가

> **토석붕괴의 원인**
>
> | 외적요인 | 내적요인 |
> | --- | --- |
> | ① 사면·법면의 경사 및 기울기의 증가
② 절토 및 성토 높이의 증가
③ 진동 및 반복하중의 증가
④ 지하수 침투에 의한 토사중량의 증가
⑤ 구조물의 하중 증가 | ① 절토사면의 토질·암질
② 성토사면의 토질
③ 토석의 강도 저하 |

91

시스템 비계를 사용하여 비계를 구성하는 경우에 준수하여야 할 사항으로 옳지 않은 것은?

① 수직재와 수직재의 연결철물은 이탈되지 않도록 견고한 구조로 할 것
② 수직재·수평재·가새재를 견고하게 연결하는 구조가 되도록 할 것
③ 수직재와 받침철물의 연결부 겹침 길이는 받침 철물 전체 길이의 4분의 1 이상이 되도록 할 것
④ 수평재는 수직재와 직각으로 설치하여야 하며, 체결 후 흔들림이 없도록 견고하게 설치할 것

> **시스템 비계의 구조**
> 비계 밑단의 수직재와 받침 철물은 밀착되도록 설치하고, 수직재와 받침 철물의 연결부의 겹침 길이는 받침 철물 전체 길이의 3분의 1 이상이 되도록 할 것

정답   88 ①   89 ③   90 ②   91 ③

92

사다리식 통로 등을 설치하는 경우 발판과 벽과의 사이는 최소 얼마 이상의 간격을 유지하여야 하는가?

① 10cm 이상
② 15cm 이상
③ 20cm 이상
④ 25cm 이상

사다리식 통로의 구조(주요내용)
① 발판과 벽과의 사이는 15센티미터 이상의 간격을 유지할 것
② 폭은 30센티미터 이상으로 할 것
③ 사다리의 상단은 걸쳐놓은 지점으로부터 60센티미터 이상 올라가도록 할 것
④ 사다리식 통로의 길이가 10미터 이상인 경우에는 5미터 이내마다 계단참을 설치할 것
⑤ 사다리식 통로의 기울기는 75도 이하로 할 것

93 ★

산업안전보건기준에 관한 규칙에 따른 토사 굴착 시 굴착면의 기울기 기준으로 옳지 않은 것은?

① 모래 – 1 : 1.8
② 풍화암 – 1 : 1.0
③ 경암 – 1 : 0.5
④ 연암 – 1 : 1.2

굴착면 기울기 기준

지반의 종류	모래	연암 및 풍화암	경암	그 밖의 흙
굴착면의 기울기	1 : 1.8	1 : 1.0	1 : 0.5	1 : 1.2

tip
2023년 법령개정. 문제와 해설은 개정된 내용 적용

94 ★

가설통로를 설치하는 경우 준수하여야 할 기준으로 옳지 않은 것은?

① 견고한 구조로 할 것
② 경사는 30도 이하로 할 것
③ 경사가 30도를 초과하는 경우에는 미끄러지지 아니하는 구조로 할 것
④ 수직갱에 가설된 통로의 길이가 15m 이상인 경우에는 10m 이내마다 계단참을 설치할 것

경사는 30도 이하로 하며, 경사가 15도를 초과하는 경우에는 미끄러지지 아니하는 구조로 할 것

95

산업안전보건관리비에 관한 설명으로 옳지 않은 것은?

① 발주자는 수급인이 안전관리비를 다른 목적으로 사용한 금액에 대해서는 계약금액에서 감액 조정할 수 있다.
② 발주자는 수급인이 안전관리비를 사용하지 아니한 금액에 대하여는 반환을 요구할 수 있다.
③ 자기공사자는 원가계산에 의한 예정가격 작성 시 안전관리비를 계상한다.
④ 발주자는 설계변경 등으로 대상액의 변동이 있는 경우 공사 완료 후 정산하여야 한다.

산업안전보건관리비 계상방법 및 계상시기 등
① 발주자는 원가계산에 의한 예정가격 작성 시 안전관리비를 계상하여야 한다.
② 자기공사자는 원가계산에 의한 예정가격을 작성하거나 자체 사업계획을 수립하는 경우에 안전관리비를 계상하여야 한다.
③ 발주자는 수급인이 다른 목적으로 사용하거나 사용하지 않은 안전관리비에 대하여 이를 계약금액에서 감액조정하거나 반환을 요구할 수 있다.
④ 발주자 또는 자기공사자는 설계변경 등으로 대상액의 변동이 있는 경우에 안전관리비를 조정 계상하여야 한다.

96

정기안전점검 결과 건설공사의 물리적·기능적 결함 등이 발견되어 보수·보강 등의 조치를 하기 위하여 필요한 경우에 실시하는 것은?

① 자체안전점검
② 정밀안전점검
③ 상시안전점검
④ 품질관리점검

건설공사 안전점검

자체안전점검	건설공사의 공사기간 동안 매일 실시
정기안전점검	건설공사의 종류 및 규모 등을 고려하여 국토교통부장관이 정하여 고시하는 시기와 횟수에 따라 실시
정밀안전점검	정기안전점검 결과 건설공사의 물리적·기능적 결함 등이 발견되어 보수·보강 등의 조치를 하기 위하여 필요한 경우 실시
1종 시설물 및 2종 시설물의 건설공사	해당 건설공사를 준공하기 직전에 정기안전점검 수준 이상의 안전점검 실시
	해당 건설공사가 시행 도중에 중단되어 1년 이상 방치된 시설물이 있는 경우에는 그 공사를 다시 시작하기 전에 그 시설물에 대한 안전점검 실시

정답 92 ② 93 ④ 94 ③ 95 ④ 96 ②

97

철근콘크리트 슬래브에 발생하는 응력에 관한 설명으로 옳지 않은 것은?

① 전단력은 일반적으로 단부보다 중앙부에서 크게 작용한다.
② 중앙부 하부에는 인장응력이 발생한다.
③ 단부 하부에는 압축응력이 발생한다.
④ 휨응력은 일반적으로 슬래브의 중앙부에서 크게 작용한다.

> 전단력은 단면에 평행하게 접하여 일어나며, 일반적으로 중앙부보다 단부에서 크게 작용한다.

98 ★빈출

연약지반을 굴착할 때 흙막이 벽 뒷쪽 흙의 중량이 바닥의 지지력보다 커지면 굴착저면에서 흙이 부풀어 오르는 현상은?

① 슬라이딩(Sliding)   ② 보일링(Boiling)
③ 파이핑(Piping)   ④ 히빙(Heaving)

> **히빙(Heaving)현상**
> 연약성 점토지반 굴착 시 굴착 외측 흙의 중량에 의해 굴착저면의 흙이 활동 전단 파괴되어 굴착내측으로 부풀어 오르는 현상

tip
보일링(Boiling)현상
투수성이 좋은 사질지반의 흙막이 저면에서 수두차로 인한 상향의 침투압이 발생 유효응력이 감소하여 전단강도가 상실되는 현상으로 지하수가 모래와 같이 솟아오르는 현상

99

슬레이트, 선라이트 등 강도가 약한 재료로 덮은 지붕 위에서 작업을 할 때 발이 빠지는 등 근로자의 위험을 방지하기 위하여 필요한 발판의 폭 기준은?

① 10cm 이상   ② 20cm 이상
③ 25cm 이상   ④ 30cm 이상

> **지붕 위에서 작업 시 추락하거나 넘어질 위험이 있는 경우 조치 사항**
> (1) 지붕의 가장자리에 안전난간을 설치할 것
>   ① 안전난간 설치가 곤란한 경우 추락방호망 설치
>   ② 추락방호망 설치가 곤란한 경우 안전대 착용 등의 추락 위험 방지조치
> (2) 채광창(skylight)에는 견고한 구조의 덮개를 설치할 것
> (3) 슬레이트 등 강도가 약한 재료로 덮은 지붕에는 폭 30센티미터 이상의 발판을 설치할 것

100

추락 방지용 방망 그물코의 모양 및 크기의 기준으로 옳은 것은?

① 원형 또는 사각으로서 그 크기는 5cm 이하이어야 한다.
② 원형 또는 사각으로서 그 크기는 10cm 이하이어야 한다.
③ 사각 또는 마름모로서 그 크기는 5cm 이하이어야 한다.
④ 사각 또는 마름모로서 그 크기는 10cm 이하이어야 한다.

> 추락 방지망의 그물코는 사각 또는 마름모로서 그 크기는 10cm 이하

정답 97 ① 98 ④ 99 ④ 100 ④

Chapter 06 2019년 8월 4일 | 기출문제

1과목 산업재해 예방 및 안전보건교육

01
토의(회의)방식 중 참가자가 다수인 경우에 전원을 토의에 참가시키기 위하여 소집단으로 구분하고, 각각 자유토의를 행하여 의견을 종합하는 방식은?

① 포럼(forum)
② 심포지엄(symposium)
③ 버즈 세션(buzz session)
④ 패널 디스커션(panel discussion)

> **buzz session(버즈 세션)**
>
> 사회자와 기록계지정 → 6명씩 소집단구성 → 소집단별 사회자 선정 → 6분간 토론 후 의견정리
>
> → 소집단 사회자 전원에게 결론보고 → 전체집단의 사회자에 의해 소집단의 보고내용을 근거로 전원이 토론
>
> **tip**
> 6-6회의라고 하며, 다수의 참가자를 전원 토의에 참여시키기 위한 방법

02 ⭐빈출
안전교육 방법 중 TWI(Training Within Industry)의 교육과정이 아닌 것은?

① 작업지도훈련　② 인간관계훈련
③ 정책수립훈련　④ 작업방법훈련

> **TWI(Training with industry)교육과정**
> ① Job Method Training(J. M. T) : 작업방법훈련(작업개선법)
> ② Job Instruction Training(J. I. T) : 작업지도훈련(작업지도법)
> ③ Job Relations Training(J. R. T) : 인간관계훈련(부하통솔법)
> ④ Job Safety Training(J. S. T) : 작업안전훈련(안전관리법)

03
안전모에 관한 내용으로 옳은 것은?

① 안전모의 종류는 안전모의 형태로 구분한다.
② 안전모의 종류는 안전모의 색상으로 구분한다.
③ A형 안전모 : 물체의 낙하, 비래에 의한 위험을 방지, 경감시키는 것으로 내전압성이다.
④ AE형 안전모 : 물체의 낙하, 비래에 의한 위험을 방지 또는 경감하고 머리 부위의 감전에 의한 위험을 방지하기 위한 것으로 내전압성이다.

추락 및 감전 위험방지용 안전모의 종류

종류 (기호)	사용구분	비고
AB	물체의 낙하 또는 비래 및 추락에 의한 위험을 방지 또는 경감시키기 위한 것	
AE	물체의 낙하 또는 비래에 의한 위험을 방지 또는 경감하고, 머리부위 감전에 의한 위험을 방지하기 위한 것	내전압성 (주1)
ABE	물체의 낙하 또는 비래 및 추락에 의한 위험을 방지 또는 경감하고, 머리부위 감전에 의한 위험을 방지하기 위한 것	내전압성

(주1) 내전압성이란 7,000볼트 이하의 전압에 견디는 것을 말한다

정답　01 ③　02 ③　03 ④

04

재해 누발자의 유형 중 작업이 어렵고, 기계설비에 결함이 있기 때문에 재해를 일으키는 유형은?

① 상황성 누발자 ② 습관성 누발자
③ 소질성 누발자 ④ 미숙성 누발자

재해 누발자 유형	
미숙성 누발자	① 기능 미숙 ② 작업환경 부적응
상황성 누발자	① 작업자체가 어렵기 때문 ② 기계설비의 결함 존재 ③ 주위 환경상 주의력 집중 곤란 ④ 심신에 근심 걱정이 있기 때문
습관성 누발자	① 경험한 재해로 인하여 대응능력 약화(겁쟁이, 신경과민) ② 여러 가지 원인으로 슬럼프(slump)상태
소질성 누발자	① 개인의 소질 중 재해원인 요소를 가진 자 (주의력 부족, 소심한 성격, 저 지능, 흥분, 감각운동부적합 등) ② 특수성격소유자로서 재해발생 소질 소유자

05 빈출

매슬로우(Maslow)의 욕구위계이론 5단계를 올바르게 나열한 것은?

① 생리적 욕구 → 안전의 욕구 → 사회적 욕구 → 존경의 욕구 → 자아실현의 욕구
② 생리적 욕구 → 안전의 욕구 → 사회적 욕구 → 자아실현의 욕구 → 존경의 욕구
③ 안전의 욕구 → 생리적 욕구 → 사회적 욕구 → 자아실현의 욕구 → 존경의 욕구
④ 안전의 욕구 → 생리적 욕구 → 사회적 욕구 → 존경의 욕구 → 자아실현의 욕구

매슬로우(Abraham Maslow)의 욕구(위계이론)		
① 생리적 욕구	② 안전의 욕구	③ 사회적 욕구
④ 인정 받으려는 욕구	⑤ 자아실현의 욕구	

06 빈출

적응기제(Adjustment Mechanism) 중 방어적 기제(Defence Mechanism)에 해당하는 것은?

① 고립(Isolation) ② 퇴행(Regression)
③ 억압(Suppression) ④ 합리화(Rationalization)

적응기제의 기본유형	
공격적 행동	책임전가, 폭행, 폭언 등
도피적 행동	퇴행, 억압, 고립, 백일몽 등
방어적 행동	승화, 보상, 합리화, 동일시, 반동형성, 투사 등

07

안전심리의 5대 요소 중 능동적인 감각에 의한 자극에서 일어난 사고의 결과로서, 사람의 마음을 움직이는 원동력이 되는 것은?

① 기질(temper) ② 동기(motive)
③ 감정(emotion) ④ 습관(custom)

동기
① 능동적인 감각에 의한 자극에서 일어나는 사고의 결과로 사람의 마음을 움직여 어떤 행동을 하게 하는 원동력 ② 동기는 어떤 현상에 대한 긍정적 또는 부정적 방향으로 작용할 수 있으므로 안전교육을 통한 긍정적인 동기부여가 필요

08

지적확인이란 사람의 눈이나 귀 등 오감의 감각기관을 총동원해서 작업의 정확성과 안전을 확인하는 것이다. 지적확인과 정확도가 올바르게 짝지어진 것은?

① 지적확인한 경우 : 0.3%
② 확인만 하는 경우 : 1.25%
③ 지적만 하는 경우 : 1.0%
④ 아무 것도 하지 않은 경우 : 1.8%

지적확인
① 지적확인한 경우 : 0.8% ② 확인만 하는 경우 : 1.25% ③ 지적만 하는 경우 : 1.5% ④ 아무 것도 하지 않은 경우 : 2.85%

정답 04 ① 05 ① 06 ④ 07 ② 08 ②

09
산업안전보건법령상 안전·보건표지의 종류에 있어 "안전모 착용"은 어떤 표지에 해당하는가?

① 경고표지
② 지시표지
③ 안내표지
④ 관계자 외 출입 금지

> 지시표지는 특정행위의 지시 및 사실의 고지를 나타내며, 원형모양에 바탕은 파란색, 관련 그림은 흰색

10
안전관리 조직의 형태 중 참모식(Staff) 조직에 대한 설명으로 틀린 것은?

① 이 조직은 분업의 원칙을 고도로 이용한 것이며, 책임 및 권한이 직능적으로 분담되어 있다.
② 생산 및 안전에 관한 명령이 각각 별개의 계통에서 나오는 결함이 있어, 응급처치 및 통제수속이 복잡하다.
③ 참모(Staff)의 특성상 업무관장은 계획안의 작성, 조사, 점검결과에 따른 조언, 보고에 머무는 것이다.
④ 참모(Staff)는 각 생산라인의 안전 업무를 직접 관장하고 통제한다.

> **참모식(Staff) 조직**
> ① 근로자 100~1,000명 정도의 중규모 사업장에 적합
> ② 안전에 관한 계획안의 작성, 조사, 점검 결과에 의한 조언, 보고의 역할(스스로 생산 라인의 안전 업무를 행할 수 없음)
> ③ F.W.Taylor의 기능형(functional) 조직에서 발전 → 분업의 원칙을 고도로 이용 → 책임과 권한이 직능적으로 분담

11
어느 공장의 연평균근로자가 180명이고, 1년간 사상자가 6명이 발생했다면 연천인율은 약 얼마인가? (단, 근로자는 하루 8시간씩 연간 300일을 근무한다.)

① 12.79
② 13.89
③ 33.33
④ 43.69

> **연천인율**
> 연천인율 = $\frac{연간재해자수}{연평균근로자수} \times 1,000 = \frac{6}{180} \times 1,000 = 33.333$

12
사고의 간접원인이 아닌 것은?

① 물적 원인
② 정신적 원인
③ 관리적 원인
④ 신체적 원인

> 직접 원인에는 불안전한 행동(인적 원인)과 불안전한 상태(물적 원인)가 해당된다.

13
무재해운동의 3원칙에 해당되지 않은 것은?

① 참가의 원칙
② 무의 원칙
③ 예방의 원칙
④ 선취의 원칙

> **무재해 운동의 3대 원칙**
>
> | | |
> |---|---|
> | 무의 원칙 | 무재해란 단순히 사망재해나 휴업재해만 없으면 된다는 소극적인 사고가 아닌, 사업장 내의 모든 잠재위험요인을 적극적으로 사전에 발견하고 파악·해결함으로써 산업재해의 근원적인 요소들을 없앤다는 것을 의미한다. |
> | 선취해결의 원칙 | 안전한 사업장을 조성하기 위한 궁극의 목표로서 사업장 내에서 행동하기 전에 잠재위험요인을 발견하고 파악·해결하여 재해를 예방하는 것을 의미한다. |
> | 참가의 원칙 | 작업에 따르는 잠재위험요인을 발견하고 파악·해결하기 위하여 전원이 일치 협력하여 각자의 위치에서 적극적으로 문제해결을 하겠다는 것을 의미한다. |

14
기업조직의 원리 중 지시 일원화의 원리에 대한 설명으로 가장 적절한 것은?

① 지시에 따라 최선을 다해서 주어진 임무나 기능을 수행하는 것
② 책임을 완수하는 데 필요한 수단을 상사로부터 위임받은 것
③ 언제나 직속 상사에게서만 지시를 받고 특정 부하 직원들에게만 지시하는 것
④ 가능한 조직의 각 구성원이 한 가지 특수 직무만을 담당하도록 하는 것

> **명령(지시) 일원화의 원리**
> 모든 지시나 명령 등이 공식적으로 정해진 계통으로만 수행되는 것으로 오직 한사람의 상관으로부터 명령을 받고 보고를 하며, 특정한 부하 직원들에게만 명령한다는 이론이다.

정답 09 ② 10 ④ 11 ③ 12 ① 13 ③ 14 ③

15
다음 재해손실 비용 중 직접 손실비에 해당하는 것은?

① 진료비
② 입원 중의 잡비
③ 당일 손실 시간 손비
④ 구원, 연락으로 인한 부동 임금

> **직접 손실비**
> 법적으로 지급되는 산재보상비에 해당되며 요양급여, 휴업급여, 유족급여, 장례비, 진료비 등

16 ★빈출
레빈(Lewin)의 법칙에서 환경조건(E)에 포함되는 것은?

$$B = f(P \cdot E)$$

① 지능
② 소질
③ 적성
④ 인간관계

> **레윈(K. Lewin)의 행동법칙**
> $B = f(P \cdot E)$
> B : Behavior(인간의 행동)
> f : Function(함수관계) $P \cdot E$에 영향을 줄 수 있는 조건
> P : Person(개체 : 연령, 경험, 심신상태, 성격, 지능 등)
> E : Environment(심리적 환경 - 인간관계, 작업환경, 설비적 결함 등)

17
교육의 기본 3요소에 해당하지 않는 것은?

① 교육의 형태
② 교육의 주체
③ 교육의 객체
④ 교육의 매개체

> **교육의 3요소**
>
> | 교육의 주체 | ① 형식적인 교육에 있어서의 주체는 강사, 비형식적으로는 부모, 선배, 사회지식인 등
② 수강자가 자율적으로 학습할 수 있도록 자극과 협조
③ 강사로서의 전문적인 자질과 능력을 구비 |
> |---|---|
> | 교육의 객체 | ① 형식적인 교육에 있어서 수강자가 객체이나, 비형식적으로는 미성숙자 및 모든 학습 대상자
② 수강자의 잠재능력을 개발하기 위한 차별화된 교육이 필요 |
> | 교육의 매개체 | ① 매개체인 교육내용은 교육의 수단으로 역사적인 기록 및 경험적 요소를 포함
② 비형식적인 교육에서는 교육환경, 인간관계 등 |

18
기기의 적정한 배치, 변형, 균열, 손상, 부식 등의 유무를 육안, 촉수 등으로 조사 후 그 설비별로 정해진 점검기준에 따라 양부를 확인하는 점검은?

① 외관점검
② 작동점검
③ 기능점검
④ 종합점검

> **안전점검(점검방법에 의한)**
>
> | 외관점검
(육안 검사) | 기기의 적정한 배치, 부착상태, 변형, 균열, 손상, 부식, 마모, 볼트의 풀림 등의 유무를 외관의 감각기관인 시각 및 촉감 등으로 조사하고 점검기준에 의해 양부를 확인 |
> |---|---|
> | 기능점검 | 간단한 조작을 행하여 봄으로써 대상기기에 대한 기능의 양부 확인 |
> | 작동점검 | 방호장치나 누전차단기 등을 정하여진 순서에 의해 작동시켜 그 결과를 관찰하여 상황의 양부 확인 |
> | 종합점검 | 정해진 기준에 따라서 측정검사를 실시하고 정해진 조건하에서 운전시험을 실시하여 기계설비의 종합적인 기능 판단 |

19
산업안전보건법상 특별안전·보건교육 대상 작업이 아닌 것은?

① 건설용 리프트·곤돌라를 이용한 작업
② 전압이 50볼트(V)인 정전 및 활선 작업
③ 화학설비 중 반응기, 교반기·추출기의 사용 및 세척방법
④ 액화석유가스·수소가스 등 인화성 가스 또는 폭발성 물질 중 가스의 발생장치 취급 작업

> 전압이 75V 이상의 정전 및 활선 작업이 특별안전보건교육 대상 작업에 해당된다

20
재해의 근원이 되는 기계장치나 기타의 물(物) 또는 환경을 뜻하는 것은?

① 상해
② 가해물
③ 기인물
④ 사고의 형태

> **기인물과 가해물**
> ① 기인물 : 재해 발생의 주원인이며 재해를 가져오게 한 근원이 되는 기계, 장치, 물(物) 또는 환경 등(불안전상태)
> ② 가해물 : 직접 사람에게 접촉하여 피해를 주는 기계, 장치, 물(物) 또는 환경 등

정답 15① 16④ 17① 18① 19② 20③

2과목 인간공학 및 위험성 평가·관리

21

FMEA 기법의 장점에 해당하는 것은?

① 서식이 간단하다.
② 논리적으로 완벽하다.
③ 해석의 초점이 인간에 맞추어져 있다.
④ 동시에 복수의 요소가 고장 나는 경우의 해석이 용이하다.

> **FMEA의 특징**
> ① CA(criticality analysis)와 병행하는 일이 많다.
> ② FTA보다 서식이 간단하고 적은 노력으로 특별한 훈련 없이 분석이 가능하다.
> ③ 논리성이 부족하고 각 요소간의 영향 분석이 어려워 동시에 두 가지 이상의 요소가 고장날 경우 분석이 곤란하다.
> ④ 요소가 통상 물체로 한정되어 있어 인적원인의 규명이 어렵다.
> ⑤ 시스템 안전 해석 시에는 시스템에서 단계나 평가의 필요성 등에 의해 FTA 등을 병용해 가는 것이 실재적인 방법이다.

22

Fussell의 알고리즘으로 최소 컷셋을 구하는 방법에 대한 설명으로 틀린 것은?

① OR 게이트는 항상 컷셋의 수를 증가시킨다.
② AND 게이트는 항상 컷셋의 크기를 증가시킨다.
③ 중복 및 반복되는 사건이 많은 경우에 적용하기 적합하고 매우 간편하다.
④ 톱(top)사상을 일으키기 위해 필요한 최소한의 컷셋이 최소 컷셋이다.

> Fussell의 알고리즘에 의해 구한 BICS(Boolean Indicated Cut Sets)는 진정한 미니멀 컷이라 할 수 없으며 이들 컷 속의 중복사상이나 컷을 제거해야 진정한 미니멀 컷이 된다.

23

FT에서 사용되는 사상기호에 대한 설명으로 맞는 것은?

① 위험지속기호 : 정해진 횟수 이상 입력이 될 때 출력이 발생한다.
② 억제 게이트 : 조건부 사건이 일어나는 상황 하에서 입력이 발생할 때 출력이 발생한다.
③ 우선적 AND 게이트 : 사건이 발생할 때 정해진 순서대로 복수의 출력이 발생한다.
④ 배타적 OR 게이트 : 동시에 2개 이상의 입력이 존재하는 경우에 출력이 발생한다.

> **사상기호**
> ① 우선적 AND 게이트 : 입력사상 중 어떤 사상이 다른 사상보다 앞에 일어났을 때 출력사상이 발생한다.
> ② 조합 AND 게이트 : 3개 이상의 입력사상 중 어느 것이나 2개가 일어나면 출력이 발생한다.
> ③ 배타적 OR 게이트 : OR 게이트인데 2개 또는 그 이상의 입력이 존재하는 경우에는 출력이 발생하지 않는다.
> ④ 위험지속기호 : 입력사상이 생겨 어떤 일정한 시간 지속했을 때 출력이 발생한다. 만약 지속되지 않으면 출력은 발생하지 않는다.
> ⑤ 억제 게이트 : 입력사상이 수정기호안의 조건을 만족하면 출력사상이 생기고, 조건이 만족하지 않으면 출력은 생기지 않는다.

24

일반적인 FTA 기법의 순서로 맞는 것은?

㉠ FT의 작성	㉡ 시스템의 정의
㉢ 정량적 평가	㉣ 정성적 평가

① ㉠ → ㉡ → ㉢ → ㉣
② ㉠ → ㉡ → ㉣ → ㉢
③ ㉡ → ㉠ → ㉢ → ㉣
④ ㉡ → ㉠ → ㉣ → ㉢

> **FTA 기법의 순서**
> ① 시스템의 정의   ② FT의 작성
> ③ 정성적 평가   ④ 정량적 평가

정답 21 ① 22 ③ 23 ② 24 ④

25

작업장에서 발생하는 소음에 대한 대책으로 가장 먼저 고려하여야 할 적극적인 방법은?

① 소음원의 통제
② 소음원의 격리
③ 귀마개 등 보호구의 착용
④ 덮개 등 방호장치의 설치

소음관리(소음 통제 방법)

가장 적극적인 대책은 소음원을 제거하는 것이며, 그 다음으로 소음원의 통제, 소음의 격리, 차음장치 및 흡음재 사용, 보호구 착용 등의 대책이 있다.

26

인간공학의 연구 방법에서 인간-기계 시스템을 평가하는 척도의 요건으로 적합하지 않은 것은?

① 적절성, 타당성
② 무오염성
③ 주관성
④ 신뢰성

척도의 요건

① 적절성 : 기준이 의도된 목적에 적합하다고 판단되는 정도
② 무오염성 : 측정하고자 하는 변수 외의 영향이 없도록
③ 기준 척도의 신뢰성 : 척도의 신뢰성 즉 반복성
④ 민감도 : 피실험자 사이에서 볼 수 있는 예상 차이점에 비례하는 단위로 측정가능

27

정적자세 유지 시, 진전(tremor)을 감소시킬 수 있는 방법으로 틀린 것은?

① 시각적인 참조가 있도록 한다.
② 손이 심장 높이에 있도록 유지한다.
③ 작업 대상물에 기계적 마찰이 있도록 한다.
④ 손을 떨지 않으려고 힘을 주어 노력한다.

진전을 감소시키는 방법

① 시각적 참조(reference)
② 몸과 작업에 관계되는 부위를 잘 받치기
③ 손이 심장 높이에 있을 때
④ 작업 대상물에 기계적인 마찰(friction)이 있을 경우

tip
진전의 특징은 떨지 않으려고 노력하면 할수록 더 심한 진전이 일어난다.

28

온도가 적정 온도에서 낮은 온도로 내려갈 때의 인체반응으로 옳지 않은 것은?

① 발한을 시작
② 직장 온도가 상승
③ 피부 온도가 하강
④ 혈액은 많은 양이 몸의 중심부를 순환

온도변화에 대한 신체의 조절작용

적정온도에서 고온환경으로 변화	① 많은 양의 혈액이 피부를 경유하여 온도가 상승한다. ② 직장 온도가 내려간다. ③ 발한이 시작된다.
적정온도에서 한랭환경으로 변화	① 피부를 경유하는 혈액의 순환량이 감소하고 많은 양의 혈액이 몸의 중심부를 순환한다. ② 피부 온도는 내려간다. ③ 직장 온도가 약간 올라간다. ④ 소름이 돋고 몸이 떨리는 오한을 느낀다.

29

시력과 대비감도에 영향을 미치는 인자에 해당하지 않는 것은?

① 노출시간
② 연령
③ 주파수
④ 휘도 수준

시력과 대비감도 영향인자

① 노출시간의 증가는 대비감도를 일정량 증가시키며, 그 이후로는 일정하게 유지된다.
② 높은 연령대에서 대비감도는 저하되는 경향이 있으며, 휘도의 감소는 시력 저하와 대비감도에 영향을 준다.

정답 25 ① 26 ③ 27 ④ 28 ① 29 ③

30
반복적 노출에 따라 민감성이 가장 쉽게 떨어지는 표시장치는?

① 시각 표시장치 ② 청각 표시장치
③ 촉각 표시장치 ④ 후각 표시장치

> **후각의 특징**
> 후각은 사람의 감각기관 중 가장 예민하고 빨리 피로해지기 쉬운 기관으로 반복적 노출에 의해 민감성이 가장 쉽게 떨어지는 표시장치이다.

31
조종장치를 3cm 움직였을 때 표시장치의 지침이 5cm 움직였다면 C/R비는 얼마인가?

① 0.25 ② 0.6
③ 1.6   ④ 1.7

> **조종-표시장치 이동비율(C/D비)**
> $C/D비 = \dfrac{조종장치의\ 이동거리}{표시장치의\ 반응거리} = \dfrac{3}{5} = 0.6$

32
NIOSH의 연구에 기초하여, 목과 어깨 부위의 근골격계 질환 발생과 인과관계가 가장 적은 위험요인은?

① 진동   ② 반복작업
③ 과도한 힘 ④ 작업 자세

> **근골격계 질환의 원인**
> ① 부적절한 작업 자세 ② 무리한 반복작업 ③ 과도한 힘
> ④ 부족한 휴식시간   ⑤ 신체적 압박 등

33 ⭐
시스템의 수명곡선에서 고장의 발생형태가 일정하게 나타나는 기간은?

① 초기고장기간 ② 우발고장기간
③ 마모고장기간 ④ 피로고장기간

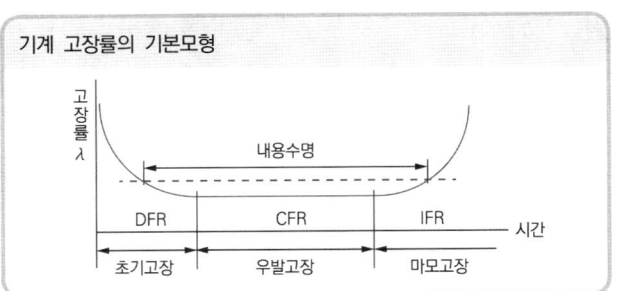

기계 고장률의 기본모형

34
인체측정치를 이용한 설계에 관한 설명으로 옳은 것은?

① 평균치를 기준으로 한 설계를 제일 먼저 고려한다.
② 의자의 깊이와 너비는 모두 작은 사람을 기준으로 설계한다.
③ 자세와 동작에 따라 고려해야 할 인체측정치수가 달라진다.
④ 큰 사람을 기준으로 한 설계는 인체측정치의 5% tile을 사용한다.

> **인체측정치를 이용한 설계**
> ① 가장 이상적인 형태가 조절식이므로 우선적으로 고려해야 할 원칙은 조절식 설계이다.
> ② 의자의 폭은 큰 사람에게 맞도록 깊이는 대퇴를 압박하지 않도록 작은 사람에게 맞도록 설계한다.
> ③ 큰 사람을 기준으로 한 설계는 인체측정치의 95% tile을 사용한다.

35
60fL의 광도를 요하는 시각 표시장치의 반사율이 75%일 때 소요조명은 몇 fc인가?

① 75 ② 80
③ 85 ④ 90

> **소요조명**
> $소요조명(fc) = \dfrac{소요광도(fL)}{반사율(\%)} \times 100 = \dfrac{60}{75} \times 100 = 80$

정답 30 ④ 31 ② 32 ① 33 ② 34 ③ 35 ②

36 ⭐

필요한 작업 또는 절차의 잘못된 수행으로 발생하는 과오는?

① 시간적 과오(time error)
② 생략적 과오(omission error)
③ 순서적 과오(sequential error)
④ 수행적 과오(commission error)

스웨인(A.D.Swain)의 독립행동에 의한 휴먼에러 분류	
누락에러 (Omission error)	필요한 직무나 단계를 수행하지 않은(생략) 에러
수행적에러 (Commission error)	직무나 순서 등을 착각하여 잘못 수행(불확실한 수행)한 에러
순서에러 (Sequential error)	직무 수행과정에서 순서를 잘못 지켜(순서착오) 발생한 에러
지연에러 (Time error)	정해진 시간 내 직무를 수행하지 못하여(수행지연)발생한 에러
불필요한 수행에러 (Extraneous error)	불필요한 직무 또는 절차를 수행하여 발생한 에러(과잉행동에러)

37

인간의 과오를 정량적으로 평가하기 위한 기법으로, 인간과오의 분류 시스템과 확률을 계산하는 안전성 평가기법은?

① THERP
② FTA
③ ETA
④ HAZOP

THERP
① 시스템에 있어서 인간의 과오를 정량적으로 평가하기 위해 개발된 기법(Swain 등에 의해 개발된 인간실수 예측기법)
② 인간의 과오율의 추정법 등 5개의 스텝으로 구성
③ 기본적으로 ETA의 변형으로 루프, 바이패스를 가질 수 있고 맨머신 시스템의 부분적인 상세한 분석에 적합

38 ⭐

제어장치와 표시장치에 있어 물리적 형태나 배열을 유사하게 설계하는 것은 어떤 양립성(compatibility)의 원칙에 해당하는가?

① 시각적 양립성(visual compatibility)
② 양식 양립성(modality compatibility)
③ 공간적 양립성(spatial compatibility)
④ 개념적 양립성(conceptual compatibility)

양립성의 종류	
공간적(spatial) 양립성	표시장치나 조종장치에서 물리적 형태 및 공간적 배치
운동(movement) 양립성	표시장치의 움직이는 방향과 조종장치의 방향이 사용자의 기대와 일치
개념적(conceptual) 양립성	이미 사람들이 학습을 통해 알고 있는 개념적 연상

39 ⭐

인간 - 기계 시스템에서의 기본적인 기능에 해당하지 않는 것은?

① 행동 기능
② 정보의 설계
③ 정보의 수용
④ 정보의 저장

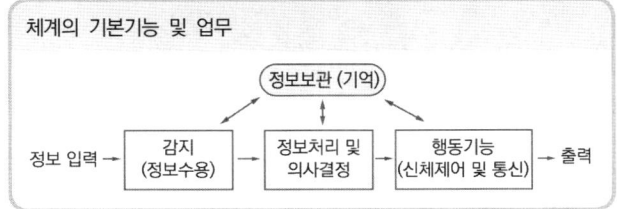

40

어떤 기기의 고장률이 시간당 0.002로 일정하다고 한다. 이 기기를 100시간 사용했을 때 고장이 발생할 확률은?

① 0.1813
② 0.2214
③ 0.6253
④ 0.8187

고장 발생 확률
$F(t)$: 불신뢰도 $= 1 - R(t) = 1 - e^{-\lambda t} = e^{-0.002 \times 100} = 0.1813$

정답 36 ④ 37 ① 38 ③ 39 ② 40 ①

3과목 기계·기구 및 설비 안전 관리

41
연삭기에서 숫돌의 바깥지름이 180mm라면 평형 플랜지의 바깥지름은 몇 mm 이상이어야 하는가?

① 30
② 36
③ 45
④ 60

> **연삭숫돌 플랜지의 크기**
> ① 플랜지의 직경은 숫돌 직경의 1/3 이상인 것을 사용하며 양쪽을 모두 같은 크기로 할 것
> ② $180 \times \dfrac{1}{3} = 60 \text{(mm)}$

42
연삭기의 방호장치에 해당하는 것은?

① 주수 장치
② 덮개 장치
③ 제동 장치
④ 소화 장치

> 직경이 50mm 이상인 연삭숫돌에는 방호장치인 덮개를 설치하여야 한다.

43 ⭐
기계의 왕복운동을 하는 동작 부분과 움직임이 없는 고정 부분 사이에 형성되는 위험점으로 프레스 등에서 주로 나타나는 것은?

① 물림점
② 협착점
③ 절단점
④ 회전말림점

> **협착점(Squeeze-point)**
> 왕복 운동하는 운동부와 고정부 사이에 형성되는 위험점으로 프레스의 금형조립부위 등

44
프레스의 손쳐내기식 방호장치에서 방호판의 기준에 대한 설명이다. ( )에 들어갈 내용으로 맞는 것은?

> 방호판의 폭은 금형 폭의 (㉠) 이상이어야 하고, 행정 길이가 (㉡)mm 이상인 프레스 기계에서는 방호판의 폭을 (㉢)mm로 해야 한다.

① ㉠ 1/2, ㉡ 300, ㉢ 200
② ㉠ 1/2, ㉡ 300, ㉢ 300
③ ㉠ 1/3, ㉡ 300, ㉢ 200
④ ㉠ 1/3, ㉡ 300, ㉢ 300

> **손쳐내기식(push away, sweep guard)**
> ① 슬라이드 하행정 거리의 3/4 위치에서 손을 완전히 밀어내어야 한다.
> ② 손쳐내기봉의 행정(Stroke) 길이를 금형의 높이에 따라 조정할 수 있고 진동폭은 금형폭 이상이어야 한다.
> ③ 방호판의 폭은 금형폭의 1/2 이상이어야 하고, 행정길이가 300mm 이상의 프레스기계에는 방호판 폭을 300mm로 해야 한다.

45
2개의 회전체가 회전운동을 할 때에 물림점이 발생할 수 있는 조건은?

① 두 개의 회전체 모두 시계 방향으로 회전
② 두 개의 회전체 모두 시계 반대 방향으로 회전
③ 하나는 시계 방향으로 회전하고 다른 하나는 정지
④ 하나는 시계 방향으로 회전하고 다른 하나는 시계 반대 방향으로 회전

> **물림점(Nip-point)**
> 회전하는 두 개의 회전축에 의해 형성(회전체가 서로 반대방향으로 회전하는 경우)

정답 41 ④ 42 ② 43 ② 44 ② 45 ④

46

산업안전보건법령에 따라 달기 체인을 달비계에 사용해서는 안 되는 경우가 아닌 것은?

① 균열이 있거나 심하게 변형된 것
② 달기 체인의 한 꼬임에서 끊어진 소선의 수가 10% 이상인 것
③ 달기 체인의 길이가 달기 체인이 제조된 때의 길이의 5%를 초과한 것
④ 링의 단면지름이 달기 체인이 제조된 때의 해당 링의 지름의 10%를 초과하여 감소한 것

> **달기 체인의 사용제한 조건**
> ① 달기 체인의 길이가 달기체인이 제조된 때의 길이의 5퍼센트를 초과한 것
> ② 링의 단면지름이 달기체인이 제조된 때의 해당 링의 지름의 10퍼센트를 초과하여 감소한 것
> ③ 균열이 있거나 심하게 변형된 것

47

산업안전보건법령에 따라 컨베이어에 부착해야 할 방호장치로 적합하지 않은 것은?

① 비상정지장치
② 과부하방지장치
③ 역주행방지장치
④ 덮개 또는 낙하방지용 울

> **컨베이어의 안전장치**
> ① 비상정지장치 ② 역주행방지장치 ③ 브레이크
> ④ 이탈방지장치 ⑤ 덮개 또는 낙하방지용 울 ⑥ 건널다리 등

48

보일러의 방호장치로 적절하지 않은 것은?

① 압력방출장치
② 과부하방지장치
② 압력제한스위치
④ 고저수위 조절장치

> **보일러 안전장치의 종류**
> ① 고저수위 조절장치 ② 압력방출장치
> ③ 압력제한스위치 ④ 화염검출기

49

산업안전보건법령에 따라 목재가공용 기계에 설치하여야 하는 방호장치에 대한 내용으로 틀린 것은?

① 목재가공용 둥근톱기계에는 분할날 등 반발예방장치를 설치하여야 한다.
② 목재가공용 둥근톱기계에는 톱날접촉예방장치를 설치하여야 한다.
③ 모떼기 기계에는 가공 중 목재의 회전을 방지하는 회전방지장치를 설치하여야 한다.
④ 작업 대상물이 수동으로 공급되는 동력식 수동대패기계에 날 접촉예방장치를 설치하여야 한다.

> 모떼기 기계에는 날 접촉 예방장치를 설치하여야 한다. 다만, 작업의 성질상 날 접촉 예방장치를 설치하는 것이 곤란하여 해당 근로자에게 적절한 작업공구 등을 사용하도록 한 경우에는 그러하지 아니하다.

50

연삭기의 원주 속도(m/s)를 구하는 식은? (단, D는 숫돌의 지름(m), n은 회전수(rpm)이다.)

① $V = \dfrac{\pi D n}{16}$
② $V = \dfrac{\pi D n}{32}$
③ $V = \dfrac{\pi D n}{60}$
④ $V = \dfrac{\pi D n}{1000}$

> **연삭기의 원주 속도**
> 원주 속도 $= \pi D n (\mathrm{m/min}) = \dfrac{\pi D n}{60} (\mathrm{m/s})$

51

다음 중 산소-아세틸렌 가스용접 시 역화의 원인과 가장 거리가 먼 것은?

① 토치의 과열
② 토치 팁의 이물질
③ 산소 공급의 부족
④ 압력조정기의 고장

> **아세틸렌 용접장치의 역화원인**
> ① 압력조정기 고장 ② 산소공급이 과다할 경우
> ③ 토치 팁에 이물질이 묻었을 때 ④ 과열되었을 경우
> ⑤ 토치의 성능이 불량할 때

정답 46 ② 47 ② 48 ② 49 ③ 50 ③ 51 ③

52

다음 중 프레스의 안전작업을 위하여 활용하는 수공구로 가장 거리가 먼 것은?

① 브러시
② 진공 컵
③ 마그넷 공구
④ 플라이어(집게)

프레스의 수공구

① 누름봉, 갈고리류
② 핀셋트류
③ 플라이어류
④ 마그넷 공구류
⑤ 진공컵류

53

그림과 같은 지게차가 안정적으로 작업할 수 있는 상태의 조건으로 적합한 것은?

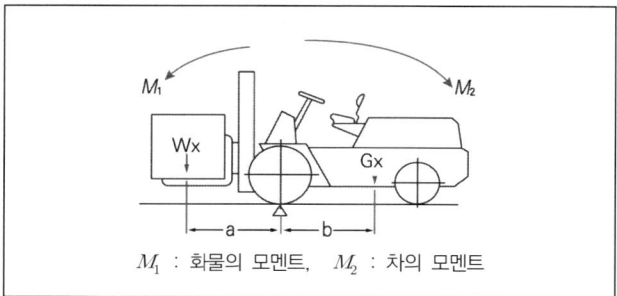

① $M_1 < M_2$
② $M_1 > M_2$
③ $M_1 \geq M_2$
④ $M_1 = M_2$

지게차의 안전성

$W_a \leq Gb$

W : 화물의 중량, G : 지게차의 중량
a : 앞바퀴부터 하물의 중심까지의 거리
b : 앞바퀴부터 차의 중심까지의 거리
그러므로 지게차의 안정성을 유지하기 위해서는 $M_1 < M_2$가 되어야 한다.

54

그림과 같이 2줄의 와이어로프로 중량물을 달아 올릴 때, 로프에 가장 힘이 적게 걸리는 각도 (θ)는?

① 30°
② 60°
③ 90°
④ 120°

와이어로프의 하중

① 슬링 와이어 한 가닥에 걸리는 하중 $= \dfrac{w_1}{2} \div \cos\dfrac{\theta}{2}$
② 각도 θ가 작을수록 힘은 작게 걸린다.

55

기계 설비의 안전조건에서 구조적 안전화에 해당하지 않는 것은?

① 가공결함
② 재료결함
③ 설계상의 결함
④ 방호장치의 작동결함

구조부분의 안전화

설계상의 안전화	가장 큰 원인은 강도산정(부하예측, 강도계산)상의 오류
재료선정의 안전화	① 재료의 필요한 강도 확보 ② 양질의 재료 설정
가공시의 안전화	① 재료부품의 적절한 열처리 ② 용접구조물의 미세균열이나 잔류응력에 의한 파괴 방지 ③ 기계 가공 시 응력 집중 방지

56

산업용 로봇의 동작 형태별 분류에 해당하지 않는 것은?

① 관절 로봇
② 극좌표 로봇
③ 수치제어 로봇
④ 원통좌표 로봇

동작 형태에 의한 분류

종류	특성
원통좌표 로봇	팔의 자유도가 주로 원통좌표 형식인 매니퓰레이터
직각좌표 로봇	팔의 자유도가 주로 직각좌표 형식인 매니퓰레이터
다관절 로봇	팔의 자유도가 주로 다관절인 매니퓰레이터
극좌표 로봇	팔의 자유도가 주로 극좌표 형식인 매니퓰레이터

정답 52 ① 53 ① 54 ① 55 ④ 56 ③

57
프레스기의 방호장치의 종류가 아닌 것은?

① 가드식　　　　　② 초음파식
③ 광전자식　　　　④ 양수조작식

> **프레스의 방호장치**
> ① 게이트가드식(가드식)　② 양수조작식
> ③ 손쳐내기식　　　　　　④ 수인식(Pull out)
> ⑤ 광전자식(감응식)

58
선반작업에서 가공물의 길이가 외경에 비하여 과도하게 길 때 절삭저항에 의한 떨림을 방지하기 위한 장치는?

① 센터　　　　　　② 심봉
③ 방진구　　　　　④ 돌리개

> **방진구**
> 공작물이 단면의 지름에 비해 길이가 너무 길 경우 자중 또는 절삭저항에 의해 굽어지거나 가공 중 발생하는 진동을 방지하기 위해 사용하는 지지구(고정식, 이동식)

59
양수조작식 방호장치에서 누름 버튼 상호간의 내측 거리는 몇 mm 이상이어야 하는가?

① 250　　　　　　② 300
③ 350　　　　　　④ 400

> **양수조작식**
> ① 누름버튼의 상호간 내측거리는 300mm 이상
> ② 누름버튼(레버 포함)은 매립형의 구조

60
기계설비 외형의 안전화 방법이 아닌 것은?

① 덮개　　　　　　② 안전색채 조절
③ 가드(guard)의 설치　④ 페일세이프(fail safe)

> **외관상의 안전화**
> ① 가드 설치(기계 외형 부분 및 회전체 돌출 부분)
> ② 별실 또는 구획된 장소에 격리(원동기 및 동력 전도 장치)
> ③ 안전색채 조절(기계 장비 및 부수되는 배관)

4과목　전기 및 화학설비 안전 관리

61
도체의 정전용량 C = 20μF, 대전전위(방전 시 전압) V = 3kV일 때 정전 에너지(J)는?

① 45　　　　　　② 90
③ 180　　　　　④ 360

> **정전 에너지**
> $E = \dfrac{1}{2}CV^2 = \dfrac{1}{2} \times 20 \times 10^{-6} \times 3000^2 = 90(J)$

62
접지시스템의 구분에 해당하지 않는 것은?

① 보호접지　　　　② 계통접지
③ 공통접지　　　　④ 피뢰시스템접지

> 접지시스템은 계통접지, 보호접지, 피뢰시스템접지 등으로 구분한다.

정답　57 ②　58 ③　59 ②　60 ④　61 ②　62 ③

63

외부피뢰시스템에서 접지극은 지표면에서 몇 m 이상 깊이로 매설하여야 하는가?(단, 동결심도는 고려하지 않는 경우이다.)

① 0.1
② 0.5
③ 0.75
④ 1.2

> **접지극 매설방법**
> ① 접지극은 매설하는 토양을 오염시키지 않아야 하며, 가능한 다습한 부분에 설치한다.
> ② 접지극은 지표면으로부터 지하 0.75m 이상으로 하되 동결 깊이를 감안하여 매설 깊이를 정해야 한다.
> ③ 접지도체를 철주 기타의 금속체를 따라서 시설하는 경우에는 접지극을 철주의 밑면으로부터 0.3m 이상의 깊이에 매설하는 경우 이외에는 접지극을 지중에서 그 금속체로부터 1m 이상 떼어 매설하여야 한다.

64 ★빈출

인체가 현저히 젖어 있거나 인체의 일부가 금속성의 전기기구 또는 구조물에 상시 접촉되어 있는 상태의 허용접촉전압(V)은?

① 2.5V 이하
② 25V 이하
③ 50V 이하
④ 제한 없음

> **허용 접촉전압**
>
> | 종별 | 접촉 상태 | 허용접촉전압 |
> | --- | --- | --- |
> | 제1종 | 인체의 대부분이 수중에 있는 경우 | 2.5V 이하 |
> | 제2종 | • 인체가 현저하게 젖어있는 경우
• 금속성의 전기기계장치나 구조물에 인체의 일부가 상시 접촉되어 있는 경우 | 25V 이하 |
> | 제3종 | 제1종, 제2종 이외의 경우로 통상의 인체상태에 있어서 접촉전압이 가해지면 위험성이 높은 경우 | 50V 이하 |
> | 제4종 | • 제1종, 제2종 이외의 경우로 통상의 인체상태에 있어서 접촉전압이 가해지더라도 위험성이 낮은 경우
• 접촉전압이 가해질 우려가 없는 경우 | 제한없음 |

65 ★빈출

신선한 공기 또는 불연성가스 등의 보호기체를 용기의 내부에 압입함으로써 내부의 압력을 유지하여 폭발성가스가 침입하지 않도록 하는 방폭구조는?

① 내압 방폭구조
② 압력 방폭구조
③ 안전증 방폭구조
④ 특수 방진 방폭구조

> **압력 방폭구조(p)**
> 용기내부에 보호가스(신선한 공기 또는 질소, 탄산가스 등의 불연성 가스)를 압입하여 내부 압력을 외부 환경보다 높게 유지함으로써 폭발성 가스 또는 증기가 용기내부로 유입되지 않도록 한 구조(전폐형의 구조)

66

과전류차단기로 시설하는 퓨즈 중 고압전로에 사용하는 포장 퓨즈는 정격전류의 몇 배를 견딜 수 있어야 하는가?

① 1.1배
② 1.3배
③ 1.6배
④ 2.0배

> **고압 전로에 사용하는 퓨즈**
>
> | 포장 퓨즈 | 비포장 퓨즈 |
> | --- | --- |
> | ① 정격전류의 1.3배의 전류에 견딜 것
② 2배의 전류로 120분 안에 용단되는 것 | ① 정격전류의 1.25배의 전류에 견딜 것
② 2배의 전류로 2분 안에 용단되는 것
* 비포장 퓨즈는 고리퓨즈를 사용 |

정답 63 ③ 64 ② 65 ② 66 ②

67

산업안전보건기준에 관한 규칙에 따라 꽂음 접속기를 설치 또는 사용하는 경우 준수하여야 할 사항으로 틀린 것은?

① 서로 다른 전압의 꽂음 접속기는 서로 접속되지 아니한 구조의 것을 사용할 것
② 습윤한 장소에 사용되는 꽂음 접속기는 방수형 등 그 장소에 적합한 것을 사용할 것
③ 근로자가 해당 꽂음 접속기를 접속시킬 경우에는 땀 등으로 젖은 손으로 취급하지 않도록 할 것
④ 꽂음 접속기에 잠금장치가 있을 때에는 접속 후 개방하여 사용할 것

> **꽂음 접속기의 설치 및 사용 시 준수사항**
> ① 서로 다른 전압의 꽂음 접속기는 서로 접속되지 아니한 구조의 것을 사용할 것
> ② 습윤한 장소에 사용되는 꽂음 접속기는 방수형 등 그 장소에 적합한 것을 사용할 것
> ③ 근로자가 해당 꽂음 접속기를 접속시킬 경우에는 땀 등으로 젖은 손으로 취급하지 않도록 할 것
> ④ 해당 꽂음 접속기에 잠금장치가 있는 경우에는 접속 후 잠그고 사용할 것

68

방폭 전기설비에서 1종 위험장소에 해당하는 것은?

① 이상상태에서 위험 분위기를 발생할 염려가 있는 장소
② 보통장소에서 위험 분위기를 발생할 염려가 있는 장소
③ 위험분위기가 보통의 상태에서 계속해서 발생하는 장소
④ 위험분위기가 장기간 또는 거의 조성되지 않는 장소

> **위험장소의 분류**
>
> | 분류 | 적요 | 예 |
> |---|---|---|
> | 0종 장소 | 인화성 액체의 증기 또는 가연성 가스에 의한 폭발위험이 지속적으로 또는 장기간 존재하는 장소 | 용기·장치·배관 등의 내부 등 (Zone 0) |
> | 1종 장소 | 정상 작동상태에서 인화성 액체의 증기 또는 가연성 가스에 의한 폭발위험 분위기가 존재하기 쉬운 장소 | 맨홀·벤트·피트 등의 주위 (Zone 1) |
> | 2종 장소 | 정상 작동상태에서 인화성 액체의 증기 또는 가연성 가스에 의한 폭발위험 분위기가 존재할 우려가 없으나, 존재할 경우 그 빈도가 아주 적고 단기간만 존재할 수 있는 장소 | 개스킷·패킹 등의 주위 (Zone 2) |

69

전기기계·기구의 누전에 의한 감전의 위험을 방지하기 위하여 코드 및 플러그를 접속하여 사용하는 전기기계·기구 중 노출된 비충전 금속체에 접지를 실시하여야 하는 것이 아닌 것은?

① 사용전압이 대지전압 110V인 기구
② 냉장고·세탁기·컴퓨터 및 주변기기 등과 같은 고정형 전기기계·기구
③ 고정형·이동형 또는 휴대형 전동기계·기구
④ 휴대형 손전등

> **코드와 플러그를 접속하여 사용하는 전기기계·기구 중 접지를 해야 하는 노출된 비충전 금속체**
> ① 사용전압이 대지전압 150볼트를 넘는 것
> ② 냉장고·세탁기·컴퓨터 및 주변기기 등과 같은 고정형 전기기계·기구
> ③ 고정형·이동형 또는 휴대형 전동기계·기구
> ④ 물 또는 도전성이 높은 곳에서 사용하는 전기기계·기구, 비접지형 콘센트
> ⑤ 휴대형 손전등

70

액체가 관내를 이동할 때에 정전기가 발생하는 현상은?

① 마찰대전   ② 박리대전
③ 분출대전   ④ 유동대전

> **유동대전**
> ① 액체류를 파이프 등으로 수송할 때 액체류가 파이프 등과 접촉하여 두 물질의 경계에 전기 2중층이 형성되어 정전기가 발생
> ② 액체류의 유동속도가 정전기 발생에 큰 영향을 준다.

71

물과의 반응 또는 열에 의해 분해되어 산소를 발생하는 것은?

① 적린   ② 과산화나트륨
③ 유황   ④ 이황화탄소

> **과산화나트륨(Na_2O_2)**
> 과산화칼륨(K_2O_2) 등과 함께 제1류 위험물에 해당하는 강산화제로 물과 반응하거나 가열, 충격 등에 의해 산소를 발생시킨다.

정답 67 ④   68 ②   69 ①   70 ④   71 ②

72

위험물안전관리법령상 제3류 위험물이 아닌 것은?

① 황화린 ② 금속나트륨
③ 황린 ④ 금속칼륨

> **제3류 위험물**
> ① 자연발화성 물질 및 금수성 물질에 해당하며, 칼륨, 나트륨, 알킬알루미늄, 황린 등
> ② 황화린은 2류 위험물인 가연성 고체

73 ★빈출

산업안전보건법령에서 정한 위험물을 기준량 이상으로 제조하거나 취급하는 설비 중 특수화학설비에 해당하지 않는 것은?

① 발열반응이 일어나는 반응장치
② 증류·정류·증발·추출 등 분리를 하는 장치
③ 가열로 또는 가열기
④ 고로 등 점화기를 직접 사용하는 열교환기류

> **특수화학설비**
> ① 발열반응이 일어나는 반응장치
> ② 증류·정류·증발·추출 등 분리를 행하는 장치
> ③ 가열시켜 주는 물질의 온도가 가열되는 위험물질의 분해온도 또는 발화점 보다 높은 상태에서 운전되는 설비
> ④ 반응폭주 등 이상 화학반응에 의하여 위험물질이 발생할 우려가 있는 설비
> ⑤ 온도가 섭씨 350° 이상이거나 게이지 압력이 980킬로파스칼 이상인 상태에서 운전되는 설비
> ⑥ 가열로 또는 가열기

74

환풍기가 고장난 장소에서 인화성 액체를 취급할 때, 부주의로 마개를 막지 않았다. 여기서 작업자가 담배를 피우기 위해 불을 켜는 순간 인화성 액체에서 불꽃이 일어나는 사고가 발생하였다. 이와 같은 사고의 발생 가능성이 가장 높은 물질은? (단, 작업현장의 온도는 20℃이다.)

① 글리세린 ② 중유
③ 디에틸에테르 ④ 경유

> **디에틸에테르**
> 제4류 위험물 중 특수 인화물에 해당되며, 인화점이 −45℃로 낮은 온도에서도 인화 가능성이 매우 높다.

75 ★빈출

연소의 3요소에 해당되지 않는 것은?

① 가연물 ② 점화원
③ 연쇄반응 ④ 산소공급원

> 연소의 3요소는 가연물, 점화원, 산소공급원이며, 연쇄반응은 4요소에 포함된다.

76

유해물질의 농도를 C, 노출 시간을 t라 할 때 유해물지수(k)와의 관계인 Haber의 법칙을 바르게 나타낸 것은?

① $k = c + t$ ② $k = \dfrac{c}{k}$
③ $k = c \times t$ ④ $k = c - t$

> **유해성을 좌우하는 인자**
> ① 농도가 증가할수록 유해도는 증가한다.
> ② 노출 시간(Haber 법칙)
> $k = c \times t$ (k: 유해물 지수, c : 유해물질의 농도, t : 노출 시간)

77

분진폭발에 대한 안전대책으로 적절하지 않은 것은?

① 분진의 퇴적을 방지한다.
② 점화원을 제거한다.
③ 입자의 크기를 최소화한다.
④ 불활성 분위기를 조성한다.

> **분진폭발**
> (1) 분진폭발의 방지대책
> ① 분진의 농도가 폭발한 농도 이하가 되도록 철저한 관리
> ② 분진이 존재하는 매체, 즉 공기 등을 질소, 이산화탄소 등으로 치환
> ③ 착화원의 제거 및 격리
> (2) 분진폭발의 과정 : 분진의 퇴적 → 비산하여 분진운 생성 → 분산 → 점화원 → 폭발
> (3) 입자의 표면적이 클수록 폭발의 위험성 상승

정답 72 ① 73 ④ 74 ③ 75 ③ 76 ③ 77 ③

78

프로판(C_3H_8)의 완전연소 조성농도는 약 몇 vol%인가?

① 4.02
② 4.19
③ 5.05
④ 5.19

> **프로판(C_3H_8)의 화학양론 농도**
>
> $$Cst = \frac{1}{1+4.773\left(n+\frac{m-f-2\lambda}{4}\right)} \times 100\%$$
>
> $$\therefore \frac{1}{1+4.773\left(3+\frac{8}{4}\right)} \times 100 = 4.022\%$$

79

절연성 액체를 운반하는 관에서 정전기로 인해 일어나는 화재 및 폭발을 예방하기 위한 방법으로 가장 거리가 먼 것은?

① 유속을 줄인다.
② 관을 접지시킨다.
③ 도전성이 큰 재료의 관을 사용한다.
④ 관의 안지름을 작게 한다.

> **정전기 발생 방지**
>
> ① 접지(도체의 대전방지)
> ② 가습(공기 중의 상대습도를 60~70% 정도 유지)
> ③ 대전방지제 사용
> ④ 배관 내에 액체의 유속제한 및 정체시간 확보
> ⑤ 제전장치(제전기) 사용
> ⑥ 도전성 재료 사용
> ⑦ 보호구 착용

80

20℃인 1기압의 공기를 압축비 3으로 단열 압축하였을 때, 온도는 약 몇 ℃가 되겠는가? (단, 공기의 비열비는 1.4이다.)

① 84
② 128
③ 182
④ 1091

> 단열압축이란 외부와 열교환 없이 압력을 높게 하여 온도가 올라가는 현상
>
> $$\frac{T_2}{293} = \left(\frac{3}{1}\right)^{\frac{1.4-1}{1.4}}$$
>
> 그러므로, $T_2 = 401.04 - 273 = 128.04$℃

5과목 건설공사 안전 관리

81

거푸집 동바리 조립도에 명시해야 할 사항과 거리가 가장 먼 것은?

① 작업 환경 조건
② 부재의 재질
③ 단면규격
④ 설치간격

> **조립도에 명시해야 할 사항**
>
> ① 부재의 재질
> ② 단면규격
> ③ 설치간격
> ④ 이음방법

82

강관을 사용하여 비계를 구성하는 경우 준수해야 할 기준으로 옳지 않은 것은?

① 비계기둥의 간격은 띠장 방향에서는 1.85m 이하, 장선(長線) 방향에서는 1.5m 이하로 할 것
② 띠장 간격은 1.5m 이하로 설치할 것
③ 비계기둥의 제일 윗부분으로부터 31m 되는 지점 밑 부분의 비계기둥은 2개의 강관으로 묶어세울 것
④ 비계기둥 간의 적재하중은 400kg을 초과하지 않도록 할 것

> **강관(단관)비계의 구조**
>
> | 구분 | | 내용(준수사항) |
> |---|---|---|
> | 비계기둥 | 띠장방향 | 1.85m 이하 |
> | | 장선방향 | 1.5m 이하 |
> | 띠장 간격 | | 2.0m 이하로 설치할 것 |
> | 벽 연결 | | 수직으로 5m, 수평으로 5m이내마다 연결 |
> | 높이 제한 | | 비계기둥 최고부로부터 (아래 방향으로) 31m 되는 지점 밑부분의 비계기둥은 2본의 강관으로 묶어세울 것 |
> | 적재 하중 | | 비계기둥 간 적재 하중은 400kg을 초과하지 아니하도록 할 것 |

정답 78 ① 79 ④ 80 ② 81 ① 82 ②

83

굴착공사 시 안전한 작업을 위한 사질 지반(점토질을 포함하지 않은 것)의 굴착면 기울기와 높이 기준으로 옳은 것은?

① 1 : 1.5 이상, 5m 미만
② 1 : 0.5 이상, 5m 미만
③ 1 : 1.5 이상, 2m 미만
④ 1 : 0.5 이상, 2m 미만

기울기 및 높이의 기준
① 사질의 지반(점토질을 포함하지 않은 것)은 굴착면의 기울기를 1 : 1.5 이상으로 하고 높이는 5미터 미만으로 하여야 한다.
② 발파 등에 의해서 붕괴하기 쉬운 상태의 지반 및 매립하거나 반출시켜야 할 지반의 굴착면의 기울기는 1 : 1 이하 또는 높이는 2미터 미만으로 하여야 한다.

84 빈출

철골작업 시의 위험방지와 관련하여 철골작업을 중지하여야 하는 강설량의 기준은?

① 시간당 1mm 이상인 경우
② 시간당 3mm 이상인 경우
③ 시간당 1cm 이상인 경우
④ 시간당 3cm 이상인 경우

철골작업을 중지해야 하는 악천후
① 풍속 : 초당 10m 이상인 경우
② 강우량 : 시간당 1mm 이상인 경우
③ 강설량 : 시간당 1cm 이상인 경우

85

옥내작업장에는 비상시에 근로자에게 신속하게 알리기 위한 경보용 설비 또는 기구를 설치하여야 한다. 그 설치대상 기준으로 옳은 것은?

① 연면적이 400m² 이상이거나 상시 40명 이상의 근로자가 작업하는 옥내작업장
② 연면적이 400m² 이상이거나 상시 50명 이상의 근로자가 작업하는 옥내작업장
③ 연면적이 500m² 이상이거나 상시 40명 이상의 근로자가 작업하는 옥내작업장
④ 연면적이 500m² 이상이거나 상시 50명 이상의 근로자가 작업하는 옥내작업장

통로 및 작업장의 안전
① 통로의 조명은 75 럭스 이상의 채광 또는 조명시설
② 경보용 설비 또는 기구 설치 : 작업장의 연면적이 400m² 이상이거나 상시 50인 이상의 근로자가 작업하는 옥내작업장

86

토석이 붕괴되는 원인을 외적요인과 내적요인으로 나눌 때 외적요인으로 볼 수 없는 것은?

① 사면, 법면의 경사 및 기울기의 증가
② 지진발생, 차량 또는 구조물의 중량
③ 공사에 의한 진동 및 반복하중의 증가
④ 절토 사면의 토질, 암질

토석붕괴의 원인

외적요인	내적요인
① 사면·법면의 경사 및 기울기의 증가	① 절토사면의 토질·암질
② 절토 및 성토 높이의 증가	② 성토사면의 토질
③ 진동 및 반복하중의 증가	③ 토석의 강도 저하
④ 지하수 침투에 의한 토사중량의 증가	
⑤ 구조물의 하중 증가	

87 빈출

양중기의 와이어로프 등 달기구의 안전계수 기준으로 옳은 것은? (단, 화물의 하중을 직접 지지하는 달기와이어로프 또는 달기체인의 경우)

① 3 이상
② 4 이상
③ 5 이상
④ 6 이상

와이어로프의 안전계수

근로자가 탑승하는 운반구를 지지하는 달기와이어로프 또는 달기체인의 경우	10 이상
화물의 하중을 직접 지지하는 경우 달기와이어로프 또는 달기체인의 경우	5 이상
훅, 샤클, 클램프, 리프팅 빔의 경우	3 이상
그 밖의 경우	4 이상

정답 83 ① 84 ③ 85 ② 86 ④ 87 ③

88
건설용 양중기에 관한 설명으로 옳은 것은?
① 삼각데릭은 인접시설에 장해가 없는 상태에서 360° 회전이 가능하다.
② 이동식 크레인(crane)에는 트럭 크레인, 크롤러 크레인 등이 있다.
③ 휠 크레인에는 무한궤도식과 타이어식이 있으며 장거리 이동에 적당하다.
④ 크롤러 크레인은 휠 크레인보다 기동성이 뛰어나다.

> **건설용 양중기**
> ① 삼각 데릭의 회전범위는 270°, 작업범위는 180°이고, 가이데릭의 붐 회전범위는 360°이다.
> ② 휠 크레인은 기계식과 유압식이 있으며, 크레인 부분은 360도 회전할 수 있게 되어 있다.
> ③ 휠 크레인이 크롤러 크레인보다 기동성이 뛰어나다.

tip
이동식 크레인의 종류
① 트럭 크레인 ② 크롤러 크레인 ③ 휠 크레인 ④ 플로팅 크레인 등

89
터널 등의 건설작업을 하는 경우에 낙반 등에 의하여 근로자가 위험해질 우려가 있는 경우, 그 위험을 방지하기 위하여 취해야 할 조치와 거리가 먼 것은?
① 터널 지보공 설치
② 록볼트 설치
③ 부석의 제거
④ 산소의 측정

> **갱 내에서의 낙반 방지**
> ① 터널 지보공 설치 ② 부석 제거 ③ 록볼트 설치

90
비계의 높이가 2m 이상인 작업 장소에 설치되는 작업발판의 구조에 관한 기준으로 옳지 않은 것은?
① 작업발판의 폭은 40cm 이상으로 할 것
② 발판재료 간의 틈은 5cm 이하로 할 것
③ 작업발판재료는 뒤집히거나 떨어지지 않도록 둘 이상의 지지물에 연결하거나 고정시킬 것
④ 작업발판을 작업에 따라 이동시킬 경우에는 위험 방지에 필요한 조치를 할 것

> **비계높이 2m 이상 장소의 작업발판 설치기준**
> ① 발판재료는 작업할 때의 하중을 견딜 수 있도록 견고한 것으로 할 것
> ② 작업발판의 폭은 40센티미터 이상으로 하고, 발판재료 간의 틈은 3센티미터 이하로 할 것
> ③ 추락의 위험성이 있는 장소에는 안전난간을 설치할 것
> ④ 작업발판재료는 뒤집히거나 떨어지지 않도록 둘 이상의 지지물에 연결하거나 고정시킬 것

91
철근의 가스절단 작업 시 안전상 유의해야 할 사항으로 옳지 않은 것은?
① 작업장에는 소화기를 비치하도록 한다.
② 호스, 전선 등은 다른 작업장을 거치는 곡선상의 배선이어야 한다.
③ 전선의 경우 피복이 손상되어 있는지를 확인하여야 한다.
④ 호스는 작업 중에 겹치거나 밟히지 않도록 한다.

> **가스절단작업 시 유의 사항(보기 외에)**
> ① 호스, 전선 등은 다른 작업장을 거치지 않는 직선상의 배선이어야 하며, 길이가 짧아야 한다.
> ② 가스절단 및 용접자는 해당자격 소지자라야 하며, 작업 중에는 보호구를 착용하여야 한다.

92
비탈면 붕괴 방지를 위한 붕괴방지 공법과 가장 거리가 먼 것은?
① 배토 공법
② 압성토 공법
③ 공작물의 설치
④ 언더피닝 공법

> **비탈면 보호 공법**
> ① 식생 공법
> ② 구조물 보호공
> ③ 응급대책(배수 공법, 배토 공법, 압성토 공법)
> ④ 항구대책(옹벽 공법 등)

정답 88 ② 89 ④ 90 ② 91 ② 92 ④

93 빈출

계단의 개방된 측면에 근로자의 추락 위험을 방지하기 위하여 안전난간을 설치하고자 할 때 그 설치기준으로 옳지 않은 것은?

① 안전난간은 상부 난간대, 중간 난간대, 발끝막이판 및 난간기둥으로 구성할 것
② 발끝막이판은 바닥면 등으로부터 10cm 이상의 높이를 유지할 것
③ 난간기둥은 상부 난간대와 중간 난간대를 견고하게 떠받칠 수 있도록 적정한 간격을 유지할 것
④ 난간대는 지름 3.8cm 이상의 금속제 파이프나 그 이상의 강도가 있는 재료일 것

> 난간대는 지름 2.7센티미터 이상의 금속제 파이프나 그 이상의 강도가 있는 재료일 것

94

철골공사 중 트랩을 이용해 승강할 때 안전과 관련된 항목이 아닌 것은?

① 수평구명줄 ② 수직구명줄
③ 쥠줄 ④ 추락 방지대

> 철골공사의 트랩은 아래위로 오르내리기 위한 승강설비로 추락방지를 위해 수직구명줄과 쥠줄을 갖춘 추락 방지대를 사용하여야 한다.

95

철골공사 시 도괴의 위험이 있어 강풍에 대한 안전 여부를 확인해야 할 필요성이 가장 높은 경우는?

① 연면적당 철골량이 일반 건물보다 많은 경우
② 기둥에 H형강을 사용하는 경우
③ 이음부가 공장용접인 경우
④ 단면구조가 현저한 차이가 있으며 높이가 20m 이상인 건물

> **외압(강풍에 의한 풍압)에 대한 내력 설계 확인 구조물**
> ① 높이 20m 이상의 구조물
> ② 구조물 폭과 높이의 비가 1 : 4 이상인 구조물
> ③ 연면적당 철골량이 50kg/m² 이하인 구조물
> ④ 단면구조에 현저한 차이가 있는 구조물
> ⑤ 기둥이 타이 플레이트형인 구조물
> ⑥ 이음부가 현장 용접인 구조물

96 빈출

굴착공사의 경우 유해·위험방지계획서 제출대상의 기준으로 옳은 것은?

① 깊이 5m 이상인 굴착공사
② 깊이 8m 이상인 굴착공사
③ 깊이 10m 이상인 굴착공사
④ 깊이 15m 이상인 굴착공사

> **유해·위험방지계획서를 제출해야 될 대상 건설업**
> ① 다음 각목의 어느 하나에 해당하는 건축물 또는 시설 등의 건설, 개조 또는 해체공사
>   ㉠ 지상 높이가 31미터 이상인 건축물 또는 인공구조물
>   ㉡ 연면적 3만 제곱미터 이상인 건축물
>   ㉢ 연면적 5천 제곱미터 이상인 시설로서 다음의 어느 하나에 해당하는 시설
>   ㉮ 문화 및 집회시설   ㉯ 판매시설, 운수시설
>   ㉰ 종교시설   ㉱ 의료시설 중 종합병원
>   ㉲ 숙박시설 중 관광숙박시설 ㉳ 지하도 상가
>   ㉴ 냉동, 냉장 창고시설
> ② 최대 지간 길이가 50미터 이상인 다리의 건설 등 공사
> ③ 연면적 5천 제곱미터 이상인 냉동, 냉장창고 시설의 설비공사 및 단열공사
> ④ 다목적댐, 발전용댐, 저수용량 2천만톤 이상의 용수전용댐 및 지방상수도 전용댐의 건설 등 공사
> ⑤ 터널의 건설 등 공사
> ⑥ 깊이 10미터 이상인 굴착공사

정답 93 ④ 94 ① 95 ④ 96 ③

97

거푸집 동바리 등을 조립하거나 해체하는 작업을 하는 경우에 준수해야 할 사항으로 옳지 않은 것은?

① 해당 작업을 하는 구역에는 관계 근로자가 아닌 사람의 출입을 금지할 것
② 비, 눈, 그 밖의 기상상태의 불안정으로 날씨가 몹시 나쁜 경우에는 그 작업을 중지할 것
③ 재료, 기구 또는 공구 등을 올리거나 내리는 경우에는 근로자 간 서로 직접 전달하도록 하고 달줄·달포대 등의 사용을 금할 것
④ 낙하·충격에 의한 돌발적 재해를 방지하기 위하여 버팀목을 설치하고 거푸집 동바리 등을 인양장비에 매단 후에 작업을 하도록 하는 등 필요한 조치를 할 것

> 재료·기구 또는 공구 등을 올리거나 내릴 때에는 근로자로 하여금 달줄·달포대 등을 사용하여 안전하게 작업해야 한다.

98

거푸집 및 동바리 설계 시 적용하는 연직방향하중에 해당되지 않는 것은?

① 콘크리트의 측압
② 철근 콘크리트의 자중
③ 작업하중
④ 충격하중

> **연직방향 하중**
> 거푸집, 동바리, 콘크리트, 철근, 작업원, 타설용 기계 기구, 가설설비 등의 중량 및 작업하중, 충격하중 등

99 ★ 빈출

다음은 공사 진척에 따른 안전관리비의 사용기준이다. (　)에 들어갈 내용으로 옳은 것은?

공정률	50% 이상 70% 미만	70% 이상 90% 미만	90% 이상
사용 기준	(　　)	70% 이상	90% 이상

① 30% 이상
② 40% 이상
③ 50% 이상
④ 60% 이상

> **공사 진척에 따른 안전관리비 사용기준**
>
> | 공정률 | 50% 이상 70% 미만 | 70% 이상 90% 미만 | 90% 이상 |
> |---|---|---|---|
> | 사용 기준 | 50% 이상 | 70% 이상 | 90% 이상 |

100

고소작업대를 사용하는 경우 준수해야 할 사항으로 옳지 않은 것은?

① 안전한 작업을 위하여 적정수준의 조도를 유지할 것
② 전로(電路)에 근접하여 작업을 하는 경우에는 작업감시자를 배치하는 등 감전 사고를 방지하기 위하여 필요한 조치를 할 것
③ 작업대의 붐대를 상승시킨 상태에서 탑승자는 작업대를 벗어나지 말 것
④ 전환 스위치는 다른 물체를 이용하여 고정할 것

> **고소작업대 사용 시 준수사항(문제의 보기 외)**
> ① 작업자가 안전모·안전대 등의 보호구를 착용하도록 할 것
> ② 관계자가 아닌 사람이 작업구역에 들어오는 것을 방지하기 위하여 필요한 조치를 할 것
> ③ 전환 스위치는 다른 물체를 이용하여 고정하지 말 것
> ④ 작업대를 정기적으로 점검하고 붐·작업대 등 각 부위의 이상 유무를 확인할 것
> ⑤ 작업대는 정격하중을 초과하여 물건을 싣거나 탑승하지 말 것

정답　97 ③　98 ①　99 ③　100 ④

2020년 6월 6일 | 기출문제

1과목 산업재해 예방 및 안전보건교육

01
상시 근로자수가 75명인 사업장에서 1일 8시간씩 연간 320일을 작업하는 동안에 4건의 재해가 발생하였다면 이 사업장의 도수율은 약 얼마인가?

① 17.68　② 19.67
③ 20.83　④ 22.83

도수율 계산

① 도수율($F \cdot R$) = $\dfrac{재해건수}{연간총근로시간수} \times 1,000,000$

② 도수율 = $\dfrac{4}{(75 \times 8 \times 320)} \times 1,000,000 = 20.83$

02
보호구 안전인증 고시에 따른 안전화의 정의 중 ( )안에 알맞은 것은?

경작업용 안전화란 (㉠)mm의 낙하높이에서 시험했을 때 충격과 (㉡±0.1)kN의 압축하중에서 시험했을 때 압박에 대하여 보호해 줄 수 있는 선심을 부착하여, 착용자를 보호하기 위한 안전화를 말한다.

---

① ㉠ 500, ㉡ 10.0　② ㉠ 250, ㉡ 10.0
③ ㉠ 500, ㉡ 4.4　④ ㉠ 250, ㉡ 4.4

안전화의 등급

작업 구분	내충격성 및 내압박성 시험방법
중작업용	1,000mm의 낙하높이, (15.0±0.1)kN의 압축하중 시험
보통작업용	500mm의 낙하높이, (10.0±0.1)kN의 압축하중 시험
경작업용	250mm의 낙하높이, (4.4±0.1)kN의 압축하중 시험

03
산업안전보건법령상 안전보건표지의 종류와 형태 중 그림과 같은 경고표지는? (단, 바탕은 무색, 기본모형은 빨간색, 그림은 검은색이다.)

① 부식성물질 경고
② 폭발성물질 경고
③ 산화성물질 경고
④ 인화성물질 경고

경고표지

인화성물질 경고	산화성물질 경고	폭발성물질 경고	부식성물질 경고

04
일반적으로 사업장에서 안전관리조직을 구성할 때 고려할 사항과 가장 거리가 먼 것은?

① 조직 구성원의 책임과 권한을 명확하게 한다.
② 회사의 특성과 규모에 부합되게 조직되어야 한다.
③ 생산조직과는 동떨어진 독특한 조직이 되도록 하여 효율성을 높인다.
④ 조직의 기능이 충분히 발휘될 수 있는 제도적 체계를 갖추어야 한다.

조직의 구비 조건
① 회사의 특성과 규모에 부합되게 조직화될 것
② 조직의 기능이 충분히 발휘될 수 있는 제도적 체계를 갖출 것
③ 조직을 구성하는 관리자의 책임과 권한을 분명히 할 것
④ 생산라인과 밀착된 조직이 될 것

정답　01 ③　02 ④　03 ④　04 ③

05
주의의 특성으로 볼 수 없는 것은?

① 변동성 ② 선택성
③ 방향성 ④ 통합성

주의의 특징	
선택성	동시에 두 개 이상의 방향에 집중하지 못하고 소수의 특정한 것에 한하여 선택한다.
변동성	고도의 주의는 장시간 지속할 수 없고 주기적으로 부주의 리듬이 존재한다.
방향성	한 지점에 주의를 집중하면 주변 다른 곳의 주의는 약해진다.(주시점만 인지)

06
테크니컬 스킬즈(technical skills)에 관한 설명으로 옳은 것은?

① 모럴(morale)을 앙양시키는 능력
② 인간을 사물에게 적응시키는 능력
③ 사물을 인간에게 유리하게 처리하는 능력
④ 인간과 인간의 의사소통을 원활히 처리하는 능력

인간관계 관리방식(메이요의 이론)
① 테크니컬 스킬즈(technical skills) 사물을 처리함에 있어 인간의 목적에 유익하도록 처리하는 능력 ② 소시얼 스킬즈(social skills) 사람과 사람 사이의 커뮤니케이션을 양호하게 하고 사람들의 요구를 충족시키면서 모랄을 앙양시키는 능력

tip
근대산업사회에서는 테크니컬 스킬즈가 중시되고 소시얼 스킬즈가 경시되었다.

07
산업재해 예방의 4원칙 중 "재해발생에는 반드시 원인이 있다."라는 원칙은?

① 대책선정의 원칙 ② 원인계기의 원칙
③ 손실우연의 원칙 ④ 예방가능의 원칙

하인리히의 재해예방의 4원칙	
손실우연의 원칙	사고에 의해서 생기는 상해의 종류 및 정도는 우연적이라는 원칙
예방가능의 원칙	재해는 원칙적으로 예방이 가능하다는 원칙
원인계기의 원칙	재해의 발생에는 반드시 원인이 있으며, 직접원인뿐만 아니라 간접원인이 연계되어 일어난다는 원칙
대책선정의 원칙	원인의 정확한 분석에 의해 가장 타당한 재해예방 대책이 선정되어야 한다는 원칙

08
심리검사의 특징 중 "검사의 관리를 위한 조건과 절차의 일관성과 통일성"을 의미하는 것은?

① 규준 ② 표준화
③ 객관성 ④ 신뢰성

심리검사의 구비조건(기준)	
표준화	검사관리를 위한 절차가 동일하고 검사조건이 같아야 한다.
객관성	검사결과의 채점에 있어 공정한 평가가 이루어져야 한다.
규준	검사결과의 해석에 있어 상대적 위치를 결정하기 위한 척도
신뢰성	검사 결과의 일관성을 의미하는 것으로 동일한 문항을 재측정할 경우 오차값이 적어야 한다.
타당성	검사에 있어 가장 중요한 요소로 측정하고자 하는 것을 실제로 측정하고 있는가를 나타내는 것

09
조직이 리더에게 부여하는 권한으로 볼 수 없는 것은?

① 보상적 권한 ② 강압적 권한
③ 합법적 권한 ④ 위임된 권한

지도자에게 주어진 세력(권한)의 유형	
조직이 지도자에게 부여하는 세력	① 보상 세력(reward power) ② 강압 세력(coercive power) ③ 합법 세력(legitimate power)
지도자 자신이 자신에게 부여하는 세력	① 준거 세력(referent power) ② 전문 세력(expert power)

정답 05 ④ 06 ③ 07 ② 08 ② 09 ④

10

기억의 과정 중 과거의 학습경험을 통해서 학습된 행동이 현재와 미래에 지속되는 것을 무엇이라 하는가?

① 기명(memorizing)　② 파지(retention)
③ 재생(recall)　　　　④ 재인(recognition)

> **파지**
> ① 기명으로 인해 발생한 흔적을 재생이 가능하도록 유지시키는 기억의 단계이다.
> ② 기명에 의해 생긴 지각이나 표상의 흔적을 재생이 가능한 형태로 보존시키는 것을 말한다. 우리가 흔히 말하는 기억은 파지에 해당한다.

11 ★빈출

하인리히 재해 발생 5단계 중 3단계에 해당하는 것은?

① 불안전한 행동 또는 불안전한 상태
② 사회적 환경 및 유전적 요소
③ 관리의 부재
④ 사고

> **하인리히의 사고연쇄반응이론(도미노 이론)**
> 사회적 환경 및 유전적 요인 → 개인적 결함 → 불안전 행동 또는 불안전 상태 → 사고 → 재해

12

산업안전보건법령상 특별교육 대상 작업별 교육 작업 기준으로 틀린 것은?

① 전압이 75V 이상인 정전 및 활선작업
② 굴착면의 높이가 2m 이상이 되는 암석의 굴착작업
③ 동력에 의하여 작동되는 프레스기계를 3대 이상 보유한 사업장에서 해당 기계로 하는 작업
④ 1톤 미만의 크레인 또는 호이스트를 5대 이상 보유한 사업장에서 해당 기계로 하는 작업

> 동력에 의하여 작동되는 프레스기계를 5대 이상 보유한 사업장에서 해당 기계로 하는 작업

13

기계·기구 또는 설비의 신설, 변경 또는 고장수리 등 부정기적인 점검을 말하며, 기술적 책임자가 시행하는 점검은?

① 정기점검　② 수시점검
③ 특별점검　④ 임시점검

> **특별점검**
> ① 기계, 기구, 설비의 신설변경 또는 고장, 수리 등을 할 경우
> ② 정기점검기간을 초과하여 사용하지 않던 기계설비를 다시 사용하고자 할 경우
> ③ 강풍(순간풍속 30m/s초과) 또는 지진(중진 이상 지진) 등의 천재지변 후

14

재해의 원인 분석법 중 사고의 유형, 기인물 등 분류 항목을 큰 순서대로 도표화하여 문제나 목표의 이해가 편리한 것은?

① 관리도(control chart)
② 파레토도(pareto diagram)
③ 클로즈분석(close analysis)
④ 특성요인도(cause-reason diagram)

재해 통계 도표	
파레토도 (Pareto diagram)	관리 대상이 많은 경우 최소의 노력으로 최대의 효과를 얻을 수 있는 방법(분류항목을 큰 값에서 작은 값의 순서로 도표화 하는데 편리)
특성요인도	특성과 요인관계를 어골상으로 세분하여 연쇄관계를 나타내는 방법(원인요소와의 관계를 상호의 인과관계만으로 결부)
크로스(Cross)분석	두 가지 또는 그 이상의 요인이 서로 밀접한 상호관계를 유지할 때 사용되는 방법
관리도	재해 발생건수 등의 추이파악 → 목표관리 행하는 데 필요한 월별재해 발생 수의 그래프화 → 관리구역 설정 → 관리하는 방법

정답 10 ② 11 ① 12 ③ 13 ③ 14 ②

15 ⭐

다음 중 매슬로우(Maslow)가 제창한 인간의 욕구 5단계 이론을 단계별로 옳게 나열한 것은?

① 생리적 욕구 → 안전 욕구 → 사회적 욕구 → 존경의 욕구 → 자아실현의 욕구
② 안전 욕구 → 생리적 욕구 → 사회적 욕구 → 존경의 욕구 → 자아실현의 욕구
③ 사회적 욕구 → 생리적 욕구 → 안전 욕구 → 존경의 욕구 → 자아실현의 욕구
④ 사회적 욕구 → 안전 욕구 → 생리적 욕구 → 존경의 욕구 → 자아실현의 욕구

> 매슬로우(Abraham Maslow)의 욕구 5단계
> 생리적 욕구 → 안전의 욕구 → 사회적 욕구 → 인정, 존경받으려는 욕구 → 자아실현의 욕구

16

교육의 3요소 중 교육의 주체에 해당하는 것은?

① 강사
② 교재
③ 수강자
④ 교육방법

> 교육의 3요소
> ① 교육의 주체 : 강사
> ② 교육의 객체 : 학습자(교육대상)
> ③ 교육의 매개체 : 교재(교육내용)

17

O.J.T(On the Job Training) 교육의 장점과 가장 거리가 먼 것은?

① 훈련에만 전념할 수 있다.
② 직장의 실정에 맞게 실제적 훈련이 가능하다.
③ 개개인의 업무능력에 적합하고 자세한 교육이 가능하다.
④ 교육을 통하여 상사와 부하간의 의사소통과 신뢰감이 깊게 된다.

> 업무와 분리되어 훈련에만 전념하는 것이 가능한 것은 Off.J.T에 해당되는 내용이다.

18

위험예지훈련 기초 4라운드(4R)에서 라운드별 내용이 바르게 연결된 것은?

① 1라운드 : 현상파악
② 2라운드 : 대책수립
③ 3라운드 : 목표설정
④ 4라운드 : 본질추구

> 위험예지훈련의 4라운드 진행법
> ① 1라운드 : 현상파악
> ② 2라운드 : 본질추구
> ③ 3라운드 : 대책수립
> ④ 4라운드 : 목표설정

19 ⭐

산업안전보건법령상 근로자 안전보건교육 중 채용 시 교육 및 작업내용 변경 시 교육 사항으로 옳은 것은?

① 물질안전보건자료에 관한 사항
② 건강증진 및 질병 예방에 관한 사항
③ 유해·위험 작업환경 관리에 관한 사항
④ 표준안전작업방법 및 지도 요령에 관한 사항

> 근로자 채용 시 교육 및 작업내용 변경 시 교육내용
> ① 물질안전보건자료에 관한 사항
> ② 기계·기구의 위험성과 작업의 순서 및 동선에 관한 사항
> ③ 정리정돈 및 청소에 관한 사항
> ④ 작업 개시 전 점검에 관한 사항
> ⑤ 사고 발생 시 긴급조치에 관한 사항
> ⑥ 산업보건 및 건강장해 예방에 관한 사항
> ⑦ 직무스트레스 예방 및 관리에 관한 사항
> ⑧ 위험성 평가에 관한 사항
> ⑨ 산업안전보건법령 및 산업재해보상보험 제도에 관한 사항
> ⑩ 산업안전 및 산업재해 예방에 관한 사항(화재·폭발 사고 발생 시 대피에 관한 사항을 포함)
> ⑪ 직장 내 괴롭힘, 고객의 폭언 등으로 인한 건강장해 예방 및 관리에 관한 사항

tip
2025년 법령개정. 문제와 해설은 개정된 내용 적용

정답 15 ① 16 ① 17 ① 18 ① 19 ①

20
산업 재해의 발생 유형으로 볼 수 없는 것은?

① 지그재그형 ② 집중형
③ 연쇄형 ④ 복합형

재해의 발생형태(등치성 이론)	
구분	내용
단순자극형	상호 자극에 의하여 순간적으로 재해가 발생하는 유형으로 재해가 일어난 장소와 그 시기에 일시적으로 요인이 집중(집중형이라고도 함)
연쇄형	하나의 사고 요인이 또 다른 사고 요인을 일으키면서 재해를 발생시키는 유형(단순 연쇄형과 복합 연쇄형)
복합형	단순 자극형과 연쇄형의 복합적인 발생 유형

2과목 인간공학 및 위험성 평가·관리

21 빈출
모든 시스템 안전 프로그램 중 최초 단계의 분석으로 시스템 내의 위험요소가 어떤 상태에 있는지를 정성적으로 평가하는 방법은?

① CA ② FHA
③ PHA ④ FMEA

PHA
① PHA는 모든 시스템 안전 프로그램의 최초단계의 분석으로서 시스템 내의 위험요소가 얼마나 위험한 상태에 있는가를 정성적으로 평가하는 것이다.
② PHA의 목적 : 시스템 개발 단계에 있어서 시스템 고유의 위험상태를 식별하고 예상되는 재해의 위험수준을 결정하는 것이다.

22 빈출
시스템의 성능 저하가 인원의 부상이나 시스템 전체에 중대한 손해를 입히지 않고 제어가 가능한 상태의 위험강도는?

① 범주 Ⅰ : 파국적 ② 범주 Ⅱ : 위기적
③ 범주 Ⅲ : 한계적 ④ 범주 Ⅳ : 무시

위험성의 분류		
범주 Ⅰ	파국적 (catastrophic : 대재앙)	인원의 사망 또는 중상, 또는 완전한 시스템 손실
범주 Ⅱ	위기적(critica : 심각한)	인원의 상해 또는 중대한 시스템의 손상으로 인원이나 시스템 생존을 위해 즉시 시정조치 필요
범주 Ⅲ	한계적 (margina : 경미한)	인원의 상해 또는 중대한 시스템의 손상 없이 배제 또는 제어 가능
범주 Ⅳ	무시 (negligible : 무시할만한)	인원의 손상이나 시스템의 손상을 초래하지 않는다.

23
결함수 분석법에서 일정 조합 안에 포함되는 기본사상들이 동시에 발생할 때 반드시 목표사상을 발생시키는 조합을 무엇이라 하는가?

① Cut set ② Decision tree
③ Path set ④ 불대수

미니멀 컷셋
정상사상을 발생시키는 기본사상의 집합으로 그 안에 포함되는 모든 기본사상이 발생할 때 정상사상을 발생시킬 수 있는 기본사상의 집합을 컷셋이라 하며, 컷셋의 집합중에서 정상사상을 일으키기 위하여 필요한 최소한의 컷셋을 미니멀 컷셋이라 한다.

24
통제표시비(C/D비)를 설계할 때의 고려할 사항으로 가장 거리가 먼 것은?

① 공차 ② 운동성
③ 조작시간 ④ 계기의 크기

통제표시비 설계 시 고려사항
① 계기의 크기 ② 공차 ③ 목측거리 ④ 조작시간 ⑤ 방향성

정답 20 ① 21 ③ 22 ③ 23 ① 24 ②

25

건구온도 38℃, 습구온도 32℃일 때의 Oxford 지수는 몇 ℃ 인가?

① 30.2
② 32.9
③ 35.3
④ 37.1

Oxford 지수
① 습건(WD) 지수라고도 부르며, 습구온도(W)와 건구온도(D)의 가중평균치로 정의
② WD = 0.85W + 0.15D = (0.85 × 32) + (0.15 × 38) = 32.9

26

건강한 남성이 8시간 동안 특정 작업을 실시하고, 분당 산소 소비량이 1.1L/분으로 나타났다면 8시간 총 작업시간에 포함될 휴식시간은 약 몇 분인가? (단, Murrell의 방법을 적용하며, 휴식 중 에너지소비율은 1.5kcal/min이다.)

① 30분
② 54분
③ 60분
④ 75분

작업 시 평균에너지 소비량 및 휴식시간
① 작업 시 평균에너지 소비량
 = 5kcal/L × 1.1L/min = 5.5kcal/min
② 휴식시간(R)(분) = $\dfrac{480(E-5)}{E-1.5}$ = $\dfrac{480(5.5-5)}{5.5-1.5}$ = 60(분)

27

점광원(point source)에서 표면에 비추는 조도(lux)의 크기를 나타내는 식으로 옳은 것은? (단, D는 광원으로부터의 거리를 말한다.)

① $\dfrac{광도[fc]}{D^2[m^2]}$
② $\dfrac{광도[1m]}{D[m]}$
③ $\dfrac{광도[cd]}{D^2[m^2]}$
④ $\dfrac{광도[fL]}{D[m]}$

조도
조도 = $\dfrac{광도(cd)}{(거리)^2}$

28

인간공학적 수공구의 설계에 관한 설명으로 옳은 것은?

① 수공구 사용 시 무게 균형이 유지되도록 설계한다.
② 손잡이 크기를 수공구 크기에 맞추어 설계한다.
③ 힘을 요하는 수공구의 손잡이는 직경을 60mm 이상으로 한다.
④ 정밀 작업용 수공구의 손잡이는 직경을 5mm 이하로 한다.

수공구의 설계
① 수공구의 손잡이 지름은 일반적으로 정밀작업용일 경우 0.7~1.3cm 이고, 힘을 요하는 경우 3.2~5.1cm를 넘지 않도록 한다.
② 손잡이의 크기는 작업자에게 적합해야 한다.

29

인간 – 기계 시스템에서 기계와 비교한 인간의 장점으로 볼 수 없는 것은? (단, 인공지능과 관련된 사항은 제외한다.)

① 완전히 새로운 해결책을 찾아낸다.
② 여러 개의 프로그램된 활동을 동시에 수행한다.
③ 다양한 경험을 토대로 하여 의사결정을 한다.
④ 상황에 따라 변화하는 복잡한 자극 형태를 식별한다.

인간은 과부하 상태에서 중요한 일에만 전념하지만, 기계는 여러 개의 프로그램된 활동을 동시에 수행하며 과부하 상태에서도 효율적으로 작동한다.

30

인터페이스 설계 시 고려해야 하는 인간과 기계와의 조화성에 해당되지 않는 것은?

① 지적 조화성
② 신체적 조화성
③ 감성적 조화성
④ 심미적 조화성

인간 interface(계면)의 조화성

신체적(형태적) 인터페이스	인간의 신체적 또는 형태적 특성의 적합성여부(필요조건)
지적 인터페이스	인간의 인지능력, 정신적 부담의 정도(편리 수준)
감성적 인터페이스	인간의 감정 및 정서의 적합성여부(쾌적 수준)

정답 25 ② 26 ③ 27 ③ 28 ① 29 ② 30 ④

31

반복되는 사건이 많이 있는 경우, FTA의 최소 컷셋과 관련이 없는 것은?

① Fussel Algorithm
② Boolean Algorithm
③ Monte Carlo Algorithm
④ Limnios & Ziani Algorithm

> **Monte Carlo Algorithm**
> 시뮬레이션 테크닉의 일종으로, 구하고자 하는 수치의 확률적 분포를 반복 가능한 실험의 통계로부터 구하는 방법

32

다음 중 설비보전관리에서 설비이력카드, MTBF분석표, 고장원인대책표와 관련이 깊은 관리는?

① 보전기록관리
② 보전자재관리
③ 보전작업관리
④ 예방보전관리

> 신뢰성과 보전성 개선을 목적으로 한 효과적인 보전기록자료에는 MTBF분석표, 설비이력카드, 고장원인 대책표 등이 있다.

33 ★빈출

공간 배치의 원칙에 해당되지 않는 것은?

① 중요성의 원칙
② 다양성의 원칙
③ 사용빈도의 원칙
④ 기능별 배치의 원칙

> **부품배치의 원칙**
> ① 중요성의 원칙
> ② 사용빈도의 원칙
> ③ 기능별 배치의 원칙
> ④ 사용순서의 원칙

34

화학공장(석유화학사업장 등)에서 가동문제를 파악하는 데 널리 사용되며, 위험요소를 예측하고, 새로운 공정에 대한 가동문제를 예측하는 데 사용되는 위험성평가방법은?

① SHA
② EVP
③ CCFA
④ HAZOP

> **HAZOP 검토의 원리 및 개념**
> ① 5~7명의 각 분야별 전문가와 안전기사로 구성된 팀원들이 상상력을 동원하여 유인어(guide-word)로서 위험요소를 점검
> ② 설계의 각 부분의 완전성을 검토(test)하기 위해 만들어진 질문들이 설계의도로부터 설계가 벗어날 수 있는 모든 경우를 검토해 볼 수 있도록 하기 위한 것
> ③ 원하지 않는 결과를 초래할 수 있는 공정(화학공장)상의 문제여부를 확인하기 위해 체계적인 방법으로 공정이나 운전방법을 상세하게 검토해보기 위하여 실시

35

다음은 1/100초 동안 발생한 3개의 음파를 나타낸 것이다. 음의 세기가 가장 큰 것과 가장 높은 음은 무엇인가?

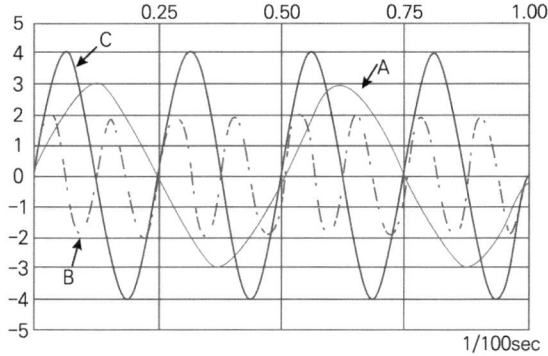

① 가장 큰 음의 세기 : A, 가장 높은 음 : B
② 가장 큰 음의 세기 : C, 가장 높은 음 : B
③ 가장 큰 음의 세기 : C, 가장 높은 음 : A
④ 가장 큰 음의 세기 : B, 가장 높은 음 : C

> **소리의 3요소**
> ① 소리의 높낮이(고저): 진동수가 클수록 고음이 난다.
> ② 소리의 세기(강약): 진동수가 같을 때, 진폭이 클수록 강하다.
> ③ 소리 맵시(음색): 음파의 모양(파형)에 따라 다르게 들린다.

정답 31 ③ 32 ① 33 ② 34 ④ 35 ②

36
글자의 설계 요소 중 검은 바탕에 쓰여진 흰 글자가 번져 보이는 현상과 가장 관련있는 것은?

① 획폭비
② 글자체
③ 종이 크기
④ 글자 두께

> **획폭비(높이에 대한 획굵기의 비)**
> ① 흰 바탕에 검은글씨(양각)는 1:6~1:8 권장 (1:8 정도)
> ② 검은 바탕에 흰글씨(음각)는 1:8~1:10 권장(1:13.3 정도) → 광삼 현상으로 더 가늘어도 된다(검은 바탕의 흰글자가 번져보이는 현상)

37
FTA에 사용되는 기호 중 다음 기호에 해당하는 것은?

① 생략사상
② 부정사상
③ 결함사상
④ 기본사상

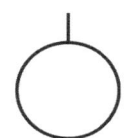

> **FTA의 논리기호 및 사상기호**
>
> | 번호 | 기호 | 명칭 | 설명 |
> |---|---|---|---|
> | 1 | | 결함사상
(사상기호) | 기본 고장의 결함으로 이루어진 고장상태를 나타내는 사상(개별적인 결함사상) |
> | 2 | | 기본사상
(사상기호) | 더 이상 전개되지 않는 기본인 사상 또는 발생 확률이 단독으로 얻어지는 낮은 레벨의 기본적인 사상 |
> | 3 | | 생략사상
(최후사상) | 정보부족 해석기술의 불충분 등으로 더 이상 전개할 수 없는 사상. 작업진행에 따라 해석이 가능할 때는 다시 속행한다. |
> | 4 | | 통상사상
(사상기호) | 통상의 작업이나 기계의 상태에서 재해의 발생원인이 되는 사상(통상발생이 예상되는 사상) |

38
휴먼 에러(human error)의 분류 중 필요한 임무나 절차의 순서 착오로 인하여 발생하는 오류는?

① Omission error
② Sequential error
③ Commission error
④ Eextraneous error

> **스웨인(A.D.Swain)의 독립행동에 의한 휴먼에러 분류**
>
> | | |
> |---|---|
> | 누락에러(Omission error) | 필요한 직무나 단계를 수행하지 않은(생략) 에러 |
> | 작위에러(Commission error) | 직무나 순서 등을 착각하여 잘못 수행(불확실한 수행)한 에러 |
> | 순서에러(Sequential error) | 직무 수행과정에서 순서를 잘못 지켜(순서착오) 발생한 에러 |
> | 지연에러(Time error) | 정해진 시간내 직무를 수행하지 못하여 (수행지연)발생한 에러 |
> | 불필요한수행에러(Extraneous error) | 불필요한 직무 또는 절차를 수행하여 발생한 에러(과잉행동에러) |

39
가청 주파수 내에서 사람의 귀가 가장 민감하게 반응하는 주파수 대역은?

① 20~20000Hz
② 50~15000Hz
③ 100~10000Hz
④ 500~3000Hz

> **경계 및 경보신호 선택 시 지침**
> ① 귀는 중음역에 가장 민감하므로 500~3,000Hz의 진동수를 사용
> ② 고음은 멀리가지 못하므로 300m 이상 장거리용으로는 1,000Hz 이하의 진동수 사용
> ③ 신호가 장애물을 돌아가거나 칸막이를 통과해야 할 때는 500Hz 이하의 진동수 사용

40
작업자가 100개의 부품을 육안 검사하여 20개의 불량품을 발견하였다. 실제 불량품이 40개라면 인간에러(human error) 확률은 약 얼마인가?

① 0.2
② 0.3
③ 0.4
④ 0.5

> 휴먼에러확률(HEP) = $\dfrac{\text{인간오류의 수}}{\text{전체오류발생 기회의 수}} = \dfrac{20}{100} = 0.2$

정답 36 ① 37 ④ 38 ② 39 ④ 40 ①

3과목 기계·기구 및 설비 안전 관리

41

구내운반차를 사용하는 경우 준수해야 할 사항으로 옳지 않은 것은?

① 주행을 제동하거나 정지상태를 유지하기 위하여 유효한 제동장치를 갖출 것
② 경음기를 갖출 것
③ 작업을 안전하게 하기 위하여 필요한 조명이 있는 장소에서 사용하는 구내운반차에는 반드시 전조등과 후미등을 갖출 것
④ 운전석이 차 실내에 있는 것은 좌우에 한개씩 방향지시기를 갖출 것

> ① 주행을 제동하거나 정지상태를 유지하기 위하여 유효한 제동장치를 갖출 것
> ② 경음기를 갖출 것
> ③ 운전석이 차 실내에 있는 것은 좌우에 한개씩 방향지시기를 갖출 것
> ④ 전조등과 후미등을 갖출 것. 다만, 작업을 안전하게 하기 위하여 필요한 조명이 있는 장소에서 사용하는 구내운반차에 대해서는 그러하지 아니하다.
> ⑤ 구내운반차가 후진 중에 주변의 근로자 또는 차량계하역운반기계 등과 충돌할 위험이 있는 경우에는 구내운반차에 후진경보기와 경광등을 설치할 것

tip
2024년 법령개정 내용 적용

42

다음 중 연삭기를 이용한 작업을 할 경우 연삭숫돌을 교체한 후에는 얼마동안 시험운전을 하여야 하는가?

① 1분 이상
② 3분 이상
③ 10분 이상
④ 15분 이상

> **연삭숫돌의 안전기준**
> ① 덮개의 설치 기준 : 직경이 50mm 이상인 연삭숫돌
> ② 작업 시작하기 전 1분 이상, 연삭숫돌을 교체한 후 3분 이상 시운전

43

프레스기가 작동 후 작업점까지의 도달시간이 0.2초 걸렸다면, 양수기동식 방호장치의 설치거리는 최소 얼마인가?

① 3.2cm
② 32cm
③ 6.4cm
④ 64cm

> **양수기동식의 안전거리**
> $D_m(\text{mm}) = 1.6 T_m(\text{ms}) = 1.6(0.2 \times 1000) = 320\text{mm} = 32\text{cm}$

44

대패기계용 덮개의 시험 방법에서 날접촉 예방장치인 덮개와 송급 테이블 면과의 간격기준은 몇 mm 이하여야 하는가?

① 3
② 5
③ 8
④ 12

> **회전 말림점**
> 날접촉 예방장치인 덮개와 송급 테이블 면과의 간격이 8mm 이하이어야 한다.

45

프레스 등의 금형을 부착·해체 또는 조정작업 중 슬라이드가 갑자기 작동하여 근로자에게 발생할 수 있는 위험을 방지하기 위하여 설치하는 것은?

① 방호 울
② 안전블록
③ 시건장치
④ 게이트 가드

> 안전블록은 금형의 부착, 해체 및 조정작업 시 슬라이드의 불시하강을 방지하기 위한 조치이다.

정답 41 ③ 42 ② 43 ② 44 ③ 45 ②

46

산업안전보건법령상 프레스를 사용하여 작업을 할 때 작업시작 전 점검 항목에 해당하지 않는 것은?

① 전선 및 접속부 상태
② 클러치 및 브레이크의 기능
③ 프레스의 금형 및 고정볼트 상태
④ 1행정 1정지기구·급정지장치 및 비상정지장치의 기능

프레스 작업시작 전 점검사항
① 클러치 및 브레이크의 기능
② 크랭크축·플라이휠·슬라이드·연결봉 및 연결나사의 풀림 유무
③ 1행정 1정지기구·급정지장치 및 비상정지장치의 기능
④ 슬라이드 또는 칼날에 의한 위험방지 기구의 기능
⑤ 프레스의 금형 및 고정볼트 상태
⑥ 방호장치의 기능
⑦ 전단기의 칼날 및 테이블의 상태

47

선반 작업의 안전사항으로 틀린 것은?

① 베드 위에 공구를 올려놓지 않아야 한다.
② 바이트를 교환할 때는 기계를 정지시키고 한다.
③ 바이트는 끝을 길게 장치한다.
④ 반드시 보안경을 착용한다.

선반 작업 시 유의사항
① 바이트는 짧게 장치하고 일감의 길이가 직경의 12배 이상일 때 방진구 사용
② 절삭 칩 제거는 반드시 브러시 사용
③ 바이트에는 칩 브레이커를 설치하고 보안경 착용
④ 치수 측정 시 및 주유, 청소 시 반드시 기계 정지

48

연삭기 숫돌의 파괴 원인으로 볼 수 없는 것은?

① 숫돌의 회전속도가 너무 빠를 때
② 숫돌 자체에 균열이 있을 때
③ 숫돌의 정면을 사용할 때
④ 숫돌에 과대한 충격을 주게 되는 때

숫돌의 파괴 원인(보기 외에)
① 숫돌의 측면을 사용하여 작업할 때
② 숫돌의 불균형이나 베어링 마모에 의한 진동이 있을 때
③ 플랜지가 현저히 작을 때
④ 작업에 부적당한 숫돌을 사용할 때
⑤ 숫돌의 치수가 부적당할 때

49

기계설비의 방호는 위험장소에 대한 방호와 위험원에 대한 방호로 분류할 때, 다음 위험원에 대한 방호장치에 해당하는 것은?

① 격리형 방호장치
② 포집형 방호장치
③ 접근거부형 방호장치
④ 위치제한형 방호장치

포집형 방호장치
위험원에 대한 방호장치로서 연삭숫돌이나 목재가공기계의 칩이 비산할 경우 이를 방지하고 안전하게 칩을 포집하는 방법

50

산업용 로봇 작업 시 안전조치 방법으로 틀린 것은?

① 작업 중의 매니퓰레이터의 속도의 지침에 따라 작업한다.
② 로봇의 조작방법 및 순서의 지침에 따라 작업한다.
③ 작업을 하고 있는 동안 해당 작업 근로자 이외에도 로봇의 기동스위치를 조작할 수 있도록 한다.
④ 2명 이상의 근로자에게 작업을 시킬 때는 신호 방법의 지침을 정하고 그 지침에 따라 작업한다.

산업용 로봇의 운전 중 위험 방지 조치
① 높이 1.8m 이상의 울타리 설치(울타리를 설치할 수 없는 일부 구간 – 안전매트 또는 광전자식 방호장치 등 감응형 방호장치 설치)
② 작업에 종사하고 있는 근로자 또는 그 근로자를 감시하는 사람은 이상을 발견하면 즉시 로봇의 운전을 정지시키기 위한 조치를 할 것
③ 작업을 하고 있는 동안 로봇의 기동스위치 등에 작업 중이라는 표시를 하는 등 작업에 종사하고 있는 근로자가 아닌 사람이 그 스위치 등을 조작할 수 없도록 필요한 조치를 할 것

정답 46 ① 47 ③ 48 ③ 49 ② 50 ③

51

크레인 작업 시 조치사항 중 틀린 것은?

① 인양할 하물은 바닥에서 끌어당기거나, 밀어내는 작업을 하지 아니할 것
② 유류드럼이나 가스통 등의 위험물 용기는 보관함에 담아 안전하게 매달아 운반할 것
③ 고정된 물체는 직접 분리, 제거하는 작업을 할 것
④ 근로자의 출입을 통제하여 하물이 작업자의 머리 위로 통과하지 않게 할 것

> **크레인 작업 시 조치 및 준수사항(보기 외에)**
> ① 고정된 물체는 직접 분리·제거하는 작업을 하지 아니할 것
> ② 인양할 하물이 보이지 아니하는 경우에는 어떠한 동작도 하지 아니할 것(신호하는 자에 의하여 작업을 하는 경우 제외)

52

산업안전보건법령상 양중기에 사용하지 않아야 하는 달기체인의 기준으로 틀린 것은?

① 심하게 변형된 것
② 균열이 있는 것
③ 달기체인의 길이가 달기체인이 제조된 때의 길이의 3%를 초과한 것
④ 링의 단면지름이 달기체인이 제조된 때의 해당 링의 지름의 10%를 초과하여 감소한 것

> **양중기의 달기체인 사용제한**
> ① 달기체인의 길이가 달기체인이 제조된 때의 길이의 5퍼센트를 초과한 것
> ② 링의 단면지름이 달기체인이 제조된 때의 해당 링의 지름의 10퍼센트를 초과하여 감소한 것
> ③ 균열이 있거나 심하게 변형된 것

53

롤러기에 사용되는 급정지장치의 종류가 아닌 것은?

① 손조작식
② 발조작식
③ 무릎조작식
④ 복부조작식

> **롤러 급정지장치의 종류**
>
> | 조작부의 종류 | 설치위치 |
> |---|---|
> | 손조작식 | 밑면에서 1.8m 이내 |
> | 복부조작식 | 밑면에서 0.8m 이상 1.1m 이내 |
> | 무릎조작식 | 밑면에서 0.4m 이상 0.6m 이내 |

54

드릴 작업의 안전조치 사항으로 틀린 것은?

① 칩은 와이어 브러시로 제거한다.
② 드릴 작업에서는 보안경을 쓰거나 안전덮개를 설치한다.
③ 칩에 의한 자상을 방지하기 위해 면장갑을 착용한다.
④ 바이스 등을 사용하여 작업 중 공작물의 유동을 방지한다.

> **드릴 작업 시 안전대책**
> ① 일감은 견고히 고정, 손으로 잡고 하는 작업금지
> ② 드릴 끼운 후 척 렌치는 반드시 빼둘 것
> ③ 면장갑 등 착용 금지 및 칩은 브러시로 제거
> ④ 구멍 뚫기 작업 시 손으로 관통확인 금지
> ⑤ 보안경 착용 및 안전덮개(shield) 설치 등

55

개구부에서 회전하는 롤러의 위험점까지 최단거리가 60mm일 때 개구부 간격은?

① 10mm
② 12mm
③ 13mm
④ 15mm

> **롤러기 가드의 개구부 간격(ILO 기준)**
> $Y = 6 + 0.15X$
> $\therefore Y = 6 + (0.15 \times 60) = 15\text{mm}$

정답 51 ③ 52 ③ 53 ② 54 ③ 55 ④

56 ⭐

연삭 숫돌과 작업받침대, 교반기의 날개, 하우스 등 기계의 회전운동하는 부분과 고정부분 사이에 위험이 형성되는 위험점은?

① 물림점
② 끼임점
③ 절단점
④ 접선물림점

기계설비에 의해 형성되는 위험점		
협착점	왕복 운동하는 운동부와 고정부 사이에 형성 (작업점이라 부르기도 함)	① 프레스 금형 조립부위 ② 전단기의 누름판 및 칼날부위 ③ 선반 및 평삭기의 베드 끝 부위
끼임점	고정부분과 회전 또는 직선운동부분에 의해 형성	① 연삭 숫돌과 작업대 ② 반복동작되는 링크기구 ③ 교반기의 교반날개와 몸체 사이
절단점	회전운동부분 자체와 운동하는 기계 자체에 의해 형성	① 밀링커터 ② 둥근톱 날 ③ 목공용 띠톱 날 부분
물림점	회전하는 두 개의 회전축에 의해 형성(회전체가 서로 반대방향으로 회전하는 경우)	① 기어와 피니언 ② 롤러의 회전 등
접선 물림점	회전하는 부분이 접선방향으로 물려 들어가면서 형성	① V벨트와 풀리 ② 기어와 랙 ③ 롤러와 평벨트 등
회전 말림점	회전체의 불규칙 부위와 돌기 회전 부위에 의해 형성	① 회전축 ② 드릴축 등

57

보일러의 연도(굴뚝)에서 버려지는 여열을 이용하여 보일러에 공급되는 급수를 예열하는 부속장치는?

① 과열기
② 절탄기
③ 공기예열기
④ 연소장치

> **절탄기(economizer)**
> 보일러 본체에 넣어진 물을 가열하기 위하여 연도에서 버려지는 배기 연소가스의 여열을 이용하기 위한 장치

58

다음 중 컨베이어의 안전장치가 아닌 것은?

① 이탈 및 역주행방지장치
② 비상정지장치
③ 덮개 또는 울
④ 비상난간

> **컨베이어의 안전조치사항**
> ① 이탈 등의 방지(정전, 전압강하 등에 의한 화물 또는 운반구의 이탈 및 역주행 방지장치)
> ② 화물의 낙하위험 시에는 덮개 또는 낙하방지용 울 등의 설치
> ③ 근로자의 신체의 일부가 말려드는 등 근로자에게 위험을 미칠 우려가 있을 때 및 비상시에 정지할 수 있는 비상정지장치 부착

59

밀링 머신의 작업 시 안전수칙에 대한 설명으로 틀린 것은?

① 커터의 교환 시는 테이블 위에 목재를 받쳐 놓는다.
② 강력 절삭 시에는 일감을 바이스에 깊게 물린다.
③ 작업 중 면장갑은 착용하지 않는다.
④ 커터는 가능한 컬럼(column)으로부터 멀리 설치한다.

> 밀링의 커터는 될 수 있는 한 컬럼에 가깝게 설치해야 한다.

60

선반의 크기를 표시하는 것으로 틀린 것은?

① 양쪽 센터 사이의 최대 거리
② 왕복대 위의 스윙
③ 베드 위의 스윙
④ 주축에 물릴 수 있는 공작물의 최대 지름

> **선반의 크기 표시**
> 일반적으로 베드 위의 스윙, 왕복대 위의 스윙, 두 센터 사이의 최대 거리로 나타낸다.

정답 56 ② 57 ② 58 ④ 59 ④ 60 ④

4과목 전기 및 화학설비 안전 관리

61 ★빈출
최대안전틈새(MESG)의 특성을 적용한 방폭구조는?

① 내압 방폭구조 ② 유입 방폭구조
③ 안전증 방폭구조 ④ 압력 방폭구조

> **내압 방폭구조(d)**
> ① 용기 내부에서 폭발성 가스 또는 증기가 폭발하였을 때 용기가 그 압력에 견디며 또한 접합면, 개구부 등을 통하여 외부의 폭발성 가스증기에 인화되지 않도록 한 구조
> ② 전폐형으로 내부에서의 가스 등의 폭발압력에 견디고 그 주위의 폭발 분위기 하의 가스 등에 점화되지 않도록 하는 방폭구조
> ③ 폭발 후에는 최대안전틈새가 있어 고온의 가스를 서서히 방출시킴으로써 냉각

62
내전압용 절연장갑의 등급에 따른 최대사용전압이 올바르게 연결된 것은?

① 00등급 : 직류 750V
② 00등급 : 교류 650V
③ 0등급 : 직류 1000V
④ 0등급 : 교류 800V

내전압용 절연장갑의 등급 및 표시

등급	최대사용전압 교류(V, 실효값)	최대사용전압 직류(V)	등급별 색상
00	500	750	갈색
0	1,000	1,500	빨강색
1	7,500	11,250	흰색
2	17,000	25,500	노랑색
3	26,500	39,750	녹색
4	36,000	54,000	등색

63
선간전압이 6.6kV인 충전전로 인근에서 유자격자가 작업하는 경우, 충전전로에 대한 최소 접근한계거리(cm)는? (단, 충전부에 절연조치가 되어있지 않고, 작업자는 절연장갑을 착용하지 않았다.)

① 20 ② 30
③ 50 ④ 60

충전전로에서의 접근한계거리

충전전로의 선간전압 (단위 : 킬로볼트)	충전전로에 대한 접근한계거리 (단위 : 센티미터)
0.3 이하	접촉금지
0.3 초과 0.75 이하	30
0.75 초과 2 이하	45
2 초과 15 이하	60
15 초과 37 이하	90
37 초과 88 이하	110
88 초과 121 이하	130
-이하생략-	-이하생략-

64
어떤 도체에 20초 동안에 100C의 전하량이 이동하면 이때 흐르는 전류(A)는?

① 200 ② 50
③ 10   ④ 5

> 전류 : 단위 [A]
> 단위 시간[sec]동안 이동한 전하량[C]
> $I = \dfrac{Q}{t}(\text{A}) = \dfrac{100}{20} = 5(\text{A})$

65 ★빈출
피뢰기가 반드시 가져야 할 성능 중 틀린 것은?

① 방전개시 전압이 높을 것
② 뇌전류 방전 능력이 클 것
③ 속류 차단을 확실하게 할 수 있을 것
④ 반복 동작이 가능할 것

> **피뢰기의 구비 성능**
> ① 충격방전 개시전압과 제한전압이 낮을 것
> ② 반복동작이 가능할 것
> ③ 뇌전류의 방전 능력이 크고 속류 차단이 확실할 것
> ④ 점검, 보수가 간단할 것
> ⑤ 구조가 견고하며 특성이 변화하지 않을 것

정답 61 ① 62 ① 63 ④ 64 ④ 65 ①

66

가스 또는 분진폭발위험장소에는 변전실·배전반실·제어실 등을 설치하여서는 아니된다. 다만, 실내기압이 항상 양압을 유지하도록 하고, 별도의 조치를 한 경우에는 그러하지 않은데 이때 요구되는 조치사항으로 틀린 것은?

① 양압을 유지하기 위한 환기설비의 고장 등으로 양압이 유지되지 아니한 때 경보를 할 수 있는 조치를 한 경우
② 환기설비가 정지된 후 재가동하는 경우 변전실 등에 가스 등이 있는지를 확인할 수 있는 가스검지기 등의 장비를 비치한 경우
③ 환기설비에 의하여 변전실 등에 공급되는 공기는 가스폭발위험장소 또는 분진폭발위험장소가 아닌 곳으로부터 공급되도록 하는 조치를 한 경우
④ 실내기압이 항상 양압 10Pa 이상이 되도록 장치를 한 경우

> 가스 또는 분진폭발위험장소에는 변전실·배전반실·제어실 기타 이와 유사한 시설을 설치하여서는 아니된다. 다만, 변전실 등의 실내기압이 항상 양압(25파스칼 이상의 압력)을 유지하도록 하고 다음 각호의 조치를 하거나, 그 장소에 적합한 방폭성능을 갖는 전기기계·기구를 변전실 등에 설치·사용한 때에는 그러하지 아니하다.
> ① 양압을 유지하기 위한 환기설비의 고장 등으로 양압이 유지되지 아니한 때 경보를 할 수 있는 조치
> ② 환기설비가 정지된 후 재가동할 때 변전실 등 내의 가스 등의 유무를 확인할 수 있는 가스검지기 등 장비의 비치
> ③ 환기설비에 의하여 변전실 등에 공급되는 공기는 가스 또는 분진폭발위험장소 외의 장소로부터 공급되도록 하는 조치

67

절연체에 발생한 정전기는 일정 장소에 축적되었다가 점차 소멸되는데 처음 값의 몇 %로 감소되는 시간을 그 물체의 "시정수" 또는 "완화시간"이라고 하는가?

① 25.8
② 36.8
③ 45.8
④ 67.8

> 시정수(time constant)
> 완화가 시간과 함께 지수함수적으로 일어나는 경우, 대전물체의 전하량이 초기값의 36.8(%)가 될 때까지의 시간을 말한다.

68

누전차단기의 선정 및 설치에 대한 설명으로 틀린 것은?

① 차단기를 설치한 전로에 과부하 보호장치를 설치하는 경우는 서로 협조가 잘 이루어지도록 한다.
② 정격 부동작 전류와 정격 감도 전류와의 차는 가능한 큰 차단기로 선정한다.
③ 감전방지 목적으로 시설하는 누전차단기는 고감도고속형을 선정한다.
④ 전로의 대지정전용량이 크면 차단기가 오작동하는 경우가 있으므로 각 분기회로마다 차단기를 설치한다.

> 누전차단기의 선정 시 주의사항
> ① 누전차단기는 접속된 각각의 휴대용, 이동용 전동기기에 대해 정격 감도 전류가 30[mA] 이하의 것을 사용해야 한다.
> ② 누전차단기는 정격 부동작 전류가 정격 감도 전류의 50[%] 이상이고 또한 이들의 차가 가능한 한 작은 값을 사용해야 한다.
> ③ 누전차단기는 동작시간이 0.1초 이하의 가능한 한 짧은 시간의 것을 사용하는 것을 사용해야 한다.
> ④ 누전차단기는 절연저항이 5[MΩ] 이상이 되어야 한다.
> ⑤ 누전차단기를 사용하고 또한 해당 차단기에 과부하보호장치 또는 단락보호장치를 설치하는 경우에는 이들 장치와 차단기의 차단기능이 서로 조화되도록 해야 한다.
> ⑥ 분기회로 또는 전기기계·기구마다 누전차단기를 접속해야 한다.

69

정전기 발생량과 관련된 내용으로 옳지 않은 것은?

① 분리속도가 빠를수록 정전기 발생량이 많아진다.
② 두 물질간의 대전서열이 가까울수록 정전기 발생량이 많아진다.
③ 접촉면적이 넓을수록, 접촉압력이 증가할수록 정전기 발생량이 많아진다.
④ 물질의 표면이 수분이나 기름 등에 오염되어 있으면 정전기 발생량이 많아진다.

> 대전서열
> ① 물체를 마찰시킬 때 전자를 잃기 쉬운 순서대로 나열한 것
> ② 대전서열에서 멀리 있는 두 물체를 마찰할수록 대전이 잘 된다.

정답 66 ④ 67 ② 68 ② 69 ②

70

전기설비 등에는 누전에 의한 감전의 위험을 방지하기 위하여 전기기계·기구에 접지를 실시하도록 하고 있다. 전기기계·기구의 접지에 대한 설명 중 틀린 것은?

① 특별고압의 전기를 취급하는 변전소·개폐소 그 밖에 이와 유사한 장소에서는 지락(地絡)사고가 발생할 경우 접지극의 전위상승에 의한 감전위험을 감소시키기 위한 조치를 하여야 한다.
② 코드 및 플러그를 접속하여 사용하는 전압이 대지전압 110V를 넘는 전기기계·기구가 노출된 비충전 금속체에는 접지를 반드시 실시하여야 한다.
③ 접지설비에 대하여는 상시 적정상태 유지여부를 점검하고 이상을 발견한 때에는 즉시 보수하거나 재설치하여야 한다.
④ 전기기계·기구의 금속제 외함·금속제 외피 및 철대에는 접지를 실시하여야 한다.

> **코드와 플러그를 접속하여 사용하는 전기기계·기구 중 접지를 해야 하는 노출된 비충전 금속체**
> ① 사용전압이 대지전압 150볼트를 넘는 것
> ② 냉장고·세탁기·컴퓨터 및 주변기기 등과 같은 고정형 전기기계·기구
> ③ 고정형·이동형 또는 휴대형 전동기계·기구
> ④ 물 또는 도전성이 높은 곳에서 사용하는 전기기계·기구, 비접지형 콘센트
> ⑤ 휴대형 손전등

71

다음 가스 중 공기 중에서 폭발범위가 넓은 순서로 옳은 것은?

① 아세틸렌 > 프로판 > 수소 > 일산화탄소
② 수소 > 아세틸렌 > 프로판 > 일산화탄소
③ 아세틸렌 > 수소 > 일산화탄소 > 프로판
④ 수소 > 프로판 > 일산화탄소 > 아세틸렌

> **가연성가스의 폭발범위**
>
> | 가연성가스 | 폭발하한값(%) | 폭발상한값(%) |
> |---|---|---|
> | 아세틸렌(C_2H_2) | 2.5 | 81 |
> | 메탄(CH_4) | 5 | 15 |
> | 수소(H_2) | 4 | 75 |
> | 일산화탄소(CO) | 12.5 | 74 |
> | 프로판(C_3H_8) | 2.1 | 9.5 |

72

산업안전보건법상 물질안전보건자료 작성 시 포함되어야 하는 항목이 아닌 것은? (단, 참고사항은 제외한다.)

① 화학제품과 회사에 관한 정보
② 제조일자 및 유효기간
③ 운송에 필요한 정보
④ 환경에 미치는 영향

> **물질안전보건자료(MSDS) 작성 시 포함되어야 할 항목 및 순서**
> ① 화학제품과 회사에 관한 정보 ② 유해·위험성
> ③ 구성성분의 명칭 및 함유량 ④ 응급조치요령
> ⑤ 폭발·화재 시 대처방법 ⑥ 누출사고 시 대처방법
> ⑦ 취급 및 저장방법 ⑧ 노출방지 및 개인보호구
> ⑨ 물리화학적 특성 ⑩ 안정성 및 반응성
> ⑪ 독성에 관한 정보 ⑫ 환경에 미치는 영향
> ⑬ 폐기 시 주의사항 ⑭ 운송에 필요한 정보
> ⑮ 법적규제 현황 ⑯ 기타 참고사항

73

물반응성 물질에 해당하는 것은?

① 니트로화합물 ② 칼륨
③ 염소산나트륨 ④ 부탄

> **물반응성 물질 및 인화성고체**
> ① 리튬 ② 칼륨·나트륨 ③ 황 ④ 황린
> ⑤ 알킬알루미늄·알킬리튬 등

tip
니트로화합물은 폭발성물질 및 유기과산화물, 염소산나트륨은 산화성액체 및 산화성고체, 부탄은 인화성 가스에 해당된다.

정답 70 ② 71 ③ 72 ② 73 ②

74

위험물을 건조하는 경우 내용적이 몇 m³ 이상인 건조설비일 때 위험물 건조설비 중 건조실을 설치하는 건축물의 구조를 독립된 단층으로 해야 하는가? (단, 건축물은 내화구조가 아니며, 건조실을 건축물의 최상층에 설치한 경우가 아니다.)

① 0.1
② 1
③ 10
④ 100

위험물 건조설비를 설치하는 건축물의 구조	
위험물 건조설비를 설치하는 건축물의 구조	독립된 단층건물 또는 건축물의 최상층에 건조실을 설치하거나 내화구조
독립된 단층건물로 해야 하는 건조설비	① 위험물 또는 위험물이 발생하는 물질을 가열·건조하는 경우 내용적이 1세제곱미터 이상인 건조설비 ② 위험물이 아닌 물질을 가열·건조하는 경우로서 다음에 해당하는 건조설비 ㉠ 고체 또는 액체연료의 최대사용량이 시간당 10킬로그램 이상 ㉡ 기체연료의 최대사용량이 시간당 1세제곱미터 이상 ㉢ 전기사용 정격용량이 10킬로와트 이상

75

다음 중 반응기의 운전을 중지할 때 필요한 주의사항으로 가장 적절하지 않은 것은?

① 급격한 유량 변화를 피한다.
② 가연성 물질이 새거나 흘러나올 때의 대책을 사전에 세운다.
③ 급격한 압력 변화 또는 온도 변화를 피한다.
④ 80~90℃의 염산으로 세정을 하면서 수소가스로 잔류가스를 제거한 후 잔류물을 처리한다.

반응기의 잔류물 제거
반응기의 잔류물을 확인한 경우에는 스팀 세정과 화학세정의 실시, 그리고 각 첨가제를 투입하여 물질의 변성 및 물질 치환을 통하여 제거하도록 한다.

76

어떤 물질 내에서 반응전파속도가 음속보다 빠르게 진행되며 이로 인해 발생된 충격파가 반응을 일으키고 유지하는 발열반응을 무엇이라 하는가?

① 점화(Ignition)
② 폭연(Deflagration)
③ 폭발(Explosion)
④ 폭굉(Detonation)

폭굉과 폭굉파
① 폭굉이란 폭발 범위 내의 특정 농도 범위에서 연소속도가 폭발에 비해 수백 내지 수천 배에 달하는 현상
② 폭굉파는 진행속도가 1,000~3,500m/s에 달하는 경우
③ 폭굉파의 전파속도는 음속을 앞지르기 때문에 그 진행전면에 충격파가 형성되어 파괴작용을 동반

77 ★

A 가스의 폭발하한계가 4.1vol%, 폭발상한계가 62vol% 일 때 이 가스의 위험도는 약 얼마인가?

① 8.94
② 12.75
③ 14.12
④ 16.12

위험도

$$위험도(H) = \frac{UFL(\text{연소상한값}) - LFL(\text{연소하한값})}{LFL(\text{연소하한값})}$$

$$\therefore H = \frac{62 - 4.1}{4.1} = 14.122$$

78

사업장에서 유해·위험물질의 일반적인 보관방법으로 적합하지 않는 것은?

① 질소와 격리하여 저장
② 서늘한 장소에 저장
③ 부식성이 없는 용기에 저장
④ 차광막이 있는 곳에 저장

질소는 공기 중에서 가장 많은 비중을 차지하며, 불연성가스에 해당된다.

정답 74 ② 75 ④ 76 ④ 77 ③ 78 ①

79
다음 중 분진폭발의 가능성이 가장 낮은 물질은?

① 소맥분 ② 마그네슘분
③ 질석가루 ④ 석탄가루

> 팽창질석은 금속화재의 소화에 사용된다.

80
산업안전보건기준에 관한 규칙에서 규정하는 급성 독성 물질의 기준으로 틀린 것은?

① 쥐에 대한 경구투입실험에 의하여 실험동물의 50%를 사망시킬 수 있는 물질의 양이 kg당 300mg-(체중) 이하인 화학물질
② 쥐에 대한 경피흡수실험에 의하여 실험동물의 50%를 사망시킬 수 있는 물질의 양이 kg당 1000mg-(체중) 이하인 화학물질
③ 토끼에 대한 경피흡수실험에 의하여 실험동물의 50%를 사망시킬 수 있는 물질의 양이 kg당 1000mg-(체중) 이하인 화학물질
④ 쥐에 대한 4시간 동안의 흡입실험에 의하여 실험동물의 50%를 사망시킬 수 있는 가스의 농도가 3000ppm 이상인 화학물질

> **급성 독성물질**
> 쥐에 대한 4시간 동안의 흡입실험에 의하여 실험동물의 50퍼센트를 사망시킬 수 있는 물질의 농도, 즉 가스 LC50(쥐, 4시간 흡입)이 2,500ppm 이하인 화학물질, 증기 LC50(쥐, 4시간 흡입)이 10 이하인 화학물질, 분진 또는 미스트 1 이하인 화학물질

5과목 건설공사 안전 관리

81
건설현장에서 계단을 설치하는 경우 계단의 높이가 최소 몇 미터 이상일 때 계단의 개방된 측면에 안전난간을 설치하여야 하는가?

① 0.8m ② 1.0m
③ 1.2m ④ 1.5m

계단의 안전	
계단 및 계단참의 강도	① 매제곱미터당 500킬로그램 이상의 하중에 견딜 수 있는 강도를 가진 구조로 설치 ② 안전율은 4 이상
계단의 폭	폭은 1미터 이상이며 손잡이 외 다른 물건 설치, 적재금지
계단참의 높이	높이가 3미터를 초과하는 계단에 높이 3미터 이내마다 진행방향으로 길이 1.2미터 이상의 계단참 설치
천장의 높이	바닥면으로부터 높이 2미터 이내의 공간에 장애물 없을 것
계단의 난간	높이 1미터 이상인 계단의 개방된 측면에 안전난간 설치

tip
2023년 법령개정. 문제와 해설은 개정된 내용 적용

82
건설업의 산업안전보건관리비 사용기준에 해당되지 않는 것은?

① 안전시설비
② 안전관리자·보건관리자의 임금
③ 환경보전비
④ 안전보건교육비

> **산업안전보건관리비의 사용기준**
> ① 안전관리자·보건관리자의 임금 등
> ② 안전시설비 등
> ③ 보호구 등
> ④ 안전보건진단비 등
> ⑤ 안전보건교육비 등
> ⑥ 근로자 건강장해예방비 등
> ⑦ 건설재해예방전문지도기관의 지도에 대한 대가로 지급하는 비용 등

정답 79 ③ 80 ④ 81 ② 82 ③

83

포화도 80%, 함수비 28%, 흙 입자의 비중 2.7일 때 공극비를 구하면?

① 0.940
② 0.945
③ 0.950
④ 0.955

> **흙의 공극비**
> 공극비$(e) = \dfrac{w \cdot G_s}{S} = \dfrac{0.28 \times 2.7}{0.8} = 0.945$
> [S : 포화도, e : 공극비, w : 함수비, G_s : 흙의 비중]

84

다음 터널 공법 중 전단면 기계 굴착에 의한 공법에 속하는 것은?

① ASSM(American Steel Supported Method)
② NATM(New Austrian Tunneling Method)
③ TBM(Tunnel Boring Machine)
④ 개착식 공법

> **TBM 공법**
> 종래의 발파공법과 달리 자동화된 TBM으로 전단면을 동시에 굴착하고 뒤따라가면서 shotcrete를 하여 원지반의 변형을 최소화하는 기계 굴착방식

85

크레인의 운전실을 통하는 통로의 끝과 건설물 등의 벽체와의 간격은 최대 얼마 이하로 하여야 하는가?

① 0.3m
② 0.4m
③ 0.5m
④ 0.6m

> **건설물 등의 벽체와 통로의 간격**
> 다음 각 호의 간격을 0.3미터 이하로 하여야 한다.(다만, 근로자가 추락할 위험이 없는 경우에는 그 간격을 0.3미터 이하로 유지하지 아니할 수 있다.)
> ① 크레인의 운전실 또는 운전대를 통하는 통로의 끝과 건설물 등의 벽체의 간격
> ② 크레인 거더(girder)의 통로 끝과 크레인 거더의 간격
> ③ 크레인 거더의 통로로 통하는 통로의 끝과 건설물 등의 벽체의 간격

86

부두 등의 하역작업장에서 부두 또는 안벽의 선을 따라 설치하는 통로의 최소폭 기준은?

① 30cm 이상
② 50cm 이상
③ 70cm 이상
④ 90cm 이상

> **부두 등 하역작업장 조치사항(보기 외에)**
> ① 부두 또는 안벽의 선을 따라 통로를 설치하는 때에는 폭을 90cm 이상으로 할 것
> ② 바닥으로부터 높이 2m 이상 하적단(포대, 가마니 등)은 인접 하적단과 간격을 하적단 밑부분에서 10cm 이상 유지

87

옹벽 축조를 위한 굴착작업에 관한 설명으로 옳지 않은 것은?

① 수평 방향으로 연속적으로 시공한다.
② 하나의 구간을 굴착하면 방치하지 말고 기초 및 본체구조물 축조를 마무리 한다.
③ 절취경사면에 전석, 낙석의 우려가 있고 혹은 장기간 방치할 경우에는 숏크리트, 록볼트, 캔버스 및 모르타르 등으로 방호한다.
④ 작업위치의 좌우에 만일의 경우에 대비한 대피통로를 확보하여 둔다.

> 수평방향의 연속시공을 금하며, 블럭으로 나누어 단위시공 단면적을 최소화하여 분단시공을 한다.

정답 83 ② 84 ③ 85 ① 86 ④ 87 ①

88

가설통로 설치 시 경사가 몇 도를 초과하면 미끄러지지 않는 구조로 설치하여야 하는가?

① 15° ② 20°
③ 25° ④ 30°

가설통로의 구조
① 견고한 구조로 할 것
② 경사는 30도 이하로 할 것
③ 경사가 15도를 초과하는 경우에는 미끄러지지 아니하는 구조로 할 것
④ 추락할 위험이 있는 장소에는 안전난간을 설치할 것
⑤ 수직갱에 가설된 통로의 길이가 15미터 이상인 경우에는 10미터 이내마다 계단참을 설치할 것
⑥ 건설공사에 사용하는 높이 8미터 이상인 비계다리에는 7미터 이내마다 계단참을 설치할 것

89

이동식 비계 작업 시 주의사항으로 옳지 않은 것은?

① 비계의 최상부에서 작업을 하는 경우에는 안전난간을 설치한다.
② 이동 시 작업지휘자가 이동식 비계에 탑승하여 이동하며 안전여부를 확인하여야 한다.
③ 비계를 이동시키고자 할 때는 바닥의 구멍이나 머리 위의 장애물을 사전에 점검한다.
④ 작업발판은 항상 수평을 유지하고 작업발판 위에서 안전난간을 딛고 작업을 하거나 받침대 또는 사다리를 사용하여 작업하지 않도록 한다.

이동식 비계 사용 시 주의사항
① 작업발판은 항상 수평을 유지하고 작업발판 위에서 안전난간을 딛고 작업을 하거나 받침대 또는 사다리를 사용하여 작업하지 않아야 한다.
② 작업발판에는 3인 이상이 탑승하여 작업하지 않도록 하여야 한다.
③ 근로자가 탑승한 상태에서 이동식 비계를 이동시키지 말아야 한다.

90

가설구조물의 특징이 아닌 것은?

① 연결재가 적은 구조로 되기 쉽다.
② 부재결합이 불완전할 수 있다.
③ 영구적인 구조설계의 개념이 확실하게 적용된다.
④ 단면에 결함이 있기 쉽다.

가설구조물 특징(보기 외에)
① 구조물에 대한 개념이 확고하지 않아 조립정밀도가 낮다.
② 구조계산의 기준이 부족하여 구조적인 문제점이 많다.

91

물체가 떨어지거나 날아올 위험 또는 근로자가 추락할 위험이 있는 작업 시 착용하여야 할 보호구는?

① 보안경 ② 안전모
③ 방열복 ④ 방한복

보호구
① 안전모 : 물체가 떨어지거나 날아올 위험 또는 근로자가 감전되거나 추락할 위험
② 안전대 : 높이 또는 깊이 2m 이상의 추락할 위험

92

건설현장에서 사용하는 공구 중 토공용이 아닌 것은?

① 착암기 ② 포장 파괴기
③ 연마기 ④ 점토 굴착기

연마기는 연마공구 등을 이용하여 금속이나 가공물의 표면을 정리하거나 매끄럽게 하여 곱게 다듬는 기계

정답 88① 89② 90③ 91② 92③

93
운반작업 중 요통을 일으키는 인자와 가장 거리가 먼 것은?

① 물건의 중량 ② 작업 자세
③ 작업 시간   ④ 물건의 표면마감 종류

> 요통을 일으키는 인자로는 물건의 중량, 작업자세, 작업시간과 그 강도 등이 있다.

94
콘크리트용 거푸집의 재료에 해당되지 않는 것은?

① 철재 ② 목재
③ 석면 ④ 경금속

> 거푸집의 재료에는 철재, 목재, 합판, 경금속 등이 있으며, 석면은 단열, 절연성 등이 우수하여 건축자재 등으로 사용되어 왔으나 체내로 흡입되면 폐암 및 악성중피종 등을 유발하는 발암성 물질로 현재 우리나라에서는 사용금지된 물질이다.

95
공사종류 및 규모별 안전관리비 계상기준표에서 공사종류의 명칭에 해당되지 않는 것은?

① 토목공사   ② 일반건설공사(갑)
③ 중건설공사 ④ 특수건설공사

> 계상기준표의 공사종류
> ① 건축공사 ② 토목공사 ③ 중건설공사 ④ 특수건설공사

tip: 2023년 법령개정. 문제와 해설은 개정된 내용 적용

96 ★
콘크리트 타설작업을 하는 경우에 준수해야 할 사항으로 옳지 않은 것은?

① 콘크리트를 타설하는 경우에는 편심을 유발하여 한쪽 부분부터 밀실하게 타설되도록 유도할 것
② 당일의 작업을 시작하기 전에 해당 작업에 관한 거푸집동바리 등의 변형·변위 및 지반의 침하 유무 등을 점검하고 이상이 있으면 보수할 것
③ 작업 중에는 거푸집동바리 등의 변형·변위 및 침하 유무 등을 감시할 수 있는 감시자를 배치하여 이상이 있으면 작업을 중지하고 근로자를 대피시킬 것
④ 설계도서상의 콘크리트 양생기간을 준수하여 거푸집동바리 등을 해체할 것

> 콘크리트를 타설하는 경우에는 편심이 발생하지 않도록 골고루 분산하여 타설할 것

97
다음 그림은 경암에서 토사붕괴를 예방하기 위한 기울기를 나타낸 것이다. x의 값은?

① 1.0
② 0.8
③ 0.5
④ 0.3

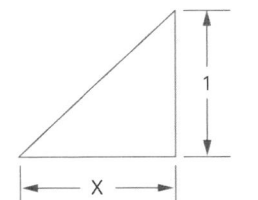

굴착면 기울기 기준				
지반의 종류	모래	연암 및 풍화암	경암	그 밖의 흙
굴착면의 기울기	1 : 1.8	1 : 1.0	1 : 0.5	1 : 1.2

tip: 2023년 법령개정. 문제와 해설은 개정된 내용 적용

98
지반의 사면파괴 유형 중 유한사면의 종류가 아닌 것은?

① 사면내파괴 ② 사면선단파괴
③ 사면저부파괴 ④ 직립사면파괴

> 유한사면의 원호활동의 종류
> | | |
> | --- | --- |
> | 사면선단파괴 | 경사가 급하고 비점착성 토질 |
> | 사면저부파괴 | 경사가 완만하고 점착성인 경우, 사면의 하부에 암반 또는 굳은 지층이 있을 경우 |
> | 사면내파괴 | 견고한 지층이 얕게 있는 경우 |

정답 93 ④ 94 ③ 95 ② 96 ① 97 ③ 98 ④

99

철근 콘크리트 공사에서 거푸집동바리의 해체 시기를 결정하는 요인으로 가장 거리가 먼 것은?

① 시방서 상의 거푸집 존치기간의 경과
② 콘크리트 강도시험 결과
③ 동절기일 경우 적산온도
④ 후속공정의 착수시기

> 거푸집 및 동바리의 해체 시기 및 순서는 존치기간의 경과, 압축강도시험, 동절기인 경우 적산온도 및 시멘트의 성질, 콘크리트의 배합, 구조물의 종류와 중요도, 부재의 종류 및 크기, 부재가 받는 하중, 콘크리트 내부의 온도와 표면온도의 차이 등의 요인을 고려하여 결정해야 하며, 사전에 책임기술자의 승인을 받아야 한다.

100

건설현장에서의 PC(Precast Concrete) 조립 시 안전대책으로 옳지 않은 것은?

① 달아 올린 부재의 아래에서 정확한 상황을 파악하고 전달하여 작업한다.
② 운전자는 부재를 달아 올린 채 운전대를 이탈해서는 안된다.
③ 신호는 사전 정해진 방법에 의해서만 실시한다.
④ 크레인 사용 시 PC판의 중량을 고려하여 아우트리거를 사용한다.

> **PC조립 시 안전대책**
> ① 부재 조립 시 아래층에서의 작업을 금지하여 상하 동시 작업이 되지 않도록 하여야 한다.
> ② 부재 조립장소에는 반드시 작업자들만 출입하여야 하며 작업자들도 부재의 낙하나 크레인의 전도 가능성이 있는 지점에는 접근하지 않아야 한다.

정답 99 ④ 100 ①

2020년 8월 22일 | 기출문제

1과목 산업재해 예방 및 안전보건교육

01
재해 원인을 통상적으로 직접원인과 간접원인으로 나눌 때 직접원인에 해당되는 것은?

① 기술적 원인 ② 물적 원인
③ 교육적 원인 ④ 관리적 원인

> 불안전한 행동(인적원인)과 불안전한 상태(물적원인)는 직접원인에 해당된다.

02 ★빈출
산업안전보건법령상 안전보건표지의 종류 중 인화성물질에 관한 표지에 해당하는 것은?

① 금지표시 ② 경고표시
③ 지시표시 ④ 안내표시

> **경고표지**
> ① 경고표지 중 인화성물질경고 · 산화성물질경고 · 폭발성물질경고 · 급성독성물질경고 · 부식성물질경고 및 발암성 · 변이원성 · 생식독성 · 전신독성 · 호흡기과민성물질경고는 기본모형이 마름모 형태이고 바탕은 무색, 기본모형은 빨간색(검은색도 가능)
> ② 그 외의 경고표지는 기본모형이 삼각형이고 검은색이며 바탕은 노란색 관련부호 및 그림은 검은색

03
안전관리조직의 형태 중 라인스탭형에 대한 설명으로 틀린 것은?

① 대규모 사업장(1000명 이상)에 효율적이다.
② 안전과 생산업무가 분리될 우려가 없기 때문에 균형을 유지할 수 있다.
③ 모든 안전관리 업무를 생산라인을 통하여 직선적으로 이루어지도록 편성된 조직이다.
④ 안전업무를 전문적으로 담당하는 스탭 및 생산라인의 각 계층에도 겸임 또는 전임의 안전담당자를 둔다.

> **라인형의 특징**
> ① 안전보건관리와 생산을 동시에 수행
> ② 명령과 보고가 상하관계뿐이므로 간단명료(모든 권한이 포괄적이고 직선적으로 행사)
> ③ 명령이나 지시가 신속 · 정확하게 전달되어 개선조치가 빠르게 진행
> ④ 안전보건에 관한 전문지식이나 기술이 결여되어 안전보건관리가 원만하게 이루어지지 못함

04
상황성 누발자의 재해유발원인과 거리가 먼 것은?

① 작업의 어려움 ② 기계설비의 결함
③ 심신의 근심   ④ 주의력의 산만

> **상황성 누발자**
> ① 작업자체가 어렵기 때문
> ② 기계설비의 결함 존재
> ③ 주위 환경상 주의력 집중 곤란
> ④ 심신에 근심 걱정이 있기 때문

05 ★빈출
인간관계의 메커니즘 중 다른 사람의 행동 양식이나 태도를 투입시키거나, 다른 사람 가운데서 자기와 비슷한 것을 발견하는 것을 무엇이라고 하는가?

① 투사(Projection)   ② 모방(Imitation)
③ 암시(Suggestion)   ④ 동일화(Identification)

> **동일화**
> 무의식적으로 다른 사람을 닮아가는 현상으로 특히 자신에게 위협적인 대상이나 자신의 이상형과 자신을 동일시함으로써 열등감을 이겨내고 만족감을 느낌

정답 01 ② 02 ② 03 ③ 04 ④ 05 ④

06

안전교육 계획 수립 시 고려하여야 할 사항과 관계가 가장 먼 것은?

① 필요한 정보를 수집한다.
② 현장의 의견을 충분히 반영한다.
③ 법 규정에 의한 교육에 한정한다.
④ 안전교육 시행 체계와의 관련을 고려한다.

> 법의 규정된 사항 이외에도 현장 감독자·근로자의 의견을 충분히 반영한 교육이 실시되도록 한다.

07 빈출

산업안전보건법령상 근로자 안전 보건교육의 교육시간에 관한 설명으로 틀린 것은?

① 판매업무에 직접 종사하는 근로자의 정기교육은 매반기 6시간 이상이다.
② 일용근로자 및 근로계약기간이 1주일 이하인 기간제근로자의 작업내용 변경 시 교육은 2시간 이상이다.
③ 건설일용근로자의 건설업 기초 안전·보건교육은 4시간 이상이다.
④ 근로계약기간이 1주일 초과 1개월 이하인 기간제근로자의 채용 시 교육은 4시간 이상이다.

근로자 안전보건교육 시간(특별교육은 생략)

교육과정	교육대상		교육시간
가. 정기교육	사무직 종사 근로자		매반기 6시간 이상
	그 밖의 근로자	판매업무에 직접 종사하는 근로자	매반기 6시간 이상
		판매업무에 직접 종사하는 근로자 외의 근로자	매반기 12시간 이상
나. 채용 시 교육	일용근로자 및 근로계약기간이 1주일 이하인 기간제근로자		1시간 이상
	근로계약기간이 1주일 초과 1개월 이하인 기간제근로자		4시간 이상
	그 밖의 근로자		8시간 이상
다. 작업내용 변경 시 교육	일용근로자 및 근로계약기간이 1주일 이하인 기간제근로자		1시간 이상
	그 밖의 근로자		2시간 이상
마. 건설업 기초 안전·보건교육	건설 일용근로자		4시간 이상

tip
2023년 법령개정. 문제와 해설은 개정된 내용 적용

08 빈출

무재해 운동의 이념 가운데 직장의 위험요인을 행동하기 전에 예지하여 발견, 파악, 해결하는 것을 의미하는 것은?

① 무의 원칙
② 선취의 원칙
③ 참가의 원칙
④ 인간 존중의 원칙

무재해 운동의 3대 원칙

무의 원칙	모든 잠재위험요인을 적극적으로 사전에 발견하고 파악·해결함으로써 산업재해의 근원적인 요소들을 없앤다는 것을 의미한다.
선취의 원칙	사업장 내에서 행동하기 전에 잠재위험요인을 발견하고 파악·해결하여 재해를 예방하는 것을 의미한다.
참가의 원칙	잠재위험요인을 발견하고 파악·해결하기 위하여 전원이 일치 협력하여 각자의 위치에서 적극적으로 문제해결을 하겠다는 것을 의미한다.

09

알더퍼의 ERG(Existence Relation Growth) 이론에서 생리적 욕구, 물리적 측면의 안전욕구 등 저차원적 욕구에 해당하는 것은?

① 관계욕구
② 성장욕구
③ 존재욕구
④ 사회적욕구

알더퍼(Alderfer)의 ERG 이론

① 생존(존재)욕구(E) : 유기체의 생존과 유지에 관련, 의식주와 같은 기본욕구 포함(임금 등)
② 관계욕구(R) : 타인과의 상호작용을 통하여 만족을 얻으려는 대인욕구(개인간 관계, 소속감 등)
③ 성장욕구(G) : 개인의 발전과 증진에 관한 욕구, 주어진 능력이나 잠재능력을 발전시킴으로써 충족

정답 06 ③ 07 ② 08 ② 09 ③

10 ⭐

O.J.T(On the Job Training)의 특징 중 틀린 것은?

① 훈련과 업무의 계속성이 끊어지지 않는다.
② 직장의 실정에 맞게 실제적 훈련이 가능하다.
③ 훈련의 효과가 곧 업무에 나타나며, 훈련의 개선이 용이하다.
④ 다수의 근로자들에게 조직적 훈련이 가능하다.

> **OJT의 특징**
> ① 직장의 현장실정에 맞는 구체적이고 실질적인 교육이 가능하다.
> ② 교육의 효과가 업무에 신속하게 반영된다.
> ③ 교육의 이해도가 빠르고 동기부여가 쉽다.
> ④ 개인의 능력과 적성에 알맞은 맞춤교육이 가능하다.
> ⑤ 교육으로 인해 업무가 중단되는 업무손실이 적다.

tip
다수의 근로자들에게 조직적 훈련이 가능한 것은 Off.J.T에 해당하는 내용

11

인지과정 착오의 요인이 아닌 것은?

① 정서 불안정
② 감각차단 현상
③ 작업자의 기능 미숙
④ 생리·심리적 능력의 한계

> **인지과정 착오**
> ① 생리적, 심리적 능력의 한계(정보수용능력의 한계)
> ② 정보량 저장의 한계
> ③ 감각차단 현상(감성 차단)
> ④ 심리적 요인(정서불안정, 불안 등)

tip
작업자의 기술능력이 미숙하거나 경험 부족에서 발생하는 것은 조작과정 착오에 해당

12

태풍, 지진 등의 천재지변이 발생한 경우나 이상상태 발생 시 기능상 이상 유·무에 대한 안전점검의 종류는?

① 일상점검
② 정기점검
③ 수시점검
④ 특별점검

> **특별점검**
> ① 기계, 기구, 설비의 신설변경 또는 고장, 수리 등을 할 경우
> ② 정기점검기간을 초과하여 사용하지 않던 기계설비를 다시 사용하고자 할 경우
> ③ 강풍 또는 지진 등의 천재지변 후

13

기능(기술)교육의 진행방법 중 하버드 학파의 5단계 교수법의 순서로 옳은 것은?

① 준비 → 연합 → 교시 → 응용 → 총괄
② 준비 → 교시 → 연합 → 총괄 → 응용
③ 준비 → 총괄 → 연합 → 응용 → 교시
④ 준비 → 응용 → 총괄 → 교시 → 연합

> **하버드 학파의 교수법 5단계**
> ① 1단계 : 준비시킨다. ② 2단계 : 교시한다.
> ③ 3단계 : 연합한다.   ④ 4단계 : 총괄시킨다.
> ⑤ 5단계 : 응용시킨다.

14 ⭐

산업안전보건법령상 안전모의 시험 성능 기준항목이 아닌 것은?

① 난연성
② 인장성
③ 내관통성
④ 충격흡수성

> **안전모의 시험 성능 기준항목**
> ① 내관통성 ② 충격흡수성 ③ 내전압성
> ④ 내수성   ⑤ 난연성   ⑥ 턱끈풀림

정답 10 ④ 11 ③ 12 ④ 13 ② 14 ②

15

재해예방의 4원칙에 해당하는 내용이 아닌 것은?

① 예방가능의 원칙
② 원인계기의 원칙
③ 손실우연의 원칙
④ 사고조사의 원칙

하인리히의 재해예방의 4원칙	
손실우연의 원칙	사고에 의해서 생기는 상해의 종류 및 정도는 우연적이라는 원칙
예방가능의 원칙	재해는 원칙적으로 예방이 가능하다는 원칙
원인계기의 원칙	재해의 발생은 직접원인으로만 일어나는 것이 아니라 간접원인이 연계되어 일어난다는 원칙
대책선정의 원칙	원인의 정확한 분석에 의해 가장 타당한 재해예방 대책이 선정되어야 한다는 원칙

16

리더십(leadership)의 특성에 대한 설명으로 옳은 것은?

① 지휘형태는 민주적이다.
② 권한부여는 위에서 위임된다.
③ 구성원과의 관계는 지배적 구조이다.
④ 권한근거는 법적 또는 공식적으로 부여된다.

헤드십과 리더십의 구분					
구분	권한부여 및 행사	권한근거	상관과 부하와의 관계 및 책임귀속	부하와의 사회적 간격	지휘형태
헤드십	위에서 위임하여 임명. 임명된 헤드	법적 또는 공식적	지배적 상사	넓다	권위주의적
리더십	아래로부터의 동의에 의한 선출. 선출된 리더	개인 능력	개인적인 영향 상사와 부하	좁다	민주주의적

17

연간 근로자수가 300명인 A 공장에서 지난 1년간 1명의 재해자(신체장해등급:1급)가 발생하였다면 이 공장의 강도율은? (단, 근로자 1인당 1일 8시간씩 연간 300일을 근무하였다.)

① 4.27
② 6.42
③ 10.05
④ 10.42

강도율

$$강도율(S.R) = \frac{근로손실일수}{연간총근로시간수} \times 1,000$$
$$= \frac{7,500}{300 \times 8 \times 300} \times 1,000 = 10.416$$

18

재해의 원인과 결과를 연계하여 상호 관계를 파악하기 위해 도표화하는 분석방법은?

① 관리도
② 파레토도
③ 특성요인도
④ 크로스분류도

특성요인도

특성과 요인관계를 어골상으로 세분하여 연쇄관계를 나타내는 방법 (원인요소와의 관계를 상호의 인과관계만으로 결부)

19

위험예지훈련 4라운드 기법의 진행방법에 있어 문제점 발견 및 중요 문제를 결정하는 단계는?

① 대책수립 단계
② 현상파악 단계
③ 본질추구 단계
④ 행동목표설정 단계

위험예지훈련 4라운드 진행법		
1라운드	현상파악 〈어떤 위험이 잠재하고 있는가?〉	잠재위험 요인과 현상발견 (B.S실시)
2라운드	본질 추구 〈이것이 위험의 포인트이다!〉	가장 중요한 위험의 포인트 합의 결정(1~2항목) 지적확인 및 제창
3라운드	대책 수립 〈당신이라면 어떻게 하겠는가?〉	본질 추구에서 선정된 항목의 구체적인 대책 수립
4라운드	목표설정 〈우리들은 이렇게 하자!〉	대책수립의 항목중 1~2가지 등 중점 실시 항목으로 합의 결정 팀의 행동목표→지적확인 및 제창

정답 15 ④ 16 ① 17 ④ 18 ③ 19 ③

20
학습 성취에 직접적인 영향을 미치는 요인과 가장 거리가 먼 것은?

① 적성
② 준비도
③ 개인차
④ 동기유발

> 적성은 교육이나 훈련을 통해 변화되거나, 인위적으로 조절하기 힘든 요인으로 학습성취에 영향을 주는 직접적인 요인으로 볼 수 없다.

2과목 인간공학 및 위험성 평가·관리

21 ★빈출
조종장치의 촉각적 암호화를 위하여 고려하는 특성으로 볼 수 없는 것은?

① 형상
② 무게
③ 크기
④ 표면 촉감

> **조정장치의 촉각적 암호화**
> ① 형상을 구별하여 사용하는 경우
> ② 표면 촉감을 사용하는 경우
> ③ 크기를 구별하여 사용하는 경우

22
환경요소의 조합에 의해서 부과되는 스트레스나 노출로 인해서 개인에 유발되는 긴장(strain)을 나타내는 환경요소 복합지수가 아닌 것은?

① 카타온도(kata temperature)
② Oxford 지수(wet-dry index)
③ 실효온도(effective temperature)
④ 열 스트레스 지수(heat stress index)

> **카타온도계**
> 체감을 바탕으로 측정하는 온도로 체온에 가까운 35℃와 38℃ 두 개의 눈금으로 되어 있으며, 38℃에서 35℃로 내려가는 시간을 측정하여 체감을 나타내는 온도이다.

23
반복되는 사건이 많이 있는 경우에 FTA의 최소 컷셋을 구하는 알고리즘이 아닌 것은?

① Fussel Algorithm
② Boolean Algorithm
③ Monte Carlo Algorithm
④ Limnios & Ziani Algorithm

> **Monte Carlo Algorithm**
> 시뮬레이션 테크닉의 일종으로, 구하고자 하는 수치의 확률적 분포를 반복 가능한 실험의 통계로부터 구하는 방법

24
인간 - 기계 시스템을 설계하기 위해 고려해야 할 사항과 거리가 먼 것은?

① 시스템 설계 시 동작 경제의 원칙이 만족되도록 고려한다.
② 인간과 기계가 모두 복수인 경우, 종합적인 효과보다 기계를 우선적으로 고려한다.
③ 대상이 되는 시스템이 위치할 환경 조건이 인간에 대한 한계치를 만족하는가의 여부를 조사한다.
④ 인간이 수행해야 할 조작이 연속적인가 불연속적인가를 알아보기 위해 특성조사를 실시한다.

> **인간 - 기계 시스템**
> 인간 - 기계 시스템 설계 시 사람의 심리, 생리, 체격 등에 맞추어 기계를 인간에게 접합시키는 인간공학적인 방법을 고려하여야 한다.

정답 20 ① 21 ② 22 ① 23 ③ 24 ②

25
작업기억(working memory)과 관련된 설명으로 옳지 않은 것은?

① 오랜 기간 정보를 기억하는 것이다.
② 작업기억 내의 정보는 시간이 흐름에 따라 쇠퇴할 수 있다.
③ 작업기억의 정보는 일반적으로 시각, 음성, 의미코드의 3가지로 코드화된다.
④ 리허설(rehearsal)은 정보를 작업기억 내에 유지하는 유일한 방법이다.

작업기억
현재 주의를 기울여 의식하고 있는 기억으로 감각기관을 통해 입력된 정보를 단기적으로 기억하며 능동적으로 이해하고 조작하는 과정을 말한다.

26
표시 값의 변화 방향이나 변화 속도를 나타내어 전반적인 추이의 변화를 관측할 필요가 있는 경우에 가장 적합한 표시장치 유형은?

① 계수형(digital)
② 묘사형(descriptive)
③ 동목형(moving scale)
④ 동침형(moving pointer)

동적 표시장치의 기본형

정목동침형 (지침이동형)	정량적인 눈금이 정성적으로 사용되어 원하는 값으로부터의 대략적인 편차나, 고도를 읽을 때 그 변화방향과 율 등을 알고자 할 때
정침동목형 (지침고정형)	나타내고자 하는 값의 범위가 클 때, 비교적 작은 눈금판에 모두 나타내고자 할 때
계수형 (숫자로 표시)	• 수치를 정확하게 충분히 읽어야 할 경우 • 원형 표시 장치보다 판독오차가 적고 판독시간도 짧음

27
MIL-STD-882E에서 분류한 심각도(severity) 카테고리 범주에 해당하지 않는 것은?

① 재앙수준(catastrophic)
② 임계수준(critical)
③ 경계수준(precautionary)
④ 무시가능수준(negligible)

MIL-STD-882E 심각도 카테고리

범주	분류
I	재앙수준(catastrophic)
II	임계수준(critical)
III	미미한 수준(marginal)
IV	무시가능수준(negligible)

28
FTA에 의한 재해사례 연구의 순서를 올바르게 나열한 것은?

A. 목표사상 선정   B. FT도 작성
C. 사상마다 재해원인 규명   D. 개선계획 작성

① A → B → C → D
② A → C → B → D
③ B → C → A → D
④ B → A → C → D

FTA에 의한 재해사례 연구순서
① 정상(TOP)사상의 선정   ② 각 사상의 재해원인 규명
③ FT도 작성 및 분석   ④ 개선 계획의 작성

29
주물공장 A작업자의 작업지속시간과 휴식시간을 열압박지수(HSI)를 활용하여 계산하니 각각 45분, 15분이었다. A작업자의 1일 작업량(TW)은 얼마인가? (단, 휴식시간은 포함하지 않으며, 1일 근무시간은 8시간이다.)

① 4.5시간
② 5시간
③ 5.5시간
④ 6시간

작업량

$$1일\ 작업량 = \frac{작업지속시간}{작업지속시간 + 휴식시간} \times 8 = \frac{45}{45+15} \times 8 = 6시간$$

정답: 25① 26④ 27③ 28② 29④

30

다수의 표시장치(디스플레이)를 수평으로 배열할 경우 해당 제어장치를 각각의 표시장치 아래에 배치하면 좋아지는 양립성의 종류는?

① 공간 양립성
② 운동 양립성
③ 개념 양립성
④ 양식 양립성

양립성의 종류	
공간적(spatial) 양립성	표시장치나 조정장치에서 물리적 형태 및 공간적 배치
운동(movement) 양립성	표시장치의 움직이는 방향과 조정장치의 방향이 사용자의 기대와 일치
개념적(conceptual) 양립성	이미 사람들이 학습을 통해 알고있는 개념적 연상
양식(modality) 양립성	직무에 알맞은 자극과 응답의 양식의 존재에 대한 양립성

31

다음 형상 암호화 조종장치 중 이산 멈춤 위치용 조종장치는?

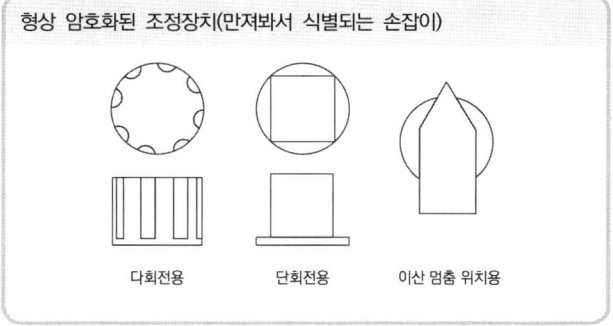

형상 암호화된 조정장치(만져봐서 식별되는 손잡이)

다회전용   단회전용   이산 멈춤 위치용

tip
이산 멈춤 위치용 조종장치는 비연속 제어에 사용되며, 전 제어작용에서 볼 때 정보의 중요한 부분을 차지하는 사항의 위치지정을 할 때 사용된다.

32

작업자의 작업공간과 관련된 내용으로 옳지 않은 것은?

① 서서 작업하는 작업공간에서 발바닥을 높이면 뻗침길이가 늘어난다.
② 서서 작업하는 작업공간에서 신체의 균형에 제한을 받으면 뻗침길이가 늘어난다.
③ 앉아서 작업하는 작업공간은 동적 팔뻗침에 의해 포락면(reach envelope)의 한계가 결정된다.
④ 앉아서 작업하는 작업공간에서 기능적 팔뻗침에 영향을 주는 제약이 적을수록 뻗침길이가 늘어난다.

작업공간
① 작업대는 작업자의 신체에 불필요한 긴장을 주지 않으며, 균형잡힌 상태로 작업이 가능하도록 설계되어야 한다.
② 서서 작업하는 작업공간에서 신체의 균형에 제한을 받게되면 뻗침길이는 줄어든다.

33

활동의 내용마다 "우·양·가·불가"로 평가하고 이 평가내용을 합하여 다시 종합적으로 정규화하여 평가하는 안정성 평가기법은?

① 평점척도법
② 쌍대비교법
③ 계층적 기법
④ 일관성 검정법

평점척도법
학습결과나 태도 등을 평가할 때 숫자, 기호, 문자 등을 사용하여 해당되는 범주를 구분하거나 일정한 수치를 부여하여 평점하는 방법으로 일반적으로 3점, 5점, 7점 척도를 주로 사용한다.

정답 30 ① 31 ① 32 ② 33 ①

34

시스템 수명주기 단계 중 이전 단계들에서 발생되었던 사고 또는 사건으로부터 축적된 자료에 대해 실증을 통한 문제를 규명하고 이를 최소화하기 위한 조치를 마련하는 단계는?

① 구상단계
② 정의단계
③ 생산단계
④ 운전단계

시스템의 수명주기	
단계	안전관련활동
구상 (concept)	시작 단계로 시스템의 사용목적과 기능, 기초적인 설계사항의 구상, 시스템과 관련된 기본적 사항 검토 등
정의 (definition)	시스템 개발의 가능성과 타당성 확인, SSPP 수행, 위험성 분석의 종류 결정 및 분석, 생산물의 적합성 검토, 시스템 안전 요구사양 결정 등
개발 (development)	시스템 개발의 시작단계, 제품생산을 위한 구체적인 설계사항 결정 및 검토, FMEA진행 및 신뢰성 공학과의 연계성 검토, 시스템의 안전성 평가, 생산계획추진의 최종결정 등
생산 (production)	품질관리 부서와의 상호협력, 안전교육의 시작, 설계 변경에 따른 수정작업, 이전 단계의 안전수준이 유지되는지 확인 등
배치 및 운용 (deployment)	시스템 운용 및 보전과 관련된 교육 실행, 발생한 사고, 고장, 사건 등의 자료수집 및 조사, 운용활동 및 프로그램 절차의 평가, 안전점검기준에 따른 평가 등
폐기 (disposal)	정상적 시스템 수명후의 폐기절차와 긴급 폐기절차의 검토 및 감시 등 (시스템의 유해위험성이 있는 부분의 폐기절차는 개발단계에서 검토)

35 ⭐

사용자의 잘못된 조작 또는 실수로 인해 기계의 고장이 발생하지 않도록 설계하는 방법은?

① FMEA
② HAZOP
③ Fail safe
④ Fool proof

Fool-proof
① 해당 기계 설비에 대하여 사전지식이 없는 작업자가 기계를 취급하거나 오조작을 하여도 위험이나 실수가 발생하지 않도록 설계된 구조를 말하며 본질적인 안전화를 의미한다.
② 인간의 실수가 있어도 안전장치가 설치되어 사고나 재해로 연결되지 않는 안전한 구조를 말한다.

36

한국산업표준상 결함 나무 분석(FTA) 시 다음과 같이 사용되는 사상기호가 나타내는 사상은?

① 공사상
② 기본사상
③ 통상사상
④ 심층분석사상

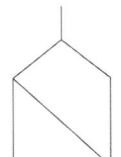

사상기호
① 통상사상 : 확실히 발생하였거나, 발생할 사상
② 공사상(zero event) : 발생할 수 없는 사상

37

다음 중 육체적 활동에 대한 생리학적 측정방법과 가장 거리가 먼 것은?

① EMG
② EEG
③ 심박수
④ 에너지소비량

뇌전도(EEG:Electroencephalogram)
뇌의 전기적인 활동을 머리 표면에 부착한 전극에 의해 측정한 전기신호로 뇌파신호의 주파수 성분을 분석하여 뇌종양, 뇌혈관장애, 두부외상을 동반한 중추신경계의 기능상태를 알 수 있다.

38 ⭐

산업안전보건법령상 정밀작업 시 갖추어져야 할 작업면의 조도 기준은? (단, 갱내 작업장과 감광재료를 취급하는 작업장은 제외한다.)

① 75럭스 이상
② 150럭스 이상
③ 300럭스 이상
④ 750럭스 이상

작업장의 조도기준			
초정밀 작업	정밀 작업	보통 작업	그 밖의 작업
750 럭스 이상	300 럭스 이상	150 럭스 이상	75 럭스 이상

정답 34 ④ 35 ④ 36 ① 37 ② 38 ③

39

신뢰도가 0.4인 부품 5개가 병렬결합 모델로 구성된 제품이 있을 때 이 제품의 신뢰도는?

① 0.90
② 0.91
③ 0.92
④ 0.93

신뢰도(병렬연결)
$R = 1 - (1 - 0.4)^5 = 0.922$

40

조작자 한 사람의 신뢰도가 0.9일 때 요원을 중복하여 2인 1조가 되어 작업을 진행하는 공정이 있다. 작업 기간 중 항상 요원 지원을 한다면 이 조의 인간 신뢰도는?

① 0.93
② 0.94
③ 0.96
④ 0.99

신뢰도
인간신뢰도 = 1 − (1 − 0.9)(1 − 0.9) = 0.99

3과목 기계·기구 및 설비 안전 관리

41

기계설비의 안전조건 중 구조의 안전화에 대한 설명으로 가장 거리가 먼 것은?

① 기계재료의 선정 시 재료 자체에 결함이 없는지 철저히 확인한다.
② 사용 중 재료의 강도가 열화될 것을 감안하여 설계 시 안전율을 고려한다.
③ 기계작동 시 기계의 오동작을 방지하기 위하여 오동작 방지 회로를 적용한다.
④ 가공 경화와 같은 가공결함이 생길 우려가 있는 경우는 열처리 등으로 결함을 방지한다.

구조부분의 안전화
① 설계상의 안전화
② 재료선정의 안전화
③ 가공 시의 안전화

tip
오동작 방지 회로는 기능상의 안전화에 해당된다.

42

산업안전보건법령상 롤러기의 무릎조작식 급정지장치의 설치 위치 기준은? (단, 위치는 급정지장치 조작부의 중심점을 기준)

① 밑면에서 0.7~0.8m 이내
② 밑면에서 0.6m 이내
③ 밑면에서 0.8~1.2m 이내
④ 밑면에서 1.5m 이상

조작부의 종류별 설치 위치

조작부의 종류	설치 위치
손조작식	밑면에서 1.8m 이내
복부조작식	밑면에서 0.8m 이상 1.1m 이내
무릎조작식	밑면에서 0.6m 이내

43

크레인 작업 시 로프에 1톤의 중량을 걸어 20m/s²의 가속도로 감아올릴 때, 로프에 걸리는 총하중(kgf)은 약 얼마인가? (단, 중력가속도는 10m/s²이다.)

① 1,000
② 2,000
③ 3,000
④ 3,500

로프에 걸리는 총하중 계산
① 동하중(W_2) = $\dfrac{W_1}{g} \times a = \dfrac{1,000}{10} \times 20 = 2,000 \text{kgf}$
② 총하중(W)
= 정하중(W_1) + 동하중(W_2) = 1,000 + 2,000 = 3,000 kgf

정답 39 ③ 40 ④ 41 ③ 42 ② 43 ③

44

밀링작업 시 안전수칙에 해당되지 않는 것은?

① 칩이나 부스러기는 반드시 브러시를 사용하여 제거한다.
② 가공 중에는 가공면을 손으로 점검하지 않는다.
③ 급속이송은 백래시 제거장치가 동작하지 않고 있음을 확인한 다음 행한다.
④ 절삭중의 칩 제거는 칩 브레이커로 한다.

> 칩 브레이커는 선반의 방호장치이며, 밀링의 칩은 가장 가늘고 예리하므로 반드시 브러시로 제거해야 한다.

45

산업안전보건법령상 프레스를 사용하여 작업을 할 때 작업시작 전 점검 항목에 해당하지 않는 것은?

① 전선 및 접속부 상태
② 클러치 및 브레이크의 기능
③ 프레스의 금형 및 고정볼트 상태
④ 1행정 1정지기구·급정지장치 및 비상정지장치의 기능

> **프레스 작업시작 전 점검사항 (문제의 보기 외에)**
> ① 크랭크축·플라이휠·슬라이드·연결봉 및 연결나사의 풀림 유무
> ② 슬라이드 또는 칼날에 의한 위험방지 기구의 기능
> ③ 방호장치의 기능
> ④ 전단기의 칼날 및 테이블의 상태

46

프레스의 분류 중 동력 프레스에 해당하지 않는 것은?

① 크랭크 프레스
② 토글 프레스
③ 마찰 프레스
④ 아버 프레스

> 프레스는 구동 동력에 의한 분류 방법으로 인력프레스와 동력프레스로 구분하며, 아버 프레스는 인력(핸드)프레스에 해당된다.

47

컨베이어의 종류가 아닌 것은?

① 체인 컨베이어
② 스크류 컨베이어
③ 슬라이딩 컨베이어
④ 유체 컨베이어

> **컨베이어의 종류**
>
> | 종류 | 구조 |
> |---|---|
> | 롤러 컨베이어 | 롤러 또는 휠을 많이 배열한후 이것을 이용하여 화물을 운반하는 컨베이어 |
> | 벨트 컨베이어 | 프레임의 양끝에 설치한 풀리에 벨트를 엔드리스로 설치하여 그 위로 화물을 싣고 운반하는 컨베이어 |
> | 스크류 컨베이어 | 스크류에 의해 관속의 화물을 운반하도록 되어있는 컨베이어 |
> | 체인 컨베이어 | 엔드리스(Endless)로 감아서 걸은 체인에 의하거나 또는 체인에 슬래트(Slat), 버켓(Bucket)등을 부착하여 화물을 운반하는 컨베이어 |
> | 유체 컨베이어 | 관속의 유체를 매체로 하여, 화물을 운반하게 되어있는 컨베이어 |

48 ★

산업안전보건법령상 양중기에서 절단하중이 100톤인 와이어로프를 사용하여 화물을 직접적으로 지지하는 경우, 화물의 최대허용하중(톤)은?

① 20
② 30
③ 40
④ 50

> **와이어로프의 안전계수**
> ① 화물의 하중을 직접 지지하는 경우 달기와이어로프 또는 달기체인의 경우 안전계수는 5
> ② 최대허용하중 = $\dfrac{\text{절단하중}}{\text{안전계수}} = \dfrac{100}{5} = 20$톤

49

가드(guard)의 종류가 아닌 것은?

① 고정식
② 조정식
③ 자동식
④ 반자동식

> **가드의 종류**
> ① 고정형 가드 : 완전 밀폐형, 작업점용
> ② 자동형(연동형) : Inter Lock 장치가 부착된 가드
> ③ 조절형 : 날 접촉예방장치 등

정답 44 ④　45 ①　46 ④　47 ③　48 ①　49 ④

50
산업안전보건법령상 리프트의 종류로 틀린 것은?

① 건설작업용 리프트 ② 자동차정비용 리프트
③ 이삿짐운반용 리프트 ④ 간이 리프트

> **리프트의 종류**
> ① 건설용 리프트 ② 산업용 리프트 ③ 자동차정비용 리프트
> ④ 이삿짐운반용 리프트

51
산업안전보건법령상 연삭숫돌의 시운전에 관한 설명으로 옳은 것은?

① 연삭숫돌의 교체 시에는 바로 사용할 수 있다.
② 연삭숫돌의 교체 시 1분 이상 시운전을 하여야 한다.
③ 연삭숫돌의 교체 시 2분 이상 시운전을 하여야 한다.
④ 연삭숫돌의 교체 시 3분 이상 시운전을 하여야 한다.

> **연삭기의 안전작업**
> 직경이 5cm 이상인 연삭숫돌에는 덮개를 설치해야 하며, 작업시작전 1분 이상, 연삭숫돌 교체 시 3분 이상 시운전해야 한다.

52
보일러수 속에 불순물 농도가 높아지면서 수면에 거품이 형성되어 수위가 불안정하게 되는 현상은?

① 포밍 ② 서징
③ 수격현상 ④ 공동현상

> **포밍(foaming)**
> 보일러수에 불순물이 많이 포함되었을 경우, 보일러수의 비등과 함께 수면부위에 거품층을 형성하여 수위가 불안정하게 되는 현상

53
산업안전보건법령상 컨베이어를 사용하여 작업을 할 때 작업시작 전 점검사항으로 가장 거리가 먼 것은?

① 원동기 및 풀리(pulley) 기능의 이상 유무
② 이탈 등의 방지장치 기능의 이상 유무
③ 유압장치의 기능의 이상 유무
④ 비상정지장치 기능의 이상 유무

> **컨베이어의 작업시작 전 점검사항**
> ① 원동기 및 풀리 기능의 이상 유무
> ② 이탈 등의 방지장치 기능의 이상 유무
> ③ 비상정지장치 기능의 이상 유무
> ④ 원동기·회전축·기어 및 풀리 등의 덮개 또는 울 등의 이상 유무

54
산업안전보건법령상 위험기계·기구별 방호조치로 가장 적절하지 않은 것은?

① 산업용 로봇 – 안전매트
② 보일러 – 급정지장치
③ 목재가공용 둥근톱기계 – 반발예방장치
④ 산업용 로봇 – 광전자식 방호장치

> **보일러 방호장치**
> ① 고저수위 조절장치 ② 압력방출장치 ③ 압력제한스위치
> ④ 화염검출기

55
산업안전보건법령상 기계 기구의 방호조치에 대한 사업주·근로자 준수사항으로 가장 적절하지 않은 것은?

① 방호조치의 기능상실에 대한 신고가 있을 시 사업주는 수리, 보수 및 작업중지 등 적절한 조치를 할 것
② 방호조치 해체 사유가 소멸된 경우 근로자는 즉시 원상회복 시킬 것
③ 방호조치의 기능상실을 발견 시 사업주에게 신고할 것
④ 방호조치 해체 시 해당 근로자가 판단하여 해체할 것

> **방호조치를 해체하려는 경우 안전조치 및 보건조치**
>
> | | |
> |---|---|
> | 1. 방호조치를 해체하려는 경우 | 사업주의 허가를 받아 해체할 것 |
> | 2. 방호조치를 해체한 후 그 사유가 소멸된 경우 | 지체없이 원상으로 회복시킬 것 |
> | 3. 방호조치의 기능이 상실된 것을 발견한 경우 | 지체없이 사업주에게 신고할 것 |

정답 50 ④ 51 ④ 52 ① 53 ③ 54 ② 55 ④

56
프레스의 방호장치에 해당되지 않는 것은?

① 가드식 방호장치
② 수인식 방호장치
③ 롤 피드식 방호장치
④ 손쳐내기식 방호장치

> **프레스의 방호장치**
> ① 게이트가드식 ② 양수조작식 ③ 손쳐내기식
> ④ 수인식 ⑤ 광전자식(감응식)

57
다음 중 선반 작업 시 준수하여야 하는 안전사항으로 틀린 것은?

① 작업 중 면장갑 착용을 금한다.
② 작업 시 공구는 항상 정리해 둔다.
③ 운전 중에 백기어를 사용한다.
④ 주유 및 청소를 할 때에는 반드시 기계를 정지시키고 한다.

> **선반 작업 시 유의사항**
> ① 바이트는 짧게 장치하고 일감의 길이가 직경의 12배 이상일 때 방진구 사용
> ② 절삭 칩 제거는 반드시 브러시 사용
> ③ 기계 운전 중 백기어 사용금지
> ④ 바이트에는 칩 브레이커를 설치하고 보안경 착용
> ⑤ 치수 측정 시 및 주유, 청소 시 반드시 기계정지

58
산업안전보건법령상 지게차 방호장치에 해당하는 것은?

① 포크
② 헤드가드
③ 호이스트
④ 힌지드 버킷

> **지게차의 방호장치**
> ① 헤드가드 ② 백레스트 ③ 전조등
> ④ 후미등 ⑤ 안전벨트

59
산소 – 아세틸렌가스 용접에서 산소 용기의 취급 시 주의사항으로 틀린 것은?

① 산소 용기의 운반 시 밸브를 닫고 캡을 씌워서 이동할 것
② 기름이 묻은 손이나 장갑을 끼고 취급하지 말 것
③ 원활한 산소 공급을 위하여 산소 용기는 눕혀서 사용할 것
④ 통풍이 잘되고 직사광선이 없는 곳에 보관할 것

> 가스 용기 취급 시 준수사항에서 용기의 온도를 섭씨 40도 이하로 유지해야 하며, 용기는 세워서 사용해야 한다.

60
산업안전보건법령상 형삭기(slotter, shaper)의 주요 구조부로 가장 거리가 먼 것은? (단, 수치제어식은 제외)

① 금형의 틈새는 8mm 이상 충분하게 확보한다.
② 금형 사이에 신체일부가 들어가지 않도록 한다.
③ 충격이 반복되어 부가되는 부분에는 완충장치를 설치한다.
④ 금형설치용 홈은 설치된 프레스의 홈에 적합한 형상의 것으로 한다.

> **금형의 안전화 방법**
> 다음 부분의 빈틈이 8mm 이하 되도록 금형을 설치할 것
> ① 상사점에 있어서 상형과 하형과의 간격
> ② 가이드 포스트와 부쉬의 간격

정답 56 ③ 57 ③ 58 ② 59 ③ 60 ①

4과목 전기 및 화학설비 안전 관리

61
제전기의 설치 장소로 가장 적절한 것은?

① 대전물체의 뒷면에 접지물체가 있는 경우
② 정전기의 발생원으로부터 5~20cm 정도 떨어진 장소
③ 오물과 이물질이 자주 발생하고 묻기 쉬운 장소
④ 온도가 150℃, 상대습도가 80% 이상인 장소

제전기의 설치장소
① 정전기의 발생원에서 최소거리 이상 떨어져 있으면서 발생원에 가까운 위치로 정전기 발생원에서 5~20cm 이상 떨어진 위치
② 대전물체 후면의 접지체 또는 다른 제전기가 있는 위치, 정전기의 발생원 및 제전기에 오물이 묻기 쉬운 장소는 피하고 온도 150℃, 상대습도 80% 이상의 환경은 피하는 것이 바람직하다.

62
옥내배선에서 누전으로 인한 화재방지의 대책이 아닌 것은?

① 배선불량 시 재시공할 것
② 배선에 단로기를 설치할 것
③ 정기적으로 절연저항을 측정할 것
④ 정기적으로 배선시공 상태를 확인할 것

단로기
고압 또는 특고압 회로로부터 기기를 분리하거나 변경할 때 사용하는 개폐장치로서 단지 충전된 전로(무부하)를 개폐하기 위해 사용하며, 부하전류의 개폐는 원칙적으로 할 수 없는 개폐장치

63
접지계통 분류에서 TN 접지방식이 아닌 것은?

① TN-T 방식
② TN-C 방식
③ TN-S 방식
④ TN-C-S 방식

TN 계통의 분류

구분	내용
TN-S 계통	계통 전체에 대해 별도의 중성선 또는 PE 도체를 사용. 배전계통에서 PE 도체를 추가로 접지할 수 있다.
TN-C 계통	계통 전체에 대해 중성선과 보호도체의 기능을 동일도체로 겸용한 PEN 도체를 사용. 배전계통에서 PEN 도체를 추가로 접지할 수 있다.
TN-C-S 계통	계통의 일부분에서 PEN 도체를 사용하거나, 중성선과 별도의 PE 도체를 사용하는 방식. 배전계통에서 PEN 도체와 PE 도체를 추가로 접지할 수 있다.

64
인체의 대부분이 수중에 있는 상태에서의 허용접촉전압으로 옳은 것은?

① 2.5V 이하
② 25V 이하
③ 50V 이하
④ 100V 이하

허용 접촉전압

종별	접촉 상태	허용접촉전압
제1종	• 인체의 대부분이 수중에 있는 경우	2.5V 이하
제2종	• 인체가 현저하게 젖어있는 경우 • 금속성의 전기기계장치나 구조물에 인체의 일부가 상시 접촉되어 있는 경우	25V 이하
제3종	• 제1종, 제2종 이외의 경우로 통상의 인체상태에 있어서 접촉전압이 가해지면 위험성이 높은 경우	50V 이하
제4종	• 제1종, 제2종 이외의 경우로 통상의 인체상태에 있어서 접촉전압이 가해지더라도 위험성이 낮은 경우 • 접촉전압이 가해질 우려가 없는 경우	제한없음

65
폭발성 가스가 전기기기 내부로 침입하지 못하도록 전기기기의 내부에 불활성가스를 압입하는 방식의 방폭구조는?

① 내압방폭구조
② 압력방폭구조
③ 본질안전방폭구조
④ 유입방폭구조

압력방폭구조(p)
용기내부에 보호가스(신선한 공기 또는 질소, 탄산가스 등의 불연성 가스)를 압입하여 내부 압력을 외부 환경보다 높게 유지함으로써 폭발성 가스 또는 증기가 용기 내부로 유입되지 않도록 한 구조

정답 61 ② 62 ② 63 ① 64 ① 65 ②

66

방폭구조 전기기계·기구의 선정기준에 있어 가스폭발 위험장소의 제1종 장소에 사용할 수 없는 방폭구조는?

① 내압방폭구조
② 안전증방폭구조
③ 본질안전방폭구조
④ 비점화방폭구조

방폭구조의 선정기준(가스폭발위험장소)	
폭발위험장소의 분류	방폭구조 전기기계기구의 선정기준
0종 장소	본질안전방폭구조(ia)
1종 장소	내압방폭구조(d) 압력방폭구조(p) 충전방폭구조(q) 유입방폭구조(o) 안전증방폭구조(e) 본질안전방폭구조(ia, ib) 몰드방폭구조(m)
2종 장소	0종 장소 및 1종 장소에 사용가능한 방폭구조 비점화방폭구조(n)

tip
본질안전방폭구조(ia)는 0종, 1종, 2종 장소에 모두 사용 가능하며, 비점화방폭구조(n)는 유일하게 2종 장소에만 사용 가능

67

감전을 방지하기 위해 관계근로자에게 반드시 주지시켜야 하는 정전작업 사항으로 가장 거리가 먼 것은?

① 전원설비 효율에 관한 사항
② 단락접지 실시에 관한 사항
③ 전원 재투입 순서에 관한 사항
④ 작업 책임자의 임명, 정전범위 및 절연용 보호구 작업 등 필요한 사항

정전 작업요령 포함사항(보기 외에)
① 교대 근무 시 근무인계에 필요한 사항 ② 전로 또는 설비의 정전순서에 관한 사항 ③ 개폐기 관리 및 표지판 부착에 관한 사항 ④ 정전 확인순서에 관한 사항 ⑤ 점검 또는 시운전을 위한 일시운전에 관한 사항

68

대전된 물체가 방전을 일으킬 때의 에너지E(J)를 구하는 식으로 옳은 것은? (단, 도체의 정전용량을 C(F), 대전전위를 V(V), 대전전하량을 Q(C)라 한다.)

① $E = \sqrt{2CQ}$
② $E = \frac{1}{2}CV$
③ $E = \frac{Q^2}{2C}$
④ $E = \sqrt{\frac{2V}{C}}$

방전 에너지
$W = \frac{1}{2}QV = \frac{1}{2}CV^2 = \frac{1}{2}\frac{Q^2}{C}(J)$

69

전기적 불꽃 또는 아크에 의한 화상의 우려가 높은 고압 이상의 충전전로작업에 근로자를 종사시키는 경우에는 어떠한 성능을 가진 작업복을 착용시켜야 하는가?

① 방충처리 또는 방수성능을 갖춘 작업복
② 방염처리 또는 난연성능을 갖춘 작업복
③ 방청처리 또는 난연성능을 갖춘 작업복
④ 방수처리 또는 방청성능을 갖춘 작업복

전기기계·기구의 조작 시 등의 안전조치
사업주는 전기적 불꽃 또는 아크에 의한 화상의 우려가 있는 고압 이상의 충전전로 작업에 근로자를 종사시키는 경우에는 방염처리된 작업복 또는 난연성능을 가진 작업복을 착용시켜야 한다.

70

저압전선로 중 절연 부분의 전선과 대지 간 및 전선의 심선 상호 간의 절연저항은 사용전압에 대한 누설전류가 최대 공급전류의 얼마를 넘지 않도록 규정하고 있는가?

① $\frac{1}{1,000}$
② $\frac{1}{1,500}$
③ $\frac{1}{2,000}$
④ $\frac{1}{2,500}$

허용누설전류
허용누설전류 ≤ 최대공급전류/2,000

정답   66 ④   67 ①   68 ③   69 ②   70 ③

71

염소산칼륨에 관한 설명으로 옳은 것은?

① 탄소, 유기물과 접촉 시에도 분해폭발 위험은 거의 없다.
② 열에 강한 성질이 있어서 500℃의 고온에서도 안정적이다.
③ 찬물이나 에탄올에도 매우 잘 녹는다.
④ 산화성 고체물질이다.

> **염소산칼륨($KClO_3$)**
> ① 강한 산화제이며 유기물, 탄소, 황화물, 황, 붉은 인 등과 혼합하여 가열하거나 타격을 가하면 폭발한다.
> ② 충격에 예민하므로 폭약으로 인정되지 않는다.
> ③ 중성, 알칼리성 용액은 산화 작용이 없으나 산성으로 하면 강한 산화제로 된다.

72 ⭐

메탄 20vol%, 에탄 25vol%, 프로판 55vol%의 조성을 가진 혼합가스의 폭발하한계값(vol%)은 약 얼마인가?(단, 메탄, 에탄 및 프로판가스의 폭발하한값은 각각 5vol%, 3vol%, 2vol%이다.)

① 2.51
② 3.12
③ 4.26
④ 5.22

> **르샤틀리에의 법칙(혼합가스의 폭발범위 계산)**
> $$\frac{100}{L} = \frac{V_1}{L_1} + \frac{V_2}{L_2} + \frac{V_3}{L_3} = \frac{20}{5} + \frac{25}{3} + \frac{55}{2} = 39.8$$
> 그러므로 $L = 2.51$

73

위험물안전관리법령상 제3류 위험물의 금수성 물질이 아닌 것은?

① 과염소산염
② 금속나트륨
③ 탄화칼슘
④ 탄화알루미늄

> 칼륨, 나트륨, 탄화칼슘, 탄화알루미늄 등은 금수성 물질에 해당되는 위험물(알칼리금속)로 물과 반응하면 수소가 발생한다. 이때 많은 반응열이 발생하며 발생한 수소와 공기 중의 산소가 반응해서 폭발이 일어난다.

> **tip**
> 과염소산염은 1류 위험물인 산화성고체에 해당된다.

74

물과 접촉할 경우 화재나 폭발의 위험성이 더욱 증가하는 것은?

① 칼륨
② 트리니트로톨루엔
③ 황린
④ 니트로셀룰로오스

> 칼륨, 나트륨, 탄화칼슘, 등은 금수성 물질에 해당되는 위험물로 물과 반응하면 수소가 발생하며, 많은 반응열로 인해 화재나 폭발의 위험성이 더욱 증가된다.

75 ⭐

다음 중 화재의 종류가 옳게 연결된 것은?

① A급 화재 - 유류화재
② B급 화재 - 유류화재
③ C급 화재 - 일반화재
④ D급 화재 - 일반화재

> **화재의 분류**
> ① A급 화재 : 일반화재
> ② B급 화재 : 유류화재
> ③ C급 화재 : 전기화재
> ④ D급 화재 : 금속화재

76

다음 중 폭발하한농도(vol%)가 가장 높은 것은?

① 일산화탄소
② 아세틸렌
③ 디에틸에테르
④ 아세톤

> **폭발하한농도 (vol%)**
> ① 일산화탄소(12.5~74)
> ② 아세틸렌(2.5~81)
> ③ 디에틸에테르(1.9~48)
> ④ 아세톤(2.5~13)

정답 71 ④ 72 ① 73 ① 74 ① 75 ② 76 ①

77
이산화탄소 소화기에 관한 설명으로 옳지 않은 것은?

① 전기화재에 사용할 수 있다.
② 주된 소화 작용은 질식작용이다.
③ 소화약제 자체 압력으로 방출이 가능하다.
④ 전기전도성이 높아 사용 시 감전에 유의해야 한다.

> **이산화탄소 소화기**
> ① 질식 및 냉각 효과이며 전기화재에 가장 적당. 유류 화재에도 사용
> ② 소화 후 증거 보존이 용이하나 방사거리가 짧은 단점
> ③ 반도체 및 컴퓨터 설비 등에 사용가능
> ④ 전기에 대한 절연성이 우수하다.

78
낮은 압력에서 물질의 끓는점이 내려가는 현상을 이용하여 시행하는 분리법으로 온도를 높여서 가열할 경우 원료가 분해될 우려가 있는 물질을 증류할 때 사용하는 방법을 무엇이라 하는가?

① 진공증류   ② 추출증류
③ 공비증류   ④ 수증기증류

> **특수한 증류방법**
>
> | 감압증류(진공증류) | 상압 하에서 끓는점까지 가열할 경우 분해할 우려가 있는 물질의 증류를 감압하여 물질의 끓는점을 내려서 증류하는 방법 |
> |---|---|
> | 추출증류 | ① 분리하여야 하는 물질의 끓는점이 비슷한 경우
② 용매를 사용하여 혼합물로부터 어떤 성분을 뽑아냄으로써 특정 성분을 분리 |
> | 공비증류 | ① 일반적인 증류로 순수한 성분을 분리시킬 수 없는 혼합물의 경우
② 제3의 성분을 첨가하여 별개의 공비 혼합물을 만들어 끓는점이 원용액의 끓는점보다 충분히 낮아지도록 하여 증류함으로써 증류잔류물이 순수한 성분이 되게 하는 증류 방법 |
> | 수증기증류 | 물에 용해되지 않는 휘발성 액체에 수증기를 직접 불어넣어 가열하면 액체는 원래의 끓는점보다 낮은 온도에서 유출 |

79
다음 중 증류탑의 원리로 거리가 먼 것은?

① 끓는점(휘발성) 차이를 이용하여 목적 성분을 분리한다.
② 열이동은 도모하지만 물질이동은 관계하지 않는다.
③ 기-액 두 상의 접촉이 충분히 일어날 수 있는 접촉 면적이 필요하다.
④ 여러 개의 단을 사용하는 다단탑이 사용될 수 있다.

> **증류탑**
> 증기압이 다른 액체 혼합물에서 끓는점 차이를 이용해서 특정 성분을 분리해내는 장치로 끓는점이 낮은 물질이 위쪽에서 분리되고 끓는점이 높은 물질이 아래쪽에서 분리된다.

80 빈출
다음 중 불연성 가스에 해당하는 것은?

① 프로판   ② 탄산가스
③ 아세틸렌   ④ 암모니아

> **탄산가스의 특징**
> ① 더 이상 산소와 반응하지 않는 불연성 가스이며 공기보다 무겁다.
> ② 전기에 대한 절연성이 우수하다.

5과목 건설공사 안전 관리

81
블레이드의 길이가 길고 낮으며 블레이드의 좌우를 전후 25~30° 각도로 회전시킬 수 있어 흙의 측면으로 보낼 수 있는 도저는?

① 레이크 도저   ② 스트레이트 도저
③ 앵글 도저   ④ 틸트 도저

> **Blade(배토판)의 형태 및 작동방법에 의한 분류**
>
> | Straight Dozer | 트랙터의 종방향 중심축에 배토판을 직각으로 설치하여 직선적인 굴착 및 압토작업에 효율적 |
> |---|---|
> | Angle Dozer | 배토판을 20°~30°의 수평방향으로 돌릴 수 있도록 만든 장치, 측면굴착에 유리 |
> | Tilt Dozer | 배토판 좌우를 상하 25~30°까지 기울일 수 있어 도랑파기, 경사면 굴착에 유리 |

정답 77 ④ 78 ① 79 ② 80 ② 81 ③

82

건물외부에 낙하물 방지망을 설치할 경우 벽면으로부터 돌출되는 거리의 기준은?

① 1m 이상
② 1.5m 이상
③ 1.8m 이상
④ 2m 이상

낙하물방지망 또는 방호선반 설치 시 준수사항
① 설치높이는 10m 이내마다 설치하고, 내민길이는 벽면으로부터 2m 이상으로 할 것
② 수평면과의 각도는 20도 이상 30도 이하를 유지할 것

83

부두·안벽 등 하역작업을 하는 장소에서 부두 또는 안벽의 선을 따라 통로를 설치하는 경우 그 폭을 최소 얼마 이상으로 하여야 하는가?

① 60cm
② 90cm
③ 120cm
④ 150cm

부두 등 하역작업장 조치사항
① 작업장 및 통로의 위험한 부분에는 안전하게 작업할 수 있는 조명을 유지할 것
② 부두 또는 안벽의 선을 따라 통로를 설치하는 때에는 폭을 90cm 이상으로 할 것
③ 육상에서의 통로 및 작업장소로서 다리 또는 선거의 갑문을 넘는 보도 등의 위험한 부분에는 안전난간 또는 울타리 등을 설치할 것

84

히빙(heaving) 현상이 가장 쉽게 발생하는 토질지반은?

① 연약한 점토 지반
② 연약한 사질토 지반
③ 견고한 점토 지반
④ 견고한 사질토 지반

히빙(Heaving)
연약성 점토지반 굴착 시 굴착외측 흙의 중량에 의해 굴착저면의 흙이 활동 전단 파괴되어 굴착내측으로 부풀어 오르는 현상

tip
보일링(Boiling)현상 : 투수성이 좋은 사질지반의 흙막이 저면에서 수두차로 인한 상향의 침투압이 발생 유효응력이 감소하여 전단강도가 상실되는 현상으로 지하수가 모래와 같이 솟아오르는 현상

85

다음과 같은 조건에서 추락 시 로프의 지지점에서 최하단까지의 거리 h를 구하면 얼마인가?

- 로프 길이 150cm
- 로프 신율 30%
- 근로자 신장 170cm

① 2.8m
② 3.0m
③ 3.2m
④ 3.4m

최하사점
① $H > h =$ 로프길이(l) + 로프의 신장(율)길이$(l \times a)$ + 작업자의 키 $\times \dfrac{1}{2}$
② $H > h = 1.5 + (1.5 \times 0.3) + (1.7 \times \dfrac{1}{2}) = 2.8$

86

신축공사 현장에서 강관으로 외부비계를 설치할 때 비계기둥의 최고 높이가 45m라면 관련 법령에 따라 비계기둥을 2개의 강관으로 보강하여야 하는 높이는 지상으로부터 얼마까지인가?

① 14m
② 20m
③ 25m
④ 31m

강관비계의 구조(높이제한)
① 비계기둥 최고부로부터(아랫 방향으로) 31m되는 지점 밑부분의 비계기둥은 2본의 강관으로 묶어세울 것
② 45m − 31m = 14m

정답 82 ④ 83 ② 84 ① 85 ① 86 ①

87 ⭐

동바리로 사용하는 파이프 서포트에 관한 설치 기준으로 옳지 않은 것은?

① 파이프 서포트를 3개 이상 이어서 사용하지 않도록 할 것
② 파이프 서포트를 이어서 사용하는 경우에는 4개 이상의 볼트 또는 전용철물을 사용하여 이을 것
③ 높이가 3.5m를 초과하는 경우에는 높이 2m 이내마다 수평연결재를 2개 방향으로 만들고 수평연결재의 변위를 방지할 것
④ 파이프서포트 사이에 교차가새를 설치하여 수평력에 대하여 보강 조치할 것

> **동바리로 사용하는 파이프서포트의 준수사항**
> ① 파이프서포트를 3개 이상 이어서 사용하지 아니하도록 할 것
> ② 파이프서포트를 이어서 사용할 때에는 4개 이상의 볼트 또는 전용 철물을 사용하여 이을 것
> ③ 높이가 3.5미터를 초과할 때에는 높이 2미터 이내마다 수평연결재를 2개 방향으로 만들고 수평연결재의 변위를 방지할 것

tip
동바리로 사용하는 강관틀에 대하여 강관틀과 강관틀과의 사이에 교차가새를 설치할 것

88

다음은 비계를 조립하여 사용하는 경우 작업발판 설치에 관한 기준이다. ( )에 들어갈 내용으로 옳은 것은?

> 사업주는 비계(달비계, 달대비계 및 말비계는 제외한다)의 높이가 ( ) 이상인 작업장소에 다음 각 호의 기준에 맞는 작업발판을 설치하여야 한다.
> 1. 발판재료는 작업할 때의 하중을 견딜 수 있도록 견고한 것으로 할 것
> 2. 작업발판의 폭은 40센티미터 이상으로 하고, 발판재료 간의 틈은 3센티미터 이하로 할 것

① 1m
② 2m
③ 3m
④ 4m

> **비계높이 2m 이상 장소의 작업발판 설치기준**
> ① 발판재료는 작업할 때의 하중을 견딜 수 있도록 견고한 것으로 할 것
> ② 작업발판의 폭은 40센티미터 이상으로 하고, 발판재료 간의 틈은 3센티미터 이하로 할 것
> ③ 추락의 위험성이 있는 장소에는 안전난간을 설치할 것
> ④ 작업발판재료는 뒤집히거나 떨어지지 않도록 둘 이상의 지지물에 연결하거나 고정시킬 것

89

건설공사 유해위험방지계획서 제출 시 공통적으로 제출하여야 할 첨부서류가 아닌 것은?

① 공사 개요서
② 전체 공정표
③ 산업안전보건관리비 사용계획서
④ 가설도로계획서

> **첨부서류(공사 개요 및 안전보건관리계획)**
> ① 공사 개요서
> ② 공사현장의 주변 현황 및 주변과의 관계를 나타내는 도면(매설물 현황 포함)
> ③ 전체 공정표
> ④ 산업안전보건관리비 사용계획서
> ⑤ 안전관리 조직표
> ⑥ 재해 발생 위험 시 연락 및 대피방법

90

리프트(Lift)의 방호장치에 해당하지 않는 것은?

① 권과방지장치
② 비상정지장치
③ 과부하방지장치
④ 자동경보장치

> **리프트의 방호장치**
> ① 과부하방지장치
> ② 권과방지장치
> ③ 비상정지장치 및 제동장치

정답 87 ④ 88 ② 89 ④ 90 ④

91

흙막이 지보공을 설치하였을 때 붕괴 등의 위험방지를 위하여 정기적으로 점검하고, 이상 발견 시 즉시 보수하여야 하는 사항이 아닌 것은?

① 침하의 정도
② 버팀대의 긴압의 정도
③ 지형·지질 및 지층 상태
④ 부재의 손상·변형·변위 및 탈락의 유무와 상태

> **흙막이 지보공 설치 시 점검사항**
> ① 부재의 손상·변형·부식·변위 및 탈락의 유무와 상태
> ② 버팀대의 긴압의 정도
> ③ 침하의 정도
> ④ 부재의 접속부·부착부 및 교차부의 상태

92

다음 중 아세틸렌을 용해가스로 만들 때 사용되는 용제로 가장 적합한 것은?

① 아세톤
② 메탄
③ 부탄
④ 프로판

> **아세틸렌가스의 성질**
> ① 탄소와 수소의 화합물로 불안정한 가스이며, 공기보다 가볍다.
> ② 석유(2배), 아세톤(25배) 등에 잘 용해된다.

tip
아세틸렌가스는 압축하면 폭발하는 성질이 있어 용해가 잘되는 아세톤에 용해시켜 보관한다.

93 ★빈출

강관을 사용하여 비계를 구성하는 경우의 준수사항으로 옳지 않은 것은?

① 비계기둥의 간격은 띠장 방향에서는 1.85m 이하로 할 것
② 비계기둥의 간격은 장선(長線) 방향에서는 1.0m 이하로 할 것
③ 띠장 간격은 2.0m 이하로 할 것
④ 비계기둥 간의 적재하중은 400kg을 초과하지 않도록 할 것

> **강관(단관)비계의 구조**
>
> | 구분 | | 내용(준수사항) |
> | --- | --- | --- |
> | 비계기둥 | 띠장방향 | 1.85m 이하 |
> | | 장선방향 | 1.5m 이하 |
> | 띠장 간격 | | 2.0m 이하로 설치할 것 |
> | 벽 연결 | | 수직으로 5m, 수평으로 5m 이내마다 연결 |
> | 높이 제한 | | 비계기둥의 제일 윗부분부터 31미터되는 지점 밑부분의 비계기둥은 2개의 강관으로 묶어세울 것 |
> | 가새 | | 기둥간격 10m마다 45°각도. 처마방향 가새 |
> | 적재 하중 | | 비계 기둥간 적재 하중은 400kg을 초과하지 않도록 할 것 |

94

산업안전보건법령에 따른 크레인을 사용하여 작업을 하는 때 작업시작 전 점검사항에 해당되지 않는 것은?

① 권과방지장치·브레이크·클러치 및 운전장치의 기능
② 주행로의 상측 및 트롤리(trolley)가 횡행하는 레일의 상태
③ 원동기 및 풀리(pulley) 기능의 이상 유무
④ 와이어로프가 통하고 있는 곳의 상태

> **크레인을 사용하는 경우 작업시작 전 점검사항**
> ① 권과방지장치·브레이크·클러치 및 운전장치의 기능
> ② 주행로의 상측 및 트롤리가 횡행하는 레일의 상태
> ③ 와이어로프가 통하고 있는 곳의 상태

95

철근콘크리트 현장타설공법과 비교한 PC(precast concrete) 공법의 장점으로 볼 수 없는 것은?

① 기후의 영향을 받지 않아 동절기 시공이 가능하고, 공기를 단축할 수 있다.
② 현장작업이 감소되고, 생산성이 향상되어 인력절감이 가능하다.
③ 공사비가 매우 저렴하다.
④ 공장 제작이므로 콘크리트 양생 시 최적조건에 의한 양질의 제품생산이 가능하다.

> PC공법의 경우 날씨의 영향을 받지 않고 진행할 수 있어 공기를 단축하고, 필요한 인원을 줄일 수 있는 등 비용을 절감할 수 있는 부분도 있지만, 공사의 성격과 특성에 따라 다를 수 있어 매우 저렴하다고 볼 수는 없다.

정답 91 ③ 92 ① 93 ② 94 ③ 95 ③

96
다음은 산업안전보건법령에 따른 승강설비의 설치에 관한 내용이다. ( )에 들어갈 내용으로 옳은 것은?

> 사업주는 높이 또는 깊이가 ( )를 초과하는 장소에서 작업하는 경우 해당 작업에 종사하는 근로자가 안전하게 승강하기 위한 건설작업용 리프트 등의 설비를 설치하여야 한다. 다만, 승강설비를 설치하는 것이 작업의 성질상 곤란한 경우에는 그러하지 아니하다.

① 2m   ② 3m
③ 4m   ④ 5m

> **높이가 2m 이상인 장소에서의 위험방지 조치사항**
> ① 추락방지조치
>   ㉠ 비계조립에 의한 작업발판 설치
>   ㉡ 추락방호망 설치
>   ㉢ 안전대 착용 등
> ② 악천후 시 작업금지 : 비, 눈 등으로 기상상태 악화 시 작업중지
> ③ 조명의 유지 : 당해 작업을 안전하게 수행하는 데 필요한 조명 유지
> ④ 승강설비(건설용 리프트 등) 설치 : 높이 또는 깊이가 2m를 초과하는 장소에서의 안전한 작업을 위한 승강설비 설치

97 ★빈출
콘크리트를 타설할 때 거푸집에 작용하는 콘크리트 측압에 영향을 미치는 요인과 가장 거리가 먼 것은?

① 콘크리트 타설 속도   ② 콘크리트 타설 높이
③ 콘크리트의 강도   ④ 기온

> **측압이 커지는 조건(측압의 영향요소)**
> ① 거푸집 수평단면이 클수록   ② 콘크리트 슬럼프치가 클수록
> ③ 거푸집의 강성이 클수록   ④ 철골, 철근량이 적을수록
> ⑤ 콘크리트 시공연도가 좋을수록   ⑥ 외기의 온도가 낮을수록
> ⑦ 타설 속도가 빠를수록   ⑧ 다짐이 충분할수록 등

98
작업발판 및 통로의 끝이나 개구부로서 근로자가 추락할 위험이 있는 장소에서의 방호조치로 옳지 않은 것은?

① 안전난간 설치   ② 와이어로프 설치
③ 울타리 설치   ④ 수직형 추락방망 설치

> **개구부 등의 방호조치**
> ① 안전난간, 울타리, 수직형 추락방망 또는 덮개 등의 방호조치를 충분한 강도를 가진 구조로 튼튼하게 설치하고, 덮개 설치 시 뒤집히거나 떨어지지 않도록 설치
> ② 안전난간 등의 설치가 매우 곤란하거나 작업의 필요상 임시로 난간 등을 해체하는 경우 추락방호망 설치(추락방호망 설치가 곤란한 경우 안전대 착용 등의 추락위험 방지조치)

99
건설업의 산업안전보건관리비 사용기준에 해당되지 않는 것은?

① 안전시설비
② 안전관리자·보건관리자의 임금
③ 기계기구의 운송비
④ 안전보건교육비

> **산업안전보건관리비의 사용기준**
> ① 안전관리자·보건관리자의 임금 등
> ② 안전시설비 등
> ③ 보호구 등
> ④ 안전보건진단비 등
> ⑤ 안전보건교육비 등
> ⑥ 근로자 건강장해예방비 등
> ⑦ 건설재해예방전문지도기관의 지도에 대한 대가로 지급하는 비용 등

100
항타기 및 항발기를 조립하는 경우 점검하여야 할 사항이 아닌 것은?

① 과부하장치 및 제동장치의 이상 유무
② 권상장치의 브레이크 및 쐐기장치 기능의 이상 유무
③ 본체 연결부의 풀림 또는 손상의 유무
④ 권상기의 설치상태의 이상 유무

> **항타기 항발기 조립·해체 시 점검사항**
> ① 본체 연결부의 풀림 또는 손상의 유무
> ② 권상용 와이어로프·드럼 및 도르래의 부착상태의 이상 유무
> ③ 권상장치의 브레이크 및 쐐기장치 기능의 이상 유무
> ④ 권상기의 설치상태의 이상 유무
> ⑤ 리더(leader)의 버팀 방법 및 고정상태의 이상 유무
> ⑥ 본체·부속장치 및 부속품의 강도가 적합한지 여부
> ⑦ 본체·부속장치 및 부속품에 심한 손상·마모·변형 또는 부식이 있는지 여부

정답 96 ① 97 ③ 98 ② 99 ③ 100 ①

2021년 3월 2일~3월 12일 | CBT 기출복원문제

1과목 산업재해 예방 및 안전보건교육

01
다음 중 맥그리거(Douglas McGregor)의 X이론과 Y이론에 관한 관리 처방으로 가장 적절한 것은?

① 목표에 의한 관리는 Y이론의 관리 처방에 해당된다.
② 직무의 확장은 X이론의 관리 처방에 해당된다.
③ 상부책임제도의 강화는 Y이론의 관리 처방에 해당된다.
④ 분권화 및 권한의 위임은 X이론의 관리 처방에 해당된다.

> **맥그리거의 X이론과 Y이론**
> ① 직무의 확장은 Y이론의 관리 처방에 해당된다.
> ② 상부책임제도의 강화는 X이론의 관리 처방에 해당된다.
> ③ 분권화 및 권한의 위임은 Y이론의 관리 처방에 해당된다.

02 ★빈출
헤드십(headship)의 특성에 관한 설명으로 틀린 것은?

① 상사와 부하의 사회적 간격은 넓다.
② 지휘형태는 권위주의적이다.
③ 상사와 부하의 관계는 지배적이다.
④ 상사의 권한 근거는 비공식적이다.

> **헤드십과 리더십의 구분**
>
> | 구분 | 권한부여 및 행사 | 권한 근거 | 상관과 부하와의 관계 및 책임귀속 | 부하와의 사회적 간격 | 지휘 형태 |
> |------|------------------|-----------|-------------------------------|---------------------|-----------|
> | 헤드십 | 위에서 위임하여 임명. 임명된 헤드 | 법적 또는 공식적 | 지배적 상사 | 넓다 | 권위 주의적 |
> | 리더십 | 아래로부터의 동의에 의한 선출. 선출된 리더 | 개인 능력 | 개인적인 영향 상사와 부하 | 좁다 | 민주 주의적 |

03 ★빈출
산업안전보건법령상 안전보건교육에서 근로자 정기교육의 내용에 해당하지 않는 것은?

① 건강증진 및 질병 예방에 관한 사항
② 위험성 평가에 관한 사항
③ 유해·위험 작업환경 관리에 관한 사항
④ 작업공정의 유해·위험과 재해 예방대책에 관한 사항

> **근로자 정기교육 내용**
> ① 건강증진 및 질병 예방에 관한 사항
> ② 유해·위험 작업환경 관리에 관한 사항
> ③ 산업안전 및 산업재해 예방에 관한 사항(화재·폭발 사고 발생 시 대피에 관한 사항을 포함)
> ④ 산업보건 및 건강장해 예방에 관한 사항(폭염·한파작업으로 인한 건강장해 발생 시 응급조치에 관한 사항을 포함)
> ⑤ 직무스트레스 예방 및 관리에 관한 사항
> ⑥ 산업안전보건법령 및 산업재해보상보험 제도에 관한 사항
> ⑦ 직장내 괴롭힘, 고객의 폭언 등으로 인한 건강장해 예방 및 관리에 관한 사항
> ⑧ 위험성 평가에 관한 사항

tip
2025년 법령개정. 문제와 해설은 개정된 내용 적용

정답 01 ① 02 ④ 03 ④

04 ⭐

산업안전보건법령상 근로자 안전 보건교육의 교육시간에 관한 설명으로 틀린 것은?

① 판매 업무에 직접 종사하는 근로자의 정기교육은 매반기 6시간 이상이다.
② 일용근로자 및 근로계약기간이 1주일 이하인 기간제근로자의 작업내용 변경 시 교육은 2시간 이상이다.
③ 건설일용근로자의 건설업 기초 안전·보건교육은 4시간 이상이다.
④ 근로계약기간이 1주일 초과 1개월 이하인 기간제근로자의 채용 시 교육은 4시간 이상이다.

근로자 안전보건 교육 시간(특별교육은 생략)

교육과정	교육대상		교육시간
가. 정기교육	사무직 종사 근로자		매반기 6시간 이상
	그 밖의 근로자	판매업무에 직접 종사하는 근로자	매반기 6시간 이상
		판매업무에 직접 종사하는 근로자 외의 근로자	매반기 12시간 이상
나. 채용 시 교육	일용근로자 및 근로계약기간이 1주일 이하인 기간제근로자		1시간 이상
	근로계약기간이 1주일 초과 1개월 이하인 기간제근로자		4시간 이상
	그 밖의 근로자		8시간 이상
다. 작업내용 변경 시 교육	일용근로자 및 근로계약기간이 1주일 이하인 기간제근로자		1시간 이상
	그 밖의 근로자		2시간 이상
마. 건설업 기초 안전·보건교육	건설 일용근로자		4시간 이상

tip
2023년 법령개정. 문제와 해설은 개정된 내용 적용

05

무재해운동 추진의 3요소에 관한 설명이 아닌 것은?

① 모든 재해는 잠재요인을 사전에 발견·파악·해결함으로써 근원적으로 산업재해를 없애야 한다.
② 안전보건은 최고경영자의 무재해 및 무질병에 대한 확고한 경영자세로 시작된다.
③ 안전보건을 추진하는 데에는 관리감독자들의 생산활동 속에 안전보건을 실천하는 것이 중요하다.
④ 안전보건은 각자 자신의 문제이며, 동시에 동료의 문제로서 직장의 팀 멤버와 협동 노력하여 자주적으로 추진하는 것이 필요하다.

무재해 운동의 3요소(기둥)
① 최고경영자의 경영자세
② 관리감독자의 안전보건의 추진(라인화의 철저)
③ 직장 소집단의 자율활동의 활성화

06

인간관계 관리기법에 있어 구성원 상호 간의 선호도를 기초로 집단 내부의 동태적 상호관계를 분석하는 방법으로 가장 적절한 것은?

① 소시오메트리(sociometry)
② 그리드 훈련(grid training)
③ 집단역학(group dynamic)
④ 감수성 훈련(sensitivity training)

소시오메트리
사회 측정법으로 집단에 있어 각 구성원 사이의 견인과 배척관계를 조사하여 어떤 개인의 집단 내에서의 관계나 위치를 발견하고 평가하는 방법(집단의 인간관계를 조사하는 방법)

07

암실에서 정지된 소광점을 응시하면 광점이 움직이는 것 같이 보이는 현상을 운동의 착각현상 중 '자동운동'이라 한다. 다음 중 자동운동이 생기기 쉬운 조건에 해당되지 않는 것은?

① 광점이 작은 것
② 대상이 단순한 것
③ 광의 강도가 큰 것
④ 시야의 다른 부분이 어두운 것

자동운동
① 암실 내에 정지된 작은 광점이나 밤하늘의 별들을 응시하면 움직이는 것처럼 보이는 현상
② 발생하기 쉬운 조건
  ㉠ 광점이 작을수록
  ㉡ 시야의 다른 부분이 어두울수록
  ㉢ 광의 강도가 작을수록
  ㉣ 대상이 단순할수록

tip
착각현상의 종류에는 자동운동, 유도운동, 가현운동이 있다.

정답 04 ② 05 ① 06 ① 07 ③

08 ⭐

크레인, 리프트 및 곤돌라는 사업장에 설치가 끝난 날부터 몇 년 이내에 최초의 안전검사를 실시해야 하는가?

① 1년 ② 2년
③ 3년 ④ 4년

안전검사의 주기	
크레인, 리프트 및 곤돌라	사업장에 설치가 끝난 날부터 3년 이내에 최초 안전검사를 실시하되, 그 이후부터 매 2년마다(건설현장에서 사용하는 것은 최초로 설치한 날부터 매 6개월마다)
그 밖의 유해·위험기계 등	사업장에 설치가 끝난 날부터 3년 이내에 최초 안전검사를 실시하되, 그 이후부터 매 2년마다(공정안전보고서를 제출하여 확인을 받은 압력용기는 4년마다)

09 ⭐

다음 중 산업안전보건법령상 안전인증 대상 기계 및 설비에 해당하지 않는 것은?

① 컨베이어 ② 압력용기
③ 롤러기   ④ 고소(高所) 작업대

안전인증 대상 위험기계·기구		
① 프레스	② 전단기 및 절곡기	③ 크레인
④ 리프트	⑤ 압력용기	⑥ 롤러기
⑦ 사출성형기	⑧ 고소 작업대	⑨ 곤돌라

tip
컨베이어는 자율안전확인 대상 기계 및 설비에 해당되는 내용

10

다음 중 안전모의 성능시험에 있어서 AE, ABE종에만 한하여 실시하는 시험은?

① 내관통성시험, 충격흡수성시험
② 난연성시험, 내수성시험
③ 내관통성시험, 내전압성시험
④ 내전압성시험, 내수성시험

안전모의 성능기준	
항목	시험성능기준
내관통성	AE, ABE종 안전모는 관통거리가 9.5mm 이하이고, AB종 안전모는 관통거리가 11.1mm 이하이어야 한다.
충격흡수성	최고전달충격력이 4,450N을 초과해서는 안되며, 모체와 착장체의 기능이 상실되지 않아야 한다.
내전압성	AE, ABE종 안전모는 교류 20kW에서 1분간 절연파괴 없이 견뎌야 하고, 이때 누설되는 충전전류는 10mA 이하이어야 한다.
내수성	AE, ABE종 안전모는 질량증가율이 1% 미만이어야 한다.
난연성	모체가 불꽃을 내며 5초 이상 연소되지 않아야 한다.
턱끈풀림	150N 이상 250N 이하에서 턱끈이 풀려야 한다.

11

다음 중 산소결핍이 예상되는 맨홀 내에서 작업을 실시할 때 사고 방지 대책으로 적절하지 않은 것은?

① 작업 시작 전 및 작업 중 충분한 환기 실시
② 작업 장소의 입장 및 퇴장 시 인원점검
③ 방독마스크의 보급과 착용 철저
④ 작업장과 외부와의 상시 연락을 위한 설비 설치

보호구의 사용기준
① 방독마스크의 사용제한 : 산소농도가 18% 이상인 장소에서 사용하여야 하고, 고농도와 중농도에서 사용하는 방독마스크는 전면형(격리식, 직결식)을 사용해야 한다.
② 산소결핍장소에서는 송기마스크 및 호흡용 보호구를 착용해야한다.

정답 08 ③ 09 ① 10 ④ 11 ③

12

다음의 재해사례에서 기인물에 해당하는 것은?

> 기계작업에 배치된 작업자가 반장의 지시를 받기 전에 정지된 선반을 운전시키면서 변속치차의 덮개를 벗겨 내고 치차를 저속으로 운전하면서 급유하려고 할 때 오른손이 변속치차에 맞물려 손가락이 절단되었다.

① 덮개
② 급유
③ 변속치차
④ 선반

기인물과 가해물
① 기인물 : 재해발생의 주원인이며 재해를 가져오게 한 근원이 되는 기계, 장치, 물(物) 또는 환경 등(불안전상태)
② 가해물 : 직접 사람에게 접촉하여 피해를 주는 기계, 장치, 물(物) 또는 환경 등

13 ★빈출

OFF.J.T(off the job Training) 교육방법의 장점으로 옳은 것은?

① 개개인에게 적절한 지도훈련이 가능하다.
② 훈련에 필요한 업무의 계속성이 끊어지지 않는다.
③ 다수의 대상자를 일괄적, 조직적으로 교육할 수 있다.
④ 효과가 곧 업무에 나타나며, 훈련의 좋고 나쁨에 따라 개선이 용이하다.

Off. J. T의 특징
① 한번에 다수의 대상자를 일괄적, 조직적으로 교육할 수 있다.
② 전문분야의 우수한 강사진을 초빙할 수 있다.
③ 교육기자재 및 특별교재 또는 시설을 유효하게 활용할 수 있다.
④ 다른 분야 및 타 직장의 사람들과 지식이나 경험의 교환이 가능하다.
⑤ 업무와 분리되어 면학에 전념하는 것이 가능하다.

14

버드(Bird)의 재해발생이론에 따를 경우 15건의 경상(물적 또는 인적 상황)사고가 발생하였다면 무상해, 무사고(위험순간)는 몇 건이 발생하겠는가?

① 300
② 450
③ 600
④ 900

재해발생에 관한 이론
① 버드의 법칙
1[중상 또는 폐질] : 10[경상(물적, 인적상해)] : 30[무상해 사고(물적손실)] : 600[무상해, 무사고 고장(위험순간)]
② 무상해, 무사고(위험순간) = $\frac{15}{10} \times 600 = 900$

15

안전교육 중 제2단계로 시행되며 같은 것을 반복하여 개인의 시행착오에 의해서만 점차 그 사람에게 형성되는 교육은?

① 안전기술의 교육
② 안전지식의 교육
③ 안전기능의 교육
④ 안전태도의 교육

기능교육

특징	① 시범, 견학, 현장실습 통한 경험체득과 이해(표준작업방법사용) ② 작업능력 및 기술능력 부여 ③ 작업동작의 표준화 ④ 교육기간의 장기화 ⑤ 다수인원 교육 곤란
기능교육의 3원칙	① 준비 ② 위험작업의 규제 ③ 안전작업의 표준화

16

다음 중 하인리히 방식의 재해코스트 산정에 있어 직접비에 해당되지 않는 것은?

① 간병급여
② 생산손실급여
③ 직업재활급여
④ 상병(傷病)보상연금

직접비와 간접비

직접비 (법적으로 지급되는 산재보상비)	간접비 (직접비 제외한 모든 비용)
요양급여, 휴업급여, 장해급여, 간병급여, 유족급여, 직업재활급여, 장례비 등	인적손실, 물적손실, 생산손실, 임금손실, 시간손실, 신규채용비용, 기타손실 등

정답 12 ④ 13 ③ 14 ④ 15 ③ 16 ②

17
안전표지의 종류와 분류가 올바르게 연결된 것은?

① 금연 - 금지표지
② 낙하물 경고 - 지시표지
③ 안전모 착용 - 안내표지
④ 세안장치 - 경고표지

금지표지의 종류
① 출입금지 ② 보행금지 ③ 차량통행금지 ④ 사용금지
⑤ 탑승금지 ⑥ 금연 ⑦ 화기금지 ⑧ 물체이동금지

tip
① 낙하물 경고 - 경고표지 ② 안전모 착용 - 지시표지
③ 세안장치 - 안내표지

18
500명의 근로자가 근무하는 사업장에서 연간 30건의 재해가 발생하여 35명의 재해자로 인해 250일의 근로손실이 발생한 경우 이 사업장의 재해 통계에 관한 설명으로 틀린 것은?

① 이 사업장의 도수율은 약 25이다.
② 이 사업장의 강도율은 약 0.21이다.
③ 이 사업장의 연천인율은 7이다.
④ 근로시간이 명시되지 않을 경우에는 연간 1인당 2,400시간을 적용한다.

$$연천인율 = \frac{연간재해자수}{연평균근로자수} \times 1,000 = \frac{35}{500} \times 1,000 = 70$$

19
경보기가 울려도 기차가 오기까지 아직 시간이 있다고 판단하여 건널목을 건너다가 사고를 당했다. 다음 중 이 재해자의 행동성향으로 옳은 것은?

① 착오 · 착각
② 무의식 행동
③ 억측판단
④ 지름길 반응

억측판단은 자기멋대로 하는 주관적인 판단을 말하는 것으로 불안전한 행동의 배후요인에 해당된다.

20
산업안전보건법상 중대재해에 해당하지 않는 것은?

① 사망자가 2명 발생한 재해
② 6개월 요양을 요하는 부상자가 동시에 4명 발생한 재해
③ 부상자 또는 직업성 질병자가 동시에 12명 발생한 재해
④ 3개월 요양을 요하는 부상자가 1명, 2개월 요양을 요하는 부상자가 4명 발생한 재해

중대재해
① 사망자가 1명 이상 발생한 재해
② 3개월 이상의 요양이 필요한 부상자가 동시에 2명 이상 발생한 재해
③ 부상자 또는 직업성 질병자가 동시에 10명 이상 발생한 재해

2과목　인간공학 및 위험성 평가 · 관리

21
다음 중 화학설비의 안정성 평가에서 정량적 평가의 항목에 해당되지 않는 것은?

① 조작
② 취급물질
③ 훈련
④ 설비용량

화학설비의 안정성 평가에서 정량적 평가 항목
① 각 구성요소의 물질 ② 화학설비의 용량 ③ 온도 ④ 압력 ⑤ 조작

22
다음 중 의자 설계의 일반 원리로 가장 적합하지 않은 것은?

① 디스크 압력을 줄인다.
② 등근육의 정적 부하를 줄인다.
③ 자세고정을 줄인다.
④ 요부측만을 촉진한다.

의자 설계 시 고려해야 할 사항
① 등받이의 굴곡은 요추의 굴곡(전만곡)과 일치해야 한다.
② 좌면의 높이는 사람의 신장에 따라 조절 가능해야 한다.
③ 정적인 부하와 고정된 작업자세를 피해야 한다.
④ 의자의 높이는 오금의 높이보다 같거나 낮아야 한다.

정답 17① 18③ 19③ 20④ 21③ 22④

23

다음 설명은 어떤 설계 응용 원칙을 적용한 사례인가?

> 제어 버튼의 설계에서 조작자와의 거리를 여성의 5백분 위수를 이용하여 설계하였다.

① 극단적 설계원칙 ② 가변적 설계원칙
③ 평균적 설계원칙 ④ 양립적 설계원칙

극단적인 사람을 위한 설계(극단치 설계)
인체 측정 특성의 극단에 속하는 사람을 대상으로 설계하면 거의 모든 사람을 수용할 수 있다는 인체계측자료의 응용원칙에 해당되는 내용

24

다음 중 결함수분석법(FTA)에서의 미니멀 컷셋과 미니멀 패스셋에 관한 설명으로 옳은 것은?

① 미니멀 컷셋은 정상사상(top event)을 일으키기 위한 최소한의 컷셋이다.
② 미니멀 컷셋은 시스템의 신뢰성을 표시하는 것이다.
③ 미니멀 패스셋은 시스템의 위험성을 표시하는 것이다.
④ 미니멀 패스셋은 시스템의 고장을 발생시키는 최소의 패스셋이다.

미니멀 컷셋과 미니멀 패스셋
① 정상사상을 발생시키는 기본사상의 집합으로 그 안에 포함되는 모든 기본사상이 발생할 때 정상사상을 발생시킬 수 있는 기본사상의 집합을 컷셋이라 하며, 컷셋의 집합 중에서 정상사상을 일으키기 위하여 필요한 최소한의 컷셋을 미니멀 컷셋이라 한다.(시스템의 위험성 또는 안전성을 나타냄)
② 미니멀 컷셋은 시스템의 기능을 마비시키는 사고요인의 최소집합이다.
③ 그 안에 포함되는 모든 기본사상이 일어나지 않을 때 처음으로 정상사상이 일어나지 않는 기본사상의 집합인 패스셋에서 필요 최소한의 것을 미니멀 패스셋이라 한다(시스템의 신뢰성을 나타냄)
④ 패스셋은 정상사상이 발생하지 않는 즉, 시스템이 고장나지 않는 사상의 집합이다.

25

다음의 FT도에서 정상 사상 T의 발생확률은 얼마인가? (단, X1, X2, X3의 발생확률은 모두 0.1이다.)

① 0.0019
② 0.01
③ 0.019
④ 0.0361

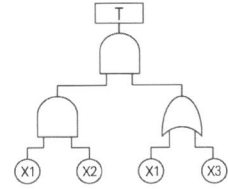

발생확률
① FT도에서 최소컷셋을 구하면,

$$T \to \begin{pmatrix} X1 \ X2 \\ X1 \ X2 \ X3 \end{pmatrix} \to (X1 \ X2)$$

② T의 발생확률
$T = (0.1 \times 0.1) = 0.01$

26

다음 중 아날로그 표시장치를 선택하는 일반적인 요구사항으로 틀린 것은?

① 일반적으로 동침형보다 동목형을 선호한다.
② 일반적으로 동침과 동목은 혼용하여 사용하지 않는다.
③ 움직이는 요소에 대한 수동 조절을 설계할 때는 바늘(pointer)을 조정하는 것이 눈금을 조정하는 것보다 좋다.
④ 중요한 미세한 움직임이나 변화에 대한 정보를 표시할 때는 동침형을 사용한다.

아날로그 표시장치

정목동침형 (지침이동형)	정량적인 눈금이 정성적으로 사용되어 원하는 값으로부터의 대략적인 편차나, 고도를 읽을 때 그 변화방향과 율등을 알고자 할 때
정침동목형 (지침고정형)	나타내고자 하는 값의 범위가 클 때, 비교적 작은 눈금판에 모두 나타내고자 할 때

정답 23 ① 24 ① 25 ② 26 ①

27

FTA에 사용되는 논리게이트 중 조건부 사건이 발생하는 상황 하에서 입력현상이 발생할 때 출력현상이 발생하는 것은?

① 억제 게이트
② AND 게이트
③ 배타적 OR 게이트
④ 우선적 AND 게이트

> **억제 게이트**
> ① 억제게이트 : 수정기호를 병용해서 게이트 역할
> ② 입력사상이 수정기호안의 조건을 만족하면 출력사상이 생기고, 조건이 만족하지 않으면 출력은 생기지 않는다.

28

재해예방 측면에서 시스템의 FT에서 상부 측 정상사상의 가장 가까운 쪽에 OR게이트를 인터록이나 안전장치 등을 활용하여 AND 게이트로 바꿔주면 이 시스템의 재해율에는 어떠한 현상이 나타나겠는가?

① 재해율에는 변화가 없다.
② 재해율의 급격한 증가가 발생한다.
③ 재해율의 급격한 감소가 발생한다.
④ 재해율의 점진적인 증가가 발생한다.

> AND게이트는 모든 입력사상이 공존할 때만이 출력사상이 발생하며, OR게이트는 입력사상 중 어느 것이나 존재할 때 출력사상이 발생하므로 재해율이 감소하는 효과를 볼 수 있다.

29 ★

시스템의 수명주기 중 PHA기법이 최초로 사용되는 단계는?

① 구상단계
② 정의단계
③ 개발단계
④ 생산단계

> **PHA(예비 위험 분석)**
> 시스템 안전 프로그램에 있어서 최초단계(구상단계)의 분석으로, 시스템 내의 위험한 요소가 얼마나 위험한 상태에 있는 가를 정성적으로 평가하는 방법

30

산업안전보건 법령상 유해·위험방지계획서의 심사 결과에 따른 구분·판정에 해당하지 않는 것은?

① 적정
② 일부 적정
③ 부적정
④ 조건부 적정

> **심사결과 구분**
> ① 적정 : 근로자의 안전과 보건을 위하여 필요한 조치가 구체적으로 확보되었다고 인정되는 경우
> ② 조건부 적정 : 근로자의 안전과 보건을 확보하기 위하여 일부 개선이 필요하다고 인정되는 경우
> ③ 부적정 : 기계·설비 또는 건설물이 심사기준에 위반되어 공사착공 시 중대한 위험발생의 우려가 있거나 계획에 근본적 결함이 있다고 인정되는 경우

31

다음 중 동작경제의 원칙에 있어 '신체 사용에 관한 원칙'에 해당하지 않는 것은?

① 두 손의 동작은 동시에 시작해서 동시에 끝나야 한다.
② 손의 동작은 유연하고 연속적인 동작이어야 한다.
③ 공구, 재료 및 제어장치는 사용하기 가까운 곳에 배치해야 한다.
④ 동작이 급작스럽게 크게 바뀌는 직선 동작은 피해야 한다.

> 공구, 재료 및 제어장치는 사용하기 가까운 곳에 배치해야 하는 것은 '작업장 배치에 관한 법칙'에 해당된다.

정답 27 ① 28 ③ 29 ① 30 ② 31 ③

32

다음 중 정보를 전송하기 위해 청각적 표시장치보다 시각적 표시장치를 사용하는 것이 더 효과적인 경우는?

① 정보의 내용이 간단한 경우
② 정보가 후에 재참조되는 경우
③ 정보가 즉각적인 행동을 요구하는 경우
④ 정보의 내용이 시간적인 사건을 다루는 경우

청각장치와 시각장치의 비교	
청각장치 사용	시각장치 사용
① 전언이 간단하다.	① 전언이 복잡하다.
② 전언이 짧다.	② 전언이 길다.
③ 전언이 후에 재참조되지 않는다.	③ 전언이 후에 재참조된다.
④ 전언이 시간적 사상을 다룬다.	④ 전언이 공간적인 위치를 다룬다.
⑤ 전언이 즉각적인 행동을 요구한다(긴급할 때)	⑤ 전언이 즉각적인 행동을 요구하지 않는다.

33

국내 규정상 1일 노출회수가 100일 때 최대 음압수준이 몇 dB(A)를 초과하는 충격소음에 노출되어서는 아니 되는가?

① 110 ② 120
③ 130 ④ 140

충격소음작업
소음이 1초 이상의 간격으로 발생하는 작업으로서 다음에 해당하는 작업 ① 120데시벨을 초과하는 소음이 1일 1만회 이상 발생되는 작업 ② 130데시벨을 초과하는 소음이 1일 1천회 이상 발생되는 작업 ③ 140데시벨을 초과하는 소음이 1일 1백회 이상 발생되는 작업

34

안전·보건표지에서 경고표지는 삼각형, 안내표지는 사각형, 지시표지는 원형 등으로 부호가 고안되어 있다. 이처럼 부호가 이미 고안되어 이를 사용자가 배워야 하는 부호를 무엇이라 하는가?

① 묘사적 부호 ② 추상적 부호
③ 임의적 부호 ④ 사실적 부호

부호의 유형	
묘사적 부호	사물이나 행동을 단순하고 정확하게 묘사(위험표지판의 걷는사람, 해골과 뼈 등)
추상적 부호	전언의 기본요소를 도식적으로 압축한 부호(원개념과 약간의 유사성)
임의적 부호	이미 고안되어 있는 부호이므로 학습해야 하는 부호 (표지판의 삼각형 : 주의표지, 사각형 : 안내표지 등)

35

다음 중 인간 - 기계 시스템을 3가지로 분류한 설명으로 틀린 것은?

① 자동 시스템에서는 인간요소를 고려하여야 한다.
② 자동 시스템에서 인간은 감시, 정비유지, 프로그램 등의 작업을 담당한다.
③ 수동 시스템에서 기계는 동력원을 제공하고 인간의 통제 하에서 제품을 생산한다.
④ 기계 시스템에서는 동력기계화 체계와 고도로 통합된 부품으로 구성된다.

인간 - 기계 시스템의 유형	
수동 시스템	인간의 신체적인 힘을 동력원으로 사용하여 작업통제(동력원 및 제어 : 인간, 수공구나 기타 보조물로 구성) : 다양성 있는 체계로 능력을 최대한 활용하는 시스템
기계 시스템	① 반자동시스템, 변화가 적은 기능들을 수행하도록 설계(고도로 통합된 부품들로 구성되며 융통성이 없는 체계) ② 동력은 기계가 제공, 조정장치를 사용한 통제는 인간이 담당
자동 시스템	① 감지, 정보처리 및 의사결정 행동을 포함한 모든 임무 수행(완전하게 프로그램 되어야 함) ② 대부분 폐회로 체계이며, 신뢰성이 완전하지 못하여 감시, 프로그램 작성 및 수정 정비유지 등은 인간이 담당

36

다음 중 작동 중인 전자레인지의 문을 열면 작동이 자동으로 멈추는 기능과 가장 관련이 깊은 오류 방지 기능은?

① lock-in ② lock-out
③ inter-lock ④ shift-lock

인터록(Interlock) 장치
기계식, 전기식, 유공압식 또는 이들의 조합으로 2개 이상의 부분이 상호 구속되는 형태

정답 32 ② 33 ④ 34 ③ 35 ③ 36 ③

37

란돌트(Landolt) 고리에 있는 1.5[mm]의 틈을 5[m]의 거리에서 겨우 구분할 수 있는 사람의 최소분간시력은 약 얼마인가?

① 0.1
② 0.3
③ 0.7
④ 1.0

최소분간시력(간격해상력)
① 시각 = $L/D(\text{rad}) = L \times 57.3 \times 60/D$(분)
$= \dfrac{1.5 \times 57.3 \times 60}{5000} = 1.0314$
② 시력 = 1/시각 = 1/1.0314 = 0.9 ≒ 1.0

38

다음 중 적정온도에서 추운 환경으로 바뀔 때의 현상으로 틀린 것은?

① 피부 온도는 내려간다.
② 직장 온도가 약간 올라간다.
③ 몸이 떨리고 소름이 돋는다.
④ 피부를 경유하는 혈액 순환량이 증가한다.

온도변화에 대한 신체의 조절작용

적정온도에서 고온환경으로 변화	① 많은 양의 혈액이 피부를 경유하여 온도 상승 ② 직장 온도가 내려간다. ③ 발한이 시작된다.
적정온도에서 한랭환경으로 변화	① 피부를 경유하는 혈액의 순환량이 감소하고 많은 양의 혈액이 몸의 중심부를 순환 ② 피부 온도는 내려간다. ③ 직장 온도가 약간 올라간다. ④ 소름이 돋고 몸이 떨리는 오한을 느낀다.

39

다음 중 광원의 밝기에 비례하고, 거리의 제곱에 반비례하며, 반사체의 반사율과는 상관없이 일정한 값을 갖는 것은?

① 광도
② 휘도
③ 조도
④ 휘광

조도
① 물체의 표면에 도달하는 빛의 밀도(표면밝기의 정도)로 단위는 lux(meter candle)를 사용하며, 거리가 멀수록 역자승 법칙에 의해 감소한다.
② 조도는 거리의 제곱에 반비례하고 광도에 비례한다.

$$\text{조도} = \dfrac{\text{광도}}{(\text{거리})^2}$$

40

정보가 촉각적 암호화 방법으로만 구성된 것은?

① 점자, 진동, 온도
② 초인종, 점멸등, 점자
③ 신호등, 정보음, 점멸등
④ 연기, 온도, 모스(Morse)부호

촉각적 암호화
① 피부에는 압력을 수용하거나, 고통, 온도변화에 반응하는 감각 계통이 있어 만짐, 접촉, 간지럼, 누름 등을 느낄 수 있다.(기계적 진동이나 전기적 자극을 이용)
② 표면 촉감을 이용한 조정장치에는 매끄러운면, 세로홈(flute), 깔쭉면(knurl) 등이 있다.

3과목 기계·기구 및 설비 안전 관리

41

다음 중 설비의 내부에 균열 결함을 확인할 수 있는 가장 적절한 검사방법은?

① 육안검사
② 초음파탐상검사
③ 피로검사
④ 액체침투탐상검사

초음파검사(U.T)의 원리
높은 주파수의 음파, 즉 초음파의 펄스(pulse)를 탐촉자로부터 시험체에 투입시켜 내부 결함을 반사에 의해 탐촉자에 수신되는 현상을 이용하여, 결함의 소재나 결함의 위치 및 크기를 비파괴적으로 알아내는 방법

정답 37 ④ 38 ④ 39 ③ 40 ① 41 ②

42

산업안전보건법령상 비파괴검사를 해서 결함 유무를 확인하여야 하는 고속회전체의 기준으로 옳은 것은?

① 회전축의 중량이 100킬로그램을 초과하고 원주속도가 초당 120미터 이상인 고속회전체
② 회전축의 중량이 500킬로그램을 초과하고 원주속도가 초당 100미터 이상인 고속회전체
③ 회전축의 중량이 1톤을 초과하고 원주 속도가 초당 120미터 이상인 고속회전체
④ 회전축의 중량이 3톤을 초과하고 원주 속도가 초당 100미터 이상인 고속회전체

고속회전체의 위험방지	
고속회전체(원심분리기 등의 회전체로 원주속도가 매초당 25m 초과)의 회전시험 시 파괴로 인한 위험방지	전용의 견고한 시설물 내부 또는 견고한 장벽 등으로 격리된 장소에서 실시
고속회전체의 회전시험 시 미리 비파괴검사 실시하는 대상	회전축의 중량이 1톤 초과하고 원주속도가 매초당 120m 이상인 것

43 ★빈출

다음 중 산업안전보건법령상 승강기의 종류에 해당하지 않는 것은?

① 리프트
② 에스컬레이터
③ 승객용 엘리베이터
④ 소형화물용 엘리베이터

양중기의 종류
① 크레인[호이스트(hoist)를 포함]
② 이동식 크레인
③ 리프트[이삿짐운반용 리프트(적재하중이 0.1톤 이상인 것으로 한정)]
④ 곤돌라
⑤ 승강기[승객용 엘리베이터, 화물용 엘리베이터, 승객화물용 엘리베이터, 소형화물용 엘리베이터, 에스컬레이터]

44

크레인의 사용 중 하중이 정격을 초과하였을 때 자동적으로 상승이 정지되는 장치는?

① 해지장치
② 비상정지장치
③ 권과방지장치
④ 과부하방지장치

크레인의 방호장치

권과방지장치	와이어로프를 감아서 물건을 들어올리는 기계장치에서 로프가 너무 많이 과도하게 감기는 것을 방지하는 장치
과부하방지장치	정격하중 이상의 하중 부하시 자동으로 상승 정지되면서 경보음이나 경보등 발생
비상정지장치	돌발사태 발생시 안전유지 위한 전원차단 및 크레인 급정지시키는 장치
해지장치	훅 걸이용 와이어로프 등이 훅으로부터 벗겨지는 것을 방지하기 위한 장치

45

수공구 취급 시의 안전수칙으로 적절하지 않은 것은?

① 해머는 처음부터 힘을 주어 치지 않는다.
② 렌치는 올바르게 끼우고 몸 쪽으로 당기지 않는다.
③ 줄의 눈이 막힌 것은 반드시 와이어브러시로 제거한다.
④ 정으로는 담금질 된 재료를 가공하여서는 안 된다.

스패너, 렌치는 바르게 끼워야하며, 몸쪽으로 당겨서 사용한다.

46

다음 중 산업안전보건법령상 안전인증대상 방호장치에 해당하지 않는 것은?

① 롤러기 급정지장치
② 압력용기 압력방출용 파열판
③ 압력용기 압력방출용 안전밸브
④ 방폭구조 전기기계·기구 및 부품

안전인증 대상 방호장치
① 프레스 및 전단기 방호장치
② 양중기용 과부하방지장치
③ 보일러 압력방출용 안전밸브
④ 압력용기 압력방출용 안전밸브
⑤ 압력용기 압력방출용 파열판
⑥ 절연용 방호구 및 활선작업용 기구
⑦ 방폭구조 전기기계·기구 및 부품
⑧ 추락·낙하 및 붕괴 등의 위험방호에 필요한 가설기자재로서 노동부장관이 정하여 고시하는 것
⑨ 충돌·협착등의 위험방지에 필요한 산업용 로봇 방호장치로서 고용노동부장관이 정하여 고시하는 것

47

다음 중 드릴링 작업에 있어서 공작물을 고정하는 방법으로 가장 적절하지 않은 것은?

① 작은 공작물은 바이스로 고정한다.
② 작고 길쭉한 공작물은 플라이어로 고정한다.
③ 대량 생산과 정밀도를 요구할 때는 지그로 고정한다.
④ 공작물이 크고 복잡할 때는 볼트와 고정구로 고정한다.

> **일감 고정 방법**
> ① 바이스 – 일감이 작을 때
> ② 볼트와 고정구 – 일감이 크고 복잡할 때
> ③ 지그(jig) – 대량생산과 정밀도를 요구할 때

48 ★빈출

다음 중 연삭기 작업 시 안전상의 유의사항으로 옳지 않은 것은?

① 연삭숫돌을 교체한 때에는 1분 이내로 시운전하고 이상 여부를 확인한다.
② 연삭숫돌의 최고사용 원주속도를 초과해서 사용하지 않는다.
③ 탁상용연삭기에는 작업받침대와 조정판을 설치한다.
④ 평면연삭기의 경우 덮개의 노출각도는 150°를 넘지 않아야 한다.

> **연삭기의 안전작업**
> ① 직경이 5cm 이상인 연삭숫돌에는 덮개를 설치해야 하며, 작업시작 전 1분 이상, 연삭숫돌 교체 시 3분 이상 시운전해야 한다.
> ② 일반 연삭작업 등에 사용하는 것을 목적으로 하는 탁상용 연삭기 덮개 각도는 125° 이내로 한다.

49

지게차로 중량물 운반 시 차량의 중량은 30kN, 전차륜에서 하물 중심까지의 거리는 2m, 전차륜에서 차량중심까지의 최단거리를 3m라고 할 때, 적재 가능한 하물의 최대중량은 얼마인가?

① 15kN
② 25kN
③ 35kN
④ 45kN

> **지게차의 안전성**
> $W \cdot a < B \cdot b$
> W : 화물의 중량, G : 지게차의 중량
> a : 앞바퀴부터 하물의 중심까지의 거리
> b : 앞바퀴부터 차의 중심까지의 거리
> ∴ $W \times 2 < 30 \times 3$, $W < 45$

50

다음 중 프레스기에 사용되는 방호장치에 있어 급정지 기구가 부착되어야만 유효한 것은?

① 양수 조작식
② 손쳐내기식
③ 가드식
④ 수인식

> **급정지 기구에 따른 방호장치**
>
> | 급정지 기구가 부착되어 있어야만 유효 방호장치 | ① 양수 조작식 방호장치
② 감응식 방호장치 |
> |---|---|
> | 급정지 기구가 부착되어 있지 않아도 유효 방호장치 | ① 양수 기동식 방호장치
② 게이트 가아드식 방호장치
③ 수인식 방호장치
④ 손쳐내기식 방호장치 |

51

아세틸렌용접장치에 관한 설명 중 틀린 것은?

① 아세틸렌 발생기로부터 5m 이내, 발생기실로부터 3m 이내에는 흡연 및 화기사용을 금지한다.
② 역화가 일어나면 산소밸브를 즉시 잠그고 아세틸렌 밸브를 잠근다.
③ 아세틸렌 용기는 뉘어서 사용한다.
④ 건식안전기에는 차단방법에 따라 소결금속식과 우회로식이 있다.

> 가스 용기 취급 시 준수사항에서 용기의 온도를 섭씨 40도 이하로 유지해야 하며, 용해아세틸렌의 용기는 세워서 사용해야 한다.

정답 47② 48① 49④ 50① 51③

52
다음 중 자동화설비를 사용하고자 할 때 기능의 안전화를 위하여 검토할 사항과 가장 거리가 먼 것은?

① 부품변형에 의한 오동작
② 사용압력 변동 시의 오동작
③ 전압강하 및 정전에 따른 오동작
④ 단락 또는 스위치 고장 시의 오동작

> **기능의 안전화 검토사항**
> 전압의 강하, 정전 시 오동작, 단락스위치나 릴레이 고장 시 오동작, 상용압력 고장 시 오동작, 밸브계통의 고장에 의한 오동작 등

53
다음 중 산업안전보건법령상 보일러 및 압력용기에 관한 사항으로 틀린 것은?

① 보일러의 안전한 가동을 위하여 보일러 규격에 맞는 압력방출장치를 1개 또는 2개 이상 설치하고 최고 사용압력 이하에서 작동되도록 하여야 한다.
② 공정안전보고서 제출 대상으로서 이행수준 평가결과가 우수한 사업장의 경우 보일러의 압력방출장치에 대하여 5년에 1회 이상으로 설정압력에서 압력방출장치가 적정하게 작동하는지를 검사할 수 있다.
③ 보일러의 과열을 방지하기 위하여 최고사용압력과 상용압력 사이에서 보일러의 버너 연소를 차단할 수 있도록 압력제한스위치를 부착하여 사용하여야 한다.
④ 압력용기 등을 식별할 수 있도록 하기 위하여 그 압력용기 등의 최고사용압력, 제조연월일, 제조회사명 등이 지워지지 않도록 각인(刻印) 표시된 것을 사용하여야 한다.

> **압력방출장치**
> 매년 1회 이상 교정을 받은 압력계를 이용하여 설정압력에서 압력방출장치가 적정하게 작동하는지 검사 후 납으로 봉인(공정안전보고서 이행상태 평가결과가 우수한 사업장은 4년마다 1회 이상 설정압력에서 압력방출장치가 적정하게 작동하는 지 검사할 수 있다.)

54
다음 중 기계설비에서 반대로 회전하는 두 개의 회전체가 맞닿는 사이에 발생하는 위험점을 무엇이라 하는가?

① 물림점(nip point)
② 협착점(squeeze point)
③ 접선물림점(tangential point)
④ 회전말림점(trapping point)

> **물림점**
> ① 회전하는 두 개의 회전축에 의해 형성(회전체가 서로 반대방향으로 회전하는 경우)
> ② 대표적인 예로는 기어와 피니언, 롤러의 회전 등

55
인터록(Interlock)장치에 해당하지 않는 것은?

① 연삭기의 워크레스트
② 사출기의 도어잠금장치
③ 자동화라인의 출입시스템
④ 리프트의 출입문 안전장치

> **인터록(Interlock) 장치**
> (1) 기계식, 전기식, 유공압입식 또는 이들의 조합으로 2개 이상의 부분이 상호 구속되는 형태
> (2) 인터록 장치의 요건
> ① 가드가 완전히 닫히기 전에는 기계가 작동되어서는 안된다.
> ② 가드가 열리는 순간 기계의 작동은 반드시 정지되어야 한다.

56
다음 중 밀링 작업 시 안전수칙으로 옳지 않은 것은?

① 테이블 위에 공구나 기타 물건 등을 올려 놓지 않는다.
② 제품 치수를 측정할 때는 절삭 공구의 회전을 정지한다.
③ 강력 절삭을 할 때는 일감을 바이스에 얇게 물린다.
④ 상하 좌우 이송장치의 핸들은 사용 후 풀어 둔다.

> 강력절삭 시에는 일감을 바이스에 깊게 물려야 한다.

정답 52 ① 53 ② 54 ① 55 ① 56 ③

57

이상온도, 이상기압, 과부하 등 기계의 부하가 안전 한계치를 초과하는 경우에 이를 감지하고 자동으로 안전상태가 되도록 조절하거나 기계의 작동을 중지시키는 방호장치는?

① 접근반응형 방호장치 ② 접근거부형 방호장치
③ 위치제한형 방호장치 ④ 감지형 방호장치

작업점의 방호	
위치제한형 방호장치	기계의 조작장치를 일정거리 이상 떨어지게 설치하여 작업자의 신체 부위가 위험 범위 밖에 있도록 하는 방법(양수조작식)
접근거부형 방호장치	위험 범위 내로 신체가 접근할 경우 방호장치가 신체부위를 밀거나 당겨서 위험한 범위 밖으로 이동시키는 방법(수인식 및 손쳐내기식)
접근반응형 방호장치	위험 범위 내로 신체가 접근할 경우 이를 감지하여 즉시 기계의 작동을 정지시키거나 전원이 차단되도록 하는 방법(광전자식)

58

다음 중 와이어로프의 꼬임에 관한 설명으로 틀린 것은?

① 보통꼬임에는 S꼬임이나 Z꼬임이 있다.
② 보통꼬임은 스트랜드의 꼬임방향과 로프의 꼬임방향이 반대로 된 것을 말한다.
③ 랭꼬임은 로프의 끝이 자유로이 회전하는 경우나 킹크가 생기기 쉬운 곳에 적당하다.
④ 랭꼬임은 보통꼬임에 비하여 마모에 대한 저항성이 우수하다.

와이어로프의 꼬임		
구분	보통꼬임(Ordinary lay)	랭꼬임(Lang's lay)
특성	① 소선의 외부길이가 짧아 쉽게 마모 ② 킹크가 잘 생기지 않으며 로프 자체변형이 적음 ③ 하중에 대한 큰 저항성 ④ 선박, 육상 등에 많이 사용되며, 취급이 용이	① 소선과 외부의 접촉 길이가 보통꼬임에 비해 김 ② 꼬임이 풀리기 쉽고, 킹크가 생기기 쉬움 ③ 내마모성, 유연성, 내피로성이 우수

59

동력식 수동대패에서 손이 끼지 않도록 하기 위해서 덮개 하단과 가공재를 송급하는 측의 테이블 면과의 틈새는 최대 몇 mm 이하로 조절해야 하는가?

① 8mm 이하 ② 10mm 이하
③ 12mm 이하 ④ 15mm 이하

방호장치의 성능시험
① 가동식 방호장치는 스프링의 복원력 상태 및 날과 덮개와의 접촉 유무를 확인한다. ② 가동부의 고정상태 및 작업자의 접촉으로 인한 위험성 유무를 확인한다. ③ 칼날접촉 예방장치인 덮개와 송급테이블면과의 간격이 8mm 이하이어야 한다.

60

건설용 리프트에 대하여 바람에 의한 붕괴를 방지하는 조치를 한다고 할 때 그 기준이 되는 최소 풍속은?

① 순간 풍속 30m/sec 초과
② 순간 풍속 35m/sec 초과
③ 순간 풍속 40m/sec 초과
④ 순간 풍속 45m/sec 초과

폭풍 등에 의한 안전조치사항
① 순간풍속이 초당 30미터 초과 : 폭풍에 의한 이탈방지, 폭풍 등으로 인한 이상 유무 점검 ② 순간풍속이 초당 35미터 초과 : 붕괴 등의 방지, 폭풍에 의한 무너짐 방지

정답 57 ④ 58 ③ 59 ① 60 ②

4과목 전기 및 화학설비 안전 관리

61

누전경보기는 사용전압이 600V 이하인 경계전로의 누설전류를 검출하여 당해 소방대상물의 관계자에게 경보를 발하는 설비를 말한다. 다음 중 누전경보기의 구성으로 옳은 것은?

① 감지기 - 발신기
② 변류기 - 수신부
③ 중계기 - 감지기
④ 차단기 - 증폭기

> **누전경보기의 구성요소**
> ① 변류기 : 경계전로의 누설전류를 자동적으로 검출하여 이를 누전경보기의 수신부에 송신하는 장치
> ② 수신기 : 변류기로부터 검출된 신호를 수신하여 누전의 발생을 경보하여 주는 장치

62

폭발위험장소에서의 본질안전 방폭구조에 대한 설명으로 틀린 것은?

① 본질안전 방폭구조의 기본적 개념은 점화능력의 본질적 억제이다.
② 온도, 압력, 액면유량 등의 검출용 측정기는 대표적인 본질안전 방폭구조의 예이다.
③ 본질안전 방폭구조의 적용은 에너지가 1.3W, 30V 및 250mA 이하인 개소에 가능하다.
④ 본질안전 방폭구조의 Exib는 fault에 대한 2중 안전보장으로 0종~2종 장소에 사용할 수 있다.

> 방폭구조의 선정기준에서 0종 장소는 본질 안전방폭구조 중에서 ia만 가능하다.

63

인체의 표면적이 0.5m²이고 정전용량은 0.02pF/cm²이다. 3,300V의 전압이 인가되어 있는 전선에 접근하여 작업을 할 때 인체에 축적되는 정전기 에너지(J)는?

① 5.445×10^{-2}
② 5.445×10^{-4}
③ 2.723×10^{-2}
④ 2.723×10^{-4}

> **정전기 에너지**
> $$W = \frac{1}{2}QV = \frac{1}{2}CV^2 (J)$$
> $$W = \frac{1}{2} \times (0.02 \times 10^{-12}) \times 0.5 \times 10^4 \times 3300^2$$

64

접지계통 분류에서 TN접지방식이 아닌 것은?

① TN-T 방식
② TN-C 방식
③ TN-S 방식
④ TN-C-S 방식

> **TN 계통의 분류**
>
> | | |
> |---|---|
> | TN-S 계통 | 계통 전체에 대해 별도의 중성선 또는 PE 도체를 사용. 배전계통에서 PE 도체를 추가로 접지할 수 있다. |
> | TN-C 계통 | 계통 전체에 대해 중성선과 보호도체의 기능을 동일도체로 겸용한 PEN 도체를 사용. 배전계통에서 PEN 도체를 추가로 접지할 수 있다. |
> | TN-C-S계통 | 계통의 일부분에서 PEN 도체를 사용하거나, 중성선과 별도의 PE 도체를 사용하는 방식. 배전계통에서 PEN 도체와 PE 도체를 추가로 접지할 수 있다. |

65 ★

정전기 발생에 영향을 주는 요인으로 볼 수 없는 것은?

① 물체의 특성
② 물체의 표면상태
③ 물체의 분리력
④ 접촉 시간

> **정전기 발생의 영향 요인**
> ① 물체의 특성
> ② 물체의 표면상태
> ③ 물체의 이력
> ④ 접촉면적 및 압력
> ⑤ 분리속도 등

정답 61 ② 62 ④ 63 ② 64 ① 65 ④

66
특별저압(Extra Low Voltage)에 관한 설명으로 틀린 것은?

① 특별저압(Extra Low Voltage)은 2차 전압이 AC 50V, DC 120V 이하이다.
② SELV(비접지회로구성)은 1차와 2차가 전기적으로 절연된 회로이다.
③ FELV는 1차와 2차가 전기적으로 절연되지 않은 회로이다.
④ PELV(접지회로구성)은 1차와 2차가 전기적으로 절연되지 않은 회로이다.

> **특별저압(Extra Low Voltage)**
> 2차 전압이 AC 50V, DC 120V 이하로 SELV(비접지회로구성) 및 PELV(접지회로구성)은 1차와 2차가 전기적으로 절연된 회로, FELV는 1차와 2차가 전기적으로 절연되지 않은 회로

67
전동기계, 기구에 설치하는 작업자의 감전방지용 누전차단기의 ㉮ 정격감도전류(mA) 및 ㉯ 동작시간(초)의 최대 값은?

① ㉮ 10 ㉯ 0.03
② ㉮ 20 ㉯ 0.01
③ ㉮ 30 ㉯ 0.03
④ ㉮ 50 ㉯ 0.1

> **누전차단기 접속 시 준수사항**
> ① 전기기계·기구에 접속되어 있는 누전차단기는 정격감도전류가 30밀리암페어 이하이고 작동시간은 0.03초 이내일 것
> ② 다만, 정격전부하전류가 50암페어 이상인 전기기계·기구에 접속되는 누전차단기는 오작동을 방지하기 위하여 정격감도전류는 200밀리암페어 이하로, 작동시간은 0.1초 이내로 할 수 있다.

68
정전작업을 하기 위한 작업전 조치사항이 아닌 것은?

① 단락접지 상태를 수시로 확인
② 전로의 충전 여부를 검전기로 확인
③ 전력용 커패시터, 전력케이블 등 잔류전하 방전
④ 개로개폐기의 잠금장치 및 통전금지 표지판 설치

> **정전전로에서의 전로차단**
> ① 전원을 차단한 후 각 단로기 등을 개방하고 확인할 것
> ② 차단장치나 단로기 등에 잠금장치 및 꼬리표를 부착할 것
> ③ 개로된 전로에서 유도전압 또는 전기에너지가 축적되어 근로자에게 전기위험을 끼칠 수 있는 전기기기 등은 접촉하기 전에 잔류전하를 완전히 방전시킬 것
> ④ 검전기를 이용하여 작업 대상 기기가 충전되었는 지를 확인할 것
> ⑤ 단락 접지기구를 이용하여 접지할 것

69
피뢰침의 제한전압이 800kV, 충격절연강도가 1,260kV라 할 때, 보호여유도는 몇 % 인가?

① 33.3
② 47.3
③ 57.5
④ 63.5

> **피뢰침의 보호여유도**
> ① 여유도(%) = $\dfrac{충격절연강도 - 제한전압}{제한전압} \times 100$
> ② 여유도(%) = $\dfrac{1,260 - 800}{800} \times 100 = 57.5(\%)$

70
감전사고가 발생했을 때 피해자를 구출하는 방법으로 옳지 않은 것은?

① 피해자가 계속하여 전기설비에 접촉되어 있다면 우선 그 설비의 전원을 신속히 차단한다.
② 충전부에 감전되어 있으면 몸이나 손을 잡고 피해자를 곧바로 이탈시켜야 한다.
③ 순간적으로 감전 상황을 판단하고 피해자의 몸과 충전부가 접촉되어 있는지를 확인한다.
④ 절연 고무장갑, 고무장화 등을 착용한 후에 구원해 준다.

> **감전사고 피해자 구조**
> ① 충전부에 감전된 경우 몸이나 손을 잡고 피해자를 구출할 경우 구조자도 감전되므로 위험하다.
> ② 반드시 기기의 전원을 차단하고 구조자는 절연용보호구를 착용한 후 구조작업을 해야 한다.

정답 66 ④ 67 ③ 68 ① 69 ③ 70 ②

71

다음 중 질식소화에 해당하는 것은?

① 가연성 기체의 분출화재 시 주 밸브를 닫는다.
② 가연성 기체의 연쇄반응을 차단하여 소화한다.
③ 연료 탱크를 냉각하여 가연성 가스의 발생속도를 작게 한다.
④ 연소하고 있는 가연물이 존재하는 장소를 기계적으로 폐쇄하여 공기의 공급을 차단한다.

질식소화
연소하고 있는 가연물이 들어 있는 용기 또는 장소를 기계적으로 밀폐하여 공기의 공급을 차단하거나 타고 있는 액체나 고체의 표면을 거품 또는 불연성 액체로 피복하여 연소에 필요한 공기의 공급을 차단시키는 소화방법

72

다음 중 CF_3Br 소화약제를 가장 적절하게 표현한 것은?

① 하론 1031 ② 하론 1211
③ 하론 1301 ④ 하론 2402

하론(Halon) 넘버 : C, F, Cl, Br의 개수로 표시
① 일염화 일취화 메탄 : 1011
② 일취화 일염화 이불화 메탄 : 1211
③ 이취화 사불화 에탄 : 2402
④ 일취화 삼불화 메탄 : 1301

73

폭발압력과 가연성가스의 농도와의 관계에 대한 설명으로 가장 적절한 것은?

① 가연성가스의 농도와 폭발압력은 반비례 관계이다.
② 가연성가스의 농도가 너무 희박하거나 너무 진하여도 폭발압력은 최대로 높아진다.
③ 폭발압력은 화학양론 농도보다 약간 높은 농도에서 최대 폭발압력이 된다.
④ 최대 폭발압력의 크기는 공기와의 혼합기체에서보다 산소의 농도가 큰 혼합기체에서 더 낮아진다.

폭발 한계 농도 이하에서는 폭발성 혼합가스의 생성이 어려우며, 산소 중에서의 폭발범위는 공기 중에서 보다 넓어지고 연소 속도도 빠르게 진행된다.

74

메탄 20%, 에탄 40%, 프로판 40%로 구성된 혼합가스가 공기 중에서 연소할 때 이 혼합가스의 이론적 화학양론 조성은 약 몇 %인가? (단, 메탄, 에탄, 프로판의 양론농도(Cst)는 각각 9.5%, 5.6%, 4.0% 이다)

① 5.2% ② 7.7%
③ 9.5% ④ 12.1%

르샤틀리에의 법칙(혼합가스의 폭발범위 계산)

$$\frac{100}{L} = \frac{V_1}{L_1} + \frac{V_2}{L_2} + \frac{V_3}{L_3} = \frac{20}{9.5} + \frac{40}{5.6} + \frac{40}{4.0} = 19.248$$

그러므로 $L = \frac{100}{19.248} = 5.195\%$

75

폭발원인물질의 물리적 상태에 따라 구분할 때 기상폭발(gas explosion)에 해당되지 않는 것은?

① 분진폭발 ② 응상폭발
③ 분무폭발 ④ 가스폭발

폭발의 분류(물리적 상태)
① 기상폭발 : 가스폭발, 분무폭발, 분진폭발, 가스분해폭발
② 응상폭발 : 수증기폭발, 증기폭발

76

다음 중 고체연소의 종류에 해당하지 않는 것은?

① 표면연소 ② 증발연소
③ 분해연소 ④ 혼합연소

고체연소의 종류
① 표면연소 ② 분해연소 ③ 증발연소 ④ 자기연소

tip
혼합연소는 기체의 연소에 해당된다.

정답 71 ④ 72 ③ 73 ③ 74 ① 75 ② 76 ④

77
다음 중 공업용 가연성 가스 및 독성가스의 저장용기 도색에 관한 설명으로 옳은 것은?

① 아세틸렌가스는 적색으로 도색한 용기를 사용한다.
② 액화염소가스는 갈색으로 도색한 용기를 사용한다.
③ 액화석유가스는 주황색으로 도색한 용기를 사용한다.
④ 액화암모니아 가스는 황색으로 도색한 용기를 사용한다.

> **용기의 도색 및 표시**
> ① 액화염소가스 – 갈색
> ② 액화석유가스 – 회색
> ③ 액화탄산가스 – 청색
> ④ 아세틸렌 – 황색
> ⑤ 액화암모니아 – 백색 등

78
다음 관(pipe) 부속품 중 관로의 방향을 변경하기 위하여 사용하는 부속품은?

① 니플(nipple)
② 유니온(union)
③ 플랜지(flange)
④ 엘보(elbow)

> **피팅류(Fittings)의 종류**
>
> | 두 개의 관을 연결할 때 | 플랜지(flange), 유니온(union), 카플링(coupling), 니플(nipple), 소켓(socket) |
> |---|---|
> | 관로의 방향을 바꿀 때 | 엘보우(elbow), Y지관(Y-branch), 티(tee), 십자(cross) |
> | 관로의 크기를 바꿀 때 | 축소관(reducer), 부싱(bushing) |

79
다음 중 산업안전보건기준에 관한 규칙에서 규정한 위험물질의 종류에서 "물반응성 물질 및 인화성 고체"에 해당하는 것은?

① 질산에스테르류
② 니트로화합물
③ 칼륨·나트륨
④ 니트로소화합물

> **위험물의 종류**
> 질산에스테르류, 니트로화합물, 니트로소화합물은 폭발성 물질 및 유기과산화물에 해당된다.

80
가연성 가스 및 증기의 위험도에 따른 방폭전기기기의 분류로 폭발등급을 사용하는데, 이러한 폭발등급을 결정하는 것은?

① 발화도
② 화염일주한계
③ 폭발한계
④ 최소발화에너지

> **안전간격(화염일주한계)**
> 화염이 틈새를 통하여 바깥쪽의 폭발성 가스에 전달되지 않는 한계의 틈새를 화염일주한계라 하며, 이 틈새의 크기에 따라 폭발등급이 정해진다.

5과목 건설공사 안전 관리

81 빈출
산업안전보건기준에 관한 규칙에 따른 철골공사 작업 시 작업을 중지해야 할 경우는?

① 강우량 1.5mm/hr
② 풍속 8m/sec
③ 강설량 5mm/hr
④ 지진 진도 1.0

> **철골작업 안전기준(작업의 제한)**
> ① 풍속 : 초당 10m 이상인 경우
> ② 강우량 : 시간당 1mm 이상인 경우
> ③ 강설량 : 시간당 1cm 이상인 경우

82
터널붕괴를 방지하기 위한 지보공 점검사항과 가장 거리가 먼 것은?

① 부재의 긴압의 정도
② 부재의 손상·변형·부식·변위 탈락의 유무 및 상태
③ 기둥침하의 유무 및 상태
④ 경보장치의 작동 상태

> **터널 지보공의 설치 시 점검사항**
> ① 부재의 손상·변형·부식·변위 탈락의 유무 및 상태
> ② 부재의 긴압의 정도
> ③ 기둥침하의 유무 및 상태
> ④ 부재의 접속부 및 교차부의 상태

정답 77 ② 78 ④ 79 ③ 80 ② 81 ① 82 ④

83

콘크리트 타설작업을 하는 경우에 준수해야 할 사항으로 옳지 않은 것은?

① 당일의 작업을 시작하기 전에 해당 작업에 관한 거푸집동바리 등의 변형·변위 및 지반의 침하 유무 등을 점검하고 이상이 있으면 보수할 것
② 작업 중에는 거푸집동바리등의 변형·변위 및 침하 유무 등을 감시할 수 있는 감시자를 배치하여 이상이 있으면 작업을 빠른 시간 내 우선 완료하고 근로자를 대피시킬 것
③ 콘크리트 타설작업 시 거푸집붕괴의 위험이 발생할 우려가 있으면 충분한 보강조치를 할 것
④ 콘크리트를 타설하는 경우에는 편심이 발생하지 않도록 골고루 분산하여 타설할 것

> **콘크리트 타설작업 시 준수사항**
> ① 당일의 작업을 시작하기 전에 해당 작업에 관한 거푸집 및 동바리의 변형·변위 및 지반의 침하 유무 등을 점검하고 이상이 있으면 보수할 것
> ② 작업 중에는 감시자를 배치하는 등의 방법으로 거푸집 및 동바리의 변형·변위 및 침하 유무 등을 확인해야 하며, 이상이 있으면 작업을 중지하고 근로자를 대피시킬 것
> ③ 콘크리트 타설작업 시 거푸집 붕괴의 위험이 발생할 우려가 있으면 충분한 보강조치를 할 것
> ④ 설계도서상의 콘크리트 양생기간을 준수하여 거푸집 및 동바리를 해체할 것
> ⑤ 콘크리트를 타설하는 경우에는 편심이 발생하지 않도록 골고루 분산하여 타설할 것

tip
2023년 법령개정. 문제는 개정 전 내용이며, 해설은 개정된 내용 적용

84

콘크리트용 거푸집의 재료에 해당되지 않는 것은?

① 철재
② 목재
③ 석면
④ 경금속

> 거푸집의 재료에는 철재, 목재, 합판, 경금속 등이 있으며, 석면은 단열, 절연성 등이 우수하여 건축자재 등으로 사용되어 왔으나 체내로 흡입되면 폐암 및 악성중피종 등을 유발하는 발암성 물질로 현재 사용금지된 물질이다.

85 ★빈출

히빙(Heaving) 현상 방지 대책으로 틀린 것은?

① 소단굴착을 실시하여 소단부 흙의 중량이 바닥을 누르게 한다.
② 흙막이 벽체 배면의 지반을 개량하여 흙의 전단강도를 높인다.
③ 흙막이 벽체의 근입깊이를 깊게 한다.
④ 부풀어 솟아오르는 바닥면의 토사를 제거한다.

> **히빙(heaving)현상 방지대책**
> ① 흙막이 근입깊이를 깊게
> ② 표토제거 하중 감소
> ③ 지반개량
> ④ 굴착면 하중 증가
> ⑤ 어스앵커설치 등

tip
히빙현상의 정의 : 연약성 점토지반 굴착 시 굴착외측 흙의 중량에 의해 굴착저면의 흙이 활동 전단 파괴되어 굴착내측으로 부풀어 오르는 현상

86

건축물의 해체공사에 대한 설명으로 틀린 것은?

① 압쇄기와 대형 브레이커(Breaker)는 파워셔블 등에 설치하여 사용한다.
② 철제 햄머(Hammer)는 크레인 등에 설치하여 사용한다.
③ 핸드 브레이커(Hand breaker) 사용 시 수직보다는 경사를 주어 파쇄하는 것이 좋다.
④ 절단톱의 회전날에는 접촉방지 커버를 설치하여야 한다.

> **핸드 브레이크**
> ① 압축공기, 유압의 급속한 충격력에 의거 콘크리트 등을 해체할 때 사용하는 것으로 작은 부재의 파쇄에 유리하고 소음, 진동 및 분진이 발생한다.
> ② 끌의 부러짐을 방지하기 위하여 작업자세는 하향 수직방향으로 유지하도록 하여야 한다.
> ③ 기계는 항상 점검하고, 호스의 꼬임·교차 및 손상여부를 점검하여야 한다.

정답 83 ② 84 ③ 85 ④ 86 ③

87

이동식 비계를 조립하여 작업을 하는 경우의 준수기준으로 옳지 않은 것은?

① 비계의 최상부에서 작업을 할 때에는 안전난간을 설치하여야 한다.
② 작업발판 최대적재하중은 400[kg]을 초과하지 않도록 한다.
③ 승강용 사다리는 견고하게 설치하여야 한다.
④ 작업발판은 항상 수평을 유지하고 작업발판 위에서 안전난간을 딛고 작업을 하거나 받침대 또는 사다리를 사용하여 작업하지 않도록 한다.

이동식비계 조립 시 준수사항

① 이동식비계의 바퀴에는 뜻밖의 갑작스러운 이동 또는 전도를 방지하기 위하여 브레이크·쐐기 등으로 바퀴를 고정시킨 다음 비계의 일부를 견고한 시설물에 고정하거나 아웃트리거를 설치하는 등 필요한 조치를 할 것
② 승강용 사다리는 견고하게 설치할 것
③ 비계의 최상부에서 작업을 하는 경우에는 안전난간을 설치할 것
④ 작업발판은 항상 수평을 유지하고 작업발판 위에서 안전난간을 딛고 작업을 하거나 받침대 또는 사다리를 사용하여 작업하지 않도록 할 것
⑤ 작업발판의 최대적재하중은 250킬로그램을 초과하지 않도록 할 것

88

화물의 하중을 직접 지지하는 달기 와이어로프의 안전계수 기준은?

① 2 이상
② 3 이상
③ 5 이상
④ 10 이상

와이어로프의 안전계수

근로자가 탑승하는 운반구를 지지하는 달기와이어로프 또는 달기체인의 경우	10 이상
화물의 하중을 직접 지지하는 경우 달기와이어로프 또는 달기체인의 경우	5 이상
훅, 샤클, 클램프, 리프팅 빔의 경우	3 이상
그 밖의 경우	4 이상

89

강풍 시 타워크레인의 작업제한과 관련된 사항으로 타워크레인의 운전 작업을 중지해야 하는 순간풍속기준으로 옳은 것은?

① 순간풍속이 매 초당 15미터 초과
② 순간풍속이 매 초당 20미터 초과
③ 순간풍속이 매 초당 30미터 초과
④ 순간풍속이 매 초당 35미터 초과

강풍시 타워크레인의 작업제한

① 순간풍속이 매 초당 10미터 초과 : 타워크레인의 설치·수리·점검 또는 해체작업 중지
② 순간풍속이 매 초당 15미터 초과 : 타워크레인의 운전작업 중지

90

추락방호망 설치 시 그물코의 크기가 10cm인 매듭 있는 방망의 신품에 대한 인장강도 기준으로 옳은 것은?

① 100kgf 이상
② 200kgf 이상
③ 300kgf 이상
④ 400kgf 이상

안전망 인장강도

그물코의 크기 (단위 : 센티미터)	방망의 종류(단위 : 킬로그램)			
	매듭 없는 방망		매듭 방망	
	신품	폐기시	신품	폐기시
10	240	150	200	135
5			110	60

정답 87 ② 88 ③ 89 ① 90 ②

91

낙하물에 의한 위험방지 조치의 기준으로서 옳은 것은?

① 높이가 최소 2m 이상인 곳에서 물체를 투하할 때는 적당한 투하설비를 갖춰야 한다.
② 낙하물방지망은 높이 12m 이내마다 설치한다.
③ 낙하물방지망의 설치각도는 수평면과 30~40°를 유지한다.
④ 방호선반 설치 시 내민 길이는 벽면으로부터 2m 이상으로 한다.

낙하물에 의한 위험방지
(1) 높이 3m 이상인 장소에서 물체 투하 시
  ① 투하설비 설치 ② 감시인 배치
(2) 낙하물방지망 또는 방호선반 설치 시 준수사항
  ① 설치높이는 10m 이내마다 설치하고, 내민길이는 벽면으로부터 2m 이상으로 할 것
  ② 수평면과의 각도는 20도 내지 30도를 유지할 것

92

기계가 위치한 지면보다 높은 장소의 땅을 굴착하는데 적합하며 산지에서의 토공사 및 암반으로부터의 점토질까지 굴착할 수 있는 건설장비의 명칭은?

① 파워셔블   ② 불도저
③ 파일드라이버   ④ 크레인

건설기계

파워셔블	기계가 위치한 지반보다 높은 굴착에 유리
드레그 셔블 (Back Hoe)	기계가 위치한 지반보다 낮은 굴착에 사용 기초 굴착, 수중굴착, 좁은 도랑 및 비탈면 절취 등의 작업

93

표준관입시험에 대한 내용으로 옳지 않은 것은?

① N치(N-value)는 지반을 30cm 굴진하는데 필요한 타격 횟수를 의미한다.
② 50/3의 표기에서 50은 굴진수치, 3은 타격횟수를 의미한다.
③ 63.5kg 무게의 추를 76cm 높이에서 자유낙하하여 타격하는 시험이다.
④ 사질지반에 적용하며, 점토지반에서는 편차가 커서 신뢰성이 떨어진다.

표준관입시험(S. P. T)
① 질량 63.5±0.5kg의 드라이브 해머를 760±10mm 자유낙하 시키고 보링로드 머리부에 부착한 노킹블록을 타격하여 보링로드 앞 끝에 부착한 표준관입 시험용 샘플러를 지반에 300mm 박아 넣는데 필요한 타격횟수 N값을 측정
② 흙의 지내력 판단, 사질토 적용

tip
50/3의 표기에서 50은 타격횟수, 3은 누계 관입량을 의미한다.

94

말비계를 조립하여 사용하는 경우에 준수해야 하는 사항으로 옳지 않은 것은?

① 지주부재의 하단에는 미끄럼 방지장치를 한다.
② 근로자는 양측 끝부분에 올라서서 작업하도록 한다.
③ 지주부재와 수평면의 기울기를 75° 이하로 한다.
④ 말비계의 높이가 2m를 초과하는 경우에는 작업발판의 폭을 40cm 이상으로 한다.

말비계의 조립 시 준수사항
① 지주부재의 하단에는 미끄럼 방지장치를 하고, 양측 끝부분에 올라서서 작업하지 아니하도록 할 것
② 지주부재와 수평면과의 기울기를 75도 이하로 하고, 지주부재와 지주부재 사이를 고정시키는 보조부재를 설치할 것
③ 말비계의 높이가 2미터를 초과할 경우에는 작업발판의 폭을 40cm 이상으로 할 것

95

다음 중 토사붕괴의 내적원인인 것은?

① 절토 및 성토 높이 증가
② 사면법면의 기울기 증가
③ 토석의 강도 저하
④ 공사에 의한 진동 및 반복 하중 증가

토석붕괴의 내적원인
① 절토 사면의 토질·암질
② 성토 사면의 토질구성 및 분포
③ 토석의 강도 저하

정답 91 ④ 92 ① 93 ② 94 ② 95 ③

96

점토질 지반의 침하 및 압밀 재해를 막기 위하여 실시하는 지반개량 탈수공법으로 적당하지 않은 것은?

① 샌드드레인 공법 ② 생석회 공법
③ 진동 공법 ④ 페이퍼드레인 공법

연약한 점토지반 개량 공법
① 치환 공법(굴착치환·미끄럼치환·폭파치환)
② 압밀 공법(사면선단재하 공법, 압성토 공법 등)
③ 탈수 공법(sand drain공법, paper drain공법, pack drain 공법)
④ 배수 공법
⑤ 동치환 공법 등
⑥ 기타 : 고결 공법(생석회말뚝, 동결, 소결), 동치환 공법, 전기침투 공법 등

tip
진동다짐공법은 사질토 지반개량공법에 해당된다.

97

다음 기계 중 양중기에 포함되지 않는 것은?

① 리프트 ② 곤돌라
③ 크레인 ④ 트롤리 컨베이어

양중기의 종류
① 크레인[호이스트(hoist)를 포함]
② 이동식 크레인
③ 리프트(이삿짐운반용리프트의 경우에는 적재하중이 0.1톤 이상)
④ 곤돌라
⑤ 승강기

98

훅걸이용 와이어로프 등이 훅으로부터 벗겨지는 것을 방지하기 위한 장치는?

① 해지장치 ② 권과방지장치
③ 과부하방지장치 ④ 턴버클

해지장치
훅 걸이용 와이어로프 등이 훅으로부터 벗겨지는 것을 방지하기 위한 장치이다.

99

추락재해 방지를 위한 방망의 그물코 규격 기준으로 옳은 것은?

① 사각 또는 마름모로서 크기가 5센티미터 이하
② 사각 또는 마름모로서 크기가 10센티미터 이하
③ 사각 또는 마름모로서 크기가 15센티미터 이하
④ 사각 또는 마름모로서 크기가 20센티미터 이하

방망의 구조 및 치수

구성	방망사, 테두리로프, 달기로프, 재봉사(필요따라 생략가능)
방망사	그물코는 사각 또는 마름모 형상, 한변의 길이(매듭의 중심간 거리)는 10cm 이하
달기로프	길이는 2m 이상(다만, 1개의 지지점에 2개의 달기로프로 체결하는 경우 각각의 길이는 1m 이상)

100

철륜 표면에 다수의 돌기를 붙여 접지면적을 작게 하여 접지압을 증가시킨 롤러로서 고함수비 점성토 지반의 다짐작업에 적합한 롤러는?

① 탠덤 롤러 ② 로드 롤러
③ 타이어 롤러 ④ 탬핑 롤러

탬핑 롤러(tamping roller)
① 롤러 표면에 돌기를 만들어 부착, 땅 깊숙이 다짐 가능
② 토립자를 이동 혼합하여 함수비 조절 용이(간극수압 제거)
③ 고함수비의 점성토 지반에 효과적, 유효다짐 깊이가 깊다.

정답 96 ③ 97 ④ 98 ① 99 ② 100 ④

Chapter 10

2021년 5월 9일~5월 19일 | CBT 기출복원문제

1과목 산업재해 예방 및 안전보건교육

01 ⭐빈출

매슬로우의 욕구단계이론에서 편견 없이 받아들이는 성향, 타인과의 거리를 유지하며 사생활을 즐기거나 창의적 성격으로 봉사, 특별히 좋아하는 사람과 긴밀한 관계를 유지하려는 인간의 욕구에 해당하는 것은?

① 생리적 욕구 ② 사회적 욕구
③ 자아실현의 욕구 ④ 안전에 대한 욕구

> **자아실현의 욕구(5단계)**
> 편견 없이 받아들이는 성향, 타인과의 거리를 유지하며 사생활을 즐기거나 창의적 성격으로 봉사, 특별히 좋아하는 사람과 긴밀한 관계를 유지하려는 인간의 욕구에 해당된다.

02

리더십의 행동이론 중 관리그리드(managerial grid)이론에서 리더의 행동유형과 경향을 올바르게 연결한 것은?

① (1.1)형 - 무관심형 ② (1.9)형 - 과업형
③ (9.1)형 - 인기형 ④ (5.5)형 - 이상형

> **관리그리드(managerial grid)이론**
> ① (1.1) 무관심형(무책임·방임형) ② (9.1) 생산지향형(과업형)
> ③ (1.9) 인간중심지향형(인기형) ④ (5.5) 중용형(절충형)
> ⑤ (9.9) 이상형

03

산업안전보건법령상 안전보건교육에서 관리감독자 정기교육의 교육내용에 해당하지 않는 것은?

① 건강증진 및 질병 예방에 관한 사항
② 위험성평가에 관한 사항
③ 유해·위험 작업환경 관리에 관한 사항
④ 작업공정의 유해·위험과 재해 예방대책에 관한 사항

> **관리감독자 정기교육**
> ① 산업안전 및 산업재해 예방에 관한 사항(화재·폭발 사고 발생 시 대피에 관한 사항을 포함)
> ② 산업보건 및 건강장해 예방에 관한 사항(폭염·한파작업으로 인한 건강장해 발생 시 응급조치에 관한 사항을 포함)
> ③ 위험성평가에 관한 사항
> ④ 유해·위험 작업환경 관리에 관한 사항
> ⑤ 산업안전보건법령 및 산업재해보상보험 제도에 관한 사항
> ⑥ 직무스트레스 예방 및 관리에 관한 사항
> ⑦ 직장 내 괴롭힘, 고객의 폭언 등으로 인한 건강장해 예방 및 관리에 관한 사항
> ⑧ 작업공정의 유해·위험과 재해 예방대책에 관한 사항
> ⑨ 사업장 내 안전보건관리체제 및 안전·보건조치 현황에 관한 사항
> ⑩ 표준안전 작업방법 결정 및 지도·감독 요령에 관한 사항
> ⑪ 현장근로자와의 의사소통능력 및 강의능력 등 안전보건교육 능력 배양에 관한 사항
> ⑫ 비상시 또는 재해 발생 시 긴급조치에 관한 사항
> ⑬ 그 밖의 관리감독자의 직무에 관한 사항

tip
2025년 법령개정. 문제와 해설은 개정된 내용 적용

정답 01 ③ 02 ① 03 ①

04 ⭐

산업안전보건법령상 근로자 안전보건교육과정 중 일용근로자 및 근로계약기간이 1주일 이하인 기간제근로자의 작업내용 변경 시 교육시간은?

① 매반기 1시간 이상
② 1시간 이상
③ 2시간 이상
④ 3시간 이상

근로자 안전보건 교육 시간(특별교육은 생략)

교육과정	교육대상		교육시간
가. 정기교육	사무직 종사 근로자		매반기 6시간 이상
	그 밖의 근로자	판매업무에 직접 종사하는 근로자	매반기 6시간 이상
		판매업무에 직접 종사하는 근로자 외의 근로자	매반기 12시간 이상
나. 채용 시 교육	일용근로자 및 근로계약기간이 1주일 이하인 기간제근로자		1시간 이상
	근로계약기간이 1주일 초과 1개월 이하인 기간제근로자		4시간 이상
	그 밖의 근로자		8시간 이상
다. 작업내용 변경 시 교육	일용근로자 및 근로계약기간이 1주일 이하인 기간제근로자		1시간 이상
	그 밖의 근로자		2시간 이상
마. 건설업 기초안전·보건교육	건설 일용근로자		4시간 이상

tip
2023년 법령개정. 문제와 해설은 개정된 내용 적용

05

다음 중 무재해운동의 기본이념 3원칙에 해당되지 않는 것은?

① 모든 재해에는 손실이 발생하므로 사업주는 근로자의 안전을 보장하여야 한다는 것을 전제로 한다.
② 위험을 발견, 제거하기 위하여 전원이 참가, 협력하여 각자의 위치에서 의욕적으로 문제해결을 실천하는 것을 뜻한다.
③ 직장 내의 모든 잠재위험요인을 적극적으로 사전에 발견, 파악, 해결함으로써 뿌리에서부터 산업재해를 제거하는 것을 말한다.
④ 무재해, 무질병의 직장을 실현하기 위하여 직장의 위험요인을 행동하기 전에 예지하여 발견, 파악, 해결함으로써 재해발생을 예방하거나 방지하는 것을 말한다.

무재해운동의 3대 원칙

무의 원칙	무재해란 단순히 사망재해나 휴업재해만 없으면 된다는 소극적인 사고가 아닌, 사업장 내의 모든 잠재위험요인을 적극적으로 사전에 발견하고 파악·해결함으로써 산업재해의 근원적인 요소들을 없앤다는 것을 의미한다.
선취의 원칙	무재해 운동에 있어서 안전제일이란 안전한 사업장을 조성하기 위한 궁극의 목표로서 사업장 내에서 행동하기 전에 잠재위험요인을 발견하고 파악·해결하여 재해를 예방하는 것을 의미한다.
참가의 원칙	무재해 운동에서 참여란 작업에 따르는 잠재위험요인을 발견하고 파악·해결하기 위하여 전원이 일치 협력하여 각자의 위치에서 적극적으로 문제해결을 하겠다는 것을 의미한다.

06

집단의 기능에 관한 설명으로 틀린 것은?

① 집단의 규범은 변화하기 어려운 것으로 불변적이다.
② 집단 내에 머물도록 하는 내부의 힘을 응집력이라 한다.
③ 규범은 집단을 유지하고 집단의 목표를 달성하기 위해 만들어진 것이다.
④ 집단이 하나의 집단으로서 역할을 수행하기 위해서는 집단 목표가 있어야 한다.

집단역학에서의 개념

집단 규범 (집단 표준)	집단의 행동을 규제하는 틀을 의미하며 자연발생적으로 성립
집단 목표	공식적인 집단은 집단이 지향하고 이룩해야 할 목표를 설정
집단의 응집력	집단에 머무르게 하고 집단 활동의 목표달성을 위한 효율을 극대화하는 것
집단 결정	구성원의 행동사항이나 구조 및 시설의 변경을 필요로 할 때 실시하는 의사결정(집단 결정을 통하여 구성원의 저항심을 제거하고 목표 지향적 행동 유지)

정답 04 ② 05 ① 06 ①

07

산업안전보건법상 관리감독자의 업무에 해당하는 것은?

① 근로자의 안전·보건교육에 관한 사항
② 해당 작업의 작업장 정리·정돈 및 통로 확보에 대한 확인·감독
③ 안전보건관리규정의 작성 및 변경에 관한 사항
④ 산업재해의 원인조사 및 재발방지대책 수립에 관한 사항

> **관리감독자의 업무**
> ① 사업장 내 관리감독자가 지휘·감독하는 작업과 관련된 기계·기구 또는 설비의 안전·보건 점검 및 이상 유무의 확인
> ② 관리감독자에게 소속된 근로자의 작업복·보호구 및 방호장치의 점검과 그 착용·사용에 관한 교육·지도
> ③ 해당작업에서 발생한 산업재해에 관한 보고 및 이에 대한 응급조치
> ④ 해당작업의 작업장 정리·정돈 및 통로 확보에 대한 확인·감독
> ⑤ 사업장의 안전관리자, 보건관리자, 산업보건의 등에 해당하는 사람의 지도·조언에 대한 협조
> ⑥ 위험성평가에 관한 다음 각 목의 업무
> 　㉠ 유해·위험요인의 파악에 대한 참여
> 　㉡ 개선조치의 시행에 대한 참여
> ⑦ 그 밖에 해당작업의 안전 및 보건에 관한 사항으로서 고용노동부령으로 정하는 사항

08 ★빈출

다음 중 안전검사 대상 유해·위험 기계의 종류가 아닌 것은?

① 압력용기
② 곤돌라
③ 컨베이어
④ 교류아크용접기

> **안전검사 대상 유해·위험기계**
> ① 프레스
> ② 전단기
> ③ 크레인(정격하중 2톤 미만 제외)
> ④ 리프트
> ⑤ 압력용기
> ⑥ 곤돌라
> ⑦ 국소배기장치(이동식 제외)
> ⑧ 원심기(산업용만 해당)
> ⑨ 롤러기(밀폐형 구조제외)
> ⑩ 사출성형기[형 체결력 294킬로뉴튼(kN) 미만 제외]
> ⑪ 고소작업대(화물자동차 또는 특수자동차에 탑재한 것으로 한정)
> ⑫ 컨베이어
> ⑬ 산업용 로봇

09

안전인증대상 방음용 귀마개의 일반구조에 대한 설명으로 틀린 것은?

① 귀의 구조상 내이도에 잘 맞을 것
② 귀마개를 착용할 때 귀마개의 모든 부분이 착용자에게 물리적인 손상을 유발시키지 않을 것
③ 사용 중에 쉽게 빠지지 않을 것
④ 귀마개는 사용수명 동안 피부자극, 피부질환, 알레르기 반응 또는 그 밖에 다른 건강상의 부작용을 일으키지 않을 것

> **귀마개의 일반구조**
> ① 귀마개는 사용수명 동안 피부자극, 피부질환, 알레르기 반응 혹은 그 밖에 다른 건강상의 부작용을 일으키지 않을 것
> ② 귀마개 사용 중 재료에 변형이 생기지 않을 것
> ③ 귀마개를 착용할 때 귀마개의 모든 부분이 착용자에게 물리적인 손상을 유발시키지 않을 것
> ④ 귀마개를 착용할 때 밖으로 돌출되는 부분이 외부의 접촉에 의하여 귀에 손상이 발생하지 않을 것
> ⑤ 귀(외이도)에 잘 맞을 것
> ⑥ 사용 중 심한 불쾌함이 없을 것
> ⑦ 사용 중에 쉽게 빠지지 않을 것

10 ★빈출

OJT(On Job Training)의 특징에 대한 설명으로 옳은 것은?

① 특별한 교재·교구·설비 등을 이용하는 것이 가능하다.
② 외부의 전문가를 위촉하여 전문교육을 실시할 수 있다.
③ 직장의 실정에 맞는 구체적이고 실제적인 지도 교육이 가능하다.
④ 다수의 근로자들에게 조직적 훈련이 가능하다.

> **OJT의 특징**
> ① 직장의 현장실정에 맞는 구체적이고 실질적인 교육이 가능하다.
> ② 교육의 효과가 업무에 신속하게 반영된다.
> ③ 교육의 이해도가 빠르고 동기부여가 쉽다.
> ④ 교육으로 인해 업무가 중단되는 업무손실이 적다.

정답 07 ② 08 ④ 09 ① 10 ③

11

토의식 교육방법 중 새로운 교재를 제시하고 거기에서의 문제점을 피교육자로 하여금 제기하게 하거나, 의견을 여러 가지 방법으로 발표하게 하고, 다시 깊이 파고 들어서 토의하는 방법은?

① 포럼(Forum)
② 심포지엄(Symposium)
③ 패널 디스커션(Panel discussion)
④ 버즈세션(Buzz session)

> **forum(공개 토론회)**
> ① 사회자의 진행으로 몇사람이 주제에 대하여 발표한 후 참석자가 질문을 하고 토론해 나가는 방법
> ② 새로운 자료나 주제를 내보이거나 발표한 후 참석자로 하여금 문제나 의견을 제시하게 하고 다시 깊이 있게 토론해 나가는 방법

12

재해로 인한 직접비용으로 8,000만 원이 산재보상비로 지급되었다면 하인리히 방식에 따를 때 총 손실비용은 얼마인가?

① 16,000만 원
② 24,000만 원
③ 32,000만 원
④ 40,000만 원

> **하인리히(H.W.Heinrich) 방식 (1:4원칙)**
> ① 직접손실비용 : 간접손실비용 = 1 : 4 (1대 4의 경험법칙)
> ② 총재해손실비용 = 직접비 + 간접비 = 직접비 × 5
> ③ 총재해손실비용 = 8,000만 원 × 5 = 40,000만 원

13

산업안전보건법령상 안전·보건표지에 있어 경고표지의 종류 중 기본모형이 다른 것은?

① 매달린물체 경고
② 폭발성물질 경고
③ 고압전기 경고
④ 방사성물질 경고

> 폭발성물질 경고는 마름모 형태이며, 나머지 보기는 삼각형 형태의 기본모형이다.

14

베어링을 생산하는 사업장에 300명의 근로자가 근무하고 있다. 1년에 21건의 재해가 발생하였다면 이 사업장에서 근로자 1명이 평생 작업 시 약 몇 건의 재해를 당할 수 있겠는가? (단, 1일 8시간씩 1년에 300일을 근무하며, 평생근로시간은 10만 시간으로 가정한다.)

① 1건
② 3건
③ 5건
④ 6건

> **환산 빈도율 계산**
> ① 빈도율 = $\dfrac{21}{300 \times 8 \times 300} = 1,000,000 = 29.17$
> ② 환산 빈도율(S) = 빈도율 × $\dfrac{1}{10}$ = 29.17 × $\dfrac{1}{10}$ = 2.92

15

다음 중 브레인스토밍(Brainstorming)기법에 관한 설명으로 옳은 것은?

① 지정된 표현방식을 벗어나 자유롭게 의견을 제시한다.
② 주제와 내용이 다르거나 잘못된 의견은 지적하여 조정한다.
③ 참여자에게는 동일한 횟수의 의견제시 기회가 부여된다.
④ 타인의 의견을 수정하거나 동의하여 다시 제시하지 않는다.

> **브레인스토밍(Brain-storming)**
> (1) 자유분방하게 진행하는 토의식 아이디어 창출법
> (2) B·S 4원칙 : ① 비판금지 ② 자유분방 ③ 대량발언 ④ 수정발언

16

다음 중 산업재해의 원인으로 간접적 원인에 해당되지 않는 것은?

① 기술적 원인
② 물적 원인
③ 관리적 원인
④ 교육적 원인

> 직접원인에는 불안전한 행동(인적 원인)과 불안전한 상태(물적 원인)가 해당된다.

정답 11 ① 12 ④ 13 ② 14 ② 15 ① 16 ②

17
다음 중 하인리히가 제시한 1:29:300의 재해구성비율에 관한 설명으로 틀린 것은?

① 총 사고발생건수는 300건이다.
② 중상 또는 사망은 1회 발생된다.
③ 고장이 포함되는 무상해사고는 300건 발생된다.
④ 인적, 물적 손실이 수반되는 경상이 29건 발생된다.

> **하인리히의 법칙(1 : 29 : 300의 법칙)**
> 330번의 사고가 발생된다면 그 중에 중상이 1건, 경상이 29건, 무상해 사고가 300건 발생한다는 뜻

18
산업안전보건법령상 산업안전보건위원회의 구성원 중 사용자 위원에 해당되지 않는 것은? (단, 해당 위원이 사업장에 선임이 되어 있는 경우에 한한다.)

① 안전관리자 ② 보건관리자
③ 산업보건의 ④ 명예산업안전감독관

> 명예산업안전감독관은 근로자 위원에 해당된다.

19 ★빈출
다음 중 인간의 행동특성에 관한 레빈(Lewin)의 법칙 "$B = f(p \cdot E)$"에서 p에 해당되는 것은?

① 행동 ② 소질
③ 환경 ④ 함수

20
다음 중 산업안전보건법령에 따라 사업주가 안전, 보건조치의무를 이행하지 아니하여 발생한 중대재해가 연간 1건이 발생하였을 경우 조치하여야 하는 사항에 해당하는 것은?

① 보건관리자 선임
② 안전보건 개선계획의 수립
③ 안전관리자의 증원
④ 물질안전보건자료의 작성

> **안전보건 개선계획수립 대상 사업장**
> ① 산업 재해율이 같은 업종의 규모별 평균 산업 재해율보다 높은 사업장
> ② 사업주가 안전보건 조치의무를 이행하지 아니하여 중대재해가 발생한 사업장
> ③ 직업성 질병자가 연간 2명 이상 발생한 사업장
> ④ 유해인자의 노출기준을 초과한 사업장

2과목 인간공학 및 위험성 평가 · 관리

21
화학설비에 대한 안전성 평가 중 정성적 평가방법의 주요 진단 항목으로 볼 수 없는 것은?

① 건조물 ② 취급물질
③ 입지 조건 ④ 공장 내 배치

> **정성적 평가**
> ① 설계관계 : 입지조건, 공장 내의 배치, 건조물, 소방용 설비 등
> ② 운전관계 : 원재료, 중간제품 등의 위험성, 프로세스의 운전조건 수송, 저장 등에 대한 안전대책, 프로세스기기의 선정요건

22
여러 사람이 사용하는 의자의 좌면높이는 어떤 기준으로 설계하는 것이 가장 적절한가?

① 5% 오금 높이 ② 50% 오금 높이
③ 75% 오금 높이 ④ 95% 오금 높이

> **의자의 설계원칙(좌판의 높이)**
> (1) 대퇴부의 압박 방지를 위해 좌판 앞부분은 오금 높이보다 높지 않게 설계(치수는 5%치 사용)
> (2) 좌판의 높이는 개인별로 조절할 수 있도록 하는 것이 바람직
> (3) 사무실 의자의 좌판과 등판 각도
>   ① 좌판각도 : 3°
>   ② 등판각도 : 100°

정답 17① 18④ 19② 20② 21② 22①

23

다음 FT도에서 최소컷셋(Minimal cutset)으로만 올바르게 나열한 것은?

① [X₁]
② [X₁], [X₂]
③ [X₁, X₂, X₃]
④ [X₁, X₂], [X₁, X₃]

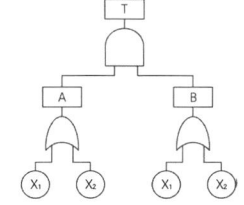

Minimal cut set

① 먼저, cut set을 구하면

T → AB → $\begin{matrix} X_1B \\ X_2B \end{matrix}$ → $\begin{matrix} X_1X_1 \\ X_1X_3 \\ X_2X_1 \\ X_2X_3 \end{matrix}$

② 그러므로, Minimal cut set은 [X₁], [X₂, X₃]

24

한 대의 기계를 120시간 동안 연속 사용한 경우 9회의 고장이 발생하였고, 이때의 총고장수리시간이 18시간이었다. 이 기계의 MTBF(Mean time between failure)는 약 몇 시간인가?

① 10.22
② 11.33
③ 14.27
④ 18.54

평균고장간격(MTBF)

$$MTBF = \frac{1}{고장률(\lambda)} = \frac{총가동시간}{고장건수} = \frac{120-18}{9} = 11.33$$

25

다음 중 정성적 표시장치를 설명한 것으로 적절하지 않은 것은?

① 연속적으로 변하는 변수의 대략적인 값이나 변화추세, 변화율 등을 알고자 할 때 사용된다.
② 정성적 표시장치의 근본 자료 자체는 정량적인 것이다.
③ 색채 부호가 부적합한 경우에는 계기판 표시 구간을 형상 부호화하여 나타낸다.
④ 전력계에서와 같이 기계적 또는 전자적으로 숫자가 표시된다.

정량적 디지털 표시장치

수치를 정확하게 충분히 읽어야 할 경우 기계적 또는 전자적으로 숫자가 표시되는 계수형을 사용한다.

26

FT도 작성에 사용되는 사상 중 시스템의 정상적인 가동상태에서 일어날 것이 기대되는 사상은?

① 통상사상
② 기본사상
③ 생략사상
④ 결함사상

FTA의 논리기호 및 사상기호

명칭	설명
결함사상(사상기호)	기본 고장의 결함으로 이루어진 고장상태를 나타내는 사상(개별적인 결함사상)
기본사상(사상기호)	더 이상 전개되지 않는 기본인 사상 또는 발생 확률이 단독으로 얻어지는 낮은 레벨의 기본적인 사상
생략사상(최후사상)	정보부족 해석기술의 불충분 등으로 더 이상 전개할 수 없는 사상. 작업진행에 따라 해석이 가능할 때는 다시 속행
통상사상(사상기호)	통상의 작업이나 기계의 상태에서 재해의 발생원인이 되는 사상(통상발생이 예상되는 사상)

27

다음 설명 중 ㉠과 ㉡에 해당하는 내용이 올바르게 연결된 것은?

예비위험분석(PHA)의 식별된 4가지 사고 카테고리 중 작업자의 부상 및 시스템의 중대한 손해를 초래하거나 작업자의 생존 및 시스템의 유지를 위하여 즉시 수정 조치를 필요로 하는 상태를 (㉠), 작업자의 부상 및 시스템의 중대한 손해를 초래하지 않고 대처 또는 제어할 수 있는 상태를 (㉡)(이)라 한다.

① ㉠ - 파국적, ㉡ - 중대
② ㉠ - 중대, ㉡ - 파국적
③ ㉠ - 한계적, ㉡ - 중대
④ ㉠ - 중대, ㉡ - 한계적

식별된 사고를 4가지 범주(카테고리)로 분류

파국적	인원의 사망 또는 중상, 또는 완전한 시스템 손실
중대	인원의 상해 또는 중대한 시스템의 손상으로 인원이나 시스템 생존을 위해 즉시 시정조치 필요
한계적	인원의 상해 또는 중대한 시스템의 손상 없이 배제 또는 제어 가능
무시가능	인원의 손상이나 시스템의 손상은 초래하지 않는다.

정답 23 ① 24 ② 25 ④ 26 ① 27 ④

28

다음은 유해·위험방지계획서의 제출에 관한 설명이다. ( )안의 내용으로 옳은 것은?

> 산업안전보건법령상 제출대상 사업으로 제조업의 경우 유해·위험방지계획서를 제출하려면 관련 서류를 첨부하여 해당 작업 시작 (㉠)까지, 건설업의 경우 해당 공사의 착공 (㉡)까지 관련 기관에 제출하여야 한다.

① ㉠ : 15일 전, ㉡ : 전날
② ㉠ : 15일 전, ㉡ : 7일 전
③ ㉠ : 7일 전, ㉡ : 전날
④ ㉠ : 7일 전, ㉡ : 3일 전

> **유해·위험방지계획서**
> 제조업의 경우 제출서류는 작업시작 15일 전까지 공단에 2부를 제출하고, 건설업에 해당하는 대상 사업장일 경우 공사착공 전날까지 공단에 2부를 제출한다.

29

주어진 자극에 대해 인간이 갖는 변화감지역을 표현하는 데에는 웨버(Weber)의 법칙을 이용한다. 이 때 웨버(Weber) 비의 관계식으로 옳은 것은? (단, 변화감지역을 ΔI, 표준자극을 I라 한다.)

① 웨버(Weber) 비 $= \dfrac{\Delta I}{I}$
② 웨버(Weber) 비 $= \dfrac{I}{\Delta I}$
③ 웨버(Weber) 비 $= \Delta I \times I$
④ 웨버(Weber) 비 $= \dfrac{\Delta I - I}{\Delta I}$

> **Weber의 법칙**
> ① 감각기관의 기준자극과 변화감지역의 연관관계
> ② 변화감지역은 사용되는 기준자극의 크기에 비례
> Weber 비 $= \dfrac{\text{변화감지역}}{\text{기준자극 크기}}$
> ③ Weber 비가 작을수록 분별력이 뛰어난 감각이다.

30

시각적 부호의 유형과 내용으로 틀린 것은?

① 임의적 부호 - 주의를 나타내는 삼각형
② 명시적 부호 - 위험 표지판의 해골과 뼈
③ 묘사적 부호 - 보도 표지판의 걷는 사람
④ 추상적 부호 - 별자리를 나타내는 12궁도

> **부호의 유형**
> | | |
> |---|---|
> | 묘사적 부호 | 사물이나 행동을 단순하고 정확하게 묘사(위험 표지판의 걷는 사람, 해골과 뼈 등) |
> | 추상적 부호 | 전언의 기본요소를 도식적으로 압축한 부호(원개념과 약간의 유사성) |
> | 임의적 부호 | 이미 고안되어 있는 부호이므로 학습해야 하는 부호(표지판의 삼각형 : 주의표지, 사각형 : 안내표지 등) |

31

감각저장으로부터 정보를 작업기억으로 전달하기 위한 코드화 분류에 해당되지 않는 것은?

① 시각코드　　② 촉각코드
③ 음성코드　　④ 의미코드

> **작업기억**
> ① 현재 주의를 기울여 의식하고 있는 기억으로 감각기관을 통해 입력된 정보를 단기적으로 기억하며 능동적으로 이해하고 조작하는 과정을 말한다.
> ② 작업기억의 정보는 일반적으로 시각, 음성, 의미코드의 3가지로 코드화된다.

32

다음 중 몸의 중심선으로부터 밖으로 이동하는 신체부위의 동작을 무엇이라 하는가?

① 외전　　② 외선
③ 내전　　④ 내선

> **신체부위의 운동(기본동작)**
> ① 내전(內轉)(adduction) : 몸 중심선으로 향하는 이동
> ② 외전(外轉)(abduction) : 몸 중심선으로부터 멀어지는 이동
> ③ 내선(內旋)(medial rotation) : 몸 중심선으로 향하는 회전
> ④ 외선(外旋)(lateral rotation) : 몸 중심선으로부터 회전

정답 28 ① 29 ① 30 ② 31 ② 32 ①

33

다음 중 인간 에러(human error)에 관한 설명으로 틀린 것은?

① Omission error : 필요한 작업 또는 절차를 수행하지 않는데 기인한 에러
② Commission error : 필요한 작업 또는 절차의 수행지연으로 인한 에러
③ Extraneous error : 불필요한 작업 또는 절차를 수행함으로써 기인한 에러
④ Sequential error : 필요한 작업 또는 절차의 순서착오로 인한 에러

스웨인(A.D.Swain)의 휴먼에러 분류

Omission error	필요한 직무나 단계를 수행하지 않은(생략) 에러
Commission error	직무나 순서 등을 착각하여 잘못 수행(불확실한 수행)한 에러
Sequential error	직무 수행과정에서 순서를 잘못 지켜(순서착오) 발생한 에러
Time error	정해진 시간 내 직무를 수행하지 못하여(수행지연)발생한 에러
Extraneous error	불필요한 직무 또는 절차를 수행하여 발생한 에러

34

다음 중 실효온도(Effective Temperature)에 관한 설명으로 틀린 것은?

① 체온계로 입안의 온도를 측정한 값을 기준으로 한다.
② 실제로 감각되는 온도로서 실감온도라고 한다.
③ 온도, 습도 및 공기 유동이 인체에 미치는 열효과를 나타낸 것이다.
④ 상대습도 100%일 때의 건구온도에서 느끼는 것과 동일한 온감이다.

실효온도[체감온도, 감각온도(Effective Temperature)]
① 영향인자 : ㉠ 온도 ㉡ 습도 ㉢ 공기의 유동(기류)
② ET는 영향인자들이 인체에 미치는 열효과를 하나의 수치로 통합한 경험적 감각지수
③ 상대 습도 100% 일 때 건구온도에서 느끼는 것과 동일한 온감

35

다음 중 감각적으로 물리현상을 왜곡하는 지각현상에 해당되는 것은?

① 주의산만   ② 착각
③ 피로   ④ 무관심

물리현상을 왜곡하는 지각현상을 착각이라 한다.

36

휴식 중 에너지소비량은 1.5kcal/min이고, 어떤 작업의 평균 에너지 소비량이 6kcal/min이라고 할 때, 60분간 총 작업시간 내에 포함되어야 하는 휴식시간은 약 몇 분인가? (단, 기초대사를 포함한 작업에 대한 평균 에너지소비량의 상한은 5kcal/min이다.)

① 10.3   ② 11.3
③ 12.3   ④ 13.3

휴식시간

$$R(분) = \frac{60(E-5)}{E-1.5} = \frac{60(6-5)}{6-1.5} = 13.3(분)$$

37

다음 중 중(重)작업의 경우 작업대의 높이로 가장 적절한 것은?

① 허리 높이보다 0~10cm 정도 낮게
② 팔꿈치 높이보다 10~20cm 정도 높게
③ 팔꿈치 높이보다 15~20cm 정도 낮게
④ 어깨 높이보다 30~40cm 정도 높게

입식 작업대의 높이
경조립 또는 이와 유사한 조작작업은 팔꿈치 높이보다 5~10cm 낮게 하고, 중작업의 경우 15~25cm 정도 낮게 한다.

정답 33 ② 34 ① 35 ② 36 ④ 37 ③

38

조종장치를 촉각적으로 식별하기 위하여 사용되는 촉각적 코드화의 방법으로 옳지 않은 것은?

① 색감을 활용한 코드화
② 크기를 이용한 코드화
③ 조종장치의 형상 코드화
④ 표면 촉감을 이용한 코드화

> **조정장치의 촉각적 암호화의 종류**
> ① 형상 암호화된 조정장치
> ② 표면 촉감을 이용한 조정장치
> ③ 크기를 이용한 조정장치

39

5,000개의 베어링을 품질검사하여 400개의 불량품을 처리하였으나 실제로는 1000개의 불량 베어링이 있었다면 이러한 상황의 HEP(Human error probability)는?

① 0.04
② 0.08
③ 0.12
④ 0.16

> 휴먼에러확률(HEP) = $\dfrac{\text{인간오류의 수}}{\text{전체오류발생 기회의 수}}$
> $= \dfrac{600}{5,000} = 0.12$

40

집단으로부터 얻은 자료를 선택하여 사용할 때에 특정한 설계 문제에 따라 대상 자료를 선택하는 인체 계측자료의 응용원칙 3가지와 거리가 먼 것은?

① 사용빈도에 따른 설계
② 조절범위식 설계
③ 극단치에 속한 사람을 위한 설계
④ 평균치를 기준으로 한 설계

> **인체 계측자료의 응용원칙**
> ① 극단적인 사람을 위한 설계(극단치 설계)
>
> | 구분 | 최대집단치 | 최소집단치 |
> | --- | --- | --- |
> | 개념 | 대상 집단에 대한 인체 측정 변수의 상위 백분위수(percentile)를 기준으로 90, 95, 99%치가 사용 | 관련 인체 측정 변수 분포의 하위 백분위수를 기준으로 1, 5, 10%치가 사용 |
> | 사용 예 | ① 출입문, 통로, 의자사이의 간격 등의 공간 여유의 결정 ② 줄다리기, 그네 등의 지지물의 최소 지지중량 | 선반의 높이 또는 조종장치까지의 거리, 버스나 전철의 손잡이 등의 결정 |
>
> ② 조절범위 : 장비나 설비의 설계에 있어 때로는 여러 사람이 사용가능하도록 조절식으로 하는것이 바람직한 경우도 있다(사무실 의자의 높낮이 조절, 자동차 좌석의 전후조절 등)
> ③ 평균치를 기준으로 한 설계 : 특정 장비나 설비의 경우, 최대집단치나 최소집단치 또는 조절식으로 설계하기가 부적절하거나 불가능할 때(가게나 은행의 계산대 등)

3과목 기계·기구 및 설비 안전 관리

41

비파괴 검사 방법 중 육안으로 결함을 검출하는 시험법은?

① 방사선 투과시험
② 와류 탐상시험
③ 초음파 탐상시험
④ 자분 탐상시험

> **자분 탐상시험**
> ① 결함을 가지고 있는 시험에 적절한 자장을 가해 자속을 흐르게 하여, 결함부에 의해 누설된 누설자속에 의해 생긴 자장에 자분을 흡착시켜 큰 자분 모양으로 나타내어 육안으로 결함을 검출하는 방법
> ② 시험물체가 강자성체가 아니면 적용할 수 없지만 시험물체의 표면에 존재하는 균열과 같은 결함의 검출에 가장 우수한 비파괴 시험 방법

정답 38 ① 39 ③ 40 ① 41 ④

42

산업안전보건법령상 양중기의 과부하방지장치에서 요구하는 일반적인 성능기준으로 가장 적절하지 않은 것은?

① 과부하방지장치 작동 시 경보음과 경보램프가 작동되어야 하며 양중기는 작동이 되지 않아야 한다.
② 외함의 전선 접촉부분은 고무 등으로 밀폐되어 물과 먼지 등이 들어가지 않도록 한다.
③ 과부하방지장치와 타 방호장치는 기능에 서로 장애를 주지 않도록 부착할 수 있는 구조이어야 한다.
④ 방호장치의 기능을 정지 및 제거할 때 양중기의 기능이 동시에 원활하게 작동하는 구조이며 정지해서는 안 된다.

> 방호장치의 기능을 제거 또는 정지할 때 양중기의 기능도 동시에 정지할 수 있는 구조이어야 한다.

43

크레인 로프에 질량 2000kg의 물건을 10m/s²의 가속도로 감아올릴 때, 로프에 걸리는 총 하중은 약 몇 kN인가?

① 39.6
② 29.6
③ 19.6
④ 9.6

> 와이어로프에 걸리는 총하중 계산
> ① 동하중(W_2) = $\frac{W_1}{g} \times a = \frac{2,000}{9.8} \times 10 = 2,040.82$
> ② 총하중(W) = 정하중(W_1) + 동하중(W_2)
> = 2,000 + 2,040.82 = 4,040.82kgf
> ③ 4,040.82kgf × 9.8 = 39,600N = 39.6kN

44

정 작업 시의 작업안전수칙으로 틀린 것은?

① 정 작업 시에는 보안경을 착용하여야 한다.
② 정 작업 시에는 담금질 된 재료를 가공해서는 안된다.
③ 정 작업을 시작할 때와 끝날 무렵에는 세게 친다.
④ 철강재를 정으로 절단 시에는 철편이 날아 튀는 것에 주의한다.

> 정 작업 안전수칙
> ① 정 작업을 할 때에는 반드시 보안경을 착용해야 한다.
> ② 정으로는 담금질 된 재료를 절대로 가공할 수 없다.
> ③ 자르기 시작할 때와 끝날 무렵에는 되도록 세게 치지 않도록 한다.
> ④ 철강재를 정으로 절단할 때는 철편이 튀는 것에 주의한다.

45

산업안전보건 법령에 따라 산업용 로봇의 작동범위에서 그 로봇에 관하여 교시 등의 작업을 할 때 작업 시작 전 점검사항이 아닌 것은?

① 외부 전선의 피복 또는 외장의 손상 유무
② 매니퓰레이터(manipulator) 작동의 이상 유무
③ 제동장치 및 비상정지장치의 기능
④ 윤활유의 상태

> 교시 등의 작업을 하는 경우 작업 시작 전 점검사항
> ① 외부전선의 피복 또는 외장의 손상 유무
> ② 매니퓰레이터(manipulator) 작동의 이상 유무
> ③ 제동장치 및 비상정지장치의 기능

46

다음 중 휴대용 동력 드릴 작업 시 안전사항에 관한 설명으로 틀린 것은?

① 드릴의 손잡이를 견고하게 잡고 작업하여 드릴손잡이 부위가 회전하지 않고 확실하게 제어 가능하도록 한다.
② 절삭하기 위하여 구멍에 드릴날을 넣거나 뺄 때 반발에 의하여 손잡이 부분이 튀거나 회전하여 위험을 초래하지 않도록 팔을 드릴과 직선으로 유지한다.
③ 드릴이나 리머를 고정시키거나 제거하고자 할 때 금속성 망치 등을 사용하여 확실히 고정 또는 제거한다.
④ 드릴을 구멍에 맞추거나 스핀들의 속도를 낮추기 위해서 드릴날을 손으로 잡아서는 안 된다.

> 드릴이나 리머의 고정 및 제거
> 드릴이나 리머를 고정시키거나 제거하고자 할 때는 금속성 물질로 두드리면 변형 및 파손될 우려가 있으므로 고무망치 등을 사용하거나 나무블록 등을 사이에 두고 두드려야 한다.

정답 42 ④ 43 ① 44 ③ 45 ④ 46 ③

47
연삭기에서 숫돌의 바깥지름이 150mm일 경우 평형플랜지 지름은 몇 mm 이상이어야 하는가?

① 30　　　　② 50
③ 60　　　　④ 90

플랜지의 직경
① 플랜지의 직경은 숫돌직경의 1/3 이상인 것을 사용하며 양쪽을 모두 같은 크기로 할 것
② $150 \times \frac{1}{3} = 50(\text{mm})$

48
다음 중 수평거리 20[m], 높이가 5[m]인 경우 지게차의 안정도는 얼마인가?

① 10[%]　　　② 20[%]
③ 25[%]　　　④ 40[%]

지게차의 안정도
안정도 $= \frac{k}{l} \times 100(\%) = \frac{5}{20} \times 100 = 25[\%]$

49
클러치 맞물림 개소수가 4개, 양수기동식 안전장치의 안전거리가 360mm일 때 양손으로 누름단추를 조작하고 슬라이드가 하사점에 도달하기까지의 소요 최대시간은 얼마인가?

① 90ms　　　② 125ms
③ 225ms　　　④ 576ms

양수기동식의 안전거리
$D_m = 1.6 T_m$ 이므로, $T_m = \frac{D_m}{1.6} = \frac{360}{1.6} = 225(\text{ms})$

50
산업안전보건법령상 아세틸렌 용접장치에 관한 설명이다. ( ) 안에 공통으로 들어갈 내용으로 옳은 것은?

- 사업주는 아세틸렌 용접장치의 취관마다 (　　)를 설치하여야 한다.
- 사업주는 가스용기가 발생기와 분리되어 있는 아세틸렌 용접장치에 대하여 발생기와 가스용기 사이에 (　　)를 설치하여야 한다.

① 분기장치　　　② 자동발생 확인장치
③ 유수 분리장치　④ 안전기

아세틸렌 용접장치의 안전기 설치방법
① 취관마다 안전기 설치
② 주관 및 취관에 가장 가까운 분기관마다 안전기 부착
③ 가스용기가 발생기와 분리되어 있는 아세틸렌 용접장치는 발생기와 가스용기 사이에 안전기 설치

51
다음 중 설비의 일반적인 고장형태에 있어 마모고장과 가장 거리가 먼 것은?

① 부품, 부재의 마모
② 열화에 생기는 고장
③ 부품, 부재의 반복피로
④ 순간적 외력에 의한 파손

순간적 외력에 의한 파손은 예측할 수 없는 경우에 발생하는 고장으로 우발고장에 해당된다.

정답 47 ②　48 ③　49 ③　50 ④　51 ④

52

롤러기의 방호장치 설치 시 유의해야 할 사항으로 거리가 먼 것은?

① 손으로 조작하는 급정지장치의 조작부는 롤러기의 전면 및 후면에 각각 1개씩 수평으로 설치하여야 한다.
② 앞면 롤러의 표면 속도가 30m/min 미만인 경우 급정지 거리는 앞면 롤러 원주의 1/2.5 이하로 한다.
③ 작업자의 복부로 조작하는 급정지장치는 높이가 밑면으로부터 0.8m 이상 1.1m 이내에 설치되어야 한다.
④ 급정지장치의 조작부에 사용하는 줄은 사용 중 늘어져서는 안되며, 충분한 인장강도를 가져야 한다.

> **앞면 롤러의 표면속도에 따른 급정지거리**
> ① 30m/분 미만 : 앞면 롤러 원주의 1/3
> ② 30m/분 이상 : 앞면 롤러 원주의 1/2.5

53

회전하는 부분의 접선방향으로 물려 들어갈 위험이 존재하는 점으로 주로 체인, 풀리, 벨트, 기어와 랙 등에서 형성되는 위험점은?

① 끼임점
② 협착점
③ 절단점
④ 접선물림점

> **접선물림점(Tangential Nip-point)**
> ① 회전하는 부분이 접선방향으로 물려 들어가면서 형성
> ② V벨트와 풀리, 기어와 랙, 롤러와 평벨트 등

54

목재가공용 둥근톱의 톱날 지름이 500mm일 경우 분할날의 최소길이는 약 몇 mm인가?

① 462
② 362
③ 262
④ 162

> **분할날의 최소길이**
> ① 분할날은 톱 뒷날의 2/3 이상을 덮도록 하여야 한다.
> ② $(\pi \times 500) \times \frac{1}{4} \times \frac{2}{3} = 261.799 = 262 [mm]$

55

다음 중 선반의 안전장치 및 작업 시 주의사항으로 잘못된 것은?

① 선반의 바이트는 되도록 짧게 물린다.
② 방진구는 공작물의 길이가 지름의 5배 이상일 때 사용한다.
③ 선반의 베드 위에는 공구를 올려놓지 않는다.
④ 칩 브레이커는 바이트에 직접 설치한다.

> **선반 작업 시 안전기준**
> ① 바이트 설치는 반드시 기계 정지 후 실시
> ② 가공물 장착 후에는 척 렌치를 바로 벗겨 놓기
> ③ 바이트는 짧게 장치하고 일감의 길이가 직경의 12배 이상일 때 방진구 사용

56

방호장치를 분류할 때는 크게 위험장소에 대한 방호장치와 위험원에 대한 방호장치로 구분할 수 있는데, 다음 중 위험장소에 대한 방호장치가 아닌 것은?

① 격리형 방호장치
② 접근거부형 방호장치
③ 접근반응형 방호장치
④ 포집형 방호장치

> **포집형 방호장치**
> 위험원에 대한 방호장치로서 연삭숫돌이나 목재가공기계의 칩이 비산할 경우 이를 방지하고 안전하게 칩을 포집하는 방법

57

산업안전보건법령상 지게차의 최대하중의 2배 값이 6톤일 경우 헤드가드의 강도는 몇 톤의 등분포정하중에 견딜 수 있어야 하는가?

① 4
② 6
③ 8
④ 12

> **헤드가드**
> 강도는 지게차의 최대하중의 2배의 값(4톤을 넘는 값에 대해서는 4톤으로 한다)의 등분포정하중에 견딜 수 있는 것일 것

정답 52 ② 53 ④ 54 ③ 55 ② 56 ④ 57 ①

58 ⭐

산업안전보건법상 유해·위험방지를 위한 방호조치를 하지 아니하고는 양도, 대여, 설치 또는 사용에 제공하거나, 양도·대여를 목적으로 진열해서는 아니 되는 기계·기구가 아닌 것은?

① 예초기 ② 진공포장기
③ 원심기 ④ 롤러기

> **유해·위험방지를 위하여 방호조치가 필요한 기계기구 등**
> ① 예초기 ② 원심기 ③ 공기압축기 ④ 금속절단기
> ⑤ 지게차 ⑥ 포장기계(진공포장기, 랩핑기로 한정)

59 ⭐

공사현장에서 가설계단을 설치하는 경우 높이가 3[m]를 초과하는 계단에는 높이 3[m] 이내마다 진행방향으로 길이가 최소 얼마 이상의 계단참을 설치하여야 하는가?

① 3.5[m] ② 2.5[m]
③ 1.2[m] ④ 1.0[m]

> **계단의 안전**
> ① 매제곱미터당 500킬로그램 이상의 하중에 견딜 수 있는 강도를 가진 구조로 설치
> ② 안전율[재료의 파괴응력도와 허용응력도의 비율을 말한다]은 4 이상
> ③ 폭은 1미터 이상이며 손잡이 외 다른 물건 설치, 적재 금지
> ④ 높이가 3미터를 초과하는 계단에 높이 3미터 이내마다 진행방향으로 길이 1.2미터 이상의 계단참 설치
> ⑤ 바닥면으로부터 높이 2미터 이내의 공간에 장애물 없을 것
> ⑥ 높이 1미터 이상인 계단의 개방된 측면에 안전난간 설치

tip
2023년 법령개정. 문제와 해설은 개정된 내용 적용

60

페일 세이프(fail safe)의 기능적인 면에서 분류할 때 거리가 가장 먼 것은?

① Fool proof ② Fail passive
③ Fail active ④ Fail operational

> **Fail safe의 기능면에서의 분류**
>
> | | |
> |---|---|
> | Fail-passive | 부품이 고장났을 경우 통상기계는 정지하는 방향으로 이동(일반적인 산업기계) |
> | Fail-active | 부품이 고장났을 경우 기계는 경보를 울리는 가운데 짧은 시간동안 운전 가능 |
> | Fail-operational | 부품의 고장이 있더라도 기계는 추후 보수가 이루어질 때까지 안전한 기능 유지(병렬구조 등으로 되어 있으며 운전상 가장 선호하는 방법) |

4과목 전기 및 화학설비 안전 관리

61 ⭐

방폭전기기기의 발화도의 온도등급과 최고 표면온도에 의한 폭발성 가스의 분류 표기를 가장 올바르게 나타낸 것은?

① T1 : 450[℃] 이하 ② T2 : 350[℃] 이하
③ T4 : 125[℃] 이하 ④ T6 : 100[℃] 이하

> **전기기기의 최고 표면온도의 분류**
>
> | 온도등급 | T1 | T2 | T3 | T4 | T5 | T6 |
> |---|---|---|---|---|---|---|
> | 최고표면온도(℃) | 450 | 300 | 200 | 135 | 100 | 85 |

62 ⭐

화염일주한계에 대한 설명으로 옳은 것은?

① 폭발성 가스와 공기의 혼합기에 온도를 높인 경우 화염이 발생할 때까지의 시간 한계치
② 폭발성 분위기에 있는 용기의 접합면 틈새를 통해 화염이 내부에서 외부로 전파되는 것을 저지할 수 있는 틈새의 최대간격치
③ 폭발성 분위기 속에서 전기불꽃에 의하여 폭발을 일으킬 수 있는 화염을 발생시키기에 충분한 교류파형의 1주기치
④ 방폭설비에서 이상이 발생하여 불꽃이 생성된 경우에 그것이 점화원으로 작용하지 않도록 화염의 에너지를 억제하여 폭발 하한계로 되도록 화염 크기를 조정하는 한계치

> **안전간격(화염일주한계)**
> 화염이 틈새를 통하여 바깥쪽의 폭발성 가스에 전달되지 않도록 하는 한계의 틈새로, 최소점화에너지 이하로 열을 식혀 안전을 유지하기 위함

정답 58 ④ 59 ③ 60 ① 61 ① 62 ②

63

전격현상의 위험도를 결정하는 인자에 대한 설명으로 틀린 것은?

① 통전전류의 크기가 클수록 위험하다.
② 전원의 종류가 통전시간보다 더욱 위험하다.
③ 전원의 크기가 동일한 경우 교류가 직류보다 위험하다.
④ 통전전류의 크기는 인체의 저항이 일정할 때 접촉 전압에 비례한다.

감전(전격)의 위험요소	
1차적 요소	① 통전전류의 크기 ② 통전시간 ③ 통전경로 ④ 전원의 종류
2차적 요소	① 인체의 조건 ② 통전전압 ③ 계절

64

대지를 접지로 이용하는 이유 중 가장 옳은 것은?

① 대지는 토양의 주성분이 규소(SiO_2)이므로 저항이 영(0)에 가깝다.
② 대지는 토양의 주성분이 산화알미늄(Al_2O_3)이므로 저항이 영(0)에 가깝다.
③ 대지는 철분을 많이 포함하고 있기 때문에 전류를 잘 흘릴 수 있다.
④ 대지는 넓어서 무수한 전류통로가 있기 때문에 저항이 영(0)에 가깝다.

대지를 접지로 이용하는 것은 지구의 표면적이 대단히 넓어 거기에 대단히 많은 전하를 충전할 수 있으며 저항이 작기 때문이다.

65

정전기 발생 원인에 대한 설명으로 옳은 것은?

① 분리속도가 느리면 정전기 발생이 커진다.
② 정전기 발생은 처음 접촉, 분리 시 최소가 된다.
③ 물질 표면이 오염된 표면일 경우 정전기 발생이 커진다.
④ 접촉 면적이 작고 압력이 감소할수록 정전기 발생량이 크다.

정전기 발생의 영향 요인	
물체의 표면상태	① 표면이 매끄러운 것보다 거칠수록 정전기가 크게 발생한다. ② 표면이 수분, 기름 등에 오염되거나 산화(부식)되어 있으면 정전기가 크게 발생한다.
물체의 이력	물체가 이미 대전된 이력이 있을 경우 정전기 발생의 영향이 작아지는 경향이 있다(처음 접촉, 분리 때가 최고이며 반복될수록 감소)
접촉 면적 및 압력	접촉 면적과 압력이 클수록 정전기 발생량이 증가하는 경향이 있다.
분리 속도	분리속도가 클수록 주어지는 에너지가 크게되므로 정전기 발생량도 증가하는 경향이 있다.

66

저압전로의 절연 성능에 관한 사항 중 옳은 것은?

① 전로의 사용전압이 PELV인 경우 DC 시험전압은 250V로 하며, 절연저항은 1.0[M] 이상이어야 한다.
② 전로의 사용전압이 500V 이하인 경우 DC 시험전압은 500V로 하며, 절연저항은 0.5[M]이상이어야 한다.
③ 전로의 사용전압이 FELV인 경우 DC 시험전압은 500V로 하며, 절연저항은 1.0[M] 이상이어야 한다.
④ 전로의 사용전압이 500V 초과인 경우 DC 시험전압은 500V로 하며, 절연저항은 1.0[M] 이상이어야 한다.

저압전로의 절연 성능		
전로의 사용전압(V)	DC 시험전압(V)	절연저항(MΩ 이상)
SELV 및 PELV	250	0.5
FELV, 500V 이하	500	1.0
500V 초과	1,000	1.0

[주] 특별저압(Extra Low Voltage : 2차 전압이 AC 50V, DC 120V 이하)으로 SELV(비접지회로구성) 및 PELV(접지회로 구성)은 1차와 2차가 전기적으로 절연된 회로, FELV는 1차와 2차가 전기적으로 절연되지 않은 회로

67

감전 사고를 일으키는 주된 형태가 아닌 것은?

① 충전전로에 인체가 접촉되는 경우
② 이중절연 구조로 된 전기 기계·기구를 사용하는 경우
③ 고전압의 전선로에 인체가 근접하여 섬락이 발생된 경우
④ 충전 전기회로에 인체가 단락회로의 일부를 형성하는 경우

> **누전차단기 적용 제외**
> ① 이중절연구조 또는 이와 동등 이상으로 보호되는 전기기계·기구
> ② 절연대 위 등과 같이 감전 위험이 없는 장소에서 사용하는 전기기계·기구
> ③ 비접지방식의 전로에 접속하여 사용되는 전기기계·기구

68 빈출

피뢰기가 갖추어야 할 이상적인 성능 중 잘못된 것은?

① 제한전압이 낮아야 한다.
② 반복동작이 가능하여야 한다.
③ 충격방전 개시전압이 높아야 한다.
④ 뇌전류의 방전능력이 크고 속류의 차단이 확실하여야 한다.

> **피뢰기의 구비성능**
> ① 충격방전 개시전압과 제한전압이 낮을 것
> ② 반복동작이 가능할 것
> ③ 뇌전류의 방전능력이 크고 속류차단이 확실할 것
> ④ 점검, 보수가 간단할 것
> ⑤ 구조가 견고하며 특성이 변화하지 않을 것

69

Dalziel에 의하여 동물실험을 통해 얻어진 전류값을 인체에 적용했을 때 심실세동을 일으키는 전기에너지(J)는? (단, 인체 전기 저항은 500Ω으로 보며, 흐르는 전류 $I = \dfrac{165}{\sqrt{T}} mA$ 로 한다.)

① 9.8
② 13.6
③ 19.6
④ 27

> **심실세동 전류**
> $Q = I^2 RT [J/S] = \left(\dfrac{165}{\sqrt{T}} \times 10^{-3}\right)^2 \times 500 \times 1 = 13.6$

70 빈출

인체가 현저하게 젖어있는 상태 또는 금속성의 전기기계 장치나 구조물에 인체의 일부가 상시 접촉되어 있는 상태에서의 허용접촉전압은 일반적으로 몇 V 이하로 하고 있는가?

① 2.5V 이하
② 25V 이하
③ 50V 이하
④ 75V 이하

> **허용접촉전압**
>
> | 종별 | 접촉 상태 | 허용접촉전압 |
> |---|---|---|
> | 제1종 | 인체의 대부분이 수중에 있는 경우 | 2.5V 이하 |
> | 제2종 | • 인체가 현저하게 젖어있는 경우
• 금속성의 전기기계장치나 구조물에 인체의 일부가 상시 접촉되어 있는 경우 | 25V 이하 |
> | 제3종 | 제1종, 제2종 이외의 경우로 통상의 인체상태에 있어서 접촉전압이 가해지면 위험성이 높은 경우 | 50V 이하 |
> | 제4종 | • 제1종, 제2종 이외의 경우로 통상의 인체상태에 있어서 접촉전압이 가해지더라도 위험성이 낮은 경우
• 접촉전압이 가해질 우려가 없는 경우 | 제한없음 |

71 빈출

소화설비의 주된 소화 적용방법의 연결이 옳은 것은?

① 포소화설비 - 질식소화
② 스프링클러소화설비 - 억제소화
③ 이산화탄소소화설비 - 제거소화
④ 할로겐화합물소화설비 - 냉각소화

> **소화 적용방법**
> ① 스프링클러소화설비 - 냉각소화
> ② 이산화탄소소화설비 - 질식, 냉각소화
> ③ 할로겐화합물소화설비 - 연소억제소화

정답 67 ② 68 ③ 69 ② 70 ② 71 ①

72
화재감지기의 종류 중 연기감지기의 작동방식에 해당되는 것은?

① 차동식 ② 보상식
③ 정온식 ④ 이온화식

> **자동화재 탐지 설비(감지기)**
> ① 열감지기 : 차동식 감지기, 정온식 감지기, 보상식 감지기
> ② 연기감지기 : 광전식, 이온화식

tip
감지기란 화재 발생 시 발생하는 열, 연기, 불꽃 또는 연소 생성물을 자동적으로 감지하여 수신기에 발신하는 장치를 말한다.

73
다음 중 폭발범위에 관한 설명으로 틀린 것은?

① 상한값과 하한값이 존재한다.
② 온도에는 비례하지만 압력과는 무관하다.
③ 가연성 가스의 종류에 따라 각각 다른 값을 갖는다.
④ 공기와 혼합된 가연성 가스의 체적 농도로 나타낸다.

> **가스 폭발범위의 영향 요소**
> ① 가스의 온도가 높을수록 폭발범위도 일반적으로 넓어진다.
> ② 가스의 압력이 높아지면 하한값은 큰 변화가 없으나 상한값은 높아진다.

74
다음 중 두 종류 가스가 혼합될 때 폭발 위험이 가장 높은 것은?

① 염소, 아세틸렌 ② CO_2, 염소
③ 암모니아, 질소 ④ 질소, CO_2

> **불활성화(inerting)**
> 혼합가스의 폭발을 방지하기 위한 불활성화(inerting)작업을 할 때 질소, 이산화탄소 및 수증기 등을 불활성가스로 사용한다.

75
다음 중 분진의 폭발위험성을 증대시키는 조건에 해당하는 것은?

① 분진의 발열량이 작을수록
② 분위기 중 산소 농도가 작을수록
③ 분진 내의 수분 농도가 작을수록
④ 표면적이 입자체적에 비교하여 작을수록

> 분진 내의 수분은 분진의 부유성을 억제하므로 농도가 작을수록 폭발 위험성은 증대된다.

76
다음 중 가연성 물질이 연소하기 쉬운 조건으로 옳지 않은 것은?

① 연소 발열량이 클 것
② 점화에너지가 작을 것
③ 산소와 친화력이 클 것
④ 입자의 표면적이 작을 것

> **가연물의 구비조건**
> ① 산소와 친화력이 좋고 표면적이 넓을 것
> ② 반응열(발열량)이 클 것
> ③ 열전도율이 작을 것
> ④ 활성화 에너지가 작을 것

77 ⭐
가연성 가스 A의 연소범위를 2.2~9.5vol%라고 할 때 가스 A의 위험도는 약 얼마인가?

① 2.52 ② 3.32
③ 4.91 ④ 5.64

> **위험도(H)**
> $$H = \frac{UFL - LFL}{LFL} = \frac{9.5 - 2.2}{2.2} = 3.318$$

정답 72 ④ 73 ② 74 ① 75 ③ 76 ④ 77 ②

78
다음 중 스프링식 안전밸브를 대체할 수 있는 안전장치는?

① 캡(cap)
② 파열판(rupture disk)
③ 게이트밸브(gate valve)
④ 벤트스텍(vent stack)

> **안전밸브의 종류**
> ① 스프링식
> ② 파열판식
> ③ 중추식
> ④ 가용전식(가용합금식)

79
산업안전보건법령상 특수화학설비 설치 시 반드시 필요한 장치가 아닌 것은?

① 원재료 공급의 긴급차단장치
② 즉시 사용할 수 있는 예비동력원
③ 화재 시 긴급대응을 위한 물분무소화장치
④ 온도계·유량계·유압계 등의 계측장치

> **특수화학설비의 안전조치 사항**
> (1) 계측장치의 설치(내부 이상상태의 조기파악)
> ① 온도계 ② 유량계 ③ 압력계 등
> (2) 자동경보장치의 설치 : 내부 이상상태의 조기파악
> (3) 긴급차단장치의 설치 : 폭발, 화재 또는 위험물 누출 방지
> (4) 예비동력원의 준수사항

80
단위공정시설 및 설비로부터 다른 단위공정 시설 및 설비 사이의 안전거리는 설비의 바깥면부터 얼마 이상이 되어야 하는가?

① 5m
② 10m
③ 15m
④ 20m

> **안전거리**
>
> | 구분 | 안전거리 |
> | --- | --- |
> | 단위공정시설 및 설비로부터 다른 단위공정시설 및 설비의 사이 | 설비의 외면으로부터 10미터 이상 |
> | 플레어스택으로부터 단위공정시설 및 설비, 위험물질 저장탱크 또는 위험물질 하역설비의 사이 | 플레어스택으로부터 반경 20미터 이상 |
> | 위험물질 저장탱크로부터 단위공정시설 및 설비, 보일러 또는 가열로의 사이 | 저장탱크의 외면으로부터 20미터 이상 |
> | 사무실·연구실·실험실·정비실 또는 식당으로부터 단위공정시설 및 설비, 위험물질 저장탱크, 위험물질 하역설비, 보일러 또는 가열로의 사이 | 사무실 등의 외면으로부터 20미터 이상 |

5과목 건설공사 안전 관리

81
위험방지를 위해 철골작업을 중지하여야 하는 기준으로 옳은 것은?

① 풍속이 초당 1[m] 이상인 경우
② 강우량이 시간당 1[cm] 이상인 경우
③ 강설량이 시간당 1[cm] 이상인 경우
④ 10분간 평균풍속이 초당 5[m] 이상인 경우

> **철골작업 안전기준(작업의 제한)**
> ① 풍속 : 초당 10m 이상인 경우
> ② 강우량 : 시간당 1mm 이상인 경우
> ③ 강설량 : 시간당 1cm 이상인 경우

82
중량물을 운반할 때의 바른 자세로 옳은 것은?

① 허리를 구부리고 양손으로 들어올린다.
② 중량은 보통 체중의 60%가 적당하다.
③ 물건은 최대한 몸에서 멀리 떼어서 들어올린다.
④ 길이가 긴 물건은 앞쪽을 높게 하여 운반한다.

> **인력운반작업 준수사항(인양)**
> ① 등은 항상 직립 유지(등을 굽히지 말것), 가능한 한 지면과 수직이 되도록 할 것
> ② 운반의 일반적 하중 기준은 체중의 40(%)의 중량을 유지할 것
> ③ 무릎은 직각자세를 취하고 몸은 가능한 한 인양물에 근접하여 정면에서 인양할 것
> ④ 길이가 긴 물건을 단독으로 어깨에 메고 운반할 때에는 화물 앞부분 끝을 근로자 신장보다 약간 높게하여 모서리, 곡선 등에 충돌하지 않도록 주의할 것

정답 78 ② 79 ③ 80 ② 81 ③ 82 ④

83

콘크리트 타설 시 거푸집 측압에 대한 설명으로 옳지 않은 것은?

① 기온이 높을수록 측압은 크다.
② 타설속도가 클수록 측압은 크다.
③ 슬럼프가 클수록 측압은 크다.
④ 다짐이 과할수록 측압은 크다.

> **측압이 커지는 조건(보기 ②,③,④ 외에)**
> ① 거푸집 수평단면이 클수록
> ② 외기의 온도가 낮을수록
> ③ 거푸집 표면이 평탄할수록
> ④ 철골, 철근량이 적을수록
> ⑤ 콘크리트 시공연도가 좋을수록

84

히빙(heaving) 현상이 가장 쉽게 발생하는 토질지반은?

① 연약한 점토지반
② 연약한 사질토지반
③ 견고한 점토지반
④ 견고한 사질토지반

> **히빙(Heaving)**
> 연약성 점토지반 굴착 시 굴착외측 흙의 중량에 의해 굴착저면의 흙이 활동 전단 파괴되어 굴착내측으로 부풀어 오르는 현상

85

강관을 사용하여 비계를 구성하는 경우 준수하여야 하는 사항으로 옳지 않은 것은?

① 비계기둥의 간격은 띠장 방향에서 1.85m 이하로 할 것
② 비계기둥 간의 적재하중은 300kg을 초과하지 않도록 할 것
③ 비계기둥의 제일 윗부분으로부터 31m 되는 지점 밑부분의 비계기둥은 2개의 강관으로 묶어 세울 것
④ 띠장간격은 2.0m 이하로 설치할 것

> 비계 기둥간 적재 하중은 400kg을 초과하지 아니하도록 할 것

86

안전계수가 4이고 2,000kg/cm²의 인장강도를 갖는 강선의 최대허용응력은?

① 500kg/cm²
② 1,000kg/cm²
③ 1,500kg/cm²
④ 2,000kg/cm²

> **안전계수**
> 안전계수 = $\dfrac{\text{인장강도}}{\text{최대허용응력}}$
> ∴ 최대허용응력 = $\dfrac{2000}{4} = 500\,\text{kg/cm}^2$

87

달비계 설치 시 와이어로프를 사용할 때 사용가능한 와이어로프의 조건은?

① 지름의 감소가 공칭지름의 8[%]인 것
② 이음매가 없는 것
③ 심하게 변형되거나 부식된 것
④ 와이어로프의 한 꼬임에서 끊어진 소선의 수가 10[%]인 것

> **와이어로프의 사용제한 조건**
> ① 이음매가 있는 것
> ② 와이어로프의 한 꼬임(스트랜드)에서 끊어진 소선(필러선 제외)의 수가 10% 이상인 것
> ③ 지름의 감소가 공칭지름의 7%를 초과하는 것
> ④ 꼬인 것
> ⑤ 심하게 변형되거나 부식된 것
> ⑥ 열과 전기충격에 의해 손상된 것

88

사다리식 통로에 대한 설치기준으로 틀린 것은?

① 발판의 간격은 일정하게 할 것
② 발판과 벽과의 사이는 15[cm] 이상의 간격을 유지할 것
③ 사다리식 통로의 길이가 10[m] 이상인 때에는 3[m] 이내마다 계단참을 설치할 것
④ 사다리의 상단은 걸쳐놓은 지점으로부터 60[cm] 이상 올라가도록 할 것

> 사다리식 통로의 길이가 10미터 이상인 경우에는 5미터 이내마다 계단참을 설치할 것

정답 83 ① 84 ① 85 ② 86 ① 87 ② 88 ③

89

근로자가 추락하거나 넘어질 위험이 있는 장소에서 추락방호망의 설치 기준으로 옳지 않은 것은?

① 망의 처짐은 짧은 변 길이의 10% 이상이 되도록 할 것
② 추락방호망은 수평으로 설치할 것
③ 건축물 등의 바깥쪽으로 설치하는 경우 추락방호망의 내민 길이는 벽면으로부터 3m 이상 되도록 할 것
④ 추락방호망의 설치위치는 가능하면 작업면으로부터 가까운 지점에 설치하여야 하며, 작업면으로부터 망의 설치지점까지의 수직거리는 10m를 초과하지 아니할 것

추락방호망의 설치기준
① 추락방호망의 설치위치는 가능하면 작업면으로부터 가까운 지점에 설치하여야 하며, 작업면으로부터 망의 설치지점까지의 수직거리는 10미터를 초과하지 아니할 것
② 추락방호망은 수평으로 설치하고, 망의 처짐은 짧은 변 길이의 12퍼센트 이상이 되도록 할 것
③ 건축물 등의 바깥쪽으로 설치하는 경우 망의 내민 길이는 벽면으로부터 3미터 이상 되도록 할 것

90

토공기계 중 클램쉘(clam shell)의 용도에 대해 가장 잘 설명한 것은?

① 단단한 지반에 작업하기 쉽고 작업속도가 빠르며 특히 암반굴착에 적합하다.
② 수면 하의 자갈, 실트 혹은 모래를 굴착하고 준설선에 많이 사용된다.
③ 상당히 넓고 얕은 범위의 점토질 지반 굴착에 적합하다.
④ 기계 위치보다 높은 곳의 굴착, 비탈면 절취에 적합하다.

클램쉘(Clam Shell)
① 지반 아래 협소하고 깊은 수직굴착에 주로 사용(수중굴착 및 구조물 기초바닥, 우물통 기초의 내부굴착 등)
② Bucket이 양쪽으로 개폐되며 Bucket을 열어서 굴삭
③ 모래, 자갈 등을 채취하여 트럭에 적재

91

차량계 건설기계 작업 시 기계의 전도, 전락 등에 의한 근로자의 위험을 방지하기 위한 유의사항과 거리가 먼 것은?

① 지반의 부동침하방지
② 갓길의 붕괴방지
③ 도로의 폭 유지
④ 변속기능의 유지

차량계 건설기계 전도 등의 방지 조치
① 유도하는 사람 배치
② 지반의 부동침하방지
③ 갓길의 붕괴방지
④ 도로 폭의 유지

92

가설구조물이 갖추어야 할 구비요건과 가장 거리가 먼 것은?

① 영구성
② 경제성
③ 작업성
④ 안전성

가설구조물의 구비요건

안전성	파괴 및 도괴 등에 대한 충분한 강도를 가질 것
작업성(시공성)	넓은 작업발판 및 공간확보. 안전한 작업자세 유지
경제성	가설, 철거비 및 가공비 등

93

굴착공사에 있어서 비탈면붕괴를 방지하기 위하여 행하는 대책이 아닌 것은?

① 지표수의 침투를 막기 위해 표면배수공을 한다.
② 지하수위를 내리기 위해 수평배수공을 설치한다.
③ 비탈면 하단을 성토한다.
④ 비탈면 상부에 토사를 적재한다.

붕괴 예방대책
① 적절한 경사면 기울기 계획
② 지표수 또는 지하수위의 관리를 위한 표면 배수공 및 수평배수공 설치
③ 비탈면 상부의 토사(활동성 토석)의 제거 및 하단 성토
④ 경사면 하단부: 압성토 등 보강공법으로 활동에 대한 저항대책 강구 등

정답 89 ① 90 ② 91 ④ 92 ① 93 ④

94

터널작업 시 자동경보장치에 대하여 당일의 작업 시작 전 점검하여야 할 사항으로 틀린 것은?

① 검지부의 이상 유무
② 조명시설의 이상 유무
③ 경보장치의 작동 상태
④ 계기의 이상 유무

> 자동경보 장치의 작업시작 전 점검사항
> ① 계기의 이상 유무
> ② 검지부의 이상 유무
> ③ 경보장치의 작동 상태

95

유해·위험방지계획서를 제출해야 할 대상 공사의 조건으로 옳지 않은 것은?

① 터널 건설 등의 공사
② 최대지간 길이가 50m 이상인 교량건설 등 공사
③ 다목적댐·발전용댐 및 저수용량 2천만톤 이상의 용수전용댐, 지방상수도 전용 댐 건설 등의 공사
④ 깊이가 5m 이상인 굴착공사

> 유해위험 방지계획서 제출 대상(보기 ①,②,③ 외에)
> ① 지상높이가 31미터 이상인 건축물 또는 인공구조물, 연면적 3만제곱미터 이상인 건축물 또는 연면적 5천제곱미터 이상의 문화 및 집회시설, 판매시설, 운수시설, 종교시설, 의료시설 중 종합병원, 숙박시설 중 관광숙박시설 또는 지하도 상가의 건설·개조 또는 해체
> ② 연면적 5천제곱미터 이상의 냉동·냉장창고시설의 설비공사 및 단열공사
> ③ 깊이 10미터 이상인 굴착공사

96

근로자의 추락 등의 위험을 방지하기 위한 안전난간의 설치기준으로 옳지 않은 것은?

① 상부 난간대와 중간 난간대는 난간 길이 전체에 걸쳐 바닥면 등과 평행을 유지할 것
② 발끝막이판은 바닥면 등으로부터 20cm 이하의 높이를 유지할 것
③ 난간대는 지름 2.7cm 이상의 금속제 파이프나 그 이상의 강도가 있는 재료일 것
④ 안전난간은 구조적으로 가장 취약한 지점에서 가장 취약한 방향으로 작용하는 100kg 이상의 하중에 견딜 수 있는 튼튼한 구조일 것

> 발끝막이판은 바닥면 등으로부터 10센티미터 이상의 높이를 유지할 것

97

산업안전보건기준에 관한 규칙에 따른 암반 중 풍화암 굴착 시 굴착면의 기울기 기준으로 옳은 것은?

① 1 : 1.5
② 1 : 0.3
③ 1 : 1.0
④ 1 : 0.5

> 굴착면 기울기 기준
>
> | 지반의 종류 | 모래 | 연암 및 풍화암 | 경암 | 그 밖의 흙 |
> | --- | --- | --- | --- | --- |
> | 굴착면의 기울기 | 1 : 1.8 | 1 : 1.0 | 1 : 0.5 | 1 : 1.2 |

tip
2023년 법령개정. 문제와 해설은 개정된 내용 적용

98

흙막이공의 파괴 원인 중 하나인 보일링(boiling) 현상에 관한 설명으로 틀린 것은?

① 지하수위가 높은 지반을 굴착할 때 주로 발생한다.
② 연약 사질토 지반에서 주로 발생한다.
③ 시트파일(sheet pile) 등의 지면에 분사현상이 발생한다.
④ 연약 점토지반에서 굴착면의 융기로 발생한다.

> 연약성 점토지반 굴착 시 굴착외측 흙의 중량에 의해 굴착저면의 흙이 활동 전단 파괴되어 굴착내측으로 부풀어 오르는 현상은 히빙현상에 해당된다.

정답 94② 95④ 96② 97③ 98④

99

산업안전보건법상 차량계 하역운반기계 등에 단위화물의 무게가 100kg 이상인 화물을 싣는 작업 또는 내리는 작업을 하는 경우에 해당 작업 지휘자가 준수하여야 할 사항과 가장 거리가 먼 것은?

① 작업순서 및 그 순서마다의 작업방법을 정하고 작업을 지휘할 것
② 기구와 공구를 점검하고 불량품을 제거할 것
③ 대피방법을 미리 교육할 것
④ 로프 풀기 작업 또는 덮개 벗기기 작업은 적재함의 화물이 떨어질 위험이 없음을 확인한 후에 하도록 할 것

중량물 취급 시 작업지휘자 준수사항(보기 ①,②,④ 외에)
해당 작업을 하는 장소에 관계 근로자가 아닌 사람이 출입하는 것을 금지시킬 것

100

다음 중 인력운반 작업 시 안전수칙으로 적절하지 않은 것은?

① 물건을 들어 올릴 때는 팔과 무릎을 사용하고 허리를 구부린다.
② 운반 대상물의 특성에 따라 필요한 보호구를 확인, 착용한다.
③ 화물에 가능한 한 접근하여 화물의 무게중심을 몸에 가까이 밀착시킨다.
④ 무거운 물건을 공동 작업으로 하고 보조기구를 이용한다.

인력운반작업 준수사항(인양)
① 운반의 일반적 하중 기준은 체중의 40(%)의 중량을 유지할 것
② 등은 항상 직립 유지(허리를 굽히지 말 것), 가능한 한 지면과 수직이 되도록 할 것
③ 무릎은 직각자세를 취하고 몸은 가능한 한 인양물에 근접하여 정면에서 인양할 것
④ 팔은 몸에 밀착시키고 끌어당기는 자세를 취하며 가능한 한 수평거리를 짧게 할 것
⑤ 길이가 긴 물건을 단독으로 어깨에 메고 운반할 때에는 화물 앞부분 끝을 근로자 신장보다 약간 높게하여 모서리, 곡선 등에 충돌하지 않도록 주의할 것

정답 99 ③ 100 ①

2021년 8월 8일~8월 18일 | CBT 기출복원문제

1과목 산업재해 예방 및 안전보건교육

01

데이비스(K. Davis)의 동기부여이론 등식으로 옳은 것은?

① 지식 × 기능 = 태도
② 지식 × 상황 = 동기유발
③ 능력 × 상황 = 인간의 성과
④ 능력 × 동기유발 = 인간의 성과

> **데이비스의 동기부여이론**
> ① 인간의 성과×물적인 성과 = 경영의 성과
> ② 지식(knowledge) × 기능(skill) = 능력(ability)
> ③ 상황(situation) × 태도(attitude) = 동기유발(motivation)
> ④ 능력(ability) × 동기유발(motivation) = 인간의 성과(human performance)

02

리더쉽의 유형에 해당되지 않는 것은?

① 권위형
② 민주형
③ 자유방임형
④ 혼합형

> **리더십의 유형**
> ① 독재적(권위주의적) 리더십(맥그리거의 X이론 중심)
> ② 민주적 리더십(맥그리거의 Y이론 중심)
> ③ 자유방임형(개방적) 리더십

03 ★빈출

산업안전보건법령상 근로자 안전보건교육에서 채용 시 교육 및 작업내용 변경 시 교육내용에 해당하지 않는 것은?

① 위험성 평가에 관한 사항
② 산업보건 및 건강장해 예방에 관한 사항
③ 물질안전보건자료에 관한 사항
④ 작업공정의 유해·위험과 재해 예방대책에 관한 사항

> **근로자 채용 시 교육 및 작업내용변경 시 교육내용**
> ① 물질안전보건자료에 관한 사항
> ② 기계·기구의 위험성과 작업의 순서 및 동선에 관한 사항
> ③ 정리정돈 및 청소에 관한 사항
> ④ 작업 개시 전 점검에 관한 사항
> ⑤ 사고발생 시 긴급조치에 관한 사항
> ⑥ 산업보건 및 건강장해 예방에 관한 사항
> ⑦ 직무스트레스 예방 및 관리에 관한 사항
> ⑧ 산업안전보건법령 및 산업재해보상보험 제도에 관한 사항
> ⑨ 산업안전 및 산업재해 예방에 관한 사항(화재·폭발 사고 발생 시 대피에 관한 사항을 포함)
> ⑩ 직장 내 괴롭힘, 고객의 폭언 등으로 인한 건강장해 예방 및 관리에 관한 사항
> ⑪ 위험성 평가에 관한 사항

tip
2025년 법령개정. 문제와 해설은 개정된 내용 적용

정답 01 ④ 02 ④ 03 ④

04 ⭐

산업안전보건법령상 근로자 안전 보건교육의 교육시간에 관한 설명으로 틀린 것은?

① 판매 업무에 직접 종사하는 근로자의 정기교육은 매반기 6시간 이상이다.
② 일용근로자 및 근로계약기간이 1주일 이하인 기간제근로자의 작업내용 변경 시 교육은 2시간 이상이다.
③ 건설일용근로자의 건설업 기초 안전·보건교육은 4시간 이상이다.
④ 근로계약기간이 1주일 초과 1개월 이하인 기간제근로자의 채용 시 교육은 4시간 이상이다.

근로자 안전보건 교육 시간(특별교육은 생략)

교육과정	교육대상		교육시간
가. 정기교육	사무직 종사 근로자		매반기 6시간 이상
	그 밖의 근로자	판매업무에 직접 종사하는 근로자	매반기 6시간 이상
		판매업무에 직접 종사하는 근로자 외의 근로자	매반기 12시간 이상
나. 채용 시 교육	일용근로자 및 근로계약기간이 1주일 이하인 기간제근로자		1시간 이상
	근로계약기간이 1주일 초과 1개월 이하인 기간제근로자		4시간 이상
	그 밖의 근로자		8시간 이상
다. 작업내용 변경 시 교육	일용근로자 및 근로계약기간이 1주일 이하인 기간제근로자		1시간 이상
	그 밖의 근로자		2시간 이상
마. 건설업 기초안전·보건교육	건설 일용근로자		4시간 이상

tip
2023년 법령개정. 문제와 해설은 개정된 내용 적용.

05

다음 중 무재해운동의 기본이념 3원칙 중 '선취의 원칙'을 가장 적절하게 설명한 것은?

① 모든 재해에는 손실이 발생하므로 사업주는 근로자의 안전을 보장하여야 한다는 것을 전제로 한다.
② 위험을 발견, 제거하기 위하여 전원이 참가, 협력하여 각자의 위치에서 의욕적으로 문제해결을 실천하는 것을 뜻한다.
③ 직장 내의 모든 잠재위험요인을 적극적으로 사전에 발견, 파악, 해결함으로써 뿌리에서부터 산업재해를 제거하는 것을 말한다.
④ 무재해, 무질병의 직장을 실현하기 위하여 직장의 위험요인을 행동하기 전에 예지하여 발견, 파악, 해결함으로써 재해발생을 예방하거나 방지하는 것을 말한다.

무재해운동의 3대 원칙

무의 원칙	무재해란 단순히 사망재해나 휴업재해만 없으면 된다는 소극적인 사고가 아닌, 사업장 내의 모든 잠재위험요인을 적극적으로 사전에 발견하고 파악·해결함으로써 산업재해의 근원적인 요소들을 없앤다는 것을 의미한다.
선취의 원칙	무재해운동에 있어서 안전제일이란 안전한 사업장을 조성하기 위한 궁극의 목표로서 사업장 내에서 행동하기 전에 잠재위험요인을 발견하고 파악·해결하여 재해를 예방하는 것을 의미한다.
참가의 원칙	무재해운동에서 참여란 작업에 따르는 잠재위험요인을 발견하고 파악·해결하기 위하여 전원이 일치 협력하여 각자의 위치에서 적극적으로 문제해결을 하겠다는 것을 의미한다.

06

다음 중 안전관리조직의 참모식(staff형) 장점이 아닌 것은?

① 경영자의 조언과 자문역할을 한다.
② 안전정보 수집이 용이하고 빠르다.
③ 안전에 관한 명령과 지시는 생산라인을 통해 신속하게 전달한다.
④ 안전전문가가 안전계획을 세워 문제해결 방안을 모색하고 조치한다.

안전보건관리업무를 생산라인을 통하여 이루어지도록 편성된 조직은 라인형 조직이다.

정답 04 ② 05 ④ 06 ③

07

다음 중 산업안전보건법령상 안전관리자의 업무에 해당되지 않은 것은?

① 업무수행 내용의 기록·유지
② 해당 사업장 보건교육계획의 수립 및 보건교육 실시에 관한 보좌 및 지도·조언
③ 산업재해에 관한 통계의 유지·관리·분석을 위한 보좌 및 지도·조언
④ 법 또는 법에 따른 명령으로 정한 안전에 관한 사항의 이행에 관한 보좌 및 지도·조언

> 해당 사업장 보건교육계획의 수립 및 보건교육 실시에 관한 보좌 및 지도·조언은 보건관리자의 업무에 해당되는 내용

08

산업안전보건 법령에 따라 자율검사프로그램을 인정받기 위한 충족 요건으로 틀린 것은?

① 관련법에 따른 검사원을 고용하고 있을 것
② 관련법에 따른 검사주기마다 검사를 할 것
③ 자율검사프로그램의 검사기준이 안전검사 기준에 충족할 것
④ 검사를 할 수 있는 장비를 갖추고 이를 유지·관리할 수 있을 것

> 자율검사프로그램의 인정 요건
> ① 자격을 갖춘 검사원을 고용하고 있을 것
> ② 검사를 실시할 수 있는 장비를 갖추고 이를 유지·관리할 수 있을 것
> ③ 안전검사 주기에 따른 검사주기의 2분의 1에 해당하는 주기(크레인 중 건설현장 외에서 사용하는 크레인의 경우에는 6개월)마다 검사를 실시할 것
> ④ 자율검사프로그램의 검사 기준이 안전검사기준을 충족할 것

09

안전모의 시험성능기준 항목이 아닌 것은?

① 내관통성
② 충격흡수성
③ 내구성
④ 난연성

> 안전모의 성능기준
> ① 내관통성 ② 충격흡수성 ③ 내전압성
> ④ 내수성   ⑤ 난연성   ⑥ 턱끈풀림

10

다음 중 방진마스크의 구비 조건으로 적절하지 않은 것은?

① 흡기밸브는 미약한 호흡에 대하여 확실하고 예민하게 작동하도록 할 것
② 쉽게 착용되어야 하고, 착용하였을 때 안면부가 안면에 밀착되어 공기가 새지 않을 것
③ 여과재는 여과성능이 우수하고 인체에 장해를 주지 않을 것
④ 흡·배기 밸브는 외부의 힘에 의하여 손상되지 않도록 흡·배기 저항이 높을 것

> 방진마스크의 구비조건(선정기준)
> ① 여과 효율이 좋을 것
> ② 흡배기 저항이 낮을 것
> ③ 사용적이 적을 것
> ④ 중량이 가벼울 것
> ⑤ 시야가 넓을 것
> ⑥ 안면 밀착성이 좋을 것
> ⑦ 피부 접촉 부위의 고무질이 좋을 것

11

교육훈련 방법 중 OJT(On the Job Training)의 특징으로 옳지 않은 것은?

① 동시에 다수의 근로자들을 조직적으로 훈련이 가능하다.
② 개개인에게 적절한 지도 훈련이 가능하다.
③ 훈련 효과에 의해 상호 신뢰 및 이해도가 높아진다.
④ 직장의 실정에 맞게 실제적 훈련이 가능하다.

> OJT의 특징
> ① 직장의 현장실정에 맞는 구체적이고 실질적인 교육이 가능하다.
> ② 교육의 효과가 업무에 신속하게 반영된다.
> ③ 교육으로 인해 업무가 중단되는 업무손실이 적다.
> ④ 개인의 능력과 적성에 알맞은 맞춤교육이 가능하다.

정답 07 ② 08 ② 09 ③ 10 ④ 11 ①

12

기업 내 정형교육 중 TWI(Training Within Industry)의 교육 내용에 있어 직장 내 부하 직원에 대하여 가르치는 기술과 관련이 가장 깊은 기법은?

① JIT(Job Instruction Training)
② JMT(Job Method Training)
③ JRT(Job Relation Training)
④ JST(Job Safety Training)

> **TWI(Training with industry)교육과정**
> ① Job Method Training(J.M.T): 작업방법훈련(작업개선법)
> ② Job Instruction Training(J.I.T): 작업지도훈련(작업지도법)
> ③ Job Relations Training(J.R.T): 인간관계훈련(부하통솔법)
> ④ Job Safety Training(J.S.T): 작업안전훈련(안전관리법)

13

다음 중 참가자에 일정한 역할을 주어 실제적으로 연기를 시켜봄으로써 자기의 역할을 보다 확실히 인식할 수 있도록 체험학습을 시키는 교육방법은?

① Role playing
② Brain storming
③ Action playing
④ Fish Bowl playing

> **Role playing(역할 연기법)**
> ① 참석자가 정해진 역할을 직접 연기해 본 후 함께 토론해보는 방법
> ② 흥미 유발, 태도 변용에 도움

14

안전보건교육의 교육지도 원칙에 해당되지 않은 것은?

① 피교육자 중심의 교육을 실시한다.
② 동기부여를 한다.
③ 5관을 활용한다.
④ 어려운 것부터 쉬운 것으로 시작한다.

> **안전보건교육의 기본적인 지도원리(지도8원칙)**
> ① 피교육자 중심 교육(상대방의 입장에서)
> ② 동기부여를 중요하게
> ③ 쉬운 부분에서 어려운 부분으로 진행
> ④ 반복에 의한 습관화 진행
> ⑤ 인상의 강화(사실적 구체적인 진행)
> ⑥ 오관(감각기관)의 활용
> ⑦ 기능적인 이해(Functional understanding)(요점위주로 교육)
> ⑧ 한 번에 한 가지씩 교육(교육의 성과는 양보다 질을 중시)

15

재해손실비의 평가방식 중 시몬즈(R.H. Simonds)방식에 의한 계산방법으로 옳은 것은?

① 직접비 + 간접비
② 공동비용 + 개별비용
③ 보험코스트 + 비보험코스트
④ (휴업상해건수 × 관련비용 평균치) + (통원상해건수 × 관련비용 평균치)

> **Simonds and Grimaldi 방식**
> 총 재해 비용 산출방식
> = 보험 Cost + 비 보험 Cost
> = 산재보험료 + A × (휴업상해건수) + B × (통원상해건수)
> 　+ C × (응급처치건수) + D × (무상해사고건수)

16

산업안전보건법령상 안전보건표지의 종류 중 경고표지에 해당하지 않는 것은?

① 레이저광선 경고
② 급성독성물질 경고
③ 매달린 물체 경고
④ 차량통행 경고

> **금지표지의 종류**
> ① 출입금지　② 보행금지　③ 차량통행금지
> ④ 사용금지　⑤ 탑승금지　⑥ 금연
> ⑦ 화기금지　⑧ 물체이동금지

정답　12 ①　13 ①　14 ④　15 ③　16 ④

17

연평균 500명의 근로자가 근무하는 사업장에서 지난 한 해 동안 20명의 재해자가 발생하였다. 만약 이 사업장에서 한 근로자가 평생 동안 작업을 한다면 약 몇 건의 재해를 당할 수 있겠는가? (단, 1인당 평생근로시간은 120,000시간으로 한다.)

① 1건 ② 2건
③ 4건 ④ 6건

환산 도수율(F)

① 연천인율 = 도수율 × 2.4
② $F = 도수율 \times \dfrac{120{,}000}{1{,}000{,}000} = \dfrac{40}{2.4} \times \dfrac{120{,}000}{1{,}000{,}000} = 2(건)$

18

각자가 위험에 대한 감수성 향상을 도모하기 위하여 삼각 및 원 포인트 위험예지훈련을 실시하는 것은?

① 1인 위험예지훈련
② 자문자답 위험예지훈련
③ TBM 위험예지훈련
④ 시나리오 역할연기훈련

1인 위험예지훈련

① 위험요인에 대한 감수성을 향상시키기 위해 원포인트 및 삼각위험 예지 훈련을 통합한 활용기법
② 한사람 한사람이 같은 도해로 4라운드까지 1인 위험 예지훈련을 실시한 후 리더의 사회로 결과에 대하여 서로 발표하고 토론함으로써 위험요소를 발견·파악한 후 해결능력을 향상시키는 훈련

19

다음 중 점검 시기에 따른 안전점검의 종류로 볼 수 없는 것은?

① 수시점검 ② 외관점검
③ 정기점검 ④ 일상점검

안전점검의 종류(점검주기에 의한 종류)

일상점검 (수시점검)	작업 시작 전이나 사용 전 또는 작업중에 일상적으로 실시하는 점검으로 작업담당자, 감독자가 실시하고 결과를 담당 책임자가 확인
정기점검 (계획점검)	1개월, 6개월, 1년 단위로 일정기간마다 정기적으로 점검 (외관, 구조, 기능의 점검 및 분해검사)
임시점검	정기점검 실시후 다음 점검시기 이전에 임시로 실시하는 점검 (기계, 기구, 설비의 갑작스런 이상 발생 시)
특별점검	• 기계, 기구, 설비의 신설변경 또는 고장, 수리 등을 할 경우 • 정기점검기간을 초과하여 사용하지 않던 기계설비를 다시 사용하고자 할 경우 • 강풍(순간풍속 30m/s초과) 또는 지진(중진 이상 지진) 등의 천재지변 후

tip
외관점검은 점검방법에 의한 구분에 해당된다.

20

산업안전보건법령상 사업주에게 안전관리자·보건관리자 또는 안전보건관리담당자를 정수 이상으로 증원하게 하거나 교체하여 임명할 것을 명할 수 있는 경우의 기준 중 다음 ( ) 안에 알맞은 것은?

- 중대재해가 연간 (㉠)건 이상 발생한 경우
- 해당 사업장의 연간재해율이 같은 업종의 평균재해율의 (㉡)배 이상인 경우

① ㉠ 3, ㉡ 2 ② ㉠ 2, ㉡ 3
③ ㉠ 2, ㉡ 2 ④ ㉠ 3, ㉡ 3

안전관리자 증원 교체임명 대상사업장

① 해당 사업장의 연간재해율이 같은 업종의 평균재해율의 2배 이상인 경우
② 중대재해가 연간 2건 이상 발생한 경우.(해당 사업장의 전년도 사망만인율이 같은 업종의 평균 사망만인율 이하인 경우는 제외)
③ 관리자가 질병이나 그 밖의 사유로 3개월 이상 직무를 수행할 수 없게 된 경우
④ 화학적 인자로 인한 직업성질병자가 연간 3명 이상 발생한 경우

정답 17 ② 18 ① 19 ② 20 ③

2과목 인간공학 및 위험성 평가·관리

21

일반적인 화학설비에 대한 안전성 평가(safety assessment) 절차에 있어 안전대책 단계에 해당되지 않는 것은?

① 보전
② 위험도 평가
③ 설비적 대책
④ 관리적 대책

안전성 평가
① 잠재적인 위험성을 평가하는 것은 2단계에서 이루어지며 3단계에서 위험의 등급을 구분한다.
② 안전대책 단계에서는 설비 및 관리적인 대책이 이루어지며, 관리적인 대책에는 보전도 포함된다.

22

강의용 책걸상을 설계할 때 고려해야 할 변수와 적용할 인체측정자료 응용원칙이 적절하게 연결된 것은?

① 의자 높이 – 최대 집단치 설계
② 의자 깊이 – 최대 집단치 설계
③ 의자 너비 – 최대 집단치 설계
④ 책상 높이 – 최대 집단치 설계

책걸상의 설계원칙
책상 및 의자의 높이는 개인별로 조절할 수 있는 조절범위, 의자의 깊이는 최소 집단치 설계가 바람직하다.

23 ★

다음 중 FTA에서 활용하는 최소 컷셋(Minimal cut sets)에 관한 설명으로 옳은 것은?

① 해당 시스템에 대한 신뢰도를 나타낸다.
② 컷셋 중에 타 컷셋을 포함하고 있는 것을 배제하고 남은 컷셋들을 의미한다.
③ 어느 고장이나 에러를 일으키지 않으면 재해가 일어나지 않는 시스템의 신뢰성이다.
④ 기본사상이 일어나지 않을 때 정상사상(Top event)이 일어나지 않는 기본사상의 집합이다.

미니멀 컷셋
컷셋의 집합 중에서 정상사상을 일으키기 위하여 필요한 최소한의 컷셋으로 정상사상인 결함을 발생시키므로 시스템이 고장나는 상황을 나타낸다.

24

FT도에서 ①~⑤ 사상의 발생확률이 모두 0.06일 경우 T사상의 발생 확률은 약 얼마인가?

① 0.00036
② 0.00061
③ 0.142625
④ 0.2262

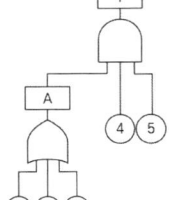

정상사상 발생확률
T = A × ④ × ⑤
A = 1 − (1 − ①)(1 − ②)(1 − ③)
T = {1 − (1 − 0.06)(1 − 0.06)(1 − 0.06)} × 0.06 × 0.06
  = 0.00060989
  ≒ 0.00061

25

날개가 2개인 비행기의 양 날개에 엔진이 각각 2개씩 있다. 이 비행기는 양 날개에서 각각 최소한 1개의 엔진은 작동을 해야 추락하지 않고 비행할 수 있다. 각 엔진의 신뢰도가 각각 0.9이며, 각 엔진은 독립적으로 작동한다고 할 때, 이 비행기가 정상적으로 비행할 신뢰도는 약 얼마인가?

① 0.89
② 0.91
③ 0.94
④ 0.98

신뢰도(Rs) = {1 − (1 − 0.9)(1 − 0.9)} × {1 − (1 − 0.9)(1 − 0.9)}
       = 0.9801

정답 21 ② 22 ③ 23 ② 24 ② 25 ④

26 ⭐

FT도에 사용하는 기호에서 3개의 입력현상 중 임의의 시간에 2개가 발생하면 출력이 생기는 기호의 명칭은?

① 억제 게이트
② 조합 AND 게이트
③ 배타적 OR 게이트
④ 우선적 AND 게이트

> **수정게이트**
> ① 우선적 AND게이트 : 입력사상중 어떤 사상이 다른 사상보다 앞에 일어났을 때 출력사상이 발생한다.
> ② 조합 AND게이트 : 3개 이상의 입력사상 중 어느 것이나 2개가 일어나면 출력이 발생한다.
> ③ 배타적 OR게이트 : OR게이트인데 2개 또는 그 이상의 입력이 존재하는 경우에는 출력이 발생하지 않는다.

27

다음 중 HAZOP 기법에서 사용하는 가이드워드와 그 의미가 잘못 연결된 것은?

① As well as : 성질상의 증가
② More/Less : 정량적인 증가 또는 감소
③ Part of : 성질상의 감소
④ Other than : 기타 환경적인 요인

> **유인어의 의미**
>
> | GUIDE WORD | 의미 |
> | --- | --- |
> | NO 혹은 NOT | 설계의도의 완전한 부정 |
> | REVERSE | 설계의도의 논리적인 역(설계의도와 반대 현상) |
> | OTHER THAN | 완전한 대체의 필요 |

28

산업안전보건법령상 해당 사업주가 유해위험방지계획서를 작성하여 제출해야하는 대상은?

① 시·도지사
② 관할 구청장
③ 고용노동부장관
④ 행정안전부장관

> 사업주는 유해·위험 방지에 관한 사항을 적은 계획서를 작성하여 고용노동부령으로 정하는 바에 따라 고용노동부장관에게 제출하고 심사를 받아야 한다.

29

동작경제의 원칙에 해당하지 않는 것은?

① 공구의 기능을 각각 분리하여 사용하도록 한다.
② 두 팔의 동작은 동시에 서로 반대방향으로 대칭적으로 움직이도록 한다.
③ 공구나 재료는 작업동작이 원활하게 수행되도록 그 위치를 정해준다.
④ 가능하다면 쉽고도 자연스러운 리듬이 작업동작에 생기도록 작업을 배치한다.

> 공구의 기능을 결합하여 사용하도록 한다.

30

3개 공정의 소음수준 측정 결과 1공정은 100dB에서 1시간, 2공정은 95dB에서 1시간, 3공정은 90dB에서 1시간이 소요될 때 총 소음량(TND)과 소음설계의 적합성을 올바르게 나열한 것은? (단, 90dB에 8시간 노출될 때를 허용기준으로 하며, 5dB 증가할 때 허용시간은 1/2로 감소되는 법칙을 적용한다.)

① TND = 0.78, 적합
② TND = 0.88, 적합
③ TND = 0.98, 적합
④ TND = 1.08, 부적합

> **소음 투여량(noise dose)**
> ① OSHA(미 노동부 직업안전 위생국)의 소음의 부분 투여 (80dB-A이하 무시)
>
> 부분투여(%) = $\frac{실제노출시간}{최대허용시간} \times 100$
>
> ② 허용노출수준 : 100%의 소음 투여량
> (총 소음 투여량은 부분투여의 합)
> ③ TND = $\left(\frac{1}{2} + \frac{1}{4} + \frac{1}{8}\right) = 0.88$, 적합성은 1미만이므로 적합

정답 26 ② 27 ④ 28 ③ 29 ① 30 ②

31
다음 중 인간공학에 대한 설명으로 틀린 것은?

① 인간이 사용하는 물건, 설비, 환경의 설계에 적용된다.
② 인간의 생리적, 심리적인 면에서의 특성이나 한계점을 고려한다.
③ 인간을 작업과 기계에 맞추는 설계 철학이 바탕이 된다.
④ 인간 - 기계 시스템의 안전성과 편리성, 효율성을 높인다.

> **인간공학의 정의**
> 인간이 편리하게 사용할 수 있도록 기계 설비 및 환경을 인간에 맞추어 설계하는 과정을 인간공학이라 한다(인간의 편리성을 위한 설계)

32
청각적 자극제시와 이에 대한 음성응답과업에서 갖는 양립성에 해당하는 것은?

① 개념적 양립성
② 운동 양립성
③ 공간적 양립성
④ 양식 양립성

> **양식 양립성**
> 음성과업에서는 청각제시와 음성응답, 공간과업에서는 시각제시와 수동응답이 일반적인 연구결과이다.

33
다음 중 진동의 영향을 가장 많이 받는 인간의 성능은?

① 추적(tracking) 능력
② 감시(monitoring) 작업
③ 반응 시간(reaction time)
④ 형태 식별(pattern recognition)

> 진동은 진폭에 비례하여 추적 능력이 손상되며, 반응 시간, 감시, 형태 식별 등 주로 중앙 신경 처리에 달린 임무는 진동의 영향이 미약하다.

34
신체 부위의 운동에 대한 설명으로 틀린 것은?

① 굴곡(flexion)은 부위간의 각도가 증가하는 신체의 움직임을 의미한다.
② 외전(abduction)은 신체 중심선으로부터 이동하는 신체의 움직임을 의미한다.
③ 내전(adduction)은 신체의 외부에서 중심선으로 이동하는 신체의 움직임을 의미한다.
④ 외선(lateral rotation)은 신체의 중심선으로부터 회전하는 신체의 움직임을 의미한다.

> 관절에서의 각도가 감소하는 것은 굴곡이고, 관절에서의 각도가 증가하는 것은 신전이다.

35
인간의 실수 중 수행해야 할 작업 및 단계를 생략하여 발생하는 오류는?

① Omission error
② Commission error
③ Sequence error
④ Timing error

> **스웨인(A.D.Swain)의 독립행동에 의한 휴먼에러 분류**
>
> | 누락에러 (Omission error) | 필요한 직무나 단계를 수행하지 않은(생략) 에러 |
> | --- | --- |
> | 작위에러 (Commission error) | 직무나 순서 등을 착각하여 잘못 수행(불확실한 수행)한 에러 |
> | 순서에러 (Sequential error) | 직무 수행과정에서 순서를 잘못 지켜(순서착오) 발생한 에러 |
> | 지연에러 (Time error) | 정해진 시간내 직무를 수행하지 못하여(수행지연)발생한 에러 |
> | 불필요한수행에러 (Extraneous error) | 불필요한 직무 또는 절차를 수행하여 발생한 에러(과잉행동에러) |

정답 31 ③ 32 ④ 33 ① 34 ① 35 ①

36
매직넘버라고도 하며 인간이 절대식별 시 작업 기억 중에 유지할 수 있는 항목의 최대수를 나타낸 것은?

① 3±1
② 7±2
③ 10±1
④ 20±2

> Miller는 사람이 절대적 기준으로 확인할 수 있는 단일 차원확인의 전형적 범위로서 "매직 넘버(magic number)"를 제시하였다.

37
다음 중 인체측정과 작업공간의 설계에 관한 설명으로 옳은 것은?

① 구조적 인체 치수는 움직이는 몸의 자세로부터 측정한 것이다.
② 선반의 높이, 조작에 필요한 힘 등을 정할 때에는 인체 측정치의 최대집단치를 적용한다.
③ 수평작업대에서의 정상작업영역은 상완을 자연스럽게 늘어뜨린 상태에서 전완을 뻗어 파악할 수 있는 영역을 말한다.
④ 수평작업대에서의 최대작업영역은 다리를 고정시킨 후 최대한으로 파악할 수 있는 영역을 말한다.

> 수평작업대
>
> | 정상작업역 (표준영역) | 위팔을 자연스럽게 수직으로 늘어뜨리고, 아래팔만으로 편하게 뻗어 파악할 수 있는 영역 |
> |---|---|
> | 최대작업역 (최대영역) | 아래팔과 위팔을 모두 곧게 펴서 파악할 수 있는 영역 |

38 ★빈출
다음 중 작위적 오류(commission error)에 해당되지 않는것은?

① 전선이 바뀌었다.
② 틀린 부품을 사용하였다.
③ 부품이 거꾸로 조립되었다.
④ 부품을 빠뜨리고 조립하였다.

> Swain의 인간실수 분류
> ① 부작위 실수(omission error) : 직무의 한 단계 또는 전체 직무를 누락시킬 때 발생
> ② 작위 실수(commission error) : 직무를 수행하지만 잘못 수행할 때 발생(넓은 의미로 선택착오, 순서착오, 시간착오, 정성적 착오 포함)

39
다음 중 조종장치의 종류에 있어 연속적인 조절에 가장 적합한 형태는?

① 토글 스위치(Toggle switch)
② 푸시 버튼(Push button)
③ 로터리 스위치(Rotary switch)
④ 레버(Lever)

> 조종장치(통제기)의 특성
>
> | | |
> |---|---|
> | 연속적인 조절이 필요한 형태 | ① knob ② crank ③ handle ④ lever ⑤ pedal |
> | 불연속적인 조절이 필요한 상태 | ① hand push button ② foot push button ③ toggle switch ④ rotary switch |
> | 안전장치와 통제장치 | ① push button의 오목면이용 ② toggle switch의 커버설치 ③ 안전장치와 통제장치는 겸하여 설치하는 것이 효율적 |

40
다음 중 인간-기계 시스템에서 기계에 비교한 인간의 장점과 가장 거리가 먼 것은?

① 완전히 새로운 해결책을 찾아낸다.
② 여러 개의 프로그램된 활동을 동시에 수행한다.
③ 다양한 경험을 토대로 하여 의사결정을 한다.
④ 상황에 따라 변화하는 복잡한 자극 형태를 식별한다.

> 인간과 기계의 기능비교
> 기계는 과부하 상태에서도 효율적으로 작동하고, 동시에 여러 가지 작업이 가능하지만, 인간은 과부하 상태에서 중요한 일에만 전념한다.

정답 36 ② 37 ③ 38 ④ 39 ④ 40 ②

3과목 기계·기구 및 설비 안전 관리

41
현장에서 사용 중인 크레인의 거더 밑면에 균열이 발생되어 이를 확인하려고 하는 경우 비파괴검사방법 중 가장 편리한 검사 방법은?

① 초음파탐상검사
② 방사선투과검사
③ 자분탐상검사
④ 액체침투탐상검사

> **액체침투검사(P.T)**
> ① 철강이나 비철을 포함한 모든 재료와 비금속재료의 표면에 열려있는 결함이 존재할 경우
> ② 침투액에 형광물질을 첨가하여 더욱 정확하게 검출할 수도 있다. (형광시험법)

42
기계의 방호장치 중 과도하게 한계를 벗어나 계속적으로 감아올리는 일이 없도록 제한하는 장치는?

① 일렉트로닉 아이
② 권과방지장치
③ 과부하방지장치
④ 해지장치

> **권과방지장치**
> 와이어로프를 감아서 물건을 들어올리는 기계장치(호이스트, 리프트, 크레인 등)에서 로프가 너무 많이 과도하게 감기는 것을 방지하는 장치

43 ⭐빈출
산업안전보건법상 자율안전확인 대상 보호구 중 사용구분에 따른 보안경의 종류에 해당하지 않는 것은?

① 차광보안경
② 유리보안경
③ 프라스틱보안경
④ 도수렌즈보안경

> **보안경(자율안전확인)의 종류 및 사용구분**
>
> | 종류 | 사용구분 |
> | --- | --- |
> | 유리보안경 | 비산물로부터 눈을 보호하기 위한 것으로 렌즈의 재질이 유리인 것 |
> | 프라스틱보안경 | 비산물로부터 눈을 보호하기 위한 것으로 렌즈의 재질이 프라스틱인 것 |
> | 도수렌즈보안경 | 비산물로부터 눈을 보호하기 위한 것으로 도수가 있는 것 |

44
드릴링 머신에서 축의 회전수가 1,000rpm이고, 드릴 지름이 10mm일 때 드릴의 원주 속도는 약 얼마인가?

① 6.28m/min
② 31.4m/min
③ 62.8m/min
④ 314m/min

> **원주속도**
> $$\text{원주속도}(m/min) = \frac{\pi D(\min) N(\mathrm{rpm})}{1{,}000} = \frac{\pi \times 10 \times 1000}{1{,}000}$$
> $$= 31.42 (m/min)$$

45
연삭숫돌의 파괴원인이 아닌 것은?

① 외부의 충격을 받았을 때
② 플랜지가 현저히 작을 때
③ 회전력이 결합력보다 클 때
④ 내·외면의 플랜지 지름이 동일할 때

> **연삭숫돌의 파괴원인**
> ① 숫돌의 회전 속도가 너무 빠를 때
> ② 숫돌 자체에 균열이 있을 때
> ③ 숫돌에 과대한 충격을 가할 때
> ④ 숫돌의 측면을 사용하여 작업할 때
> ⑤ 플랜지가 현저히 작을 때
> ⑥ 숫돌의 치수가 부적당할 때 등

정답 41 ④ 42 ② 43 ① 44 ② 45 ④

46 빈출

다음 중 산업안전보건법령에 따라 산업용 로봇의 사용 및 수리 등에 관한 사항으로 틀린 것은?

① 작업을 하고 있는 동안 로봇의 기동스위치 등에 "작업 중"이라는 표시를 하여야 한다.
② 해당 작업에 종사하고 있는 근로자의 안전한 작업을 위하여 작업종사자 외의 사람이 기동스위치를 조작할 수 있도록 하여야 한다.
③ 로봇을 운전하는 경우에 근로자가 로봇에 부딪칠 위험이 있을 때에는 높이 1.8[m] 이상의 울타리를 설치하거나 안전매트 또는 광전자식 방호장치 등 감응형 방호장치를 설치하는 등의 조치를 하여야 한다.
④ 로봇의 작동범위에서 해당 로봇의 수리·검사·조정·청소·급유 또는 결과에 대한 확인작업을 하는 경우에는 해당 로봇의 운전을 정지함과 동시에 그 작업을 하고 있는 동안 로봇의 기동스위치를 열쇠로 잠근 후 열쇠를 별도 관리하여야 한다.

> **산업용로봇의 안전관리**
> ① 작업에 종사하고 있는 근로자 또는 그 근로자를 감시하는 사람은 이상을 발견하면 즉시 로봇의 운전을 정지시키기 위한 조치를 할 것
> ② 작업을 하고 있는 동안 로봇의 기동스위치 등에 작업 중이라는 표시를 하는 등 작업에 종사하고 있는 근로자가 아닌 사람이 그 스위치 등을 조작할 수 없도록 필요한 조치를 할 것

47 빈출

다음 중 지게차의 작업 상태별 안정도에 관한 설명으로 틀린 것은? (단, V는 최고속도(km/h)이다.)

① 기준 부하상태에서 하역작업 시의 좌우 안정도는 6%이다.
② 기준 부하상태에서 하역작업 시의 전후 안정도는 20%이다.
③ 기준 무부하상태에서 주행 시의 전후 안정도는 18%이다.
④ 기준 무부하상태에서 주행 시의 좌우 안정도는 (15+1.1V)%이다.

> **지게차의 안정도**
> ① 주행 시 전후 안정도 : 18%
> ② 주행 시 좌우 안정도 : (15+1.1V)%
> ③ 하역작업 시 전후 안정도 : 4%(5톤 이상은 3.5%)
> ④ 하역작업 시의 좌우 안정도 : 6%

48

광전자식 방호장치의 광선에 신체의 일부가 감지된 후로부터 급정지기구가 작동개시 하기까지의 시간이 40ms이고, 광축의 설치거리가 96mm일 때 급정지기구가 작동개시한 때로부터 프레스기의 슬라이드가 정지될 때까지의 시간은 얼마인가?

① 15ms ② 20ms
③ 25ms ④ 30ms

> **슬라이드 정지시간**
> 설치거리$(mm) = 1.6(T_L + T_S)$
> $96 = 1.6(40 + T_S)$
> ∴ 시간 $T_S = 20ms$

49

허용응력이 100kgf/mm²이고, 단면적이 2mm²인 강판의 극한하중이 400kgf이라면 안전율은 얼마인가?

① 2 ② 4
③ 5 ④ 50

> **안전율**
> ① 극한강도 = $\dfrac{400}{2} = 200[kgf/mm^2]$
> ② 안전율 = $\dfrac{극한강도}{허용응력} = \dfrac{200}{100} = 2$

50

다음 중 아세틸렌 가스용접장치에 관한 기준으로 틀린 것은?

① 전용의 발생기실을 옥외에 설치한 경우에는 그 개구부를 다른 건축물로부터 1.5m 이상 떨어지도록 하여야 한다.
② 아세틸렌 용접장치를 사용하여 금속의 용접·용단 또는 가열작업을 하는 경우에는 게이지 압력이 127kPa을 초과하는 압력의 아세틸렌을 발생시켜 사용해서는 아니 된다.
③ 전용의 발생기실을 설치하는 경우 벽은 불연성 재료로 하고, 철근 콘크리트 또는 그 밖에 이와 동등하거나 그 이상의 강도를 가진 구조로 하여야 한다.
④ 전용의 발생기실은 건물의 최상층에 위치하여야 하며, 화기를 사용하는 설비로부터 1m를 초과하는 장소에 설치하여야 한다.

> 발생기실의 설치장소
> ① 전용의 발생기 실내에 설치
> ② 건물의 최상층에 위치, 화기를 사용하는 설비로부터 3m를 초과하는 장소에 설치
> ③ 옥외에 설치할 경우 그 개구부를 다른 건축물로부터 1.5m 이상 떨어지도록 할 것

51

기계설비의 안전조건 중 외관의 안전성을 향상시키는 조치에 해당하는 것은?

① 전압강하, 정전 시의 오동작을 방지하기 위하여 자동제어 장치를 하였다.
② 고장 발생을 최소화하기 위해 정기점검을 실시하였다.
③ 강도의 열화를 생각하여 안전율을 최대로 고려하여 설계하였다.
④ 작업자가 접촉할 우려가 있는 기계의 회전부를 덮개로 씌우고 안전색채를 적용하였다.

> 외관상의 안전화
> ① 가드 설치(기계 외형 부분 및 회전체 돌출 부분)
> ② 별실 또는 구획된 장소에 격리(원동기 및 동력 전도 장치)
> ③ 안전 색채 조절(기계 장비 및 부수되는 배관)

52

다음 설명은 보일러의 장해 원인 중 어느 것에 해당되는가?

> 보일러 수중에 용해고형분이나 수분이 발생, 증기 중에 다량 함유되어 증기의 순도를 저하시킴으로써 관내 응축수가 생겨 워터햄머의 원인이 되고, 증기과열이나 터빈 등의 고장 원인이 된다.

① 프라이밍(priming) ② 포밍(forming)
③ 캐리오버(carry over) ④ 역화(back fire)

> 캐리오버(carry over)
> 보일러에서 증기관 쪽에 보내는 증기에 대량의 물방울이 포함되는 경우로 프라이밍이나 포밍이 생기면 필연적으로 발생. 캐리오버는 과열기 또는 터빈 날개에 불순물을 퇴적시켜 부식 또는 과열의 원인이 된다.

53

기계의 고정부분과 회전하는 동작부분이 함께 만드는 위험점의 예로 옳은 것은?

① 굽힘기계
② 기어와 랙
③ 교반기의 날개와 하우스
④ 회전하는 보링머신의 천공공구

> 끼임점(Shear-point) : 고정부분과 회전 또는 직선운동부분에 의해 형성
> ① 연삭 숫돌과 작업대
> ② 반복동작되는 링크기구
> ③ 교반기의 교반날개와 몸체사이

54

개구면에서 위험점까지의 거리가 50mm 위치에 풀리(pully)가 회전하고 있다. 가드(Guard)의 개구부 간격으로 설정할 수 있는 최댓값은?

① 9.0mm ② 13.5mm
③ 15.5mm ④ 25mm

> 가드의 개구부 간격
> $Y = 6 + 0.15X = 6 + (0.15 \times 50) = 13.5 (\text{mm})$

정답 50 ④ 51 ④ 52 ③ 53 ③ 54 ②

55

선반작업 시 발생되는 칩(chip)으로 인한 재해를 예방하기 위하여 칩을 짧게 끊어지게 하는 것은?

① 칩 브레이커 ② 브레이크
③ 방진구 ④ 덮개

칩 브레이커
길게 형성되는 절삭 칩을 바이트를 사용하여 절단해주는 선반의 방호장치

56

산업안전보건기준에 관한 규칙에 따라 기계·기구 및 설비의 위험예방을 위하여 사업주는 회전축·기어·풀리 및 플라이휠 등에 부속되는 키·핀 등의 기계요소는 어떠한 형태로 설치하여야 하는가?

① 개방형 ② 돌출형
③ 묻힘형 ④ 고정형

원동기·회전축 등의 위험방지

기계의 원동기·회전축·기어·풀리 플라이휠·벨트 및 체인 등의 위험부위	① 덮개 ② 울 ③ 슬리브 ④ 건널다리
회전축·기어·풀리 등에 부속하는 키·핀 등의 기계요소	① 묻힘형 ② 해당부위 덮개

57

제철공장에서는 주괴(ingot)를 운반하는 데 주로 컨베이어를 사용하고 있다. 컨베이어에 대한 방호조치로 틀린 것은?

① 근로자의 신체의 일부가 말려드는 등 근로자에게 위험을 미칠 우려가 있는 때 및 비상시에는 즉시 컨베이어 등의 운전을 정지시킬 수 있는 장치를 설치하여야 한다.
② 화물의 낙하로 인하여 근로자에게 위험을 미칠 우려가 있는 때에는 당해 컨베이어 등에 덮개 또는 울을 설치하는 등 낙하방지를 위한 조치를 하여야 한다.
③ 운전 중인 컨베이어 등의 위로 근로자를 넘어가도록 하는 때에는 근로자의 위험을 방지하기 위하여 건널다리를 설치하는 등 필요한 조치를 하여야 한다.
④ 수평상태로만 사용하는 컨베이어의 경우 정전, 전압 강하 등에 의한 화물 또는 운반구의 이탈 및 역주행을 방지하는 장치를 갖추어야 한다.

안전조치사항

이탈 등의 방지	정전, 전압강하 등에 의한 화물 또는 운반구의 이탈 및 역주행 방지장치
비상정지장치부착	근로자의 신체의 일부가 말려드는 등 근로자에게 위험을 미칠 우려가 있을 때 및 비상시에 정지할 수 있는 장치
낙하물에 의한 위험방지	덮개 또는 울 설치
탑승 및 통행의 제한	건널다리 설치

58

산업안전보건법상 양중기에서 하중을 직접 지지하는 와이어로프 또는 달기체인의 안전계수로 옳은 것은?

① 1 이상 ② 3 이상
③ 5 이상 ④ 7 이상

와이어로프의 안전계수

근로자가 탑승하는 운반구를 지지하는 달기와이어로프 또는 달기체인의 경우	10 이상
화물의 하중을 직접 지지하는 경우 달기와이어로프 또는 달기체인의 경우	5 이상
훅, 샤클, 클램프, 리프팅 빔의 경우	3 이상
그 밖의 경우	4 이상

59

인간이 기계 등의 취급을 잘못해도 그것이 바로 사고나 재해와 연결되는 일이 없는 기능을 의미하는 것은?

① fail safe ② fail active
③ fail operational ④ fool proof

풀 프루프(fool proof)
바보 같은 행동을 방지한다는 뜻으로 사용자가 비록 잘못된 조작을 하더라도 이로 인해 전체의 고장이 발생되지 아니하도록 하는 설계방법

tip
페일세이프(fail safe) : 조작상의 과오로 기기의 일부에 고장이 발생해도 다른 부분의 고장이 발생하는 것을 방지하거나 또는 어떤 사고를 사전에 방지하고 안전측으로 작동하도록 설계하는 방법

정답 55 ① 56 ③ 57 ④ 58 ③ 59 ④

60

프레스기의 금형을 부착·해체 또는 조정하는 작업을 할 때, 슬라이드가 갑자기 작동함으로써 발생하는 근로자의 위험을 방지하기 위해 사용해야 하는 것은?

① 방호울
② 안전블록
③ 시건장치
④ 날접촉예방장치

> 안전블록은 금형의 부착 및 해체작업 시 슬라이드의 불시하강을 방지하기 위한 조치이므로 반드시 설치하여야 한다.

4과목 전기 및 화학설비 안전 관리

61 빈출

방폭형 기기에 폭발성 가스가 내부로 침입하여 내부에서 폭발이 발생하여도 이 압력에 견디도록 제작한 방폭구조는?

① 내압(d) 방폭구조
② 압력(p) 방폭구조
③ 안전증(e) 방폭구조
④ 본질안전(i) 방폭구조

> **내압 방폭구조(d)**
> ① 용기가 폭발압력에 견디고 외부의 폭발성 분위기에 불꽃의 전파를 방지하도록 한 방폭 구조
> ② 기기의 케이스는 전폐구조로 폭발 후 고열가스가 용기의 틈으로부터 누설되어도 틈의 냉각 효과로 외부의 폭발성 가스에 착화될 우려가 없도록 제작
> ③ 안전간격(화염일주 한계) : 화염이 틈새를 통하여 바깥쪽의 폭발성 가스에 전달되지 않도록 하는 한계의 틈새로 최소점화에너지 이하로 열을 식혀 안전을 유지하기 위함

62

근로자가 노출된 충전부 또는 그 부근에서 작업함으로써 감전될 우려가 있는 경우에는 작업에 들어가기 전에 해당 전로를 차단하여야 하나 전로를 차단하지 않아도 되는 예외기준이 있다. 그 예외기준이 아닌 것은?

① 생명유지장치, 비상경보설비, 폭발위험장소의 환기설비, 비상조명설비 등의 장치·설비의 가동이 중지되어 사고의 위험이 증가되는 경우
② 관리감독자를 배치하여 짧은 시간 내에 작업을 완료할 수 있는 경우
③ 기기의 설계상 또는 작동상 제한으로 전로 차단이 불가능한 경우
④ 감전, 아크 등으로 인한 화상, 화재·폭발의 위험이 없는 것으로 확인된 경우

> **전로차단의 예외**
> ① 생명유지장치, 비상경보설비, 폭발위험장소의 환기설비, 비상조명설비 등의 장치·설비의 가동이 중지되어 사고의 위험이 증가되는 경우
> ② 기기의 설계상 또는 작동상 제한으로 전로차단이 불가능한 경우
> ③ 감전, 아크 등으로 인한 화상, 화재·폭발의 위험이 없는 것으로 확인된 경우

63

전기설비에 접지를 하는 목적에 대하여 틀린 것은?

① 누설전류에 의한 감전방지
② 낙뢰에 의한 피해방지
③ 지락사고 시 대지전위 상승유도 및 절연강도 증가
④ 지락사고 시 보호계전기 신속동작

> **접지의 목적**
> ① 설비의 절연물이 열화, 손상되었을 경우 발생할 수 있는 누설전류에 의한 감전방지
> ② 고압 및 저압의 혼촉사고 발생 시 인간에 위험을 줄 수 있는 전류를 대지로 흘려보냄으로써 감전방지
> ③ 낙뢰에 의한 감전 및 피해방지
> ④ 송배전선, 고전압모선 등에서 지락사고의 발생 시 보호계전기를 신속하게 동작
> ⑤ 송배전선로의 지락사고 발생 시 대지전위의 상승억제 및 절연강도 경감

정답 60 ② 61 ① 62 ② 63 ③

64

대전이 큰 엷은 층상의 부도체를 박리할 때 또는 엷은 층상의 대전된 부도체의 뒷면에 밀접한 접지체가 있을 때 표면에 연한 수지상의 발광을 수반하여 발생하는 방전은?

① 불꽃 방전
② 스트리머 방전
③ 코로나 방전
④ 연면 방전

> **방전의 형태(연면방전)**
> ① 정전기가 대전된 부도체에 접지도체가 접근 할 경우 대전물체와 접지도체 사이에서 발생하는 방전과 동시에 부도체의 표면을 따라 수지상의 발광을 동반하여 발생하는 방전현상(star- check mark)
> ② 부도체의 대전량이 매우 클 경우와 대전된 부도체의 표면과 접지체가 매우 가까울 경우 발생(접지된 도체상에 대전 가능한 물체가 엷은 층을 형성할 경우)

65

정전기 화재폭발 원인인 인체대전에 대한 예방대책으로 옳지 않은 것은?

① 대전물체를 금속판 등으로 차폐한다.
② 바닥 재료는 고유저항이 큰 물질을 사용한다.
③ 대전방지 성능이 있는 안전화를 착용한다.
④ 대전방지제를 넣은 제전복을 착용한다.

> **인체에 대전된 정전기에 의한 화재 또는 폭발 위험이 있는 경우**
> 정전기 대전방지용 안전화 착용, 제전복 착용, 정전기 제전용구 사용, 작업장 바닥에 도전성을 갖추도록 하는 등의 조치가 필요하다.

66

절연열화가 진행되어 누설전류가 증가하면 여러 가지 사고를 유발하게 되는 경우로서 거리가 먼 것은?

① 감전사고
② 누전화재
③ 정전기 증가
④ 아크 지락에 의한 기기의 손상

> 절연열화에 의한 누설전류는 감전 및 누전의 원인이 되며 아크를 발생시키기도 하지만, 2가지 물체의 접촉으로 물체의 경계면에서 전하의 이동이 생겨 정 또는 부의 전하가 나란하게 형성되었다가 분리되면서 전하분리가 일어나서 발생하는 정전기와는 거리가 멀다.

67

전기에 의한 감전사고를 방지하기 위한 대책이 아닌 것은?

① 전기기기에 대한 정격표시
② 전기설비에 대한 보호 접지
③ 전기설비에 대한 누전차단기 설치
④ 충전부가 노출된 부분은 절연방호구 사용

> **감전재해 방지조치**
> ① 보호절연
> ② 안전전압 이하의 기기 사용
> ③ 접지
> ④ 누전차단기 설치
> ⑤ 비접지식 전로의 채용
> ⑥ 절연열화의 방지
> ⑦ 충전부와 접촉부의 철저한 이격
> ⑧ 절연용 보호구 및 절연용 방호구 등

68 ★

교류아크용접기의 자동전격방지장치는 전격의 위험을 방지하기 위하여 아크 발생이 중단된 후 약 1초 이내에 출력 측 무부하 전압을 자동적으로 몇 V 이하로 저하시켜야 하는가?

① 25
② 50
③ 75
④ 85

> **교류아크용접기**
> 교류아크용접기의 자동전격방지기는 아크 발생을 중지하였을 때 지동시간이 1.0초 이내에 2차 무부하 전압을 25V 이하로 감압시켜 안전을 유지할 수 있어야 한다.

정답 64 ④ 65 ② 66 ③ 67 ① 68 ①

69

통전 경로별 위험도를 나타낼 경우 위험도가 큰 순서대로 나열한 것은?

> ⓐ 왼손 - 오른손   ⓑ 왼손 - 등
> ⓒ 양손 - 양발   ⓓ 오른손 - 가슴

① ⓐ-ⓒ-ⓑ-ⓓ
② ⓐ-ⓓ-ⓒ-ⓑ
③ ⓓ-ⓒ-ⓑ-ⓐ
④ ⓓ-ⓐ-ⓒ-ⓑ

통전 경로별 위험도

통전경로	위험도	통전경로	위험도
왼손-가슴	1.5	왼손-등	0.7
오른손-가슴	1.3	한손 또는 양손-앉아 있는 자리	0.7
왼손-한발 또는 양발	1.0	왼손-오른손	0.4
양손-양발	1.0	오른손-등	0.3
오른손-한발 또는 양발	0.8		

70

절연 안전모의 사용 시 주의사항으로 틀린 것은?

① 특고압 작업에서도 안전도가 충분하므로 전격을 방지하는 목적으로 사용할 수 있다.
② 절연모를 착용할 때에는 턱걸이 끈을 안전하게 죄어야 한다.
③ 머리 윗부분과 안전모와의 간격은 1cm 이상이 되도록 끈을 조정하여야 한다.
④ 내장포(충격흡수라이너) 및 턱 끈이 파손되면 즉시 대체하여야 하고, 대용품을 사용하여서는 안 된다.

> 감전위험방지용 안전모인 AE와 ABE형은 7,000볼트 이하의 전압에 견디는 내전압성을 갖춰야 한다.

71

다음 중 연소 시 발생하는 열에너지를 흡수하는 매체를 화염 속에 투입하여 소화하는 방법은?

① 냉각소화
② 희석소화
③ 질식소화
④ 억제소화

> **냉각소화**
> ① 액체 또는 고체 화재에 물 등을 사용하여 가연물을 냉각시켜 인화점 및 발화점 이하로 낮추어 소화시키는 방법이 냉각소화이다.
> ② 주로 물이 사용되는데 이는 물이 열에너지를 흡수하는 기화잠열(539cal/g)이 크기 때문이다.

72

다음 중 화재 예방에 있어 화재의 확대 방지를 위한 방법으로 적절하지 않은 것은?

① 가연물량의 제한
② 난연화 및 불연화
③ 화재의 조기 발견 및 초기소화
④ 공간의 통합과 대형화

> **화재의 확대 방지**
> ① 건물·설비의 불연화(내화 구조 및 불연성 재료)
> ② 출화점 부근 가연물 집적 방지
> ③ 방화벽, 방유제 등의 설치로 누출물 확대 방지
> ④ 공한지의 확보로 화재 확대 방지 등

tip
초기소화는 출화 직후의 응급조치로 연소가 확대되기 전 효과적인 방법이며, 가연물량을 제한하는 것은 기본적인 예방방법에 해당된다.

73 ★빈출

메탄 1vol%, 헥산 2vol%, 에틸렌 2vol%, 공기 95vol%로 된 혼합가스의 폭발하한계 값(vol%)은 약 얼마인가?(단, 메탄, 헥산, 에틸렌의 폭발하한계 값은 각각 5.0, 1.1, 2.7vol%이다.)

① 2.4
② 3.5
③ 12.8
④ 1.8

> **르샤틀리에의 법칙(혼합가스의 폭발범위 계산)**
> ① 각 성분기체의 체적
> 메탄 : $\frac{1}{5} \times 100 = 20\%$, 헥산 : $\frac{2}{5} \times 100 = 40\%$,
> 에틸렌 : $\frac{2}{5} \times 100 = 40\%$
> ② 혼합가스의 폭발하한계 값
> $\frac{100}{L} = \frac{V_1}{L_1} + \frac{V_2}{L_2} + \frac{V_3}{L_3} = \frac{20}{5.0} + \frac{40}{1.1} + \frac{40}{2.7} = 55.18$
> 그러므로 $L = \frac{100}{55.18} = 1.81$

정답 69 ③ 70 ① 71 ① 72 ④ 73 ④

74
다음 중 분진 폭발에 관한 설명으로 틀린 것은?

① 폭발한계 내에서 분진의 휘발성분이 많을수록 폭발하기 쉽다.
② 분진이 발화 폭발하기 위한 조건은 가연성, 미분상태, 공기 중에서의 교반과 유동 및 점화원의 존재이다.
③ 가스폭발과 비교하여 연소의 속도나 폭발의 압력이 크고, 연소시간이 짧으며, 발생에너지가 크다.
④ 폭발한계는 입자의 크기, 입도분포, 산소농도, 함유수분, 가연성가스의 혼입 등에 의해 같은 물질의 분진에서도 달라진다.

분진 폭발의 특징
연소속도 및 폭발압력은 가스폭발과 비교하여 작지만 연소시간이 길고, 발생에너지가 크기 때문에 파괴력과 타는 정도가 크다.

75
비점이나 인화점이 낮은 액체가 들어있는 용기 주위에 화재 등으로 인하여 가열되면, 내부의 비등현상으로 인한 압력 상승으로 용기의 벽면이 파열되면서 그 내용물이 폭발적으로 증발, 팽창하면서 폭발을 일으키는 현상을 무엇이라 하는가?

① BLEVE ② UVCE
③ 개방계 폭발 ④ 밀폐계 폭발

BLEVE
비등점이 낮은 인화성액체 저장탱크가 화재로 인한 화염에 장시간 노출되어 탱크 내 액체가 급격히 증발하여 비등하고 증기가 팽창하면서 탱크 내 압력이 설계압력을 초과하여 폭발을 일으키는 현상

76
프로판(C_3H_8) 가스가 공기 중 연소할 때의 화학양론농도는 약 얼마인가? (단, 공기 중의 산소농도는 21[vol%]이다.)

① 2.5[vol%] ② 4.0[vol%]
③ 5.6[vol%] ④ 9.5[vol%]

프로판(C_3H_8)의 화학양론 농도
$$C_{st} = \frac{1}{1+4.773\left(n+\frac{m-f-2\lambda}{4}\right)} \times 100\%$$
$$\therefore \frac{1}{1+4.773\left(3+\frac{8}{4}\right)} \times 100 = 4.03\%$$

77
다음 중 자연 발화의 방지법에 관계가 없는 것은?

① 점화원을 제거한다.
② 저장소 등의 주의 온도를 낮게 한다.
③ 습기가 많은 곳에는 저장하지 않는다.
④ 통풍이나 저장법을 고려하여 열의 축적을 방지한다.

자연발화 방지법
① 통풍이 잘되게 할 것
② 저장실 온도를 낮출 것
③ 열이 축적되지 않는 퇴적방법을 선택할 것
④ 습도가 높지 않도록 할 것
자연발화는 점화원 없이 축적된 열에 의해 발화하는 것이므로 점화원을 제거하는 것은 방지법이 될 수 없다.

78
산업안전보건기준에 관한 규칙에서 규정하고 있는 급성독성물질의 정의에 해당되지 않는 것은?

① 가스 LC50(쥐, 4시간 흡입)이 2,500ppm 이하인 화학물질
② LD50(경구, 쥐)이 킬로그램 당 300밀리그램-(체중) 이하인 화학물질
③ LD50(경피, 쥐)이 킬로그램 당 1,000밀리그램-(체중) 이하인 화학물질
④ LD50(경피, 토끼)이 킬로그램 당 2,000밀리그램-(체중) 이하인 화학물질

급성 독성물질
쥐 또는 토끼에 대한 경피흡수실험에 의하여 실험동물의 50퍼센트를 사망시킬 수 있는 물질의 양, 즉 LD50(경피, 토끼 또는 쥐)이 킬로그램당 1000밀리그램(체중) 이하인 화학물질

정답 74 ③ 75 ① 76 ② 77 ① 78 ④

79

물이 관 속을 흐를 때 유동하는 물 속의 어느 부분의 정압이 그 때의 물의 증기압보다 낮을 경우 물이 증발하여 부분적으로 증기가 발생되어 배관의 부식을 초래하는 경우가 있다. 이러한 현상을 무엇이라 하는가?

① 서징(surging)
② 공동현상(cavitation)
③ 비말동반(entrainment)
④ 수격작용(water hammering)

펌프의 현상
① 캐비테이션(공동현상) : 물이 관속을 유동하고 있을 때 물 속의 어느 부분의 정압이 그 때 물의 온도에 해당하는 증기압 이하로 되면서 증기가 발생하는 현상
② 수격 현상(워터해머) : 펌프에서 물을 압송하고 있을 때 정전 등으로 급히 펌프가 멈추거나 수량조절밸브를 급히 폐쇄할 때 관속의 유속이 급속히 변화하면서 압력의 변화가 생기는 현상
③ 서어징(맥동현상) : 송출압력과 송출유량 사이에 주기적인 변동으로 입구와 출구의 진공계, 압력계의 침이 흔들리고 동시에 송출유량이 변화하는 현상

80

다음 중 산업안전보건법상 공정안전보고서에 포함되어야 할 사항으로 가장 거리가 먼 것은?

① 평균안전율
② 공정안전자료
③ 비상조치계획
④ 공정위험성 평가서

공정안전보고서 내용
① 공정안전자료
② 공정위험성 평가서
③ 안전운전계획
④ 비상조치계획

5과목 건설공사 안전 관리

81

철골조립작업에서 안전한 작업발판과 안전난간을 설치하기가 곤란한 경우 작업원에 대한 안전대책으로 가장 알맞은 것은?

① 안전대 및 구명로프 사용
② 안전모 및 안전화 사용
③ 출입금지 조치
④ 작업중지 조치

철골조립작업 재해방지(추락방지)

기능	용도. 사용장소. 조건	설비
안전한 작업이 가능한 작업대	높이 2미터 이상의 장소로서 추락의 우려가 있는 작업	비계, 달비계, 수평통로, 안전난간대
추락자를 보호할 수 있는 것	작업대 설치가 어렵거나 개구부 주위로 난간 설치가 어려운 곳	추락방지용 방망
추락의 우려가 있는 위험장소에서 작업자의 행동을 제한하는 것	개구부 및 작업대의 끝	난간, 울타리
작업자의 신체를 유지시키는 것	안전한 작업대나 난간 설비를 할 수 없는 곳	안전대 부착설비, 안전대, 구명줄

82

철골작업 시 철골부재에서 근로자가 수직방향으로 이동하는 경우에 설치하여야 하는 고정된 승강로의 최소 답단 간격은 얼마 이내인가?

① 20cm
② 25cm
③ 30cm
④ 40cm

철골작업 안전기준(승강로 설치)
① 수직 방향으로 이동하는 철골부재 : 답단 간격이 30cm 이내인 고정된 승강로 설치
② 수평방향 철골과 수직방향 철골 연결 부분 : 연결작업을 위한 작업발판 설치

83
작업발판 일체형 거푸집에 해당되지 않는 것은?

① 갱폼(Gang Form)
② 슬립폼(Slip Form)
③ 유로폼(Euro Form)
④ 클라이밍폼(Climbing Form)

> **작업발판 일체형 거푸집**
> ① 갱폼(gang form)
> ② 슬립폼(slip form)
> ③ 클라이밍폼(climbing form)
> ④ 터널 라이닝폼(tunnel lining form)
> ⑤ 그 밖에 거푸집과 작업발판이 일체로 제작된 거푸집 등

84
강변 옆에서 아파트 공사를 하기 위해 흙막이를 설치하고 지하공사 중에 바닥에서 물이 솟아오르면서 모래 등이 부풀어 올라 흙막이가 무너졌다. 어떤 현상에 의해 사고가 발생하였는가?

① 보일링(boiling) 파괴
② 히빙(heaving) 파괴
③ 파이핑(piping)
④ 지하수 침하 파괴

> **히빙과 보일링 현상**
>
> | 구분 | 정의 |
> |---|---|
> | 히빙(Heaving)현상 | 연약성 점토지반 굴착 시 굴착외측 흙의 중량에 의해 굴착저면의 흙이 활동 전단 파괴되어 굴착내측으로 부풀어 오르는 현상 |
> | 보일링(Boiling)현상 | 투수성이 좋은 사질지반의 흙막이 저면에서 수두차로 인한 상향의 침투압이 발생 유효응력이 감소하여 전단강도가 상실되는 현상으로 지하수가 모래와 같이 솟아 오르는 현상 |

85
강관틀비계의 벽이음에 대한 조립간격 기준으로 옳은 것은? (단, 높이가 5m 미만인 경우 제외)

① 수직방향 5m, 수평방향 5m 이내
② 수직방향 6m, 수평방향 6m 이내
③ 수직방향 6m, 수평방향 8m 이내
④ 수직방향 8m, 수평방향 6m 이내

> **강관비계의 조립 간격**
>
> | 종류 | 수직방향 | 수평방향 |
> |---|---|---|
> | 단관비계 | 5m | 5m |
> | 틀비계(높이 5m 미만 제외) | 6m | 8m |

86
곤돌라형 달비계를 설치하는 경우 준수해야 할 사항으로 옳지 않은 것은?

① 지름의 감소가 공칭지름의 7퍼센트를 초과하는 와이어로프를 사용해서는 아니된다.
② 달기 체인의 길이가 달기 체인이 제조된 때의 길이의 5퍼센트를 초과한 것을 사용해서는 아니된다.
③ 작업발판의 재료는 뒤집히거나 떨어지지 않도록 비계의 보 등에 연결하거나 고정시켜야 한다.
④ 작업발판은 폭을 30센티미터 이상으로 하고 틈새가 없도록 하여야 한다.

> 작업발판은 폭을 40센티미터 이상으로 하고 틈새가 없도록 할 것

87
가설통로를 설치하는 경우의 준수해야 할 기준으로 틀린 것은?

① 건설공사에 사용하는 높이 8m 이상인 비계다리에는 5m 이내마다 계단참을 설치할 것
② 수직갱에 가설된 통로의 길이가 15m 이상인 경우에는 10m 이내마다 계단참을 설치할 것
③ 경사가 15°를 초과하는 경우에는 미끄러지지 아니하는 구조로 할 것
④ 추락할 위험이 있는 장소에는 안전난간을 설치할 것

> **가설통로의 구조(보기 외의 사항)**
> ① 견고한 구조로 할 것
> ② 경사는 30도 이하로 할 것(계단을 설치하거나 높이 2m 미만의 가설통로로서 튼튼한 손잡이를 설치한 때에는 그러하지 아니하다)
> ③ 건설공사에 사용하는 높이 8m 이상인 비계다리에는 7m 이내마다 계단참을 설치할 것

정답 83 ③ 84 ① 85 ③ 86 ④ 87 ①

88 ⭐

추락재해 방지용 방망의 신품에 대한 인장강도는 얼마인가? (단, 그물코의 크기가 10cm이며, 매듭 없는 방망)

① 220kg ② 240kg
③ 260kg ④ 280kg

방망의 인장강도

그물코의 크기 (단위 : 센티미터)	방망의 종류(단위 : 킬로그램)			
	매듭 없는 방망		매듭 방망	
	신품	폐기시	신품	폐기시
10	240	150	200	135
5			110	60

89

물체를 투하할 때 투하설비를 설치하거나 감시인을 배치하는 등의 위험방지를 위한 조치를 하여야 하는 기준 높이는?

① 3m 이상 ② 5m 이상
③ 7m 이상 ④ 10m 이상

물체의 낙하에 의한 위험방지
① 대상 : 높이 3m 이상인 장소에서 물체 투하 시
② 조치사항 : 투하설비 설치, 감시인 배치

90

다음 중 셔블계 굴착기계에 속하지 않는 것은?

① 파워셔블(power shovel) ② 크램쉘(clamshell)
③ 스크레이퍼(scraper) ④ 드래그라인(dragline)

스크레이퍼(scraper)는 Dozer(도저)계 굴착기계에 해당된다.

91 ⭐

차량계 건설기계의 운전자가 운전위치를 이탈하는 경우 준수해야 할 사항으로 옳지 않은 것은?

① 원동기를 정지시킨다.
② 브레이크를 걸어둔다.
③ 디퍼는 지면에 내려둔다.
④ 버킷은 지상에서 1m 정도의 위치에 둔다.

운전위치 이탈 시 조치사항
① 포크, 버킷, 디퍼 등의 장치를 가장 낮은 위치 또는 지면에 내려 둘 것
② 원동기를 정지시키고 브레이크를 확실히 거는 등 차량계 하역운반기계 등, 차량계 건설기계의 갑작스러운 이동을 방지하기 위한 조치를 할 것
③ 운전석을 이탈하는 경우에는 시동키를 운전대에서 분리시킬 것

92

흙막이 가시설 공사 시 사용되는 각 계측기 설치 목적으로 옳지 않은 것은?

① 지표침하계 – 지표면 침하량 측정
② 수위계 – 지반 내 지하수위의 변화 측정
③ 하중계 – 상부 적재하중 변화 측정
④ 지중경사계 – 지중의 수평 변위량 측정

계측기
① 간극수압계 : 지중에 작용하는 수압 측정
② 지하수위계 : 굴착에 따른 지하수위 변동 파악
③ 하중계 : 흙막이 버팀대에 작용하는 토압, 어스 앵커의 인장력 등을 측정하는 기기
④ 변형계 : 흙막이 버팀대의 변형 정도를 파악하는 기기

93 ⭐

폭풍 시 옥외에 설치되어 있는 주행크레인에 대하여 이탈방지를 위한 조치가 필요한 풍속 기준은?

① 순간풍속이 20m/sec 초과할 때
② 순간풍속이 25m/sec 초과할 때
③ 순간풍속이 30m/sec 초과할 때
④ 순간풍속이 35m/sec 초과할 때

폭풍 등에 의한 안전조치사항

풍속의 기준	내용	조치사항
순간풍속이 초당 30미터 초과	폭풍에 의한 이탈방지	옥외에 설치된 주행크레인의 이탈방지 장치 작동 등 이탈방지를 위한 조치
	폭풍 등으로 인한 이상 유무 점검	옥외에 설치된 양중기를 사용하여 작업하는 경우 미리 기계 각 부위에 이상이 있는지 점검
순간풍속이 초당 35미터 초과	붕괴 등의 방지	건설 작업용 리프트의 받침수를 증가시키는 등 붕괴방지조치
	폭풍에 의한 도괴방지	옥외에 설치된 승강기의 받침수를 증가시키는 등 도괴방지조치

정답 88 ② 89 ① 90 ③ 91 ④ 92 ③ 93 ③

94

물로 포화된 점토에 다지기를 하면 압축하중으로 지반이 침하하는데 이로 인하여 간극수압이 높아져 물이 배출되면서 흙의 간극이 감소하는 현상을 무엇이라고 하는가?

① 액상화
② 압밀
③ 예민비
④ 동상현상

> **압밀**
> ① 압밀(壓密, consolidation)이란 포화된 점토층이 하중을 받아 오랜 시간에 걸쳐 간극수가 빠져나감으로써 침하가 발생하는 현상을 말한다.
> ② 점토의 투수 계수는 사질토에 비해 훨씬 작기 때문에 재하로 인하여 생겨난 과잉 간극 수압은 오랜시간에 걸쳐 점진적으로 소실된다. (압밀 완료 시 과잉간극수압은 0이 된다.)

95

다음은 타워크레인을 와이어로프로 지지하는 경우의 준수해야 할 기준이다. 빈칸에 들어갈 알맞은 내용을 순서대로 옳게 나타낸 것은?

> 와이어로프 설치각도는 수평면에서 (   )도 이내로 하되, 지지점은 (   )개소 이상으로 하고, 같은 각도로 설치할 것.

① 45, 4
② 45, 5
③ 60, 4
④ 60, 5

> **와이어로프로 지지하는 경우 준수사항**
> ① 와이어로프가 가공전선에 근접하지 아니하도록 할 것
> ② 와이어로프를 고정하기 위한 전용 지지프레임을 사용할 것
> ③ 와이어로프 설치 각도는 수평면에서 60도 이내로 하되, 지지점은 4개소 이상으로 하고, 같은 각도로 설치할 것 등

96

차량계 하역운반기계에 화물을 적재할 때의 준수사항과 거리가 먼 것은?

① 하중이 한쪽으로 치우치지 않도록 적재할 것
② 구내운반차 또는 화물자동차의 경우 화물의 붕괴 또는 낙하에 의한 위험을 방지하기 위하여 화물에 로프를 거는 등 필요한 조치를 할 것
③ 운전자의 시야를 가리지 않도록 화물을 적재할 것
④ 제동장치 및 조정장치 기능의 이상 유무를 점검할 것

> **차량계하역 운반기계의 화물적재 시 조치**
> ① 하중이 한쪽으로 치우치지 않도록 적재할 것
> ② 구내운반차 또는 화물자동차의 경우 화물의 붕괴 또는 낙하에 의한 위험을 방지하기 위하여 화물에 로프를 거는 등 필요한 조치를 할 것
> ③ 운전자의 시야를 가리지 않도록 화물을 적재할 것

97

계단의 개방된 측면에 근로자의 추락 위험을 방지하기 위하여 안전난간을 설치하고자 할 때 그 설치기준으로 옳지 않은 것은?

① 안전난간은 상부 난간대, 중간 난간대, 발끝막이판 및 난간기둥으로 구성할 것
② 발끝막이판은 바닥면 등으로부터 10cm 이상의 높이를 유지할 것
③ 난간기둥은 상부 난간대와 중간 난간대를 견고하게 떠받칠 수 있도록 적정한 간격을 유지할 것
④ 난간대는 지름 3.8cm 이상의 금속제 파이프나 그 이상의 강도가 있는 재료일 것

> 난간대는 지름 2.7센티미터 이상의 금속제 파이프나 그 이상의 강도가 있는 재료일 것

98

흙막이 벽을 설치하여 기초 굴착작업 중 굴착부 바닥이 솟아올랐다. 이에 대한 대책으로 옳지 않은 것은?

① 굴착주변의 상재하중을 증가시킨다.
② 흙막이 벽의 근입 깊이를 깊게 한다.
③ 토류벽의 배면토압을 경감시킨다.
④ 지하수 유입을 막는다.

> **흙막이 굴착 시 주의사항**
>
> | 구분 | 방지대책 |
> |---|---|
> | 히빙(Heaving) 현상 | ① 흙막이 근입 깊이를 깊게
② 표토제거 하중감소(상재하중 감소)
③ 지반개량
④ 굴착면 하중 증가
⑤ 어스앵커 설치 등 |
> | 보일링(Boiling) 현상 | ① Filter 및 차수벽 설치
② 흙막이 근입깊이를 깊게(불투수층까지)
③ 약액주입 등의 굴착면 고결
④ 지하수위 저하
⑤ 압성토 공법 등 |

정답 94 ② 95 ③ 96 ④ 97 ④ 98 ①

99

비계의 높이가 2[m] 이상인 작업장소에 작업발판을 설치할 때 그 폭은 최소 얼마 이상이어야 하는가?

① 30[cm]
② 40[cm]
③ 50[cm]
④ 60[cm]

비계높이 2m 이상 장소의 작업발판 설치기준

① 발판재료는 작업할 때의 하중을 견딜 수 있도록 견고한 것으로 할 것
② 작업발판의 폭은 40센티미터 이상으로 하고, 발판재료 간의 틈은 3센티미터 이하로 할 것
③ 추락의 위험성이 있는 장소에는 안전난간을 설치할 것
④ 작업발판재료는 뒤집히거나 떨어지지 않도록 둘 이상의 지지물에 연결하거나 고정시킬 것

100

건립 중 강풍에 의한 풍압 등 외압에 대한 내력이 설계에 고려되었는지 확인하여야 하는 철골구조물에 해당하지 않는 것은?

① 이음부가 현장용접인 건물
② 높이 15m인 건물
③ 기둥이 타이플레이트(tie plate)형인 구조물
④ 구조물의 폭과 높이의 비가 1:5인 건물

외압에 대한 내력 설계 확인 구조물

① 높이 20m 이상 구조물
② 구조물 폭과 높이의 비가 1 : 4 이상인 구조물
③ 연면적당 철골량이 50kg/m² 이하인 구조물
④ 단면 구조에 현저한 차이가 있는 구조물
⑤ 기둥이 타이 플레이트 형인 구조물
⑥ 이음부가 현장 용접인 구조물

정답 99 ② 100 ②

2022년 3월 2일~3월 17일 | CBT 기출복원문제

1과목 산업재해 예방 및 안전보건교육

01
다음과 같은 스트레스에 대한 반응은 무엇에 해당하는가?

> 여동생이나 남동생을 얻게 되면서 손가락을 빠는 것과 같이 어린 시절의 버릇을 나타낸다.

① 투사　　　　　② 억압
③ 승화　　　　　④ 퇴행

> 퇴행이란 처리하기 곤란한 문제 발생 시 어릴 때 좋았던 방식으로 되돌아가 해결하고자 하는 것으로 현재의 심리적 갈등을 피하기 위해 발달 이전 단계로 후퇴하는 방어의 기제

02
억측판단의 배경이 아닌 것은?

① 생략 행위　　　② 초조한 심정
③ 희망적 관측　　④ 과거의 성공한 경험

> 억측판단은 자기멋대로 하는 주관적인 판단을 말하는 것으로 불안전한 행동의 배후요인에 해당된다.

03
재해의 기본원인 4M에 해당하지 않은 것은?

① Man　　　　　② Machine
③ Media　　　　 ④ Measurement

> 관리적 요인(Management)이 해당된다.

04
산업안전보건법령상 안전·보건표지에 관한 설명으로 틀린 것은?

① 안전·보건표지 속의 그림 또는 부호의 크기는 안전·보건표지의 크기와 비례하여야 하며, 안전·보건표지 전체 규격의 30% 이상이 되어야 한다.
② 안전·보건표지 색채의 물감은 변질되지 아니하는 것에 색채 고정원료를 배합하여 사용하여야 한다.
③ 안전·보건표지는 그 표시내용을 근로자가 빠르고 쉽게 알아볼 수 있는 크기로 제작하여야 한다.
④ 안전·보건표지에는 야광물질을 사용하여서는 아니 된다.

> **안전보건 표지의 제작 기준**
> ① 종류별로 기본모형에 의하여 용도, 형태 및 색채 등의 구분에 따라 제작하여야 한다.
> ② 표시내용을 근로자가 빠르고 쉽게 알아볼 수 있는 크기로 제작하여야 한다.
> ③ 안전보건표지 속의 그림 또는 부호의 크기는 안전보건표지의 크기와 비례하여야 하며, 안전보건표지 전체 규격의 30퍼센트 이상이 되어야 한다.
> ④ 쉽게 파손되거나 변형되지 아니하는 재료로 제작하여야 한다.
> ⑤ 야간에 필요한 안전보건표지는 야광물질을 사용하는 등 쉽게 알아볼 수 있도록 제작하여야 한다.

05 빈출
무재해운동의 추진을 위한 3요소에 해당하지 않는 것은?

① 모든 위험잠재요인의 해결
② 최고 경영자의 경영자세
③ 관리감독자(Line)의 적극적 추진
④ 직장 소집단의 자주활동 활성화

> 모든 위험잠재요인을 발견하여 해결하는 것은 무재해운동의 3원칙의 내용

정답　01 ④　02 ①　03 ④　04 ④　05 ①

06
추락 및 감전 위험방지용 안전모의 일반구조가 아닌 것은?

① 착장체
② 충격흡수재
③ 선심
④ 모체

안전모의 구조

번호	명칭	
1	모체	
2	착장체	머리받침끈
3		머리고정대
4		머리받침고리
5	충격흡수재(자율안전확인에서는 제외)	
6	턱끈	
7	모자챙(차양)	

07
Safe-T-Score에 대한 설명으로 틀린 것은?

① 안전관리의 수행도를 평가하는 데 유용하다.
② 기업의 산업재해에 대한 과거와 현재의 안전성적을 비교 평가한 점수로 단위가 없다.
③ Safe-T-Score가 +2.0 이상인 경우는 안전관리가 과거보다 좋아졌음을 나타낸다.
④ Safe-T-Score가 +2.0~-2.0 사이인 경우는 안전관리가 과거에 비해 심각한 차이가 없음을 나타낸다.

Safe-T-Score 결과
- +2.00 이상 : 과거보다 심각하게 나쁨
- +2.00에서 -2.00 사이 : 과거에 비해 심각한 차이 없음
- -2.00 이하 : 과거보다 좋아짐

08 ★빈출
매슬로(Maslow)의 욕구단계 이론의 요소가 아닌 것은?

① 생리적 욕구
② 안전에 대한 욕구
③ 사회적 욕구
④ 심리적 욕구

매슬로우의 욕구 5단계
생리적 욕구 → 안전의 욕구 → 사회적 욕구 → 인정받으려는 욕구 → 자아실현의 욕구

09 ★빈출
산업안전보건법령상 안전·보건표지 중 지시표지 사항의 기본모형은?

① 사각형
② 원형
③ 삼각형
④ 마름모형

지시표지
특정행위의 지시 및 사실의 고지를 나타내며, 원형모양에 바탕은 파란색, 관련 그림은 흰색

10
재해 발생 시 조치사항 중 대책수립의 목적은?

① 재해 발생 관련자 문책 및 처벌
② 재해 손실비 산정
③ 재해 발생 원인 분석
④ 동종 및 유사재해 방지

재해조사의 목적
재해의 원인을 분석하여 대책을 수립하는 목적은 동종재해 및 유사재해의 재발 방지

11
산업안전보건법령상 특별안전보건교육 대상 작업별 교육내용 중 밀폐공간에서의 작업 시 교육내용에 포함되지 않는 것은? (단, 그 밖에 안전보건관리에 필요한 사항은 제외한다.)

① 산소농도측정 및 작업환경에 관한 사항
② 유해물질이 인체에 미치는 영향
③ 보호구 착용 및 보호장비 사용에 관한 사항
④ 사고 시의 응급처치 및 비상시 구출에 관한 사항

밀폐공간에서의 작업 시 특별안전보건교육의 내용
① 산소농도 측정 및 작업환경에 관한 사항
② 사고 시의 응급처치 및 비상시 구출에 관한 사항
③ 보호구 착용 및 보호 장비 사용에 관한 사항
④ 작업내용·안전작업방법 및 절차에 관한 사항
⑤ 장비·설비 및 시설 등의 안전점검에 관한 사항
⑥ 그 밖에 안전·보건관리에 필요한 사항

정답 06 ③ 07 ③ 08 ④ 09 ② 10 ④ 11 ②

12

다음 중 안전 태도 교육의 원칙으로 적절하지 않은 것은?

① 청취위주의 대화를 한다.
② 이해하고 납득한다.
③ 항상 모범을 보인다.
④ 지적과 처벌 위주로 한다.

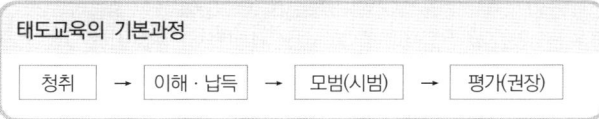

태도교육의 기본과정: 청취 → 이해·납득 → 모범(시범) → 평가(권장)

13

주의의 수준에서 중간 수준에 포함되지 않는 것은?

① 다른 곳에 주의를 기울이고 있을 때
② 가시시야 내 부분
③ 수면 중
④ 일상과 같은 조건일 경우

의식 수준의 단계

단계 (phase)	의식 상태	생리적 상태
제0단계	무의식, 실신	수면, 뇌발작
제Ⅰ단계	의식 흐림(subnormal), 의식 몽롱함	단조로움, 피로, 졸음, 술취함
제Ⅱ단계	이완상태(relaxed) 정상(normal), 느긋한 기분	안정 기거, 휴식 시, 정례 작업 시(정상작업 시) 일반적으로 일을 시작할 때 안정된 행동
제Ⅲ단계	상쾌한 상태(clear) 정상(normal), 분명한 의식	판단을 동반한 행동, 적극활동 시 가장 좋은 의식수준 상태. 긴급 이상 상태를 의식할 때
제Ⅳ단계	과긴장 상태 (hypernormal, excited)	긴급방위반응. 당황해서 panic (감정흥분 시 당황한 상태)

14

다음 중 위험예지훈련 4라운드의 순서가 올바르게 나열된 것은?

① 현상파악 → 본질추구 → 대책수립 → 목표설정
② 현상파악 → 대책수립 → 본질추구 → 목표설정
③ 현상파악 → 본질추구 → 목표설정 → 대책수립
④ 현상파악 → 목표설정 → 본질추구 → 대책수립

위험예지훈련의 4라운드 진행법

① 1라운드 : 현상파악
② 2라운드 : 본질추구
③ 3라운드 : 대책수립
④ 4라운드 : 목표설정

15

산업안전보건법령상 안전모의 종류(기호) 중 사용 구분에서 "물체의 낙하 또는 비래 및 추락에 의한 위험을 방지 또는 경감하고, 머리부위 감전에 의한 위험을 방지하기 위한 것"으로 옳은 것은?

① A
② AB
③ AE
④ ABE

추락 및 감전 위험방지용 안전모의 종류

종류(기호)	사용구분
AB	물체의 낙하 또는 비래 및 추락에 의한 위험을 방지 또는 경감시키기 위한 것
AE	물체의 낙하 또는 비래에 의한 위험을 방지 또는 경감하고, 머리부위 감전에 의한 위험을 방지하기 위한 것
ABE	물체의 낙하 또는 비래 및 추락에 의한 위험을 방지 또는 경감하고, 머리부위 감전에 의한 위험을 방지하기 위한 것

16

교육의 3요소 중 교육의 주체에 해당하는 것은?

① 강사
② 교재
③ 수강자
④ 교육 방법

교육의 3요소

① 교육의 주체 : 강사
② 교육의 객체 : 학습자(교육 대상)
③ 교육의 매개체 : 교재(교육 내용)

정답 12 ④ 13 ③ 14 ① 15 ④ 16 ①

17

O.J.T(On the Job Training) 교육의 장점과 가장 거리가 먼 것은?

① 훈련에만 전념할 수 있다.
② 직장의 실정에 맞게 실제적 훈련이 가능하다.
③ 개개인의 업무능력에 적합하고 자세한 교육이 가능하다.
④ 교육을 통하여 상사와 부하간의 의사소통과 신뢰감이 깊게 된다.

> 업무와 분리되어 훈련에만 전념하는 것이 가능한 것은 Off.J.T에 해당되는 내용이다.

18

위험예지훈련 기초 4라운드(4R)에서 라운드별 내용이 바르게 연결된 것은?

① 1라운드 : 현상파악
② 2라운드 : 대책수립
③ 3라운드 : 목표설정
④ 4라운드 : 본질추구

> **위험예지훈련의 4라운드 진행법**
> ① 1라운드 : 현상파악
> ② 2라운드 : 본질추구
> ③ 3라운드 : 대책수립
> ④ 4라운드 : 목표설정

19

산업안전보건법령상 근로자 안전보건교육 중 채용 시 교육 및 작업내용 변경 시 교육 사항으로 옳은 것은?

① 물질안전보건자료에 관한 사항
② 건강증진 및 질병 예방에 관한 사항
③ 유해·위험 작업환경 관리에 관한 사항
④ 표준안전작업방법 및 지도 요령에 관한 사항

> **근로자 채용 시 및 작업내용 변경 시의 교육내용**
> ① 물질안전보건자료에 관한 사항
> ② 기계·기구의 위험성과 작업의 순서 및 동선에 관한 사항
> ③ 정리정돈 및 청소에 관한 사항
> ④ 작업 개시 전 점검에 관한 사항
> ⑤ 사고 발생 시 긴급조치에 관한 사항
> ⑥ 산업보건 및 건강장해 예방에 관한 사항
> ⑦ 직무스트레스 예방 및 관리에 관한 사항
> ⑧ 산업안전보건법령 및 산업재해보상보험 제도에 관한 사항
> ⑨ 산업안전 및 산업재해 예방에 관한 사항(화재·폭발 사고 발생 시 대피에 관한 사항을 포함)
> ⑩ 직장 내 괴롭힘, 고객의 폭언 등으로 인한 건강장해 예방 및 관리에 관한 사항
> ⑪ 위험성 평가에 관한 사항

tip
2025년 법령개정. 문제와 해설은 개정된 내용 적용

20

산업 재해의 발생 유형으로 볼 수 없는 것은?

① 지그재그형
② 집중형
③ 연쇄형
④ 복합형

> **재해의 발생형태(등치성 이론)**
>
> | 구분 | 내용 |
> |---|---|
> | 단순자극형 | 상호 자극에 의하여 순간적으로 재해가 발생하는 유형으로 재해가 일어난 장소와 그 시기에 일시적으로 요인이 집중(집중형이라고도 함) |
> | 연쇄형 | 하나의 사고 요인이 또 다른 사고 요인을 일으키면서 재해를 발생시키는 유형 (단순 연쇄형과 복합 연쇄형) |
> | 복합형 | 단순 자극형과 연쇄형의 복합적인 발생 유형 |

정답 17① 18① 19① 20①

2과목 인간공학 및 위험성 평가·관리

21
반복되는 사건이 많이 있는 경우에 FTA의 최소 컷셋을 구하는 알고리즘이 아닌 것은?

① Fussel Algorithm
② Boolean Algorithm
③ Monte Carlo Algorithm
④ Limnios & Ziani Algorithm

Monte Carlo Algorithm
시뮬레이션 테크닉의 일종으로, 구하고자 하는 수치의 확률적 분포를 반복 가능한 실험의 통계로부터 구하는 방법

22
1cd 의 점광원에서 1m 떨어진 곳에서의 조도가 3lux 이었다. 동일한 조건에서 5m 떨어진 곳에서의 조도는 약 몇 lux 인가?

① 0.12
② 0.22
③ 0.36
④ 0.56

조도
① 공식 : 조도 = $\dfrac{광도}{(거리)^2}$
② 광도 = $3 \times 1^2 = 3cd$
③ 조도 = $\dfrac{3}{5^2} = 0.12 \text{Lux}$

23
지게차 인장벨트의 수명은 평균이 100,000시간, 표준편차가 500 시간인 정규분포를 따른다. 이 인장벨트의 수명이 101,000 시간 이상일 확률은 약 얼마인가? (단, P(Z≤1) = 0.8413, P(Z≤2) = 0.9772, P(Z≤3) = 0.9987 이다.)

① 1.60%
② 2.28%
③ 3.28%
④ 4.28%

정규분포
$P(x \geq 101,000) = p\left(Z \geq \dfrac{x-\mu}{\sigma}\right) = p(Z \geq 2.0)$
$= 1 - Z_2 = 1 - 0.9772 = 0.0228 = 2.28(\%)$

24
산업안전보건법령에서 정한 물리적 인자의 분류 기준에 있어서 소음은 소음성난청을 유발할 수 있는 몇 dB(A) 이상의 시끄러운 소리로 규정하고 있는가?

① 70
② 85
③ 100
④ 115

소음작업의 기준
1일 8시간 작업을 기준으로 85데시벨 이상의 소음이 발생하는 작업

25 ★
모든 시스템 안전 프로그램 중 최초 단계의 분석으로 시스템 내의 위험요소가 어떤 상태에 있는지를 정성적으로 평가하는 방법은?

① CA
② FHA
③ PHA
④ FMEA

PHA
① PHA는 모든 시스템 안전 프로그램의 최초단계의 분석으로서 시스템 내의 위험요소가 얼마나 위험한 상태에 있는가를 정성적으로 평가하는 것이다.
② PHA의 목적 : 시스템 개발 단계에 있어서 시스템 고유의 위험상태를 식별하고 예상되는 재해의 위험수준을 결정하는 것이다.

26
다음의 연산표에 해당하는 논리연산은?

입력		출력
X_1	X_2	
0	0	0
0	1	1
1	0	1
1	1	0

① XOR
② AND
③ NOT
④ OR

XOR 게이트 회로
① 배타적 OR 게이트 라고도 부르며, 2입력 중 어느 하나가 1일 때 출력이 1이 되는 게이트
② 입력이 같으면 출력은 0이고 입력이 다르면 1이 된다.

정답 21 ③ 22 ① 23 ② 24 ② 25 ③ 26 ①

27

항공기 위치 표시장치의 설계원칙에 있어, 다음 보기의 설명에 해당하는 것은?

> 항공기의 경우 일반적으로 이동 부분의 영상은 고정된 눈금이나 좌표계에 나타내는 것이 바람직하다.

① 통합
② 양립적 이동
③ 추종표시
④ 표시의 현실성

양립적 이동(Principle of Compatibility Motion)
항공기의 경우, 일반적으로 이동 부분의 영상은 고정된 눈금이나 좌표계에 나타내는 것이 바람직함

28

근골격계 질환의 인간공학적 주요 위험요인과 가장 거리가 먼 것은?

① 과도한 힘
② 부적절한 자세
③ 고온의 환경
④ 단순 반복작업

근골격계 질환의 원인
① 부적절한 작업자세
② 무리한 반복작업
③ 과도한 힘
④ 부족한 휴식시간
⑤ 신체적 압박

29

산업현장에서 사용하는 생산설비의 경우 안전장치가 부착되어 있으나 생산성을 위해 제거하고 사용하는 경우가 있다. 이러한 경우를 대비하여 설계 시 안전장치를 제거하면 작동이 안 되는 구조를 채택하고 있다. 이러한 구조는 무엇인가?

① Fail Safe
② Fool Proof
③ Lock Out
④ Tamper Proof

Tamper proof
부정하게 조작하거나 안전장치를 고의로 제거하는데 따른 위험을 예방하도록 설계하는 개념을 말한다.

30

FTA의 활용 및 기대효과가 아닌 것은?

① 시스템의 결함 진단
② 사고원인 규명의 간편화
③ 사고원인 분석의 정량화
④ 시스템의 결함 비용 분석

결함수 분석법의 활용 및 기대효과
① 사고원인 규명의 간편화
② 사고원인 분석의 일반화
③ 사고 원인 분석의 정량화
④ 노력, 시간의 절감
⑤ 시스템의 결함 진단
⑥ 안전점검표 작성

31

서서 하는 작업의 작업대 높이에 대한 설명으로 옳지 않은 것은?

① 정밀작업의 경우 팔꿈치 높이보다 약간 높게 한다.
② 경작업의 경우 팔꿈치 높이보다 약간 낮게 한다.
③ 중작업의 경우 경작업의 작업대 높이보다 약간 낮게 한다.
④ 작업대의 높이는 기준을 지켜야 하므로 높낮이가 조절되어서는 안된다.

작업대 높이
작업대 높이는 팔꿈치 각도가 90도를 이루는 자세로 작업할 수 있도록 조절하고 근로자와 작업면의 각도 등을 적절히 조절할 수 있도록 한다.

32

체계 설계 과정의 주요 단계 중 가장 먼저 실시되어야 하는 것은?

① 기본설계
② 계면설계
③ 체계의 정의
④ 목표 및 성능 명세 결정

체계 설계 과정의 주요단계
① 1단계 : 목표 및 성능 명세 결정
② 2단계 : 시스템(체계)의 정의
③ 3단계 : 기본설계
④ 4단계 : 인터페이스(계면)설계
⑤ 5단계 : 촉진물 설계
⑥ 6단계 : 시험 및 평가

정답 27 ② 28 ③ 29 ④ 30 ④ 31 ④ 32 ④

33
작업장 내부의 추천반사율이 가장 낮아야 하는 곳은?
① 벽 ② 천장
③ 바닥 ④ 가구

> **추천반사율**
>
> | 바닥 | 가구, 사무용기기, 책상 | 창문 발(blind), 벽 | 천장 |
> |---|---|---|---|
> | 20 ~ 40% | 25 ~ 45% | 40 ~ 60% | 80 ~ 90% |

34
인간의 정보처리 기능 중 그 용량이 7개 내외로 작아, 순간적 망각 등 인적 오류의 원인이 되는 것은?
① 지각 ② 작업기억
③ 주의력 ④ 감각보관

> **작업기억**
> ① 현재 주의를 기울여 의식하고 있는 기억으로 감각기관을 통해 입력된 정보를 단기적으로 기억하며 능동적으로 이해하고 조작하는 과정을 말한다.
> ② 밀러(Miller)는 작업기억의 용량에 대해 어느 한 순간에 오직 7개(±2)의 항목만이 즉시 기억으로 유지된다는 매직넘버를 제시하였다.

35 ★
예비위험분석(PHA)에 대한 설명으로 옳은 것은?
① 관련된 과거 안전점검결과의 조사에 적절하다.
② 안전관련 법규 조항의 준수를 위한 조사방법이다.
③ 시스템 고유의 위험성을 파악하고 예상되는 재해의 위험수준을 결정한다.
④ 초기 단계에서 시스템 내의 위험요소가 어떠한 위험상태에 있는가를 정성적으로 평가하는 것이다.

> **PHA(예비위험분석)**
> 시스템 안전 프로그램에 있어서 최초단계(구상단계)의 분석으로, 시스템 내의 위험한 요소가 얼마나 위험한 상태에 있는가를 정성적으로 평가하는 방법

36
글자의 설계 요소 중 검은 바탕에 쓰여진 흰 글자가 번져 보이는 현상과 가장 관련있는 것은?
① 획폭비 ② 글자체
③ 종이 크기 ④ 글자 두께

> **획폭비(높이에 대한 획굵기의 비)**
> ① 흰 바탕에 검은글씨(양각)는 1:6~1:8 권장 (1:8 정도)
> ② 검은 바탕에 흰글씨(음각)는 1:8~1:10 권장(1:13.3 정도) → 광삼현상으로 더 가늘어도 된다(검은바탕의 흰글자가 번져보이는 현상)

37 ★
FTA에 사용되는 기호 중 다음 기호에 해당하는 것은?

① 생략사상
② 부정사상
③ 결함사상
④ 기본사상

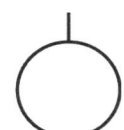

> **논리기호**
>
> | 번호 | 기호 | 명칭 | 설명 |
> |---|---|---|---|
> | 1 | | 결함사상(사상기호) | 기본 고장의 결함으로 이루어진 고장상태를 나타내는 사상(개별적인 결함사상) |
> | 2 | | 기본사상(사상기호) | 더 이상 전개되지 않는 기본인 사상 또는 발생 확률이 단독으로 얻어지는 낮은 레벨의 기본적인 사상 |
> | 3 | | 생략사상(최후사상) | 정보부족 해석기술의 불충분 등으로 더 이상 전개할 수 없는 사상. 작업진행에 따라 해석이 가능할 때는 다시 속행한다. |
> | 4 | | 통상사상(사상기호) | 통상의 작업이나 기계의 상태에서 재해의 발생원인이 되는 사상(통상발생이 예상되는 사상) |

정답 33 ③ 34 ② 35 ④ 36 ① 37 ④

38

휴먼 에러(human error)의 분류 중 필요한 임무나 절차의 순서 착오로 인하여 발생하는 오류는?

① Omission error　　② Sequential error
③ Commission error　④ Extraneous error

스웨인(A.D.Swain)의 독립행동에 의한 휴먼에러 분류	
누락에러 (Omission error)	필요한 직무나 단계를 수행하지 않은(생략) 에러
작위에러 (Commission error)	직무나 순서 등을 착각하여 잘못 수행(불확실한 수행)한 에러
순서에러 (Sequential error)	직무 수행과정에서 순서를 잘못 지켜(순서착오) 발생한 에러
지연에러 (Time error)	정해진 시간 내 직무를 수행하지 못하여(수행지연)발생한 에러
불필요한수행에러 (Extraneous error)	불필요한 직무 또는 절차를 수행하여 발생한 에러(과잉행동에러)

39

가청 주파수 내에서 사람의 귀가 가장 민감하게 반응하는 주파수 대역은?

① 20~20000 Hz　　② 50~15000 Hz
③ 100~10000 Hz　　④ 500~3000 Hz

> 경계 및 경보신호 선택 시 지침
> ① 귀는 중음역에 가장 민감하므로 500~3,000Hz의 진동수를 사용
> ② 고음은 멀리가지 못하므로 300m 이상 장거리용으로는 1,000Hz 이하의 진동수 사용
> ③ 신호가 장애물을 돌아가거나 칸막이를 통과해야 할 때는 500Hz 이하의 진동수 사용

40

작업자가 100개의 부품을 육안 검사하여 20개의 불량품을 발견하였다. 실제 불량품이 40개라면 인간에러(human error) 확률은 약 얼마인가?

① 0.2　　② 0.3
③ 0.4　　④ 0.5

> 휴먼에러확률(HEP) = $\dfrac{\text{인간오류의 수}}{\text{전체오류발생 기회의 수}}$
> $= \dfrac{20}{100} = 0.2$

3과목 기계·기구 및 설비 안전 관리

41

방호장치의 안전기준상 평면연삭기 또는 절단연삭기에서 덮개의 노출각도 기준으로 옳은 것은?

① 80° 이내　　② 125° 이내
③ 150° 이내　　④ 180° 이내

> 절단 및 평면 연삭기는 150° 이내로 하되, 숫돌의 주축에서 수평면 밑으로 이루는 덮개의 각도는 15° 이상이 되도록 하여야 한다.

42

롤러기의 방호장치 중 복부조작식 급정지 장치의 설치위치 기준에 해당하는 것은? (단, 위치는 급정지장치의 조작부의 중심점을 기준으로 한다.)

① 밑면에서 1.8m 이상
② 밑면에서 0.8m 미만
③ 밑면에서 0.8m 이상 1.1m 이내
④ 밑면에서 0.4m 이상 0.8m 이내

롤러기 방호장치의 설치거리		
조작부의 종류	설치위치	비고
손조작식	밑면에서 1.8m 이내	위치는 급정지 장치의 조작부의 중심점을 기준으로 함
복부조작식	밑면에서 0.8m 이상 1.1m 이내	
무릎조작식	밑면에서 0.4m 이상 0.6m 이내	

정답　38 ②　39 ④　40 ①　41 ③　42 ③

43

광전자식 방호장치가 설치된 프레스에서 손이 광선을 차단했을 때부터 급정지기구가 작동을 개시할 때까지의 시간은 0.3초, 급정지기구가 작동을 개시했을 때부터 슬라이드가 정지할 때까지의 시간이 0.4초 걸린다고 할 때 최소 안전거리는 약 몇 mm 인가?

① 540
② 760
③ 980
④ 1,120

광전자식의 안전거리

① $D(\text{mm}) = 1,600 \times (T_C + T_S)$

T_C : 방호장치의 작동시간[즉 손이 광선을 차단했을 때부터 급정지기구가 작동을 개시할 때까지의 시간(초)]

T_S : 프레스의 최대정지시간[즉 급정지기구가 작동을 개시했을 때부터 슬라이드가 정지할 때까지의 시간(초)]

② $D = 1,600 \times (0.3 + 0.4) = 1,120\text{mm}$

44

드릴링 머신의 드릴지름이 10mm이고, 드릴 회전수가 1,000rpm일 때 원주속도는 약 얼마인가?

① 3.14 m/min
② 6.28 m/min
③ 31.4 m/min
④ 62.8 m/min

연삭기의 원주속도

원주속도$(\text{m/min}) = \dfrac{\pi D(\text{mm}) N(\text{rpm})}{1,000} = \dfrac{\pi \times 10 \times 1,000}{1,000}$
$= 31.42(\text{m/min})$

45

금형 운반에 대한 안전수칙에 관한 설명으로 옳지 않은 것은?

① 상부금형과 하부금형이 닿을 위험이 있을 때는 고정 패드를 이용한 스트랩, 금속재질이나 우레탄 고무의 블록 등을 사용한다.
② 금형을 안전하게 취급하기 위해 아이볼트를 사용할 때는 숄더형으로 사용하는 것이 좋다.
③ 관통 아이볼트가 사용될 때는 조립이 쉽도록 구멍 틈새를 크게 한다.
④ 운반하기 위해 꼭 들어 올려야 할 때는 필요한 높이 이상으로 들어 올려서는 안된다.

관통 아이볼트가 사용될 때는 구멍 틈새가 최소화 되도록 한다.

46

산업안전보건법령상 프레스를 사용하여 작업을 할 때 작업시작 전 점검 항목에 해당하지 않는 것은?

① 전선 및 접속부 상태
② 클러치 및 브레이크의 기능
③ 프레스의 금형 및 고정볼트 상태
④ 1행정 1정지기구 급정지장치 및 비상정지장치의 기능

프레스 작업시작 전 점검사항

① 클러치 및 브레이크의 기능
② 크랭크축·플라이휠·슬라이드·연결봉 및 연결나사의 풀림유무
③ 1행정 1정지기구·급정지장치 및 비상정지장치의 기능
④ 슬라이드 또는 칼날에 의한 위험방지 기구의 기능
⑤ 프레스의 금형 및 고정볼트 상태
⑥ 방호장치의 기능
⑦ 전단기의 칼날 및 테이블의 상태

47

선반 작업의 안전사항으로 틀린 것은?

① 베드 위에 공구를 올려놓지 않아야 한다.
② 바이트를 교환할 때는 기계를 정지시키고 한다.
③ 바이트는 끝을 길게 장치한다.
④ 반드시 보안경을 착용한다.

선반 작업 시 유의사항

① 바이트는 짧게 장치하고 일감의 길이가 직경의 12배 이상일 때 방진구 사용
② 절삭 칩 제거는 반드시 브러시 사용
③ 바이트에는 칩 브레이커를 설치하고 보안경 착용
④ 치수 측정 시 및 주유, 청소시 반드시 기계 정지

48

연삭기 숫돌의 파괴 원인으로 볼 수 없는 것은?

① 숫돌의 회전속도가 너무 빠를 때
② 숫돌 자체에 균열이 있을 때
③ 숫돌의 정면을 사용할 때
④ 숫돌에 과대한 충격을 주게 되는 때

> **숫돌의 파괴 원인(보기 외에)**
> ① 숫돌의 측면을 사용하여 작업할 때
> ② 숫돌의 불균형이나 베어링 마모에 의한 진동이 있을 때
> ③ 플랜지가 현저히 작을 때
> ④ 작업에 부적당한 숫돌을 사용할 때
> ⑤ 숫돌의 치수가 부적당 할 때

49

기계설비의 방호는 위험장소에 대한 방호와 위험원에 대한 방호로 분류할 때, 다음 위험원에 대한 방호장치에 해당하는 것은?

① 격리형 방호장치
② 포집형 방호장치
③ 접근거부형 방호장치
④ 위치제한형 방호장치

> **포집형 방호장치**
> 위험원에 대한 방호장치로서 연삭숫돌이나 목재가공기계의 칩이 비산할 경우 이를 방지하고 안전하게 칩을 포집하는 방법

50 ★빈출

산업용 로봇 작업 시 안전조치 방법으로 틀린 것은?

① 작업 중의 매니퓰레이터의 속도의 지침에 따라 작업한다.
② 로봇의 조작방법 및 순서의 지침에 따라 작업한다.
③ 작업을 하고 있는 동안 해당 작업 근로자 이외에도 로봇의 기동스위치를 조작할 수 있도록 한다.
④ 2명 이상의 근로자에게 작업을 시킬 때는 신호 방법의 지침을 정하고 그 지침에 따라 작업한다.

> **산업용로봇의 운전 중 위험 방지 조치**
> ① 높이 1.8m 이상의 울타리 설치(울타리를 설치할 수 없는 일부 구간 – 안전매트 또는 광전자식 방호장치 등 감응형 방호장치 설치)
> ② 작업에 종사하고 있는 근로자 또는 그 근로자를 감시하는 사람은 이상을 발견하면 즉시 로봇의 운전을 정지시키기 위한 조치를 할 것
> ③ 작업을 하고 있는 동안 로봇의 기동스위치 등에 작업 중이라는 표시를 하는 등 작업에 종사하고 있는 근로자가 아닌 사람이 그 스위치 등을 조작할 수 없도록 필요한 조치를 할 것

51

근로자에게 위험을 미칠 우려가 있는 원동기, 축이음, 풀리 등에 설치하여야 하는 것은?

① 덮개
② 압력계
③ 통풍장치
④ 과압방지기

> **회전부의 덮개 또는 울 설치**
> 원동기, 축이음, 벨트, 풀리의 회전부위 등 근로자에게 위험을 미칠 우려가 있는 부위

52

다음 중 연삭기를 이용한 작업의 안전대책으로 가장 옳은 것은?

① 연삭숫돌의 최고 원주 속도 이상으로 사용하여야 한다.
② 운전 중 연삭숫돌의 균열 확인을 위해 수시로 충격을 가해 본다.
③ 정밀한 작업을 위해서는 연삭기의 덮개를 벗기고 숫돌의 정면에 서서 작업한다.
④ 작업시작 전에는 1분 이상 시운전을 하고 숫돌의 교체 시에는 3분 이상 시운전을 한다.

> **연삭숫돌의 안전기준**
> ① 덮개의 설치 기준 : 직경이 5cm 이상인 연삭숫돌
> ② 작업 시작하기 전 1분 이상, 연삭 숫돌을 교체한 후 3분 이상 시운전
> ③ 시운전에 사용하는 연삭 숫돌은 작업시작 전 결함유무 확인 후 사용
> ④ 연삭숫돌의 최고 사용회전속도 초과 사용금지
> ⑤ 측면을 사용하는 것을 목적으로 하는 연삭숫돌 이외의 연삭숫돌은 측면 사용금지

정답 48 ③ 49 ② 50 ③ 51 ① 52 ④

53

산업용 로봇의 작동범위에서 그 로봇에 관하여 교시 등의 작업을 하는 경우 작업시작 전 점검사항에 해당하지 않는 것은? (단, 로봇의 동력원을 차단하고 행하는 것을 제외한다.)

① 회전부의 덮개 또는 울 부착여부
② 제동장치 및 비상정지장치의 기능
③ 외부전선의 피복 또는 외장의 손상 유무
④ 매니퓰레이터(manipulator) 작동의 이상 유무

> **산업용 로봇의 작업시작 전 점검사항**
> ① 외부전선의 피복 또는 외장의 손상 유무
> ② 매니퓰레이터(manipulator) 작동의 이상 유무
> ③ 제동장치 및 비상정지장치의 기능

54

기계설비의 안전화를 크게 외관의 안전화, 기능의 안전화, 구조적 안전화로 구분할 때, 기능의 안전화에 해당되는 것은?

① 안전율의 확보
② 위험부위 덮개 설치
③ 기계 외관에 안전 색채 사용
④ 전압 강하 시 기계의 자동정지

> **기능상의 안전화**
> (1) 적절한 조치가 필요한 이상상태: 전압의 강하, 정전 시 오동작, 단락스위치나 릴레이 고장 시 오동작, 사용압력 고장 시 오동작, 밸브계통의 고장에 의한 오동작 등
> (2) 소극적 대책: ① 이상 시 기계 급정지 ② 안전 장치 작동
> (3) 적극적 대책: ① 전기회로 개선 오동작 방지
> ② 정상기능 찾도록 완전한 회로 설계
> ③ 페일 세이프

55

기계장치의 안전설계를 위해 적용하는 안전율 계산식은?

① 안전하중 ÷ 설계하중
② 최대사용하중 ÷ 극한강도
③ 극한강도 ÷ 최대설계응력
④ 극한강도 ÷ 파단하중

> **안전율의 산정 방법**
> 안전율 = $\dfrac{\text{기초강도}}{\text{허용응력}} = \dfrac{\text{최대응력}}{\text{허용응력}} = \dfrac{\text{파괴하중}}{\text{최대사용하중}} = \dfrac{\text{극한강도}}{\text{최대설계응력}}$
> $= \dfrac{\text{파단하중}}{\text{안전하중}}$

56

연삭 숫돌과 작업받침대, 교반기의 날개, 하우스 등 기계의 회전 운동하는 부분과 고정부분 사이에 위험이 형성되는 위험점은?

① 물림점 ② 끼임점
③ 절단점 ④ 접선물림점

> **기계설비에 의해 형성되는 위험점**
>
> | | |
> |---|---|
> | 협착점 | ① 프레스 금형 조립 부위
② 전단기의 누름판 및 칼날 부위
③ 선반 및 평삭기의 베드 끝 부위 |
> | 끼임점 | ① 연삭 숫돌과 작업대
② 반복동작되는 링크기구
③ 교반기의 교반날개와 몸체 사이 |
> | 절단점 | ① 밀링컷터 ② 둥근톱 날 ③ 목공용 띠톱 날 부분 |
> | 물림점 | ① 기어와 피니언 ② 롤러의 회전 등 |
> | 접선물림점 | ① V벨트와 풀리 ② 기어와 랙 ③ 롤러와 평벨트 등 |
> | 회전말림점 | ① 회전축 ② 드릴축 등 |

57

보일러의 연도(굴뚝)에서 버려지는 여열을 이용하여 보일러에 공급되는 급수를 예열하는 부속장치는?

① 과열기 ② 절탄기
③ 공기예열기 ④ 연소장치

> **절탄기(economizer)**
> 보일러 본체에 넣어진 물을 가열하기 위하여 연도에서 버려지는 배기 연소가스의 여열을 이용하기 위한 장치

58
다음 중 컨베이어의 안전장치가 아닌 것은?

① 이탈 및 역주행방지장치 ② 비상정지장치
③ 덮개 또는 울 ④ 비상난간

> **컨베이어의 안전조치사항**
> ① 이탈 등의 방지(정전, 전압강하 등에 의한 화물 또는 운반구의 이탈 및 역주행 방지장치)
> ② 화물의 낙하위험 시에는 덮개 또는 낙하방지용 울 등의 설치
> ③ 근로자의 신체의 일부가 말려드는 등 근로자에게 위험을 미칠 우려가 있을 때 및 비상시에 정지할 수 있는 비상정지장치 부착

59
밀링 머신의 작업 시 안전수칙에 대한 설명으로 틀린 것은?

① 커터의 교환 시는 테이블 위에 목재를 받쳐 놓는다.
② 강력 절삭 시에는 일감을 바이스에 깊게 물린다.
③ 작업 중 면장갑은 착용하지 않는다.
④ 커터는 가능한 컬럼(column)으로부터 멀리 설치한다.

> 밀링의 커터는 될 수 있는 한 컬럼에 가깝게 설치해야 한다.

60
선반의 크기를 표시하는 것으로 틀린 것은?

① 양쪽 센터 사이의 최대 거리
② 왕복대 위의 스윙
③ 베드 위의 스윙
④ 주축에 물릴 수 있는 공작물의 최대 지름

> **선반의 크기 표시**
> 일반적으로 베드 위의 스윙, 왕복대 위의 스윙, 두 센터 사이의 최대거리로 나타낸다.

4과목 전기 및 화학설비 안전 관리

61
교류아크 용접기의 재해방지를 위해 쓰이는 것은?

① 자동전격방지 장치
② 리미트 스위치
③ 정전압 장치
④ 정전류 장치

> **자동전격방지기의 성능**
> ① 아크발생을 정지시킬 때 주접점이 개로될 때까지의 시간(지동시간)은 1.0초 이내일 것
> ② 2차 무부하전압은 25V 이내일 것

62
충전전로 인근에서 차량, 기계장치 등의 작업이 있는 경우 차량 등을 충전전로의 충전부로부터 얼마 이상 이격시켜야 하는가? (단, 대지전압이 50kV를 넘는 경우는 제외)

① 100cm 이상
② 150cm 이상
③ 200cm 이상
④ 300cm 이상

> 차량 등을 충전전로의 충전부로부터 300cm 이상 이격시켜 유지시키되, 대지전압이 50kV를 넘는 경우 10kV 증가할 때마다 10cm씩 증가시켜야 한다.

정답 58 ④ 59 ④ 60 ④ 61 ① 62 ④

63

누전에 의한 감전위험을 방지하기 위하여 누전차단기를 설치하여야 하는데 다음 중 누전차단기를 설치하지 않아도 되는 것은?

① 절연대 위에서 사용하는 이중 절연구조의 전동기기
② 임시배선의 전로가 설치되는 장소에서 사용하는 이동형 전기기구
③ 철판 위와 같이 도전성이 높은 장소에서 사용하는 이동형 전기기구
④ 물과 같이 도전성이 높은 액체에 의한 습윤 장소에서 사용하는 이동형 전기기구

> **누전차단기 적용 제외**
> ① 「전기용품 및 생활용품 안전관리법」이 적용되는 이중절연 또는 이와 같은 수준 이상으로 보호되는 구조로 된 전기기계·기구
> ② 절연대 위 등과 같이 감전 위험이 없는 장소에서 사용하는 전기기계·기구
> ③ 비접지방식의 전로

64

누전차단기의 설치 환경조건에 관한 설명으로 틀린 것은?

① 전원전압은 정격전압의 85~110% 범위로 한다.
② 설치장소가 직사광선을 받을 경우 차폐시설을 설치한다.
③ 정격부동작 전류가 정격감도 전류의 30% 이상이어야 하고, 이들의 차가 가능한 큰 것이 좋다.
④ 정격전부하 전류가 30A인 이동형 전기기계·기구에 접속되어 있는 경우 일반적으로 정격 감도 전류는 30mA 이하인 것을 사용한다.

> 정격부동작 전류가 정격감도전류의 50[%] 이상이고 또한 이들의 차가 가능한 한 작은 값을 사용해야 한다.

65

위험장소의 분류에 있어 다음 설명에 해당되는 것은?

> 분진운 형태의 가연성 분진이 폭발농도를 형성할 정도로 충분한 양이 정상작동 중에 연속적으로 또는 자주 존재하거나, 제어할 수 없을 정도의 양 및 두께의 분진층이 형성될 수 있는 장소

① 20종 장소
② 21종 장소
③ 22종 장소
④ 23종 장소

> **분진폭발 위험장소**
> ① 문제의 설명은 20종 장소에 관한 내용
> ② 21종 장소 : 20종 장소 외의 장소로서 분진운 형태의 가연성 분진이 폭발농도를 형성할 정도의 충분한 양이 정상작동 중에 존재할 수 있는 장소
> ③ 22종 장소 : 21종 장소 외의 장소로서 가연성 분진운 형태가 드물게 발생 또는 단기간 존재할 우려가 있거나 이상작동 상태하에서 가연성 분진층이 형성될 수 있는 장소

66

인체의 저항이 500Ω이고, 440V 회로에 누전차단기(ELB)를 설치할 경우 다음 중 가장 적당한 누전차단기는?

① 30mA 이하, 0.1초 이하에 작동
② 30mA 이하, 0.03초 이하에 작동
③ 15mA 이하, 0.1초 이하에 작동
④ 15mA 이하, 0.03초 이하에 작동

> **누전차단기 접속 시 준수사항**
> ① 전기기계·기구에 접속되어 있는 누전차단기는 정격감도전류가 30 밀리암페어 이하이고 작동시간은 0.03초 이내일 것
> ② 다만, 정격전부하전류가 50암페어 이상인 전기기계·기구에 접속되는 누전차단기는 오작동을 방지하기 위하여 정격감도전류는 200밀리암페어 이하로, 작동시간은 0.1초 이내로 할 수 있다.

정답   63 ① 64 ③ 65 ① 66 ②

67 ⭐

다음 중 통전경로별 위험도가 가장 높은 경로는?

① 왼손 - 등
② 오른손 - 가슴
③ 왼손 - 가슴
④ 오른손 - 양발

통전 경로별 위험도

통전경로	위험도	통전경로	위험도
왼손-가슴	1.5	왼손-등	0.7
오른손-가슴	1.3	한손 또는 양손-앉아 있는 자리	0.7
왼손-한발 또는 양발	1.0	왼손-오른손	0.4
양손-양발	1.0	오른손-등	0.3
오른손-한발 또는 양발	0.8		

68

정전기 발생 종류가 아닌 것은?

① 박리
② 마찰
③ 분출
④ 방전

대전의 종류

① 마찰대전 ② 박리대전 ③ 유동대전 ④ 분출대전
⑤ 충돌대전 ⑥ 교반대전 ⑦ 파괴대전 등

69 ⭐

다음 중 방폭구조의 종류와 기호를 올바르게 나타낸 것은?

① 안전증방폭구조 : e
② 몰드방폭구조 : n
③ 충전방폭구조 : p
④ 압력방폭구조 : o

방폭구조의 기호

종류	내압	압력	유입	안전증	몰드	충전	비점화	본질안전	특수
기호	d	p	o	e	m	q	n	i	s

70

접지 시스템에서 계통접지에 해당하지 않는 것은?

① TN
② TT
③ IN
④ IT

접지 시스템

구분	① 계통접지(TN,TT, IT계통) ② 보호접지 ③ 피뢰시스템 접지
종류	① 단독접지 ② 공통접지 ③ 통합접지
구성요소	① 접지극 ② 접지도체 ③ 보호도체 및 기타 설비
연결방법	접지극은 접지도체를 사용하여 주 접지단자에 연결

71

아세틸렌(C_2H_2)의 공기 중 완전연소 조성농도(Cst)는 약 얼마인가?

① 6.7 vol%
② 7.0 vol%
③ 7.4 vol%
④ 7.7 vol%

완전연소 조성농도

$$C_{st} = \frac{100}{1+4.773(n+\frac{m-f-2\lambda}{4})} = \frac{100}{1+4.773(2+\frac{2}{4})}$$
$$= 7.73 \text{vol}\%$$

72

다음 중 폭굉(detonation) 현상에 있어서 폭굉파의 진행 전면에 형성되는 것은?

① 증발열
② 충격파
③ 역화
④ 화염의 대류

폭굉과 폭굉파

① 폭굉이란 폭발 범위 내의 특정 농도 범위에서 연소속도가 폭발에 비해 수백 내지 수천 배에 달하는 현상
② 폭굉파는 진행속도가 1,000~3,500m/s 에 달하는 경우
③ 폭굉파의 전파속도는 음속을 앞지르기 때문에 그 진행전면에 충격파가 형성되어 파괴 작용을 동반

정답 67 ③ 68 ④ 69 ① 70 ③ 71 ④ 72 ②

73

위험물안전관리법령상 제4류 위험물(인화성 액체)이 갖는 일반성질로 가장 거리가 먼 것은?

① 증기는 대부분 공기보다 무겁다.
② 대부분 물보다 가볍고 물에 잘 녹는다.
③ 대부분 유기화합물이다.
④ 발생증기는 연소하기 쉽다.

> **제4류 위험물(인화성 액체)**
> ① 가연성 물질로 인화성 증기를 발생하는 액체위험물, 인화되기 매우 쉽고 착화온도가 낮은 것은 위험(증기는 공기와 약간만 혼합해도 연소의 우려)
> ② 점화원이나 고온체의 접근을 피하고, 증기발생을 억제해야 한다.
> ③ 증기는 공기보다 무겁고, 물보다 가벼우며, 물에 녹기 어렵다.

74

다음 중 분진폭발에 대한 설명으로 틀린 것은?

① 일반적으로 입자의 크기가 클수록 위험이 더 크다.
② 산소의 농도는 분진폭발 위험에 영향을 주는 요인이다.
③ 주위 공기의 난류확산은 위험을 증가시킨다.
④ 가스폭발에 비하여 불완전 연소를 일으키기 쉽다.

> **입자의 직경**
> 평균 입자의 직경이 작고 밀도가 작은 것일수록 비표면적은 크게 되고 표면에너지도 크게 되어 위험성이 크다.

75 ⭐

산업안전보건기준에 관한 규칙에 따라 폭발성 물질을 저장·취급하는 화학설비 및 그 부속설비를 설치할 때, 단위공정시설 및 설비로부터 다른 단위공정시설 및 설비 사이의 안전거리는 설비 바깥 면으로부터 몇 m 이상 두어야 하는가? (단, 원칙적인 경우에 한한다.)

① 3
② 5
③ 10
④ 20

> **위험물 저장 취급 화학설비(안전거리)**
>
> | 구분 | 안전거리 |
> |---|---|
> | 단위공정시설 및 설비로부터 다른 단위공정시설 및 설비의 사이 | 설비의 외면으로부터 10미터 이상 |
> | 플레어스택으로부터 단위공정시설 및 설비, 위험물질 저장탱크 또는 위험물질 하역설비의 사이 | 플레어스택으로부터 반경 20미터 이상 |
> | 위험물질 저장탱크로부터 단위공정시설 및 설비, 보일러 또는 가열로의 사이 | 저장탱크의 외면으로부터 20미터 이상 |
> | 사무실·연구실·실험실·정비실 또는 식당으로부터 단위공정시설 및 설비, 위험물질 저장탱크, 위험물질 하역설비, 보일러 또는 가열로의 사이 | 사무실 등의 외면으로부터 20미터 이상 |

76

어떤 물질 내에서 반응전파속도가 음속보다 빠르게 진행되며 이로 인해 발생된 충격파가 반응을 일으키고 유지하는 발열반응을 무엇이라 하는가?

① 점화(Ignition)
② 폭연(Deflagration)
③ 폭발(Explosion)
④ 폭굉(Detonation)

> **폭굉과 폭굉파**
> ① 폭굉이란 폭발 범위 내의 특정 농도 범위에서 연소속도가 폭발에 비해 수백 내지 수천 배에 달하는 현상
> ② 폭굉파는 진행속도가 1,000~3,500m/s 에 달하는 경우
> ③ 폭굉파의 전파속도는 음속을 앞지르기 때문에 그 진행 전면에 충격파가 형성되어 파괴작용을 동반

77 ⭐

A 가스의 폭발하한계가 4.1vol%, 폭발상한계가 62vol% 일 때 이 가스의 위험도는 약 얼마인가?

① 8.94
② 12.75
③ 14.12
④ 16.12

> **위험도**
> $$위험도(H) = \frac{UFL(연소상한값) - LFL(연소하한값)}{LFL(연소하한값)}$$
> $$\therefore H = \frac{62 - 4.1}{4.1} = 14.122$$

정답 73 ② 74 ① 75 ③ 76 ④ 77 ③

78
사업장에서 유해 · 위험물질의 일반적인 보관방법으로 적합하지 않은 것은?

① 질소와 격리하여 저장
② 서늘한 장소에 저장
③ 부식성이 없는 용기에 저장
④ 차광막이 있는 곳에 저장

> 질소는 공기 중에서 가장 많은 비중을 차지하며, 불연성가스에 해당된다.

79
다음 중 분진폭발의 가능성이 가장 낮은 물질은?

① 소맥분 ② 마그네슘분
③ 질석가루 ④ 석탄가루

> 팽창질석은 금속화재의 소화에 사용된다.

80
산업안전보건기준에 관한 규칙에서 규정하는 급성 독성 물질의 기준으로 틀린 것은?

① 쥐에 대한 경구투입실험에 의하여 실험동물의 50%를 사망시킬 수 있는 물질의 양이 kg당 300mg-(체중) 이하인 화학물질
② 쥐에 대한 경피흡수실험에 의하여 실험동물의 50%를 사망시킬 수 있는 물질의 양이 kg당 1000mg-(체중) 이하인 화학물질
③ 토끼에 대한 경피흡수실험에 의하여 실험동물의 50%를 사망시킬 수 있는 물질의 양이 kg당 1000mg-(체중) 이하인 화학물질
④ 쥐에 대한 4시간 동안의 흡입실험에 의하여 실험동물의 50%를 사망시킬 수 있는 가스의 농도가 3000ppm 이상인 화학물질

> **급성 독성물질**
> 쥐에 대한 4시간 동안의 흡입실험에 의하여 실험동물의 50퍼센트를 사망시킬 수 있는 물질의 농도, 즉 가스 LC50(쥐, 4시간 흡입)이 2,500ppm 이하인 화학물질, 증기 LC50(쥐, 4시간 흡입)이 10mg/l 이하인 화학물질, 분진 또는 미스트 1mg/l 이하인 화학물질

5과목 건설공사 안전 관리

81
콘크리트 타설작업을 하는 경우에 준수해야 할 사항으로 옳지 않은 것은?

① 당일의 작업을 시작하기 전에 해당 작업에 관한 거푸집동바리 등의 변형 · 변위 및 지반의 침하 유무 등을 점검하고 이상이 있으면 보수할 것
② 작업 중에는 거푸집동바리 등의 변형 · 변위 및 침하 유무 등을 감시할 수 있는 감시자를 배치하여 이상이 있으면 작업을 중지하고 근로자를 대피시킬 것
③ 설계도서상의 콘크리트 양생기간을 준수하여 거푸집동바리 등을 해체할 것
④ 콘크리트를 타설하는 경우에는 편심을 유발하여 한쪽 부분부터 밀실하게 타설되도록 유도할 것

> 콘크리트를 타설하는 경우에는 편심이 발생하지 않도록 골고루 분산하여 타설할 것

82
철골공사에서 나타나는 용접결함의 종류에 해당하지 않는 것은?

① 가우징(gouging)
② 오버랩(overlap)
③ 언더 컷(under cut)
④ 블로우 홀(blow hole)

> 가우징은 용접한 부위의 결함을 제거하거나 가스와 산소 불꽃 또는 아크열에 의해 금속면에 깊은 홈을 파는 것을 말한다.

정답 78 ① 79 ③ 80 ④ 81 ④ 82 ①

83
이동식비계를 조립하여 작업을 하는 경우의 준수사항으로 옳지 않은 것은?

① 이동식비계의 바퀴에는 뜻밖의 갑작스러운 이동 또는 전도를 방지하기 위하여 브레이크·쐐기 등으로 바퀴를 고정시킨 다음 비계의 일부를 견고한 시설물에 고정하거나 아웃트리거(outrigger)를 설치하는 등 필요한 조치를 할 것
② 작업발판은 항상 수평을 유지하고 작업발판 위에서 안전난간을 딛고 작업을 하지 않도록 하며, 대신 받침대 또는 사다리를 사용하여 작업할 것
③ 비계의 최상부에서 작업을 하는 경우에는 안전난간을 설치할 것
④ 작업발판의 최대적재하중은 250kg을 초과하지 않도록 할 것

> 작업발판은 항상 수평을 유지하고 작업발판 위에서 안전난간을 딛고 작업을 하거나 받침대 또는 사다리를 사용하여 작업하지 않도록 할 것

84
버팀대(Strut)의 축하중 변화상태를 측정하는 계측기는?

① 경사계(Inclino meter)
② 수위계(Water level meter)
③ 침하계(Extension)
④ 하중계(Load cell)

> 하중계는 흙막이 버팀대에 작용하는 토압, 어스 앵커의 인장력 등을 측정하는 기기

85
건설업에서 사업주의 유해·위험 방지 계획서 제출 대상 사업장이 아닌 것은?

① 지상 높이가 31m 이상인 건축물의 건설, 개조 또는 해체 공사
② 연면적 5,000m² 이상 관광숙박시설의 해체공사
③ 저수용량 5,000톤 이하의 지방상수도 전용 댐 건설 등의 공사
④ 깊이 10m 이상인 굴착공사

> 다목적댐·발전용댐 및 저수용량 2천만톤 이상의 용수전용댐·지방상수도 전용댐 건설 등의 공사

86
부두 등의 하역작업장에서 부두 또는 안벽의 선을 따라 설치하는 통로의 최소폭 기준은?

① 30cm 이상
② 50cm 이상
③ 70cm 이상
④ 90cm 이상

> 부두 등 하역작업장 조치사항(보기 외에)
> ① 부두 또는 안벽의 선을 따라 통로를 설치하는 때에는 폭을 90cm 이상으로 할 것
> ② 바닥으로부터 높이 2m 이상 하적단(포대, 가마니 등)은 인접 하적단과 간격을 하적단 밑부분에서 10cm 이상 유지

87
옹벽 축조를 위한 굴착작업에 관한 설명으로 옳지 않은 것은?

① 수평 방향으로 연속적으로 시공한다.
② 하나의 구간을 굴착하면 방치하지 말고 기초 및 본체구조물 축조를 마무리 한다.
③ 절취경사면에 전석, 낙석의 우려가 있고 혹은 장기간 방치할 경우에는 숏크리트, 록볼트, 캔버스 및 모르타르 등으로 방호한다.
④ 작업위치의 좌우에 만일의 경우에 대비한 대피통로를 확보하여 둔다.

> 수평방향의 연속시공을 금하며, 블럭으로 나누어 단위시공 단면적을 최소화하여 분단시공을 한다

정답 83 ② 84 ④ 85 ③ 86 ④ 87 ①

88

가설통로 설치 시 경사가 몇 도를 초과하면 미끄러지지 않는 구조로 설치하여야 하는가?

① 15° ② 20°
③ 25° ④ 30°

가설 통로의 구조
① 견고한 구조로 할 것
② 경사는 30도 이하로 할 것
③ 경사가 15도를 초과하는 경우에는 미끄러지지 아니하는 구조로 할 것
④ 추락할 위험이 있는 장소에는 안전난간을 설치할 것
⑤ 수직갱에 가설된 통로의 길이가 15미터 이상인 경우에는 10미터 이내마다 계단참을 설치할 것
⑥ 건설공사에 사용하는 높이 8미터 이상인 비계다리에는 7미터 이내마다 계단참을 설치할 것

89

이동식비계 작업 시 주의사항으로 옳지 않은 것은?

① 비계의 최상부에서 작업을 하는 경우에는 안전난간을 설치한다.
② 이동 시 작업지휘자가 이동식 비계에 탑승하여 이동하며 안전여부를 확인하여야 한다.
③ 비계를 이동시키고자 할 때는 바닥의 구멍이나 머리 위의 장애물을 사전에 점검한다.
④ 작업발판은 항상 수평을 유지하고 작업발판 위에서 안전난간을 딛고 작업을 하거나 받침대 또는 사다리를 사용하여 작업하지 않도록 한다.

이동식비계 사용 시 주의사항
① 작업발판은 항상 수평을 유지하고 작업발판 위에서 안전난간을 딛고 작업을 하거나 받침대 또는 사다리를 사용하여 작업하지 않아야 한다.
② 작업발판에는 3인 이상이 탑승하여 작업하지 않도록 하여야 한다.
③ 근로자가 탑승한 상태에서 이동식 비계를 이동시키지 말아야 한다.

90

가설구조물의 특징이 아닌 것은?

① 연결재가 적은 구조로 되기 쉽다.
② 부재결합이 불완전할 수 있다.
③ 영구적인 구조설계의 개념이 확실하게 적용된다.
④ 단면에 결함이 있기 쉽다.

가설구조물 특징(보기 외에)
① 구조물에 대한 개념이 확고하지 않아 조립정밀도가 낮다.
② 구조 계산의 기준이 부족하여 구조적인 문제점이 많다.

91

시스템 비계를 사용하여 비계를 구성하는 경우에 준수하여야 할 사항으로 옳지 않은 것은?

① 수직재와 수직재의 연결철물은 이탈되지 않도록 견고한 구조로 할 것
② 수직재·수평재·가새재를 견고하게 연결하는 구조가 되도록 할 것
③ 수직재와 받침철물의 연결부 겹침길이는 받침철물 전체길이의 4분의 1 이상이 되도록 할 것
④ 수평재는 수직재와 직각으로 설치하여야 하며, 체결 후 흔들림이 없도록 견고하게 설치할 것

시스템 비계의 구조
비계 밑단의 수직재와 받침철물은 밀착되도록 설치하고, 수직재와 받침철물의 연결부의 겹침길이는 받침철물 전체길이의 3분의 1 이상이 되도록 할 것

92

사다리식 통로 등을 설치하는 경우 발판과 벽과의 사이는 최소 얼마 이상의 간격을 유지하여야 하는가?

① 10cm 이상 ② 15cm 이상
③ 20cm 이상 ④ 25cm 이상

사다리식 통로의 구조
① 발판과 벽과의 사이는 15센티미터 이상의 간격을 유지할 것
② 폭은 30센티미터 이상으로 할 것
③ 사다리의 상단은 걸쳐놓은 지점으로부터 60센티미터 이상 올라가도록 할 것
④ 사다리식 통로의 길이가 10미터 이상인 경우에는 5미터 이내마다 계단참을 설치할 것
⑤ 사다리식 통로의 기울기는 75도 이하로 할 것

정답 88 ① 89 ② 90 ③ 91 ③ 92 ②

93

산업안전보건기준에 관한 규칙에 따른 토사 굴착 시 굴착면의 기울기 기준으로 옳지 않은 것은?

① 모래 - 1 : 1.8
② 풍화암 - 1 : 1.0
③ 경암 - 1 : 0.5
④ 연암 - 1 : 1.2

굴착면 기울기 기준				
지반의 종류	모래	연암 및 풍화암	경암	그 밖의 흙
굴착면의 기울기	1 : 1.8	1 : 1.0	1 : 0.5	1 : 1.2

tip
2023년 법령개정. 문제와 해설은 개정된 내용 적용

94

가설통로를 설치하는 경우 준수하여야 할 기준으로 옳지 않은 것은?

① 견고한 구조로 할 것
② 경사는 30도 이하로 할 것
③ 경사가 30도를 초과하는 경우에는 미끄러지지 아니하는 구조로 할 것
④ 수직갱에 가설된 통로의 길이가 15m 이상인 경우에는 10m 이내마다 계단참을 설치할 것

경사는 30도 이하로 하며, 경사가 15도를 초과하는 경우에는 미끄러지지 아니하는 구조로 할 것

95

산업안전보건관리비에 관한 설명으로 옳지 않은 것은?

① 발주자는 도급인이 안전보건관리비를 다른 목적으로 사용한 안전보건관리비에 대하여 이를 계약금액에서 감액조정할 수 있다.
② 발주자는 도급인이 안전관리비를 사용하지 않은 금액에 대하여는 반환을 요구할 수 있다.
③ 자기공사자가 건설공사 사업계획을 수립할 때에는 안전보건관리비를 계상하여야 한다.
④ 발주자는 설계변경 등으로 대상액의 변동이 있는 경우 공사 완료 후 정산하여야 한다.

발주자 또는 자기공사자는 설계변경 등으로 대상액의 변동이 있는 경우 지체 없이 안전보건관리비를 조정 계상하여야 한다.

96

지붕 위에서 작업 시 추락하거나 넘어질 위험이 있는 경우 조치사항으로 옳지 않은 것은?

① 슬레이트 등 강도가 약한 재료로 덮은 지붕에는 폭 20센티미터 이상의 발판을 설치할 것
② 채광창(skylight)에는 견고한 구조의 덮개를 설치할 것
③ 지붕의 가장자리에 안전난간을 설치할 것
④ 안전난간 설치가 곤란한 경우 추락방호망 설치

슬레이트 등 강도가 약한 재료로 덮은 지붕에는 폭 30센티미터 이상의 발판을 설치할 것

97

층고가 높은 슬래브 거푸집 하부에 적용하는 무지주 공법이 아닌 것은?

① 보우빔(bow beam)
② 철근 일체형 데크플레이트(deck plate)
③ 페코빔(peco beam)
④ 솔저시스템(soldier system)

솔저시스템은 긴결재를 사용하지 않고 바닥에 선매립된 앙카볼트를 이용하여 합벽거푸집을 지지하는 트러스형 강재 지지대이다.

98

도심지에서 주변에 주요 시설물이 있을 때 침하와 변위를 적게 할 수 있는 가장 적당한 흙막이 공법은?

① 동결 공법
② 샌드드레인 공법
③ 지하연속벽 공법
④ 뉴매틱케이슨 공법

지중연속벽(Slurry wall) 공법
① 굴착면의 붕괴를 막고 지하수의 침입 차단을 위해 벤토나이트 현탁액 주입
② 지중에 연속된 철근 콘크리트 벽체를 형성하는 공법
③ 진동과 소음이 적어서 도심지 공사에 적합
④ 대부분의 지반조건에 적용가능하며, 높은 차수성 및 벽체의 강성이 큼
⑤ 영구구조물로 이용 가능하며, 임의의 형상이나 치수의 시공 가능

정답   93 ④   94 ③   95 ④   96 ①   97 ④   98 ③

99

다음은 산업안전보건법령에 따른 작업장에서의 투하설비 등에 관한 사항이다. 빈칸에 들어갈 내용으로 옳은 것은?

> 사업주는 높이가 (   ) 이상인 장소로부터 물체를 투하하는 경우 적당한 투하설비를 설치하거나 감시인을 배치하는 등 위험을 방지하기 위하여 필요한 조치를 하여야 한다.

① 2m
② 3m
③ 5m
④ 10m

물체의 낙하에 의한 위험방지
① 대상 : 높이 3m 이상인 장소에서 물체 투하 시
② 조치사항 : 투하설비 설치, 감시인 배치

100

토사 붕괴의 내적 요인이 아닌 것은?

① 사면, 법면의 경사 증가
② 절토 사면의 토질구성 이상
③ 성토 사면의 토질구성 이상
④ 토석의 강도 저하

토석 붕괴의 원인

외적요인	내적요인
① 사면·법면의 경사 및 기울기의 증가 ② 절토 및 성토 높이의 증가 ③ 진동 및 반복하중의 증가 ④ 지하수 침투에 의한 토사중량의 증가 ⑤ 구조물의 하중 증가	① 절토사면의 토질·암질 ② 성토사면의 토질 ③ 토석의 강도 저하

정답: 99 ② 100 ①

Chapter 13

2022년 4월 17일~4월 30일 | CBT 기출복원문제

1과목 산업재해 예방 및 안전보건교육

01
학습을 자극에 의한 반응으로 보는 이론에 해당하는 것은?

① 손다이크(Thorndike)의 시행착오설
② 쾰러(Kohler)의 통찰설
③ 톨만(Tolman)의 기호형태설
④ 레빈(Lewin)의 장이론

> **시행착오설(Thorndike)**
> 학습이란 시행착오의 과정을 통하여 선택되고 결합되는 것(성공한 행동은 각인되고 실패한 행동은 배제)

02
학생이 마음 속에 생각하고 있는 것을 외부에 구체적으로 실현하고 형상화하기 위하여 자기 스스로 계획을 세워 수행하는 학습활동으로 이루어지는 학습지도의 형태는?

① 케이스 메소드(Case method)
② 패널 디스커션(Panel discussion)
③ 구안법(Project method)
④ 문제법(Problem method)

> **구안법(Project method)**
> 참가자 스스로가 계획을 수립하고 활동하는 실천적인 학습활동

03 ★빈출
헤드십(Headship)에 관한 설명으로 틀린 것은?

① 구성원과 사회적 간격이 좁다.
② 지휘의 형태는 권위주의적이다.
③ 권한의 부여는 조직으로부터 위임받는다.
④ 권한귀속은 공식화된 규정에 의한다.

헤드십과 리더십의 구분

구분	권한부여 및 행사	권한 근거	상관과 부하와의 관계 및 책임귀속	부하와의 사회적 간격	지휘 형태
헤드십	위에서 위임하여 임명. 임명된 헤드	법적 또는 공식적	지배적 상사	넓다	권위 주의적
리더십	아래로부터의 동의에 의한 선출. 선출된 리더	개인 능력	개인적인 영향 상사와 부하	좁다	민주 주의적

정답 01 ① 02 ③ 03 ①

04 ⭐

산업안전보건법령상 근로자 안전·보건교육 기준 중 다음 ( ) 안에 알맞은 것은?

교육과정	교육대상	교육시간
작업내용 변경 시 교육	일용근로자 및 근로계약기간이 1주일 이하인 기간제근로자	(㉠)시간 이상
	그 밖의 근로자	(㉡)시간 이상

① ㉠ 1, ㉡ 8   ② ㉠ 2, ㉡ 8
③ ㉠ 1, ㉡ 2   ④ ㉠ 3, ㉡ 6

근로자 안전보건 교육 시간(특별교육은 생략)

교육과정	교육대상	교육시간
가. 정기교육	사무직 종사 근로자	매반기 6시간 이상
	그 밖의 근로자 — 판매업무에 직접 종사하는 근로자	매반기 6시간 이상
	그 밖의 근로자 — 판매업무에 직접 종사하는 근로자 외의 근로자	매반기 12시간 이상
나. 채용 시 교육	일용근로자 및 근로계약기간이 1주일 이하인 기간제근로자	1시간 이상
	근로계약기간이 1주일 초과 1개월 이하인 기간제근로자	4시간 이상
	그 밖의 근로자	8시간 이상
다. 작업내용 변경 시 교육	일용근로자 및 근로계약기간이 1주일 이하인 기간제근로자	1시간 이상
	그 밖의 근로자	2시간 이상
마. 건설업 기초안전·보건교육	건설 일용근로자	4시간 이상

tip
2023년 법령개정. 문제와 해설은 개정된 내용 적용

05

어느 사업장에서 당해연도에 총 660명의 재해자가 발생하였다면, 하인리히의 재해구성 비율에 의하면 무상사고 재해자는 몇 명 발생하는가?

① 58명   ② 64명
③ 600명   ④ 630명

하인리히의 1:29:300의 법칙
무상사고 재해자 = $\frac{300}{330} \times 660 = 600$

06

산업안전보건법령상 사업주가 근로자에 대하여 실시하여야 하는 교육 중 특별안전·보건교육의 대상이 되는 작업이 아닌 것은?

① 화학설비의 탱크 내 작업
② 전압이 30V인 정전 및 활선작업
③ 건설용 리프트·곤돌라를 이용한 작업
④ 동력에 의하여 작동되는 프레스기계를 5대 이상 보유한 사업장에서 해당 기계로 하는 작업

전압이 75V 이상의 정전 및 활선작업이 특별안전보건교육 대상작업에 해당된다.

07 ⭐

인간의 행동 특성에 관한 레빈(Lewin)의 법칙에서 각 인자에 대한 내용으로 틀린 것은?

$$B = f(P \cdot E)$$

① B : 행동   ② f : 함수관계
③ P : 개체   ④ E : 기술

레윈(K. Lewin)의 행동법칙
E : Environment(심리적 환경 – 인간관계, 작업환경, 설비적 결함 등)

08

개인 카운슬링(Counseling) 방법으로 가장 거리가 먼 것은?

① 직접적 충고   ② 설득적 방법
③ 설명적 방법   ④ 반복적 충고

개인적 상담기술에는 직접 충고, 설득적 방법, 설명적 방법이 있다.

정답 04 ③ 05 ③ 06 ② 07 ④ 08 ④

09

교육의 효과를 높이기 위하여 시청각 교재를 최대한으로 활용하는 시청각적 방법의 필요성이 아닌 것은?

① 교재의 구조화를 기할 수 있다.
② 대량 수업체제가 확립될 수 있다.
③ 교수의 평준화를 기할 수 있다.
④ 개인차를 최대한으로 고려할 수 있다.

> 개인차를 최대한 고려할 수 있는 것은 프로그램 학습법에 해당되는 내용

10

재해의 원인과 결과를 연계하여 상호 관계를 파악하기 위해 도표화하는 분석방법은?

① 특성요인도
② 파레토도
③ 크로스분류도
④ 관리도

> **특성요인도**
> 특성과 요인관계를 어골상으로 세분하여 연쇄관계를 나타내는 방법(원인요소와의 관계를 상호의 인과관계만으로 결부)

11 ⭐

하인리히 재해 발생 5단계 중 3단계에 해당하는 것은?

① 불안전한 행동 또는 불안전한 상태
② 사회적 환경 및 유전적 요소
③ 관리의 부재
④ 사고

> **하인리히의 사고연쇄반응 이론(도미노 이론)**
> 사회적 환경 및 유전적 요인 → 개인적 결함 → 불안전 행동 또는 불안전 상태 → 사고 → 재해

12

산업안전보건법령상 특별교육 대상 작업별 교육 작업 기준으로 틀린 것은?

① 전압이 75V 이상인 정전 및 활선작업
② 굴착면의 높이가 2m 이상이 되는 암석의 굴착작업
③ 동력에 의하여 작동되는 프레스기계를 3대 이상 보유한 사업장에서 해당 기계로 하는 작업
④ 1톤 미만의 크레인 또는 호이스트를 5대 이상 보유한 사업장에서 해당 기계로 하는 작업

> 동력에 의하여 작동되는 프레스기계를 5대 이상 보유한 사업장에서 해당 기계로 하는 작업

13

기계·기구 또는 설비의 신설, 변경 또는 고장, 수리 등 부정기적인 점검을 말하며, 기술적 책임자가 시행하는 점검은?

① 정기 점검
② 수시 점검
③ 특별 점검
④ 임시 점검

> **특별 점검**
> ① 기계, 기구, 설비의 신설, 변경 또는 고장, 수리 등을 할 경우
> ② 정기 점검 기간을 초과하여 사용하지 않던 기계설비를 다시 사용하고자 할 경우
> ③ 강풍(순간풍속 30m/s초과) 또는 지진(중진 이상 지진) 등의 천재지변 후

14

재해의 원인 분석법 중 사고의 유형, 기인물 등 분류 항목을 큰 순서대로 도표화하여 문제나 목표의 이해가 편리한 것은?

① 관리도(control chart)
② 파렛토도(pareto diagram)
③ 클로즈분석(close analysis)
④ 특성요인도(cause-reason diagram)

재해 통계 도표	
파레토도 (Pareto diagram)	관리 대상이 많은 경우 최소의 노력으로 최대의 효과를 얻을 수 있는 방법(분류항목을 큰 값에서 작은 값의 순서로 도표화 하는데 편리)
특성요인도	특성과 요인관계를 어골상으로 세분하여 연쇄관계를 나타내는 방법(원인요소와의 관계를 상호의 인과관계만으로 결부)
크로스(Cross)분석	두 가지 또는 그 이상의 요인이 서로 밀접한 상호 관계를 유지할 때 사용되는 방법
관리도	재해 발생건수 등의 추이파악 → 목표관리 행하는 데 필요한 월별재해 발생 수의 그래프화 → 관리 구역 설정 → 관리하는 방법

15 ★

다음 중 매슬로우(Maslow)가 제창한 인간의 욕구 5단계 이론을 단계별로 옳게 나열한 것은?

① 생리적 욕구 → 안전 욕구 → 사회적 욕구 → 존경의 욕구 → 자아실현의 욕구
② 안전 욕구 → 생리적 욕구 → 사회적 욕구 → 존경의 욕구 → 자아실현의 욕구
③ 사회적 욕구 → 생리적 욕구 → 안전 욕구 → 존경의 욕구 → 자아실현의 욕구
④ 사회적 욕구 → 안전 욕구 → 생리적 욕구 → 존경의 욕구 → 자아실현의 욕구

매슬로우(Abraham Maslow)의 욕구 5단계
생리적 욕구 → 안전의 욕구 → 사회적 욕구 → 인정, 존경받으려는 욕구 → 자아실현의 욕구

16

산업안전보건법령상 상시 근로자수의 산출내역에 따라, 연간 국내공사 실적액이 50억 원이고 건설업평균임금이 250만 원이며, 노무비율은 0.06인 사업장의 상시 근로자수는?

① 10인
② 30인
③ 33인
④ 75인

건설업체의 환산 재해율
상시근로자수 = $\dfrac{\text{연간국내공사실적액} \times \text{노무비율}}{\text{건설업월평균임금} \times 12}$ = $\dfrac{50억 \times 0.06}{250만 \times 12}$ = 10인

17

다음 중 무재해운동의 기본이념 3원칙에 포함되지 않는 것은?

① 무의 원칙
② 선취의 원칙
③ 참가의 원칙
④ 라인화의 원칙

무재해운동의 3대 원칙	
무의 원칙	모든 잠재위험요인을 적극적으로 사전에 발견하고 파악·해결함으로써 산업재해의 근원적인 요소들을 없앤다는 것을 의미한다.
선취의 원칙	사업장 내에서 행동하기 전에 잠재위험요인을 발견하고 파악·해결하여 재해를 예방하는 것을 의미한다.
참가의 원칙	잠재위험요인을 발견하고 파악·해결하기 위하여 전원이 일치 협력하여 각자의 위치에서 적극적으로 문제해결을 하겠다는 것을 의미한다.

18 ★

다음 중 산업심리의 5대 요소에 해당하지 않는 것은?

① 적성
② 감정
③ 기질
④ 동기

산업안전 심리의 5대요소 : 기질, 동기, 습관, 습성, 감정

정답 14 ② 15 ① 16 ① 17 ④ 18 ①

19

적응기제(Adjustment Mechanism)의 유형에서 "동일화(identification)"의 사례에 해당하는 것은?

① 운동시합에 진 선수가 컨디션이 좋지 않았다고 한다.
② 결혼에 실패한 사람이 고아들에게 정열을 쏟고 있다.
③ 아버지의 성공을 자신의 성공인 것처럼 자랑하며 거만한 태도를 보인다.
④ 동생이 태어난 후 초등학교에 입학한 큰 아이가 손가락을 빨기 시작했다.

> **동일화**
> 무의식적으로 다른 사람을 닮아가는 현상으로 특히 자신에게 위협적인 대상이나 자신의 이상형과 자신을 동일시함으로써 열등감을 이겨내고 만족감을 느낌

20

하인리히의 재해발생 원인 도미노이론에서 사고의 직접원인으로 옳은 것은?

① 통제의 부족
② 관리 구조의 부적절
③ 불안전한 행동과 상태
④ 유전과 환경적 영향

> **하인리히의 사고연쇄 반응이론(도미노 이론)**
> 사회적 환경 및 유전적 요인 → 개인적 결함 → 불안전 행동 및 불안전 상태 → 사고 → 재해

2과목 인간공학 및 위험성 평가·관리

21 빈출

시각적 표시장치를 사용하는 것이 청각적 표시장치를 사용하는 것보다 좋은 경우는?

① 메시지가 후에 참고되지 않을 때
② 메시지가 공간적인 위치를 다룰 때
③ 메시지가 시간적인 사건을 다룰 때
④ 사람의 일이 연속적인 움직임을 요구할 때

> **시각적 표시장치와 청각적 표시장치의 비교**
>
> | 시각장치 사용 | 청각장치 사용 |
> | --- | --- |
> | 1. 메시지가 복잡하다.
2. 메시지가 길다.
3. 메시지가 후에 재참조된다.
4. 메시지가 공간적인 위치를 다룬다.
5. 메시지가 즉각적인 행동을 요구하지 않는다.
6. 수신자의 청각 계통이 과부하 상태일 때
7. 직무상 수신자가 한곳에 머무르는 경우 | 1. 메시지가 간단하다.
2. 메시지가 짧다.
3. 메시지가 후에 재참조되지 않는다.
4. 메시지가 시간적인 사상을 다룬다.
5. 메시지가 즉각적인 행동을 요구한다.
6. 수신자의 시각 계통이 과부하 상태일 때
7. 직무상 수신자가 자주 움직이는 경우 |

22

체계분석 및 설계에 있어서 인간공학의 가치와 가장 거리가 먼 것은?

① 성능의 향상
② 인력 이용률의 감소
③ 사용자의 수용도 향상
④ 사고 및 오용으로부터의 손실 감소

> **체계 설계과정에서의 인간공학의 가치**
> ① 성능의 향상
> ② 생산 및 정비유지의 경제성 증대
> ③ 훈련 비용의 절감
> ④ 인력의 이용률의 향상
> ⑤ 사용자의 수용도 향상
> ⑥ 사고 및 오용으로부터의 손실 감소

정답 19 ③ 20 ③ 21 ② 22 ②

23

휘도(luminance)의 척도 단위(unit)가 아닌 것은?

① fc
② fL
③ mL
④ cd/m²

휘도의 단위	
Lambert(L)	완전발산 또는 반사하는 표면이 1cm거리에서 표준 촛불로 조명될 때의 조도와 같은 휘도
millilambert(mL)	1L의 1/1,000로서, 1foot-Lambert와 비슷한 값을 갖는다.
foot-Lambert(fL)	완전발산 또는 반사하는 표면이 1fc로 조명될 때의 조도와 같은 휘도
nit(cd/m²)	완전 발산 또는 반사하는 평면이 πlux로 조명될 때의 조도와 같은 휘도

24

신체 반응의 척도 중 생리적 스트레스의 척도로 신체적 변화의 측정 대상에 해당하지 않는 것은?

① 혈압
② 부정맥
③ 혈액성분
④ 심박수

신체적 변화의 측정 대상은 혈압, 부정맥, 심박수의 변화 등이 있다.

25

안전성의 관점에서 시스템을 분석 평가하는 접근방법과 거리가 먼 것은?

① "이런 일은 금지한다."의 개인 판단에 따른 주관적인 방법
② "어떻게 하면 무슨 일이 발생할 것인가?"의 연역적인 방법
③ "어떤 일은 하면 안 된다."라는 점검표를 사용하는 직관적인 방법
④ "어떤 일이 발생하였을 때 어떻게 처리하여야 안전한가?"의 귀납적인 방법

개인차가 발생할 수 있는 주관적인 방법은 시스템 분석평가 방법으로 적절하지 못하다.

26

인터페이스 설계 시 고려해야 하는 인간과 기계와의 조화성에 해당되지 않는 것은?

① 지적 조화성
② 신체적 조화성
③ 감성적 조화성
④ 심미적 조화성

인간 interface(계면)의 조화성	
신체적(형태적) 인터페이스	인간의 신체적 또는 형태적 특성의 적합성 여부(필요조건)
지적 인터페이스	인간의 인지능력, 정신적 부담의 정도(편리 수준)
감성적 인터페이스	인간의 감정 및 정서의 적합성 여부(쾌적 수준)

27

FTA에 의한 재해사례 연구의 순서를 올바르게 나열한 것은?

A. 목표사상 선정   B. FT도의 작성
C. 사상마다 재해원인 규명   D. 개선계획 작성

① A → B → C → D
② A → C → B → D
③ B → C → A → D
④ B → A → C → D

28

청각적 표시장치에서 300m 이상의 장거리용 경보기에 사용하는 진동수로 가장 적절한 것은?

① 800Hz 전후
② 2,200Hz 전후
③ 3,500Hz 전후
④ 4,000Hz 전후

경계 및 경보신호 선택 시 지침
① 귀는 중음역에 가장 민감하므로 500~3,000Hz의 진동수를 사용
② 고음은 멀리가지 못하므로 300m 이상 장거리용으로는 1,000Hz 이하의 진동수 사용
③ 신호가 장애물을 돌아가거나 칸막이를 통과해야 할 때는 500Hz 이하의 진동수 사용
④ 주의를 끌기 위해서는 변조된 신호를 사용
⑤ 배경소음의 진동수와 다른 신호를 사용하고 신호는 최소한 0.5~1초 동안 지속

정답 23 ① 24 ③ 25 ① 26 ④ 27 ② 28 ①

29
FT도에 사용되는 다음 기호의 명칭으로 맞는 것은?

① 억제 게이트
② 부정 게이트
③ 배타적 OR 게이트
④ 우선적 AND 게이트

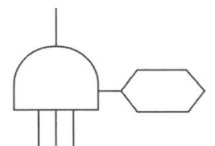

> **우선적 AND 게이트**
> 입력사상 중 어떤 사상이 다른 사상보다 앞에 일어났을 때 출력사상이 발생한다.

30
작업장 내의 색채조절이 적합하지 못한 경우에 나타나는 상황이 아닌 것은?

① 안전표지가 너무 많아 눈에 거슬린다.
② 현란한 색배합으로 물체 식별이 어렵다.
③ 무채색으로만 구성되어 중압감을 느낀다.
④ 다양한 색채를 사용하면 작업의 집중도가 높아진다.

> 다양한 색채를 사용하면 작업의 집중도가 떨어진다.

31
인간공학적 부품배치의 원칙에 해당하지 않는 것은?

① 신뢰성의 원칙
② 사용순서의 원칙
③ 중요성의 원칙
④ 사용빈도의 원칙

> **부품배치의 원칙**
>
> | 중요성의 원칙 | 목표달성에 긴요한 정도에 따른 우선순위 | 위치결정 |
> |---|---|---|
> | 사용빈도의 원칙 | 사용되는 빈도에 따른 우선순위 | |
> | 기능별배치의 원칙 | 기능적으로 관련된 부품들을 모아서 배치 | 배치결정 |
> | 사용순서의 원칙 | 순서적으로 사용되는 장치들을 순서에 맞게 배치 | |

32
시스템안전프로그램계획(SSPP)에서 "완성해야 할 시스템 안전업무"에 속하지 않는 것은?

① 정성 해석
② 운용 해석
③ 경제성 분석
④ 프로그램 심사의 참가

> **수행해야 하는 시스템 안전 업무활동**
> ① 정성적 분석
> ② 정량적 분석
> ③ 운용 해석
> ④ 설계심사의 참가 등

33
선형 조정장치를 16cm 옮겼을 때, 선형 표시장치가 4cm 움직였다면, C/R 비는 얼마인가?

① 0.2
② 2.5
③ 4.0
④ 5.3

> **통제표시비(선형 조정장치)**
> $$\frac{C}{D} = \frac{\text{통제기기의 변위량}}{\text{표시계기 지침의 변위량}} = \frac{16cm}{4cm} = 4.0$$

34
자연습구온도가 20℃이고, 흑구온도가 30℃일 때, 실내의 습구흑구온도지수(WBGT ; Wet Bulb Globe Temperature)는 얼마인가?

① 20℃
② 23℃
③ 25℃
④ 30℃

> **습구흑구 온도지수(옥내)**
> WBGT(℃) = 0.7 × 자연습구온도 + 0.3 × 흑구온도
> = (0.7 × 20) + (0.3 × 30) = 23℃

정답 29 ④ 30 ④ 31 ① 32 ③ 33 ③ 34 ②

35
소음을 방지하기 위한 대책으로 틀린 것은?

① 소음원 통제 ② 차폐장치 사용
③ 소음원 격리 ④ 연속 소음 노출

> **소음관리(소음통제 방법)**
> ① 소음원의 제거 – 가장 적극적인 대책
> ② 소음원의 통제 – 안전설계, 정비 및 주유, 고무 받침대 부착, 소음기 사용 등
> ③ 소음의 격리 – 씌우개(enclosure), 방이나 장벽을 이용
> ④ 차음 장치 및 흡음재 사용
> ⑤ 보호구 착용 등

36 ★빈출
그림과 같은 시스템의 신뢰도로 옳은 것은? (단, 그림의 숫자는 각 부품의 신뢰도이다.)

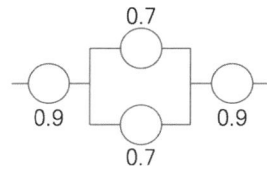

① 0.6261 ② 0.7371
③ 0.8481 ④ 0.9591

> **신뢰도 계산**
> $R = 0.9 \times [1-(1-0.7)(1-0.7)] \times 0.9 = 0.7371$

37
인간오류의 분류 중 원인에 의한 분류의 하나로, 작업자 자신으로부터 발생하는 에러로 옳은 것은?

① Command error ② Secondary error
③ Primary error ④ Third error

> **원인의 레벨적 분류**
> | | |
> |---|---|
> | Primary error | 작업자 자신으로부터 발생한 에러(안전교육으로 예방) |
> | Secondary error | 작업형태, 작업조건 중에서 다른 문제가 발생하여 필요한 직무나 절차를 수행할 수 없는 에러 |
> | Command error | 작업자가 움직이려 해도 필요한 물건, 정보, 에너지 등이 공급되지 않아서 작업자가 움직일 수 없는 상황에서 발생한 에러 |

38
신뢰성과 보전성 개선을 목적으로 하는 효과적인 보전기록 자료에 해당하지 않는 것은?

① 설비이력카드 ② 자재관리표
③ MTBF분석표 ④ 고장원인대책표

> 자재관리표는 효과적인 자재의 관리와 사용을 위해 필요한 것이므로 보전성 개선과는 거리가 멀다.

39
인간의 시각특성을 설명한 것으로 옳은 것은?

① 적응은 수정체의 두께가 얇아져 근거리의 물체를 볼 수 있게 되는 것이다.
② 시야는 수정체의 두께 조절로 이루어진다.
③ 망막은 카메라의 렌즈에 해당된다.
④ 암조응에 걸리는 시간은 명조응보다 길다.

> **암조응(Dark Adaptation)**
> ① 밝은 곳에서 어두운 곳으로 갈 때 → 원추세포의 감수성 상실, 간상세포에 의해 물체 식별
> ② 완전 암조응 – 보통 30~40분 소요(명조응은 수초 내지 1~2분)

40
레버를 10°움직이면 표시장치는 1cm 이동하는 조종 장치가 있다. 레버의 길이가 20cm 라고 하면 이 조종 장치의 통제표시비 (C/D 비)는 약 얼마인가?

① 1.27 ② 2.38
③ 3.49 ④ 4.51

> **조종-표시장치 이동비율(C/D비)**
> $C/D비 = \dfrac{(a/360) \times 2\pi L}{\text{표시장치의 이동거리}} = \dfrac{(10/360) \times 2 \times \pi \times 20}{1} = 3.491$

정답 35 ④ 36 ② 37 ③ 38 ② 39 ④ 40 ③

3과목 기계·기구 및 설비 안전 관리

41
500rpm으로 회전하는 연삭기의 숫돌지름이 200mm일 때 원주속도(m/min)는?

① 628 ② 62.8
③ 314 ④ 31.4

숫돌의 원주속도
원주속도 = $\dfrac{\pi DN}{1000} = \dfrac{\pi \times 200 \times 500}{1000}$ = 314(m/min)

42
기계의 운동 형태에 따른 위험점의 분류에서 고정부분과 회전하는 동작부분이 함께 만드는 위험점으로 교반기의 날개와 하우스 등에서 발생하는 위험점을 무엇이라 하는가?

① 끼임점 ② 절단점
③ 물림점 ④ 회전말림점

끼임점(Shear-point)
고정부분과 회전 또는 직선 운동부분에 의해 형성
① 연삭 숫돌과 작업대
② 반복동작되는 링크기구
③ 교반기의 교반날개와 몸체 사이

43
컨베이어 작업시작 전 점검해야 할 사항으로 거리가 먼 것은?

① 원동기 및 풀리 기능의 이상 유무
② 이탈 등의 방지장치 기능의 이상 유무
③ 비상정지장치의 이상 유무
④ 자동전격방지장치의 이상 유무

컨베이어의 작업시작 전 점검사항
① 원동기 및 풀리 기능의 이상 유무
② 이탈 등의 방지장치기능의 이상 유무
③ 비상정지장치 기능의 이상 유무
④ 원동기·회전축·기어 및 풀리 등의 덮개 또는 울 등의 이상 유무
⑤ 급속이송은 백래시(backlash) 제거장치가 작동하지 않음을 확인한 후 실시

44
아세틸렌 용접장치에서 아세틸렌 발생기실 설치 위치 기준으로 옳은 것은?

① 건물 지하층에 설치하고 화기 사용설비로부터 3미터 초과 장소에 설치
② 건물 지하층에 설치하고 화기 사용설비로부터 1.5미터 초과 장소에 설치
③ 건물 최상층에 설치하고 화기 사용설비로부터 3미터 초과 장소에 설치
④ 건물 최상층에 설치하고 화기 사용설비로부터 1.5미터 초과 장소에 설치

발생기실의 설치장소
① 전용의 발생기 실내에 설치
② 건물의 최상층에 위치, 화기를 사용하는 설비로부터 3m를 초과하는 장소에 설치
③ 옥외에 설치할 경우 그 개구부를 다른 건축물로부터 1.5m 이상 떨어지도록 할 것

45
기계설비 방호에서 가드의 설치조건으로 옳지 않은 것은?

① 충분한 강도를 유지할 것
② 구조가 단순하고 위험점 방호가 확실할 것
③ 개구부(틈새)의 간격은 임의로 조정이 가능할 것
④ 작업, 점검, 주유 시 장애가 없을 것

가드의 설치기준
① 충분한 강도를 유지할 것
② 구조가 단순하고 조정이 용이할 것
③ 작업, 점검, 주유시 등 장애가 없을 것
④ 위험점 방호가 확실할 것
⑤ 개구부등 간격(틈새)이 적정할 것

정답 41 ③ 42 ① 43 ④ 44 ③ 45 ③

46

기계설비 구조의 안전을 위해 설계 시 고려하여야 할 안전계수(safety factor)의 산출 공식으로 틀린 것은?

① 파괴강도 ÷ 허용응력
② 안전하중 ÷ 파단하중
③ 파괴강도 ÷ 허용하중
④ 극한강도 ÷ 최대설계응력

안전율(안전계수)의 산정 방법

$$안전율 = \frac{기초강도}{허용응력} = \frac{최대응력}{허용응력} = \frac{파괴하중}{최대사용하중} = \frac{극한강도}{최대설계응력}$$
$$= \frac{파단하중}{안전하중}$$

47 빈출

지게차의 안정도 기준으로 틀린 것은?

① 기준부하상태에서 주행 시의 전후 안정도는 8% 이내이다.
② 하역작업 시의 좌우안정도는 최대하중상태에서 포크를 가장 높이 올리고 마스트를 가장 뒤로 기울인 상태에서 6% 이내이다.
③ 하역작업 시의 전후안정도는 최대하중상태에서 포크를 가장 높이 올린 경우 4% 이내이며, 5톤 이상은 3.5% 이내이다.
④ 기준무부하 상태에서 주행 시 좌우안정도는 (15+1.1×V)% 이내이고, V는 구내최고속도(km/h)를 의미한다.

지게차의 안정도

① 주행 시 전후 안정도 : 18% 이내
② 주행 시 좌우 안정도 : (15+1.1V)% 이내
③ 하역작업 시 전후 안정도 : 4%(5톤 이상은 3.5%) 이내
④ 하역작업 시의 좌우안정도 : 6% 이내

48

선반 등으로부터 돌출하여 회전하고 있는 가공물이 근로자에게 위험을 미칠 우려가 있는 경우 설치할 방호 장치로 가장 적합한 것은?

① 덮개 또는 울
② 슬리브
③ 건널다리
④ 체인 블록

덮개 또는 울 등을 설치해야 하는 경우

① 연삭기 또는 평삭기의 테이블, 형삭기램 등의 행정끝이 위험을 미칠 경우
② 선반 등으로부터 돌출하여 회전하고 있는 가공물이 위험을 미칠 경우
③ 띠톱기계(목재가공용 띠톱기계 제외)의 절단에 필요한 톱날부위외의 위험한 톱날부위

49

원심기의 안전대책에 관한 사항에 해당되지 않는 것은?

① 최고사용회전수를 초과하여 사용해서는 아니 된다.
② 내용물이 튀어나오는 것을 방지하도록 덮개를 설치하여야 한다.
③ 폭발을 방지하도록 압력방출장치를 2개 이상 설치하여야 한다.
④ 청소, 검사, 수리 등의 작업 시에는 기계의 운전을 정지하여야 한다.

방호장치의 종류 및 안전기준

① 법적인 방호장치 : 덮개
② 최고 사용회전수를 초과하여 사용금지
③ 내용물을 꺼내거나 정비, 청소, 수리 등의 작업 시 기계의 운전정지
④ 내용물을 자동으로 꺼내거나 운전 중 정비, 청소, 수리 등을 할 경우에는 안전한 보조기구 사용 및 위험한 부위 방호조치

50

탁상용 연삭기의 평형 플랜지 바깥지름이 150mm일 때, 숫돌의 바깥지름은 몇 mm 이내 이어야 하는가?

① 300mm
② 450mm
③ 600mm
④ 750mm

플랜지의 직경

① 숫돌 직경 × 1/3 = 150
② 그러므로, 숫돌 직경 = 150 ÷ 1/3 = 450mm

정답 46 ② 47 ① 48 ① 49 ③ 50 ②

51
크레인 작업 시 조치사항 중 틀린 것은?

① 인양할 하물은 바닥에서 끌어당기거나, 밀어내는 작업을 하지 아니할 것
② 유류드럼이나 가스통 등의 위험물 용기는 보관함에 담아 안전하게 매달아 운반할 것
③ 고정된 물체는 직접 분리, 제거하는 작업을 할 것
④ 근로자의 출입을 통제하여 하물이 작업자의 머리 위로 통과하지 않게 할 것

> **크레인 작업 시 조치 및 준수사항(보기 외에)**
> ① 고정된 물체는 직접 분리·제거하는 작업을 하지 아니할 것
> ② 인양할 하물이 보이지 아니하는 경우에는 어떠한 동작도 하지 아니할 것(신호하는 자에 의하여 작업을 하는 경우 제외)

52
산업안전보건법령상 양중기에 사용하지 않아야 하는 달기 체인의 기준으로 틀린 것은?

① 심하게 변형된 것
② 균열이 있는 것
③ 달기 체인의 길이가 달기 체인이 제조된 때의 길이의 3%를 초과한 것
④ 링의 단면지름이 달기 체인이 제조된 때의 해당 링의 지름의 10%를 초과하여 감소한 것

> **양중기의 달기체인 사용제한**
> ① 달기체인의 길이가 달기체인이 제조된 때의 길이의 5퍼센트를 초과한 것
> ② 링의 단면지름이 달기체인이 제조된 때의 해당 링의 지름의 10퍼센트를 초과하여 감소한 것
> ③ 균열이 있거나 심하게 변형된 것

53
롤러기에 사용되는 급정지장치의 종류가 아닌 것은?

① 손 조작식
② 발 조작식
③ 무릎 조작식
④ 복부 조작식

조작부의 종류	설치위치
손 조작식	밑면에서 1.8m 이내
복부 조작식	밑면에서 0.8m 이상 1.1m 이내
무릎 조작식	밑면에서 0.4m 이상 0.6m 이내

롤러 급정지장치의 종류

54
드릴 작업의 안전조치 사항으로 틀린 것은?

① 칩은 와이어 브러시로 제거한다.
② 드릴 작업에서는 보안경을 쓰거나 안전덮개를 설치한다.
③ 칩에 의한 자상을 방지하기 위해 면장갑을 착용한다.
④ 바이스 등을 사용하여 작업 중 공작물의 유동을 방지한다.

> **드릴 작업 시 안전대책**
> ① 일감은 견고히 고정, 손으로 잡고 하는 작업금지
> ② 드릴 끼운 후 척 렌치는 반드시 빼둘 것
> ③ 면장갑 등 착용 금지 및 칩은 브러시로 제거
> ④ 구멍 뚫기 작업 시 손으로 관통확인 금지
> ⑤ 보안경 착용 및 안전덮개(shield) 설치 등

55
개구부에서 회전하는 롤러의 위험점까지 최단거리가 60mm일 때 개구부 간격은?

① 10mm
② 12mm
③ 13mm
④ 15mm

> **롤러기 가드의 개구부 간격(ILO 기준)**
> $Y = 6 + 0.15X$
> $\therefore Y = 6 + (0.15 \times 60) = 15\text{mm}$

56
컨베이어(conveyer)의 역전방지장치 형식이 아닌 것은?

① 램식
② 라쳇식
③ 롤러식
④ 전기브레이크식

> **역전방지장치 및 브레이크**
> ① 기계적인 것 : 라쳇식, 롤러식, 밴드식, 웜기어 등
> ② 전기적인 것 : 전기브레이크, 슬러스트브레이크 등

정답 51 ③ 52 ③ 53 ② 54 ③ 55 ④ 56 ①

57

프레스 가공품의 이송방법으로 2차 가공용 송급배출장치가 아닌 것은?

① 다이얼 피더(dial feeder)
② 롤 피더 (roll feeder)
③ 푸셔 피더(pusher feeder)
④ 트랜스퍼 피더 (transfer feeder)

> **송급장치**
> ① 1차 가공용 송급장치 : 로울 피더(Roll feeder)
> ② 2차 가공용 송급장치 : 슈트, 푸셔 피더(Pusher feeder), 다이얼 피더(Dial feeder), 트랜스퍼 피더(Transfer feeder) 등
> ③ 슬라이딩 다이(Sliding die)

58

압력용기에서 안전밸브를 2개 설치한 경우 그 설치방법으로 옳은 것은? (단, 해당하는 압력용기가 외부화재에 대한 대비가 필요한 경우로 한정한다.)

① 1개는 최고사용압력 이하에서 작동하고 다른 1개는 최고사용압력의 1.1배 이하에서 작동하도록 한다.
② 1개는 최고사용압력 이하에서 작동하고 다른 1개는 최고사용압력의 1.2배 이하에서 작동하도록 한다.
③ 1개는 최고사용압력의 1.05배 이하에서 작동하고 다른 1개는 최고사용압력의 1.1배 이하에서 작동하도록 한다.
④ 1개는 최고사용압력의 1.05배 이하에서 작동하고 다른 1개는 최고사용압력의 1.2배 이하에서 작동하도록 한다.

> 안전밸브는 보호하려는 설비의 최고사용압력 이하에서 작동되도록 하여야 한다. 다만, 안전밸브등이 2개 이상 설치된 경우에 1개는 최고사용압력의 1.05배(외부화재를 대비한 경우에는 1.1배) 이하에서 작동되도록 설치할 수 있다.

59

사고 체인의 5요소에 해당하지 않는 것은?

① 함정(trap)   ② 충격(impact)
③ 접촉(contact) ④ 결함(flaw)

> **위험의 5요소**
> 함정(trap), 충격, 접촉, 얽힘 또는 말림, 튀어나옴

60

범용 수동 선반의 방호조치에 대한 설명으로 틀린 것은?

① 대형 선반의 후면 칩 가드는 새들의 전체 길이를 방호할 수 있어야 한다.
② 척 가드의 폭은 공작물의 가공작업에 방해되지 않는 범위에서 척 전체 길이를 방호해야 한다.
③ 수동조작을 위한 제어장치는 정확한 제어를 위해 조작 스위치를 돌출형으로 제작해야 한다.
④ 스핀들 부위를 통한 기어박스에 접촉될 위험이 있는 경우에는 해당부위에 잠금장치가 구비된 가드를 설치하고 스핀들 회전과 연동회로를 구성해야 한다.

> **범용 수동 선반의 방호조치(보기 외에)**
> ① 수동조작을 위한 제어장치에는 매입형 스위치의 사용 등 불시접촉에 의한 기동을 방지하기 위한 조치를 할 것
> ② 척 가드의 개방 시 스핀들의 작동이 정지되도록 연동회로를 구성할 것
> ③ 가드의 폭은 새들 폭 이상일 것
> ④ 전면 칩 가드는 심압대가 베드 끝단부에 위치하고 있고 공작물 고정 장치에서 심압대까지 가드를 연장시킬 수 없는 경우에는 부착위치를 조정할 수 있을 것
> ⑤ 심압대에는 베드 끝단부에서의 이탈을 방지하기 위한 조치를 할 것

정답 57 ② 58 ① 59 ④ 60 ③

4과목 전기 및 화학설비 안전 관리

61

저압 옥내직류 전기설비를 전로보호장치의 확실한 동작의 확보와 이상전압 및 대지전압의 억제를 위하여 접지를 하여야 하나 직류 2선식으로 시설할 때, 접지를 생략할 수 있는 경우로 옳지 않은 것은?

① 접지 검출기를 설치하고, 특정구역 내의 산업용 기계기구에만 공급하는 경우
② 사용전압이 110V 이상인 경우
③ 최대전류 30mA 이하의 직류화재경보회로
④ 교류계통으로부터 공급을 받는 정류기에서 인출되는 직류계통

> **저압 옥내직류 전기설비의 접지 중 직류2선식 시설 시 접지 생략 가능한 경우**
> ① 사용전압이 60V 이하인 경우
> ② 접지검출기를 설치하고 특정 구역 내의 산업용 기계 기구에만 공급하는 경우
> ③ 교류계통으로부터 공급을 받는 정류기에서 인출되는 직류계통
> ④ 최대전류 30mA 이하의 직류화재 경보회로

62

감전에 의한 전격위험을 결정하는 주된 인자와 거리가 먼 것은?

① 통전저항
② 통전전류의 크기
③ 통전경로
④ 통전시간

> **감전위험 인자**
>
> | 1차적 위험요소 | ① 통전전류의 크기 ② 통전시간
③ 통전경로 ④ 전원의 종류 |
> |---|---|
> | 2차적 위험요소 | ① 인체의 조건 ② 통전전압 ③ 계절 |

63

폭발위험장소를 분류할 때 가스폭발위험장소의 종류에 해당하지 않는 것은?

① 0종 장소
② 1종 장소
③ 2종 장소
④ 3종 장소

> **가스 폭발 위험장소의 분류**
>
> | 분류 | 적요 |
> |---|---|
> | 0종 장소 | 인화성 액체의 증기 또는 가연성 가스에 의한 폭발위험이 지속적으로 또는 장기간 존재하는 장소 |
> | 1종 장소 | 정상 작동상태에서 인화성 액체의 증기 또는 가연성 가스에 의한 폭발위험 분위기가 존재하기 쉬운 장소 |
> | 2종 장소 | 정상작동상태에서 인화성 액체의 증기 또는 가연성 가스에 의한 폭발위험 분위기가 존재할 우려가 없으나, 존재할 경우 그 빈도가 아주 적고 단기간만 존재할 수 있는 장소 |

64

다음 중 정전기 재해의 방지대책으로 가장 적절한 것은?

① 절연도가 높은 플라스틱을 사용한다.
② 대전하기 쉬운 금속은 접지를 실시한다.
③ 작업장 내의 온도를 낮게 해서 방전을 촉진시킨다.
④ (+), (-)전하의 이동을 방해하기 위하여 주위의 습도를 낮춘다.

> **정전기 발생 방지책**
> ① 접지(도체의 대전방지)
> ② 가습(공기 중의 상대습도를 60~70% 정도 유지)
> ③ 대전방지제 사용
> ④ 배관 내에 액체의 유속제한 및 정체시간 확보
> ⑤ 제전장치(제전기) 사용
> ⑥ 도전성 재료 사용
> ⑦ 보호구 착용 등

정답 61 ② 62 ① 63 ④ 64 ②

65

전로의 과전류로 인한 재해를 방지하기 위한 방법으로 과전류 차단장치를 설치할 때에 대한 설명으로 틀린 것은?

① 과전류 차단장치로는 차단기·퓨즈 또는 보호계전기 등이 있다.
② 차단기·퓨즈는 계통에서 발생하는 최대 과전류에 대하여 충분하게 차단할 수 있는 성능을 가져야 한다.
③ 과전류 차단장치는 반드시 접지선에 병렬로 연결하여 과전류 발생 시 전로를 자동으로 차단하도록 설치하여야 한다.
④ 과전류 차단장치가 전기계통상에서 상호 협조·보완되어 과전류를 효과적으로 차단하도록 하여야 한다.

과전류 차단장치의 설치기준
① 과전류 차단장치는 반드시 접지선이 아닌 전로에 직렬로 연결하여 과전류 발생 시 전로를 자동으로 차단하도록 설치할 것
② 차단기·퓨즈는 계통에서 발생하는 최대 과전류에 대하여 충분하게 차단할 수 있는 성능을 가질 것
③ 과전류 차단장치가 전기계통상에서 상호 협조·보완되어 과전류를 효과적으로 차단하도록 할 것

66

전기화재의 직접적인 발생요인과 가장 거리가 먼 것은?

① 피뢰기의 손상
② 누전, 열의 축적
③ 과전류 및 절연의 손상
④ 지락 및 접속불량으로 인한 과열

전기화재의 분류
(1) 발화원 (기기별)
   ① 전열기 ② 전등 등의 배선(코드) ③ 전기기기
   ④ 전기장치
   ⑤ 기타(누전, 정전기, 충격마찰, 접속불량, 단열압축, 지락, 낙뢰 등)
(2) 화재의 경과(원인 또는 경로별)
   ① 단락 ② 스파크 ③ 누전 ④ 과전류 ⑤ 접촉부 과열 등

67

이온생성 방법에 따라 정전기 제전기의 종류가 아닌 것은?

① 고전압 인가식
② 접지제어식
③ 자기 방전식
④ 방사선식

제전기의 종류
① 전압 인가식 제전기 : 7000V 정도의 고전압으로 코로나 방전을 일으켜 발생하는 이온으로 대전체 전하를 중화시키는 방법
② 자기 방전식 제전기 : 제전 대상물체의 정전 에너지를 이용하여 제전에 필요한 이온을 발생시키는 장치로 50kV 정도의 높은 대전을 제거할 수 있으나 2kV 정도의 대전이 남는 단점이 있다.
③ 방사선식 제전기 : 방사선 동위원소의 전리작용을 이용하여 제전에 필요한 이온을 만드는 장치로서 방사선 장해로 인한 사용상의 주의가 요구되며 제전능력이 작아 제전 시간이 오래 걸리는 단점과 움직이는 물체의 제전에는 적합하지 못하다.

68

피뢰설비 기본 용어에 있어 외부 뇌보호 시스템에 해당되지 않는 구성요소는?

① 수뢰부
② 인하도선
③ 접지시스템
④ 등전위 본딩

등전위 본딩은 내부 피뢰시스템에 해당되는 요소이다.

69

콘덴서의 단자전압이 1kV, 정전용량이 740pF일 경우 방전에너지는 약 몇 mJ 인가?

① 370
② 37
③ 3.7
④ 0.37

방전에너지
$$W = \frac{1}{2}CV^2(J) = \frac{1}{2} \times 740 \times 10^{-12} \times 1{,}000^2 = 3.7 \times 10^{-4}(J)$$
그러므로 $3.7 \times 10^{-4}(J) \times 10^3 = 0.37(mJ)$

70

송전선의 경우 복도체 방식으로 송전하는데 이는 어떤 방전 손실을 줄이기 위한 것인가?

① 코로나 방전
② 평등 방전
③ 불꽃 방전
④ 자기 방전

> **단도체 및 복도체**
> ① 단도체 방식 : 각각의 상에 사용하는 전선을 한 가닥 – 저전압 송전 선로
> ② 복도체 방식 : 한 상당 두 가닥 이상의 전선을 사용 – 코로나 발생의 방지

71

다음 가스 중 공기 중에서 폭발범위가 넓은 순서로 옳은 것은?

① 아세틸렌 > 프로판 > 수소 > 일산화탄소
② 수소 > 아세틸렌 > 프로판 > 일산화탄소
③ 아세틸렌 > 수소 > 일산화탄소 > 프로판
④ 수소 > 프로판 > 일산화탄소 > 아세틸렌

> **가연성 가스의 폭발범위**
>
> | 가연성 가스 | 폭발하한값(%) | 폭발상한값(%) |
> |---|---|---|
> | 아세틸렌(C_2H_2) | 2.5 | 81 |
> | 메탄(CH_4) | 5 | 15 |
> | 수소(H_2) | 4 | 75 |
> | 일산화탄소(CO) | 12.5 | 74 |
> | 프로판(C_3H_8) | 2.1 | 9.5 |

72

산업안전보건법상 물질안전보건자료 작성 시 포함되어야 하는 항목이 아닌 것은? (단, 참고사항은 제외한다.)

① 화학제품과 회사에 관한 정보
② 제조일자 및 유효기간
③ 운송에 필요한 정보
④ 환경에 미치는 영향

> **물질안전보건자료(MSDS) 작성 시 포함되어야 할 항목 및 순서**
> ① 화학제품과 회사에 관한 정보
> ② 유해·위험성
> ③ 구성성분의 명칭 및 함유량
> ④ 응급조치요령
> ⑤ 폭발·화재 시 대처방법
> ⑥ 누출사고 시 대처방법
> ⑦ 취급 및 저장방법
> ⑧ 노출방지 및 개인보호구
> ⑨ 물리화학적 특성
> ⑩ 안정성 및 반응성
> ⑪ 독성에 관한 정보
> ⑫ 환경에 미치는 영향
> ⑬ 폐기 시 주의사항
> ⑭ 운송에 필요한 정보
> ⑮ 법적규제 현황
> ⑯ 기타 참고사항

73 ★

물반응성 물질에 해당하는 것은?

① 니트로화합물
② 칼륨
③ 염소산나트륨
④ 부탄

> **물반응성 물질 및 인화성고체**
> ① 리튬 ② 칼륨·나트륨 ③ 황
> ④ 황린 ⑤ 알킬알루미늄·알킬리튬 등

tip
니트로 화합물은 폭발성물질 및 유기과산화물, 염소산 나트륨은 산화성액체 및 산화성고체, 부탄은 인화성 가스에 해당된다.

74

위험물을 건조하는 경우 내용적이 몇 m³ 이상인 건조설비일 때 위험물 건조설비 중 건조실을 설치하는 건축물의 구조를 독립된 단층으로 해야 하는가? (단, 건축물은 내화구조가 아니며, 건조실을 건축물의 최상층에 설치한 경우가 아니다.)

① 0.1
② 1
③ 10
④ 100

> **위험물 건조설비를 설치하는 건축물의 구조**
> 다음에 해당하는 위험물 건조설비 중 건조실을 설치하는 건축물의 구조는 독립된 단층건물로 하여야 한다.(다만, 건조실을 건축물의 최상층에 설치하거나 건축물이 내화구조인 경우에는 그러하지 아니하다)
> (1) 위험물을 가열·건조하는 경우 내용적이 1세제곱미터 이상인 건조설비
> (2) 위험물이 아닌 물질을 가열·건조하는 경우로서 다음에 해당하는 건조설비
>   ① 고체 또는 액체연료의 최대사용량이 시간당 10킬로그램 이상
>   ② 기체연료의 최대사용량이 시간당 1세제곱미터 이상
>   ③ 전기사용 정격용량이 10킬로와트 이상

정답 70 ① 71 ③ 72 ② 73 ② 74 ②

75

다음 중 반응기의 운전을 중지할 때 필요한 주의사항으로 가장 적절하지 않은 것은?

① 급격한 유량 변화를 피한다.
② 가연성 물질이 새거나 흘러나올 때의 대책을 사전에 세운다.
③ 급격한 압력 변화 또는 온도 변화를 피한다.
④ 80~90℃의 염산으로 세정을 하면서 수소가스로 잔류가스를 제거한 후 잔류물을 처리한다.

> **반응기의 잔류물 제거**
> 반응기의 잔류물을 확인한 경우에는 스팀 세정과 화학세정을 실시하고, 각 첨가제를 투입하여 물질의 변성 및 물질 치환을 통하여 제거하도록 한다.

76

다음 중 가연성 가스가 아닌 것으로만 나열된 것은?

① 일산화탄소, 프로판
② 이산화탄소, 프로판
③ 일산화탄소, 산소
④ 산소, 이산화탄소

> 수소, 아세틸렌, 에틸렌, 메탄, 에탄, 프로판, 부탄 등은 인화성(가연성) 가스에 해당되며, 이산화탄소는 불활성기체, 산소는 조연성 가스에 해당된다.

77 빈출

산업안전보건기준에 관한 규칙에서 부식성 염기류에 해당하는 것은?

① 농도 30퍼센트인 과염소산
② 농도 30퍼센트인 아세틸렌
③ 농도 40퍼센트인 디아조화합물
④ 농도 40퍼센트인 수산화나트륨

> **부식성 물질**
>
> | | |
> |---|---|
> | 산류 | ① 농도가 20퍼센트 이상인 염산, 황산, 질산, 기타 이와 동등 이상의 부식성을 가지는 물질
② 농도가 60퍼센트 이상인 인산, 아세트산, 불산, 기타 이와 동등 이상의 부식성을 가지는 물질 |
> | 염기류 | 농도가 40퍼센트 이상인 수산화나트륨, 수산화칼륨, 기타 이와 동등 이상의 부식성을 가지는 염기류 |

78

다음은 산업안전보건기준에 관한 규칙에서 정한 부식방지와 관련한 내용이다. ( )에 해당하지 않는 것은?

> 사업주는 화학설비 또는 그 배관(화학설비 또는 그 배관의 밸브나 콕은 제외한다) 중 위험물 또는 인화점이 섭씨 60도 이상인 물질이 접촉하는 부분에 대해서는 위험물질 등에 의하여 그 부분이 부식되어 폭발·화재 또는 누출되는 것을 방지하기 위하여 위험물질등의 ( )·( )·( ) 등에 따라 부식이 잘 되지 않는 재료를 사용하거나 도장(塗裝) 등의 조치를 하여야 한다.

① 종류
② 온도
③ 농도
④ 색상

> **화학설비 또는 그 배관의 부식방지**
> 위험물 또는 인화점이 섭씨 60도 이상인 물질이 접촉하는 부분에 대해서는 위험물질 등에 의하여 그 부분이 부식되어 폭발·화재 또는 누출되는 것을 방지하기 위하여 위험물질등의 종류·온도·농도 등에 따라 부식이 잘 되지 않는 재료를 사용하거나 도장(塗裝) 등의 조치를 하여야 한다.

79

나트륨은 물과 반응할 때 위험성이 매우 크다. 그 이유로 적합한 것은?

① 물과 반응하여 지연성 가스 및 산소를 발생시키기 때문이다.
② 물과 반응하여 맹독성 가스를 발생시키기 때문이다.
③ 물과 발열반응을 일으키면서 가연성 가스를 발생시키기 때문이다.
④ 물과 반응하여 격렬한 흡열반응을 일으키기 때문이다.

> 칼륨(K), 나트륨(Na) 등은 금수성 물질에 해당되는 위험물(알칼리금속)로 물과 반응하면 수소가 발생한다. 이때 많은 반응열이 발생하며 발생한 수소와 공기 중의 산소가 반응해서 폭발이 일어나게 된다.

정답 75 ④ 76 ④ 77 ④ 78 ④ 79 ③

80

메탄올의 연소반응이 다음과 같을 때 최소산소농도(MOC)는 약 얼마인가? (단, 메탄올의 연소하한값(L)은 6.7vol% 이다.)

$$CH_3OH + 1.5O_2 \rightarrow CO_2 + 2H_2O$$

① 1.5vol% ② 6.7vol%
③ 10vol% ④ 15vol%

MOC(최소산소농도)
① 실험데이터가 불충분할 경우(대부분의 탄화수소)
LFL × 산소의 화학양론계수(연소반응식)
② 6.7 × 1.5 = 10.05%

5과목 건설공사 안전 관리

81 ★빈출

곤돌라형 달비계를 설치하는 경우 근로자 추락위험을 방지하기 위한 조치사항으로 옳지 않은 것은?

① 달비계에 구명줄을 설치할 것
② 근로자의 추락을 방지하기 위한 수직보호망을 설치할 것
③ 근로자에게 안전대를 착용하도록 하고 근로자가 착용한 안전줄을 달비계의 구명줄에 체결하도록 할 것
④ 달비계에 안전난간을 설치할 수 있는 구조인 경우에는 달비계에 안전난간을 설치할 것

작업으로 인하여 물체가 떨어지거나 날아올 위험이 있는 경우 낙하물 방지망, 수직보호망 또는 방호선반의 설치, 출입금지구역의 설정, 보호구의 착용 등 위험을 방지하기 위하여 필요한 조치를 하여야 한다.

82

다음은 비계발판용 목재재료의 강도상의 결점에 대한 조사기준이다. ( ) 안에 들어갈 내용으로 옳은 것은?

발판의 폭과 동일한 길이 내에 있는 결점치수의 총합이 발판폭의 ( )를 초과하지 않을 것

① 1/2 ② 1/3
③ 1/4 ④ 1/6

재료의 강도상 결점기준
발판의 폭과 동일한 길이 내에 있는 결점치수 총합이 발판폭의 1/4 초과금지

83

사질토 지반에서 보일링(boiling) 현상에 의한 위험성이 예상될 경우의 대책으로 옳지 않은 것은?

① 흙막이 말뚝의 밑둥넣기를 깊게 한다.
② 굴착 저면보다 깊은 지반을 불투수로 개량한다.
③ 굴착 밑 투수층에 만든 피트(pit)를 제거한다.
④ 흙막이벽 주위에서 배수시설을 통해 수두차를 적게 한다.

보일링(Boiling)현상

정의	방지대책
투수성이 좋은 사질지반의 흙막이 저면에서 수두차로 인한 상향의 침투압이 발생 유효응력이 감소하여 전단강도가 상실되는 현상으로 지하수가 모래와 같이 솟아오르는 현상	① Filter 및 차수벽 설치 ② 흙막이 근입깊이를 깊게(불투수층까지) ③ 약액주입 등의 굴착면 고결 ④ 지하수위 저하(웰포인트공법 등) ⑤ 압성토 공법 등

84

유해·위험 방지계획서 제출 시 첨부서류의 항목이 아닌 것은?

① 보호장비 폐기계획
② 공사개요서
③ 산업안전보건관리비 사용계획서
④ 전체공정표

제출 시 첨부서류(공사개요 및 안전보건관리계획)
① 공사개요서
② 공사현장의 주변 현황 및 주변과의 관계를 나타내는 도면(매설물 현황 포함)
③ 전체공정표
④ 산업안전보건관리비 사용계획서
⑤ 안전관리 조직표
⑥ 재해발생 위험 시 연락 및 대피방법

정답 80 ③ 81 ② 82 ③ 83 ③ 84 ①

85

다음 중 쇼벨계 굴착기계에 속하지 않는 것은?

① 파워쇼벨(power shovel) ② 크램쉘(clam shell)
③ 스크레이퍼(scraper) ④ 드래그라인(dragline)

> **스크레이퍼**
> ① 굴착기계로서 굴착, 적재·운반·사토·고르기 작업을 일관되게 연속으로 작업한다.
> ② 운동장이나 활주로와 같이 넓은 구역의 토공작업에 적당하다.
> ③ 스크레이퍼(scraper)는 Dozer(도저)계 굴착기계에 해당된다.

86

굴착작업을 하는 경우 지반의 붕괴 또는 토석의 낙하에 의한 근로자의 위험을 방지하기 위하여 관리감독자로 하여금 작업시작 전에 점검하도록 해야 하는 사항과 가장 거리가 먼 것은?

① 부석·균열의 유무 ② 함수·용수
③ 동결상태의 변화 ④ 시계의 상태

> 지반의 붕괴를 방지하기 위해서는 부석, 균열 및 함수, 용수, 동결상태의 변화 등에 대한 점검을 철저히 하여야 한다.

87

다음은 산업안전보건법령에 따른 지붕 위에서 작업 시 추락하거나 넘어질 위험이 있는 경우 조치 사항이다. ( )안에 알맞은 것은?

> 슬레이트 등 강도가 약한 재료로 덮은 지붕에는 폭 ( ) 센티미터 이상의 발판을 설치할 것

① 20 ② 25
③ 30 ④ 40

> **지붕 위에서 작업 시 추락하거나 넘어질 위험이 있는 경우 조치 사항**
> (1) 지붕의 가장자리에 안전난간을 설치할 것
>   ① 안전난간 설치가 곤란한 경우 추락방호망 설치
>   ② 추락방호망 설치가 곤란한 경우 안전대 착용 등의 추락 위험 방지조치
> (2) 채광창(skylight)에는 견고한 구조의 덮개를 설치할 것
> (3) 슬레이트 등 강도가 약한 재료로 덮은 지붕에는 폭 30센티미터 이상의 발판을 설치할 것

88

추락방호망을 건축물의 바깥쪽으로 설치하는 경우 벽면으로부터 망의 내민 길이는 최소 얼마 이상이어야 하는가?

① 2m ② 3m
③ 5m ④ 10m

> 내민길이는 추락방호망의 경우 3m 이상, 낙하물방지망의 경우 2m 이상으로 한다.

89

다음에서 설명하고 있는 건설장비의 종류는?

> 앞뒤 두 개의 차륜이 있으며(2축 2륜), 각각의 차축이 평행으로 배치된 것으로 찰흙, 점성토 등의 두꺼운 흙을 다짐하는 데 적당하나 단단한 각재를 다지는 데는 부적당하며 머캐덤 롤러 다짐 후의 아스팔트 포장에 사용된다.

① 클램쉘 ② 탠덤 롤러
③ 트랙터 셔블 ④ 드래그라인

> **다짐기계(전압식)**
>
> | | |
> |---|---|
> | 머캐덤 롤러 (Macadam Roller) | 3륜으로 구성, 쇄석기층 및 자갈층 다짐에 효과적이다. |
> | 탠덤 롤러 (Tandem Roller) | 도로용 롤러이며, 2륜으로 구성되어 있고, 아스팔트 포장의 끝손질, 점성토 다짐에 사용된다. |
> | 탬핑 롤러 (Tamping Roller) | ① 롤러 표면에 돌기를 만들어 부착, 땅 깊숙이 다짐이 가능하다. ② 고함수비의 점성토 지반에 효과적, 유효다짐 깊이가 깊다. ③ 흙덩어리(풍화암 등)의 파쇄 효과 및 맞물림 효과가 크다. |

정답 85 ③ 86 ④ 87 ③ 88 ② 89 ②

90 ⭐빈출

작업으로 인하여 물체가 떨어지거나 날아올 위험이 있는 경우 설치하는 낙하물 방지망의 수평면과의 각도 기준으로 옳은 것은?

① 10° 이상 20° 이하를 유지
② 20° 이상 30° 이하를 유지
③ 30° 이상 40° 이하를 유지
④ 40° 이상 45° 이하를 유지

> **낙하물방지망 설치 시 준수사항**
> ① 설치높이는 10m 이내마다 설치하고, 내민길이는 벽면으로부터 2m 이상으로 할 것
> ② 수평면과의 각도는 20도 이상 30도 이하를 유지할 것

91

물체가 떨어지거나 날아올 위험 또는 근로자가 추락할 위험이 있는 작업 시 착용하여야 할 보호구는?

① 보안경
② 안전모
③ 방열복
④ 방한복

> **보호구**
> ① 안전모 : 물체가 떨어지거나 날아올 위험 또는 근로자가 감전되거나 추락할 위험
> ② 안전대 : 높이 또는 깊이 2m 이상의 추락할 위험

92

건설현장에서 사용하는 공구 중 토공용이 아닌 것은?

① 착암기
② 포장 파괴기
③ 연마기
④ 점토 굴착기

> 연마기는 연마공구 등을 이용하여 금속이나 가공물의 표면을 정리하거나 매끄럽게 하여 곱게 다듬는 기계

93

운반작업 중 요통을 일으키는 인자와 가장 거리가 먼 것은?

① 물건의 중량
② 작업 자세
③ 작업 시간
④ 물건의 표면마감 종류

> 요통을 일으키는 인자로는 물건의 중량, 작업자세, 작업시간과 그 강도 등이 있다.

94

콘크리트용 거푸집의 재료에 해당되지 않는 것은?

① 철재
② 목재
③ 석면
④ 경금속

> 거푸집의 재료에는 철재, 목재, 합판, 경금속 등이 있으며, 석면은 단열, 절연성 등이 우수하여 건축자재 등으로 사용되어 왔으나 체내로 흡입되면 폐암 및 악성중피종 등을 유발하는 발암성 물질로 현재 우리나라에서는 사용금지된 물질이다.

95

공사종류 및 규모별 안전관리비 계상기준표에서 공사종류의 명칭에 해당되지 않는 것은?

① 토목공사
② 일반건설공사(갑)
③ 중건설공사
④ 특수건설공사

> **계상기준표의 공사종류**
> ① 건축공사   ② 토목공사   ③ 중건설공사   ④ 특수건설공사

tip
2023년 법령개정. 문제와 해설은 개정된 내용 적용

정답 90 ② 91 ② 92 ③ 93 ④ 94 ③ 95 ②

96
정기안전점검 결과 건설공사의 물리적·기능적 결함 등이 발견되어 보수·보강 등의 조치를 하기 위해 필요한 경우에 실시하는 것은?

① 자체안전점검
② 정밀안전점검
③ 상시안전점검
④ 품질관리점검

건설공사 안전점검	
자체안전점검	건설공사의 공사기간 동안 매일 실시
정기안전점검	건설공사의 종류 및 규모 등을 고려하여 국토교통부장관이 정하여 고시하는 시기와 횟수에 따라 실시
정밀안전점검	정기안전점검 결과 건설공사의 물리적·기능적 결함 등이 발견되어 보수·보강 등의 조치를 하기 위하여 필요한 경우 실시
1종시설물 및 2종시설물의 건설공사	해당 건설공사를 준공하기 직전에 정기안전점검 수준 이상의 안전점검 실시
	해당 건설공사가 시행 도중에 중단되어 1년 이상 방치된 시설물이 있는 경우에는 그 공사를 다시 시작하기 전에 그 시설물에 대한 안전점검 실시

97
철근콘크리트 슬래브에 발생하는 응력에 관한 설명으로 옳지 않은 것은?

① 전단력은 일반적으로 단부보다 중앙부에서 크게 작용한다.
② 중앙부 하부에는 인장응력이 발생한다.
③ 단부 하부에는 압축응력이 발생한다.
④ 휨응력은 일반적으로 슬래브의 중앙부에서 크게 작용한다.

> 전단력은 단면에 평행하게 접하여 일어나며, 일반적으로 중앙부보다 단부에서 크게 작용한다.

98
연약지반을 굴착할 때, 흙막이 벽 뒷쪽 흙의 중량이 바닥의 지지력보다 커지면, 굴착저면에서 흙이 부풀어 오르는 현상은?

① 슬라이딩(Sliding)
② 보일링(Boiling)
③ 파이핑(Piping)
④ 히빙(Heaving)

> 히빙(Heaving) 현상
> 연약성 점토지반 굴착 시 굴착외측 흙의 중량에 의해 굴착저면의 흙이 활동 전단 파괴되어 굴착내측으로 부풀어 오르는 현상

tip
보일링(Boiling) 현상
투수성이 좋은 사질지반의 흙막이 저면에서 수두차로 인한 상향의 침투압이 발생 유효응력이 감소하여 전단강도가 상실되는 현상으로 지하수가 모래와 같이 솟아오르는 현상

99
지붕 위에서 작업 시 추락하거나 넘어질 위험이 있는 경우 조치 사항에서 슬레이트 등 강도가 약한 재료로 덮은 지붕에 설치해야 하는 발판의 폭 기준은?

① 10cm 이상
② 20cm 이상
③ 25cm 이상
④ 30cm 이상

> 슬레이트 등 강도가 약한 재료로 덮은 지붕에는 폭 30센티미터 이상의 발판을 설치할 것

100
추락방지용 방망 그물코의 모양 및 크기의 기준으로 옳은 것은?

① 원형 또는 사각으로서 그 크기는 5cm 이하이어야 한다.
② 원형 또는 사각으로서 그 크기는 10cm 이하이어야 한다.
③ 사각 또는 마름모로서 그 크기는 5cm 이하이어야 한다.
④ 사각 또는 마름모로서 그 크기는 10cm 이하이어야 한다.

> 추락방지망의 그물코는 사각 또는 마름모로서 그 크기는 10cm 이하

정답 96 ② 97 ① 98 ④ 99 ④ 100 ④

Chapter 14

2022년 7월 2일~7월 22일 | CBT 기출복원문제

1과목 산업재해 예방 및 안전보건교육

01 ⭐

레빈(Lewin)은 인간행동과 인간의 조건 및 환경조건의 관계를 다음과 같이 표시하였다. 이 때 'ƒ'의 의미는?

$$B = f(P \cdot E)$$

① 행동 ② 조명
③ 지능 ④ 함수

> 레윈(K. Lewin)의 행동법칙
> $B = f(P \cdot E)$
> B : Behavior(인간의 행동)
> f : Function(함수관계) $P \cdot E$에 영향을 줄 수 있는 조건
> P : Person(개체 : 연령, 경험, 심신상태, 성격, 지능 등)
> E : Environment(심리적 환경-인간관계, 작업환경, 설비적 결함 등)

02

다음 중 산업재해 통계에 관한 설명으로 적절하지 않은 것은?

① 산업재해 통계는 구체적으로 표시되어야 한다.
② 산업재해 통계는 안전 활동을 추진하기 위한 기초자료이다.
③ 산업재해 통계만을 기반으로 해당 사업장의 안전수준을 추측한다.
④ 산업재해 통계의 목적은 기업에서 발생한 산업재해에 대하여 효과적인 대책을 강구하기 위함이다.

> 산업재해 통계(보기 외에)
> ① 이용 및 활용가치가 없는 산업재해 통계는 그 작성에 따른 시간과 경비의 낭비임을 인지하여야 한다.
> ② 산업재해 통계를 기반으로 안전조건이나, 상태를 추측해서는 안 된다.
> ③ 산업재해 통계 그 자체보다는 재해 통계에 나타난 경향과 성질의 활용을 중요시해야 된다

03

French와 Raven이 제시한, 리더가 가지고 있는 세력의 유형이 아닌 것은?

① 전문 세력(expert power)
② 보상 세력(reward power)
③ 위임 세력(entrust power)
④ 합법 세력(legitimate power)

지도자에게 주어진 세력(권한)의 유형	
조직이 지도자에게 부여하는 세력	보상 세력(Reward power)
	강압 세력(Coercive Power)
	합법 세력(Legitimate power)
지도자 자신이 자신에게 부여하는 세력(부하직원들의 존경심)	준거 세력(Referent Power)
	전문 세력(Expert power)

04

산업안전보건법령상 산업재해 조사표에 기록되어야 할 내용으로 옳지 않은 것은?

① 사업장 정보 ② 재해정보
③ 재해발생개요 및 원인 ④ 안전교육 계획

> 안전교육 계획이 아니라 재발방지 계획이 포함되어야 한다.

정답 01 ④ 02 ③ 03 ③ 04 ④

05

다음 중 작업표준의 구비조건으로 옳지 않은 것은?

① 작업의 실정에 적합할 것
② 생산성과 품질의 특성에 적합할 것
③ 표현은 추상적으로 나타낼 것
④ 다른 규정 등에 위배되지 않을 것

작업표준의 구비조건
① 작업의 표준설정은 실정에 적합할 것
② 무리, 불균형, 낭비가 없는 좋은 작업의 표준일 것
③ 표현은 구체적으로 나타낼 것
④ 생산성과 품질의 특성에 적합할 것
⑤ 이상시 조치기준에 관하여 설정할 것
⑥ 다른 규정 등에 위배되지 않을 것

06

테크니컬 스킬즈(technical skills)에 관한 설명으로 옳은 것은?

① 모럴(morale)을 앙양시키는 능력
② 인간을 사물에게 적응시키는 능력
③ 사물을 인간에게 유리하게 처리하는 능력
④ 인간과 인간의 의사소통을 원활히 처리하는 능력

인간관계 관리방식(메이요의 이론)
① 테크니컬 스킬즈(technical skills)
   사물을 처리함에 있어 인간의 목적에 유익하도록 처리하는 능력
② 소시얼 스킬즈(social skills)
   사람과 사람 사이의 커뮤니케이션을 양호하게 하고 사람들의 요구를 충족시키면서 모랄을 앙양시키는 능력

tip
근대산업사회에서는 테크니컬 스킬즈가 중시되고 소시얼 스킬즈가 경시되었다.

07 빈출

산업재해 예방의 4원칙 중 "재해발생에는 반드시 원인이 있다."라는 원칙은?

① 대책선정의 원칙   ② 원인계기의 원칙
③ 손실우연의 원칙   ④ 예방가능의 원칙

하인리히의 재해예방의 4원칙

손실우연의 원칙	사고에 의해서 생기는 상해의 종류 및 정도는 우연적이라는 원칙
예방가능의 원칙	재해는 원칙적으로 예방이 가능하다는 원칙
원인계기의 원칙	재해의 발생에는 반드시 원인이 있으며, 직접 원인뿐만 아니라 간접 원인이 연계되어 일어난다는 원칙
대책선정의 원칙	원인의 정확한 분석에 의해 가장 타당한 재해예방 대책이 선정되어야 한다는 원칙

08

심리검사의 특징 중 "검사의 관리를 위한 조건과 절차의 일관성과 통일성"을 의미하는 것은?

① 규준   ② 표준화
③ 객관성   ④ 신뢰성

심리검사의 구비조건(기준)

표준화	검사관리를 위한 절차가 동일하고 검사조건이 같아야 한다.
객관성	검사결과의 채점에 있어 공정한 평가가 이루어져야 한다.
규준	검사결과의 해석에 있어 상대적 위치를 결정하기 위한 척도
신뢰성	검사 결과의 일관성을 의미하는 것으로 동일한 문항을 재측정할 경우 오차값이 적어야 한다.
타당성	검사에 있어 가장 중요한 요소로 측정하고자 하는 것을 실제로 측정하고 있는가를 나타내는 것

09

조직이 리더에게 부여하는 권한으로 볼 수 없는 것은?

① 보상적 권한   ② 강압적 권한
③ 합법적 권한   ④ 위임된 권한

지도자에게 주어진 세력(권한)의 유형

조직이 지도자에게 부여하는 세력	① 보상 세력(reward power) ② 강압 세력(coercive power) ③ 합법 세력(legitimate power)
지도자 자신이 자신에게 부여하는 세력	① 준거 세력(referent power) ② 전문 세력(expert power)

정답 05 ③ 06 ③ 07 ② 08 ② 09 ④

10

기억의 과정 중 과거의 학습경험을 통해서 학습된 행동이 현재와 미래에 지속되는 것을 무엇이라 하는가?

① 기명(memorizing) ② 파지(retention)
③ 재생(recall) ④ 재인(recognition)

파지
① 기명으로 인해 발생한 흔적을 재생이 가능하도록 유지시키는 기억의 단계
② 기명에 의해 생긴 지각이나 표상의 흔적을 재생이 가능한 형태로 보존시키는 것을 말한다. 우리가 흔히 말하는 기억은 파지에 해당한다.

11

보호구 안전인증 고시에 따른 안전모의 일반구조 중 턱끈의 최소 폭 기준은?

① 5mm 이상 ② 7mm 이상
③ 10mm 이상 ④ 12mm 이상

안전모의 구비조건
① 안전모의 내부수직거리는 25mm 이상 50mm 미만일 것
② 안전모의 수평간격은 5mm 이상일 것
③ 머리받침끈이 섬유인 경우에는 각각의 폭은 15mm 이상이어야 하며, 교차되는 끈의 폭의 합은 72mm 이상일 것
④ 턱끈의 폭은 10mm 이상일 것 등

12

허츠버그(Herzberg)의 동기 · 위생 이론에 대한 설명으로 옳은 것은?

① 위생요인은 직무내용에 관련된 요인이다.
② 동기요인은 직무에 만족을 느끼는 주요인이다.
③ 위생요인은 매슬로우 욕구단계 중 존경, 자아실현의 욕구와 유사하다.
④ 동기요인은 매슬로우 욕구단계 중 생리적 욕구와 유사하다.

허즈버그의 두 요인이론

위생요인 (직무환경, 저차적욕구)	동기유발요인 (직무내용, 고차적욕구)
① 조직의 정책과 방침 ② 작업조건 ③ 대인관계 ④ 임금, 신분, 지위 ⑤ 감독 ⑥ 직무환경 등 (생산 능력의 향상 불가)	① 직무상의 성취 ② 인정 ③ 성장 또는 발전 ④ 책임의 증대 ⑤ 도전 ⑥ 직무내용자체(보람된직무) 등(생산 능력 향상 가능)

---

13 빈출

연평균 근로자수가 1,000명인 사업장에서 연간 6건의 재해가 발생한 경우, 이 때의 도수율은? (단, 1일 근로시간수는 4시간, 연평균 근로일수는 150일이다.)

① 1 ② 10
③ 100 ④ 1,000

도수율(빈도율)

$$도수율(F \cdot R) = \frac{재해건수}{연간총근로시간수} \times 1,000,000$$

$$= \frac{6}{1,000 \times 4 \times 150} \times 1,000,000 = 10$$

---

14 빈출

산업안전보건법령상 일용근로자 및 근로계약기간이 1주일 이하인 기간제근로자의 안전보건교육과정별 교육시간으로 틀린 것은?

① 채용 시의 교육 : 1시간 이상
② 작업내용 변경 시의 교육 : 2시간 이상
③ 건설업 기초안전 · 보건교육(건설 일용근로자) : 4시간
④ 특별교육 : 2시간 이상(흙막이 지보공의 보강 또는 동바리를 설치하거나 해체하는 작업)

작업내용 변경 시의 교육 시간은 1시간 이상

---

tip
2023년 법령개정. 문제와 해설은 개정된 내용 적용

정답 10 ② 11 ③ 12 ② 13 ② 14 ②

15

산업안전보건법령상 고용노동부장관이 산업재해 예방을 위하여 종합적인 개선조치를 할 필요가 있다고 인정할 때에 안전보건개선계획의 수립·시행을 명할 수 있는 대상 사업장이 아닌 것은?

① 산업재해율이 같은 업종의 규모별 평균 산업재해율보다 높은 사업장
② 사업주가 안전보건조치의무를 이행하지 아니하여 중대재해가 발생한 사업장
③ 고용노동부장관이 관보 등에 고시한 유해인자의 노출기준을 초과한 사업장
④ 경미한 재해가 다발로 발생한 사업장

> **안전보건 개선계획수립 대상 사업장**
> ① 산업재해율이 같은 업종의 규모별 평균 산업재해율보다 높은 사업장
> ② 사업주가 필요한 안전조치 또는 보건조치를 이행하지 아니하여 중대재해가 발생한 사업장
> ③ 직업성 질병자가 연간 2명 이상 발생한 사업장
> ④ 유해인자의 노출기준을 초과한 사업장

16

산업안전보건법령상 관리감독자의 업무의 내용이 아닌 것은?

① 해당 작업에 관련되는 기계·기구 또는 설비의 안전·보건 점검 및 이상 유무의 확인
② 해당 사업장 산업보건의 지도·조언에 대한 협조
③ 위험성평가를 위한 업무에 기인하는 유해·위험요인의 파악 및 그 결과에 따라 개선조치의 시행
④ 작성된 물질안전보건자료의 게시 또는 비치에 관한 보좌 및 조언·지도

> **관리감독자의 업무내용**
> ① 사업장 내 관리감독자가 지휘·감독하는 작업과 관련된 기계·기구 또는 설비의 안전·보건 점검 및 이상 유무의 확인
> ② 관리감독자에게 소속된 근로자의 작업복·보호구 및 방호장치의 점검과 그 착용·사용에 관한 교육·지도
> ③ 해당작업에서 발생한 산업재해에 관한 보고 및 이에 대한 응급조치
> ④ 해당작업의 작업장 정리·정돈 및 통로 확보에 대한 확인·감독
> ⑤ 사업장의 다음 각 목의 어느 하나에 해당하는 사람의 지도·조언에 대한 협조
>   ㉠ 안전관리자 또는 안전관리자의 업무를 안전관리전문기관에 위탁한 사업장의 경우에는 그 안전관리전문기관의 해당 사업장 담당자
>   ㉡ 보건관리자 또는 보건관리자의 업무를 보건관리전문기관에 위탁한 사업장의 경우에는 그 보건관리전문기관의 해당 사업장 담당자
>   ㉢ 안전보건관리담당자 또는 안전보건관리담당자의 업무를 안전관리전문기관 또는 보건관리전문기관에 위탁한 사업장의 경우에는 그 안전관리전문기관 또는 보건관리전문기관의 해당 사업장 담당자
>   ㉣ 산업보건의
> ⑥ 위험성평가에 관한 다음 각 목의 업무
>   ㉠ 유해·위험요인의 파악에 대한 참여
>   ㉡ 개선조치의 시행에 대한 참여
> ⑦ 그 밖에 해당작업의 안전 및 보건에 관한 사항으로서 고용노동부령으로 정하는 사항

17

400명의 근로자가 종사하는 공장에서 휴업일수 127일, 중대재해 1건이 발생한 경우 강도율은? (단, 1일 8시간으로 연 300일 근무조건으로 한다.)

① 10 ② 0.1
③ 1.0 ④ 0.01

> ① 강도율 = $\dfrac{\text{근로손실일수}}{\text{연간총근로시간수}} \times 1{,}000$
> $= \dfrac{127 \times \dfrac{300}{365}}{400 \times 8 \times 300} \times 1{,}000 = 0.1$

18

시행착오설에 의한 학습법칙이 아닌 것은?

① 효과의 법칙 ② 준비성의 법칙
③ 연습의 법칙 ④ 일관성의 법칙

> **시행착오설에 의한 학습법칙**
> ① 연습의 법칙
> ② 효과의 법칙
> ③ 준비성의 법칙

정답 15 ④ 16 ④ 17 ② 18 ④

19

산업안전보건법령상 건설현장에서 사용하는 크레인, 리프트 및 곤돌라의 안전검사의 주기로 옳은 것은? (단, 이동식 크레인, 이삿짐 운반용 리프트는 제외한다.)

① 최초로 설치한 날부터 6개월마다
② 최초로 설치한 날부터 1년마다
③ 최초로 설치한 날부터 2년마다
④ 최초로 설치한 날부터 3년마다

크레인, 리프트 및 곤돌라의 검사주기
사업장에 설치가 끝난 날부터 3년 이내에 최초 안전검사를 실시하되, 그 이후부터 2년마다(건설현장에서 사용하는 것은 최초로 설치한 날부터 6개월마다)

20

위험예지훈련 4R 방식 중 각 라운드(Round)별 내용 연결이 옳은 것은?

① 1R - 목표설정
② 2R - 본질추구
③ 3R - 현상파악
④ 4R - 대책수립

위험예지훈련의 4라운드 진행법
① 1라운드 : 현상파악
② 2라운드 : 본질추구
③ 3라운드 : 대책수립
④ 4라운드 : 목표설정

2과목 인간공학 및 위험성 평가·관리

21

다음의 FT도에서 몇 개의 미니멀 패스셋(minimal path sets)이 존재하는가?

① 1개
② 2개
③ 3개
④ 4개

미니멀 패스셋(minimal path sets)

$T \rightarrow \begin{matrix} T_1 \\ T_2 \end{matrix} \rightarrow \begin{matrix} ① \\ ② \\ T_2 \end{matrix} \rightarrow \begin{matrix} (①) \\ (②) \\ (③④) \end{matrix}$

22

다음 중 생리적 스트레스를 전기적으로 측정하는 방법으로 옳지 않은 것은?

① 뇌전도(EEG)
② 근전도(EMG)
③ 전기 피부 반응(GSR)
④ 안구 반응(EOG)

안구 반응(EOG)
안구 주변에 전극을 부착하여 안구운동에 의한 전위차를 측정하는 것으로 눈의 움직임을 통하여 상태를 파악하는 방법

23

FTA에서 모든 기본사상이 일어났을 때 톱(top)사상을 일으키는 기본사상의 집합을 무엇이라 하는가?

① 컷셋 (Cut set)
② 최소 컷셋(Minimal Cut set)
③ 패스셋 (Path set)
④ 최소 패스셋(Minimal Path set)

컷셋과 미니멀 컷셋
정상사상을 발생시키는 기본사상의 집합으로 그 안에 포함되는 모든 기본사상이 발생할 때 정상사상을 발생시킬 수 있는 기본사상의 집합을 컷셋이라 하며, 컷셋의 집합 중에서 정상사상을 일으키기 위하여 필요한 최소한의 컷셋을 미니멀 컷셋이라 한다.

24

정보를 전송하기 위해 청각적 표시장치를 이용하는 것이 바람직한 경우로 적합한 것은?

① 전언이 복잡한 경우
② 전언이 이후에 재참조되는 경우
③ 전언이 공간적인 사건을 다루는 경우
④ 전언이 즉각적인 행동을 요구하는 경우

청각 장치와 시각 장치의 비교

청각 장치 사용	시각 장치 사용
① 전언이 간단하다.	① 전언이 복잡하다.
② 전언이 짧다.	② 전언이 길다.
③ 전언이 이후에 재참조되지 않는다.	③ 전언이 이후에 재참조된다.
④ 전언이 시간적 사상을 다룬다.	④ 전언이 공간적인 위치를 다룬다.
⑤ 전언이 즉각적인 행동을 요구한다(긴급할 때)	⑤ 전언이 즉각적인 행동을 요구하지 않는다.
⑥ 직무상 수신자가 자주 움직일 때	⑥ 직무상 수신자가 한곳에 머물 때

정답 19 ① 20 ② 21 ③ 22 ④ 23 ① 24 ④

25

위팔은 자연스럽게 수직으로 늘어뜨린 채, 아래팔만을 편하게 뻗어 작업할 수 있는 범위는?

① 정상작업역 ② 최대작업역
③ 최소작업역 ④ 작업포락면

> **수평작업대**
> ① 정상작업역 : 위팔을 자연스럽게 수직으로 늘어뜨리고, 아래팔만으로 편하게 뻗어 파악할 수 있는 영역
> ② 최대작업역 : 아래팔과 위팔을 모두 곧게 펴서 파악할 수 있는 영역

26

건강한 남성이 8시간 동안 특정 작업을 실시하고, 분당 산소 소비량이 1.1L/분으로 나타났다면 8시간 총 작업시간에 포함될 휴식시간은 약 몇 분인가? (단, Murrell의 방법을 적용하며, 휴식 중 에너지소비율은 1.5kcal/min이다.)

① 30분 ② 54분
③ 60분 ④ 75분

> **작업 시 평균에너지 소비량 및 휴식시간**
> ① 작업 시 평균에너지 소비량
> = 5kcal/L × 1.1L/min = 5.5kcal/min
> ② 휴식시간 (R)(분) $= \dfrac{480(E-5)}{E-1.5} = \dfrac{480(5.5-5)}{5.5-1.5} = 60$(분)

27

점광원(point source)에서 표면에 비추는 조도(lux)의 크기를 나타내는 식으로 옳은 것은? (단, D는 광원으로부터의 거리를 말한다.)

① $\dfrac{광도[fc]}{D^2[m^2]}$ ② $\dfrac{광도[1m]}{D[m]}$

③ $\dfrac{광도[cd]}{D^2[m^2]}$ ④ $\dfrac{광도[FL]}{D[m]}$

> **조도**
> 조도 = $\dfrac{광도(cd)}{(거리)^2}$

28

인간공학적 수공구의 설계에 관한 설명으로 옳은 것은?

① 수공구 사용 시 무게 균형이 유지되도록 설계한다.
② 손잡이 크기를 수공구 크기에 맞추어 설계한다.
③ 힘을 요하는 수공구의 손잡이는 직경을 60mm 이상으로 한다.
④ 정밀 작업용 수공구의 손잡이는 직경을 5mm 이하로 한다.

> **수공구의 설계**
> ① 수공구의 손잡이 지름은 일반적으로 정밀작업용일 경우 0.7~1.3cm이고, 힘을 요하는 경우 3.2~5.1cm를 넘지 않도록 한다.
> ② 손잡이의 크기는 작업자에게 적합해야 한다.

29

인간 - 기계 시스템에서 기계와 비교한 인간의 장점으로 볼 수 없는 것은? (단, 인공지능과 관련된 사항은 제외한다.)

① 완전히 새로운 해결책을 찾아낸다.
② 여러 개의 프로그램된 활동을 동시에 수행한다.
③ 다양한 경험을 토대로 하여 의사결정을 한다.
④ 상황에 따라 변화하는 복잡한 자극 형태를 식별한다.

> 인간은 과부하 상태에서 중요한 일에만 전념하지만, 기계는 여러개의 프로그램된 활동을 동시에 수행하며 과부하 상태에서도 효율적으로 작동한다.

30

인터페이스 설계 시 고려해야 하는 인간과 기계와의 조화성에 해당하지 않는 것은?

① 지적 조화성 ② 신체적 조화성
③ 감성적 조화성 ④ 심미적 조화성

> **인간 interface(계면)의 조화성**
>
> | | |
> |---|---|
> | 신체적(형태적) 인터페이스 | 인간의 신체적 또는 형태적 특성의 적합성 여부(필요조건) |
> | 지적 인터페이스 | 인간의 인지능력, 정신적 부담의 정도(편리 수준) |
> | 감성적 인터페이스 | 인간의 감정 및 정서의 적합성 여부(쾌적 수준) |

정답 25 ① 26 ③ 27 ③ 28 ① 29 ② 30 ④

31

위험처리 방법에 관한 설명으로 틀린 것은?

① 위험처리 대책 수립 시 비용문제는 제외된다.
② 재정적으로 처리하는 방법에는 보류와 전가 방법이 있다.
③ 위험의 제어 방법에는 회피, 손실제어, 위험분리, 책임 전가 등이 있다.
④ 위험처리 방법에는 위험을 제어하는 방법과 재정적으로 처리하는 방법이 있다.

위험 처리기술		
위험의 회피		예상되는 위험을 차단하기 위해 위험과 관계된 활동을 하지 않는 경우
위험의 제거 (감축,경감)	위험 방지	위험의 발생건수를 감소시키는 예방과, 손실의 정도를 감소시키는 경감을 포함
	위험 분산	시설, 설비 등의 집중화를 방지하고 분산하거나 재료의 분리저장 등으로 위험 단위를 증대
	위험 결합	각종 협정이나 합병 등을 통하여 규모를 확대시키므로 위험의 단위를 증대
	위험 제한	계약서, 서식 등을 작성하여 기업의 위험을 제한하는 방법
위험의 보유(보류)		• 무지로 인한 소극적 보유 • 위험을 확인하고 보유하는 적극적 보유(위험의 준비와 부담 : 준비금 설정, 자가보험 등)
위험의 전가		회피와 제거가 불가능할 경우 전가하려는 경향(보험, 보증, 공제, 기금제도 등)

32

인간의 가청주파수 범위는?

① 2~10,000 Hz
② 20~20,000 Hz
③ 200~30,000 Hz
④ 200~40,000 Hz

인간의 가청 주파수는 20~20,000Hz

33

산업안전보건법에서 규정하는 근골격계 부담작업의 범위에 해당하지 않는 것은?

① 단기간 작업 또는 간헐적인 작업
② 하루에 10회 이상 25kg 이상의 물체를 드는 작업
③ 하루에 총 2시간 이상 쪼그리고 앉거나 무릎을 굽힌 자세에서 이루어지는 작업
④ 하루에 4시간 이상 집중적으로 자료입력 등을 위해 키보드 또는 마우스를 조작하는 작업

근골격계 부담작업(다만, 단기간 작업 또는 간헐적인 작업은 제외).(보기외에)
① 하루에 총 2시간 이상 지지되지 않은 상태에서 1kg 이상의 물건을 한 손의 손가락으로 집어 옮기거나, 2kg 이상에 상응하는 힘을 가하여 한 손의 손가락으로 물건을 쥐는 작업
② 하루에 총 2시간 이상 지지되지 않은 상태에서 4.5kg 이상의 물건을 한 손으로 들거나 동일한 힘으로 쥐는 작업
③ 하루에 25회 이상 10kg 이상의 물체를 무릎 아래에서 들거나, 어깨 위에서 들거나, 팔을 뻗은 상태에서 드는 작업
④ 하루에 총 2시간 이상, 분당 2회 이상 4.5kg 이상의 물체를 드는 작업
⑤ 하루에 총 2시간 이상 시간당 10회 이상 손 또는 무릎을 사용하여 반복적으로 충격을 가하는 작업
⑥ 하루에 총 2시간 이상 목, 어깨, 팔꿈치, 손목 또는 손을 사용하여 같은 동작을 반복하는 작업
⑦ 하루에 총 2시간 이상 머리 위에 손이 있거나, 팔꿈치가 어깨 위에 있거나, 팔꿈치를 몸통으로부터 들거나, 팔꿈치를 몸통 뒤쪽에 위치하도록 하는 상태에서 이루어지는 작업
⑧ 지지되지 않은 상태이거나 임의로 자세를 바꿀 수 없는 조건에서, 하루에 총 2시간 이상 목이나 허리를 구부리거나 트는 상태에서 이루어지는 작업

34

기능식 생산에서 유연생산 시스템 설비의 가장 적합한 배치는?

① 합류(Y)형 배치
② 유자(U)형 배치
③ 일자(-)형 배치
④ 복수라인(=)형 배치

유연생산 시스템(flexible manufacturing system)
다품종 소량생산을 필요로 하는 시대에 다양한 제품을 높은 생산성으로 유연하게 제조하도록 하는 자동화된 생산시스템을 말한다.

정답 31① 32② 33① 34②

35
인간-기계 체계에서 인간의 과오에 기인된 원인 확률을 분석하여 위험성의 예측과 개선을 위한 평가 기법은?

① PHA
② FMEA
③ THERP
④ MORT

> **THERP**
> ① 시스템에 있어서 인간의 과오를 정량적으로 평가하기 위해 개발된 기법(Swain 등에 의해 개발된 인간실수 예측기법)
> ② 인간의 과오율의 추정법 등 5개의 스텝으로 구성

36
산업안전 분야에서의 인간공학을 위한 제반 언급사항으로 관계가 먼 것은?

① 안전관리자와의 의사소통 원활화
② 인간과오 방지를 위한 구체적 대책
③ 인간행동특성 자료의 정량화 및 축적
④ 인간-기계 체계의 설계 개선을 위한 기금의 축적

> 재정과 관련된 기금의 축적은 인간공학을 위한 제반 언급사항과는 관련성이 적다.

37
시스템 안전을 위한 업무 수행 요건이 아닌 것은?

① 안전활동의 계획 및 관리
② 다른 시스템 프로그램과 분리 및 배제
③ 시스템 안전에 필요한 사람의 동일성 식별
④ 시스템 안전에 대한 프로그램 해석 및 평가

> **시스템 안전을 위한 업무의 수행 요건**
> ① 시스템 안전에 필요한 사항의 식별
> ② 안전활동의 계획·조직 및 구성
> ③ 다른 시스템 프로그램과의 조정 및 협의
> ④ 시스템 안전에 대한 프로그램의 해석 검토 및 평가

38
컷셋과 최소 패스셋을 정의한 것으로 맞는 것은?

① 컷셋은 시스템 고장을 유발시키는 필요 최소한의 고장들의 집합이며, 최소 패스셋은 시스템의 신뢰성을 표시한다.
② 컷셋은 시스템 고장을 유발시키는 필요 최소한의 고장들의 집합이며, 최소 패스셋은 시스템의 불신뢰도를 표시한다.
③ 컷셋은 그 속에 포함되어 있는 모든 기본사상이 일어났을 때 톱 사상을 일으키는 기본사상의 집합이며, 최소 패스셋은 시스템의 신뢰성을 표시한다.
④ 컷셋은 그 속에 포함되어 있는 모든 기본사상이 일어났을 때 톱 사상을 일으키는 기본사상의 집합이며, 최소 패스셋은 시스템의 성공을 유발하는 기본사상의 집합이다.

> **미니멀 컷셋과 미니멀 패스셋**
> ① 미니멀 컷셋 : 정상사상을 발생시키는 기본사상의 집합으로 그 안에 포함되는 모든 기본사상이 발생할 때 정상사상을 발생시킬 수 있는 기본사상의 집합을 컷셋이라 하며, 컷셋의 집합 중에서 정상사상을 일으키기 위하여 필요한 최소한의 컷셋을 미니멀 컷셋이라 한다(시스템의 위험성 또는 안전성을 나타냄).
> ② 미니멀 패스셋 : 그 안에 포함되는 모든 기본사상이 일어나지 않을 때 처음으로 정상사상이 일어나지 않는 기본사상의 집합인 패스셋에서 필요 최소한의 것을 미니멀 패스셋이라 한다.(시스템의 신뢰성을 나타냄)

39
인체 측정치의 응용원칙과 거리가 먼 것은?

① 극단치를 고려한 설계
② 조절 범위를 고려한 설계
③ 평균치를 기준으로 한 설계
④ 기능적 치수를 이용한 설계

> **인체 계측 자료의 응용 원칙**
> ① 극단적인 사람을 위한 설계(최대치수와 최소치수의 설정)
> 극단치 설계(인체 측정 특성의 극단에 속하는 사람을 대상으로 설계하면 거의 모든 사람을 수용가능)
> ② 조절 범위
> 장비나 설비의 설계에 있어 때로는 여러 사람이 사용 가능하도록 조절식으로 하는 것이 바람직한 경우도 있다.
> ③ 평균치를 기준으로 한 설계
> 특정 장비나 설비의 경우, 최대 집단치나 최소 집단치 또는 조절식으로 설계하기가 부적절하거나 불가능할 때

정답 35 ③ 36 ④ 37 ② 38 ③ 39 ④

40

10시간 설비 가동 시 설비 고장으로 1시간 정지하였다면 설비고장 강도율은 얼마인가?

① 0.1% ② 9%
③ 10%   ④ 11%

> **설비고장강도율**
> $$\frac{설비고장정지시간}{설비가동시간(부하시간)} \times 100 = \frac{1}{10} \times 100 = 10\%$$

3과목 기계·기구 및 설비 안전 관리

41

지게차 헤드가드의 안전기준에 관한 설명으로 맞는 것은?

① 상부틀의 각 개구의 폭 또는 길이가 20cm 이상일 것
② 강도는 지게차의 최대하중의 2배 값(4톤을 넘는 값에 대해서는 4톤으로 한다.)의 등분포정하중에 견딜 수 있을 것
③ 운전자가 서서 조작하는 방식의 지게차의 경우에는 운전석의 바닥면에서 헤드가드의 상부틀 하면까지의 높이가 2.5m 이상일 것
④ 운전자가 앉아서 조작하는 방식의 지게차의 경우에는 운전자의 좌석 윗면에서 헤드가드의 상부틀 아랫면까지의 높이가 1.8m 이상일 것

> **지게차의 헤드가드 설치기준**
> ① 강도는 지게차의 최대하중의 2배의 값(4톤을 넘는 값에 대해서는 4톤으로 한다)의 등분포정하중에 견딜 수 있는 것일 것
> ② 상부틀의 각 개구의 폭 또는 길이가 16cm 미만일 것
> ③ 운전자가 앉아서 조작하거나 서서 조작하는 지게차의 헤드가드는 한국산업표준에서 정하는 높이 기준 이상일 것

42 ★빈출

프레스에 금형 조정 작업 시 슬라이드가 갑자기 작동함으로써 근로자에게 발생할 우려가 있는 위험을 방지하기 위하여 사용하는 것은?

① 안전블록   ② 비상정지장치
③ 감응식 안전장치 ④ 양수조작식 안전장치

> **안전블록**
> 프레스 등의 금형을 부착·해체 또는 조정작업을 하는 때에는 근로자의 신체의 일부가 위험 한계 내에 들어갈 때에 슬라이드가 갑자기 작동함으로써 발생하는 근로자의 위험을 방지하기 위하여 안전블록을 사용하는 등 필요한 조치를 하여야 한다.

43 ★빈출

양수 조작식 방호장치에서 양쪽 누름버튼 간의 내측 거리는 몇 mm 이상이어야 하는가?

① 100 ② 200
③ 300 ④ 400

> **양수 조작식 방호장치 설치방법**
> ① 정상동작표시등은 녹색, 위험표시등은 붉은색으로 하며, 쉽게 근로자가 볼 수 있는 곳에 설치
> ② 누름버튼을 양손으로 동시에 조작하지 않으면 작동시킬 수 없는 구조이어야 하며, 양쪽버튼의 작동시간 차이는 최대 0.5초 이내일 때 프레스가 동작
> ③ 누름버튼의 상호간 내측거리는 300mm 이상

44 ★빈출

프레스 작업 시 왕복운동하는 부분과 고정 부분 사이에서 형성되는 위험점은?

① 물림점 ② 협착점
③ 절단점 ④ 회전말림점

> **협착점(Squeeze-point)**
> (1) 정의 : 왕복 운동하는 운동부와 고정부 사이에 형성
> (2) 종류 :
>   ① 프레스 금형 조립 부위
>   ② 전단기의 누름판 및 칼날 부위
>   ③ 선반 및 평삭기의 베드 끝 부위

정답 40 ③ 41 ② 42 ① 43 ③ 44 ②

45

선반에서 냉각재 등에 의한 생물학적 위험을 방지하기 위한 방법으로 틀린 것은?

① 냉각재가 기계에 잔류되지 않고 중력에 의해 수집탱크로 배유되도록 해야 한다.
② 냉각재 저장탱크에는 외부 이물질의 유입을 방지하기 위한 덮개를 설치해야 한다.
③ 특별한 경우를 제외하고는 정상 운전 시 전체 냉각재가 계통 내에서 순환되고 냉각재 탱크에 체류하지 않아야 한다.
④ 배출용 배관의 지름은 대형 이물질이 들어가지 않도록 작아야 하고, 지면과 수평이 되도록 제작해야 한다.

> **냉각재 등에 의한 생물학적 위험 방지**
> ① 정상 운전 시 전체 냉각재가 계통 내에서 순환되고 냉각재 탱크에 체류하지 않을 것
> ② 냉각재가 기계에 잔류되지 않고 중력에 의해 수집탱크로 배유되도록 할 것
> ③ 배출용 배관의 직경은 슬러지의 체류를 최소화할 수 있을 정도의 충분한 크기이고 적정한 기울기를 부여할 것
> ④ 냉각재 저장탱크에는 외부 이물질의 유입을 방지하기 위한 덮개를 설치할 것
> ⑤ 필터장치가 구비되어 있을 것. 등

46

완전 회전식 클러치 기구가 있는 양수조작식 방호장치에서 확동 클러치의 봉합개소가 4개, 분당 행정수가 200SPM일 때, 방호장치의 최소 안전거리는 몇 mm 이상이어야 하는가?

① 80   ② 120
③ 240   ④ 360

> **양수기동식의 안전거리**
> $D_m = 1.6 T_m$
> $T_m = (\frac{1}{\text{클러치 맞물림 개소수}} + \frac{1}{2}) \times \frac{60,000}{\text{매분행정수}}$ (ms)
> $= (\frac{1}{4} + \frac{1}{2}) \times \frac{60,000}{200} = 225$ (ms)
> $D_m = 1.6 \times 225 = 360$ (mm)

47

목재가공용 둥근톱의 두께가 3mm일 때, 분할날의 두께는 몇 mm 이상이어야 하는가?

① 3.3mm 이상   ② 3.6mm 이상
③ 4.5mm 이상   ④ 4.8mm 이상

> **분할날의 두께**
> ① 톱날 두께의 1.1배 이상이고, 톱날의 치진폭 이하이어야 한다.
> ② 3mm × 1.1 = 3.3mm 이상

48 ★

산업안전보건법령에 따라 타워크레인의 운전 작업을 중지해야 되는 순간풍속의 기준은?

① 초당 10m를 초과하는 경우
② 초당 15m를 초과하는 경우
③ 초당 30m를 초과하는 경우
④ 초당 35m를 초과하는 경우

> **강풍 시 타워크레인의 작업제한**
> ① 순간풍속이 매초당 10미터 초과 : 타워크레인의 설치·수리·점검 또는 해체작업 중지
> ② 순간풍속이 매초당 15미터 초과 : 타워크레인의 운전작업 중지

49

탁상용 연삭기에서 숫돌을 안전하게 설치하기 위한 방법으로 옳지 않은 것은?

① 숫돌바퀴 구멍은 축 지름보다 0.1mm 정도 작은 것을 선정하여 설치한다.
② 설치 전에는 육안 및 목재 해머로 숫돌의 흠, 균열을 점검한 후 설치한다.
③ 축의 턱에 내측 플랜지, 압지 또는 고무판, 숫돌 순으로 끼운 후 외측에 압지 또는 고무판, 플랜지, 너트 순으로 조인다.
④ 가공물 받침대는 숫돌의 중심에 맞추어 연삭기에 견고히 고정한다.

> 숫돌바퀴 구멍은 축 지름보다 0.1mm정도 큰 것을 선정하여 설치한다.

정답 45 ④ 46 ④ 47 ① 48 ② 49 ①

50

다음 중 근로자에게 위험을 미칠 우려가 있을 때 덮개 또는 울을 설치해야 하는 위치와 가장 거리가 먼 것은?

① 연삭기 또는 평삭기의 테이블, 형삭기 램 등의 행정 끝
② 선반으로부터 돌출하여 회전하고 있는 가공물 부근
③ 과열에 따른 과열이 예상되는 보일러의 버너 연소실
④ 띠톱기계의 위험한 톱날(절단부분 제외) 부위

> **덮개 또는 울 등을 설치해야 하는 경우**
> ① 연삭기 또는 평삭기의 테이블, 형삭기램 등의 행정끝이 위험을 미칠 경우
> ② 선반 등으로부터 돌출하여 회전하고 있는 가공물이 위험을 미칠 경우
> ③ 띠톱기계(목재가공용 띠톱기계제외)의 절단에 필요한 톱날부위외의 위험한 톱날부위

51

산업안전보건법령상 고속회전체의 회전시험을 하는 경우 미리 회전축의 재질 및 형상 등에 상응하는 종류의 비파괴검사를 해서 결함유무(有無)를 확인하여야 하는 고속회전체 대상은?

① 회전축의 중량이 0.5톤을 초과하고, 원주속도가 15m/s 이상인 것
② 회전축의 중량이 1톤을 초과하고, 원주속도가 30m/s 이상인 것
③ 회전축의 중량이 0.5톤을 초과하고, 원주속도가 60m/s 이상인 것
④ 회전축의 중량이 1톤을 초과하고, 원주속도가 120m/s 이상인 것

> **고속회전체의 위험방지**
>
> | 고속회전체(원심분리기 등의 회전체로 원주속도가 매초당 25m 초과)의 회전시험 시 파괴로 인한 위험방지 | 전용의 견고한 시설물 내부 또는 견고한 장벽 등으로 격리된 장소에서 실시 |
> |---|---|
> | 고속회전체의 회전시험 시 미리 비파괴검사 실시하는 대상 | 회전축의 중량이 1톤 초과하고 원주속도가 매초당 120m 이상인 것 |

52

기계운동 형태에 따른 위험점 분류에 해당되지 않는 것은?

① 접선끼임점   ② 회전말림점
③ 물림점   ④ 절단점

> **기계 설비에 의해 형성되는 위험점**
>
> | 협착점 | 왕복 운동하는 운동부와 고정부 사이에 형성(작업점이라 부르기도 함) |
> |---|---|
> | 끼임점 | 고정부분과 회전 또는 직선운동부분에 의해 형성 |
> | 절단점 | 회전운동부분 자체와 운동하는 기계 자체에 의해 형성 |
> | 물림점 | 회전하는 두 개의 회전축에 의해 형성(회전체가 서로 반대방향으로 회전하는 경우) |
> | 접선물림점 | 회전하는 부분이 접선방향으로 물려 들어가면서 형성 |
> | 회전말림점 | 회전체의 불규칙 부위와 돌기 회전 부위에 의해 형성 |

53

기계를 구성하는 요소에서 피로현상은 안전과 밀접한 관련이 있다. 다음 중 기계요소의 피로파괴현상과 가장 관련이 적은 것은?

① 소음(noise)   ② 노치(notch)
③ 부식(corrosion)   ④ 치수 효과(size effect)

> **피로파괴 현상**
> ① notch   ② corrosion
> ③ size effect   ④ 온도   ⑤ 표면상태 등

54

위험기계·기구 자율안전 확인고시에 의하면 탁상용 연삭기에서 연삭숫돌의 외주면과 가공물 받침대 사이 거리는 몇 mm 이하로 조정할 수 있는 구조이어야 하는가?

① 1   ② 3
③ 4   ④ 8

> 탁상용 연삭기의 덮개에는 워크레스트 및 조정편을 구비해야 하며 워크레스트는 연삭숫돌과의 간격을 3mm 이하로 조정할 수 있는 구조이어야 한다.

정답 50 ③ 51 ④ 52 ① 53 ① 54 ②

55 ⭐빈출

지게차의 헤드가드 상부틀에 있어서 각 개구부의 폭 또는 길이의 크기는?

① 8cm 미만
② 10cm 미만
③ 16cm 미만
④ 20cm 미만

> **지게차의 헤드가드 설치기준**
> ① 강도는 지게차의 최대하중의 2배의 값(4톤을 넘는 값에 대해서는 4톤으로 한다)의 등분포정하중에 견딜 수 있는 것일 것
> ② 상부틀의 각 개구의 폭 또는 길이가 16cm 미만일 것
> ③ 운전자가 앉아서 조작하거나 서서 조작하는 지게차의 헤드가드는 한국산업표준에서 정하는 높이 기준 이상일 것

56 ⭐빈출

다음 중 연삭기의 사용상 안전대책으로 적절하지 않은 것은?

① 방호장치로 덮개를 설치한다.
② 숫돌 교체 후 1분 정도 시운전을 실시한다.
③ 숫돌의 최고사용회전속도를 초과하여 사용하지 않는다.
④ 숫돌 측면을 사용하는 것을 목적으로 하는 연삭숫돌을 제외하고는 측면 연삭을 하지 않도록 한다.

> 작업 시작하기 전 1분 이상, 연삭 숫돌을 교체한 후 3분 이상 시운전

57

다음 중 드릴 작업 시 가장 안전한 행동에 해당하는 것은?

① 장갑을 끼고 옷 소매가 긴 작업복을 입고 작업한다.
② 작업 중에 브러시로 칩을 털어낸다.
③ 가공할 구멍 지름이 클 경우 작은 구멍을 먼저 뚫고 그 위에 큰 구멍을 뚫는다.
④ 드릴을 먼저 회전시킨 상태에서 공작물을 고정한다.

> **드릴 작업 시 안전대책**
> ① 일감은 견고히 고정, 손으로 잡고 하는 작업금지
> ② 드릴 끼운 후 척 렌치는 반드시 빼둘 것
> ③ 장갑 착용 금지 및 칩은 브러시로 제거
> ④ 이동식 전기 드릴은 반드시 접지해야 하며, 회전 중 이동금지
> ⑤ 큰 구멍은 작은 구멍을 뚫은 후 작업
> ⑥ 구멍이 거의 다 뚫렸을 때 일감이 드릴과 함께 회전하기 쉬우므로 주의

58

다음 중 산업안전보건법령에 따라 비파괴 검사를 실시해야 하는 고속회전체의 기준은?

① 회전축 중량 1톤 초과, 원주속도 120m/s 이상
② 회전축 중량 1톤 초과, 원주속도 100m/s 이상
③ 회전축 중량 0.7톤 초과, 원주속도 120m/s 이상
④ 회전축 중량 0.7톤 초과, 원주속도 100m/s 이상

> **고속회전체의 위험방지**
>
> | 고속회전체(원심분리기 등의 회전체로 원주속도가 매초당 25m 초과)의 회전시험 시 파괴로 인한 위험방지 | 전용의 견고한 시설물 내부 또는 견고한 장벽 등으로 격리된 장소에서 실시 |
> |---|---|
> | 고속회전체의 회전시험 시 미리 비파괴검사 실시하는 대상 | 회전축의 중량이 1톤 초과하고 원주속도가 매초당 120m 이상인 것 |

59

지게차의 안전장치에 해당하지 않는 것은?

① 후사경
② 헤드가드
③ 백레스트
④ 권과방지장치

> **지게차의 안전장치**
> ① 헤드가드
> ② 백레스트
> ③ 전조등
> ④ 후미등
> ⑤ 안전벨트

60

다음 중 접근반응형 방호장치에 해당되는 것은?

① 양수조작식 방호장치
② 손쳐내기식 방호장치
③ 덮개식 방호장치
④ 광전자식 방호장치

> **접근반응형 방호장치**
> ① 위험 범위 내로 신체가 접근할 경우 이를 감지하여 즉시 기계의 작동을 정지시키거나 전원이 차단되도록 하는 방법
> ② 프레스의 광전자식

정답 55 ③ 56 ② 57 ③ 58 ① 59 ④ 60 ④

4과목 전기 및 화학설비 안전 관리

61
전폐형 방폭구조가 아닌 것은?

① 압력방폭구조
② 내압방폭구조
③ 유입방폭구조
④ 안전증방폭구조

> **안전증방폭구조**
> 기계적, 전기적 구조상 또는 온도상승에 대해서 특히 안전도를 증가시킨 구조로 전폐형과는 개념이 다른 구조

62
혼촉방지판이 부착된 변압기를 설치하고 혼촉방지판을 접지시켰다. 이러한 변압기를 사용하는 주요 이유는?

① 2차측의 전류를 감소시킬 수 있기 때문에
② 누전전류를 감소시킬 수 있기 때문에
③ 2차측에 비접지 방식을 채택하면 감전 시 위험을 감소시킬 수 있기 때문에
④ 전력의 손실을 감소시킬 수 있기 때문에

> 고압 또는 특고압과 저압을 결합한 변압기의 저압측 중성점에서는 고저압의 혼촉에 의한 위험을 예방하기 위하여 접지공사를 한다.
> 그러나, 저압을 비접지로 하는 것이 감전 시 위험을 감소시킬 수 있는 등 유리한 경우가 있으므로 고압 또는 특고압과 저압의 권선 사이에 혼촉방지판을 마련하여 이것을 접지하면 저압측을 비접지식으로 사용할 수 있다.

63
산업안전보건법상 전기기계·기구의 누전에 의한 감전 위험을 방지하기 위하여 접지를 하여야 하는 사항으로 틀린 것은?

① 전기기계·기구의 금속제 내부 충전부
② 전기기계·기구의 금속제 외함
③ 전기기계·기구의 금속제 외피
④ 전기기계·기구의 금속제 철대

> **접지를 해야 하는 대상 부분**
> ① 전기기계·기구의 금속제 외함, 금속제 외피 및 철대
> ② 고정 설치되거나 고정배선에 접속된 전기기계·기구의 노출된 비충전 금속체 중 충전될 우려가 있는 해당하는 비충전 금속체
> ③ 전기를 사용하지 아니하는 설비 중 해당하는 금속체

64
인체가 현저히 젖어있는 상태 또는 금속성의 전기·기계 장치나 구조물에 인체의 일부가 상시 접촉되어 있는 상태에서의 허용접촉전압으로 옳은 것은?

① 2.5V 이하
② 25V 이하
③ 50V 이하
④ 75V 이하

> **허용접촉전압**
>
> | 종별 | 접촉 상태 | 허용접촉전압 |
> |---|---|---|
> | 제1종 | • 인체의 대부분이 수중에 있는 경우 | 2.5V 이하 |
> | 제2종 | • 인체가 현저하게 젖어있는 경우
• 금속성의 전기기계장치나 구조물에 인체의 일부가 상시 접촉되어 있는 경우 | 25V 이하 |
> | 제3종 | • 제1종, 제2종 이외의 경우로 통상의 인체상태에 있어서 접촉전압이 가해지면 위험성이 높은 경우 | 50V 이하 |
> | 제4종 | • 제1종, 제2종 이외의 경우로 통상의 인체상태에 있어서 접촉전압이 가해지더라도 위험성이 낮은 경우
• 접촉전압이 가해질 우려가 없는 경우 | 제한 없음 |

65
방폭구조의 명칭과 표기기호가 잘못 연결된 것은?

① 안전증방폭구조 : e
② 유입(油入)방폭구조 : o
③ 내압(耐壓)방폭구조 : p
④ 본질안전방폭구조 : ia 또는 ib

> **방폭구조의 기호**
>
> | 종류 | 내압 | 압력 | 유입 | 안전증 | 몰드 | 충전 | 비점화 | 본질안전 | 특수 |
> |---|---|---|---|---|---|---|---|---|---|
> | 기호 | d | p | o | e | m | q | n | i | s |

정답 61 ④ 62 ③ 63 ① 64 ② 65 ③

66

가스 또는 분진폭발위험장소에는 변전실·배전반실·제어실 등을 설치하여서는 아니 된다. 다만, 실내기압이 항상 양압을 유지하도록 하고, 별도의 조치를 한 경우에는 그러하지 않은데 이때 요구되는 조치사항으로 틀린 것은?

① 양압을 유지하기 위한 환기설비의 고장 등으로 양압이 유지되지 아니한 때 경보를 할 수 있는 조치를 한 경우
② 환기설비가 정지된 후 재가동하는 경우 변전실 등에 가스 등이 있는지를 확인할 수 있는 가스검지기 등의 장비를 비치한 경우
③ 환기설비에 의하여 변전실 등에 공급되는 공기는 가스폭발위험장소 또는 분진폭발위험장소가 아닌 곳으로부터 공급되도록 하는 조치를 한 경우
④ 실내기압이 항상 양압 10Pa 이상이 되도록 장치를 한 경우

> 가스 또는 분진폭발위험장소에는 변전실·배전반실·제어실 기타 이와 유사한 시설을 설치하여서는 아니된다. 다만, 변전실 등의 실내기압이 항상 양압(25파스칼 이상의 압력)을 유지하도록 하고 다음 각호의 조치를 하거나, 그 장소에 적합한 방폭성능을 갖는 전기기계·기구를 변전실 등에 설치·사용한 때에는 그러하지 아니하다.
> ① 양압을 유지하기 위한 환기설비의 고장 등으로 양압이 유지되지 아니한 때 경보를 할 수 있는 조치
> ② 환기설비가 정지된 후 재가동할 때 변전실 등 내의 가스 등의 유무를 확인할 수 있는 가스검지기 등 장비의 비치
> ③ 환기설비에 의하여 변전실 등에 공급되는 공기는 가스 또는 분진폭발위험장소 외의 장소로부터 공급되도록 하는 조치

67

절연체에 발생한 정전기는 일정 장소에 축적되었다가 점차 소멸되는데 처음 값의 몇 %로 감소되는 시간을 그 물체의 "시정수" 또는 "완화시간"이라고 하는가?

① 25.8
② 36.8
③ 45.8
④ 67.8

> **시정수(time constant)**
> 완화가 시간과 함께 지수함수적으로 일어나는 경우, 대전물체의 전하량이 초기값의 36.8(%) 될 때까지의 시간을 말한다.

68

누전차단기의 선정 및 설치에 대한 설명으로 틀린 것은?

① 차단기를 설치한 전로에 과부하 보호장치를 설치하는 경우는 서로 협조가 잘 이루어지도록 한다.
② 정격부동작전류와 정격감도전류와의 차는 가능한 큰 차단기로 선정한다.
③ 감전방지 목적으로 시설하는 누전차단기는 고감도고속형을 선정한다.
④ 전로의 대지정전용량이 크면 차단기가 오작동하는 경우가 있으므로 각 분기회로마다 차단기를 설치한다.

> **누전차단기의 선정 시 주의사항**
> ① 누전차단기는 접속된 각각의 휴대용, 이동용 전동기기에 대해 정격 감도전류가 30[mA]이하의 것을 사용해야 한다.
> ② 누전차단기는 정격 부동작 전류가 정격 감도전류의 50[%]이상이고 또한 이들의 차가 가능한 한 작은 값을 사용해야 한다.
> ③ 누전차단기는 동작시간이 0.1초 이하의 가능한 짧은 시간의 것을 사용하는 것을 사용해야 한다.
> ④ 누전차단기는 절연저항이 5[MΩ] 이상이 되어야 한다.
> ⑤ 누전차단기를 사용하고 또한 해당 차단기에 과부하보호장치 또는 단락보호장치를 설치하는 경우에는 이들 장치와 차단기의 차단기능이 서로 조화되도록 해야 한다.
> ⑥ 분기회로 또는 전기기계·기구마다 누전차단기를 접속해야 한다.

69 ★빈출

정전기 발생량과 관련된 내용으로 옳지 않은 것은?

① 분리속도가 빠를수록 정전기 발생량이 많아진다.
② 두 물질간의 대전서열이 가까울수록 정전기 발생량이 많아진다.
③ 접촉면적이 넓을수록, 접촉압력이 증가할수록 정전기 발생량이 많아진다.
④ 물질의 표면이 수분이나 기름 등에 오염되어 있으면 정전기 발생량이 많아진다.

> **대전서열**
> ① 물체를 마찰시킬 때 전자를 잃기 쉬운 순서대로 나열한 것이다.
> ② 대전서열에서 멀리 있는 두 물체를 마찰할수록 대전이 잘 된다.

정답 66 ④ 67 ② 68 ② 69 ②

70

전기설비 등에는 누전에 의한 감전의 위험을 방지하기 위하여 전기기계·기구에 접지를 실시하도록 하고 있다. 전기기계·기구의 접지에 대한 설명 중 틀린 것은?

① 특별고압의 전기를 취급하는 변전소·개폐소 그 밖에 이와 유사한 장소에서는 지락(地絡)사고가 발생할 경우 접지극의 전위상승에 의한 감전위험을 감소시키기 위한 조치를 하여야 한다.
② 코드 및 플러그를 접속하여 사용하는 전압이 대지전압 110V를 넘는 전기기계·기구가 노출된 비충전 금속체에는 접지를 반드시 실시하여야 한다.
③ 접지설비에 대하여는 상시 적정상태 유지여부를 점검하고 이상을 발견한 때에는 즉시 보수하거나 재설치하여야 한다.
④ 전기기계·기구의 금속제 외함·금속제 외피 및 철대에는 접지를 실시하여야 한다.

> 코드와 플러그를 접속하여 사용하는 전기기계·기구 중 접지를 해야 하는 노출된 비충전 금속체
> ① 사용전압이 대지전압 150볼트를 넘는 것
> ② 냉장고·세탁기·컴퓨터 및 주변기기 등과 같은 고정형 전기기계·기구
> ③ 고정형·이동형 또는 휴대형 전동기계·기구
> ④ 물 또는 도전성이 높은 곳에서 사용하는 전기기계·기구, 비접지형 콘센트
> ⑤ 휴대형 손전등

71

다음 중 화학물질 및 물리적 인자의 노출기준에 따른 TWA 노출기준이 가장 낮은 물질은?

① 불소
② 아세톤
③ 니트로벤젠
④ 사염화탄소

> 유해물질의 노출기준
> ① 불소 : 0.1ppm
> ② 아세톤 : 500ppm
> ③ 니트로벤젠 : 1ppm
> ④ 사염화탄소 : 5ppm

72

대기 중에 대량의 가연성 가스가 유출되거나 대량의 가연성 액체가 유출하여 그것으로부터 발생하는 증기가 공기와 혼합해서 가연성 혼합기체를 형성하고, 점화원에 의하여 발생하는 폭발을 무엇이라 하는가?

① UVCE
② BLEVE
③ Detonation
④ Boil over

> BLEVE와 UVCE
> ① BLEVE : 비등점이 낮은 인화성액체 저장탱크가 화재로 인한 화염에 장시간 노출되어 탱크 내 액체가 급격히 증발하여 비등하고 증기가 팽창하면서 탱크 내 압력이 설계압력을 초과하여 폭발을 일으키는 현상
> ② UVCE : 가연성 가스 또는 기화하기 쉬운 가연성 액체 등이 저장된 고압가스 용기의 파괴로 인하여 대기중으로 유출된 가연성 증기가 구름을 형성한 상태에서 점화원이 증기운에 접촉하여 폭발하는 현상

73

화재 발생 시 알코올포(내알코올포) 소화약제의 소화효과가 큰 대상물은?

① 특수인화물
② 물과 친화력이 있는 수용성 용매
③ 인화점이 영하 이하의 인화성 물질
④ 발생하는 증기가 공기보다 무거운 인화성 액체

> 알코올포 소화약제는 물에 녹지 않기 때문에 여기에 물을 혼합하여 사용하며, 알코올, 에테르 등과 같은 가연성인 수용성 액체의 화재에 유효하다.

74

산업안전보건법령에서 정한 위험물질의 종류에서 "물반응성 물질 및 인화성 고체"에 해당하는 것은?

① 니트로화합물
② 과염소산
③ 아조화합물
④ 칼륨

> 위험물의 종류
> 니트로화합물, 아조화합물은 폭발성 물질 및 유기과산화물에 해당되며, 과염소산 및 그 염류는 산화성 액체 및 산화성 고체에 해당하는 위험물

정답 70 ② 71 ① 72 ① 73 ② 74 ④

75

다음 중 폭발한계의 범위가 가장 넓은 가스는?

① 수소
② 메탄
③ 프로판
④ 아세틸렌

> **폭발한계**
> ① 수소(4~75)
> ② 메탄(5~15)
> ③ 프로판(2.1~9.5)
> ④ 아세틸렌(2.5~81)

76

에틸에테르(폭발하한값 1.9vol%)와 에틸알코올(폭발하한값 4.3vol%)이 4 : 1로 혼합된 증기의 폭발하한계(vol%)는 약 얼마인가? (단, 혼합증기는 에틸에테르가 80%, 에틸알코올이 20%로 구성되고, 르샤틀리에 법칙을 이용한다.)

① 2.14vol%
② 3.14vol%
③ 4.14vol%
④ 5.14vol%

> **르샤틀리에의 법칙(혼합가스의 폭발범위 계산)**
> $$\frac{100}{L} = \frac{V_1}{L_1} + \frac{V_2}{L_2} = \frac{80}{1.9} = \frac{20}{4.3} = 46.76$$
> 그러므로 $L = 2.138 \text{vol}\%$

77

다음 중 산업안전보건기준에 관한 규칙에서 규정하는 급성 독성 물질에 해당되지 않는 것은?

① 쥐에 대한 경구투입실험에 의하여 실험동물의 50%를 사망시킬 수 있는 물질의 양이 kg당 300mg - (체중) 이하인 화학물질
② 쥐에 대한 경피흡수실험에 의하여 실험동물의 50%를 사망시킬 수 있는 물질의 양이 kg당 1,000mg - (체중) 이하인 화학물질
③ 토끼에 대한 경피흡수실험에 의하여 실험동물의 50%를 사망시킬 수 있는 물질의 양이 kg당 1,000mg - (체중) 이하인 화학물질
④ 쥐에 대한 4시간 동안의 흡입실험에 의하여 실험동물의 50%를 사망시킬 수 있는 가스의 농도가 3,000ppm 이상인 화학물질

> **급성 독성물질**
> 쥐에 대한 4시간 동안의 흡입실험에 의하여 실험동물의 50퍼센트를 사망시킬 수 있는 물질의 농도, 즉 가스 LC50(쥐, 4시간 흡입)이 2,500ppm 이하인 화학물질, 증기 LC50(쥐, 4시간 흡입)이 10 이하인 화학물질, 분진 또는 미스트 1 이하인 화학물질

78

연소의 3요소 중 1가지에 해당하는 요소가 아닌 것은?

① 메탄
② 공기
③ 정전기 방전
④ 이산화탄소

> **연소의 3요소**
> ① 가연물(메탄) ② 점화원(정전기 방전) ③ 산소 공급원(공기)

79

다음 물질이 물과 반응하였을 때 가스가 발생한다. 위험도 값이 가장 큰 가스를 발생하는 물질은?

① 칼륨
② 수소화나트륨
③ 탄화칼슘
④ 트리에틸알루미늄

> **탄화칼슘(CaC_2)**
> ① 탄화칼슘(CaC_2)은 칼슘카바이드라고도 불리며, 물과 반응하여 아세틸렌 기체를 생성한다.
> ② $CaC_2 + 2H_2O \rightarrow Ca(OH)_2 + C_2H_2$

80

다음 중 화재의 분류에서 전기화재에 해당하는 것은?

① A급 화재
② B급 화재
③ C급 화재
④ D급 화재

> **화재의 분류**
> ① A급 : 일반화재
> ② B급 : 유류화재
> ③ C급 : 전기화재
> ④ D급 : 금속화재

정답 75 ④ 76 ① 77 ④ 78 ④ 79 ③ 80 ③

5과목 건설공사 안전 관리

81
가설구조물이 갖추어야 할 구비요건과 가장 거리가 먼 것은?

① 영구성
② 경제성
③ 작업성
④ 안전성

가설구조물의 구비요건	
안전성	파괴 및 도괴 등에 대한 충분한 강도를 가질 것
작업성(시공성)	넓은 작업발판 및 공간확보. 안전한 작업자세 유지
경제성	가설, 철거비 및 가공비 등

82 빈출
말비계를 조립하여 사용하는 경우에 준수해야 하는 사항으로 옳지 않은 것은?

① 지주부재의 하단에는 미끄럼 방지장치를 한다.
② 근로자는 양측 끝부분에 올라서서 작업하도록 한다.
③ 지주부재와 수평면의 기울기를 75° 이하로 한다.
④ 말비계의 높이가 2m를 초과하는 경우에는 작업발판의 폭을 40cm 이상으로 한다.

말비계의 조립 시 준수사항
① 지주부재의 하단에는 미끄럼 방지장치를 하고, 양측 끝부분에 올라서서 작업하지 아니하도록 할 것
② 지주부재와 수평면과의 기울기를 75도 이하로 하고, 지주부재와 지주부재 사이를 고정시키는 보조부재를 설치할 것
③ 말비계의 높이가 2미터를 초과할 경우에는 작업발판의 폭을 40cm 이상으로 할 것

83 빈출
차량계 하역운반기계에 화물을 적재할 때의 준수사항과 거리가 먼 것은?

① 하중이 한쪽으로 치우지지 않도록 적재할 것
② 구내운반차 또는 화물자동차의 경우 화물의 붕괴 또는 낙하에 의한 위험을 방지하기 위하여 화물에 로프를 거는 등 필요한 조치를 할 것
③ 운전자의 시야를 가리지 않도록 화물을 적재할 것
④ 제동장치 및 조정장치 기능의 이상 유무를 점검할 것

차량계 하역운반기계의 화물적재 시 조치
① 하중이 한쪽으로 치우지지 않도록 적재할 것
② 구내운반차 또는 화물자동차의 경우 화물의 붕괴 또는 낙하에 의한 위험을 방지하기 위하여 화물에 로프를 거는 등 필요한 조치를 할 것
③ 운전자의 시야를 가리지 않도록 화물을 적재할 것

84
콘크리트를 타설할 때 안전상 유의하여야 할 사항으로 옳지 않은 것은?

① 콘크리트를 치는 도중에는 거푸집, 지보공 등의 이상 유무를 확인한다.
② 진동기 사용 시 지나친 진동은 거푸집 도괴의 원인이 될 수 있으므로 적절히 사용해야 한다.
③ 최상부의 슬래브는 되도록 이어붓기를 하고 여러 번에 나누어 콘크리트를 타설한다.
④ 타워에 연결되어 있는 슈트의 접속이 확실한지 확인한다.

콘크리트 타설 시 주의사항
① 친 콘크리트를 거푸집 안에서 횡방향으로 이동 금지
② 한 구획 내의 콘크리트는 치기가 완료될 때까지 연속해서 타설
③ 최상부의 슬래브는 이어붓기를 피하고 동시에 전체를 타설 등

85
무한궤도식 장비와 타이어식(차륜식) 장비의 차이점에 관한 설명으로 옳은 것은?

① 무한궤도식은 기동성이 좋다.
② 타이어식은 승차감과 주행성이 좋다.
③ 무한궤도식은 경사지반에서의 작업에 부적당하다.
④ 타이어식은 땅을 다지는 데 효과적이다.

주행 방법에 의한 분류
① 무한궤도식 : 경사지 또는 연약 지반에 유리
② 차륜식 : 속도개선 효과가 증대

정답 81 ① 82 ② 83 ④ 84 ③ 85 ②

86

잠함 또는 우물통의 내부에서 근로자가 굴착작업을 하는 경우의 준수사항으로 옳지 않은 것은?

① 산소결핍 우려가 있는 경우에는 산소의 농도를 측정하는 사람을 지명하여 측정하도록 할 것
② 근로자가 안전하게 오르내리기 위한 설비를 설치할 것
③ 굴착깊이가 20m를 초과하는 경우에는 해당 작업장소와 외부와의 연락을 위한 통신설비 등을 설치할 것
④ 잠함 또는 우물통의 급격한 침하에 의한 위험을 방지하기 위하여 바닥으로부터 천장 또는 보까지의 높이는 2m 이내로 할 것

> 잠함 또는 우물통의 급격한 침하로 인한 위험방지
> ① 침하관계도에 따라 굴착방법 및 재하량 등을 정할 것
> ② 바닥으로부터 천장 또는 보까지의 높이는 1.8미터 이상으로 할 것

87

재료비가 30억 원, 직접노무비가 50억 원인 건설공사의 예정가격상 안전관리비로 옳은 것은?(단, 건축공사에 해당되며 계상기준은 2.37%임)

① 56,400,000원
② 94,000,000원
③ 150,400,000원
④ 189,600,000원

> 대상액이 5억 원 미만 또는 50억 원 이상일 경우
> ① 계상기준 = 대상액 × 계상기준표의 비율
> ② 대상액이 80억 원(30억 + 50억)이므로,
> ③ 안전관리비 = 80억 원 × 0.0237 = 189,600,000원

tip
2025년 법령개정. 문제와 해설은 개정된 내용 적용

88

철골용접 작업자의 전격 방지를 위한 주의사항으로 옳지 않은 것은?

① 보호구와 복장을 구비하고, 기름기가 묻었거나 젖은 것은 착용하지 않을 것
② 작업 중지의 경우에는 스위치를 떼어 놓을 것
③ 개로 전압이 높은 교류 용접기를 사용할 것
④ 좁은 장소에서의 작업에서는 신체를 노출시키지 않을 것

> 교류아크용접기
> 교류아크용접기의 자동전격방지기는 아크발생을 중지하였을 때 지동시간이 1.0초 이내에 2차 무부하 전압을 25V 이하로 감압시켜 안전을 유지할 수 있어야 한다. 따라서 개로전압이 낮은 용접기를 사용하여야 안전하다.

89 ★

근로자의 추락 등의 위험을 방지하기 위하여 안전난간을 설치하는 경우 안전난간은 구조적으로 가장 취약한 지점에서 가장 취약한 방향으로 작용하는 얼마 이상의 하중에 견딜 수 있는 튼튼한 구조이어야 하는가?

① 50kg
② 100kg
③ 150kg
④ 200kg

> 안전난간은 구조적으로 가장 취약한 지점에서 가장 취약한 방향으로 작용하는 100킬로그램 이상의 하중에 견딜 수 있는 튼튼한 구조일 것

90

흙의 연경도(Consistency)에서 반고체 상태와 소성 상태의 한계를 무엇이라 하는가?

① 액성한계
② 소성한계
③ 수축한계
④ 반수축한계

> 흙의 연경도
> ① 수축한계 : 고체상태에서 반고체상태로 넘어가는 순간의 함수비
> ② 소성한계 : 반고체 상태에서 소성상태로 넘어갈 때의 함수비
> ③ 액성한계 : 소성상태에서 액체상태로 넘어가는 순간의 함수비

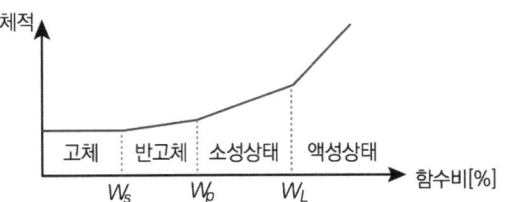

여기서, W_S : 수축한계, W_F : 소성한계, W_L : 액성한계
〈atterberg 한계〉

정답 86 ④ 87 ④ 88 ③ 89 ② 90 ②

91

건설업 산업안전보건관리비의 사용기준에 해당하지 않는 것은?

① 안전관리자 · 보건관리자의 임금
② 폐기물처리비
③ 안전시설비
④ 안전보건진단비

> **안전보건관리비의 사용기준**
> ① 안전관리자 · 보건관리자의 임금 등
> ② 안전시설비 등
> ③ 보호구 등
> ④ 안전보건진단비 등
> ⑤ 안전보건교육비 등
> ⑥ 근로자 건강장해예방비 등
> ⑦ 건설재해예방전문지도기관의 지도에 대한 대가로 지급하는 비용 등

92 ★

다음은 산업안전보건법령에 따른 말비계를 조립하여 사용하는 경우에 관한 준수사항이다. ( )안에 알맞은 숫자는?

> 말비계의 높이가 2m를 초과할 경우에는 작업발판의 폭을 ( )cm 이상으로 할 것

① 10
② 20
③ 30
④ 40

> **말비계의 조립 시 준수사항**
> ① 지주부재의 하단에는 미끄럼 방지장치를 하고, 양측 끝부분에 올라서서 작업하지 아니하도록 할 것
> ② 지주부재와 수평면과의 기울기를 75도 이하로 하고, 지주부재와 지주부재 사이를 고정시키는 보조부재를 설치할 것
> ③ 말비계의 높이가 2미터를 초과할 경우에는 작업발판의 폭을 40cm 이상으로 할 것

93

터널 지보공을 설치한 경우에 수시로 점검하여야 할 사항에 해당하지 않는 것은?

① 기둥침하의 유무 및 상태
② 부재의 긴압 정도
③ 매설물 등의 유무 또는 상태
④ 부재의 접속부 및 교차부의 상태

> 보기 외에 부재의 손상 · 변형 · 부식 · 변위 탈락의 유무 및 상태가 포함된다.

94

작업의자형 달비계에 사용하는 작업용 섬유로프 또는 안전대의 섬유벨트에 관한 사항으로 옳지 않은 것은?

① 작업용 섬유로프는 필요할 경우 2개 이상 연결하여 사용해야 한다.
② 작업높이보다 길이가 긴 것을 사용해야 한다.
③ 꼬임이 끊어진 것을 사용해서는 아니 된다.
④ 심하게 손상되거나 부식된 것을 사용해서는 아니 된다.

> **작업용 섬유로프 또는 안전대의 섬유벨트를 사용하지 않아야 할 경우**
> ① 꼬임이 끊어진 것
> ② 심하게 손상되거나 부식된 것
> ③ 2개 이상의 작업용 섬유로프 또는 섬유벨트를 연결한 것
> ④ 작업높이보다 길이가 짧은 것

95

굴착공사 중 암질변화구간 및 이상암질 출현 시에는 암질판별시험을 수행하는데 이 시험의 기준과 거리가 먼 것은?

① 함수비
② R.Q.D
③ 탄성파속도
④ 일축압축강도

> **암질판별 기준**
> ① R.Q.D(%)   ② 탄성파 속도(m/sec)   ③ R.M.R
> ④ 일축압축강도(kg/cm²)   ⑤ 진동치속도(cm/sec=Kine)

정답 91 ② 92 ④ 93 ③ 94 ① 95 ①

96

콘크리트 타설작업을 하는 경우에 준수해야 할 사항으로 옳지 않은 것은?

① 콘크리트를 타설하는 경우에는 편심을 유발하여 한쪽 부분부터 밀실하게 타설되도록 유도할 것
② 당일의 작업을 시작하기 전에 해당 작업에 관한 거푸집동바리 등의 변형·변위 및 지반의 침하 유무 등을 점검하고 이상이 있으면 보수할 것
③ 작업 중에는 거푸집동바리 등의 변형·변위 및 침하 유무 등을 감시할 수 있는 감시자를 배치하여 이상이 있으면 작업을 중지하고 근로자를 대피시킬 것
④ 설계도서상의 콘크리트 양생기간을 준수하여 거푸집동바리 등을 해체할 것

> 콘크리트를 타설하는 경우에는 편심이 발생하지 않도록 골고루 분산하여 타설할 것

97

다음 그림은 경암에서 토사붕괴를 예방하기 위한 기울기를 나타낸 것이다. X의 값은?

① 1.0
② 0.8
③ 0.5
④ 0.3

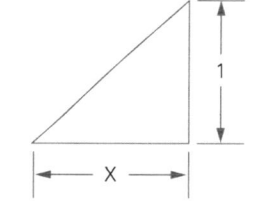

굴착면 기울기 기준

지반의 종류	모래	연암 및 풍화암	경암	그 밖의 흙
굴착면의 기울기	1 : 1.8	1 : 1.0	1 : 0.5	1 : 1.2

tip
2023년 법령개정. 문제와 해설은 개정된 내용 적용

98

지반의 사면파괴 유형 중 유한사면의 종류가 아닌 것은?

① 사면내파괴
② 사면선단파괴
③ 사면저부파괴
④ 직립사면파괴

> 유한사면의 원호활동의 종류
>
> | 사면선단파괴 | 경사가 급하고 비점착성 토질 |
> |---|---|
> | 사면저부파괴 | 경사가 완만하고 점착성인 경우, 사면의 하부에 암반 또는 굳은 지층이 있을 경우 |
> | 사면내파괴 | 견고한 지층이 얕게 있는 경우 |

99

철근 콘크리트 공사에서 거푸집동바리의 해체 시기를 결정하는 요인으로 가장 거리가 먼 것은?

① 시방서 상의 거푸집 존치기간의 경과
② 콘크리트 강도시험 결과
③ 동절기일 경우 적산온도
④ 후속공정의 착수시기

> 거푸집 및 동바리의 해체 시기 및 순서는 존치기간의 경과, 압축강도시험, 동절기인 경우 적산온도 및 시멘트의 성질, 콘크리트의 배합, 구조물의 종류와 중요도, 부재의 종류 및 크기, 부재가 받는 하중, 콘크리트 내부의 온도와 표면온도의 차이 등의 요인을 고려하여 결정해야 하며, 사전에 책임기술자의 승인을 받아야 한다.

100

건설현장에서의 PC(Precast Concrete) 조립 시 안전대책으로 옳지 않은 것은?

① 달아 올린 부재의 아래에서 정확한 상황을 파악하고 전달하여 작업한다.
② 운전자는 부재를 달아 올린 채 운전대를 이탈해서는 안된다.
③ 신호는 사전 정해진 방법에 의해서만 실시한다.
④ 크레인 사용 시 PC판의 중량을 고려하여 아웃트리거를 사용한다.

> PC조립 시 안전대책
> ① 부재 조립 시 아래층에서의 작업을 금지하여 상하 동시 작업이 되지 않도록 하여야 한다.
> ② 부재 조립장소에는 반드시 작업자들만 출입하여야 하며 작업자들도 부재의 낙하나 크레인의 전도 가능성이 있는 지점에는 접근하지 않아야 한다.

정답 96 ① 97 ③ 98 ④ 99 ④ 100 ①

2023년 3월 1일~3월 15일 | CBT 기출복원문제

1과목 | 산업재해 예방 및 안전보건교육

01 ★빈출

사고 조사를 할 때 사고결과에 대한 원인요소 및 상호의 관계를 인과(因果)관계로 결부하여 나타내는 통계적 원인 분석방법은?

① 관리도
② 특성요인도
③ 클로즈분석
④ 파레토도

> **특성요인도**
> 특성과 요인관계를 어골상으로 세분하여 연쇄관계를 나타내는 방법 (원인요소와의 관계를 상호의 인과관계만으로 결부)

02

일반적으로 사업장에서 안전관리조직을 구성할 때 고려할 사항과 가장 거리가 먼 것은?

① 조직 구성원의 책임과 권한을 명확하게 한다.
② 회사의 특성과 규모에 부합되게 조직되어야 한다.
③ 생산조직과는 동떨어진 독특한 조직이 되도록 하여 효율성을 높인다.
④ 조직의 기능이 충분히 발휘될 수 있는 제도적 체계를 갖추어야 한다.

> **조직의 구비 조건**
> ① 회사의 특성과 규모에 부합되게 조직화 될 것
> ② 조직의 기능이 충분히 발휘될 수 있는 제도적 체계를 갖출 것
> ③ 조직을 구성하는 관리자의 책임과 권한을 분명히 할 것
> ④ 생산라인과 밀착된 조직이 될 것

03 ★빈출

산업안전보건법령상 안전보건표지의 종류와 형태 중 그림과 같은 경고표지는? (단, 바탕은 무색, 기본모형은 빨간색, 그림은 검은색이다.)

① 부식성물질 경고
② 폭발성물질 경고
③ 산화성물질 경고
④ 인화성물질 경고

> **경고표지**
>
> | 인화성물질 경고 | 산화성물질 경고 | 폭발성물질 경고 | 부식성물질 경고 |
> |---|---|---|---|

04

보호구 안전인증 고시에 따른 안전화의 정의 중 ( )안에 알맞은 것은?

> 경작업용 안전화란 (㉠)mm의 낙하높이에서 시험했을 때 충격과 (㉡±0.1)kN의 압축하중에서 시험했을 때 압박에 대하여 보호해 줄 수 있는 선심을 부착하여, 착용자를 보호하기 위한 안전화를 말한다.

① ㉠ 500, ㉡ 10.0
② ㉠ 250, ㉡ 10.0
③ ㉠ 500, ㉡ 4.4
④ ㉠ 250, ㉡ 4.4

> **안전화의 등급**
>
> | 작업 구분 | 내충격성 및 내압박성 시험방법 |
> |---|---|
> | 중작업용 | 1,000mm의 낙하높이, (15.0±0.1)kN의 압축하중 시험 |
> | 보통작업용 | 500mm의 낙하높이, (10.0±0.1)kN의 압축하중 시험 |
> | 경작업용 | 250mm의 낙하높이, (4.4±0.1)kN의 압축하중 시험 |

정답 01 ② 02 ③ 03 ④ 04 ④

05

상시 근로자수가 75명인 사업장에서 1일 8시간씩 연간 320일을 작업하는 동안에 4건의 재해가 발생하였다면 이 사업장의 도수율은 약 얼마인가?

① 17.68
② 19.67
③ 20.83
④ 22.83

> **도수율 계산**
> ① 도수율(F·R) = $\frac{재해건수}{연간총근로시간수} \times 1,000,000$
> ② 도수율 = $\frac{4}{(75 \times 8 \times 320)} \times 1,000,000 = 20.83$

06

매슬로우(Maslow)의 욕구단계 이론 중 제2단계의 욕구에 해당하는 것은?

① 사회적 욕구
② 안전에 대한 욕구
③ 자아실현의 욕구
④ 존경과 긍지에 대한 욕구

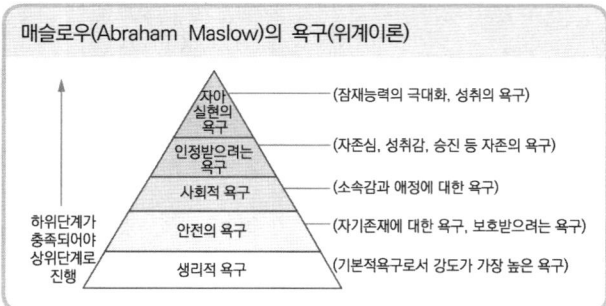

07

특성에 따른 안전교육의 3단계에 포함되지 않는 것은?

① 태도교육
② 지식교육
③ 직무교육
④ 기능교육

> **안전보건 교육의 단계별 교육과정**
> ① 제 1단계 : 지식교육
> ② 제 2단계 : 기능교육
> ③ 제 3단계 : 태도교육

08

안전지식교육 실시 4단계에서 지식을 실제의 상황에 맞추어 문제를 해결해보고 그 수법을 이해시키는 단계로 옳은 것은?

① 도입
② 제시
③ 적용
④ 확인

> **지식교육의 4단계**
>
> | 단계 | 구분 | 내용 |
> |---|---|---|
> | 제1단계 | 도입 | 학습자의 동기부여 및 마음의 안정 |
> | 제2단계 | 제시 | 강의순서대로 진행하며 설명. 교재를 통해 듣고 말하는 단계(확실한 이해) |
> | 제3단계 | 적용 | 지식을 실제상황에 맞추어 문제해결. 상호학습 및 토의 등으로 이해력 향상 |
> | 제4단계 | 확인 | 잘못된 이해를 수정하고, 요점을 정리하여 복습 |

09

산업재해 손실액 산정 시 직접비가 2,000만 원일 때 하인리히 방식을 적용하면 총 손실액은?

① 2,000만 원
② 8,000만 원
③ 1억 원
④ 1억 2,000만 원

> **하인리히의 재해 손실비용**
> ① 직접손실비용 : 간접손실비용 = 1 : 4 (1대 4의 경험법칙)
> ② 재해손실비용 = 직접비 + 간접비 = 직접비 × 5
> ③ 2,000만 원 × 5 = 1억

정답 05 ③ 06 ② 07 ③ 08 ③ 09 ③

10 ⭐

산업안전보건법령상 안전검사 대상 유해·위험기계의 종류에 포함되지 않는 것은?

① 전단기
② 리프트
③ 곤돌라
④ 교류아크용접기

> **안전검사 대상 유해·위험기계**
> ① 프레스
> ② 전단기
> ③ 크레인(정격하중 2톤 미만 제외)
> ④ 리프트
> ⑤ 압력용기
> ⑥ 곤돌라
> ⑦ 국소배기장치(이동식 제외)
> ⑧ 원심기(산업용만 해당)
> ⑨ 롤러기(밀폐형 구조제외)
> ⑩ 사출성형기[형 체결력 294킬로뉴튼(kN) 미만 제외]
> ⑪ 고소작업대(화물자동차 또는 특수자동차에 탑재한 것으로 한정)
> ⑫ 컨베이어
> ⑬ 산업용 로봇
> ⑭ 혼합기
> ⑮ 파쇄기 또는 분쇄기

tip
법령개정으로 ⑭, ⑮ 내용이 추가되었으며, 2026년 6월 26일부터 시행

11

기업 내 정형교육 중 대상으로 하는 계층이 한정되어 있지 않고, 한 번 훈련을 받은 관리자는 그 부하인 감독자에 대해 지도원이 될 수 있는 교육방법은?

① TWI(Training Within Industry)
② MTP(Management Training Program)
③ CCS(Civil Communication Section)
④ ATT(American Telephone & Telegram Co)

> **ATT(American Telephone & Telegram Co)**
> ① 교육대상자 : 대상계층이 한정되어 있지 않다.
> ② 훈련을 먼저 받은 자는 직급에 관계 없이 훈련을 받지 않은 자에 대해 지도원이 될 수 있다.

12

부하의 행동에 영향을 주는 리더십 중 조언, 설명, 보상조건 등의 제시를 통한 적극적인 방법은?

① 강요
② 모범
③ 제언
④ 설득

> 조언, 설명, 보상조건 등을 제시함으로써 행동에 영향을 주는 리더십 방법은 설득에 해당된다.

13

사고예방대책의 기본원리 5단계 중 제4단계의 내용으로 틀린 것은?

① 인사조정
② 작업분석
③ 기술의 개선
④ 교육 및 훈련의 개선

> **4단계 시정책의 선정**
> ① 인사 및 배치조정
> ② 기술적인 개선
> ③ 교육 및 훈련의 개선
> ④ 안전행정의 개선
> ⑤ 규정 및 수칙의 개선
> ⑥ 이행독려의 체제 강화

14 ⭐

주의(Attention)의 특성 중 여러 종류의 자극을 받을 때 소수의 특정한 것에만 반응하는 것은?

① 선택성
② 방향성
③ 단속성
④ 변동성

> **주의의 특성**
>
> | | |
> |---|---|
> | 선택성 | 동시에 두 개 이상의 방향에 집중하지 못하고 소수의 특정한 것에 한하여 선택한다. |
> | 변동성 | 고도의 주의는 장시간 지속할 수 없고 주기적으로 부주의 리듬이 존재한다. |
> | 방향성 | 한 지점에 주의를 집중하면 주변 다른 곳의 주의는 약해진다. |

정답 10 ④ 11 ④ 12 ④ 13 ② 14 ①

15

재해예방의 4원칙이 아닌 것은?

① 원인계기의 원칙 ② 예방가능의 원칙
③ 사실보존의 원칙 ④ 손실우연의 원칙

하인리히의 재해예방의 4원칙	
손실우연의 원칙	사고에 의해서 생기는 상해의 종류 및 정도는 우연적이라는 원칙
예방가능의 원칙	재해는 원칙적으로 예방이 가능하다는 원칙
원인계기의 원칙	재해의 발생은 직접원인으로만 일어나는 것이 아니라 간접원인이 연계되어 일어난다는 원칙
대책선정의 원칙	원인의 정확한 분석에 의해 가장 타당한 재해예방 대책이 선정되어야 한다는 원칙

16

산업안전보건법령상 안전인증대상 기계·기구 등이 아닌 것은?

① 프레스 ② 전단기
③ 롤러기 ④ 산업용 원심기

산업용 원심기는 안전검사 대상 유해위험 기계에 해당되는 내용

17

적응기제(Adjustment Mechanism)의 도피적 행동인 고립에 해당하는 것은?

① 운동시합에서 진 선수가 컨디션이 좋지 않았다고 말한다.
② 키가 작은 사람이 키 큰 친구들과 같이 사진을 찍으려 하지 않는다.
③ 자녀가 없는 여교사가 아동교육에 전념하게 되었다.
④ 동생이 태어나자 형이 된 아이가 말을 더듬는다.

① 합리화 ③ 승화 ④ 퇴행

18

조직이 리더에게 부여하는 권한으로 볼 수 없는 것은?

① 보상적 권한 ② 강압적 권한
③ 합법적 권한 ④ 위임된 권한

지도자에게 주어진 세력(권한)의 유형	
조직이 지도자에게 부여하는 세력	① 보상 세력(Reward power) ② 강압 세력(Coercive Power) ③ 합법 세력(Legitimate power)
지도자 자신이 자신에게 부여하는 세력	① 준거 세력(Referent Power) ② 전문 세력(Expert power)

19

안전교육 훈련기법에 있어 태도 개발 측면에서 가장 적합한 기본교육 훈련방식은?

① 실습방식 ② 제시방식
③ 참가방식 ④ 시뮬레이션방식

지식형성 측면에서 가장 적합한 기본교육 훈련방식은 제시방식

20

무재해운동의 추진기법 중 위험예지훈련의 4라운드 중 2라운드 진행방법에 해당하는 것은?

① 본질추구 ② 목표설정
③ 현상파악 ④ 대책수립

위험예지 훈련의 4라운드 진행법
① 현상파악(사실을 파악한다.)
② 본질추구(요인을 찾아낸다.)
③ 대책수립(대책을 선정한다.)
④ 목표설정(행동계획을 정한다.)

정답 15 ③ 16 ④ 17 ② 18 ④ 19 ③ 20 ①

2과목 인간공학 및 위험성 평가·관리

21
모든 시스템 안전 프로그램 중 최초 단계의 분석으로 시스템 내의 위험요소가 어떤 상태에 있는지를 정성적으로 평가하는 방법은?

① CA ② FHA
③ PHA ④ FMEA

PHA
① PHA는 모든 시스템 안전 프로그램의 최초단계의 분석으로서 시스템 내의 위험요소가 얼마나 위험한 상태에 있는 가를 정성적으로 평가하는 것이다.
② PHA의 목적 : 시스템 개발 단계에 있어서 시스템 고유의 위험상태를 식별하고 예상되는 재해의 위험수준을 결정하는 것이다.

22 ★빈출
시스템의 성능 저하가 인원의 부상이나 시스템 전체에 중대한 손해를 입히지 않고 제어가 가능한 상태의 위험강도는?

① 범주 Ⅰ : 파국적 ② 범주 Ⅱ : 위기적
③ 범주 Ⅲ : 한계적 ④ 범주 Ⅳ : 무시

위험성의 분류

범주 Ⅰ	파국적 (catastrophic : 대재앙)	인원의 사망 또는 중상, 또는 완전한 시스템 손실
범주 Ⅱ	위기적 (critical : 심각한)	인원의 상해 또는 중대한 시스템의 손상으로 인원이나 시스템 생존을 위해 즉시 시정조치 필요
범주 Ⅲ	한계적 (marginal : 경미한)	인원의 상해 또는 중대한 시스템의 손상 없이 배제 또는 제어 가능
범주 Ⅳ	무시 (negligible : 무시할만한)	인원의 손상이나 시스템의 손상은 초래하지 않는다.

23
결함수 분석법에서 일정 조합 안에 포함되는 기본사상들이 동시에 발생할 때 반드시 목표사상을 발생시키는 조합을 무엇이라 하는가?

① Cut set ② Decision tree
③ Path set ④ 불대수

미니멀 컷셋
정상사상을 발생시키는 기본사상의 집합으로 그 안에 포함되는 모든 기본사상이 발생할 때 정상사상을 발생시킬 수 있는 기본사상의 집합을 컷셋이라 하며, 컷셋의 집합중에서 정상사상을 일으키기 위하여 필요한 최소한의 컷셋을 미니멀 컷셋이라 한다.

24
통제표시비(C/D비)를 설계할 때의 고려할 사항으로 가장 거리가 먼 것은?

① 공차 ② 운동성
③ 조작시간 ④ 계기의 크기

통제표시비 설계 시 고려사항
① 계기의 크기 ② 공차 ③ 목측거리
④ 조작시간 ⑤ 방향성

25 ★빈출
건구온도 38℃, 습구온도 32℃일 때의 Oxford 지수는 몇 ℃ 인가?

① 30.2 ② 32.9
③ 35.3 ④ 37.1

Oxford 지수
① 습건(WD) 지수라고도 부르며, 습구온도(W)와 건구온도(D)의 가중평균치로 정의
② WD = 0.85W + 0.15D = (0.85 × 32) + (0.15 × 38) = 32.9

정답 21 ③ 22 ③ 23 ① 24 ② 25 ②

26

고장형태 및 영향분석 (FMEA: Failure Mode and Effect Analysis)에서 치명도 해석을 포함시킨 분석 방법으로 옳은 것은?

① CA
② ETA
③ FMETA
④ FMECA

> **FMECA**
> FMEA를 실시한 결과 고장등급이 높은 고장모드가 시스템이나 기기의 고장에 어느 정도로 기여하는가를 정량적으로 계산하고, 고장모드가 시스템이나 기기에 미치는 영향을 정량적으로 평가하는 방법(FMEA에다 치명도 해석을 포함시킨 것을 FMECA라고 한다.)

27 ★빈출

조종장치를 통한 인간의 통제 아래 기계가 동력원을 제공하는 시스템의 형태로 옳은 것은?

① 기계화 시스템
② 수동 시스템
③ 자동화 시스템
④ 컴퓨터 시스템

> **인간 기계 시스템의 유형**
>
> | | |
> |---|---|
> | 수동 시스템 | 인간의 신체적인 힘을 동력원으로 사용하여 작업통제(동력원 및 제어 : 인간, 수공구나 기타 보조물로 구성) : 다양성 있는 체계로 능력을 최대한 활용하는 시스템 |
> | 기계 시스템 | ① 반자동시스템, 변화가 적은 기능들을 수행하도록 설계 (고도로 통합된 부품들로 구성되며 융통성이 없는 체계) ② 동력은 기계가 제공, 조정장치를 사용한 통제는 인간이 담당 |
> | 자동 시스템 | ① 감지, 정보처리 및 의사결정 행동을 포함한 모든 임무 수행(완전하게 프로그램 되어야 함) ② 대부분 폐회로 체계이며, 신뢰성이 완전하지 못하여 감시, 프로그램 작성 및 수정 정비유지 등은 인간이 담당 |

28

일반적으로 인체에 가해지는 온·습도 및 기류 등의 외적변수를 종합적으로 평가하는 데에는 "불쾌지수"라는 지표가 이용된다. 불쾌지수의 계산식이 다음과 같은 경우, 건구온도와 습구온도의 단위로 옳은 것은?

$$\text{불쾌지수} = 0.72 \times (\text{건구온도} + \text{습구온도}) + 40.6$$

① 실효온도
② 화씨온도
③ 절대온도
④ 섭씨온도

> **불쾌지수에 관련된 사항**
> ① 섭씨 = (건구온도 + 습구온도) × 0.72 + 40.6
> ② 화씨 = (건구온도 + 습구온도) × 0.4 + 15

29

음의 강약을 나타내는 기본 단위는?

① dB
② pont
③ hertz
④ diopter

> 데시벨(dB) : 벨(bel)의 1/10이며, 음압수준을 나타내는 단위

30 ★빈출

FT도에 사용되는 논리기호 중 AND 게이트에 해당하는 것은?

① 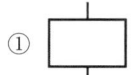 ② ③ 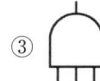 ④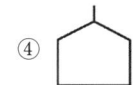

> **논리기호**
>
> | AND게이트 | OR 게이트 | 결함사상 | 통상사상 |
> |---|---|---|---|

31

반복되는 사건이 많이 있는 경우, FTA의 최소 컷셋과 관련이 없는 것은?

① Fussel Algorithm
② Boolean Algorithm
③ Monte Carlo Algorithm
④ Limnios & Ziani Algorithm

> **Monte Carlo Algorithm**
> 시뮬레이션 테크닉의 일종으로, 구하고자 하는 수치의 확률적 분포를 반복 가능한 실험의 통계로부터 구하는 방법

32

다음 중 설비보전관리에서 설비이력카드, MTBF분석표, 고장원인대책표와 관련이 깊은 관리는?

① 보전기록관리
② 보전자재관리
③ 보전작업관리
④ 예방보전관리

> 신뢰성과 보전성 개선을 목적으로 한 효과적인 보전기록자료에는 MTBF분석표, 설비이력카드, 고장원인 대책표 등이 있다.

33 ⭐

공간 배치의 원칙에 해당되지 않는 것은?

① 중요성의 원칙
② 다양성의 원칙
③ 사용빈도의 원칙
④ 기능별 배치의 원칙

> **부품배치의 원칙**
> ① 중요성의 원칙
> ② 사용빈도의 원칙
> ③ 기능별 배치의 원칙
> ④ 사용순서의 원칙

34

화학공장(석유화학사업장 등)에서 가동문제를 파악하는 데 널리 사용되며, 위험요소를 예측하고, 새로운 공정에 대한 가동문제를 예측하는 데 사용되는 위험성평가방법은?

① SHA
② EVP
③ CCFA
④ HAZOP

> **HAZOP 검토의 원리 및 개념**
> ① 5~7명의 각 분야별 전문가와 안전기사로 구성된 팀원들이 상상력을 동원하여 유인어(guide-word)로서 위험요소를 점검
> ② 설계의 각 부분의 완전성을 검토(test)하기 위해 만들어진 질문들이 설계의도로부터 설계가 벗어날 수 있는 모든 경우를 검토해 볼 수 있도록 하기 위한 것
> ③ 원하지 않는 결과를 초래할 수 있는 공정(화학공장)상의 문제여부를 확인하기 위해 체계적인 방법으로 공정이나 운전방법을 상세하게 검토해 보기 위하여 실시

35

다음은 1/100초 동안 발생한 3개의 음파를 나타낸 것이다. 음의 세기가 가장 큰 것과 가장 높은 음은 무엇인가?

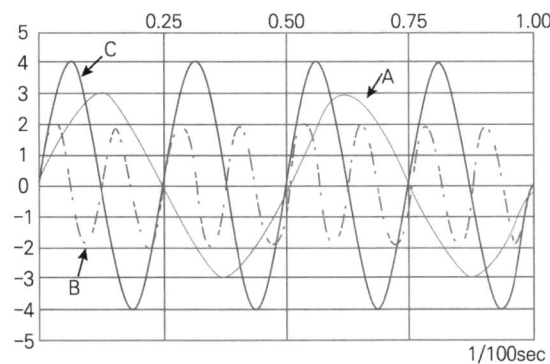

① 가장 큰 음의 세기 : A, 가장 높은 음 : B
② 가장 큰 음의 세기 : C, 가장 높은 음 : B
③ 가장 큰 음의 세기 : C, 가장 높은 음 : A
④ 가장 큰 음의 세기 : B, 가장 높은 음 : C

> **소리의 3요소**
> ① 소리의 높낮이(고저): 진동수가 클수록 고음이 난다.
> ② 소리의 세기(강약): 진동수가 같을 때, 진폭이 클수록 강하다.
> ③ 소리 맵시(음색): 음파의 모양(파형)에 따라 다르게 들린다.

정답 31 ③   32 ①   33 ②   34 ④   35 ②

36

인체계측 자료에서 주로 사용하는 변수가 아닌 것은?

① 평균
② 5백분위수
③ 최빈값
④ 95백분위수

> **인체계측 자료의 응용 원칙**
> ① 극단적인 사람을 위한 설계(최대치수와 최소치수의 설정)
>   극단치 설계(인체 측정 특성의 극단에 속하는 사람을 대상으로 설계하면 거의 모든 사람을 수용 가능)
> ② 조절 범위
>   장비나 설비의 설계에 있어 때로는 여러 사람이 사용 가능하도록 조절식으로 하는 것이 바람직한 경우도 있다.
> ③ 평균치를 기준으로 한 설계
>   특정 장비나 설비의 경우, 최대 집단치나 최소 집단치 또는 조절식으로 설계하기가 부적절하거나 불가능할 때

tip
최빈값이란 자료분포 중에서 가장 빈번하게 관측되는 자료값을 말한다.

37

다음 그림은 C/R비와 시간과의 관계를 나타낸 그림이다. ㉠~㉣에 들어갈 내용이 맞는 것은?

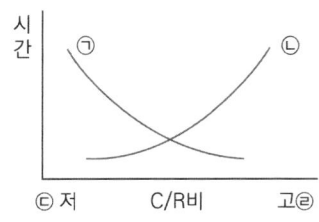

① ㉠ 이동시간 ㉡ 조정시간 ㉢ 민감 ㉣ 둔감
② ㉠ 이동시간 ㉡ 조정시간 ㉢ 둔감 ㉣ 민감
③ ㉠ 조정시간 ㉡ 이동시간 ㉢ 민감 ㉣ 둔감
④ ㉠ 조정시간 ㉡ 이동시간 ㉢ 둔감 ㉣ 민감

> **최적 C/D 비**
> ① 이동 동작과 조종 동작을 절충하는 동작이 수반
> ② 최적치는 두 곡선의 교점 부근
> ③ C/D비가 작을수록 이동시간은 짧고, 조종은 어려워서 민감한 조정장치이다.

38

어떤 작업자의 배기량을 측정하였더니, 10분간 200L 이었고, 배기량을 분석한 결과 O_2 : 16%, CO_2 : 4%였다. 분당 산소 소비량은 약 얼마인가?

① 1.05 L/분
② 2.05 L/분
③ 3.05 L/분
④ 4.05 L/분

> **작업 시 평균에너지 소비량**
> ① 분당배기량 = $\frac{200}{10}$ = 20L이므로,
>   흡기량(V_1) = $\frac{(100 - 16\% - 4\%)}{79} \times 20 = 20.25$
> ② 산소소비량 = $(0.21 \times 20.25) - (0.16 \times 20) = 1.0525$

39

인간공학에 관련된 설명으로 틀린 것은?

① 편리성, 쾌적성, 효율성을 높일 수 있다.
② 사고를 방지하고 안전성과 능률성을 높일 수 있다.
③ 인간의 특성과 한계점을 고려하여 제품을 설계한다.
④ 생산성을 높이기 위해 인간을 작업 특성에 맞추는 것이다.

> **인간공학의 정의**
> 인간이 편리하게 사용할 수 있도록 기계 설비 및 환경을 인간에 맞추어 설계하는 과정을 인간공학이라 한다.(인간의 편리성을 위한 설계)

40

설비나 공법 등에서 나타날 위험에 대하여 정성적 또는 정량적인 평가를 행하고 그 평가에 따른 대책을 강구하는 것은?

① 설비보전
② 동작분석
③ 안전계획
④ 안전성 평가

> **안전성 평가**
> 자료의 정리 → 정성적 평가 → 정량적 평가 → 대책 수립 → 재평가

tip
재평가를 재해정도에 의한 재평가와 FTA에 의한 재평가로 분류하여 6단계로 구분하기도 한다.

정답 36 ③ 37 ③ 38 ① 39 ④ 40 ④

3과목 기계·기구 및 설비 안전 관리

41
작업장 내 운반을 주목적으로 하는 구내운반차가 준수해야 할 사항으로 옳지 않은 것은?

① 주행을 제동하거나 정지상태를 유지하기 위하여 유효한 제동장치를 갖출 것
② 경음기를 갖출 것
③ 작업을 안전하게 하기 위하여 필요한 조명이 있는 장소에서 사용할 경우 반드시 전조등과 후미등을 갖출 것
④ 운전자석이 차 실내에 있는 것은 좌우에 한 개씩 방향지시기를 갖출 것

> 전조등과 후미등을 갖출 것. 다만, 작업을 안전하게 하기 위하여 필요한 조명이 있는 장소에서 사용하는 구내운반차에 대해서는 그러하지 아니하다.

42
다음 중 연삭기를 이용한 작업을 할 경우 연삭숫돌을 교체한 후에는 얼마동안 시험운전을 하여야 하는가?

① 1분 이상 ② 3분 이상
③ 10분 이상 ④ 15분 이상

> 연삭숫돌의 안전기준
> ① 덮개의 설치 기준 : 직경이 50mm 이상인 연삭숫돌
> ② 작업 시작하기 전 1분 이상, 연삭숫돌을 교체한 후 3분 이상 시운전

43
프레스기가 작동 후 작업점까지의 도달시간이 0.2초 걸렸다면, 양수기동식 방호장치의 설치거리는 최소 얼마인가?

① 3.2cm ② 32cm
③ 6.4cm ④ 64cm

> 양수기동식의 안전거리
> Dm(mm) = 1.6Tm(ms) = 1.6(0.2 × 1000) = 320mm = 32cm

44
대패기계용 덮개의 시험 방법에서 날접촉 예방장치인 덮개와 송급테이블 면과의 간격기준은 몇 mm 이하여야 하는가?

① 3 ② 5
③ 8 ④ 12

> 날접촉 예방장치인 덮개와 송급테이블 면과의 간격이 8mm 이하이어야 한다.

45
프레스 등의 금형을 부착·해체 또는 조정작업 중 슬라이드가 갑자기 작동하여 근로자에게 발생할 수 있는 위험을 방지하기 위하여 설치하는 것은?

① 방호 울 ② 안전블록
③ 시건장치 ④ 게이트 가드

> 안전블록은 금형의 부착, 해체 및 조정작업 시 슬라이드의 불시하강을 방지하기 위한 조치이다.

46
"가"와 "나"에 들어갈 내용으로 옳은 것은?

> 순간풍속이 (가)를 초과하는 경우에는 타워크레인의 설치, 수리, 점검 또는 해체작업을 중지하여야 하며, 순간풍속이 (나)를 초과하는 경우에는 타워크레인의 운전작업을 중지하여야 한다.

① 가. 10m/s, 나. 15m/s
② 가. 10m/s, 나. 25m/s
③ 가. 20m/s, 나. 35m/s
④ 가. 20m/s, 나. 45m/s

> 강풍시 타워크레인의 작업제한
> ① 순간풍속이 매초당 10미터 초과 : 타워크레인의 설치·수리·점검 또는 해체작업 중지
> ② 순간풍속이 매초당 15미터 초과 : 타워크레인의 운전작업 중지

정답 41 ③ 42 ② 43 ② 44 ③ 45 ② 46 ①

47

크레인 작업 시 300kg의 질량을 10m/s²의 가속도로 감아올릴 때 로프에 걸리는 총 하중은 약 몇 N인가? (단, 중력가속도는 9.81m/s²로 한다.)

① 2,943
② 3,000
③ 5,943
④ 8,886

와이어로프에 걸리는 총 하중 계산

① 동하중(W_2) = $\dfrac{W_1}{g} \times a = \dfrac{300}{9.81} \times 10 = 305.81$kg
② 총하중(W) = 정하중(W_1) + 동하중(W_2) = 300 + 305.81
   = 605.81
③ 605.81kgf × 9.81m/s² = 5,942.99N

48 ★빈출

롤러기의 급정지를 위한 방호장치를 설치하고자 한다. 앞면 롤러의 지름이 30cm이고, 회전수가 30rpm일 때 요구되는 급정지거리의 기준은?

① 급정지거리가 앞면 롤러 원주의 1/3 이상일 것
② 급정지거리가 앞면 롤러 원주의 1/3 이내일 것
③ 급정지거리가 앞면 롤러 원주의 1/2.5 이상일 것
④ 급정지거리가 앞면 롤러 원주의 1/2.5 이내일 것

롤러의 급정지거리

① 표면속도(V) = $\dfrac{\pi \times 300 \times 30}{1,000} = 28.27$m/분
② 30m/분 미만이므로 급정지거리는 앞면 롤러 원주의 1/3 이내에 해당된다.

49

프레스의 작업 시작 전 점검사항으로 거리가 먼 것은?

① 클러치 및 브레이크의 기능
② 금형 및 고정볼트 상태
③ 전단기(剪斷機)의 칼날 및 테이블의 상태
④ 언로드 밸브의 기능

프레스의 작업시작 전 점검사항

① 클러치 및 브레이크의 기능
② 크랭크축·플라이휠·슬라이드·연결봉 및 연결나사의 풀림유무
③ 1행정 1정지기구·급정지장치 및 비상정지장치의 기능
④ 슬라이드 또는 칼날에 의한 위험방지 기구의 기능
⑤ 프레스의 금형 및 고정볼트 상태
⑥ 방호장치의 기능
⑦ 전단기의 칼날 및 테이블의 상태

50

드릴 작업 시 올바른 작업안전수칙이 아닌 것은?

① 구멍을 뚫을 때 관통된 것을 확인하기 위해 손으로 만져서는 안 된다.
② 드릴을 끼운 후에 척 렌치(chuck wrench)를 부착한 상태에서 드릴 작업을 한다.
③ 작업모를 착용하고 옷소매가 긴 작업복은 입지 않는다.
④ 보호 안경을 쓰거나 안전덮개를 설치한다.

드릴 작업 시 안전대책

① 일감은 견고히 고정, 손으로 잡고 하는 작업금지
② 드릴 끼운 후 척 렌치는 반드시 빼둘 것
③ 장갑 착용 금지 및 칩은 브러시로 제거
④ 구멍 뚫기 작업 시 손으로 관통확인 금지
⑤ 구멍이 관통된 후에는 기계정지 후 손으로 돌려서 드릴을 뺄 것

51

산업안전보건법령상 차량계 하역운반기계를 이용한 화물적재 시의 준수해야 할 사항으로 틀린 것은?

① 최대적재량의 10% 이상 초과하지 않도록 적재한다.
② 운전자의 시야를 가리지 않도록 적재한다.
③ 붕괴, 낙하 방지를 위해 화물에 로프를 거는 등 필요 조치를 한다.
④ 편하중이 생기지 않도록 적재한다.

차량계하역 운반기계의 화물적재 시 조치

① 하중이 한쪽으로 치우치지 않도록 적재할 것
② 구내운반차 또는 화물자동차의 경우 화물의 붕괴 또는 낙하에 의한 위험을 방지하기 위하여 화물에 로프를 거는 등 필요한 조치를 할 것
③ 운전자의 시야를 가리지 않도록 화물을 적재할 것

정답 47 ③ 48 ② 49 ④ 50 ② 51 ①

52

롤러기의 급정지장치 중 복부 조작식과 무릎 조작식의 조작부 위치 기준은? (단, 밑면과의 상대거리를 나타낸다.)

① 복부 조작식 : 0.5~0.7[m], 무릎 조작식 : 0.2~0.4[m]
② 복부 조작식 : 0.8~1.1[m], 무릎 조작식 : 0.4~0.6[m]
③ 복부 조작식 : 0.8~1.1[m], 무릎 조작식 : 0.6~0.8[m]
④ 복부 조작식 : 1.1~1.4[m], 무릎 조작식 : 0.8~1.0[m]

> 조작부의 종류별 설치위치
>
> | 조작부의 종류 | 설치위치 |
> | --- | --- |
> | 손조작식 | 밑면에서 1.8m 이내 |
> | 복부조작식 | 밑면에서 0.8m 이상 1.1m 이내 |
> | 무릎조작식 | 밑면에서 0.4m 이상 0.6m 이내 |

53

양수조작식 방호장치에서 2개의 누름버튼 간의 거리는 300mm 이상으로 정하고 있는데 이 거리의 기준은?

① 2개의 누름버튼 간의 중심거리
② 2개의 누름버튼 간의 외측거리
③ 2개의 누름버튼 간의 내측거리
④ 2개의 누름버튼 간의 평균 이동거리

> 양수조작식 방호장치는 각 누름버튼 상호 간 내측거리는 300mm 이상이어야 한다.

54

다음 중 프레스에 사용되는 광전자식 방호장치의 일반구조에 관한 설명으로 틀린 것은?

① 방호장치의 감지기능은 규정한 검출영역 전체에 걸쳐 유효하여야 한다.
② 슬라이드 하강 중 정전 또는 방호장치의 이상 시에는 1회 동작 후 정지할 수 있는 구조이어야 한다.
③ 정상동작표시램프는 녹색, 위험표시램프는 붉은색으로 하며, 쉽게 근로자가 볼 수 있는 곳에 설치해야 한다.
④ 방호장치의 정상작동 중에 감지가 이루어지거나 전원 공급이 중단되는 경우 적어도 두 개 이상의 독립된 출력신호 개폐장치가 꺼진 상태로 돼야 한다.

> 광전자식 방호장치의 일반구조
>
> 슬라이드 하강 중 정전 또는 방호장치의 이상 시에 정지할 수 있는 구조이어야 한다.

55

보일러수에 불순물이 많이 포함되어 있을 경우, 보일러수의 비등과 함께 수면부위에 거품을 형성하여 수위가 불안정하게 되는 현상은?

① 프라이밍(Priming)
② 포밍(Foaming)
③ 캐리오버(Carry over)
④ 워터해머(Water hammer)

> 포밍(Foaming)
>
> 보일러수에 불순물이 많이 포함되었을 경우 보일러수의 비등과 함께 수면부위에 거품층이 형성되어 수위가 불안정하게 되는 현상

56

안전한 상태를 확보할 수 있도록 기계의 작동부분 상호간을 기계적, 전기적인 방법으로 연결하여 기계가 정상 작동을 하기 위한 모든 조건이 충족되어야만 작동하며, 그 중 하나라도 충족이 되지 않으면 자동적으로 정지시키는 방호장치 형식은?

① 자동식 방호장치
② 가변식 방호장치
③ 고정식 방호장치
④ 인터록식 방호장치

> 인터록(Interlock) 장치
>
> 기계식, 전기식, 유공압입식 또는 이들의 조합으로 2개 이상의 부분이 상호 구속되는 형태로, 가드가 완전히 닫히기 전에는 기계가 작동되어서는 안되며, 가드가 열리는 순간 기계의 작동은 반드시 정지되어야 한다.

정답 52 ② 53 ③ 54 ② 55 ② 56 ④

57

다음 중 목재가공용 둥근톱에 설치해야 하는 분할날의 두께에 관한 설명으로 옳은 것은?

① 톱날 두께의 1.1배 이상이고, 톱날의 치진폭보다 커야 한다.
② 톱날 두께의 1.1배 이상이고, 톱날의 치진폭보다 작아야 한다.
③ 톱날 두께의 1.1배 이내이고, 톱날의 치진폭보다 커야 한다.
④ 톱날 두께의 1.1배 이내이고, 톱날의 치진폭보다 작아야 한다.

분할날의 설치기준
① 분할 날의 두께는 둥근톱 두께의 1.1배 이상이어야 한다.
$1.1t_1 \leq t_2 < b$ (t_1 : 톱두께, t_2 : 분할날두께, b : 치진폭)
② 견고히 고정할 수 있으며 분할날과 톱날 원주면과의 거리는 12mm 이내로 조정, 유지할 수 있어야 하고 표준 테이블면 상의 톱 뒷날의 2/3 이상을 덮도록 하여야 한다.

58

롤러기의 급정지장치를 작동시켰을 경우에 무부하 운전 시 앞면 롤러의 표면속도가 30m/min 미만일 때의 급정지거리로 적합한 것은?

① 앞면 롤러 원주의 1/1.5 이내
② 앞면 롤러 원주의 1/2 이내
③ 앞면 롤러 원주의 1/2.5 이내
④ 앞면 롤러 원주의 1/3 이내

급정지거리
① 30m/분 미만 : 앞면 롤러 원주의 1/3 이내
② 30m/분 이상 : 앞면 롤러 원주의 1/2.5 이내

59

산업용 로봇의 재해 발생에 대한 주된 원인이며, 본체의 외부에 조립되어 인간의 팔에 해당되는 기능을 하는 것은?

① 센서(sensor)
② 제어로직(control logic)
③ 제동장치(break system)
④ 매니퓰레이터(manipulator)

매니퓰레이터(manipulator)
사람의 팔에 해당하는 기능을 가진 것으로, 작업의 대상물을 이동시키는 것을 가리키며 각종 로봇에 공통되는 기본개념이다.

60

산업안전보건법령상 크레인의 직동식 권과 방지장치는 훅·버킷 등 달기구의 윗면이 드럼, 상부 도르래 등 권상장치의 아랫면과 접촉할 우려가 있을 때 그 간격이 얼마 이상이어야 하는가?

① 0.01m 이상
② 0.02m 이상
③ 0.03m 이상
④ 0.05m 이상

방호장치의 조정
권과방지장치는 훅·버킷 등 달기구의 윗면[그 달기구에 권상용 도르래가 설치된 경우에는 권상용 도르래의 윗면]이 드럼·상부도르래·트롤리프레임 등 권상장치의 아랫면과 접촉할 우려가 있는 때에는 그 간격이 0.25미터 이상[직동식 권과방지장치는 0.05미터 이상]이 되도록 조정하여야 한다.

4과목 전기 및 화학설비 안전 관리

61

최대안전틈새(MESG)의 특성을 적용한 방폭구조는?

① 내압 방폭구조
② 유입 방폭구조
③ 안전증 방폭구조
④ 압력 방폭구조

내압 방폭구조(d)
① 용기내부에서 폭발성 가스 또는 증기가 폭발하였을 때 용기가 그 압력에 견디며 또한 접합면, 개구부 등을 통하여 외부의 폭발성 가스증기에 인화되지 않도록 한 구조
② 전폐형으로 내부에서의 가스 등의 폭발압력에 견디고 그 주위의 폭발 분위기 하의 가스 등에 점화되지 않도록 하는 방폭구조
③ 폭발 후에는 최대안전틈새가 있어 고온의 가스를 서서히 방출시킴으로써 냉각

정답 57 ② 58 ④ 59 ④ 60 ④ 61 ①

62

내전압용절연장갑의 등급에 따른 최대사용전압이 올바르게 연결된 것은?

① 00 등급 : 직류 750V
② 00 등급 : 교류 650V
③ 0 등급 : 직류 1000V
④ 0 등급 : 교류 800V

내전압용 절연장갑의 등급 및 표시

등급	최대사용전압		등급별 색상
	교류 (V, 실효값)	직류(V)	
00	500	750	갈색
0	1,000	1,500	빨강색
1	7,500	11,250	흰색
2	17,000	25,500	노랑색
3	26,500	39,750	녹색
4	36,000	54,000	등색

63

선간전압이 6.6kV인 충전전로 인근에서 유자격자가 작업하는 경우, 충전전로에 대한 최소 접근한계거리(cm)는? (단, 충전부에 절연조치가 되어있지 않고, 작업자는 절연장갑을 착용하지 않았다.)

① 20 ② 30
③ 50 ④ 60

충전전로에서의 접근한계거리

충전전로의 선간전압 (단위 : 킬로볼트)	충전전로에 대한 접근한계거리 (단위 : 센티미터)
0.3 이하	접촉금지
0.3 초과 0.75 이하	30
0.75 초과 2 이하	45
2 초과 15 이하	60
15 초과 37 이하	90
37 초과 88 이하	110
88 초과 121 이하	130
-이하생략-	-이하생략-

64

어떤 도체에 20초 동안에 100C의 전하량이 이동하면 이때 흐르는 전류(A)는?

① 200 ② 50
③ 10   ④ 5

전류 : 단위 [A]
단위 시간[sec]동안 이동한 전하량[C]
$I = \dfrac{Q}{t}[A] = \dfrac{100}{20} = 5[A]$

65

피뢰기가 반드시 가져야 할 성능 중 틀린 것은?

① 방전개시 전압이 높을 것
② 뇌전류 방전능력이 클 것
③ 속류 차단을 확실하게 할 수 있을 것
④ 반복 동작이 가능할 것

피뢰기의 구비성능

① 충격방전개시전압과 제한전압이 낮을 것
② 반복동작이 가능할 것
③ 뇌전류의 방전능력이 크고 속류차단이 확실할 것
④ 점검, 보수가 간단할 것
⑤ 구조가 견고하며 특성이 변화하지 않을 것

66

접지극 매설방법으로 옳지 않은 것은?

① 접지극은 지표면으로부터 지하 0.75미터 이상으로 하되 동결깊이를 감안하여 매설깊이를 정해야 한다.
② 접지도체를 철주 기타의 금속체를 따라서 시설하는 경우에는 접지극을 철주의 밑면으로 부터 0.3미터 이상의 깊이에 매설하는 경우 이외에는 접지극을 지중에서 그 금속체로부터 1미터 이상 떼어 매설하여야 한다.
③ 접지극은 매설하는 토양을 오염시키지 않아야 한다.
④ 접지극은 가능한 건조한 부분에 설치하도록 한다.

접지극은 매설하는 토양을 오염시키지 않아야 하며, 가능한 다습한 부분에 설치한다.

정답 62 ① 63 ④ 64 ④ 65 ① 66 ④

67
아크 용접 작업 시 감전재해 방지에 쓰이지 않는 것은?

① 보호면
② 절연장갑
③ 절연용접봉 홀더
④ 자동전격방지장치

> **아크 용접작업 시 감전방지대책**
> ① 자동전격방지기 설치
> ② 용접봉 절연홀더를 규격품으로 사용
> ③ 아크에 견디는 적정 케이블 사용
> ④ 용접기 외함을 접지하고 누전차단기 설치
> ⑤ 절연장갑 착용 등

68
파이프 등에 유체가 흐를 때 발생하는 유동대전에 가장 큰 영향을 미치는 요인은?

① 유체의 이동거리
② 유체의 점도
③ 유체의 속도
④ 유체의 양

> **유동대전**
> ① 액체류를 파이프 등으로 수송할 때 액체류가 파이프 등과 접촉하여 두 물질의 경계에 전기 2중층이 형성되어 정전기가 발생한다.
> ② 액체류의 유동속도가 정전기 발생에 큰 영향을 준다.

69 ★빈출
정전기 발생의 원인에 해당되지 않는 것은?

① 마찰
② 냉장
③ 박리
④ 충돌

> **정전기 발생현상**
>
> | | |
> |---|---|
> | 마찰대전 | 두 물질이 접촉과 분리과정이 반복되면서 마찰을 일으킬 때 전하분리가 생기면서 정전기가 발생 |
> | 박리대전 | 상호 밀착해 있던 물체가 떨어지면서 전하 분리가 생겨 정전기가 발생 |
> | 유동대전 | 액체류를 파이프 등으로 수송할 때 액체류가 파이프 등과 접촉하여 두 물질의 경계에 전기 2중층이 형성되어 정전기가 발생 |
> | 분출대전 | 분체류, 액체류, 기체류가 단면적이 작은 개구부를 통해 분출할 때 분출물질과 개구부의 마찰로 인하여 정전기가 발생 |
> | 충돌대전 | 분체류에 의한 입자끼리 또는 입자와 고정된 고체의 충돌, 접촉, 분리 등에 의해 정전기가 발생 |

70
충전전로의 선간전압이 121kV 초과 145kV 이하의 활선 작업 시 충전전로에 대한 접근한계거리(cm)는?

① 130
② 150
③ 170
④ 230

> **충전전로에서의 전기작업**
>
> | 충전전로의 선간전압
(단위 : 킬로볼트) | 충전전로에 대한 접근한계거리
(단위 : 센티미터) |
> |---|---|
> | 0.3 이하 | 접촉금지 |
> | 0.3 초과 0.75 이하 | 30 |
> | 0.75 초과 2 이하 | 45 |
> | 2 초과 15 이하 | 60 |
> | 15 초과 37 이하 | 90 |
> | 37 초과 88 이하 | 110 |
> | 88 초과 121 이하 | 130 |
> | 121 초과 145 이하 | 150 |
> | 145 초과 169 이하 | 170 |
> | 169 초과 242 이하 | 230 |

71
다음 중 분진폭발의 가능성이 가장 낮은 물질은?

① 소맥분
② 마그네슘
③ 질석가루
④ 석탄

> 팽창질석은 금속화재의 소화에 사용된다.

정답 67 ① 68 ③ 69 ② 70 ② 71 ③

72

인화성 가스, 불활성 가스 및 산소를 사용하여 금속의 용접·용단 또는 가열작업을 하는 경우 가스 등의 누출 또는 방출로 인한 폭발·화재 또는 화상을 예방하기 위하여 준수해야 할 사항으로 옳지 않은 것은?

① 가스 등의 호스와 취관(吹管)은 손상·마모 등에 의하여 가스 등이 누출할 우려가 없는 것을 사용할 것
② 비상상황을 제외하고는 가스 등의 공급구의 밸브나 콕을 절대 잠그지 말 것
③ 용단작업을 하는 경우에는 취관으로부터 산소의 과잉방출로 인한 화상을 예방하기 위하여 근로자가 조절밸브를 서서히 조작하도록 주지시킬 것
④ 가스 등의 취관 및 호스의 상호 접촉부분은 호스밴드, 호스클립 등 조임기구를 사용하여 가스 등이 누출되지 않도록 할 것

> 작업을 중단하거나 마치고 작업장소를 떠날 경우에는 가스 등의 공급구의 밸브나 콕을 잠글 것

73

산업안전보건기준에 관한 규칙상 섭씨 몇 ℃ 이상인 상태에서 운전되는 설비는 특수화학설비에 해당하는가? (단, 규칙에서 정한 위험물질의 기준량 이상을 제조하거나 취급하는 설비인 경우이다.)

① 150℃ ② 250℃
③ 350℃ ④ 450℃

> **계측장치 설치 대상 특수화학설비**
> ① 발열반응이 일어나는 반응장치
> ② 증류·정류·증발·추출 등 분리를 행하는 장치
> ③ 가열시켜 주는 물질의 온도가 가열되는 위험물질의 분해온도 또는 발화점보다 높은 상태에서 운전되는 설비
> ④ 반응폭주 등 이상화학반응에 의하여 위험물질이 발생할 우려가 있는 설비
> ⑤ 온도가 섭씨 350℃이상이거나 게이지압력이 980킬로파스칼 이상인 상태에서 운전되는 설비
> ⑥ 가열로 또는 가열기

74

점화원 없이 발화를 일으키는 최저온도를 무엇이라 하는가?

① 착화점 ② 연소점
③ 용융점 ④ 기화점

> **착화점의 정의**
> 외부에서의 직접적인 점화원 없이 열의 축적에 의하여 발화되는 최저의 온도

75

배관용 부품에 있어 사용되는 용도가 다른 것은?

① 엘보(elbow) ② 티(T)
③ 크로스(cross) ④ 밸브(valve)

> **피팅류(Fittings)**
>
> | | |
> |---|---|
> | 관로의 방향을 바꿀 때 | 엘보우(elbow), Y지관(Y-branch), 티(tee), 십자(cross) |
> | 유로를 차단할 때 | 플러그(plug), 캡(cap), 밸브(valve) |
> | 유량 조절 | 밸브(valve) |

76

20℃, 1기압의 공기를 압축비 3으로 단열 압축하였을 때 온도는 약 몇 ℃가 되겠는가? (단, 공기의 비열비는 1.40이다.)

① 84 ② 128
③ 182 ④ 1091

> **단열압축이란**
> 외부와 열교환 없이 압력을 높게 하여 온도가 올라가는 현상
> ① $\dfrac{T_2}{293} = \left(\dfrac{3}{1}\right)^{\frac{1.4-1}{1.4}}$
> ② $T_2 = 401.04 - 273 = 128.04℃$

정답 72 ② 73 ③ 74 ① 75 ④ 76 ②

77 ⭐빈출

산업안전보건법령에서 정한 안전검사의 주기에 따르면 크레인은 사업장에 설치가 끝난 날부터 몇 년 이내에 최초 안전검사를 실시하여야 하는가?

① 1   ② 2
③ 3   ④ 4

안전검사의 주기	
크레인, 리프트 및 곤돌라	사업장에 설치가 끝난 날부터 3년 이내에 최초 안전검사를 실시하되, 그 이후부터 매 2년마다(건설현장에서 사용하는 것은 최초로 설치한 날부터 매 6개월마다)
그 밖의 유해·위험기계 등	사업장에 설치가 끝난 날부터 3년 이내에 최초 안전검사를 실시하되, 그 이후부터 매 2년마다(공정안전보고서를 제출하여 확인을 받은 압력용기는 4년마다)

78

여러 가지 성분의 액체 혼합물을 각 성분별로 분리하고자 할 때 비점의 차이를 이용하여 분리하는 화학설비를 무엇이라 하는가?

① 건조기   ② 반응기
③ 진공관   ④ 증류탑

증류탑은 액체 혼합물을 끓는점(비점) 차이에 의해 분리하는 방법인 분별증류의 원리를 이용한 장치를 말한다.

79

프로판(C_3H_8) 가스의 공기 중 완전연소 조성농도는 약 몇 vol%인가?

① 2.02   ② 3.02
③ 4.02   ④ 5.02

프로판(C_3H_8)의 화학양론 농도

$$Cst = \frac{1}{1+4.773\left(n+\frac{m-f-2\lambda}{4}\right)} \times 100\%$$

$$\therefore \frac{1}{1+4.773\left(3+\frac{8}{4}\right)} \times 100 = 4.02\%$$

80

가스를 저장하는 가스용기의 색상이 틀린 것은?(단, 의료용 가스는 제외한다.)

① 암모니아 - 백색   ② 이산화탄소 - 황색
③ 산소 - 녹색   ④ 수소 - 주황색

이산화탄소는 청색, 황색은 아세틸렌가스에 해당된다.

5과목 건설공사 안전 관리

81 ⭐빈출

건설현장에서 계단을 설치하는 경우 계단의 높이가 최소 몇 미터 이상일 때 계단의 개방된 측면에 안전난간을 설치하여야 하는가?

① 0.8m   ② 1.0m
③ 1.2m   ④ 1.5m

계단의 안전	
계단 및 계단참의 강도	① 매제곱미터당 500킬로그램 이상의 하중에 견딜 수 있는 강도를 가진 구조로 설치 ② 안전율은 4 이상
계단의 폭	폭은 1미터 이상이며 손잡이 외 다른 물건 설치, 적재금지
계단참의 높이	높이가 3미터를 초과하는 계단에 높이 3미터 이내마다 진행방향으로 길이 1.2미터 이상의 계단참 설치
천장의 높이	바닥면으로부터 높이 2미터 이내의 공간에 장애물 없을 것
계단의 난간	높이 1미터 이상인 계단의 개방된 측면에 안전난간 설치

정답 77 ③ 78 ④ 79 ③ 80 ② 81 ②

82

안전보건관리비의 사용내역에 관한 다음 내용에서 ( )에 알맞은 것은?

> 도급인은 안전보건관리비 사용내역에 대하여 공사 시작 후 (   )마다 1회 이상 발주자 또는 감리자의 확인을 받아야 한다. 다만, (   ) 이내에 공사가 종료되는 경우에는 종료 시 확인을 받아야 한다.

① 1개월 ② 3개월
③ 6개월 ④ 1년

> 도급인은 안전보건관리비 사용내역에 대하여 공사 시작 후 6개월마다 1회 이상 발주자 또는 감리자의 확인을 받아야 한다. 다만, 6개월 이내에 공사가 종료되는 경우에는 종료 시 확인을 받아야 한다.

83

포화도 80%, 함수비 28%, 흙 입자의 비중 2.7일 때 공극비를 구하면?

① 0.940 ② 0.945
③ 0.950 ④ 0.955

> **흙의 공극비**
> 공극비$(e) = \dfrac{w \cdot G_s}{S} = \dfrac{0.28 \times 2.7}{0.8} = 0.945$
> [S : 포화도, e : 공극비, w : 함수비, G_s : 흙의 비중]

84

다음 터널 공법 중 전단면 기계 굴착에 의한 공법에 속하는 것은?

① ASSM(American Steel Supported Method)
② NATM(New Austrian Tunneling Method)
③ TBM(Tunnel Boring Machine)
④ 개착식 공법

> **TBM 공법**
> 종래의 발파공법과 달리 자동화된 TBM으로 전단면을 동시에 굴착하고 뒤따라가면서 shotcrete를 하여 원지반의 변형을 최소화 하는 기계굴착방식

85

크레인의 운전실을 통하는 통로의 끝과 건설물 등의 벽체와의 간격은 최대 얼마 이하로 하여야 하는가?

① 0.3m ② 0.4m
③ 0.5m ④ 0.6m

> **건설물 등의 벽체와 통로의 간격**
> 다음 각 호의 간격을 0.3미터 이하로 하여야 한다.(다만, 근로자가 추락할 위험이 없는 경우에는 그 간격을 0.3미터 이하로 유지하지 아니할 수 있다.)
> ① 크레인의 운전실 또는 운전대를 통하는 통로의 끝과 건설물 등의 벽체의 간격
> ② 크레인 거더(girder)의 통로 끝과 크레인 거더의 간격
> ③ 크레인 거더의 통로로 통하는 통로의 끝과 건설물 등의 벽체의 간격

86

철근콘크리트 공사 시 활용되는 거푸집의 필요조건이 아닌 것은?

① 콘크리트의 하중에 대해 뒤틀림이 없는 강도를 갖출 것
② 콘크리트 내 수분 등에 대한 물빠짐이 원활한 구조를 갖출 것
③ 최소한의 재료로 여러 번 사용할 수 있는 전용성을 가질 것
④ 거푸집은 조립·해체·운반이 용이하도록 할 것

> **거푸집의 필요조건**
> ① 가공 용이, 치수 정확
> ② 수밀성 확보, 내수성 유지
> ③ 경제성, 전용성
> ④ 외력에 강하고, 청소, 보수 용이 등

정답 82 ③ 83 ② 84 ③ 85 ① 86 ②

87

근로자가 추락하거나 넘어질 위험이 있는 장소에서 추락방호망의 설치 기준으로 옳지 않은 것은?

① 망의 처짐은 짧은 변 길이의 10% 이상이 되도록 할 것
② 추락방호망은 수평으로 설치할 것
③ 건축물 등의 바깥쪽으로 설치하는 경우 추락방호망의 내민 길이는 벽면으로부터 3m 이상 되도록 할 것
④ 추락방호망의 설치위치는 가능하면 작업면으로부터 가까운 지점에 설치하여야 하며, 작업면으로부터 망의 설치지점까지의 수직거리는 10m를 초과하지 아니할 것

추락방호망의 설치기준
① 추락방호망의 설치위치는 가능하면 작업면으로부터 가까운 지점에 설치하여야 하며, 작업면으로부터 망의 설치지점까지의 수직거리는 10미터를 초과하지 아니할 것
② 추락방호망은 수평으로 설치하고, 망의 처짐은 짧은 변 길이의 12퍼센트 이상이 되도록 할 것
③ 건축물 등의 바깥쪽으로 설치하는 경우 망의 내민 길이는 벽면으로부터 3미터 이상 되도록 할 것

88

공사현장에서 낙하물방지망 또는 방호선반을 설치할 때 설치높이 및 벽면으로부터 내민 길이 기준으로 옳은 것은?

① 설치높이 : 10m 이내마다, 내민 길이 2m 이상
② 설치높이 : 15m 이내마다, 내민 길이 2m 이상
③ 설치높이 : 10m 이내마다, 내민 길이 3m 이상
④ 설치높이 : 15m 이내마다, 내민 길이 3m 이상

낙하물방지망 또는 방호선반
① 설치높이는 10m 이내마다 설치하고, 내민 길이는 벽면으로부터 2m 이상으로 할 것
② 수평면과의 각도는 20도 이상 30도 이하를 유지할 것

89

다음 중 유해·위험방지계획서 작성 및 제출대상에 해당되는 공사는?

① 지상높이가 20m인 건축물의 해체공사
② 깊이 9.5m인 굴착공사
③ 최대 지간거리가 50m인 교량건설공사
④ 저수용량 1천만톤인 용수전용 댐

유해위험 방지계획서를 제출해야 될 대상 건설업
① 다음 각목의 어느하나에 해당하는 건축물 또는 시설 등의 건설, 개조 또는 해체공사
  ㉠ 지상 높이가 31미터 이상인 건축물 또는 인공구조물
  ㉡ 연면적 3만 제곱미터 이상인 건축물
  ㉢ 연면적 5천 제곱미터 이상인 시설로서 다음의 어느 하나에 해당하는 시설
    ㉮ 문화 및 집회시설   ㉯ 판매시설, 운수시설
    ㉰ 종교시설   ㉱ 의료시설 중 종합병원
    ㉲ 숙박시설 중 관광숙박시설   ㉳ 지하도 상가
    ㉴ 냉동, 냉장 창고시설
② 최대 지간 길이가 50미터 이상인 다리의 건설 등 공사
③ 연면적 5천 제곱미터 이상인 냉동, 냉장창고 시설의 설비공사 및 단열공사
④ 다목적댐, 발전용댐, 저수용량 2천만톤 이상의 용수전용댐 및 지방상수도 전용댐의 건설 등 공사
⑤ 터널의 건설 등 공사
⑥ 깊이 10미터 이상인 굴착 공사

90

굴착면 붕괴의 원인과 가장 거리가 먼 것은?

① 사면경사의 증가
② 성토 높이의 감소
③ 공사에 의한 진동하중의 증가
④ 굴착높이의 증가

토석붕괴의 원인

외적 요인	내적 요인
① 사면·법면의 경사 및 기울기의 증가 ② 절토 및 성토 높이의 증가 ③ 진동 및 반복하중의 증가 ④ 지하수 침투에 의한 토사중량의 증가 ⑤ 구조물의 하중 증가	① 절토사면의 토질·암질 ② 성토사면의 토질 ③ 토석의 강도 저하

정답 87 ① 88 ① 89 ③ 90 ②

91

철골작업을 중지하여야 하는 풍속과 강우량 기준으로 옳은 것은?

① 풍속 10m/sec 이상, 강우량 1mm/h 이상
② 풍속 5m/sec 이상, 강우량 1mm/h 이상
③ 풍속 10m/sec 이상, 강우량 2mm/h 이상
④ 풍속 5m/sec 이상, 강우량 2mm/h 이상

> **철골작업 안전기준(작업의 제한)**
> ① 풍속 : 초당 10m 이상인 경우
> ② 강우량 : 시간당 1mm 이상인 경우
> ③ 강설량 : 시간당 1cm 이상인 경우

92

굴착작업 시 근로자의 위험을 방지하기 위하여 해당 작업, 작업장에 대한 사전 조사를 실시하여야 하는데 이 사전 조사 항목에 포함되지 않는 것은?

① 지반의 지하수위 상태
② 형상·지질 및 지층의 상태
③ 굴착기의 이상 유무
④ 매설물 등의 유무 또는 상태

> **굴착작업 시 지반 조사사항**
>
> | 목적 | 지반붕괴 또는 매설물의 손괴로 위험 예상시 굴착시기 및 작업순서의 결정을 위하여 실시하는 사전조사 |
> |---|---|
> | 조사사항 | ① 형상·지질 및 지층의 상태
② 균열·함수·용수 및 동결의 유무 또는 상태
③ 매설물 등의 유무 또는 상태
④ 지반의 지하수위 상태 |

93

발파공사 암질 변화구간 및 이상 암질 출현 시 적용하는 암질 판별방법과 거리가 먼 것은?

① RQD
② RMR 분류
③ 탄성파 속도
④ 하중계(Load cell)

> **발파 시 암질 판별 기준**
> ① R.Q.D(%)
> ② 탄성파속도(m/sec)
> ③ R.M.R
> ④ 일축압축강도(kgf/cm²)
> ⑤ 진동치속도(cm/sec)

94

화물을 적재하는 경우 준수하여야 할 사항으로 옳지 않은 것은?

① 침하 우려가 없는 튼튼한 기반 위에 적재할 것
② 화물의 압력 정도와 관계없이 건물의 벽이나 칸막이 등을 이용하여 화물을 기대어 적재할 것
③ 하중이 한쪽으로 치우치지 않도록 쌓을 것
④ 불안정할 정도로 높이 쌓아 올리지 말 것

> **화물의 적재 시 준수사항**
> ① 침하의 우려가 없는 튼튼한 기반 위에 적재할 것
> ② 건물의 칸막이나 벽 등이 화물의 압력에 견딜 만큼의 강도를 지니지 아니한 경우에는 칸막이나 벽에 기대어 적재하지 않도록 할 것
> ③ 불안정할 정도로 높이 쌓아 올리지 말 것
> ④ 하중이 한쪽으로 치우치지 않도록 쌓을 것

95

지반 종류에 따른 굴착면의 기울기 기준으로 옳지 않은 것은?

① 모래 - 1 : 1.8
② 연암 - 1 : 0.5
③ 풍화암 - 1 : 1.0
④ 그 밖의 흙 - 1 : 1.2

> **굴착면의 기울기**
>
> | 지반의 종류 | 모래 | 연암 및 풍화암 | 경암 | 그 밖의 흙 |
> |---|---|---|---|---|
> | 굴착면의 기울기 | 1 : 1.8 | 1 : 1.0 | 1 : 0.5 | 1 : 1.2 |

tip
2023년 법령개정. 문제와 해설은 개정된 내용 적용

정답 91 ① 92 ③ 93 ④ 94 ② 95 ②

96

거푸집동바리 등을 조립하거나 해체하는 작업을 하는 경우 준수사항으로 옳지 않은 것은?

① 해당 작업을 하는 구역에는 관계 근로자가 아닌 사람의 출입을 금지할 것
② 비, 눈, 그 밖의 기상상태의 불안정으로 날씨가 몹시 나쁜 경우에는 그 작업을 중지할 것
③ 낙하·충격에 의한 돌발적 재해를 방지하기 위하여 버팀목을 설치하고 거푸집동바리 등을 인양장비에 매단 후에 작업을 하도록 하는 등 필요한 조치를 할 것
④ 재료, 기구 또는 공구 등을 올리거나 내리는 경우에는 근로자로 하여금 달줄·달포대 등의 사용을 금지하도록 할 것

> 재료·기구 또는 공구 등을 올리거나 내릴 때에는 근로자로 하여금 달줄·달포대 등을 사용하여 안전하게 작업해야 한다.

97

크레인을 사용하여 작업을 하는 경우 준수해야 할 사항으로 옳지 않은 것은?

① 인양할 하물(荷物)을 바닥에서 끌어당기거나 밀어 정위치 작업을 할 것
② 유류드럼이나 가스통 등 운반 도중에 떨어져 폭발하거나 누출될 가능성이 있는 위험물용기는 보관함(또는 보관고)에 담아 안전하게 매달아 운반할 것
③ 미리 근로자의 출입을 통제하여 인양 중인 하물이 작업자의 머리 위로 통과하지 않도록 할 것
④ 인양할 하물이 보이지 아니하는 경우에는 어떠한 동작도 하지 아니할 것(신호하는 사람에 의하여 작업을 하는 경우는 제외한다.)

> 크레인 작업 시 조치 및 준수사항(문제의 보기 외에)
> ① 인양할 하물(荷物)을 바닥에서 끌어당기거나 밀어 작업하지 아니할 것
> ② 고정된 물체를 직접 분리·제거하는 작업을 하지 아니할 것

98

고소작업대가 갖추어야 할 설치조건으로 옳지 않은 것은?

① 작업대를 와이어로프 또는 체인으로 올리거나 내릴 경우에는 와이어로프 또는 체인이 끊어져 작업대가 떨어지지 아니하는 구조여야 하며, 와이어로프 또는 체인의 안전율은 3이상일 것
② 작업대를 유압에 의해 올리거나 내릴 경우에는 작업대를 일정한 위치에 유지할 수 있는 장치를 갖추고 압력의 이상저하를 방지할 수 있는 구조일 것
③ 작업대에 정격하중(안전율 5 이상)을 표시할 것
④ 작업대에 끼임·충돌 등 재해를 예방하기 위한 가드 또는 과상승방지장치를 설치할 것

> 고소작업대 설치기준(문제의 보기 외에)
> ① 와이어로프 또는 체인의 안전율은 5 이상일 것
> ② 권과방지장치를 갖추거나 압력의 이상상승을 방지할 수 있는 구조일 것
> ③ 붐의 최대 지면경사각을 초과 운전하여 전도되지 않도록 할 것
> ④ 조작반의 스위치는 눈으로 확인할 수 있도록 명칭 및 방향표시를 유지할 것

99

추락방지망의 방망 지지점은 최소 얼마 이상의 외력에 견딜 수 있는 강도를 보유하여야 하는가?

① 500kg ② 600kg
③ 700kg ④ 800kg

> 지지점의 강도
> ① 600kg의 외력에 견딜 수 있는 강도 보유
> ② 연속적인 구조물이 방망 지지점인 경우
> $F = 200B$
> 여기서, F : 외력(킬로그램), B : 지지점 간격(미터)

100

아스팔트 포장도로의 노반의 파쇄 또는 토사 중에 있는 암석제거에 가장 적당한 장비는?

① 스크레이퍼(Scraper) ② 롤러(Roller)
③ 리퍼(Ripper) ④ 드래그라인(Dragline)

> 리퍼도저(ripper dozer)
> 후미에 ripper를 장착하여 연암, 풍화암, 포장도로의 노반 파쇄, 제거 및 압토작업 등에 사용한다.

정답 96 ④ 97 ① 98 ① 99 ② 100 ③

2023년 5월 13일~6월 4일 | CBT 기출복원문제

1과목 산업재해 예방 및 안전보건교육

01 ⭐

기업 내 정형교육 중 TWI의 훈련내용이 아닌 것은?

① 작업방법훈련
② 작업지도훈련
③ 사례연구훈련
④ 인간관계훈련

> **TWI(Training with industry)**
> ① Job Method Training(J.M.T): 작업방법훈련(작업개선법)
> ② Job Instruction Training(J.I.T): 작업지도훈련(작업지도법)
> ③ Job Relations Training(J.R.T): 인간관계훈련(부하통솔법)
> ④ Job Safety Training(J.S.T): 작업안전훈련(안전관리법)

02

강의계획에 있어 학습목적의 3요소가 아닌 것은?

① 목표
② 주제
③ 학습 내용
④ 학습 정도

> **학습목적의 3요소**
> ① 목표(학습목적의 핵심, 달성하려는 지표)
> ② 주제(목표달성을 위한 테마)
> ③ 학습 정도(주제를 학습시킬 범위와 내용의 정도)

03

비통제의 집단행동 중 폭동과 같은 것을 말하며, 군중보다 합의성이 없고, 감정에 의해서만 행동하는 특성은?

① 패닉(Panic)
② 모브(Mob)
③ 모방(Imitation)
④ 심리적 전염(Mental Epidemic)

> **비통제의 집단행동**
> ① 군중(crowd): 구성원 사이에 지위나 역할의 분화가 없고, 구성원 각자는 책임감을 가지지 않고 비판력도 가지지 않는다.
> ② 모브(mob): 폭동과 같은 것으로 군중보다 한층 합의성이 없고 감정에 의해서 행동한다.
> ③ 패닉(panic): 이상적인 상황에서 모브가 공격적인데 대하여, 패닉은 방어적인 것이 특징이다.
> ④ 심리적 전염: 유행과 비슷하면서 행동양식이 이상적이며 비합리성이 강한 것으로 어떤 사상이 상당한 기간을 걸쳐서 광범위하게 생각이나 비판 없이 받아들여지는 것을 의미한다.

04

부주의의 발생원인과 그 대책이 옳게 연결된 것은?

① 의식의 우회 - 상담
② 소질적 조건 - 교육
③ 작업환경 조건 불량 - 작업순서 정비
④ 작업순서의 부적당 - 작업자 재배치

> **부주의의 원인 및 대책**
>
> | 구분 | 원인 | 대책 |
> |---|---|---|
> | 외적 원인 | ① 작업, 환경조건 불량 | 환경정비 |
> | | ② 작업 순서 부적당 | 작업 순서 조절 |
> | | ③ 작업 강도 | 작업량, 시간, 속도 등의 조절 |
> | | ④ 기상 조건 | 온도, 습도 등의 조절 |
> | 내적 원인 | ① 소질적 요인 | 적성배치 |
> | | ② 의식의 우회 | 상담 |
> | | ③ 경험 부족 및 미숙련 | 교육 |
> | | ④ 피로도 | 충분한 휴식 |
> | | ⑤ 정서 불안정 등 | 심리적 안정 및 치료 |

정답 01 ③ 02 ③ 03 ② 04 ①

05 ⭐

산업안전보건법령상 안전검사 대상 유해·위험 기계 등이 아닌 것은?

① 곤돌라
② 이동식 국소 배기장치
③ 산업용 원심기
④ 컨베이어

안전검사 대상 유해·위험기계
① 프레스　　　　　　　　② 전단기
③ 크레인(정격하중 2톤 미만 제외)　④ 리프트
⑤ 압력용기　　　　　　　⑥ 곤돌라
⑦ 국소배기장치(이동식 제외)
⑧ 원심기(산업용에 한정)
⑨ 롤러기(밀폐형 구조제외)
⑩ 사출성형기[형 체결력 294킬로뉴튼(kN) 미만 제외]
⑪ 고소작업대(화물자동차 또는 특수자동차에 탑재한 것으로 한정)
⑫ 컨베이어　　　　　　　⑬ 산업용 로봇
⑭ 혼합기　　　　　　　　⑮ 파쇄기 또는 분쇄기

tip
법령개정으로 ⑭, ⑮ 내용이 추가되었으며, 2026년 6월 26일부터 시행.

06

착오의 요인 중 인지과정의 착오에 해당하지 않는 것은?

① 정서불안정
② 감각차단 현상
③ 정보부족
④ 생리·심리적 능력의 한계

인지과정 착오	
① 생리적, 심리적 능력의 한계(정보수용능력의 한계)	착시현상 등
② 정보량 저장의 한계	처리가능한 정보량 : 6bits/sec
③ 감각차단 현상(감성 차단)	정보량 부족으로 유사한 자극 반복 (계기비행, 단독비행 등)
④ 심리적 요인	정서불안정, 불안, 공포 등

07 ⭐

산업안전보건법령상 안전·보건표지의 색채, 색도기준 및 용도 중 다음 ( ) 안에 들어갈 알맞은 것은?

색채	색도기준	용도	사용례
( )	5Y 8.5/12	경고	화학물질 취급 장소에서의 유해·위험 경고 이외의 위험 경고, 주의표지 또는 기계방호물

① 파란색　　　　② 노란색
③ 빨간색　　　　④ 검은색

안전·보건표지의 색도 기준 및 사용례			
색채	색도 기준	용도	사용례
빨간색	7.5R 4/14	금지	정지신호, 소화설비 및 그 장소, 유해행위의 금지
		경고	화학물질 취급장소에서의 유해·위험 경고
노란색	5Y 8.5/12	경고	화학물질 취급장소에서의 유해·위험 경고 이외의 위험경고, 주의표지 또는 기계 방호물
파란색	2.5PB 4/10	지시	특정행위의 지시 및 사실의 고지
녹색	2.5G 4/10	안내	비상구 및 피난소, 사람 또는 차량의 통행표지

08

안전교육 훈련의 기법 중 하버드 학파의 5단계 교수법을 순서대로 나열한 것으로 옳은 것은?

① 총괄 → 연합 → 준비 → 교시 → 응용
② 준비 → 교시 → 연합 → 총괄 → 응용
③ 교시 → 준비 → 연합 → 응용 → 총괄
④ 응용 → 연합 → 교시 → 준비 → 총괄

하버드 학파의 5단계 교수법				
1단계	2단계	3단계	4단계	5단계
준비시킨다 preparation	교시한다 presentation	연합한다 association	총괄시킨다 generalization	응용시킨다 application

정답　　05 ②　06 ③　07 ②　08 ②

09

보호구 안전인증 고시에 따른 안전화의 정의 중 다음 (   ) 안에 들어갈 내용으로 알맞은 것은?

> 경작업용 안전화란 (㉠)[mm]의 낙하높이에서 시험했을 때 충격과 (㉡ ±0.1)[kN]의 압축하중에서 시험했을 때 압박에 대하여 보호해 줄 수 있는 선심을 부착하여, 착용자를 보호하기 위한 안전화를 말한다.

① ㉠ 500, ㉡ 10.0
② ㉠ 250, ㉡ 10.0
③ ㉠ 500, ㉡ 4.4
④ ㉠ 250, ㉡ 4.4

안전화의 등급

작업 구분	내충격성 및 내압박성 시험방법
중작업용	1,000mm의 낙하높이, (15.0±0.1)kN의 압축하중 시험
보통작업용	500mm의 낙하높이, (10.0±0.1)kN의 압축하중 시험
경작업용	250mm의 낙하높이, (4.4±0.1)kN의 압축하중 시험

10

산업재해에 있어 인명이나 물적 등 일체의 피해가 없는 사고를 무엇이라고 하는가?

① Near Accident
② Good Accident
③ True Accident
④ Original Accident

용어설명
① 재해 (loss, injury) : 사고의 결과로 발생하는 인명의 상해나 재산상의 손실을 가져올 수 있는 계획되지 않거나 예상하지 못한 사건
② 아차사고(무재해사고, near miss, near accident) : 인명상해나 물적손실 등 일체의 피해가 없는 사고

11

안전을 위한 동기부여로 틀린 것은?

① 기능을 숙달시킨다.
② 경쟁과 협동을 유도한다.
③ 상벌제도를 합리적으로 시행한다.
④ 안전목표를 명확히 설정하여 주지시킨다.

동기부여(Motivation)방법
① 안전의 근본이념을 인식시킨다.
② 안전 목표를 명확히 설정한다.
③ 결과의 가치를 알려준다.
④ 상과 벌을 준다.
⑤ 경쟁과 협동을 유도한다.
⑥ 동기 유발의 최적수준을 유지하도록 한다.

12

재해예방의 4원칙에 해당하지 않는 것은?

① 예방가능의 원칙
② 손실우연의 원칙
③ 원인계기의 원칙
④ 선취해결의 원칙

재해예방의 4원칙
① 손실우연의 원칙 ② 예방가능의 원칙 ③ 원인계기의 원칙
④ 대책선정의 원칙

13

산업안전보건법상 직업병 유소견자가 발생하거나 다수 발생할 우려가 있는 경우에 실시하는 건강진단은?

① 특별 건강진단
② 일반 건강진단
③ 임시 건강진단
④ 채용 시 건강진단

임시 건강진단
다음에 해당하는 경우 특수건강진단 대상 유해인자 또는 그 밖의 유해인자에 의한 중독 여부, 질병에 걸렸는지의 여부, 또는 질병의 발생원인 등을 확인하기 위하여 실시하는 진단
① 같은 부서에 근무하는 근로자 또는 같은 유해인자에 노출되는 근로자에게 유사한 질병의 자각 및 타각증상이 발생한 경우
② 직업병 유소견자가 발생하거나 여러 명이 발생할 우려가 있는 경우
③ 그 밖에 지방노동관서의 장이 필요하다고 판단하는 경우

정답 09 ④   10 ①   11 ①   12 ④   13 ③

14

재해발생 형태별 분류 중 물건이 주체가 되어 사람이 상해를 입는 경우에 해당되는 것은?

① 추락
② 전도
③ 충돌
④ 낙하·비래

> **재해발생 형태별 분류**
> ① 추락 : 사람이 건축물, 비계, 기계, 사다리, 계단, 경사면, 나무 등에서 떨어지는 것
> ② 전도 : 사람이 평면상으로 넘어졌을 때를 말함(미끄러짐 포함)
> ③ 낙하·비래 : 물건이 주체가 되어 사람이 맞은 경우
> ④ 붕괴·도괴 : 적재물, 비계, 건축물이 무너진 경우
> ⑤ 협착 : 물건에 끼워진 상태·말려든 상태

15

위험예지훈련 중 TBM(Tool Box Meeting)에 관한 설명으로 틀린 것은?

① 작업 장소에서 원형의 형태를 만들어 실시한다.
② 통상 작업시작 전·후 10분 정도 시간으로 미팅한다.
③ 토의는 다수인(30인)이 함께 수행한다.
④ 근로자 모두가 말하고 스스로 생각하고 "이렇게 하자"라고 합의한 내용이 되어야 한다.

> **T.B.M(Tool Box Meeting)**
> (1) 즉시 즉응법이라고도 하며 현장에서 그때그때 주어진 상황에 즉응하여 실시하는 위험예지활동으로 단시간 미팅훈련이다.
> (2) 진행과정
> ① 시기-조회, 오전, 정오, 오후, 작업교체 및 종료 시에 시행한다.
> ② 10분 정도의 시간으로 10명 이하의 소수인원으로 편성한다. (5~7인 최적인원)
> ③ 주제를 정해두고 자료를 준비하는 등 리더는 사전에 진행과정에 대해 연구해둔다.

16

리더십(leadership)의 특성에 대한 설명으로 옳은 것은?

① 지휘형태는 민주적이다.
② 권한부여는 위에서 위임된다.
③ 구성원과의 관계는 지배적 구조이다.
④ 권한근거는 법적 또는 공식적으로 부여된다.

> **헤드십과 리더십의 구분**

구분	권한부여 및 행사	권한 근거	상관과 부하와의 관계 및 책임귀속	부하와의 사회적 간격	지휘 형태
헤드십	위에서 위임하여 임명. 임명된 헤드	법적 또는 공식적	지배적 상사	넓다	권위 주의적
리더십	아래로부터의 동의에 의한 선출. 선출된 리더	개인 능력	개인적인 영향 상사와 부하	좁다	민주 주의적

17 ★

연간 근로자수가 300명인 A 공장에서 지난 1년간 1명의 재해자(신체장해등급:1급)가 발생하였다면 이 공장의 강도율은? (단, 근로자 1인당 1일 8시간씩 연간 300일을 근무하였다.)

① 4.27
② 6.42
③ 10.05
④ 10.42

> **강도율**
> $$강도율(S.R) = \frac{근로손실일수}{연간총근로시간수} \times 1,000$$
> $$= \frac{7,500}{300 \times 8 \times 300} \times 1,000 = 10.416$$

18 ★

재해의 원인과 결과를 연계하여 상호 관계를 파악하기 위해 도표화하는 분석방법은?

① 관리도
② 파레토도
③ 특성요인도
④ 크로스분류도

> **특성요인도**
> 특성과 요인관계를 어골상으로 세분하여 연쇄관계를 나타내는 방법 (원인요소와의 관계를 상호의 인과관계만으로 결부)

정답 14 ④ 15 ③ 16 ① 17 ④ 18 ③

19 ⭐

위험예지훈련 4라운드 기법의 진행방법에 있어 문제점 발견 및 중요 문제를 결정하는 단계는?

① 대책수립 단계 ② 현상파악 단계
③ 본질추구 단계 ④ 행동목표설정 단계

위험예지훈련 4라운드 진행법		
1라운드	현상파악 〈어떤 위험이 잠재하고 있는가?〉	잠재위험 요인과 현상발견 (B.S실시)
2라운드	본질 추구 〈이것이 위험의 포인트이다!〉	가장 중요한 위험의 포인트 합의 결정(1~2항목) 지적 확인 및 제창
3라운드	대책 수립 〈당신이라면 어떻게 하겠는가?〉	본질 추구에서 선정된 항목의 구체적인 대책 수립
4라운드	목표설정 〈우리들은 이렇게 하자!〉	대책수립의 항목중 1~2가지 등 중점 실시 항목으로 합의 결정 팀의 행동목표→지적확인 및 제창

20

학습 성취에 직접적인 영향을 미치는 요인과 가장 거리가 먼 것은?

① 적성 ② 준비도
③ 개인차 ④ 동기유발

> 적성은 교육이나 훈련을 통해 변화되거나, 인위적으로 조절하기 힘든 요인으로 학습성취에 영향을 주는 직접적인 요인으로 볼 수 없다.

2과목 인간공학 및 위험성 평가·관리

21

휘도(luminance)가 10cd/m²이고, 조도(illuminance)가 100 lux 일 때 반사율(reflectance) (%)는?

① 0.1 ② 10
③ 100 ④ 1000

$$반사율(\%) = \frac{광도}{조명} = \frac{cd/m^2 \times \pi}{lux} = \frac{10cd/m^2 \times \pi}{100lux} = 0.1\pi$$

22

사람의 감각기관 중 반응속도가 가장 느린 것은?

① 청각 ② 시각
③ 미각 ④ 촉각

> 감각기관별 반응시간
> ① 청각 : 0.17초 ② 촉각 : 0.18초 ③ 시각 : 0.20초
> ④ 미각 : 0.29초 ⑤ 통각 : 0.70초

23

한 사무실에서 타자기의 소리 때문에 말소리가 묻히는 현상을 무엇이라 하는가?

① dBA ② CAS
③ phone ④ masking

> Masking(차폐) 효과
> 음의 한 성분이 다른 성분에 대한 귀의 감수성을 감소시키는 상황으로 한쪽 음의 강도가 약할 때 강한 음에 가로막혀 들리지 않게 되는 현상

정답 19 ③ 20 ① 21 ① 22 ③ 23 ④

24

1에서 15까지 수의 집합에서 무작위로 선택할 때, 어떤 숫자가 나올지 알려주는 경우의 정보량은 몇 bit인가?

① 2.91bit ② 3.91bit
③ 4.51bit ④ 4.91bit

정보량

정보량(bit) $H = \log_2 15 = 3.907 \text{bit}$

25

어떤 전자기기의 수명은 지수분포를 따르며, 그 평균수명이 1,000시간이라고 할 때, 500시간 동안 고장 없이 작동할 확률은 약 얼마인가?

① 0.1353 ② 0.3935
③ 0.6065 ④ 0.8647

고장확률 밀도함수와 고장률 함수

$R(t) = e^{-\lambda t} = e^{-\left(\frac{1}{MTBF}\right)t} = e^{-\left(\frac{1}{1000}\right) \times 500} = 0.6065$

26

FTA에서 어떤 고장이나 실수를 일으키지 않으면 정상사상(Top event)은 일어나지 않는다고 하는 것으로 시스템의 신뢰성을 표시하는 것은?

① Cut set ② Minimal cut set
③ Free event ④ Minimal path set

패스셋과 미니멀 패스셋

① 그 안에 포함되는 모든 기본사상이 일어나지 않을 때 처음으로 정상사상이 일어나지 않는 기본사상의 집합인 패스셋에서 필요 최소한의 것을 미니멀 패스셋이라 한다(시스템의 신뢰성을 나타냄).
② 패스셋은 정상사상이 발생하지 않는 즉, 시스템이 고장나지 않는 사상의 집합이다.

27

반경 10[cm]인 조종구(ball control)를 30[°] 움직였을 때, 표시장치가 2[cm] 이동하였다면 통제표시비(C/R비)는 약 얼마인가?

① 1.3 ② 2.6
③ 5.2 ④ 7.8

통제표시비(조종-반응 비율)

$C/D\text{비} = \dfrac{(30/360) \times 2\pi \times 10}{2} = 2.618$

28

결함수 분석법에서 일정 조합 안에 포함되어 있는 기본사상들이 모두 발생하지 않으면 틀림없이 정상사상(top event)이 발생되지 않는 조합을 무엇이라고 하는가?

① 컷셋(cut set)
② 패스셋(path set)
③ 결함수셋(fault tree set)
④ 부울대수(boolean algebra)

패스셋과 미니멀 패스셋

그 안에 포함되는 모든 기본사상이 일어나지 않을 때 처음으로 정상사상이 일어나지 않는 기본사상의 집합인 패스셋에서 필요 최소한의 것을 미니멀 패스셋이라 한다.(시스템의 신뢰성을 나타냄)

29

인간의 눈에서 빛이 가장 먼저 접촉하는 부분은?

① 각막 ② 망막
③ 초자체 ④ 수정체

눈의 구조 및 기능

각막	최초로 빛이 통과하는 곳, 눈을 보호
홍채	동공의 크기를 조절해 빛의 양 조절
모양체	수정체의 두께를 변화시켜 원근 조절

30
FT도에 사용되는 기호 중 "전이기호"를 나타내는 기호는?

① 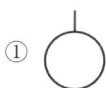 ② 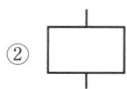 ③ 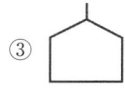 ④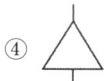

> **전이기호**
>
> | 이행(전이)기호 (IN) | FT도상에서 다른 부분에의 이행 또는 연결을 나타냄. 삼각형 정상의 선은 정보의 전입 루-트를 뜻한다. |
> |---|---|
> | 이행(전이)기호 (OUT) | 위와 같다. 삼각형의 옆선은 정보의 전출을 뜻한다. |

31
다음 FTA 그림에서 a, b, c의 부품고장률이 각각 0.01일 때, 최소 컷셋(minimal cut sets)과 신뢰도로 옳은 것은?

① {a, b}, R(t) = 99.99%
② {a, b, c}, R(t) = 98.99%
③ {a, c}
   {a, b}, R(t) = 96.99%
④ {a, c}
   {a, b, c}, R(t) = 96.99%

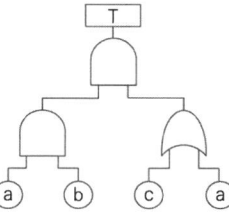

> **최소 컷셋과 신뢰도**
>
> (1) FT도에서 최소 컷셋을 구하면,
>
>   T → (a, b, c)
>   (a, b, a) → (a, b)
>
> (2) T의 발생확률 T = (0.01 × 0.01) = 0.0001
> (3) 시스템의 신뢰도는 1 − 0.0001 = 0.9999 = 99.99%

32
화학설비의 안전성 평가 과정에서 제 3단계인 정량적 평가 항목에 해당되는 것은?

① 목록 ② 공정계통도
③ 화학설비용량 ④ 건조물의 도면

> **정량적 평가 항목**
> ① 각 구성요소의 물질 ② 화학설비의 용량
> ③ 온도 ④ 압력
> ⑤ 조작

33
신뢰성과 보전성을 효과적으로 개선하기 위해 작성하는 보전기록 자료로서 가장 거리가 먼 것은?

① 자재관리표 ② MTBF 분석표
③ 설비이력카드 ④ 고장원인대책표

> MTBF분석표, 설비이력카드, 고장원인대책표 등이 있다.

34
체내에서 유기물을 합성하거나 분해하는 데는 반드시 에너지의 전환이 뒤따른다. 이것을 무엇이라 하는가?

① 에너지 변환 ② 에너지 합성
③ 에너지 대사 ④ 에너지 소비

> **에너지 대사**
>
> 체내에서 유기물을 합성하거나 분해하기 위해서는 반드시 에너지의 전환이 필요한데 이것을 에너지 대사라 하며, 생물체 내에서 일어나고 있는 에너지의 방출, 전환, 저장 및 이용의 모든 과정을 말한다.

정답 30 ④ 31 ① 32 ③ 33 ① 34 ③

35

일반적인 수공구의 설계원칙으로 볼 수 없는 것은?

① 손목을 곧게 유지한다.
② 반복적인 손가락 동작을 피한다.
③ 사용이 용이한 검지만 주로 사용한다.
④ 손잡이는 접촉면적을 가능하면 크게 한다.

수공구 설계원칙
① 손목을 곧게 펼 수 있도록 : 손목이 팔과 일직선일 때 가장 이상적
② 손가락으로 지나친 반복동작을 하지 않도록 : 검지의 지나친 사용은 방아쇠 손가락·증세 유발
③ 손바닥면에 압력이 가해지지 않도록(접촉면적을 크게) : 신경과 혈관에 장애(무감각증, 떨림현상)

36

한국산업표준상 결함 나무 분석(FTA) 시 다음과 같이 사용되는 사상기호가 나타내는 사상은?

① 공사상
② 기본사상
③ 통상사상
④ 심층분석사상

사상기호
① 통상사상 : 확실히 발생하였거나, 발생할 사상
② 공사상(zero event) : 발생할 수 없는 사상

37

다음 중 육체적 활동에 대한 생리학적 측정방법과 가장 거리가 먼 것은?

① EMG
② EEG
③ 심박수
④ 에너지소비량

뇌전도(EEG;Electroencephalogram)
뇌의 전기적인 활동을 머리 표면에 부착한 전극에 의해 측정한 전기신호로 뇌파신호의 주파수 성분을 분석하여 뇌종양, 뇌혈관장애, 두부외상을 동반한 중추신경계의 기능상태를 알 수 있다.

38

산업안전보건법령상 정밀작업 시 갖추어져야 할 작업면의 조도 기준은? (단, 갱내 작업장과 감광재료를 취급하는 작업장은 제외한다.)

① 75럭스 이상
② 150럭스 이상
③ 300럭스 이상
④ 750럭스 이상

작업장의 조도기준

초정밀 작업	정밀 작업	보통 작업	그 밖의 작업
750 럭스 이상	300 럭스 이상	150 럭스 이상	75 럭스 이상

39

신뢰도가 0.4인 부품 5개가 병렬결합 모델로 구성된 제품이 있을 때 이 제품의 신뢰도는?

① 0.90
② 0.91
③ 0.92
④ 0.93

신뢰도(병렬연결)
$R = 1 - (1 - 0.4)^5 = 0.922$

40

조작자 한 사람의 신뢰도가 0.9일 때 요원을 중복하여 2인 1조가 되어 작업을 진행하는 공정이 있다. 작업 기간 중 항상 요원 지원을 한다면 이 조의 인간 신뢰도는?

① 0.93
② 0.94
③ 0.96
④ 0.99

신뢰도
인간신뢰도 = 1 - (1 - 0.9)(1 - 0.9) = 0.99

정답 35 ③ 36 ① 37 ② 38 ③ 39 ③ 40 ④

3과목 기계·기구 및 설비 안전 관리

41
산업안전보건법령상 양중기에 사용하지 않아야 하는 달기체인의 기준으로 틀린 것은?

① 변형이 심한 것
② 균열이 있는 것
③ 길이의 증가가 제조 시보다 3%를 초과한 것
④ 링의 단면지름의 감소가 제조 시 링 지름의 10%를 초과한 것

> **달기체인의 사용제한**
> ① 달기체인의 길이가 달기체인이 제조된 때의 길이의 5퍼센트를 초과한 것
> ② 링의 단면지름이 달기체인이 제조된 때의 해당 링의 지름의 10퍼센트를 초과하여 감소한 것
> ③ 균열이 있거나 심하게 변형된 것

42 ⭐
아세틸렌 용접장치의 안전기준과 관련하여 다음 빈칸에 들어갈 용어로 옳은 것은?

> 사업주는 가스용기가 발생기와 분리되어 있는 아세틸렌 용접장치에 대하여는 발생기와 가스용기 사이에 ( )을(를) 설치하여야 한다.

① 격납실
② 안전기
③ 안전밸브
④ 소화설비

> **아세틸렌 용접장치 안전기 설치방법**
> ① 취관마다 안전기 설치
> ② 주관 및 취관에 가장 가까운 분기관마다 안전기 부착
> ③ 가스용기가 발생기와 분리되어 있는 아세틸렌 용접장치는 발생기와 가스용기 사이(흡입관)에 안전기 설치

43
기계설비의 안전조건 중 외관의 안전화에 해당되지 않는 것은?

① 오동작 방지 회로 적용
② 안전색채 조절
③ 덮개의 설치
④ 구획된 장소에 격리

> **외관상의 안전화**
> ① 가드 설치(기계 외형 부분 및 회전체 돌출 부분)
> ② 별실 또는 구획된 장소에 격리(원동기 및 동력 전도 장치)
> ③ 안전색채 조절(기계 장비 및 부수되는 배관)

44 ⭐
산업용 로봇 작업 시 안전조치 방법이 아닌 것은?

① 높이 1.8m 이상의 방책을 설치한다.
② 로봇의 조작방법 및 순서의 지침에 따라 작업한다.
③ 로봇 작업 중 이상상황의 대처를 위해 근로자 이외에도 로봇의 기동스위치를 조작할 수 있도록 한다.
④ 2인 이상의 근로자에게 작업을 시킬 때는 신호 방법의 지침을 정하고 그 지침에 따라 작업한다.

> **산업용로봇의 운전 중 위험 방지 조치**
> ① 안전매트 및 높이 1.8미터 이상의 방책 설치
> ② 작업에 종사하고 있는 근로자 또는 그 근로자를 감시하는 사람은 이상을 발견하면 즉시 로봇의 운전을 정지시키기 위한 조치를 할 것
> ③ 작업을 하고 있는 동안 로봇의 기동스위치 등에 작업 중이라는 표시를 하는 등 작업에 종사하고 있는 근로자가 아닌 사람이 그 스위치 등을 조작할 수 없도록 필요한 조치를 할 것

45
다음 중 연삭기의 종류가 아닌 것은?

① 커터 연삭기
② 원통 연삭기
③ 센터리스 연삭기
④ 만능 연삭기

> **연삭기의 종류**
> ① 탁상용 연삭기
> ② 휴대용 연삭기
> ③ 원통형 연삭기
> ④ 절단 및 평면 연삭기
> ⑤ 센트리스 연삭기
> ⑥ 만능 연삭기 등

정답 41 ③ 42 ② 43 ① 44 ③ 45 ①

46

연삭숫돌의 덮개 재료 선정 시 최고속도에 따라 허용되는 덮개 두께가 달라지는데, 동일한 최고속도에서 가장 얇은 판을 쓸 수 있는 덮개의 재료로 다음 중 가장 적절한 것은?

① 회주철
② 압연강판
③ 가단주철
④ 탄소강주강품

> **연삭숫돌의 덮개 재료**
> ① 회주철은 압연강판 두께의 값에 4를 곱한 값 이상
> ② 가단주철은 압연강판 두께의 값에 2를 곱한 값 이상
> ③ 탄소강주강품은 압연강판 두께에 1.6을 곱한 값 이상

47 빈출

프레스의 양수조작식 방호장치에서 누름버튼의 상호 간 내측거리는 몇 [mm] 이상이어야 하는가?

① 200
② 300
③ 400
④ 500

> 누름버튼의 상호간 내측거리는 300mm 이상이어야 하며, 누름버튼을 양손으로 동시에 조작하지 않으면 작동시킬 수 없는 구조이어야 한다.

48 빈출

와이어로프의 절단하중이 11,160[N]이고, 한줄로 물건을 매달고자 할 때 안전계수를 6으로 하면 몇 [N] 이하의 물건을 매달 수 있는가?

① 1,860
② 3,720
③ 5,580
④ 66,960

> **와이어로프의 안전하중**
> ① 안전계수 = $\frac{파단하중}{안전하중}$
> ② 안전하중 = $\frac{11,160}{6}$ = 1,860[N]

49

산업안전보건법령상 지게차의 헤드가드에 관한 다음 사항에서 ( )에 알맞은 내용은?

> 1. 강도는 지게차 최대하중의 (㉠)배 값(4톤을 넘는 값에 대해서는 4톤으로 한다)의 등분포정하중에 견딜 수 있을 것
> 2. 상부틀의 각 개구의 폭 또는 길이가 (㉡)cm 미만일 것

① ㉠ : 2 ㉡ : 10
② ㉠ : 2 ㉡ : 16
③ ㉠ : 3 ㉡ : 10
④ ㉠ : 3 ㉡ : 16

> **헤드가드**
> ① 강도는 지게차 최대하중의 2배 값(4톤을 넘는 값에 대해서는 4톤으로 한다)의 등분포정하중에 견딜 수 있을 것
> ② 상부틀의 각 개구의 폭 또는 길이가 16cm 미만일 것
> ③ 운전자가 앉아서 조작하거나 서서 조작하는 지게차의 헤드가드는 「산업표준화법」에 따른 한국산업표준에서 정하는 높이 기준 이상일 것

50

작업자의 신체 움직임을 감지하여 프레스의 작동을 급정지시키는 광전자식 안전장치를 부착한 프레스가 있다. 안전거리가 32[cm]라면 급정지에 소요되는 시간은 최대 몇 초 이내이어야 하는가? (단, 급정지에 소요되는 시간은 손이 광선을 차단한 순간부터 급정지기구가 작동하여 하강하는 슬라이드가 정지할 때까지의 시간을 의미한다.)

① 0.1초
② 0.2초
③ 0.5초
④ 1초

> **광전자식 안전장치의 안전거리**
> ① 안전거리(mm) = 1,600 × 급정지 소요시간(초)
> ② 320mm = 1,600 × 급정지 소요시간
> ③ 급정지 소요시간(초) = $\frac{320}{1,600}$ = 0.2(초)

정답 46 ② 47 ② 48 ① 49 ② 50 ②

51

다음 중 기계설비에 의해 형성되는 위험점이 아닌 것은?

① 회전 말림점　② 접선 분리점
③ 협착점　　　④ 끼임점

기계 설비에 의해 형성되는 위험점	
협착점	왕복 운동하는 운동부와 고정부 사이에 형성(작업점이라 부르기도 함)
끼임점	고정부분과 회전 또는 직선운동부분에 의해 형성
절단점	회전운동부분 자체와 운동하는 기계 자체에 의해 형성
물림점	회전하는 두 개의 회전축에 의해 형성(회전체가 서로 반대방향으로 회전하는 경우)
접선 물림점	회전하는 부분이 접선방향으로 물려 들어가면서 형성
회전 말림점	회전체의 불규칙 부위와 돌기 회전 부위에 의해 형성

52

안전계수 5인 로프의 절단하중이 4,000N이라면 이 로프는 몇 N 이하의 하중을 매달아야 하는가?

① 500　　　② 800
③ 1,000　　④ 1,600

와이어로프의 안전율

① 안전율 = $\dfrac{\text{로프의 파단하중}}{\text{최대사용하중}} = 5$

② 최대사용하중 = $\dfrac{4,000}{5} = 800$

53

프레스의 방호장치 중 확동식 클러치가 적용된 프레스에 한해서만 적용 가능한 방호장치로만 나열된 것은? (단, 방호장치는 한 가지 종류만 사용한다고 가정한다.)

① 광전자식, 수인식
② 양수조작식, 손쳐내기식
③ 광전자식, 양수조작식
④ 손쳐내기식, 수인식

손쳐내기식, 수인식

① 확동식 클러치를 갖는 크랭크 프레스기에 적합
② SPM 100 이하 프레스에 사용가능

54

선반 작업에 대한 안전수칙으로 틀린 것은?

① 척 핸들은 항상 척에 끼워 둔다.
② 베드 위에 공구를 올려놓지 않아야 한다.
③ 바이트를 교환할 때는 기계를 정지시키고 한다.
④ 일감의 길이가 외경과 비교하여 매우 길 때는 방진구를 사용한다.

선반 작업 시 안전기준

① 가공물 조립 시 반드시 스위치 차단 후 바이트 충분히 연 다음 실시
② 가공물 장착 후에는 척 렌치를 바로 벗겨 놓는다.
③ 무게가 편중된 가공물은 균형추 부착
④ 바이트 설치는 반드시 기계 정지 후 실시
⑤ 바이트는 짧게 장치하고 일감의 길이가 직경의 12배 이상일 때 방진구 사용

55

컨베이어 역전 방지장치의 형식 중 전기식 장치에 해당하는 것은?

① 라쳇 브레이크　② 밴드 브레이크
③ 롤러 브레이크　④ 슬러스트 브레이크

역전 방지장치 및 브레이크

① 기계적인 것 : 라쳇식, 롤러식, 밴드식, 웜기어 등
② 전기적인 것 : 전기 브레이크, 슬러스트 브레이크 등

56

프레스의 방호장치에 해당되지 않는 것은?

① 가드식 방호장치　② 수인식 방호장치
③ 롤 피드식 방호장치　④ 손쳐내기식 방호장치

프레스의 방호장치

① 게이트가드식　② 양수조작식
③ 손쳐내기식　　④ 수인식
⑤ 광전자식(감응식)

정답　51 ②　52 ②　53 ④　54 ①　55 ④　56 ③

57

다음 중 선반 작업 시 준수하여야 하는 안전사항으로 틀린 것은?

① 작업 중 면장갑 착용을 금한다.
② 작업 시 공구는 항상 정리해 둔다.
③ 운전 중에 백기어를 사용한다.
④ 주유 및 청소를 할 때에는 반드시 기계를 정지시키고 한다.

> **선반 작업 시 유의사항**
> ① 바이트는 짧게 장치하고 일감의 길이가 직경의 12배 이상일 때 방진구 사용
> ② 절삭 칩 제거는 반드시 브러시 사용
> ③ 기계 운전 중 백기어 사용금지
> ④ 바이트에는 칩 브레이커를 설치하고 보안경 착용
> ⑤ 치수 측정 시 및 주유, 청소 시 반드시 기계 정지

58

산업안전보건법령상 지게차 방호장치에 해당하는 것은?

① 포크
② 헤드가드
③ 호이스트
④ 힌지드 버킷

> **지게차의 방호장치**
> ① 헤드가드 ② 백레스트 ③ 전조등
> ④ 후미등 ⑤ 안전밸트

59

산소-아세틸렌가스 용접에서 산소 용기의 취급 시 주의사항으로 틀린 것은?

① 산소 용기의 운반 시 밸브를 닫고 캡을 씌워서 이동할 것
② 기름이 묻은 손이나 장갑을 끼고 취급하지 말 것
③ 원활한 산소 공급을 위하여 산소 용기는 눕혀서 사용할 것
④ 통풍이 잘되고 직사광선이 없는 곳에 보관할 것

> 가스 용기 취급 시 준수사항에서 용기의 온도를 섭씨 40도 이하로 유지해야 하며, 용기는 세워서 사용해야 한다.

60

금형의 안전화에 대한 설명 중 틀린 것은?

① 금형의 틈새는 8mm 이상 충분하게 확보한다.
② 금형 사이에 신체일부가 들어가지 않도록 한다.
③ 충격이 반복되어 부가되는 부분에는 완충장치를 설치한다.
④ 금형설치용 홈은 설치된 프레스의 홈에 적합한 형상의 것으로 한다.

> **금형의 안전화 방법**
> 다음 부분의 빈틈이 8mm 이하 되도록 금형을 설치할 것
> ① 상사점에 있어서 상형과 하형과의 간격
> ② 가이드 포스트와 부쉬의 간격

4과목 전기 및 화학설비 안전 관리

61 ⭐

저압 전로의 사용전압이 220V인 경우 절연저항 값은 몇 MΩ 이상이어야 하는가?

① 0.1
② 0.2
③ 0.5
④ 1.0

> **저압전로의 절연 성능**
>
> | 전로의 사용전압(V) | DC 시험전압 (V) | 절연저항(MΩ 이상) |
> |---|---|---|
> | SELV 및 PELV | 250 | 0.5 |
> | FELV, 500V 이하 | 500 | 1.0 |
> | 500V 초과 | 1,000 | 1.0 |
>
> [주] 특별저압(Extra Low Voltage : 2차 전압이 AC 50V, DC 120V 이하)으로 SELV(비접지회로구성) 및 PELV(접지회로 구성)은 1차와 2차가 전기적으로 절연된 회로, FELV는 1차와 2차가 전기적으로 절연되지 않은 회로

정답 57 ③ 58 ② 59 ③ 60 ① 61 ④

62

전기스파크의 최소발화에너지를 구하는 공식은?

① $W = \frac{1}{2}CV^2$
② $W = \frac{1}{2}CV$
③ $W = 2CV^2$
④ $W = 2C^2V$

> **최소 발화에너지**
> $W[J] = \frac{1}{2}QV = \frac{1}{2}CV^2$

63 ⭐

허용접촉전압이 종별 기준과 서로 다른 것은?

① 제1종 - 2.5V 이하
② 제2종 - 25V 이하
③ 제3종 - 75V 이하
④ 제4종 - 제한없음

> **허용 접촉전압**
>
> | 종별 | 접촉 상태 | 허용접촉전압 |
> |---|---|---|
> | 제1종 | • 인체의 대부분이 수중에 있는 경우 | 2.5V 이하 |
> | 제2종 | • 인체가 현저하게 젖어있는 경우
• 금속성의 전기기계장치나 구조물에 인체의 일부가 상시 접촉되어 있는 경우 | 25V 이하 |
> | 제3종 | • 제1종, 제2종 이외의 경우로 통상의 인체상태에 있어서 접촉전압이 가해지면 위험성이 높은 경우 | 50V 이하 |
> | 제4종 | • 제1종, 제2종 이외의 경우로 통상의 인체상태에 있어서 접촉전압이 가해지더라도 위험성이 낮은 경우
• 접촉전압이 가해질 우려가 없는 경우 | 제한없음 |

64

감전을 방지하기 위하여 정전작업 요령을 관계근로자에 주지시킬 필요가 없는 것은?

① 전원설비 효율에 관한 사항
② 단락접지 실시에 관한 사항
③ 전원 재투입 순서에 관한 사항
④ 작업 책임자의 임명, 정전범위 및 절연용 보호구 작업 등 필요한 사항

> **정전 작업요령 포함사항(보기 외에)**
> ① 교대 근무 시 근무인계에 필요한 사항
> ② 전로 또는 설비의 정전 순서에 관한 사항
> ③ 개폐기 관리 및 표지판 부착에 관한 사항
> ④ 정전 확인 순서에 관한 사항
> ⑤ 점검 또는 시운전을 위한 일시운전에 관한 사항

65

누전에 의한 감전위험을 방지하기 위하여 감전방지용 누전차단기의 접속에 관한 일반사항으로 틀린 것은?

① 분기회로마다 누전차단기를 설치한다.
② 동작시간은 0.03초 이내이어야 한다.
③ 전기기계·기구에 설치되어 있는 누전차단기는 정격감도전류가 30mA 이하이어야 한다.
④ 누전차단기는 배전반 또는 분전반 내에 접속하지 않고 별도로 설치한다.

> **누전차단기 접속 시 준수사항(보기 외에)**
> ① 누전차단기는 배전반 또는 분전반 내에 접속하거나 꽂음접속기형 누전차단기를 콘센트에 연결하는 등 파손 또는 감전사고를 방지할 수 있는 장소에 접속할 것
> ② 지락보호전용 누전차단기는 과전류를 차단하는 퓨즈 또는 차단기 등과 조합하여 접속할 것

66 ⭐

전기기계·기구에 대하여 누전에 의한 감전위험을 방지하기 위하여 누전차단기를 전기기계·기구에 접속할 때 준수하여야 할 사항으로 옳은 것은?

① 누전차단기는 정격감도전류가 60[mA] 이하이고 작동시간은 0.1초 이내일 것
② 누전차단기는 정격감도전류가 50[mA] 이하이고 작동시간은 0.08초 이내일 것
③ 누전차단기는 정격감도전류가 40[mA] 이하이고 작동시간은 0.06초 이내일 것
④ 누전차단기는 정격감도전류가 30[mA] 이하이고 작동시간은 0.03초 이내일 것

> **누전차단기**
> 전기기계·기구에 접속되는 경우 정격감도전류가 30mA 이하이고, 작동시간은 0.03초 이내이어야 한다

정답 62 ① 63 ③ 64 ① 65 ④ 66 ④

67

방폭구조의 종류 중 방진방폭구조를 나타내는 표시로 옳은 것은?

① DDP ② tD
③ XDP ④ DP

> "방진방폭구조 tD"란 분진층이나 분진운의 점화를 방지하기 위하여 용기로 보호하는 전기기계에 적용되는 분진침투방지, 표면온도제한 등의 방법을 말한다.

68

고압 또는 특고압의 기계기구·모선 등을 옥외에 시설하는 발전소·변전소·개폐소 또는 이에 준하는 곳에는 구내에 취급자 이외의 자가 들어가지 못하도록 하기 위한 시설의 기준에 대한 설명으로 틀린 것은?

① 울타리·담 등의 높이는 1.5[m] 이상으로 시설하여야 한다.
② 출입구에는 출입금지의 표시를 하여야 한다.
③ 출입구에는 자물쇠장치 기타 적당한 장치를 하여야 한다.
④ 지표면과 울타리·담 등의 하단 사이의 간격은 15[cm] 이하로 하여야 한다.

> **울타리, 담등의 시설(고압 및 특고압 충전부분)**
> 울타리·담 등의 높이는 2m 이상으로 하고 지표면과 울타리·담 등의 하단 사이의 간격은 15cm 이하로 할 것

69

전기기계·기구의 조작 부분을 점검하거나 보수하는 경우에는 근로자가 안전하게 작업할 수 있도록 전기기계·기구로부터 최소 몇 [cm] 이상의 작업공간 폭을 확보하여야 하는가? (단, 작업공간을 확보하는 것이 곤란하여 절연용 보호구를 착용하도록 한 경우 제외)

① 60[cm] ② 70[cm]
③ 80[cm] ④ 90[cm]

> **전기기계·기구의 조작 시 등의 안전조치**
> ① 전기기계·기구의 조작부분에 대한 점검 또는 보수를 하는 때에 근로자가 안전하게 작업할 수 있도록 전기기계·기구로부터 폭 70센티미터 이상의 작업공간을 확보하여야 한다.
> ② 다만, 작업공간을 확보하는 것이 곤란하여 근로자에게 절연용 보호구를 착용하도록 한 경우에는 그러하지 아니하다.

70

과전류차단기로 시설하는 퓨즈 중 고압전로에 사용하는 비포장 퓨즈에 대한 설명으로 옳은 것은?

① 정격전류의 1.25배의 전류에 견디고 또한 2배의 전류로 2분 안에 용단되는 것이어야 한다.
② 정격전류의 1.25배의 전류에 견디고 또한 2배의 전류로 4분 안에 용단되는 것이어야 한다.
③ 정격전류의 2배의 전류에 견디고 또한 2배의 전류로 2분 안에 용단되는 것이어야 한다.
④ 정격전류의 2배의 전류에 견디고 또한 2배의 전류로 4분 안에 용단되는 것이어야 한다.

> **과전류 차단기용 퓨즈(고압 전로에 사용하는 퓨즈)**
>
> | 포장 퓨즈 | 비포장 퓨즈 |
> | --- | --- |
> | ㉠ 정격전류의 1.3배의 전류에 견딜 것
㉡ 2배의 전류로 120분 안에 용단되는 것 | ㉠ 정격전류의 1.25배의 전류에 견딜 것
㉡ 2배의 전류로 2분 안에 용단되는 것
* 비포장 퓨즈는 고리퓨즈를 사용 |

71

건조설비의 사용에 있어 500~800℃ 범위의 온도에 가열된 스테인리스강에서 주로 일어나며, 탄화크롬이 형성되었을 때 결정 경계면의 크롬함유량이 감소하여 발생되는 부식형태는?

① 전면부식 ② 층상부식
③ 입계부식 ④ 격간부식

> **입계부식**
> 부식이 결정립계에 따라 진행하는 형태의 국부부식으로 내부로 깊게 진행되면서 결정립자가 떨어지게 된다. 용접가공 시 열 영향부, 부적정한 열처리 과정, 고온에서의 노출 시 주로 발생된다.

정답 67 ② 68 ① 69 ② 70 ① 71 ③

72
다음 중 분진 폭발의 발생 위험성을 낮추는 방법으로 적절하지 않은 것은?

① 주변의 점화원을 제거한다.
② 분진이 날리지 않도록 한다.
③ 분진과 그 주변의 온도를 낮춘다.
④ 분진 입자의 표면적을 크게 한다.

분진 폭발
① 분진 폭발의 과정 : 분진의 퇴적 → 비산하여 분진운 생성 → 분산 → 점화원 → 폭발
② 방지대책으로는 폭발하한 농도 이하로 관리하고 착화원의 제거 및 격리 등
③ 입자의 표면적이 클수록 폭발의 위험성은 높아진다.

73
다음 중 가연성가스가 아닌 것은?

① 이산화탄소
② 수소
③ 메탄
④ 아세틸렌

수소, 아세틸렌, 에틸렌, 메탄, 에탄, 프로판, 부탄 등은 인화성(가연성) 가스에 해당되며, 이산화탄소는 불활성기체로 더 이상 산소와 반응하지 않는다.

74
유해·위험물질 취급 시 보호구로서 구비조건이 아닌 것은?

① 방호성능이 충분할 것
② 재료의 품질이 양호할 것
③ 작업에 방해가 되지 않을 것
④ 외관이 화려할 것

보호구의 구비조건(보기 ①,②,③ 외에)
① 착용 시 작업이 용이할 것
② 구조와 끝마무리가 양호할 것(충분한 강도와 내구성 및 표면 가공이 우수)
③ 외관 및 전체적인 디자인이 양호할 것

75
다음 중 벤젠(C_6H_6)이 공기 중에서 연소될 때의 이론혼합비(화학양론조성)는?

① 0.72vol%
② 1.22vol%
③ 2.72vol%
④ 3.22vol%

완전연소 조성농도(화학양론농도)
$$C_{st} = \frac{100}{1+4.773(n+\frac{m-f-2\lambda}{4})} = \frac{100}{1+4.773(6+\frac{6}{4})}$$
$$= 2.72\text{vol}\%$$
여기서 n : 탄소, m : 수소, f : 할로겐 원소의 원자 수, λ : 산소의 원자 수

76
다음 중 폭발하한농도(vol%)가 가장 높은 것은?

① 일산화탄소
② 아세틸렌
③ 디에틸에테르
④ 아세톤

폭발하한농도(vol%)
① 일산화탄소(12.5~74)
② 아세틸렌(2.5~81)
③ 디에틸에테르(1.9~48)
④ 아세톤(2.5~13)

77
이산화탄소 소화기에 관한 설명으로 옳지 않은 것은?

① 전기화재에 사용할 수 있다.
② 주된 소화 작용은 질식작용이다.
③ 소화약제 자체 압력으로 방출이 가능하다.
④ 전기전도성이 높아 사용 시 감전에 유의해야 한다.

이산화탄소 소화기
① 질식 및 냉각 효과이며 전기화재에 가장 적당. 유류 화재에도 사용
② 소화 후 증거 보존이 용이하나 방사거리가 짧은 단점
③ 반도체 및 컴퓨터 설비 등에 사용가능
④ 전기에 대한 절연성이 우수하다.

정답 72 ④ 73 ① 74 ④ 75 ③ 76 ① 77 ④

78

낮은 압력에서 물질의 끓는점이 내려가는 현상을 이용하여 시행하는 분리법으로 온도를 높여서 가열할 경우 원료가 분해될 우려가 있는 물질을 증류할 때 사용하는 방법을 무엇이라 하는가?

① 진공증류   ② 추출증류
③ 공비증류   ④ 수증기증류

특수한 증류방법

감압증류 (진공증류)	상압 하에서 끓는점까지 가열할 경우 분해할 우려가 있는 물질의 증류를 감압하여 물질의 끓는점을 내려서 증류하는 방법
추출증류	① 분리하여야 하는 물질의 끓는점이 비슷한 경우 ② 용매를 사용하여 혼합물로부터 어떤 성분을 뽑아 냄으로써 특정 성분을 분리
공비증류	① 일반적인 증류로 순수한 성분을 분리시킬 수 없는 혼합물의 경우 ② 제3의 성분을 첨가하여 별개의 공비 혼합물을 만들어 끓는점이 용액의 끓는점보다 충분히 낮아지도록 하여 증류함으로써 증류잔류물이 순수한 성분이 되게 하는 증류 방법
수증기증류	물에 용해되지 않는 휘발성 액체에 수증기를 직접 불어넣어 가열하면 액체는 원래의 끓는점보다 낮은 온도에서 유출

79

다음 중 증류탑의 원리로 거리가 먼 것은?

① 끓는점(휘발성) 차이를 이용하여 목적 성분을 분리한다.
② 열이동은 도모하지만 물질이동은 관계하지 않는다.
③ 기-액 두 상의 접촉이 충분히 일어날 수 있는 접촉 면적이 필요하다.
④ 여러 개의 단을 사용하는 다단탑이 사용될 수 있다.

증류탑
증기압이 다른 액체 혼합물에서 끓는점 차이를 이용해서 특정성분을 분리해내는 장치로 끓는점이 낮은 물질이 위쪽에서 분리되고 끓는점이 높은 물질이 아래쪽에서 분리된다.

80

다음 중 불연성 가스에 해당하는 것은?

① 프로판   ② 탄산가스
③ 아세틸렌   ④ 암모니아

탄산가스의 특징
① 더 이상 산소와 반응하지 않는 불연성 가스이며 공기보다 무겁다.
② 전기에 대한 절연성이 우수하다.

5과목 건설공사 안전 관리

81

산업안전보건관리비 중 안전관리비를 사용할 수 없는 항목에 해당하는 것은?

① 안전보건 교육비 등
② 안전보건진단비 등
③ 근로자 건강장해예방비 등
④ 환경관리를 위한 시설비 등

환경관리, 민원 또는 수방대비 등 다른 목적이 포함된 경우

82

달비계에 사용하는 와이어로프는 지름의 감소가 공칭지름의 몇 %를 초과하는 경우에 사용할 수 없도록 규정되어 있는가?

① 5%   ② 7%
③ 9%   ④ 10%

달비계 와이어로프의 사용제한
① 이음매가 있는 것
② 와이어로프의 한 꼬임(스트랜드)에서 끊어진 소선(필러선 제외)의 수가 10% 이상인 것
③ 지름의 감소가 공칭지름의 7%를 초과하는 것
④ 꼬인 것
⑤ 심하게 변형되거나 부식된 것
⑥ 열과 전기충격에 의해 손상된 것

정답 78 ① 79 ② 80 ② 81 ④ 82 ②

83

건설작업용 리프트에 대하여 바람에 의한 붕괴를 방지하는 조치를 한다고 할 때 그 기준이 되는 풍속은?

① 순간풍속 30m/sec 초과
② 순간풍속 35m/sec 초과
③ 순간풍속 40m/sec 초과
④ 순간풍속 45m/sec 초과

폭풍 등에 의한 안전조치사항		
풍속의 기준	내용	조치사항
순간풍속이 초당 30미터 초과	폭풍에 의한 이탈방지	옥외에 설치된 주행크레인의 이탈방지 장치 작동 등 이탈방지를 위한 조치
	폭풍 등으로 인한 이상 유무 점검	옥외에 설치된 양중기를 사용하여 작업하는 경우 미리 기계 각 부위에 이상이 있는지 점검
순간풍속이 초당 35미터 초과	붕괴 등의 방지	건설 작업용 리프트의 받침수를 증가시키는 등 붕괴방지조치
	폭풍에 의한 도괴방지	옥외에 설치된 승강기의 받침수를 증가시키는 등 도괴방지조치

84

추락에 의한 위험방지와 관련된 승강설비의 설치에 관한 사항이다. ( )에 들어갈 내용으로 옳은 것은?

> 사업주는 높이 또는 깊이가 ( )를 초과하는 장소에서 작업하는 경우 해당 작업에 종사하는 근로자가 안전하게 승강하기 위한 건설용 리프트 등의 설비를 설치하여야 한다.

① 1.0m
② 1.5m
③ 2.0m
④ 2.5m

높이가 2m 이상인 장소에서의 위험방지 조치사항
(1) 추락방지조치 　① 비계조립에 의한 작업발판 설치 　② 추락방호망 설치 　③ 안전대 착용 등 (2) 승강설비(건설용 리프트 등) 설치 : 높이 또는 깊이가 2m를 초과하는 장소에서의 안전한 작업을 위한 승강설비 설치

85

지반의 조사방법 중 지질의 상태를 가장 정확히 파악할 수 있는 보링방법은?

① 충격식 보링(percussion boring)
② 수세식 보링(wash boring)
③ 회전식 보링(rotary boring)
④ 오거 보링(auger boring)

보링(Boring)의 종류	
종류	특징
오거(Auger)보링	연약점성토 및 중간정도의 점성토, 깊이 10m 이내
수세식 보링	충격을 가하며, 펌프로 압송한 물의 수압에 의해 물과 함께 배출. 깊이 30m 내외
충격식 보링	Bit 끝에 천공구를 부착하여 상하 충격에 의해 천공, 토사암반에도 가능
회전식 보링	Bit를 회전시켜 천공하며, 비교적 자연상태 그대로 채취 가능

86

기상상태의 악화로 비계에서의 작업을 중지시킨 후 그 비계에서 작업을 다시 시작하기 전에 점검해야 할 사항에 해당하지 않는 것은?

① 기둥의 침하·변형·변위 또는 흔들림 상태
② 손잡이의 탈락 여부
③ 격벽의 설치 여부
④ 발판재료의 손상 여부 및 부착 또는 걸림 상태

비계의 점검 보수	
점검 보수 시기	① 비, 눈 등 기상상태 불안정으로 작업 중지 시킨 후 그 비계에서 작업할 경우 ② 비계를 조립, 해체, 변경한 후 그 비계에서 작업할 경우
비계공사의 작업 시작 전 점검사항	① 발판재료의 손상여부 및 부착 또는 걸림 상태 ② 해당 비계의 연결부 또는 접속부의 풀림 상태 ③ 연결재료 및 연결철물의 손상 또는 부식 상태 ④ 손잡이의 탈락 여부 ⑤ 기둥의 침하·변형·변위 또는 흔들림 상태 ⑥ 로프의 부착상태 및 매단장치의 흔들림 상태

정답 83 ② 84 ③ 85 ③ 86 ③

87

사다리식 통로 등을 설치하는 경우 발판과 벽과의 사이는 최소 얼마 이상의 간격을 유지하여야 하는가?

① 5[cm]　　② 10[cm]
③ 15[cm]　　④ 20[cm]

> **사다리식 통로의 구조**
> ① 발판과 벽과의 사이는 15센티미터 이상의 간격을 유지할 것
> ② 폭은 30센티미터 이상으로 할 것
> ③ 사다리의 상단은 걸쳐놓은 지점으로부터 60센티미터 이상 올라가도록 할 것
> ④ 사다리식 통로의 길이가 10미터 이상인 경우에는 5미터 이내마다 계단참을 설치할 것
> ⑤ 사다리식 통로의 기울기는 75도 이하로 할 것. 다만, 고정식 사다리식 통로의 기울기는 90도 이하로 하고, 그 높이가 7미터 이상인 경우에는 다음 각 목의 구분에 따른 조치를 할 것
> 　가. 등받이울이 있어도 근로자 이동에 지장이 없는 경우: 바닥으로부터 높이가 2.5미터 되는 지점부터 등받이울을 설치할 것
> 　나. 등받이울이 있으면 근로자가 이동이 곤란한 경우: 한국산업표준에서 정하는 기준에 적합한 개인용 추락 방지 시스템을 설치하고 근로자로 하여금 한국산업표준에서 정하는 기준에 적합한 전신안전대를 사용하도록 할 것

tip
2024년 개정된 법령 적용

88

드럼에 다수의 돌기를 붙여 놓은 기계로 점토층의 내부를 다지는데 적합한 것은?

① 탠덤 롤러　　② 타이어 롤러
③ 진동 롤러　　④ 탬핑 롤러

> **탬핑 롤러(Tamping Roller)**
> ① 롤러 표면에 돌기를 만들어 부착, 땅 깊숙이 다짐 가능
> ② 토립자를 이동 혼합하여 함수비 조절 용이(간극수압 제거)
> ③ 고함수비의 점성토 지반에 효과적, 유효다짐 깊이가 깊다.
> ④ 흙덩어리(풍화암 등)의 파쇄 효과 및 맞물림 효과가 크다.

89

강관을 사용하여 비계를 구성하는 경우 준수하여야 하는 사항으로 옳지 않은 것은?

① 비계기둥의 간격은 장선 방향에서는 1.5m 이하로 할 것
② 비계기둥 간의 적재하중은 400kg을 초과하지 않도록 할 것
③ 강관(단관)비계의 벽이음 및 버팀 설치 시 벽연결은 수직방향 6m, 수평방향 8m 이내로 할 것
④ 비계기둥의 제일 윗부분부터 31미터되는 지점 밑부분의 비계기둥은 2개의 강관으로 묶어세울 것

> 단관비계는 수직 5m, 수평 5m 이내이고, 틀비계는 수직 6m 수평 8m 이내로 한다.

90

산업안전보건관리비 계상을 위한 대상액이 56억 원인 건축공사의 산업안전보건관리비는 얼마인가?

① 104,160천 원　　② 132,720천 원
③ 144,800천 원　　④ 150,400천 원

공사 종류	대상액 5억 원 미만 적용비율(%)	대상액 5억 원 이상 50억 원 미만		대상액 50억 원 이상 적용비율(%)	보건관리자 선임대상 건설공사 적용비율(%)
		적용비율(%)	기초액		
건축 공사	3.11%	2.28%	4,325,000원	2.37%	2.64%
토목 공사	3.15%	2.53%	3,300,000원	2.60%	2.73%
중건설 공사	3.64%	3.05%	2,975,000원	3.11%	3.39%
특수건설 공사	2.07%	1.59%	2,450,000원	1.64%	1.78%

① 건축 공사 : 50억 원 이상 : 2.37%
② 56억 × 0.0237 = 132,720천 원

tip
2025년 법령개정. 문제와 해설은 개정된 내용 적용

정답 87 ③　88 ④　89 ③　90 ②

91

화물을 적재하는 경우에 준수하여야 하는 사항으로 옳지 않은 것은?

① 침하 우려가 없는 튼튼한 기반 위에 적재할 것
② 건물의 칸막이나 벽 등이 화물의 압력에 견딜 만큼의 강도를 지니지 아니한 경우에는 칸막이나 벽에 기대어 적재하지 않도록 할 것
③ 불안정할 정도로 높이 쌓아 올리지 말 것
④ 편하중이 발생하도록 쌓아 적재효율을 높일 것

> 화물 적재 시 준수사항(보기 ①②③ 외에)
> 편하중이 생기지 아니하도록 적재할 것

92

흙막이지보공을 설치하였을 때 정기적으로 점검하고 이상을 발견하면 즉시 보수하여야 하는 사항으로 거리가 먼 것은?

① 부재의 손상 변형, 부식, 변위 및 탈락의 유무와 상태
② 부재의 접속부, 부착부 및 교차부의 상태
③ 침하의 정도
④ 발판의 지지 상태

> 흙막이 지보공 조립 및 설치 시 점검사항
> ① 부재의 손상·변형·부식·변위 및 탈락의 유무와 상태
> ② 버팀대의 긴압의 정도
> ③ 부재의 접속부·부착부 및 교차부의 상태
> ④ 침하의 정도

93

중량물의 취급작업 시 근로자의 위험을 방지하기 위하여 사전에 작성하여야 하는 작업계획서 내용에 해당되지 않는 것은?

① 추락위험을 예방할 수 있는 안전대책
② 낙하위험을 예방할 수 있는 안전대책
③ 전도위험을 예방할 수 있는 안전대책
④ 침수위험을 예방할 수 있는 안전대책

> 중량물 취급작업 시 작업계획서(보기 ①②③ 외에)
> ① 협착위험을 예방할 수 있는 안전대책
> ② 붕괴위험을 예방할 수 있는 안전대책

94

다음 중 낙하위험 방지대책으로 가장 거리가 먼 것은?

① 낙하물 방지망 설치
② 방호선반 설치
③ 출입금지 구역 설정
④ 안전난간 설치

> 낙하위험 방지대책
> ① 낙하물 방지망 설치
> ② 수직 보호망 설치
> ③ 방호선반 설치
> ④ 출입금지구역 설정
> ⑤ 보호구 착용

95

추락방지용 방망을 구성하는 그물코의 모양과 크기로 옳은 것은?

① 원형 또는 사각으로서 그 크기는 10cm 이하이어야 한다.
② 원형 또는 사각으로서 그 크기는 20cm 이하이어야 한다.
③ 사각 또는 마름모로서 그 크기는 10cm 이하이어야 한다.
④ 사각 또는 마름모로서 그 크기는 20cm 이하이어야 한다.

> 방망의 구조 및 치수(추락재해 방지설비)
>
> | 구성 | 방망사, 테두리로프, 달기로프, 재봉사(필요에 따라 생략가능) |
> |---|---|
> | 방망사 | 그물코는 사각 또는 마름모 형상, 한 변의 길이(매듭의 중심 간 거리)는 10cm 이하 |
> | 달기로프 | 길이는 2m 이상(다만, 1개의 지지점에 2개의 달기로프로 체결하는 경우 각각의 길이는 1m 이상) |

정답 91 ④ 92 ④ 93 ④ 94 ④ 95 ③

96

작업장 계단 및 계단참의 설치기준으로 옳은 것은?

① 매제곱미터당 500킬로그램 이상의 하중에 견딜 수 있는 강도를 가진 구조로 설치할 것
② 안전율은 5 이상으로 할 것
③ 높이가 3미터를 초과하는 계단에 높이 3미터 이내마다 진행방향으로 길이 1.5미터 이상의 계단참을 설치할 것
④ 높이 2미터 이상인 계단의 개방된 측면에는 안전난간을 설치할 것

계단의 안전기준
① 안전율은 4 이상으로 할 것
② 높이가 3미터를 초과하는 계단에 높이 3미터 이내마다 진행방향으로 길이 1.2미터 이상의 계단참을 설치할 것
③ 높이 1미터 이상인 계단의 개방된 측면에는 안전난간을 설치할 것

97

콘크리트를 타설할 때 거푸집에 작용하는 콘크리트 측압에 영향을 미치는 요인과 가장 거리가 먼 것은?

① 콘크리트 타설 속도
② 콘크리트 타설 높이
③ 콘크리트의 강도
④ 기온

측압이 커지는 조건(측압의 영향요소)
① 거푸집 수평단면이 클수록
② 콘크리트 슬럼프치가 클수록
③ 거푸집의 강성이 클수록
④ 철골, 철근량이 적을수록
⑤ 콘크리트 시공연도가 좋을수록
⑥ 외기의 온도가 낮을수록
⑦ 타설 속도가 빠를수록
⑧ 다짐이 충분할수록 등

98

작업발판 및 통로의 끝이나 개구부로서 근로자가 추락할 위험이 있는 장소에서의 방호조치로 옳지 않은 것은?

① 안전난간 설치
② 와이어로프 설치
③ 울타리 설치
④ 수직형 추락방망 설치

개구부 등의 방호조치
① 안전난간, 울타리, 수직형 추락방망 또는 덮개 등의 방호조치를 충분한 강도를 가진 구조로 튼튼하게 설치하고, 덮개 설치 시 뒤집히거나 떨어지지 않도록 설치
② 안전난간 등의 설치가 매우 곤란하거나 작업의 필요상 임시로 난간 등을 해체하는 경우 추락방호망 설치(추락방호망 설치가 곤란한 경우 안전대 착용 등의 추락위험 방지조치)

99

추락에 의한 위험방지 조치사항으로 거리가 먼 것은?

① 투하설비 설치
② 작업발판 설치
③ 추락방지망 설치
④ 안전대 착용

투하설비는 높이 3m 이상인 장소에서 물체를 안전하게 투하할 때 사용하는 설비로 낙하위험방지시설에 해당한다.

100

항타기 및 항발기를 조립하는 경우 점검하여야 할 사항이 아닌 것은?

① 과부하장치 및 제동장치의 이상 유무
② 권상장치의 브레이크 및 쐐기장치 기능의 이상 유무
③ 본체 연결부의 풀림 또는 손상의 유무
④ 권상기의 설치상태의 이상 유무

항타기 항발기 조립 시 점검해야 할 사항
① 본체 연결부의 풀림 또는 손상의 유무
② 권상용 와이어로프·드럼 및 도르래의 부착상태의 이상 유무
③ 권상장치의 브레이크 및 쐐기장치 기능의 이상 유무
④ 권상기의 설치상태의 이상 유무
⑤ 리더(leader)의 버팀 방법 및 고정상태의 이상 유무
⑥ 본체·부속장치 및 부속품의 강도가 적합한지 여부
⑦ 본체·부속장치 및 부속품에 심한 손상·마모·변형 또는 부식이 있는지 여부

정답 96 ① 97 ③ 98 ② 99 ① 100 ①

Chapter 17

2023년 7월 8일~7월 23일 | CBT 기출복원문제

1과목 산업재해 예방 및 안전보건교육

01
재해발생의 주요원인 중 불안전한 상태에 해당하지 않는 것은?

① 기계설비 및 장비의 결함
② 부적절한 조명 및 환기
③ 작업장소의 정리·정돈 불량
④ 보호구 미착용

불안전한 행동과 상태의 분류	
불안전한 상태	물 자체의 결함, 안전방호장치의 결함, 복장·보호구의 결함, 물의 배치 및 작업장소 불량, 작업환경의 결함, 생산공정의 결함, 경계표시·설비의 결함, 기타
불안전한 행동	위험장소의 접근, 안전방호장치의 기능제거, 복장·보호구의 잘못 사용, 기계·기구의 잘못 사용, 운전 중인 기계장치의 손질, 불안전한 속도조작, 위험물 취급 부주의, 불안전 상태 방치, 불안전한 자세동작, 감독 및 연락 불충분, 기타

02 ★빈출

산업안전보건법령상 근로자 안전·보건 교육의 기준으로 틀린 것은?

① 사무직 종사 근로자의 정기교육 : 매반기 6시간 이상
② 일용근로자의 채용시의 교육: 1시간 이상
③ 근로계약기간이 1주일 이하인 기간제 근로자의 작업내용 변경 시 교육: 1시간 이상
④ 건설 일용 근로자의 건설업 기초안전·보건교육: 2시간 이상

근로자 안전보건 교육

교육과정	교육대상		교육시간
가. 정기교육	사무직 종사 근로자		매반기 6시간 이상
	그 밖의 근로자	판매업무에 직접 종사하는 근로자	매반기 6시간 이상
		판매업무에 직접 종사하는 근로자 외의 근로자	매반기 12시간 이상
나. 채용 시 교육	일용근로자 및 근로계약기간이 1주일 이하인 기간제근로자		1시간 이상
	근로계약기간이 1주일 초과 1개월 이하인 기간제근로자		4시간 이상
	그 밖의 근로자		8시간 이상
다. 작업내용 변경 시 교육	일용근로자 및 근로계약기간이 1주일 이하인 기간제근로자		1시간 이상
	그 밖의 근로자		2시간 이상
라. 특별교육	일용근로자 및 근로계약기간이 1주일 이하인 기간제근로자: 특별교육대상 작업별 교육에 해당하는 작업 종사 근로자	타워크레인 작업 시 신호업무 작업에 종사하는 근로자 제외	2시간 이상
		타워크레인 작업 시 신호업무 작업에 종사하는 근로자에 한정	8시간 이상
	일용근로자 및 근로계약기간이 1주일 이하인 기간제근로자를 제외한 근로자: 특별교육대상 작업별 교육에 해당하는 작업 종사 근로자에 한정		- 16시간 이상 (최초 작업에 종사하기 전 4시간 이상 실시하고 12시간은 3개월 이내에서 분할하여 실시가능) - 단기간 작업 또는 간헐적 작업인 경우에는 2시간 이상
마. 건설업 기초안전·보건교육	건설 일용근로자		4시간 이상

tip
2023년 법령개정. 문제 및 해설은 개정된 내용 적용

정답 01 ④ 02 ④

03
토의법의 유형 중 다음에서 설명하는 것은?

> 교육과제에 정통한 전문가 4~5명이 피교육자 앞에서 자유로이 토의를 실시한 다음에 피교육자 전원이 참가하여 사회자의 사회에 따라 토의하는 방법

① 포럼(forum)
② 패널 디스커션(panel discussion)
③ 심포지엄(symposium)
④ 버즈 세션(buzz session)

패널 디스커션(panel discussion)

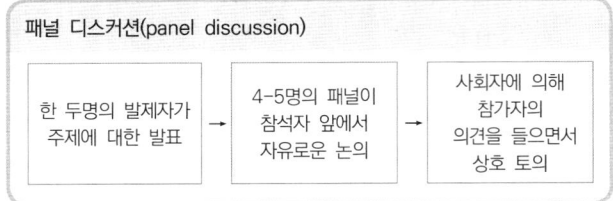

한 두명의 발제자가 주제에 대한 발표 → 4-5명의 패널이 참석자 앞에서 자유로운 논의 → 사회자에 의해 참가자의 의견을 들으면서 상호 토의

04
학습정도(level of learning)의 4단계 요소가 아닌 것은?

① 지각　　　　　　② 적용
③ 인지　　　　　　④ 정리

학습의 목적

구성 3요소	① 목표　② 주제　③ 학습정도
진행 4단계	① 인지 → ② 지각 → ③ 이해 → ④ 적용

05
안전관리조직의 형태 중 라인·스탭형에 대한 설명으로 틀린 것은?

① 안전스탭은 안전에 관한 기획·입안·조사·검토 및 연구를 행한다.
② 안전업무를 전문적으로 담당하는 스탭 및 생산라인의 각 계층에도 겸임 또는 전임의 안전담당자를 둔다.
③ 모든 안전관리업무를 생산라인을 통하여 직선적으로 이루어지도록 편성된 조직이다.
④ 대규모 사업장(1000명 이상)에 효율적이다.

라인형 조직
① 계획에서부터 실시까지의 안전관리를 생산라인을 통하여 이루어지도록 편성된 조직으로 50인 미만의 소규모 사업장에 적합한 조직으로 명령계통이 직선적으로 이루어져 안전대책의 실시가 신속하다.
② 안전에 관한 전문지식이 부족하고 안전에 관한 정보가 불충분하여 형식적인 안전관리가 이루어질 우려가 있다.

06
안전모의 시험성능기준 항목이 아닌 것은?

① 내관통성　　　　② 충격흡수성
③ 내구성　　　　　④ 난연성

안전모의 성능기준

항목	시험성능기준
내관통성	AE, ABE종 안전모는 관통거리가 9.5mm 이하이고, AB종 안전모는 관통거리가 11.1mm 이하이어야 한다.
충격 흡수성	최고전달충격력이 4,450N을 초과해서는 안되며, 모체와 착장체의 기능이 상실되지 않아야 한다.
내전압성	AE, ABE종 안전모는 교류 20kW에서 1분간 절연파괴 없이 견뎌야 하고, 이때 누설되는 충전전류는 10mA 이하이어야 한다.
내수성	AE, ABE종 안전모는 질량증가율이 1% 미만이어야 한다.
난연성	모체가 불꽃을 내며 5초 이상 연소되지 않아야 한다.
턱끈풀림	150N 이상 250N 이하에서 턱끈이 풀려야 한다.

07
안전교육 방법 중 TWI의 교육과정이 아닌 것은?

① 작업지도훈련　　　② 인간관계훈련
③ 정책수립훈련　　　④ 작업방법훈련

TWI(Training with industry)교육과정
① Job Method Training(J.M.T): 작업방법훈련(작업개선법)
② Job Instruction Training(J.I.T): 작업지도훈련(작업지도법)
③ Job Relations Training(J.R.T): 인간관계훈련(부하통솔법)
④ Job Safety Training(J.S.T): 작업안전훈련(안전관리법)

정답　03 ②　04 ④　05 ③　06 ③　07 ③

08

재해율 중 재직 근로자 1,000명당 1년간 발생하는 재해자 수를 나타내는 것은?

① 연천인율
② 도수율
③ 강도율
④ 종합재해지수

> **연천인율**
> ① 근로자 1,000명당 연간 발생하는 재해자 수를 나타낸다.
> ② 공식 : 연천인율 = $\frac{\text{연간재해자수}}{\text{연평균근로자수}} \times 1,000$

09

모랄 서베이(Morale Survey)의 효용이 아닌 것은?

① 조직 또는 구성원의 성과를 비교·분석한다.
② 종업원의 정화(Catharsis)작용을 촉진시킨다.
③ 경영관리를 개선하는 자료를 얻는다.
④ 근로자의 심리 또는 욕구를 파악하여 불만을 해소하고, 노동의욕을 높인다.

> **모랄 서베이의 기대효과**
> ① 경영관리 개선의 자료수집
> ② 근로자의 심리, 욕구파악 → 불만해소 → 근로의욕 향상
> ③ 근로자의 정화작용 촉진

10

내전압용 절연장갑의 성능기준상 최대 사용전압에 따른 절연장갑의 구분 중 00등급의 색상으로 옳은 것은?

① 노란색
② 흰색
③ 녹색
④ 갈색

내전압용 절연장갑의 등급 및 표시

등급	최대사용전압		등급별 색상
	교류(V, 실효값)	직류(V)	
00	500	750	갈색
0	1,000	1,500	빨강색
1	7,500	11,250	흰색
2	17,000	25,500	노랑색
3	26,500	39,750	녹색
4	36,000	54,000	등색

11

산업안전보건법상 중대재해에 해당하지 않는 것은?

① 사망자가 2명 발생한 재해
② 6개월 요양을 요하는 부상자가 동시에 4명 발생한 재해
③ 부상자 또는 직업성 질병자가 동시에 12명 발생한 재해
④ 3개월 요양을 요하는 부상자가 1명, 2개월 요양을 요하는 부상자가 4명 발생한 재해

> **중대재해**
> ① 사망자가 1명 이상 발생한 재해
> ② 3개월 이상의 요양이 필요한 부상자가 동시에 2명 이상 발생한 재해
> ③ 부상자 또는 직업성 질병자가 동시에 10명 이상 발생한 재해

12

산업안전보건법령상 특별안전·보건 교육의 대상 작업에 해당하지 않는 것은?

① 석면해체·제거 작업
② 밀폐된 장소에서 하는 용접 작업
③ 화학설비 취급품의 검수·확인 작업
④ 2m 이상의 콘크리트 인공구조물의 해체 작업

> 화학설비에 관한 사항으로는 화학설비의 탱크 내 작업, 화학설비 중 반응기, 교반기, 추출기의 사용 및 세척작업 등에 관한 사항이 특별안전·보건 교육의 대상 작업에 해당된다.

13

주의(Attention)의 특징 중 여러 종류의 자극을 자각할 때, 소수의 특정한 것에 한하여 주의가 집중되는 것은?

① 선택성
② 방향성
③ 변동성
④ 검출성

> **주의의 특성**
>
> | | |
> |---|---|
> | 선택성 | 동시에 두 개 이상의 방향에 집중하지 못하고 소수의 특정한 것에 한하여 선택한다. |
> | 변동성 | 고도의 주의는 장시간 지속할 수 없고 주기적으로 부주의 리듬이 존재한다. |
> | 방향성 | 한 지점에 주의를 집중하면 주변 다른 곳의 주의는 약해진다 (주시점만 인지) |

정답 08 ① 09 ① 10 ④ 11 ④ 12 ③ 13 ①

14

제조업자는 제조물의 결함으로 인하여 생명·신체 또는 재산에 손해를 입은 자에게 그 손해를 배상하여야 하는데 이를 무엇이라 하는가? (단, 당해 제조물에 대해서만 발생한 손해는 제외한다.)

① 입증 책임
② 담보 책임
③ 연대 책임
④ 제조물 책임

제조물 책임법의 목적
제조물 결함으로 인한 손해 → 제조업자 등의 손해배상 책임규정 → 피해자 보호도모 → 국민생활 안전 향상 → 국민경제의 건전한 발전에 기여

15

방독마스크의 정화통 색상으로 틀린 것은?

① 유기화합물용 - 갈색
② 할로겐용 - 회색
③ 황화수소용 - 회색
④ 암모니아용 - 노란색

암모니아용은 녹색이며, 노란색은 아황산용에 해당된다.

16

인지과정 착오의 요인이 아닌 것은?

① 정서 불안정
② 감각차단 현상
③ 작업자의 기능미숙
④ 생리·심리적 능력의 한계

인지과정 착오
① 생리적, 심리적 능력의 한계(정보수용능력의 한계)
② 정보량 저장의 한계
③ 감각차단 현상(감성 차단)
④ 심리적 요인(정서불안정, 불안 등)

tip
작업자의 기술능력이 미숙하거나 경험 부족에서 발생하는 것은 조작과정 착오에 해당

17

태풍, 지진 등의 천재지변이 발생한 경우나 이상상태 발생 시 기능상 이상 유·무에 대한 안전점검의 종류는?

① 일상점검
② 정기점검
③ 수시점검
④ 특별점검

특별점검
① 기계, 기구, 설비의 신설변경 또는 고장, 수리 등을 할 경우
② 정기점검기간을 초과하여 사용하지 않던 기계설비를 다시 사용하고자 할 경우
③ 강풍 또는 지진 등의 천재지변 후

18

기능(기술)교육의 진행방법 중 하버드 학파의 5단계 교수법의 순서로 옳은 것은?

① 준비 → 연합 → 교시 → 응용 → 총괄
② 준비 → 교시 → 연합 → 총괄 → 응용
③ 준비 → 총괄 → 연합 → 응용 → 교시
④ 준비 → 응용 → 총괄 → 교시 → 연합

하버드학파의 교수법 5단계
① 1단계 : 준비시킨다.
② 2단계 : 교시한다.
③ 3단계 : 연합한다.
④ 4단계 : 총괄시킨다.
⑤ 5단계 : 응용시킨다.

19

의식수준 5단계 중 긴급 이상상태를 의식할 때의 행동처럼 의식수준이 가장 적극적이며, 신뢰성이 가장 높은 상태에 해당하는 단계는?

① Phase Ⅰ
② Phase Ⅱ
③ Phase Ⅲ
④ Phase Ⅳ

의식수준의 단계
① Phase 0 : 무의식, 수면, 뇌발작 등
② Phase Ⅰ : 단조로움, 피로, 졸음, 술취함 등
③ Phase Ⅱ : 휴식 시, 정상작업 시, 이완 상태 등
④ Phase Ⅲ : 판단을 동반한 행동, 적극활동, 긴급 이상상태 의식 등
⑤ Phase Ⅳ : 과긴장 상태, 주의의 일점집중현상 등

정답 14 ④ 15 ④ 16 ③ 17 ④ 18 ② 19 ③

20

재해예방의 4원칙에 해당하는 내용이 아닌 것은?

① 예방가능의 원칙
② 원인계기의 원칙
③ 손실우연의 원칙
④ 사고조사의 원칙

> **하인리히의 재해예방의 4원칙**
>
> | 손실우연의 원칙 | 사고에 의해서 생기는 상해의 종류 및 정도는 우연적이라는 원칙 |
> |---|---|
> | 예방가능의 원칙 | 재해는 원칙적으로 예방이 가능하다는 원칙 |
> | 원인계기의 원칙 | 재해의 발생은 직접원인으로만 일어나는 것이 아니라 간접원인이 연계되어 일어난다는 원칙 |
> | 대책선정의 원칙 | 원인의 정확한 분석에 의해 가장 타당한 재해예방 대책이 선정되어야 한다는 원칙 |

2과목   인간공학 및 위험성 평가·관리

21

체계 분석 및 설계에 있어서 인간공학의 가치와 가장 거리가 먼 것은?

① 성능의 향상
② 훈련비용의 증가
③ 사용자의 수용도 향상
④ 생산 및 보전의 경제성 증대

> **인간공학의 가치(보기 외에)**
> ① 훈련 비용의 절감
> ② 인력의 이용률의 향상
> ③ 사고 및 오용으로부터의 손실 감소

22

작업기억과 관련된 설명으로 틀린 것은?

① 단기기억이라고도 한다.
② 오랜 기간 정보를 기억하는 것이다.
③ 작업기억 내의 정보는 시간이 흐름에 따라 쇠퇴할 수 있다.
④ 리허설(rehearsal)은 정보를 작업기억 내에 유지하는 유일한 방법이다.

> **작업기억**
>
> 현재 주의를 기울여 의식하고 있는 기억으로 감각기관을 통해 입력된 정보를 단기적으로 기억하며 능동적으로 이해하고 조작하는 과정을 말한다.

23

의자의 등받이 설계에 관한 설명으로 가장 적절하지 않은 것은?

① 등받이 폭은 최소 30.5cm가 되게 한다.
② 등받이 높이는 최소 50cm가 되게 한다.
③ 의자의 좌판과 등받이 각도는 90~105°를 유지한다.
④ 요부받침의 높이는 25~35cm로 하고 폭은 30.5cm로 한다.

> 요부받침의 높이는 15.2~22.9cm로 하고 폭은 30.5cm로 한다.

24

FT도에 의한 컷셋(cut set)이 다음과 같이 구해졌을 때 최소 컷셋(mimimal cut set)으로 맞는 것은?

$$(X_1, X_3) \ (X_1, X_2, X_3) \ (X_1, X_3, X_4)$$

① (X_1, X_3)
② (X_1, X_2, X_3)
③ (X_1, X_3, X_4)
④ (X_1, X_2, X_3, X_4)

> **미니멀 컷셋**
>
> 컷셋의 집합 중에서 정상사상을 일으키기 위하여 필요한 최소한의 컷셋으로 정상사상인 결함을 발생시키므로 시스템이 고장나는 상황을 나타낸다.(중복된 사상과 중복된 컷을 제거)

정답   20 ④   21 ②   22 ②   23 ④   24 ①

25

단일 차원의 시각적 암호 중 구성암호, 영문자 암호, 숫자암호에 대하여 암호로서의 성능이 가장 좋은 것부터 배열한 것은?

① 숫자암호 - 영문자암호 - 구성암호
② 구성암호 - 숫자암호 - 영문자암호
③ 영문자암호 - 숫자암호 - 구성암호
④ 영문자암호 - 구성암호 - 숫자암호

> **숫자, 영자, 기하적 형상 등의 비교실험**
> 숫자, 색 암호의 성능 우수 → 다음으로 영자 → 형상암호 → 구성암호의 순

26 빈출

그림과 같은 시스템에서 전체 시스템의 신뢰도는 얼마인가? (단, 네모 안의 숫자는 각 부품의 신뢰도이다.)

① 0.4104
② 0.4617
③ 0.6314
④ 0.6804

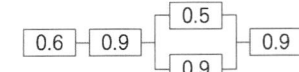

> **신뢰도 계산**
> $R_s = 0.6 \times 0.9\{1-(1-0.5)(1-0.9)\} \times 0.9 = 0.4617$

27 빈출

건습지수로서 습구온도와 건구온도의 가중평균치를 나타내는 Oxford 지수의 공식으로 맞는 것은?

① WD = 0.65WB + 0.35DB
② WD = 0.75WB + 0.25DB
③ WD = 0.85WB + 0.15DB
④ WD = 0.95WB + 0.05DB

> **Oxford 지수**
> ① 습건(WD) 지수라고도 부르며, 습구온도(W)와 건구온도(D)의 가중평균치로 정의
> ② WD = 85W + 0.15D

28

시스템의 정의에 포함되는 조건 중 틀린 것은?

① 제약된 조건 없이 수행
② 요소의 집합에 의해 구성
③ 시스템 상호 간에 관계를 유지
④ 어떤 목적을 위하여 작용하는 집합체

> **시스템이란(체계의 특성)**
> ① 여러 개의 요소, 또는 요소의 집합에 의해 구성되고(집합성)
> ② 그것이 서로 상호관계를 가지면서(관련성)
> ③ 정해진 조건 하에서
> ④ 어떤 목적을 달성하기 위해 작용하는 집합체(목적 추구성)

29

체계분석 및 설계에 있어서 인간공학적 노력의 효능을 산정하는 척도의 기준에 포함되지 않는 것은?

① 성능의 향상
② 훈련비용의 절감
③ 인력 이용률의 저하
④ 생산 및 보전의 경제성 향상

> **체계 설계과정에서의 인간공학의 가치**
> ① 성능의 향상
> ② 생산 및 정비유지의 경제성 증대
> ③ 훈련비용의 절감
> ④ 인력의 이용률의 향상
> ⑤ 사용자의 수용도 향상
> ⑥ 사고 및 오용으로부터의 손실 감소

30

인간의 기대하는 바와 자극 또는 반응들이 일치하는 관계를 무엇이라 하는가?

① 관련성 ② 반응성
③ 양립성 ④ 자극성

> **양립성(Compatibility)**
> 인간의 기대와 모순되지 않아야 하는 것을 말하며, 공간적, 운동, 개념적, 양식 양립성이 있다.

정답 25 ① 26 ② 27 ③ 28 ① 29 ③ 30 ③

31

인간-기계시스템에 대한 평가에서 평가 척도나 기준(criteria)으로서 관심의 대상이 되는 변수는?

① 독립변수　　　② 종속변수
③ 확률변수　　　④ 통제변수

연구에 사용되는 변수	
독립변수	관찰하고자 하는 현상의 원인에 해당하는 변수(실험변수)
종속변수	평가척도나 기준으로서 관심의 대상이 되는 변수(기준)
통제변수	종속변수에 영향을 미칠 수 있지만 독립변수에 포함되지 않는 변수

32

암호체계 사용상의 일반적인 지침에 해당하지 않는 것은?

① 암호의 검출성　　　② 부호의 양립성
③ 암호의 표준화　　　④ 암호의 단일 차원화

암호체계 사용상의 일반적 지침
① 암호의 검출성　② 암호의 변별성
③ 부호의 양립성　④ 부호의 의미
⑤ 암호의 표준화　⑥ 다차원 암호의 사용

33

위험조정을 위해 필요한 기술은 조직형태에 따라 다양하며 4가지로 분류하였을 때 이에 속하지 않는 것은?

① 전가(transfer)　　　② 보류(retention)
③ 계속(continuation)　④ 감축(reduction)

위험의 처리기술
① 회피(avoidance)　② 감축(reduction)
③ 보류(retention)　④ 전가(transfer)

34

광원으로부터의 직사 휘광을 줄이기 위한 방법으로 적절하지 않은 것은?

① 휘광원 주위를 어둡게 한다.
② 가리개, 갓, 차양 등을 사용한다.
③ 광원을 시선에서 멀리 위치시킨다.
④ 광원의 수는 늘리고 휘도는 줄인다.

광원으로부터의 직사휘광 처리
① 광원의 휘도를 줄이고 수를 늘린다.
② 광원을 시선에서 멀리위치 시킨다.
③ 휘광원 주위를 밝게하여 광도비를 줄인다.
④ 가리개(shield), 갓(hood), 혹은 차양(visor)을 사용한다.

35

다음의 설명에서 (　　) 안의 내용을 맞게 나열한 것은?

40phon은 (㉠)sone을 나타내며, 이는 (㉡)dB의 (㉢)Hz 순음의 크기를 나타낸다.

① ㉠ 1, ㉡ 40, ㉢ 1000
② ㉠ 1, ㉡ 32, ㉢ 1000
③ ㉠ 2, ㉡ 40, ㉢ 2000
④ ㉠ 2, ㉡ 32, ㉢ 2000

Sone에 의한 음량
① 다른 음의 상대적인 주관적 크기 비교
② 40dB의 1000Hz 순음의 크기(= 40Phon)를 1sone
③ 기준음보다 10배 크게 들리는 음은 10sone의 음량

정답 31 ② 32 ④ 33 ③ 34 ① 35 ①

36

다음 형상 암호화 조종장치 중 이산 멈춤 위치용 조종장치는?

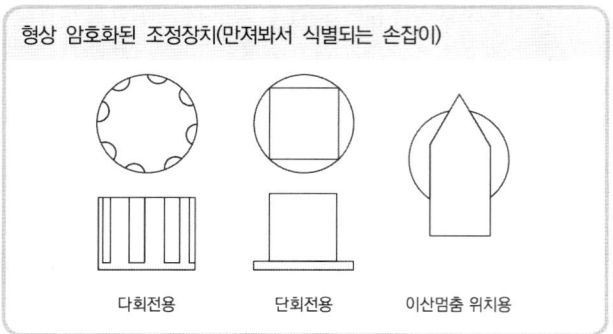

37

작업자의 작업공간과 관련된 내용으로 옳지 않은 것은?

① 서서 작업하는 작업공간에서 발바닥을 높이면 뻗침길이가 늘어난다.
② 서서 작업하는 작업공간에서 신체의 균형에 제한을 받으면 뻗침길이가 늘어난다.
③ 앉아서 작업하는 작업공간은 동적 팔뻗침에 의해 포락면(reach envelope)의 한계가 결정된다.
④ 앉아서 작업하는 작업공간에서 기능적 팔뻗침에 영향을 주는 제약이 적을수록 뻗침 길이가 늘어난다.

> 작업공간
> ① 작업대는 작업자의 신체에 불필요한 긴장을 주지 않으며, 균형잡힌 상태로 작업이 가능하도록 설계되어야 한다.
> ② 서서 작업하는 작업공간에서 신체의 균형에 제한을 받게되면 뻗침길이는 줄어든다.

38

활동의 내용마다 "우·양·가·불가"로 평가하고 이 평가내용을 합하여 다시 종합적으로 정규화하여 평가하는 안정성 평가기법은?

① 평점척도법   ② 쌍대비교법
③ 계층적 기법 ④ 일관성 검정법

> 평점척도법
> 학습결과나 태도 등을 평가할 때 숫자, 기호, 문자 등을 사용하여 해당되는 범주를 구분하거나 일정한 수치를 부여하여 평점하는 방법으로 일반적으로 3점, 5점, 7점 척도를 주로 사용한다.

39

시스템 수명주기 단계 중 이전 단계들에서 발생되었던 사고 또는 사건으로부터 축적된 자료에 대해 실증을 통한 문제를 규명하고 이를 최소화하기 위한조치를 마련하는 단계는?

① 구상단계   ② 정의단계
③ 생산단계   ④ 운전단계

> 시스템의 수명주기
>
> | 단계 | 안전관련활동 |
> |---|---|
> | 구상 (concept) | 시작단계로 시스템의 사용목적과 기능, 기초적인 설계사항의 구상, 시스템과 관련된 기본적 사항 검토 등 |
> | 정의 (definition) | 시스템개발의 가능성과 타당성 확인, SSPP 수행, 위험성 분석의 종류 결정 및 분석, 생산물의 적합성 검토, 시스템 안전 요구사양 결정 등 |
> | 개발 (development) | 시스템개발의 시작단계, 제품생산을 위한 구체적인 설계사항 결정 및 검토, FMEA진행 및 신뢰성공학과의 연계성 검토, 시스템의 안전성 평가, 생산계획추진의 최종결정 등 |
> | 생산 (production) | 품질관리 부서와의 상호협력, 안전교육의 시작, 설계변경에 따른 수정작업, 이전 단계의 안전수준이 유지되는지 확인 등 |
> | 배치 및 운용 (deployment) | 시스템 운용 및 보전과 관련된 교육 실행, 발생한 사고, 고장, 사건 등의 자료수집 및 조사, 운용활동 및 프로그램 절차의 평가, 안전점검기준에 따른 평가 등 |
> | 폐기 (disposal) | 정상적 시스템 수명후의 폐기절차와 긴급 폐기절차의 검토 및 감시 등 (시스템의 유해위험성이 있는 부분의 폐기절차는 개발단계에서 검토) |

정답 36 ① 37 ② 38 ① 39 ④

40

사용자의 잘못된 조작 또는 실수로 인해 기계의 고장이 발생하지 않도록 설계하는 방법은?

① FMEA
② HAZOP
③ fail safe
④ fool proof

> **Fool-proof**
> ① 해당 기계 설비에 대하여 사전지식이 없는 작업자가 기계를 취급하거나 오조작을 하여도 위험이나 실수가 발생하지 않도록 설계된 구조를 말하며 본질적인 안전화를 의미한다.
> ② 인간의 실수가 있어도 안전장치가 설치되어 사고나 재해로 연결되지 않는 안전한 구조를 말한다.

3과목 기계·기구 및 설비 안전 관리

41

프레스의 제작 및 안전기준에 따라 프레스의 각 항목이 표시된 이름판을 부착해야 하는데 이 이름판에 나타내어야 하는 항목이 아닌 것은?

① 압력능력 또는 전단능력
② 제조연월
③ 안전인증의 표시
④ 정격하중

> **프레스의 제작 및 안전기준(압력능력의 표시)**
> ① 압력능력(전단기는 전단능력)
> ② 사용전기설비의 정격
> ③ 제조자명
> ④ 제조연월
> ⑤ 안전인증의 표시
> ⑥ 형식 또는 모델번호
> ⑦ 제조번호

42

동력식 수동대패기계의 덮개와 송급 테이블면과의 간격기준은 몇 mm이하여야 하는가?

① 3
② 5
③ 8
④ 12

> **동력식 수동대패기의 안전**
> ① 가동식 방호장치는 스프링의 복원력 상태 및 날과 덮개와의 접촉유무를 확인한다.
> ② 가동부의 고정상태 및 작업자의 접촉으로 인한 위험성 유무를 확인한다.
> ③ 날접촉 예방장치인 덮개와 송급테이블면과의 간격이 8mm 이하이어야 한다.

43

기계나 그 부품에 고장이나 기능 불량이 생겨도 항상 안전하게 작동하는 안전화 대책은?

① fool proof
② fail safe
③ risk management
④ hazard diagnosis

> **페일세이프(fail safe)**
> 조작상의 과오로 기기의 일부에 고장이 발생해도 다른 부분의 고장이 발생하는 것을 방지하거나 또는 어떤 사고를 사전에 방지하고 안전측으로 작동하도록 설계하는 방법

44

다음 중 연삭기의 원주속도 V(m/s)를 구하는 식으로 옳은 것은? (단, 는 숫돌의 지름(m), 은 회전수(rpm))

① $V = \dfrac{\pi D n}{16}$
② $V = \dfrac{\pi D n}{32}$
③ $V = \dfrac{\pi D n}{60}$
④ $V = \dfrac{\pi D n}{1000}$

> **연삭기의 원주속도**
> 원주속도 $= \pi D(\text{mm}) N(\text{rpm}) (\text{m/min}) = \dfrac{\pi D n}{60} (\text{m/s})$

정답 40 ④ 41 ④ 42 ③ 43 ② 44 ③

45
산업안전보건법령에 따라 다음 중 덮개 혹은 울을 설치하여야 하는 경우나 부위에 속하지 않는 것은?

① 목재가공용 띠톱기계를 제외한 띠톱기계에서 절단에 필요한 톱날 부위 외의 위험한 톱날 부위
② 선반으로부터 돌출하여 회전하고 있는 가공물이 근로자에게 위험을 미칠 우려가 있는 경우
③ 보일러에서 과열에 의한 압력상승으로 인해 사용자에게 위험을 미칠 우려가 있는 경우
④ 연삭기 또는 평삭기의 테이블, 형삭기 램 등의 행정 끝이 근로자에게 위험을 미칠 우려가 있는 경우

> **덮개 또는 울 등을 설치해야 하는 경우**
> ① 연삭기 또는 평삭기의 테이블, 형삭기 램 등의 행정 끝이 위험을 미칠 경우
> ② 선반 등으로부터 돌출하여 회전하고 있는 가공물이 위험을 미칠 경우
> ③ 띠톱기계(목재가공용 띠톱기계 제외)의 절단에 필요한 톱날부위 외의 위험한 톱날부위

46 빈출
산업안전보건법령에서 규정하는 양중기에 속하지 않는 것은?

① 호이스트   ② 이동식 크레인
③ 곤돌라   ④ 체인블록

> **양중기의 종류**
> ① 크레인(호이스트 포함)
> ② 이동식 크레인
> ③ 리프트(이삿짐운반용리프트는 적재하중이 0.1톤 이상인 것으로 한정)
> ④ 곤돌라
> ⑤ 승강기(최대하중이 0.25톤 이상인 것으로 한정)

47
산업용 로봇에 사용되는 안전매트에 요구되는 일반 구조 및 표시에 관한 설명으로 옳지 않은 것은?

① 단선경보장치가 부착되어 있어야 한다.
② 감응시간을 조절하는 장치는 부착되어 있지 않아야 한다.
③ 자율안전확인의 표시 외에 작동하중, 감응시간, 복귀신호의 자동 또는 수동여부, 대소인공용 여부를 추가로 표시해야 한다.
④ 감응도 조절장치가 있는 경우 봉인되어 있지 않아야 한다.

> **안전매트의 일반구조**
> ① 단선경보장치가 부착되어 있어야 한다.
> ② 감응시간을 조절하는 장치는 부착되어 있지 않아야 한다.
> ③ 감응도 조절장치가 있는 경우 봉인되어 있어야 한다.

48
금형 작업의 안전과 관련하여 금형 부품 조립 시의 주의사항으로 틀린 것은?

① 맞춤 핀을 조립할 때에는 헐거운 끼워맞춤으로 한다.
② 파일럿 핀, 직경이 작은 펀치, 핀 게이지 등의 삽입부품은 빠질 위험이 있으므로 플랜지를 설치하는 등 이탈 방지대책을 세워둔다.
③ 쿠션 핀을 사용할 경우에는 상승 시 누름판의 이탈방지를 위하여 단붙임한 나사로 견고히 조여야 한다.
④ 가이드 포스트, 샹크는 확실하게 고정한다.

> 맞춤 핀을 사용할 때에는 억지 끼워맞춤으로 한다. 상형에 사용할 때에는 낙하방지의 대책을 세워둔다.

49
선반 작업 시 주의사항으로 틀린 것은?

① 회전 중에 가공품을 직접 만지지 않는다.
② 공작물의 설치가 끝나면 척에서 렌치류는 곧바로 제거한다.
③ 칩(chip)이 비산할 때는 보안경을 쓰고 방호판을 설치하여 사용한다.
④ 돌리개는 적정 크기의 것을 선택하고, 심압대 스핀들은 가능한 길게 나오도록 한다.

> **선반 작업 시 안전기준**
> ① 가공물 조립 시 반드시 스위치 차단 후 바이트 충분히 연 다음 실시
> ② 가공물 장착 후에는 척 렌치를 바로 벗겨 놓는다.
> ③ 무게가 편중된 가공물은 균형추 부착
> ④ 바이트 설치는 반드시 기계 정지 후 실시
> ⑤ 돌리개는 적당한 것을 선택하고, 심압대 스핀들은 지나치게 길게 나오지 않도록 한다.

정답 45 ③ 46 ④ 47 ④ 48 ① 49 ④

50
다음 중 기계 고장률의 기본 모형이 아닌 것은?

① 초기 고장
② 우발 고장
③ 영구 고장
④ 마모 고장

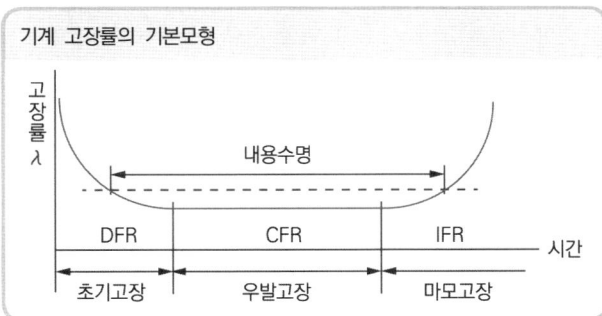

기계 고장률의 기본모형

51
다음과 같은 작업조건일 경우 와이어로프의 안전율은?

작업대에서 사용된 와이어로프 1줄의 파단 하중이 100kN, 인양하중이 40kN, 로프의 줄 수가 2줄

① 2
② 2.5
③ 4
④ 5

와이어로프의 안전율

$$안전율(S) = \frac{로프의 가닥수(N) \times 로프의 파단하중(P)}{안전하중(최대사용하중, W)}$$
$$= \frac{2 \times 100}{40} = 5$$

52
프레스기에 사용하는 양수조작식 방호장치의 일반구조에 관한 설명 중 틀린 것은?

① 1행정 1정지 기구에 사용할 수 있어야 한다.
② 누름버튼을 양 손으로 동시에 조작하지 않으면 작동시킬 수 없는 구조이어야 한다.
③ 양쪽버튼의 작동시간 차이는 최대 0.5초 이내일 때 프레스가 동작되도록 해야 한다.
④ 방호장치는 사용전원전압의 ±50%의 변동에 대하여 정상적으로 작동되어야 한다.

양수조작식 방호장치

방호장치는 릴레이, 리미트스위치 등의 전기부품의 고장, 전원전압의 변동 및 정전에 의해 슬라이드가 불시에 동작하지 않아야 하며, 사용전원전압의 ±(100분의 20)의 변동에 대하여 정상으로 작동되어야 한다.

53
산업안전보건법령에 따라 아세틸렌 발생기실에 설치해야 할 배기통은 얼마 이상의 단면적을 가져야 하는가?

① 바닥면적의 $\frac{1}{16}$
② 바닥면적의 $\frac{1}{20}$
③ 바닥면적의 $\frac{1}{24}$
④ 바닥면적의 $\frac{1}{30}$

발생기실의 구조

① 벽은 불연성의 재료로 하고 철근콘크리트 기타 이와 동등 이상의 강도를 가진 구조로 할 것
② 지붕 및 천장에는 얇은 철판이나 가벼운 불연성 재료를 사용할 것
③ 바닥면적의 16분의 1 이상의 단면적을 가진 배기통을 옥상으로 돌출시키고 그 개구부를 창 또는 출입구로부터 1.5m 이상 떨어지도록 할 것
④ 출입구의 문은 불연성 재료로 하고 두께 1.5mm 이상의 철판 기타 이와 동등 이상의 강도를 가진 구조로 할 것
⑤ 벽과 발생기 사이에는 발생기의 조정 또는 카바이드 공급 등의 작업을 방해하지 아니하도록 간격을 확보할 것

정답 50 ③ 51 ④ 52 ④ 53 ①

54

피복 아크 용접 작업 시 생기는 결함에 대한 설명 중 틀린 것은?

① 스패터(spatter) : 용융된 금속의 작은 입자가 튀어나와 모재에 묻어있는 것
② 언더컷(under cut) : 전류가 과대하고 용접속도가 너무 빠르며, 아크를 짧게 유지하기 어려운 경우 모재 및 용접부의 일부가 녹아서 발생하는 홈 또는 오목하게 생긴 부분
③ 크레이터(crater) : 용착금속 속에 남아있는 가스로 인하여 생긴 구멍
④ 오버랩(overlap) : 용접봉의 운행이 불량하거나 용접봉의 용융 온도가 모재보다 낮을 때 과잉 용착금속이 남아있는 부분

용접부의 결함

종류	상태
언더컷 (under cut)	용착금속이 채워지지 않고 홈으로 남게 된 부분
오버랩 (over lap)	용융된 금속이 모재위에 겹쳐지는 상태
블로홀 (blow hole)	용착금속에 방출가스로 인해 생긴 기포나 작은 틈
피트(pit)	용접 부위에 생기는 작은 구멍이나 미세한 갈라짐
크레이터 (crater)	용접 중에 아크를 중단시키면 중단된 부분이 오목하거나 납작하게 파진 모습으로 남게 되는 것
스패터 (spatter)	용융된 금속의 작은 입자가 튀어나와 모재에 묻어있는 것

55

프레스 작업 중 작업자의 신체일부가 위험한 작업점으로 들어가면 자동적으로 정지되는 기능이 있는데, 이러한 안전 대책을 무엇이라 하는가?

① 풀 프루프(fool proof)
② 페일 세이프(fail safe)
③ 인터록(inter lock)
④ 리미트 스위치(limit switch)

fail safe와 fool proof

① fail safe : 기계 또는 설비에 이상이나 오동작이 발생하여도 안전사고를 발생시키지 않도록 2중 또는 3중으로 통제를 가하도록 한 체계
② fool proof : 사용자가 비록 잘못된 조작을 하더라도 이로 인해 전체의 고장이 발생되지 아니하도록 하는 설계방법

56

산업안전보건법령상 연삭숫돌의 시운전에 관한 설명으로 옳은 것은?

① 연삭숫돌의 교체 시에는 바로 사용할 수 있다.
② 연삭숫돌의 교체 시 1분 이상 시운전을 하여야 한다.
③ 연삭숫돌의 교체 시 2분 이상 시운전을 하여야 한다.
④ 연삭숫돌의 교체 시 3분 이상 시운전을 하여야 한다.

연삭기의 안전작업

직경이 5cm 이상인 연삭숫돌에는 덮개를 설치해야 하며, 작업시작전 1분 이상, 연삭숫돌 교체 시 3분 이상 시운전해야 한다.

57

보일러수 속에 불순물 농도가 높아지면서 수면에 거품이 형성되어 수위가 불안정하게 되는 현상은?

① 포밍
② 서징
③ 수격현상
④ 공동현상

포밍(Foaming)

보일러수에 불순물이 많이 포함되었을 경우 보일러수의 비등과 함께 수면부위에 거품층이 형성되어 수위가 불안정하게 되는 현상

58

산업안전보건법령상 연삭숫돌의 상부를 사용하는 것을 목적으로 하는 탁상용 연삭기 덮개의 노출각도는?

① 60° 이내
② 65° 이내
③ 80° 이내
④ 125° 이내

연삭기 덮개의 설치방법

① 탁상용 연삭기의 노출각도는 80° 이내로 하되, 숫돌의 주축에서 수평면 위로 이루는 원주 각도는 65° 이상이 되지 않도록 하여야한다.
② 연삭숫돌의 상부를 사용하는 것을 목적으로 하는 연삭기는 60° 이내로 한다.

정답 54 ③ 55 ① 56 ④ 57 ① 58 ①

59
산업안전보건법령상 위험기계·기구별 방호조치로 가장 적절하지 않은 것은?

① 산업용 로봇 – 안전매트
② 보일러 – 급정지장치
③ 목재가공용 둥근톱기계 – 반발예방장치
④ 산업용 로봇 – 광전자식 방호장치

> **보일러 방호장치**
> ① 고저수위 조절장치 ② 압력방출장치 ③ 압력제한스위치
> ④ 화염검출기

60
산업안전보건법령상 기계 기구의 방호조치에 대한 사업주·근로자 준수사항으로 가장 적절하지 않은 것은?

① 방호 조치의 기능상실에 대한 신고가 있을 시 사업주는 수리, 보수 및 작업중지 등 적절한 조치를 할 것
② 방호조치 해체 사유가 소멸된 경우 근로자는 즉시 원상회복 시킬 것
③ 방호조치의 기능상실을 발견 시 사업주에게 신고할 것
④ 방호조치 해체 시 해당 근로자가 판단하여 해체할 것

> **방호조치를 해체하려는 경우 안전조치 및 보건조치**
>
> | | |
> |---|---|
> | 1. 방호조치를 해체하려는 경우 | 사업주 허가를 받아 해체할 것 |
> | 2. 방호조치를 해체한 후 그 사유가 소멸된 경우 | 지체없이 원상으로 회복시킬 것 |
> | 3. 방호조치의 기능이 상실된 것을 발견한 경우 | 지체없이 사업주에게 신고할 것 |

4과목 전기 및 화학설비 안전 관리

61
방폭전기설비의 설치 시 고려하여야 할 환경조건으로 가장 거리가 먼 것은?

① 열   ② 진동
③ 산소량   ④ 수분 및 습기

> **설치위치 선정 시 고려사항**
> ① 보수가 용이한 위치에 설치하고 점검 또는 정비에 필요한 공간을 확보하여야 한다.
> ② 가능하면 수분이나 습기에 노출되지 않는 위치를 선정하고, 상시 습기가 많은 장소에 설치하는 것을 피하여야 한다.
> ③ 부식성가스 발산구의 주변 및 부식성 액체가 비산하는 위치에 설치하는 것을 피하여야 한다.
> ④ 열유관, 증기관 등의 고온 발열체에 근접한 위치에는 가능하면 설치를 피하여야 한다.
> ⑤ 기계장치 등으로부터 현저한 진동의 영향을 받을 수 있는 위치에 설치하는 것을 피하여야 한다.

62 ★
다음 중 방폭구조의 종류와 기호가 올바르게 연결된 것은?

① 압력방폭구조: q   ② 유입방폭구조: m
③ 비점화방폭구조: n   ④ 본질안전방폭구조: e

> **방폭구조의 기호**
>
> | 종류 | 내압 | 압력 | 유입 | 안전증 | 몰드 | 충전 | 비점화 | 본질안전 | 특수 |
> |---|---|---|---|---|---|---|---|---|---|
> | 기호 | d | p | o | e | m | q | n | i | s |

63
페인트를 스프레이로 뿌려 도장작업을 하는 작업 중 발생할 수 있는 정전기 대전으로만 이루어진 것은?

① 분출대전, 충돌대전
② 충돌대전, 마찰대전
③ 유동대전, 충돌대전
④ 분출대전, 유동대전

> **대전의 종류**
> ① 충돌대전: 분체류와 같은 입자 상호간이나 입자와 고체와의 충돌에 의해 빠른 접촉 또는 분리가 행하여짐으로써 정전기가 발생되는 현상
> ② 분출대전: 분체류, 액체류, 기체류가 단면적이 작은 분출구를 통해 공기 중으로 분출될 때 분출하는 물질과 분출구의 마찰로 인해 정전기가 발생되는 현상

정답 59 ② 60 ④ 61 ③ 62 ③ 63 ①

64

접지공사에 관한 설명으로 틀린 것은?

① 접지극은 보호도체를 사용하여 주접지단자에 연결하여야 한다.
② 접지시스템은 계통접지, 보호접지, 피뢰시스템접지 등으로 구분한다.
③ 접지시스템은 접지극, 접지도체, 보호도체 및 기타 설비로 구성되어 있다.
④ 접지시스템의 시설 종류에는 단독접지, 공통접지, 통합접지가 있다.

> 접지극은 접지도체를 사용하여 주접지단자에 연결하여야 한다.

65

다음 중 대전된 정전기의 제거방법으로 적당하지 않은 것은?

① 작업장 내에서의 습도를 가능한 낮춘다.
② 제전기를 이용해 물체에 대전된 정전기를 제거한다.
③ 도전성을 부여하여 대전된 전하를 누설시킨다.
④ 금속 도체와 대지 사이의 전위를 최소화하기 위하여 접지한다.

> 정전기 발생 방지책
> ① 접지(도체의 대전방지)
> ② 가습(공기 중의 상대습도를 60~70%정도 유지)
> ③ 대전방지제 사용
> ④ 배관 내에 액체의 유속제한 및 정체시간 확보
> ⑤ 제전장치(제전기) 사용
> ⑥ 도전성 재료 사용
> ⑦ 보호구 착용 등

66 ★빈출

폭발위험장소의 분류 중 1종 장소에 해당하는 것은?

① 폭발성 가스 분위기가 연속적, 장기간 또는 빈번하게 존재하는 장소
② 폭발성 가스 분위기가 정상작동 중 조성되지 않거나 조성된다 하더라도 짧은 기간에만 존재할 수 있는 장소
③ 폭발성 가스 분위기가 정상작동 중 주기적 또는 빈번하게 생성되는 장소
④ 폭발성 가스 분위기가 장기간 또는 거의 조성되지 않는 장소

> 1종 장소
> 정상 작동상태에서 인화성 액체의 증기 또는 가연성 가스에 의한 폭발위험분위기가 존재하기 쉬운 장소(맨홀·벤트·피트 등의 주위)

67

인체저항을 5,000[Ω]으로 가정하면 심실세동을 일으키는 전류에서의 전기에너지는? (단, 심실세동전류는 $I = \dfrac{165}{\sqrt{T}}$ [mA]이며 통전시간 T는 1초이고 전원은 교류정현파이다.)

① 33[J]   ② 130[J]
③ 136[J]   ④ 142[J]

> 전기에너지의 계산
> $$Q = \left(\dfrac{165}{\sqrt{T}} \times 10^{-3}\right)^2 \times 5000 \times 1 = 136.125 \text{(J)}$$

68

전선 간에 가해지는 전압이 어떤 값 이상으로 되면 전선 주위의 전기장이 강하게 되어 전선 표면의 공기가 국부적으로 절연이 파괴되어 빛과 소리를 내는 것은?

① 표피 작용   ② 페란티 효과
③ 코로나 현상   ④ 근접 현상

> 코로나의 현상 및 영향
> ① 코로나 현상 : 전선에 가해지는 전압이 어떤 값 이상으로 되면 전선 표면의 공기 절연이 부분적으로 파괴되어 엷은 빛이나 소리를 내는 현상
> ② 코로나의 영향 : 통신선의 유도 장애, 라디오나 텔레비전의 잡음 등에 나쁜 영향을 줌

정답 64 ① 65 ① 66 ③ 67 ③ 68 ③

69

누전에 의한 감전 위험을 방지하기 위하여 반드시 접지를 하여야만 하는 부분에 해당되지 않는 것은?

① 절연대 위 등과 같이 감전 위험이 없는 장소에서 사용하는 전기 기계·기구의 금속체
② 전기 기계·기구의 금속제 외함, 금속제 외피 및 철대
③ 전기를 사용하지 아니하는 설비 중 전동식 양중기의 프레임과 궤도에 해당하는 금속체
④ 코드와 플러그를 접속하여 사용하는 휴대형 전동 기계·기구의 노출된 비충전 금속제

접지를 하지 않아도 되는 안전한 부분
① 「전기용품 및 생활용품 안전관리법」이 적용되는 이중절연 또는 이와 같은 수준 이상으로 보호되는 구조로 된 전기기계·기구
② 절연대 위 등과 같이 감전 위험이 없는 장소에서 사용하는 전기기계·기구
③ 비접지방식의 전로에 접속하여 사용되는 전기기계·기구

70 ★

정전기 발생에 영향을 주는 요인이 아닌 것은?

① 물체의 특성
② 물체의 표면상태
③ 접촉면적 및 압력
④ 응집속도

정전기 발생의 영향 요인
① 물체의 특성 ② 물체의 표면상태 ③ 물체의 이력
④ 접촉면적 및 압력 ⑤ 분리속도 등

71

알루미늄 금속분말에 대한 설명으로 틀린 것은?

① 분진폭발의 위험성이 있다.
② 연소 시 열을 발생한다.
③ 분진폭발을 방지하기 위해 물속에 저장한다.
④ 염산과 반응하여 수소가스를 발생한다.

수분은 분진폭발의 영향인자로 분진의 부유성을 억제하며, 마그네슘, 알루미늄 등은 물과 반응하여 수소기체를 발생하여 위험성을 증대시킨다.

72

공기 중에 3ppm의 디메틸아민(demethylamine, TLV-TWA : 10ppm)과 20ppm의 시클로헥산올(cyclohexanol, TLV-TWA : 50ppm)이 있고, 10ppm의 산화프로필렌(propyleneoxide, TLV-TWA : 20ppm)이 존재한다면 혼합 TLV-TWA는 몇 ppm 인가?

① 12.5
② 22.5
③ 27.5
④ 32.5

혼합물의 노출기준 및 허용농도
① 노출기준(허용기준)
$$\frac{C_1}{T_1}+\frac{C_2}{T_2}+\frac{C_3}{T_3}=\frac{3}{10}+\frac{20}{50}+\frac{10}{20}=1.2$$
② 혼합물의 허용농도는
$$\frac{33}{1.2}=27.5\text{ppm}$$

73

다음은 산업안전보건법령상 파열판 및 안전밸브의 직렬설치에 관한 내용이다. ( )에 알맞은 용어는?

사업주는 급성 독성물질이 지속적으로 외부에 유출될 수 있는 화학설비 및 그 부속설비에 파열판과 안전밸브를 직렬로 설치하고 그 사이에는 압력지시계 또는 ( )(을)를 설치하여야 한다.

① 자동경보장치
② 차단장치
③ 플레어헤드
④ 콕

안전밸브의 설치방법

파열판 및 안전밸브의 직렬 설치	급성 독성물질이 지속적으로 외부에 유출될 수 있는 화학설비 및 그 부속설비에 직렬로 설치하고 그 사이에는 압력지시계 또는 자동경보장치 설치
파열판과 안전밸브를 병렬로 반응기 상부에 설치	반응폭주 현상이 발생했을 때 반응기 내부 과압을 분출하고자 할 경우

정답 69 ① 70 ④ 71 ③ 72 ③ 73 ①

74
위험물안전관리법령상 칼륨에 의한 화재에 적응성이 있는 것은?

① 건조사(마른모래)
② 포소화기
③ 이산화탄소소화기
④ 할로겐화합물소화기

금속화재(D급화재)
① 금속화재는 금속의 열전도에 따른 화재나 금속 분에 의한 분진의 폭발 등
② 철분, 마그네슘, 칼륨, 금속분류에 의한 화재로 일반적으로 건조사(피복에 의한 질식효과)에 의한 소화방법 사용

75
산업안전보건법령상 용해아세틸렌의 가스집합용접장치의 배관 및 부속기구에는 구리나 구리 함유량이 몇 퍼센트 이상인 합금을 사용할 수 없는가?

① 40
② 50
③ 60
④ 70

용해아세틸렌을 사용하는 가스집합용접장치의 배관 및 부속기구는 구리나 구리 함유량이 70퍼센트 이상인 합금을 사용해서는 아니 된다.

76
염소산칼륨에 관한 설명으로 옳은 것은?

① 탄소, 유기물과 접촉 시에도 분해폭발 위험은 거의 없다.
② 열에 강한 성질이 있어서 500℃의 고온에서도 안정적이다.
③ 찬물이나 에탄올에도 매우 잘 녹는다.
④ 산화성 고체물질이다.

염소산칼륨($KClO_3$)
① 강한 산화제이며 유기물, 탄소, 황화물, 황, 붉은 인 등과 혼합하여 가열하거나 타격을 가하면 폭발한다.
② 충격에 예민하므로 폭약으로 인정되지 않는다.
③ 중성, 알칼리성 용액은 산화 작용이 없으나 산성으로 하면 강한 산화제로 된다.

77
메탄 20vol%, 에탄 25vol%, 프로판 55vol%의 조성을 가진 혼합가스의 폭발하한계값(vol%)은 약 얼마인가? (단, 메탄, 에탄 및 프로판가스의 폭발하한값은 각각 5vol%, 3vol%, 2vol%이다.)

① 2.51
② 3.12
③ 4.26
④ 5.22

르샤틀리에의 법칙(혼합가스의 폭발범위 계산)
$$\frac{100}{L} = \frac{V_1}{L_1} + \frac{V_2}{L_2} + \frac{V_3}{L_3} = \frac{20}{5} + \frac{25}{3} + \frac{55}{2} = 39.8$$
그러므로 $L = 2.51\%$

78
위험물안전관리법령상 제3류 위험물의 금수성 물질이 아닌 것은?

① 과염소산염
② 금속나트륨
③ 탄화칼슘
④ 탄화알루미늄

칼륨, 나트륨, 탄화칼슘, 탄화알루미늄 등은 금수성 물질에 해당되는 위험물(알칼리금속)로 물과 반응하면 수소가 발생한다. 이때 많은 반응열이 발생하며 발생한 수소와 공기중의 산소가 반응해서 폭발이 일어난다.

tip
과염소산염은 1류 위험물인 산화성고체에 해당된다.

79
물과 접촉할 경우 화재나 폭발의 위험성이 더욱 증가하는 것은?

① 칼륨
② 트리니트로톨루엔
③ 황린
④ 니트로셀룰로오스

칼륨, 나트륨, 탄화칼슘, 등은 금수성 물질에 해당되는 위험물로 물과 반응하면 수소가 발생하며, 많은 반응열로 인해 화재나 폭발의 위험성이 더욱 증가된다.

정답 74① 75④ 76④ 77① 78① 79①

80
다음 중 화재의 종류가 옳게 연결된 것은?

① A급 화재 – 유류화재
② B급 화재 – 유류화재
③ C급 화재 – 일반화재
④ D급 화재 – 일반화재

> **화재의 분류**
> ① A급 화재 : 일반화재
> ② B급 화재 : 유류화재
> ③ C급 화재 : 전기화재
> ④ D급 화재 : 금속화재

5과목　건설공사 안전 관리

81
철근의 인력 운반 방법에 관한 설명으로 옳지 않은 것은?

① 긴 철근은 두 사람이 1조가 되어 같은 쪽의 어깨에 메고 운반한다.
② 양끝은 묶어서 운반한다.
③ 1회 운반 시 1인당 무게는 50kg 정도로 한다.
④ 공동작업 시 신호에 따라 작업한다.

> **철근의 운반(보기 외에)**
> ① 1인당 무게는 25킬로그램 정도가 적절하며 무리한 운반은 삼가
> ② 내려놓을 때는 천천히 내려놓고 던지지 않을 것
> ③ 긴 철근을 부득이 한 사람이 운반할 때에는 한쪽을 어깨에 메고 한쪽 끝을 끌면서 운반

82
사다리식 통로를 설치할 때 사다리의 상단은 걸쳐 놓은 지점으로부터 최소 얼마 이상 올라가도록 하여야 하는가?

① 45cm 이상
② 60cm 이상
③ 75cm 이상
④ 90cm 이상

> **사다리식 통로의 구조(주요내용)**
> ① 발판과 벽과의 사이는 15센티미터 이상의 간격을 유지할 것
> ② 폭은 30센티미터 이상으로 할 것
> ③ 사다리의 상단은 걸쳐놓은 지점으로부터 60센티미터 이상 올라가도록 할 것
> ④ 사다리식 통로의 길이가 10미터 이상인 경우에는 5미터 이내마다 계단참을 설치할 것
> ⑤ 사다리식 통로의 기울기는 75도 이하로 할 것

83
차량계 건설기계의 작업계획서 작성 시 그 내용에 포함되어야 할 사항이 아닌 것은?

① 사용하는 차량계 건설기계의 종류 및 성능
② 차량계 건설기계의 운행 경로
③ 차량계 건설기계에 의한 작업방법
④ 브레이크 및 클러치 등의 기능 점검

> **작업계획서 내용**
> ① 사용하는 차량계 건설기계의 종류 및 성능
> ② 차량계 건설기계의 운행경로
> ③ 차량계 건설기계에 의한 작업방법

84
개착식 굴착공사(Open cut)에서 설치하는 계측기기와 거리가 먼 것은?

① 수위계
② 경사계
③ 응력계
④ 내공변위계

> 내공변위 측정, 천단침하 측정 등은 터널굴착작업에 해당하는 계측기기이다.

정답　80 ②　81 ③　82 ②　83 ④　84 ④

85
콘크리트 측압에 관한 설명으로 옳지 않은 것은?

① 대기의 온도가 높을수록 크다.
② 콘크리트의 타설속도가 빠를수록 크다.
③ 콘크리트의 타설높이가 높을수록 크다.
④ 배근된 철근량이 적을수록 크다.

측압이 커지는 조건
① 타설 속도가 빠를수록
② 콘크리트 슬럼프치가 클수록
③ 다짐이 충분할수록
④ 철골, 철근량이 적을수록
⑤ 콘크리트 시공연도가 좋을수록
⑥ 외기의 온도가 낮을수록 등

86
달비계에 사용이 불가한 와이어로프의 기준으로 옳지 않은 것은?

① 이음매가 없는 것
② 지름의 감소가 공칭지름의 7[%]를 초과하는 것
③ 심하게 변형되거나 부식된 것
④ 와이어로프의 한 꼬임에서 끊어진 소선(素線)의 수가 10[%] 이상인 것

와이어로프의 사용제한 조건
① 이음매가 있는 것
② 와이어로프의 한 꼬임(스트랜드)에서 끊어진 소선(필러선 제외)의 수가 10% 이상인 것
③ 지름의 감소가 공칭지름의 7%를 초과하는 것
④ 꼬인 것
⑤ 심하게 변형되거나 부식된 것
⑥ 열과 전기충격에 의해 손상된 것

87
다음은 산업안전보건기준에 관한 규칙 중 가설통로의 구조에 관한 사항이다. ( ) 안에 들어갈 내용으로 옳은 것은?

수직갱에 가설된 통로의 길이가 15[m] 이상인 경우에는 10[m] 이내마다 ( )을/를 설치할 것

① 손잡이 ② 계단참
③ 클램프 ④ 버팀대

88
다음 중 구조물의 해체작업을 위한 기계·기구가 아닌 것은?

① 쇄석기 ② 데릭
③ 압쇄기 ④ 철제 해머

데릭
(1) 구조 : 동력을 이용하여 물건을 달아 올리는 기계장치로서 마스트 또는 붐, 달아 올리는 기구와 기타 부속물로 구성
(2) 종류 : ① 가이데릭 ② 진폴데릭 ③ 스티프레그 데릭 등

89
강풍 시 타워크레인의 설치·수리·점검 또는 해체작업을 중지하여야 하는 순간풍속 기준으로 옳은 것은?

① 순간풍속이 초당 10[m]를 초과하는 경우
② 순간풍속이 초당 15[m]를 초과하는 경우
③ 순간풍속이 초당 20[m]를 초과하는 경우
④ 순간풍속이 초당 30[m]를 초과하는 경우

강풍시 타워크레인의 작업제한
① 순간풍속이 매 초당 10미터 초과 : 타워크레인의 설치·수리·점검 또는 해체작업 중지
② 순간풍속이 매 초당 15미터 초과 : 타워크레인의 운전작업 중지

90
근로자의 추락 위험이 있는 장소에서 발생하는 추락재해의 원인으로 볼 수 없는 것은?

① 안전대를 부착하지 않았다.
② 덮개를 설치하지 않았다.
③ 투하설비를 설치하지 않았다.
④ 안전난간을 설치하지 않았다.

물체낙하에 의한 위험방지
① 대상 : 높이 3m 이상인 장소에서 물체 투하 시
② 조치사항 : ㉠ 투하설비 설치 ㉡ 감시인 배치

정답 85 ① 86 ① 87 ② 88 ② 89 ① 90 ③

91
추락방지망의 달기로프를 지지점에 부착할 때 지지점의 간격이 1.5m인 경우 지지점의 강도는 최소 얼마 이상이어야 하는가?

① 200kg ② 300kg
③ 400kg ④ 500kg

> **추락방지망의 지지점 강도**
> ① F = 200B 여기서, F : 외력(킬로그램), B : 지지점 간격(미터)
> ② 지지점의 간격이 1.5m인 경우
>   F = 200 × 1.5 = 300kg

92
가설통로를 설치하는 경우 준수해야 할 기준으로 옳지 않은 것은?

① 경사는 45° 이하로 할 것
② 경사가 15°를 초과하는 경우에는 미끄러지지 아니하는 구조로 할 것
③ 추락할 위험이 있는 장소에는 안전난간을 설치할 것
④ 수직갱에 가설된 통로의 길이가 15m 이상인 경우에는 10m 이내마다 계단참을 설치할 것

> **가설 통로의 구조(보기 ②, ③, ④ 외에)**
> ① 견고한 구조로 할 것
> ② 경사는 30도 이하로 할 것
> ③ 건설공사에 사용하는 높이 8m 이상인 비계다리에는 7m 이내마다 계단참을 설치할 것

93
철골작업을 중지하여야 하는 제한 기준에 해당되지 않는 것은?

① 풍속이 초당 10m 이상인 경우
② 강우량이 시간당 1mm 이상인 경우
③ 강설량이 시간당 1cm 이상인 경우
④ 소음이 65dB 이상인 경우

> **철골작업 안전기준(작업의 제한)**
> ① 풍속 : 초당 10m 이상인 경우
> ② 강우량 : 시간당 1mm 이상인 경우
> ③ 강설량 : 시간당 1cm 이상인 경우

94
유해위험방지계획서를 제출해야 하는 공사의 기준으로 옳지 않은 것은?

① 최대 지간길이 30m 이상인 교량 건설 등 공사
② 깊이 10m 이상인 굴착공사
③ 터널 건설 등의 공사
④ 다목적댐, 발전용댐 및 저수용량 2천만톤 이상의 용수 전용댐, 지방상수도 전용댐 건설 등의 공사

> **유해위험 방지계획서를 제출해야 될 대상 건설업(2021년 법령개정 내용 적용)**
> ① 다음 각목의 어느하나에 해당하는 건축물 또는 시설 등의 건설, 개조 또는 해체공사
>   ㉠ 지상 높이가 31미터 이상인 건축물 또는 인공구조물
>   ㉡ 연면적 3만제곱미터 이상인 건축물
>   ㉢ 연면적 5천제곱미터 이상인 시설로서 다음의 어느 하나에 해당하는 시설
>   ㉮ 문화 및 집회시설   ㉯ 판매시설, 운수시설
>   ㉰ 종교시설   ㉱ 의료시설 중 종합병원
>   ㉲ 숙박시설 중 관광숙박시설   ㉳ 지하도 상가
>   ㉴ 냉동, 냉장 창고시설
> ② 최대 지간 길이가 50미터 이상인 다리의 건설 등 공사
> ③ 연면적 5천 제곱미터 이상인 냉동, 냉장창고 시설의 설비공사 및 단열공사
> ④ 다목적댐, 발전댐, 저수용량 2천만톤 이상의 용수전용댐 및 지방상수도 전용댐의 건설 등 공사
> ⑤ 터널의 건설 등 공사
> ⑥ 깊이 10미터 이상인 굴착 공사

95
콘크리트 타설용 거푸집에 작용하는 외력 중 연직방향 하중이 아닌 것은?

① 고정하중 ② 충격하중
③ 작업하중 ④ 풍하중

> **거푸집 동바리의 하중**
> ① 연직방향하중 : 거푸집, 동바리, 콘크리트, 철근, 작업원, 타설용기계기구, 가설설비 등의 중량(자중) 및 충격하중
> ② 횡방향 하중 : 작업할때의 진동, 충격, 시공차 등에 기인되는 횡방향 하중 이외에 필요에 따라 풍압, 유수압, 지진 등
> ③ 그 밖의 콘크리트 측압, 특수하중, 기타 하중 등

정답 91 ② 92 ① 93 ④ 94 ① 95 ④

96

흙막이 지보공을 설치하였을 때 붕괴 등의 위험방지를 위하여 정기적으로 점검하고, 이상 발견 시 즉시 보수하여야 하는 사항이 아닌 것은?

① 침하의 정도
② 버팀대의 긴압의 정도
③ 지형·지질 및 지층상태
④ 부재의 손상·변형·변위 및 탈락의 유무와 상태

> **흙막이 지보공 설치 시 점검사항**
> ① 부재의 손상·변형·부식·변위 및 탈락의 유무와 상태
> ② 버팀대의 긴압의 정도
> ③ 침하의 정도
> ④ 부재의 접속부·부착부 및 교차부의 상태

97

암질 변화구간 및 이상 암질 출현 시 판별 방법과 가장 거리가 먼 것은?

① R.Q.D
② R.M.R
③ 지표침하량
④ 탄성파 속도

> **암질판별기준**
> ① R·Q·D(%)
> ② 탄성파 속도(m/sec)
> ③ R·M·R
> ④ 일축압축강도(kg/cm²)
> ⑤ 진동치속도(cm/sec = Kine)

98 ★빈출

강관을 사용하여 비계를 구성하는 경우의 준수사항으로 옳지 않은 것은?

① 비계기둥의 간격은 띠장 방향에서는 1.85m 이하로 할 것
② 비계기둥의 간격은 장선(長線) 방향에서는 1.0m 이하로 할 것
③ 띠장 간격은 2.0m 이하로 할 것
④ 비계기둥 간의 적재하중은 400kg을 초과하지 않도록 할 것

> **강관비계의 구조**
>
> | 구분 | | 내용(준수사항) |
> |---|---|---|
> | 비계기둥 | 띠장방향 | 1.85m 이하 |
> | | 장선방향 | 1.5m 이하 |
> | 띠장 간격 | | 2.0m 이하로 설치할 것 |
> | 벽 연결 | | 수직으로 5m, 수평으로 5m 이내마다 연결 |
> | 높이 제한 | | 비계기둥의 제일 윗부분부터 31미터 되는 지점 밑부분의 비계기둥은 2개의 강관으로 묶어세울 것 |
> | 가새 | | 기둥간격 10m마다 45°각도, 처마방향 가새 |
> | 적재 하중 | | 비계 기둥간 적재 하중은 400kg을 초과하지 않도록 할 것 |

99

산업안전보건법령에 따른 크레인을 사용하여 작업을 하는 때 작업시작 전 점검사항에 해당되지 않는 것은?

① 권과방지장치·브레이크·클러치 및 운전장치의 기능
② 주행로의 상측 및 트롤리(trolley)가 횡행하는 레일의 상태
③ 원동기 및 풀리(pulley) 기능의 이상 유무
④ 와이어로프가 통하고 있는 곳의 상태

> **크레인을 사용하는 경우 작업시작 전 점검사항**
> ① 권과방지장치·브레이크·클러치 및 운전장치의 기능
> ② 주행로의 상측 및 트롤리가 횡행하는 레일의 상태
> ③ 와이어로프가 통하고 있는 곳의 상태

100

철근콘크리트 현장타설공법과 비교한 PC(precast concrete) 공법의 장점으로 볼 수 없는 것은?

① 기후의 영향을 받지 않아 동절기 시공이 가능하고, 공기를 단축할 수 있다.
② 현장작업이 감소되고, 생산성이 향상되어 인력절감이 가능하다.
③ 공사비가 매우 저렴하다.
④ 공장 제작이므로 콘크리트 양생 시 최적조건에 의한 양질의 제품생산이 가능하다.

> **PC(Precast Concrete) 공법**
> PC공법의 경우 날씨의 영향을 받지 않고 진행할 수 있어 공기를 단축하고, 필요한 인원을 줄일 수 있는 등 비용을 절감할 수 있는 부분도 있지만, 공사의 성격과 특성에 따라 다를 수 있어 매우 저렴하다고 볼 수는 없다.

정답 96 ③ 97 ③ 98 ② 99 ③ 100 ③

Chapter 18 2024년 2월 15일~3월 7일 | CBT 기출복원문제

1과목 산업재해 예방 및 안전보건교육

01
버드(Bird)는 사고가 5개의 연쇄반응에 의하여 발생되는 것으로 보았다. 다음 중 재해 발생의 첫 단계에 해당하는 것은?

① 개인적 결함
② 사회적 환경
③ 전문적 관리의 부족
④ 불안전한 행동 및 불안전한 상태

버드(Bird)의 연쇄성 이론
제어의 부족(관리) → 기본원인(기원) → 직접원인(징후) → 사고(접촉) → 상해(손실)

02
무재해운동의 추진에 있어 무재해운동을 개시한 날로부터 며칠 이내에 무재해운동 개시신청서를 관련 기관에 제출하여야 하는가?

① 4일   ② 7일
③ 14일   ④ 30일

무재해운동 개시
① 무재해운동의 개시를 선포하고 조회 또는 교육 시 등 적당한 방법으로 관련내용을 근로자들에게 공표할 것
② 무재해 운동을 개시한 날로부터 14일 이내에 무재해운동 개시신청서와 상시근로자 수 산정표를 지도원장 등에게 제출할 것

03 빈출
산업안전보건법령에 따라 건설현장에서 사용하는 크레인, 리프트 및 곤돌라는 최초로 설치한 날부터 얼마마다 안전검사를 실시하여야 하는가?

① 6개월   ② 1년
③ 2년   ④ 3년

안전검사의 주기

크레인(이동식크레인 제외), 리프트(이삿짐 운반용리프트 제외) 및 곤돌라	사업장에 설치가 끝난 날부터 3년 이내에 최초 안전검사를 실시하되, 그 이후부터 매 2년마다(건설현장에서 사용하는 것은 최초로 설치한 날부터 매 6개월마다)
이동식크레인, 이삿짐운반용리프트, 고소작업대	자동차 관리법에 따른 신규 등록 이후 3년 이내에 최초 안전검사를 실시하되, 그 이후부터 2년마다
프레스, 전단기, 압력용기, 국소배기장치, 원심기, 롤러기, 사출성형기, 컨베이어, 산업용 로봇, 혼합기, 파쇄기 또는 분쇄기	사업장에 설치가 끝난 날부터 3년 이내에 최초 안전검사를 실시하되, 그 이후부터 매 2년마다(공정안전보고서를 제출하여 확인을 받은 압력용기는 4년마다)

tip
법령개정으로 혼합기, 파쇄기 또는 분쇄기가 추가되었으며, 2026년 6월 26일부터 시행

정답 01 ③ 02 ③ 03 ①

04

다음 중 부주의 현상을 그림으로 표시한 것으로 의식의 우회를 나타낸 것은?

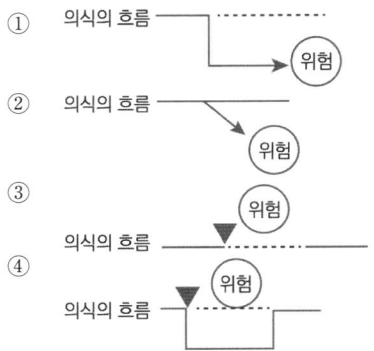

부주의 현상	
의식의 단절(중단)	의식수준 제0단계(phase0)의 상태(특수한 질병의 경우)
의식의 우회	의식수준 제0단계(phase0)의 상태(걱정, 고뇌, 욕구불만 등)
의식수준의 저하	의식수준 제1단계(phaseⅠ) 이하의 상태(심신 피로 또는 단조로운 작업시)
의식의 혼란	외적조건의 문제로 의식이 혼란되고 분산되어 작업에 잠재된 위험요인에 대응할 수 없는 상태(자극이 애매모호하거나, 너무 강하거나 약할 때)
의식의 과잉	의식수준이 제4단계(phaseⅣ)인 상태(돌발사태 및 긴급 이상상태로 주의의 일점 집중현상 발생)

05

재해손실비 중 직접 손실비에 해당하지 않는 것은?

① 요양급여 ② 휴업급여
③ 간병급여 ④ 생산손실급여

직접비와 간접비	
직접비 (법적으로 지급되는 산재보상비)	간접비 (직접비를 제외한 모든 비용)
요양급여, 휴업급여, 장해급여, 간병급여, 유족급여, 직업재활급여, 장례비 등	인적손실, 물적손실, 생산손실, 임금손실, 시간손실, 신규채용비용, 기타손실 등

06

산업안전보건법령상 안전·보건표지의 종류에 있어 "안전모 착용"은 어떤 표지에 해당하는가?

① 경고표지 ② 지시표지
③ 안내표지 ④ 관계자 외 출입금지

안전보건표지(지시표시)
① 지시표시는 특정행위의 지시 및 사실의 고지를 나타내며, 원형모양에 바탕은 파란색, 관련 그림은 흰색
② 지시표시는 보호구 착용에 관한 사항(보안경, 방독마스크, 방진마스크, 보안면, 안전모, 귀마개, 안전화, 안전장갑, 안전복 착용)

07

어떤 사업장의 종합재해지수가 16.95이고, 도수율이 20.83이라면 강도율은 약 얼마인가?

① 20.45 ② 15.92
③ 13.79 ④ 10.54

종합재해지수(FSI)
① 재해의 빈도의 다소와 상해의 정도의 강약을 종합하여 나타내는 방식으로 직장과 기업의 성적지표로 사용
② 공식 : $FSI = \sqrt{도수율(FR) \times 강도율(SR)}$
③ 강도율을 x라 하면, $\sqrt{x} = \dfrac{16.95}{\sqrt{20.83}}$
④ 그러므로, $x = 13.79$

08

인간관계 메커니즘 중에서 다른 사람으로부터의 판단이나 행동을 무비판적으로 논리적, 사실적 근거 없이 받아들이는 것을 무엇이라 하는가?

① 모방(imitation)   ② 암시(suggestion)
③ 투사(projection)   ④ 동일화(identification)

인간관계 메커니즘	
동일화	다른 사람의 행동양식이나 태도를 투입하거나 다른 사람 가운데서 자기와 비슷한 것을 발견하게 되는 것(자녀가 부모의 행동양식을 자연스럽게 배우는 것 등)
투사	자기 마음속의 억압된 것을 다른 사람의 것으로 생각하게 되는 것(대부분 증오, 비난 같은 정서나 감정이 표현되는 경우가 많다)
모방	다른 사람의 행동이나 판단을 표본으로 하여 그것과 같거나 비슷한 행위로 재현하거나 실행하려는 것(어린아이가 부모의 행동을 흉내 내는 것 등)
암시	다른 사람으로부터의 판단이나 행동을 무비판적으로 논리적, 사실적 근거 없이 받아들이는 것(다수 의견이나 전문가, 권위자, 존경하는 자 등의 행동이나 판단 등)

09

다음 중 산업안전보건법령에서 정한 안전보건관리규정의 세부내용으로 가장 적절하지 않은 것은?

① 산업안전보건위원회의 설치·운영에 관한 사항
② 사업주 및 근로자의 재해 예방 책임 및 의무 등에 관한 사항
③ 근로자 건강진단, 작업환경 측정의 실시 및 조치절차 등에 관한 사항
④ 산업재해 및 중대산업사고의 발생 시 손실비용 산정 및 보상에 관한 사항

안전보건관리규정의 세부내용(사고 조사 및 대책 수립)
① 산업재해 및 중대산업사고의 발생 시 처리 절차 및 긴급조치에 관한 사항
② 산업재해 및 중대산업사고의 발생원인에 대한 조사 및 분석, 대책 수립에 관한 사항
③ 산업재해 및 중대산업사고 발생의 기록·관리 등에 관한 사항

10

다음 중 교육훈련의 학습을 극대화시키고, 개인의 능력개발을 극대화시켜 주는 평가방법이 아닌 것은?

① 관찰법   ② 배제법
③ 자료분석법   ④ 상호평가법

11

다음 중 안전심리의 5대 요소에 해당하는 것은?

① 기질(temper)   ② 지능(intelligence)
③ 감각(sense)   ④ 환경(environment)

산업안전 심리의 5대 요소
① 기질   ② 동기   ③ 습관   ④ 습성   ⑤ 감정

12

다음 중 시행착오설에 의한 학습법칙에 해당하지 않은 것은?

① 효과의 법칙   ② 준비성의 법칙
③ 연습의 법칙   ④ 일관성의 법칙

학습이론(S-R이론)	
종류	학습의 원리 및 법칙
조건반사(반응)설 (pavlov)	① 일관성의 원리 ② 강도의 원리 ③ 시간의 원리 ④ 계속성의 원리
시행 착오설 (Thorndike)	① 효과의 법칙 ② 연습의 법칙 ③ 준비성의 법칙
조작적 조건 형성이론(skinner)	① 강화의 원리 ② 소거의 원리 ③ 조형의 원리 ④ 자발적 회복의 원리 ⑤ 변별의 원리

정답 08 ② 09 ④ 10 ② 11 ① 12 ④

13

다음 중 재해조사 시의 유의사항으로 가장 적절하지 않은 것은?

① 사실을 수집한다.
② 사람, 기계설비, 양면의 재해요인을 모두 도출한다.
③ 객관적인 입장에서 공정하게 조사하며, 조사는 2인 이상이 한다.
④ 목격자의 증언과 추측의 말은 모두 반영하여 분석하고, 결과를 도출한다.

재해 조사 시 유의사항
① 사실을 수집한다. 그 이유는 뒤로 미룬다.
② 목격자가 발언하는 사실 이외의 추측의 말은 참고로 한다.
③ 조사는 신속히 행하고 2차 재해의 방지를 도모한다.
④ 사람, 설비, 환경의 측면에서 재해요인을 도출한다.
⑤ 제 3자의 입장에서 공정하게 조사하며, 그러기 위해 조사는 2인 이상이 한다.
⑥ 책임추궁보다 재발방지를 우선하는 기본태도를 견지한다.

14

산업안전보건법령상 특별안전·보건교육에 있어 대상작업별 교육내용 중 밀폐공간에서의 작업에 대한 교육 내용과 가장 거리가 먼 것은? (단, 기타 안전·보건관리에 필요한 사항은 제외한다.)

① 산소농도측정 및 작업환경에 관한 사항
② 유해물질이 인체에 미치는 영향
③ 보호구 착용 및 사용방법에 관한 사항
④ 사고시의 응급처치 및 비상시 구출에 관한 사항

밀폐공간에서의 작업 시 특별안전보건교육의 내용
① 산소농도 측정 및 작업환경에 관한 사항
② 사고 시의 응급처치 및 비상시 구출에 관한 사항
③ 보호구 착용 및 보호 장비 사용에 관한 사항
④ 작업내용·안전작업방법 및 절차에 관한 사항
⑤ 장비·설비 및 시설 등의 안전점검에 관한 사항
⑥ 그 밖에 안전·보건 관리에 필요한 사항

15

다음 중 안전대의 각 부품(용어)에 관한 설명으로 틀린 것은?

① "안전그네"란 신체 지지의 목적으로 전신에 착용하는 띠 모양의 것으로서 상체 등 신체 일부분만 지지하는 것은 제외한다.
② "버클"이란 벨트 또는 안전그네와 신축조절기를 연결하기 위한 사각형의 금속 고리를 말한다.
③ "U자걸이"란 안전대의 죔줄을 구조물 등에 U자 모양으로 돌린 뒤 훅 또는 카라비너를 D링에, 신축조절기를 각 링 등에 연결하는 걸이 방법을 말한다.
④ "1개걸이"란 죔줄의 한쪽 끝을 D링에 고정시키고 훅 또는 카라비너를 구조물 또는 구명줄에 고정시키는 걸이 방법을 말한다.

안전대의 부품
① "각링"이란 벨트 또는 안전그네와 신축조절기를 연결하기 위한 사각형의 금속 고리
② "버클"이란 벨트 또는 안전그네를 신체에 착용하기 위해 그 끝에 부착한 금속장치
③ "추락방지대"란 신체의 추락을 방지하기 위해 자동잠김장치를 갖추고 죔줄과 수직구명줄에 연결된 금속장치
④ "안전블록"이란 안전그네와 연결하여 추락발생 시 추락을 억제할 수 있는 자동잠김장치가 갖추어져 있고 죔줄이 자동적으로 수축되는 장치

정답 13 ④ 14 ② 15 ②

16

다음 중 무재해운동 추진기법에 있어 지적확인의 특성을 가장 적절하게 설명한 것은?

① 오관의 감각기관을 총동원하여 작업의 정확성과 안전을 확인한다.
② 참여자 전원의 스킨십을 통하여 연대감, 일체감을 조성할 수 있고 느낌을 교류한다.
③ 비평을 금지하고, 자유로운 토론을 통하여 독창적인 아이디어를 끌어낼 수 있다.
④ 작업 전 5분간의 미팅을 통하여 시나리오상의 역할을 연기하여 체험하는 것을 목적으로 한다.

지적 확인의 정의
① 작업 공정이나 상황 가운데 위험요인이나 작업의 중요 포인트에 대해 자신의 행동을 「…좋아!」라고 큰 소리로 제창하여 확인하는 방법으로 인간의 감각기관을 최대한 활용함으로써 위험 요소에 대한 긴장을 유발하고 불안전 행동이나 상태를 사전에 방지하는 효과가 있다. 작업자 상호간의 연락이나 신호를 위한 동작과 지적도 지적확인이라고 한다.
② 작업자 상호간의 연락이나 신호를 위한 동작과 지적도 지적확인이라고 한다.

17

다음 중 학습의 목적의 3요소에 해당하지 않는 것은?

① 주제   ② 대상
③ 목표   ④ 학습정도

학습의 목적(구성 3요소)
① 목표(학습목적의 핵심, 달성하려는 지표)
② 주제(목표달성을 위한 테마)
③ 학습정도(주제를 학습시킬 범위와 내용의 정도)

18 ★

다음 중 매슬로우의 욕구 5단계 이론에서 최종 단계에 해당하는 것은?

① 존경의 욕구   ② 성장의 욕구
③ 자아실현 욕구   ④ 생리적 욕구

매슬로우(Maslow)의 욕구위계이론 5단계
생리적 욕구 → 안전의 욕구 → 사회적 욕구 → 존경의 욕구 → 자아실현의 욕구

19

다음 중 안전교육의 3단계에서 생활지도, 작업동작지도 등을 통한 안전의 습관화를 위한 교육을 무엇이라 하는가?

① 지식교육   ② 기능교육
③ 태도교육   ④ 인성교육

태도교육의 특징
① 생활지도, 작업동작지도, 안전의 습관화 및 일체감
② 자아실현 욕구의 충족 기회 제공
③ 상사와 부하의 목표 설정을 위한 대화(대인관계)
④ 작업자의 능력을 약간 초월하는 구체적이고 정량적인 목표 설정
⑤ 신규 채용 시에도 태도 교육에 중점

20 ★

다음 중 헤드십에 관한 내용으로 볼 수 없는 것은?

① 부하와의 사회적 간격이 좁다.
② 지휘의 형태는 권위주의적이다.
③ 권한의 부여는 조직으로부터 위임받는다.
④ 권한에 대한 근거는 법적 또는 규정에 의한다.

헤드십과 리더십의 구분

구분	권한부여 및 행사	권한 근거	상관과 부하와의 관계 및 책임귀속	부하와의 사회적 간격	지휘 형태
헤드십	위에서 위임하여 임명. 임명된 헤드	법적 또는 공식적	지배적 상사	넓다	권위주의적
리더십	아래로부터의 동의에 의한 선출. 선출된 리더	개인 능력	개인적인 영향 상사와 부하	좁다	민주주의적

정답 16 ① 17 ② 18 ③ 19 ③ 20 ①

2과목 인간공학 및 위험성 평가·관리

21
다음 중 음(音)의 크기를 나타내는 단위로만 나열된 것은?

① dB, nit
② phon, lb
③ dB, psi
④ phon, dB

단위의 정의
① lb(파운드) : 무게를 나타내는 단위
② nit(cd/m²) : 광도의 단위
③ psi : 압력의 단위

tip
데시벨(dB), phon, Sone 등은 음의 크기를 나타내는 단위

22
다음 중 결함수분석법(FTA)에 관한 설명으로 틀린 것은?

① 최초 Watson이 군용으로 고안하였다.
② 미니멀 패스(Minimal path sets)를 구하기 위해서는 미니멀 컷(Minimal cut sets)의 상대성을 이용한다.
③ 정상사상의 발생확률을 구한 다음 FT를 작성한다.
④ AND 게이트의 확률 계산은 각 입력사상의 곱으로 한다.

FT 작성순서
FT를 작성하고 수식화하여 불대수를 이용 간소화한 후 정상사상에 대한 확률을 산출한다.

23
다음 통제용 조종장치의 형태 중 그 성격이 다른 것은?

① 노브(knob)
② 푸시 버튼(push button)
③ 토글 스위치(toggle switch)
④ 로터리 선택 스위치(rotary select switch)

통제기의 특성
① 연속적인 조절이 필요한 형태 : knob, crank, handle, lever, pedal 등
② 불연속적인 조절이 필요한 형태 : push button, toggle switch, rotary switch 등

24 빈출
다음 중 공간 배치의 원칙에 해당되지 않는 것은?

① 중요성의 원칙
② 다양성의 원칙
③ 기능별 배치의 원칙
④ 사용빈도의 원칙

공간배치의 원칙

중요성의 원칙	목표달성에 긴요한 정도에 따른 우선순위	부품의 위치결정
사용빈도의 원칙	사용되는 빈도에 따른 우선순위	
기능별배치의 원칙	기능적으로 관련된 부품들을 모아서 배치	부품의 배치결정
사용순서의 원칙	순서적으로 사용되는 장치들을 순서에 맞게 배치	

25
다음 중 위험 및 운전성 분석(HAZOP) 수행에 가장 좋은 시점은 어느 단계인가?

① 구상단계
② 생산단계
③ 설치단계
④ 개발단계

HAZOP의 분석 시기
HAZOP는 시스템의 설계가 상당부분 완성되었을 때 실시하는 것이 좋다. 시스템 수명주기에서, 개발단계는 제품 생산을 위한 구체적인 설계 사항들이 결정되고, 최종적인 검토가 이루어지는 단계이므로 이때가 HAZOP의 수행에 가장 좋은시점이라 할 수 있다.

26 빈출
1cd의 점광원에서 1m 떨어진 곳에서의 조도가 3 lux이었다. 동일한 조건에서 5m 떨어진 곳에서의 조도는 약 몇 lux인가?

① 0.12
② 0.22
③ 0.36
④ 0.56

조도
① 공식 : 조도 = $\frac{광도}{(거리)^2}$
② 광도 = $3 \times 1^2 = 3cd$
③ 조도 = $\frac{3}{5^2} = 0.12 Lux$

정답 21 ④ 22 ③ 23 ① 24 ② 25 ④ 26 ①

27

다음 중 신체와 환경간의 열교환 과정을 가장 올바르게 나타낸 식은? (단, W는 일, M은 대사, S는 열 축적, R은 복사, C는 대류, E는 증발, Clo는 의복의 단열률이다.)

① $W = (M+S) \pm R \pm C - E$
② $S = (M-W) \pm R \pm C - E$
③ $W = Clo \times (M-S) \pm R \pm C - E$
④ $S = Clo \times (M-W) \pm R \pm C - E$

> **열교환**
> $S = M - E \pm R \pm C - W$
> S : 열 축적, M : 대사열, E : 증발열, C : 대류열, R : 복사열, W : 일

28

다음 중 위험을 통제하는데 있어 취해야 할 첫 단계 조사는?

① 작업원을 선발하여 훈련한다.
② 덮개나 격리 등으로 위험을 방호한다.
③ 설계 및 공정계획 시에 위험을 제거토록 한다.
④ 점검과 필요한 안전보호구를 사용하도록 한다.

> **위험의 통제**
> 위험통제의 첫 단계는 설계 및 공정계획 시에 위험의 잠재요인을 원천적으로 제거하는 것이며, 그 다음으로 방호장치 및 안전보호구 그리고 훈련 등을 하게 된다.

29 ★빈출

FT도에서 사용되는 다음 기호의 의미로 옳은 것은?

① 결함사상
② 기본사상
③ 통상사상
④ 제외사상

> **논리기호 및 사상기호**
>
> | 결함사상
(사상기호) | 기본사상
(사상기호) | 생략사상
(최후사상) | 통상사상
(사상기호) |
> |---|---|---|---|
> | □ | ○ | ◇ | ⌂ |

30

System 요소 간의 link 중 인간 커뮤니케이션 link에 해당되지 않는 것은?

① 방향성 link
② 통신계 link
③ 시각 link
④ 컨트롤 link

31

다음 중 일반적인 수공구의 설계원칙으로 볼 수 없는 것은?

① 손목을 곧게 유지한다.
② 반복적인 손가락 동작을 피한다.
③ 사용이 용이한 검지만을 주로 사용한다.
④ 손잡이는 접촉면적을 가능하면 크게 한다.

> **수공구의 설계 원칙**
> ① 손목을 곧게 펼 수 있도록
> ② 손가락으로 지나친 반복동작을 하지 않도록
> ③ 손 바닥면에 압력이 가해지지 않도록(접촉면적을 크게)
> ④ 적절한 장갑을 사용
> ⑤ 공구의 무게를 줄이고 균형을 유지하도록 등

32

인간 오류의 분류에 있어 원인에 의한 분류 중 작업자가 기능을 움직이려 해도 필요한 물건, 정보, 에너지 등의 공급이 없는 것처럼 작업자가 움직이려 해도 움직일 수 없어서 발생하는 오류는?

① primary error
② secondary error
③ command error
④ omission error

> **원인의 레벨적 분류**
>
> | | |
> |---|---|
> | Primary error | 작업자 자신으로부터 발생한 에러(안전교육으로 예방) |
> | Secondary error | 작업형태, 작업조건 중에서 다른 문제가 발생하여 필요한 직무나 절차를 수행할 수 없는 에러 |
> | Command error | 작업자가 움직이려 해도 필요한 물건, 정보, 에너지 등이 공급되지 않아서 작업자가 움직일 수 없는 상황에서 발생한 에러 |

정답 27 ② 28 ③ 29 ② 30 ④ 31 ③ 32 ③

33

다음 중 신호의 강도, 진동수에 의한 신호의 상대식별 등 물리적 자극의 변화여부를 감지할 수 있는 최소의 자극 범위를 의미하는 것은?

① Chunking
② Stimulus Range
③ SDT(Signal Detection Theory)
④ JND(Just Noticeable Difference)

> 변화감지역(최소의 자극범위)
> ① 특정 감각의 감지능력은 두 자극 사이의 차이를 알아낼 수 있는 변화감지역(JND : Just Noticeable Difference)으로 표현
> ② 변화 감지역이 작을수록 변화를 검출하기 쉽다.

34

조도가 400럭스인 위치에 놓인 흰색 종이 위에 짙은 회색의 글자가 씌어져 있다. 종이의 반사율은 80%이고, 글자의 반사율은 40%라 할 때 종이와 글자의 대비는 얼마인가?

① -100%
② -50%
③ 50%
④ 100%

> 대비
> ① 대비(%) = $\frac{배경의광도(L_b) - 표적의광도(L_t)}{배경의광도(L_b)} \times 100$
> ② 대비(%) = $\frac{80-40}{80} \times 100 = 50(\%)$

35

다음 중 인간-기계 시스템에서 기계에 비교한 인간의 장점과 가장 거리가 먼 것은?

① 완전히 새로운 해결책을 찾아낸다.
② 여러 개의 프로그램된 활동을 동시에 수행한다.
③ 다양한 경험을 토대로 하여 의사결정을 한다.
④ 상황에 따라 변화하는 복잡한 자극 형태를 식별한다.

> 인간과 기계의 기능 비교
> 기계는 과부하 상태에서도 효율적으로 작동하고, 동시에 여러 가지 작업이 가능하지만, 인간은 과부하 상태에서 중요한 일에만 전념한다.

36

성인이 하루에 섭취하는 음식물의 열량 중 일부는 생명을 유지하기 위한 신체기능에 소비되고, 나머지는 일을 한다거나 여가를 즐기는데 사용될 수 있다. 이 중 생명을 유지하기 위한 최소한의 대사량을 무엇이라 하는가?

① BMR
② RMR
③ GSR
④ EMG

> 기초대사량(basal metabolic rate)
> ① 생명을 유지하는데 필요로하는 최소한의 에너지량을 기초대사량이라 한다.
> ② 운동이나 활동하지 않는 안정된 상태에서 신체 기능을 유지하는데 필요한 대사량이다.

37

Chapanis의 위험분석에서 발생이 불가능한(Impossible) 경우의 위험발생률은?

① 10^{-2}/day
② 10^{-4}/day
③ 10^{-6}/day
④ 10^{-8}/day

38

세발자전거에서 각 바퀴의 신뢰도가 0.9일 때 이 자전거의 신뢰도는 얼마인가?

① 0.729
② 0.810
③ 0.891
④ 0.999

> 신뢰도(직렬연결)
> R = 0.9 × 0.9 × 0.9 = 0.729

정답 33 ④ 34 ③ 35 ② 36 ① 37 ④ 38 ①

39

다음 중 형상 암호화된 조종장치에서 "이산 멈춤 위치용" 조종장치로 가장 적절한 것은?

① 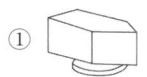 ②  ③ 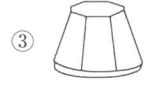 ④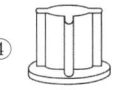

> **이산 멈춤 위치용 조종장치**
> 이산 멈춤 위치용 조종장치는 비연속 제어에 사용되며, 전 제어작용에서 볼 때 정보의 중요한 부분을 차지하는 사항의 위치 지정을 할 때 사용된다.

40

다음 중 보전용 자재에 관한 설명으로 가장 적절하지 않은 것은?

① 소비속도가 느려 순환사용이 불가능하므로 폐기시켜야 한다.
② 휴지손실이 적은 자재는 원자재나 부품의 형태로 재고를 유지한다.
③ 열화상태를 경향검사로 예측이 가능한 품목은 적시 발주법을 적용한다.
④ 보전의 기술수준, 관리수준이 재고량을 좌우한다.

3과목 기계·기구 및 설비 안전 관리

41

선반에서 절삭가공 중 발생하는 연속적인 칩을 자동적으로 끊어주는 역할을 하는 것은?

① 커버
② 방진구
③ 보안경
④ 칩 브레이커

> **선반의 방호 장치**
>
> | | |
> |---|---|
> | 실드 (Shield) | 공작물의 칩이 비산되어 발생하는 위험을 방지하는 덮개 |
> | 척 커버 (Chuck Cover) | 척에 고정시킨 가공물의 돌출부에 작업자가 접촉하여 발생하는 위험을 방지하기 위하여 설치 |
> | 칩 브레이커 | 길게 형성되는 절삭 칩을 바이트를 사용하여 절단해 주는 장치 |

42

다음 중 연삭기를 이용한 작업을 할 경우 연삭숫돌을 교체한 후에는 얼마 동안 시험운전을 하여야 하는가?

① 1분 이상
② 3분 이상
③ 10분 이상
④ 15분 이상

> **연삭기의 시운전**
> 작업 시작하기 전 1분 이상, 연삭 숫돌을 교체한 후 3분 이상 시운전

43

다음 중 와이어로프 구성기호 "6×19"의 표기에서 "6"의 의미에 해당하는 것은?

① 소선 수
② 소선의 직경(mm)
③ 스트랜드 수
④ 로프의 인장강도

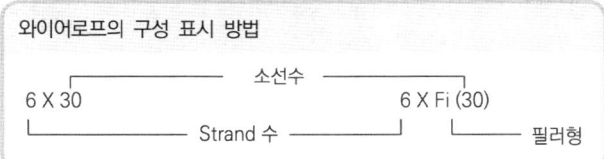

44

다음 중 산업안전보건법령상 안전난간의 구조 및 설치요건에서 상부난간대의 높이는 바닥면으로부터 얼마 지점에 설치하여야 하는가?

① 30cm 이상
② 60cm 이상
③ 90cm 이상
④ 120cm 이상

> **안전난간의 설치기준(상부난간대)**
> ① 바닥면·발판 또는 경사로의 표면으로부터 90cm 이상 지점에 설치
> ② 상부 난간대를 120cm 이하에 설치하는 경우에는 중간 난간대는 상부 난간대와 바닥면 등의 중간에 설치
> ③ 120cm 이상 지점에 설치하는 경우에는 중간 난간대를 2단 이상으로 균등하게 설치하고 난간의 상하 간격은 60cm 이하가 되도록 할 것

정답 39 ① 40 ① 41 ④ 42 ② 43 ③ 44 ③

45

기계의 안전조건 중 외형의 안전화로 가장 적합한 것은?

① 기계의 회전부에 덮개를 설치하였다.
② 강도의 열화를 고려해 안전율을 최대로 설계하였다.
③ 정전 시 오동작을 방지하기 위하여 자동제어장치를 설치하였다.
④ 사용압력 변동 시의 오동작 방지를 위하여 자동제어 장치를 설치하였다.

외형의 안전화
① 가드 설치(기계 외형 부분 및 회전체 돌출 부분)
② 별실 또는 구획된 장소에 격리(원동기 및 동력 전도 장치)
③ 안전 색채 조절(기계 장비 및 부수되는 배관)

46

드릴로 구멍을 뚫는 작업 중 공작물이 드릴과 함께 회전할 우려가 가장 큰 경우는?

① 처음 구멍을 뚫을 때
② 중간쯤 뚫렸을 때
③ 거의 구멍이 뚫렸을 때
④ 구멍이 완전히 뚫렸을 때

드릴 작업 시 안전대책
① 드릴을 끼운 후 척 렌치는 반드시 빼둘 것
② 장갑 착용 금지 및 칩은 브러시로 제거
③ 얇은 재료는 흔들리기 쉬우므로 나무판을 받치고 작업
④ 구멍이 거의 다 뚫렸을 때 일감이 드릴과 함께 회전하기 쉬우므로 주의

47

다음 중 톱의 후면날 가까이에 설치되어 목재의 켜진 틈 사이에 끼어서 쐐기작용을 하여 목재가 압박을 가하지 않도록 하는 장치를 무엇이라 하는가?

① 분할날
② 반발방지장치
③ 날접촉예방장치
④ 가동식 접촉예방장치

분할날의 설치기준
① 분할 날의 두께는 둥근톱 두께의 1.1배 이상이어야 한다.
$1.1t_1 \le t_2 < b$ (t_1 : 톱 두께, t_2 : 분할날 두께, b : 치진폭)
② 견고히 고정할 수 있으며 분할날과 톱날 원주면과의 거리는 12mm 이내로 조정, 유지할 수 있어야 하고 표준 테이블면 상의 톱 뒷날의 2/3 이상을 덮도록 하여야 한다.

48

다음 중 원심기의 방호장치로 가장 적합한 것은?

① 덮개
② 반발방지장치
③ 릴리프밸브
④ 수인식 가드

원심기의 안전기준
① 원심기 또는 분쇄기 등으로부터 내용물을 꺼내거나 원심기 또는 분쇄기 등의 정비·청소·검사·수리 또는 그 밖에 이와 유사한 작업을 하는 경우에 그 기계의 운전을 정지하여야 한다.
② 원심기의 최고사용회전수를 초과하여 사용해서는 아니 된다.
③ 내용물이 튀어나오는 것을 방지하도록 덮개를 설치하여야 한다.

49

다음 중 기계설비 안전화의 기본 개념으로서 적절하지 않은 것은?

① fail-safe의 기능을 갖추도록 한다.
② fool proof의 기능을 갖추도록 한다.
③ 안전상 필요한 장치는 단일 구조로 한다.
④ 안전 기능은 기계 장치에 내장되도록 한다.

기계설비의 본질 안전 조건
① 안전기능이 기계 내에 내장되어 있을 것
② 풀 프루프(fool proof)의 기능을 가질 것
③ 페일 세이프(fail safe)의 기능을 가질 것

50

다음 중 산업안전보건법령상 이동식 크레인을 사용하여 작업할 때의 작업시작 전 점검사항으로 틀린 것은?

① 브레이크·클러치 및 조정장치의 기능
② 권과방지장치나 그 밖의 경보장치의 기능
③ 와이어로프가 통하고 있는 곳 및 작업장소의 지반상태
④ 원동기·회전축·기어 및 풀리 등의 덮개 또는 울 등의 이상 유무

> **이동식크레인을 사용하여 작업할 때 작업시작 전 점검사항**
> ① 권과방지장치나 그 밖의 경보장치의 기능
> ② 브레이크·클러치 및 조정장치의 기능
> ③ 와이어로프가 통하고 있는 곳 및 작업장소의 지반상태

51

다음 중 산업안전보건법령에 따른 압력용기에 설치하는 안전밸브의 설치 및 작동에 관한 설명으로 틀린 것은?

① 다단형 압축기에는 각 단 또는 각 공기압축기별로 안전밸브 등을 설치하여야 한다.
② 안전밸브는 이를 통하여 보호하려는 설비의 최저사용압력 이하에서 작동되도록 설정하여야 한다.
③ 화학공정 유체와 안전밸브의 디스크 또는 시트가 직접 접촉될 수 있도록 설치된 경우에는 2년마다 1회 이상 국가교정기관에서 검사한 후 납으로 봉인하여 사용한다.
④ 공정안전보고서 이행상태 평가결과가 우수한 사업장의 안전밸브의 경우 검사주기는 4년마다 1회 이상이다.

> **압력용기의 압력방출장치(안전밸브)**
> ① 과압으로 인한 폭발 방지를 위해 설치
> ② 다단형 압축기 또는 직렬로 접속된 공기압축기는 과압 방지 압력방출장치를 각단마다 설치
> ③ 압력방출장치는 압력용기의 최고사용압력 이전에 작동되도록 설정

52

클러치 프레스에 부착된 양수조작식 방호장치에 있어서 클러치 맞물림 개소수가 4군데, 매분 행정수가 300SPM일 때 양수조작식 조작부의 최소 안전거리는?(단, 인간의 손의 기준 속도는 1.6m/s로 한다.)

① 240mm
② 260mm
③ 340mm
④ 360mm

> **양수기동식의 안전거리**
> $D_m = 1.6\,T_m$
> $T_m = (\dfrac{1}{\text{클러치 맞물림 개소수}} + \dfrac{1}{2}) \times \dfrac{60,000}{\text{매분행정수}}(ms)$
> $= (\dfrac{1}{4} + \dfrac{1}{2}) \times \dfrac{60,000}{300} = 150(ms)$
> $D_m = 1.6 \times 150 = 240(mm)$

53

다음 중 벨트 컨베이어의 특징에 해당되지 않는 것은?

① 무인화 작업이 가능하다.
② 연속적으로 물건을 운반할 수 있다.
③ 운반과 동시에 하역작업이 가능하다.
④ 경사각이 클수록 물건을 쉽게 운반할 수 있다.

> **벨트 컨베이어의 특징**
> ① 파쇄물, 부스러기에 대하여 큰 수송능력을 가지며 동력소비량도 적다.
> ② 운반물의 종류에 따라 다소 차이는 있으나 운반 경사각은 보통 최대 20° 정도이다.
> ③ 연속적인 작업과 무인화 작업 그리고 운반과 동시에 물건을 승하역할 수 있다.

정답 50 ④ 51 ② 52 ① 53 ④

54

프레스의 광전자식 방호장치에서 손이 광선을 차단한 직후부터 급정지장치가 작동을 개시한 시간이 0.03초이고, 급정지장치가 작동을 시작하여 슬라이드가 정지한 때까지의 시간이 0.2초라면 광축의 설치위치는 위험점에서 얼마 이상 유지해야 하는가?

① 153mm
② 279mm
③ 368mm
④ 451mm

> **광전자식의 안전거리**
> ① $D(\text{mm}) = 1600 \times (T_C + T_S)$
> T_C: 방호장치의 작동시간[즉 손이 광선을 차단했을 때부터 급정지기구가 작동을 개시할 때까지의 시간(초)]
> T_S: 프레스의 최대정지시간[즉 급정지기구가 작동을 개시했을 때부터 슬라이드가 정지할 때까지의 시간(초)]
> ② $D = 1600 \times (0.03 + 0.2) = 368\text{mm}$

55

다음 중 슬로터(slotter)의 방호장치로 적합하지 않은 것은?

① 칩받이
② 방책
③ 칸막이
④ 인발블록

> **슬로터(slotter)**
> (1) 슬로터는 세이퍼의 램 운동을 수평에서 수직으로 바꾸어 직립형으로 한 공작 기계로, 방호장치는 세이퍼와 같다.
> (2) 방호장치
>   ① 울타리(방책, 방호울) ② 칩 받이 ③ 칸막이 ④ 가드

56

원래 길이가 150mm인 슬링체인을 점검한 결과 길이에 변형이 발생하였다. 다음 중 폐기 대상에 해당되는 측정값(길이)으로 옳은 것은?

① 151.5mm 초과
② 153.5mm 초과
③ 155.5mm 초과
④ 157.5mm 초과

> **달기체인**
> (1) 사용제한 조건
>   ① 달기체인의 길이가 달기체인이 제조된 때의 길이의 5퍼센트를 초과한 것
>   ② 링의 단면지름이 달기체인이 제조된 때의 해당 링의 지름의 10퍼센트를 초과하여 감소한 것
>   ③ 균열이 있거나 심하게 변형된 것
> (2) 150mm × 0.05 = 7.5
>   그러므로, 150 + 7.5 = 157.5mm

57

다음 중 보일러의 부식원인과 가장 거리가 먼 것은?

① 증기 발생이 과다할 때
② 급수처리를 하지 않은 물을 사용할 때
③ 급수에 해로운 불순물이 혼입되었을 때
④ 불순물을 사용하여 수관이 부식되었을 때

> **보일러의 부식원인**
> ① 불순물로 인한 수관 부식
> ② 급수에 불순물 흡입
> ③ 급수처리 하지 않은 물 사용(pH 10~11정도의 약알칼리성이 적당)

58

산업안전보건법령상 가스집합장치로부터 얼마 이내의 장소에서는 흡연, 화기의 사용 또는 불꽃을 발생할 우려가 있는 행위를 금지하여야 하는가?

① 5m
② 7m
③ 10m
④ 25m

> **가스집합 용접장치의 관리**
> ① 사용하는 가스의 명칭 및 최대가스저장량을 가스장치실의 보기 쉬운 장소에 게시할 것
> ② 가스장치실에는 관계 근로자가 아닌 사람의 출입을 금지할 것
> ③ 가스집합장치로부터 5미터 이내의 장소에서는 흡연, 화기의 사용 또는 불꽃을 발생할 우려가 있는 행위를 금지할 것
> ④ 해당 작업을 행하는 근로자에게 보안경과 안전장갑을 착용시킬 것

정답 54 ③ 55 ④ 56 ④ 57 ① 58 ①

59

다음 중 선반의 안전장치로 볼 수 없는 것은?

① 울 ② 급정지 브레이크
③ 안전블럭 ④ 칩비산방지 투명판

선반의 방호장치
① 실드(Shield) ② 척 커버(Chuck Cover)
③ 칩 브레이커 ④ 급정지 브레이크

---

tip
선반 등으로부터 돌출하여 회전하고 있는 가공물이 위험을 미칠 경우 덮개 또는 울 등을 설치하여야 한다.

60

다음 중 지게차 헤드가드에 관한 설명으로 옳은 것은?

① 상부틀의 각 개구의 폭 또는 길이가 16cm 미만일 것
② 강도는 지게차 최대하중의 등분포정하중에 견딜 것
③ 운전자가 서서 조작하는 방식의 지게차의 경우에는 운전석의 바닥면에서 헤드가드의 상부틀 하면까지의 높이가 2.5m 이상일 것
④ 운전자가 앉아서 조작하는 방식의 지게차의 경우에는 운전자의 좌석 윗면에서 헤드가드의 상부틀 아랫면까지의 높이가 1.2m 이상일 것

지게차 헤드가드
① 강도는 지게차의 최대하중의 2배의 값(그 값이 4톤을 넘는 것에 대하여서는 4톤으로 한다)의 등분포정하중에 견딜 수 있는 것일 것
② 상부틀의 각 개구의 폭 또는 길이가 16cm 미만일 것
③ 운전자가 앉아서 조작하거나 서서 조작하는 지게차의 헤드가드는 「산업표준화법」에 따른 한국산업표준에서 정하는 높이 기준 이상일 것

4과목 전기 및 화학설비 안전 관리

61 ★빈출

다음 중 인체 접촉상태에 따른 허용접촉전압과 해당 종별의 연결이 틀린 것은?

① 2.5V 이하 – 제1종
② 25V 이하 – 제2종
③ 50V 이하 – 제3종
④ 100V 이하 – 제4종

허용접촉전압

종별	접촉 상태	허용접촉전압
제1종	• 인체의 대부분이 수중에 있는 경우	2.5V 이하
제2종	• 인체가 현저하게 젖어있는 경우 • 금속성의 전기기계장치나 구조물에 인체의 일부가 상시 접촉되어 있는 경우	25V 이하
제3종	• 제1종, 제2종 이외의 경우로 통상의 인체상태에 있어서 접촉전압이 가해지면 위험성이 높은 경우	50V 이하
제4종	• 제1종, 제2종 이외의 경우로 통상의 인체상태에 있어서 접촉전압이 가해지더라도 위험성이 낮은 경우 • 접촉전압이 가해질 우려가 없는 경우	제한없음

정답 59 ③ 60 ① 61 ①

62

다음 중 내압 방폭구조인 전기기기의 성능시험에 관한 설명으로 틀린 것은?

① 성능시험은 모든 내용물이 용기에 장착한 상태로 시험한다.
② 성능시험은 충격시험을 실시한 시료 중 하나를 사용해서 실시한다.
③ 부품의 일부가 용기에 포함되지 않은 상태에서 사용할 수 있도록 설계된 경우, 최적의 조건에서 시험을 실시해야 한다.
④ 제조자가 제시한 자세한 부품 배열방법이 있고, 빈 용기가 최악의 폭발압력을 발생시키는 조건인 경우에는 빈 용기 상태로 시험을 할 수 있다.

> **내압방폭구조의 성능시험**
> (1) 성능시험은 충격시험을 실시한 시료 중 하나를 사용해서 다음의 순서에 따라 실시한다.
>   ① 폭발압력(기준압력) 측정
>   ② 폭발강도(정적 및 동적) 시험
>   ③ 폭발인화시험
> (2) 성능시험은 모든 내용물이 용기에 장착한 상태로 시험한다. 다만, 이와 동등한 부품을 내용물로 대신 사용할 수도 있다.
> (3) 제조자가 제시한 자세한 부품 배열방법이 있고, 빈 용기가 최악의 폭발압력을 발생시키는 조건인 경우에는 빈 용기 상태로 시험을 할 수 있다.
> (4) 부품의 일부가 용기에 포함되지 않은 상태에서 사용할 수 있도록 설계된 경우, 가장 가혹한 조건에서 시험을 실시해야 한다.
> (5) (3) 및 (4)인 경우에는 인증기관은 제조자가 제시한 내용을 근거로 허용되는 용기의 종류 및 부품 배열방법을 인증서에 명시해야 한다.
> (6) 부품이 용기 내부에서 이동하여 사용할 수 있는 경우, 부품의 배열은 최악의 조립조건에서 시험해야 한다.

63 ★빈출

다음 중 사업장의 정전기 발생에 대한 재해방지 대책으로 적합하지 못한 것은?

① 습도를 높인다.
② 실내 온도를 높인다.
③ 도체부분에 접지를 실시한다.
④ 적절한 도전성 재료를 사용한다.

> **정전기 발생 방지책**
> ① 접지(도체의 대전방지)
> ② 가습(공기 중의 상대습도를 60~70% 정도 유지)
> ③ 대전방지제 사용
> ④ 배관 내에 액체의 유속제한 및 정체시간 확보
> ⑤ 제전장치(제전기) 사용
> ⑥ 도전성 재료 사용
> ⑦ 보호구 착용

64

다음 중 교류 아크 용접에서 자동전격방지장치의 기능으로 틀린 것은?

① 감전위험방지
② 전력손실 감소
③ 정전기 위험방지
④ 무부하 시 안전전압 이하로 저하

> **자동전격방지기**
> 용접기 출력측의 무부하전압을 25V 이하로 저하시켜 감전을 방지하는 목적으로 사용하는 것으로 정전기 방지와는 무관한 장치이다.

65

옥내배선 중 누전으로 인한 화재방지를 위해 별도로 실시할 필요가 없는 것은?

① 배선불량 시 재시공 할 것
② 배선로 상에 단로기를 설치할 것
③ 정기적으로 절연저항을 측정할 것
④ 정기적으로 배선시공 상태를 확인할 것

> **단로기**
> 고압 또는 특고압 회로로부터 기기를 분리하거나 변경할 때 사용하는 개폐장치로서 단지 충전된 전로(무부하)를 개폐하기 위해 사용하며, 부하전류의 개폐는 원칙적으로 할 수 없는 개폐장치

정답　62 ③　63 ②　64 ③　65 ②

66

다음 중 전기기기의 절연의 종류와 최고허용온도가 잘못 연결된 것은?

① Y : 90℃
② A : 105℃
③ B : 130℃
④ F : 180℃

> **절연계급**
> ① Y종 : 90℃ 이내　② A종 : 105℃ 이내
> ③ E종 : 120℃ 이내　④ B종 : 130℃ 이내
> ⑤ F종 : 155℃ 이내　⑥ H종 : 180℃ 이내
> ⑦ C종 : 180℃ 이상

67 빈출

Dalziel의 심실세동전류와 통전시간과의 관계식에 의하면 인체 전격 시의 통전시간이 4초이었다고 했을 때 심실세동 전류의 크기는 약 몇 mA인가?

① 42
② 83
③ 165
④ 185

> **심실세동전류**
> $I = \dfrac{165}{\sqrt{T}}(\text{mA}) = \dfrac{165}{\sqrt{4}} = 82.5(\text{mA})$

68

다음 중 전기화재의 직접적인 원인이 아닌 것은?

① 절연 열화
② 애자의 기계적 강도 저하
③ 과전류에 의한 단락
④ 접촉 불량에 의한 과열

> **전기화재의 원인**
> ① 단락　② 스파크　③ 누전　④ 과전류　⑤ 접촉부 과열
> ⑥ 절연열화 등

69

다음 중 방폭전기기기의 선정 시 고려하여야 할 사항과 가장 거리가 먼 것은?

① 압력 방폭구조의 경우 최고표면온도
② 내압 방폭구조의 경우 최대안전틈새
③ 안전증 방폭구조의 경우 최대안전틈새
④ 본질안전 방폭구조의 경우 최소점화전류

> **안전증 방폭구조(e)**
> 정상 운전 중에 폭발성 가스 또는 증기에 점화원이 될 전기불꽃, 아크 또는 고온부분 등의 발생을 방지하기 위하여 기계적, 전기적 구조상 또는 온도상승에 대해서 특히 안전도를 증가시킨 구조이므로 최대안전틈새와는 무관하다.

70 빈출

다음 중 전기화재 시 부적합한 소화기는?

① 분말 소화기
② CO_2 소화기
③ 할론 소화기
④ 산알칼리 소화기

> **전기화재 소화기**
> 전기화재에는 일반적으로 분말소화기, 할로겐화물 소화기, CO_2 소화기를 사용할 수 있으며, 무상수 및 무상강화액 소화기도 사용가능하나, 산알카리 소화기는 사용할 수 없다.

71

페인트를 스프레이로 뿌려 도장작업을 하는 작업 중 발생할 수 있는 정전기 대전으로만 이루어진 것은?

① 분출대전, 충돌대전
② 충돌대전, 마찰대전
③ 유동대전, 충돌대전
④ 분출대전, 유동대전

> **정전기 발생현상**
>
> | | |
> |---|---|
> | 분출대전 | ① 분체류, 액체류, 기체류가 단면적이 작은 개구부를 통해 분출할 때 분출물질과 개구부의 마찰로 인하여 정전기가 발생 ② 분출물과 개구부의 마찰 이외에도 분출물의 입자 상호간의 충돌로 인한 미립자의 생성으로 정전기가 발생하기도 한다. |
> | 충돌대전 | 분체류에 의한 입자끼리 또는 입자와 고정된 고체의 충돌, 접촉, 분리 등에 의해 정전기가 발생 |

정답　66 ④　67 ②　68 ②　69 ③　70 ④　71 ①

72

전기설비로 인한 화재폭발의 위험분위기를 생성하지 않도록 하기 위해 필요한 대책으로 가장 거리가 먼 것은?

① 폭발성 가스의 사용 방지
② 폭발성 분진의 생성 방지
③ 폭발성 가스의 체류 방지
④ 폭발성 가스 누설 및 방출 방지

> **위험 분위기 생성 방지**
> 현실적으로 가스의 사용을 방지하는 것은 불가능하기 때문에 분진생성 및 가스의 체류, 누설, 방출을 방지하는 대책을 세워야 한다.

73

다음 중 위험물에 대한 일반적 개념으로 옳지 않은 것은?

① 반응속도가 급격히 진행된다.
② 화학적 구조 및 결합력이 불안정하다.
③ 대부분 화학적 구조가 복잡한 고분자 물질이다.
④ 그 자체가 위험하다든가 또는 환경 조건에 따라 쉽게 위험성을 나타내는 물질을 말한다.

> **위험물**
> 인화성 또는 발화성의 성질을 갖고 있어 산소와의 격렬한 반응으로 위험을 줄 수 있는 물질이므로 화학적 구조는 여러가지 형태로 나타날 수 있다.

74

아세틸렌(C_2H_2)의 공기 중의 완전연소 조성농도(Cst)는 약 얼마인가?

① 6.7vol%
② 7.0vol%
③ 7.4vol%
④ 7.7vol%

> **완전연소 조성농도**
> $$C_{st} = \frac{100}{1+4.773(n+\frac{m-f-2\lambda}{4})} = \frac{100}{1+4.773(2+\frac{2}{4})}$$
> $= 7.73\text{vol}\%$

75

가스용기 파열사고의 주요 원인으로 가장 거리가 먼 것은?

① 용기 밸브의 이탈
② 용기의 내압력 부족
③ 용기 내압의 이상 상승
④ 용기 내 폭발성 혼합가스 발화

> **고압가스 용기 파열사고의 주요원인**
> ① 용기의 내압력부족 : 강재의 피로, 용기 내벽의 부식, 용접 불량, 용기 자체에 결함이 있는경우 등
> ② 용기 내압의 이상 상승 : 과잉 충전의 경우 가열, 내용물의 중합반응 또는 분해반응 등
> ③ 용기 내에서의 폭발성 혼합가스의 발화 : 가스의 혼합 충전 등

76

반응기를 조작방법에 따라 분류할 때 반응기의 한 쪽에서는 원료를 계속적으로 유입하는 동시에 다른 쪽에서는 반응생성 물질을 유출시키는 형식의 반응기를 무엇이라 하는가?

① 관형 반응기
② 연속식 반응기
③ 회분식 반응기
④ 교반조형 반응기

조작방식에 의한 분류	
회분식(batch) 균일상 반응기	여러 물질을 반응하는 교반을 통하여 새로운 생성물을 회수하는 방식으로 1회로 조작이 완성되는 반응기(소량 다품종 생산에 적합)
반회분식(semi-batch) 반응기	① 반응물질의 1회 성분을 넣은 다음, 다른 성분을 연속적으로 보내 반응을 진행한 후 내용물을 취하는 형식 ② 처음부터 반응성분을 전부 넣어서, 반응에 의한 생성물 한가지를 연속적으로 빼내면서 종료 후 내용물을 취하는 형식
연속식(continuous) 반응기	원료액체를 연속적으로 투입하면서 다른 쪽에서 반응 생성물인 액체를 취하는 형식(농도·온도·압력의 시간적인 변화는 없다)

정답: 72 ① 73 ③ 74 ④ 75 ① 76 ②

77
물질안전보건자료(MSDS)의 작성항목이 아닌 것은?

① 물리화학적 특성
② 유해물질의 제조법
③ 환경에 미치는 영향
④ 누출사고 시 대처방법

물질안전보건자료 작성 시 포함 항목
① 화학제품과 회사에 관한 정보
② 유해·위험성
③ 구성성분의 명칭 및 함유량
④ 응급조치요령
⑤ 폭발·화재 시 대처방법
⑥ 누출사고 시 대처방법
⑦ 취급 및 저장방법
⑧ 노출방지 및 개인보호구
⑨ 물리화학적 특성
⑩ 안정성 및 반응성
⑪ 독성에 관한 정보
⑫ 환경에 미치는 영향
⑬ 폐기 시 주의사항
⑭ 운송에 필요한 정보
⑮ 법적규제 현황
⑯ 기타 참고사항

78
윤활유를 닦은 기름걸레를 햇빛이 잘 드는 작업장의 구석에 모아 두었을 때 가장 발생가능성이 높은 재해는?

① 분진폭발
② 자연발화에 의한 화재
③ 정전기 불꽃에 의한 화재
④ 기계의 마찰열에 의한 화재

자연발화
물질이 서서히 산화되면서 축적된 열로 인하여 온도가 상승하고 발화온도에 도달하여 점화원 없이 발화하는 현상(열의 발생속도가 일산속도를 상회)

자연발화의 형태	① 산화열에 의한 발열(석탄, 건성유) ② 분해열에 의한 발열(셀룰로이드, 니트로셀룰로오스) ③ 흡착열에 의한 발열(활성탄, 목탄분말) ④ 미생물에 의한 발열(퇴비, 먼지)

79
다음 중 "공기 중의 발화온도"가 가장 높은 물질은?

① CH_4
② C_2H_2
③ C_2H_6
④ H_2S

발화온도
① CH_4 : 537℃
② C_2H_2 : 335℃
③ C_2H_6 : 510℃
④ H_2S : 260℃

80
공정안전보고서에 포함되어야 할 세부 내용 중 공정안전 자료에 해당하는 것은?

① 결함수분석(FTA)
② 도급업체 안전관리계획
③ 각종 건물·설비의 배치도
④ 비상조치계획에 따른 교육계획

공정 안전 자료의 내용
① 취급·저장하고 있거나 취급·저장하고자 하는 유해·위험물질의 종류 및 수량
② 유해·위험물질에 대한 물질안전보건자료
③ 유해하거나 위험한 설비의 목록 및 사양
④ 유해하거나 위험한 설비의 운전방법을 알 수 있는 공정도면
⑤ 각종 건물·설비의 배치도
⑥ 폭발위험장소 구분도 및 전기단선도
⑦ 위험설비의 안전설계·제작 및 설치관련 지침서

5과목 건설공사 안전 관리

81
리프트(Lift)의 안전장치에 해당하지 않는 것은?

① 권과방지장치
② 비상정지장치
③ 과부하방지장치
④ 속도조절기

리프트의 방호장치
① 과부하방지장치
② 권과방지장치
③ 비상정지장치 및 제동장치

tip
승강기의 방호장치
파이널 리미트 스위치, 속도조절기, 출입문 인터록 등

정답 77 ② 78 ② 79 ① 80 ③ 81 ④

82

벽체 콘크리트 타설 시 거푸집이 터져서 콘크리트가 쏟아진 사고가 발생하였다. 다음 중 이 사고의 주요원인으로 추정할 수 있는 것은?

① 콘크리트를 부어 넣는 속도가 빨랐다.
② 거푸집에 박리제를 다량 도포했다.
③ 대기 온도가 매우 높았다.
④ 시멘트 사용량이 많았다.

> **거푸집 측압**
> 타설속도가 빠를수록 측압이 커지는 원인이 되므로, 거푸집이 터지는 사고가 발생할 수 있다.

83

비계발판의 크기를 결정하는 기준은?

① 비계의 제조회사
② 재료의 부식 및 손상정도
③ 지점의 간격 및 작업 시 하중
④ 비계의 높이

> **비계 작업발판**
> 작업발판은 하중과 간격에 따라서 응력의 상태가 달라지므로 정해진 허용응력을 초과하지 않도록 해야 한다.

84 빈출

산업안전보건기준에 관한 규칙에 따른 굴착면의 기울기 기준으로 옳은 것은?

① 연암 = 1:0.3
② 경암 = 1:0.5
③ 풍화암 = 1:0.8
④ 그 밖의 흙 = 1:1.8

> **굴착면 기울기 기준**
>
> | 지반의 종류 | 모래 | 연암 및 풍화암 | 경암 | 그 밖의 흙 |
> |---|---|---|---|---|
> | 굴착면의 기울기 | 1:1.8 | 1:1.0 | 1:0.5 | 1:1.2 |

tip 2023년 법령개정. 문제와 해설은 개정된 내용 적용

85 빈출

작업발판 및 통로의 끝이나 개구부로서 근로자가 추락할 위험이 있는 장소에 설치하는 것과 거리가 먼 것은?

① 교차가새
② 안전난간
③ 울타리
④ 수직형 추락방망

> **개구부 등의 방호조치**
> ① 안전난간, 울타리, 수직형 추락방망 또는 덮개 등의 방호조치를 충분한 강도를 가진 구조로 튼튼하게 설치하고, 덮개 설치 시 뒤집히거나 떨어지지 않도록 설치(어두운 장소에서도 알아볼 수 있도록 개구부임을 표시)
> ② 안전난간 등의 설치가 매우 곤란하거나 작업의 필요상 임시로 난간 등을 해체하는 경우 추락방호망 설치(추락방호망 설치가 곤란한 경우 안전대 착용 등의 추락위험 방지조치)

86

콘크리트를 타설할 때 거푸집에 작용하는 콘크리트 측압에 영향을 미치는 요인과 가장 거리가 먼 것은?

① 콘크리트 타설 속도
② 콘크리트 타설 높이
③ 콘크리트의 강도
④ 콘크리트 단위용적질량

> **측압이 커지는 조건**
> ① 거푸집 수평단면이 클수록
> ② 콘크리트 슬럼프치가 클수록
> ③ 거푸집 표면이 평탄할수록
> ④ 철골, 철근량이 적을수록
> ⑤ 콘크리트 시공연도가 좋을수록
> ⑥ 외기의 온도가 낮을수록
> ⑦ 타설 시 상부에서(높이) 직접 낙하할 경우
> ⑧ 다짐이 충분할수록
> ⑨ 타설 속도가 빠를수록
> ⑩ 콘크리트의 비중(단위중량)이 클수록

정답 82 ① 83 ③ 84 ② 85 ① 86 ③

87
토사붕괴 재해의 발생 원인으로 보기 어려운 것은?

① 부석의 점검을 소홀히 했다.
② 지질조사를 충분히 하지 않았다.
③ 굴착면 상하에서 동시작업을 했다.
④ 안식각으로 굴착했다.

> **흙의 안식각(Angle of Repose)**
> ① 흙을 쌓아올릴 때 시간의 흐름에 따라 급경사면이 붕괴되어 자연적으로 안정된 사면을 이루어 가는데 이때 자연경사면이 수평면과 이루는 각도를 안식각이라 하며, 이 구배를 자연구배 또는 자연 경사라고 한다.
> ② 안식각으로 굴착한다는 것은 안전한 상태이므로 붕괴재해를 예방하는 방법이라 할 수 있다.

88
추락에 의한 위험방지를 위해 조치해야 할 사항과 거리가 먼 것은?

① 추락방지망 설치
② 안전난간 설치
③ 안전모 착용
④ 투하설비 설치

> **물체낙하에 의한 위험방지**
> ① 대상 : 높이 3m 이상인 장소에서 물체 투하시
> ② 조치사항 : ㉠ 투하설비 설치 ㉡ 감시인 배치

89 ⭐빈출
가설계단 및 계단참의 하중에 대한 지지력은 최소 얼마 이상이어야 하는가?

① 300kg/m²
② 400kg/m²
③ 500kg/m²
④ 600kg/m²

> **계단 및 계단참의 강도**
> ① 매제곱미터당 500킬로그램 이상의 하중에 견딜 수 있는 강도를 가진 구조로 설치
> ② 안전율(재료의 파괴응력도와 허용응력도의 비율을 말한다)은 4 이상
> ③ 계단 및 승강구 바닥을 구멍이 있는 재료로 만드는 경우 렌치나 그 밖의 공구 등이 낙하할 위험이 없는 구조

90 ⭐빈출
강관비계 중 단관비계의 조립간격(벽체와의 연결간격)으로 옳은 것은?

① 수직방향 : 6m, 수평방향 : 8m
② 수직방향 : 5m, 수평방향 : 5m
③ 수직방향 : 4m, 수평방향 : 6m
④ 수직방향 : 8m, 수평방향 : 6m

강관비계의 조립 간격(벽 이음)

종류	수직방향	수평방향
단관비계	5m	5m
틀비계(높이 5m 미만 제외)	6m	8m

91
철골구조에서 강풍에 대한 내력이 설계에 고려되었는지 검토를 실시하지 않아도 되는 건물은?

① 높이 30m인 건물
② 연면적당 철골량이 45kg인 건물
③ 단면구조가 일정한 구조물
④ 이음부가 현장용접인 건물

> **외압(강풍에 의한 풍압)에 대한 내력 설계 확인 구조물**
> ① 높이 20m 이상 구조물
> ② 구조물 폭과 높이의 비가 1 : 4 이상인 구조물
> ③ 연면적당 철골량이 50kg/m² 이하인 구조물
> ④ 단면구조에 현저한 차이가 있는 구조물
> ⑤ 기둥이 타이 플레이트 형인 구조물
> ⑥ 이음부가 현장 용접인 구조물

92
콘크리트의 재료분리현상 없이 거푸집 내부에 쉽게 타설할 수 있는 정도를 나타내는 것은?

① Workability
② Bleeding
③ Consistency
④ Finishability

> **Workability(시공연도)**
> 반죽질기 정도에 따른 작업의 난이도 및 재료 분리에 저항하는 정도를 나타내는 굳지 않은 콘크리트의 성질

정답 87 ④ 88 ④ 89 ③ 90 ② 91 ③ 92 ①

93

화물을 적재하는 경우에 준수하여야 하는 사항으로 옳지 않은 것은?

① 침하 우려가 없는 튼튼한 기반 위에 적재할 것
② 건물의 칸막이나 벽 등이 화물의 압력에 견딜 만큼의 강도를 지니지 아니한 경우에는 칸막이나 벽에 기대어 적재하지 않도록 할 것
③ 불안정할 정도로 높이 쌓아 올리지 말 것
④ 편하중이 발생하도록 쌓을 것

화물 적재 시 준수사항

문제의 보기 ①, ②, ③ 내용 외에 ④ 편하중이 생기지 아니하도록 적재할 것

94

거푸집의 일반적인 조립순서를 옳게 나열한 것은?

① 기둥 → 보받이 내력벽 → 큰보 → 작은보 → 바닥판 → 내벽 → 외벽
② 외벽 → 보받이 내력벽 → 큰보 → 작은보 → 바닥판 → 내벽 → 기둥
③ 기둥 → 보받이 내력벽 → 작은보 → 큰보 → 바닥판 → 내벽 → 외벽
④ 기둥 → 보받이 내력벽 → 바닥판 → 큰보 → 작은보 → 내벽 → 외벽

거푸집 조립순서

① 기둥철근 배근 → 기둥과 벽의 내측 거푸집 → 벽체 철근배근 → 벽의 외측 조립 → 보 및 바닥판 거푸집 조립 → 보철근배근 → 바닥판철근배근 → 콘크리트 타설
② 기둥 → 보받이 내력벽 → 큰보 → 작은보 → 바닥판 → 내벽 → 외벽

95

굴착공사에서 굴착 깊이가 5m, 굴착 저면의 폭이 5m인 경우 양단면 굴착을 할 때 굴착부 상단면의 폭은? (단, 굴착면의 기울기는 1 : 1로 한다.)

① 10m
② 15m
③ 20m
④ 25m

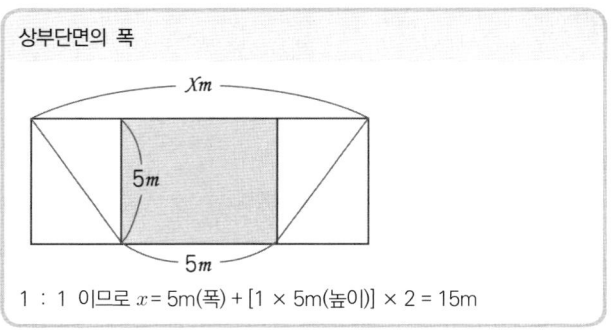

1 : 1 이므로 x = 5m(폭) + [1 × 5m(높이)] × 2 = 15m

96

일반적으로 사면이 가장 위험한 경우는 어느 때인가?

① 사면이 완전 건조 상태일 때
② 사면의 수위가 서서히 상승할 때
③ 사면이 완전 포화 상태일 때
④ 사면의 수위가 급격히 하강할 때

사면이 위험한 경우

① 수위 급격히 하강 시
② 시공 직후

97

산업안전보건기준에 관한 규칙에 따른 작업장 근로자의 안전한 통행을 위하여 통로에 설치하여야 하는 조명시설의 조도기준(Lux)은?

① 30Lux 이상
② 75Lux 이상
③ 150Lux 이상
④ 300Lux 이상

통로의 조명

① 75룩스 이상의 채광 또는 조명시설
② 다만 갱도 또는 상시통행을 하지 않는 지하실 등 : 휴대용 조명기구 사용 가능

정답 93 ④ 94 ① 95 ② 96 ④ 97 ②

98

건설기계에 관한 설명 중 옳은 것은?

① 백호는 장비가 위치한 지면보다 높은 곳의 땅을 파는 데에 적합하다.
② 바이브레이션 롤러는 노반 및 소일시멘트 등의 다지기에 사용된다.
③ 파워셔블은 지면에 구멍을 뚫어 낙하해머 또는 디젤해머에 의해 강관말뚝, 널말뚝 등을 박는데 이용된다.
④ 가이데릭은 지면을 일정한 두께로 깎는 데에 이용된다.

건설기계	
파워셔블	기계가 위치한 지반보다 높은 굴착에 유리
드레그 셔블 (Back Hoe)	기계가 위치한 지반보다 낮은 굴착에 사용. 기초 굴착 수중굴착 좁은 도랑 및 비탈면 절취 등의 작업
데릭	동력을 이용하여 물건을 달아 올리는 기계장치로서 마스트 또는 붐, 달아 올리는 기구와 기타 부속물로 구성

99

정기안전점검 결과 건설공사의 물리적·기능적 결함 등이 발견되어 보수·보강 등의 조치를 하기 위하여 필요한 경우에 실시하는 것은?

① 자체안전점검
② 정밀안전점검
③ 상시안전점검
④ 품질관리점검

건설공사 안전점검	
자체 안전점검	건설공사의 공사기간 동안 매일 실시
정기 안전점검	건설공사의 종류 및 규모 등을 고려하여 국토교통부장관이 정하여 고시하는 시기와 횟수에 따라 실시
정밀 안전점검	정기안전점검 결과 건설공사의 물리적·기능적 결함 등이 발견되어 보수·보강 등의 조치를 하기 위하여 필요한 경우 실시
1종 시설물 및 2종 시설물의 건설공사	해당 건설공사를 준공하기 직전에 정기안전점검 수준 이상의 안전점검 실시
	해당 건설공사가 시행 도중에 중단되어 1년 이상 방치된 시설물이 있는 경우에는 그 공사를 다시 시작하기 전에 그 시설물에 대한 안전점검 실시

100 빈출

건설작업용 리프트에 대하여 바람에 의한 붕괴를 방지하는 조치를 한다고 할 때 그 기준이 되는 최소 풍속은?

① 순간 풍속 30m/sec 초과
② 순간 풍속 35m/sec 초과
③ 순간 풍속 40m/sec 초과
④ 순간 풍속 45m/sec 초과

폭풍 등에 의한 안전조치사항
① 순간풍속이 초당 30미터 초과 : 폭풍에 의한 이탈방지, 폭풍 등으로 인한 이상 유무 점검
② 순간풍속이 초당 35미터 초과 : 붕괴 등의 방지, 폭풍에 의한 무너지는 것을 방지하기 위한 조치

정답 98 ② 99 ② 100 ②

Chapter 19

2024년 5월 9일~5월 28일 | CBT 기출복원문제

1과목 산업재해 예방 및 안전보건교육

01 ⭐

다음 중 일반적인 안전관리 조직의 기본 유형으로 볼 수 없는 것은?

① line system
② staff system
③ safety system
④ line-staff system

> 안전관리 조직의 유형
> ① Line형(직계식 直系式)
> ② Staff형 조직(참모식 參謀式)
> ③ Line-Staff형 조직(직계 참모식)

02

다음 중 적성배치 시 작업자의 특성과 가장 관계가 적은 것은?

① 연령
② 작업조건
③ 태도
④ 업무능력

> 작업자의 특성에는 연령, 태도, 업무능력, 병력, 개인능력 등이 해당된다.

03

다음 중 안전 태도 교육의 원칙으로 적절하지 않은 것은?

① 적성 배치를 한다.
② 이해하고 납득한다.
③ 항상 모범을 보인다.
④ 지적과 처벌 위주로 한다.

> 지적과 처벌은 가급적 지양해야 할 사항이다.

04

연평균 1,000명의 근로자를 채용하고 있는 사업장에서 연간 24명의 재해자가 발생하였다면 이 사업장의 연천인율은 얼마인가? (단, 근로자는 1일 8시간씩 연간 300일을 근무한다.)

① 10
② 12
③ 24
④ 48

> 연천인율
> ① 근로자 1,000명당 연간 발생하는 재해자수
>
> $$연천인율 = \frac{연간재해자수}{연평균근로자수} \times 1,000$$
>
> ② $연천인율 = \frac{24}{1,000} \times 1,000 = 24$

05

다음 중 산업재해로 인한 재해손실비 산정에 있어 하인리히의 평가방식에서 직접비에 해당하지 않는 것은?

① 통신급여
② 유족급여
③ 간병급여
④ 직업재활급여

> 직접비와 간접비
>
> | 직접비
(법적으로 지급되는 산재보상비) | 간접비
(직접비 제외한 모든 비용) |
> |---|---|
> | 요양급여, 휴업급여, 장해급여, 간병급여, 유족급여, 직업재활급여, 장례비 등 | 인적손실, 물적손실, 생산손실, 임금손실, 시간손실, 신규채용비용, 기타손실 등 |

정답 01 ③ 02 ② 03 ④ 04 ③ 05 ①

06

다음 중 산업안전보건법령상 안전·보건표지의 용도 및 사용 장소에 대한 표지의 분류가 가장 올바른 것은?

① 폭발성 물질이 있는 장소 : 안내표지
② 비상구가 좌측에 있음을 알려야 하는 장소 : 지시표지
③ 보안경을 착용해야만 작업 또는 출입을 할 수 있는 장소 : 안내표지
④ 정리·정돈 상태의 물체나 움직여서는 안 될 물체를 보존하기 위하여 필요한 장소 : 금지표지

> 안전표지
> ① 폭발성 물질이 있는 장소 : 경고표지
> ② 비상구가 좌측에 있음을 알려야 하는 장소 : 안내표지
> ③ 보안경을 착용해야만 작업 또는 출입을 할 수 있는 장소 : 지시표지
> ④ 정리·정돈 상태의 물체나 움직여서는 안 될 물체를 보존하기 위하여 필요한 장소 : 금지표지(물체이동금지)

07

하인리히의 재해발생 5단계 이론 중 재해 국소화 대책은 어느 단계에 대비한 대책인가?

① 제1단계 → 제2단계
② 제2단계 → 제3단계
③ 제3단계 → 제4단계
④ 제4단계 → 제5단계

> 하인리히의 사고연쇄 반응이론(도미노 이론)
> 사회적 환경 및 유전적 요인 → 개인적 결함 → 불안전 행동 및 불안전 상태 → 사고 → 재해

> **tip**
> 버드(Frank Bird)의 도미노 이론
> 제어의 부족 → 기본원인 → 직접원인 → 사고 → 상해

08

다음 중 [그림]에 나타난 보호구의 명칭으로 옳은 것은?

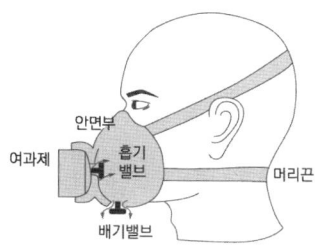

① 격리식 반면형 방독마스크
② 직결식 반면형 방진마스크
③ 격리식 전면형 방독마스크
④ 안면부 여과식 방진마스크

09

다음 중 매슬로우의 욕구위계 5단계 이론을 올바르게 나열한 것은?

① 생리적 욕구 → 사회적 욕구 → 안전의 욕구 → 존경의 욕구 → 자아실현의 욕구
② 안전의 욕구 → 생리적 욕구 → 사회적 욕구 → 존경의 욕구 → 자아실현의 욕구
③ 생리적 욕구 → 안전의 욕구 → 사회적 욕구 → 존경의 욕구 → 자아실현의 욕구
④ 사회적 욕구 → 생리적 욕구 → 안전의 욕구 → 자아실현의 욕구 → 존경의 욕구

10

안전교육의 방법 중 TWI(Training Within Industry for supervisor)의 교육내용에 해당하지 않는 것은?

① 작업지도기법(JIT)
② 작업개선기법(JMT)
③ 작업환경 개선기법(JET)
④ 인간관계 관리기법(JRT)

> TWI(Training with industry)
> ① Job Method Training(J. M. T) : 작업방법훈련
> ② Job Instruction Training(J. I. T) : 작업지도훈련
> ③ Job Relations Training(J. R. T) : 인간관계훈련
> ④ Job Safety Training(J. S. T) : 작업안전훈련

정답 06 ④ 07 ④ 08 ② 09 ③ 10 ③

11

작업장에서 매일 작업자가 작업 전, 중, 후에 시설과 작업동작 등에 대하여 실시하는 안전점검의 종류를 무엇이라 하는가?

① 정기점검
② 일상점검
③ 암시점검
④ 특별점검

안전점검의 종류(점검주기에 의한 구분)	
일상점검	작업 시작 전이나 사용 전 또는 작업 중에 일상적으로 실시하는 점검. 작업담당자, 감독자가 실시하고 결과를 담당책임자가 확인
정기점검 (계획점검)	1개월, 6개월, 1년 단위로 일정기간마다 정기적으로 점검 (외관, 구조, 기능의 점검 및 분해검사)
임시점검	정기점검 실시 후 다음 점검시기 이전에 임시로 실시하는 점검(기계, 기구, 설비의 갑작스런 이상 발생 시)
특별점검	• 기계, 기구, 설비의 신설변경 또는 고장, 수리 등을 할 경우 • 정기점검기간을 초과하여 사용하지 않던 기계설비를 다시 사용하고자 할 경우 • 강풍(순간풍속 30m/s 초과) 또는 지진(중진 이상 지진) 등의 천재지변 후

12

다음 중 재해조사 시 유의사항으로 가장 적절하지 않은 것은?

① 가급적 재해 현장이 변형되지 않은 상태에서 실시한다.
② 목격자가 제시한 사실 이외의 추측되는 말은 정밀 분석한다.
③ 과거 사고 발생 경향 등을 참고하여 조사한다.
④ 객관적 입장에서 재해방지에 우선을 두고 조사한다.

재해 조사 시 유의사항
① 사실을 수집한다. 그 이유는 뒤로 미룬다. ② 목격자가 발언하는 사실 이외의 추측의 말은 참고로 한다. ③ 조사는 신속히 행하고 2차 재해의 방지를 도모한다. ④ 사람, 설비, 환경의 측면에서 재해요인을 도출한다. ⑤ 제3자의 입장에서 공정하게 조사하며, 그러기 위해 조사는 2인 이상이 한다. ⑥ 책임추궁보다 재발방지를 우선하는 기본태도를 견지한다.

13 빈출

산업안전보건법령상 근로자 안전보건교육에 있어 "채용 시 교육 및 작업내용 변경 시 교육 내용"에 해당하지 않는 것은?

① 물질안전보건자료에 관한 사항
② 사고 발생 시 긴급조치에 관한 사항
③ 작업 개시 전 점검에 관한 사항
④ 표준안전작업방법 및 지도 요령에 관한 사항

근로자 채용 시 교육 및 작업내용 변경 시 교육내용
① 물질안전보건자료에 관한 사항 ② 기계·기구의 위험성과 작업의 순서 및 동선에 관한 사항 ③ 정리정돈 및 청소에 관한 사항 ④ 작업 개시 전 점검에 관한 사항 ⑤ 사고 발생 시 긴급조치에 관한 사항 ⑥ 산업보건 및 건강장해 예방에 관한 사항 ⑦ 직무스트레스 예방 및 관리에 관한 사항 ⑧ 위험성 평가에 관한 사항 ⑨ 산업안전보건법령 및 산업재해보상보험 제도에 관한 사항 ⑩ 산업안전 및 산업재해 예방에 관한 사항(화재·폭발 사고 발생 시 대피에 관한 사항을 포함) ⑪ 직장 내 괴롭힘, 고객의 폭언 등으로 인한 건강장해 예방 및 관리에 관한 사항

tip
2025년 법령개정. 문제와 해설은 개정된 내용 적용

14

적응기제(Adjustment Mechanism) 중 방어적 기제(Defence Mechanism)에 해당하는 것은?

① 고립(Isolation)
② 퇴행(Regression)
③ 억압(Suppression)
④ 합리화(Rationalization)

적응기제의 기본유형	
공격적 행동	책임전가, 폭행, 폭언 등
도피적 행동	퇴행, 억압, 고립, 백일몽 등
방어적 행동	승화, 보상, 합리화, 동일시, 반동형성, 투사 등

정답 11 ② 12 ② 13 ④ 14 ④

15

다음 중 사고의 위험이 불안전한 행위 외에 불안전한 상태에서도 적용된다는 것과 가장 관계가 있는 것은?

① 이념성　　② 개인차
③ 부주의　　④ 지능성

부주의

① 부주의는 불안전한 행위나 행동분만 아니라 불안전한 상태에서도 통용
② 부주의란 말은 결과를 표현
③ 부주의에는 발생원인이 존재
④ 착각이나 인간능력의 한계를 초과하는 요인에 의한 동작실패는 부주의에서 제외

16

다음 중 기억과 망각에 관한 내용으로 틀린 것은?

① 학습된 내용은 학습 직후의 망각률이 가장 낮다.
② 의미없는 내용은 의미있는 내용보다 빨리 망각한다.
③ 사고력을 요하는 내용이 단순한 지식보다 기억, 파지의 효과가 높다.
④ 연습은 학습한 직후에 시키는 것이 효과가 있다.

에빙하우스(H. Ebbinghaus)의 망각 곡선

기억한 내용은 급속하게 잊어버리게 되지만 시간의 경과와 함께 잊어버리는 비율은 완만해진다(오래되지 않은 기억은 잊어버리기 쉽고 오래된 기억은 잊어버리기 어렵다)

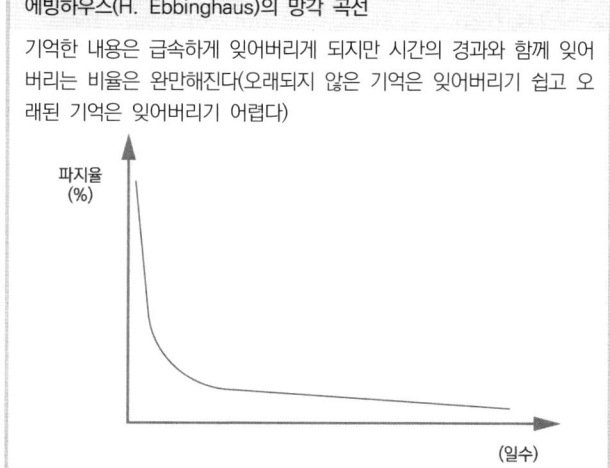

17

재해예방의 4원칙 중 대책선정의 원칙에서 관리적 대책에 해당되지 않는 것은?

① 안전교육 및 훈련
② 동기부여와 사기 향상
③ 각종 규정 및 수칙의 준수
④ 경영자 및 관리자의 솔선수범

대책선정의 원칙

① 대책의 선정 : 기술적 대책, 교육적 대책, 정신적 대책, 관리적 대책 등
② 관리적 대책 : 관리적 원인에 대해 최고관리자의 책임의 자각, 안전관리 조직의 개선 등

tip
재해예방의 4원칙
① 손실우연의 원칙　② 예방가능의 원칙　③ 원인계기의 원칙
④ 대책선정의 원칙

18 ⭐

다음 중 안전교육의 4단계를 올바르게 나열한 것은?

① 도입 → 확인 → 제시 → 적용
② 도입 → 제시 → 적용 → 확인
③ 확인 → 제시 → 도입 → 적용
④ 제시 → 확인 → 도입 → 적용

안전교육의 4단계

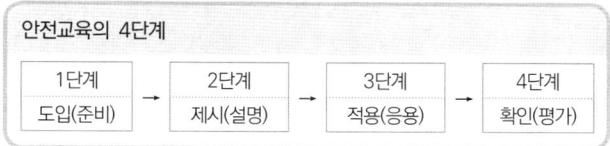

19 빈출

다음 중 리더가 가지고 있는 세력의 유형이 아닌 것은?

① 전문 세력(expert power)
② 보상 세력(reward power)
③ 위임 세력(entrust power)
④ 합법 세력(legitimate power)

지도자에게 주어진 세력(권한)의 유형	
조직이 지도자에게 부여하는 세력	보상 세력(reward power) 강압 세력(coercive power) 합법 세력(legitimate power)
지도자자신이 자신에게 부여하는 세력	준거 세력(referent power) 전문 세력(expert power)

20

다음 중 무재해운동에서 실시하는 위험예지훈련에 관한 설명으로 틀린 것은?

① 근로자 자신이 모르는 작업에 대한 것도 파악하기 위하여 참가집단의 대상범위를 가능한 넓혀 많은 인원이 참가토록 한다.
② 직장의 팀워크로 안전을 전원이 빨리 올바르게 선취하는 훈련이다.
③ 아무리 좋은 기법이라도 시간이 많이 소요되는 것은 현장에서 큰 효과가 없다.
④ 정해진 내용의 교육보다는 전원의 대화방식으로 진행한다.

위험예지훈련의 진행
직장이나 작업상황 속의 잠재위험요인을 → 상황을 묘사한 도해나 현물을 이용 → 직접 재현해 봄으로써 → 직장 소집단 별로 생각하고 토론하여 합의한 뒤 → 위험 포인트나 주된 실시 항목을 지적 확인하여 → 행동하기 전에 위험요인을 제거하고 해결하는 훈련 → 이것을 습관화하기 위해 매일 실시

2과목 인간공학 및 위험성 평가·관리

21

인간 오류의 분류에 있어 원인에 의한 분류 중 작업의 조건이나 작업의 형태 중에서 다른 문제가 생겨 그 때문에 필요한 사항을 실행할 수 없는 오류(error)를 무엇이라고 하는가?

① secondary error
② primary error
③ command error
④ commission error

원인의 레벨적 분류	
Primary error	작업자 자신으로부터 발생한 에러(안전교육으로 예방)
Secondary error	작업형태, 작업조건 중에서 다른 문제가 발생하여 필요한 직무나 절차를 수행할 수 없는 에러
Command error	작업자가 움직이려 해도 필요한 물건, 정보, 에너지 등이 공급되지 않아서 작업자가 움직일 수 없는 상황에서 발생한 에러

22

일반적으로 스트레스로 인한 신체반응의 척도 가운데 정신적 작업의 스트레인 척도와 가장 거리가 먼 것은?

① 뇌전도
② 부정맥지수
③ 근전도
④ 심박수의 변화

> 근전도(EMG)는 국부적 근육활동의 척도이다.

23

다음 중 인간공학에 관련된 설명으로 옳지 않은 것은?

① 인간의 특성과 한계점을 고려하여 제품을 변경한다.
② 생산성을 높이기 위해 인간의 특성을 작업에 맞추는 것이다.
③ 사고를 방지하고 안전성과 능률성을 높일 수 있다.
④ 편리성, 쾌적성, 효율성을 높일 수 있다.

인간공학의 정의
① 인간이 편리하게 사용할 수 있도록 기계 설비 및 환경을 설계하는 과정(인간의 편리성을 위한 설계) ② 일을 인간에게 맞도록 연구하는 과학

정답 19 ③ 20 ① 21 ① 22 ③ 23 ②

24 ⭐

다음과 같이 ①~④의 기본사상을 가진 FT도에서 minimal cut set으로 옳은 것은?

① {①, ②, ③, ④}
② {①, ③, ④}
③ {①, ②}
④ {③, ④}

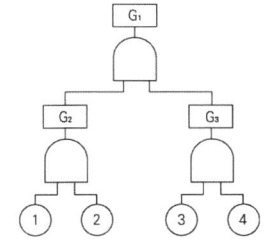

FT도에서 최소컷셋을 구하면,
$G_1 \rightarrow G_2, G_3 \rightarrow$ ①, ②, $G_3 \rightarrow$ ①, ②, ③, ④

25

다음 중 조도의 단위에 해당하는 것은?

① fL
② diopter
③ lumen/m²
④ lumen

조도의 단위	
foot-candle (fc)	1cd의 점광원(1루멘의 빛)으로부터 1foot 떨어진 구면에 비치는 빛의 양(밀도) 1lumen/ft² 미국에서 사용하는 단위
lux	1cd의 점광원(1루멘의 빛)으로부터 1m 떨어진 구면에 비치는 빛의 양(밀도) 1lumen/m² 국제표준단위로 일반적으로 사용

tip
fL은 광도의 단위, diopter는 렌즈의 굴절률 단위, lumen은 광속의 단위이다.

26

다음 중 불대수(Boolean algebra)의 관계식으로 옳은 것은?

① A(A · B) = B
② A + B = · B · B
③ A + A · B = A · B
④ (A + B)(A + C) = A + B · C

불대수의 대수법칙	
동정법칙	A + A = A, AA = A
교환법칙	AB = BA, A + B = B + A
흡수법칙	A(AB) = (AA)B = AB A + AB = A∪(A∩B) = (A∪A)∩(A∪B) = A∩(A∪B) = A A(A + B) = (AA) + AB = A + AB = A
분배법칙	A(B + C) = AB + AC, A + (BC) = (A + B) · (A + C)
결합법칙	A(BC) = (AB)C, A + (B + C) = (A + B) + C

27

2개 공정의 소음수준 측정 결과 1공정은 100[dB]에서 2시간, 2공정은 90[dB]에서 1시간 소요될 때 총 소음량(TND)과 소음설계의 적합성을 올바르게 나타낸 것은? (단, 우리나라는 90[dB]에 8시간 노출될 때를 허용기준으로 하며, 5[dB] 증가할 때 허용시간은 1/2로 감소되는 법칙을 적용한다.)

① TND = 약 0.83, 적합
② TND = 약 0.93, 적합
③ TND = 약 1.03, 부적합
④ TND = 약 1.13, 부적합

소음 투여량(noise dose)
① OSHA(미 노동부 직업안전 위생국)의 소음의 부분 투여 부분투여 = $\dfrac{\text{실제노출시간}}{\text{최대허용시간}}$ ② TND = $\left(\dfrac{2}{2} + \dfrac{1}{8}\right)$ = 1.125 ≒ 1.13(적합성은 1을 초과하므로 부적합)

28

다음 중 시스템 안전의 최종분석 단계에서 위험을 고려하는 결정인자가 아닌 것은?

① 효율성
② 피해가능성
③ 비용산정
④ 시스템의 고장모드

위험고려 결정인자
① 가능효율성 ② 피해가능성 ③ 폭발빈도 ④ 비용산정

정답 24 ① 25 ③ 26 ④ 27 ④ 28 ④

29

시스템이 저장되고, 이동되고, 실행됨에 따라 발생하는 작동시스템의 기능이나 과업, 활동으로부터 발생되는 위험에 초점을 맞추어 진행하는 위험분석방법은?

① FHA
② OHA
③ PHA
④ SHA

> **OHA[Operating Hazard Analysis]**
> 시스템의 모든 사용단계 중에 발생할 수 있는 생산, 보전, 시험, 저장, 운전, 비상탈출, 구조, 훈련 및 폐기 등 다양한 업무활동에 대하여 이에 소요되는 인원, 순서, 설비에 관한 위험을 발굴하고 제어하며 그들의 안전요건을 결정하기 위하여 실시하는 해석으로 운용 및 지원 위험 해석[OSHA : Operation and Support(O & S) Hazard Analysis]이라 부르기도 한다.

30

다음 중 인체계측에 관한 설명으로 틀린 것은?

① 의자, 피복과 같이 신체모양과 치수와 관련성이 높은 설비의 설계에 중요하게 반영된다.
② 일반적으로 몸의 측정 치수는 구조적 치수(structural dimension)와 기능적 치수(functional dimension)로 나눌 수 있다.
③ 인체계측치의 활용 시에는 문화적 차이를 고려하여야 한다.
④ 인체계측치를 활용한 설계는 인간의 신체적 안락에는 영향을 미치지만 성능수행과는 관련이 없다.

> **인체계측**
> 일상 생활에서 사용하는 의자, 책상, 작업대, 작업 공간 등은 신체의 모양이나 치수와 관련이 있는 설비들이다. 따라서 이런 설비들은 얼마나 사람의 조건에 잘 맞는가에 따라 신체적인 편안함을 주는 것은 물론 인간의 성능에도 영향을 끼쳐 생산성 및 안전에도 중요한 영향 인자로 작용하게 된다.

31

품질 검사 작업자가 한 로트에서 검사 오류를 범할 확률이 0.1이고, 이 작업자가 하루에 5개의 로트를 검사한다면, 5개 로트에서 에러를 범하지 않을 확률은?

① 90[%]
② 75[%]
③ 59[%]
④ 40[%]

> **인간신뢰도(Rn)**
> 매 시행마다 휴먼에러확률이 p로 동일한 작업을 독립적으로 n번 반복하여 실행하는 직무에서 성공적으로 직무를 수행할 확률
> $(R_n) = (1-p)^n = (1-0.1)^5 = 0.59 = 59\%$

32

다음 중 망막의 원추세포가 가장 낮은 민감성을 보이는 파장의 색은?

① 적색
② 회색
③ 청색
④ 녹색

> **원추세포**
> ① 망막을 구성하고 있는 감광요소는 간상세포와 원추세포이다.
> ② 간상세포만으로는 색을 구별할 수 없으며 단지 여러 색조의 회색만을 느낄 수 있으며, 원추세포로는 색을 구별한다.
> ③ 색을 구별할 수 있는 것은 원추세포의 작용에 의한 것으로 원추세포에 이상이 발생하면 빨강, 녹색, 파랑 중 하나 이상의 색깔을 느끼지 못하는 색맹이 나타나게 된다.

33

다음 중 작업방법의 개선원칙(ECRS)에 해당되지 않는 것은?

① 교육(Education)
② 결합(Combine)
③ 재배치(Rearrange)
④ 단순화(Simplify)

> **작업분석(작업방법의 개선원칙)**
> ① Eliminate(제거)
> ② Combine(결합)
> ③ Rearrange(재조정)
> ④ Simplify(단순화)

34

다음 중 얼음과 드라이아이스 등을 취급하는 작업에 대한 대책으로 적절하지 않은 것은?

① 더운 물과 더운 음식을 섭취한다.
② 가능한 한 식염을 많이 섭취한다.
③ 혈액순환을 위해 틈틈이 운동을 한다.
④ 오랫동안 한 장소에 고정하여 작업하지 않는다.

> 식염은 고열 작업장에서 탈수 및 염분 손실을 방지하기 위해 섭취한다.

정답 29 ② 30 ④ 31 ③ 32 ② 33 ① 34 ②

35

다음 중 시스템 안전성 평가 기법에 관한 설명으로 틀린 것은?

① 가능성을 정량적으로 다룰 수 있다.
② 시각적 표현에 의해 정보전달이 용이하다.
③ 원인, 결과 및 모든 사상들의 관계가 명확해진다.
④ 연역적 추리를 통해 결함사상을 빠짐없이 도출하나, 귀납적 추리로는 불가능하다.

> **시스템 안전성 평가 기법**
> 귀납적 방법은 시간의 경과에 따라 원인으로부터 시작하여 결과를 추론해 가는 것으로 FMEA, ETA 등이 있으며, 연역적 방법은 결과로부터 원인으로 추론해 가는 것으로 대표적인 기법으로 FTA가 있다.

36

다음 중 시스템의 수명곡선(욕조곡선)에서 우발고장 기간에 발생하는 고장의 원인으로 볼 수 없는 것은?

① 사용자의 과오 때문에
② 안전계수가 낮기 때문에
③ 부적절한 설치나 시동 때문에
④ 최선의 검사방법으로도 탐지되지 않는 결함 때문에

> 부적절한 설치나 부적절한 시동은 초기 고장기간에 발생하는 원인에 해당된다.

37 ⭐빈출

정보를 전송하기 위한 표시장치 중 시각장치보다 청각장치를 사용해야 더 좋은 경우는?

① 메세지가 나중에 재참조되는 경우
② 직무상 수신자가 자주 움직이는 경우
③ 메세지가 공간적인 위치를 다루는 경우
④ 수신자의 청각계통이 과부하상태인 경우

> **청각장치와 시각장치의 비교**
>
> | 청각장치 사용 | 시각장치 사용 |
> |---|---|
> | ① 전언이 간단하다. | ① 전언이 복잡하다. |
> | ② 전언이 짧다. | ② 전언이 길다. |
> | ③ 전언이 후에 재참조되지 않는다. | ③ 전언이 후에 재참조된다. |
> | ④ 전언이 시간적 사상을 다룬다. | ④ 전언이 공간적인 위치를 다룬다. |
> | ⑤ 전언이 즉각적인 행동을 요구한다 (긴급할 때) | ⑤ 전언이 즉각적인 행동을 요구하지 않는다. |
> | ⑥ 수신장소가 너무 밝거나 암조응 유지가 필요 시 | ⑥ 수신장소가 너무 시끄러울 때 |
> | ⑦ 직무상 수신자가 자주 움직일 때 | ⑦ 직무상 수신자가 한곳에 머물 때 |
> | ⑧ 수신자가 시각계통이 과부하 상태일 때 | ⑧ 수신자의 청각 계통이 과부하 상태일 때 |

38

인간공학의 중요한 연구과제인 계면(interface)설계에 있어서 다음 중 계면에 해당되지 않는 것은?

① 작업공간　　　　② 표시장치
③ 조종장치　　　　④ 조명시설

> **계면설계 요소**
> (1) 인간 · 기계 계면
> (2) 인간 · 소프트웨어 계면
> (3) 포함사항
> 　① 작업공간　② 표시장치　③ 조정장치　④ 제어(console)
> 　⑤ 컴퓨터 대화(dialog) 등

정답 35 ④　36 ③　37 ②　38 ④

39
FT도에 사용되는 기호 중 "시스템의 정상적인 가동상태에서 일어날 것이 기대되는 사상"을 나타내는 것은?

① 　② 　③ 　④

FTA의 논리기호 및 사상기호

번호	기호	명칭	설명
1		결함사상 (사상기호)	기본 고장의 결함으로 이루어진 고장상태를 나타내는 사상(개별적인 결함사상)
2		기본사상 (사상기호)	더 이상 전개되지 않는 기본인 사상 또는 발생 확률이 단독으로 얻어지는 낮은 레벨의 기본적인 사상
3		생략사상 (최후사상)	정보부족 해석기술의 불충분 등으로 더 이상 전개할 수 없는 사상. 작업진행에 따라 해석이 가능할 때는 다시 속행한다.
4		통상사상 (사상기호)	통상의 작업이나 기계의 상태에서 재해의 발생원인이 되는 사상(통상발생이 예상되는 사상)

40
다음 중 통제표시비(control/display ratio)를 설계할 때 고려하는 요소에 관한 설명으로 틀린 것은?

① 계기의 조절시간이 짧게 소요되도록 계기의 크기(size)는 항상 작게 설계한다.
② 짧은 주행 시간 내에 공차의 인정범위를 초과하지 않는 계기를 마련한다.
③ 목시거리(目示距離)가 길면 길수록 조절의 정확도는 떨어진다.
④ 통제표시비가 낮다는 것은 민감한 장치라는 것을 의미한다.

조종-반응비율(통제표시비) 설계 시 고려사항

계기의 크기	계기의 조절시간이 짧게 소요되는 사이즈 선택, 너무 작으면 오차발생이 증대되므로 상대적으로 고려
공차	짧은 주행시간 내에 공차의 인정범위를 초과하지 않는 계기 마련
목측거리	눈의 가시거리가 길면 길수록 조절의 정확도는 감소하며 시간이 증가
조작시간	조작시간의 지연은 직접적으로 조종반응비가 가장 크게 작용 (필요할 경우 통제비 감소조치)
방향성	조종기기의 조작방향과 표시기기의 운동방향이 일치하지 않으면 작업자의 혼란초래(조작의 정확성 감소)

3과목 기계·기구 및 설비 안전 관리

41
다음 중 선반 작업 시 준수하여야 하는 안전 사항으로 틀린 것은?

① 작업 중 장갑 착용을 금한다.
② 작업 시 공구는 항상 정리해 둔다.
③ 운전 중에 백기어(back gear)를 사용한다.
④ 주유 및 청소를 할 때에는 반드시 기계를 정지시키고 한다.

선반 작업 시 유의사항
① 긴 물건 가공 시 주축대 쪽으로 돌출된 회전가공물에는 덮개 설치
② 바이트는 짧게 장치하고 일감의 길이가 직경의 12배 이상일 때 방진구 사용
③ 절삭중 일감에 손을 대서는 안되며 면장갑 착용 금지
④ 바이트에는 칩 브레이커를 설치하고 보안경 착용
⑤ 치수 측정 시 및 주유, 청소 시 반드시 기계 정지
⑥ 기계 운전 중 백기어 사용 금지
⑦ 절삭 칩 제거는 반드시 브러시 사용

42
산업안전보건법령에 따라 다음 중 목재가공용으로 사용되는 모떼기기계의 방호장치는? (단, 자동이송장치를 부착한 것은 제외한다.)

① 분할날　② 날접촉예방장치
③ 급정지장치　④ 이탈방지장치

목재가공용기계의 방호장치

분할날 반발예방장치	목재가공용 둥근톱 기계(가로절단용 둥근톱기계 및 반발에 의하여 근로자에게 위험을 미칠 우려가 없는것 제외)
톱날접촉 예방장치	목재가공용 둥근톱 기계(휴대용 둥근톱을 포함하되, 원목제재용 둥근톱기계 및 자동이송장치를 부착한 둥근톱기계 제외)
덮개 또는 울 등	목재가공용 띠톱기계
날접촉예방장치	모떼기 기계(단, 자동이송장치를 부착한 것은 제외)

tip
유해·위험한 기계·기구 등의 방호조치에 해당하는 목재가공용 둥근톱에는 반발예방장치 및 날접촉예방장치를 설치해야 한다(반드시 구분하여 정리해 두세요)

정답 39 ③　40 ①　41 ③　42 ②

43 ⭐

다음 중 컨베이어(conveyor)에 반드시 부착해야 되는 방호장치로 가장 적당한 것은?

① 해지장치
② 권과방지장치
③ 과부하방지장치
④ 비상정지장치

컨베이어의 안전조치사항

이탈 등의 방지 (정전, 전압강하 등에 의한 화물 또는 운반구의 이탈 및 역주행 방지장치)	역전방지장치 및 브레이크	기계적인 것 : 라쳇식, 롤러식, 밴드식, 웜기어 등
		전기적인 것 : 전기브레이크, 슬러스트브레이크 등
	화물 또는 운반구의 이탈 방지장치	컨베이어 구동부 측면에 롤러형 안내가이드 등 설치
	화물 낙하 위험시	덮개 또는 낙하방지용 울 등 설치
비상정지장치부착		근로자의 신체의 일부가 말려드는 등 근로자에게 위험을 미칠 우려가 있을 때 및 비상시에 정지할 수 있는 장치
낙하물에 의한 위험방지		덮개 또는 울 설치
탑승 및 통행의 제한		건널다리 설치

44

다음 중 정하중이 작용할 때 기계의 안전을 위해 일반적으로 안전율이 가장 크게 요구되는 재질은?

① 벽돌
② 주철
③ 구리
④ 목재

정하중 작용 시 안전율
① 벽돌 : 20 ② 주철 : 4 ③ 구리 : 5 ④ 목재 : 7

45

다음 중 프레스에 사용되는 광전자식 방호장치의 일반구조에 관한 설명으로 틀린 것은?

① 방호장치의 감지기능은 규정한 검출영역 전체에 걸쳐 유효하여야 한다.
② 슬라이드 하강 중 정전 또는 방호장치의 이상 시에는 1회 동작 후 정지할 수 있는 구조이어야 한다.
③ 정상동작표시램프는 녹색, 위험표시램프는 붉은색으로 하며, 쉽게 근로자가 볼 수 있는 곳에 설치해야 한다.
④ 방호장치의 정상작동 중에 감지가 이루어지거나 공급전원이 중단되는 경우 적어도 두 개 이상의 출력신호 개폐장치가 꺼진 상태로 돼야 한다.

광전자식 방호장치 설치방법
① 정상동작표시램프는 녹색, 위험표시램프는 붉은색으로 하며, 쉽게 근로자가 볼 수 있는 곳에 설치
② 슬라이드 하강 중 정전 또는 방호장치의 이상 시에 정지할 수 있는 구조
③ 방호장치는 릴레이, 리미트스위치 등의 전기부품의 고장, 전원전압의 변동 및 정전에 의해 슬라이드가 불시에 동작하지 않아야 하며, 사용전원전압의 ±(100분의 20)의 변동에 대하여 정상으로 작동
④ 방호장치의 정상작동 중에 감지가 이루어지거나 공급전원이 중단되는 경우 적어도 두 개 이상의 출력신호개폐장치가 꺼진 상태로 돼야 한다.

46

다음 중 120[SPM] 이상의 소형 확동식 클러치 프레스에 가장 적합한 방호장치는?

① 양수조작식
② 수인식
③ 손쳐내기식
④ 초음파식

클러치별 방호장치

클러치 방호장치	확동(positive)클러치		마찰(friction)클러치	
	120 SPM 미만	120 SPM 이상	120 SPM 미만	120 SPM 이상
양수조작식	사용불가	사용가능	사용가능	사용가능
광전자식	사용불가	사용불가	사용가능	사용가능
손쳐내기식	사용가능	사용불가	사용가능	사용불가
수인식	사용가능	사용불가	사용가능	사용불가

정답 43 ④ 44 ① 45 ② 46 ①

47

롤러기 조작부의 설치 위치에 따른 급정지장치의 종류에서 손조작식 급정지장치의 설치 위치로 옳은 것은?

① 밑면에서 0.5[m] 이내
② 밑면에서 0.6[m] 이상 1.0[m] 이내
③ 밑면에서 1.8[m] 이내
④ 밑면에서 1.0[m] 이상 2.0[m] 이내

조작부의 종류별 설치위치	
조작부의 종류	설치위치
손조작식	밑면에서 1.8m 이내
복부조작식	밑면에서 0.8m 이상 1.1m 이내
무릎조작식	밑면에서 0.4m 이상 0.6m 이내

48

다음 중 탁상용 연삭기에 사용하는 것으로서 공작물을 연삭할 때 가공물 지지점이 되도록 받쳐주는 것을 무엇이라 하는가?

① 주판   ② 측판
③ 심압대   ④ 워크레스트

연삭기의 안전대책
① 구조 규격에 적당한 덮개를 설치할 것(설치 기준 : 직경이 50mm 이상)
② 플랜지의 직경은 숫돌직경의 1/3 이상인 것을 사용하며 양쪽을 모두 같은 크기로 할 것
③ 칩 비산 방지 투명판(shield), 국소배기장치를 설치할 것
④ 탁상용 연삭기는 워크레스트와 조정편을 설치할 것(워크레스트와 숫돌과의 간격은 : 3mm 이하)
⑤ 작업 시작하기 전 1분 이상, 연삭 숫돌을 교체한 후 3분 이상 시운전

49

다음 중 작업장 내의 안전을 확보하기 위한 행위로 볼 수 없는 것은?

① 통로의 주요 부분에는 통로표시를 하였다.
② 통로에는 50럭스 정도의 조명시설을 하였다.
③ 비상구의 너비는 1.0[m]로 하고, 높이는 2.0[m]로 하였다.
④ 통로면으로부터 높이 2[m] 이내에는 장애물이 없도록 하였다.

통로의 조명
근로자가 안전하게 통행할 수 있도록 통로에 75럭스 이상의 채광 또는 조명시설을 하여야 한다. 다만, 갱도 또는 상시통행을 하지 아니하는 지하실 등을 통행하는 근로자로 하여금 휴대용 조명기구를 사용하도록 한 때에는 그러하지 아니하다.

50

산업안전보건법령에 따라 아세틸렌-산소 용접기의 아세틸렌 발생기실에 설치해야 할 배기통은 얼마 이상의 단면적을 가져야 하는가?

① 바닥면적의 $\frac{1}{16}$ ② 바닥면적의 $\frac{1}{20}$
③ 바닥면적의 $\frac{1}{24}$ ④ 바닥면적의 $\frac{1}{30}$

발생기실의 구조
① 벽은 불연성의 재료로 하고 철근콘크리트 기타 이와 동등 이상의 강도를 가진 구조로 할 것
② 지붕 및 천정에는 얇은 철판이나 가벼운 불연성 재료를 사용할 것
③ 바닥면적의 16분의 1 이상의 단면적을 가진 배기통을 옥상으로 돌출시키고 그 개구부를 창 또는 출입구로부터 1.5m 이상 떨어지도록 할 것
④ 출입구의 문은 불연성 재료로 하고 두께 1.5mm 이상의 철판 기타 이와 동등 이상의 강도를 가진 구조로 할 것
⑤ 벽과 발생기 사이에는 발생기의 조정 또는 카바이드 공급 등의 작업을 방해하지 아니하도록 간격을 확보할 것

51

설비에 사용되는 재질의 최대사용하중이 100[kg]이고, 파단하중이 300[kg] 이라면 안전율은 얼마인가?

① 0.3   ② 1
③ 3   ④ 100

안전율
$$\text{안전율} = \frac{\text{파단하중}}{\text{최대사용하중}} = \frac{300}{100} = 3$$

정답 47 ③ 48 ④ 49 ② 50 ① 51 ③

52
다음 중 기계를 정지 상태에서 점검하여야 할 사항으로 틀린 것은?

① 급유 상태
② 이상음과 진동 상태
③ 볼트·너트의 풀림 상태
④ 전동기 개폐기의 이상 유무

> 이상음과 진동 상태는 기계가 운전 중일 때 점검해야 상태파악이 가능하다.

53
다음 중 취급 운반의 5원칙으로 틀린 것은?

① 연속 운반으로 할 것
② 직선 운반으로 할 것
③ 운반 작업을 집중화시킬 것
④ 생산을 최소로 하는 운반을 생각할 것

> 취급 운반의 5원칙(문제에서 주어진 보기 외에)
> ① 생산을 향상시킬 수 있는(최대로 하는) 운반 하역 방법을 고려할 것
> ② 운반 하역 작업을 집중화 할 것

54 ⭐
연삭기에서 숫돌의 바깥지름이 180[mm]라면, 플랜지의 바깥지름은 몇 [mm] 이상이어야 하는가?

① 30
② 36
③ 45
④ 60

> 연삭기의 플랜지
> ① 플랜지의 직경은 숫돌직경의 1/3 이상인 것을 사용하며 양쪽을 모두 같은 크기로 할 것
> ② $180mm \times \dfrac{1}{3} = 60(mm)$

55
크레인 작업 시 로프에 1톤의 중량을 걸어, 20[m/s²]의 가속도로 감아올릴 때 로프에 걸리는 총 하중(kgf)은 약 얼마인가?

① 1,040.34
② 2,040.53
③ 3,040.82
④ 3,540.91

> 와이어로프에 걸리는 총하중 계산
> ① 동하중 $(W_2) = \dfrac{W_1}{g} \times a = \dfrac{1,000}{9.8} \times 20 = 2040.82$
> ② 총하중 $(W) =$ 정하중(W_1) + 동하중(W_2)
> $= 1,000 + 2,040.82 = 3,040.82 kgf$

56
아세틸렌 용접장치를 사용하여 금속의 용접·용단 또는 가열작업을 하는 경우 게이지 압력으로 얼마를 초과하는 압력의 아세틸렌을 발생시켜 사용해서는 아니 되는가?

① 85[kPa]
② 107[kPa]
③ 127[kPa]
④ 150[kPa]

> 용접장치에 관한 안전기준
> ① 금속의 용접용단 또는 가열작업을 할 때에는 게이지 압력이 127킬로파스칼 초과 사용금지
> ② 발생기에서 5미터 이내 또는 발생기실에서 3미터 이내의 장소에는 흡연, 화기의 사용 또는 불꽃이 발생할 위험한 행위를 금지시킬 것
> ③ 가스집합장치로부터 5미터 내의 장소에는 흡연, 화기의 사용 또는 불꽃을 발할 우려가 있는 행위를 금지시킬 것

정답 52 ② 53 ④ 54 ④ 55 ③ 56 ③

57

페일 세이프(Fail safe) 구조의 기능면에서 설비 및 기계 장치의 일부가 고장이 난 경우 기능의 저하를 가져오더라도 전체 기능은 정지하지 않고 다음 정기점검 시까지 운전이 가능한 방법은?

① Fail-passive
② Fail-soft
③ Fail-active
④ Fail-operational

Fail safe의 기능면에서의 분류(3단계)	
Fail-passive	부품이 고장났을 경우 통상기계는 정지하는 방향으로 이동 (일반적인 산업기계)
Fail-active	부품이 고장났을 경우 기계는 경보를 울리는 가운데 짧은 시간동안 운전 가능
Fail-operational	부품의 고장이 있더라도 기계는 추후 보수가 이루어 질 때까지 안전한 기능 유지 (병렬구조 등으로 되어 있으며 운전상 가장 선호하는 방법)

58

산업안전보건법령에 따른 다음 설명에 해당하는 기계 설비는?

> 동력을 사용하여 가이드레일을 따라 상하로 움직이는 운반구를 매달아 화물을 운반할 수 있는 설비 또는 이와 유사한 구조 및 성능을 가진 것으로 건설현장이 아닌 장소에서 사용하는 것

① 크레인
② 일반작업용 리프트
③ 곤돌라
④ 이삿짐운반용 리프트

리프트의 종류
① 건설용 리프트 ② 산업용 리프트 ③ 자동차정비용 리프트
④ 이삿짐운반용 리프트(적재하중 0.1톤 이상)

59

다음 중 셰이퍼(shaper)의 크기를 표시하는 것은?

① 램의 행정
② 새들의 크기
③ 테이블의 면적
④ 바이트의 최대 크기

셰이퍼의 크기 표시
① 램의 최대 행정
② 테이블의 크기 및 테이블의 최대 이송거리

60

다음 중 산업용 로봇의 재해 발생에 대한 주된 원인이며, 본체의 외부에 조립되어 인간의 팔에 해당되는 기능을 하는 것은?

① 배관
② 외부전선
③ 제동장치
④ 매니퓰레이터

매니퓰레이터(manipulator)
사람의 팔에 해당하는 기능을 가진 것으로, 작업의 대상물을 이동시키는 것을 가리키며 각종 로봇에 공통되는 기본개념이다.

4과목 전기 및 화학설비 안전 관리

61

다음은 정전기로 인한 재해를 방지하기 위한 조치 중 전기를 통하지 않는 부도체 물질에 적합하지 않은 조치는?

① 가습을 시킨다.
② 접지를 실시한다.
③ 도전성을 부여한다.
④ 자기방전식 제전기를 설치한다.

정전기 재해방지 대책
① 도체의 대전방지를 위해서는 도체와 대지 사이를 접지하여 정전기 축적을 방지한다.
② 부도체의 대전방지는 전하의 이동이 쉽게 일어나지 않기 때문에 접지로는 효과를 기대하기 어렵다. 그러므로 정전기 발생 억제가 기본이며 정전기를 중화시켜 제거하여야 한다.(가습, 도전성 향상 및 제전기 사용 등)

정답 57 ④ 58 ② 59 ① 60 ④ 61 ②

62

충전전로의 선간전압이 121[kV] 초과 145[kV] 이하의 활선 작업 시 충전전로에 대한 접근한계거리는?

① 130[cm] ② 150[cm]
③ 170[cm] ④ 230[cm]

충전전로에서의 전기작업	
충전전로의 선간전압 (단위 : 킬로볼트)	충전전로에 대한 접근한계거리 (단위 : 센티미터)
.	.
.	.
15 초과 37 이하	90
37 초과 88 이하	110
88 초과 121 이하	130
121 초과 145 이하	150
.	.
.	.

63 빈출

다음 중 방폭구조의 종류에 해당되지 않는 것은?

① 유출 방폭구조   ② 안전증 방폭구조
③ 압력 방폭구조   ④ 본질안전 방폭구조

방폭구조의 종류와 기호				
내압 방폭구조	압력 방폭구조	유입 방폭구조	안전증 방폭구조	특수 방폭구조
d	p	o	e	s
본질안전 방폭구조		몰드 방폭구조	충전 방폭구조	비점화 방폭구조
ia 또는 ib		m	q	n

64

전압과 인체저항과의 관계를 잘못 설명한 것은?

① 정(+)의 저항온도계수를 나타낸다.
② 내부조직의 저항은 전압에 관계없이 일정하다.
③ 1000[V] 부근에서 피부의 전기저항은 거의 사라진다.
④ 남자보다 여자가 일반적으로 전기저항이 작다.

온도상승에 따라 저항이 감소하는 부(-)의 저항온도계수를 나타낸다.

65

다음 중 누전차단기의 설치 환경조건에 관한 설명으로 틀린 것은?

① 전원전압은 정격전압의 85~110[%] 범위로 한다.
② 설치장소가 직사광선을 받을 경우 차폐시설을 설치한다.
③ 정격부동작 전류가 정격감도 전류의 30[%] 이상이어야 하고 이들의 차가 가능한 큰 것이 좋다.
④ 정격전부하전류가 30[A]인 이동형 전기기계·기구에 접속되어 있는 경우 일반적으로 정격감도전류는 30[mA] 이하인 것을 사용한다.

누전차단기의 선정 시 주의사항

① 누전차단기는 접속된 각각의 휴대용, 이동용 전동기기에 대해 정격감도전류가 30[mA] 이하의 것을 사용해야 한다.
② 누전차단기는 정격 부동작 전류가 정격 감도전류의 50[%] 이상이고 또한 이들의 차가 가능한 한 작은 값을 사용해야 한다.
③ 누전차단기는 동작시간이 0.1초 이하의 가능한 한 짧은 시간의 것을 사용하는 것을 사용해야 한다.
④ 누전차단기는 절연저항이 5[MΩ] 이상이 되어야 한다.
⑤ 누전차단기(지락보호, 과부하보호 및 단락보호 겸용의 차단기는 제외)를 사용하고 또한 해당 차단기에 과부하보호장치 또는 단락보호장치를 설치하는 경우에는 이들 장치와 차단기의 차단기능이 서로 조화되도록 해야 한다.

66

정전기가 컴퓨터에 미치는 문제점으로 가장 거리가 먼 것은?

① 디스크 드라이브가 데이터를 읽고 기록한다.
② 메모리 변경이 에러나 프로그램의 분실을 발생시킨다.
③ 프린터가 오작동을 하여 너무 많이 찍히거나, 글자가 겹쳐서 찍힌다.
④ 터미널에서 컴퓨터에 잘못된 데이터를 입력시키거나 데이터를 분실한다.

디스크 드라이브가 데이터를 읽고 기록하는 것은 정상적인 컴퓨터의 작동상황이다.

정답 62 ② 63 ① 64 ① 65 ③ 66 ①

67

접지시스템의 구분에 해당하지 않는 것은?

① 보호접지　　② 계통접지
③ 공통접지　　④ 피뢰시스템접지

> 접지시스템은 계통접지, 보호접지, 피뢰시스템접지 등으로 구분한다.

68

작업장에서 근로자의 감전 위험을 방지하기 위하여 필요한 조치를 하여야 한다. 맞지 않는 것은?

① 작업장 통행 등으로 인하여 접촉하거나 접촉할 우려가 있는 배선 또는 이동전선에 대하여는 절연피복이 손상되거나 노화된 경우에는 교체하여 사용하는 것이 바람직하다.
② 전선을 서로 접속하는 때에는 해당 전선의 절연성능 이상으로 절연될 수 있는 것으로 충분히 피복하거나 적합한 접속기구를 사용하여야 한다.
③ 물 등의 도전성이 높은 액체가 있는 습윤한 장소에서 근로자의 통행 등으로 인하여 접촉할 우려가 있는 이동전선 및 이에 부속하는 접속기구는 그 도전성이 높은 액체에 대하여 충분한 절연효과가 있는 것을 사용하여야 한다.
④ 차량 기타 물체의 통과 등으로 인하여 전선의 절연피복이 손상될 우려가 없더라도 통로바닥에 전선 또는 이동전선을 설치하여 사용하여서는 아니 된다.

> 통로바닥에 전선 또는 이동전선 등을 설치하여 사용해서는 아니 된다. 다만, 차량이나 그 밖의 물체의 통과 등으로 인하여 해당 전선의 절연피복이 손상될 우려가 없거나 손상되지 않도록 적절한 조치를 하여 사용하는 경우에는 그러하지 아니하다.

69

전기설비의 접지저항을 감소시킬 수 있는 방법으로 가장 거리가 먼 것은?

① 접지극을 깊이 묻는다.
② 접지극을 병렬로 접속한다.
③ 접지극의 길이를 길게 한다.
④ 접지극과 대지간의 접촉을 좋게 하기 위해서 모래를 사용한다.

> 접지저항을 감소시키는 방법
> ① 약품법 : 도전성 물질을 접지극 주변 토양에 주입
> ② 병렬법 : 접지 수를 증가하여 병렬 접속
> ③ 접지전극을 대지에 깊이 박는 방법(75cm 이상 깊이)

70

다음 중 최대공급전류가 200[A]인 단상전로의 한 선에서 누전되는 최소전류는 몇 [A] 인가?

① 0.1　　② 0.2
③ 0.5　　④ 1.0

> 허용누설전류
> 허용누설전류 ≤ 최대공급전류/2000 이므로
> $200 \times \dfrac{1}{2,000} = 0.1A$

71

다음 중 소화(消火)방법에 있어 제거소화에 해당되지 않는 것은?

① 연료 탱크를 냉각하여 가연성 기체의 발생 속도를 작게 한다.
② 금속화재의 경우 불활성 물질로 가연물을 덮어 미연소부분과 분리한다.
③ 가연성 기체의 분출 화재시 주밸브를 잠그고 연료 공급을 중단시킨다.
④ 가연성 가스나 산소의 농도를 조절하여 혼합 기체의 농도를 연소 범위 밖으로 벗어나게 한다.

> **물리적 소화방법**
>
> | | |
> |---|---|
> | 냉각에 의한 소화 | 연소 시에 발생하는 열에너지를 흡수하는 매체를 화염 속에 투입하여 소화하는 것으로 냉각은 반응속도를 늦추어 소화작용을 하게 된다 |
> | 질식에 의한 소화 | 가연성 가스와 지연성 가스가 섞여 있는 혼합기체의 농도를 조절하여 혼합기체의 농도를 연소범위 밖으로 벗어나게 하여 소화한다. |
> | 제거에 의한 소화 | 기체나 액체의 대형 화재에 효과적인 소화방법으로 가연물을 생활 주변으로부터 완전히 제거, 격리시키는 것은 불가능하기 때문에 평상시 연소 위험성이 있는 곳으로부터 충분한 거리를 두거나 철저한 유지관리 등이 필요하다. |

정답　67 ③　68 ④　69 ④　70 ①　71 ④

72

환풍기가 고장난 장소에서 인화성 액체를 취급하는 과정에 부주의로 마개를 막지 않았다. 이 장소에서 작업자가 담배를 피우기 위해 불을 켜는 순간 인화성 액체에서 불꽃이 일어나는 사고가 발생하였다면 다음 중 이와 같은 사고의 발생 가능성이 가장 높은 물질은?

① 아세트산 ② 등유
③ 에틸에테르 ④ 경유

> **인화성 액체**
> ① 에틸에테르, 가솔린, 아세트알데히드 등 그 밖에 인화점이 섭씨 23도 미만이고 초기 끓는점이 섭씨 35도 이하인 물질
> ② 크실렌, 아세트산아밀, 등유, 경유, 아세트산 등 그 밖에 인화점이 섭씨 23도 이상 섭씨 60도 이하인 물질

73

산업안전보건법에 따라 사업주는 공정안전보고서의 심사결과를 송부 받은 경우 몇 년간 보존하여야 하는가?

① 1년 ② 2년
③ 3년 ④ 5년

> **공정안전보고서의 제출절차**
> 유해 위험 설비 설치·이전 주요구조 부분 변경 → 착공30일전까지 2부 제출 → 공단 → 접수후 30일이내 → 심사 및 사업주에게 송부 → 5년간 서류보존

74 ⭐빈출

다음 중 자연발화에 대한 설명으로 가장 적절한 것은?

① 습도를 높게 하면 자연발화를 방지할 수 있다.
② 점화원을 잘 관리하면 자연발화를 방지할 수 있다.
③ 윤활유를 닦은 걸레의 보관 용기로는 금속재보다는 플라스틱 제품이 더 좋다.
④ 자연발화는 외부로 방출하는 열보다 내부에서 발생하는 열의 양이 많은 경우에 발생한다.

> **자연발화**
> 물질이 서서히 산화되면서 축적된 열로 인하여 온도가 상승하고 발화온도에 도달하여 점화원 없이 발화하는 현상(열의 발생속도가 일산속도를 상회)

75

다음 중 폭발이나 화재 방지를 위하여 물과의 접촉을 방지하여야 하는 물질에 해당하는 것은?

① 칼륨 ② 트리니트로톨루엔
③ 황린 ④ 니트로셀룰로오스

> 칼륨, 나트륨, 칼슘 등은 물과 접촉하여 발화하는 등 발화가 용이한 물질이므로 물과의 접촉을 금지하여야 하는 금수성 물질에 해당된다.

76 ⭐빈출

부피조성이 메탄 65[%], 에탄 20[%], 프로판 15[%]인 혼합 가스의 공기 중 폭발하한계는 약 몇 [vol%]인가? (단, 메탄, 에탄, 프로판의 폭발하한계는 각각 5.0[vol%], 3.0[vol%], 2.1[vol%]이다.)

① 2.63 ② 3.73
③ 4.83 ④ 5.93

> **르샤틀리에의 법칙(혼합가스의 폭발범위 계산)**
> $$\frac{100}{L} = \frac{V_1}{L_1} + \frac{V_2}{L_2} + \frac{V_3}{L_3} = \frac{65}{5.0} + \frac{20}{3.0} + \frac{15}{2.1} = 26.809$$
> 그러므로 $L = \frac{100}{26.809} = 3.73\%$

77

SO_2, 20[ppm]은 약 몇 [g/m³]인가? (단, SO_2의 분자량은 64이고, 온도는 21[℃], 압력은 1기압으로 한다.)

① 0.571 ② 0.531
③ 0.0571 ④ 0.0531

> **환산식**
> $$mg/m^3(분) = \frac{ppm \times 분자량(g)}{22.4} \times \frac{273}{273+℃} = \frac{20 \times 64}{22.4} \times \frac{273}{273+21}$$
> $$= 53.06(mg/m^3)$$
> 그러므로 $53.06mg/m^3 \times 10^{-3} = 0.0531 g/m^3$

정답 72 ③ 73 ④ 74 ④ 75 ① 76 ② 77 ④

78

다음 중 화염일주한계와 폭발등급 최대안전 틈새의 한계에 대한 설명으로 틀린 것은?

① 수소와 메탄은 상호 다른 등급에 해당한다.
② 폭발등급은 화염일주한계에 따라 등급을 구분한다.
③ 폭발등급 1등급 가스는 폭발등급 3등급 가스보다 폭발점화 파급위험이 크다.
④ 폭발성 혼합가스에서 화염일주한계값이 작은 가스일수록 외부로 폭발점화 파급위험이 커진다.

> 폭발등급 3등급 가스는 폭발등급 1등급 가스보다 폭발점화 파급위험이 크다.

79 빈출

다음 중 화염의 역화를 방지하기 위한 안전장치는?

① flame arrester
② flame stack
③ molecular seal
④ water seal

> **flame arrester(인화방지망)**
> 가연성 증기가 발생하는 유류저장 탱크에서 증기를 방출하거나 외기를 흡입하는 부분에 설치하는 안전장치로서 화염의 차단을 목적으로 하며 40mesh 이상의 가는 눈금의 금망이 여러개 겹쳐져 있다.

80

다음 중 증류탑의 일상 점검항목으로 볼 수 없는 것은?

① 도장의 상태
② 트레이(Tray)의 부식 상태
③ 보온재, 보냉재의 파손 여부
④ 접속부, 맨홀부 및 용접부에서의 외부 누출 유무

> **증류탑의 일상점검항목**
> ① 보온재 및 보냉재의 파손 상황
> ② 도장의 열화 상황
> ③ 플랜지부, 맨홀부, 용접부에서 외부누출 여부
> ④ 기초볼트의 헐거움 여부
> ⑤ 증기배관의 열팽창에 의한 무리한 힘이 가해지고 있는지의 여부와 부식 등에 의해 두께가 얇아지고 있는지의 여부

5과목 건설공사 안전 관리

81 빈출

다음 빈칸에 알맞은 숫자를 순서대로 옳게 나타낸 것은?

> 강관비계의 경우, 비계기둥은 띠장방향으로 ( )미터 이하, 장선방향으로 1.5미터 이하에 설치하고, 띠장간격은 ( )미터 이하로 설치한다.

① 1.5, 1.5
② 1.85, 1.5
③ 1.85, 2.0
④ 2.0, 1.5

> **강관비계의 구조**
>
> | 구분 | | 내용(준수사항) |
> |---|---|---|
> | 비계기둥 | 띠장방향 | 1.85m 이하 |
> | | 장선방향 | 1.5m 이하 |
> | 띠장간격 | | 2.0m 이하로 설치할 것 |
> | 벽 연결 | | 수직으로 5m, 수평으로 5m 이내마다 연결 |

82 빈출

흙막이 가시설 공사 중 발생할 수 있는 히빙(Heaving)현상에 관한 설명으로 틀린 것은?

① 흙막이 벽체 내·외의 토사의 중량차에 의해 발생한다.
② 연약한 점토지반에서 굴착면의 융기로 발생한다.
③ 연약한 사질토 지반에서 주로 발생한다.
④ 흙막이벽의 근입장 깊이가 부족할 경우 발생한다.

> **히빙(Heaving)과 보일링(Boiling)**
> ① 히빙(Heaving)현상 : 연약성 점토지반 굴착 시 굴착외측 흙의 중량에 의해 굴착저면의 흙이 활동 전단 파괴되어 굴착내측으로 부풀어 오르는 현상
> ② 보일링(Boiling)현상 : 투수성이 좋은 사질지반의 흙막이 저면에서 수두차로 인한 상향의 침투압이 발생 유효응력이 감소하여 전단강도가 상실되는 현상으로 지하수가 모래와 같이 솟아오르는 현상

정답 78 ③ 79 ① 80 ② 81 ③ 82 ③

83 ⭐빈출

굴착기계 중 주행기면보다 하방의 굴착에 적합하지 않은 것은?

① 백호우 ② 클램쉘
③ 파워셔블 ④ 드래그라인

파워셔블(Power shovel)
① 굴착공사와 싣기에 많이 사용
② 기계가 위치한 지반보다 높은 굴착에 유리
③ 작업대가 견고하여 굳은 토질의 굴착에도 용이

tip
기계가 위치한 지반보다 높은 굴착은 파워셔블이며, 낮은 굴착은 드래그 셔블, 크램쉘 등이 사용된다.

84

크레인을 사용하여 양중작업을 하는 때에 안전한 작업을 위해 준수하여야 할 내용으로 틀린 것은?

① 인양할 하물(何物)을 바닥에서 끌어당기거나 밀어 정위치 작업을 할 것
② 가스통 등 운반 도중에 떨어져 폭발 가능성이 있는 위험물용기는 보관함에 담아 매달아 운반할 것
③ 인양 중인 하물이 작업자의 머리 위로 통과하지 않도록 할 것
④ 인양할 하물이 보이지 아니하는 경우에는 어떠한 동작도 하지 아니할 것

크레인 작업 시 조치 및 준수사항
① 인양할 하물(荷物)을 바닥에서 끌어당기거나 밀어 작업하지 아니할 것
② 유류드럼이나 가스통 등 운반 도중에 떨어져 폭발하거나 누출될 가능성이 있는 위험물용기는 보관함(또는 보관고)에 담아 안전하게 매달아 운반할 것
③ 고정된 물체를 직접 분리·제거하는 작업을 하지 아니할 것
④ 미리 근로자의 출입을 통제하여 인양 중인 하물이 작업자의 머리 위로 통과하게 하지 아니할 것
⑤ 인양할 하물이 보이지 아니하는 경우에는 어떠한 동작도 하지 아니할 것(신호하는 자에 의하여 작업을 하는 경우 제외)

85

다음 ( )안에 들어갈 말로 옳은 것은?

> 콘크리트 측압은 콘크리트 타설속도, ( ), 단위용적질량, 온도, 철근배근상태 등에 따라 달라진다.

① 타설 높이 ② 골재의 형상
③ 콘크리트 강도 ④ 박리제

측압이 커지는 조건
① 거푸집 수평단면이 클수록 ② 콘크리트 슬럼프치가 클수록
③ 타설 높이가 높을수록 ④ 철골, 철근량이 적을수록
⑤ 타설 속도가 빠를수록 ⑥ 외기의 온도가 낮을수록

86

주행크레인 및 선회크레인과 건설물 사이에 통로를 설치하는 경우, 그 폭은 최소 얼마 이상으로 하여야 하는가? (단, 건설물의 기둥에 접촉하지 않는 부분인 경우)

① 0.3[m] ② 0.4[m]
③ 0.5[m] ④ 0.6[m]

건설물 등과의 사이 통로
주행 크레인 또는 선회 크레인과 건설물 또는 설비와의 사이에 통로를 설치하는 경우 그 폭을 0.6미터 이상으로 하여야 한다. 다만, 그 통로 중 건설물의 기둥에 접촉하는 부분에 대해서는 0.4미터 이상으로 할 수 있다.

정답 83 ③ 84 ① 85 ① 86 ④

87
철골공사에서 나타나는 용접결함의 종류에 해당되지 않는 것은?

① 오버랩(over lap) ② 언더 컷(under cut)
③ 블로우 홀(blow hole) ④ 가우징(gouging)

용접부의 결함

종류	원인
슬래그(slag) 감싸들기	운봉방법 불량, 용접전류 및 속도의 부적당, 피복제조성 불량
언더컷(under cut)	과대 전류, 운봉속도가 빠를 때, 부당한 용접봉 사용
오버랩(over lap)	운봉속도가 느릴 때, 낮은 전류
블로홀(blow hole)	모재에 불순물(유황성분)이 많을 때, 융착부 급냉, 이음부에 유지 페인트 등 부착
피트(pit)	부식 또는 모재의 화학성분
용입부족	운봉속도 과다, 낮은 전류

88 ★빈출
와이어로프나 철선 등을 이용하여 상부지점에서 작업용 발판을 매다는 형식의 비계로서 건물 외벽도장이나 청소 등의 작업에서 사용되는 비계는?

① 브라켓 비계 ② 달비계
③ 이동식 비계 ④ 말비계

달비계의 구조

(1) 달기 와이어로프·달기체인·달기강선·달기강대는 한쪽 끝을 비계의 보 등에, 다른쪽 끝을 내민 보·앵커볼트 또는 건축물의 보 등에 각각 풀리지 아니하도록 설치할 것
(2) 근로자의 추락 위험을 방지하기 위하여 다음의 조치를 할 것
　① 달비계에 구명줄을 설치할 것
　② 근로자에게 안전대를 착용하도록 하고 근로자가 착용한 안전줄을 달비계의 구명줄에 체결하도록 할 것
　③ 달비계에 안전난간을 설치할 수 있는 구조인 경우에는 안전난간을 설치할 것

tip
달대비계와 반드시 구분하여 알아둘 것
달대비계는 철골공사의 리벳치기 작업이나 볼트작업을 위해 작업발판을 철골에 매달아 사용하는 것으로 바닥에 외부비계의 설치가 부적절한 높은 곳의 작업공간을 확보하기 위한 목적으로 설치

89
건설공사 시 계측관리의 목적이 아닌 것은?

① 지역의 특수성보다는 토질의 일반적인 특성파악을 목적으로 한다.
② 시공 중 위험에 대한 정보제공을 목적으로 한다.
③ 설계 시 예측치와 시공 시 측정치와의 비교를 목적으로 한다.
④ 향후 거동 파악 및 대책 수립을 목적으로 한다.

공사 지역의 특수성 파악
도심지 굴착공사 또는 기타 공사에서 공사구조물 또는 주변 환경의 특수성에 대한 설계기준을 확립하기 위한 것도 계측관리의 중요한 목적이다.

90
유해·위험방지계획서 검토자의 자격 요건에 해당되지 않는 것은?

① 건설안전분야 산업안전지도사
② 건설안전기사로서 실무경력 3년인 자
③ 건설안전산업기사 이상으로서 실무경력 7년인 자
④ 건설공사 안전기술사

유해위험방지 계획서 작성 시 의견 청취해야 할 대상(작성 자격요건)
① 건설안전분야 산업안전지도사
② 건설공사 안전관리사 또는 토목·건축분야 기술사
③ 건설안전산업기사 이상으로서 건설안전관련 실무경력 7년(기사는 5년) 이상인 자

정답　87 ④　88 ②　89 ①　90 ②

91

차량계 하역운반기계에서 화물을 싣거나 내리는 작업에서 작업지휘자가 준수해야 할 사항과 가장 거리가 먼 것은?

① 작업순서 및 그 순서마다의 작업방법을 정하고 작업을 지휘하는 일
② 기구 및 공구를 점검하고 불량품을 제거하는 일
③ 당해 작업을 행하는 장소에 관계근로자외의 자의 출입을 금지하는 일
④ 총 화물량을 산출하는 일

> **차량계 하역운반기계에서 화물 취급 시 작업지휘자 준수사항**
> ① 작업순서 및 그 순서마다의 작업방법을 정하고 작업을 지휘할 것
> ② 기구 및 공구를 점검하고 불량품을 제거할 것
> ③ 당해 작업을 행하는 장소에 관계근로자 외의 자의 출입을 금지시킬 것
> ④ 로프를 풀거나 덮개를 벗기는 작업을 행하는 때에는 적재함의 화물이 낙하할 위험이 없음을 확인한 후에 당해 작업을 하도록 할 것

92

흙의 동상을 방지하기 위한 대책으로 틀린 것은?

① 물의 유통을 원활하게 하여 지하수위를 상승시킨다.
② 모관수의 상승을 차단하기 위하여 지하수위 상층에 조립토층을 설치한다.
③ 지표의 흙을 화학약품으로 처리한다.
④ 흙 속에 단열재료를 매입한다.

> **흙의 동상 방지 대책**
> ① 배수구 등을 설치하여 지하수위를 저하시킨다.
> ② 지하수 상승을 방지하기 위해 차단층(콘크리트, 모래 등)을 설치한다.
> ③ 흙의 온도 저하를 감소하기 위해 흙 속에 단열재료를 넣는다.
> ④ 동상이 발생되지 않는 재료나 흙으로 치환한다.
> ⑤ 지표의 흙을 화학약품 처리하여 동결온도를 내린다.

93

타워크레인을 벽체에 지지하는 경우 서면심사 서류 등이 없거나 명확하지 아니할 때 설치를 위해서는 특정 기술자의 확인을 필요로 하는데, 그 기술자에 해당하지 않는 것은?

① 건설공사 안전관리사
② 기계안전기술사
③ 건축시공기술사
④ 건설안전분야 산업안전지도사

> **벽체에 지지**
> ① 서면심사에 관한 서류 또는 제조사의 설치작업설명서 등에 따라 설치할 것
> ② 제①호의 서면심사 서류 등이 없거나 명확하지 아니한 경우에는 「국가기술자격법」에 의한 건축구조·건설기계·기계안전·건설공사 안전관리사 또는 건설안전분야 산업안전지도사의 확인을 받아 설치하거나 기종별·모델별 공인된 표준방법으로 설치할 것 등

94 ★

안전난간의 구조 및 설치요건과 관련하여 발끝막이판의 바닥으로부터 설치높이 기준으로 옳은 것은?

① 10[cm] 이상
② 15[cm] 이상
③ 20[cm] 이상
④ 30[cm] 이상

> **안전난간의 설치기준**
>
> | | |
> |---|---|
> | 발끝막이판 | 바닥면 등으로부터 10센티미터 이상의 높이를 유지할 것 |
> | 난간대 | 지름 2.7센티미터 이상의 금속제파이프나 그 이상의 강도가 있는 재료일 것 |
> | 하중 | 안전난간은 구조적으로 가장 취약한 지점에서 가장 취약한 방향으로 작용하는 100킬로그램 이상의 하중에 견딜 수 있는 튼튼한 구조일 것 |

정답 91 ④ 92 ① 93 ③ 94 ①

95

산업안전보건기준에 관한 규칙에 따른 토사붕괴를 예방하기 위한 굴착면의 기울기 기준으로 틀린 것은?

① 모래 1:1.8
② 연암 1:1.0
③ 풍화암 1:0.8
④ 경암 1:0.5

굴착면 기울기 기준

지반의 종류	모래	연암 및 풍화암	경암	그 밖의 흙
굴착면의 기울기	1 :1.8	1 : 1.0	1 : 0.5	1 : 1.2

tip
2023년 법령개정. 문제와 해설은 개정된 내용 적용

96

콘크리트 타설 시 거푸집의 측압에 영향을 미치는 인자들에 대한 설명으로 틀린 것은?

① 슬럼프가 클수록 측압은 크다.
② 거푸집의 강성이 클수록 측압은 크다.
③ 철근량이 많을수록 측압은 작다.
④ 타설 속도가 느릴수록 측압은 크다.

측압이 커지는 조건
① 거푸집 수평단면이 클수록
② 철골, 철근량이 적을수록
③ 타설속도가 빠를수록
④ 외기의 온도가 낮을수록
⑤ 다짐이 충분할수록
⑥ 콘크리트 슬럼프치가 클수록
⑦ 거푸집의 강성이 클수록

97

항타기·항발기의 권상용 와이어로프로 사용 가능한 것은?

① 이음매가 있는 것
② 와이어로프의 한 꼬임에서 끊어진 소선의 수가 5[%]인 것
③ 지름의 감소가 호칭지름의 8[%]인 것
④ 심하게 변형된 것

와이어로프의 사용제한 조건
① 이음매가 있는 것
② 와이어로프의 한 꼬임(스트랜드)에서 끊어진 소선(필러선 제외)의 수가 10% 이상인 것
③ 지름의 감소가 공칭지름의 7%를 초과하는 것
④ 꼬인 것
⑤ 심하게 변형되거나 부식된 것
⑥ 열과 전기충격에 의해 손상된 것

98

철근가공작업에서 가스절단을 할 때의 유의사항으로 틀린 것은?

① 가스절단 작업 시 호스는 겹치거나 구부러지거나 밟히지 않도록 한다.
② 호스, 전선 등은 작업효율을 위하여 다른 작업장을 거치는 곡선상의 배선이어야 한다.
③ 작업장에서 가연성 물질에 인접하여 용접작업할 때에는 소화기를 비치하여야 한다.
④ 가스절단 작업 중에는 보호구를 착용하여야 한다.

호스, 전선 등은 다른 작업장을 거치지 않는 직선상의 배선이어야 하며, 길이가 짧아야 한다.

정답 95 ③ 96 ④ 97 ② 98 ②

99

사다리식 통로의 설치기준으로 틀린 것은?

① 폭은 30[cm] 이상으로 할 것
② 발판과 벽과의 사이는 15[cm] 이상의 간격을 유지할 것
③ 사다리의 상단은 걸쳐놓은 지점으로부터 60[cm] 이상 올라가도록 할 것
④ 사다리 통로의 길이가 10[m] 이상인 경우에는 7[m] 이내마다 계단참을 설치할 것

사다리식 통로

① 사다리식 통로의 길이가 10미터 이상인 경우에는 5미터 이내마다 계단참을 설치할 것
② 사다리식 통로의 기울기는 75도 이하로 할 것. 다만, 고정식 사다리식 통로의 기울기는 90도 이하로 하고, 그 높이가 7미터 이상인 경우에는 다음 각 목의 구분에 따른 조치를 할 것
　가. 등받이울이 있어도 근로자 이동에 지장이 없는 경우: 바닥으로부터 높이가 2.5미터 되는 지점부터 등받이울을 설치할 것
　나. 등받이울이 있으면 근로자가 이동이 곤란한 경우: 한국산업표준에서 정하는 기준에 적합한 개인용 추락 방지 시스템을 설치하고 근로자로 하여금 한국산업표준에서 정하는 기준에 적합한 전신안전대를 사용하도록 할 것

---

tip
2024년 개정된 법령 적용

100

추락방지망의 달기로프를 지지점에 부착할 때 지지점의 간격이 1.5[m]인 경우 지지점의 강도는 최소 얼마 이상이어야 하는가?
(단, 연속적인 구조물이 방망지지점인 경우임)

① 200[kg]　　② 300[kg]
③ 400[kg]　　④ 500[kg]

추락방지망의 지지점 강도

① 600kg의 외력에 견딜 수 있는 강도 보유
② 연속적인 구조물이 방망 지지점인 경우
　$F = 200B$
　여기서, F : 외력(킬로그램), B : 지지점 간격(미터)
③ 지지점의 간격이 1.5m인 경우
　$F = 200 \times 1.5 = 300 kg$

2024년 7월 5일~7월 27일 | CBT 기출복원문제

1과목 산업재해 예방 및 안전보건교육

01 ⭐

산업안전보건법령상 근로자 안전보건교육과정 중 근로계약기간이 1주일 초과 1개월 이하인 기간제근로자의 채용 시 교육시간으로 옳은 것은?

① 4시간 이상　　② 3시간 이상
③ 2시간 이상　　④ 1시간 이상

> 근로계약기간이 1주일 초과 1개월 이하인 기간제근로자의 채용 시 교육은 4시간 이상

tip
2023년 법령개정. 문제와 해설은 개정된 내용 적용

02

다음 중 학습의 연속에 있어 앞(前)의 학습이 뒤(後)의 학습을 방해하는 조건과 가장 관계가 적은 경우는?

① 앞의 학습이 불완전한 경우
② 앞과 뒤의 학습 내용이 다른 경우
③ 앞과 뒤의 학습 내용이 서로 반대인 경우
④ 앞의 학습 내용을 재생하기 직전에 실시하는 경우

> **전이현상**
> 학습결과가 다른 학습에 도움이 될 수도 있고 방해가 될 수도 있는 현상
>
> | 정적 전이(적극적)
(Positive transfer) | 부적 전이(소극적)
(Negative transfer) |
> | --- | --- |
> | 이전학습(선행)의 결과가 이후 학습(후행)에 촉진적 역할
(수평적, 수직적 전이로 구분) | 선행학습 결과가 후행학습에 방해 역할 |

03

다음 중 안전·보건교육 계획수립에 반드시 포함하여야 할 사항이 아닌 것은?

① 교육 지도안　　② 교육의 목표 및 목적
③ 교육장소 및 방법　　④ 교육의 종류 및 대상

> **안전·보건교육 계획 수립 시 포함되어야 할 사항**
> ① 교육목표　　② 교육의 종류 및 교육대상
> ③ 교육과목 및 교육내용　　④ 교육장소 및 교육방법
> ⑤ 교육기간 및 시간　　⑥ 교육담당자 및 강사

04

리더십의 3가지 유형 중 지도자가 모든 정책을 단독으로 결정하기 때문에 부하 직원들은 오로지 따르기만 하면 된다는 유형을 무엇이라 하는가?

① 안주형　　② 자유방임형
③ 권위형　　④ 경제형

> **권위주의적(독재적) 리더십**
> ① 부하직원의 정책 결정에 참여 거부
> ② 리더의 의사에 복종 강요(리더중심)
> ③ 집단구성원의 행위는 공격적 아니면 무관심
> ④ 집단구성원 간의 불신과 적대감

정답　01 ①　02 ②　03 ①　04 ③

05

다음과 같은 재해 사례의 분석으로 옳은 것은?

> 어느 직장에서 메인스위치를 끄지 않고 퓨즈를 교체하는 작업 중 단락사고로 인하여 스파크가 발생하여 작업자가 화상을 입었다.

① 화상 : 상해의 형태
② 스파크의 발생 : 재해
③ 메인 스위치를 끄지 않음 : 간접원인
④ 스위치를 끄지 않고 퓨즈 교체 : 불안전한 상태

> 스위치를 끄지 않고 퓨즈를 교체한 불안전한 행동으로 인해 화상이라는 상해를 당했다.

06 ★빈출

다음 중 인간의 행동에 대한 레빈(K.Lewin)의 식 "$B = f(P \cdot E)$"에서 인간관계 요인을 나타내는 변수에 해당하는 것은?

① B(Behavior) ② F(Function)
③ P(Person)   ④ E(Environment)

> 레윈(K. Lewin)의 행동법칙
> $B = f(P \cdot E)$
> B : Behavior(인간의 행동)
> f : function(함수관계) $P \cdot E$에 영향을 줄 수 있는 조건
> P : person(개체 : 연령, 경험, 심신상태, 성격, 지능 등)
> E : Environment(심리적 환경-인간관계, 작업환경, 설비적 결함 등)

07

보호구의 안전인증기준에 있어 다음 설명에 해당하는 부품의 명칭으로 옳은 것은?

> 머리받침끈, 머리고정대 및 머리받침고리로 구성되어 추락 및 감전 위험방지용 안전모 머리부위에 고정시켜 주며, 안전모에 충격이 가해졌을 때 착용자의 머리부위에 전해지는 충격을 완화시켜주는 기능을 갖는 부품

① 챙   ② 착장체
③ 모체   ④ 충격흡수재

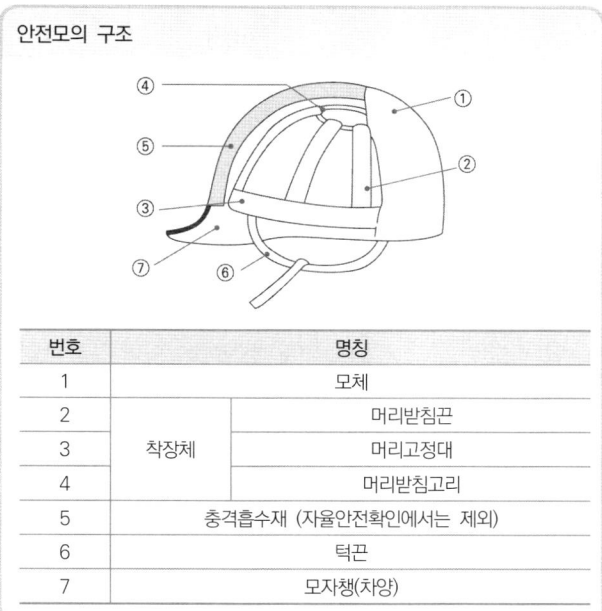

안전모의 구조

번호		명칭
1		모체
2	착장체	머리받침끈
3		머리고정대
4		머리받침고리
5		충격흡수재 (자율안전확인에서는 제외)
6		턱끈
7		모자챙(차양)

08 ★빈출

산업안전보건법령에 따라 작업장 내에 사용하는 안전·보건표지의 종류에 관한 설명으로 옳은 것은?

① "위험장소"는 경고표지로서 바탕은 노란색, 기본모형은 검은색, 그림은 흰색으로 한다.
② "출입금지"는 금지표지로서 바탕은 흰색, 기본모형은 빨간색, 그림은 검은색으로 한다.
③ "녹십자표지"는 안내표지로서 바탕은 흰색, 기본모형과 관련 부호는 녹색, 그림은 검은색으로 한다.
④ "안전모착용"은 경고표지로서 바탕은 파란색, 관련 그림은 검은색으로 한다.

> 안전표지의 색채 및 색도기준
>
> | 색채 | 용도 | 형태별 색채기준 |
> |---|---|---|
> | 빨간색 | 금지 | 바탕은 흰색, 기본모형은 빨간색, 관련부호 및 그림은 검은색 |
> | | 경고 | |
> | 노란색 | 경고 | 바탕은 노란색, 기본모형·관련부호 및 그림은 검은색 (주1) |
> | 파란색 | 지시 | 바탕은 파란색, 관련 그림은 흰색 |
> | 녹색 | 안내 | 바탕은 흰색, 기본모형 및 관련부호는 녹색, 바탕은 녹색, 관련부호 및 그림은 흰색 |
>
> (주1) 다만, 부식성물질경고 및 발암성·변이원성·생식독성·전신독성·호흡기과민성물질경고 외 4가지 물질의 경우 바탕은 무색, 기본모형은 빨간색(검은색도 가능)

정답 05 ① 06 ④ 07 ② 08 ②

09
다음 중 피로(fatigue)에 관한 설명으로 가장 적절하지 않은 것은?

① 피로는 신체의 변화, 스스로 느끼는 권태감 및 작업능률의 저하 등을 총칭하는 말이다.
② 급성 피로란 보통의 휴식으로는 회복이 불가능한 피로를 말한다.
③ 정신 피로는 정신적 긴장에 의해 일어나는 중추신경계의 피로로 사고활동, 정서 등의 변화가 나타난다.
④ 만성피로란 오랜 기간에 걸쳐 축적되어 일어나는 피로를 말한다.

> **급성, 만성피로**
> | 급성피로 | 보통의 휴식에 의해 회복되는 것으로 지속기간이 6개월 미만 |
> |---|---|
> | 만성피로 | 특별한 질병없이 충분한 휴식에도 불구하고 6개월 이상 피로감을 느끼게 되는 현상 |

10 ★빈출
다음 중 안전교육의 4단계를 올바르게 나열한 것은?

① 제시 → 확인 → 적용 → 도입
② 확인 → 도입 → 제시 → 적용
③ 도입 → 제시 → 적용 → 확인
④ 제시 → 도입 → 확인 → 적용

11
다음 중 안전점검의 목적과 가장 거리가 먼 것은?

① 기기 및 설비의 결함제거로 사전 안전성 확보
② 인적측면에서의 안전한 행동 유지
③ 기기 및 설비의 본래성능 유지
④ 생산제품의 품질관리

> **안전점검의 목적**
> 건설물 및 기계 설비 등의 제작기준이나 안전기준에 적합한가를 확인하고 작업현장 내의 불안전한 상태가 없는지를 확인하는 것으로 사고 발생의 가능성 요인들을 제거하여 안전성을 확보하기 위함
> ① 결함이나 불안전한 조건 제거
> ② 기계설비 본래의 성능 유지
> ③ 안전성 유지 및 합리적인 생산관리

12 ★빈출
다음 중 재해예방의 4원칙에 해당되지 않는 것은?

① 대책선정의 원칙 ② 손실우연의 원칙
③ 통계방법의 원칙 ④ 예방가능의 원칙

> **재해예방의 4원칙**
> ① 손실우연의 원칙 ② 예방가능의 원칙
> ③ 원인계기의 원칙 ④ 대책선정의 원칙

13
다음 중 강의계획 수립 시 학습목적 3요소가 아닌 것은?

① 목표 ② 주제
③ 학습정도 ④ 교재내용

> **학습의 목적**
> | 구성 3요소 | ① 목표(학습목적의 핵심, 달성하려는 지표)
② 주제(목표달성을 위한 테마)
③ 학습정도(주제를 학습시킬 범위와 내용의 정도) |
> |---|---|
> | 진행 4단계 | ① 인지 → ② 지각 → ③ 이해 → ④ 적용 |

14
다음 중 산업안전보건법령상 안전관리자의 업무에 해당되지 않는 것은? (단, 그 밖에 안전에 관한 사항으로서 고용노동부장관이 정하는 사항은 제외한다.)

① 안전·보건에 관한 노사협의체에서 심의·의결한 업무
② 작업장 내에서 사용되는 전체 환기장치 및 국소 배기장치 등에 관한 설비의 점검
③ 안전인증대상 기계 등과 자율안전확인대상 기계 등 구입 시 적격품의 선정
④ 해당 사업장의 안전보건관리규정 및 취업규칙에서 정한 업무

> 작업장 내에서 사용되는 전체 환기장치 및 국소 배기장치 등에 관한 설비의 점검은 보건관리자의 업무내용에 해당되는 내용이다.

정답 09 ② 10 ③ 11 ④ 12 ③ 13 ④ 14 ②

15
다음 중 도미노이론에서 사고의 직접원인이 되는 것은?

① 통제의 부족
② 유전과 환경적 영향
③ 불안전한 행동과 상태
④ 관리 구조의 부적절

> 직접원인에는 불안전한 행동(인적원인)과 불안전한 상태(물적원인)가 해당된다.

16
인간의 행동은 사람의 개성과 환경에 영향을 받는데 다음 중 환경적 요인이 아닌 것은?

① 책임
② 작업조건
③ 감독
④ 직무의 안정

> **레윈의 이론**
> 인간의 행동(B)은 인간이 가진 능력과 자질(개성) 즉, 개체(P)와 주변의 심리적 환경(E)과의 상호함수관계에 있다.

17
연간 상시근로자수가 500명인 A 사업장에서 1일 8시간씩 연간 280일을 근무하는 동안 재해가 36건이 발생하였다면 이 사업장의 도수율은 약 얼마인가?

① 10
② 10.14
③ 30
④ 32.14

> **도수율, 빈도율(FR)**
> ① 산업재해의 빈도를 나타내는 단위. 연간 근로시간 합계 100만 시간당 재해발생건수
> ② 빈도율 = $\dfrac{재해건수}{연간총근로시간수} \times 1,000,000$
> ∴ $\dfrac{36}{500 \times 8 \times 280} \times 10^6 = 32.14$

18
다음 중 무재해운동의 실천 기법에 있어 브레인스토밍(Brain storming)의 4원칙에 해당하지 않는 것은?

① 수정발언
② 비판금지
③ 본질추구
④ 대량발언

> **브레인스토밍(Brain-storming)의 4원칙**
> ① 비판금지 ② 자유분방 ③ 대량발언 ④ 수정발언

> **tip**
> 브레인스토밍은 자유분방하게 진행하는 토의식 아이디어 창출법을 말한다.

19
다음 중 허즈버그의 2요인 이론에 있어 직무만족에 의한 생산능력의 증대를 가져올 수 있는 동기부여 요인은?

① 작업조건
② 정책 및 관리
③ 대인관계
④ 성취에 대한 인정

> **허즈버그의 두 요인이론**
>
> | 위생요인
(직무환경, 저차적 욕구) | 동기유발요인
(직무내용, 고차적 욕구) |
> |---|---|
> | ① 조직의 정책과 방침
② 작업조건
③ 대인관계
④ 임금, 신분, 지위
⑤ 감독(생산 능력의 향상 불가) | ① 직무상의 성취
② 인정
③ 성장 또는 발전
④ 책임의 증대
⑤ 직무내용자체(보람된 직무) 등
(생산 능력 향상 가능) |

20
다음 중 칼날이나 뾰족한 물체 등 날카로운 물건에 찔린 상해를 무엇이라 하는가?

① 자상
② 창상
③ 절상
④ 찰과상

> **상해 종류별 분류**
>
> | 분류항목 | 세부항목 |
> |---|---|
> | 찔림(자상) | 칼날 등 날카로운 물체에 찔린 상해 |
> | 타박상(좌상) | 타박·충돌·추락 등으로 피부표면 보다는 피하조직 또는 근육부를 다친 상해(삐임) |
> | 절단 | 신체부위가 절단된 상해 |
> | 찰과상 | 스치거나 문질러서 벗겨진 상해 |
> | 베임(창상) | 창, 칼 등에 베인 상해 |

정답 15 ③ 16 ① 17 ④ 18 ③ 19 ④ 20 ①

2과목 인간공학 및 위험성 평가·관리

21
광원으로부터 2[m] 떨어진 곳에서 측정한 조도가 400럭스이고, 다른 곳에서 동일한 광원에 의한 밝기를 측정하였더니 100럭스이었다면, 두 번째로 측정한 지점은 광원으로부터 몇 [m] 떨어진 곳인가?

① 4
② 6
③ 8
④ 10

> **조도**
> ① 조도는 거리의 제곱에 반비례하고 광도에 비례한다.
> 조도 = $\dfrac{광도}{(거리)^2}$
> ② $400 \text{Lux} = \dfrac{광도}{2^2}$ 그러므로, 광도 = 1600cd
> ③ $100 \text{Lux} = \dfrac{1600}{(거리)^2}$ 그러므로, $(거리)^2 = \dfrac{1600}{100} = 16$
> 따라서, 거리 = $\sqrt{16} = 4[m]$

22
다음 중 위험과 운전성연구(HAZOP)에 대한 설명으로 틀린 것은?

① 전기설비의 위험성을 주로 평가하는 방법이다.
② 처음에는 과거의 경험이 부족한 새로운 기술을 적용한 공정설비에 대하여 실시할 목적으로 개발되었다.
③ 설비전체보다 단위별 또는 부분별로 나누어 검토하고 위험요소가 예상되는 부분에 상세하게 실시한다.
④ 장치 자체는 설계 및 제작사양에 맞게 제작된 것으로 간주하는 것이 전제 조건이다.

> **위험과 운전성연구(HAZOP)**
> 원하지 않는 결과를 초래할 수 있는 공정(화학공장)상의 문제여부를 확인하기 위해 체계적인 방법으로 공정이나 운전방법을 상세하게 검토해 보기 위하여 실시한다.

23
다음 중 영상표시단말기(VDT)를 취급하는 작업장에서 화면의 바탕 색상이 검정색 계통일 경우 추천되는 조명수준으로 가장 적절한 것은?

① 100~200럭스(Lux)
② 300~500럭스(Lux)
③ 750~800럭스(Lux)
④ 850~950럭스(Lux)

> **VDT 작업의 안전(조명과 채광)**
>
> | 화면의 바탕색상 | 검정색 계통 | 흰색 계통 |
> | --- | --- | --- |
> | 조도기준 | 300~500Lux | 500~700Lux |

24
다음 중 예비위험분석(PHA)에 대한 설명으로 가장 적합한 것은?

① 관련된 과거 안전점검결과의 조사에 적절하다.
② 안전관련 법규 조항의 준수를 위한 조사방법이다.
③ 시스템 고유의 위험성을 파악하고 예상되는 재해의 위험수준을 결정한다.
④ 초기의 단계에서 시스템 내의 위험요소가 어떠한 위험상태에 있는가를 정성적 평가하는 것이다.

> **예비위험분석(Preliminary Hazards Analysis)**
> ① PHA는 모든 시스템 안전 프로그램의 최초단계의 분석으로서 시스템 내의 위험요소가 얼마나 위험한 상태에 있는가를 정성적으로 평가하는 것이다.
> ② 공정 또는 설비 등에 관한 상세한 정보를 얻을 수 없는 상황에서 위험물질과 공정 요소에 초점을 맞추어 초기위험을 확인하는 방법이다.

정답 21 ① 22 ① 23 ② 24 ④

25 ⭐

6개의 표시장치를 수평으로 배열할 경우 해당 제어 장치를 각각의 그 아래에 배치하면 좋아지는 양립성의 종류는?

① 공간 양립성
② 운동 양립성
③ 개념 양립성
④ 양식 양립성

양립성의 종류	
공간적(spatial) 양립성	표시장치나 조정장치에서 물리적 형태 및 공간적 배치
운동(movement) 양립성	표시장치의 움직이는 방향과 조정장치의 방향이 사용자의 기대와 일치
개념적(conceptual) 양립성	이미 사람들이 학습을 통해 알고있는 개념적 연상
양식(modality) 양립성	직무에 알맞은 자극과 응답의 양식의 존재에 대한 양립성.

26

다음 중 체계분석 및 설계에 있어서 인간공학적 노력의 효능을 산정하는 척도의 기준에 포함하지 않는 것은?

① 성능의 향상
② 훈련비용의 절감
③ 인력 이용률의 저하
④ 생산 및 보전의 경제성 향상

체계 설계과정에서의 인간공학의 가치	
① 성능의 향상	② 생산 및 정비유지의 경제성 증대
③ 훈련비용의 절감	④ 인력의 이용률의 향상
⑤ 사용자의 수용도 향상	⑥ 사고 및 오용으로부터의 손실 감소

27

다음 중 기능식 생산에서 유연생산 시스템 설비의 가장 적합한 배치는?

① 유자(U)형 배치
② 일자(—)형 배치
③ 합류(Y)형 배치
④ 복수라인(=)형 배치

유연생산 시스템(flexible manufacturing system)
다품종 소량생산을 필요로 하는 시대에 다양한 제품을 높은 생산성으로 유연하게 제조하도록 하는 자동화된 생산시스템을 말한다.

28

다음 중 눈의 구조 가운데 기능 결함이 발생할 경우 색맹 또는 색약이 되는 세포는?

① 간상세포
② 원추세포
③ 수평세포
④ 양극세포

원추세포
① 망막을 구성하고 있는 감광요소는 간상세포와 원추세포이다.
② 간상세포만으로는 색을 구별할 수 없으며 단지 여러 색조의 회색만을 느낄 수 있으며, 원추세포로는 색을 구별한다.
③ 색을 구별할 수 있는 것은 원추세포의 작용에 의한 것으로 원추세포에 이상이 발생하면 빨강, 녹색, 파랑 중 하나 이상의 색깔을 느끼지 못하는 색맹이 나타나게 된다.

29

잡음 등의 개입되는 통신 악조건 하에서 전달 확률이 높아지도록 전언을 구성할 때 다음 중 가장 적절하지 않은 것은?

① 표준 문장의 구조를 사용한다.
② 문장보다 독립적인 음절을 사용한다.
③ 사용하는 어휘수를 가능한 적게 한다.
④ 수신자가 사용하는 단어와 문장구조에 친숙해지도록 한다.

전달 확률이 높은 전언의 방법
① 사용어휘 : 어휘수가 적을수록 유리
② 전언의 문맥 : 문장이 독립된 음절보다 유리
③ 전언의 음성학적 국면 : 음성 출력이 높은 음 선택

30

지게차 인장벨트의 수명은 평균이 100,000시간, 표준편차가 500시간인 정규분포를 따른다. 이 인장벨트의 수명이 101,000시간 이상일 확률은 약 얼마인가? (단, 표준정규분포표에서 $Z_1 = 0.8413$, $Z_2 = 0.9772$, $Z_3 = 0.9987$이다.)

① 1.60[%]
② 2.28[%]
③ 3.28[%]
④ 4.28[%]

$$P(x \geq 101,000) = p(Z \geq \frac{x-\mu}{\sigma}) = p(Z \geq 2.0)$$
$$= 1 - Z_2 = 1 - 0.9772 = 0.0228 = 2.28(\%)$$

정답 25① 26③ 27① 28② 29② 30②

31 ⭐

다음 중 결함수 분석법에서 일정 조합 안에 포함되어있는 기본사상들이 모두 발생하지 않으면 틀림없이 정상사상(top event)이 발생되지 않는 조합을 무엇이라고 하는가?

① 컷셋(cut set)
② 패스셋(path set)
③ 부울대수(Boolean algebra)
④ 결함수셋(fault tree set)

> 패스셋(path set) : 그 안에 포함되는 모든 기본사상이 일어나지 않을 때 처음으로 정상사상이 일어나지 않는 기본사상의 집합인 패스셋에서 필요 최소한의 것을 미니멀 패스셋이라 한다(시스템의 기능을 살리는 신뢰성을 나타낸다.)

32

다음 중 결함수분석법에 관한 설명으로 틀린 것은?

① 잠재위험을 효율적으로 분석한다.
② 연역적 방법으로 원인을 규명한다.
③ 복잡하고 대형화된 시스템의 분석에 사용한다.
④ 정성적 평가보다 정량적 평가를 먼저 실시한다.

> FTA의 특징
> ① 분석에는 게이트, 이벤트, 부호 등의 그래픽 기호를 사용하여 결함 단계를 표현하며, 각각의 단계에 확률을 부여하여 어떤 상황의 실패확률 계산 가능
> ② 연역적이고 정량적인 해석방법
> ③ 정성적 평가를 먼저 실시하고 정량적 평가를 실시한다.

33

다음 중 선 자세와 앉은 자세의 비교에서 틀린 것은?

① 앉은 자세보다 서 있는 자세에서 혈액순환이 향상된다.
② 서 있는 자세보다 앉은 자세에서 균형감이 높다.
③ 서 있는 자세보다 앉은 자세에서 정확한 팔 움직임이 가능하다.
④ 앉은 자세보다 서 있는 자세에서 척추에 더 많은 해를 줄 수 있다.

> 서 있는 자세보다 앉은 자세에서 척추에 더 많은 해를 줄 수 있다. 따라서 앉은 자세를 항상 바르게 하여야 요통을 예방할 수 있다.

34 ⭐

다음 중 결함수분석법에서 사용하는 기호의 명칭으로 옳은 것은?

① 결함사상
② 기본사상
③ 생략사상
④ 통상사상

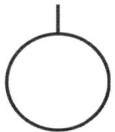

논리기호			
결함사상 (사상기호)	기본사상 (사상기호)	생략사상 (최후사상)	통상사상 (사상기호)

35

다음 중 초음파의 기준이 되는 주파수로 옳은 것은?

① 4,000[Hz] 이상
② 6,000[Hz] 이상
③ 10,000[Hz] 이상
④ 20,000[Hz] 이상

> 사람의 귀가 들을 수 있는 음파의 주파수는 일반적으로 16[Hz]~20,000[Hz]의 범위에 해당된다. 초음파란 주파수가 20,000[Hz]를 넘는 음파를 말한다.

36

다음 중 설계강도 이상의 급격한 스트레스가 축적됨으로써 발생하는 고장에 해당하는 것은?

① 우발고장
② 초기고장
③ 마모고장
④ 열화고장

> 기계의 고장률(욕조 곡선)
>
> | 초기
고장 | 품질관리의 미비로 발생할 수 있는 고장으로 작업시작 전 점검, 시운전 등으로 사전예방이 가능한 고장
① debugging 기간 ② burn in 기간 |
> |---|---|
> | 우발
고장 | 예측할 수 없을 경우 발생하는 고장으로 시운전이나 점검으로 예방불가(낮은 안전계수, 사용자의 과오 등) |
> | 마모
고장 | 장치의 일부분이 수명을 다하여 발생하는 고장(부식 또는 마모, 불충분한 정비 등) |

정답 31 ② 32 ④ 33 ④ 34 ② 35 ④ 36 ①

37

반경 7[cm]의 조종구를 30° 움직일 때 계기판의 표시가 3[cm] 이동하였다면 이 조종장치의 C/R비는 약 얼마인가?

① 0.22
② 0.38
③ 1.22
④ 1.83

> 통제 표시비(조종-반응 비율)
> $$C/D비 = \frac{(a/360) \times 2\pi L}{표시장치의\ 이동거리} = \frac{(30/360) \times 2\pi \times 7}{3} = 1.22$$

38

인간의 신뢰성 요인 중 경험연수, 지식수준, 기술수준에 의존하는 요인은?

① 주의력
② 긴장수준
③ 의식수준
④ 감각수준

> 인간이 갖는 신뢰성
> (1) 주의력
> (2) 의식수준(① 경험연수 ② 지식수준 ③ 기술수준)
> (3) 긴장수준(일반적으로 에너지 대사율, 체내수분 손실량 등 생리적 측정법으로 측정)

39

다음 중 인간공학(Ergonomics)의 기원에 대한 설명으로 가장 적합한 것은?

① 차패니스(Chapanis. A.)에 의해서 처음 사용되었다.
② 민간 기업에서 시작하여 군이나 군수회사로 전파되었다.
③ "ergon(작업) + nomos(법칙) + ics(학문)"의 조합된 단어이다.
④ 관련 학회는 미국에서 처음 설립되었다.

> Ergonomics(그리스어의 ergon과 nomics의 합성어)
> 「ergon(노동 또는 작업, work) + nomos(법칙 또는 관리, laws) + ics(학문 또는 학술)」 인간의 특성에 맞게 일을 수행하도록 하는 학문

40

다음 설명에서 ( )안에 들어갈 단어를 순서대로 올바르게 나타낸 것은?

> ㉠ : 필요한 직무 또는 절차를 수행하지 않는데 기인한 과오
> ㉡ : 필요한 직무 또는 절차를 수행하였으나 잘못 수행한 과오

① ㉠ Sequential Error ㉡ Extraneous Error
② ㉠ Extraneous Error ㉡ Omission Error
③ ㉠ Omission Error ㉡ Commission Error
④ ㉠ Commission Error ㉡ Omission Error

> Swain의 인간실수 분류
> ① 부작위 실수(omission error) : 직무의 한 단계 또는 전체직무를 누락시킬 때 발생
> ② 작위 실수(commission error) : 직무를 수행하지만 잘못 수행할 때 발생(넓은 의미로 선택착오, 순서착오, 시간착오, 정성적 착오 포함)

3과목 기계·기구 및 설비 안전 관리

41

산업안전보건법령상 근로자가 위험해질 우려가 있는 경우 컨베이어에 부착, 조치하여야 할 방호장치가 아닌 것은?

① 안전매트
② 비상접지장치
③ 덮개 또는 울
④ 이탈 및 역주행 방지 장치

> 로봇에 접촉함으로써 발생할 수 있는 위험방지
> ① 높이 1.8미터 이상의 울타리 설치
> ② 컨베이어 시스템의 설치 등으로 울타리를 설치할 수 없는 일부 구간 - 안전매트 또는 광전자식 방호장치 등 감응형(感應形) 방호장치 설치

정답 37 ③ 38 ③ 39 ③ 40 ③ 41 ①

42

롤러기에서 가드의 개구부와 위험점 간의 거리가 200[mm]이면 개구부 간격은 얼마이어야 하는가? (단, 위험점이 전동체이다.)

① 30[mm] ② 26[mm]
③ 36[mm] ④ 20[mm]

> **롤러기 가드의 개구부 간격(전동체인 경우)**
> $Y = \dfrac{X}{10} + 6\,\text{mm}$ (단, $X < 760\,\text{mm}$ 에서 유효)
> $\therefore\ Y = \dfrac{200}{10} + 6 = 26[\text{mm}]$

> **tip**
> 위험점이 전동체가 아닌 경우(ILO 기준) $Y = 6 + 0.15X$

43 ★빈출

기계의 운동 형태에 따른 위험점의 분류에서 고정부분과 회전하는 동작 부분이 함께 만드는 위험점으로 교반기의 날개와 하우스 등에서 발생하는 위험점을 무엇이라 하는가?

① 끼임점 ② 절단점
③ 물림점 ④ 회전말림점

> **끼임점(Shear-point)**
> 고정부분과 회전 또는 직선운동부분에 의해 형성되는 위험점이다.
> ① 연삭 숫돌과 작업대
> ② 반복동작되는 링크기구
> ③ 교반기의 교반날개와 몸체 사이

44

다음 중 플레이너(planer)에 관한 설명으로 틀린 것은?

① 이송운동은 절삭운동의 1왕복에 대하여 2회의 연속운동으로 이루어진다.
② 평면가공을 기준으로 하여 경사면, 홈파기 등의 가공을 할 수 있다.
③ 절삭행정과 귀환행정이 있으며, 가공효율을 높이기 위하여 귀환행정을 빠르게 할 수 있다.
④ 플레이너의 크기는 테이블의 최대행정과 절삭할 수 있는 최대폭 및 최대 높이로 표시한다.

> 이송운동은 절삭운동의 1왕복에 대하여 1회의 단속운동으로 이루어진다.

45

다음 중 천장크레인의 방호장치와 가장 거리가 먼 것은?

① 과부하방지장치 ② 낙하방지장치
③ 권과방지장치   ④ 충돌방지장치

> **낙하방지**
> ① 이삿짐 운반용 리프트 운반구로부터 화물이 빠지거나 떨어지지 않도록 낙하방지 조치를 하여야 한다.
> ② 컨베이어 등으로부터 화물이 떨어져 근로자가 위험해질 우려가 있는 경우에는 해당 컨베이어 등에 덮개 또는 울을 설치하는 등 낙하방지를 위한 조치를 하여야 한다.

46

다음 중 밀링작업의 안전사항으로 적절하지 않은 것은?

① 측정 시에는 반드시 기계를 정지시킨다.
② 절삭 중의 칩 제거는 칩브레이커로 한다.
③ 일감을 풀어내거나 고정할 때에는 기계를 정지시킨다.
④ 상하 이송장치의 핸들은 사용 후 반드시 빼 두어야 한다.

> **밀링 작업 시 안전대책**
> ① 상하이송장치의 핸들은 사용 후 반드시 빼둘 것
> ② 가공물 측정 및 설치 시에는 반드시 기계정지 후 실시
> ③ 가공 중 손으로 가공면 점검금지 및 장갑 착용금지
> ④ 급속이송은 백래시(backlash) 제거장치가 작동하지 않음을 확인 후 실시

> **tip**
> 칩브레이커는 선반의 방호장치이며, 밀링의 칩은 가장 가늘고 예리하므로 반드시 브러시로 제거해야 한다.

정답 42 ② 43 ① 44 ① 45 ② 46 ②

47

산업안전보건법령상 롤러기 조작부의 설치 위치에 따른 급정지장치의 종류가 아닌 것은?

① 손조작식
② 복부조작식
③ 무릎조작식
④ 발조작식

롤러기의 방호장치	
조작부의 종류	설치위치
손 조작식	밑면에서 1.8m 이내
복부 조작식	밑면에서 0.8m 이상 1.1m 이내
무릎 조작식	밑면에서 0.4m 이상 0.6m 이내

48

산업안전보건법령에 따라 보일러의 과열을 방지하기 위하여 최고사용압력과 상용압력 사이에서 보일러의 버너 연소를 차단할 수 있도록 부착하여 사용하여야 하는 장치는?

① 경보음장치
② 압력제한스위치
③ 압력방출장치
④ 고저수위 조절장치

보일러의 안전장치의 종류	
고저수위 조절장치	① 고저수위 지점을 알리는 경보등·경보음 장치 등을 설치 - 동작상태 쉽게 감시 ② 자동으로 급수 또는 단수 되도록 설치
압력방출 장치	① 보일러 규격에 적합한 압력방출장치를 최고사용압력 이하에서 작동되도록 1개 또는 2개 이상 설치 ② 2개 이상 설치된 경우 최고사용압력 이하에서 1개가 작동되고, 다른 압력방출장치는 최고사용압력 1.05배 이하에서 작동되도록 부착
압력제한 스위치	보일러의 과열방지를 위해 최고사용압력과 상용압력 사이에서 버너연소를 차단할 수 있도록 압력 제한 스위치 부착 사용

49 빈출

다음 중 욕조 형태를 갖는 일반적인 기계 고장 곡선에서의 기본적인 3가지 고장 유형이 아닌 것은?

① 우발고장
② 피로고장
③ 초기고장
④ 마모고장

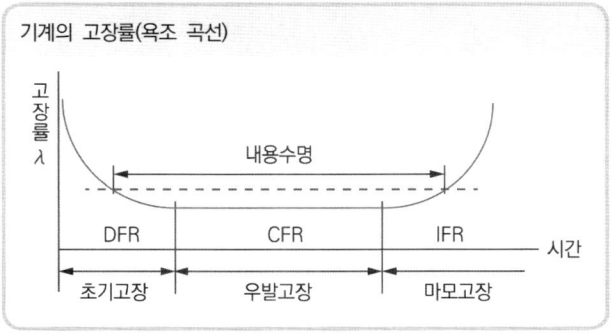

50

다음 중 드릴작업 시 가장 안전한 행동에 해당하는 것은?

① 장갑을 끼고 작업한다.
② 작업 중에 브러시로 칩을 털어 낸다.
③ 작은 구멍을 뚫고 큰 구멍을 뚫는다.
④ 드릴을 먼저 회전시키고 공작물을 고정한다.

드릴 작업 시 안전대책
① 일감은 견고히 고정, 손으로 잡고 하는 작업 금지 ② 큰 구멍은 작은 구멍을 뚫은 후 작업 ③ 장갑 착용 금지 및 칩은 브러시로 제거 ④ 구멍이 관통된 후에는 기계정지 후 손으로 돌려서 드릴을 뺄 것 ⑤ 일감 설치, 테이블 고정 및 조정은 기계 정지 후 실시 등

51

산업안전보건법령상 로봇의 작동 범위에서 그 로봇에 관하여 교시 등의 작업을 할 때 작업시작 전 점검사항에 해당하지 않는 것은?

① 제동장치 및 비상정지장치의 기능
② 외부 전선의 피복 또는 외방 손상 유무
③ 매니플레이터(manipulator) 작동의 이상 유무
④ 주행로의 상측 및 트롤리(trolley)가 횡행하는 레일의 상태

작업시작 전 점검사항
① 외부전선의 피복 또는 외장의 손상 유무 ② 매니퓰레이터(manipulator) 작동의 이상 유무 ③ 제동장치 및 비상정지장치의 기능

정답 47 ④ 48 ② 49 ② 50 ③ 51 ④

52

다음 중 연삭작업에 관한 설명으로 옳은 것은?

① 일반적으로 연삭숫돌은 정면, 측면 모두를 사용할 수 있다.
② 평형 플랜지의 직경은 설치하는 숫돌 직경의 20[%] 이상의 것으로 숫돌바퀴에 균일하게 밀착시킨다.
③ 연삭숫돌을 사용하는 작업의 경우 작업 시작 전과 연삭숫돌을 교체 후에는 1분 이상 시험운전을 실시한다.
④ 탁상용 연삭기의 덮개에는 워크레스트 및 조정편을 구비하여야 하며, 워크레스트는 연삭숫돌과의 간격을 3[mm] 이하로 조정할 수 있는 구조이어야 한다.

연삭숫돌의 안전기준
① 탁상용 연삭기의 덮개에는 워크레스트 및 조정편을 구비해야 하며 워크레스트는 연삭숫돌과의 간격을 3mm 이하로 조정할 수 있는 구조이어야 한다.
② 작업 시작하기 전 1분 이상, 연삭숫돌을 교체한 후 3분 이상 시운전
③ 플랜지의 직경은 숫돌직경의 1/3 이상인 것을 사용하며, 양쪽을 모두 같은 크기로 할 것
④ 측면을 사용하는 것을 목적으로 하는 연삭숫돌 이외의 연삭숫돌은 측면 사용금지

53 ★빈출

산업안전보건법령에 따른 안전난간의 구조를 올바르게 설명한 것은?

① 상부 난간대, 중간 난간대, 발끝막이판 및 난간기둥으로 구성하여야 한다.
② 발끝막이판은 바닥면 등으로부터 5[cm] 이하의 높이를 유지하여야 한다.
③ 난간대는 지름 1.5[cm] 이상의 금속제 파이프를 사용하여야 한다.
④ 상부 난간대, 난간기둥은 이와 비슷한 구조의 것으로 대체할 수 있다.

안전난간의 설치기준

구성	상부난간대·중간난간대·발끝막이판 및 난간기둥으로 구성 (중간난간대·발끝막이판 및 난간기둥은 이와 비슷한 구조 및 성능을 가진 것으로 대체가능)
상부난간대	바닥면·발판 또는 경사로의 표면으로부터 90센티미터 이상 지점에 설치
발끝막이판	바닥면 등으로부터 10센티미터 이상의 높이를 유지할 것
난간대	지름 2.7센티미터 이상의 금속제파이프나 그 이상의 강도가 있는 재료일 것
하중	구조적으로 가장 취약한 지점에서 가장 취약한 방향으로 작용하는 100킬로그램 이상의 하중에 견딜 수 있는 튼튼한 구조일 것

54

양수조작식 방호장치의 누름버튼에서 손을 떼는 순간부터 급정기지구가 작동하여 슬라이드가 정지할 때까지의 시간이 0.2초 걸린다면, 양수조작식 방호장치의 안전거리는 최소한 몇 [mm] 이상이어야 하는가?

① 160 ② 320
③ 480 ④ 560

양수조작식
D[mm] = 1600t [(t : 급정지소요시간(초)]
D[mm] = 1600 × 0.2(초) = 320[mm]

55

다음 중 세이퍼에 의한 연강 평면절삭 작업 시 안전대책으로 적절하지 않은 것은?

① 공작물은 견고하게 고정하여야 한다.
② 바이트는 가급적 짧게 물리도록 한다.
③ 가공 중 가공면의 상태는 손으로 점검한다.
④ 작업 중에는 바이트의 운동방향에 서지 않도록 한다.

세이퍼 작업 시 안전대책
① 바이트는 잘 갈아서 사용해야 하며, 가급적 짧게 물리는 것이 좋다.
② 가공 중 다듬질 면을 손으로 만지는 것은 위험하다.
③ 작업 중에는 바이트의 운동 방향에 서지 않도록 한다(측면작업).
④ 보호 안경을 착용하여야 한다. 등

정답 52 ④ 53 ① 54 ② 55 ③

56

다음 중 선반작업의 안전수칙을 설명한 것으로 옳지 않은 것은?

① 운전 중에는 백기어(back gear)를 사용하지 않는다.
② 센터 작업 시 심압 센터에 자주 절삭유를 준다.
③ 일감의 치수 측정, 주유 및 청소 시에는 기계를 정지시켜야 한다.
④ 가공 중 발생하는 절삭칩에 의한 상해를 방지하기 위하여 면장갑을 착용한다.

> 선반 작업 시 유의사항
> ① 바이트는 짧게 장치하고 일감의 길이가 직경의 12배 이상일 때 방진구 사용
> ② 절삭 중 일감에 손을 대서는 안되며 면장갑 착용금지
> ③ 바이트에는 칩 브레이커를 설치하고 보안경 착용 등

57

산업안전보건법령에 따라 목재가공용 기계에 설치하여야 하는 방호장치의 내용으로 틀린 것은?

① 목재가공용 둥근톱기계에는 분할날 등 반발예방장치를 설치하여야 한다.
② 목재가공용 둥근톱기계에는 톱날접촉예방장치를 설치하여야 한다.
③ 모떼기기계에는 가공 중 목재의 회전을 방지하는 회전방지장치를 설치하여야 한다.
④ 작업대상물이 수동으로 공급되는 동력식 수동대패기계에 날접촉예방장치를 설치하여야 한다.

> 모떼기기계(자동이송장치를 부착한 것은 제외)에는 날접촉예방장치를 설치하여야 한다. 다만, 작업의 성질상 날접촉예방장치를 설치하는 것이 곤란하여 해당 근로자에게 적절한 작업공구 등을 사용하도록 한 경우에는 그러하지 아니하다.

58

기계의 안전을 확보하기 위해서는 안전율을 고려하여야 하는데 다음 중 이에 관한 설명으로 틀린 것은?

① 기초강도와 허용응력과의 비를 안전율이라 한다.
② 안전율 계산에 사용되는 여유율은 연성재료에 비하여 취성재료를 크게 잡는다.
③ 안전율은 크면 클수록 안전하므로 안전율이 높은 기계는 우수한 기계라 할 수 있다.
④ 재료의 균질성, 응력계산의 정확성, 응력의 분포 등 각종 인자를 고려한 경험적 안전율도 사용된다.

> 안전율은 크면 클수록 안전하다. 하지만, 안전율을 높이려면 그만큼 설비투자에 더 많은 비용이 필요할 것이며 여러 가지 비효율적인 면이 많으므로 기계설비에 알맞은 안전율을 선택해야한다.

59

그림과 같이 2개의 슬링 와이어로프로 무게 1,000[N]의 화물을 인양하고 있다. 로프 T_{AB}에 발생하는 장력의 크기는 얼마인가?

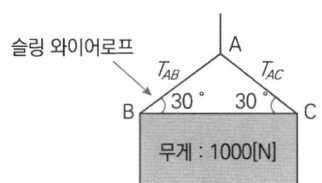

① 500[N] ② 707[N]
③ 1000[N] ④ 1414[N]

> 슬링와이어 로프의 한가닥에 걸리는 하중
> $$하중 = \frac{화물의 무게(W_1)}{2} \div \cos\frac{\theta}{2}$$
> $$= \frac{1000}{2} \div \cos\frac{120}{2} = 1000(N)$$

60

다음 중 위험한 작업점에 대한 격리형 방호장치와 가장 거리가 먼 것은?

① 안전방책 ② 덮개형 방호장치
③ 포집형 방호장치 ④ 완전차단형 방호장치

> 격리형 방호장치
> ① 작업점과 작업자 사이에 장애물을 설치하여 접근을 방지
> ② 완전 차단형, 덮개형, 안전울타리(방책) 등

tip
포집형 방호장치
연삭숫돌의 파괴 또는 가공재의 칩이 비산할 경우 이를 방지하고 안전하게 칩을 포집하는 방법

정답 56 ④ 57 ③ 58 ③ 59 ③ 60 ③

4과목 전기 및 화학설비 안전 관리

61
다음 중 전자, 통신기기 등의 전자파장해(EMI)를 방지하기 위한 조치로 가장 거리가 먼 것은?

① 절연을 보강한다.　② 접지를 실시한다.
③ 필터를 설치한다.　④ 차폐재를 설치한다.

> **전자파 장해 방지방법**
> ① 필터의 구성　② 차폐에 의한 대책
> ③ 흡수에 의한 대책　④ 접지에 의한 대책
> ⑤ 배선에 의한 대책

62 ★빈출
정전기 발생량과 관련된 내용으로 옳지 않은 것은?

① 분리속도가 빠를수록 정전기량이 많아진다.
② 두 물질간의 대전서열이 가까울수록 정전기의 발생량이 많다.
③ 접촉면적이 넓을수록, 접촉압력이 증가할수록 정전기 발생량이 많아진다.
④ 물질의 표면이 수분이나 기름 등에 오염되어 있으면 정전기 발생량이 많아진다.

> **대전서열**
> ① 물체를 마찰시킬 때 전자를 잃기 쉬운 순서대로 나열한 것
> ② 대전서열에서 멀리 있는 두 물체를 마찰할수록 대전이 잘된다.

63
전기설비의 화재에 사용되는 소화기의 소화제로 가장 적절한 것은?

① 물거품　② 탄산가스
③ 염화칼슘　④ 산 및 알칼리

> 전기설비 화재의 소화에는 일반적으로 분말, 탄산가스, 할로겐화물 소화기가 사용된다.

64
이동전선에 접속하여 임시로 사용하는 전등이나 가설의 배선 또는 이동전선에 접속하는 가공매달기식 전등 등을 접촉함으로 인한 감전 및 전구의 파손에 의한 위험을 방지하기 위하여 부착하여야 하는 것은?

① 퓨즈　② 누전차단기
③ 보호망　④ 회로차단기

> **임시로 사용하는 전등의 위험방지**
> 이동전선에 접속하여 임시로 사용하는 전등이나 가설의 배선 또는 이동전선에 접속하는 가공매달기식 전등 등을 접촉함으로 인한 감전 및 전구의 파손에 의한 위험을 방지하기 위하여 보호망을 부착하여야 한다.

tip
보호망 설치 시 준수사항
① 전구의 노출된 금속 부분에 근로자가 쉽게 접촉되지 아니하는 구조로 할 것
② 재료는 쉽게 파손되거나 변형되지 아니하는 것으로 할 것

65
정상운전 중의 전기설비가 점화원으로 작용하지 않는 것은?

① 변압기 권선
② 보호계전기 접점
③ 직류 전동기의 정류자
④ 권선형 전동기의 슬립링

> **전기설비의 점화원**
>
> | 구분 | 현재적 점화원 | 잠재적 점화원 |
> |---|---|---|
> | 개념 | 정상적인 운전상태에서 점화원이 될 수 있는 것 | 정상적인 상태에서는 안전하지만 이상 상태에서 점화원이 될 수 있는 것 |
> | 종류 | ① 직류전동기의 정류자
② 개폐기, 차단기의 접점
③ 유도전동기의 슬립링
④ 이동형 전열기 등 | ① 전기적 광원
② 케이블, 배선
③ 전동기의 권선
④ 마그네트 코일 등 |

정답 61 ① 62 ② 63 ② 64 ③ 65 ①

66

전기사용장소의 사용전압이 600[V]인 저압전로의 전선 상호간 및 전로와 대지 사이의 절연저항은 얼마 이상이어야 하는가?

① 0.1[MΩ]
② 0.3[MΩ]
③ 0.5[MΩ]
④ 1.0[MΩ]

저압전로의 절연성능		
전로의 사용전압(V)	DC 시험전압 (V)	절연저항(MΩ 이상)
SELV 및 PELV	250	0.5
FELV, 500V 이하	500	1.0
500V 초과	1,000	1.0

[주] 특별저압(Extra Low Voltage : 2차 전압이 AC 50V, DC 120V 이하)으로 SELV(비접지회로구성) 및 PELV(접지회로 구성)은 1차와 2차가 전기적으로 절연된 회로, FELV는 1차와 2차가 전기적으로 절연되지 않은 회로

67

누전 경보기의 수신기는 옥내의 점검에 편리한 장소에 설치하여야 한다. 이 수신기의 설치장소로 옳지 않는 것은?

① 습도가 낮은 장소
② 온도의 변화가 거의 없는 장소
③ 화약류를 제조하거나 저장 또는 취급하는 장소
④ 부식성 증기와 가스는 발생되나 방식이 되어있는 곳

누전경보기의 수신부

누전경보기의 수신부는 다음의 장소외의 장소에 설치하여야 한다.
(다만, 해당 누전경보기에 대하여 방폭·방식·방습·방온·방진 및 정전기 차폐 등의 방호조치를 한 것은 그러하지 아니하다.)
① 가연성의 증기·먼지·가스 등이나 부식성의 증기·가스 등이 다량으로 체류하는 장소
② 화약류를 제조하거나 저장 또는 취급하는 장소
③ 습도가 높은 장소
④ 온도의 변화가 급격한 장소
⑤ 대전류회로·고주파 발생회로 등에 따른 영향을 받을 우려가 있는 장소

68

다음 중 교류 아크 용접작업 시 작업자에게 발생할 수 있는 재해의 종류와 가장 거리가 먼 것은?

① 낙하·충돌 재해
② 피부 노출 시 화상 재해
③ 폭발, 화재에 의한 재해
④ 안구(눈)의 조작손상 재해

교류 아크 용접 시 재해유형

① 감전 재해
② 눈의 손상
③ 피부의 손상
④ 흄, 가스에 의한 재해
⑤ 화재, 폭발

69

변압기의 내부고장을 예방하려면 어떤 보호계전방식을 선택하는가?

① 차동계전 방식
② 과전류계전 방식
③ 과전압계전 방식
④ 부흐홀쯔계전 방식

계전 방식

① 차동계전기(DFR) : 피보호 설비에 유입하는 입력의 크기와 유출되는 출력의 크기와의 차이가 일정한 값 이상이 되면 동작(변압기의 내부고장 보호용)
② 부흐홀쯔계전기 : 변압기의 내부 고장 시 발생하는 가스의 부력과 절연유의 유속을 이용하여 변압기 내부고장을 검출하는 계전기

70

방전에너지가 크지 않은 코로나 방전이 발생할 경우 공기 중에 발생할 수 있는 것은?

① O_2
② O_3
③ N_2
④ N_3

코로나(corona) 방전

일반적으로 대기 중에서 발생하는 방전으로 방전 물체에 날카로운 돌기 부분이 있는 경우 이 선단 부근에서 "쉿"하는 소리와 함께 미약한 발광이 일어나는 방전현상으로 공기 중에서 오존(O_3)을 생성한다.

71

다음 각 물질의 저장방법에 관한 설명으로 옳은 것은?

① 황린은 저장용기 중에 물을 넣어 보관한다.
② 과산화수소는 장기 보존 시 유리용기에 저장한다.
③ 피크린산은 철 또는 구리로 된 용기에 저장한다.
④ 마그네슘은 다습하고, 통풍이 잘 되는 장소에 보관한다.

> 발화성 물질인 황린(P_4)은 물에 녹지 않으므로 pH9 정도의 물속에 저장

72 ★빈출

헥산 5[vol%], 메탄 4[vol%], 에틸렌 1[vol%]로 구성된 혼합가스의 연소하한값[vol%]은 약 얼마인가? (단, 각 가스의 공기 중 연소하한값으로 헥산은 1.1[vol%], 메탄은 5.0[vol%], 에틸렌은 2.7[vol%]이다.)

① 0.58 ② 1.75
③ 2.72 ④ 3.72

> **르샤틀리에의 법칙**
> ① 공식 : $\dfrac{10}{L} = \dfrac{V_1}{L_1} + \dfrac{V_2}{L_2} + \dfrac{V_3}{L_3}$
> ② 계산식 : $\dfrac{10}{L} = \dfrac{5}{1.1} + \dfrac{4}{5.0} + \dfrac{1}{2.7} = 5.72$
> ③ 그러므로, $L = \dfrac{10}{5.72} = 1.75$

73

다음 중 소화방법의 분류에 해당하지 않는 것은?

① 포소화 ② 질식소화
③ 희석소화 ④ 냉각소화

소화방법	
제거소화	연소의 3요소인 가연물을 제거함으로써 소화하는 방법으로 가연물의 공급차단 등의 방법
질식소화	공기 중의 산소농도(21%)를 15% 이하로 낮추어 산소공급을 차단함으로 연소를 중단시키는 방법
억제소화	연소의 연속적인 관계를 억제하는 부촉매 효과와 상승효과인 질식 및 냉각 효과
냉각소화	액체 또는 고체화재에 물 등을 사용하여 가연물을 냉각시켜 인화점 및 발화점 이하로 낮추어 소화시키는 방법
희석소화	알코올, 에테르, 에스테르, 케톤류 등 수용성 물질에 다량의 물을 방사하여 가연물의 농도를 낮추어 소화하는 방법

74

다음 중 공정안전보고서에 관한 설명으로 틀린 것은?

① 사업주가 공정안전보고서를 작성한 후에는 별도의 심의 과정이 없다.
② 공정안전보고서를 제출한 사업주는 정하는 바에 따라 고용노동부장관의 확인을 받아야 한다.
③ 고용노동부장관은 공정안전보고서의 이행 상태를 평가하고 그 결과에 따라 공정안전보고서를 다시 제출하도록 명할 수 있다.
④ 고용노동부장관은 공정안전보고서를 심사한 후 필요하다고 인정하는 경우에는 그 공정안전보고서의 변경을 명할 수 있다.

> 공정안전보고서의 심사결과를 통보 받은 사업주는 공정안전보고서 내용의 실제 이행 여부에 대한 고용노동부장관의 확인을 받아야 하며, 고용노동부장관은 공정안전보고서의 이행상태를 정기적으로 평가하여 불량한 사업장에 대해 다시 제출하도록 명할 수 있다.

75

공정별로 폭발물을 분류할 때 물리적 폭발이 아닌 것은?

① 분해 폭발 ② 탱크의 강압 폭발
③ 수증기 폭발 ④ 고압용기의 폭발

> 분해 폭발은 화학반응이 관여하는 화학적 특성 변화에 의한 화학적 폭발에 해당된다.

정답 71 ① 72 ② 73 ① 74 ① 75 ①

76

취급물질에 따라 여러 가지 증류 방법이 있는데, 다음 중 특수 증류방법이 아닌 것은?

① 감압 증류
② 추출 증류
③ 공비 증류
④ 기·액 증류

특수한 증류방법	
감압 증류 (진공증류)	상압 하에서 끓는점까지 가열할 경우 분해할 우려가 있는 물질의 증류를 감압하여 물질의 끓는점을 내려서 증류하는 방법
추출 증류	① 분리하여야 하는 물질의 끓는점이 비슷한 경우 ② 용매를 사용하여 혼합물로부터 어떤 성분을 뽑아냄으로써 특정 성분을 분리
공비 증류	① 일반적인 증류로 순수한 성분을 분리시킬 수 없는 혼합물의 경우 ② 제3의 성분을 첨가하여 별개의 공비 혼합물을 만들어 끓는점이 원용액의 끓는점보다 충분히 낮아지도록 하여 증류함으로써 증류잔류물이 순수한 성분이 되게 하는 증류 방법
수증기 증류	물에 용해되지 않는 휘발성 액체에 수증기를 직접 불어넣어 가열하면 액체는 원래의 끓는점보다 낮은 온도에서 유출

77 빈출

후드의 설치 요령으로 옳지 않은 것은?

① 충분한 포집속도를 유지한다.
② 후드의 개구면적을 작게 한다.
③ 후드는 되도록 발생원에 접근시킨다.
④ 후드로부터 연결된 덕트는 곡선화시킨다.

덕트의 설치기준
① 가능한 한 길이는 짧게 하고 굴곡부의 수는 적게 할 것 ② 접속부의 내면은 돌출된 부분이 없도록 할 것 ③ 청소구를 설치하는 등 청소하기 쉬운 구조로 할 것 ④ 덕트 내 오염물질이 쌓이지 아니하도록 이송속도를 유지할 것 ⑤ 연결부위 등은 외부공기가 들어오지 않도록 할 것

78

다음 중 만성중독과 가장 관계가 깊은 유독성 지표는?

① LD_{50}(Median Lethal dose)
② MLD(Minimum lethal dose)
③ TLV(Threshold limit value)
④ LC_{50}(Median lethal concentration)

TLV(허용농도)
유해요인에 노출되는 경우, 노출기준 이하 수준에서는 거의 모든 근로자에게 건강상 나쁜 영향을 미치지 아니하는 기준을 말하며, 시간가중평균 노출기준(TWA), 단시간노출기준(STEL), 최고노출기준(Ceiling,C)으로 표시한다.

79

산화성 액체의 성질에 관한 설명으로 옳지 않은 것은?

① 피부 및 의복을 부식하는 성질이 있다.
② 가연성 물질이 많으므로 화기에 극도로 주의한다.
③ 위험물 유출 시 건조사를 뿌리거나 중화제로 중화한다.
④ 물과 반응하면 발열반응을 일으키므로 물과의 접촉을 피한다.

산화성 액체(6류 위험물)
① 부식성 및 유독성이 강한 강산화제로서 산소를 많이 함유하고 있어 조연성 물질 ② 가연물과의 접촉이나 분해를 촉진하는 물품과의 접근 금지

80

다음 중 화학반응에 의해 발생하는 열이 아닌 것은?

① 연소열
② 압축열
③ 반응열
④ 분해열

공기에 압력을 가하거나 공기 또는 공기·연료의 혼합 가스를 압축했을 때 부피가 감소하면서 증가하는 열(온도)을 말한다.

정답: 76 ④ 77 ④ 78 ③ 79 ② 80 ②

5과목 건설공사 안전 관리

81
암질 변화 구간 및 이상 암질 출현 시 판별 방법과 가장 거리가 먼 것은?

① R.Q.D ② R.M.R
③ 지표침하량 ④ 탄성파 속도

> **암질판별기준**
> ① R.Q.D(%) ② 탄성파 속도(m/sec) ③ R.M.R
> ④ 일축압축강도(kg/cm²) ⑤ 진동치속도(cm/sec = Kine)

82
토공사용 건설장비 중 굴착기계가 아닌 것은?

① 파워 셔블 ② 드래그 셔블
③ 로더 ④ 드래그 라인

> 로더[loader]는 굴삭된 토사, 암반 등을 운반기계에 싣고자 할 때 사용하는 기계이다.

83
철근의 가스절단 작업 시 안전 상 유의해야 할 사항으로 틀린 것은?

① 작업장에는 소화기를 비치하도록 한다.
② 호스, 전선 등은 다른 작업장을 거치는 곡선상의 배선이어야 한다.
③ 전선의 경우 피복이 손상되어 있는지를 확인하여야 한다.
④ 호스는 작업 중에 겹치거나 밟히지 않도록 한다.

> **가스 절단 시 유의사항**
> ① 가스절단 및 용접자는 해당자격 소지자라야 하며, 작업 중에는 보호구를 착용하여야 한다.
> ② 가스절단 작업 시 호스는 겹치거나 구부러지거나 또는 밟히지 않도록 하고 전선의 경우에는 피복이 손상되어 있는 지를 확인하여야 한다.
> ③ 호스, 전선 등은 다른 작업장을 거치지 않는 직선상의 배선이어야 하며, 길이가 짧아야 한다.
> ④ 작업장에서 가연성 물질에 인접하여 용접작업할 때에는 소화기를 비치하여야 한다.

84
거푸집 및 동바리 설계 시 적용하는 연직방향하중에 해당되지 않는 것은?

① 철근콘크리트의 자중 ② 작업하중
③ 충격하중 ④ 콘크리트의 측압

> **거푸집 동바리의 연직방향 하중**
> ① 고정하중 : 철근콘크리트의 중량
> ② 충격하중 : 타설이나 중기작업의 경우
> ③ 작업하중 : 근로자와 소도구의 하중

85
추락 시 로프의 지지점에서 최하단까지의 거리(h)를 구하는 식으로 옳은 것은?

① h = 로프의 길이 + 신장
② h = 로프의 길이 + 신장/2
③ h = 로프의 길이 + 로프의 늘어난 길이 + 신장
④ h = 로프의 길이 + 로프의 늘어난 길이 + 신장/2

> **최하 사점**
> ① 추락방지용 보호구인 안전대는 적정길이의 로프를 사용하여야 추락 시 근로자의 안전을 확보할 수 있다는 이론
> ② $H > h =$ 로프길이(l) + 로프의 신장(율)길이$(l \times a)$ + 작업자의 키 $\times \dfrac{1}{2}$

86
철골공사 시 안전을 위한 사전 검토 또는 계획수립을 할 때 가장 거리가 먼 내용은?

① 추락방지망의 설치
② 사용기계의 용량 및 사용대수
③ 기상조건의 검토
④ 지하매설물 조사

> 지하매설물 조사는 굴착공사 등에서 검토해야 할 사항으로 지상 또는 고소작업으로 이루어지는 철골작업과는 거리가 멀다.

정답 81 ③ 82 ③ 83 ② 84 ④ 85 ④ 86 ④

87

차량계 건설기계를 사용하여 작업하고자 할 때 작업계획서에 포함되어야 할 사항으로 틀린 것은?

① 차량계 건설기계의 제동장치 이상 유무
② 차량계 건설기계의 운행경로
③ 차량계 건설기계의 종류 및 성능
④ 차량계 건설기계에 의한 작업방법

차량계 건설기계의 작업계획서 내용
① 사용하는 차량계 건설기계의 종류 및 성능
② 차량계 건설기계의 운행경로
③ 차량계 건설기계에 의한 작업방법

88

안전난간은 구조적으로 가장 취약한 지점에서 가장 취약한 방향으로 작용하는 최소 얼마 이상의 하중에 견딜 수 있어야 하는가?

① 50[kg]   ② 100[kg]
③ 150[kg] ④ 200[kg]

안전난간의 설치기준

구분	내용
상부난간대	바닥면·발판 또는 경사로의 표면으로부터 90센티미터 이상 지점에 설치
발끝막이판	바닥면 등으로부터 10센티미터 이상의 높이를 유지할 것
난간대	지름 2.7센티미터 이상의 금속제파이프나 그 이상의 강도가 있는 재료일 것
하중	구조적으로 가장 취약한 지점에서 가장 취약한 방향으로 작용하는 100킬로그램 이상의 하중에 견딜 수 있는 튼튼한 구조일 것

89

추락방지용 방망의 지지점은 최소 몇 [kgf] 이상의 외력에 견딜 수 있어야 하는가?

① 300[kgf]   ② 500[kgf]
③ 600[kgf]   ④ 1000[kgf]

추락방지용 방망의 지지점 강도
① 600[kgf]의 외력에 견딜 수 있는 강도 보유
② 연속적인 구조물이 방망 지지점인 경우
$F = 200B$
여기서, F : 외력(킬로그램), B : 지지점 간격(미터)

90

프리캐스트 부재의 현장야적에 대한 설명으로 틀린 것은?

① 오물로 인한 부재의 변질을 방지한다.
② 벽 부재는 변형을 방지하기 위해 수평으로 포개 쌓아 놓는다.
③ 부재의 제조번호, 기호 등을 식별하기 쉽게 야적한다.
④ 받침대를 설치하여 휨, 균열 등이 생기지 않게 한다.

프리캐스트 부재의 현장야적
벽 부재는 수직 받침대를 세워 수직으로 야적한다. 벽 부재를 수직 받침대 옆에 야적할 때에는 밑바닥에 수평으로 방호물을 설치하고 수직 받침대에 살짝 기대게 하여 안정된 상태로 야적한다. 부재와 부재 사이에는 보호 블록을 끼워 넣고 수직 받침대 양옆으로 대칭이 되게 야적하여 하중의 균형을 잡고 한쪽으로 기울어지지 않게 한다.

91

철근콘크리트 슬래브에 발생하는 응력에 대한 설명으로 틀린 것은?

① 전단력은 일반적으로 단부보다 중앙부에서 크게 작용한다.
② 중앙부 하부에는 인장응력이 발생한다.
③ 단부 하부에는 압축응력이 발생한다.
④ 휨응력은 일반적으로 슬래브의 중앙부에서 크게 작용한다.

전단력은 단면에 평행하게 접하여 일어나며, 일반적으로 중앙부보다 단부에서 크게 작용한다.

92

흙의 동상현상을 지배하는 인자가 아닌 것은?

① 흙의 마찰력   ② 동결지속시간
③ 모관 상승고의 크기   ④ 흙의 투수성

동상현상(frost heave) 주된 원인
① 모관 상승고가 크다.
② 투수성이 크다.
③ 지하수위가 높아 동결선 위쪽에 있다.
④ 영하의 온도 지속기간이 길 때(동결지수가 크다)

tip
동상현상이란 흙 속의 공극수가 동결되어 부피가 약 9% 팽창되기 때문에 지표면이 부풀어 오르는 현상을 말한다.

정답   87 ①   88 ②   89 ③   90 ②   91 ①   92 ①

93

단면적이 800[mm²]인 와이어로프에 의지하여 체중 800[N]인 작업자가 공중 작업을 하고 있다면 이 때 로프에 걸리는 인장응력은 얼마인가?

① 1[MPa] ② 2[MPa]
③ 3[MPa] ④ 4[MPa]

인장 응력$(\sigma) = \dfrac{P(외력)}{A(단면적)}$
$= \dfrac{800}{800} = 1[\text{N/mm}^2] = 1,000,000[\text{Pa}] = 1[\text{MPa}]$

94

콘크리트의 유동성과 묽기를 시험하는 방법은?

① 다짐시험 ② 슬럼프시험
③ 압축강도시험 ④ 평판시험

슬럼프 테스트
① 콘크리트의 시공 연도(반죽질기)를 측정하는 방법
② 슬럼프는 운반, 치기, 다짐 등의 작업에 알맞은 범위 내에서 가능한 작은 값으로 정한다.

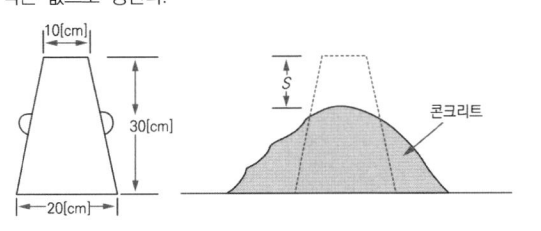

95

흙의 입도 분포와 관련한 삼각좌표에 나타나는 흙의 분류에 해당되지 않는 것은?

① 모래 ② 점토
③ 자갈 ④ 실트

삼각좌표 분류법
자갈을 제외한 점토분, 실트분, 모래분의 3성분으로 나누고 각 성분의 함유율로부터 흙을 분류하는 방법이다.

96

경화된 콘크리트의 각종 강도를 비교한 것 중 옳은 것은?

① 전단강도 > 인장강도 > 압축강도
② 압축강도 > 인장강도 > 전단강도
③ 인장강도 > 압축강도 > 전단강도
④ 압축강도 > 전단강도 > 인장강도

콘크리트는 큰 압축강도를 가지고 있지만, 인장강도는 매우 작아 구조재로 사용하기 위해서는 인장측에 대한 보강이 반드시 필요하다.

tip
인장강도는 압축강도의 약 1/8~1/13 정도이고, 전단강도는 압축강도의 1/4~1/6 정도이다.

97

흙막이 가시설의 버팀대(Strut)의 변형을 측정하는 계측기에 해당하는 것은?

① Water level meter ② Strain gauge
③ Piezometer ④ Load cell

계측장치의 설치	
변형계 (strain gauge)	흙막이 버팀대의 변형 정도를 파악하는 기기
하중계 (load cell)	흙막이 버팀대에 작용하는 토압, 어스 앵커의 인장력 등을 측정하는 기기
토압계 (earth pressure meter)	흙막이에 작용하는 토압의 변화를 파악하는 기기
간극 수압계 (piezo meter)	굴착으로 인한 지하의 간극수압을 측정하는 기기
지하수위계 (water level meter)	지하수의 수위변화를 측정하는 기기

정답 93 ① 94 ② 95 ③ 96 ④ 97 ②

98 ⭐

철근을 인력으로 운반할 때의 주의사항으로 틀린 것은?

① 긴 철근은 2인 1조가 되어 어깨메기로 하여 운반한다.
② 긴 철근을 부득이 1인이 운반할 때는 철근의 한쪽을 어깨에 메고 다른 한쪽 끝을 땅에 끌면서 운반한다.
③ 1인이 1회에 운반할 수 있는 적당한 무게한도는 운반자의 몸무게 정도이다.
④ 운반 시에는 항상 양 끝을 묶어 운반한다.

> **철근의 인력운반**
> ① 1인당 무게는 25킬로그램 정도가 적절하며 무리한 운반은 삼가
> ② 2인 이상이 1조가 되어 어깨메기로 하여 운반하는 등의 안전 도모
> ③ 긴 철근을 부득이 한 사람이 운반할 때에는 한쪽을 어깨에 메고 한쪽 끝을 끌면서 운반
> ④ 운반할 때에는 양끝을 묶어 운반
> ⑤ 내려놓을 때는 천천히 내려놓고 던지지 않을 것
> ⑥ 공동 작업을 할 때에는 신호에 따라 작업

99

건축물의 층고가 높아지면서, 현장에서 고소작업대의 사용이 증가하고 있다. 고소작업대의 사용 및 설치기준으로 옳은 것은?

① 작업대를 와이어로프 또는 체인으로 올리거나 내릴 경우에는 와이어로프 또는 체인의 안전율은 10 이상일 것
② 작업대를 올린 상태에서 항상 작업자를 태우고 이동할 것
③ 바닥과 고소작업대는 가능하면 수직을 유지하도록 할 것
④ 갑작스러운 이동을 방지하기 위하여 아웃트리거(outrigger) 또는 브레이크 등을 확실히 사용할 것

> **고소 작업대 설치 및 이동 시 준수사항**
> ① 작업대를 와이어로프 또는 체인으로 올리거나 내릴 경우에는 와이어로프 또는 체인이 끊어져 작업대가 떨어지지 아니하는 구조여야 하며, 와이어로프 또는 체인의 안전율은 5 이상일 것
> ② 작업자를 태우고 이동하지 말 것(다만, 이동중 전도 등의 위험 예방을 위하여 유도하는 사람을 배치하고 짧은 구간을 이동하는 경우에는 작업대를 가장 낮게 내린 상태에서 작업자를 태우고 이동할 수 있다.)
> ③ 붐의 최대 지면경사각을 초과 운전하여 전도되지 않도록 할 것 등

tip
2023년 법령개정. 문제와 해설은 개정된 내용 적용

100 ⭐

옹벽 안정조건의 검토사항이 아닌 것은?

① 활동(sliding)에 대한 안전검토
② 전도(overturing)에 대한 안전검토
③ 보일링(boiling)에 대한 안전검토
④ 지반 지지력(settlement)에 대한 안전검토

> **옹벽의 안정**
> ① 전도(over turning)에 대한 안정
> : Fs(저항모멘트/전도모멘트) ≥ 2.0
> ② 활동(sliding)에 대한 안정
> : Fs(수평저항력/토압의 수평력) ≥ 1.5
> ③ 지반지지력[침하(settlement)]에 대한 안정
> : Fs(허용지지력/최대지반반력) ≥ 1.0

정답 98 ③ 99 ④ 100 ③

산 업 안 전 산 업 기 사   필 기   8 개 년   기 출 문 제 집

PART 03

최신 CBT 기출복원문제
(2025년 1회 · 2회 · 3회)

2025년 CBT 기출복원문제

2025년 2월 7일~3월 4일 CBT 기출복원문제

자격종목	시험시간	문항수	점수
산업안전산업기사	2시간 30분	100문항	

답안표기란

01 ① ② ③ ④
02 ① ② ③ ④
03 ① ② ③ ④
04 ① ② ③ ④
05 ① ② ③ ④

▌제1과목 산업재해 예방 및 안전보건교육

01 인간의 착각현상 중 버스나 전동차의 움직임으로 인하여 자신이 승차하고 있는 정지된 차량이 움직이는 것 같은 느낌을 받는 현상은?

① 자동운동
② 유도운동
③ 가현운동
④ 플리커현상

02 안전·보건표지의 기본모형 중 다음 그림의 기본모형의 표시사항으로 옳은 것은?

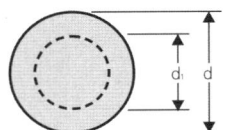

① 지시
② 안내
③ 경고
④ 금지

03 지도자가 추구하는 계획과 목표를 부하직원이 자신의 것으로 받아들여 자발적으로 참여하게 하는 리더십의 세력은?

① 보상 세력
② 강압 세력
③ 준거 세력
④ 합법 세력

04 하인리히의 사고방지 5단계 중 제1단계 안전조직의 내용이 아닌 것은?

① 경영자의 안전목표 설정
② 안전관리자의 선임
③ 안전활동의 방침 및 계획수립
④ 안전회의 및 토의

05 보호구 자율안전확인 고시상 사용구분에 따른 보안경의 종류가 아닌 것은?

① 차광보안경
② 유리보안경
③ 프라스틱보안경
④ 도수렌즈보안경

06 산업안전보건법령상 안전관리자가 수행하여야 할 업무가 아닌 것은?(단, 그 밖에 안전에 관한 사항으로서 고용노동부장관이 정하는 사항은 제외한다.)

① 위험성 평가에 관한 보좌 및 지도·조언
② 물질안전보건자료의 게시 또는 비치에 관한 보좌 및 지도·조언
③ 사업장 순회점검·지도 및 조치의 건의
④ 산업재해에 관한 통계의 유지·관리·분석을 위한 보좌 및 지도·조언

07 안전모의 시험성능기준에 관한 사항 중 틀린 것은?

① 최고전달충격력이 4,450N을 초과해서는 안되며, 모체와 착장체의 기능이 상실되지 않아야 한다.
② 난연성 시험에서는 모체가 불꽃을 내며 5초 이상 연소되지 않아야 한다.
③ 턱끈풀림시험에서는 150N 이상 250N 이하에서 턱끈이 풀리지 않아야 한다.
④ 내수성 시험에서 AE, ABE종 안전모는 질량증가율이 1% 미만이어야 한다

08 지난 한 해 동안 산업재해로 인하여 직접손실비용이 3조 1,600억 원이 발생한 경우의 총재해코스트는?(단, 하인리히의 재해 손실비 평가방식을 적용한다.)

① 6조 3,200억 원
② 9조 4,800억 원
③ 12조 6,400억 원
④ 15조 8,000억 원

09 산업안전보건법령상 특별안전·보건교육 대상 작업별 교육내용 중 밀폐공간에서의 작업별 교육내용이 아닌 것은?(단, 그 밖에 안전·보건관리에 필요한 사항은 제외한다.)

① 산소농도 측정 및 작업환경에 관한 사항
② 유해물질이 인체에 미치는 영향
③ 보호구 착용 및 보호장비 사용에 관한 사항
④ 사고 시의 응급처치 및 비상시 구출에 관한 사항

10 인간관계의 메커니즘 중 다른 사람으로부터의 판단이나 행동을 무비판적으로 논리적, 사실적 근거 없이 받아들이는 것은?

① 모방(imitation)
② 투사(projection)
③ 동일화(identification)
④ 암시(suggestion)

11 모랄 서베이(Morale Survey)의 효용이 아닌 것은?

① 조직 또는 구성원의 성과를 비교·분석한다.
② 종업원의 정화(Catharsis)작용을 촉진시킨다.
③ 경영관리를 개선하는 데에 대한 자료를 얻는다.
④ 근로자의 심리 또는 욕구를 파악하여 불만을 해소하고, 노동의욕을 높인다.

12 산업안전보건법상 안전·보건표지에서 기본모형의 색상이 빨간색이 아닌 것은?

① 산화성물질 경고
② 화기금지
③ 탑승금지
④ 고온 경고

13 산업안전보건법령상 안전보건교육 교육대상별 교육내용 중 관리감독자 정기교육의 내용으로 틀린 것은?

① 직무스트레스 예방 및 관리에 관한 사항
② 유해·위험 작업환경 관리에 관한 사항
③ 정리정돈 및 청소에 관한 사항
④ 작업공정의 유해·위험과 재해 예방 대책에 관한 사항

14 OJT(On the Job Training)의 특징이 아닌 것은?

① 훈련에 필요한 업무의 계속성이 끊어지지 않는다.
② 교육효과가 업무에 신속히 반영된다.
③ 다수의 근로자들을 대상으로 동시에 조직적 훈련이 가능하다.
④ 개개인에게 적절한 지도훈련이 가능하다.

15 하인리히의 재해구성비율에 따라 경상사고가 87건 발생하였다면 무상해사고는 몇 건이 발생하였겠는가?

① 300건
② 600건
③ 900건
④ 1,200건

16 재해 원인을 통상적으로 직접원인과 간접원인으로 나눌 때 직접원인에 해당되는 것은?

① 기술적 원인
② 물적 원인
③ 교육적 원인
④ 관리적 원인

17 산업안전보건법령상 안전보건표지의 종류 중 인화성물질에 관한 표지에 해당하는 것은?

① 금지표시
② 경고표시
③ 지시표시
④ 안내표시

18 안전관리조직의 형태 중 라인스탭형에 대한 설명으로 틀린 것은?

① 대규모 사업장(1,000명 이상)에 효율적이다.
② 안전과 생산업무가 분리될 우려가 없기 때문에 균형을 유지할 수 있다.
③ 모든 안전관리 업무를 생산라인을 통하여 직선적으로 이루어지도록 편성된 조직이다.
④ 안전업무를 전문적으로 담당하는 스탭 및 생산라인의 각 계층에도 겸임 또는 전임의 안전관리자를 둔다.

19 상황성 누발자의 재해유발원인과 거리가 먼 것은?

① 작업의 어려움
② 기계설비의 결함
③ 심신의 근심
④ 주의력의 산만

20 인간관계의 메커니즘 중 다른 사람의 행동 양식이나 태도를 투입시키거나, 다른 사람 가운데서 자기와 비슷한 것을 발견하는 것을 무엇이라고 하는가?

① 투사(Projection)
② 모방(Imitation)
③ 암시(Suggestion)
④ 동일화(Identification)

┃ 제2과목 : 인간공학 및 위험성 평가·관리

21 레빈(Lewin)의 법칙에서 환경조건(E)에 포함되는 것은?

$$B = f(P \cdot E)$$

① 지능
② 소질
③ 적성
④ 인간관계

22 정보처리기능 중 정보보관에 해당되는 것과 관계가 깊은 것은?

① 감지
② 정보처리
③ 출력
④ 기억

23 일반적으로 은행의 접수대 높이나 공원의 벤치를 설계할 때 가장 적합한 인체 측정 자료의 응용원칙은?

① 조절식 설계
② 평균치를 이용한 설계
③ 최대치수를 이용한 설계
④ 최소치수를 이용한 설계

24 FT 작성 시 논리게이트에 속하지 않는 것은 무엇인가?

① OR 게이트
② 억제 게이트
③ AND 게이트
④ 동등 게이트

25 시스템 안전 분석기법 중 인적오류와 그로 인한 위험성의 예측과 개선을 위한 기법은 무엇인가?

① FTA
② ETBA
③ THERP
④ MORT

26 인체에서 뼈의 주요 기능으로 볼 수 없는 것은?

① 대사작용
② 신체의 지지
③ 조혈작용
④ 장기의 보호

27 작업기억(Working memory)에서 일어나는 정보 코드화에 속하지 않는 것은?

① 의미 코드화
② 음성 코드화
③ 시각 코드화
④ 다차원 코드화

28 휴먼 에러의 배후 요소 중 작업방법, 작업순서, 작업정보, 작업환경과 가장 관련이 깊은 것은?

① Man
② Machine
③ Media
④ Management

29 위험성 평가의 실시시기에 관한 사항으로 틀린 것은?

① 사업이 성립된 날(사업 개시일, 실착공일)로부터 3개월이 되는 날까지 위험성평가의 대상이 되는 유해·위험요인에 대한 최초 위험성평가의 실시에 착수하여야 한다.
② 기계·기구 등의 신규 도입·변경이나, 중대산업사고 또는 산업재해 발생 등으로 인한 추가적인 유해·위험요인이 생기는 경우에는 해당 유해·위험요인에 대한 수시 위험성평가를 실시하여야 한다.
③ 매월·매주·매 작업일 마다 주기적으로 상시적인 위험성평가를 이행하고, 결과 공유·주지 등의 조치를 실시하는 경우 수시평가와 정기평가를 실시한 것으로 본다.
④ 최초 위험성평가의 결과에 대한 적정성을 1년마다 정기적으로 재검토(정기평가)한 후 필요시 위험성 감소대책을 수립하여 실행하여야 한다.

30 설비의 위험을 예방하기 위한 안전성 평가 단계 중 가장 마지막에 해당하는 것은?

① 재평가
② 정성적 평가
③ 안전대책
④ 정량적 평가

31 어떤 결함수의 쌍대결함수를 구하고, 쌍대결함수의 컷셋을 찾아내어 결함(사고)을 예방할 수 있는 최소의 조합을 의미하는 것은?

① 최대 컷셋
② 최소 컷셋
③ 최대 패스셋
④ 최소 패스셋

32 자동차나 항공기의 앞유리 혹은 차양판 등에 정보를 중첩 투사하는 표시장치는?

① CRT
② LCD
③ HUD
④ LED

33 FT 도에 사용되는 기호 중 입력신호가 생긴 후, 일정시간이 지속된 후에 출력이 생기는 것을 나타내는 것은?

① OR 게이트
② 위험 지속 기호
③ 억제 게이트
④ 배타적 OR 게이트

34 동전던지기에서 앞면이 나올 확률 P(앞) = 0.6이고, 뒷면이 나올 확률 P(뒤) = 0.4일 때, 앞면과 뒷면이 나올 사건의 정보량을 각각 맞게 나타낸 것은?

① 앞면 : 0.10bit, 뒷면 : 1.00bit
② 앞면 : 0.74bit, 뒷면 : 1.32bit
③ 앞면 : 1.32bit, 뒷면 : 0.74bit
④ 앞면 : 2.00bit, 뒷면 : 1.00bit

35 반사경 없이 모든 방향으로 빛을 발하는 점광원에서 3m 떨어진 곳의 조도가 300lux라면 2m 떨어진 곳에서 조도(lux)는?

① 375
② 675
③ 875
④ 975

36 조종장치의 촉각적 암호화를 위하여 고려하는 특성으로 볼 수 없는 것은?

① 형상
② 무게
③ 크기
④ 표면 촉감

37 위험성평가에서 위험성 감소대책 중 공학적 대책에 해당하지 않는 것은?

① 인터록
② 안전장치 설치
③ 국소배기장치 설치
④ 작업매뉴얼 정비

38 서블릭을 이용한 분석방법에서 비효율적인 동작에 해당하는 것은?

① 잡고있기(H)
② 조립(A)
③ 사용(U)
④ 빈손이동(TE)

39 인간 - 기계 시스템을 설계하기 위해 고려해야 할 사항과 거리가 먼 것은?

① 시스템 설계 시 동작 경제의 원칙이 만족되도록 고려한다.
② 인간과 기계가 모두 복수인 경우, 종합적인 효과보다 기계를 우선적으로 고려한다.
③ 대상이 되는 시스템이 위치할 환경조건이 인간에 대한 한계치를 만족하는가의 여부를 조사한다.
④ 인간이 수행해야 할 조작이 연속적인가 불연속적인가를 알아보기 위해 특성조사를 실시한다.

40 작업장에서 발생하는 소음에 대한 대책으로 가장 먼저 고려하여야 할 적극적인 방법은?

① 소음원의 통제
② 흡음재 사용
③ 귀마개 등 보호구의 착용
④ 덮개 등 방호장치의 설치

제3과목 : 기계·기구 및 설비 안전관리

41 작업장 내 운반을 주목적으로 하는 구내운반차가 준수해야 할 사항으로 옳지 않은 것은?

① 주행을 제동하거나 정지상태를 유지하기 위하여 유효한 제동장치를 갖출 것
② 경음기를 갖출 것
③ 작업을 안전하게 하기 위해 필요한 조명이 있는 장소에서 사용하는 구내운반차는 반드시 전조등과 후미등을 갖출 것
④ 운전자석이 차 실내에 있는 것은 좌우에 한 개씩 방향지시기를 갖출 것

42 기계운동의 형태에 따른 위험점 분류에 해당되지 않는 것은?

① 끼임점
② 회전물림점
③ 협착점
④ 절단점

43 연삭기에서 숫돌의 바깥지름이 180mm 라면, 평형 플랜지의 바깥지름은 몇 mm 이상이어야 하는가?

① 30
② 36
③ 45
④ 60

44 프레스 금형의 설치 및 조정 시 슬라이드 불시하강을 방지하기 위하여 설치해야 하는 것은?

① 인터록
② 클러치
③ 게이트 가드
④ 안전블록

45 드릴링 머신을 이용한 작업 시 안전수칙에 관한 설명으로 옳지 않은 것은?

① 일감을 손으로 견고하게 쥐고 작업한다.
② 장갑을 끼고 작업을 하지 않는다.
③ 칩은 기계를 정지시킨 다음에 와이어 브러시로 제거한다.
④ 드릴을 끼운 후에는 척 렌치를 반드시 탈거한다.

46 위험한 작업점과 작업자 사이의 위험을 차단시키는 격리형 방호장치가 아닌 것은?

① 접촉 반응형 방호장치
② 완전 차단형 방호장치
③ 덮개형 방호장치
④ 안전방책

47 다음 중 위치제한형 방호장치에 해당되는 프레스 방호장치는?

① 수인식 방호장치
② 광전자식 방호장치
③ 양수조작식 방호장치
④ 손쳐내기식 방호장치

48 선반에서 절삭가공 중 발생하는 연속적인 칩을 자동적으로 끊어 주는 역할을 하는 것은?

① 칩 브레이커
② 방진구
③ 보안경
④ 커버

49 구멍이 있거나 노치(notch) 등이 있는 재료에 외력이 작용할 때 가장 현저하게 나타나는 현상은?

① 가공경화
② 피로
③ 응력집중
④ 크리프(creep)

50 근로자의 추락 등에 의한 위험을 방지하기 위하여 안전난간을 설치하는 경우, 이에 관한 구조 및 설치요건으로 틀린 것은?

① 상부난간대, 중간난간대, 발끝막이판 및 난간기둥으로 구성할 것
② 발끝막이판은 바닥면 등으로부터 5[cm] 이상의 높이를 유지할 것
③ 난간대는 지름 2.7[cm] 이상의 금속제 파이프나 그 이상의 강도를 가진 재료일 것
④ 안전난간은 구조적으로 가장 취약한 지점에서 가장 취약한 방향으로 작용하는 100[kg] 이상의 하중에 견딜 수 있을 것

51 가스 용접에서 역화의 원인으로 볼 수 없는 것은?

① 토치 성능이 부실한 경우
② 취관이 작업 소재에 너무 가까이 있는 경우
③ 산소 공급량이 부족한 경우
④ 토치 팁에 이물질이 묻은 경우

52 양중기에 사용 가능한 와이어로프에 해당하는 것은?

① 와이어로프의 한 꼬임에서 끊어진 소선의 수가 10% 초과한 것
② 심하게 변형 또는 부식된 것
③ 지름의 감소가 공칭지름의 7% 이내인 것
④ 이음매가 있는 것

53 롤러기에서 앞면 롤러의 지름이 200mm, 회전속도가 30rpm인 롤러의 무부하 동작에서의 급정지거리로 옳은 것은?

① 66mm 이내
② 84mm 이내
③ 209mm 이내
④ 248mm 이내

54 다음 중 선반(lathe)의 방호장치에 해당하는 것은?

① 슬라이드(slide)
② 심압대(tail stock)
③ 주축대(head stock)
④ 척 가드(chuck guard)

55 연삭숫돌의 상부를 사용하는 것을 목적으로 하는 탁상용 연삭기 덮개의 노출각도는?

① 60° 이내
② 65° 이내
③ 80° 이내
④ 125° 이내

56 기계설비의 안전조건 중 구조의 안전화에 대한 설명으로 가장 거리가 먼 것은?

① 기계재료의 선정 시 재료 자체에 결함이 없는지 철저히 확인한다.
② 사용 중 재료의 강도가 열화될 것을 감안하여 설계 시 안전율을 고려한다.
③ 기계작동 시 기계의 오동작을 방지하기 위하여 오동작 방지 회로를 적용한다.
④ 가공 경화와 같은 가공결함이 생길 우려가 있는 경우는 열처리 등으로 결함을 방지한다.

57 산업안전보건법령상 롤러기의 무릎조작식 급정지장치의 설치 위치 기준은? (단, 위치는 급정지장치 조작부의 중심점을 기준)

① 밑면에서 0.7 ~ 0.8m 이내
② 밑면에서 0.6m 이내
③ 밑면에서 0.8 ~ 1.2m 이내
④ 밑면에서 1.5m 이상

58 크레인 작업 시 로프에 1톤의 중량을 걸어 20m/s²의 가속도로 감아올릴 때, 로프에 걸리는 총하중(kgf)은 약 얼마인가? (단, 중력가속도는 10m/s²이다.)

① 1,000
② 2,000
③ 3,000
④ 3,500

59 밀링작업 시 안전수칙에 해당되지 않는 것은?

① 칩이나 부스러기는 반드시 브러시를 사용하여 제거한다.
② 가공 중에는 가공면을 손으로 점검하지 않는다.
③ 급속이송은 백래시 제거장치가 동작하지 않고 있음을 확인한 다음 행한다.
④ 절삭 중의 칩 제거는 칩 브레이커로 한다.

60 산업안전보건법령상 프레스를 사용하여 작업을 할 때 작업시작 전 점검 항목에 해당하지 않는 것은?

① 전선 및 접속부 상태
② 클러치 및 브레이크의 기능
③ 프레스의 금형 및 고정볼트 상태
④ 1행정 1정지기구·급정지장치 및 비상정지장치의 기능

제4과목 : 전기 및 화학설비 안전관리

61 다음 중 가연성 분진의 폭발 메커니즘으로 옳은 것은?

① 퇴적분진 → 비산 → 분산 → 발화원 발생 → 폭발
② 발화원 발생 → 퇴적분진 → 비산 → 분산 → 폭발
③ 퇴적분진 → 발화원 발생 → 분산 → 비산 → 폭발
④ 발화원 발생 → 비산 → 분산 → 퇴적분진 → 폭발

62 고체 가연물의 일반적인 4가지 연소방식에 해당하지 않는 것은?

① 분해연소
② 표면연소
③ 확산연소
④ 증발연소

63 메탄(CH_4) 100mol이 산소 중에서 완전연소하였다면 이 때 소비된 산소량은 몇 mol인가?

① 50
② 100
③ 150
④ 200

64 물반응성 물질에 해당하는 것은?

① 니트로화합물
② 칼륨
③ 염소산나트륨
④ 부탄

65 분진 폭발의 특징에 관한 설명 중 옳은 것은?

① 가스폭발과 비교하여 연소속도와 폭발압력은 크다.
② 가스폭발보다 연소시간이 길고 발생에너지가 크다.
③ 압력속도보다는 화염의 속도가 빠르다.
④ 불완전연소로 인한 가스중독의 위험성은 적다.

66 방폭구조 전기기계·기구의 선정기준에 있어 가스폭발 위험장소의 제1종 장소에 사용할 수 없는 방폭구조는?

① 비점화 방폭구조
② 내압 방폭구조
③ 유입 방폭구조
④ 본질안전 방폭구조

67 산화성 액체 중 질산의 성질에 관한 설명으로 옳지 않은 것은?

① 피부 및 의복을 부식하는 성질이 있다.
② 쉽게 연소하는 가연성 물질이므로 화기에 극도로 주의한다.
③ 위험물 유출 시 건조사를 뿌리거나 중화제로 중화한다.
④ 물과 반응하면 발열반응을 일으키므로 물과의 접촉을 피한다.

68 최소 착화에너지가 0.25[mJ], 극간 정전용량이 10[pF]인 부탄가스 버너를 점화시키기 위해서 최소 얼마 이상의 전압을 인가하여야 하는가?

① $0.52 \times 10^2 [V]$
② $0.74 \times 10^3 [V]$
③ $7.07 \times 10^3 [V]$
④ $5.03 \times 10^5 [V]$

69 다음 중 유류화재의 종류에 해당하는 것은?

① A급
② B급
③ C급
④ D급

70 다음 중 가연성 가스의 폭발범위에 관한 설명으로 틀린 것은?

① 상한과 하한이 있다.
② 압력과 무관하다.
③ 공기와 혼합된 가연성 가스의 체적농도로 표시된다.
④ 가연성 가스의 종류에 따라 다른 값을 갖는다.

71 기기보호등급(Explosion Protection Level)에 관한 설명으로 틀린 것은?

① 점화원이 될 수 있는 가능성에 기초하여 기기에 부여된 보호등급을 기기보호등급(EPL)이라 한다.
② 폭발성 가스 분위기에 설치되는 기기로 정상작동, 예상된 오작동 또는 드문 오작동 중에 점화원이 될 수 없는 "매우 높은" 보호등급의 기기는 EPL Ga로 구분한다.
③ 폭발성 분진 분위기에서는 Da, Db, Dc로 구분한다.
④ 폭발성 가스 분위기에 설치되는 기기로 정상작동 또는 예상된 오작동 중에 점화원이 될 수 없는 "높은" 보호등급의 기기는 EPL Gc로 구분한다.

72 정상운전 중의 전기설비가 점화원으로 작용하지 않는 것은?

① 전기적 광원
② 개폐기 접점
③ 직류 전동기의 정류자
④ 권선형 전동기의 슬립링

73 정전기에 의한 화재 또는 폭발 등의 위험이 발생할 우려가 있는 설비를 사용할 때 해당설비에 대하여 정전기의 발생을 억제하거나 제거하기 위한 필요한 조치로 가장 거리가 먼 것은?

① 해당 설비에 대한 확실한 접지
② 도전성 재료 사용
③ 절연용 방호구 설치
④ 가습 및 점화원이 될 우려가 없는 제전장치 사용

74 유자격자가 충전전로 인근에서 작업하는 경우 노출 충전부에 대한 충전전로의 선간전압별 접근한계거리가 틀린 것은?

① 0.75kV 초과 2kV 이하 : 30cm
② 15kV 초과 37kV 이하 : 90cm
③ 88kV 초과 121kV 이하 : 130cm
④ 145kV 초과 169kV 이하 : 170cm

75 정전기의 발생에 영향을 주는 요인과 가장 거리가 먼 것은?

① 박리속도
② 물체의 표면상태
③ 접촉면적 및 압력
④ 외부공기의 풍속

76 누전에 의한 감전위험을 방지하기 위하여 해당 전로의 정격에 적합하고 감도가 양호하며 확실하게 작동하는 감전방지용 누전차단기를 설치해야 하는 전기 기계·기구에 해당하지 않는 것은?

① 대지전압이 150볼트를 초과하는 이동형 또는 휴대형 전기기계·기구
② 물 등 도전성이 높은 액체가 있는 습윤장소에서 사용하는 저압용 전기기계·기구
③ 철판·철골 위 등 도전성이 높은 장소에서 사용하는 이동형 또는 휴대형 전기기계·기구
④ 절연대 위에서 사용하는 전기기계·기구

77 옥내배선에서 누전으로 인한 화재방지의 대책이 아닌 것은?

① 배선불량 시 재시공할 것
② 배선에 단로기를 설치할 것
③ 정기적으로 절연저항을 측정할 것
④ 정기적으로 배선시공 상태를 확인할 것

78 고압 및 특고압의 전로에 시설하는 피뢰기 접지저항 값은 몇Ω 이하로 하여야 하는가?

① 5Ω
② 10Ω
③ 15Ω
④ 20Ω

79 인체의 대부분이 수중에 있는 상태에서의 허용접촉전압으로 옳은 것은?

① 2.5V 이하
② 25V 이하
③ 50V 이하
④ 100V 이하

80 폭발성 가스가 전기기기 내부로 침입하지 못하도록 전기기기의 내부에 불활성가스를 압입하는 방식의 방폭구조는?

① 내압방폭구조
② 압력방폭구조
③ 본질안전방폭구조
④ 유입방폭구조

제5과목 : 건설공사 안전관리

81 추락방지망의 달기로프를 지지점에 부착할 때 지지점의 간격이 1.5m 인 경우 지지점의 강도는 최소 얼마 이상이어야 하는가?(단, 연속적인 구조물이 방망 지지점인 경우)

① 200kg
② 300kg
③ 400kg
④ 500kg

82 토류벽에 거치된 어스 앵커의 인장력을 측정하기 위한 계측기는?

① 하중계(Load cell)
② 변형계(Strain gauge)
③ 지하수위계(Piezometer)
④ 지중경사계(Inclinometer)

83 작업에서의 위험요인과 재해형태가 가장 관련이 적은 것은?

① 무리한 자재 적재 및 통로 미확보 → 전도
② 개구부 안전난간 미설치 → 추락
③ 벽돌 등 중량물 취급 작업 → 협착
④ 항만 하역 작업 → 질식

84 건설공사현장에 가설통로를 설치하는 경우 통로의 구조로 옳은 것은?

① 경사는 35도 이하로 할 것
② 수직갱에 가설된 통로의 길이가 10m 이상인 경우에는 5m 이내마다 계단참을 설치할 것
③ 건설공사에 사용하는 높이 15m 이상인 비계다리에는 10m 이내마다 계단참을 설치할 것
④ 경사가 15도를 초과하는 경우에는 미끄러지지 아니하는 구조로 할 것

85 건설업 산업안전보건관리비 계상 및 사용 기준을 적용하는 공사금액 기준으로 옳은 것은?

① 총공사금액 2천만 원 이상인 공사
② 총공사금액 4천만 원 이상인 공사
③ 총공사금액 6천만 원 이상인 공사
④ 총공사금액 1억 원 이상인 공사

86 구조물의 해체 작업 시 해체 작업계획서에 포함하여야 할 사항으로 틀린 것은?

① 해체의 방법 및 해체순서 도면
② 해체물의 처분 계획
③ 주변 민원 처리 계획
④ 현장 안전 조치 계획

87 콘크리트 타설작업 시 거푸집에 작용하는 연직하중이 아닌 것은?

① 콘크리트의 측압
② 거푸집의 중량
③ 굳지 않은 콘크리트의 중량
④ 작업원의 작업하중

88 거푸집 공사에 관한 설명으로 옳지 않은 것은?

① 거푸집 조립 시 거푸집이 이동하지 않도록 비계 또는 기타 공작물과 직접 연결한다.
② 거푸집 치수를 정확하게 하여 시멘트 모르타르가 새지 않도록 한다.
③ 거푸집 해체가 쉽게 가능하도록 박리제 사용 등의 조치를 한다.
④ 측압에 대한 안전성을 고려한다.

89 개착식 굴착공사에서 버팀보공법을 적용하여 굴착할 때 지반붕괴를 방지하기 위하여 사용하는 계측장치로 거리가 먼 것은?

① 지하수위계
② 경사계
③ 변형률계
④ 록볼트 응력계

90 다음 중 유해·위험방지 계획서 제출 대상 공사에 해당하는 것은?

① 지상높이가 25m인 건축물 건설공사
② 최대 지간길이가 45m인 교량건설공사
③ 깊이가 8m인 굴착공사
④ 제방 높이가 50m인 다목적댐 건설공사

91 굴착과 싣기를 동시에 할 수 있는 토공기계가 아닌 것은?

① 트랙터 셔블(tractor shovel)
② 백호(back hoe)
③ 파워 셔블(power shovel)
④ 모터 그레이더(motor grader)

92 콘크리트 타설 시 거푸집의 측압에 영향을 미치는 인자들에 관한 설명으로 옳지 않은 것은?

① 슬럼프가 클수록 작다.
② 타설속도가 빠를수록 크다.
③ 거푸집 속의 콘크리트 온도가 낮을수록 크다.
④ 콘크리트의 타설높이가 높을수록 크다.

93. 타워크레인의 운전작업을 중지하여야 하는 순간풍속기준으로 옳은 것은?

① 초당 10m 초과
② 초당 12m 초과
③ 초당 15m 초과
④ 초당 20m 초과

94. 모래 지반을 흙막이지보공 없이 굴착하려 할 때 적합한 굴착면의 기울기 기준으로 옳은 것은?

① 1 : 1.0
② 1 : 1.8
③ 1 : 1.2
④ 1 : 0.5

95. 말비계를 조립하여 사용하는 경우의 준수사항으로 옳지 않은 것은?

① 지주부재의 하단에는 미끄럼 방지장치를 할 것
② 지주부재와 수평면과의 기울기는 85° 이하로 할 것
③ 말비계의 높이가 2m를 초과할 경우에는 작업발판의 폭을 40cm 이상으로 할 것
④ 지주부재와 지주부재 사이를 고정시키는 보조부재를 설치할 것

96. 블레이드의 길이가 길고 낮으며 블레이드의 좌우를 전후 25~30° 각도로 회전시킬 수 있어 흙을 측면으로 보낼 수 있는 도저는?

① 레이크 도저
② 스트레이트 도저
③ 앵글도저
④ 틸트도저

97. 건물외부에 낙하물방지망을 설치할 경우 벽면으로부터 내민길이의 기준은?

① 1m 이상
② 1.5m 이상
③ 1.8m 이상
④ 2m 이상

98. 부두·안벽 등 하역작업을 하는 장소에서 부두 또는 안벽의 선을 따라 통로를 설치하는 경우 그 폭을 최소 얼마 이상으로 하여야 하는가?

① 60cm
② 90cm
③ 120cm
④ 150cm

99. 히빙(heaving)현상이 가장 쉽게 발생하는 토질지반은?

① 연약한 점토 지반
② 연약한 사질토 지반
③ 견고한 점토 지반
④ 견고한 사질토 지반

100. 다음과 같은 조건에서 추락 시 로프의 지지점에서 최하단까지의 거리 h를 구하면 얼마인가?

- 로프 길이 150cm
- 로프 신율 30%
- 근로자 신장 170cm

① 2.8m
② 3.0m
③ 3.2m
④ 3.4m

2025년 5월 10일~5월 30일 CBT 기출복원문제

자격종목	시험시간	문항수	점수
산업안전산업기사	2시간 30분	100문항	

제1과목 산업재해 예방 및 안전보건교육

01 레윈(K. Lewin)의 갈등상황의 기본형 중에서 어떤 목표가 긍정적인 면과 부정적인 면을 동시에 가지고 있을 때 발생하는 갈등에 해당하는 것은?

① 역할 내 갈등
② 접근 - 접근형 갈등
③ 접근 - 회피형 갈등
④ 회피 - 회피형 갈등

02 안전보건관리조직의 형태 중 라인(Line)형 조직의 특성이 아닌 것은?

① 안전관리 전담요원을 별도로 지정한다.
② 라인에 과중한 책임을 지우기가 쉽다.
③ 소규모 사업장(100명 이하)에 적합하다.
④ 모든 명령은 생산계통을 따라 이루어진다.

03 조건반사설에 의한 학습이론의 원리에 해당하지 않는 것은?

① 강도의 원리
② 시간의 원리
③ 효과의 원리
④ 계속성의 원리

04 안전·보건표지의 색채 및 색도 기준 중 다음 (   ) 안에 알맞은 것은?

색채	색도 기준	용도
(㉠)	5Y 8.5/12	경고
(㉡)	2.5PB 4/10	지시

① ㉠ 빨간색, ㉡ 흰색
② ㉠ 검은색, ㉡ 노란색
③ ㉠ 흰색, ㉡ 녹색
④ ㉠ 노란색, ㉡ 파란색

05 참가자에게 일정한 역할을 주어 실제적으로 연기를 시켜봄으로써 자기의 역할을 보다 확실히 인식할 수 있도록 체험학습을 시키는 교육방법은?

① Role playing
③ Action playing
② Brain storming
④ Fish Bowl playing

06 리더십(Leadership)의 특성으로 볼 수 없는 것은?

① 민주주의적 지휘 형태
② 부하와의 넓은 사회적 간격
③ 밑으로부터의 동의에 의한 권한 부여
④ 개인적 영향에 의한 부하와의 관계 유지

07 매슬로(A.H.Maslow) 욕구단계 이론의 각 단계별 내용으로 틀린 것은?

① 1단계 : 자아실현의 욕구
② 2단계 : 안전에 대한 욕구
③ 3단계 : 사회적(애정적) 욕구
④ 4단계 : 존경과 긍지에 대한 욕구

08 산업안전보건법령에 따른 안전보건교육 중 근로자의 채용 시 및 작업내용변경 시 교육내용이 아닌 것은?

① 사고 발생 시 긴급조치에 관한 사항
② 유해·위험 작업환경 관리에 관한 사항
③ 산업보건 및 건강장해 예방에 관한 사항
④ 기계·기구의 위험성과 작업의 순서 및 동선에 관한 사항

09 피로에 의한 정신적 증상과 가장 관련이 깊은 것은?

① 주의력이 감소 또는 경감된다.
② 작업의 효과나 작업량이 감퇴 및 저하된다.
③ 작업에 대한 몸의 자세가 흐트러지고 지치게 된다.
④ 작업에 대하여 무감각·무표정·경련 등이 일어난다.

10 산업안전보건법령에 따른 안전·보건표지에 사용하는 색채기준 중 비상구 및 피난소, 사람 또는 차량의 통행표지의 안내용도로 사용하는 색채는?

① 빨간색
② 녹색
③ 노란색
④ 파란색

11 어떤 사업장의 상시근로자 1,000명이 작업 중 2명 사망자와 의사진단에 의한 휴업일수 90일 손실을 가져온 경우의 강도율은? (단, 1일 8시간, 연 300일 근무)

① 7.32
② 6.28
③ 8.12
④ 5.92

12 사고의 간접원인이 아닌 것은?

① 물적 원인
② 정신적 원인
③ 관리적 원인
④ 신체적 원인

13 무재해운동의 3원칙에 해당되지 않는 것은?

① 참가의 원칙
② 무의 원칙
③ 예방의 원칙
④ 선취의 원칙

14 지각과정에서의 오류에 관한 설명 중 틀린 것은?

① 상동적 태도는 사람을 평가할 때 그 사람이 가지고 있는 특성을 기초로 하지 않고 그 사람이 속해 있는 집단의 특성을 바탕으로 평가하려는 경향을 말한다.
② 후광효과는 어떤 사람의 한가지 특성이 그 사람의 다른 분야 또는 전체적인 평가에도 영향을 미치는 현상을 말한다.
③ 최신효과는 나중에 입력된 정보보다 먼저 입력된 정보가 더 큰 영향을 미치게 되는 현상을 말한다.
④ 대조효과는 사람을 평가할 때 다른 사람과 비교하여 평가하는 것으로 면접 시 바로 앞의 면접자와 대조하여 평가하는 오류 현상을 말한다.

15 재해로 인한 직접비용으로 8,000만 원의 산재보상비가 지급되었을 때, 하인리히 방식에 따른 총 손실비용은?

① 16,000만 원
③ 32,000만 원
② 24,000만 원
④ 40,000만 원

16 위험예지훈련 기초 4라운드법의 진행에서 전원이 토의를 통하여 위험요인을 발견하는 단계로 가장 적절한 것은?

① 제 1라운드 : 현상파악
② 제 2라운드 : 본질추구
③ 제 3라운드 : 대책수립
④ 제 4라운드 : 목표설정

17 데이비스(K.Davis)의 동기부여 이론에 관한 등식에서 그 관계가 틀린 것은?

① 지식 × 기능 = 능력
② 상황 × 능력 = 동기유발
③ 능력 × 동기유발 = 인간의 성과
④ 인간의 성과 × 물질의 성과 = 경영의 성과

18 집단에 있어서의 인간관계를 하나의 단면(斷面)에서 포착하였을 때 이러한 단면적(斷面的)인 인간관계가 생기는 기제(mechamnism)와 가장 거리가 먼 것은?

① 모방
② 암시
③ 습관
④ 커뮤니케이션

19 리더십에 있어서 권한의 역할 중 조직이 지도자에게 부여한 세력이 아닌 것은?

① 보상 세력
② 강압 세력
③ 합법 세력
④ 전문 세력

20 산업안전보건법령상 안전보건관리규정에 반드시 포함되어야 할 사항이 아닌 것은? (단, 그 밖에 안전 및 보건에 관한 사항은 제외한다.)

① 재해코스트 분석 방법
② 사고 조사 및 대책 수립
③ 작업장 안전 및 보건관리
④ 안전 및 보건 관리조직과 그 직무

제2과목 : 인간공학 및 위험성 평가 · 관리

21 A 사업장의 근로자 B는 〈보기〉와 같은 소음에 노출되었다. 총 소음 투여량([%])은 약 얼마인가?

─[보기]─
- 80[dB]-A : 2시간 30분
- 90[dB]-A : 4시간 30분
- 100[dB]-A : 1시간

① 114.1
② 124.1
③ 134.1
④ 144.1

22 작업장에서 광원으로부터의 직사휘광을 처리하는 방법으로 맞는 것은?

① 광원의 휘도를 늘인다.
② 가리개, 차양을 설치한다.
③ 광원을 시선에서 가까이 위치시킨다.
④ 휘광원 주위를 밝게 하여 광도비를 늘린다.

23 FT도에서 사용되는 다음 기호의 의미로 맞는 것은?

① 결함사상
② 통상사상
③ 기본사상
④ 제외사상

24 신호검출이론에 대한 설명으로 틀린 것은?

① 신호와 소음을 쉽게 식별할 수 없는 상황에 적용된다.
② 일반적인 상황에서 신호 검출을 간섭하는 소음이 있다.
③ 통제된 실험실에서 얻은 결과를 현장에 그대로 적용 가능하다.
④ 긍정(hit), 허위(false alarm), 누락(miss), 부정(correct rejection)의 네 가지 결과로 나눌 수 있다.

25 인간공학에 있어 기본적인 가정에 관한 설명으로 틀린 것은?

① 인간 기능의 효율은 인간-기계 시스템의 효율과 연계된다.
② 인간에게 적절한 동기부여가 된다면 좀 더 나은 성과를 얻게 된다.
③ 개인이 시스템에서 효과적으로 기능을 하지 못하여도 시스템의 수행도는 변함없다.
④ 장비, 물건, 환경 특성이 인간의 수행도와 인간-기계 시스템의 성과에 영향을 준다.

26 제품의 설계단계에서 고유 신뢰성을 증대시키기 위하여 일반적으로 많이 사용되는 방법이 아닌 것은?

① 병렬 및 대기 리던던시의 활용
② 부품과 조립품의 단순화 및 표준화
③ 제조부문과 납품업자에 대한 부품규격의 명세제시
④ 인간공학적 설계와 보전성 설계

27 작업장의 실효온도에 영향을 주는 인자 중 가장 관계가 먼 것은?

① 온도
② 체온
③ 습도
④ 공기유동

28 인간-기계 시스템에 관련된 정의로 틀린 것은?

① 시스템이란 전체 목표를 달성하기 위한 유기적인 결합체이다.
② 인간-기계 시스템이란 인간과 물리적 요소가 주어진 입력에 대해 원하는 출력을 내도록 결합되어 상호작용하는 집합체이다.
③ 수동 시스템은 입력된 정보를 근거로 자신의 신체적 에너지를 사용하여 수공구나 보조기구에 힘을 가하여 작업을 제어하는 시스템이다.
④ 자동화 시스템은 기계에 의해 동력과 몇몇 다른 기능들이 제공되며, 인간이 원하는 반응을 얻기 위해 기계의 제어장치를 사용하여 제어기능을 수행하는 시스템이다.

29 통제표시비를 설계할 때 고려해야 할 5가지 요소에 해당하지 않는 것은?

① 공차
② 조작시간
③ 일치성
④ 목측거리

30 결함수 분석(FTA) 결과 다음과 같은 패스셋을 구하였다. X_4가 중복사상인 경우 최소 패스셋(Minimal path sets)으로 맞는 것은?

$\{X_2, X_3, X_4\}, \quad \{X_1, X_3, X_4\}, \quad \{X_3, X_4\}$

① $\{X_3, X_4\}$
② $\{X_1, X_3, X_4\}$
③ $\{X_2, X_3, X_4\}$
④ $\{X_2, X_3, X_4\}$와 $\{X_3, X_4\}$

31 조종장치를 3cm 움직였을 때 표시장치의 지침이 5cm 움직였다면, C/R비는 얼마인가?

① 0.25
② 0.6
③ 1.6
④ 1.7

32 NIOSH의 연구에 기초하여, 목과 어깨 부위의 근골격계 질환 발생과 인과관계가 가장 적은 위험요인은?

① 진동
② 무리한 반복작업
③ 과도한 힘
④ 부적절한 작업자세

33 시스템의 수명곡선에서 고장의 발생형태가 일정하게 나타나는 기간은?

① 초기고장기간
② 우발고장기간
③ 마모고장기간
④ 피로고장기간

34 인체측정치를 이용한 설계에 관한 설명으로 옳은 것은?

① 평균치를 기준으로 한 설계를 제일 먼저 고려한다.
② 의자의 깊이와 너비는 모두 작은 사람을 기준으로 설계한다.
③ 자세와 동작에 따라 고려해야 할 인체측정치수가 달라진다.
④ 큰 사람을 기준으로 한 설계는 인체측정치의 5%tile을 사용한다.

35 60fL의 광도를 요하는 시각 표시장치의 반사율이 75%일 때, 소요조명은 몇 fc인가?

① 75
② 80
③ 85
④ 90

36 제어장치와 표시장치에 있어 물리적 형태나 배열을 유사하게 설계하는 것은 어떤 양립성(compatibility)의 원칙에 해당하는가?

① 시각적 양립성(visual compatibility)
② 양식 양립성(modality compatibility)
③ 공간적 양립성(spatial compatibility)
④ 개념적 양립성(conceptual compatibility)

37 후각적 표시장치에 대한 설명으로 틀린 것은?

① 냄새의 확산을 통제하기 힘들다.
② 코가 막히면 민감도가 떨어진다.
③ 복잡한 정보를 전달하는데 유용하다.
④ 냄새에 대한 민감도의 개인차가 있다.

38 측정값의 변화방향이나 변화속도를 나타내는데 가장 유리한 표시장치는?

① 동침형
② 동목형
③ 계수형
④ 묘사형

39 FT에서 사용되는 사상기호에 대한 설명으로 맞는 것은?

① 위험지속기호 : 정해진 횟수 이상 입력이 될 때 출력이 발생한다.
② 억제게이트 : 조건부 사건이 일어났다는 조건하에 출력이 발생한다.
③ 우선적 AND 게이트 : 입력이 될 때 정해진 순서대로 복수의 출력이 발생한다.
④ 배타적 OR 게이트 : 2개 이상 입력이 동시에 존재하는 경우에 출력이 발생한다.

40 다음 설명에 해당하는 시스템 위험분석방법은?

- 시스템의 정의 및 개발 단계에서 실행한다.
- 시스템의 기능, 과업, 활동으로부터 발생되는 위험에 초점을 둔다.

① 모트(MORT)
② 결함수분석(FTA)
③ 예비위험분석(PHA)
④ 운용위험분석(OHA)

제3과목 : 기계 · 기구 및 설비 안전관리

41 왕복운동을 하는 기계의 동작부분과 고정부분 사이에 형성되는 위험점으로 프레스, 절단기 등에서 주로 나타나는 것은?

① 끼임점
② 절단점
③ 협착점
④ 접선 물림점

42 크레인 작업 시 2,000[N]의 화물을 걸어 25[m/s^2]의 가속도로 감아올릴 때 로프에 걸리는 총 하중은 약 몇 [kN]인가? (단, 중력가속도는 9.81[m/s^2]이다.)

① 3.1
② 5.1
③ 7.1
④ 9.1

43 지름이 60[cm]이고, 20[rpm]으로 회전하는 롤러기의 무부하 동작에서 급정지 거리기준으로 옳은 것은?

① 앞면 롤러 원주의 1/1.5 이내 거리에서 급정지
② 앞면 롤러 원주의 1/2 이내 거리에서 급정지
③ 앞면 롤러 원주의 1/2.5 이내 거리에서 급정지
④ 앞면 롤러 원주의 1/3 이내 거리에서 급정지

44 다음 중 산업안전보건법령상 보일러 및 압력용기에 관한 사항으로 틀린 것은?

① 공정안전보고서 제출 대상으로서 이행상태 평가결과가 우수한 사업장의 경우 보일러의 압력방출장치에 대하여 3년에 1회 이상으로 설정압력에서 압력방출장치가 적정하게 작동하는지를 검사할 수 있다.
② 보일러의 안전한 가동을 위하여 보일러 규격에 맞는 압력방출장치를 1개 또는 2개 이상 설치하고 최고 사용압력 이하에서 작동되도록 하여야 한다.
③ 보일러의 과열을 방지하기 위하여 최고 사용압력과 상용압력 사이에서 보일러의 버너 연소를 차단할 수 있도록 압력제한스위치를 부착하여 사용하여야 한다.
④ 압력용기에서는 이를 식별할 수 있도록 하기 위하여 그 압력 용기의 최고 사용압력, 제조연월일, 제조 회사명이 지워지지 않도록 각인 표시된 것을 사용하여야 한다.

45 산업안전보건법령에 따라 산업용 로봇의 작동범위에서 교시 등의 작업을 하는 경우에 로봇에 의한 위험을 방지하기 위한 조치사항으로 틀린 것은?

① 2명 이상의 근로자에게 작업을 시킬 경우의 신호방법을 정한다.
② 작업 중의 매니퓰레이터 속도에 관한 지침을 정하고 그 지침에 따라 작업한다.
③ 작업에 종사하고 있는 근로자 또는 당해 근로자를 감시하는 자가 이상을 발견한 때에는 즉시 로봇의 운전을 정지시키기 위한 조치를 할 것
④ 작업에 종사하고 있는 근로자 외의 자가 상황에 따라 당해 로봇의 기동스위치 등을 신속하게 조작할 수 있도록 필요한 조치를 할 것

46 보일러의 안전한 가동을 위하여 압력방출장치를 2개 설치한 경우에 작동방법으로 옳은 것은?

① 최고 사용압력 이하에서 2개가 동시 작동
② 최고 사용압력 이하에서 1개가 작동되고 다른 것은 최고 사용압력 1.05배 이하에서 작동
③ 최고 사용압력 이하에서 1개가 작동되고 다른 것은 최고 사용압력 1.1배 이하에서 작동
④ 최고 사용압력의 1.1배 이하에서 2개가 동시 작동

47 크레인에서 훅걸이용 와이어로프 등이 훅으로부터 벗겨지는 것을 방지하기 위해 사용하는 방호장치는?

① 덮개
② 권과방지장치
③ 비상정지장치
④ 해지장치

48 프레스 및 전단기에서 양수조작식 방호장치 누름버튼의 상호 간 최소 내측거리로 옳은 것은?

① 100mm
② 150mm
③ 250mm
④ 300mm

49 다음 중 드릴링 작업에 있어서 공작물을 고정하는 방법으로 가장 적절하지 않은 것은?

① 작은 공작물은 바이스로 고정한다.
② 작고 길쭉한 공작물은 플라이어로 고정한다.
③ 대량 생산과 정밀도를 요구할 때는 지그로 고정한다.
④ 공작물이 크고 복잡할 때는 볼트와 고정구로 고정한다.

50 다음 중 목재 가공용 둥근톱의 방호장치에 관한 사항으로 틀린 것은?

① 분할날과 톱날 원주면과의 거리는 12mm 이내로 조정하여야 한다.
② 분할날은 표준 테이블면 상의 톱 뒷날의 1/3 이상을 덮도록 하여야 한다.
③ 둥근톱의 두께가 1.20mm이라면 분할날의 두께는 1.32mm 이상이어야 한다.
④ 날접촉예방장치는 작업의 종류에 따라 가동식과 고정식 중에서 선택하여 사용할 수 있다.

51 다음 중 산업안전보건법령상 아세틸렌 발생기실에 관한 기준으로 틀린 것은?

① 발생기실을 옥외에 설치한 경우에는 그 개구부를 다른 건축물로부터 1.5m 이상 떨어지도록 하여야 한다.
② 발생기실의 지붕과 천장에는 얇은 철판이나 가벼운 불연성 재료를 사용하여야 한다.
③ 발생기실 출입구의 문은 불연성 재료로 하고 두께 1.5mm 이상의 철판이나 그 밖에 그 이상의 강도를 가진 구조로 하여야 한다.
④ 발생기실은 건물의 최상층에 위치하여야 하며, 화기를 사용하는 설비로부터 1.5m를 초과하는 장소에 설치하여야 한다.

52 다음 중 프레스의 안전작업을 위하여 활용하는 수공구로 가장 거리가 먼 것은?

① 브러시
② 진공 컵
③ 마그넷 공구
④ 플라이어(집게)

53 그림과 같은 지게차가 안정적으로 작업할 수 있는 상태의 조건으로 적합한 것은?

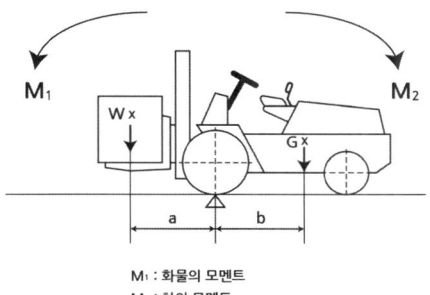

M_1 : 화물의 모멘트
M_2 : 차의 모멘트

① $M_1 < M_2$
② $M_1 > M_2$
③ $M_1 \geq M_2$
④ $M_1 > 2M_2$

54 그림과 같이 2줄의 와이어로프로 중량물을 달아 올릴 때, 로프에 가장 힘이 적게 걸리는 각도 (θ)는?

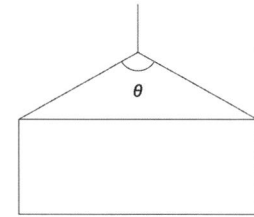

① 30°
② 60°
③ 90°
④ 120°

55 기계 설비의 안전조건에서 구조적 안전화에 해당하지 않는 것은?

① 가공결함
② 재료결함
③ 설계상의 결함
④ 방호장치의 작동결함

56 기계설비의 본질적 안전화를 위한 방식 중 성격이 다른 것은?

① 고정 가드
② 인터록 기구
③ 압력용기 안전밸브
④ 양수조작식 조작기구

57 기계설비의 방호장치 분류 중 위험원에 대한 방호장치는?

① 포집형 방호장치
② 접근반응형 방호장치
③ 위치제한형 방호장치
④ 접근거부형 방호장치

58 프레스기에서 사용하는 손쳐내기식 방호장치의 방호판에 관한 기준으로 옳은 것은?

① 방호판의 폭은 금형폭의 1/2 이상이어야 하고, 행정길이가 300mm 이상의 프레스 기계에서는 방호판의 폭을 200mm로 해야 한다.
② 방호판의 폭은 금형폭의 1/2 이상이어야 하고, 행정길이가 300mm 이상의 프레스 기계에서는 방호판의 폭을 300mm로 해야 한다.
③ 방호판의 폭은 금형폭의 1/3 이상이어야 하고, 행정길이가 300mm 이상의 프레스 기계에서는 방호판의 폭을 200mm로 해야 한다.
④ 방호판의 폭은 금형폭의 1/3 이상이어야 하고, 행정길이가 300mm 이상의 프레스 기계에서는 방호판의 폭을 300mm로 해야 한다.

59 작업장에서 사용하는 로프의 최대사용하중이 200kgf이고, 절단하중이 600kgf일 때 이 로프의 안전율은?

① 0.33
② 3
③ 200
④ 300

60 연삭기에서 연삭숫돌차의 바깥지름이 250mm일 경우 평형플랜지의 바깥지름은 약 몇 mm이상 이어야 하는가?

① 62
② 84
③ 93
④ 114

제4과목 : 전기 및 화학설비 안전관리

61 절연물은 여러 가지 원인으로 전기저항이 저하되어 이른바 절연불량을 일으켜 위험한 상태가 되는데, 절연불량의 주요 원인이 아닌 것은?

① 정전에 의한 전기적 원인
② 온도상승에 의한 열적 요인
③ 진동, 충격 등에 의한 기계적 요인
④ 높은 이상전압 등에 의한 전기적 요인

62 반도체 취급 시 정전기로 인한 재해 방지 대책으로 거리가 먼 것은?

① 작업자 정전화 착용
② 작업자 제전복 착용
③ 부도체 작업대 접지 실시
④ 작업장 도전성 매트 사용

63 다음 설명에 해당하는 위험장소의 종류로 옳은 것은?

> 공기 중에서 분진운 형태의 가연성 분진이 폭발농도를 형성할 정도로 충분한 양이 정상작동 중에 연속적으로 또는 자주 존재하거나, 제어할 수 없을 정도의 양 및 두께의 분진층이 형성될 수 있는 장소

① 0종 장소
② 1종 장소
③ 20종 장소
④ 21종 장소

64 욕실 등 물기가 많은 장소에서 인체감전보호형 누전차단기의 정격감도전류와 동작시간은?

① 정격감도전류 30[mA], 동작시간 0.01초 이내
② 정격감도전류 30[mA], 동작시간 0.03초 이내
③ 정격감도전류 15[mA], 동작시간 0.01초 이내
④ 정격감도전류 15[mA], 동작시간 0.03초 이내

65 인체의 접촉상태에 따른 허용접촉전압에 관한 설명 중 틀린 것은?

① 인체의 대부분이 수중에 있는 경우 허용접촉전압은 2.5V 이하이다.
② 인체가 현저하게 젖어있는 경우 허용접촉전압은 25V 이하이다.
③ 금속성의 전기기계장치나 구조물에 인체의 일부가 상시 접촉되어 있는 경우 허용접촉전압은 50V 이하이다.
④ 통상의 인체상태에 있어서 접촉전압이 가해지더라도 위험성이 낮거나, 접촉전압이 가해질 우려가 없는 경우 허용접촉전압은 제한하지 않는다.

66 고압 및 특고압 전로에 시설하는 피뢰기의 설치장소로 잘못된 곳은?

① 가공전선로와 지중전선로가 접속되는 곳
② 발전소, 변전소의 가공전선 인입구 및 인출구
③ 가공전선로에 접속하는 배전용 변압기의 저압측
④ 특고압 가공전선로로부터 공급받는 수용장소의 인입구

67 저압전로의 절연성능에 관한 설명으로 적합하지 않는 것은?

① 전로의 사용전압이 SELV 및 PELV일 때 절연저항은 0.5㏁ 이상이어야 한다.
② 전로의 사용전압이 FELV일 때 절연저항은 1.0㏁ 이상이어야 한다.
③ 전로의 사용전압이 FELV일 때 DC 시험전압은 500V 이다.
④ 전로의 사용전압이 600V일 때 절연저항은 1.5㏁ 이상이어야 한다.

68 다음 중 전압의 분류가 잘못된 것은?

① 1,000V 이하인 교류전압 : 저압
② 1,500V 이하인 직류전압 : 저압
③ 1,000V 초과 7kV 이하인 교류전압 : 고압
④ 10kV를 초과하는 직류전압 : 특고압

69 방폭구조 중 전폐구조를 하고 있으며, 외부의 폭발성 가스가 내부로 침입하여 내부에서 폭발하더라도 용기는 그 압력에 견디고, 내부의 폭발로 인하여 외부의 폭발성 가스에 착화될 우려가 없도록 만들어진 구조는?

① 안전증방폭구조
② 본질안전방폭구조
③ 유입방폭구조
④ 내압방폭구조

70 정전전로에서의 전기작업을 위해 사업주는 근로자가 노출된 충전부 또는 그 부근에서 작업함으로써 감전될 우려가 있는 경우에는 작업에 들어가기 전에 해당 전로를 차단하여야 한다. 전로 차단 절차 중 틀린 것은?

① 전기기기 등에 공급되는 모든 전원을 관련 도면, 배선도 등으로 확인할 것
② 전원을 차단한 후 각 단로기 등을 폐로하고 확인할 것
③ 차단장치나 단로기 등에 잠금장치 및 꼬리표를 부착할 것
④ 개로된 전로에서 유도전압 또는 전기에너지가 축적되어 근로자에게 전기위험을 끼칠 수 있는 전기기기 등은 접촉하기 전에 잔류전하를 완전히 방전시킬 것

71 물과 반응하거나 또는 열에 의해 분해되어 산소를 발생하는 것은?

① 적린
② 과산화나트륨
③ 유황
④ 이황화탄소

72 위험물안전관리법령상 제3류 위험물이 아닌 것은?

① 황화린
② 금속나트륨
③ 황린
④ 금속칼륨

73 산업안전보건법령에서 정한 위험물을 기준량 이상으로 제조하거나 취급하는 설비 중 내부의 이상 상태를 조기에 파악하기 위하여 필요한 온도계 · 유량계 · 압력계 등의 계측장치를 설치하여야 하는 특수화학설비에 해당하지 않는 것은?

① 발열반응이 일어나는 반응장치
② 증류 · 정류 · 증발 · 추출 등 분리를 하는 장치
③ 가열시켜 주는 물질의 온도가 가열되는 위험물질의 분해온도 또는 발화점보다 높은 상태에서 운전되는 설비
④ 고로 등 점화기를 직접 사용하는 열교환기류

74 환풍기가 고장난 장소에서 인화성 액체를 취급할 때, 부주의로 마개를 막지 않았다. 여기서 작업자가 담배를 피우기 위해 불을 켜는 순간 인화성 액체에서 불꽃이 일어나는 사고가 발생하였다. 이와 같은 사고의 발생 가능성이 가장 높은 물질은? (단, 작업현장의 온도는 20℃이다.)

① 글리세린
② 중유
③ 디에틸에테르
④ 경유

75 연소의 3요소에 해당되지 않는 것은?

① 가연물
② 점화원
③ 연쇄반응
④ 산소공급원

76 프로판(C_3H_8) 1몰이 완전연소하기 위한 산소의 화학양론계수는 얼마인가?

① 2　　② 3
③ 4　　④ 5

77 다음 중 분해 폭발하는 가스의 폭발방지를 위하여 첨가하는 불활성가스로 가장 적합한 것은?

① 산소　　② 질소
③ 수소　　④ 프로판

78 다음 중 물 속에 저장이 가능한 물질은?

① 칼륨　　② 황린
③ 인화칼슘　　④ 탄화알루미늄

79 다음 중 건조설비의 사용상 주의사항으로 적절하지 않은 것은?

① 건조설비 가까이 가연성 물질을 두지 말 것
② 고온으로 가열 건조한 물질은 즉시 격리 저장할 것
③ 위험물 건조설비를 사용할 때는 미리 내부를 청소하거나 환기시킨 후 사용할 것
④ 건조시 발생하는 가스·증기 또는 분진에 의한 화재·폭발의 위험이 있는 물질은 안전한 장소로 배출할 것

80 할로겐화합물 소화약제의 소화작용과 같이 연소의 연속적인 연쇄반응을 차단, 억제 또는 방해하여 연소현상이 일어나지 않도록 하는 소화작용은?

① 부촉매 소화작용
② 냉각 소화작용
③ 질식 소화작용
④ 제거 소화작용

┃ 제5과목 : 건설공사 안전관리

81 다음 공사규모를 가진 사업장 중 유해위험방지계획서를 제출해야 할 대상 사업장은?

① 최대 지간길이가 40[m]인 교량 건설공사
② 연면적 4,000[m^2]인 종합병원 공사
③ 연면적 3,000[m^2]인 종교시설 공사
④ 연면적 6,000[m^2]인 지하도상가 공사

82 다음은 건설업 산업안전보건관리비 계상 및 사용기준의 적용에 관한 사항이다. 빈 칸에 들어갈 내용으로 옳은 것은?

> 「산업안전보건법」에서 규정하는 건설공사 중 총 공사금액 (　) 이상인 공사에 적용한다.

① 2천만 원
② 4천만 원
③ 8천만 원
④ 1억 원

83 히빙(heaving)현상에 대한 안전대책이 아닌 것은?

① 굴착 주변을 웰 포인트(well point) 공법과 병행한다.
② 시트파일(sheet pile) 등의 근입심도를 검토한다.
③ 굴착저면의 토사 등을 제거하여 하중을 경감시킨다.
④ 굴착배면의 상재하중을 제거하여 토압을 최대한 낮춘다.

84 낙하물에 의한 위험방지 조치의 기준으로서 옳은 것은?

① 높이가 최소 2m 이상인 곳에서 물체를 투하할 때는 적당한 투하설비를 갖춰야 한다.
② 낙하물방지망은 높이 12m 이내마다 설치한다.
③ 방호선반 설치 시 내민 길이는 벽면으로부터 2m 이상으로 한다.
④ 낙하물방지망의 설치각도는 수평면과 30~40°를 유지한다.

85 곤돌라형 달비계를 설치하는 경우 근로자 추락위험을 방지하기 위한 조치사항으로 옳지 않은 것은?

① 달비계에 구명줄을 설치할 것
② 근로자의 추락을 방지하기 위한 수직보호망을 설치할 것
③ 근로자에게 안전대를 착용하도록 하고 근로자가 착용한 안전줄을 달비계의 구명줄에 체결하도록 할 것
④ 달비계에 안전난간을 설치할 수 있는 구조인 경우에는 달비계에 안전난간을 설치할 것

86 시스템 동바리를 조립하는 경우 수직재와 받침철물 연결부의 겹침길이 기준으로 옳은 것은?

① 받침철물 전체길이의 1/2 이상
② 받침철물 전체길이의 1/3 이상
③ 받침철물 전체길이의 1/4 이상
④ 받침철물 전체길이의 1/5 이상

87 기계가 위치한 지면보다 높은 장소의 땅을 굴착하는 데 적합하며 산지에서의 토공사 및 암반으로부터의 점토질까지 굴착할 수 있는 건설장비의 명칭은?

① 파워셔블
② 불도저
③ 파일드라이버
④ 크레인

88 터널 등의 건설작업을 하는 경우 안전조치에 관한 사항으로 틀린 것은?

① 낙반 등에 의하여 근로자가 위험해질 우려가 있는 경우에 터널 지보공 및 록볼트의 설치, 부석의 제거 등 위험을 방지하기 위하여 필요한 조치를 하여야 한다.
② 해당 터널 내부의 화기나 아크를 사용하는 장소 또는 배전반, 변압기, 차단기 등을 설치하는 장소에 소화설비를 설치하여야 한다.
③ 터널 내부의 화기나 아크를 사용하는 장소에 방화담당자를 지정하여 필요한 업무를 이행하도록 하여야 한다
④ 낙반·출수 등에 의하여 산업재해가 발생할 급박한 위험이 있는 경우에는 안전담당자를 배치한 후 신속하게 작업을 진행하여야 한다.

89 항타기 또는 항발기의 권상용 와이어로프의 안전계수 기준으로 옳은 것은?

① 3 이상
② 5 이상
③ 8 이상
④ 10 이상

90 높이 2m를 초과하는 말비계를 조립하여 사용하는 경우 작업발판의 최소 폭 기준으로 옳은 것은?

① 20cm 이상
② 30cm 이상
③ 40cm 이상
④ 50cm 이상

91 철근의 가스절단 작업 시 안전상 유의해야 할 사항으로 옳지 않은 것은?

① 가연성 물질에 인접하여 용접작업할 때에는 소화기를 비치하여야 한다.
② 호스, 전선 등은 다른 작업장을 거치는 곡선상의 배선이어야 한다.
③ 전선의 경우 피복이 손상되어 있는지를 확인하여야 한다.
④ 호스는 작업 중에 겹치거나 밟히지 않도록 한다.

92 위험물질을 제조·취급하는 작업장과 그 작업장이 있는 건축물에 출입구 외에 안전한 장소로 대피할 수 있는 1개 이상의 비상구를 설치하는 기준으로 맞는 것은?

① 출입구와 같은 방향에 있도록 할 것
② 작업장의 각 부분으로부터 하나의 비상구 또는 출입구까지의 수평거리가 30미터 이하가 되도록 할 것.
③ 비상구의 너비는 0.75미터 이상으로 하고, 높이는 1.5미터 이상으로 할 것
④ 출입구로부터 2미터 이상 떨어져 있을 것

93 계단의 개방된 측면에 근로자의 추락 위험을 방지하기 위하여 안전난간을 설치하고자 할 때 그 설치기준으로 옳지 않은 것은?

① 안전난간은 상부 난간대, 중간 난간대, 발끝막이판 및 난간기둥으로 구성할 것
② 발끝막이판은 바닥면 등으로부터 10cm 이상의 높이를 유지할 것
③ 난간기둥은 상부 난간대와 중간 난간대를 견고하게 떠받칠 수 있도록 적정한 간격을 유지할 것
④ 난간대는 지름 1.5cm 이상의 금속제 파이프나 그 이상의 강도가 있는 재료일 것

94 철골공사 중 트랩을 이용해 승강할 때 안전과 관련된 항목이 아닌 것은?

① 수평구명줄
② 수직구명줄
③ 죔줄
④ 추락방지대

95 철골공사 시 도괴의 위험이 있어 강풍에 대한 안전 여부를 확인해야 할 필요성이 가장 높은 경우는?

① 연면적당 철골량이 일반 건물보다 많은 경우
② 기둥에 H형강을 사용하는 경우
③ 이음부가 공장용접인 경우
④ 단면구조가 현저한 차이가 있으며 높이가 20m 이상인 건물

96 콘크리트 양생작업에 관한 설명 중 옳지 않은 것은?

① 콘크리트 타설 후 소요기간까지 경화에 필요한 조건을 유지시켜주는 작업이다.
② 양생 기간 중에 예상되는 진동, 충격, 하중 등의 유해한 작용으로부터 보호하여야 한다.
③ 습윤양생 시 일광을 최대한 도입하여 수화작용을 촉진하도록 한다.
④ 습윤양생 시 거푸집판이 건조될 우려가 있는 경우에는 살수하여야 한다.

97 양중기에서 화물을 직접 지지하는 달기 와이어로프의 안전계수는 최소 얼마 이상으로 하여야 하는가?

① 2   ② 3
③ 5   ④ 10

98 다음은 산업안전보건기준에 관한 규칙 중 거푸집 동바리 조립도에 관한 사항이다. ( ) 안에 알맞은 것은?

> 가) 거푸집 및 동바리를 조립하는 경우에는 그 구조를 검토한 후 조립도를 작성하고, 그 조립도에 따라 조립하도록 해야 한다.
> 나) 조립도에는 거푸집 및 동바리를 구성하는 부재의 재질·(㉠)·(㉡) 및 이음방법 등을 명시해야 한다.

① ㉠ 단면규격   ㉡ 부재강도
② ㉠ 설치간격   ㉡ 기울기
③ ㉠ 단면규격   ㉡ 안전대책
④ ㉠ 단면규격   ㉡ 설치간격

99 사다리식 통로 등을 설치하는 경우 준수해야 할 기준으로 옳지 않은 것은?

① 발판과 벽과의 사이는 15cm 이상의 간격을 유지할 것
② 폭은 30cm 이상으로 할 것
③ 사다리의 상단은 걸쳐놓은 지점으로부터 60cm 이상 올라가도록 할 것
④ 사다리식 통로의 길이가 15미터 이상인 경우에는 10미터 이내마다 계단참을 설치할 것

100 차량계 건설기계 작업 시 기계의 전도, 전락 등에 의한 근로자의 위험을 방지하기 위한 유의사항과 가장 거리가 먼 것은?

① 지반의 부동침하방지
② 변속기능의 유지
③ 도로의 폭 유지
④ 갓길의 붕괴방지

2025년 8월 9일~9월 1일 CBT 기출복원문제

자격종목	시험시간	문항수	점수
산업안전산업기사	2시간 30분	100문항	

제1과목 산업재해 예방 및 안전보건교육

01 주요 구조 부분을 변경하는 경우 안전인증을 받아야 하는 기계·기구가 아닌 것은?

① 원심기
② 사출성형기
③ 압력용기
④ 고소작업대

02 불안과 스트레스에 관한 사항으로 틀린 것은?

① 불안은 직접적인 관찰이 힘들고 발생하는 원인이 다양하기 때문에 관점에 따라 주관적인 견해들이 있을 수 있다.
② 외부에서 주어지는 압력이란 뜻의 스트레스는 일상생활에서 받게 되는 다양한 자극에 대한 반응을 말하며, 여러 가지 현상을 동반하는 심리적, 신체적, 정서적 긴장상태를 의미한다.
③ 부정적인 용어로 많이 사용되지만, 어떻게 조절하고 적용하는가에 따라 긍정적인 영향으로 작용하기도 한다
④ 스트레스는 삶의 활력소 및 집중력 증가 등 긍정적인 영향을 주는 디스트레스(distress)와 정서적 불안감 등 부정적인 영향을 주는 유스트레스(eustress)로 이중성을 가지고 있다.

03 국제노동기구(ILO)에서 구분한 "일시 전노동 불능"에 관한 설명으로 옳은 것은?

① 부상의 결과로 근로기능을 완전히 잃은 부상
② 부상의 결과로 신체의 일부가 근로기능을 완전히 상실한 부상
③ 의사의 소견에 따라 일정 기간 동안 노동에 종사할 수 없는 상해
④ 의사의 소견에 따라 일시적으로 근로시간 중 치료를 받는 정도의 상해

04 교육훈련 평가의 4단계를 올바르게 나열한 것은?

① 학습 → 반응 → 행동 → 결과
② 학습 → 행동 → 반응 → 결과
③ 행동 → 반응 → 학습 → 결과
④ 반응 → 학습 → 행동 → 결과

05 매슬로우(Maslow)의 욕구 5단계 이론에 해당되지 않는 것은?

① 생리적 욕구
② 안전의 욕구
③ 사회적 욕구
④ 심리적 욕구

06 착시현상 중 그림과 같이 우선 평행의 호를 보고 이어 직선을 본 경우에 직선은 호와의 반대방향에 보이는 현상은?

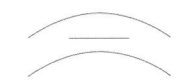

① 동화착오
② 분할착오
③ 윤곽착오
④ 방향착오

07 무재해운동 추진기법 중 다음에서 설명하는 것은?

> 작업을 오조작 없이 안전하게 하기 위하여 작업공정의 요소에서 자신의 행동을 하고 대상을 가리킨 후 큰 소리로 확인하는 것

① 지적확인
② T.B.M
③ 터치 앤드 콜
④ 삼각 위험예지훈련

08 하인리히(Heinrich)의 사고발생의 연쇄성 5단계 중 2단계에 해당되는 것은?

① 유전과 환경
② 개인적인 결함
③ 불안전한 행동
④ 사고

09 T.W.I(Training Within Industry)의 교육내용이 아닌 것은?

① Job Support Training
② Job Method Training
③ Job Relation Training
④ Job Instruction Training

10 주의(Attention)의 특징 중 여러 종류의 자극을 자각할 때, 소수의 특정한 것에 한하여 주의가 집중되는 것을 무엇이라 하는가?

① 선택성
② 방향성
③ 변동성
④ 검출성

11 산업안전보건법상 안전·보건 표지에서 기본모형의 색상이 빨간색이 아닌 것은?

① 폭발성물질경고
② 화기금지
③ 사용금지
④ 고온경고

12 OFF JT의 설명으로 틀린 것은?

① 다수의 근로자에게 조직적 훈련이 가능하다.
② 훈련에만 전념하게 된다.
③ 효과가 곧 업무에 나타나며 훈련의 좋고 나쁨에 따라 개선이 쉽다.
④ 교육훈련목표에 대해 집단적 노력이 흐트러질 수 있다.

13 산업안전보건법령에 따른 안전검사 대상 유해·위험 기계 등의 검사 주기 중 다음 ( ) 안에 들어갈 내용으로 알맞은 것은?

> 크레인(이동식 크레인은 제외), 리프트(이삿짐 운반용 리프트는 제외) 및 곤돌라는 사업장에 설치가 끝난 날부터 3년 이내에 최초 안전검사를 실시하되, 그 이후부터 (㉠)년마다(건설현장에서 사용하는 것은 최초로 설치한 날부터 (㉡)개월마다)

① ㉠ 1, ㉡ 4
② ㉠ 1, ㉡ 6
③ ㉠ 2, ㉡ 4
④ ㉠ 2, ㉡ 6

14 보호구 안전인증 고시에 따른 방독마스크 중 할로겐용 정화통 외부 측면의 표시 색으로 옳은 것은?

① 갈색　　　② 회색
③ 녹색　　　④ 노란색

15 직접 사람에게 접촉되어 위해를 가한 물체를 무엇이라 하는가?

① 낙하물　　② 비래물
③ 기인물　　④ 가해물

16 레빈(Lewin)의 법칙에서 환경조건(E)에 포함되는 것은?

$$B = f(P \cdot E)$$

① 지능　　　② 소질
③ 적성　　　④ 인간관계

17 교육의 기본 3요소에 해당하지 않는 것은?

① 교육의 형태
② 교육의 주체
③ 교육의 객체
④ 교육의 매개체

18 기기의 적정한 배치, 변형, 균열, 손상, 부식 등의 유무를 육안, 촉수 등으로 조사 후 그 설비별로 정해진 점검기준에 따라 양부를 확인하는 점검은?

① 외관점검
② 작동점검
③ 기능점검
④ 종합점검

19 산업안전보건법령상 공기압축기를 가동할 때의 작업시작 전 점검사항에 해당하지 않는 것은?

① 매니퓰레이터 작동의 이상 유무
② 드레인 밸브의 조작 및 배수
③ 압력방출장치의 기능
④ 언로드밸브의 기능

20 적응기제(Adjustment Mechanism) 중 방어적 기제(Defence Mechanism)에 해당하는 것은?

① 고립(Isolation)
② 퇴행(Regression)
③ 억압(Suppression)
④ 보상(Compensation)

▎제2과목 : 인간공학 및 위험성 평가 · 관리

21 인간공학의 연구방법에서 인간-기계 시스템을 평가하는 척도로서 인간기준이 아닌 것은?

① 사고빈도
② 객관적 반응
③ 인간성능 척도
④ 생리학적 지표

22. 위험성 평가의 실시시기에 관한 사항으로 틀린 것은?

① 최초평가는 사업장 성립(사업개시·실 착공일) 이후 1개월 이내 착수
② 수시평가는 기계·기구 등의 신규 도입·변경 등으로 인한 추가적 유해·위험요인에 대해 실시
③ 정기평가는 매 2년마다 전체 위험성 평가 결과의 적정성을 재검토하고, 필요시 감소대책 시행
④ 상시평가는 월·주·일 단위의 주기적 위험성 평가 및 결과 공유·주지 등의 조치를 실시하는 경우 정기·수시평가를 실시한 것으로 간주

23. "음의 높이, 무게 등 물리적 자극을 상대적으로 판단하는데 있어 특정 감각기관의 변화감지역은 표준자극에 비례한다"라는 법칙을 발견한 사람은?

① 핏츠(Fitts)
② 드루리(Drury)
③ 웨버(Weber)
④ 호프만

24. 설비의 이상상태 여부를 감시하여 열화의 정도가 사용한도에 이른 시점에서 부품교환 및 수리하는 설비보전 방법은?

① 예지보전
② 계량보전
③ 사후보전
④ 일상보전

25. 신뢰도가 동일한 부품 4개로 구성된 시스템 전체의 신뢰도가 가장 높은 것은?

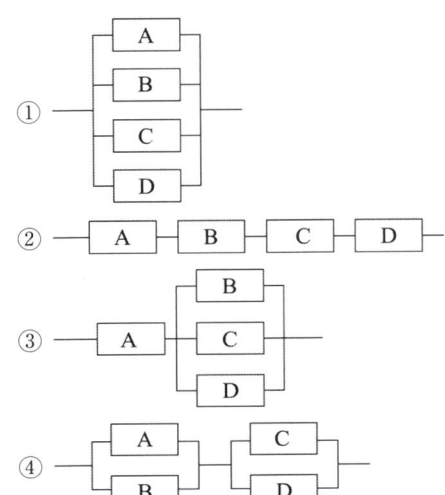

26. 고장의 발생상황 중 부적합품 제조, 생산과정에서의 품질관리 미비, 설계미숙 등으로 일어나는 고장은?

① 초기고장
② 마모고장
③ 우발고장
④ 품질관리고장

27. 기계의 고장률이 일정한 지수분포를 가지며, 고장률이 0.04/시간일 때, 이 기계가 10시간 동안 고장이 나지 않고 작동할 확률은 약 얼마인가?

① 0.40
② 0.67
③ 0.84
④ 0.96

28 청각적 표시의 원리로 조작자에 대한 입력신호는 꼭 필요한 정보만을 제공한다는 원리는?

① 양립성
② 분리성
③ 근사성
④ 검약성

29 불대수(Boolean algebra)의 관계식으로 맞는 것은?

① $A(A \cdot B) = B$
② $A + B = A \cdot B$
③ $A + A \cdot B = A \cdot B$
④ $A + B \cdot C = (A + B)(A + C)$

30 데이비스(K. Davis)의 동기부여이론 등식으로 옳은 것은?

① 지식 × 기능 = 태도
② 능력 × 동기유발 = 인간의 성과
③ 능력 × 상황 = 인간의 성과
④ 지식 × 상황 = 동기유발

31 인간실수의 가장 큰 주원인에 해당하는 것은?

① 기술수준
② 경험수준
③ 훈련수준
④ 인간 고유의 변화성

32 통신에서 잡음 중의 일부를 제거하기 위해 필터(Filter)를 사용하였다면 어느 것의 성능을 향상시키는 것인가?

① 신호의 양립성
② 신호의 산란성
③ 신호의 표준성
④ 신호의 검출성

33 청각적 자극제시와 이에 대한 음성응답과업에서 갖는 양립성에 해당하는 것은?

① 개념적 양립성
② 운동 양립성
③ 양식 양립성
④ 공간적 양립성

34 작업공간에서 부품배치의 원칙에 따라 레이아웃을 개선하려 할 때, 부품배치의 원칙에 해당하지 않는 것은?

① 편리성의 원칙
② 사용 빈도의 원칙
③ 사용 순서의 원칙
④ 기능별 배치의 원칙

35 시스템에 영향을 미치는 모든 요소의 고장을 형태별로 분석하여 그 영향을 검토하는 분석기법은?

① FTA
② CHECK LIST
③ FMEA
④ DECISION TREE

36 필요한 작업 또는 절차의 잘못된 수행으로 발생하는 과오는?

① 시간적 과오(time error)
② 생략적 과오(omission error)
③ 순서적 과오(sequential error)
④ 수행적 과오(commision error)

37 인간의 과오를 정량적으로 평가하기 위한 기법으로, 인간과오의 분류시스템과 확률을 계산하는 안전성 평가기법은?

① THERP
② FTA
③ ETA
④ HAZOP

38 다음의 인체측정자료의 응용원리를 설계에 적용하는 순서로 가장 적절한 것은?

> ㉠ 극단치 설계
> ㉡ 평균치 설계
> ㉢ 조절식 설계

① ㉠→㉡→㉢
② ㉢→㉡→㉠
③ ㉡→㉠→㉢
④ ㉢→㉠→㉡

39 인간 - 기계 시스템에서의 기본적인 기능에 해당하지 않는 것은?

① 행동 기능
② 정보의 설계
③ 정보의 수용
④ 정보의 저장

40 누적손상장애(CTDs)의 원인이 아닌 것은?

① 과도한 힘의 사용
② 높은 장소에서의 작업
③ 장시간 진동공구의 사용
④ 부적절한 자세에서의 작업

제3과목 : 기계 · 기구 및 설비 안전관리

41 프레스 등의 금형을 부착·해체 또는 조정 작업 중 슬라이드가 갑자기 작동하여 발생할 수 있는 위험을 방지하기 위하여 설치하는 것은?

① 방호 울
② 안전블록
③ 시건장치
④ 게이트 가드

42 롤러의 맞물림점 전방 60mm의 거리에 가드를 설치하고자 할 때 가드 개구부의 간격은? (단, 위험점이 전동체가 아닌 경우이다.)

① 12mm
② 15mm
③ 18mm
④ 20mm

43 밀링작업에 관한 설명으로 틀린 것은?

① 하향절삭은 날의 마모가 적고, 가공면이 깨끗하다.
② 상향절삭은 절삭열에 의한 치수정밀도의 변화가 적다.
③ 커터의 회전방향과 반대방향으로 가공재를 이송하는 것을 상향절삭이라고 한다.
④ 하향절삭은 커터의 회전방향과 같은 방향으로 일감을 이송하므로 백래시 제거장치가 필요없다.

44 컨베이어 작업 시 준수해야 할 사항이 아닌 것은?

① 운전 중인 컨베이어 등의 위로 근로자를 넘어가도록 하는 경우에는 위험을 방지하기 위한 건널다리를 설치하는 등 필요한 조치를 하여야 한다.
② 근로자를 운반 할 수 있는 구조가 아닌 운전중인 컨베이어에 근로자를 탑승시켜서는 안된다.
③ 작업 중 급정지를 방지하기 위하여 비상정지장치는 해체 후 작업해야 한다.
④ 트롤리 컨베이어에 트롤리와 체인·행거가 쉽게 벗겨지지 않도록 확실하게 연결시켜야 한다.

45 기계운동 형태에 따른 위험점 분류 중 다음에서 설명하는 것은?

> 고정부분과 회전하는 동작부분이 함께 만드는 위험점으로 연삭숫돌과 작업받침대, 교반기의 날개와 하우스, 또는 고정부분과 직선운동하는 기계부분 등이다.

① 끼임점 ② 접선물림점
③ 협착점 ④ 절단점

46 기계 고장률의 기본 모형에 해당하지 않는 것은?

① 예측 고장 ② 초기 고장
③ 우발 고장 ④ 마모 고장

47 크레인에 사용하는 방호장치가 아닌 것은?

① 과부하방지장치
② 가스집합장치
③ 권과방지장치
④ 제동장치

48 통로의 설치기준 중 ( ) 안에 공통적으로 들어갈 숫자로 옳은 것은?

> 사업주는 통로면으로부터 높이 ( )미터 이내에는 장애물이 없도록 하여야 한다. 다만, 부득이하게 통로면으로부터 높이 ( )미터 이내에 장애물을 설치할 수밖에 없거나 통로면으로부터 높이 ( )미터 이내의 장애물을 제거하는 것이 곤란하다고 고용노동부장관이 인정하는 경우에는 근로자에게 발생할 수 있는 부상 등의 위험을 방지하기 위한 안전조치를 하여야 한다.

① 1   ② 2
③ 1.5   ④ 2.5

49 프레스기에 사용되는 손쳐내기식 방호장치의 일반 구조에 대한 설명으로 틀린 것은?

① 슬라이드 하행정거리의 1/4 위치에서 손을 완전히 밀어내야 한다.
② 방호판의 폭은 금형폭의 1/2 이상이어야 하고, 행정길이가 300[mm] 이상의 프레스 기계에는 방호판 폭을 300[mm]로 해야 한다.
③ 부착볼트 등의 고정금속부분은 예리하게 돌출되지 않아야 한다.
④ 손쳐내기봉의 행정(Stroke) 길이를 금형의 높이에 따라 조정할 수 있고, 진동폭은 금형폭 이상이어야 한다.

50 다음 중 원심기에 적용하는 방호장치는?

① 덮개
② 권과방지장치
③ 리미트 스위치
④ 과부하 방지장치

51 롤러기에 사용되는 급정지장치의 종류가 아닌 것은?

① 손 조작식
② 발 조작식
③ 무릎 조작식
④ 복부 조작식

52 연간 근로자수가 300명인 A 공장에서 지난 1년간 1명의 재해자(신체장해등급:1급)가 발생하였다면 이 공장의 강도율은? (단, 근로자 1인당 1일 8시간씩 연간 300일을 근무하였다.)

① 4.27
② 6.42
③ 10.05
④ 10.42

53 다음은 지게차의 헤드가드에 관한 기준이다. ( ) 안에 들어갈 내용으로 옳은 것은?

> 지게차 사용 시 화물 낙하 위험의 방호조치 사항으로 헤드가드를 갖추어야 한다. 그 강도는 지게차 최대하중의 ( ) 값의 등분포정하중(等分布靜荷重)에 견딜 수 있어야 한다. 단, 그 값이 4톤을 넘는 것에 대하여서는 4톤으로 한다.

① 2배   ② 3배
③ 4배   ④ 5배

54 다음 중 보일러의 폭발사고 예방을 위한 장치로 가장 거리가 먼 것은?

① 압력제한 스위치
② 압력방출장치
③ 고저수위 조정장치
④ 화염검출기

55 산업안전보건법령상 회전 중인 연삭숫돌 지름이 최소 얼마 이상인 경우로서 근로자에게 위험을 미칠 우려가 있는 경우 해당 부위에 덮개를 설치하여야 하는가?

① 3cm 이상
② 5cm 이상
③ 10cm 이상
④ 20cm 이상

56 산업용 로봇 작업 시 안전조치 방법으로 틀린 것은?

① 높이 1.8m 이상의 울타리를 설치하거나 안전매트 또는 광전자식 방호장치 등 감응형 방호장치를 설치한다.
② 로봇의 조작방법 및 순서의 지침에 따라 작업한다.
③ 작업을 하고 있는 동안 해당 작업 근로자 이외에도 로봇의 기동스위치를 조작할 수 있도록 한다.
④ 2명 이상의 근로자에게 작업을 시킬 때는 신호 방법의 지침을 정하고 그 지침에 따라 작업한다.

57 프레스기의 방호장치의 종류가 아닌 것은?

① 가드식
② 초음파식
③ 광전자식
④ 양수조작식

58 선반작업에서 가공물의 길이가 외경에 비하여 과도하게 길 때, 절삭저항에 의한 떨림을 방지하기 위한 장치는?

① 센터
② 심봉
③ 방진구
④ 돌리개

59 재해원인 분석방법의 통계적 원인분석 중 다음에서 설명하는 것은?

> 사고의 유형, 기인물 등 분류항목을 큰 값에서 작은 값의 순서대로 도표화 한다.

① 파레토도
② 특성요인도
③ 크로스도
④ 관리도

60 기계설비 외형의 안전화 방법이 아닌 것은?

① 덮개
② 안전 색채 조절
③ 가드(guard)의 설치
④ 페일세이프(fail safe)

제4과목 : 전기 및 화학설비 안전관리

61 근로자가 노출된 충전부 또는 그 부분에서 작업함으로써 감전될 우려가 있는 경우에는 정전전로에서의 작업을 위해 작업에 들어가기 전 해당 전로를 차단하여야 한다. 전로차단 절차에 해당하지 않는 것은?

① 전원을 차단한 후 각 단로기 등을 개방하고 확인할 것
② 개로된 전로에서 유도전압 또는 전기에너지가 축적되어 근로자에게 전기위험을 끼칠 수 있는 전기기기 등은 접촉하기 전에 잔류전하를 완전히 방전시킬 것
③ 단시간에 끝나는 작업일 경우 전로를 차단하지 않고 작업원의 판단에 의해 작업할 것
④ 검전기를 이용하여 작업 대상 기기가 충전되었는지를 확인할 것

62 근로자가 충전전로를 취급하거나 그 인근에서 작업하는 경우 조치하여야 하는 사항으로 틀린 것은?

① 충전전로를 취급하는 근로자에게 그 작업에 적합한 절연용 보호구를 착용시킬 것
② 충전전로를 정전시키는 경우 차단장치나 단로기 등의 잠금장치 확인 없이 빠른시간 내에 작업을 완료할 것
③ 충전전로에 근접한 장소에서 전기작업을 하는 경우에는 해당 전압에 적합한 절연용 방호구를 설치할 것
④ 고압 및 특별고압의 전로에서 전기작업을 하는 근로자에게 활선작업용 기구 및 장치를 사용하도록 할 것

63 전기설비의 점화원 중 잠재적 점화원에 속하지 않는 것은?

① 전동기 권선
② 마그네트 코일
③ 케이블
④ 릴레이 전기접점

64 대전이 큰 얇은 층상의 부도체를 박리할 때 또는 얇은 층상의 대전된 부도체의 뒷면에 밀접한 접지체가 있을 때 표면에 연한 수지상의 발광을 수반하여 발생하는 방전은?

① 불꽃 방전
② 스트리머 방전
③ 코로나 방전
④ 연면 방전

65 방폭구조의 명칭과 표기기호가 잘못 연결된 것은?

① 안전증방폭구조 : e
② 유입(油入) 방폭구조 : o
③ 내압(耐壓) 방폭구조 : p
④ 본질안전방폭구조 : ia 또는 ib

66 다음 중 전선이 연소될 때의 단계별 순서로 가장 적절한 것은?

① 착화단계 → 순시용단 단계 → 발화단계 → 인화단계
② 인화단계 → 착화단계 → 발화단계 → 순시용단 단계
③ 순시용단 단계 → 착화단계 → 인화단계 → 발화단계
④ 발화단계 → 순시용단 단계 → 착화단계 → 인화단계

67 10[Ω]의 저항에 10[A]의 전류를 1분간 흘렸을 때의 발열량은 몇 [cal]인가?

① 1,800
② 3,600
③ 7,200
④ 14,400

68 다음 중 정전기의 발생요인으로 적절하지 않은 것은?

① 도전성 재료에 의한 발생
② 박리에 의한 발생
③ 유동에 의한 발생
④ 마찰에 의한 발생

69 교류아크 용접 작업 시 감전을 예방하기 위하여 사용하는 자동전격방지기의 2차 전압은 몇 V이하로 유지하여야 하는가?

① 25
② 35
③ 50
④ 40

70 접지에 관한 설명 중 옳지 않은 것은?

① 계통접지에는 TN계통, TT계통, IN계통이 있다.
② 전기기계·기구의 금속제 외함, 금속제 외피 및 철대에는 안전을 위해 접지를 해야한다.
③ 절연대 위 등과 같이 감전 위험이 없는 장소에서 사용하는 전기기계·기구에는 접지를 하지 않을 수 있다.
④ 고압 및 특고압의 전로에 시설하는 피뢰기 접지저항 값은 10Ω 이하로 하여야 한다.

71 최소 점화에너지(MIE)와 온도, 압력 관계를 옳게 설명한 것은?

① 압력, 온도에 모두 비례한다.
② 압력, 온도에 모두 반비례한다.
③ 압력에 비례하고, 온도에 반비례한다.
④ 압력에 반비례하고, 온도에 비례한다.

72 산업안전보건법령에서 규정한 위험물질을 기준량 이상으로 제조 또는 취급하는 특수화학설비에 설치하여야 할 계측장치가 아닌 것은?

① 온도계
② 유량계
③ 압력계
④ 경보계

73 공정별로 폭발을 분류할 때 물리적 폭발이 아닌 것은?

① 분해폭발
② 탱크의 감압폭발
③ 수증기 폭발
④ 고압용기의 폭발

74 사업주가 금속의 용접·용단 또는 가열에 사용되는 가스 등의 용기를 취급하는 경우에 준수하여야 하는 사항으로 틀린 것은?

① 용기의 온도를 섭씨 40도 이하로 유지할 것
② 전도의 위험이 없도록 할 것
③ 밸브의 개폐는 빠르게 할 것
④ 용해아세틸렌의 용기는 세워 둘 것

75 관로의 크기를 변경하고자 할 때 사용하는 관부속품은?

① 밸브(Valve)
② 엘보(Elbow)
③ 부싱(Bushing)
④ 플랜지(Flange)

76 산업안전보건법령에서 정한 위험물질의 종류에서 "물반응성 물질 및 인화성 고체"에 해당하는 것은?

① 니트로화합물
② 과염소산
③ 아조화합물
④ 칼륨

77 분진폭발에 대한 안전대책으로 적절하지 않은 것은?

① 분진의 퇴적을 방지한다.
② 점화원을 제거한다.
③ 입자의 크기를 최소화한다.
④ 불활성 분위기를 조성한다.

78 프로판(C_3H_8)의 완전연소 조성농도는 약 몇 vol%인가?

① 4.02
② 4.19
③ 5.05
④ 5.19

79 절연성 액체를 운반하는 관에서 정전기로 인해 일어나는 화재 및 폭발을 예방하기 위한 방법으로 가장 거리가 먼 것은?

① 유속을 줄인다.
② 관을 접지시킨다.
③ 도전성이 큰 재료의 관을 사용한다.
④ 관의 안지름을 작게 한다.

80 화재감지기의 종류 중 연기감지기의 작동 방식에 해당되는 것은?

① 차동식
② 보상식
③ 정온식
④ 이온화식

제5과목 : 건설공사 안전관리

81 굴착면 붕괴의 원인과 가장 관계가 먼 것은?

① 사면경사의 증가
② 성토 높이의 감소
③ 공사에 의한 진동하중의 증가
④ 굴착높이의 증가

82 물체를 투하할 때 투하설비를 설치하거나 감시인을 배치하는 등의 위험방지를 위한 조치를 하여야 하는 기준 높이는?

① 3m 이상　② 5m 이상
③ 7m 이상　④ 10m 이상

83 건설업 산업안전보건관리비 계상에서 대상액이 5억 원 미만인 건축공사의 적용비율은?

① 3.11%　② 2.28%
③ 3.15%　④ 2.37%

84 이동식사다리를 사용하여 작업하는 경우 준수해야 할 사항으로 틀린 것은?

① 이동식 사다리를 견고한 시설물에 연결하여 고정하는 등의 방법으로 사다리의 넘어짐을 방지하기 위한 조치를 할 것
② 이동식 사다리를 설치한 바닥면에서 높이 3.5미터 이하의 장소에서만 작업할 것
③ 높이가 1미터 이하인 이동식 사다리에서 작업할 경우 최상부 발판 및 그 하단 디딤대에 올라서서 작업하지 않을 것
④ 안전모를 착용하되, 작업 높이가 2미터 이상인 경우에는 안전모와 안전대를 함께 착용할 것

85 슬레이트 등 강도가 약한 재료로 덮은 지붕 위에서의 작업 중 위험방지를 위하여 필요한 발판의 폭 기준은?

① 10cm 이상　② 20cm 이상
③ 25cm 이상　④ 30cm 이상

86 굴착작업 시 근로자의 위험을 방지하기 위하여 해당 작업, 작업장에 대한 사전조사를 실시하여야 한다. 해당되는 사전 조사 항목과 가장 거리가 먼 것은?

① 균열·함수·용수 및 동결의 유무 또는 상태
② 지반 지표수의 상태
③ 형상·지질 및 지층의 상태
④ 매설물 등의 유무 또는 상태

87 점토질 지반의 침하 및 압밀 재해를 막기 위하여 실시하는 지반개량 탈수공법으로 적당하지 않은 것은?

① 샌드드레인 공법
② 생석회 공법
③ 진동 공법
④ 페이퍼드레인 공법

88 폭풍 등으로 인한 이상 유무 점검에 관한 보기의 내용 중 ( )에 들어갈 알맞은 내용은?

> 순간풍속이 ( )를 초과하는 바람이 불거나 중진(中震) 이상 진도의 지진이 있은 후에 옥외에 설치되어 있는 양중기를 사용하여 작업을 하는 경우에는 미리 기계 각 부위에 이상이 있는지를 점검하여야 한다.

① 초당 10미터　② 초당 15미터
③ 초당 30미터　④ 초당 35미터

89 차량계 하역운반기계 등에 화물을 적재하는 경우 준수하여야 할 사항으로 가장 거리가 먼 것은?

① 하중이 한쪽으로 치우치지 않도록 적재할 것
② 구내운반차 또는 화물자동차의 경우 화물의 붕괴 또는 낙하에 의한 위험을 방지하기 위하여 화물에 로프를 거는 등 필요한 조치를 할 것
③ 운전자의 시야를 가리지 않도록 화물을 적재할 것
④ 제동장치 및 조정장치 기능의 이상 유무를 점검할 것

90 보일링(Boiling) 현상에 관한 설명으로 옳지 않은 것은?

① 지하수위가 높은 모래 지반을 굴착할 때 발생하는 현상이다.
② 보일링 현상에 대한 대책의 일환으로 공사기간 중 지하수위는 일정하게 유지시켜야 한다.
③ 흙막이 근입깊이를 깊게 하는 것은 보일링을 예방하는 방법이 될 수 있다
④ 아랫부분의 토사가 수압을 받아 굴착한 곳으로 밀려나와 굴착부분을 다시 메우는 현상이다.

91 산업안전보건법령에 따른 가설통로의 구조에 관한 설치기준으로 옳지 않은 것은?

① 경사가 15°를 초과하는 경우에는 미끄러지지 아니하는 구조로 할 것
② 추락할 위험이 있는 장소에는 안전난간을 설치할 것
③ 수직갱에 가설된 통로의 길이가 10m 이상인 경우에는 5m 이내마다 계단참을 설치할 것
④ 건설공사에 사용하는 높이 8m 이상인 비계다리에는 7m 이내마다 계단참을 설치할 것

92 비탈면 붕괴를 방지하기 위한 방법으로 옳지 않은 것은?

① 비탈면 상부의 토사 제거
② 지하 배수공 시공
③ 비탈면 하부의 성토
④ 비탈면 내부 수압의 증가 유도

93 철골 작업 시 위험방지를 위해 작업을 중지해야 하는 기준으로 옳은 것은?

① 강설량이 시간당 1mm 이상인 경우
② 강우량이 시간당 1mm 이상인 경우
③ 풍속이 초당 20m 이상인 경우
④ 강설량이 시간당 10cm 이상인 경우

94 발파작업에 종사하는 근로자가 준수해야 할 사항으로 옳지 않은 것은?

① 화약이나 폭약을 장전하는 경우에는 그 부근에서 화기를 사용하거나 흡연을 하지 않도록 할 것
② 장전구(裝塡具)는 마찰·충격·정전기 등에 의한 폭발의 위험이 없는 안전한 것을 사용할 것
③ 발파공의 충진재료는 점토·모래 등 발화성 또는 인화성의 위험이 없는 재료를 사용할 것
④ 전기뇌관에 의한 발파의 경우 점화하기 전에 화약류를 장전한 장소로부터 15미터 이상 떨어진 안전한 장소에서 전선에 대하여 저항측정 및 도통(導通)시험을 할 것

95 유해·위험 방지계획서 작성 대상 공사의 기준으로 옳지 않은 것은?

① 지상높이 31m 이상인 건축물 또는 인공구조물 공사
② 저수용량 1천만 톤 이상인 용수 전용 댐
③ 최대 지간길이 50m 이상인 다리의 건설 등 공사
④ 깊이 10m 이상인 굴착공사

96 콘크리트를 타설할 때 안전상 유의해야 할 사항으로 거리가 먼 것은?

① 콘크리트를 타설하는 경우에는 편심이 발생하지 않도록 골고루 분산하여 타설할 것
② 진동기를 가능한 많이 사용할수록 거푸집에 작용하는 측압상 안전하다.
③ 콘크리트 타설작업 시 거푸집 붕괴의 위험이 발생할 우려가 있으면 충분한 보강조치를 할 것
④ 최상부의 슬래브는 이어붓기를 피하고 동시에 전체를 타설할 것

97 동바리를 조립하는 경우 하중의 지지상태를 유지할 수 있도록 준수해야 할 사항으로 옳지 않은 것은?

① 개구부 상부에 동바리를 설치하는 경우에는 상부하중을 견딜 수 있는 견고한 받침대를 설치할 것
② 동바리의 이음은 서로 다른 품질의 재료를 사용할 것
③ 강재의 접속부 및 교차부는 볼트·클램프 등 전용철물을 사용하여 단단히 연결할 것
④ 거푸집의 형상에 따른 부득이한 경우를 제외하고는 깔판이나 받침목은 2단 이상 끼우지 않도록 할 것

98 셔블계 굴착기계에 관한 설명 중 틀린 것은?

① 클램쉘은 지반아래 협소하고 깊은 수직굴착에 주로 사용되며, Bucket이 양쪽으로 개폐된다
② 파워셔블은 기계가 위치한 지면보다 낮은 곳을 굴착할 때 유용하다.
③ 드래그 라인은 연한토질을 굴착할 때 사용되며 기계 위치보다 낮은 곳 또는 높은 곳 작업이 가능하다.
④ 백호우는 기초 굴착작업이나 도랑파기에 사용된다.

99 다음은 공사진척에 따른 안전관리비의 사용기준이다. ( )에 들어갈 내용으로 옳은 것은?

공정률	50% 이상 70% 미만	70% 이상 90% 미만	90% 이상
사용기준	( )	70% 이상	90% 이상

① 30% 이상
② 40% 이상
③ 50% 이상
④ 60% 이상

100 고소작업대를 사용하는 경우 준수해야 할 사항으로 옳지 않은 것은?

① 안전한 작업을 위하여 적정수준의 조도를 유지할 것
② 전로(電路)에 근접하여 작업을 하는 경우에는 작업감시자를 배치하는 등 감전사고를 방지하기 위하여 필요한 조치를 할 것
③ 작업대의 붐대를 상승시킨 상태에서 탑승자는 작업대를 벗어나지 말 것
④ 전환스위치는 다른 물체를 이용하여 고정할 것

2025년 CBT 기출복원문제 정답 및 해설

2025년 2월 7일~3월 4일 CBT 기출복원문제

01	02	03	04	05	06	07	08	09	10	11	12	13	14	15	16	17	18	19	20
②	①	③	④	①	②	③	④	②	④	①	④	③	③	③	②	②	③	④	④
21	22	23	24	25	26	27	28	29	30	31	32	33	34	35	36	37	38	39	40
④	④	②	④	③	①	④	③	①	①	④	③	②	②	③	③	④	①	②	①
41	42	43	44	45	46	47	48	49	50	51	52	53	54	55	56	57	58	59	60
③	②	④	④	①	④	③	①	④	②	③	④	③	④	③	③	②	③	④	①
61	62	63	64	65	66	67	68	69	70	71	72	73	74	75	76	77	78	79	80
①	③	④	②	②	①	②	③	②	②	④	①	③	①	④	④	②	②	①	②
81	82	83	84	85	86	87	88	89	90	91	92	93	94	95	96	97	98	99	100
②	①	④	④	①	③	①	①	④	④	④	①	③	②	②	③	④	②	①	①

제1과목 : 산업재해 예방 및 안전보건교육

01 빈출 ▶ ②

유도운동
① 실제로는 정지한 물체가 어느 기준물체의 이동에 유도되어 움직이는 것처럼 느끼는 현상
② 출발하는 자동차의 창문으로 길가의 가로수를 볼 때 가로수가 움직이는 것처럼 보이는 현상

tip
착각현상의 종류에는 자동운동(암실 내에 정지된 작은 광점이나 밤하늘의 별), 유도운동, 가현운동(정지하고 있는 대상물이 빠르게 나타나거나 사라지는 것)이 있다.

02 ▶ ①

기본모형

금지표지	경고표지	안내
(그림)	(그림)	(그림)

03 ▶ ③

지도자에게 주어진 세력(권한)의 유형

조직이 지도자에게 부여하는 세력	① 보상 세력(reward power) ② 강압 세력(coercive power) ③ 합법 세력(legitimate power)
지도자 자신이 자신에게 부여하는 세력	① 준거 세력(referent power) ② 전문 세력(expert power)

04 ▶ ④

1단계 안전조직의 내용
① 경영자의 안전목표 설정
② 안전관리자 등의 선임
③ 안전의 라인 및 스텝조직
④ 조직을 통한 안전활동 전개
⑤ 안전활동 방침 및 계획수립

tip
안전회의 및 토의는 제2단계 사실의 발견내용에 해당된다.

05 빈출 ▶ ①

보안경의 종류 및 사용 구분
① 자율안전확인 : 유리보안경, 프라스틱보안경, 도수렌즈보안경
② 안전인증(차광보안경) : 자외선용, 적외선용, 복합용, 용접용

06 ▶ ②
물질안전보건자료의 게시 또는 비치에 관한 보좌 및 지도·조언은 보건관리자의 업무

07 빈출 ▶ ③
턱끈풀림 시험
150N 이상 250N 이하에서 턱끈이 풀려야 한다.

08 ▶ ④
하인리히(H.W.Heinrich) 방식 (1:4원칙)
① 직접손실비용 : 간접손실비용 = 1 : 4 (1대 4의 경험법칙)
② 총재해손실비용 = 직접비 + 간접비 = 직접비 × 5
③ 총재해손실비용 = 3조1,600억 × 5 = 15조 8,000억

09 ▶ ②
밀폐공간에서의 작업 시 특별안전보건교육의 내용
① 산소농도 측정 및 작업환경에 관한 사항
② 사고 시의 응급처치 및 비상시 구출에 관한 사항
③ 보호구 착용 및 보호 장비 사용에 관한 사항
④ 작업내용·안전작업방법 및 절차에 관한 사항
⑤ 장비·설비 및 시설 등의 안전점검에 관한 사항
⑥ 그 밖에 안전·보건관리에 필요한 사항

10 ▶ ④
암시(suggestion)
다른 사람으로부터의 판단이나 행동을 무비판적으로 논리적, 사실적 근거 없이 받아들이는 것(다수 의견이나 전문가, 권위자, 존경하는 자 등의 행동이나 판단 등)

11 ▶ ①
모랄 서베이의 기대효과
① 경영관리 개선의 자료수집
② 근로자의 심리, 욕구파악 → 불만해소 → 근로의욕 향상
③ 근로자의 정화작용 촉진

12 빈출 ▶ ④
안전보건표지의 색채 및 색도기준

색채	색도기준	용도	형태별 색채기준
빨간색	7.5R 4/14	금지	바탕은 흰색, 기본모형은 빨간색, 관련부호 및 그림은 검은색
		경고	바탕은 노란색, 기본모형·관련부호 및 그림은 검은색
노란색	5Y 8.5/12	경고	
파란색	2.5PB 4/10	지시	바탕은 파란색, 관련 그림은 흰색
녹색	2.5G 4/10	안내	바탕은 흰색, 기본모형 및 관련부호는 녹색, 바탕은 녹색, 관련부호 및 그림은 흰색

tip
고온경고는 바탕은 노란색, 기본모형·관련부호 및 그림은 검은색에 해당된다.

13 ▶ ③
관리감독자 정기교육(2025년 개정내용 적용)
① 산업안전 및 산업재해 예방에 관한 사항(화재·폭발 사고 발생 시 대피에 관한 사항을 포함한다)
② 산업보건 및 건강장해 예방에 관한 사항(폭염·한파작업으로 인한 건강장해 발생 시 응급조치에 관한 사항을 포함한다)
③ 위험성평가에 관한 사항
④ 유해·위험 작업환경 관리에 관한 사항
⑤ 산업안전보건법령 및 산업재해보상보험 제도에 관한 사항
⑥ 직무스트레스 예방 및 관리에 관한 사항
⑦ 직장 내 괴롭힘, 고객의 폭언 등으로 인한 건강장해 예방 및 관리에 관한 사항
⑧ 작업공정의 유해·위험과 재해 예방대책에 관한 사항
⑨ 사업장 내 안전보건관리체제 및 안전·보건조치 현황에 관한 사항
⑩ 표준안전 작업방법 결정 및 지도·감독 요령에 관한 사항
⑪ 현장근로자와의 의사소통능력 및 강의능력 등 안전보건교육 능력 배양에 관한 사항
⑫ 비상시 또는 재해 발생 시 긴급조치에 관한 사항
⑬ 그 밖의 관리감독자의 직무에 관한 사항

14 빈출 ▶ ③
OJT의 특징
① 직장의 현장실정에 맞는 구체적이고 실질적인 교육이 가능하다.
② 교육의 효과가 업무에 신속하게 반영된다.
③ 교육의 이해도가 빠르고 동기부여가 쉽다.
④ 개인의 능력과 적성에 알맞은 맞춤교육이 가능하다.
⑤ 교육으로 인해 업무가 중단되는 업무손실이 적다.

tip
다수의 근로자에게 조직적 훈련을 행하는 것은 현장을 떠난 집체교육(Off.J.T)의 장점이다.

15 ▶ ③
하인리히의 재해구성비율(1 : 29 : 300)
① 한사람의 중상자가 발생하면 동일한 원인으로 29명의 경상자가 생기고 부상을 입지 않은 무상해사고가 300번 발생한다는 이론
② 무상해 사고 = $\frac{87}{29} \times 300 = 900$(건)

16 빈출 ▶ ②
불안전한 행동(인적 원인)과 불안전한 상태(물질 원인)는 직접원인에 해당된다.

17 ▶ ②
경고표지
① 경고표지 중 인화성물질경고·산화성물질경고·폭발성물질경고·급성독성물질경고·부식성물질경고 및 발암성·변이원성·생식독성·전신독성·호흡기과민성물질경고는 기본모형이 마름모 형태이고 바탕은 무색, 기본모형은 빨간색(검은색도 가능)
② 그 외의 경고표지는 기본모형이 삼각형이고 검은색이며 바탕은 노란색 관련부호 및 그림은 검은색

18 ▶ ③
라인스탭형의 특징
① 라인에서 안전보건 업무가 수행되어 안전보건에 관한 지시 명령조치가 신속, 정확하게 전달, 수행
② 안전보건의 전문지식이나 기술축적 용이(당해 사업장에 적합한 대책수립 가능)
③ 스탭에서 안전에 관한 기획, 조사, 검토 및 연구를 수행
④ 라인에는 생산과 안전에 관한 책임과 권한이 동시에 부여(안전보건 업무와 생산 업무의 균형 유지)
⑤ 근로자 1,000명 이상의 대규모 사업장에 적합

19 ▶ ④
상황성 누발자
① 작업 자체가 어렵기 때문
② 기계설비의 결함 존재
③ 주위 환경상 주의력 집중 곤란
④ 심신에 근심 걱정이 있기 때문

20 빈출 ▶ ④
동일화
무의식적으로 다른 사람을 닮아가는 현상으로 특히 자신에게 위협적인 대상이나 자신의 이상형과 자신을 동일시함으로써 열등감을 이겨내고 만족감을 느낌

제2과목 : 인간공학 및 위험성 평가·관리

21 빈출 ▶ ④
레윈(K. Lewin)의 행동법칙
B = f(P · E)
B : Behavior(인간의 행동)
f : function(함수관계) P·E에 영향을 줄 수 있는 조건
P : person(개체 : 연령, 경험, 심신상태, 성격, 지능 등)
E : Environment(심리적 환경-인간관계, 작업환경, 설비적 결함 등)

22 ▶ ④
정보보관
① 인간 - 기억
② 기계 - 펀치카드, 자기테이프, 기록, 자료표, 녹음테이프
③ 저장방법 - 부호화, 암호화

23 빈출 ▶ ②
인체계측자료의 응용원칙
① 극단적인 사람을 위한 설계(극단치 설계) : 최대집단치, 최소집단치
② 조절식 설계 : 사무실 의자의 높낮이 조절, 자동차 좌석의 전후조절 등 여러 사람이 사용 가능하도록 조절해야 하는 경우
③ 평균치를 기준으로 한 설계 : 가게나 은행의 계산대 등 최대집단치나 최소 집단치 또는 조절식으로 설계하기가 부적절하거나 불가능할 경우

24 ▶ ④
논리 게이트 기호

  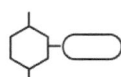

(a) AND 게이트 (b) OR 게이트 (c) 억제 게이트 (d) 부정 게이트

① AND 게이트에는 「·」를 OR게이트에는 「+」를 표기하는 경우도 있다.
② 억제(제어) 게이트 : 수정기호를 병용해서 게이트 역할
③ 부정 게이트 : 입력사상의 반대사상이 출력

25 ▶ ③

THERP
시스템에 있어서 인간의 과오를 정량적으로 평가하기 위해 개발된 기법 (Swain 등에 의해 개발된 인간실수 예측기법)

26 ▶ ①

신체 골격구조(뼈의 주요 기능)
① 신체 중요부분의 보호
② 신체의 지지 및 형상 유지
③ 신체활동 수행
④ 골수에서 혈구세포를 만드는 조혈기능
⑤ 칼슘, 인 등의 무기질 저장 및 공급기능

27 ▶ ④

작업기억
현재 주의를 기울여 의식하고 있는 기억으로 감각기관을 통해 입력된 정보를 단기적으로 기억하며 능동적으로 이해하고 조작하는 과정을 말한다.

28 ▶ ③

산업재해의 기본원인 4M 중 작업적 요인(Media)
① 작업의 내용, 방법, 정보 등의 작업방법적 요인
② 작업을 실시하는 장소에 관한 작업환경적 요인

29 ▶ ①

사업이 성립된 날(사업 개시일, 실착공일)로부터 1개월이 되는 날까지 위험성평가의 대상이 되는 유해·위험요인에 대한 최초 위험성평가의 실시에 착수하여야 한다.

30 ▶ ①

안전성 평가의 기본원칙(5단계)
① 제1단계 : 관계자료의 작성준비
② 제2단계 : 정성적 평가
③ 제3단계 : 정량적 평가
④ 제4단계 : 안전대책
⑤ 제5단계 : 재평가

tip
재평가를 재해정도에 의한 재평가와 FTA에 의한 재평가로 분류하여 6단계로 구분하는 경우도 있음.

31 빈출 ▶ ④

미니멀 패스셋
① 쌍대 FT란 원래 FT의 이론곱은 이론합으로 이론합은 이론곱으로 치환해 모든 사상은 그것들이 일어나지 않는 경우에 대해 생각한 FT이다.
② 쌍대 FT에서 미니멀 컷을 구하면 그것은 원래 FT의 미니멀 패스가 된다.

32 ▶ ③

헤드업 표시(HUD: Head-up display)
정보를 방풍유리나 헬멧의 차양판 등을 통하여 외부와 중첩시켜서 표시하는 장치

33 ▶ ②

위험지속기호
입력사상이 생겨 어떤 일정한 시간이 지속했을 때 출력이 발생한다. 만약 지속되지 않으면 출력은 발생하지 않는다.

34 ▶ ②

정보량(실현확률을 P라고 하면)
$$H = \log_2 \frac{1}{P}$$

① 앞면 : $\log_2 \frac{1}{0.6}$ = 0.737bit
② 뒷면 : $\log_2 \frac{1}{0.4}$ = 1.322bit

35 ▶ ②

조도 = $\frac{광도}{거리^2}$

① 광도 = 300 × 9 = 2,700cd
② 조도 = $\frac{2700}{2^2}$ = 675Lux

36 빈출 ▶ ②

조정장치의 촉각적 암호화
① 형상을 구별하여 사용하는 경우
② 표면촉감을 사용하는 경우
③ 크기를 구별하여 사용하는 경우

37 ④

개선 대책(공학적 · 관리적)의 종류

공학적 방법	① 인터록 ② 안전장치 ③ 방호문 ④ 국소배기장치 설치 등
관리적 방법	① 작업매뉴얼을 정비 ② 출입금지 · 작업허가 제도를 도입 ③ 근로자들에게 주의사항을 교육하는 등

38 ①

서블릭의 분류

효율적인 therblig	기본적인 동작	빈손이동, 운반, 쥐기, 내려놓기, 미리놓기
	동작의 목적을 가지는 동작	사용, 조립, 분해
비효율적인 therblig	정신적 또는 반정신적 동작	찾기, 고르기, 바로놓기, 검사, 계획
	정체적인 부분의 동작	불가피한 지연, 피할 수 있는 지연, 휴식, 잡고있기

39 ②

인간-기계 시스템

인간-기계 시스템 설계 시 사람의 심리, 생리, 체격 등에 맞추어 기계를 인간에게 접합시키는 인간공학적인 방법을 고려하여야 한다.

40 ①

소음관리(소음통제 방법)

가장 적극적인 대책은 소음원을 제거하는 것이며, 그 다음으로 소음원의 통제, 소음의 격리, 차음장치 및 흡음재 사용, 보호구 착용 등의 대책이 있다.

3과목 기계 · 기구 및 설비 안전관리

41 ③

구내운반차의 준수사항(보기 외에)
① 전조등과 후미등을 갖출 것(작업을 안전하게 하기 위하여 필요한 조명이 있는 장소에서 사용하는 구내운반차는 제외)
② 구내운반차가 후진 중에 주변의 근로자 또는 차량계하역운반기계 등과 충돌할 위험이 있는 경우에는 구내운반차에 후진경보기와 경광등을 설치할 것

42 ②

위험점의 분류
① 협착점(Squeeze-point)
② 끼임점(Shear-point)
③ 절단점(Cutting-point)
④ 물림점(Nip-point)
⑤ 접선 물림점(Tangential Nip-point)
⑥ 회전 말림점(Trapping-point)

43 빈출 ④

플랜지의 직경
① 플랜지의 직경은 숫돌직경의 1/3 이상인 것을 사용한다.
② $180 \times \dfrac{1}{3} = 60\,(\text{mm})$

44 빈출 ④

안전블록

프레스 등의 금형을 부착, 해체, 조정작업 시 슬라이드의 불시하강 방지를 위해 설치

45 ①

드릴 작업 시 안전대책
① 일감은 견고히 고정, 손으로 잡고 하는 작업금지
② 드릴 끼운 후 척 렌치는 반드시 빼둘 것
③ 장갑 착용 금지 및 칩은 브러시로 제거
④ 구멍 뚫기 작업 시 손으로 관통확인 금지
⑤ 구멍이 관통된 후에는 기계정지 후 손으로 돌려서 드릴을 뺄 것

46 ①

격리형 방호장치
① 완전 차단형
② 덮개형
③ 울타리(안전방책)

47 빈출 ③

위치 제한형 방호장치
① 기계의 조작장치를 일정거리 이상 떨어지게 설치하여 작업자의 신체 부위가 위험 범위 밖에 있도록 하는 방법
② 프레스의 양수 조작식 방호 장치

48 빈출 ①

칩 브레이커

선반작업에서 길게 형성되는 절삭 칩을 바이트를 사용하여 절단해주는 장치

49 ▶ ③

응력집중
응력의 국부적인 집중현상으로 인하여 물체에 외력을 가할 때 재료에 구멍이나 노치 등이 있을 경우, 예리하게 도려진 밑부분에는 평활한 부분에 비해 국부적으로 매우 큰 응력이 발생한다.

50 빈출 ▶ ②

발끝막이판
바닥면 등으로부터 10센티미터 이상의 높이를 유지할 것(물체가 떨어지거나 날아올 위험이 없거나 그 위험을 방지할 수 있는 망을 설치하는 등 필요한 예방조치를 한 장소 제외)

51 ▶ ③

아세틸렌 용접장치의 역화원인
① 압력 조정기 고장
② 산소공급이 과다할 경우
③ 토치 팁에 이물질이 묻었을 때
④ 과열되었을 경우
⑤ 토치의 성능이 불량할 때

52 빈출 ▶ ③

와이어로프의 사용제한 조건
① 이음매가 있는 것
② 와이어로프의 한 꼬임(스트랜드)에서 끊어진 소선(필러선 제외)의 수가 10%이상 인 것
③ 지름의 감소가 공칭지름의 7%를 초과하는 것
④ 꼬인 것
⑤ 심하게 변형되거나 부식된 것
⑥ 열과 전기충격에 의해 손상된 것

53 ▶ ③

롤러의 급정지 거리
① 표면속도(V) = $\dfrac{\pi \times 200 \times 30}{1,000}$ = 18.84m/분

따라서 30m/분 미만이므로 급정지거리는 앞면 롤러 원주의 1/3 이내에 해당된다.

② 앞면 롤러 원주 : 200 × 3.14 = 628mm
③ 급정지 거리 : 628 × $\dfrac{1}{3}$ = 209.333mm

54 ▶ ④

선반의 방호장치
① 실드(Shield)
② 척 커버(Chuck Cover)
③ 칩 브레이커
④ 급정지 브레이크

55 ▶ ①

연삭기 덮개의 설치방법
① 탁상용 연삭기의 노출각도는 80° 이내로 하되, 숫돌의 주축에서 수평면 위로 이루는 원주 각도는 65° 이상이 되지 않도록 하여야한다.
② 연삭숫돌의 상부를 사용하는 것을 목적으로 하는 연삭기는 60° 이내로 한다.
③ 휴대용 연삭기는 180° 이내로 한다.
④ 원통형 연삭기는 180° 이내로 하되, 숫돌의 주축에서 수평면 위로 이루는 원주각도는 65° 이상이 되지 않도록 하여야한다
⑤ 절단 및 평면 연삭기는 150° 이내로 하되, 숫돌의 주축에서 수평면 밑으로 이루는 덮개의 각도는 15° 이상이 되도록 하여야 한다.

56 ▶ ③

구조부분의 안전화
① 설계상의 안전화
② 재료선정의 안전화
③ 가공 시의 안전화

tip
오동작 방지 회로는 기능상의 안전화에 해당된다.

57 빈출 ▶ ②

조작부의 종류별 설치위치

조작부의 종류	설치위치
손조작식	밑면에서 1.8m 이내
복부조작식	밑면에서 0.8m 이상 1.1m 이내
무릎조작식	밑면에서 0.6m 이내

58 ▶ ③

로프에 걸리는 총하중 계산
① 동하중(W_2) = $\dfrac{W_1}{g} \times a = \dfrac{1,000}{10} \times 20$ = 2,000kgf
② 총하중(W) = 정하중(W_1) + 동하중(W_2)
   = 1,000 + 2,000 = 3,000kgf

59 ▶ ④
칩브레이커는 선반의 방호장치이며, 밀링의 칩은 가장 가늘고 예리하므로 반드시 브러시로 제거해야 한다.

60 ▶ ①
프레스 작업시작 전 점검사항(문제의 보기 외에)
① 크랭크축·플라이휠·슬라이드·연결봉 및 연결나사의 풀림유무
② 슬라이드 또는 칼날에 의한 위험방지 기구의 기능
③ 방호장치의 기능
④ 전단기의 칼날 및 테이블의 상태

4과목 전기 및 화학설비 안전관리

61 ▶ ①
분진 폭발의 과정
분진의 퇴적 → 비산하여 분진운 생성 → 분산 → 점화원 → 폭발 → 2차 폭발

62 빈출 ▶ ③
연소의 종류
① 기체연소 : 확산연소, 예혼합연소
② 액체연소 : 증발연소, 분무연소, 분해연소
③ 고체연소 : 표면연소, 분해연소, 증발연소, 자기연소

63 ▶ ④
메탄의 연소 반응식
$CH_4 + 2O_2 → CO_2 + 2H_2O$

64 ▶ ②
물반응성 물질 및 인화성고체
① 리튬
② 칼륨·나트륨
③ 황
④ 황린
⑤ 알킬알루미늄·알킬리튬
⑥ 마그네슘 분말 등

65 ▶ ②
분진폭발
① 가스폭발과 비교하여 작지만 연소시간이 길고, 발생에너지가 크기 때문에 파괴력과 타는 정도가 크다.
② 화염속도보다는 압력속도가 훨씬 빠르다.
③ 가연물의 탄화로 인하여 인체에 닿을 경우 심한 화상을 입는다.
④ 폭발에 의한 폭풍이 주위 분진을 날려 2차, 3차 폭발로 인한 피해가 확산된다.
⑤ 가스에 비해 불완전연소의 가능성이 커서 일산화탄소의 존재로 인한 가스중독의 위험이 있다.

66 ▶ ①
0종 장소에는 본질안전방폭구조(ia)만 사용가능하며, 비점화방폭구조(n)는 1종 장소에는 사용할 수 없으며 2종 장소에만 사용할 수 있다.

67 ▶ ②
질산은 산화성 액체에 해당하는 위험물로 조연성 물질에 해당된다.

68 ▶ ③
정전기 에너지
$W = \frac{1}{2}QV = \frac{1}{2}CV^2 = \frac{1}{2}\frac{Q^2}{C}(J)$ 이므로
$V = \sqrt{\frac{0.25 \times 10^{-3} \times 2}{10 \times 10^{-12}}} = 7071.06 = 7.07 \times 10^3 (V)$

69 빈출 ▶ ②
화재의 종류
① A급 화재 : 일반화재
② B급 화재 : 유류화재
③ C급 화재 : 전기화재
④ D급 화재 : 금속화재

70 ▶ ②
가스의 압력이 높아지면 하한값은 큰 변화가 없으나 상한값은 높아진다.

71 ▶ ④
기기보호등급(EPL)
① EPL Ga : 폭발성 가스분위기에 설치되는 기기로 정상작동, 예상된 오작동 또는 드문 오작동 중에 점화원이 될 수 없는 "매우 높은" 보호등급의 기기
② EPL Gb : 폭발성 가스 분위기에 설치되는 기기로 정상작동 또는 예상된 오작동 중에 점화원이 될 수 없는 "높은" 보호등급의 기기
③ EPL Gc : 폭발성 가스 분위기에 설치되는 기기로 정상작동 중에 점화원이 될 수 없고 정기적인 고장발생 시 점화원으로서 비활성 상태의 유지를 보장하기 위하여 추가적인 보호장치가 있을 수 있는 "강화된(enhanced)" 보호등급의 기기

72 ▶ ①
전기설비의 점화원

구분	현재적 점화원	잠재적 점화원
개념	정상적인 운전상태에서 점화원이 될 수 있는 것	정상적인 상태에서는 안전하지만 이상 상태에서 점화원이 될 수 있는 것
종류	① 직류전동기의 정류자 ② 개폐기, 차단기의 접점 ③ 유도전동기의 슬립링 ④ 이동형 전열기 등	① 전기적 광원 ② 케이블, 배선 ③ 전동기의 권선 ④ 마그네트 코일 등

73 ▶ ③
정전기로 인한 화재 폭발 방지

정전기에 의한 화재 또는 폭발 등의 위험이 발생할 우려가 있는 경우에는 해당 설비에 대하여 확실한 방법으로 접지를 하거나, 도전성 재료를 사용하거나 가습 및 점화원이 될 우려가 없는 제전장치를 사용하는 등 정전기의 발생을 억제하거나 제거하기 위하여 필요한 조치를 하여야 한다.

74 ▶ ①
충전전로에서의 전기작업

충전전로의 선간전압 (단위 : 킬로볼트)	충전전로에 대한 접근한계거리 (단위 : 센티미터)
0.3이하	접촉금지
0.3 초과 0.75 이하	30
0.75 초과 2 이하	45
2 초과 15 이하	60
15 초과 37 이하	90
37 초과 88 이하	110
88 초과 121 이하	130
121 초과 145 이하	150
145 초과 169 이하	170
169 초과 242 이하	230
242 초과 362 이하	380
362 초과 550 이하	550
550 초과 800 이하	790

75 ▶ ④
정전기 발생의 영향 요인
① 물체의 특성
② 물체의 표면상태
③ 물체의 이력
④ 접촉면적 및 압력
⑤ 분리(박리)속도 등

76 빈출 ▶ ④
감전방지용 누전차단기 설치 대상
① 대지전압이 150볼트를 초과하는 이동형 또는 휴대형 전기기계 · 기구
② 물 등 도전성이 높은 액체가 있는 습윤장소에서 사용하는 저압(1.5천 볼트 이하 직류전압이나 1천볼트 이하의 교류전압)용 전기기계 · 기구
③ 철판 · 철골 위 등 도전성이 높은 장소에서 사용하는 이동형 또는 휴대형 전기기계 · 기구
④ 임시배선의 전로가 설치되는 장소에서 사용하는 이동형 또는 휴대형 전기기계 · 기구

77 ▶ ②
단로기

고압 또는 특고압 회로로부터 기기를 분리하거나 변경할 때 사용하는 개폐장치로서 단지 충전된 전로(무부하)를 개폐하기 위해 사용하며, 부하전류의 개폐는 원칙적으로 할 수 없는 개폐장치

78 ▶ ②
고압 및 특고압의 전로에 시설하는 피뢰기 접지저항 값은 10Ω 이하로 하여야 한다.

79 빈출 ▶ ①
허용 접촉전압

종별	접촉 상태	허용접촉전압
제1종	• 인체의 대부분이 수중에 있는 경우	2.5V 이하
제2종	• 인체가 현저하게 젖어있는 경우 • 금속성의 전기기계장치나 구조물에 인체의 일부가 상시 접촉되어 있는 경우	25V 이하
제3종	• 제1종, 제2종 이외의 경우로 통상의 인체상태에 있어서 접촉전압이 가해지면 위험성이 높은 경우	50V 이하
제4종	• 제1종, 제2종 이외의 경우로 통상의 인체상태에 있어서 접촉전압이 가해지더라도 위험성이 낮은 경우 • 접촉전압이 가해질 우려가 없는 경우	제한없음

80 빈출 ▶ ②
압력방폭구조(p)

용기 내부에 보호가스(신선한 공기 또는 질소, 탄산가스등의 불연성 가스)를 압입하여 내부 압력을 외부 환경보다 높게 유지함으로써 폭발성 가스 또는 증기가 용기내부로 유입되지 않도록 한 구조

5과목 건설공사 안전관리

81 ▶ ②

추락방지망의 지지점 강도
① F = 200B   여기서, F : 외력(킬로그램), B : 지지점간격(미터)
② 지지점의 간격이 1.5m인 경우
　F = 200 × 1.5 = 300kg

82 ▶ ①

하중계는 흙막이 버팀대에 작용하는 토압, 어스 앵커의 인장력 등을 측정하는 기기

83 ▶ ④

항만 하역작업은 화물로 인한 낙하 및 충돌재해와 고소작업으로 인한 추락재해 등이 발생할 수 있다.

84 빈출 ▶ ④

가설 통로의 구조
① 견고한 구조로 할 것
② 경사는 30도 이하로 할 것
③ 경사가 15도를 초과하는 경우에는 미끄러지지 아니하는 구조로 할 것
④ 추락할 위험이 있는 장소에는 안전난간을 설치할 것
⑤ 수직갱에 가설된 통로의 길이가 15m 이상인 경우에는 10m 이내마다 계단참을 설치할 것
⑥ 건설공사에 사용하는 높이 8m 이상인 비계다리에는 7m 이내마다 계단참을 설치할 것

85 ▶ ①

건설업 산업안전보건관리비 계상 및 사용기준의 적용에 관한 사항은 산업안전보건법에서 규정하는 건설공사 중 총공사금액 2천만 원 이상인 공사에 적용한다.

86 ▶ ③

해체작업 작업계획서(보기 외 사항)
① 가설설비·방호설비·환기설비 및 살수·방화설비 등의 방법
② 사업장 내 연락방법
③ 해체작업용 기계·기구 등의 작업계획서
④ 해체작업용 화약류 등의 사용계획서
⑤ 그 밖에 안전·보건에 관련된 사항

87 ▶ ①

거푸집 동바리의 하중(설계기준)

구분	내용
연직방향하중	거푸집, 동바리, 콘크리트, 철근, 작업원, 타설용기계·기구, 가설설비 등의 중량 및 충격하중
횡방향 하중	작업할 때의 진동, 충격, 시공차 등에 기인되는 횡방향 하중 이외에 필요에 따라 풍압, 유수압, 지진 등
콘크리트측압	굳지 않은 콘크리트의 측압

88 ▶ ①

거푸집은 긴결철물 등 연결재를 사용하여 견고하게 고정해야 하며, 비계 등 가설구조물과 직접 연결해서는 안된다.

89 ▶ ④

록볼트 응력계는 터널굴착에 사용되는 계측장치

90 빈출 ▶ ④

유해위험 방지계획서를 제출해야 하는 대상 건설업
① 다음 각목의 어느하나에 해당하는 건축물 또는 시설 등의 건설, 개조 또는 해체공사
　㉠ 지상 높이가 31미터 이상인 건축물 또는 인공구조물
　㉡ 연면적 3만제곱미터 이상인 건축물
　㉢ 연면적 5천제곱미터 이상인 시설로서 다음의 어느 하나에 해당하는 시설
　　㉮ 문화 및 집회시설 ㉯ 판매시설, 운수시설 ㉰ 종교시설
　　㉱ 의료시설 중 종합병원 ㉲ 숙박시설 중 관광숙박시설
　　㉳ 지하도 상가 ㉴ 냉동, 냉장 창고시설
② 최대 지간 길이가 50미터 이상인 다리의 건설 등 공사
③ 연면적 5천 제곱미터 이상인 냉동, 냉장창고 시설의 설비공사 및 단열공사
④ 다목적댐, 발전용댐, 저수용량 2천만톤 이상의 용수전용 댐 및 지방상수도 전용댐의 건설 등 공사
⑤ 터널의 건설 등 공사
⑥ 깊이 10미터 이상인 굴착 공사

91 ▶ ④

모터 그레이더(자주식 그레이더)
끝마무리 작업, 정지작업에 유효 : 전륜을 기울게 할 수 있어 비탈면 고르기 작업도 가능

92 ▶ ①
측압이 커지는 조건(보기 외에)
① 철골, 철근량이 적을수록
② 콘크리트 슬럼프치가 클수록
③ 콘크리트 시공연도가 좋을수록
④ 다짐이 충분할수록 등

93 빈출 ▶ ③
타워크레인의 작업제한
① 순간풍속이 매초당 10미터 초과 : 타워크레인의 설치·수리·점검 또는 해체작업 중지
② 순간풍속이 매초당 15미터 초과 : 타워크레인의 운전작업 중지

94 빈출 ▶ ②
굴착면 기울기 기준

지반의 종류	모래	연암 및 풍화암	경암	그 밖의 흙
굴착면의 기울기	1:1.8	1:1.0	1:0.5	1:1.2

95 ▶ ②
말비계의 조립 시 준수사항
① 지주부재의 하단에는 미끄럼 방지장치를 하고, 양측 끝부분에 올라서서 작업하지 아니하도록 할 것
② 지주부재와 수평면과의 기울기를 75도 이하로 하고, 지주부재와 지주부재 사이를 고정시키는 보조부재를 설치할 것
③ 말비계의 높이가 2미터를 초과할 경우에는 작업발판의 폭을 40cm 이상으로 할 것

96 ▶ ③
Blade(배토판)의 형태 및 작동방법에 의한 분류

Straight Dozer	트랙터의 종방향 중심축에 배토판을 직각으로 설치하여 직선적인 굴착 및 압토작업에 효율적
Angle Dozer	배토판을 20°~30°의 수평방향으로 돌릴 수 있도록 만든 장치, 측면굴착에 유리
Tilt Dozer	배토판 좌우를 상하 25~30°까지 기울일 수 있어 도랑파기, 경사면 굴착에 유리
Hinge dozer	배토판 중앙에 힌지를 붙여 안팎으로 V자형으로 꺾을 수 있으며, 삽을 밖으로 꺾으면 흙을 옆으로 밀어내면서 전진하므로 제토·제설작업 및 다량의 흙을 앞으로 밀고 가는데 적합

97 빈출 ▶ ④
낙하물방지망 또는 방호선반 설치시 준수사항
① 설치높이는 10m이내마다 설치하고, 내민길이는 벽면으로부터 2m 이상으로 할 것
② 수평면과의 각도는 20도 이상 30도 이하를 유지할 것

98 ▶ ②
부두 등 하역작업장 조치사항
① 작업장 및 통로의 위험한 부분에는 안전하게 작업할 수 있는 조명을 유지할 것
② 부두 또는 안벽의 선을 따라 통로를 설치하는 때에는 폭을 90cm 이상으로 할 것
③ 육상에서의 통로 및 작업장소로서 다리 또는 선거의 갑문을 넘는 보도 등의 위험한 부분에는 안전난간 또는 울타리 등을 설치할 것

99 빈출 ▶ ①
히빙(Heaving)
연약성 점토지반 굴착 시 굴착외측 흙의 중량에 의해 굴착저면의 흙이 활동 전단 파괴되어 굴착내측으로 부풀어 오르는 현상

tip
보일링(Boiling)현상 : 투수성이 좋은 사질지반의 흙막이 저면에서 수두차로 인한 상향의 침투압이 발생 유효응력이 감소하여 전단강도가 상실되는 현상으로 지하수가 모래와 같이 솟아오르는 현상

100 ▶ ①
최하사점
① H > h = 로프길이(l) + 로프의 신장(율)길이(l × a) + 작업자의 키 × $\frac{1}{2}$
② H > h = 1.5 + (1.5 × 0.3) + (1.7 × $\frac{1}{2}$) = 2.8

2025년 5월 10일~5월 30일 CBT 기출복원문제

01	02	03	04	05	06	07	08	09	10	11	12	13	14	15	16	17	18	19	20
③	①	③	④	①	②	①	②	①	②	②	①	③	③	④	①	②	③	④	①
21	22	23	24	25	26	27	28	29	30	31	32	33	34	35	36	37	38	39	40
①	②	③	③	③	②	④	②	③	①	②	②	③	②	②	③	③	①	②	④
41	42	43	44	45	46	47	48	49	50	51	52	53	54	55	56	57	58	59	60
③	③	③	①	④	②	④	④	②	②	④	①	①	③	④	③	①	③	②	②
61	62	63	64	65	66	67	68	69	70	71	72	73	74	75	76	77	78	79	80
①	③	③	④	③	③	④	④	④	②	②	①	④	③	③	④	②	②	②	①
81	82	83	84	85	86	87	88	89	90	91	92	93	94	95	96	97	98	99	100
④	①	③	③	②	②	①	④	②	③	③	④	②	①	④	③	③	④	④	②

1과목 산업재해 예방 및 안전보건교육

01 ▶ ③

갈등상황의 3가지 기본형(레윈 K.Lewin)
㉠ 접근-접근형 갈등 : 둘 이상의 목표가 모두 긍정적 결과를 가져다줄 경우 선택상의 갈등
㉡ 접근-회피형 갈등 : 어떤 목표가 긍정적인 면과 부정적인 면을 동시에 가지고 있을 때 발생하는 갈등
㉢ 회피-회피형 갈등 : 둘 이상의 목표가 모두 부정적인 결과를 주지만 선택해야만 하는 갈등

02 ▶ ①

라인형(직계식) 조직
① 명령과 보고가 상하관계뿐이므로 간단명료(모든 권한이 포괄적이고 직선적으로 행사)
② 명령이나 지시가 신속정확하게 전달되어 개선조치가 빠르게 진행
③ 안전관리 전담요원을 별도로 지정하지 않음

03 ▶ ③

Pavlov의 조건반사설
(1) 내용 : 행동의 성립을 조건화에 의해 설명. 즉, 일정한 훈련을 통하여 반응이나 새로운 행동의 변용을 가져올 수 있다.
(2) 학습이론의 원리
　　① 일관성의 원리　② 강도의 원리
　　③ 시간의 원리　　④ 계속성의 원리

04 ▶ ④

안전보건표지의 색채 및 색도기준

색채	색도기준	용도
빨간색	7.5R 4/14	금지
		경고
노란색	5Y 8.5/12	경고
파란색	2.5PB 4/10	지시
녹색	2.5G 4/10	안내

05 ▶ ①

Role playing(역할 연기법)
참석자가 정해진 역할을 직접 연기해 본 후 함께 토론해보는 방법(흥미 유발, 태도변용에 도움)

06 ▶ ②

부하와의 사회적 간격은 헤드십은 넓고 리더십은 좁다.

07 ▶ ①

매슬로우의 욕구 5단계
생리적 욕구 → 안전의 욕구 → 사회적 욕구 → 인정 받으려는 욕구 → 자아실현의 욕구

08 ▶②

근로자 채용 시 및 작업내용 변경 시 교육내용(25년 법령개정 내용 적용)
① 산업안전 및 산업재해 예방에 관한 사항(화재·폭발 사고 발생 시 대피에 관한 사항을 포함한다)
② 산업보건 및 건강장해 예방에 관한 사항
③ 위험성 평가에 관한 사항
④ 산업안전보건법령 및 산업재해보상보험 제도에 관한 사항
⑤ 직무스트레스 예방 및 관리에 관한 사항
⑥ 직장 내 괴롭힘, 고객의 폭언 등으로 인한 건강장해 예방 및 관리에 관한 사항
⑦ 기계·기구의 위험성과 작업의 순서 및 동선에 관한 사항
⑧ 작업 개시 전 점검에 관한 사항
⑨ 정리정돈 및 청소에 관한 사항
⑩ 사고 발생 시 긴급조치에 관한 사항
⑪ 물질안전보건자료에 관한 사항

09 ▶①

주의력 감소 또는 경감은 피로에 의한 정신적 증상과 관련된 사항

10 ▶②

녹색 표지
① 비상구 및 피난소, 사람 또는 차량의 통행표지
② 바탕은 흰색, 기본모형 및 관련부호는 녹색, 바탕은 녹색, 관련부호 및 그림은 흰색
③ 색도기준은 2.5G 4/10

11 ▶②

강도율

$$강도율(S.R) = \frac{근로손실일수}{연간총근로시간수} \times 1,000$$

$$= \frac{(7,500 \times 2) + \left(90 \times \frac{300}{365}\right)}{1,000 \times 8 \times 300} \times 1,000 = 6.281$$

12 ▶①

직접원인에는 불안전한 행동(인적원인)과 불안전한 상태(물적원인)가 해당된다.

13 ▶③

무재해운동의 3대 원칙

무의 원칙	모든 잠재위험요인을 적극적으로 사전에 발견하고 파악·해결함으로써 산업재해의 근원적인 요소들을 없앤다는 것을 의미한다.
선취의 원칙	사업장 내에서 행동하기 전에 잠재위험요인을 발견하고 파악·해결하여 재해를 예방하는 것을 의미한다.
참가의 원칙	잠재위험요인을 발견하고 파악·해결하기 위하여 전원이 일치협력하여 각자의 위치에서 적극적으로 문제해결을 하겠다는 것을 의미한다.

14 ▶③

지각 과정에서의 오류

상동적 태도	사람을 평가할 때 그 사람이 가지고 있는 특성을 기초로 하지 않고 그 사람이 속해 있는 집단의 특성을 바탕으로 평가하려는 경향(고정관념이나 편견에 의한 판단)
후광효과	현혹효과라고도 하며, 어떤 사람의 한가지 특성이 그 사람의 다른 분야 또는 전체적인 평가에도 영향을 미치는 현상(첫인상으로 그 사람의 전체를 평가하려는 경향)
대조효과	사람을 평가할 때 다른 사람과 비교하여 평가하는 것으로 면접 시 바로 앞의 면접자와 대조하여 평가하는 오류 현상
초두효과	나중에 입력된 정보보다 먼저 입력된 정보가 더 큰 영향을 미치게 되는 현상(첫인상이 중요한 이유)
최신효과	초두효과와 반대개념으로 가장 최근에 입력된 정보를 가장 잘 기억하는 경우(과정에 실수가 있을지라도 마무리를 잘해서 성공하는 경우)

15 ▶④

하인리히(H.W.Heinrich) 방식 (1:4원칙)
① 직접손실비용 : 간접손실비용 = 1 : 4 (1대 4의 경험법칙)
② 총재해손실비용 = 직접비 + 간접비 = 직접비 × 5
③ 총재해손실비용 = 8,000만 원 × 5 = 40,000만 원

16 ▶①

위험예지훈련의 4라운드 진행법

1R	현상파악 〈어떤 위험이 잠재하고 있는가?〉	잠재위험 요인과 현상발견(B.S실시) (5~7 항목으로 정리) (~해서, 때문에 ~ㄴ다)
2R	본질 추구 〈이것이 위험의 포인트이다!〉	가장 중요한 위험의 포인트 합의 결정(1~2항목) 지적확인 및 제창(~해서~ㄴ다. 좋아!)
3R	대책 수립 〈당신이라면 어떻게 하겠는가?〉	본질 추구에서 선정된 항목의 구체적인 대책 수립 (항목당 3~4지 정도)(BS실시)
4R	목표설정 〈우리들은 이렇게 하자!〉	대책수립의 항목중 1~2가지 등 중점 실시 항목으로 합의 결정 팀의 행동목표 → 지적확인 및 제창(~을 ~하여~하자 좋아!)

17 빈출 ▶ ②

데이비스의 동기부여 이론
① 인간의 성과×물적인 성과 = 경영의 성과
② 지식(knowledge)×기능(skill) = 능력(ability)
③ 상황(situation)×태도(attitude) = 동기유발(motivation)
④ 능력(ability)×동기유발(motivation) = 인간의 성과(human performance)

18 ▶ ③

인간관계의 메카니즘
① 동일화
② 투사
③ 커뮤니케이션
④ 모방
⑤ 암시

19 ▶ ④

지도자에게 주어진 세력(권한)의 유형

조직이 지도자에게 부여하는 세력	보상 세력(reward power)
	강압 세력(coercive power)
	합법 세력(legitimate power)
지도자 자신이 자신에게 부여하는 세력	준거 세력(referent power)
	전문 세력(expert power)

20 ▶ ①

안전보건 관리규정에 포함되어야 할 내용
① 안전 및 보건에 관한 관리조직과 그 직무에 관한 사항
② 안전보건교육에 관한 사항
③ 작업장의 안전 및 보건 관리에 관한 사항
④ 사고조사 및 대책수립에 관한 사항
⑤ 그 밖에 안전 및 보건에 관한 사항

▎제2과목 : 인간공학 및 위험성 평가·관리

21 ▶ ①

소음 투여량(noise dose)
① 부분투여(%) = $\dfrac{실제노출시간}{최대허용시간} \times 100$

② 허용 소음노출

음압수준 (dB-A)	80	85	90	95	100	105	110	115	120	125	130
허용시간	32	16	8	4	2	1	0.5	0.25	0.125	0.063	0.031

③ TND = $\left(\dfrac{2.5}{32} + \dfrac{4.5}{8} + \dfrac{1}{2}\right) \times 100$ = 114.06[%]

22 ▶ ②

광원으로부터의 직사휘광 처리
① 광원의 휘도를 줄이고 수를 늘린다.
② 광원을 시선에서 멀리 위치 시킨다.
③ 휘광원 주위를 밝게 하여 광도비를 줄인다.
④ 가리개(shield), 갓(hood), 혹은 차양(visor)을 사용한다.

23 빈출 ▶ ③

논리기호 및 사상기호

결함사상	기본사상	생략사상	통상사상
직사각형	원	마름모	집모양

24 ▶ ③

신호검출이론의 개념
인간이 자극을 감지하여 신호를 판단할 경우 잡음이나 소음이 있는 상황에서 이루어질 때, 잡음이 신호검출에 미치는 영향을 다루는 이론을 신호검출이론(SDT)이라고 한다. Beta 값이 1일 경우 최적의 값이 된다.

25 ▶ ③

개인이 시스템에서 효과적으로 기능을 하지 못할 경우 시스템의 수행도에 영향을 미친다.

26 ▶ ③

고유 신뢰성 설계기술(신뢰성 증가 방법)
① 리던던시 설계(중복 설계)
② 디레이팅(표준부품이 제품의 구성부품으로 사용될 경우 부하의 정격 값에 여유를 두는 설계)
③ 부품의 단순화와 표준화
④ 최적재료의 선정
⑤ 내환경성 설계
⑥ 인간공학적 설계와 보전성 설계(Fail safe와 Fool proof)

27 ▶ ②

실효온도[체감온도, 감각온도(Effective Temperature)]
① 영향인자 : ㉠ 온도 ㉡ 습도 ㉢ 공기의 유동(기류)
② ET는 영향인자들이 인체에 미치는 열효과를 하나의 수치로 통합한 경험적 감각지수

28 ▶ ④

자동화 시스템
① 감지, 정보처리 및 의사결정 행동을 포함한 모든 임무 수행(완전하게 프로그램 되어야 함)
② 대부분 폐회로 체계이며, 신뢰성이 완전하지 못하여 감시, 경계, 프로그램 작성 및 수정, 계획수립, 정비유지 등의 보전은 인간이 담당

29 ▶ ③

조종-반응비율(통제표시비) 설계 시 고려사항

계기의 크기	계기의 조절시간이 짧게 소요되는 사이즈 선택, 너무 작으면 오차발생 증대되므로 상대적으로 고려
공차	짧은 주행시간내에 공차의 인정범위를 초과하지 않는 계기 마련
목측거리	눈의 가시거리가 길면 길수록 조절의 정확도는 감소하며 시간이 증가
조작시간	조작시간의 지연은 직접적으로 조종반응비가 가장 크게 작용(필요할 경우 통제비 감소조치)
방향성	조종기기의 조작방향과 표시기기의 운동방향이 일치하지 않으면 작업자의 혼란초래(조작의 정확성 감소)

30 빈출 ▶ ①

최소 패스셋(Minimal path sets)은 중복된 사상과 중복된 컷을 제거하면 {X_3, X_4}가 된다.

31 ▶ ②

조종-표시장치 이동비율(C/D비)

$C/D = \dfrac{\text{조종장치의 이동거리}}{\text{표시장치의 반응거리}} = \dfrac{3}{5} = 0.6$

32 ▶ ①

근골격계 질환의 원인
① 부적절한 작업자세
② 무리한 반복작업
③ 과도한 힘
④ 부족한 휴식시간
⑤ 신체적 압박 등

33 빈출 ▶ ②

기계 고장률의 기본모형

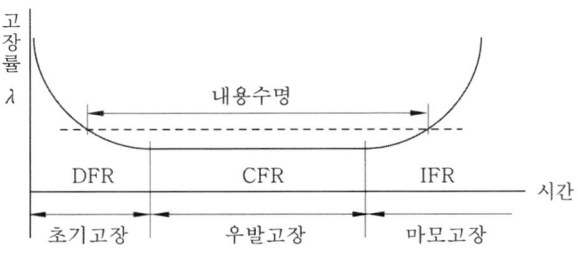

34 ▶ ③

인체측정치를 이용한 설계
① 가장 이상적인 형태가 조절식이므로 우선적으로 고려해야 할 원칙은 조절식 설계이다.
② 의자의 폭은 큰 사람에게 맞도록, 깊이는 대퇴를 압박하지 않도록 작은 사람에게 맞도록 설계한다.
③ 큰 사람을 기준으로 한 설계는 인체측정치의 95%tile을 사용한다.

35 ▶ ②

소요조명

소요조명(fc) = $\dfrac{\text{소요광도(fL)}}{\text{반사율(\%)}} \times 100 = \dfrac{60}{75} \times 100 = 80$

36 빈출 ▶ ③

양립성의 종류

공간적(spatial)양립성	표시장치나 조종장치에서 물리적 형태 및 공간적 배치
운동(movement)양립성	표시장치의 움직이는 방향과 조종장치의 방향이 사용자의 기대와 일치
개념적(conceptual)양립성	이미 사람들이 학습을 통해 알고있는 개념적 연상

37 ▶ ③

후각의 특징
사람의 감각기관 중 가장 예민하고 빨리 피로해지기 쉬운 기관으로 표시장치로서의 활용은 저조하다.

38 ▶ ①
동적 표시장치의 기본형

아날로그 (Analog)	정목동침형 (지침이동형)	정량적인 눈금이 정성적으로 사용되어 원하는 값으로부터의 대략적인 편차나, 고도를 읽을 때 그 변화 방향과 율 등을 알고자 할 때
	정침동목형 (지침고정형)	나타내고자 하는 값의 범위가 클 때, 비교적 작은 눈금판에 모두 나타내고자 할 때
디지털 (Digital)	계수형 (숫자로 표시)	• 수치를 정확하게 충분히 읽어야 할 경우 • 원형 표시 장치보다 판독오차가 적고 판독시간도 짧다.

39 빈출 ▶ ②
수정게이트
① 우선적 AND게이트 : 입력사상 중 어떤 사상이 다른 사상보다 앞에 일어났을 때 출력사상이 발생한다.
② 배타적 OR게이트 : OR게이트인데 2개 또는 그 이상의 입력이 존재하는 경우에는 출력이 발생하지 않는다.
③ 억제게이트 : 입력사상이 수정기호 안의 조건을 만족하면 출력사상이 생기고, 조건이 만족하지 않으면 출력은 생기지 않는다.
④ 위험지속기호 : 입력사상이 생겨 어떤 일정한 시간이 지속했을 때 출력이 발생한다. 만약 지속되지 않으면 출력은 발생하지 않는다.

40 ▶ ④
운용 위험요인 분석(OHA)
대상시스템을 사용하는 도중에 발생할 수 있는 생산, 유지보수, 시험, 운반, 저장, 운전, 구조, 훈련 및 폐기 등에 관련된 인원, 순서, 설비에 관한 유해위험요인을 평가하기 위하여 실시하는 분석방법을 말한다.

▌3과목 기계·기구 및 설비 안전관리

41 빈출 ▶ ③
기계 설비에 의해 형성되는 위험점

협착점	왕복 운동하는 운동부와 고정부 사이에 형성(작업점이라 부르기도 함)
끼임점	고정부분과 회전 또는 직선운동부분에 의해 형성
절단점	회전운동부분 자체와 운동하는 기계 자체에 의해 형성
물림점	회전하는 두 개의 회전축에 의해 형성(회전체가 서로 반대방향으로 회전하는 경우)
접선 물림점	회전하는 부분이 접선방향으로 물려 들어가면서 형성
회전 말림점	회전체의 불규칙 부위와 돌기 회전 부위에 의해 형성

42 ▶ ③
로프에 걸리는 총하중
$(W) = 정하중(W_1) + 동하중(W_2)$
$W_2 = \dfrac{W_1}{g} \times a$, ∴ $W = 2000 + \dfrac{2000}{9.81} \times 25 = 7096.84$ N $= 7.090$ kN

43 빈출 ▶ ③
롤러의 급정지 거리
① 표면속도(V) $= \dfrac{\pi \times 600 \times 20}{1,000} = 37.68$ m/분
② 성능조건

앞면 롤러의 표면 속도(m/분)	급정지 거리
30 미만	앞면 롤러 원주의 1/3 이내
30 이상	앞면 롤러 원주의 1/2.5 이내

44 ▶ ①
압력방출장치
① 매년 1회 이상 교정을 받은 압력계를 이용하여 설정압력에서 압력방출장치가 적정하게 작동하는지 검사 후 납으로 봉인한다.
② 공정안전보고서 이행상태 평가결과가 우수한 사업장은 4년마다 1회 이상 설정압력에서 압력방출장치가 적정하게 작동하는지 검사할 수 있다

45 ▶ ④
교시 등의 작업 시 위험 방지를 위한 조치사항
① 지침을 정하고 그 지침에 따라 작업을 시킬 것
② 작업에 종사하고 있는 근로자 또는 당해 근로자를 감시하는 자가 이상을 발견한 때에는 즉시 로봇의 운전을 정지시키기 위한 조치를 할 것
③ 작업을 하고 있는 동안 로봇의 기동스위치 등에 작업 중이라는 표시를 하는 등 작업에 종사하고 있는 근로자 외의 자가 당해 스위치 등을 조작할 수 없도록 필요한 조치를 할 것

46 ▶ ②
압력방출장치
① 보일러 규격에 맞는 압력방출장치를 최고사용압력 이하에서 작동되도록 1개 또는 2개 이상 설치
② 2개 이상 설치된 경우 최고사용압력 이하에서 1개가 작동되고, 다른 압력방출장치는 최고사용압력 1.05배 이하에서 작동되도록 부착

47 ▶ ④
해지장치
훅 걸이용 와이어로프 등이 훅으로부터 벗겨지는 것을 방지하기 위한 장치

48 ▶ ④
양수조작식
① 누름버튼의 상호간 내측거리는 300mm 이상
② 누름버튼(레버 포함)은 매립형의 구조

49 ▶ ②
일감 고정 방법
① 바이스 – 일감이 작을 때
② 볼트와 고정구 – 일감이 크고 복잡할 때
③ 지그(jig) – 대량생산과 정밀도를 요구할 때

50 ▶ ②
분할날의 설치기준
① 분할날의 두께는 둥근톱 두께의 1.1배 이상이어야 한다.
② 견고히 고정할 수 있으며 분할날과 톱날 원주면과의 거리는 12mm 이내로 조정, 유지할 수 있어야 하고 표준 테이블면 상의 톱 뒷날의 2/3 이상을 덮도록 하여야 한다.

51 빈출 ▶ ④
발생기실의 설치장소
① 전용의 발생기 실내에 설치
② 건물의 최상층에 위치, 화기를 사용하는 설비로부터 3m를 초과하는 장소에 설치
③ 옥외에 설치할 경우 그 개구부를 다른 건축물로부터 1.5m 이상 떨어지도록 할 것

52 ▶ ①
프레스의 수공구
① 누름봉, 갈고리류
② 핀셋트류
③ 플라이어류
④ 마그넷 공구류
⑤ 진공컵류

53 ▶ ①
지게차의 안정성
① Wa < Gb
   W : 화물의 중량,   G : 지게차의 중량
   a : 앞바퀴부터 하물의 중심까지의 거리
   b : 앞바퀴부터 차의 중심까지의 거리
② 그러므로, 지게차의 안정성을 유지하기 위해서는 $M_1 < M_2$가 되어야 한다.

54 ▶ ①
와이어로프의 하중
① 슬링 와이어 한가닥에 걸리는 하중 $= \dfrac{w_1}{2} \div \cos\dfrac{\theta}{2}$
② 각도 θ가 작을수록 힘은 작게 걸린다.

55 빈출 ▶ ④
구조부분의 안전화

설계상의 안전화	① 가장 큰 원인은 강도산정(부하예측, 강도계산)상의 오류
재료선정의 안전화	① 재료의 필요한 강도 확보 ② 양질의 재료 설정
가공시의 안전화	① 재료부품의 적절한 열처리 ② 용접구조물의 미세균열이나 잔류응력에 의한 파괴 방지 ③ 기계 가공 시 응력 집중 방지

56 ▶ ③
안전밸브는 과다한 압력으로 인한 사고를 방지하기 위한 압력방출장치이므로 페일세이프(fail safe)에 해당되며, 나머지는 풀프루프(fool proof)에 해당되는 사항이다.

57 ▶ ①
포집형과 감지형은 위험원에 대한 방호장치이고, 접근반응형, 위치제한형, 접근거부형은 위험장소에 대한 방호장치이다.

58 빈출 ▶ ②
손쳐내기식
① 슬라이드 하행정거리의 3/4 위치에서 손을 완전히 밀어내어야 한다.
② 방호판의 폭은 금형폭의 1/2 이상이어야 하고, 행정길이가 300mm 이상의 프레스기계에는 방호판 폭을 300mm로 해야 한다.

59 ▶ ②

로프의 안전율

안전율 = $\dfrac{절단하중}{최대사용하중} = \dfrac{600}{200} = 3$

60 ▶ ②

플랜지의 직경
① 플랜지의 직경은 숫돌직경의 1/3 이상인 것을 사용한다.
② $250 \times \dfrac{1}{3} = 83.33$(mm)

4과목 전기 및 화학설비 안전관리

61 ▶ ①

절연불량의 주요원인
① 진동, 충격 등에 의한 기계적 요인
② 산화 등에 의한 화학적 요인
③ 온도상승에 의한 열적 요인
④ 높은 이상전압 등에 의한 전기적 요인 등

62 ▶ ③

정전기에 의한 화재 또는 폭발 위험이 있는 경우, 정전기 대전방지용 안전화 착용, 제전복 착용, 정전기 제전용구 사용, 작업장 바닥에 도전성을 갖추도록 하는 등의 조치

63 ▶ ③

위험장소의 분류

분류		적요
분진 폭발 위험 장소	20종 장소	분진운 형태의 가연성 분진이 폭발농도를 형성할 정도로 충분한 양이 정상작동 중에 연속적으로 또는 자주 존재하거나, 제어할 수 없을 정도의 양 및 두께의 분진층이 형성될 수 있는 장소
	21종 장소	20종 장소 외의 장소로서, 분진운 형태의 가연성 분진이 폭발농도를 형성할 정도의 충분한 양이 정상작동 중에 존재할 수 있는 장소
	22종 장소	21종 장소 외의 장소로서, 가연성 분진운 형태가 드물게 발생 또는 단기간 존재할 우려가 있거나, 이상작동 상태 하에서 가연성 분진층이 형성될 수 있는 장소

64 ▶ ④

욕조나 샤워시설이 있는 욕실 또는 화장실 등 인체가 물에 젖어있는 상태에서 전기를 사용하는 장소에 콘센트를 시설하는 경우, 인체감전보호용 누전차단기의 정격감도전류는 15mA 이하, 동작시간 0.03초 이하의 것을 시설하여야 한다.

65 ▶ ③

① 금속성의 전기기계장치나 구조물에 인체의 일부가 상시 접촉되어 있는 경우 허용접촉전압은 25V 이하이다.
② 통상의 인체상태에 있어서 접촉전압이 가해지면 위험성이 높은 경우 허용접촉전압은 50V 이하이다.

66 ▶ ③

피뢰기의 설치장소
① 발전소, 변전소 또는 이에 준하는 장소의 가공전선 인입구 및 인출구
② 가공전선로에 접속하는 배전용 변압기의 고압측 및 특별고압측
③ 고압 또는 특별고압의 가공전선로로부터 공급을 받는 수용장소의 인입구
④ 가공전선로와 지중전선로가 접속되는 곳

67 ▶ ④

저압전로의 절연성능

전로의 사용전압(V)	DC시험전압(V)	절연저항(MΩ)
SELV 및 PELV	250	0.5
FELV, 500V 이하	500	1.0
500V 초과	1,000	1.0

[주]특별저압(Extra Low Voltage : 2차 전압이 AC 50V, DC120V 이하)으로 SELV(비접지회로구성) 및 PELV(접지회로 구성)은 1차와 2차가 전기적으로 절연된 회로, FELV는 1차와 2차가 전기적으로 절연되지 않은 회로

68 ▶ ④

전압의 구분

전원의 종류	저압	고압	특고압
교류[AC]	1,000V 이하	1,000V 초과 7,000V 이하	7,000V 초과
직류[DC]	1,500V 이하	1,500V 초과 7,000V 이하	

69 ▶ ④

내압방폭구조(d)
① 용기 내부에서 폭발성 가스 또는 증기가 폭발하였을 때 용기가 그 압력에 견디며 또한 접합면, 개구부 등을 통하여 외부의 폭발성 가스증기에 인화되지 않도록 한 구조
② 전폐형으로 내부에서의 가스등의 폭발압력에 견디고 그 주위의 폭발 분위기하의 가스등에 점화되지 않도록 하는 방폭구조
③ 폭발 후에는 틈새가 있어 고온의 가스를 서서히 방출시킴으로써 냉각

70 ▶②

정전전로에서의 전기작업
① 전원을 차단한 후 각 단로기 등을 개방하고 확인할 것
② 검전기를 이용하여 작업 대상 기기가 충전되었는지를 확인할 것
③ 전기기기 등이 다른 노출 충전부와의 접촉, 유도 또는 예비동력원의 역송전 등으로 전압이 발생할 우려가 있는 경우에는 충분한 용량을 가진 단락 접지기구를 이용하여 접지할 것

71 ▶②

과산화나트륨(Na_2O_2)
과산화칼륨(K_2O_2) 등과 함께 제1류 위험물에 해당하는 강산화제로 물과 반응하거나 가열, 충격 등에 의해 산소를 발생시킨다.

72 ▶①

제3류 위험물
① 자연발화성 물질 및 금수성 물질에 해당하며, 칼륨, 나트륨, 알킬알루미늄, 황린 등
② 황화린은 2류 위험물인 가연성 고체에 해당된다.

73 ▶④

① 반응폭주 등 이상 화학반응에 의하여 위험물질이 발생할 우려가 있는 설비
② 온도가 섭씨 350도 이상이거나 게이지 압력이 980킬로파스칼 이상인 상태에서 운전되는 설비
③ 가열로 또는 가열기

74 ▶③

디에틸에테르
제4류 위험물 중 특수 인화물에 해당되며, 인화점이 -45℃로 낮은 온도에서도 인화가능성이 매우 높다

75 ▶③

연소의 3요소는 가연물, 점화원, 산소공급원이며, 연쇄반응은 4요소에 포함된다.

76 ▶④

프로판(C_3H_8)의 완전연소 반응식
① $C_3H_8 + 5O_2 \rightarrow 3CO_2 + 4H_2O$
② 산소의 화학양론 계수는 5

77 ▶②

불활성가스는 질소, 이산화탄소, 수증기 등이 있다.

78 ▶②

황린은 물에 녹지 않으며, 자연발화성 물질로 공기 중에서 발화의 위험이 있으므로 물속에 저장한다.

79 ▶②

고온으로 가열건조한 가연성 물질은 발화의 위험이 없는 온도로 냉각한 후에 격납시킬 것

80 ▶①

부촉매(억제) 소화
연소의 연속적인 관계를 억제하는 부촉매 효과와 상승효과인 질식 및 냉각 효과

tip
할로겐화 탄화수소는 연소를 진행하는데 필요한 OH, O 및 H 등의 활성라디칼이나 원자와 반응함으로 연소를 억제시키는 효과를 가져온다.

5과목 건설공사 안전관리

81 ▶④

유해위험방지계획서를 제출해야 할 대상 사업장
① 최대지간길이가 50[m] 이상인 교량 건설 공사
② 종합병원과 종교시설 등은 연면적 5,000[m^2] 이상 공사

82 ▶①

건설업 산업안전보건관리비 계상 및 사용기준의 적용에 관한 사항은 산업안전보건법에서 규정하는 건설공사 중 총공사금액 2천만 원 이상인 공사에 적용한다.

83 ▶③

히빙 방지대책
① 흙막이 근입깊이를 깊게
② 표토제거 하중감소
③ 지반개량
④ 굴착저면 하중증가
⑤ 어스앵커설치 등

84 ▶③
낙하물에 의한 위험방지
① 높이 3m 이상인 장소에서 물체 투하 시 투하설비설치
② 낙하물방지망 또는 방호선반 설치 시 준수사항
   ㉠ 설치높이는 10m 이내마다 설치하고, 내민길이는 벽면으로부터 2m 이상으로 할 것
   ㉡ 수평면과의 각도는 20도 이상 30도 이하를 유지할 것

85 ▶②
물체가 떨어지거나 날아올 위험이 있는 경우 낙하물 방지망, 수직보호망 또는 방호선반의 설치, 출입금지구역의 설정, 보호구의 착용 등 위험을 방지하기 위하여 필요한 조치를 하여야 한다.

86 ▶②
시스템 비계의 구조
비계 밑단의 수직재와 받침철물은 밀착되도록 설치하고, 수직재와 받침철물의 연결부의 겹침길이는 받침철물 전체길이의 3분의 1 이상이 되도록 할 것

87 ▶①
건설기계
① 파워셔블 : 기계가 위치한 지반보다 높은 굴착에 유리
② 드레그 셔블(Back Hoe) : 기계가 위치한 지반보다 낮은 굴착에 사용. 기초 굴착 수중굴착 좁은 도랑 및 비탈면 절취 등의 작업

88 ▶④
작업의 중지 등
① 터널건설작업을 할 때에 낙반·출수 등에 의하여 산업재해가 발생할 급박한 위험이 있는 경우에는 즉시 작업을 중지하고 근로자를 안전한 장소로 대피시켜야 한다.
② 제①항에 따른 재해발생위험을 관계 근로자에게 신속히 알리기 위한 비상벨 등 통신설비 등을 설치하고, 그 설치장소를 관계 근로자에게 알려 주어야 한다.

89 ▶②
권상용 와이어로프의 안전계수
항타기 또는 항발기의 권상용 와이어로프의 안전계수는 5 이상

90 ▶③
말비계의 조립 시 준수사항
① 지주부재의 하단에는 미끄럼 방지장치를 하고, 양측 끝부분에 올라서서 작업하지 아니하도록 할 것
② 지주부재와 수평면의 기울기를 75도 이하로 하고, 지주부재와 지주부재 사이를 고정시키는 보조부재를 설치할 것
③ 말비계의 높이가 2미터를 초과할 경우에는 작업발판의 폭을 40cm 이상으로 할 것

91 ▶②
가스절단작업 시 유의 사항(보기 외에)
① 호스, 전선 등은 다른 작업장을 거치지 않는 직선상의 배선이어야 하며, 길이가 짧아야 한다.
② 가스절단 및 용접자는 해당자격 소지자라야 하며, 작업 중에는 보호구를 착용하여야 한다.

92 ▶③
비상구의 설치
① 출입구와 같은 방향에 있지 아니하고, 출입구로부터 3미터 이상 떨어져 있을 것
② 작업장의 각 부분으로부터 하나의 비상구 또는 출입구까지의 수평거리가 50미터 이하가 되도록 할 것.
③ 비상구의 너비는 0.75미터 이상으로 하고, 높이는 1.5미터 이상으로 할 것
④ 비상구의 문은 피난 방향으로 열리도록 하고, 실내에서 항상 열 수 있는 구조로 할 것

93 ▶④
난간대는 지름 2.7센티미터 이상의 금속제파이프나 그 이상의 강도가 있는 재료일 것

94 ▶①
철골공사의 트랩은 아래 위로 오르내리기 위한 승강설비로 추락방지를 위해 수직구명줄과 죔줄을 갖춘 추락방지대를 사용하여야 한다.

95 ▶④
외압(강풍에 의한 풍압)에 대한 내력 설계 확인 구조물
① 높이 20m 이상 구조물
② 구조물 폭과 높이의 비가 1 : 4 이상인 구조물
③ 연면적당 철골량이 50kg/m² 이하인 구조물
④ 단면구조에 현저한 차이가 있는 구조물
⑤ 기둥이 타이 플레이트 형인 구조물
⑥ 이음부가 현장 용접인 구조물

96 ▶ ③

양생 시 주의 사항
① 콘크리트를 친 후 경화를 시작할 때까지 직사광선이나 바람에 의해 수분이 증발하지 않도록 보호
② 콘크리트가 충분히 경화될 때까지 충격 및 하중으로부터 보호
③ 콘크리트를 치기 시작한 후 5일 이상 습윤양생(조강 포틀랜드시멘트는 3일 이상)
④ 적정한 양생을 위해 최소한 2℃ 이상 온도 유지

97 ▶ ③

와이어로프의 안전계수

근로자가 탑승하는 운반구를 지지하는 달기와이어로프 또는 달기체인의 경우	10 이상
화물의 하중을 직접 지지하는 경우 달기와이어로프 또는 달기체인의 경우	5 이상
훅, 샤클, 클램프, 리프팅 빔의 경우	3 이상
그 밖의 경우	4 이상

98 ▶ ④

조립도에는 거푸집 및 동바리를 구성하는 부재의 재질·단면규격·설치간격 및 이음방법 등을 명시해야 한다.

99 ▶ ④

사다리식 통로의 길이가 10미터 이상인 경우에는 5미터 이내마다 계단참을 설치할 것

100 ▶ ②

차량계 건설기계 전도 등의 방지 조치
① 유도하는 사람 배치
② 지반의 부동침하 방지
③ 갓길의 붕괴 방지
④ 도로 폭의 유지

2025년 8월 9일~9월 1일 CBT 기출복원문제

01	02	03	04	05	06	07	08	09	10	11	12	13	14	15	16	17	18	19	20
①	④	③	④	④	③	①	②	①	①	④	③	④	②	④	④	①	①	①	④
21	22	23	24	25	26	27	28	29	30	31	32	33	34	35	36	37	38	39	40
②	③	③	①	①	①	②	④	①	②	④	④	③	①	③	④	①	④	②	②
41	42	43	44	45	46	47	48	49	50	51	52	53	54	55	56	57	58	59	60
②	②	④	③	①	①	②	②	①	①	②	④	①	③	②	③	②	③	①	④
61	62	63	64	65	66	67	68	69	70	71	72	73	74	75	76	77	78	79	80
③	②	④	④	③	②	④	①	①	①	②	④	①	③	③	④	③	①	④	④
81	82	83	84	85	86	87	88	89	90	91	92	93	94	95	96	97	98	99	100
②	①	①	③	④	②	③	③	④	②	③	④	②	④	②	②	②	②	③	④

1과목 산업재해 예방 및 안전보건교육

01 ▶ ①

안전인증을 받아야 하는 기계·기구
① 프레스
② 전단기 및 절곡기
③ 크레인
④ 리프트
⑤ 압력용기
⑥ 롤러기
⑦ 사출성형기
⑧ 고소 작업대
⑨ 곤돌라

02 ▶ ④

스트레스의 이중성

디스트레스 (distress)	① 스스로 대처할 수 있는 능력 초과 ② 부정적인 영향 ③ 저항력을 낮춰 질병 유발 ④ 삶의 질 저하 ⑤ 분노, 우울 등 정서적 불안감 및 두통, 피로, 집중력 저하 등
유스트레스 (eustress)	① 기분 좋은 긴장감 ② 긍정적인 영향 ③ 저항력을 높여 건강증진 ④ 삶의 활력소 ⑤ 집중력 증가 및 동기부여

03 ▶ ③

일시 전노동 불능이란 신체장해가 남지 않는 일반적 휴업재해로 일정 기간 동안 노동에 종사할 수 없는 상해를 말한다.

04 ▶ ④

교육훈련 평가 4단계

1단계 반응단계	→	2단계 학습단계	→	3단계 행동단계	→	4단계 결과단계

05 빈출 ▶ ④

Maslow의 욕구 5단계
① 1단계 : 생리적 욕구
② 2단계 : 안전의 욕구
③ 3단계 : 사회적 욕구
④ 4단계 : 인정받으려는 욕구
⑤ 5단계 : 자아실현의 욕구

06 ▶ ③

윤곽착오

Köhler의 착시		우선 평행의 호를 보고, 바로 직선을 본 경우 직선은 호와의 반대방향으로 휘어져 보인다.(윤곽착오)

07 빈출 ▶ ①

지적확인

작업 공정이나 상황 가운데 위험요인이나 작업의 중요 포인트에 대해 자신의 행동을 「…좋아!」라고 큰 소리로 제창하여 확인하는 방법으로 인간의 감각기관을 최대한 활용함으로 위험 요소에 대한 긴장을 유발하고 불안전 행동이나 상태를 사전에 방지하는 효과가 있다. 작업자 상호 간의 연락이나 신호를 위한 동작과 지적도 지적확인이라고 한다.

08 ▶ ②

하인리히의 사고연쇄반응이론(도미노 이론)
사회적 환경 및 유전적 요인 → 개인적 결함 → 불안전 행동 및 불안전 상태 → 사고 → 재해

09 빈출 ▶ ①

TWI(Training with industry)
① Job Method Training(J.M.T) : 작업방법훈련(작업개선법)
② Job Instruction Training(J.I.T) : 작업지도훈련(작업지도법)
③ Job Relations Training(J.R.T) : 인간관계훈련(부하통솔법)
④ Job Safety Training(J.S.T) : 작업안전훈련(안전관리법)

10 ▶ ①

주의의 특성

선택성	동시에 두 개 이상의 방향에 집중하지 못하고 소수의 특정한 것에 한하여 선택한다.
변동성	고도의 주의는 장시간 지속할 수 없고 주기적으로 부주의 리듬이 존재한다.
방향성	한 지점에 주의를 집중하면 주변 다른 곳의 주의는 약해진다.(주시점만 인지)

11 빈출 ▶ ④

안전표지의 색채 및 색도기준

색채	색도기준	용도	형태별 색채기준
빨간색	7.5R 4/14	금지	바탕은 흰색, 기본모형은 빨간색, 관련부호 및 그림은 검은색
		경고	바탕은 노란색, 기본홍형·관련부호 및 그림은 검은색(주1)
노란색	5Y 8.5/12	경고	
파란색	2.5PB 4/10	지시	바탕은 파란색, 관련 그림은 흰색
녹색	2.5G 4/10	안내	바탕은 흰색, 기본모형 및 관련부호는 녹색, 바탕은 녹색, 관련부호 및 그림은 흰색

12 ▶ ③

Off. J. T의 특징
① 한번에 다수의 대상자를 일괄적, 조직적으로 교육할 수 있다.
② 전문분야의 우수한 강사진을 초빙할 수 있다.
③ 교육기자재 및 특별교재 또는 시설을 유효하게 활용할 수 있다.
④ 다른 분야 및 타 직장의 사람들과 지식이나 경험의 교환이 가능하다.
⑤ 업무와 분리되어 면학에 전념하는 것이 가능하다.
⑥ 법규, 원리, 원칙, 개념, 이론 등의 교육에 적합하다.

13 빈출 ▶ ④

크레인, 리프트, 곤돌라의 안전검사의 주기
사업장에 설치가 끝난 날부터 3년 이내에 최초 안전검사를 실시하되, 그 이후부터 2년마다(건설현장에서 사용하는 것은 최초로 설치한 날부터 6개월마다)

14 ▶ ②

방독마스크 종류

종류	시험가스	정화통외부측면 표시색
유기화합물용	시클로헥산(C_6H_{12})	갈색
	디메틸에테르(CH_3OCH_3)	
	이소부탄(C_4H_{10})	
할로겐용	염소가스 또는 증기(Cl_2)	회색
황화수소용	황화수소가스(H_2S)	회색
시안화수소용	시안화수소가스(HCN)	회색
아황산용	아황산가스(SO_2)	노란색
암모니아용	암모니아가스(NH_3)	녹색

15 ▶ ④

기인물과 가해물
① 기인물 : 재해발생의 주원인이며 재해를 가져오게 한 근원이 되는 기계, 장치, 물(物) 또는 환경 등(불안전상태)
② 가해물 : 직접 사람에게 접촉하여 피해를 주는 기계, 장치, 물(物) 또는 환경 등

16 빈출 ▶ ④

레윈(K. Lewin)의 행동법칙
B = f(P · E)
B : Behavior(인간의 행동)
f : function(함수관계) P·E에 영향을 줄 수 있는 조건
P : person(소질: 연령, 경험, 심신상태, 성격, 지능 등)
E : Environment(심리적 환경 - 인간관계, 작업환경, 설비적 결함 등)

17 ★빈출 ▶ ①

교육의 3요소

교육의 주체	① 형식적인 교육에 있어서의 주체는 강사, 비형식적으로는 부모, 선배, 사회지식인 등 ② 수강자가 자율적으로 학습할 수 있도록 자극과 협조 ③ 강사로서의 전문적인 자질과 능력을 구비
교육의 객체	① 형식적인 교육에 있어서 수강자가 객체이나, 비형식적으로는 미성숙자 및 모든 학습 대상자 ② 수강자의 잠재능력을 개발하기 위한 차별화된 교육이 필요
교육의 매개체	① 매개체인 교육내용은 교육의 수단으로 역사적인 기록 및 경험적 요소를 포함 ② 비형식적인 교육에서는 교육환경, 인간관계 등

18 ▶ ①

안전점검(점검방법에 의한 분류)

외관점검 (육안 검사)	기기의 적정한 배치, 부착상태, 변형, 균열, 손상, 부식, 마모, 볼트의 풀림 등의 유무를 외관의 감각기관인 시각 및 촉감 등으로 조사하고 점검기준에 의해 양부를 확인
기능점검	간단한 조작을 행하여 봄으로 대상기기에 대한 기능의 양부 확인
작동점검	방호장치나 누전차단기 등을 정하여진 순서에 의해 작동시켜 그 결과를 관찰하여 상황의 양부 확인
종합점검	정해진 기준에 따라서 측정검사를 실시하고 정해진 조건 하에서 운전시험을 실시하여 기계설비의 종합적인 기능 판단

19 ▶ ①

공기압축기를 가동할 때 작업시작 전 점검사항
① 공기저장 압력용기의 외관상태
② 드레인 밸브의 조작 및 배수
③ 압력방출장치의 기능
④ 언로드밸브의 기능
⑤ 윤활유의 상태
⑥ 회전부의 덮개 또는 울
⑦ 그 밖의 연결부위의 이상유무

20 ▶ ④

적응기제의 기본유형

공격적 행동	책임전가, 폭행, 폭언 등
도피적 행동	퇴행, 억압, 고립, 백일몽 등
방어적 행동	승화, 보상, 합리화, 동일시, 반동형성, 투사 등

제2과목 : 인간공학 및 위험성 평가·관리

21 ▶ ②

체계개발에 있어서의 인간기준
① 인간성능 척도
② 주관적 반응
③ 생리학적 지표
④ 사고빈도

22 ▶ ③

정기평가는 매년 전체 위험성 평가 결과의 적정성을 재검토하고, 필요 시 감소대책 시행

23 ▶ ③

웨버의 법칙
① 감각기관의 기준자극과 변화감지역의 연관관계
② Weber비 = $\dfrac{변화감지역}{기준자극크기}$

24 ▶ ①

예지보전

각각의 설비에 대하여 현재의 상태를 진동, 온도, 전류 등의 진단을 통하여 나타난 열화의 정도를 진단하고 문제점을 찾아내어 필요한 부분에 대해서만 사전에 예방정비를 하는 보전을 말한다.

25 ▶ ①

신뢰도는 병렬 시스템이 가장 높게 나타난다.

26 ▶ ①

시스템의 수명곡선
① 초기고장 : 품질관리 미비, 빈약한 제조기술, 설계미숙 등
② 우발고장 : 낮은 안전계수, 사용자의 과오 등
③ 마모고장 : 부식 또는 마모, 불충분한 정비 등

27 ▶ ②

신뢰도
$R(t) = e^{-\lambda t} = e^{-0.04 \times 10} = 0.67$

28 ▶ ④

청각적 표시장치의 설계원리
① 양립성은 자극과 반응간의 관계가 인간의 기대와 모순되지 않는 것을 말한다.

② 분리성이란 두 가지 이상의 채널을 듣고 있다면 각 채널의 주파수가 분리되어 있어야 한다는 의미이다.
③ 근사성이란 복잡한 정보를 나타내고자 할 때 2단계의 신호를 고려하는 것을 말한다.
④ 검약성이란 조작자에 대한 입력신호는 꼭 필요한 정보만을 제공하는 것이다.

29 ▶ ④

불대수의 대수법칙

동정법칙	A + A = A, AA = A
교환법칙	AB = BA, A + B = B + A
흡수법칙	A(AB) = (AA)B = AB A + AB = A∪(A∩B) = (A∪A)∩(A∪B) = A∩(A∪B) = A A(A + B) = (AA) + AB = A + AB = A
분배법칙	A(B + C) = AB + AC, A + (BC) = (A + B) · (A + C)
결합법칙	A(BC) = (AB)C, A + (B + C) = (A + B) + C

30 ★빈출 ▶ ②

데이비스의 동기 부여 이론
① 인간의 성과×물적인 성과 = 경영의 성과
② 지식(knowledge)×기능(skill) = 능력(ability)
③ 상황(situation)×태도(attitude) = 동기유발(motivation)
④ 능력(ability)×동기유발(motivation) = 인간의 성과(human performance)

31 ▶ ④

인간은 실수를 일으키는 사고(Accident) 발생의 잠재요인을 내재하고 있으며, 기능적 특성에 해당하는 인간 변화성(Human Variability)으로 인해 실수하는 원인이 되며 산업 재해에 영향을 미치게된다.

32 ▶ ④

신호의 검출
통신계통에서는 잡음 중의 일부를 여파해 버림으로써 신호의 검출성(detectability)을 높일 수 있다. 이는 여파기(filter)를 사용함으로써 신호와 나머지 잡음을 증폭하므로 신호 대 잡음비를 높일 수 있고 따라서 신호를 좀더 쉽게 파악할 수 있다.

33 ★빈출 ▶ ③

양식 양립성
음성과업에서는 청각제시와 음성응답, 공간과업에서는 시각제시와 수동응답이 일반적인 연구결과이다.

34 ▶ ①

부품배치의 원칙
① 중요성의 원칙
② 사용빈도의 원칙
③ 기능별 배치의 원칙
④ 사용순서의 원칙

35 ▶ ③

고장형과 영향 분석(Failure Mode and Effect Analysis)
시스템 안전 분석에 이용되는 전형적인 정성적 귀납적 분석방법으로 시스템에 영향을 미치는 전체요소의 고장을 형별로 분석하여 그 영향을 검토하는 것(각 요소의 1형식 고장이 시스템의 1영향에 대응)

36 ★빈출 ▶ ④

스웨인(A.D.Swain)의 독립행동에 의한 휴먼에러 분류

누락에러(Omission error)	필요한 직무나 단계를 수행하지 않은(생략) 에러
수행적에러(Commission error)	직무나 순서 등을 착각하여 잘못 수행(불확실한 수행)한 에러
순서에러(Sequential error)	직무 수행과정에서 순서를 잘못 지켜(순서오) 발생한 에러
지연에러(Time error)	정해진 시간 내 직무를 수행하지 못하여(수행지연) 발생한 에러
불필요한수행에러(Extraneous error)	불필요한 직무 또는 절차를 수행하여 발생한 에러(과잉행동에러)

37 ▶ ①

THERP
① 시스템에 있어서 인간의 과오를 정량적으로 평가하기 위해 개발된 기법(Swain 등에 의해 개발된 인간실수 예측기법)
② 인간의 과오율의 추정법 등 5개의 스텝으로 구성
③ 기본적으로 ETA의 변형으로 루프, 바이패스를 가질 수 있고 맨머신 시스템의 국부적인 상세한 분석에 적합

38 ▶ ④

개인별로 조절이 가능한 조절식 설계가 가장 우선이며, 그 다음 극단치 설계, 이상의 것이 불가능할 경우 평균치 설계를 한다.

39 ★빈출 ▶ ②

체계의 기본기능 및 업무

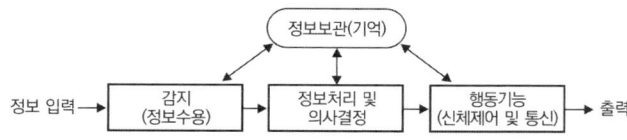

40 ▶ ②
누적 외상병(cumulative trauma disorders : CTD)
① 외부의 스트레스에 의해 장기간 동안 반복적인 작업이 누적되어 발생하는 부상 또는 질병
② 종류 : ㉠ 손목관 증후군 ㉡ 건염 ㉢ 건피염 ㉣ 테니스 팔꿈치(tennis elbow) ㉤ 방아쇠 손가락(trigger finger) 등
③ 원인 : ㉠ 부적절한 자세 ㉡ 무리한 힘의 사용 ㉢ 과도한 반복작업 ㉣ 연속작업(비휴식) ㉤ 장시간 진동 등

3과목 기계 · 기구 및 설비 안전관리

41 빈출 ▶ ②
안전블록은 금형의 부착, 해체 및 조정작업 시 슬라이드의 불시하강을 방지하기 위한 조치

42 ▶ ②
롤러기 가드의 개구부 간격
$Y = 6 + 0.15X = 6 + (0.15 \times 60) = 15\text{mm}$

43 ▶ ④
상향절삭은 백래시가 제거되지만, 하향절삭은 백래시 제거장치가 필요하다.

44 ▶ ③
비상정지장치
컨베이어에 근로자의 신체의 일부가 말려드는 등 근로자가 위험해질 우려가 있는 경우 및 비상시에 즉시 정지할 수 있는 장치로서 반드시 설치되어 있어야 한다.

45 빈출 ▶ ①
끼임점은 고정부분과 회전 또는 직선 운동부분에 의해 형성되는 위험점이다.

46 ▶ ①
기계의 고장률
① 초기고장 : 품질관리 미비, 빈약한 제조기술 등
② 우발고장 : 낮은 안전계수, 사용자의 과오 등
③ 마모고장 : 부식 또는 마모, 불충분한 정비 등

47 빈출 ▶ ②
양중기의 방호장치
① 과부하방지장치
② 권과방지장치
③ 비상정지장치 및 제동장치
④ 그 밖의 방호장치(승강기의 파이널 리미트 스위치, 속도조절기, 출입문 인터록 등)

48 ▶ ②
통로의 설치
① 작업장으로 통하는 장소 또는 작업장 내에 근로자가 사용할 안전한 통로를 설치하고 항상 사용할 수 있는 상태로 유지하여야 한다.
② 통로의 주요부분에는 통로 표시를 하고 근로자가 안전하게 통행할 수 있도록 하여야 한다.
③ 통로면으로부터 높이 2미터 이내에는 장애물이 없도록 하여야 한다.

49 ▶ ①
손쳐내기식(push away, sweep guard)
① 슬라이드 하행정거리의 3/4 위치에서 손을 완전히 밀어내어야 한다.
② 손쳐내기봉의 행정(Stroke) 길이를 금형의 높이에 따라 조정할 수 있고 진동폭은 금형폭 이상이어야 한다.
③ 방호판과 손쳐내기봉은 경량이면서 충분한 강도를 가져야 한다.
④ 방호판의 폭은 금형폭의 1/2 이상이어야 하고, 행정길이가 300mm 이상의 프레스기계에는 방호판 폭을 300mm로 해야 한다.

50 ▶ ①
원심기의 안전기준
① 사업주는 원심기(원심력을 이용하여 물질을 분리하거나 추출하는 일련의 작업을 하는 기기를 말한다.)에는 덮개를 설치하여야 한다.
② 원심기 또는 분쇄기 등으로부터 내용물을 꺼내거나 원심기 또는 분쇄기 등의 정비 · 청소 · 검사 · 수리 또는 그 밖에 이와 유사한 작업을 하는 경우에 그 기계의 운전을 정지하여야 한다.
③ 원심기의 최고사용회전수를 초과하여 사용해서는 아니 된다.

51 빈출 ▶ ②
급정지 장치의 종류

조작부의 종류	설치위치
손조작식	밑면에서 1.8m 이내
복부조작식	밑면에서 0.8m 이상 1.1m 이내
무릎조작식	밑면에서 0.4m 이상 0.6m 이내

52 ▶ ④

강도율

$$강도율(S.R) = \frac{근로손실일수}{연간총근로시간수} \times 1,000$$

$$= \frac{7500}{300 \times 8 \times 300} \times 1,000 = 10.416$$

53 빈출 ▶ ①

강도는 지게차의 최대하중의 2배의 값(4톤을 넘는 값에 대해서는 4톤으로 한다)의 등분포정하중에 견딜 수 있는 것일 것

54 ▶ ③

보일러 안전장치의 종류
① 고저 수위 지점을 알리는 경보등·경보음 장치 등을 설치 – 동작상태 쉽게 감시
② 자동으로 급수 또는 단수되도록 설치
③ 플로우트식, 전극식, 차압식 등

55 ▶ ②

연삭숫돌의 안전기준
① 덮개의 설치 기준 : 직경이 5cm 이상인 연삭숫돌
② 작업 시작하기 전 1분 이상, 연삭 숫돌을 교체한 후 3분 이상 시운전
③ 연삭숫돌의 최고 사용회전속도 초과 사용금지

56 ▶ ③

산업용로봇의 운전 중 위험 방지 조치
① 높이 1.8m 이상의 울타리 설치(울타리를 설치할 수 없는 일부 구간 – 안전매트 또는 광전자식 방호장치 등 감응형 방호장치 설치)
② 작업에 종사하고 있는 근로자 또는 그 근로자를 감시하는 사람은 이상을 발견하면 즉시 로봇의 운전을 정지시키기 위한 조치를 할 것
③ 작업을 하고 있는 동안 로봇의 기동스위치 등에 작업 중이라는 표시를 하는 등 작업에 종사하고 있는 근로자가 아닌 사람이 그 스위치 등을 조작할 수 없도록 필요한 조치를 할 것

57 빈출 ▶ ②

프레스의 방호장치
① 게이트가드식(가드식) ② 양수조작식
③ 손쳐내기식   ④ 수인식(Pull out)
⑤ 광전자식(감응형)

58 ▶ ③

방진구
공작물이 단면의 지름에 비해 길이가 너무 길 경우 자중 또는 절삭저항에 의해 굽어지거나 가공중 발생하는 진동을 방지하기 위해 사용하는 지지구(고정식, 이동식)

59 ▶ ①

재해 통계 도표
① 파레토도(Pareto diagram) : 관리 대상이 많은 경우 최소의 노력으로 최대의 효과를 얻을 수 있는 방법(분류항목을 큰 값에서 작은 값의 순서로 도표화 하는데 편리)
② 특성요인도 : 특성과 요인관계를 어골상으로 세분하여 연쇄관계를 나타내는 방법 (원인요소와의 관계를 상호의 인과관계만으로 결부)
③ 크로스(Cross)분석 : 두가지 또는 그 이상의 요인이 서로 밀접한 상호관계를 유지할 때 사용되는 방법
④ 관리도 : 재해 발생건수 등의 추이파악 → 목표관리 행하는데 필요한 월별재해 발생 수의 그래프화 → 관리 구역 설정 관리

60 빈출 ▶ ④

외관상의 안전화
① 가드 설치(기계 외형 부분 및 회전체 돌출 부분)
② 별실 또는 구획된 장소에 격리(원동기 및 동력 전도 장치)
③ 안전 색채 조절(기계 장비 및 부수되는 배관)

┃ 4과목 전기 및 화학설비 안전관리

61 ▶ ③

전로 차단 절차
① 전기기기 등에 공급되는 모든 전원을 관련 도면, 배선도 등으로 확인할 것
② 전원을 차단한 후 각 단로기 등을 개방하고 확인할 것
③ 차단장치나 단로기 등에 잠금장치 및 꼬리표를 부착할 것
④ 개로된 전로에서 유도전압 또는 전기에너지가 축적되어 근로자에게 전기위험을 끼칠 수 있는 전기기기 등은 접촉하기 전에 잔류전하를 완전히 방전시킬 것
⑤ 검전기를 이용하여 작업 대상 기기가 충전되었는지를 확인할 것
⑥ 전기기기 등이 다른 노출 충전부와의 접촉, 유도 또는 예비동력원의 역송전 등으로 전압이 발생할 우려가 있는 경우에는 충분한 용량을 가진 단락 접지기구를 이용하여 접지할 것

62 ▶ ②

전원을 차단한 후 각 단로기 등을 개방하고 확인해야 하며, 차단장치나 단로기에는 잠금장치 및 꼬리표를 부착하여야 한다.

63 ▶ ④

전기설비의 점화원

구분	현재적 점화원	잠재적 점화원
개념	정상적인 운전상태에서 점화원이 될 수 있는 것	정상적인 상태에서는 안전하지만 이상 상태에서 점화원이 될 수 있는 것
종류	① 직류전동기의 정류자 ② 개폐기, 차단기의 접점 ③ 유도전동기의 슬립링 ④ 이동형 전열기 등	① 전기적 광원 ② 케이블, 배선 ③ 전동기의 권선 ④ 마그네트 코일 등

64 ▶ ④

방전의 형태(연면방전)
① 정전기가 대전된 부도체에 접지도체가 접근 할 경우 대전물체와 접지도체 사이에서 발생하는 방전과 동시에 부도체의 표면을 따라 수지상의 발광을 동반하여 발생하는 방전현상(star-check mark)
② 부도체의 대전량이 매우 클 경우와 대전된 부도체의 표면과 접지체가 매우 가까울 경우 발생(접지된 도체상에 대전 가능한 물체가 얇은 층을 형성할 경우)

65 ▶ ③

방폭구조의 기호

종류	내압	압력	유입	안전증	몰드	충전	비점화	본질안전	특수
기호	d	p	o	e	m	q	n	i	s

66 ▶ ②

전선의 발화단계

단계	인화단계	착화단계	발화단계	순시용단단계
상태	허용전류의 3배정도	큰전류, 점화원 없이 착화연소	심선이 용단	심선용단 및 도선폭발

67 ▶ ④

전기에너지에 의한 발열
$Q = I^2RT = 10^2 \times 10 \times 60 = 60{,}000\,J = 14{,}400\,[cal]$

68 ▶ ①

대전의 종류
① 마찰대전　② 박리대전　③ 유동대전　④ 분출대전
⑤ 충돌대전　⑥ 교반대전　⑦ 파괴대전 등

69 ▶ ①

자동전격 방지기
용접기의 주회로를 제어하는 장치를 가지고 있어 용접봉의 조작에 따라 용접할 때에만 용접기의 주회로를 형성하고, 그 외에는 용접기의 출력 측 무부하 전압을 25V 이하로 저하시키는 방호장치이다.

70 ▶ ①

접지는 계통접지, 보호접지, 피뢰시스템접지로 구분하며, 계통접지에는 TN계통, TT계통, IT계통이 있다.

71 ▶ ②

최소발화에너지(MIE)의 변화 요인
① 압력이나 온도의 증가에 따라 감소하며, 공기 중에서보다 산소 중에서 더 감소함
② 분진의 MIE는 일반적으로 가연성가스보다 큰 에너지 준위를 가짐

72 ▶ ④

계측장치의 설치(내부 이상상태의 조기파악)
① 온도계　② 유량계　③ 압력계

73 ▶ ①

분해폭발은 화학반응이 관여하는 화학적 특성 변화에 의한 화학적 폭발에 해당된다.

74 ▶ ③

밸브의 개폐는 서서히 해야한다.

75 ▶ ③

피팅류(Fittings)의 종류

두 개의 관을 연결할 때	플랜지(flange), 유니온(union), 카플링(coupling), 니플(nipple), 소켓(socket)
관로의 방향을 바꿀 때	엘보우(elbow), Y지관(Y-branch), 티(tee), 십자(cross)
관로의 크기를 바꿀 때	축소관(reducer), 부싱(bushing)

76 ④

위험물의 종류
니트로화합물, 아조화합물은 폭발성 물질 및 유기과산화물에 해당되며, 과염소산 및 그 염류는 산화성 액체 및 산화성 고체에 해당하는 위험물

77 ③

분진폭발의 방지대책
① 분진의 농도가 폭발하한 농도 이하가 되도록 철저한 관리
② 분진이 존재하는 매체, 즉 공기 등을 질소, 이산화탄소 등으로 치환
③ 착화원의 제거 및 격리

78 ①

프로판(C_3H_8)의 화학양론 농도
$$C_{st} = \frac{1}{1+4.773\left(n+\dfrac{m-f-2\lambda}{4}\right)} \times 100\%$$
$$\therefore \frac{1}{1+4.773\left(3+\dfrac{8}{4}\right)} \times 100 = 4.022\%$$

79 ④

정전기 발생 방지
① 접지(도체의 대전방지)
② 가습(공기중의 상대습도를 60~70% 정도 유지)
③ 대전방지제 사용
④ 배관 내에 액체의 유속제한 및 정체시간 확보
⑤ 제전장치(제전기) 사용
⑥ 도전성 재료 사용
⑦ 보호구 착용

80 ④

자동화재 탐지 설비(감지기)
① 열감지기 : 차동식 감지기, 정온식 감지기, 보상식 감지기
② 연기감지기 : 광전식, 이온화식

5과목 건설공사 안전관리

81 ②

성토높이의 감소가 아니라 성토높이의 증가가 붕괴의 원인이 된다.

82 ①

물체의 낙하에 의한 위험방지
① 대상 : 높이 3m 이상인 장소에서 물체 투하 시
② 조치사항 : 투하설비설치, 감시인 배치

83 ①

공사종류 및 규모별 산업안전보건관리비 계상기준표

공사 종류 \ 구분	대상액 5억원 미만 적용 비율(%)	대상액 5억원 이상 50억원 미만		대상액 50억원 이상 적용 비율(%)	보건관리자 선임대상 건설공사 적용비율 (%)
		적용 비율(%)	기초액		
건축 공사	3.11%	2.28%	4,325,000원	2.37%	2.64%
토목 공사	3.15%	2.53%	3,300,000원	2.60%	2.73%
중건설 공사	3.64%	3.05%	2,975,000원	3.11%	3.39%
특수건설 공사	2.07%	1.59%	2,450,000원	1.64%	1.78%

tip
2025년 법령개정. 문제와 해설은 개정된 내용 적용

84 ③

이동식 사다리의 최상부 발판 및 그 하단 디딤대에 올라서서 작업하지 않을 것. 다만, 높이 1미터 이하의 사다리는 제외한다.

85 ④

지붕 위에서 작업 시 추락하거나 넘어질 위험이 있는 경우 조치 사항
① 지붕의 가장자리에 안전난간을 설치할 것
　- 안전난간 설치가 곤란한 경우 추락방호망 설치
　- 추락방호망 설치가 곤란한 경우 안전대 착용 등의 추락 위험 방지조치
② 채광창(skylight)에는 견고한 구조의 덮개를 설치할 것
③ 슬레이트 등 강도가 약한 재료로 덮은 지붕에는 폭 30센티미터 이상의 발판을 설치할 것

86 ②

굴착작업 시 지반 조사사항
① 형상 · 지질 및 지층의 상태
② 균열 · 함수 · 용수 및 동결의 유무 또는 상태
③ 매설물 등의 유무 또는 상태
④ 지반의 지하수위 상태

87 ▶ ③

연약한 점토지반 개량공법
① 치환공법(굴착치환 · 미끄럼치환 · 폭파치환)
② 압밀공법(사면선단재하공법, 압성토공법 등)
③ 탈수공법(sand drain공법, paper drain공법, pack drain공법)
④ 배수공법
⑤ 동치환공법
⑥ 기타 : 고결공법(생석회말뚝, 동결, 소결), 동치환공법, 전기침투 공법 등

88 빈출 ▶ ③

폭풍 등으로 인한 이상 유무 점검
순간풍속이 초당 30미터를 초과하는 바람이 불거나 중진(中震) 이상 진도의 지진이 있은 후에 옥외에 설치되어 있는 양중기를 사용하여 작업을 하는 경우에는 미리 기계 각 부위에 이상이 있는지를 점검하여야 한다.

89 ▶ ④

제동장치 및 조정장치 기능의 이상 유무를 점검하는 것은 작업 전 점검사항에 해당되는 내용이다.

90 ▶ ②

배수공법 등을 이용하여 지하수위를 낮추는 것이 보일링을 예방할 수 있는 방법이다.

91 빈출 ▶ ③

수직갱에 가설된 통로의 길이가 15m 이상인 경우에는 10m 이내마다 계단참을 설치할 것

92 ▶ ④

붕괴 예방대책
① 적절한 경사면 기울기 계획
② 지표수 또는 지하수위의 관리를 위한 표면 배수공 및 수평배수공 설치
③ 비탈면 상부의 토사(활동성 토석)의 제거 및 하단 성토
④ 경사면 하단부 : 압성토 등 보강공법으로 활동에 대한 저항대책 강구 등

93 빈출 ▶ ②

철골작업 안전기준(작업의 제한)
① 풍속 : 초당 10m 이상인 경우
② 강우량 : 시간당 1mm 이상인 경우
③ 강설량 : 시간당 1cm 이상인 경우

94 ▶ ④

전기뇌관에 의한 발파의 경우 점화하기 전에 화약류를 장전한 장소로부터 30미터 이상 떨어진 안전한 장소에서 전선에 대하여 저항측정 및 도통(導通)시험을 할 것

95 빈출 ▶ ②

다목적댐 · 발전용댐 및 저수용량 2천만톤 이상의 용수전용댐 · 지방상수도 전용댐 건설 등의 공사

96 ▶ ②

지나친 진동기 사용은 측압을 증가시키는 원인이 되며, 재료분리를 일으킬 수 있으므로 금해야 한다.

97 ▶ ②

동바리의 이음은 같은 품질의 재료를 사용할 것

98 ▶ ②

① 파워셔블(Power shovel)은 기계가 위치한 지반보다 높은 굴착에 유리하다.
② 드래그셔블(백호우)은 기계가 위치한 지반보다 낮은 굴착에 유리하다.

99 빈출 ▶ ③

공사진척에 따른 안전관리비 사용기준

공정률	50% 이상 70% 미만	70% 이상 90% 미만	90% 이상
사용기준	50% 이상	70% 이상	90% 이상

100 ▶ ④

고소작업대 사용 시 준수사항(문제의 보기 외)
① 작업자가 안전모 · 안전대 등의 보호구를 착용하도록 할 것
② 관계자가 아닌 사람이 작업구역에 들어오는 것을 방지하기 위하여 필요한 조치를 할 것
③ 전환스위치는 다른 물체를 이용하여 고정하지 말 것
④ 작업대를 정기적으로 점검하고 붐 · 작업대 등 각 부위의 이상 유무를 확인할 것
⑤ 작업대는 정격하중을 초과하여 물건을 싣거나 탑승하지 말 것

박문각 자격증 시리즈
산업안전산업기사
필기 8개년 기출문제집 + 무료특강

초판발행	2026. 1. 20
2쇄발행	2026. 2. 10

저자와의
협의 하에
인지 생략

편 저 자	김용원
발 행 인	박용
출판총괄	김현실
개발책임	이성준
편집개발	김태희, 윤혜진
마 케 팅	김치환, 최지희
일러스트	㈜ 유미지

발 행 처	㈜ 박문각출판
출판등록	등록번호 제2019-000137호
주 소	06654 서울시 서초구 효령로 283 서경B/D 4층
전 화	(02) 6466-7202
팩 스	(02) 584-2927
홈페이지	www.pmgbooks.co.kr

ISBN	979-11-7519-171-6
정가	29,000원

이 책의 무단 전재 또는 복제 행위는 저작권법 제 136조에 의거, 5년 이하의 징역 또는 5,000만원 이하의 벌금에 처하거나 이를 병과할 수 있습니다.